福建省城乡建筑遗产保护技术重点实验室资助出版

中国建筑学会建筑史学分会年会
暨学术研讨会 2022 论文集

发展中的建筑史研究与遗产保护

中国建筑学会建筑史学分会

华侨大学建筑学院　　编

建筑历史与理论研究

古代营造技术

近现代建筑与城市研究

遗产保护与利用

乡村振兴与文化遗产

旧城更新及街区保护

建筑文化跨境传播互鉴

中国建筑工业出版社

编 委 会

（排名不分先后，按姓氏笔画排序）

序　一

2021 年预定召开的中国建筑学会建筑史学分会年会的主题为"变化中的建筑史学研究与遗产保护"。会议主题发布后得到了建筑历史学界的积极响应，会议组委会收到了 294 篇论文。分会和组委会邀请了多位建筑史学界的著名学者组成了论文评审组，对论文做了评选，选出其中 125 篇论文以集成这本论文集，呈现近年建筑史研究的成果。

在中国，建筑学正处在一个巨大变革的时期。随着我国从大规模、高速度的城镇化进程转入城乡高质量发展的阶段，在应对减碳、气候变化、可持续发展、包容性社会建设等全球性议题提出的新问题时，建筑学必须能够给出自己的解决方案。显然，在面对这些新的问题时，建筑学需要能够打通相关学科的壁垒，构建一个基于创造性智慧、当代科学技术成就和具有广泛包容性的新学科构架。建筑史学作为建筑学发展的理论支撑，同样需要应对这种时代发展提出的挑战，回答作为伴随着整个人类文明进程一起成长的建筑学，在历史上是如何不断应对各种变化带来的新的需求，研究、分析当代学者如何看待建筑学的发展趋势，研究相关的理论、模型、工具和方法，为建筑学的变革提供历史和理论的支持。

对建筑、人类建造活动的历史研究，同样也需要面对时代提出的新的问题和需求。中华文明作为整个人类文明的重要组成部分，形成了自己独有的文明特征。建筑史学研究需要在现有研究的基础上，更深入地挖掘不同时代建筑所承载和表达的特定文化、经济、技术背景下的文明精神和文化内涵，需要认识和阐释建筑发展、变化的内在及外部的动因。建筑历史的研究者要能够通过对建筑的研究，回答中华文明数千年长期延续发展的特征，阐释中华文明多元一体在建筑上的表达，需要研究历史上文明间的交流互鉴对建筑发展的意义。

中国建筑历史的研究，从梁思成先生这代奠基者开始，就把建筑历史的研究和历史建筑的保护密切地结合在一起。今天，对各个时代建筑遗产的保护已经成为建筑历史研究的重要内容。在当代遗产保护的观念中，文化与自然的融合，物质与非物质文化遗产保护的融合，以及强调以人为中心的保护方法，已经成为基本的共识。这同样为建筑历史和建筑遗产保护提供了新的更为整体的研究视野，提出了关注建筑遗产与人的生活之间的关系的需要，当然也提出了对更为综合的研究方法的要求。

面对变化的时代和时代的需求，建筑史学研究、建筑遗产保护实践同样也需要不断提出自己的应对方案。

原定 2021 年召开的中国建筑学会建筑史学分会年会，由于新冠肺炎疫情的影响，推迟到 2022 年召开，在把 2021 年收到的研究者们的成果呈现出来的同时，我们也期待看到更多新的成果。

感谢年会承办单位华侨大学建筑学院在论文征集、整理、评选和出版过程中的巨大付出，感谢华侨大学建筑学院对中国建筑学会建筑史学分会的支持。感谢华侨大学建筑学院陈志宏院长。

清华大学建筑学院教授
中国建筑学会建筑史学分会主任委员
2022 年 6 月 12 日

序 二

在农历牛尾虎头交接时分，受邀请为《中国建筑学会建筑史学分会年会暨学术研讨会 2022 论文集：发展中的建筑史研究与遗产保护》作序，十分高兴，也十分荣幸——高兴的是，旧岁有收获，新年有气象，论文集从征文、筛选到严格的匿名评审和选拔，直至华侨大学建筑学院组织出版，跨越了近一年的时间，终将付梓问世，可喜可贺；荣幸的是，中国建筑学会建筑史学分会在会长吕舟教授带领下，有条不紊地发展壮大，发现新人，奖掖后学；诸多专家学者在这个过程中积极参与评审，良性的工作机制基本形成。本人也参加了部分工作，并有机会借此学习国内关于建筑史研究的最新成果，得以在此分享一些心得体会。

经典话题进入专深研究

在中国古代建筑史研究中，最突出的是关于建筑、聚落、城市布局的空间研究和阐释性探讨，数量很大，共 26 篇。其中既包括对居住建筑在礼制与日常、叙事空间、形制根源、传统依据、平面衍化等方面的研究；也包括庄寨与生存策略、堡寨空间结构与军事制度、边疆衙署空间与政治、民居整体构筑的遥指意涵、井盐生产的特色空间、福温古道的地理空间等关于聚落方面的丰富研究；还包括诸如元大都营建的象天意匠、临清古城的形态特色、高台建筑衰落与价值标准、祠堂和祠庙及其书院的历史空间研究等，均在不同尺度和视野下对于古代建筑、聚落、城市的布局及其空间展开了多维度探讨，让人耳目一新。关于佛教建筑形制的布局与文化探讨，也突出体现在布局研究上，包括莫高窟的中心塔柱式、汉代的礼佛空间、转轮藏的宇宙空间、金刚宝座塔的空间对位、闽南佛教寺庙的空间组合，构成特殊的建筑文化研究。

同时，突出的有关于木构建筑研究，是此次论文选纳的较多内容之一。中国传统木构建筑博大精深，覆盖面广，类型丰富，地方性强，在适应不同自然地理、人文历史环境及技术发展水平而进行创造方面，具有强大的生命力，这也是经典话题研究不衰的缘由。此次论文集选拔的研究成果，突出表现了这个特点，共有 11 篇，包含有福建、山西、四川、陇南、晋东南、浙东、南方、瑶族、太原、滇南等省市和地区，但不同于以往的体系性研究，这些论文更多关乎某个侧面，如宋元穿斗、挑檐、牛腿、歇山、井口天花以及技术源流、技术交叉、口述记录和数据统计等，曰之为专深研究，不为过。

此次关于园林和建筑艺术的研究不很多，多为小中见大的探索，共 8 篇。其中 6 篇是园林研究，分别从园林中的桥、单体建筑的设计尺度、假山与建筑结合、武康石假山的经验与审美，以及关注泰安八景的风貌诗化、桂林山水园林的承载、宋元绘画方法与明清园林的关系展开，是比较深化的园林研究，重视关系、关联、历史传承、空间同构。另有 1 篇是关于建筑彩画的研究，从孟达清真寺彩画展开了关于集官式与地方、汉族与少数民族之建筑技术与文化为一体的研究。

如上涉及的建筑、聚落、城市、木构、园林的话题，也是中国建筑史学经典的研究对象，但此次论文集所选，范围广泛、类型丰富、跨度较大、关联深入，是近年可喜的成果积累。

近现代建筑遗产成主流

随着中国快速城市化进入深水区，数字技术的发展带来大量的工商厂矿的转型，以及国家对于乡村振兴工作的指导和重视，近现代建筑遗产研究快速增多，尤其是现代建筑遗产包括村镇改造在近年剧增，使得这方面的研究十分迫切，这也是此次论文集的特点。论文集在这方面共选入论文 60 篇，在类型和研究特点上分述如下：

将近现代建筑与设计者研究同步展开，以深入挖掘建筑产生的特点和个人背景的关联，乃为特征之一。如迁台的大陆建筑师群体与光复后的台湾建筑中的传统文化复兴、柳士英与 1930 年上海的"摩登建筑"、唐英与他和王寿宝合著完成的《房屋构造学》（1936 年）、华南工学院建筑系教师与 1958—1962 开展的人民公社规划与实践、林克明与"中国式样"和"建筑新法"、1950 黄毓麟与同济大学文远楼等。

重视建筑遗产保护的技术尤其是材料的研究，是特征之二。内容有珠澳地区建筑夯土、拉卜楞寺建筑彩画颜料与地杖、砖石长城灰浆、福建沿海建筑中的彩压瓷砖、东南沿海气候环境下的建筑病害肌理、宁夏古塔结构与地基和地震关系等。

将建筑遗产转型以及遗产保护方法作为近现代建筑遗产的探讨对象，并不是近年的事情，但是所选论文较集中在三线建筑遗产，国有工矿企业建筑（包括住房改造），以及大型建筑，如机场、红色建筑群、长城与城墙、故宫建筑群等成片成线的遗产保护，成果仍然十分突出。除此之外，仅有少数单体建筑遗产引发的保护方式纳入，可以和遗产保护方法进行同类认知，包括重视事件意义、风土风貌、城市记忆、场所精神、文旅开发、技术交流等，相较以往，与原真性相关的技术讨论更突出表现在整体性的价值认知和现实的保护需求上。此为特征之三。

论文最多涉及的遗产保护是关于历史街区和乡村、城镇的内容，共 22 篇，此为特征之四。讨论的关键词重点有：城镇景观、共生理论、管理体系、新文旅、活化、人与资源、生产与生活、公共空间、公共生活等。

可以看到，建筑遗产保护一是从单体的、孤立的、物质层面的研究，转向更为精细的研究，如与人、材料相关；二是转向更宏观尺度的、群体的、外在和内在结合的研究。

跨国开展建筑交流研究

此次收录有 12 篇从古代到近代和现代的建筑历史研究论文。在古代建筑研究方面，涉及中国本土与相关国家和地区有阿富汗、伊朗、蒙古国、渤海国及其周边民族、日本，高棉及其相关的地中海、印度、爪哇、占婆以及蒲甘等；在近代建筑研究方面，相关的国家有英国、日本、韩国、新加坡、马来西亚、泰国、越南、印度尼西亚等；在现代建筑研究方面，关涉的国家有斯洛文尼亚、立陶宛、意大利等。这些研究展现出全新的研究时空观、选题及其立意。尽管有些论文论证尚显单薄，但是其跨越之大、对象之新，尤其是现代建筑研究中涉及的如立陶宛的建筑审美与东欧的关系等，都展开了以往没有涉足的范畴和领域，值得深切期待。

　　序，乃先行的部分，有幸在新春伊始提前学习这本论文集，对新书是报春，对读者是预阅，概括适当与否，还盼详读和分辨，且为序。

2022 年 2 月 9 日于南京

目 录

古代营造技术

近现代建筑与城市研究

遗产保护与利用

乡村振兴与文化遗产

旧城更新及街区保护

建筑文化跨境传播互鉴

后记

建筑历史与理论研究

简述礼制史视角下的古代建筑堂室格局演变研究

王晖 郑玥

浙江省自然科学基金项目（LY20E080019）；浙江省属基本科研业务费专项资金资助（2021XZZX016）。

王晖，浙江大学建筑学系教授。邮箱：wang_hui@zju.edu.cn。
郑玥，浙江大学建筑学系博士研究生。

摘要：礼制与传统建筑之间关系密切，既往研究主要从等级制度和文化图式等方面进行了考察，在建筑层面关注群体组合和形制格差，类型上以宫殿和坛庙等高等级建筑为主，对于普通建筑的内部空间格局讨论较少。笔者近年来聚焦于单体建筑内部的空间问题，以"堂室格局演变"为抓手对空间的历时性演化进行了考证，本文拟对阶段性成果进行简要汇报。由先秦经汉代至北宋，前堂后室格局持续作为观念上的正统范式存在，但随着时代演进逐渐走向简化，并呈现不同的阶段性特征。将礼制发展与堂室格局演变相结合有助于理解古代礼制与日常空间之间的密切关系，揭示建筑形制演变的内在机制，对历史上出现的特殊建筑形式也具有良好的解释效力。

关键词：礼制史；传统建筑；堂室格局；演变

一、引论

"是以君臣朝廷尊卑贵贱之序，下及黎庶车舆衣服宫室饮食嫁娶丧祭之分，事有宜适，物有节文。"——《史记·礼书》这段文字表达了礼制与传统建筑之间的密切关系。就文化层面而言，二者大致可以称为"道"与"器"的关系，对此当代学者已有大量阐述。如柳肃先生指出，中国文化的基本精神在一定意义上也可以说是一种礼的精神，其核心是上下尊卑的等级秩序，这在宫室建筑、祭祀建筑和城市规划等方面有充分体现。[①]

建筑史领域关于礼制的研究主要关注皇家宫殿以及坛庙等高等级建筑类型，对民间建筑也从等级体系和伦理制度方面有较多论述；在建筑形态演变研究方面，一般着眼于群体空间组织、单体建筑的风格和营建技术等。既往研究对传统建筑的内部空间格局、日常空间的使用与礼制之间的关系谈及较少。刘敦桢先生曾在早期著作中梳理了大量史料文献，论述了汉代宫殿的堂室制度以及在六朝时期的发展。[②]其后傅熹年、杨鸿勋等建筑史家在宫殿考古复原中对内部空间格局有所论及[③]，近年谭刚毅对两宋时期的民居与居住形态进行了分析[④]，诸葛净在传统住宅的系列研究中，通过《金瓶梅》的文本研究讨论了明代住宅的空间意义及与城市的关系[⑤]。另外社会史领域对历史空间的使用状况、居住观念有较多讨论，

① 柳肃.礼制与建筑[M].北京：中国建筑工业出版社，2015：10-14.
② 刘敦桢.大壮室笔记[M]//刘敦桢全集（第1卷）.北京：中国建筑工业出版社，2007；刘敦桢.六朝时期的东西堂[M]//刘敦桢全集（第3卷）.北京：中国建筑工业出版社，2007.
③ 傅熹年.中国古代建筑史（第二卷）：两晋、南北朝、隋唐、五代建筑[M].北京：中国建筑工业出版社，2001；杨鸿勋.宫殿考古通论[M].北京：紫禁城出版社，2001.
④ 谭刚毅.两宋时期的中国民居与居住形态[M].南京：东南大学出版社，2008.
⑤ 诸葛净.厅：身份、空间、城市——居住：从中国传统住宅到相关问题系列研究之一[J].建筑师，2016（03）：72-79；以及其他系列文章.

但极少呈现清晰的空间整体面貌。

在建筑史的本体研究中，早期"前堂后室"制度在汉代以后演变与衰退的具体过程仍是个有待探索的问题。近年来，笔者团队主要依据不同时期行用的礼书，对居住建筑的空间格局进行了复原研究。从历史来看，这是古代经学一个悠远的传统，历代学者为了澄清礼书经典所描述的礼仪流程，对宫室制度多有考证。如清代阮元在《仪礼图》序言中所说，"编修则以为治《仪礼》者当先明宫室，故兼采唐、宋、元及本朝诸儒之义，断以经注。首述宫室图，而后依图比事，按而读之，步武朗然"[1]。今人的考证不必拘泥于《仪礼》所述周制，在证实礼书与其时代的实际状况相符的前提下，可以根据礼仪行为的详细描述推知不同时代的礼仪空间格局，并进一步理解空间的使用方式及隐含的观念。本文拟对研究脉络和若干成果做一简要汇报。

二、礼制史的阶段性划分

作为中国古代贯穿始终的一整套对政治制度、社会结构进行调适和约束的全方位规范，礼制几乎囊括了古代社会从廊庙到民间、从平吉到凶丧的一切制度设计和生活事相[2]。陈戍国先生在《中国礼制史》中将礼制发展分为与古代史对应的六个分期，但略显烦冗[3]；汤福勤先生将先秦到清代的礼制变迁

划分为更为清晰的四个阶段：先秦时期是中国古代礼制的初步发展阶段，"礼仪三百、威仪三千"，尚有待整饬统一；秦汉魏晋南北朝是比较完善的"五礼制度"的创立时期；唐宋是中国古代产生重大变革时期，《大唐开元礼》的制订标志着中国古代"五礼制度"的发展成熟，两宋礼制主要依据《大唐开元礼》而成，但由于理学思想的影响，具有将天理与礼紧密结合的特点；元明清三朝，礼制下移也十分明显，私家礼制与国家礼制成为影响民间的两大力量，而众多的私修家礼大多是依据朱熹《家礼》的规制，其少创新[4]。关于礼制发展的史学研究和文本研究，以及唐宋转型与礼制下移等观点，对建筑史研究也颇有参考价值。

三、"前堂后室"的空间范式

关于古代居住建筑单体平面形制，当代一般有"一明两暗"和"前堂后室"两种类型化看法。二者当然无法覆盖历史上多种多样的居住形态，但在空间原型的探讨中具有代表性。其中哪种属于原型或者基本型，抑或二者如何并存的问题，无法在这篇短文中予以讨论。这里仅从词源学的角度对二者略作比较。

"前堂后室"一词未见于早期文献，较早者见于宋代，如《朱子语类》中描述早期的太庙制度，"向时太庙一带十二间，前堂后室"；《鹤山全

集》描述官廨建筑"前堂后室，东窗西圃"等。明清学者在对早期文献的注疏中，多用"前堂后室"描述古代的一般宫室制度，如明代陈士元《论语类考》记述"古人前堂后室，负阴而抱阳"；清代毕沅《释名·疏证》对"房"的注解中，言及"古者宫室之制，前堂后室"；段玉裁《说文解字注》对"室"的注释中有"古者前堂后室"等。

从历代学者依据《仪礼》等经典文本所做的复原图中，可以获知前堂后室制度的概貌（图 1 左）。前部开敞的堂为待客、宴饮和举行重要仪式的空间；堂正后方的室为寝卧空间，其两侧为房，主要为放置食品及衣物的场所；堂左右两侧有东序、西序，堂前有供主客分别使用的东阶和西阶。古人绘图以阐明仪轨为目的，因此多在图中相应位置标明人物位置与行止规范（图 1 右）。这一格局为先秦流传下来的礼仪制度（周制）提供了物质空间支持，有悠久的历史文本佐证，因此可以称为经典的空间范式。刘敦桢先生在《大壮室笔记》中曾指出，"殆因《仪礼》一经，详于士礼，而高堂生传十七篇，出处最明，其后古文间出，亦能合若符节。……终汉之世，亦循旧法，故两汉堂室犹存周制，乃事所应有"。

相比之下，"一明两暗"一词仅见于明清以来的世俗小说。如明代《金瓶梅》卷 7 "里面一明两暗书房，有画童儿小厮"；清代《再生缘全传》

① （清）张惠言 . 仪礼图 [M]. 嘉庆十年刻本及同治九年刻本 .
② 杨英 . 改革开放四十年来的中古礼学和礼制研究 [J]. 文史哲，2020（05）：96-113，167.
③ 陈戍国 . 中国礼制史 . 先秦卷 [M]. 长沙：湖南教育出版社，2001；以及其他等共 6 卷 .
④ 汤勤福 . 中国礼制变迁及其现代价值研究（东南卷）[M]. 上海：上海三联书店，2015：316.

卷 4 "话说这三间书屋，一明两暗"；晚清《侠义传》卷 2 "看时却是三间草房，一明两暗"；晚清《永庆升平》卷 5 "马爷一进北上房，是一明两暗"，等等。可知这个词汇源于明清以来的市井俗语，指多见于北方地区的三开间、单间进深、厅堂居中的房屋格式，后来逐渐成为固定的建筑名词。因此 "一明两暗" 与古代礼仪制度无直接关系，也不会成为早期正统样式。如汉代明器陶屋等出土文物所示，类似一明两暗的格局在早期较低规格的房屋中亦可见到，在 "名不见经传" 的状态下应会有自身的发展脉络。而正统的前堂后室格局如何逐渐被所谓一明两暗所取代[①]，正是建筑史研究中的重要问题。

四、目前的阶段性探索

对于前堂后室这一空间范式，过去一般认为主要存续于汉代及以前。但是据近期依据汉代之后的文献，特别是根据礼书记载进行的空间复原，可以看出直到唐宋时期，前堂后室仍然是观念上的正统空间范式，至少在中上阶层的住居中得以维持，对庶民阶层也有示范性意义。

在刘敦桢先生汉代及六朝宫殿研究的基础上，笔者结合相关史书记载和汉魏故城太极殿与北魏平城宫殿的考古成果进行了延伸考察[②]。考古遗址显示了 "前后殿、东西堂" 这种四殿一组的组合形制，前后殿

相距很近，基座以踏道相连为工字形。从其空间与功能分化情况，结合刘敦桢先生关于东西堂的推测，这种模式可能是由汉代 "前堂后室" 格局分化而来（图 2）。分化后各单体建筑的功能更为清晰明确，避免了相互干扰，扩大了空间的尺度，是对 "前堂后室" 古制的优化。这一考察也提示了魏晋以后多见的工字殿与前堂后室之间存在着传承关系。但这种空间分化并非简单的拆解，从左右阶遗迹以及东西序等文

献记载来看，至少前殿内部仍然维持了传统格局。从唐代《通典》等记述的魏晋士大夫礼仪中，也可推知其家宅的厅事基本维持了前堂后室的形制。

《大唐开元礼》是礼制史上极为重要的文献，在中唐时期得到颁布和行用。研究团队针对其中有关行为与空间方位的描述进行解读，对于唐代品官阶层住宅中的 "正寝" 获得了一些新认识[③]。作为主体建筑的 "正寝" 一般位于第二进院落，

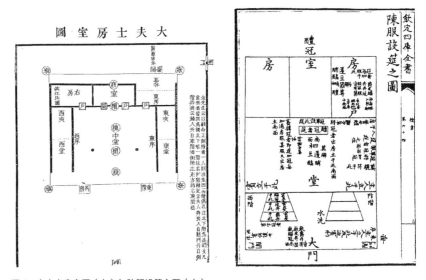

图 1 大夫士房室图（左）与陈服设筵之图（右）
图片来源：（左）张惠言.仪礼图 [M]. 杭州：浙江古籍出版社，2016；（右）陈祥道《礼书》卷六十四.转引自：柳肃.礼制与建筑 [M]. 北京：中国建筑工业出版社，2015.

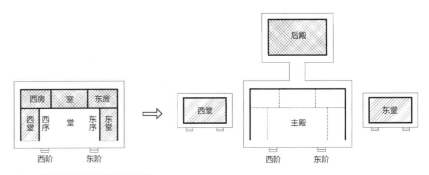

图 2 "前堂后室" 空间分化示意图
图片来源：笔者绘制

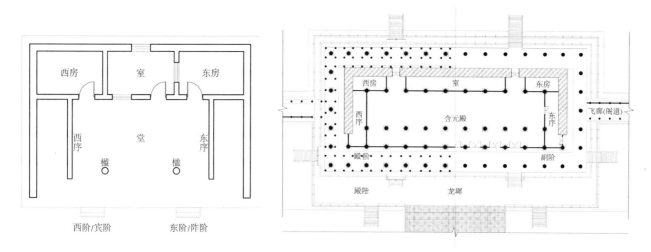

图 3 唐代品官住居中正寝空间格局推想图（左）与傅熹年复原大明宫含元殿平面图（右）
图片来源：笔者绘制（左）；据《傅熹年建筑史论文集》绘制（右）

其内部空间大致承袭了先秦以来的"前堂后室"格局，但与经典形式相比有简化趋势，部分正寝中已取消了东房和西房。正寝格局与傅熹年先生对大明宫的复原平面基本一致，说明品官住居与皇家宫殿遵循了同样的室内空间范式（图 3）。

关于宋代建筑格局演变的研究仍在进行中。根据司马光《书仪》的记述，可推断北宋住宅中主体建筑的布局、功能及内部空间格局。较为突出的现象是北宋时期影堂作为唐代家庙和南宋祠堂之间的过渡性产物，在中大型住宅中得到广泛使用。北宋时期中堂和厅事内的堂、室、房大致承袭了古制"前堂后室"格局，同时也有大量简化的情况，仅在行礼时以帷幕进行空间分隔。结合社会史等方面的考证可以看出，虽然经典格局在观念中仍保持着正统地位，但随着礼制的发展和生活形态的变化已经逐渐丧失其合理性。

五、结语

早期前堂后室制度的延续与演变问题是历史发展中的一条隐含的线索，对理解礼制影响下礼仪建筑和居住建筑的发展有深刻意义。维持礼制的正统性需求与新的空间需要之间的矛盾，作为一种内驱力推动着建筑由内而外发生变化，并在不同时期呈现出阶段性和过渡性的特征。

目前笔者研究中提出的一些看法还停留在推测阶段，未尽成熟，还有待于今后多角度的论证和考古实物的印证。总体而言，当代建筑史研究主要缺乏的已不是史料，更需要的是新的认知角度和阐释路径。虽然近年来建筑史研究已拓展至学科边缘与交叉地带，但是在传统研究的主干领域仍然有很多重要问题有待探索。

空间与权力：
清代昆明衙署空间结构分析

王世礼

摘要："空间与政治"已成为中国城市史研究的研究热点和重要视角。权力一直是讨论任何政治话题时看似合理的起点。地方衙署处于国家权力结构的末端，并在中国古代城市中，居于重要区位。本文聚焦于清代边疆省会城市昆明，从"空间与权力"的视角，对官署的空间结构与权力结构的相互关联进行剖析，进而对清王朝维护边疆统治的空间策略进行初步探讨。

王世礼，重庆大学建筑城规学院，讲师，博士研究生。邮箱：258448747@qq.com。

关键词：**清代**；**昆明**；**衙署**；**空间结构**；**权力结构**

一、空间与权力：中国古代及近代城市史研究的一种方法

"空间与政治"已成为中国城市史研究（涉及历史地理学、城市规划建设史、建筑史、城市史①等学科领域）的研究热点和重要视角。正如朱剑飞先生所总结的，所谓"空间"是城市各种建成环境及其所容纳的社会活动的集合，既表现为一定的物质形态，也表现为一定的营造方式与社会活动，而所谓"政治"就是指庞大而细微的权力关系，即权力在国家政府、社会机构和广大社会群体之中和之间的组织、运行。②"空间与政治"研究的核心是从"政治维度"考察有关城市空间的多个面相，探讨城市空间变革背后的机制与动因，关注特定空间内部的社会关系与等级秩序变化。在政治话题的讨论中，权力一直被视为一个合理的起点。一个社会能够组织起来从根本上说就是权力的控制问题，权力作为社会的一种深层结构而存在。③而"空间思维之于历史研究，关键在于研究的设计之中，是否能把空间结构看作权力以及资源关系的产物，把空间形态解读成具有社会文化经济意义的历史积淀"④。在历史地理学、城市规划建设史、建筑史等学科领域，"空间与权力"研究的主要关注点集中于空间形态（包括空间的分布、结构、样貌等）、空间营建活动与权力的关系问题。在研究方法的层面打通了政治学、历史学、地理学、城市规划学、建筑学等多个学科领域，形成新的跨学科研究方法。

中国自秦以来即建立了以郡县制为主体的官僚政体，并形成了金字塔式的庞大官僚群体，皇帝通过这个官僚群体对国家实行全面控制，而官僚机构的设置又是以等级制为结构，表现出重叠交错的网络状特征。作为权力的载体，衙署也自然成为这种政治权力交错形态下的造物。地方衙署处于国家权力结构的末端，向上听从中央所下达的指示，向下则要直接面对普通百姓执行其政令，可以说是国家与基层社会不可忽视的结合点。⑤在此过程中，

---

① 这里指狭义的城市史研究，其研究内容主要集中于城市的政治、经济、社会等方面。
② 朱剑飞.形势与政治：建筑研究的一种方法 [M].上海：同济大学出版社，2018：11.
③ （英）杰弗里·托马斯.政治哲学导论 [M].顾肃，刘昌攒译.北京：中国人民大学出版社，2006：77.
④ 叶文心.空间思维与民国史研究 [J].南京大学学报，2013（1）：120.
⑤ 王贵祥等.明代城市与建筑——环列分布、刚维布置与制度重建 [M].北京：中国建筑工业出版社，2012：249.

空间成为权力附着的基底，进而对权力的投设与展开产生或显著或微妙的影响。地方衙署如何利用空间秩序彰显自身的权威、强化权力间的相互平衡，成为事关地方与国家长治久安的重要问题。本文聚焦于清代边疆省会城市昆明，从"空间与权力"的视角，对其衙署的空间结构与权力结构的相互关联进行剖析，进而对清王朝维护边疆统治的空间策略进行初步探讨，并期望通过这一典型而特殊的个案研究，对中国古代城市史研究在研究范围和研究方法上予以有益的补充。

二、清代官制与衙署

清代地方政区基本承袭明制，划分为省、府、州（包括直隶州、散州）、厅（包括直隶厅、散厅）、县，构成一个庞大的、多层次的、繁杂的行政体系。在清代行政体系中，省会城市作为地方最高的行政机构的驻地，数量虽然不多，但是地位和作用却十分重要。省会城市因行省建置而生，是因行政区划制度变迁而产生的城市类型，从产生起即为中央集权与地方分权的行政中枢，成为维持大一统国家有序运转的关键节点。由于行省具有行政级别与行政区划的双重意义，省会城市也被赋予不同的内涵：从行政地位看，省会城市聚集了行省的行政中枢机构，是地方最高的行政中心，拥有统辖地方军民大权的职责；从城市体系的构成看，省会城市居于城市体系的中间位置，是沟通京城与府、厅、州、县城的桥梁。

省的最高长官是总督和巡抚，简称为督抚。据《清朝通典》卷三十三记，总督"掌总治军民，统辖文办考核官吏，修饬封疆"，而巡抚则"掌宣布德意，抚安齐民，修明政刑，兴革利弊；考群吏之治，会总督以诏废置，三年大比，献贤武之书，则监临之；其武科则主考试"。巡抚与总督在职掌上，一般是总督统管军事，巡抚则总理民事。但在实际上，总督对所辖省份之一切政务，无不综理。而巡抚为独当一面的地方长官，兼理军、民之政与总督并无不同。督抚之下设两大行政机关：一是承宣布政使司，掌管一省的民政、财政事务，主官设布政使；二是提刑按察司，掌管一省的司法、监察事务，主官设按察使。清代省下设府，为承上启下之行政机构，在司、道的领导下，辖以州、县。清代于各府设知府一人，为府的地方行政长官，掌一府之政令。县是地方行政管理的基层组织，知县为一县之长官，掌一县之治理，凡县内之诉讼审办、田赋税收、缉盗除奸、文教农桑诸政无不综理。

此外，重要衙署还有粮储道、盐法道和督学政。粮储道又称督粮道，是有漕政各省专管潜粮的监察兑收和督押运艘的官员。清制，地方盐政，由总督或巡抚兼管，有盐务的地方，专设有都转盐运司运使或盐法道，具体办理盐务。学政掌一省学校、士习、文风的政令。各级儒学生徒考课黜陟之事皆为职任，掌理岁、科二试，届时学政巡历所属府、州，考查诸生的文才、品行、学习勤情，并对所属学官进行考核。[①]各省学政都设有专署办公，大多驻于省城。学政亦为一省之大员，凡通省兴革之较重大事宜，学政均参加会议与督抚藩臬会商以行。[②]此外，府、厅、州、县的儒学，还分设教授、学正、教谕管理，并以训导辅助（图1）。

三、清代驻昆明地方官员及官署

云南自元代设行省至明清，均以云南府为首府，昆明县为首县。作为云南首善之地，昆明成为全省政治、军事、文化的中心。由于"省会是崇重臣统驭，于上庶僚分理，

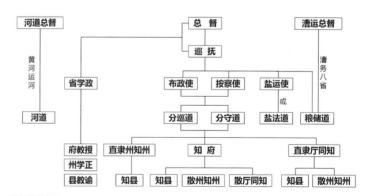

图1 清代地方官制
图片来源：作者根据刘子扬《清代地方官制考》、瞿同祖《清代地方政府》等整理绘制

① 刘子扬.清代地方官制考 [M].北京：紫禁城出版社，1988：425.

② 同上：426.

于中百职事奔走承命，于下田赋甲兵所由出、文章礼乐所有兴，宣天子之德意以嘉惠……"[1]，因此"一切监司大员，有十之八九都设置于昆明"[2]。如表1所示，清代昆明驻总督一，"领兵部尚书衔，统属文武，节制各镇，总督云、贵两省军务、粮饷，犹两省之统帅也，有节制云、贵两省各镇总兵官之权"。总督名义上为治官之官，不是治民之官。总督所辖营伍（地方武装），称为督标三营，另有云南提督（驻在大理）所辖的提标一营留驻省城，名为城守营，也归总督调遣。驻巡抚一，领兵部侍郎衔，兼理军务、粮饷。云南巡抚是云南全省民政上的最高长官，且兼有都御史衔。总督则兼都察院右都御史，巡抚则兼都察院右副都御史。巡抚也有所统辖的营

伍（地方武装），称抚标三营。督、抚下置两司两道。两司一为布政司，上承巡抚而管全省吏治，兼管国库，主收支出纳。一为提刑按察使，掌全省刑法，兼弹传事务。次于两司者，为粮储道与盐法道。粮储道管征粮、屯田、水利等事。盐法道专司本省盐政，统辖三盐提司、九盐场大使，调整放锅事务。其各项经费而不由

藩司支发，为一独立政务。另外，设有省提学使，是职掌考试学子之官，与督、抚两院，同称省之三院（图2）。除省级衙署，昆明还是云南府署和昆明县署驻地，省、府、县三级衙署同居一城。上述官职与衙署的设置，既体现出等级分明、分工合作的特征，同时也体现出通过行政、军事权力的相互平衡与钳制，

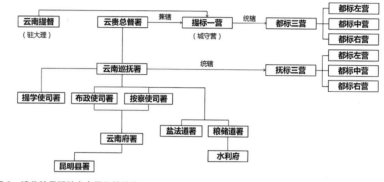

图2 清代驻昆明地方官署及其结构
图片来源：作者根据表1整理绘制

清代驻昆明地方行政官署主官及其职责 表1

衙署	主官	别称	品秩	职责
总督署	总督	督部堂（制台）	正二品（从一品）	领兵部尚书衔，统属文武，节制各镇，总督云、贵两省军务、粮饷。名义上为治官之官，非治民之官
巡抚署	巡抚	抚部院（抚台）	从二品	领兵部侍郎衔，兼理军务、粮饷，为云南全省民政上之最高长官，且兼有都御史衔，是一治民而兼治官之职
布政使司署	布政使	（藩台）	从二品	上承巡抚而管全省吏治，兼掌国库，主收支出纳。凡国家征收之地丁钱粮及各项税课，都由布政使征收入库。大小官员之廉俸、武营兵饷及各项正供，都由布政使发放
按察使署	按察使	（臬台）	正三品	掌全省刑法，兼弹传事务
粮储道署	督粮道			职掌通省粮储，监察兑粮、统辖有司军卫，遴委领运随帮各官，督押运艘而治其政令。管征粮、屯田、水利等事，下设水利府，专司省坝内水利
盐法道署	盐法道		正四品	具体办理盐务
提学司署	提督学使	督学院（学台）	正三品	掌一省学校、士习、文风之政令。各级儒学生徒考课黜陟之事皆为职任，掌理岁、科二试，届时学政巡历所属府、州，考查诸生之文才、品行、学习勤情，并对所属学官进行考核
云南府	知府		从四品	总领各属县，凡宣布国家政久拾理百姓，审决讼案，稽查奸宄，考核属吏，征收赋税等等一切政务皆为职掌
昆明县	知县		正七品	为一县之长官，掌一县之治理，凡县内之诉讼审办、田赋税务、缉盗除奸、文教农桑诸政无不综理

来源：作者根据光绪《昆明县治》、民国《新纂云南通志》以及罗养儒《云南掌故——纪我所知集》等资料整理。

① 康熙《云南府志》。
② 罗养儒.云南掌故：纪我所知集[M].昆明：云南民族出版社，2015：38.

来形成对官员及官署权力的约束与管控的机制。

四、清代昆明衙署的空间分布

1.清代昆明城的地理空间格局

昆明城（云南府城）建于明洪武十五年（1382 年），是在元中庆城北半城基础上向西、向北扩展而成，以圆通山为城北屏障，而将菜海子（翠湖）、五华山与祖遍山完全围入城中，形成"三山一水"的地理空间格局。元中庆城南半城则被隔离于南城门之外。五华山从中庆城北端制高点，变为城市中心的制高点，同时也成为城市平面的地理中心。整个城市的地形总体上北高南低，由北向南呈阶梯状降低。如图 3 所示，面积广大的翠湖与城北部的圆通山、城中部的五华山—祖遍山将昆明城内阶梯状的地形划分为三个相对独立的空间区域。其中翠湖、五华山 – 祖遍山以南区域与原中庆城北城部分基本吻合（仅西部略有扩大）。该区域地势平坦，面积较为广阔；而城北居于翠湖东西两侧的区域，多坡地，用地相对局促。清代昆明城市的规模，基本延续了明代以来的状况，城北人口较为稀少，而城南则人口密集，占了全城人口的十分之七。这一地理格局所形成的空间秩序，深刻地影响了衙署的空间分布与区位关系，成为权力等级秩序与相互制衡的空间基底（图 4）。

2.清代昆明衙署空间分布的政治意义

正如钱穆先生所言，"地方政治一向是中国政治史上最大一问题。因为中国国家大，地方行政之好坏，关系最重要"[①]。从秦代开始，为实现大一统的国家，即建立十分严密的地方统治制度。其中，对地方权力的层层控制和分权制衡无疑是强化地方统治的重要举措。清代是中国传统社会的最后阶段，将这一制度推向了登峰造极的地步。有清一代，在地方政府各类衙署所组成的纵横交错的权力网络，既有上下级的统属关系，也蕴含着左右相互监督的机制。由于"滇省枢天下之西南，控交缅，错黔蜀，幅员辽阔，皇皇数千里，诚荒服一岩疆也"[②]，鉴于元末梁王、明末永历、清初吴三桂的前车之鉴，中央王朝对云南地方政府的权力尤为限制。那么，在清代昆明城内不到 3km^2 的地理空间内，如何实现省、府、县各级衙署有序分布和相互制衡，显然已成为事关边疆乃至国家统一与稳定的重要问题。

3.清代昆明衙署空间结构的特征

清代昆明衙署分布的空间结构特征突出的表现为以下三点：

1）聚于城内

顺治十六年，大清王朝平定云南后，沿袭明制仍以昆明为会省，省、府、县三级衙署驻治昆明城内外。康熙二十年，平定吴世璠后，清除吴氏王府，此后将原位于城外的重要衙署陆续迁入城内。于是，"至于城内，则为督抚、学政、司道、协参、都守衙门及外镇、外道公馆或贡院，几占全城之半"[③]。康熙之后，各级衙署再未进行大规模的移建，省、府、县三级衙署聚于城内，"内官外民"

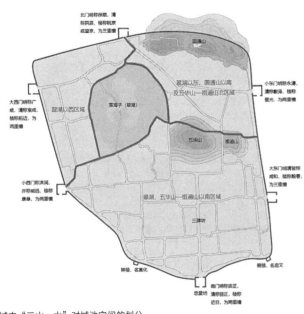

图 3　昆明城内"三山一水"对城池空间的划分
图片来源：作者自绘

① 钱穆.中国历代政治得失 [M].北京：生活·读书·新知三联书店，2001：114.

② 康熙《云南府志》，岩疆意为边远险要之地。

③ 《昆明市制长编》卷六。

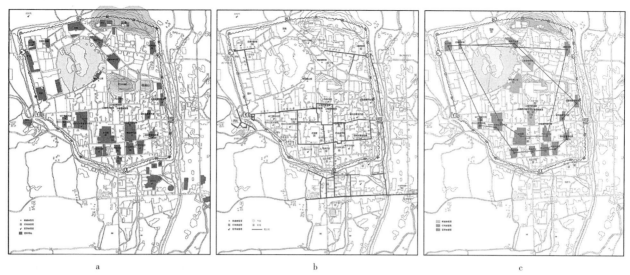

图4　清代昆明衙署分布的空间结构
a 衙署用地分布；b 衙署与主要街市空间关系；c 衙署分布的圈层结构
图片来源：作者根据《云南通志》、光绪《昆明县志》、民国《新纂云南通志》整理绘制

的空间格局直到咸丰、同治"回民起义"未有大的改变。有学者统计，清前期、中期驻于昆明城内的省、府、县级衙署共有30余个，较明代三司六卫机构，几乎多出三分之二[①]（图4a）。事实上，清代各直省之首府、首县多有总督与巡抚同城或巡抚与布、臬二司及道员同城、道员与知府、知县同城的现象，这也导致了传统城市行政机构重叠的普遍现象。这种现象缘于城市系统的重叠，从而又造成了城市空间行政区的重叠。然而，这种管理格局完全符合分割地方权力、集权于中央的专制政治的准则。这种城市格局的出现，从根本上说是仍为封建国家政治体制所决定。

2）三分而立

如图4b及图5所示，省、府、县三级衙署虽然同驻一城，但分别居于由翠湖、圆通山、五华山—祖

遍山所限定的三个区域，是"三分而立"的空间格局。总督府、巡抚署、布政司、按察司、盐法道署、粮储道署等省级衙署集中于翠湖、五华山—祖遍山以南人口密集、市容繁华的区域，并以三牌坊为中心，分列于"南门—南正街—三牌坊—五华山"的城市轴线两侧，占据显要的空间区位。其中，等级最高、规模最大的总督署与巡抚署位于三牌坊以西，布政使司署、提法使司署位于三牌坊以东，既相互毗邻又各自独立。基于"肃临蔽则恃公廨之宏阔"[②]的思想，总督府、巡抚衙门、藩台、臬台衙署，高耸宏丽居全城之冠，"高牙大纛，鳞次相望"，十分凸显。其他衙署环列于督府、巡抚衙门、藩台、臬台衙署四周。云南府署居于翠湖以西的昆明城西北隅，毗邻商业兴盛的钱局街，而昆明县则居于用地局促、人口最为稀

少的城东北隅。这种"中心—边缘"的区位差异成为官署等级差异的表征，同时也成为权力分隔与制衡的行政架构的反映。

3）圈层结构

清代昆明各级衙署按其功能主要可分为行政、教育、军事三种类

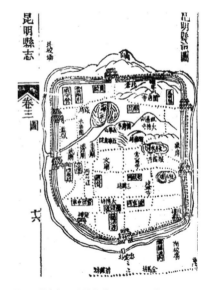

图5　道光年间绘制的《昆明县治图》
图片来源：光绪《昆明县志》第49页

①　谢本书，李江.昆明城市史（1）[M].昆明：云南大学出版社，2009：47.
②　光绪：《平遥县志》卷2，建置。

型。如图 4c 所示，军事衙署被安置于重要行政衙署的外围，以形成拱卫，而教育类衙署居于城中心区域。军事衙署集中于城池东、南、西三侧，这或许与北侧城墙可依托圆通山据险而守，而其他各处城池则相对平缓"无险可守"有关。事实上，清代昆明衙署的空间区位关系与权力关系的契合是经过缜密规划和在历史中屡次修正磨合的结果。以布政使司署为例，明代原在大东门内，后移城外三市街。清康熙二十一年，布政使田启光移入城内旧察院。二十八年，布政使于三贤改建于城内三牌坊东。又如知府署，明初在大西门内，后移城外云津铺。康熙二十三年，知府朱士毅移入小西门内。后知府罗衍嗣又移驻南门内。二十九年，知府张毓碧仍于大西门内旧治捐俸修建于大西门内。空间区位关系与权力关系的高度契合，既实现了中央王朝"权力分散、互为制衡"的统治思想，又兼顾了"圈层布置、利于防守"的城池防御策略，充分反映出中央王朝边疆治理空间策略的缜密与精妙。

五、结语

列斐伏尔认为，"空间不是排除于意识形态或者政治学之外的一个科学客体；它始终具有政治性和战略性。……空间具有政治性和意识形态性，它是实际上充溢着各种意识形态的产物"[1]。上述观点对于中国古代城市的衙署同样适用。衙署建筑作为权力和统治的据点，成为分配性控制（对物质世界的控制）和权威性的控制（遂社会设计的控制）的统一。各种空间的隐喻，如位置、边界、边缘、核心、连接等，都成为权力宣示与制衡所倚重的资源。这一点在清代昆明衙署的区位关系中表现得尤为显著。地处西南边疆的云南省，"虽远在天末，其山川险，易建制因革"[2] 对于官署权力的制约与平衡，被视为边疆治理的关键问题。当这种对于官署权力的制约与平衡，落于地表之上则表现为空间秩序与权力秩序的辩证统一。一方面，空间秩序彰显甚至强化权力秩序；另一方面，空间秩序又制衡着权力秩序。这既体现了清代中国由大小官吏和各级衙门构成的官僚政治体系，上下有序、等级森严的精密结构，也反映出清代官僚政治体制防闲日密、互相牵制、层层约束的弊政。

参考文献

[1] 朱剑飞.形势与政治：建筑研究的一种方法 [M].上海：同济大学出版社，2018.
[2] 刘子扬.清代地方官制考 [M].北京：故宫出版社，2014.
[3] 钱穆.中国历代政治得失 [M].北京：生活·读书·新知三联书店，2001.
[4] 瞿同祖.清代地方政府 [M].范忠信等译.北京：法律出版社，2011.
[5] 罗养如.云南掌故——纪我所知集 [M].昆明：云南民族出版社，1996.
[6] （法）列斐伏尔.空间与政治 [M].李春译.上海：上海人民出版社，2015.
[7] 陆复初.昆明市制长编（卷六）[M].昆明：昆明市志编纂委员会，1984.
[8] 谢本书,李江.昆明城市史（1）[M].昆明：云南大学出版社，2009.
[9] （民国）新纂云南通志（卷八）[G].
[10] （康熙）云南府志 [G].
[11] （光绪）昆明县志 [G].

① （法）列斐伏尔.空间与政治 [M].李春译.上海：上海人民出版社，2015：36-37.
② 见康熙《云南府志》。

元大都城营建探微

吴庆洲

吴庆洲，华南理工大学建筑学院教授，博士生导师，亚热带建筑国家重点实验室学术委员，中国城市规划学会历史文化名城规划学术委员会委员。邮箱：qzwu@scut.edu.cn。

国家自然科学基金"中国古城防内涝的智慧和经验研究"资助项目（项目号：51878282）。

摘要：本文探讨元大都城营建的特点，从城市选址、中轴线及准五重城的设置、排水系统的规划、充分利用前朝的建筑、园林和水系等资源，营建生态文明的国际大都会及大都城营建的哲理和象天意匠。结论是元大都是中国都城营建史上的一座丰碑。

关键词：营建；选址；哲理和象天意匠；国际大都会；丰碑

一、前言

北京，是中国六大古都之一。至少在公元前 1000 年，北京便开始了有文字可考证的历史，当时它是周王朝的诸侯国燕的都城蓟。隋朝时蓟城为涿郡的行政中心，唐朝统称幽洲。938 年，蓟城为辽的陪都，改称南京，又叫燕京。1153 年金迁都于此，名中都。

金泰和六年（1206 年），铁木真建立了蒙古政权，即位为蒙古大汗，被各族尊称为成吉思汗。金贞祐二年（1215 年），蒙古人攻陷金中部，城内宫阙尽遭焚烧。为了"南临中土，控御四方"，元世祖忽必烈从汉人刘秉忠议，于至元元年（1264 年）八月迁都燕京，改名中都。至元八年（1271 年）"十一月，建国号曰'大元'。盖取《易经》'乾元'之义，以'元'为国号，并改中都为大都"。大都城从至元四年（1267 年）开始兴建，到二十二年（1285 年）全部建成[1]，共历时 18 年。

刘秉忠是大都城的主要规划师和设计师。他是一位出家还俗的儒者，尤邃于《易经》及邵氏《经世书》。大都城的设计，既有"象天法地"的意匠[2]，又结合了地形，因地制宜，还体现了《考工记·匠人》的礼制思想。大都城的营建，是在他"经画指授"下完成的。参与选址和规划还有刘秉忠的学生赵秉温和郭守敬，郭守敬为著名的水利专家，负责设计和建造了大都城完善的水利系统。[3] 元大都在城市规划建设上有突出的成就，是中国城市建设史上又一座里程碑。在城市防洪排涝上，元大都也有许多宝贵的经验可供我们借鉴。下面拟分而述之。

二、城市选址兼顾供水、水运、防洪、宫苑建设，水平极高

北京坐落在三面环山、面积不大的北京小平原上，海河的支流永定河、潮白河穿过平原，向东南汇入海河。永定河洪水暴涨暴落，河水的年平均含砂量为 122kg/m³，最大达 400kg/m³，仅次于黄河，有"小黄河"之称。其洪、枯水量相差悬殊。河流汛期常决溢泛滥，河道自古以来即在北京平原冲积扇上自由摆动。辽南京和金中都离当时的永定河较近，而常受到洪水的侵袭和威胁。

元大都城选址于永定河冲积扇脊背的最优位置，在防洪上比金中都城好得多，虽然遇到了特大洪水时，城区仍有危险，但却基本上避开了一般洪水的袭击，排洪也较便利。[4]

除防洪外，大都城址的选择还综合考虑了城市供水和水运的问题，城址由金中都的莲花池水系转移到高梁河水系上来。由蓟城到金中都，城市基本上是在莲花池水系上逐步发展的。该水系水量较少，可满足规模不大的城市的需要。高梁河水系水量较前者大得多，加上后来又

远导昌平白浮泉水，汇西山泉水与瓮山泊、高梁河相接，为大都提供了充沛的水源，使城市用水和漕运用水得以解决。[5]

大都城选址考虑以湖泊东岸金中都大宁宫基址作为元大都宫城基址建大内[6]，在西岸建隆福宫，北建兴圣宫，三宫鼎立，在历代帝都布局中别树一帜。

大都城选址综合考虑了防洪、供水、水运、宫殿建设等多种因素，并各得其所，其选址水平是极高的。

三、元大都中轴线只贯穿城之中南部准"五重城"，而非全城

刘秉忠、赵秉温沿用金大宁宫三重城的空间规划，又新规划了大城城垣和宫城夹垣，使元大都形成了宫城（又称"内皇城"）、卫城（即大内夹垣，又称"皇城"）、禁城（宫、苑禁垣，又称"内禁垣"）、皇城（称"拦马墙"，又称"禁垣"）、大城准"五重城"的帝京规制的规划格局。[7]

四、排水系统的规划设计科学得当

元大都十分重视排水系统的规划建设。大都城以今北护城河位置最高，沟渠依由高向低，地势向南、东、北三个方向布局设计。

元代的金水河、坝河和通惠河是全城排水的主干渠。干道泄水渠集各街雨水、污水，就近排入各主干渠中。

当时，大都城北面（明清北城壕以北）的排水渠，向北、西、东三方向排水，经水关出城入护城河，向南的干渠则可排入积水潭和坝河。

皇城的排水，西苑一带可泄入太液池，流至通惠河，宫城内可直接泄入通惠河。[8]

大都城排水系统的规划设计依地形地势而行，很是科学、得当。

五、元大都的营建充分利用前朝的建筑、园林、水系等资源，建成享誉世界的生态、文明的大都会（图1、图2）

（1）将永定河故道海子规划在元大都的中西部，使之成为大运河北段之通惠河北端的漕运码头和元大都城风景名胜之地。

（2）将隋代开挖的永济渠北端主、支渠道作为元大都城的水系和给排水系统的组成部分，使之成为元大都城日常生活的依靠。

（3）对前代规划的皇家山水园林加以继承和改造，使之成为元大都城的皇城区域和具有代表性的、传承有序的人文建筑。

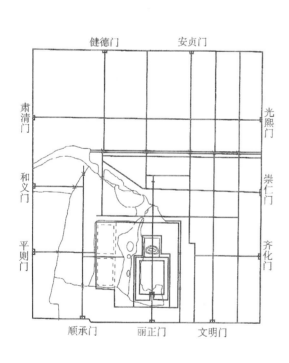

图1 元大都城平面规划复原图（郭超绘）
图片来源：郭超.元大都的规划与复原 [M]. 北京：中华书局，2016：385.

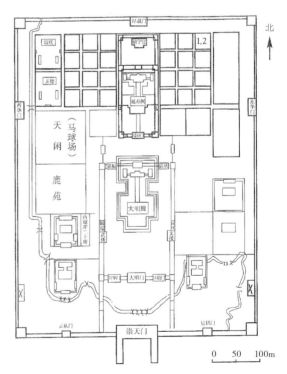

注： 为元代拆除前代宫城东、西华门，明代恢复。1. 懿范门。2. 嘉则门。
图2 元大都宫城平面规划示意图（郭超绘）
图片来源：郭超.元大都的规划与复原 [M]. 北京：中华书局，2016：347.

（4）对前代寺庙、府邸、民居、仓库、草场的继承与保护，使历史遗存的古迹成为元大都城文化生活的重要载体之一。

由于对前朝历史文化遗产的继承与再利用，元大都成为一座享誉世界的生态文明之城和国际大都会。[9]

六、元大都城营建的哲理与象天意匠

元大都城乃运用《周易》象数进行规划布局的典范，其象天意匠也前无古人。

1. 城门名称、方位以文王卦排列 [10]

《日下旧闻考》云："元建国曰大元，取大哉乾元之义也。建元曰至元，取至哉坤元之义也。殿曰大明，曰咸宁，门曰文明，曰健德，曰云从，曰承顺，曰安定，曰厚，皆取诸乾坤二卦之辞也。"（《日下旧闻考》卷三十，宫室）

依后天八卦，北西门位于乾卦，取《易经》："乾，健也"，"刚健中正"，取门名为健德。

北东门，位于坎、艮之间，为复卦中讼卦，取意"乾上坎下，九四不克讼，复命渝，安贞吉"，取名安贞门。

东北门，位于艮卦，取《易经》："艮，止也。时止则止，时行则行，动静不失其时，其道光明"之意，取名光熙门。

正东门，处震卦，《易经》："万物出乎震。"震在东，代表仁。门取名崇仁。

东南门，位于巽卦。《说卦传》云："齐乎巽，巽，东南也。"《易经·贲》："观乎人文以化成天下"，取名齐化门。

南东门，位于离与巽两卦之间，为复卦同人卦。《易经》说它"文明以健，中正而止"。《易经·贲》："文明以止，人文也"，取名文明门。

正南门，位离卦。《易经·离》云："日月丽乎天，百谷、草木丽乎土，重明以丽乎正"，取名丽正门。

南西门，位坤卦。《易经·坤·象》："至哉坤元，万物资生，乃顺承天。坤厚载物，德合无疆"，取名承顺门。

西南门，处坤、兑两卦之间，在复卦中近于师卦。《易经·象》："平亦谦之意。"《易经·谦》："象曰：无不利，㧑谦①，不违则也。"取名平则门。

正西门，处兑卦。《易经·说卦》云："和顺于道德而理于义"，取名和义门。

西北门，位于兑、乾两卦之间。"万物萧杀和肃清，西北之卦"，取名肃清门。

2. 元大都城的象天意匠——宫城置于太微垣之位

元大都城依王城之制，南北略长，近似正方形。其东、西、南依王城之制，"旁三门"，但北边仅设二门。元末明初长谷真逸的《农田余话》云："燕城系刘太保定制，凡十一门，作哪吒神三头六臂两足"。曾在大都做官，熟知大都掌故的诗人张昱也写道："大都周遭十一门，

草苫土筑哪吒城；谶言若以砖石裹，长似天王衣甲兵。"即大都十一门，南面三门象征三头，东西六门象征六臂，北面两门象征两足。郑所南《心史》中也提到"二月哪吒太子诞日"，大都举行盛大仪式庆祝。[11]此为一说。

另一说则认为，元大都辟十一门来自"天五地六"之说。《周易·系辞上》云："天一，地二，天三，地四，天五，地六，天七，地八，天九，地十。""一、三、五、七、九"这五个阳数（天数），"五"居中，"二、四、六、八、十"这五个阴数（地数），"六"居中，故"天五地六"喻义"天地之中合"。元黄文仲《大都赋》："辟门十一，四达憧憧。盖体元而立象，允合乎五六天地之中。"此说可能是刘太保规划十一门所要表达的象征意义。

元大都在象天法地的规划上与历代不同，宫城作为太微垣，位于全城中轴线之南，城中央紫宫的位置让给了总领百官的中书省。

据《析津志辑佚·朝堂公宇》："中书省，至元四年，世祖皇帝筑新城，命太保刘秉忠辨方位，得省基，在今凤池坊之北。以城制地，分纪于紫微垣之次。""枢密院。在武曲星之次。""御史台。在左右执法天门上。"位于钟楼之西的中书省居紫微垣的位置，下属六部等衙门排列于中书省周围，成为紫微垣的众星。元大内在钟鼓楼正南，地当太微垣，其正门崇天门东南的御史台对应的正是太微垣正门天门南端的左右执法，大内居太微垣位可谓无疑。[12]

---

① 㧑，huī，谦逊。㧑谦，即谦逊。

太微垣作为星官名，在北斗之南，有星 10 颗，以五帝座为中枢，成藩屏的形状。东藩四星，由南起叫东上相、东次相、东次将、东上将；西藩四星，由南起叫西上将、西次将、西次相、西上相；南藩两星，东称左执法，西称右执法，左、右执法间叫"端门"。（《步天歌》）

唐朝的宫城居北辰之位，皇城为居紫微垣之位之先河。元大都中书省居紫微垣之位，乃承唐制。而大内居太微垣之位，乃打破传统的做法。元大都的正南门名丽正门，取《周易·离》："日月丽乎天""重明以丽乎正"之义。元大内正殿为大明殿，殿前中央为大明门，左右有日精、月华二门。

元大都以《周易》数理哲学为规划指导思想，另将宫城置于三垣中之太微垣之位。太微乃三光之廷。三光为日、月、五星。太微垣实为太阳神之宫。这与蒙古人信奉的喇嘛教尊崇毗卢遮那佛（即太日如来）有关，也与蒙古人为东夷族的后裔有关。东夷族崇尚白色，这与东夷族以太阳为图腾，视自己为太阳的子孙有关。元帝国"盖国俗尚白，以白为吉也"（《南村辍耕录》卷一）。宋赵珙《蒙鞑备录》云："成吉思之仪卫，建大纯白旗为识认。"元朝大都"那些著名的皇族都带着白马游行"（《鄂尔多克东游录》）。元代的社坛以"白石为主"（《元史》卷 17）。元人处处表现出尚白之风。崇日尚白的民族特色，使元人选择以太微垣为宫城之位。

七、结论

元大都城选址高明，规划布局因地制宜，充分利用了前朝建成遗产，注意生态环境和防灾减灾，其营建的哲理意匠和象天意匠多有创意，是一座中国都城营建史上的丰碑。

参考文献

[1] 元史.世祖本纪 [M].

[2] 吴庆洲.象天法地意匠与中国古都规划 [J].华中建筑，1996（2）：31-40.

[3] 首都博物馆.元大都 [M].北京：北京燕山出版社，1989：16-17.

[4] 段天顺，戴鸿钟，张世俊.略论永定河历史上的水患及其防治 [M]// 北京史苑.北京：北京出版社，1983：245-263.

[5] 侯仁之.北京城的生命印记 [M].北京：生活·读书·新知三联书店，2009：117.

[6] 郭超.元大都的规划与复原 [M].北京：中华书局，2016：273.

[7] 郭超.元大都的规划与复原 [M].北京：中华书局，2016：380.

[8] 蔡蕃.北京古运河与城市供水研究 [M].北京：北京出版社，1987.

[9] 郭超.元大都的规划与复原 [M].北京：中华书局，2016：384-385.

[10] 于希贤.《周易》象数与元大都规划布局 [J].故宫博物院院刊，1999：2.

[11] 陈高华.元大都 [M].北京：北京出版社，1982：51-52.

[12] 姜舜源.论北京元明清三朝宫殿的继承与发展 [A].第二届中国建筑传统与理论学术研讨会论文集 [C].1992：44.

北宋西北堡寨进筑体系的空间分布结构研究

拓晓龙　李　哲　张玉坤

拓晓龙，天津大学建筑学院博士研究生。邮箱：969822057@qq.com。
李　哲，天津大学建筑学院副教授，博士生导师，建筑文化遗产传承信息技术文旅部重点实验室副主任。
张玉坤，天津大学建筑学院教授，博士生导师，建筑文化遗产传承信息技术文旅部重点实验室主任。

摘要：在宋夏战争期间，北宋在其西北边疆建立起了一套庞大的堡寨体系，以此遏制西夏骑兵的大规模进攻和抄掠，同时通过拓展这一体系，攫取对西夏的系统性战略优势。至今西北黄土高原及青海河湟地区仍大量分布有堡寨、烽燧、界壕等遗址。其工程规模和体系化程度堪比长城防御体系。研究基于史料对堡寨体系的军政建置结构进行还原，建立历史地理时空切片，利用 GIS 地理相关性分析和史料互证，提炼堡寨体系的空间分布特征及结构模式。最后对堡寨体系与明长城防御体系的空间结构异同进行了比较论述。

关键词：北宋；堡寨体系；军事遗产；空间结构；比较视野

一、研究缘起——被忽视的古代超大型军事遗产

在北宋君臣有关宋夏边事的奏对、敕札中，经常出现"进筑"一词，专用于宋朝在战争前沿及前沿以外的堡寨修建活动。从 982 年李继迁反宋至北宋灭亡的一百四十余年中，北宋通过"进筑"军事堡寨、逐步蚕食的方式实现"尽取河湟""渐复横山"的"制夏"目标。在此过程中，一套攻防兼备、弹性灵活、策应勾连的军事堡寨体系横亘于东起山陕黄河、西至青海湖东缘、东西绵延 900km、纵深 200~300km 的广阔区域内，基本囊括了黄土高原的各种地貌类型区。至今仍有大量隶属于该体系的城池、烽燧、界壕遗址广泛分布于上述区域。其空间分布规模与建设、运行的体系化水平足可与长城体系相媲美[1]。然而，堡寨体系的研究一直面临诸多困境：

（1）遗存破坏严重。建筑遗存分布广泛，土遗址保护状态较差，营造细节缺失严重。而城、寨、堡作为基层建置，其建筑营造相关的传世文献少，历史原貌追溯难度大。

（2）空间结构模糊。空间分布顺应防区地理结构，被千沟万壑的黄土地貌分割，呈现出有机生长的散点网络结构，因而缺乏长城体系明晰连续的物质引导和系统边界，整体面貌难以被认知。

（3）历史信息叠杂。堡寨建置数量庞大，且随着战线北移，战线后方行政建置结构也在不断变化，废罢改并频繁，造成堡寨信息前后抵牾错叠，沿革隶属信息错综复杂。

由于上述原因，北宋西北堡寨体系在中国古代边疆军事政治制度、思想及军事工程发展中的关键承转作用未被系统挖掘，其遗产价值一直处于被忽视的状态。

二、研究现状

在宋夏堡寨体系研究方面，李华瑞先生对宋夏缘边堡寨的建置、规模、功能及发展历程做了提纲挈领式的宏观阐发；在堡寨体系的历史地理考证方面，早在谭其骧《中国历史地图集》中，就已对主要城寨堡地理进行了初步考证和标定。随着多年来吕卓民、鲁人勇、陈守忠、张多勇等宋夏史学者及各地文物考古工作者开展的大量历史地理考证工作，目前见载于《武经总要》《元丰九域志》《宋史·地理志》中的 400 余座主要城寨堡已基本得到考证，北宋西北的历史地理拼图逐渐

完整；上述研究都为建筑历史、遗产视角下的宋夏战争遗迹及堡寨体系研究提供了坚实基础，但总体而言：一方面，在关于堡寨体系建设、管理制度方面的历史研究还有进一步发展的空间；另一方面，建筑历史及遗产保护领域目前仅有零星的单体遗址保护成果，缺乏根源性的、系统整体性的研究。

三、军事指挥机制及建置层级结构

北宋在西北缘边分置 5 个经略安抚司路（帅司路），专管一路边防机宜、训练管理、军事屯戍建设。帅司以下辖多个州、军，以及数量庞大的城、寨、堡军政建置。各寨堡由大小使臣充任寨官，在军事上与各州军一同直隶于经略司，因此城、寨、堡在军事上并无等级隶属关系[2]，其区别主要体现在军事防戍规模大小和战略地位的轻重上。在一般情况下，城、寨、堡的规模依次递减："寨之大者周九百步，小者五百步……堡之大者二百步，小者百步"[3]（图 1）。其中，城作为州、军以外最重要的军防要塞，旨在分担州、军防区内部的方面防御压力，以其强大的城防和驻兵规模镇压一路川原。也因其优越的大规模屯驻条件和战略价值，不乏由城升军的实例①。寨是堡寨体系的中坚力量，数量远多于城，是防区内控制主要道路节点、接应邻路、勾连边面的主要建置类型。堡是防御能力、军事重要性最低的建置类型，一般处于主要军事交通线上较远两寨的居中接应位置，有边界、道路的军事防托作用。

在北宋中后期"将兵"制度全面确立实施后，堡寨体系在原先由经略司直辖的守御体系基础上，又叠加了一套分路专总的备战体系。经略司将本路正兵分隶若干将，每将统御所部兵马屯驻一路多个城寨。这些城寨隶属主将节制。最终形成了两套作战隶属关系，即"将兵所驻城寨堡——主将——经略司""不系将城寨堡——经略司"。此二者叠加的特殊统御机制成为北宋堡寨制度的突出特点。

四、城寨堡的地理分布规律及空间结构模式

早在宋夏战争前期，"渐复横山，以断贼臂"[4]就已经成为宋廷经略陕西的总体战略，因此北宋西北堡寨体系的建设，并不是针对固定封

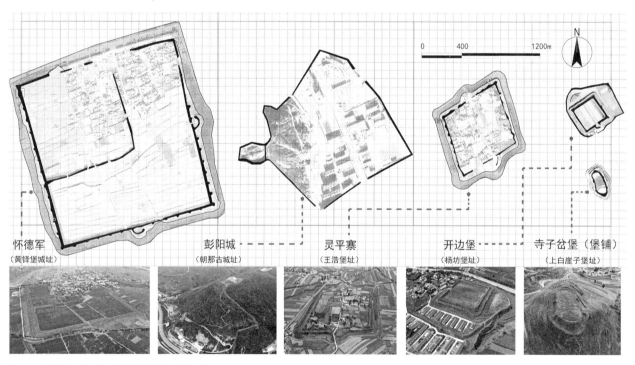

怀德军	彭阳城	灵平寨	开边堡	寺子岔堡（堡铺）
（黄铎堡城址）	（朝那古城址）	（王浩堡址）	（杨坊堡址）	（上白崖子堡址）

图 1　泾原路城、寨、堡、堡铺遗址规模列举与对比
图片来源：作者自绘

---

① 如绥德城升绥德军、平夏城升怀德军、陇竿城升德顺军、定边城升定边军等。

疆划界的静态防御体系，而是纵向进据与横向勾连间或进行的动态发展体系。在黄土高原复杂的地形限定下，统御关系扁平化的州军、城、寨、堡建置，可以因地、因时设置，战争资源在堡寨体系中因战局变化而动态挪移配置。因此在空间上呈有机生长态势，结构性特点难以直观把握，需借助空间量化分析辅助观察。

1. 堡寨体系多时空切片构建

在厘清各帅司路下军政建置结构之后，基于对各个战争阶段，城、寨、堡地望考据信息的耙疏和相关考据、考古成果的校对分析，最终完成了《武经总要》《元丰九域志》《宋史·地理志》等官修军事地理志和地理总志中主要建置堡寨的地理位置标定，从而建立起了宋夏战争四个重要阶段（真宗咸平—仁宗宝元年间、仁宗康定—英宗治平、神宗熙宁—元丰、哲宗元符—徽宗宣和）的时空切片，从而还原了多个历史时期的城寨堡体系地理空间分布原貌。

2. 基于 GIS 地理自相关分析的空间结构研究

（1）理想空间结构模式

在与堡寨选址相关的宋代奏对、敕札中，城寨的选址要素无外乎险峻易守、控厄贼路、水源足用、川原肥沃、声势相接。其中声势相接一项关系到整个堡寨体系的空间布局问题。采用 ArcGIS 中的平均最近邻分析工具 ①，对徽宗宣和时期的泾原路州军、城、寨、堡要素进行空间自相关分析，结果显示鄜延、环庆、泾原三路堡寨空间分布均为显著离散，体现出即使受复杂地形制约，堡寨分布密度仍然保持相对均匀，可能受到人为干预。最近距离统计结果显示，城寨要素值为 17km，即宋制里距约 30 里左右。据南宋张预所言"凡军日行三十里则止"[5] 推断，城、寨距离大致遵循日行 30 里的应援距离。堡要素值为 8km，即寨值的一半，同时也是农业耕作半径的极限值 [6]，显示出其接应与护耕的功能特点。由于施坚雅（G. William Skinner）提出的中心地理论对人—土地关系异常密切的传统农业聚落类型更具有天然的内在合理性 [7]，我们凭借该理论工具以及据史料挖掘复原的堡寨统御关系，抽象出堡寨进筑体系的理想空间结构模式图（图 2）。与长城体系向边缘逐步集中的分形结构不同 [7][8]，堡寨体系更具有离散扩张型特点。

（2）局部变异的空间结构模式

在不同战区，由于战略任务、进据策略的差异，空间结构也具有局部变异的特征。例如，与其他诸路不同，熙河路的空间自相关性分析结果为显著聚类，可推断这一现象受到熙河拓边模式的影响，即州、军堡寨体系为核心向四周番羌区域辐射的团组发展模式 [9]。与其他诸路的离散生长型网状结构相比差异明显。

五、北宋西北堡寨体系开启古代大型军事工程研究的比较视野

长期以来，长城防御体系作为中国古代大型军事工程的代表，无论从建筑体系本身还是其思想内涵，在一定程度上占据了建筑历史研究者对古代边疆军事工程的认识视野。北宋西北堡寨体系为这一领域提供了宝贵的比较研究视野。

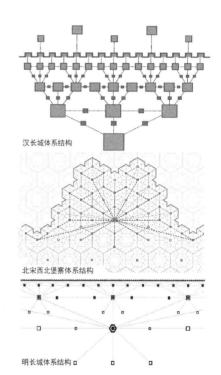

汉长城体系结构

北宋西北堡寨体系结构

明长城体系结构

图 2　堡寨体系与汉、明长城空间结构对比
图片来源：上图：任洁. 西汉长城防御体系研究 [D]. 天津：天津大学，2017：50；中图：作者自绘；下图：曹迎春. 明长城宣大山西三镇军事防御聚落体系宏观系统关系研究 [D]. 天津：天津大学，2015：215-221，235-243.

1. 战略目标、资源环境导致空间结构殊异

无论是对各历史时期长城功能异同的探讨[10]，还是对"长城秩序带"的系统再认识[11]，长城体系始终凭据清晰固定的政治与农耕资源边界，在防线内部构建稳态化、层级化的军事镇戍系统。北宋堡寨体系则基本处于明长城防线以南的农牧混合经济区域，通过构建开放性的边疆屯戍体系，依靠农耕经济的武装扩张，不断吸纳缘边耕地区的人口、农业资源。随着体系边际的不断推移，相对有限的军事资源凭借堡寨体系不断前移，后方地区的行政结构逐渐去军事化，最终实现新扩土地与内地政治、经济、社会的系统性整合。

2. 军事统御结构差异导致运作机制不同

堡寨体系背后两套军事统御体系相叠加，二者在地理空间上的投射关系并不重合，隶属关系在镇守聚落中呈扁平化，在系将备战的城寨中呈层级化。其用意延续了宋王朝对地方军权的分削制衡政策传统，在集权与分权中维持着微妙的平衡。这一体制使堡寨体系集"战""守"双重功能于一体，保证了战争资源在城寨体系内部因时因地的流动，从中亦能观察到明代九边"卫所—总兵"制度的原型轮廓。

3. 建筑遗产类型、形制不同

从军事建筑工程视角来看，中国冷兵器时代城池防御在北宋时期达到巅峰，其城池形制与先后的唐、

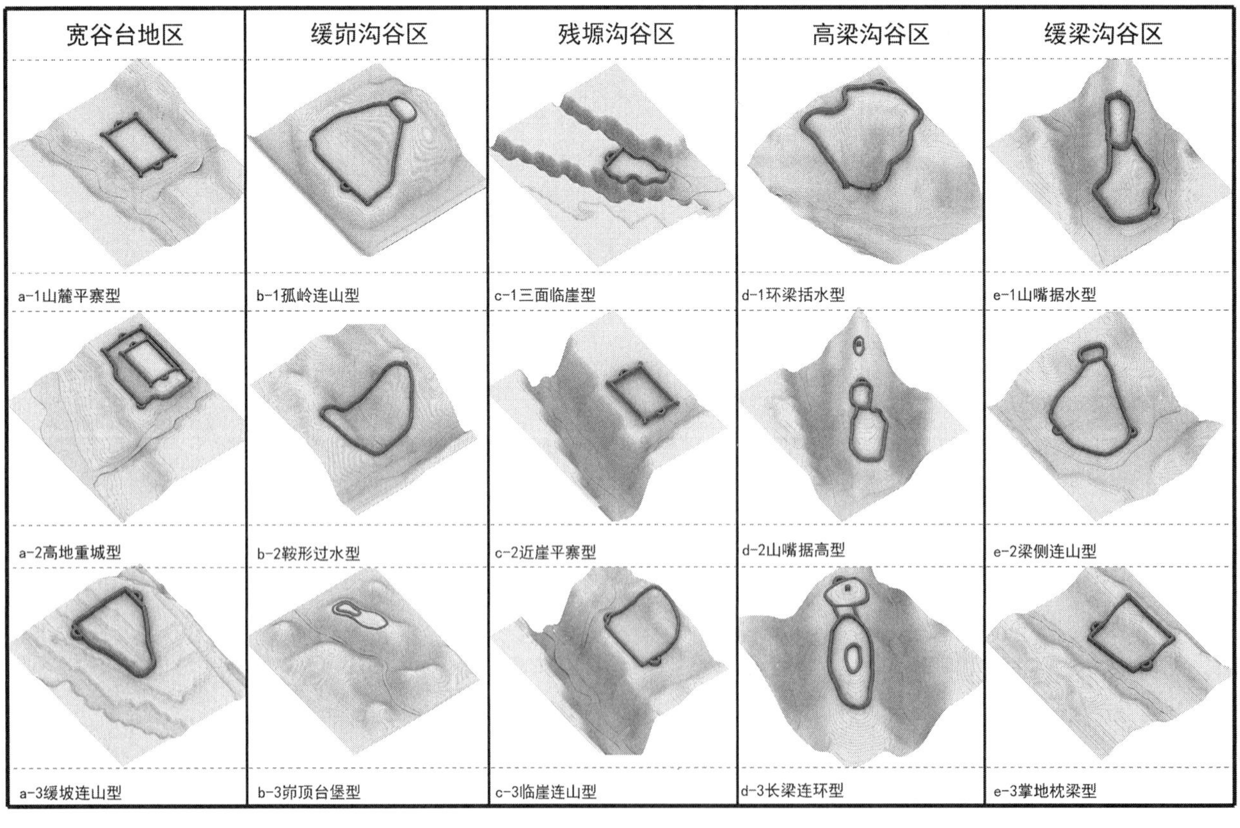

图 3　黄土高原地貌下的堡寨选址规划模式
图片来源：作者自绘

明以及同时代的西夏都有明显差异；由于深处黄土地貌腹地，其对地形、水源条件的利用都颇具匠心，营城规划手法灵活多样（图 3）。对其营建思想、技术特点的挖掘，关系到古代军事工程发展脉络的厘清与接续。

六、结语

堡寨进筑体系的创立与经营建设倾注了范仲淹、沈括等历史名人的政治理想抱负，参与见证了庆历新政、王安石变法等北宋时期一系列重大军事、政治制度变革，从实物层面成为审视、还原宋代政治军事制度、社会经济结构的线索和钥匙，具有重要的历史研究和文化遗产价值，同时也是探索西北聚落历史发展脉络的重要历史坐标，亟须建筑历史、遗产保护视角下的系统研究。

参考文献

[1] 秦晖. 王气黯然——宋元明陕西史 [M]. 太原：山西人民出版社，2020.

[2] 李华瑞. 宋夏关系史 [M]. 石家庄：河北人民出版社，1998.

[3] （宋）李焘. 续资治通鉴长编·卷三百二十八 [M]. 北京：中华书局，2004：7895-7896.

[4] （元）脱脱等，中华书局编辑部 点校. 宋史·卷三百一十四 [M]. 北京：中华书局，1985：10272.

[5] （春秋）孙武，曹操等注；杨丙安校理. 十一家注孙子校理·卷中 [M]. 北京：中华书局，1999：139.

[6] 李学东，杨玥. 基于耕作半径分析的山区农村居民点布局优化 [J]. 农业工程学报，2018（6）：269.

[7] 曹迎春. 明长城宣大山西三镇军事防御聚落体系宏观系统关系研究 [D]. 天津：天津大学，2015：215-221，235-243.

[8] 任洁. 西汉长城防御体系研究 [D]. 天津：天津大学，2017：50.

[9] 李强. 北宋经制西北吐蕃之模式述论 [J]. 康定民族师范高等专科学校学报，2005（01）：17-21.

[10] Di Cosmo. N. Ancient China and its Enemies- The Rise of Nomadic Power in East Asian History[M]. Cambridge，Cambridge University Press，2002：139.

[11] 范熙晅. 明长城军事防御体系规划布局机制研究 [D]. 天津：天津大学，2015.

清代四川井盐生产技术下的建筑空间研究

赵　逵　方婉婷

赵逵，华中科技大学建筑与城市规划学院教授。
邮箱：yuyu5199@126.com。
方婉婷，华中科技大学建筑与城市规划学院硕士
研究生。邮箱：764046445@qq.com。

摘要：清时期四川的井盐生产，综合当时的科学技术，能大规模利用天然气熬盐，形成了一套完整的制盐工艺和独具特色的建筑空间，至今仍有盐业遗产留存。本文根据古本绘图和文字记载，对清代四川井盐生产中的井架建造、盐卤输送及熬制、天然气获取利用等生产流程进行科学研究，并制作了复原模型，力图再现古人高超技艺下的生产建筑空间，为当代建筑遗产保护提供新的视野。

关键词：井盐技艺；盐业遗产；天然气；汲卤技术

四川井盐生产有着悠久的历史，见于文字记载的即达两千年以上，井盐文化对于川渝地区的地方社会经济、建筑和聚落演变等都扮演着举足轻重的作用。而在清代以前，作为主要生产资料的井灶，基本掌握在官府手里[1]，官府严格控制井盐的生产和运输，使得千百年来井盐业一直发展缓慢；入清以后，四川井盐业发生了实质性的改变，成为民间的一个自由产业，集民间的技术与力量，清代井盐的生产技术大大提高，一度达到世界之最，并衍生出许多有趣的生产建筑空间，也是产盐聚落中最重要的部分，且至今依然留有珍贵的盐业建筑遗产。

一、清代井盐生产的技术革新

1. 凿井技术提高

宋代发明的卓筒井虽首次利用了钻头工具使井口径仅竹筒大小，但相较于人工挖掘的极限，深度并没有增加多少，苏轼的《蜀盐说》写道："用圜刃凿，如碗大，深者数十丈"（图1左），最深也只有100余米。而清初四川盐业开始恢复时，新开凿的盐井甚至达不到上述水平。但随着盐业的蓬勃发展，凿井工具不断进步，人们发明了适应不同的地层和井深要求的钻头，在清代称作"锉"，比如《四川盐法志·卷二》里的《锉大口图》中使用的就是状如鱼尾，"上锐中阔，其末斜

而宽"的鱼尾锉（图1右）。钻头再借助其他辅助工具，钻井程序日趋缜密科学，盐井深度大大超越前代，在井盐生产最发达的自流井区，井深起步就是400m[2]。而随着盐井挖掘到一定深度，人们又发现大量四川独特的地下资源——天然气，将井盐生产推向新的阶段。

2. 大规模开发天然气（草皮火）

天然气在古代称作"草皮火"[3]，而四川一直是中国天然气储备量第一的省份，占全国1/5的储量。其实四川盐场对于天然气的利用从汉代时期就开始了，成都扬子山一号墓出土的汉代盐场画像砖上显示（图2），盐场会用竹筒作输气管道，引火气煎盐，这种简易利用天然气的

---

① （清）丁宝桢《四川盐法志》卷二十："大率自秦汉以来，始则夺灶户之利而官煮之，继则夺商贾之利而官自卖之；行引以后至井引，亦官自卖焉。"
② （清）李榕《自流井记》："百一二十丈见黄水者，碗咸一两一二钱，百五六十丈见黄水者，咸可一两五六钱。"
③ （清）李榕《自流井记》："凡凿井，须审地中之岩……次黄沙岩，见草皮火。"

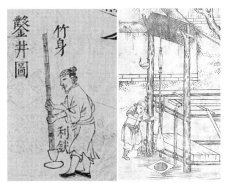

图1　清代以前及清代凿井
图片来源:《天工开物·卷五》的《蜀省井盐图》《四川盐法志·卷二》的《锉大口图》

图2　成都扬子山一号墓出土的汉代盐场画像砖
图片来源: 中国国家博物馆网站

方式一直持续到明代,"以长竹剖开去节合缝漆布,一头插入井底,其上曲接以口紧对釜脐,注卤水釜中"[①](图3左);再发展到清代,钻井技术的提高使地下天然气也被大规模采集使用,井、灶分离的现象变得相当普遍,有的盐场是引气就煎,有的盐场是引卤就气,因此输气和输卤的"火枧、水枧"装置成了清代四川盐场内最壮观的奇景(图3右)。

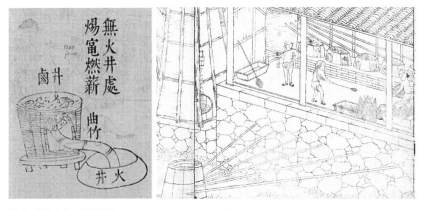

图3　明代火井与清代火井
图片来源:《天工开物·卷五》的《蜀省井盐图》《四川盐法志·卷二》的《井火煮盐图》

二、技术革新下的井盐特色生产空间

清代井盐的制造工序可分成凿井、汲卤、输卤、煮盐四部分,而技术革新后的井盐生产区将这四部工序科学地进行排布、整合,形成一些特有的生产空间;又因四川井盐遍布山川之间,所处环境与资源皆不同,人们必须因地制宜地设计生产区,而这些也奠定了井盐聚落的初始形态。

1.汲卤空间:天车

若当地盐井与火井离得近,抑或者没有火井,汲卤则采用"天车"的形式(图4)。"天车"也叫"楼架",是由几根树木杆架于井口之上的木结构,高度从十余米到四十米不等,作用是将地底深处的盐卤采汲上来。"天车"的顶上设置"天滚",相当于现代的滑轮,"天滚"与井底用几个大竹筒连接,而"天滚"又通过绳与地面的"地滚"、旁边的"盘车"连接,形成一个完整的动力系统。"盘车"由篾条编制形成,距离井口

① 车房	⑧ 盘车
② 小楼车	⑨ 地平
③ 天滚	⑩ 皇桶
④ 天箱头	⑪ 皇桶房
⑤ 斗档	⑫ 篾
⑥ 地滚	⑬ 海底
⑦ 地箍头	

图4　天车汲卤空间
图片来源: 底图为《四川盐法志·卷二》的《汲卤图》

① (明)宋应星《天工开物·卷五》。

十余米，盐工驱使数头牛拉绳转动"盘车"，从而带动"天车"，古人称作推注。而为了方便"盘车"转动，需要将其架空，只需利用一根被横架在中间的大木板"天平"和一块有凹槽可转动的大石"海底"组合嵌进"盘车"，就可以实现。除了使用畜力推动"盘车"和"天车"汲卤以外，若"井浅多黄水"[①]则只需人力：在井口搭一"车房"，顶部设置十六轮左右的"小椿车"，两人共挽将井底竹筒拉出。

　　所有采汲上来的盐卤就暂放在井口旁的"地皇桶"中（前高一尺，背高二尺，直径四五尺），再由盐工转移到旁边"皇桶房"贮存，达到一定量后运往煮盐的区域。

2. 汲卤、输卤空间：马车、置枧

　　若当地盐井与火井相距甚远，盐卤需要运输，则采用"马车"与"置枧"的形式（图 5）。在四川众多产盐地里，有一些盐井与火井不在一处的，比如富顺盐场[②]，这种情况下，如果再利用"天车"汲卤后靠人力搬运到火井煮盐，未免过于费时劳力。于是当时的人们发明了"枧"这种类似现代管道的输卤工具——是将竹子掏空后，用细麻、油灰包缠而成。通常沿着山势高低搭建"枧"，或是直接埋在土里从一座山穿到另一座山（称作"冒水枧"）。与现代管道需要定期更新一样，"枧"每一年零十月就要更换一次，当地每每会举办热闹的绞篾节。

　　而上一节所描述的"天车"系统从高度上是很难与"枧"整合的，

为了方便置枧，产生了"马车"这一汲卤系统。"马车"是"天车"的升级版，由 4 根大木在四角矗立撑起，顶上建"车楼"，其原理就是在楼上利用马驹推车盘采汲"马车"底下的盐卤。"马车"高十余米，相当于现在四五层楼高，人和马驹的步道因长而陡险像彩虹一样，人们

称作其"乘桥"。盐工牵着马驹上了"车楼"后，驱使其转动"盘车"汲卤。以一栋"马车"与数段"枧"为一个单元，连续多个单元连接实现了几个盐井的卤水到煮盐地的运输，这样的场景在古代聚落中非常壮观（图 6），甚至待技术发展到清末，有了弯曲的"枧"后，输卤管

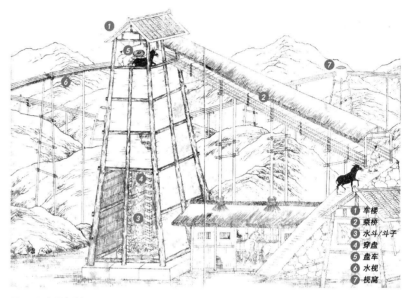

图 5　马车汲卤空间
图片来源：底图为《四川盐法志·卷二》的《置枧图》

1　车楼
2　乘桥
3　水斗/斗子
4　穿盘
5　盘车
6　水枧
7　枧窝

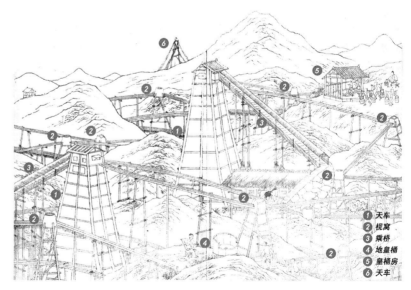

图 6　完整的输卤空间
图片来源：底图为《四川盐法志·卷二》的《马车图》

1　天车
2　枧窝
3　乘桥
4　地皇桶
5　皇桶房
6　天车

① （清）丁宝桢《四川盐法志·卷二》。
② 《富顺县志》记载："邱垱多水，龙新两垱多火，邱垱距龙新垱十余里，邱垱之斜石塔有黄水，亦隔火井十余里，中阻大河，沿途多山。"

道像过山车一样"高者登山，底者入地"，堪称四川境内的奇景（图7）。

3. 煮盐空间：灶房

区别于海盐和池盐的晾晒法，井盐因生产地多是阴雨、山川之地，只能通过熬煮的方式提取盐卤中的结晶，而本节开头说到四川井盐地的所处环境与资源皆不同，按当地燃料资源分为柴火煮盐、炭火煮盐和井火煮盐三种。

根据《四川盐法志》记载，清代四川盐场使用煤炭煮盐的居多，比如犍为、云安、潼川等场都是采用此法，一般是当地妇孺拾煤卖给盐灶场作为生计。以煤炭为燃料的盐灶场（图8），通常会就近设置在盐井旁边，场内有两种建筑：内有盐井的屋子叫碓房，放置锅灶的屋子叫灶房。柴火煮盐同理，大宁盐场就有此例（图9）。炭火煮盐"功倍于井火而得盐不及半焉"[①]，所以一些盐产量巨大的场，比如富荣场，会开发火井煮盐，一口非常旺的火井能烧六七百口灶，而在清代一口火井的年租金高达40余金，也只有大场才能承担火井的租用。火井煮

图7　贡井蜂子崖马车图、自流井盐水过枧图
图片来源：《川盐纪要》

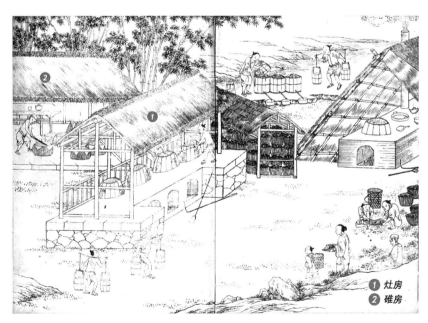

图8　煤炭盐灶场
图片来源：底图为《四川盐法志·卷二》的《炭火煮盐图》

图9　大宁场柴灶煎盐
图片来源：《川盐纪要》

---

① （清）丁宝桢《四川盐法志·卷二》。

出来的盐是最精澄的，按照提渣去卤的时间分为花盐（一夜）和巴盐（两夜）两种井盐类型。因为使用天然气非常容易发生事故，所以火井上会盖一个木桶"炕盆"，再放上一块有小孔的木板，孔上覆片席，席上再放置一个中空木箱或竹管导气，并专有一人在火井旁看守，不可谓不谨慎。使用井火时，按灶口数量用多根"火枧"从桶内引出气体进灶房，灶民用家火引燃气体开始熬煮井盐（图10）。

　　整个四川井盐生产空间，大致可分为露天（天车、枧道等）、半室外（盘车房、皇桶房等）、室内（灶房、车楼等）三种空间，小场紧凑、大场开阔，但都不外乎层次丰富、功能齐全，并结合当地山川地势，构成了极具特色的产盐聚落形态，延续至今成为当代川渝地区众多聚落发展的基础。为了更加生动地理解和展示，笔者根据古籍资料建立电脑模型，复原再现了井盐业蓬勃时期，聚落生产井盐的热闹场景（图11）。

三、井盐生产的现存遗产

　　笔者在实地调研过程中，在被誉为"千年盐都"、现为"久大盐业"产盐基地的自贡富顺，发现仍有众多的井架、盐井、古盐道等盐业遗存；在曾是全国"十监"盐场之一的巫溪大宁，发现保存有完整的盐灶、古栈道等盐业古迹（图12）。虽然绝大多数盐场如今已经转变为现代化城镇，但无论是曾经的地理规划格局，还是街道建筑分布，或多或少有传承下来映射在今。现在的自流井区，釜溪河两岸的自流井

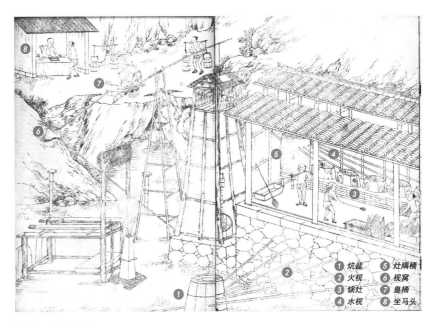

① 炕盆	⑤ 灶隔桶
② 火枧	⑥ 枧窝
③ 锅灶	⑦ 皇桶
④ 水枧	⑧ 坐马头

图10　火井盐灶场
图片来源：底图为《四川盐法志·卷二》的《井火煮盐图》

图11　井盐生产空间的模型复原
图片来源：作者自绘

图12　自贡、大宁盐场现状
图片来源：作者自摄

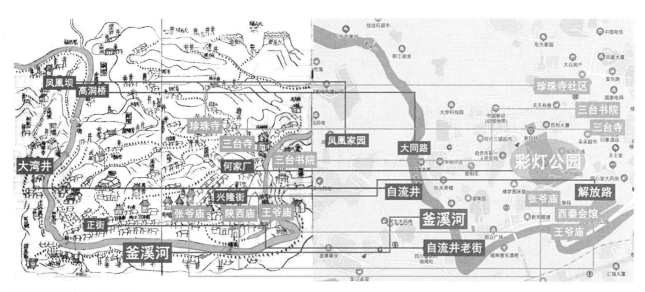

图 13　自流井小溪场古今对比
图片来源：底图为清代《富顺县志》自流井小溪图考，以及百度地图

老街和解放路，正是清代自流井小溪场内的正街和兴隆街演变而成；何家厂经几代更迭被改造成彩灯公园；而陕西庙、王爷庙、张爷庙、三台书院、三台寺皆有遗存保留下来……（图 13）

四川井盐作为中国古代内陆最重要的盐，其生产蕴含着丰富的科技、历史文化信息，所形成的生产空间也是产盐聚落中最重要的部分，并延续至今成为当代川渝地区众多聚落发展的基础。本文对井盐生产技术与建筑空间的研究，以期为当代聚落体系的特色规划与可持续发展提供新的思路，丰富四川传统聚落与建筑遗产的内涵，为后续研究提供新的视角。

参考文献

[1]　郭正忠 . 中国盐业史（古代编）[M]. 北京：
　　　人民出版社，1997.

[2]　（清）丁宝桢纂 . 曾凡英，李树民，孙祥伟
　　　校注 . 《四川盐法志》整理校注 [M]. 成都：
　　　西南交通大学出版社，2019.

[3]　宋应星 . 天工开物（明崇祯十年涂绍煃刊
　　　本）[M].1637.

汉代高台建筑的衰落原因探析
—— 从汉武帝《轮台诏》说起

李　敏

中国社会科基金重点项目"中国古代营造文献中的资治思想研究"（14AZD116）；中国建筑设计研究院科技创新项目"亚洲文化遗产保护预研究"。

李敏，中国建筑设计研究院建筑历史研究所正高级工程师。邮箱：99013656@qq.com。

摘要：以高台建筑为代表的汉代宫室的营建在汉武帝之后呈现出明显的衰落，不仅与汉武帝晚年的政策变化相关，更与西汉中后期到东汉儒学发达、尊崇勤俭爱民、反对大兴土木的观念在以君主和知识分子为代表的主流精英价值体系中得到树立和广泛认同密切相关。儒家所主张的"勤俭"的价值标准与"礼制"的完善相辅相成，成为汉武帝以后汉代高台建筑和宫室营建活动衰落的内在原因。

关键词：汉代建筑；儒家；卑宫室

汉朝初以帝国都城和宫殿的草创兴建为特征，在建筑理念上承继战国秦以来的高台建筑遗风，以"壮丽重威"为目标，兴建了未央宫、汉长安城等汉王朝基本的都城建制。汉武帝时期（公元前 140 年—公元前 87 年）为汉代高台建筑发展的鼎盛时期，从长安城到建章宫、甘泉宫，一大批高台集中修建，甚至达到中国古代高台建筑发展史的巅峰。此后，高台建筑修建较少，逐渐纳入礼制范畴，几乎没有著称于史的高台建筑出现，对于已有的高台式宫殿进行小规模的修缮和营建，长安与地方各王国均如此，考古遗存证明其修缮使用一直延续。新莽时期集中修建了城南礼制建筑群，是首次对先秦以来形成和发展的礼制建筑体系大规模的实践。

一、武帝晚年政策的转变及对营建活动的影响

汉代高台建筑在汉武帝时期达到高潮之后，蓦然回落，转折点是汉武帝晚年的自省与罪己，标志性事件是汉武帝《轮台诏》的颁布[①]。关于《轮台诏》，以田余庆等为代表的学者认为可以看作《轮台罪己诏》，是汉武帝晚年自省、汉朝全面改变内外政策的转折点。这一观点得到了较为广泛的认可，几成定说[②]。但对这一观点的质疑也一直存在，尤其是近年来辛德勇等学者提出，所谓《轮台诏》仅针对轮台屯田一事而发，汉武帝的内外政策一直延续到昭帝、宣帝之后，到崇尚儒术的元帝即位，汉朝的内外政策才发生真正的转变。认为所谓汉武帝"晚年自省"，是宋朝《资治通鉴》的作者司马光根据自己的政治理念，采取后世各类不可征信的史料如《汉武故事》等，对汉武帝进行重塑的结果[③]。

这个转折点的核心要义在于汉朝是否从此结束汉武帝在位期间对外四方征战、对内大兴土木、消耗民力财力。对于上述历史学研究的争议，可以从建筑营建的角度，探讨宫室营建是否存在上述转折点，从而了解汉代高台建筑的兴衰转折，或可使汉武帝晚年是否罪己、汉朝政策是否全面转变的问题，取得一个较为具象的视角。除以高台建筑为代表的宫室营建外，汉朝在这一阶段的政策，以及神仙方术的极盛和衰落、儒学的逐渐兴起、经济税赋政策的变化、对外征战活动等几

① 《汉书》卷九十六下《西域传下》，自：（汉）司马迁 . 史记 [M]. 北京：中华书局，1959：3912-3914.
② 田余庆 . 论轮台诏 [J]. 历史研究，1984（2）：3-20.
③ 辛德勇 . 汉武帝晚年政治取向与司马光的重构 [J]. 清华大学学报（哲学社会科学版），2014（6）：5-50.

条并行的线索，可以共同考察汉代尤其是汉武帝到汉元帝这一关键阶段汉朝内外政策和社会思想的转变。

汉朝的几次大的营建活动，第一次集中在汉高祖刘邦初入关中到惠帝时期。这是在烧毁殆尽的关中一个新兴的王朝进行城市与宫殿的基础建设，并试图一劳永逸，"令后世无以加"，同期稍晚，鲁、赵、梁等各地分封的王侯也开始进行肇基性质的建设。第二次集中建设就是汉武帝时期，由营建年代观之，集中在元狩至太初年间（前122—前101年），即汉武帝在位第18~39年，其在位的最后15年并无太大规模的营建活动。与对内消耗的大兴土木对照，对外四方征战的时间集中在元光至太初年间（公元前132—公元前101年），之后基本上以屯田、招徕为主。这两项消耗最大的活动，结合汉武帝期间营建高台建筑的性质来看，恰好体现了"国之大事，在祀与戎"的传统。

与支撑战争和土木营建等产生的巨大费用对应，除了汉兴六十余年所积累的财富外，汉武帝的收归铸钱权、盐铁等重要资源开采权，以及加强工商税收"算缗"一系列经济政策也为中央政府敛取了大量的财富。虽然对于工商业的管理保证了中央的财政收入，武帝期间大量的土木与军事活动却使农业受到

了严重的影响。"外事四夷，内兴功利，役费并兴，而民去本"[1]，这才是对于社会影响最大的方面，不仅影响到农业社会的经济基础，而且带来流民、暴乱等社会问题。因此武帝晚年的《轮台诏》，关键的改变在于对待农业的态度，由开疆拓土、大兴土木，到"力本农"[2]、休息养民，并推广代田法（轮耕）、耦犁等促进农业发展的技术改进。而这一政策方向也在昭帝、宣帝时期得到继承，带来了"流民稍还，田野益辟，颇有蓄积"的情况，并且经过历代积累，到了西汉末年，人口增长、社会财富大量聚集，同时土地兼并、贫富差距增大等问题也愈演愈烈[3]。

结合上述营建活动的规律和历史背景，可以看到就土木建设而言，的确存在一个汉武帝晚年政策的改变，而这一切的目标就是为了恢复农业、与民休息。与终止拓边征战类似，大规模土木工程的停止，亦为把更多的劳动力返回到农业上去。继任的昭帝时期"轻徭薄赋，与民休息，……匈奴和亲，百姓充实"[4]，此后累世承平，除帝后陵寝外，其余的包括高台建筑在内的大型营建活动基本不再发生。即使是追慕汉武帝、被认为爱好奢侈宫室的汉宣帝，也不过进行了修缮和小规模的营建活动而已[5]。

二、节俭爱民思想的确立和影响

自汉初到文、景期间，休养生息的政策一直在执行，一直持续到武帝前期，即建元六年（公元前135年）窦太后薨逝之时。在此期间，先秦以来形成的勤俭爱民、不夺农时的思想一直存在，并延续到汉武帝时期，并没有因为汉武帝崇尚神仙、大兴土木而消匿噤声。董仲舒、司马相如、司马迁等学者、文人和史学家，一直以不同的方式对皇帝进行进谏。

1. 儒学家的上疏劝谏

董仲舒（公元前179—公元前104年）针对汉武帝"外事四夷，内兴功利，役费并兴，而民去本"[6]的情况，多次进行进言，主张依据古代规制，劝民重农，"薄赋敛，省徭役，以宽民力"[7]。汉武帝之后，随着儒学越来越受到朝廷的尊奉和重视，这些提倡节俭、重农的思想的影响力逐步增大。皇帝或诸侯王每每有所动作，便有儒学思想的大臣上来进谏。例如昌邑王刘贺的属臣、儒学出身的王吉，对于昌邑王奢侈好游猎的行为，曾劝诫他以勤俭的昭帝为榜样，但刘贺不听劝谏，执意奢侈荒淫，后入京被立为皇帝，仅在位20天就被废，远赴江西，后被封为海昏侯。宣帝时王吉任谏大

① 《汉书》卷二十四上《食货志上》，页1137。
② 《汉书》卷九十六下《西域传下》，页3912-3914。
③ 《汉书》卷二十四上《食货志上》："哀帝即位，师丹辅政，建言：'今累世承平，豪富吏民訾数巨万，而贫弱俞困。'……宫室、苑囿、府库之臧已侈，百姓訾富虽不及文、景，然天下户口最盛矣。"页1142-1143。
④ 《汉书》卷七《昭帝纪》，页233。
⑤ 《汉书》卷七十二《王吉传》，页3062。
⑥ 《汉书》卷二十四上《食货志上》，页1137。
⑦ 同上。

夫，汉宣帝追慕汉武帝文成武功，并"宫室车服盛于昭帝"，王吉又一次上疏进谏，希望汉宣帝能够"去角抵，减乐府，省尚方，明视天下以俭。古者工不造雕，商不通侈靡，非工商之独贤，政教使之然也。民见俭则归本，本立而末成"，但是汉宣帝并未听从，于是王吉就愤然辞官还乡①。

汉元帝本人深好儒学，熟读经书，在自身生活中也提倡节俭，遇大灾之年，连宫室、行宫正常的修缮都要尽量取消，并且命令减少宫廷马匹饲养和肉食供给，身体力行地为当时和后代树立勤俭爱民的帝王风尚②。成帝时陵寝工程太过浩大，儒者刘向即向成帝进言，历数三皇五帝和周天子依据古礼之不封不树，以后吴王阖闾、秦惠王、秦始皇等违礼厚葬反而被发掘盗陵、鲁严公刻饰宗庙、多筑台囿，导致后嗣再绝，进而劝谏皇帝遵从礼制，"俭宫室、小寝庙"，吸取奢俭得失的教训③。此外，刘向针对当时风俗淫奢、逾礼制等的社会现状，著有《新序》《说苑》等著作，里面专门有"刺奢"等篇章。

东汉时期，儒家的思想进一步确立，除了光武帝时期建都洛阳后所作社稷宗庙、宫殿、明堂灵台等外，后世皇帝很少进行大规模的宫室营建活动。随着社会安定和富足，针对民间越演越烈的奢侈之风和皇帝随时有可能的无法坚持勤俭，已经完全掌握了话语权的儒家知识分子，以辞赋讽喻、阐发儒家经典、著作史书、直言进谏等多种方式，时时提醒当权者以俭为德，万毋大兴土木、耽误农时。

2. 文学作品的委婉讽喻

汉武帝时期大修宫观台苑，导致社会风气奢侈逾制，贫富差距增加。面对这种情况，司马相如（约公元前179—公元前118年）等文人采取一种更为委婉的方式来讽喻，即汉武帝本人所喜好的华丽文赋。针对汉武帝及贵族奢侈建造宫室园林、斗鸡走狗享乐的风气，司马相如写了《子虚赋》，借助3位分别来自楚国、齐国和京城的虚构人物——子虚先生、乌有先生、亡是公，来铺陈诸侯、天子园囿之铺张盛大，但文中的"天子"最后却幡然悔悟，意识到自己的错误，立刻下令从此节俭爱民④。针对汉武帝热衷神仙方术的现状，司马相如又作《大人赋》，意图劝谏汉武帝仿效古之明君，追求"帝王之仙意"⑤。这些劝喻之辞，虽然未被汉武帝即时采纳，但也时刻提醒汉武帝节俭、爱民的先王之道，无形中为汉武帝晚年改变政策进行了铺垫。

东汉大赋同样作为劝谏帝王勤俭爱民、以德立威的重要方式。班固《两都赋》、张衡《二京赋》，明叙西京之繁华，暗贬高祖、汉武之大兴土木、违反礼制，篇末赞颂光武帝修建洛阳的克制合礼，"改奢即俭，则合美乎斯干。……遵节俭，尚素朴。思仲尼之克己，履老氏之常足"，"乃知大汉之德馨，咸在于此"⑥，符合古代明君的风范，劝喻之意非常清晰。郑玄、马融等经学大家为儒家经典作注，更是将其中主张卑宫室、不逾制，反对高台榭、美宫室之意，引经据典、举一反三，表达得非常明确。

3. 史学家的借古讽今

作为太史公之后的司马迁继父志著《史记》，目的就是为了能够像周公、孔子那样，通过对历史的记载，"明是非，定犹与，善善恶恶，贤贤贱不肖"⑦。他在《史记》中虽然没有对汉武帝等当权者的行为进行直接批判，以春秋笔法平叙其事⑧，但在对禹卑宫室、商纣奢侈亡国，以及齐景公、齐缗王等的历史事件和汉初诸侯王"好治宫室"的表述中，表现出强烈的价值判断⑨。对于文帝不修宫室、勤俭爱民的褒奖之辞跃然纸上，态度可谓鲜明⑩。《史记》

① 《汉书》卷七十二《王吉传》，页3058-3065。

② 《汉书》卷九《元帝纪》，页280。

③ 《汉书》卷三十六《楚元王传》附《刘向传》，页1950-1962。

④ 《汉书》卷五十七上《司马相如传上》，页2557-2572。

⑤ 《汉书》卷五十七下《司马相如传下》，页2592。

⑥ （东汉）张衡《东京赋》，《文选李注义疏》，页728-757。

⑦ 《汉书》卷六十二《司马迁传》，页2717。

⑧ 《史记》卷三十《平准书》，自：（汉）司马迁．史记[M]．北京：中华书局，1959：1346，1419．

⑨ 《史记》卷二《夏本纪》《史记》卷三《殷本纪》《史记》卷五《秦本纪》《史记》卷六《秦始皇本纪》《史记》卷三二《齐太公世家》《史记》卷六九《苏秦列传》《史记》卷七八《春申君列传》《史记》卷五八《梁孝王世家》《史记》卷五九《五宗世家》等。

⑩ 《汉书》卷十《孝文本纪》，页433。

约于汉武帝征和二年（公元前 91 年）成书，在司马迁死后于汉宣帝时期得以"宣布"，受到扬雄、刘向等当时学者的赞赏，从而使其书中所贯穿的勤俭思想和明君标准在西汉时期得到认同和推广[①]。

在《汉书》的写作中，态度更加鲜明，从天人感应角度，认为君主修建奢华的宫室台榭会受到上天惩罚，带来水旱等自然灾害，影响农业生产[②]。《汉书·儒林传》等篇章中，对于直臣名士的肯定，鲜明地体现了史家的观点。作者固然不敢对汉朝的皇帝有直接的批评，但是在对前代历史的叙述和对于其他人物的臧否中，无不表达着对于勤俭爱民的肯定，和对于奢侈亡国的警示。

三、营建思想的理论化和系统化

"卑宫室"和符合礼制约束的营建思想经过西汉的发展，到东汉时期已经逐步发展出系统的理论。《汉书·五行志》对于五行与宫室营建的灾异关系基于《春秋》《尚书》及西汉以来儒家学者的注释阐发，形成一套较为系统的理论。既有先秦古籍作为依据，又有先秦以来至西汉的灾异事件记录作为支撑，这些思想集中体现了先秦至汉以来的天人感应观念[③]。经由西汉的一脉传承，天人感应之说的演绎，到东汉史学经学的发达，尊崇勤俭爱民、反对大兴土木的观念在以君主和知识分子为代表的主流精英价值体系中已经得到树立和广泛认同，为后世建立了可供引用的经典文本和道德标杆。"勤俭"与"礼制"相辅相成，既能"不夺农时"保证农业社会的经济基础，又能有效地通过礼制等级维持君主权威和君臣之别，与皇权社会的内在要求相一致，因此这一主张在后世任何追求稳定和秩序的朝代，都是被奉为圭臬的明君之道、治国之本，也成为影响中国古代社会近两千年的重要社会思想因素之一。

[感谢北京大学考古文博学院方拥教授对本文写作的悉心指导。]

参考文献

[1] （汉）司马迁. 史记 [M]. 北京：中华书局，1959.

[2] （汉）班固. 汉书 [M]. 北京：中华书局，1962.

[3] 高步瀛著. 曹道衡，沈玉成点校. 文选李注义疏 [M]. 北京：中华书局，2018.

[4] 田余庆. 论轮台诏 [J]. 历史研究，1984（2）：3-20.

[5] 辛德勇. 汉武帝晚年政治取向与司马光的重构 [J]. 清华大学学报（哲学社会科学版），2014（6）：5-50.

① 《汉书》卷六十二《司马迁传》，页 2737-2738。
② 《汉书》卷二十七上《五行志》，页 1337-1339、页 1505。
③ 《汉书》卷二十七上《五行志上》，页 1317-1347。

中国神话中的时空原型形成与衍化
—— 以创世神话为文本

刘　晨

摘要：本文从创世神话文本入手，根据其描述的"宇宙生成模式"及"循环时间意识"进行分别阐释。从空间观的角度，以混沌空间为起点，梳理出"一元统一——二元协调—二元对立—三界相通"的空间原型衍化过程；从时间观的角度，形成"创造—毁灭—再创造"的神话时间观和"生—死—复生"的世俗时间观，并将其转译为无限循环的时间循环原型。神话中的时空原型属于人类空间结构原型建构的基础和核心部分，通过对时空原型衍化的探析，为中国早期建筑空间的复原提供视角。

关键词：创世神话；空间观；时间观；原型

刘晨，重庆大学建筑城规学院。邮箱：389990813@qq.com

中国古代神话中包含了大量的先民对于宇宙、自然万物与其演化过程的理解。而描述开天辟地、人类起源等的创世神话中，其神话深层结构内的宇宙观成为先民空间观的发凡与源头。因此本文通过对创世神话中所描述的"宇宙生成模式""循环时间意识"的理解，将其与空间结构相对应，探索中国早期神话中空间原型及其所涵盖的文化内核。

一、中国原始观念与神话空间原型的形成及衍化

1. 空间观与"宇宙生成模式"

1）宇宙观"一元统一"——中国古代神话中的混沌空间

"混沌"是一个古老的术语，它的英文是"chaos"，根据《大英百科全书》，"chaos"一词来自希腊文"χaos"，其原意是指先于一切事物而存在的广袤虚无的空间。混沌本身代表着空间本原的存在，混沌诞生了宇宙，也诞生时间与空间的秩序，而混沌本身代表者时空万物的统一。中国关于"混沌"的文字表述最早出现在《山海经》当中[①]。混沌作为空间本原的形式又是如何？陈忠信在《〈太一生水〉之混沌神话》一文中对混沌的特质进行了定义，其中包含了水的意象（混沌大水）、秩序的开始、圆的意象、混沌大气、永恒的回归等多种特质；发现混沌与《太一生水》两种宇宙生成模式的同一性。从其象征意义上来讲，宇宙创生前的混沌状态，同婴儿诞生前的母胎状态是一样的，婴儿再处于母胎中时，被包围在一

---

① 《山海经·西次三经》中记载，"天山有神鸟，其状如黄囊，赤色如丹火，六足四翼，浑敦无面目，是识歌舞，实为帝江也"。混沌作为中央之帝的黄帝（帝江或帝鸿）而出现，是华夏民族的祖先神，此时的混沌具有人格化的特征。荣格在讨论原型时说："原始意象或原型是一种形象，或为妖魔，或为人，或为某种活动，它在历史过程中不断重现，凡是创造性幻想得以自由表现的地方，就有它们的踪影，因而它们基本上是一种神话的形象。"朱任飞在《上古神话传说中的"混沌母题"与＜庄子＞寓言》中提出，这种对于混沌的人格化形象来源于人与自然没有分离的初始状态，而"浑敦混沌"形象即是这种状态的具象化表述，由此我们看到初始的"浑敦混沌"意象乃是迄今所知最早的原始初民对理想生活状态和理想生存环境的憧憬和向往，它更多的是一种心灵想象，而不是一种客观实在。

片浑浊的羊水之中，汲取母体的营养。① 因而先民所形成最初关于空间的观念是黑暗、潮湿、充满液体的母体环境，同时也是一元统一的，没有天地之分，时间也是停滞的，象征着原初的完美。

2）宇宙观"二元对立"——绝地天通的二元空间

继"一元统一"的混沌宇宙观之后，天地二元出现。最初，中国古代哲学中出现的天地二元论，二元是相近的未有完全的分离，此时天地是相通的，如倏与忽凿混沌七日以得天地的神话，这则创世人格化神话除了对天地二元的开辟有所描述，更重要的是其"凿"的动作，"凿窍"本意即为钻孔，在众多的考古遗址中就频繁出现了钻孔的现象，如良渚文化中的玉琮，内圆外方，上下贯通，这就是一个典型的钻孔行为。玉琮中心的孔，学界普遍认为是象征天地的贯通，从这个意义上来说，给混沌凿窍，即钻孔②，目的就是让混沌通透清朗，形成天地之间客观存在的通道，即最原初的通天之道。先人最原始关于"天圆地方"的宇宙观也可印证这一观点。③ 在天地形成的太初时代，天与地在尽端相接，诸神下凡与民杂糅，而人们通过爬山、爬树或者登天梯，甚至乘船驾驶到天涯海角，凭借银河就可以到达天上，中国古代天梯神话就隐含了这一思想（图1）。④

关于绝地天通的记载，众学者均指出其出自《尚书》与《国语》⑤。在绝地天通之后，天地沟通的方式被上层意志所垄断，出现了"允执厥中"的意识，只有"建中""执中"才能上下沟通天人。此种观念同时也反映在宇宙观的变化上，从原始的"天圆地方"的空间观念逐步演变为盖天说⑥（图2）。大地与天地平行为球面型，中心也不再是"自我"所在，而是在天空的中心——北极星的正下方地面。这代表者宇宙形成了天地二元两个完全独立的空间，宇宙空间系统中出现了中心的意识，但这二元并不是完全对立的空间，二元对立在中国神话思维和哲学思维中是相对的而非绝对化的，对立与统一中蕴含着一元论的宇宙观，阴与阳的相对只不过同一个宇宙本源的变化形态。位于世界中心的宇宙树或宇宙山是协调二元的媒介⑦。

3）宇宙观"三界结构"——天、地、水构成的三界空间

天、地、水模式：中国古代神话中，在天地形成之后，先民的宇宙观呈现一个逐渐进步的过程，从开始的混沌一体、天圆地方、天地相通、绝地天通，到后期逐步形成的天体学说，如盖天说、浑天说、

图1 天圆地方示意图
图片来源：何新.诸神的起源[M].北京：中国民主法制出版社，2008.

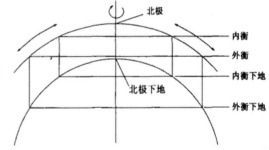

图2 盖天说示意图
图片来源：杨磊.云南省少数民族地理观念研究[D].昆明：云南师范大学，2017.

---

① 艾利亚德指出，与永恒的回归的混沌神话主题相对应，在原始部落中流行着一种叫"复归子宫"的启蒙仪式，使成年者通过象征的回返母体（地母）——即神话意义上的"回归初始"，获得新生的准备条件。

② 凿窍钻孔的行为也出现在其他考古学资料之中，在头颅上钻孔称为"环锯术"，这在世界范围内的考古学资料中均有发现，时间可追溯到新石器时代。《山海经》中"刑天"这一称谓暗喻了人首与天的同等关系，头颅钻孔除了在外在形式上与凿窍混沌都反映了"通"之外，也带有启蒙之意，这种死亡——再生的模式，也与萨满教的生命更新思想十分相似。

③ "地方"观念的形成源于认识世界的过程，在认知中首先以"自我"为中心，再向四方推及而构想大地，同样"天圆"也取自对于天空的观察，认为整个天空就像是一个半球形的屋盖覆盖在大地上，《晋书·天文志》中记载"天圆如张盖，地方如棋局"，就是对天圆地方模式的概括。但古人也认识到半球形的天体覆盖在方形的大地上并不能十分严密，因此产生了存在天柱、天梯的说法。另一种说法认为大地四周是大海环绕的，地载于水称为"四海"，九州外的四海是相通的环形状，正好与"天圆"相符合。

④ 袁珂在《〈山海经〉校注》中总结："自然物中可以凭借以为天梯者有二：一曰山，二曰树。山之天梯，首曰昆仑。"神话中的昆仑是连接天上与大地的地方，是作为天上的天柱，作成天之用；也是天地之间的中柱，作沟通人神之用。此外，作为天柱的不周山，作为神树的建木，也是人神来往的天梯。

⑤ 《尚书·周书·吕刑》中记载：由于蚩尤作乱，"苗民弗用灵"导致社会混乱，因此帝命重、黎"绝地天通"，在平定祸乱之后，伯夷降典，禹平水土，稷降播种。《国语·楚语》观射父对"绝地天通"的解释为古代人与神原本不混杂，九黎作乱使人神混杂，颛顼"绝地天通"而平定祸乱。

⑥ 《晋书·天文志》中记载："天似盖笠，地似覆盘，天地各中高外下。北极之下为天地之中，其地最高。"

⑦ 萨满教的宇宙观对此论述甚详，它认为宇宙有三层：天，地，地下。三层世界由一根中心柱，即"宇宙轴"贯通，天赋异禀之人，通常是巫师，在狂迷之际，灵魂可以出窍，缘着此轴，可以飞天，开启通天之旅。

九重天说、宣夜学说等，反映了先民对于所处空间的进一步理解。在最初形成的宇宙图像整体，最基本的特征就是天圆、地方、大地环水。由天、地、水三种不同的物质形态所构成的三分世界。下面将对水世界，即阴界，进行分析，以求完整解读天、地、水模式。

在中国古代神话传说中就有地底本是黄泉大水所在之处，黄泉大水与围绕四方大地的四海相通，太阳自东方汤谷之处日出，日落于西方昧谷之处，再通过黄泉之水回到日出之处，形成一昼夜之间的运行。同时"昔"字本义为"日入至于星出谓之昔"，意为夜晚之义，其甲骨文图示为日于浩漫大水之下，更形

图 3　"昔"甲骨文
图片来源：郭沫若主编甲骨文合集 [M]. 中华书局，1999.

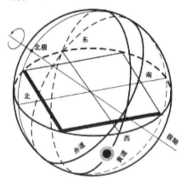

图 4　浑天说示意图
图片来源：詹鄞鑫. 中国古代宇宙观 [J]. 中文自学指导，2009（1）.

象地表现出先人已经意识到地下之水，大地浮于大水之上（图 3）。此外先人对于"天圆地方"原始宇宙观的修正——浑天说，同样强调着地下之水的存在 ①。在浑天说宇宙观之下形成的宇宙图像就是由天、地、水三种最基本特征而构建，形成完整的天、地、水模式（图 4）。

三界空间观：世界古老文明中系统之一，即所谓"萨满式文明"，是以中国和玛雅文明为代表，就中国古代文明而言，则是以萨满教式文明为特征。在萨满教的宇宙观中，宇宙是一个立体的世界，分为上、中、下三界，每一界又分为多层，北极星正对着象征世界中心轴的宇宙山，山周围被水环绕，山顶有一颗宇宙树，世界的中心轴不仅起到支撑天地的作用，建立其沟通三界的通道，也使得萨满迷狂的灵魂通过此处在三界中畅游。对比中国神话中的宇宙观，其宇宙空间构成可以说是如出一辙：由三界构成的宇宙空间，上界是神灵所在之处，神灵居住在宇宙山上；下界被水环绕，宇宙树深根于此，是死者所在之处；中界是人类生活所在，三界由中心轴贯通。此种三界结构在 1972 年湖南长沙马王堆一号汉墓出土的一件覆棺铭旌 T 形帛画中得到印证。②

上界空间形式在中国古代神话中以昆仑神境为代表，除了《山海经·海内西经》对昆仑神境进行描

述外，《淮南子·地形训》对其进行了进一步介绍，描述昆仑丘为九重高城，上面依次由凉风之山，悬圃及天宫，登之可成神。中界作为人类居住的空间，同时是沟通三界的关键，所形成的空间形式更加强调"中心"的意识，试图将自己置于宇宙图式和地理环境的中心，形成以"地中 – 方位"为主的空间形式。下界作为死者所在之处，是由水构成的世界，因此在三段式画像中下端一般是鱼或者鱼兽类的水性动物。中国古代神话宇宙观在强调垂直三界结构的同时，也强调水平三界结构空间，即西、中、东三界。人类最早对于水平空间的观念来源于太阳，太阳日复一日的东升西落成为识别东西时空的第一个标杆，而"东母""西母"则是对东西两方空间的人化形式。因此日落之所——西王母所居住的神境，与日出之所——东海仙境五仙山，形成了东西方位对应的神话空间，与在两者之间的中间区域的人界空间构成了宇宙结构的水平三界。

4）空间原型发展脉络

中国真正的宇宙起源论是一种有机物性的程序的起源论，就是说整个宇宙的所有的组成部分都属于同一个有机的整体，而且它们全都以参与者的身份在一个自发自生的生命程序之中相互作用。张光直称其为联系性的宇宙观，这与前文分析的中国古代神话视域下最终形成

---

① 张衡的《浑天仪注》中记载"浑天如鸡子。天体圆如弹丸，地如鸡子中黄，孤居于天内，天大而地小。天表里有水，天之包地，犹壳之裹黄。天地各乘气而立，载水而浮。"意为浑天如同鸡蛋，天体是完整的球型，大地位于天内，天表里有水，大地就浮在水上。但由于浑天说对于大地的认识仍停留在较为原始的阶段，因此并未认识到大地为球形（地球），而是认为大地是经过天球球心而把天球分割成上下两半的圆形平面。

② 帛画分为上、中、下三个部分：处在画面上方的为天上的景象，其标志为位于中央是最高天神（可能是伏羲女娲）和两旁的日、月以及龙凤等不死的神兽；处在画面中央的为人间的景象，大地明显为一方盘之状，其上有人、动物及人类的生活场面；处在画面下方的为地下的景象，画有鱼鳖之类的水生海洋动物，方盘状的大地是由神话传说中的土伯禺强（阴间神兼海神）两臂托起。

空间原型的演进过程   表 1

空间名称	空间特征描述	空间特征图示
一元统一的混沌空间	宇宙的本源和最初始的形态，是时空与秩序的开始	
天地相通二元协调的空间	宇宙一分为二，形成二元天地空间，但天地在四海尽头与神山之巅仍然相连。神人相杂	
绝地天通的二元对立空间	二元天地平行，天地沟通方式仅存在地中的宇宙山（树）	
天、地、水构成的三界空间	由天、地、水三种物质构成三分世界，由中心轴贯通，强调垂直的三界结构，同时由于太阳运行强调水平三界结构	

来源：作者自制

的空间原型不言而喻。综合前文对于中国古代神话宇宙观的分析，可得出空间原型的演进经历了"一元统一的混沌空间"——"天地相通二元协调的空间"——"绝地天通的二元对立空间"——"天、地、水构成的三界空间"的过程（表 1）。

二、时间观与"循环时间意识"

1. 循环的神话时间观

在《宇宙与历史：永恒回归的神话》一书中，耶律亚德区分了两种时间——神话时间与世俗时间。神话时间基于初民对超越性的深层需求，是不朽的，它体现于各民族共有的创世神话思维方式中；世俗时间属于有限的人类，与死亡并行。

中国所形成的神话时间是以循环为基础的，在中国古代神话中，第一次创世意味着宇宙秩序的建立取代了原始混沌状态，那么上古洪水神话则是宇宙重返无秩序的混沌状态的象征，混沌的复归又是开创新的宇宙秩序和必要前奏。这种"创造——毁灭——再创造"的循环模式是神话思维的一种逻辑基础模式，在世界各个民族的创世神话与洪水神话中均有体现，此外更值得注意的是有关原始的、具有神圣生命力的"土"——息壤。《山海经·海内经》中，郭璞注："息壤也，言土自长息无限，故可以塞洪水也。""息"从自，从心，在《说文》中自解为："自，鼻也，象鼻形。""自"本身就带有初始之意，"自"与心结合意为气息、呼吸，生命的开始。《庄子·逍

遥游》记"生物之以息相吹也"，"息"作为生的一种条件，反映着原始的生命观念。因而"息壤"作为最原始的土，既是重构宇宙秩序的物质，也是先人对于无限生命力的集中体现。

2. 复生的世俗时间观

弗雷泽指出，"几乎所有国家和处于各个不同文化发展阶段的人们都会不约而同地认为，他们死后如果肉体腐烂了，意识仍将继续存活一个不定时期"。在中国古代神话中，先民认定生命是可以永生的，《山海经》中记载了大量死而复生的变形神话，如女娃死而化身精卫，颛顼死即复苏。"死而复生"不仅仅是以意识灵魂的形态存在，也是成就新的形体复生；它同时也是先民观察自然现象，如四季循环、草木枯荣、日升日落，而得出的概念。在世俗时间中，时间虽与死亡并行，但死亡带来的是新的复苏，时间因而也呈现无限的循环。

三、结语

创世神话以宇宙开天辟地的角度阐述先民对于世界最初原型的认知构建和意象表达。而对于原型的回归和追溯是人类文明发展的不变的现象。本文依据创世神话文本梳理出中国神话空间由一元统一的混沌空间为代表，其所包含的水、气、秩序等意象来源于婴儿母胎时的状态。随着天地二元的出现，在经历了短暂的天地相通的阶段，天地二元相互对立，神话空间系统中出现了中心的意识，由中心的宇宙山或树充当协调二元的媒介。随着先民

对空间的进一步理解，形成完整的宇宙空间图像——由天、地、水三种物质构成的三分世界。空间原型呈现着"一元统一——二元协调——二元对立——三界相通"的衍化过程。此外，将"创造——毁灭——再创造"的神话时间观和"生——死——复生"的世俗时间观转译为无限循环的时间循环原型。神话中的时空原型属于人类空间结构原型建构的基础和核心部分，时空原型所引导下物质空间中人们的抽象构形、身体仪式及对于建筑空间的影响，是下一个阶段我们需要探索的问题。

参考文献

[1] 乔兰.《老子》"混沌"概念的哲学意义 [J]. 萍乡高等专科学校学报，2011，28（1）：9-11.

[2] 陈忠信.《太一生水》之混沌神话 [EB]. 天下论文网.

[3] 叶舒宪著. 中国神话哲学 [M]. 西安：陕西人民出版社，2005.

[4] 张光直. 考古学专题六讲 [M]. 北京：文物出版社，1986.

[5] （美）牟复礼（Mote F.W）. 中国思想之渊源: Intellectual Foundations of China[M]. 王立刚译. 北京：北京大学出版社，2009.

[6] 方韬译注. 山海经 [M]. 北京：中华书局，2009.

[7] 陈梦家. 尚书通论 [M]. 北京：中华书局，1985.

[8] 王树民，沈长云点校. 国语集解 [M]. 北京：中华书局，2002.

[9] （汉）刘安等编著. 淮南子译注 [M]. 哈尔滨：黑龙江人民出版社，2003.

[10] 耶律亚德. 宇宙与历史：永恒回归的神话 [M]. 杨儒宾译. 台北：联经出版事业中心，2000.

[11] （后汉）许慎. 说文解字 [M]. 北京：中华书局，1963.

[12] （清）郭庆藩. 庄子集释 [M]. 北京：中华书局，2013.

福建宋元建筑穿斗式的地域性特征探析
—— 以泰宁甘露庵建筑群研究为例

吕颖琦

国家自然科学基金资助项目："传播学视野下我国南方乡土营造的源流和变迁研究"（编号：51878450）；"我国地域营造谱系的传承方式及其在当代风土建筑进化中的再生途径"（编号：51738008）。

吕颖琦，同济大学建筑与城市规划学院博士生。邮箱：343993192@qq.com。

摘要：本文通过对甘露庵建筑群的样式研究，探讨福建地区宋元以来地域性建筑的特征传承与演化。从建筑的梁架形制、斗栱样式、角部设计、出檐尺寸等方面，探讨了宋元以来流传于福建地域性建筑的特征，穿斗式的建构逻辑充分展现在建筑的各个方面。其中部分做法也区别于江南地区，具有鲜明地域性。文章结合福建地区建筑的穿斗特色，指出了福建穿斗构架地域发展的大致脉络。

关键词：甘露庵；穿斗；斗栱；角梁

　　泰宁甘露庵于 1958 年在文物普查队的调查中被发现，其梁架题字、塑像等都被认为是南宋遗物。该建筑群选址于山岩峭壁之间，整个庵堂建筑群包括 4 座主要殿阁——上殿、蜃阁、南安阁、观音阁及仓库房，均布置在高约 80 余米的岩洞之中。受到地形影响，其主要殿阁下以木栈为基础，用材较小，屋顶均不设瓦，以草泥铺设。但在文物普查工作后不久，甘露庵于 1961 年被意外烧毁。

一、甘露庵建筑群研究背景

　　早期公开发表的对于甘露庵的测绘资料主要为张步骞刊登在《建筑历史研究》第二辑的《甘露庵》一文，文章对于整组建筑进行了较为全面的调研记录；陈明达先生的《唐宋木结构建筑实测记录》表中保存了较早的甘露庵建筑部分尺度数据；傅熹年先生的《福建的几座宋代建筑及其与日本镰仓"大佛样"建筑的关系》一文中也曾对甘露庵的几组建筑与"日本大佛样"的关联进行过讨论；张十庆先生在《以样式比较看福建地方建筑与朝鲜柱心包建筑的源流关系》中以甘露庵建筑的样式为例，探讨与朝鲜半岛建筑的关联。谢鸿权的《福建宋元建筑研究》、林世超的《台湾与闽东南歇山殿堂大木构架之研究》等著作中，均将甘露庵建筑群作为重要的研究案例。相较于华林寺与莆田元妙观等规制较高、抬梁为主的建筑，甘露庵建筑群作为武夷山区民间建设的山地寺庙，诸多做法体现了更灵活多样的穿斗方式，为研究南宋时期福建地区的穿斗式建筑提供了宝贵的案例。

二、建筑构架的地域性

　　甘露庵建筑群虽然历经修缮，但从早期资料看到，其上题记、彩画等诸多信息显示主要的梁架结构仍然体现了南宋建造时期的建筑关系。本文以建筑的梁架、铺作、角部设计、出檐尺寸四个方面探讨该建筑群反映的闽地建筑穿斗式特征。

1. 梁架形制

　　甘露庵建筑群中梁架形制是穿斗式的重要体现，本节仅以梁架组合方式、阑额的使用、楼阁建筑构架三个方面为例进行说明。

　　（1）梁架组合方式

　　福建地区的多跳偷心的插栱形式主要可以从现存的明清建筑檐下或者梁栿下体现。连接枋、额，以及较多的穿斗构件运用，使得整个拉结作用增强。上殿及观音阁上檐均设置顺脊串以加强联系（图1），由山面出挑华栱后尾上散斗承托。甘露庵建筑群中大量运用的仿木与浙江地区天宁寺大殿和延福寺大殿

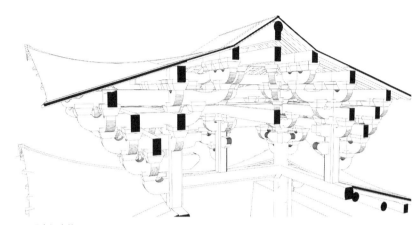

图1　观音阁上檐
图片来源：作者自绘

图2　泉州府文庙大成殿檐下（左）；鹫峰寺塔（右）
图片来源：作者自摄

中的顺栿串并不相同，这两例大殿中所用顺栿串明显是穿斗形式对厅堂构架演变的影响，但甘露庵建筑中则更暗示了此类构件表现的穿斗逻辑的拉结仿木，与日本的东大寺南山门中穿枋类似。同时蜃阁纵向内额与顺昌宝山寺大殿内柱纵向内额相似，截面较大且并非位于柱头，加强纵向不同榀架间的联系。蜃阁前檐的梁、额、枋都四围交圈，额与枋的使用也互相参照，联系构件之间界限较为模糊，此大致为以甘露庵为代表的南宋福建地区穿斗式的构成。

（2）阑额使用

上殿、南安阁和观音阁中均有补间铺作施蜀柱、多跳插栱形式承托檐部，且蜀柱均立于阑额之上（图1）。阑额的设置较为独特，首先是其采用了圆作形式，其次是其位置均低于第一跳插栱下皮一材以上高度，而非设置于柱头。三个建筑均设重檐，阑额的高度均位于下檐椽尾围脊处，建筑中阑额、串、梁、枋木均体现了较强的拉结作用。建筑群铺作均不设普拍枋，其补间铺作并非使用坐斗，无需普拍枋放置坐斗。在几个重檐的建筑中，也可以看到副阶椽后尾均搭接在四金柱的阑额上。

由该建筑群中从柱头下移的阑额与梁栿来看，此处阑额与穿枋功能相同，用以连接4根金柱或角柱。同时观音阁平坐斗栱中可以看到阑额出柱头作栱出挑之现象同样体现了较为浓厚的穿斗逻辑。相对而言，

阑额亦有上移插入坐斗的情况，如泉州府文庙大成殿副阶处（图2左）。从早期天龙山石窟中阑额的位置到唐代重楣的形象，再到后期阑额的下移以及普拍枋的形成，拉结外檐柱以及承托补间铺作，使得阑额与铺作成为一个整体选择。但同时在南宋四川鹫峰寺塔（图2右）、安岳华严洞中也有类似的阑额下移，补间铺作以驼峰抬高栌斗，填补阑额与柱头间的距离，补间和柱头栌斗高度仍然齐平。这种做法在同时期的江南一带则未见出现。

（3）楼阁构架

观音阁为二层楼阁重檐歇山顶，其平坐层高度设置主要与整个寺庙布局和游览路线有关，且表现出较为明晰的上下累叠逻辑的楼阁建造思想。整体构架上采用了上下4根角柱对位的方式，从底层平台至一层副阶、二层重檐4根角柱均上下对位。楼阁上下层空间以楼板为界，上下收分依靠副阶收进，平坐层斗栱出跳尺度则并非以材为度，而是根据二层副阶廊柱位置出跳。整个楼阁的收分尺度控制以副阶宽度为调整对象，实现整个楼阁的立面效果，这种方式也符合穿斗构架的灵活性（图3）。

同时，观音阁的层叠关系也反映了一种早期楼阁建筑的特色，即竖向空间的直接叠加。所谓平坐层即以下层角柱上作插栱，承托上层楼板，二层直接叠加单个重檐建筑，并使其上下角柱对齐，上层柱不与下层铺作发生直接搭接关系。其平坐层亦采用插栱形式，柱头直接承托楼板，平坐结构上与《五山十刹图》中径山寺法堂剖面一层平坐相似，但未使用通柱，且平坐层插栱

图3　甘露庵观音阁
图片来源：作者自绘

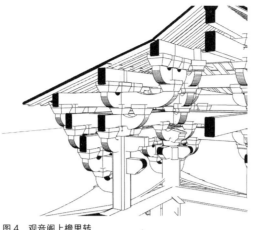

图4　观音阁上檐里转
图片来源：作者自绘

承托二层副阶。

观音阁平坐斗栱角部无角栱，仍然采用插栱出挑，正面两跳插栱，侧面一跳计心，上承枋木。平坐层额枋并非直接交圈，正面额枋高度与第二跳华栱齐平，山面额枋则与第一跳偷心华栱齐平，额枋高度上下相闪。开间仅3m的平坐层山面补间铺作在里转第一跳头上设置拉结作用的枋木，使得平坐层整体连接更为紧密。

2. 斗栱样式

甘露庵建筑群中铺作均未使用昂，而以华栱出挑，插栱也运用广泛。作为福建南宋时期的代表性建筑，其展现了同华林寺、莆田元妙观等建筑中类似的多跳插栱特征。多跳插栱也成为福建地区具有鲜明的建筑特色之一。甘露庵建筑群中蜃阁、南安阁、观音阁均采用外跳计心，里转以多跳插栱形式出现。其中多跳插栱的栱身样式与泰宁明代民居建筑中的插栱栱身样式极为类似，栱身未做卷杀，弧度颇大。第一跳栱身并非出于栌斗斗口，而是在柱

上使用插栱出若干跳，再接栌斗出跳的华栱。同时铺作的出挑长度也极为灵活，基本最上层铺作的里转栱身长度可以达到一椽距离，直接承托平槫或山面的平梁（图4）。

补间铺作使用蜀柱及多跳插栱形式，蜀柱插栱形式的补间铺作檐外承担出挑，檐内承托山面平梁，其结构作用仍然强调了其补间具有挑出的结构作用，只是由于插栱概念的大量运用，使得其补间形式并非从栌斗开始出挑，而以蜀柱代替。这种逻辑暗示出其补间铺作并非类似于唐时的斗子蜀柱，斗子蜀柱功能仅有支撑柱头间枋木的作用，但甘露庵建筑群中的补间铺作虽采用蜀柱，但栱身插入蜀柱承担出檐与里转的平槫，尤其南安阁与观音阁由于重檐副阶部分下檐与上檐距离拉大，阑额向下挪动与角柱柱头距离拉长，补间蜀柱长度也明显加长，其补间形式也更像是穿斗构架减柱后的样式。

江南地区虽然斗歆也较高，但是闽地的宋元遗构中斗歆约占整个斗高一半的特征则更为夸张（表1）。

闽地建筑的栔高尺寸普遍较高，插栱的广泛运用以及栱身的灵活尺度，都使得斗成为调整铺作甚至其他构件间距离的重要构件。福建地区斗的尺寸变化明显有两种主要方式：一为加高斗歆，这种变化可以保持斗口尺寸与栱材相对不变，只变化下端高度；二为增加皿板尺度，及至明清民居当中仍然可见较为明显的皿板遗存痕迹。泰宁尚书第的斗耳＋斗平为4cm，斗歆为6cm，类似民居中的斗栱大多保留了斗歆高大于斗耳、斗平之和的特征。

表中份数以材广1/15取份值，按《法式》材等核算，甘露庵各组建筑约合六等材。但其中存在的问题在于南宋福建地区的建筑遗存与《法式》材等均有较明显的不同之处，尤其是其过高的斗歆和栔高，使得材高和栔的尺寸并非严格《法式》做法，但在铺作到槫之间仍然具有完整的材栔叠加的关系。甘露庵各殿的用材广厚比近似2∶1，与华林寺大殿用材广厚比类似，莆田的元妙观三清殿用材比值约3∶1，在宋元福建地区的留存建筑中，用材普遍呈现出与《法式》及同时期北方地区用材比例更高的广厚比。一方面与所用木材有关，福建地区盛产木材，历史上并未有明显的缺乏木料的情况，因此选用高广厚比的木料并非过于困难的事情；另一方面，大量的插栱运用使得柱身开榫极多，使用较高的广厚比可以减少开榫口的宽度，这种逻辑也与福建地区特色的叠斗使用不谋而合，后者同样减少了柱上开口，用斗的形式层叠而上[①]。同时，材料力学的性质也

---

① 此条并非叠斗产生或者保留的全部原因，但其功能上确实达到了这一目的。

福建部分宋元建筑主要斗栱尺寸表 [①] 　　　　　　表 1

建筑	年代	斗（cm）	用材（cm）	用材广厚比
华林寺大殿 [②]	964 年	斗耳 + 斗平 9 斗㪗 10	单材 30×16 栔高 14.8	15：8
陈太尉宫	宋构部分南宋嘉熙三年（1239 年）	㪗高大于耳、平之和	—	—
莆田元妙观 [③]	宋构部分大中祥符八年（1015 年）	斗耳 + 斗平 6~8 斗㪗 6	单材 32~26.5×12~11.5 栔高 9	15：5.6
甘露庵蜃阁	南宋绍兴十六年（1146 年）	斗耳 + 斗平 4.6 斗㪗 6.9	单材 18.5×8.5 栔高 10	15：6.9
甘露庵上殿	1205—1207 年	斗耳 + 斗平 4.6 斗㪗 6.9	单材 18.5×8.5 栔高 10	15：6.9
甘露庵观音阁	南宋绍兴二十三年（1153 年）	斗耳 + 斗平 6 斗㪗 8	单材 20×9 栔高 10	15：6.8
顺昌宝山寺 [④]	元至正二十三年（1363 年）	斗耳 + 斗平 10 斗㪗 10	单材 17×13 栔高 9	15：11.5
仙游无尘塔	南宋乾道二年（1166 年）	斗耳 + 斗平 13.30 斗㪗 12.40	—	—
漳州文庙	明	—	单材 20×10 足材高 32	2：1

来源：作者自绘。

显示在 2：1 的断面比例下，梁能得到更好的抗弯性能，高度的增加有助于提高抗弯性能。

顺昌宝山寺中的斗栱，其比例具有石制仿木的形式，斗耳与斗平之和并未明显小于斗㪗，这同其他福建木构建筑中不同，斗耳 + 斗平的尺寸与斗㪗的比例约为 1：1，这种比例在仙游的无尘塔石作建筑中也很相似，盖因材施用（表 2）。

甘露庵建筑群上斗栱类型选取较为特别，除前文所述补间铺作用蜀柱、插栱外，角部的斗栱类型也表现出灵活的使用特点（图 5）。观音阁上层副阶部分的角部斗栱使用斜 45° 角栱第一跳计心，跳上再设抹角栱。抹角栱木作实例在独乐寺观音阁中已出现，但在北方金代之后则减少了使用。抹角栱与角柱插栱的结合使用构成了较为简单原始的斜置角部构件。观音阁平坐层角

宝山寺大殿主要斗栱尺寸表 [⑤]（单位：mm）　　　　　　表 2

构件名称	广		厚		高		
	上	下	上	下	斗耳	斗平	斗㪗
檐柱柱头栌斗	44	32	44	32	3	7	10
金柱柱头栌斗	58	46	58	46	4	4	12
梁上坐斗	36	24	36	24	4	4	8
齐心斗	20	12	20	12	2	3	6
泥道栱	71		11~13		17		
丁头栱	43		14		17		
异形栱	88~96		16		30~47		

来源：参考文献 [17]。

① 甘露庵建筑中尺寸信息来源于张步骞的《甘露庵》文章所录。
② 王贵祥，刘畅，段智钧著 . 中国古代木构建筑比例与尺度研究 [M]. 北京：中国建筑工业出版社，2011.
③ 陈文忠 . 莆田元妙观三清殿建筑初探 [J]. 文物，1996（07）：78-88.
④ 楼建龙，王益民 . 福建顺昌宝山寺大殿 [J]. 文物，2009（09）：65-72.
⑤ 表格数据引自：楼建龙，王益民 . 福建顺昌宝山寺大殿 [J]. 文物，2009（09）：65-72.

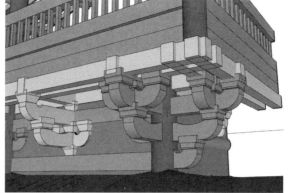

图5 甘露庵观音阁角部斗栱
图片来源：作者自绘

图6 焦作陶仓楼
图片来源：网络，https://m.thepaper.cn/baijiahao_
10668938

部斗栱的设计则不用斜栱，纵向、横向各出一跳和两跳承托平坐挑出，其样式类似于焦作陶仓楼（图6）。观音阁下层角部斗栱与平坐层逻辑相似，只在正侧两面单独悬挑。这两种角部铺作的方式大致在汉代即已初露端倪，是较为方便直观的转角构成方法。在甘露庵建筑群中，所表现的也是当地选取简单、有效的、多种方式的角部承托方式来进行乡土化设计表现手法。同时铺作栱身与柱、枋结合的形式也体现了极强的穿斗特征。

3. 角部设计

甘露庵几座主要建筑的角部处理都使用了起翘陡峻的子角梁，尤其是其高昂的翼角主要由上折的子角梁搭成，极具福建地域特色（图7）。这种起翘方式与嫩戗起翘并不相同，老角梁斜置或平置，子角梁的前半部分做出上翘之势。福建地区如石狮市六胜塔、漳州文庙、泉州开元寺小戒坛等都是这种起翘方式，广东地区的佛山祖庙大殿等案例，以及如云南、重庆、四川等西南地区

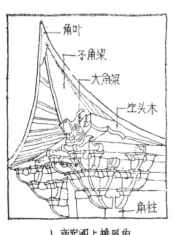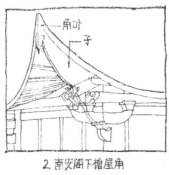

图7 甘露庵建筑群翼角
图片来源：参考文献 [1]

也存在类似的逻辑的角梁。江浙一带的翼角起翘的嫩戗发戗（即子角梁与老角梁斜插角度极大）在《五山十刹图》中可以看到明确形象①。这里涉及一个问题，即嫩戗的起翘形式的来源是子角梁的上折产生还是由当时仍普遍存在于南方地区的曲线角梁演变而成，又或是两者同时作用的结果？甘露庵中使用的三角形拼板是否是一种过渡形式或是简易方式呢？采用子角梁后尾平接在老角梁上，完全靠子角梁的上翘调整角度，比《法式》做法中微微上折的角梁提高了起翘高度，与嫩戗直接在角梁端部斜插子角梁相比稍减高度。

北方地区随着老角梁后尾从下平槫交点上方移动到下方，直至老角梁平置，翼角的起翘变化主要依靠了老角梁的角度。而南方地区则通过其各种子角梁的变化产生出灵巧的翼角起翘形式。甘露庵建筑群中有两种子角梁方式：第一种即弯曲的曲线型角梁斜插；第二种即板接而成的子角梁，厚度至多为一材。无论是老角梁平置还是斜置，子角梁都高耸成近乎三角形板状。这种

形式与《营造法原》中以嫩戗、扁担木、菱角木再通过千斤销固定在老角梁端部的做法有所区别。第一种方式广泛存在于福建地区，从泉州开元寺东塔、福清水南塔等都可窥一二；而第二种与之类似的子角梁可以从浙江金华天宁寺中见到。可见宋元之际这种拼合成三角形的子角梁曾应用于浙闽一带，但使用案例较少，基本和子角梁弯曲斜插入老角梁时期上并置，推测可能为子角梁弯曲后形成空间的模拟产生。而在苏州一带，元代已形成了成角度的子角梁插入老角梁之中的做法。前述之简单的拼合做法则并不再多见。

4. 出檐尺寸

建筑不使用飞椽直接用檐椽出挑，且出挑的距离仍然较为深远是甘露庵整组建筑中比较重要的特点之一。根据陈明达先生的《唐宋木结构建筑实测表》②中对于甘露庵的相关数据尺寸如表 3。

初期测绘工作中采用的测量仪器、建筑状况、现场环境等均较为有限，尤其在类似于甘露庵这种地

势复杂的山地建筑测绘中，柱间距等平面大尺度信息可较为准确测量，但对于出挑长度等数据则不可避免存在些微误差。但总体对比而言，甘露庵建筑群在没有飞椽的情况下，建筑的檐高比檐出约 100：45。甘露庵建筑群多为四架椽，由于其平槫以栱身后尾承托，山面平梁与内侧插栱最上跳之间距离至多一材一栔，整个檐部屋面举折异常平缓，使得檐椽加长并不会严重影响屋面安全。且整个建筑群位于山岩峭壁间，屋面并不施瓦，重量也较大部分古建筑轻很多。

三、宋元时期闽地建筑特征

甘露庵作为南宋福建地区坐落于山地的建筑群，既体现了南宋闽地建筑的地域性特征，也因其独特的地理环境、建筑空间需求，无论从平面布局、建筑构架、用材尺度，还是构件形制，都产生了灵活变通的应对方式，展现了以甘露庵建筑群为代表的闽地穿斗式建筑在南宋时期的地方性运用。在空间上，其与江南地区的构架也存在区别与关

甘露庵建筑群各建筑数据——檐出（cm/份）　　　　　　　　　　　　表 3

建筑名称	檐出	飞子	檐出＋飞子	铺作出跳	总出檐（檐出＋飞子＋出跳）	檐高（柱高＋铺作高）	檐高：檐出
甘露庵蜃阁	108/88	—	108/88	67/54	175/142	380/302	100：46
甘露庵观音阁	93/73	—	93/73	90/73	183/146	416/337	100：44
甘露庵上殿	95/77	—	95/77	60/49	155/126	318/258	100：47
甘露庵南安阁	93/75	—	93/75	78/64	171/139	428/348	100：40
甘露庵库房	55/44	—	55/44	50/41	105/85	260/210	100：40.5

来源：数据引自：贺业钜等著. 建筑历史研究 [M]. 北京：中国建筑工业出版社，1992：附录.

① 张十庆编著. 五山十刹图与南宋江南禅寺 [M]. 南京：东南大学出版社，2000.
② 贺业钜等著. 建筑历史研究 [M]. 北京：中国建筑工业出版社，1992.

联，时间上也可以根据明清建筑中存在的形式找到闽地不断传承、发展的穿斗式建筑的逻辑特征。

1. 穿斗构架的演变

直至明清之际，这种风格在闽北地区仍然可见。虽然受到江西地区的影响，但从斗栱形式、角部连接、檐部榑木连接作法等方面，依然留存有甘露庵中所展现的地域特色。宝山寺大殿明间与次间的构架结构表现了抬梁式与穿斗式的灵活运用，且甘露庵廛阁上前檐与后檐构架的区别，也展现出宋元之际福建厅堂构架中已出现混合构架体系的选择。在明清福建民居中，明间减柱抬梁（或减柱穿斗）、边贴穿斗构架几乎已成为一种重要的模式。

阑额的下移在闽地以及四川地区均出现在两宋之际，同时期江南地区则未见出现。在技术更为成熟的江南一带，阑额的做法几乎都以柱头入榫向下插入，将柱头箍为一个整体，而甘露庵中的阑额则更像穿枋构件，直接插入柱中以起拉结作用。虽然采用圆作形式，但阑额与额枋的区别在甘露庵建筑群中则表现并不明显。同时可以看到建筑群中对于横向各拼架之间的拉结均设枋木或顺脊串增强联系，而榑架之间则不再补充纵向拉结（图8）。这指向了其与江南地区的另一区别，即闽地的建筑极少使用顺栿串，与江南地区自保国寺开始不断展现的各种形式内柱间顺栿串的使用呈现明显的地域性区别。直至明代的泉州府文庙，仍然可以看到多重襻间，但横向的梁下则不再设置顺栿串。闽地建筑从强调井字形内金柱框架逻辑开始，逐渐重视拼架之间的联系。

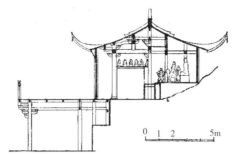

图 8　甘露庵廛阁
图片来源：参考文献 [1]

图 9　泰宁尚书第
图片来源：作者自摄

2. 地域性构件

福建地区的斗栱尺度与其广泛运用的插栱有重要的关联。高斗欹以及皿板的使用能够方便地调节欹高与铺作间高差，是极为灵活的应用。甘露庵的铺作层设计极好地展现了栱、枋、梁、柱相互穿插拉结的穿斗特征，而斗作为垫块填补高度。满置斗广泛用于日本受到福建影响的"大佛样"建筑中，而这一现象虽然在今天留存的建筑中较少出现，但仍然可在泰宁尚书第的檐下插栱中见到，是闽地独特构件延续至今的一部分（图9）。

在甘露庵建筑群中，主要建筑均以内四柱为主，建筑规模较小，设檐榑、平榑和脊榑三种，而连接檐榑与平榑的方式皆为檐口补间铺作层齐心斗上插栱里跳承接平榑或山面平梁，外出要头。在福建地区的建筑中，连接檐部和平榑间的方式还包括了使用挑幹、剳牵或平梁、轩篷等方式。

甘露庵廛阁前檐蜀柱之上的剳牵出半栱在外，半栱连身对隐插入蜀柱，上承替木与平榑。甘露庵上殿、观音阁、南安阁均以补间多跳偷心插栱身上置斗或一斗三升，承托平榑。

对比其他已知福建地区宋元遗构中，铺作与下平榑的联系多采用

昂尾承托的形式，如华林寺大殿直接以昂尾承托下平榑、莆田元妙观三清殿内檐以昂尾出要头承托下平榑。但在甘露庵的建筑中，整组建筑并未使用下昂，而全部以多跳华栱实现出挑与举折。铺作正心枋与下平榑的间的高差，均通过使用内檐里跳华栱与正心枋相交外出华头子的方式连接。由于举高不大，且里跳华栱自栱眼开始上卷，抬栱高，此类栱身做法在今天的福建地区的民居中仍然可以见到。据现存遗迹发现，南宋后的闽地建筑中不再使用下昂，多跳华栱出挑的方式成为主流。在浙南及闽西北（今福建泰宁、邵武）等地的民居中多以挑幹这种斜撑做法支撑下平榑（图10）。与浙江一带的挑幹不同，浙江民居中至今仍延续在檐柱内用上昂加剳牵形式（图11），福建的挑幹形式和结构作用已经发生了很大的变化。

廛阁前廊瓜棱形蜀柱上剳牵的形制与目前福建地区常见的细长扁作剳牵（或称束木、水束等）较为相似，其高度同栱高，样式与武义延福寺中使用的弓形剳牵迥然不同。韩国高丽时期的修德寺大雄殿中出现的各榑之间剳牵样式则更验证了其与福建地区建筑的关联。对比东南沿海广东宋代的梅庵大殿也在榑间使用类似的剳牵构件形式，后期

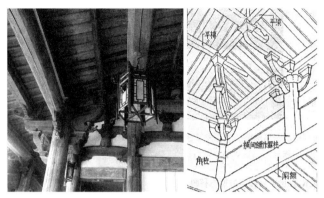

图 10　泰宁尚书第（左）；甘露庵南安阁（右）
图片来源：作者自摄、参考文献 [1]

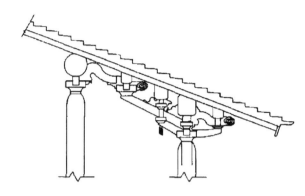

图 11　浙江温州地区檐内
图片来源：作者改绘

不断延续发展成为闽粤梁架中较为常见的束木。

四、总结

　　甘露庵建筑群是研究南宋闽地穿斗构架发展的重要案例，其反映的梁架结构、铺作特征、构件特色、檐部做法等方面都具有鲜明的穿斗式地域特色。穿斗式构架在南方地区广泛使用的同时，各地域间仍有地域性做法延续。福建地区与同时期江南东路、两浙地区的木构建筑有所区别。其中展现的独特构件样式、榑木连接方式、角部作法等在明清民居中仍有诸多体现。甘露庵建筑群与明清现存福建地区穿斗构架的建筑的对比研究，对于研究福建地区穿斗构架的发展演变、特殊构件形式的生成演化具有重要作用。同时福建建筑对外在日本和韩国产生的短暂影响依然可以在大佛样和柱心包建筑实例中展现出来，显示着东亚文化传播的痕迹。

参考文献

[1] 张步骞 . 甘露庵 [M]. 建筑历史研究（第二辑）（建科院），1982.

[2] 福建省文物管理委员会 . 泰宁甘露岩宋代建筑和墨迹 [J]. 文物，1959（10）：79-82.

[3] 傅熹年 . 福建的几座宋代建筑及其与日本镰仓"大佛样"建筑的关系 [J]. 建筑学报，1981（04）：70-79.

[4] 曹春平 . 福建省漳州市南山寺山门的大木构架与斗栱形态 [J]. 建筑史，2019（02）：23-36.

[5] 曹春平 . 闽南传统建筑 [M]. 厦门：厦门大学出版社，2016.

[6] 张十庆 . 福建罗源陈太尉宫建筑 [J]. 文物，1999（01）：67-75.

[7] 张十庆 . 从样式比较看福建地方建筑与朝鲜柱心包建筑的源流关系 [J]. 华中建筑，1998（03）：121-129.

[8] 岳青，赵晓梅，徐怡涛 . 中国建筑翼角起翘形制源流考 [J]. 中国历史文物，2009（01）：71-79+88.

[9] 贺业钜等 . 建筑历史研究 [M]. 北京：中国建筑工业出版社，1992.

[10] 傅熹年 . 中国古代城市规划、建筑群布局及建筑设计方法研究（上册）[M]. 北京：中国建筑工业出版社，2001.

[11] 郭黛姮 . 南宋建筑史 [M]. 上海：上海古籍出版社，2014.

[12] 东南大学建筑历史与理论研究所 . 中国建筑研究室口述史 1953-1965[M]. 南京：东南大学出版社，2013.

[13] 陈明达 . 陈明达古建筑与雕塑史论 [M]. 北京：文物出版社，1998.

[14] 张毅捷，叶皓然，周至人 . 有关出檐的研究 [J]. 中国建筑史论汇刊，2017（01）：140-153.

[15] 谢鸿权 . 福建宋元建筑研究 [M]. 北京：中国建筑工业出版社，2016.

[16] 林世超著；朱光亚主编 . 台湾与闽东南歇山殿堂大木构架之研究 [M]. 南京：东南大学出版社，2014.

[17] 楼建龙，王益民 . 福建顺昌宝山寺大殿 [J]. 文物，2009（9）：65-72.

[18] 张十庆编著 . 五山十刹图与南宋江南禅寺 [M]. 南京：东南大学出版社，2000.

中心塔柱窟对佛国须弥山世界的表达
—— 以敦煌莫高窟第254窟、302窟、303窟为例

龚 龙 赵晓峰

国家自然科学基金项目，"'佛教宇宙世界'空间体系解析与汉传佛寺空间布局研究"（项目批准号：51778205）。

龚龙，基准方中建筑设计有限公司西安分公司建筑师。邮箱：1097505214@qq.com。
赵晓峰，河北工业大学建筑与艺术设计学院副院长、教授，研究方向：建筑历史文化古遗产保护、建筑历史及其理论。邮箱 1664857380@qq.com。

摘要：中心塔柱窟是我国石窟寺最早出现的洞窟形式之一，本文以莫高窟254窟、302窟、303窟为例，探讨中心塔柱窟对佛教宇宙世界的表达。文章通过对中心塔柱柱体元素进行分析，并将各元素所在的位置与佛经中对须弥山世界的描绘相对比，发现中心塔柱正是对须弥山山体的表达，而中心塔柱窟正是对佛教须弥山世界的表达。

关键字：莫高窟；中心塔柱窟；须弥山世界

一、莫高窟中塔柱窟的基本概况

塔柱窟的形式来源于印度的支提窟，是莫高窟早期主要的洞窟形式。而支提窟的核心主体是其内部的卒堵坡。"支提""卒堵坡"均为梵文音译，梵文stupa这个词最早出现在《梨俱吠陀》中，译作"柱"或"树干"，有赋予稳定之意。卒堵坡的建筑形式类似一个坟冢，用以供奉佛陀涅槃后的舍利，来此朝拜的信徒围绕着卒堵坡做绕塔礼。[1]

莫高窟现存中心塔柱窟共计二十八个，其中北魏有11个，分别是第254、263、257、251、260、265、435、437、248、431、246窟；西魏有两个，分别是第288、432窟；北周有三个，分别是第428、442、290窟；隋代四个，分别是第302、303、427、292窟；隋代之后总共有八个，分别是第448、332、39、44、9、14、22、95窟。敦煌中心柱窟在佛教传入我国早期，一直是石窟建筑的主要形式，但隋代以来，数量急速减少，逐渐被覆斗式洞窟所代替。[2]敦煌中心柱窟的形制特点是在主室后部凿建中心塔柱，而在塔柱前的窟顶建成中国传统的人字坡屋顶形式，在一个洞窟内形成了多种不同的空间氛围。

按照兴衰发展可将中心柱窟分为三个阶段。第一阶段是北魏至西魏时期，是莫高窟中心柱窟发展的鼎盛阶段。这一阶段的主要特点是：洞窟平面为纵长方形，其中前部人字坡的顶部浮塑中国传统木构建筑的檩、椽构件，构件具有一定的立体感。后部中央为一座贯穿窟顶的方形塔柱，塔柱所在部分的窟顶为平顶，塔柱四面开龛。第二阶段是北周至隋这一时期，此时中心柱窟开始呈现衰退的趋势，形制上基本延续之前，但是在一些细节处理上明显发生了"怠慢"，比如洞窟前部的人字披顶部的仿木构由立体的浮塑变成了平面的描绘。此时中心塔柱开始出现正面不开龛，而是在正面前立塑像，这样塑像脱离了中心柱，信徒的关注点集中于中心柱前的佛像，中心柱的地位渐渐褪去。隋代还出现了形制非常特殊的须弥山中心柱窟，编号为302、303，这两个洞窟是中国中心塔柱窟这一形式的孤石。隋代之后，中心塔柱窟开始走向衰落，主要体现在人字披已经不绘制仿木结构，有的中心柱上也仅仅只在正面开一龛，其余三面不开龛。有的甚至中心柱不开龛，仅在窟室后壁（西壁）开龛。塔庙窟的宗教意义主要是为了"入塔观像"，随着佛教宗教礼仪的逐渐简化，塔庙窟失去了其原有的功能，逐渐退出历史舞台。[3]

在印度初期的支提窟中，在洞窟的尽头是一圆形的卒堵坡，沿周壁以及卒堵坡有一周列柱，但在我

国的中心柱窟中，并不完全跟印度的支提窟一致。印度石窟中中心柱窟柱子是圆形，流传到我国，变为了方形。[4] 从抽象的角度来看，这一空间形式最重要的是要"形成一个可回绕的动线"。赖鹏举在《敦煌石窟造像思想研究》中说道："支提窟的重点并不在佛塔本身，而在佛塔置于石窟内对窟内空间结构及功能的改变，令石窟空间由静态的禅坐空间转化为绕行的仪式空间。"[5]赵声良在《天国的装饰——敦煌早期石窟装饰艺术研究之一》中表述，莫高窟中心柱内涵由最初的佛塔象征，逐渐转变为佛国世界中心的象征。[6]

二、须弥山世界的空间结构

佛教的宇宙观是佛经中关于佛国世界空间环境的描绘。最早系统地、周详地描写宇宙构成模式的佛教经典是《四阿含经》中《长阿含经》之《世纪经》。一些经典的佛经，如《大楼炭经》《长阿含经》《起世经》《佛说立世阿毗昙论》等多部佛教文献中，记述了理想状态的"须弥世界"的空间构成，并对该宇宙模式的宏观构成及其结构层次具有一定程度的描绘。佛经中的宇宙世界庞大而繁复，除了主要描写的核心世界空间，其他部分都是重复、嵌套的关系。虽然世界层级的关系简单，但其构成体系庞大，重复数量和嵌套层次繁复。一小世界是须弥山世界的核心，但还不算是完整的须弥山世界。一小世界的中心，准确些说是中轴，是须弥山。须弥山世界是整个佛教宇宙世界的核心、精华。一小世界的范围只到须弥山世界的初禅天，

须弥山世界还包括色界之二禅天、三禅天、四禅天及无色界诸天，也称"一微尘世界"。再往外有小千世界、中千世界、大千世界，统称为"三千大千世界"。佛经中有许多经文对须弥山世界进行描写，并且不同文献资料里对其描述也略有不同。在以须弥山为中轴的世界里，从下到上的依次排列有固定的空间结构。

古印度宗教哲学对佛教须弥山世界整体空间结构有着深远的影响，其宇宙结构论认为：佛教世界是安于大地之上，而大地又位于水体之中，整个水体承托于风之上，而风又悬浮于虚空之中。世界中的地、水、风、虚空层层依托，从而构成一个稳定的结构。如《起世经》中这样描绘："……今此大地。厚四十八万由旬。周阔无量。如是大地。住于水上。水住风上。风依虚空。诸比丘。此大地下。所有水聚。厚六十万由旬。周阔无量。彼水聚下。所有风聚。厚三十六万由旬。周阔无量……"而在《阿毗达磨俱舍论》中，将承托大地的水体、风等结构译为"水轮""风轮"等，并加入了"金轮"

的概念。

除了对须弥山世界"基础"结构的描写之外，佛经中对须弥山顶以上的无色界四天、色界十八天及欲界六天等诸天也有相关记载，如《大楼炭经》中这样记载："忉利天宫。在须弥山上。过忉利天。上有焰天。过炎天。有兜率天。上过兜率天。有尼摩罗天。过尼摩罗天。上有波罗尼蜜和耶越致天。过是上有梵迦夷天。过是天上有魔天。……过是已有天。名识知。过是已有天。名阿因。过是已有天。名无有思想亦不无想。"

须弥山世界的主体——须弥山——上同样也遍布各种竖向结构层次，如位于山脚的夜叉、山腰的四大天王以及山顶的帝释天，不同的形象在其特定的位置上。关于须弥山山体的描绘，在不同的佛经文献中也有记载，如表1。

在须弥山世界中，以"须弥山"山体为中心，周匝环绕"九山八海""四大部洲"，日月绕其旋转。"九山八海"分别指以须弥山为中心，周围依次环绕佉提罗、伊沙陀

佛经中对须弥山主体的描述　　　　表1

《世记经》	佛告比丘。其下阶道有鬼神住。名曰伽楼罗足。其中阶道有鬼神住。名曰持鬘。其上阶道有鬼神住。名曰喜乐。其四捶高四万二千由旬。四天大王所居宫殿。 须弥山顶有三十三天宫
《起世因本经》	须弥山半，四万二千由旬中，有四大天王宫殿。诸比丘！须弥山上，有三十三诸天宫殿，帝释所住。 诸比丘！其须弥山下有三级，诸神住处。其最下级，纵广六十由旬……其中分级，纵广四十由旬……其上分级，纵广二十由旬…… 诸比丘！其下级中，有夜叉住，名曰钵手；其中级中，有诸夜叉，名曰持鬘；其上级中，有诸夜叉，名曰常醉
《阿毗达磨俱舍论》	苏迷卢山有四层级。始从水际尽第一层。相去十千逾缮那量。如是乃至从第三层尽第四层亦十千量。此四层级从妙高山傍出围绕尽其下半。最初层级出十六千。第二第三第四层级。如其次第。八四二千。有药叉神名为坚手住初层级。有名持鬘住第二级。有名恒憍住第三级。此三皆是四大天王所部天众。第四层级四大天王及诸眷属共所居止故。三十三天住迷卢顶

罗、游乾陀罗、善见、马半头、尼民陀罗、毗那多迦及铁围山八大山，其中须弥山最高，其余八山次第减半，且每两山又以海水相隔，故称"九山八海"。八海之中，前七海为香海，最外围之海为咸海。"四大部洲"又称"四天下"，是以须弥山为中心，在铁围山与毗那多迦山之间的咸海中，分别于东、西、南、北四个方向分布：东胜神洲，名曰弗于逮，其土正圆；西牛贺洲，名曰俱耶尼，形如半月；南赡部洲，名曰阎浮提，北广南狭，其相如车；北俱芦洲，名曰郁单越，四方正等，形如方座；另有数万小洲遍布安住。

经书中对这种山海环绕的大体空间模式描述一致，但"九山"在尺度上并不统一。"九山"除了最中心的须弥山和最外围的铁围山之外，中间的"七山"在不同的佛经中也有不同的记载。如在《长阿含经》中记载的"七山"由"七宝"所构成，而在《阿毗达磨俱舍论》中则是由黄金所成，亦称"七金山"。虽然不同的佛经中对须弥山世界结构的记载略微有些不同，但总体来看大同小异。须弥山世界显示出中轴性以及等级明确的稳定结构模式（图1）。

三、莫高窟塔柱窟对须弥山世界的映射

本节以莫高窟254窟、302窟、303窟为例，探讨中心塔柱窟对佛教宇宙世界的表达。第254窟建于北魏时期，是莫高窟最早的中心塔柱式洞窟代表。第302窟开凿于隋代时期，与同一时期的303窟紧邻。两个洞窟近乎一模一样，中心塔柱顶部与窟顶相连，上部为圆形7层倒塔，下部由方形2层台座组成，台座上层四面各开一圆券形龛，龛内塑像。这两窟中心塔柱呈须弥山状，形制极其特殊。

中心塔柱窟的洞窟从空间形制上可以分为两部分，前部为人字披顶，在东西两披上浮塑有数条凸起的椽子，椽子之间绘有天人图案。洞窟后部为平顶，中央有方形中心塔柱连接窟顶和地面。这种前后两种不同的空间形式具有不同的功能意义：前堂人字披顶所在的部分犹如地面佛寺的大殿，可供僧侣及信众聚集瞻仰礼拜，而后部中心塔柱空间有强烈的宗教神圣感，可进行右旋绕塔观像的宗教仪式。[7]

254窟中心塔柱四面开龛，东向面也就是塔柱正面开一大龛，圆券形龛内塑弥勒交脚佛一铺，龛下塔座画药叉。中心塔柱南、北、西三面均开两龛，分上下层。南北面上层为阙形龛，内塑交脚弥勒菩萨像，象征弥勒菩萨高居兜率天宫。下层为圆拱形龛，内塑一禅定佛像。中心塔柱所在空间的平棋顶上绘出相连续的平棋图案，平棋为斗四套叠的形式，中央绘有莲花，四个叉角处绘飞天、忍冬或火焰纹。在中心柱南北两侧顶部的平棋图案之间，各有一组飞天形象（图2）。

中心塔柱最下端描绘的形象是地神药叉，他们位处于山水之间，用力将上层世界举起。往上便是主尊佛以及位于其两端的两位皈依佛教的婆罗门长者，在向佛致敬。在

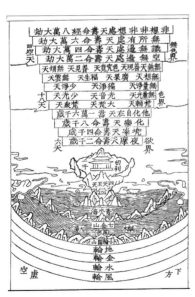

图1 须弥山世界整体垂直空间结构
图片来源:《法界安立图》

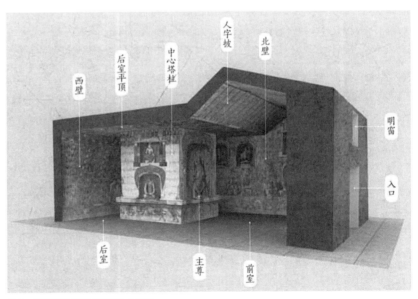

图2 莫高窟254窟洞窟空间分析图
图片来源:《图说敦煌二五四窟》

佛龛的龛楣与束帛柱相交的地方塑有盘龙。视线顺着主尊佛往上，在升腾的蓝白色光焰中，可以看到许多优美的菩萨和飞天。在佛龛的龛楣处，一位化生童子从莲花中往生。再往上便是窟顶平棋藻井的莲花图案，周围有用蓝色画面表现的池塘。天顶上的藻井表现了莲池的纯净与庄严，飞天们环游于四周，是代表住于欲界及色界诸天界之有情。[8]

整个中心柱，由最下方的夜叉，到主尊佛与盘龙，再到化生跟飞天。这与须弥山世界正好一一对应（图3）。佛经中描述在须弥山世界中，药叉位于最下层，其山下海中有娑伽罗龙王宫，二山之间有二龙王宫，在北俱芦洲还有诸龙和金翅鸟王。这些元素正是须弥山世界的直观展现，且各元素所处位置也是符合佛教对须弥山世界的描述。

302 窟与 303 窟的空间形式完全一致，可以看作是同一时期所建。这两窟又被特称为"须弥山式中心柱窟"，这一名词来源于樊锦诗著的《莫高窟隋代石窟的分期》。我国石窟寺艺术中，关于须弥山的表达除

了莫高窟 302、303 中心柱以外，还有早期克孜尔石窟第 118、205 窟壁画中对须弥山的描绘；云冈石窟第 10 窟前室门上部有须弥山的浮雕，其形式与莫高窟 249 窟窟顶西披须弥山的形式十分相近，均应是来自西域的影响。303 窟的中心塔柱上段与方形柱身相连接的最下一层塑覆莲及四龙环绕，属于整个中心塔柱的最细处。石窟寺中对须弥山的表达，最大的特征就是上下宽大，中间较细，中部有龙缠绕，这些特征与佛经中的记载一致。

因此，莫高窟第 302、303 窟倒塔形中心柱的造像可以说是须弥山造像思想的表现。具体而言，依据赵青兰在《莫高窟中心塔柱窟的分期研究》中的观点，第 302、303 窟中心柱须弥山造像或与头禾龙王的故事有关。《大阿育王经》中是这样记载的："八国共分舍利，阿阇世王分数得八万四千，又别得佛口髭。还国道中逢难，头禾龙王从其求舍利分。阿阇世王不与。便语言。我是龙王力能坏汝国土。阿阇世王怖畏。即以佛髭与之。龙还于须弥山

下高八万四千里。于下起水精塔。"在克孜尔石窟中也有同样题材的表达，如克孜尔第 118 窟的壁画中，缠绕须弥山的龙首甚至多达 16 个。

据学者考察，克孜尔石窟壁画中的须弥山形象可能是最早的。我国其他石窟寺中对须弥山形态的表达与克孜尔石窟有着深远的联系。[9]虽然佛教典籍中将须弥山描述为一个世界的中心，但是在石窟艺术中，具象表达须弥山形象的实例并不多，此前仅在表现某种特定主题时出现须弥山形象。敦煌石窟的第 302、303 窟中，中心柱直接以具象须弥山的造型来构建（图 4），体现了营造者把一个洞窟当作一个佛国世界来看待的设计思想。将须弥山山体与中心塔柱进行结合，这一做法是具有开创性和代表性的，同时也是佛教宇宙世界影响石窟建设的有力论据。[10]

第 303 窟中央特意设计成完整的方井，井内与中心塔柱的连接处四周绘两层圆形垂幔，外接两层尖角垂幔，四角各绘一身禅定佛，东南角禅定佛由二胁侍菩萨，东北角

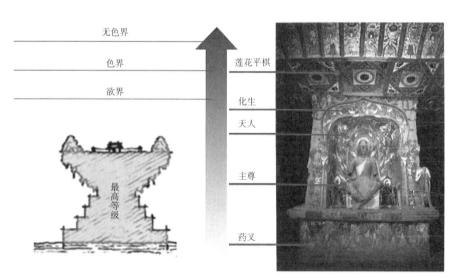

图 3　莫高窟 254 窟中心柱要素分析图
图片来源：笔者自绘

图 4　第 303 窟中心塔柱
图片来源：《中国石窟 敦煌莫高窟》第二卷

已脱落，方井四周南、北侧各绘10身千佛，西侧绘9身，禅定佛与千佛共计33身。依据胡同庆的观点，垂幔或象征须弥山的外城铁围山，33身禅定佛和千佛及四壁上段的天宫、伎乐可能代表了须弥山的三十三天。而人字披西披观世音菩萨"以三十三现身度化众生"紧挨后方平顶，印证了这一观点（图5）。[11] 显而易见，第303窟平顶的内容是为了须弥山式中心塔柱特意设计的新形式。

关于302、303这两个洞窟，不仅仅是中心柱对须弥山形象的直接表达，中心塔柱与窟内四壁的千佛结合在一起，更是对须弥山世界的直观表现。千佛图像在莫高窟佛教艺术内容中有着举足轻重的地位；从千佛题材所占据的面积来看，相当多的洞窟中千佛图像所占的数量居于洞窟壁画的首位。从洞窟整体来看，千佛图像起着一种贯穿经变图、说法图的作用，大面积的出现，像是背景一样给洞窟奠定了一种神秘的宗教基调。从千佛图像所处的洞窟位置来看，大多数集中于四壁及覆斗式洞窟的窟顶四披。除此之外，还有部分洞窟内千佛位于甬道顶部以及西龛顶部。克孜尔石窟是佛教东传传入我国后的第一批石窟，其艺术特点对于我国之后建凿的石窟影响甚远。莫高窟的千佛图案正是受克孜尔石窟菱格画的深刻影响而发展的。[12] 我们从克孜尔石窟的壁画中能明显地看出从菱格因缘向菱格坐佛的过渡，也能看出从菱格坐佛向千佛的过渡（图6）。

菱格画的边缘是由向上耸起的山峦围成，赵珈艺在文章《克孜尔菱格画初探》中指出，菱格画这一

元素形式是寓意山峦的乳突型。一个菱形格里的一佛可以虚拟一个世界，也就是一个菱形格是一个须弥山世界，也可以说是一个小世界。[13] 这样，一个洞窟墙壁成规模布满四方连续的菱形格，就给人以宏大和崇高的感觉，给人以千千万万个小世界组成小千世界、中千世界、大千世界的感觉。学术界目前普遍认同这个看法：克孜尔壁画中菱形格的象征意义与佛教中"须弥山"有关。[14] 敦煌千佛图案是从克孜尔菱形画发展而来的，在克孜尔的菱形画中，

其形象有山峦的意向，那么我们可以推测出在敦煌千佛中也有对山峦意向的表达。如302窟千佛形象铺满四壁，围绕洞窟一圈，此时其山峦的意向与须弥山世界周围一圈的铁围山形象不谋而合（图7）。

四、小结

石窟寺的单个洞窟是内部壁画以及各种佛龛雕塑的载体，使其能够完善的保存，并长期处在一个相对稳固的环境中。石窟形制的改变，

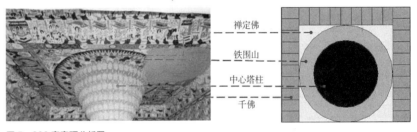

图5　303窟窟顶分析图
图片来源：作者自绘

图6 （a）克孜尔176窟菱格画；（b）克孜尔126窟菱格坐佛；（c）克孜尔189窟千佛
图片来源：a、c图自《中国石窟 克孜尔石窟》第三卷；b图自《中国石窟 克孜尔石窟》第二卷

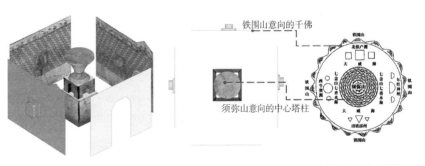

302窟轴测分析图　　　　302窟横截面图　　　　须弥山世界平面布局

图7　第302窟四壁千佛与须弥山世界铁围山的意向分析图
图片来源：作者自绘

又同时引起洞窟内壁画以及彩塑布局发生变化。因此，我们可以认为，敦煌石窟寺的建筑形式与壁画、彩塑共同构成了三位一体的石窟艺术。在对莫高窟的单窟进行研究时，我们很明确地发现中心柱窟这一洞窟形制是对须弥山山体的模仿，尤其

以北魏 254 窟和隋代 302、303 窟为典型。254 窟整个中心柱，由最下方的夜叉，到主尊佛与盘龙，再到化生跟飞天，这与须弥山世界正好一一对应。而 302、303 窟的中心塔柱的形象直接与须弥山世界漏斗形的山体高度吻合，不仅中心塔柱是

对须弥山形象的直接表达，结合四壁的千佛以及窟顶的方形天井图腾，整个洞窟更是对须弥山世界的反映。以石窟寺洞窟为载体来表达佛教宇宙世界的空间特征，这正是信徒们将石窟寺当作人间佛国来进行朝拜的一种精神寄托的体现。

参考文献

[1] 李崇峰 . 中印支提窟比较研究 [J]. 佛学研究，1997（00）：13-30.

[2] 赵声良 . 敦煌隋代中心柱窟的构成 [J]. 敦煌研究，2015（06）：19-26.

[3] 季羡林 . 敦煌学大辞典 [M]. 上海辞书出版社，1998.

[4] 杨栋明 . 古印度佛教石窟空间演变的综合因素 [J]. 四川建材，2019，45（05）：49-51.

[5] 赖鹏举 . 敦煌石窟造像思想研究 [M]. 北京：文物出版社，2009.

[6] 赵声良 . 天国的装饰——敦煌早期石窟装饰艺术研究之一 [J]. 装饰，2008（06）：28-33.

[7] 杨赫赫 . 敦煌莫高窟石窟窟顶形制演变研究 [D]. 兰州：兰州大学，2017.

[8] 陈海涛，陈琦 .《图说敦煌二五四窟》[J]. 博览群书，2018（03）：94.

[9] 赵声良 . 敦煌隋代中心柱窟的构成 [J]. 敦煌研究，2015（06）：13-20.

[10] 付琳玮 . 莫高窟"双窟"第 302 窟与第 303 窟比较研究 [D]. 兰州：兰州大学，2020.

[11] 胡同庆 . 莫高窟第三〇三、三〇四、三〇五窟的内容和艺术特色 [M]// 敦煌石窟艺术 莫高窟第三〇三窟 . 南京：江苏美术出版社，1996.

[12] 闫飞 . 克孜尔石窟佛传故事图像研究 [D]. 上海：华东师范大学，2017.

[13] 赵珈艺 . 克孜尔菱格画初探 [J]. 现代装饰（理论），2011（03）：77.

[14] 李雨潆 . 试析克孜尔石窟壁画菱形格形式的起源 [J]. 西域研究，2012（04）：126-134，141.

汉代佛教与本土信仰基于宇宙认知的元素拼贴现象及空间表达研究

徐 瑞 赵晓峰

本文系国家自然科学基金面上项目"佛教宇宙世界"空间体系解析与汉传佛寺空间布局研究（项目编号：51778205）的阶段性成果。

徐瑞，中国能建葛洲坝地产开发有限公司。
赵晓峰，河北工业大学建筑与艺术设计学院教授、博士生导师、副院长，建筑遗产保护中心主任，建筑历史与理论学科负责人。

摘要：汉代礼佛方式于文献中呈现出与本土信仰同时祭祀的特征，可以看出佛教进入中国初期根植于本土、信仰发展自身的方式，也能看到佛教宇宙观对汉地神话宇宙观的服从。该时期佛教与本土神话信仰的艺术表达与空间建构同样呈现出文化要素的拼贴，从中可以挖掘出以须弥为典型图示的佛教宇宙与以昆仑山为图示的本土神话宇宙融合在具体建筑形式层面的表现。

关键词：汉代；佛教；须弥山；昆仑山；意向融合

一、汉代浮屠祭祀行为与本土信仰的趋同

1. 永平求法的本质——求仙

汉明帝夜梦金人之时，有"通人传毅"曰："西方有神，其名曰佛"，那么因对佛的理解为"变化无方，无所不入，而大济群生"，从而汉明帝随即"遣使天竺"，以便"问其道术"，同时"图其形像"，也即按照本土神仙祭祀的方式绘像。也正因为佛以本土观念所特有的"托梦"方式"显灵"，于是汉明帝对佛的认知始于其具有与本土神仙相同的功能。所谓"问其道术"也就带有了本土语境"求仙问路"的内涵，佛教典籍中对明帝求法的记载也同样多有引用。因而，佛教初传时汉地对其的认知统摄于本土神仙体系之下。

先秦时期有周穆王西征昆仑，秦时嬴政求仙入海，汉代则有明帝夜梦金人遣使天竺求佛。因此明帝求法若以脱离现实的"托梦"事件为起点，那么其本质则是延续了帝王求仙的传统。

2. 浮屠与黄老并祀——佛、汉祭祀方式的最初拼贴

按《后汉书》，楚王刘英晚年喜学黄老，同时也学习斋戒的礼佛仪式[①]，这与汉明帝诏书中所谓刘英"诵黄老之微言，尚浮屠之仁祠"的说法一同揭示了佛教的认知与本土信仰相似，因而其祭祀方式与黄老相同。

楚王英的所为包括"学为浮屠斋戒祭祀""洁斋三月，与神为誓""助伊蒲塞桑门之盛馔"，甚至"交通方士，作金龟玉鹤，刻文字以为符瑞"，其祭祀目的即"拜神求瑞"。因此东汉佛教初传之际，佛教作为外来宗教，其社会认知与本土神仙思想或为相通，信众对其理解也就以格义的方式而进行。

除刘英外，东汉末年孝桓帝也祭祀孔子、黄老，甚至浮屠的活动且仪礼等级采用效天之礼，在《后汉书》中有明确的记载："……设华盖之坐，用郊天乐也。"[②] 同时，"饰芳林而考濯龙之宫，设华盖以祠浮图、老子"，则说明祀浮屠之礼同样参考了效天之礼。

① （南宋）范晔撰，（唐）李贤等注. 后汉书·卷四十二 光武十王列传第三十二 [M]. 中华书局，1973；1423-1456. 原文为："英少时好游侠，交通宾客，晚节更喜黄老，学为浮屠斋戒祭祀。"

② （南宋）范晔著. 后汉书·志第八·祭祀中 [M].

3. 以华盖祭佛——中国本土宇宙观笼罩下的汉代佛教

上文提及桓帝考濯龙之宫，设华盖祠浮图、老子，而其主要宫殿也设置了同祭的场所①。华盖在这里指代效天之礼，具有如《王莽传》所言②之神异倾向。

《说文解字注》中对华盖的释义包含了华盖与星象、宇宙有着关联的解释，《史记索隐》亦云："华盖，星名，在紫微大帝之上。今言'望华盖'，太帝耳"，就是指华盖星是位于紫微之上星辰。张衡《西京赋》中的"华盖承辰，天毕前驱"，薛综注华盖为"华盖星覆北斗，王者法而作之"，这也就是说华盖古代宇宙观中地位高于北斗，用以表达世俗帝王的地位之高。

张同标认为"泰山、梁父，设坛场，望华盖"应理解为——于泰山与梁父立坛是为以华盖其物象征华盖星，所带来的空间行为呈现为仰望华盖以迎接"上帝"的空间联想。③

华盖因具有与天象星辰的对应性为"天帝－人皇"并生体系所用，即从实用层面转向了礼仪层面。同样，因佛教与本土信仰趋同的认知，与华盖相关的佛教形象如图1所示甘肃与河北地区出土的鎏金华盖铜佛像。而在汉朝，佛教进入中国后与黄老同祭，又采用象征中国宇宙观器物的作为过渡阶段的祭祀象征，是佛教与本土文化首次在宇宙观层面交融的表现，也是汉代佛教与本土神仙信仰及宇宙观的拼贴。究其此类"物－空间－意识"的连续过程，其本质则是基于神异文脉与空间的层级、行为对宇宙进行认识的假设的综合现象。

二、汉代墓葬中昆仑神话与佛教形象的拼贴

如果说以华盖同祭浮屠与黄老是佛、汉祭祀行为的最早拼贴，那么以神仙体系的汉代墓葬画像中佛教元素的介入便是佛教图像与本土神话世界的拼贴。在实际考古发掘中，数个汉代墓葬遗址或画像砖上都出现过佛教图像与西王母、东王公的本土神仙形象同时存在的情况。

1. 和林格尔墓葬壁画中的佛、汉形象杂糅

和林格尔汉代壁画墓内壁画对东汉年间桓、灵二帝时期的社会生活进行了繁密的图像叙事，其前室顶部壁画绘有青龙、白虎、朱雀、玄武，以象征空间方位，斜向还有相配的西王母、东王公与"仙人骑白象""猞猁"的图像，是能体现汉、佛文化元素共存最集中的区域（图2）。

俞伟超已将该壁画涉及的佛教图像元素的含义与出处进行了考证，最终将"仙人骑白象"解释为"能仁菩萨骑白象"的降身图（图3）；而圆盘内放置圆珠的"猞猁"图代表"佛骨舍利"。同时，在同一区域的相对位置包含了与中国宇宙观相关的青龙、白虎、朱雀、玄武以及西王母和东王公图像。其中所谓"仙人"是中国神话体系中的语汇，佛

甘肃省博物馆藏泾川县玉都乡太阳墩村出土华盖鎏金铜佛像　　河北省博物馆藏十六国铜鎏金带华盖坐佛三尊像　　河北出土的铜华盖与铜佛

图1　汉代至十六国时期出土的华盖佛像
图片来源：笔者据网络照片组合绘制

① 《后汉书·襄楷传》曰："又闻宫中立黄老、浮屠之祠。"
② （北宋）李昉. 太平御览·卷七百二 服用部四 [M]. 原文为："或言黄帝时见华盖登仙，莽乃造华盖，高八丈一尺，皆全瑝羽盖，载以秘机四轮车，驾六马，免者皆呼'登山'"。
③ 张同标. 神仙方术视野中的中国早期华盖图像 [J]. 创意与设计，2014（4）.

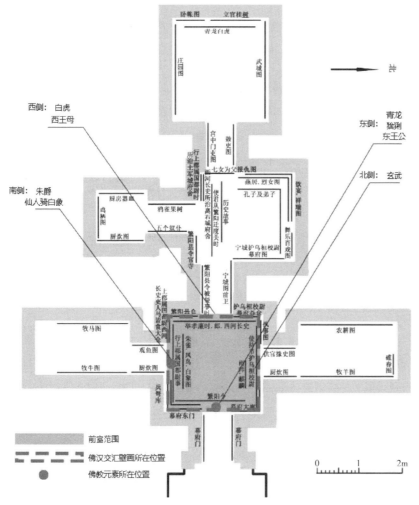

图2　和林格尔墓平面与体现佛汉元素的壁画所在位置
图片来源：据《汉代画像中的建筑图像研究》改绘

图3　和林格尔壁画墓中的能仁菩萨骑白象
图片来源：《东汉佛教图像考》

① 中国古代神话中掌管雨水的神祇。
② "九韶"为舜帝时期的乐曲名称。

教初传时期，格义现象十分普遍，因此汉代至唐宋年间"仙人"都为佛教人物的代称。

和林格尔壁画墓中以方位四神、西王母、东王公、"雨师驾三虬"①、"凤皇从九韶②"为主的本土神仙宇宙观与以"能仁菩萨骑白象""猞猁"图像为主的佛教内容以一种拼贴的方式同时呈现，反映了汉代佛教形象的地位与认知与本土神异形象趋同的状态。其中，舍利是佛教中具有重要地位的象征，对舍利的供奉代表着对佛本身的供养，在具有中国本土神话信仰体系的壁画中出现舍利的形象，是此时信仰杂糅的一种体现。

2. 沂南石墓中的佛、汉要素杂糅

东汉沂南北寨村画像石墓（图4）前、中室各有一八角石柱，石柱八面都刻有大量人物形象和场景。中室八角石柱的四个正向方位上刻有东王公、西王母以及两个疑似佛教形象的立像。关于这一石墓中的人物形象问题的判断学术界基本已无争议，但在要素拼贴的框架下又可做新的思考。

首先，前中室的石柱都位于空间中心，呈现代表古代世界观种的世界之轴的中心柱特征，《龙鱼河图》曰："昆仑山，天中柱也。"俞伟超也称这一石柱为"擎天石柱"。其次，其俯视投影呈现的八角平面，似乎又与古代宇宙观的方位观念有关。《淮南子》及《河图括地象》有："天有九部八纪，地有九州八柱。"在《淮南子·原道训》中又有所谓：

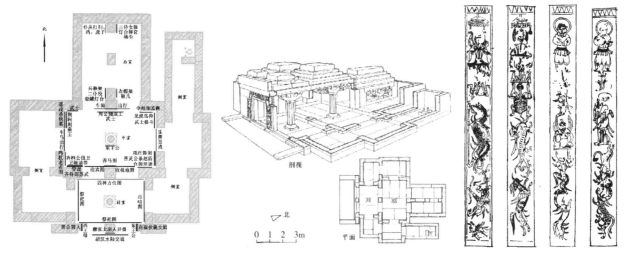

图 4　沂南北寨村画像石墓平面图（左）、壁画位置图、轴测图（右）
图片来源：根据《汉代画像中的建筑图像研究》《中国古代建筑史》《东汉佛教图像考》资料改绘

图 5　沂南北寨村画像石墓中室石柱壁画
图片来源：《东汉佛教图像考》

"夫道者，覆天载地，廓四方，柝八极，高不可际，深不可测。"高诱注曰："八极，八方之极也，言其远。"八方符号在部落文化中就已经有所体现，如伏羲部落大地湾遗址及出土文物中可见的八角形符号与纹饰，也常以"亚字形"出现在纪念性的礼制建筑中，如坛、陵墓或明堂等建筑空间。同时，林已奈夫认为，前室石柱上刻画的四方神，结合莲花图像，是在体现盖天宇宙模型。

基于此以及沂南石墓中的八角石柱表面雕刻和画像中东王公、西王母的形象可以认为，沂南石墓中室的这一实物片段是以昆仑神话世界中柱观念为主干建立的（图 5）。

石墓所建构的这一世界模型内包含着以昆仑神话之核心人物为要素的图像（图 5 左侧二图顶部图像），同时在相等地位的南北柱面上雕刻着象征佛教"仙人"头带佛光、手部结印的立像（图 5 右侧二图顶部

图像）。这里佛、汉元素同时出现的情况与和林格尔壁画相同，可以认为是相似的"要素拼贴手法"。也因其与墓室内部盖天世界模型的存在，可以认为是墓葬三维空间层面佛、汉文化交汇的立体建构。与和林格尔墓相似的是，沂南石墓中柱上的佛教形象是以其佛光、手印为依据判断的，与西王母、东王公十字相对的位置说明在墓主的认知中，佛是与本土神仙相似的神祇，因此佛像才有机会进入以昆仑山为主导的神话图像体系中来。

三、笮融浮屠背后佛、汉宇宙山观意象的融合

1. 笮融浮图与昆仑"铜柱说"的暗合

东方朔所作《神异经》中对昆仑山的描述[①]与王嘉笔下的昆仑山相似的是都颠覆了传统三层昆仑。但其中的昆仑山文本看似是在讲述

神话圣山，其用词中却似乎是对建筑要素的异化包装。

首先，昆仑铜柱的说法在这里是首次出现，先汉文献中未曾找到类似描述，但从古代建筑的角度理解，这里的铜柱也许是对都柱的隐喻。而所谓"天柱"的说法似乎就是以"比"的修辞方式一语双关地转换了建筑构件与昆仑神山要素。其次，文中说铜柱之下有"回屋"，简言之，即包围各向的合院之中耸立高楼形象。继而，"围三千里"则是对重楼建筑的高耸形象的尺度表达。《后汉书》中，笮融浮图为"上累金盘，下为重楼，又堂阁周回"，这座建筑的立面结构上累金盘，中为汉地重楼，最下层为周匝回绕的殿堂建筑，与能够代表汉代佛寺的白马寺之阿育王塔形象完全不符，却与东方朔之昆仑"上为通天铜柱，下为回屋百丈"的形象相吻合，如图 6 所示。

就笮融浮图创新性的佛塔建筑

---

① 东方朔《神异经》中的荒经十则，原文为："昆仑山有铜柱，其高入天，所谓天柱也，围三千里，周回如削。下有回屋，方百丈，仙人九府治之。上有大鸟，名曰希有。南向。张左翼覆东王公，右翼覆西王母。背上小处无羽，一万九千里。西王母岁登翼上，会东王公也。"

形象而言，也许从阿育王塔到楼阁式塔的突变是受到彼时昆仑神话文本中所含空间观的影响。东方朔在对昆仑山进行想象之时也许已经发现昆仑多与建筑有关，因而将汉代时期流行的重楼形象与昆仑山进行了结合，从而产生了《神异经》中独特的"铜柱昆仑"。三国时人在将本土重楼的形象运用至浮图之时，也许注意到了《神异经》中昆仑山建筑性的描述，因而便有了笮融浮图这一楼阁式佛塔之原型。

2. 笮融浮屠中昆仑与须弥的意象融合

白马寺以须弥山宇宙的中心性构图构建了9层阿育王塔居中的四方院落，此时该寺中的塔仍然是以天竺样式建造。东汉末年将至三国初期，时任下邳相的笮融在下邳兴建塔寺庙，《后汉书》云："大起浮屠寺。上累金盘，下为重楼，又堂阁周回"[1]，这是说笮融所建浮屠寺的形制是在重楼的顶部累加金盘，在建筑下部构筑堂屋阁道，至此后世佛塔的造型形式便与这一汉末时期的浮屠寺相合，因此可以说这便是汉传佛教楼阁式塔的开端之作（图7）。关于这一造型的来源，袁牧认为此类上部为露盘、下部为重楼的建筑形式实际上是将窣堵坡缩小后安置在汉地重楼之上，是舍利融于窣堵坡，而窣堵坡融合汉地高楼的崇拜对象建筑化，同时也是窣堵坡汉化的演进产物。

楼阁式佛塔不论是否是窣堵坡

与重楼的拼合，此时笮融所建浮屠寺在文献中的记载都是以承露金盘为顶。[2] 所谓露盘就是覆盖于屋根部位层累的相轮。《丁保福佛学大辞典》对此解释为露盘除指代塔刹部位的相轮之外，事实上也可以指代层累的屋顶[3]，也就是说本土的重楼形象与塔刹的宗教意义具有重叠性。

佛教须弥山宇宙以九山八海[4]为其空间模式。昆仑山也存在着与"九"的关联：一者为昆仑山之增城为九重城；二者亦有昆仑九层的说

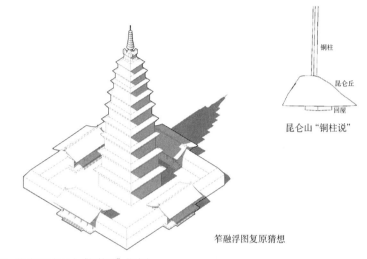

图6　笮融浮图与昆仑"铜柱说"的暗合
图片来源：作者自绘

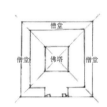

《20个中国汉传佛寺的平面布局研究》中的白马寺复原　《中国早期寺院配置的形态演变初探：塔·金堂·法堂·阁的建筑形制》中的白马寺复原　《山地汉传佛教寺院规划布局与空间组织研究》中的白马寺复原

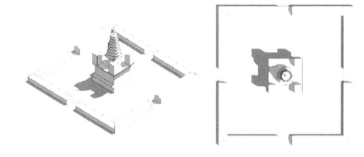

基于《魏书》与《法苑珠林》复原的白马寺之阿育王塔

图7　白马寺的复原猜想
图片来源：作者自绘

① （南宋）范晔著；（唐）李贤注；（晋）司马彪撰志，（梁）刘昭注补. 后汉书. 卷七十三 刘虞公孙瓒陶谦列传第六十三. 1965：465.
② 露，在古义中有覆盖之义，刘熙：《释名·卷第一·释天》："露，虑也，覆虑物也。"
③ "塔上所建重重之相轮（俗云九轮），名为承露盘谓承露之盘也，略云露盘……又塔之重重屋根也。"
④ 以须弥山为中心，环绕布置了七重金山与铁围山，其间还有香水海与咸海。

法①。或因须弥山的九山平面结构与昆仑及其九重塔体现为同一拓扑结构的同心九层图形，"九层""九圈""九山"等语汇及图形是具有同构属性的，再者各自所属宇宙观均具有类似的萨满传统，因此可以说此二者具有合二为一的先天条件，两种圣山很容易就走向同一方向，一如《全隋文》之"九重壹柱之殿，三休七宝之宫"中佛、汉建筑语汇糅合的现象，笮融浮屠从阿育王塔转向楼阁式塔的形制突变现象，从来自古籍文脉的线索便可知须弥与昆仑的意向也在笮融浮屠塔身的突变现象中融合（图 8 ）。

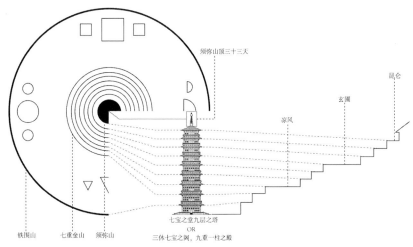

图 8 　须弥与昆仑图示在建筑层面的同构
图片来源：笔者自绘

四、结论

巫鸿认为，汉代佛教艺术形象并非一般理解中可能会认为的"佛教元素与本土元素的综合"，而是汉代流行艺术借用了佛教形象来表达艺术。换言之，汉代艺术表达常常将各种具有艺术性的要素收纳进自己的素材中，所以才说佛教在初传时期是以本土艺术体系对其的元素借用来发展自身的。从汉代对浮屠的祭祀行为，以及汉墓中的图像艺术以及建筑形式的意向表达来看，佛、汉要素的拼贴现象普遍存在。从佛、汉圣山宇宙观的早期融合这一层面来看，这一时期的佛教宇宙观是笼罩在以昆仑山为主线的理解体系下的，是处于以"格义"为本土语汇的方式对佛教文本进行把握的阶段。

参考文献

[1] 任继愈 . 中国佛教史（第一卷）[M]. 北京：中国社会科学出版社，1981.

[2] 刘敦桢 . 中国古代建筑史 [M]. 北京：中国建筑工业出版社，1984.

[3] 王海林 . 三千大千世界 关于佛教宇宙论的对话 [M]. 北京：今日中国出版社，1992.

[4] 萧默 . 中国建筑艺术史 [M]. 北京：文物出版社，1999.

[5] 方立天 . 佛教哲学 [M]. 北京：商务印书馆，2007.

[6] 杨鸿勋 . 杨鸿勋建筑考古学论文集 [C]. 北京：清华大学出版社，2008.

[7] 刘叙杰 . 中国古代建筑史 第一卷：原始社会、夏、商、周、秦、汉建筑 [M]. 北京：中国建筑工业出版社，2009.

[8] 王贵祥 . 中国汉传佛教建筑史 [M]. 北京：清华大学出版社，2016.

[9] 蒋宝庚，黎忠义 . 山东沂南汉书画像石墓 [J]. 文物参考资料，1954（08）：35-68.

[10] 孙作云 . 评"沂南古画像石墓发掘报告"——谦论汉人的主要迷信思想 [J]. 考古通讯，1957（06）：77-87.

[11] 俞伟超 . 东汉佛教图像考 [J]. 文物，1980（05）：68-77.

[12] 黄文昆 . 佛教初传与早期中国佛教艺术 [J]. 敦煌研究，1995（01）：36-50.

[13] 杨鸿勋 . 明堂泛论——明堂的考古学研究 [C]// 杨鸿勋主编 . 营造 第一辑（第一届中国建筑史学国际研讨会论文选辑）. 北京：北京出版社，文津出版社，1998：94.

[14] 赵建波，张玉坤 . 字里乾坤——辨方正位与明堂的型制与称谓 [J]. 建筑师，2011（01）：102-108.

[15] 赵娜冬，段智钧，吕学贞 . 东汉至南北朝时期汉地佛寺布局论要 [J]. 文物世界，2013（03）：11-16.

[16] 吴瑞环 . 先秦汉代的宇宙演化与结构探析 [D]. 咸阳：西藏民族学院，2013.

[17] 张同标 . 神仙方术视野中的中国早期华盖图像 [J]. 创意与设计，2014（04）：54-61.

[18] 李亚利 . 汉代画像中的建筑图像研究 [D]. 长春：吉林大学，2015.

[19] 乌琼 . 沂南汉画像石墓四神图像分析 [J]. 齐鲁艺苑，2015（01）：84-87.

[20] 尚烨 . 论和林格尔汉墓壁画中的民族交融 [J]. 哈尔滨学院学报，2016，37（08）：122-125.

[21] 张鹏飞 . 东汉襄乡浮图考 [J]. 文史哲，2016（04）：101-107，166.

[22] 姚相君 . 汉代佛教图像与宇宙观 [J]. 美术观察，2019（06）：62-63.

① 　王嘉《拾遗记》中的昆仑山为九重昆仑。

须弥山空间模式对转轮藏的影响初探

赵晓峰　曹思敏　陈知行

国家自然科学基金项目（51778205）："佛教宇宙世界"空间体系解析与汉传佛寺空间布局研究。

赵晓峰，河北工业大学建筑与艺术设计学院教授，河北省健康人居环境重点实验室主任。
曹思敏，河北工业大学建筑与艺术设计学院硕士在读。邮箱：1538231215@qq.com。
陈知行，河北工业大学土木与交通学院博士在读。

摘要：转轮藏作为佛教经藏分立的产物，至宋以后逐渐得到普及，并成为佛寺中的重要配置。本文通过对相关文献的研究，初步发现转轮藏与须弥山世界宇宙观具有一定的联系，同时进一步结合国内现存实例，从转轮藏殿平面形制、转轮藏层次构成及图像雕刻三个角度，从宏观至微观对须弥山空间模式与转轮藏的空间信息转译进行研究与分析，由此对须弥山空间模式之于转轮藏的影响有一个更为清晰的认知。

关键词：转轮藏；须弥山；空间模式；佛教建筑

一、转轮藏溯源

佛教"经藏"分为"壁藏"与"转轮藏"，与固定式的壁藏不同，转轮藏的经橱可绕其中轴回转，每转一轮，表示阅经一遍。有研究认为，转轮藏的形式始于南朝梁高僧傅翕大士（497—569），大士体谅或有佛教信徒不识字，无法抑或是无暇阅诵佛经，故"创成转轮之藏，令信心者推至一匝，则看读同功"[1]。由此可见，轮藏一方面是为推行佛教佛法而创，另一方面从本质而言是对经教神性的强调和发挥，故至宋时转轮藏的做法已经十分普及，从宋《营造法式·卷二十三》的"转轮经藏"节便可窥见一斑。而由宋末《五山十刹图》绘卷可知，宋代禅宗大刹，多呈经藏殿、轮藏殿并存之态，且在伽蓝构成中轮藏殿的地位往往更为显著。而至明代，据《金陵梵刹志》记载可知，中刹以上寺院几乎皆有轮藏殿，足见转轮藏殿的普及与地位[2]。

转轮藏殿由经藏分立的产物演化至佛教寺院中的重要配置，其间轮藏与经教神性的关联或许起着至关重要的作用。究其源头，除却从功能出发的主流说法，亦有一说是源于印度古代神话中的"转轮圣王"，传言其拥有七宝，具足四德，统一须弥四洲。后佛教也采用此说，宣扬世界到一定时期，有金、银、铜、铁四轮王先后出现，他们各御宝轮，转游治境，故设转轮藏而供奉之[3]。由此可见，转轮藏的创立及构成与佛教宇宙观亦有着千丝万缕的联系。

二、历史文献中转轮藏与须弥山世界的联系

"须弥四洲"又称"四天下"[4]，分布于须弥山的东、西、南、北四个方位，转轮圣王统领四洲，即统领须弥山世界，由此不难推测，转轮藏或与须弥山世界宇宙观有一定关联。

而在记载转轮藏的相关文献中对佛教宇宙观的相关形象、景观以及符号也多有提及。《全宋文·徽州城阳院五轮藏记》中便有"八觚上

① 王贵祥.中国汉传佛教建筑史 佛寺的建造、分布与寺院格局、建筑类型及其变迁（上）[M].北京：清华大学出版社，2016.
② 张复合.建筑史论文集（第11辑）[M].北京：清华大学出版社，1999.
③ 向远木.平武报恩寺 [M].成都：四川人民出版社，1992.
④ 钟雯.典型佛教宇宙空间体系图形化及其语义研究 [D].天津：河北工业大学，2018.

象钧天帝居，下为昆仑海水"[1] 的描述，转轮藏本为八棱之制，此处以转轮藏划分高下层级，八棱之上象征天帝居所，而下则象征昆仑海水，与须弥世界中以须弥山为基准的层级性相类似。又《全宋文·古岩经藏记》中有言："今既大为之，轮衍八面以为十，置函其间，上为莲华、千叶、毗卢居之，五十二大士，缥缈于孤云之上，当其机械一动，果若山君海王拥而挟之以趋经，不既严乎！"[2] 乘乎云上的众神佛已渲染出了佛教宇宙世界的氛围，而"当其机械一动，果若山君海王拥而挟之"这一句则蕴含了"九山八海"环绕于中心"须弥山"周匝的宇宙意象，从宏观上表现了须弥山宇宙观对于转轮藏的影响。另据《全辽文》："师又于大雄殿之北，创立广厦，聚竺地所传、调御所说五千四十八卷之经，为大转轮藏，发机于此，栖匦于轮。镂海岸旃檀诸香，象须弥山及阿耨池，八方龙鬼出没于水际，各持金革，现护法像。诸天宝宫弥覆于上，一一天宫，有诸宝栏楯，一一栏楯，有诸宝天女执妙音乐歌舞赞佛。"[3] 此为对金代琅琊天宁万寿寺的记载，于轮藏之上雕刻海岸旃檀以象征须弥山及九山八海，上又覆天宫楼阁意指多重诸天，从实体层次上与须弥世界一致；而自下而上依次形成的八方龙鬼—护法—诸佛的众神等级秩序也

与须弥世界如出一辙。

综合上述史料记载，转轮藏的层次构成与外观装饰均受到了须弥山空间模式的影响，其中，轮藏的层次构成相对直观地划分了天宫与山海的环境层级；而其外观装饰虽多表现于雕刻，却通过雕刻意象传达出了自下而上严谨的等级秩序。

三、转轮藏现存实例的须弥山宇宙观解读

国内目前保留下来的转轮藏实物共有 7 例，分别为宋代的河北正定隆兴寺转轮藏、四川云岩寺飞天藏、重庆大足石刻北山第 136 号窟石刻转轮，明代的四川平武报恩寺转轮藏、北京智化寺转轮藏，以及清代的北京颐和园万寿山转轮藏、山西五台山塔院寺转轮藏。以下笔者将从转轮藏殿平面形制、转轮藏的层次构成与轮藏的图像雕刻三个方面入手，试对转轮藏现存实例的须弥山空间信息转译进行分析与解读。

1.转轮藏殿平面形制

国内现存转轮藏殿的底层平面几乎均呈三间正方形，以正定隆兴寺转轮藏殿、四川云岩寺飞天藏殿等为代表。而根据《阿毗达磨俱舍论》对于须弥山山体的描述"其顶四面各十千。与下四边其量无别"，可推

得须弥山底和顶均为正方形；同时，部分经书认为七金山是方形周匝环绕于须弥山的，如《大楼炭经》以"周匝而四合"来描述七金山，因此，方形无疑成为须弥山图形化的重要元素之一[4]。转轮藏殿三间方形的平面形制，一方面从图形层面与须弥山空间模型搭接了联系；另一方面，藏殿四合之墙与周匝环绕的檐廊台基围绕于转轮藏四周，就如同八山八海周匝环绕于须弥山一般，从空间结构层面也搭接起了联系。

2.转轮藏层次构成

据宋《营造法式》记载，转轮藏自下而上依次为藏座、藏身、天宫楼阁和藏顶[5]。而据上述史料记载及分析可知，其中藏座和藏身应象征"九山八海"的下层世界，天宫楼阁及以上部分则象征着多重诸天，这一推论在现存实例中也可得到印证。

国内现存转轮藏大致分为两类。一类为层次中包含有天宫楼阁的，以四川平武报恩寺转轮藏与重庆大足石刻北山第 136 号窟石刻转轮藏为代表。其中，报恩寺转轮藏的藏座束腰处雕饰波涛，另有 8 条游龙浮雕其间，宛若出没于波涛之中[6]；其藏身之上设置平座并嵌造天空楼阁，另有脚踩祥云的小佛像雕于斗栱之上[7]。"波涛"与"祥云"的雕饰巧妙地将海天层次划分，并

① 曾枣庄，刘琳主编. 全宋文 第 259 册 [M]. 上海：上海辞书出版社；合肥：安徽教育出版社，2006.
② 曾枣庄，刘琳主编. 全宋文 第 254 册 [M]. 上海：上海辞书出版社；合肥：安徽教育出版社，2006.
③ 陈述辑校. 全辽文 13 卷 [M]. 北京：中华书局，1982.
④ 钟雯. 典型佛教宇宙空间体系图形化及其语义研究 [D]. 天津：河北工业大学，2018.
⑤ 张磊. 明代转轮藏探析——以平武报恩寺和北京智化寺转轮藏为例 [J]. 文物，2016（11）：64-71.
⑥ 向远木编. 平武报恩寺 [M]. 成都：四川人民出版社，1992.
⑦ 中国人民政治协商会议四川省绵阳市委员会，文史资料研究委员会. 绵阳市文史资料选刊 第 2 辑 [M].

图 1　重庆大足石刻北山第 136 号窟石刻转轮藏图析
图片来源：根据 https：//inews.gtimg.com/newsapp_bt/0/10555366134/1000，笔者增绘

图 2　北京智化寺转轮藏图析
图片来源：根据 https：//img3.doubanio.com/view/note/l/public/p64252200.webp，笔者增绘

利用嵌造其上的天宫楼阁使得层次愈发分明。此外，在大足石刻的转轮藏窟于其藏座刻一须弥山，与诸佛经中所记载的须弥山形象几乎一致，上立有 8 根龙柱，龙柱之上为天宫楼阁，亦为八面[1]，每面呈"一主殿两配殿"的格局，主殿中似供奉有神佛，与弥勒佛往生的"兜率天"相一致。与报恩寺转轮藏不同，大足石刻转轮藏窟未以波涛及祥云的意象代表不同的须弥山世界层次，而是以更为明确的实体意象——"须弥山"与"兜率天宫"来划分底层与上层诸天（图 1）。

另一类则囿于某些原因将天宫楼阁这一层次舍去，自下而上形成藏座—藏身—藏顶三段式构成，以北京智化寺转轮藏与河北正定隆兴寺转轮藏为代表，此类转轮藏的垂直空间层次往往会加入藏顶以上的佛像布置以及天花藻井。例如正定隆兴寺转轮藏殿为两层，并于二层

转轮藏正上方供奉一尊佛像，象征上方层次；而据可考影像可知其藏座雕有海浪波纹，象征下方层次。而在智化寺转轮藏中这一层次变化表现得更为连贯而明确，首先，其藏座底檐刻有法轮、法螺、法伞、白盖、莲花、宝罐、双鱼、盘长，此佛八宝多长于水中；其次，藏身靠近底端雕饰江牙海水，作为象的底座[2]；再次，藏顶毗卢帽向外倾斜，上雕有翻腾的海水，自下而上共同象征着海的意象。再往上，于藏顶莲座之上面东而坐一尊毗卢遮那佛，佛首隐于上凹的藻井，藻井侧方琢卷云，象征上层诸天（图 2）。

3. 转轮藏图像雕刻

基于上述史料及关于国内现存转轮藏层次构成的分析，针对转轮藏图像雕刻进行研究时，亦采用了相似的层次划分方式。

在下层山海这一层次中，多以

居于海中及等级较低的神王为主，以北京智化寺转轮藏为例。首先在其藏座转角处各雕有一金刚力士，形似一同将经橱扛起；此外，雕于经橱的角柱上的象王、狮王、祥麟与藏顶外檐所雕刻的鲸鱼、龙女及大鹏金翅鸟，共同组成了六拏具装饰[3]。诸神王居于下层山海，金刚力士承担支持护卫之责，六拏具则代表护藏之意，共同形成了底层神王层级。

而在上层诸天这一层次中，则多以乘云在上的诸天神佛为主。其中，平武报恩寺转轮藏的天宫楼阁上雕绘了诸天佛圣；大足石刻转轮藏的天宫楼阁每面均呈"一主殿两配殿"的格局，且主殿中供奉有神佛。这两座转轮藏中天宫楼阁与诸天佛的组合形象地表现出了须弥山以上多重天界的形态。而北京智化寺转轮藏则于藏顶供奉了一座面东而坐的毗卢遮那佛，并于佛首以上设

① 李小强. 中国石窟艺术 大足石刻史话 [M]. 江苏：江苏凤凰美术出版社，2019.

② 薛志国. 智化寺古建保护与研究 [M]. 北京：北京燕山出版社，2014.

③ 同上。

置了一个以毗卢遮那佛种子字为主尊的五方佛种子曼陀罗。通过转轮藏之上的佛像布置及室内藻井设置，形成了一个凌驾于须弥山山体之上的诸天神佛层级。

在进一步研究过程中，笔者发现另有部分图像雕刻游离于下层山海与上层诸天两个层次之外，主要体现在角柱或是龙柱上所雕刻的护法诸天。护法诸天的形象虽常出现于下层山海的层次，但其底座为如

意祥云，有别于角柱上其他伴随海浪纹的形象。因此护法诸天这一形象或为两个层次之间的层级，抑或为游离于该垂直空间层次之外的层级。而四天王正是居于须弥山腰，介于上次神佛与下层神王之间的层级，且据《经律异相》记载，"四天王居须弥四埵"[①]，这与护法诸天雕刻于转轮藏八角的形态特征有一定的对应关系。由此可推测居于转轮藏八角的护法诸天或许也有脱胎于

须弥山宇宙观的成分。

综上所述，从转轮藏的图像雕刻这一角度而言，一方面是进一步印证了转轮藏与须弥山所对应的上天下海、上神佛下神王的空间等级关系；另一方面，通过对其上图像雕刻的挖掘，发现了四大天王在转轮藏之上也有一定程度的表现。由此，须弥山宇宙观于转轮藏之上的空间信息转译便更为完整而清晰了。

参考文献

[1] 王贵祥.中国汉传佛教建筑史 佛寺的建造、分布与寺院格局、建筑类型及其变迁（上）[M].北京：清华大学出版社，2016.

[2] 曾枣庄，刘琳主编.全宋文 第 259 册 [M].上海：上海辞书出版社；合肥：安徽教育出版社，2006.

[3] 曾枣庄，刘琳主编.全宋文 第 254 册 [M].上海：上海辞书出版社；合肥：安徽教育出版社，2006.

[4] 陈述辑校.全辽文 13 卷 [M].北京：中华书局，1982.

[5] 钟雯.典型佛教宇宙空间体系图形化及其语义研究 [D].天津：河北工业大学，2018.

[6] 向远木编.平武报恩寺 [M].成都：四川人民出版社，1992.

[7] 薛志国.智化寺古建保护与研究 [M].北京：北京燕山出版社，2014.

[8] 李小强.中国石窟艺术 大足石刻史话 [M].

江苏：江苏凤凰美术出版社，2019.

[9] 张复合.建筑史论文集 第 11 辑 [M].北京：清华大学出版社，1999.

[10] 中国人民政治协商会议四川省绵阳市委员会，文史资料研究委员会.绵阳市文史资料选刊 第 2 辑 [M].

[11] 张磊.明代转轮藏探析——以平武报恩寺和北京智化寺转轮藏为例 [J].文物，2016（11）：64-71.

① 钟雯.典型佛教宇宙空间体系图形化及其语义研究 [D].天津：河北工业大学，2018.

初探佛教宇宙观对金刚宝座塔形制的影响

赵晓峰　陈　楠　敖仕恒

国家自然科学基金项目（51778205）："佛教宇宙世界"空间体系解析与汉传佛寺空间布局研究。

赵晓峰，河北工业大学建筑与艺术设计学院教授，河北省健康人居环境重点实验室主任。
陈楠，河北工业大学建筑与艺术设计学院。邮箱：1045214983@qq.com。
敖仕恒，清华大学建筑设计研究院有限公司工程师。邮箱：aoshiheng@126.com。

摘要：本文以国内现存金刚宝座塔为研究对象，从佛教经典著作入手，探寻金刚宝座塔与佛教宇宙世界，尤其是须弥山世界之间的空间层次对应关系，从而探寻须弥山佛教宇宙观对金刚宝座塔形制的影响。

关键词：金刚宝座塔；佛教宇宙观；须弥山

佛塔起源于印度，起初是供奉高僧舍利的纪念性建筑物，是佛教教义最集中的体现，体现了古印度的佛教宇宙观。后随着佛教的发展与东传，在我国得到了长足的传承与发展，形成了包括密檐式塔、楼阁式塔、金刚宝座塔、覆钵塔、花塔、过街塔等在内的十几种形式。金刚宝座塔也是随印度佛教文化的传播，几经演变，又融合了中国各地的传统文化形成的佛塔形式。本文从金刚宝座塔的整体造型和装饰细节等方面探讨与佛教宇宙观的联系。

一、金刚宝座塔概况

1. 建筑形式溯源

金刚宝座塔的建筑形式可溯源至公元前3世纪的古印度。据佛经记载，释迦牟尼在成佛时遭遇大地震，唯独此处一菩提树有金刚结构，能经受大震动而不毁，过去及未来诸佛皆成道于此，故曰金刚座或金刚宝座[①]。公元前3世纪，孔雀王朝阿育王大兴佛教，在金刚座以东建一小精舍以纪念释迦牟尼，此后历经改建，在公元6世纪的笈多王朝形成了一座五塔耸立的大塔，即今日印度比哈尔邦伽耶城南郊的佛陀迦耶大塔。之后，汉地金刚宝座塔形制很大程度上参考了佛陀伽耶大塔，例如北京真觉寺金刚宝座塔和碧云寺金刚宝座塔就是依据印度高僧进献的金刚宝座塔模型而建，《日下旧闻考》中记载真觉寺金刚宝座塔，"其丈尺规矩与中印土之宝座无以异也"。

2. 中原汉地金刚宝座塔概况

根据已知的考古调查，我国金刚宝座塔的最早实例是武威天梯山十六国时期的北凉（397—439年）石窟，窟中心四面佛柱，四隅为略具塔形的壁柱。其后有北魏天安元年（466年）山西朔州崇福寺的小石塔，在楼阁式塔的四隅各附一座小塔，呈现出金刚宝座塔的形制特点。最具典型特征的实例是敦煌莫高窟第428窟北周（557—581年）壁画中表现的金刚宝座塔，只是五塔分离，未共用同一基座。在现存的建筑实物中，唐代新疆交河故城的土质塔林、河北正定的唐代广惠寺华塔、北京房山云居寺诸塔等，都呈现出金刚宝座塔布局形制特点。及至明清时期，由于统治阶级对藏传

---

① 唐玄奘《大唐西域记》："菩提树垣正中有金刚座。昔贤劫初成与大地俱起。据三千大千世界中。下极金轮上侵地际。金刚所成。周百余步。贤劫千佛坐之而入金刚定。故曰金刚座焉。"

佛教的支持，金刚宝座塔建筑得到发展，实物遗存较多且造型成熟，外观组合也呈现出多样化特点。

我国现存金刚宝座塔仅十余座，主要分布于西北、西南和华北地区：北京作为明清帝都，有 4 座；河西走廊上的甘肃张掖有 2 座；其余分布于华北和西南地区。较为著名的有建于明成化九年的北京真觉寺金刚宝座塔、建于清雍正五年的呼和浩特慈灯寺金刚宝座塔和建于清乾隆十三年的北京碧云寺金刚宝座塔等（图 1~图 4）。

二、须弥山空间模式

1. 起源——宇宙之柱

许多文明早期都存在着宇宙中心、宇宙柱（树）的形制崇拜。针对须弥山世界宇宙观的起源，有研究称，柱子极有可能就是须弥山最初的原型。通过对早期佛经进行梳理，我们认识到佛塔的最初形式起源于埋葬佛祖遗骨的窣堵坡，其基本形制是在圆形或方形台基之上，建有半球形的覆钵，且顶部一般设置尖锥状饰物。而窣堵坡的梵文"stupa"最早出现在古印度神话《梨俱吠陀》中，意味"柱"或"树干"。无论是圣树还是宇宙之柱都体现了一种由地到天、由此岸到彼岸的轴心柱特点，所以汉地佛塔在相当一段时间内塔心柱是一件极其重要的构件，本质意义上具有宇宙之柱的象征含义。

2. 须弥山空间模式特征

须弥山空间模式是佛教宇宙世界的精髓，是三千大千世界最基

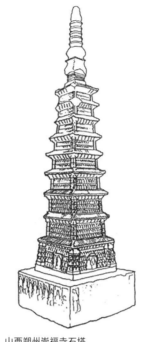

图 1　山西朔州崇福寺石塔
图片来源：葛钢，葛世民. 北魏曹天度石塔考 [J]. 文物世界，2008（04）：22-26.

图 2　莫高窟 428 窟壁画
图片来源：李光明. 金刚宝座塔与曼陀罗文化考略 [J]. 法音，2014（02）：49-54.

图 3　慈灯寺金刚宝座塔
图片来源：李光明. 金刚宝座塔与曼陀罗文化考略 [J]. 法音，2014（02）：49-54.

图 4　真觉寺金刚宝座塔
图片来源：李光明. 金刚宝座塔与曼陀罗文化考略 [J]. 法音，2014（02）：49-54.

本、尺度最小的组成单位，深刻影响了佛教建筑的设计。须弥山宇宙空间庞大且复杂，不同时期的佛经对其描写也不尽相同，由于本文重点论证须弥山宇宙模式对金刚宝座塔形制的影响，因此重点关注与佛塔联系最密切的须弥山山体部分，除山体以外的其他诸多因素不作为研究对象。毛立新、钟雯等学者对须弥山空间已有详细的图形化研究与探讨，本文引用其关于须弥山山体部分的结论作为探究的

理论基础（表 1）。

三、金刚宝座塔的须弥山印迹

金刚宝座塔作为佛塔建筑的一种重要类型，在明清时期得到了较大的发展，无论是具体的建筑形态还是内部的空间模式都与须弥山宇宙世界具有密不可分的关联。因此笔者结合具体实例，从以下几个方面分别对金刚宝座塔中的须弥山印记进行分析与探讨。

须弥山山体图形化 表1

佛经名称	《大楼炭经》	《世纪经》	《佛说立世阿毗昙论》	《阿毗达摩俱舍释论》	《起世经》
翻译年代	西晋（266—316年）	十六国·后秦（384—471年）	陈（557—589年）	陈（557—589年）	隋（581—618年）
译者	法立、法炬	佛陀耶舍（约4—5世纪）、竺佛念	真谛（499—569年）	真谛（499—569年）	阇那崛多（526—604年）等
原文主要描写	"高亦八万四千由旬。下狭上稍稍广。上正平。"	"其山直上，无有曲阿。……其山四面有四埵出。……曲临海上，纵广八万四千由旬。"	"此须弥山。七宝所成。色形可爱。四角端直。……是层四出。"	"妙高层有四。相去各十千。傍出十六千。八四二千量。""三十三天住迷卢顶。其顶四面各八十千。与下四边其量无别。""山顶四角各有一峰"	"下狭上阔，渐渐宽大，端直不曲。……上分有峰，四面挺出，曲临海上。"
图形化	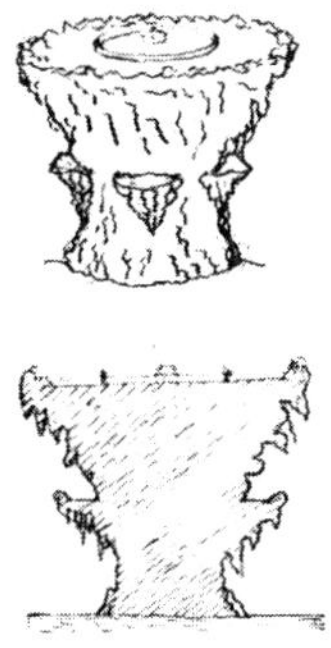	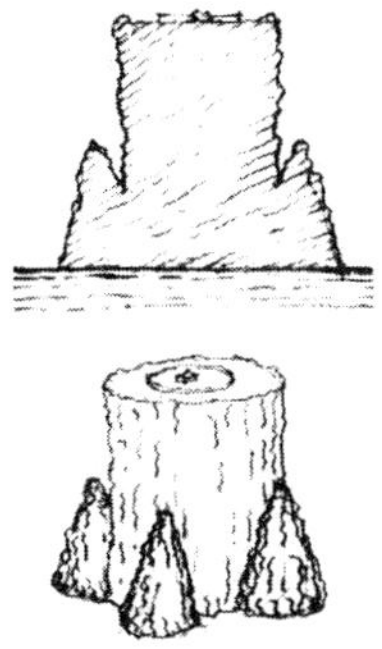	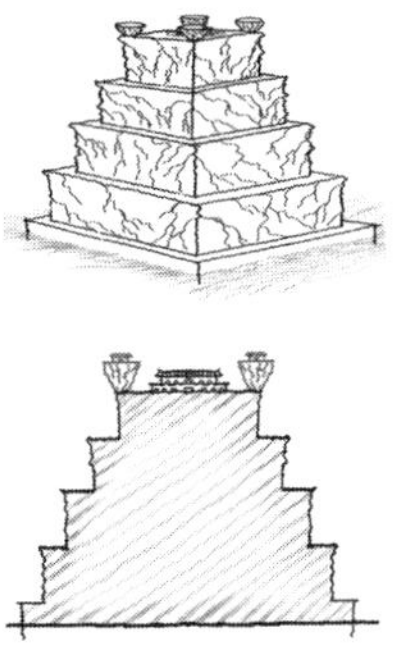		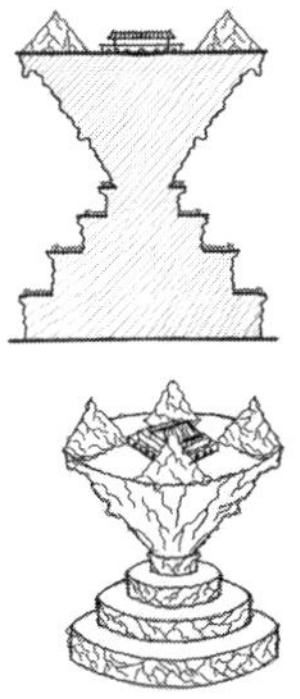

1. 具象的宇宙形态

（1）金刚宝座塔与曼荼罗坛场

金刚宝座塔的出现与发展与密教的兴起和传播具有直接的关联。密教做法受戒自有一套仪典，需在"曼荼罗"中进行，意为坛城、道场。有研究称，"曼荼罗"是古印度《吠陀经》中表现宗教宇宙模式的神秘图形，后被佛教密宗沿用与发展，其基本特征是以须弥山为中心十字轴线对称布局、方圆相间以及九宫分隔的空间模式，本文同样认为曼荼罗的空间秩序及规律源于须弥山空间模式，例如建于公元8世纪吐蕃王朝时期西藏的桑耶寺，其空间布局完全展现了须弥山的宇宙空间，是典型的密宗曼荼罗的建筑代表，其主殿乌策殿顶部5个方亭的排列恰如金刚宝座塔，殿外还有四色塔以及代表四大部洲、八小部洲的殿宇，最外圈的圆形围墙是铁围山的象征。

因此以曼荼罗图示为指导的金刚宝座塔形制同样遵循须弥山的宇宙规律，主要在三个方面体现。①五方佛及五方佛坐骑：密教供养五方佛以宣扬"五佛显五智"之说，金刚宝座塔五塔或主塔四龛常供奉五方佛佛像，与之相对应的须弥座部分也同样雕刻五方佛坐骑，但因印度佛陀伽耶大塔坐西朝东，而汉地佛塔大多坐北朝南，五方佛的方位对应略显不同。②中心对称：无论是方形还是八边形平面的金刚宝座塔均符合簇拥中心的十字轴线对称式布局（图5）。③"四方开四门"：《金刚顶经》为密教所依三部根本经典之一，其中描述曼荼罗图示建筑"四方应四门，四刹而严饰"。妙湛寺金刚宝座塔正方形塔基四面开券门；广德寺多宝佛塔八边形基座东、西、南、北各面有圆券门；玉泉山妙高塔亚字形基座四面开券门均体现了"四方应四门"的空间模式。

（2）塔体与须弥山

须弥山山顶四面各矗立一座山峰，《起世经》记载："须弥山王。上分之中。四方有峰。其峰傍挺角出。各高七百由旬。"而《阿毗达摩俱舍论》中"山顶四角各有一峰"，山峰的位置从四面改为四角，但无论四面还是四角，都体现了四峰对称布局的平面形制。金刚宝座塔五塔的基本形式最为直观地反映了须弥山：五塔矗立在方形塔基之上，四座小塔的总体布局恰如须弥山顶的四峰，以中心对称的平面模式簇拥着中央。

如表1统计，经文中描述的须

弥山山体形制具有演变性的特征，体现了由"其山直上"的整体式变为上下分段的沙漏式。在现存金刚宝座塔实例中也能直观地看到整体造型与须弥山塔体之间的关联。例如甘肃张掖圆通寺塔为覆钵式塔，塔座之上两层四隅各置四塔，为藏传佛教金刚宝座塔形制，由两层须弥座、塔体、十三天及塔刹组成；下面的层台和瓶状塔身恰如沙漏形，瓶顶的多变形状象征帝释天宫，再上面是十三天（相轮）。与之相似的还有山西五台山圆照寺喇嘛塔、甘肃张掖大佛寺弥陀千佛塔和北京西黄寺清净妙域塔（图6~图8）。

2. 抽象的宇宙空间

（1）塔心柱（宇宙之柱）

正如汉地许多佛塔一样，金刚宝座塔也存在着塔心柱这一重要的结构构件，宝座内部中央的塔心柱与上部中央大塔共同突出了塔的轴向性，将佛塔与须弥山通过宇宙崇拜的柱图示相联系。在现存实物中，北京正觉寺金刚宝座塔与广德寺多宝佛塔均有塔心柱这一结构构件。

（2）层级性

砖石结构的金刚宝座塔是佛教雕刻的艺术宝库，相对于早期金刚宝座塔明显的曼荼罗修持功用，把

宗教仪轨放在第一位，明清金刚宝座塔侧重于突出建筑范式和密教象征作用，通过审美性、世俗性的手段，从具体的艺术雕刻方面体现金刚宝座塔的宗教使命。佛、菩萨、天王、神兽等万物都有各自的位置，格局严谨，且符合佛教宇宙观逻辑。①仰覆莲、卷草等纹饰。②五方佛坐骑：包括狮子、孔雀、象、马和金翅鸟，通常雕刻在宝座台的须弥座束腰处以及五塔须弥座束腰处，神兽在须弥山宇宙世界中居住在较低的层次，例如金翅鸟所居大树高一百由旬，远低于高度为八万四千由旬的须弥山[①]。③罗汉：与五方

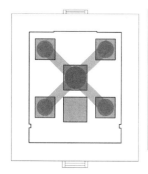 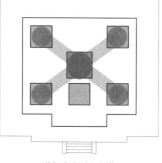 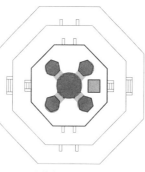 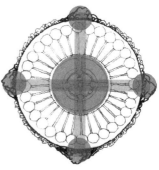

| 真觉寺金刚宝座塔 | 慈灯寺金刚宝座塔 | 广德寺金刚宝座塔 | 《长阿含经》忉利天结构 |

图5　空间模式的对称性
图片来源：作者自绘

图6　张掖圆通寺塔
图片来源：尹绵文.河西地区佛塔调查研究[D].兰州：西北师范大学，2021.

图7　张掖大佛寺弥陀千佛塔
图片来源：尹绵文.河西地区佛塔调查研究[D].兰州：西北师范大学，2021.

图8　山西五台山圆照寺喇嘛塔
图片来源：http://www.fjdh.cn/ffzt/fjhy/ahsy2013/04/161532226710.html

① 《起世经》："诸比丘。大海之北。为诸龙王及一切金翅鸟王故。生一大树。名曰居吒奢摩离（隋言鹿聚）。其树根本周七由旬。下入地中二十由旬。其身出高一百由旬。枝叶遍覆五十由旬。"

佛坐骑位于同一层级的，还雕刻降龙伏虎二罗汉。④四大天王：四大天王的宫殿位于须弥山半山腰的位置，在金刚宝座塔中多位于首层或二层宝座。⑤佛像：在首层宝座之上雕刻佛像，内容根据建塔的主题而略有不同，大部分供奉五方佛。⑥其他：须弥山山体由金银琉璃水晶四宝所成，在真觉寺金刚宝座塔的须弥座束腰就有水晶式样的雕刻（图9）。

四、结语

金刚宝座塔作为佛教思想文化物质载体的佛教建筑，在中原汉地的传承与发展的同时，糅合了包含密教和中国传统建筑观在内的多种理论要素，其形制虽不尽相同，但通过分析研究金刚宝座塔的建筑造型、供奉、雕刻等方面，证实佛教宇宙空间的布局在金刚宝座塔的整体造型和细节装饰方面均有所体现。

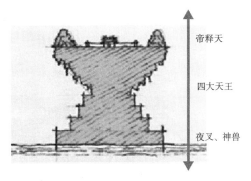

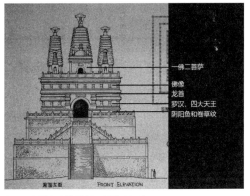

图9 金刚宝座塔雕刻及须弥山层次
图片来源：作者自绘

参考文献

[1] 郑琦.中国金刚宝座塔探微 [J].华中建筑，2008（12）：170-175.

[2] 赵晓峰，毛立新."须弥山"空间模式图形化及其对佛寺空间格局的影响 [J].建筑学报，2017（S2）：92-98.

[3] 刘建，朱明忠，葛维钧.印度文明 [M].福州：福建教育出版社，2008.

[4] 邱爽.须弥山空间模式对佛塔的影响——以隋唐以前的佛塔为例 [D].天津：河北工业大学，2018.

[5] 刘嘉琦.呼和浩特市慈灯寺金刚宝座佛塔建筑艺术研究 [D].呼和浩特：内蒙古大学，2019.

[6] 吴晓敏，龚清宇.原型的投射——浅谈曼荼罗图式在建筑文化中的表象 [J].南方建

筑，2001（02）：90-93.

[7] （唐）不空译.大正新修大藏经第0865卷：金刚顶一切如来真实摄大乘现证大教王经（卷2）[M].

[8] 王贵祥.中国汉传佛教建筑史：佛寺的建造、分布与寺院格局、建筑类型及其变迁 [M].北京：清华大学出版社，2016.

五台山佛教建筑与景观及装饰研究论纲

李盈天　崔　勇

李盈天，中国艺术研究院博士研究生，太原师范学院讲师。邮箱：18935157201@qq.com。
崔勇，中国艺术研究院建筑艺术研究所研究员，博士生导师。

摘要：目前，有关五台山的壁画、塑像和彩画研究已有一些研究成果，但是作为物质文化与精神文化双重载体的五台山佛教建筑与景观的整体性研究目前阙如。本文将再次对目前已有的针对五台山佛教建筑与景观及装饰的研究资料进行分类和初步解读，包括五台山佛教建筑的总体格局与特色、建筑思想、营造技艺与建筑装饰等方面，同时观照五台山人文自然景观营造特色，最后分析五台山佛教建筑与景观的五重价值，即文化价值、历史价值、艺术价值、科学价值和遗产价值。

关键词：五台山；佛教建筑；然景观；人文景观；建筑装饰

一、导言

源于 20 世纪 30 年代梁思成和林徽因对山西五台山的实地考察，以目前能见到的唐代佛光寺东大殿和南禅寺大佛殿为代表的五台山佛教建筑群，反映了自唐代以来中国各个时期建筑艺术和技术的特点，是研究中国古代建筑艺术和技术的活标本。以南禅寺和佛光寺唐代彩塑、殊像寺明代悬塑为代表的五台山佛教雕塑，是人类天才创造力在雕塑艺术方面的杰出展示。以佛光寺东大殿唐代壁画、文殊殿明代罗汉壁画、岩山寺文殊殿金代壁画和公主寺大佛殿明代壁画为代表的五台山佛教壁画，是人类天才创造力在壁画艺术上的杰出展示。五台山的佛教建筑、佛塔、佛像和壁画，全方位地见证了近两千年间佛教中国化的成功演变及其在东亚地区的传播，也为已消逝的中国皇家道场文化和生命力依然旺盛的文殊信仰文化提供了独特的见证。五台山寺庙建筑群可作为中国传统佛教建筑群中心布局式的典型代表，是中国传统宗教圣地景观设计方面的杰出范例①。

五台山将自然地貌和佛教文化融为一体，典型地将对佛的崇信凝结在对自然山体的崇拜之中，完美体现了中国"天人合一"的哲学思想，成为持续 1600 余年的佛教文殊信仰中心——一种独特而富有生命力的组合型文化景观②。这是五台山的独特魅力所在，也使得对其进行整体研究十分具有意义和价值。五台山作为皇家佛教建筑道场，它的形成和发展是在一定的历史背景和建造条件下生成的，因此对于其背后的历史文化和审美内涵的分析就显得尤为重要。由于建筑是精神与物质的双重载体，五台山佛教建筑群的建造受到了当时当地的材料、环境、工艺和理念（包括营建观念）等方面的影响。对五台山佛教建筑与景观的内涵与外延及其营造原理与技艺的关注，是研究五台山佛教建筑与景观的关键所在。五台山佛教建筑与景观得以成形，是基于营造哲理并相应的技术手段的采用才实现的艺术理想。

---

① 参见五台山申遗文件，内部资料未公开出版。
② 同上。

二、五台山佛教建筑与景观流变史略 [①]

北魏至清代，除北魏太武帝、北周武帝、唐武宗、后周世宗灭佛外（"三武一宗灭佛"），大多帝王都崇奉佛教。清朝的10位皇帝，大多信佛，尤其崇奉藏传佛教。文殊菩萨应化圣地五台山是汉、满、蒙、藏、土等多民族杂居的地方。

据明代高僧镇澄撰《清凉山志》记载：五台山佛寺之始，以大孚灵鹫寺（今显通寺）为最早，初建于公元68年（东汉永平十一年），为汉明帝刘庄邀请印度高僧摄摩腾、竺法兰东来传法时诏令兴建，成为"释源宗祖"之一。此记载与河南洛阳白马寺传播佛法同时，且因《清凉山志》流传甚广、影响最大。

南北朝时期，五台山佛教出现了第一个高峰，很多帝王曾亲临五台山礼佛，开皇帝巡台之先例。这一时期，佛教大为发展，广建寺庙，普度僧尼，全山建有寺庙200余所。许多寺庙屡经修建而传承至今，如大孚灵鹫寺、王子寺、灵峰寺、金刚窟、寿宁寺、公主寺、秘魔寺、宕昌寺、碧山寺、清凉寺、佛光寺、古竹林、昭果寺、木瓜寺等。其中大孚灵鹫寺气势最大，为开山佛寺之祖，寺周设有12院，占地近千亩，规模之巨，冠于全山。

隋唐两代，中国佛教进入黄金时期。隋文帝敕令在5座台顶分别建寺，供五方文殊像。公元615年（大业十一年），隋炀帝至五台山避暑，并起用了五台山高僧释神赞。唐代，除武宗灭佛外，其他皇帝大都崇奉五台山佛教。唐皇室自太宗（李世民）至德宗（李适）共9位皇帝诏敕五台。唐太宗下诏，视五台山为"祖宗植德之所"，敕令建寺10所，度僧数百。唐高宗时期免除五台山佛寺赋税。武则天时期建铁塔，绘山图，重建清凉寺，令德感法师主持并主管全国僧尼，使五台山成为全国佛教中心。之后唐代宗又诏命建金阁寺。唐代盛期，五台山寺庙达到360余所，延续至今的有竹林寺、金阁寺、安圣寺、文殊寺、罗睺寺、玉华寺、吉祥寺、普济寺、甘泉寺、净明寺、宝花寺、大谷寺、南禅寺、广济寺、望海寺、法雷寺、演教寺等。有唐一代，五台山不仅成为汉传佛教的天台宗、唯识宗、华严宗、净土宗、律宗、密宗和禅宗的道场，而且也成为大唐帝国的镇国道场、中国佛教的"灵境""首府"；印度、尼泊尔、斯里兰卡、缅甸、越南、韩国、日本等国僧人至此取经学法，从而将五台山的文殊信仰、华严学、禅学、佛教音乐、绘画、雕塑、建筑等佛教文化艺术传到了南亚、东亚诸国。五台山文殊信仰成了东方各民族佛教徒的共同信仰，五台山也成为可与印度灵鹫山媲美的世界佛教圣地。

宋元时期，五台山佛教平稳发展，宋太宗令建太平兴国寺，宋真宗敕五台山文殊院建重阁、设文殊像。当时五台山有寺庙70余处，见于记载的如圣寿寺、太平兴国寺、尊胜寺、普宁寺、普寿寺、七佛寺、涌泉寺、岩山寺、宝藏寺、三圣寺等。金代诸帝接受了汉人崇佛思想的影响，也兴修寺庙，现存佛光寺文殊殿就为金代兴建。元代，藏传佛教进入五台山，西藏名僧被聘为国师，元成宗、英宗亲临五台山，朝拜文殊；元武宗还数度调拨军队，到五台山修建寺庙，元代五台山共增修了12所佛刹，成为国内独一无二的汉传佛教与藏传佛教并存一山的佛教圣地。

明清两代，中国佛教再度振兴。明代译经建寺盛极一时，五台山寺庙总数回升到104所。明成祖派人迎请西藏名僧哈里嘛入京，敕封大宝法王，遣使送五台山显通寺安置，又敕修佛舍利塔及显通寺。明神宗重修大白塔，为母祈福。1415年（明代永乐十三年），宗喀巴弟子释迦也失将黄教传入五台山。明代万历年间，镇澄和智光等僧还创立了十方净土禅院，使五台山又成为青庙和黄庙、十方庙和子孙庙并存的格局，乃至有"中国佛教的缩影"之誉。清朝朝廷尊崇文殊菩萨，护持五台山佛教，极有利于团结各民族信众，巩固民族团结和国家安定。所以，清代诸帝，特别是顺治、康熙、雍正、乾隆、嘉庆这5位皇帝尤其尊崇护持五台山佛教。从顺治开始，即重视利用黄教来加强蒙古地区与朝廷的联系，借以融洽民族关系。康熙、乾隆又大兴帝王朝台之风，康熙5次朝台，乾隆6次朝台，康熙还亲封菩萨顶大喇嘛丹巴扎萨克为清修禅师，充分发挥了五台山维系民族团结、巩固边疆、稳定社会的"黄金纽带"作用。乾隆尊崇发扬佛教，尊奉文殊菩萨，护持五台山佛教，他曾6次巡礼五台山，制碑题额，赐诗赏物，修建佛寺，举办法会，大作佛事，使五台山佛教趋于鼎盛。嘉庆皇帝认为，五台山为清都附近重要的战略要地，同时也是文殊菩萨应化圣地，中国内地少有的汉藏佛教圣地，为诸藩部倾心信仰，进关朝山礼供者不绝于途，所以，护持五台山佛教，会大大有利于加强民族团结、巩固边防、安定国家。鼎盛时期，五台山佛寺增至 122 处，其中黄庙 25 处，青庙 97 处，汉藏佛教比肩发展。

清末至民国，社会动荡，五台山虽有所修建，但总的情况较为冷落。中华人民共和国成立之后，中央及地方政府贯彻文物保护政策和宗教政策，连年拨款维修，五台山寺庙中建筑、塑像、壁画、雕刻等，均得到了妥善保护。目前，五台山有寺 68 座。其中，台外 21 座，台内 47 座。台内寺庙中，有黄庙 7 座、青庙 40 座，其中尼姑庙 5 座，十方庙 1 座。这些寺庙依山就势，错落有致，与周围自然环境形成了一个具有"天人合一"理念的中外罕见的古建筑群。

三、五台山佛教建筑研究概述

五台山目前完整保存有自唐代以来中国 7 个朝代的寺庙 68 座。在建筑研究领域，1937 年 6 月，中国著名建筑学家梁思成和林徽因在调研中发现了举世瞩目的唐代遗构佛光寺，填补了当时中国早期木构建筑遗存的空白，使佛光寺的价值得

以彰显。就单体建筑物来讲，中国目前已知保存下来的 4 座唐代木构建筑[①]中有 2 座都在五台山：从建筑级别及木构遗存的状况看，佛光寺东大殿是 4 座唐代建筑中规模最大、保存状况最完好、历史价值最高的一座；从建置时间看，南禅寺（公元 782 年）大佛殿是 4 座中最早的一例。20 世纪 60 年代以后，学术界陆续开展了对南禅寺、岩山寺等重要寺庙的建筑、雕塑及壁画等的研究。此后，对五台山佛教寺庙群的测绘及研究一直延续不断。2005 年开始，清华大学建筑学院对五台山的寺庙古建[②]进行了最新一轮的测绘工作。这方面的代表成果有：清华大学建筑学院编写"中国古建筑测绘大系·宗教建筑"之《五台山佛教建筑》[③]，还有梁思成、刘敦桢、孙大章、萧默、王贵祥、柴泽俊等人的相关著作和论文。

中国对寺观园林的研究起步也很早，最早对佛寺的研究有北魏杨衒之的《洛阳伽蓝记》，其中记载了洛阳城及周围佛寺的发展和建筑规模等情况。现有针对寺观园林作研究的成果相对较少，大多是在对古典园林的史述中涉及了寺观园林，如周维权先生的《中国古典园林史》[④]中对寺观园林的介绍，乐卫忠、朱轶俊的《中国寺观园林》[⑤]是对中国寺院道观园林景观的全景式呈现。还有赵光辉的《中国寺庙的园林环境》[⑥]归纳概括了中国寺观园林与环

境融合的方式、手法以及特色等内容。宗教建筑作为中国古代建筑重要的类型之一，在现存的古代建筑遗构中占据很大的比例。其中，以佛教建筑为例，从传统建筑思想对建筑的影响角度来研究，主要成果有王崇恩和崔月辰从五蕴视角对菩萨顶寺庙空间进行研究的论文，还有丁兆光和李碧的硕士论文所做的相关研究。从建筑本身出发去总结佛教建筑特征的主要成果有袁牧和李玲的博士论文对汉传佛教建筑寺庙的研究，龙珠多杰对藏传佛教寺院建筑的研究，刘朝阳的硕士论文对山西佛塔造型的研究。从五台山佛教寺庙地理分布与建筑空间的角度来研究的主要成果有曹如姬、申宇、李娇娇、管林婧、朱柯羽、杜季月、谢岩磊、郝宝妍、向云翔等人的硕士论文。针对佛寺建筑和园林景观的传承、保护与利用的研究成果有梁毅、朱明烨、董少君等人的硕士论文。从历史流变与宗教思想传承的角度出发进行历史分析研究的成果有李桂红、陈迟的博士论文以及王希、刘红杰的硕士论文。从建筑营造技艺的角度来研究的主要成果有王琼的硕士论文。

中国传统宗教圣地空间布局可概括为 4 种类型：主轴线贯穿式、散点网络式、中心布局式、多中心式。五台山以台怀镇为中心，寺庙、店舍、民居相毗邻形成集镇，是典型的中心布局式，是中国传统宗教

---

① 五台山佛光寺东大殿和南禅寺大佛殿、山西芮城广仁王庙正殿、平顺天台庵正殿。
② 包含显通寺、塔院寺、罗睺寺的寺庙和建筑的平面、立面和剖面。
③ 廖慧农，王贵祥，刘畅主编. 五台山佛教建筑 [M]. 北京：中国建筑工业出版社，2021.
④ 清华大学出版社，1999 年 10 月。
⑤ 中国建筑工业出版社，2020 年 6 月第 1 版。
⑥ 北京旅游出版社，1987 年。

圣地景观设计方面的杰出范例。崔正森、赵培成、萧羽、柴洋波、张映莹等人对五台山历代佛寺建筑的风格和特点进行了分析总结，寺院个体的空间布局和建筑的研究以佛光寺、南山寺、菩萨顶、显通寺、塔院寺等主要历史寺院为主。从具体研究来讲，针对五台山佛教建筑群的总体格局与建筑特色进行分析，将其建筑格局大致分为塔院式佛殿、宫室式佛殿、厅堂式佛殿、民宅式佛殿、山地式佛殿，再结合一些建筑实物类型如山门、牌坊、钟鼓楼、庙宇、楼阁、经幢、照壁、墙垣等进行细致微观研究。结合其营造技艺特色，如汉传（青庙）与藏传（黄庙）佛教建筑相结合、喇嘛塔与寺院并构、梁柱交接式结构、纵横殿堂式结构、无梁殿堂式结构与建构、院落式空间布局与结构、新建筑建构与历史建筑修缮并致，通过 10 个典型案例（佛光寺、菩萨顶、文殊殿、显通寺、南山寺、龙泉寺、殊像寺、罗睺寺、塔院寺、镇海寺）的详细分析，来呈现五台山佛教建筑群的建筑特色（表 1）。

四、五台山自然与人文景观研究概要

2009 年 6 月 26 日，在第 33 届世界遗产委员会会议上，五台山作为世界文化遗产景观被列入《世界遗产名录》，肯定了五台山巨大的人文与自然及其建筑与景观价值，也为五台山发展以及相关研究开创了

新的纪元。文化景观代表的是《保护世界文化与自然遗产公约》第一款中的"人与自然共同的作品"，阐明了其以地域为基础实施遗产生态保护的本质特征。中国的文化景观保持了一种与西方将文化与自然视为对立观点的截然不同的人文姿态，是一种反映中国"天人合一"的生态自然哲学观念的文化景观。五台山的世界遗产文化景观是中国最朴素的"天人合一"生态自然哲学思想中人与自然辩证统一的集中体现。

《清凉山志》载："五峰耸出，顶无林木，有如垒土之台，故曰五台。"[②] 五台山是太行山脉的主峰，是中国唯一一个青庙黄庙共处的佛教道场。截至 2018 年底，五台山有宗教活动场所 86 处[③]，其中许多都是历史上多朝皇帝前来参拜的敕建寺院，如显通寺、塔院寺、菩萨顶、南山寺、黛螺顶、金阁寺、万佛阁、碧山寺等。北魏时期的地理学家郦道元所著的《水经注》一书中有关于"五台山"的最早记录，书中写道："五峦巍然，回出群山之上，故为五

峰。晋永嘉三年（公元 309 年），雁门郡崞人县百余家避乱入此山，见山人为之驱而不返。往还之士，时有望其居者，至诣寻访，莫之所在，故人以是山，为仙者之都矣。"事实上，这些记载现在只能从唐代慧祥的《古清凉传》中所见，我们今天所能见到的《水经注》版本中有关五台山的内容已经消失在历史的长河中了。

五台山是由大于 25 亿年的世界已知古老地层构成的最高山脉，是研究地球早期演化以及早期板块碰撞造山过程的最佳记录。滹沱群完整记录地球古元古代地质演化历史，保留亚洲大陆同时代最完整的生命演化记录，是代表地球早期生命与沉积环境演化的突出例证。五台山发育并保留亚洲东部最典型的古夷平面及冰缘地貌，是研究新生代地质环境演化与古气候变化的重要例证。五台山的地貌类型复杂多样。根据其成因和形态，可分为剥蚀构造的断块山地和山间黄土盆地。山顶保存有北台期的古夷平面，海拔

五台山代表寺庙（建筑）年代图表 [①]　　　　表 1

年代	寺院
北朝	佛光寺祖师塔
唐代	南禅寺大殿和佛光寺大殿（建筑）
宋代	洪福寺、岩山寺（金）
元代	广济寺、三圣寺
明代	殊像寺、显通寺、塔院寺、圆照寺、碧山寺
清代	菩萨顶、慈福寺、广仁寺、镇海寺
民国年间	南山寺、善化寺、龙泉寺、金阁寺、尊胜寺
现代建	白云寺、七佛寺

① 初稿，有待补充和完善。

② （明）释镇澄 . 清凉山志 [M]. 北京：中国书店，1989.

③ 五台山风景名胜区管委会官网，http：//wts.sxxz.gov.cn/zjxfq/xfgk/201910/t20191010_3455814.html.

为 2000~3000m，山间的一系列断陷盆地海拔 900~1500m 不等，盆地内堆积了深厚的黄土。五台山北台叶斗峰海拔 3061m，是华北地区最高峰，也是中国大陆东经 110° 以东的第一高峰，有"华北屋脊"之称。《清凉山志》和明代《徐霞客游记》（1633 年）曾对五台地貌，特别是冰缘地貌进行过详细描述，并分析其主要特点表现如下[①]：1）五台山出露最完整的中国大陆基底和早期完整而典型的碰撞造山带；2）五台山发育了中国最丰富的早期花岗岩类型，记录了大陆地壳生长过程，岩石类型丰富，露头良好；3）以滹沱群剖面为代表的五台山古元古代地层记录连续完整，地层广泛出露，是中国早前寒武纪地层对比的标准剖面，也是中国古元古代地层单位原始命名地；4）五台山拥有丰富的古生物化石与早期生命演化记录；5）五台山在古近纪（距今 6500—6000 万年）被夷平，在新近纪（距今 230—260 万年）上升到现今的 3000m 左右高度。五台山拥有规模巨大的古夷平面，东、西、南、北、中 5 个台顶为古夷平面的产物，覆盖面积至少 3.1 万 hm^{2}[②]，保留了华北地区最古老的准平原遗迹；6）五台山是中国东部垂直冰缘带发育最好的山地之一。

五台山冰缘地貌的自然景观与佛教文化相互交融，形成了自古以来佛教信徒们对 5 座台顶的膜拜，从而产生了一种盛大的佛事活动——"大朝台""小朝台"。所谓大朝台，是遍礼全山佛寺，并亲临

五台山自然资源和文化资源主要类别　　　　表 2

自然资源	地质遗迹	重要地质构造与花岗岩——绿岩带遗迹
		重要元古代地层剖面及不整合面地质遗迹
		重要古生物化石——叠层石遗迹 古夷平面地质遗迹
		典型冰缘地貌遗迹
文化资源	佛教建筑和佛塔	佛教建筑
		佛塔
	佛教雕塑与壁画、彩画	佛教雕塑
		壁画、彩画
		石刻碑刻（石雕、木雕、砖雕）
	文化景观	朝台活动

东台（聪明文殊）、西台（狮子文殊）、南台（智慧文殊）、北台（无垢文殊）和中台（孺童文殊）5 大高峰供佛和祈祷。所谓小朝台，则仅在台怀镇附近各寺巡礼，并登临作为五台山 5 大高峰象征的黛螺顶。佛教、佛寺和僧尼是构成五台山文化景观的必备要素，五台山文化景观生态可持续发展研究不可避免地要论及佛教主体。此外，从研究对象来看，五台山文化景观研究涉及人文景观、自然资源、佛教等多重复杂因素，关联学科很多，对研究者的理论功底要求极高，进一步加大了研究的难度。国内外学界关于五台山文化景观的研究起步较晚，发展迅速，取得了不少成果，但也存在一些不足，尤其缺乏从生态哲学视阈进行的系统考察。虽然就目前的研究现状来看，在不同的学科视域下五台山研究已经取得了大量丰富的成果，专著文论数量庞大，但是对文化景观遗产进行系统研究的学者却相对

较少，多是散点式的，还没有形成体系化的研究局面（表 2）。

在后期研究中，针对五台山人文自然景观营造特色的研究，将从五台山的景观格局与风貌特色，作为古老地质公园博物馆的景致，东、西、南、北、中五台的自然景观，清凉胜境的五台山自然景观，汉藏蒙满文化交融的人文景观，智慧腹地宝典的文殊道场，护法护国并致的皇家道场，汉魏至民国的佛教建筑博物馆，以及人为环境与自然环境有机融合景观营造技术等多层次进行深入研究和探讨。通过五台山与皇家园林景观（如颐和园和承德避暑山庄）以及丛林景观（普陀山、峨眉山、九华山）进行横向比较分析，再结合五台山人为环境与自然环境有机融合的景观营造技术——包括其景观构成因素的几个方面，如太行山脉及其水系、自然生态及其植被、五台内外建筑布局、路径（道路、栈道、桥梁、台阶、天梯），

---

① 参见五台山申遗文件，内部资料未公开出版。

② 1hm² =10000m²，大小相当于一个标准足球场。

来进行综合性的立体分析研究，凸显五台山丛林景观的特色。

五、五台山佛教建筑装饰研究概述

五台山目前保存有自唐代以来壁画 2380.1m²，最具代表性的有佛光寺东大殿的唐代壁画和文殊殿的明代罗汉壁画，以及岩山寺文殊殿四壁上御前承应画师王逵于 1167 年（大定七年）所绘的金代壁画。岩山寺文殊殿御前承应画师王逵于所绘的金代壁画计 97.98m²，是中国仅存的金代寺观壁画。五台山目前保存有自唐代以来的佛教造像 14.6 万余尊。南禅寺和佛光寺的唐代彩塑，以及殊像寺的"文殊十二尊"明代彩塑，是五台山彩塑艺术中的杰出代表。五台山最具代表性的悬塑是殊像寺明代的"文殊一会五百罗汉"，其次是圆照寺和金阁寺的悬塑（始造于 1496 年）。南禅寺大佛殿的彩塑，有大小 17 尊唐代彩塑。佛光寺东大殿的彩塑造于公元 857 年，共 35 尊，浩大的场面和惊人的气势只有在鼎盛的唐代才会出现。

目前对于五台山壁画和彩塑方面的研究多是运用图像学的方法，从艺术史的角度来研究，主要成果有：崔元和的五台山文化遗产系列著作[1]和论文，对五台山的壁画和造像进行了深入细致的考据和研究；还有陈捷对于五台山佛寺造像[2]的研究。此外，还有一些学位论文，如李雅君、金瑞的博士论文，高媛、陈蓉、张雁、石嘉忻、苏雅丽、崔光耀等人的硕士论文，另有一些散见于《五台山研究》期刊的相关研究文章。彩画方面，主要研究成果有张昕和陈捷的著作[3]和论文，对五台山的彩画进行了系统研究，还有刘梦雨、吴凤英、段牛斗、徐彦的学位论文也从不同角度对清代官式彩画或是五台山建筑装饰有所涉猎。当然也有一些问题，比如说这些建筑装饰的研究涉及的多是一些主要寺庙，对于非重点寺庙的研究还不够，针对图像研究的还不够全面等。

五台山佛教建筑群的建筑装饰，主要包含石雕、木雕和砖雕三种装饰艺术。其中，石雕以龙泉寺的石牌坊最负盛名也最具代表性，其材质为汉白玉，题材包括佛像、花卉、鸟兽、珍果等。此外，南山寺的石雕也有很高的艺术价值，此处不再赘述。五台山佛教建筑群的砖雕集实用与美观于一体，其纹样题材多来自于日常生活、自然风景、神话人物、文字纹样等，呈现出地域审美特征，表达了对于美好生活的追求和天人合一的艺术理念。比如徽州砖雕、闽粤砖雕和山西砖雕，就因地域和文化的相异而呈现出不同的文化内涵、形式风格和技艺手段。五台山佛教建筑群的木雕艺术更是具有很高的历史文化和艺术价值，其中以显通寺的木雕佛塔最为出彩，塔高 7.75m，8 角 13 层，为密檐式木雕佛塔，结构精巧，镂刻精细，相传为元代遗物，尤为珍贵。传统的佛教仪轨、儒家精神、仁义道德、敬业修身等精神都可以通过建筑装饰传递出来。五台山的砖石木雕无论从选材、内涵还是雕凿技术，都显示了山西的地域文化特色与风格。

六、研究五台山佛教建筑与景观的价值意义

五台山佛教建筑与景观在以下五个方面具有突出特质[4]。1）它拥有中国建造年代最早的唐代木结构实物遗存建筑——南禅寺大佛殿，以及目前实物规模最大、保存最好的唐代木结构建筑——佛光寺东大殿。2）它在中国美术史上地位杰出，在历代佛教造像和壁画艺术上取得了巨大成就，是把握佛教艺术中国化的实物例证。3）它是汉藏佛教物质遗存共存的遗产提名地，汉藏文化融汇无痕。五台山不仅是中国佛教四大名山之一，而且也是汉藏佛教汇集之地。在清代鼎盛时期，五台山共有青黄二庙 122 座，其中黄庙 25 处，青庙 97 处。至今，台内古建筑群中仍存大规模黄庙 7 处，青庙 40 余处。4）它是最典型的中国皇家道场。在中国佛教四大名山中，五台山与历代中央集权帝都西安、洛阳、开封、北京联系最为紧密，使它在 1000 多年间，实际上成为在政治中心外最具神圣地位的皇家道场。其中明清时期的寺庙建筑在做法上体现了明清官式建筑的特点，

---

① 《五台山文化遗产》塑像卷、壁画卷和《五台山寺院造像稽考（上、下）》。

② 《中国佛寺造像技艺》。

③ 《五台山汉藏佛寺彩画研究》《晋系风土建筑彩画研究》。

④ 参见五台山申遗文件，内部资料未公开出版。

并存在大量仅见于皇家的建筑形制。5）它是世界佛教的文殊信仰中心。在 1000 多年间，五台山超越了地区和民族、超越了不同教派、超越了朝代更替、超越了君主崇信和平民香客朝拜的界限，成为至今仍产生深刻影响的佛教文殊信仰中心。这些突出的特质就使得对于五台山佛教建筑与景观整体进行研究的意义尤为深远和重大。

综上所述，五台山佛教建筑与景观具有五重价值意义，分别是文化价值、历史价值、艺术价值、科学价值和遗产价值。1）文化价值，包括自然价值和人文价值，如佛教文化、皇家文化、佛教建筑文化、礼制文化、自然地理文化等。2）历史价值，包括其佛教历史、社会人文历史、佛教建筑历史等。五台山佛教建筑作为社会历史重要的物质载体，从汉魏初萌期、南北朝小高峰、隋唐黄金期、宋元平稳期、明清繁荣期到清末民国的衰落期，见证了 2000 多年的历史与时代变迁。3）艺术价值——建筑作为物质和精神的双重载体，是科学技术理性和艺术美学浪漫的交织，建筑，包括其装饰本身，也是一门艺术。4）科学价值——建筑学本身就是一门工程技术科学，其所包含的建筑营建技艺本身就是一门严谨的科学。5）遗产价值——五台山在 2009 年就被评为世界文化遗产景观，是人文景观和自然景观的双重遗产，是人类文化的共同遗产。

参考文献

[1] （明）释镇澄 . 清凉山志 [M]. 北京：中国书店，1989.

[2] 梁思成 . 中国建筑史 [M]. 北京：生活 · 读书 · 新知三联书店出版，2011.

[3] 刘敦桢 . 中国古代建筑史 [M]. 北京：中国建筑工业出版社，1984.

[4] 周维权 . 中国古典园林史 [M]. 北京：清华大学出版社，1999.

[5] 萧默 . 中国建筑艺术史 [M]. 北京：文物出版社，1999.

[6] 孙大章 . 中国佛教建筑 [M]. 北京：中国建筑工业出版社，2017.

[7] 王贵祥 . 中国汉传佛教建筑史 [M]. 北京：清华大学出版社，2016.

[8] 星云大师，罗世平，崔勇 . 世界佛教美术图说大典 · 佛教建筑（四卷）[M]. 台北：台湾佛光山出版社，2013；长沙：湖南美术出版社，2017（修订版）.

[9] 崔正森 . 五台山佛教史 [M]. 太原：山西人民出版社，2000.

[10] 崔元和 . 五台山文化遗产 · 塑像卷 [M]. 太原：三晋出版社，2017.

[11] 崔元和 . 五台山文化遗产 · 壁画卷 [M]. 太原：三晋出版社，2018.

[12] 崔元和 . 五台山寺院造像稽考（上、下）[M]. 太原：三晋出版社，2019.

[13] 吴庆洲 . 文化景观营建与保护 [M]. 北京：中国建筑工业出版社，2017.

[14] 柴泽俊 . 柴泽俊古建筑文集 [M]. 北京：文物出版社，1999.

[15] 张昕 . 晋系风土建筑彩画研究 [M]. 南京：东南大学出版社，2008.

[16] 陈捷 . 中国佛寺造像技艺 [M]. 上海：同济大学出版社，2011.

[17] 陈捷，张昕 . 五台山汉藏佛寺彩画研究 [M]. 南京：东南大学出版社，2015.

莫高窟崖面中心性的表达及其对佛教须弥山的反映

龚 龙 赵晓峰

国家自然科学基金项目，项目批准号：51778205，项目名称："佛教宇宙世界"空间体系解析与汉传佛寺空间布局研究。

龚龙，基准方中建筑设计有限公司西安分公司建筑师。邮箱：1097505214@qq.com。
赵晓峰，河北工业大学建筑与艺术设计学院副院长、教授。邮箱1664857380@qq.com。

摘要：须弥山是佛经中描绘的佛国世界的核心，本文以莫高窟崖面洞窟为研究对象，结合文献古籍的记载，对崖面洞窟的开凿时间、顺序以及位置进行分析和图示表达。经研究发现，无论是横向分析或者竖向分析角度，莫高窟崖面总是呈现明显的中心性的体现，这种对崖面中心性的执着正是因为信徒们将承载千百个洞窟的莫高窟崖体视为人间的须弥山。

关键字：莫高窟；中心性；洞窟；须弥山

一、莫高窟现状

莫高窟，俗称千佛洞，是世界上保存下来延续时间最长、保存最完整、内容最丰富的佛教石窟寺。窟群建于鸣沙山东麓的断岩上，坐西朝东，面对当地的圣山——三危山。莫高窟的崖面南北共1600多米，当代研究者将整个莫高窟分为南北两个区。南区为我们所熟知的礼佛窟群，莫高窟现存的有精美壁画、彩塑的石窟均位于南区960多米的崖壁上，共计492个，这些洞窟也是莫高窟最具有研究价值和文化价值的洞窟。北区主要是僧人们的生活窟，包括有僧房窟、影窟、瘗窟，莫高窟南北两区的洞窟数量合计共达700多个。

石窟寺的开凿营建是一个耗费巨大人力财力的过程，敦煌莫高窟的岩层内部相当坚硬，每个洞窟开凿所使用的时间取决于洞窟的大小以及施工工人的多少，小型洞窟的开凿需要几年时间，大型洞窟的开凿需要花费更长的时间，甚至超过几十年。据《张淮深碑》中记载："更欲携龛一所，踌躇瞻眺，余所竟无，唯此一岭，嵯峨可劈，匪限耗广，务取功成，情专穿石之殷，志切移山之重……"于晚唐开凿的第94窟"是用宏开虚洞，三载功充"，可知营造这个洞窟花费了3年时间。由此可见洞窟开凿过程中资源有限，耗损巨大，一个石窟的完成需要强大的意志。第94窟于整个莫高窟而言属于中型洞窟，而像96、130窟这样的大型洞窟，往往开凿时间要经过几十年才能完成。

考古学家和史学家研究表明，莫高窟崖面上曾经修建过大量的窟檐建筑。但时至今日，岁月的消磨使得曾经的木构窟檐只剩下了当年打孔留下的小洞，目前崖壁上仅留存的5座唐宋窟檐是当时莫高窟盛况的最好见证。到唐代时，莫高窟就建成了《沙州千佛洞唐李氏再修功德碑》中所记载的"斯构蠹立，雕檐化出，巍峨不让龙宫"的规模。莫高窟第148窟的《大唐陇西李氏莫高窟修功德记》又称为唐代大历碑，碑文中记载到莫高窟盛唐时期的景象是"前流长河，波映重阁"。到晚唐时则是一派"云楼架迥，峥嵘翠阁，栏槛雕楹"的繁荣景象。莫高窟的研究学者们根据测绘图以及窟前考古发掘报告等，基本可以确定在莫高窟南区范围内，于洞窟前曾经盖有建筑痕迹的石窟大约为345个之多，共有约271座窟檐。[1]这些窟檐错落分布在南北长度达1000余米的崖面上，两头分散较为稀疏，崖面洞窟多为一层；中间部分密集之处可达三层或四层，上下左右窟檐之间以木栈道相连，真如唐《大历碑》中记载的"上下云蠹，构以飞阁，南北霞连"，崖面已是"踌蹊远眺，余所竟无"的状况，甚为壮观。

二、须弥山世界的空间结构及其中心性特点

佛教的宇宙观是佛经中关于佛国世界空间环境的描绘。最早系统地、周详地描写宇宙构成模式的佛教经典是《四阿含经》中《长阿含经》的《世纪经》。一些经典的佛经如《大楼炭经》《长阿含经》《起世经》《佛说立世阿毗昙论》等多部佛教文献中，记述了理想状态的"须弥世界"的空间构成，并对该宇宙模式的宏观构成及其结构层次具有一定程度的描绘。佛经中的宇宙世界庞大而繁复，除了主要描写的核心世界空间，其他部分都是重复、嵌套的关系。虽然世界层级的关系简单，但其构成体系庞大，重复数量和嵌套层次繁复。一小世界是须弥山世界的核心，但还不算是完整的须弥山世界。一小世界的中心，准确些说是中轴，是须弥山。须弥山世界是整个佛教宇宙世界的核心、精华。一小世界的范围只到须弥山世界的初禅天，须弥山世界还包括色界之二禅天、三禅天、四禅天及无色界诸天，也称一微尘世界。再往外有小千世界、中千世界、大千世界，统称为三千大千世界。佛经中有许多经文对须弥山世界进行描写，并且不同文献资料里对其描述也略有不同。在以须弥山为中轴的世界里，从下到上的依次排列有固定的空间结构。

古印度宗教哲学对佛教须弥山世界整体空间结构有着深远的影响，其宇宙结构论认为：佛教世界是安于大地之上，而大地又位于水体之

中，整个水体承托于风之上，而风又悬浮于虚空之中。世界中的地、水、风、虚空层层依托，从而构成一个稳定的结构。如《起世经》中这样描绘："……今此大地。厚四十八万由旬。周阔无量。如是大地。住于水上。水住风上。风依虚空。诸比丘。此大地下。所有水聚。厚六十万由旬。周阔无量。彼水聚下。所有风聚。厚三十六万由旬。周阔无量……"而在《阿毗达磨俱舍论》中，将承托大地的水体、风等结构译为"水轮""风轮"等，并加入了"金轮"的概念。

除了对须弥山世界"基础"结构的描写之外，佛经中对须弥山顶以上的无色界四天、色界十八天及欲界六天等诸天也有相关记载，如《大楼炭经》中这样记载："忉利天宫。在须弥山上。过忉利天。上有焰天。过炎天。有兜率天。上过兜率天。有尼摩罗天。过尼摩罗天。上有波罗尼蜜和耶越致天。过是上有梵迦夷天。过是天上有魔天。……过是已有天。名识知。过是已有天。名阿因。过是已有天。名无有思想亦不无想。"

须弥山世界的主体——须弥山——上同样也遍布各种竖向结构层次，如位于山脚的夜叉、山腰的四大天王以及山顶的帝释天，不同的形象在其特定的位置上。关于须弥山山体的描绘，在不同的佛经文献中也有记载（表 1）。

在须弥山世界中，以"须弥山"山体为中心，周匝环绕"九山八海""四大部洲"，日月绕其旋转。"九山八海"分别指以须弥山为中心，周围依次环绕佉提罗、伊沙陀罗、游乾陀罗、善见、马半头、尼民陀罗、毗那多迦和铁围山八大山，其中须弥山最高，其余八山次第减半，且每两山又以海水相隔，故称"九山八海"。八海之中，前七海为香海，最外围之海为咸海。"四大部洲"又称"四天下"。是以须弥山为中心，在铁围山与毗那多迦山之间的咸海中，分别于东、西、南、北四个方向分部分布：东胜神洲，名曰弗于逮，其土正圆；西牛贺洲，名曰俱耶尼，形如半月；南赡部洲，名曰阎浮提，北广南狭，其相如车；北俱芦洲，名曰郁单越，四方正等，形如方座；另有数万小洲遍布

佛经中对须弥山主体的描述　　　　　　　　表 1

《世记经》	佛告比丘。其下阶道有鬼神住。名曰伽楼罗足。其中阶道有鬼神住。名曰持鬘。其上阶道有鬼神住。名曰喜乐。其四捶高四万二千由旬。四天大王所居宫殿。 须弥山顶有三十三天宫
《起世因本经》	须弥山半，四万二千由旬中，有四大天王宫殿。诸比丘！须弥山上，有三十三天宫殿，帝释所住诸比丘！其须弥山下有三级，诸神住处。其最下级，纵广六十由旬……其中分级，纵广四十由旬……其上分级，纵广二十由旬…… 诸比丘！其下级中，有夜叉住，名曰钵手；其中级中，有诸夜叉，名曰持鬘；其上级中，有诸夜叉，名曰常醉
《阿毗达磨俱舍论》	苏迷卢山有四层级。始从水际尽第一层。相去十千逾缮那量。如是乃至从第三层尽第四层亦十千量。此四层级从妙高山傍出围绕尽其下半。最初层级出十六千。第二第三第四层级。如其次第。八四二千。有药叉神名为坚手住初层级。有名持鬘住第二级。有名恒憍住第三级。此三皆是四大天王所部天众。第四层级四大天王及诸眷属共所居止故。三十三天住迷卢顶

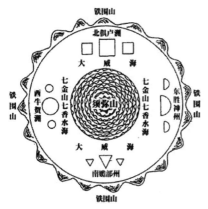

图1　须弥山世界平面图
图片来源：《神灵的居所》

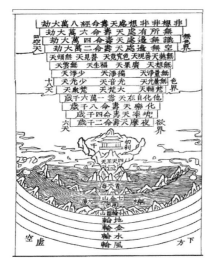

图2　须弥山世界整体垂直空间结构
图片来源：《法界安立图》

安住（图1）。经书中对这种山海环绕的大体空间模式描述一致，但"九山"在尺度上并不统一。"九山"除了最中心的须弥山和最外围的铁围山之外，中间的七山在不同的佛经中也有不同的记载。如在《长阿含经》中记载的"七山"由七宝所构成，而在《阿毗达磨俱舍论》中则是由黄金所成，亦称"七金山"。虽然不同的佛经中对须弥山世界结构的记载略微有些不同，但总体来看大同小异。须弥山世界显示出中轴性以及等级明确的稳定结构模式（图2）。

佛国世界的中心性与对称性密不可分。在须弥山的宇宙模式中，须弥山位于一小世界的中心，周围层层环绕九山八海。从平面模式上看是一圈同心圆的平面构成，而须弥山正是处于圆心的位置。与山腰处的四大天王平齐，日月围绕须弥山山体做向心环绕运动。环绕须弥山的七金山之间并非等距，七金山的高度也并非一致。从内向外，高度依次递减，山与山之间的距离也依次递减。这从立体角度来看，正

是突出了须弥山所在的中心，从平面角度也能感受到一种强烈的中心性体现。这种中心性的表达从宏观结构层次到微观的建筑景观布局都有所体现，例如位于山顶中心的善见城四面有水池、山峰环绕，形成更小序列的中心性。

三、莫高窟崖面的中心性分析

1. 横向层面中心性分析

由于莫高窟南区礼佛区域崖面绵延将近1km，为了更好地描述洞窟所占崖面的位置，笔者以标志性的九层楼为视觉分割中心，将莫高窟南区南北方向崖面分割为五个区域，分别命名为一区、二区、三区、四区和五区（图3）。将莫高窟早期即隋代及以前的洞窟在莫高窟全景图中示意出洞窟所处崖面的位置，可得到示意图如图4、图5。

从图中我们不难看出，在莫高窟的开凿初期，开凿洞窟的主要选址位于整个崖面中部的三区、四区。

图3　莫高窟崖面分区图
图片来源：笔者自绘

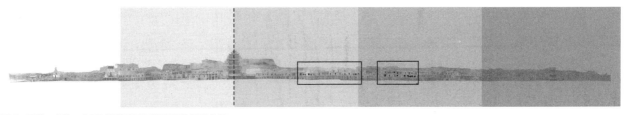

图4　西魏、北魏、北周时期莫高窟开凿洞窟位置分布图
图片来源：笔者自绘

图 5　隋代莫高窟开凿洞窟位置分布图
图片来源：笔者自绘

观察整个崖面的轮廓线，可以看到三区、四区和五区的轮廓线比较舒展，是洞窟开凿的最佳选址。

从横向层面分析，莫高窟在营建的开始就有意选择崖面中部的位置优先开凿洞窟，到了唐代，莫高窟的营建进入盛期，初唐开始营建的第 96 大佛窟，重新奠定了莫高窟的视觉焦点中心。由于新增洞窟数量很多，新建洞窟的选址开始从中心区域向两边展开。马德在《莫高窟崖面使用刍议》中将 640—914 年，也就是唐代至五代初期，定义为莫高窟崖面成型的第二阶段，也是崖面发展和形成阶段。唐贞观十六年（642 年）营建的第 220 窟是今 242 窟以南 420m 崖面上开始修建的第一个洞窟，这距离第一阶段隋代以前的洞窟群直线距离达 140 余米。[2]第 220 窟的营建，在选址上远离了前代窟区而选择单独开辟新的崖面镌刻建造，一反连接先代窟区向前延伸的惯例。此后，在整个唐代至五代初年的 270 多年里，莫高窟的营建活动在崖面上全面铺开，直至崖面达到饱和状态。这片崖面，以隋代以前的石窟崖面为基础，向南至唐代 131 窟，向北至五代第 6 窟，包括 33m 高的北大像 96 窟与 26m 高的南大像 130 窟，整个长度 960 余米，高 10~40m 的崖面全部得到充分利用。

《莫高窟记》中对于北大像的建造有如下记载："又至此（延）载二年，禅师灵隐共居士阴祖等 / 造北大像，高一百卅尺。又开元年中，僧处谚与乡 / 人马思忠造南大像，高一百二十尺。开皇年 / 中，僧善喜造讲堂。"《莫高窟记》中将两大像创建、索靖题壁仙岩寺与乐僔法良创窟等并列为莫高窟历史上之大事。由此更可推测出，营建 96 窟大佛窟的重要性及目的性。96 窟内的大佛为一尊弥勒坐佛，多数学者认为，净土信仰是初唐时期敦煌佛教思想的主流，这一点有两方面可以得以印证。首先是敦煌文献中留存有不少与之相关的"净土寺"写卷，例如法藏敦煌文献"净土寺直岁保护牒""净土寺食物等品入破历"等。这在一定程度上印证了净土信仰在敦煌佛教中的重要地位。而另一方面，学者认为初唐时期洞窟的内部空间和装饰体现出的大乘佛教思想大多与净土信仰有关。段文杰曾在《唐代前期的敦煌莫高窟艺术》中表示，初唐时期洞窟的内部空间营造和壁画、雕塑的组合使得整个洞窟形成一个"净土世界"，这与当时两京寺观中的"净土院""菩提院"具有相同的性质。[3]

关于莫高窟崖面洞窟的分布状况，沙武田在《归义军时期敦煌石窟考古研究》中，结合马德学者的

研究，将截止到晚唐末五代初时期的莫高窟崖面布局分成 4 处有明显的标志的几个区域，分别是：南大像第 130 窟、北大像第 96 窟、第 428 窟和第 285 窟竖线"古汉桥"周围，以及第 365 窟和第 16 窟"三层楼"区域。[4]第 96 窟北大像以其规模及其标志性成为莫高窟最为重要的区域。也正因为如此，张淮深于 875—882 年不仅重修了北大像，又在紧邻北大像的北侧，修建了第 94 窟"司徒窟"。关于北大像的重要性，这一点也表现在敦煌遗书《腊八燃灯分配窟龛名数》的记载中。十二月八日是佛教中的一个节日，这一天是释迦牟尼的成道日，在佛教中也被称为"法宝节"或"感恩节"。在这一天会有许多信徒来洞窟礼拜，故特地有在洞窟燃灯的习俗。《腊八燃灯分配窟龛名数》是当时在敦煌担任僧政职务的道真和尚，于腊八节的前一天向有关社人发布的腊八之夜莫高窟遍窟燃灯的榜文。该敦煌遗书所记 951 年莫高窟崖壁上十个燃灯区域，首先布置的燃灯区域即为"北大像"段燃灯工作，同样是为了以示区别，显示与众不同。一般洞窟燃一盏，大窟和特殊洞窟燃多盏，总数 700 盏以上[5]，真如《大唐陇西李府君修功德碑记》中描写的："圣灯时照，一川星悬"。

2. 竖向层面中心性分析

关于莫高窟崖面建造的中心性表达，我们可以从竖向和横向两个层面来阐述。从竖向层面来分析，早期的洞窟所占据的位置也是位于崖面的中部的最好的位置。关于莫高窟始建的年代，目前学术界比较认同的说法是前秦建元年间，《李怀让重修莫高窟佛龛碑》中提到的由乐尊与法良开始营建："莫高窟者，厥初秦建元二年，有沙门乐尊，戒行清虚，执心恬静。尝杖锡林野，行至此山，忽见金光，状有千佛遂架空凿险，造窟一龛。次有法良禅师，从东届此，又於尊师窟侧，更即营建。伽蓝之起，滥觞於二僧。复有刺史建平公、东阳王等，各修一大窟……"

根据碑文的记述，秦建元二年（366 年），有位名为乐尊的和尚来到沙山处，当他来到此处，忽然看到三危山山顶的金光，犹如千佛显身，便认定此山为圣山，遂在与三危山相对的崖面中开凿了莫高窟的第一窟。之后，又有禅师从东边行到此处，在乐尊和尚所开的洞窟旁营建新窟。于是延续了上千年的莫高窟就此拉开序幕，此后，经历隋、唐、宋、西夏乃至元代的持续开窟修建。

乐尊和法良和尚开凿的洞窟早已无从考证，莫高窟现存时代最早的洞窟之一是北凉 275 窟，其所处的崖面位置位于三区二层。在莫高窟的开创阶段，也就是从十六国到隋唐之初的三百余年过程中，莫高窟的崖面开辟了长达 340m，高 5~10m 的石窟群崖面。据统计，早期的洞窟在崖面的竖向上大多位于中部二三层。

我们知道，在佛教须弥山世界中，由于其山体结构的特殊性，中心须弥山呈现出漏斗形态，从可达性来分析，帝释天居住的山顶兜率天宫为最难到达的部分。初师宾在《石窟外貌与石窟研究之关系》一文中表达到古代的人们在崖面上创建洞窟不是无计划、无目的地进行开凿活动，必然是有所选择。[6] 在现实莫高窟的崖面上，首批洞窟位于崖面中部，从工程学的角度来分析，位于崖面底部的位置是最容易开凿的，其次是位于崖面顶部，而难度最大的位置为中部。而开凿难度最大的崖面部分却是首批洞窟出现的位置，这足以说明当时在开凿初期位置选择的目的性。

须弥山是佛经中对佛国世界描绘的一个典型。佛经中描述一小世界的中心，准确些说是中轴，是须弥山。须弥山世界是整个佛教宇宙世界的核心、精华。一千个以须弥山为中心的小世界就构成了小千世界，一千个小千世界构成了中千世界，一千个中千世界构成了大千世界，合称为"三千大千世界"。信徒们往往将石窟寺所在的山体视为人间的须弥山，这在许多文献中都有所体现。唐代诗人宋昱在《题石窟寺》中写道："梵宇开金地，香龛凿铁围。影中群象动，空里众灵飞。"这首诗描绘的对象是龙门灵岩寺，诗句中明显看到有"金地""铁围"的字眼，这些都是须弥山意向最直观的表现，可见也是将其比拟成人间须弥山。1949 年前《麦积山石窟志》转引《太平广记·麦积山》文说，麦积山孤峰"高百万寻，望之团团，如民间积麦之状，故有此名"。又引南北朝时期诗人庾信的铭记："六国共修，自平地积薪，至于岩巅，从上镌凿，

其龛室神像功毕，旋旋拆薪而下，然后梯空架险而上。……将及绝顶，有万菩萨堂，凿石而成，广古今之大殿。……自此室之上，更有一龛，谓之天堂，空中有一独梯，攀援而上，至此则万中无一人敢登者。于此下顾，其群山皆如培嵝。"这种麦垛形和须弥山体有一定共性，麦积山在地理位置上是一峰孤绝，凿石窟时是先凿最难登临处的峰顶。这与前文分析的莫高窟的开凿起始于最难的崖壁中部如出一辙。《秦州天水郡麦积崖佛龛铭》中这样描述开凿较早的七佛龛："似刻浮檀，如攻水玉。从容满月，照耀青莲。形现须弥，香闻忉利。如斯鹿野，远开说法之堂。犹彼香山，更对安居之佛。"后面还提到了"镇地鬱盘，基乾峻极。石关十上，铜梁九息。百仞崖横，千寻松直。……方域芥尽，不变天宫"。这里明确指出了麦积山石窟开凿之初的须弥山意象，是十分重要的史料证据。由此可见，石窟寺在开凿之时往往将凿窟的山体比拟为人间须弥山，敦煌莫高窟也是如此。

四、小结

莫高窟直接从总体规划上区分了南北两个区，北区为僧人的生活窟，南区则是一派歌舞升平的佛国景象。在莫高窟延续数百年的开凿过程中，有意识地将代表佛国的洞窟与世俗的生活窟在物理层面上区分开，这使得在对南区佛国世界的营造上更为纯粹。

从横向层面分析，无论是从莫高窟营建伊始选址位于崖面中部的三区、四区，或者是在延续千百年来的营造过程中，有意识地营造以

96 窟为全窟的视觉中心点，都反映出建造者或者信徒对莫高窟中心性的追求。在竖向层面上，早期开凿洞窟在崖面竖向的位置与可达性的难易程度相关。信徒们将莫高窟视为人间的须弥山，初期凿窟选择崖面位置时的意图可以从崖面现状的分析中得出，在最初的崖面位置选择是在开凿难度最大、位于竖向的崖面中部。这种带有目的性的建凿正是对佛国世界的一种崇拜的体现。因处于山地，石窟寺的布局不同于地面寺院可以随意规划，均是沿着山脉走势在等高线上开凿洞窟，看似从平面布局上没有规则可循，但从崖面布局来看其对中心性的表达却贯穿莫高窟千百年来营建的始终。

综上，从莫高窟整个崖面的状态考证分析，无论从横向还是竖向层面都可得出其营建的中心性表达，这种中心性的表达与佛国须弥山世界空间的中心性表达一致。笔者认为这种中心性的体现正是对须弥山世界的隐喻表达。

参考文献

[1] 孙毅华 . 莫高窟南区窟檐建筑遗迹调查研究 [J]. 敦煌研究, 2019（06）: 17-24.

[2] 马德 . 莫高窟崖面使用刍议 [J]. 敦煌学辑刊, 1990（01）: 110-115.

[3] 段文杰 . 唐代前期的敦煌艺术 [J]. 文艺研究, 1983（03）: 92-109.

[4] 沙武田 . 归义军时期敦煌石窟考古研究 [M]. 兰州：甘肃教育出版社, 2017.

[5] 马德 . 十世纪中期的莫高窟崖面概观——关于《腊八燃灯分配窟龛名数》的几个问题（摘要）[J]. 敦煌研究, 1988（02）: 13-15.

[6] 初师宾 . 石窟外貌与石窟研究之关系——以麦积山石窟为例略谈石窟寺艺术断代的一种辅助方法 [J]. 西北师大学报（社会科学版）, 1983（04）: 84-98.

闽南佛教寺庙的空间格局与
建筑特征探究

孙　群　丁逸凡　薛欣欣　王卓茜

国家社科基金艺术学一般项目"闽南佛教古寺庙建筑艺术与
景观研究"（2018BG07343）

孙群，福建工程学院建筑与城乡规划学院教授，硕士生导师。
邮箱：sunqun33@163.com。
丁逸凡，福建工程学院建筑与城乡规划学院研究生。
薛欣欣，福建工程学院建筑与城乡规划学院研究生。
王卓茜，福建工程学院建筑与城乡规划学院研究生。

摘要：闽南佛教寺庙空间格局既继承中国传统寺庙的空间布局规律，又根据自身独特的选址位置进行排列与组合，其建筑特征不仅受到中原官式建筑的影响，而且兼具地域建筑风格，丰富了我国汉传佛寺建筑形式，体现了佛教寺庙的民族化特色。

关键词：闽南；佛教寺庙；空间格局；建筑特征

佛教究竟何时传入闽南地区，史籍记载不详。据现有文献推测，因汉代至南朝，福建沿海是通往广州、东南亚和印度洋地区的海上交通要道，东汉至东吴时就有印度僧人通过这条海上丝绸之路（印度——斯里兰卡——爪哇——马来半岛——越南——广州——福建）来到闽南，并开展传教活动，但这一时期的佛教并没有得到进一步发展。闽南佛教主要还是来自中原地区，因西晋末年中原人士入闽避乱，也把佛教思想带入闽南，并开始建造佛寺，所以有"闽寺始晋太康"之说，有据可查闽南最早的佛寺为建于晋太康九年（公元 288 年）的南安延福寺。闽南佛教在福建佛教发展史上占有相当重要的地位，而闽南佛寺建筑在福建传统建筑中具有强烈的地域特色。

一、闽南佛教寺庙发展历程

闽南佛教寺庙的发展，就是一部闽南佛教的历史，甚至可认为是闽南历史的缩影，对其进行探究，不仅能更好地了解闽南人的物质与精神生活，而且可领略闽南佛寺丰富的文化底蕴，探寻寺庙与各个历史阶段的政治、经济、文化、宗教、人文、民俗等方面的内在联系。

西晋末年因中原地界战火纷飞，大量汉族人纷纷来闽逃难，形成所谓的"八姓入闽"和"衣冠南渡"。大批移民带来先进的文化，包括佛教等各种宗教思想，推动了闽南各方面的发展。由于南迁的官民历经动荡岁月，深感世间疾苦，为了谋求精神上的寄托，于是大兴土木建造佛寺，佛教因此开始在闽南逐渐流传开来。南朝时因闽南社会相对安定，没有大的动乱，又有统治者

的支持，佛教得到较好发展，建有一些佛寺。隋唐时期，我国佛教进入全盛期，并与传统文化相互交融，形成中国化的佛教宗派，此时闽南社会相对安定，佛教开始振兴，有不少僧人在闽传教。由于当时闽南成为中原移民入闽聚集地之一，佛教发展迅速，并逐步世俗化，民间大量建造寺庙和塔。五代统治闽南的王审邽、王延彬、留从效、陈洪进等人，注重发展社会经济与文化，推崇佛教，使得闽南呈现出难得的一片太平盛世景象，据乾隆版《泉州府志》记载："是时膏腴田尽入寺观，民间及得其硗窄者如王延彬、陈洪进诸多舍田入寺。顾窃檀施之名，多推产米于寺……"这一时期，闽南形成了较为完整的文化体系，而佛寺建筑风格也趋于成熟。两宋时我国人口增长迅速，佛教达到最鼎盛状况，而且更加中国化，闽南

也不例外，据文献记载，仅泉州市区就有僧尼 6000 人，号称"泉南佛国"，以至于朱熹题写了一副享誉海内外的楹联："此地古称佛国，满街都是圣人"。元代初年因战乱频繁，闽南部分寺庙被破坏，但不久之后佛教又开始复苏，一些古寺得到重建。明代福建社会经济与文化又重新繁荣，闽南佛教再次复兴，佛寺拥有大片田地，且有免除赋役的权利。明代文人蔡清的《蔡文庄公集》记载："天下僧田之多，福建为最。举福建又以泉州为最，多者数千亩，少者不下数百。"清代初期，由于抗清斗争不断爆发以及实行"迁界令"，福建沿海地区经济倒退，后因清政府开始对佛教进行支持，闽南佛教有复兴之势，到了康熙年间陆续对被毁寺庙进行修复，同时又新建一批佛寺。民国时期中国佛教界提倡人间佛教的理念，闽南佛教逐步复兴，多是对一些著名佛寺进行维修。[1]1949年之后，又经过数十年的波折与发展；截止到 2016 年，闽南的厦、漳、泉三地正式批准登记的佛寺共有 722 座，其中泉州 456 座，厦门 51 座，漳州 215 座。1983 年国务院公布的福建 14 座汉族地区佛教重点

寺庙，闽南有 4 座，分别是泉州开元寺、晋江龙山寺、厦门南普陀寺和漳州南山寺。目前已有 120 多座（包括拥有文保单位的非文保寺庙）被列为文物保护单位，得到妥善保护。

综上所述，从两晋至南宋时期，闽南佛教发展较为顺利，特别是五代和两宋期间，寺庙建造达到鼎盛，元代之后有所减弱，明清时期进入平稳发展期，民国又开始复兴，近代以来大量佛寺得到修缮。闽南佛寺具有宗教、文化、艺术、教育、经济与旅游等社会功能，是融建筑、园林、雕塑、绘画、雕刻、书法、文学、音乐于一体的巨大艺术宝库。总体看来，闽南佛教经久不衰，其独特的佛教寺庙文化，上承中原、吴越等地佛教精神，下接闽南丰富多彩的地域因素，又具有胸襟辽阔的海洋文化内涵，真可谓"海纳百川，有容乃大"。

二、闽南佛教寺庙空间格局

闽南佛寺空间格局，本文通过选址位置与空间布局两方面阐述。因闽南地处福建东南沿海，属南亚

热带季风气候，整体地势西北高，东南低，境内山地和丘陵约占 70%，森林茂密，平原较少，江河纵横，为寺庙建设提供了良好的自然生态环境。

1. 选址位置与特点

闽南地形复杂，从僻静的山林到繁华的城镇，均分布着大量佛寺，其选址特征在秉承传统风水思想的同时，还依据独特的山海地貌，有所创新与突破，选址位置主要有以下九种：山地、山腰、山谷、山麓、悬崖、洞穴、平原、临水、城区，暗藏着和谐严谨的择址观念。[2]

综上所述，闽南佛寺选址主要有以下五个特点。

①环境优美之地。闽南山清水秀，气候宜人，佛寺多选择在环境良好之地，遍布厦、漳、泉三地的风景名胜区，其独特的地形地貌赋予寺庙全新的意境。如诏安九侯禅寺（图 1）坐落于号称"闽南第一峰"的九侯岩山谷之中，山光明媚。

②偏远僻静之地。闽南许多佛寺地处人烟稀少之山林，远离尘嚣，几乎与世隔绝，这不仅能使僧人排除杂念，专心修行，而且还可避免

闽南佛教寺庙选址位置特征

选址位置	主要特征	代表性寺庙
山顶	地势险要，居高临下，视野开阔，具高、险、幻的景观特色	德化灵鹫岩、泉州南台寺、永春雪山岩、诏安明灯寺
山腰	地形地貌多变，空间层次丰富，具"寺包山"效果	厦门白鹿洞寺、龙海云盖寺、泉州宿燕寺、漳州瑞竹岩
山谷	山深林密，山水兼备，环境幽深，具"山包寺"效果	诏安九侯禅寺、德化西天寺、厦门龙门寺、云霄龙凤寺
山麓	地势宽阔，溪流汇集，植被茂盛	泉州南少林寺、平和三平寺、东山苏峰寺、厦门梅山寺
悬崖	地形高兀、险峻、狭窄，垂直视角大，上空下虚，具凌空之势	平和灵通寺与朝天寺、厦门鸿山寺、惠安虎屿岩
洞穴	幽暗清凉，或隐或现，神秘莫测	漳浦海月岩、厦门虎溪岩、平和白花寺、惠安一片瓦寺
平原	地势平缓、空旷，交通便利	漳州南山寺、泉州开元寺、厦门圣果院、晋江龙山寺
临水	景色优美，水源充足	东山东明寺、诏安南山禅寺、泉州铜佛寺、南安延福寺
城区	紧邻市中心，交通发达，人流密集，闹中取静	厦门南普陀寺、泉州承天寺、漳州东西桥亭、诏安慈云寺

社会动乱，更好地保护寺庙的安宁。如德化香林寺和永安岩寺、龙海日照岩寺和高美亭寺、南靖五云寺、平和曹岩寺和灵通寺等，皆坐落于偏僻之处。

③港口或渡口附近。闽南江河湖海较多，航运发达，为了保佑航行安全，在港口或渡口附近会建有寺庙，以供人们祈福求平安。如云霄水月楼寺位于漳江边上，附近有古渡口和码头，能方便民众前来进香，还可镇水妖保来往船舶的平安。

④水陆交通要道。闽南一些水陆交通要道上往往建有佛寺，既可供过往行人休息，又能方便信众礼拜。如龙海木棉庵距离漳州南门只有10多公里，是古代交通要道，曾作为驿站，人流较大。

⑤商业繁华区。在繁华的商业中心附件建寺，香火必然兴旺，有利于佛教的传播。如石狮凤里庵坐落于城镇繁华地带，古代这里商业非常发达，为东亚文化之都海上丝绸之路起点。

⑥地理位置多样性。闽南佛寺选址的地理位置是多样性的，并不仅仅局限于某一种地形。如厦门鸿山寺（图2）既位于悬崖上，又处于半山腰，还在市区中心；平和灵通寺集悬崖、山腰、岩洞、瀑布等地貌于一体。

2. 空间布局

佛教寺庙不仅是神化空间，而且还是宗教活动场所，同时还具有公共性特点，布局时需要进行综合考虑。闽南佛寺布局既继承中国传统寺庙的空间布局规律，又根据自身独特地势进行排列和组织，体现出独有的区域性特色。闽南佛寺多采用规整式的布局格式，整座寺庙殿堂的比例与尺度，主殿要高于配殿，后一层总高度往往高于前一层，呈现出尊卑分明、纵轴舒展、左右对称的有序空间，即使地形多变的山林佛寺也会参照中轴线布局，在此基础上再进行一些变动。佛寺祭祀性较强的山门、天王殿与大雄宝殿，具有虚空性与精神性，属阴，后院的生活区如藏经殿及两侧僧寮、灶房、库房则属阳，因此寺庙是阴阳合二为一的中性偏阴的场气之所，其布局也遵照阴阳和谐的原理。闽南佛寺主要有以下五种布局。[3]

1）中轴线布局

中轴线布局是我国佛寺最常用的布局形式，主要建筑都分布在同一条轴线上，每一座殿堂左右一般各有配殿，形成一进、二进、三进或四进四合院，整体建筑群规整划一，左右对称，堂堂正正，尊卑有序。

闽南多数佛寺均采用中轴线布局。厦门圣果院为中轴线布局，依次为前殿（弥勒殿）、中殿（大雄宝殿）、后殿，两侧有廊庑，形成二进四合院。其他采用中轴线布局的还

图1 九候禅寺

图2 鸿山寺

有泉州慈恩寺、石狮法净寺、晋江紫竹寺和庆莲寺、南安白莲寺、安溪九峰岩寺、厦门紫竹林寺和慈林岩寺、漳州南山寺、龙海金仙岩寺、云霄开元寺、漳浦清泉岩寺、诏安澹园寺、南靖石门寺和天湖堂等。

2）复合轴布局

复合轴布局是将空间划分成多个区域，每个区域内的主体建筑按照中轴线对称分布，使得整体寺庙建筑群由两个或多个轴线组合而成，或平行，或交叉。

泉州承天寺殿堂众多，为复合轴布局，总体上可分为 3 条平行轴线。南北中轴线全长约 300m，集中了最重要的建筑，依次为天王殿、弥勒殿、放生池、大雄宝殿、法堂、通天宫经幢、文殊殿、鹦哥山，其中弥勒殿前石埕两侧为钟鼓楼，从钟鼓楼开始，东西两旁各有一条长约 150m 的长廊，连接着弥勒殿、大雄宝殿和法堂，形成三进四合院；东侧轴线建筑较为分散，分别是圆常院、般若阁、广钦和尚图书馆（藏经所）、僧舍、斋堂、客堂（法物流通处）、龙王祠、留从效南园旧址、大悲阁、一尘精舍、宏船法师纪念堂（会泉长老塔院）、香积堂、泉州女子佛学院等；西侧轴线为檀樾王公祠、泉州闽国铸钱遗址、光孝寺、禅堂、王公祠、留公祠、功德祠、许公祠、闽山堂（方丈）等。山门和甬道坐东朝西，与主轴线形成 90° 直角。承天寺以甬道、游廊、石板路、庭院、围墙等联系各个殿堂，使之成为一个主次分明、排列有序的空间。还有如泉州南少林寺、晋江灵源寺、南安灵应寺、漳浦紫薇寺等均为复合轴布局。可以发现，采用复合轴布局的佛寺基本为大型

寺庙，殿堂众多，很难安排在同一条轴线上。[4]

3）主轴对称结合自由布局

主轴对称结合自由布局为主要殿堂布置在一条中轴线上，其他次要建筑依据地形灵活分布在轴线前后或两侧，庄严而又灵动。

厦门石室岩寺属主轴对称结合自由布局，中轴线从低往高依次为九龙壁、弥勒殿（石室书院）、大雄宝殿（药师密坛）、祈福钟殿，西侧有钟楼（祖师殿）、福慧楼、客堂、斋堂、福寿楼、抄经堂、弘法讲堂等，东侧有鼓楼（伽蓝殿）、地藏殿、琉璃宝塔、僧寮等，西面有外山门与内山门（金刚殿）。其他为这种布局的佛寺还有厦门南普陀寺、龙海龙池岩寺、云霄剑石岩寺和南山禅寺、诏安九侯岩寺、厦门日光岩寺、泉州开元寺和宿燕寺等。采用主轴对称结合自由布局基本也是一些大中型寺庙。

4）自由式布局

在复杂多变的地形中，无法按照均衡的院落布局，只能依据地形特点安排建筑物，采用自由式布局。自由式布局最早出现在藏传佛

寺，主要特点是没有统一的主轴线，而是因地制宜，根据实际地形特征自由安置殿堂。但自由式布局并不是随意布置建筑，也会遵循一定的有序原则，主要建筑也都位于中心位置。

龙海七首岩（图 3）的殿堂依山而建，高低不一，错落有致地分布在山林之间，属自由式布局。中心位置为大雄宝殿，左侧榆庐，左后方是千手观音殿，两侧有七首岩文殊学院、厢房、寮房，中间庭院，东北面山坡为文殊铜殿、照壁、同心智慧桥、药师殿、七首岩广场，各个殿堂之间有曲折石阶相通。其他还有厦门虎溪岩、云霄龙湫岩、惠安岩峰寺等均为自由式布局。可以发现，自由式布局大多为小型岩寺，地形错综复杂，道路崎岖不平，布局时更多考虑建筑与环境的和谐。

5）综合式布局

其实经过千百年的发展、改建与扩建，闽南许多寺庙并不都是完全按照一种布局方式，而是多种布局相互结合，但无论何种布局，一般都以大雄宝殿等主要建筑为中心。

图 3 七首岩

龙海龙池岩原本属于中轴线布局，后来在北侧山坡又加盖五观堂、念佛堂、僧寮等，形成中轴线结合自由式布局。

严格地说，闽南大部分佛寺布局均属于综合式布局，只是更加侧重于某一种类型的布局形式。

3. 建筑朝向

佛寺主要分为四大类型朝向：①坐北朝南（包括坐东北朝西南、坐西北朝东南）；②坐南朝北（包括坐东南朝西北、坐西南朝东北）；③坐西朝东；④坐东朝西。闽南大多数佛寺朝向为坐北朝南，符合中国寺庙基本的布局形式。因中国古人视南为尊，宫殿及皇帝的座位均是坐北朝南，而北向被认为是失败，如"北面称臣""败北"等。闽南山地较多，佛寺多背（北）依山峦，面（南）朝多开阔之地，如此冬天能阻挡寒冷的北风，夏天能迎来凉爽的南风，这也是对自然现象的正确认识。其他因地理位置的原因，也会出现坐南朝北、坐西朝东和坐东朝西的格局。[4]

闽南独特的山海地形颇为复杂，有时只能根据实际情况进行布局，所以也出现其他朝向的佛寺。因闽南东南向为台湾海峡，一些佛寺也会面朝大海，例如坐落于海边的泉港山头寺就是坐西朝东，相似的有东山苏峰寺和宝智寺等；诏安南山禅寺所在的地方，南向为山脉，北面为河流，地势较广阔，所以只能采用坐南朝北，相似的有永春乌髻岩寺、南安宝湖岩寺等；龙海云盖寺东南面群山绵绵，西面为平原和丘陵，于是就采用坐东朝西，相似的有惠安岩峰寺、南靖五云寺等。闽南佛寺里不同的建筑朝向也会相异，地位较尊贵的殿堂，如大雄宝殿、天王殿、观音殿、法堂等可采用四正方向，而其他次要殿堂，如地藏殿、伽蓝殿、祖师殿、钟鼓楼等均不能朝正向。

三、闽南佛教寺庙建筑特征

吴良镛教授认为，"建筑的问题必须从文化的角度去研究和探索，因为建筑正是在文化的土壤中培养出来的"。闽南佛寺建筑受到政治、经济、文化、环境、地域、工匠、材料、民风民俗的影响和制约，具有多元化特色。一般大型佛寺受官式建筑影响较大，而许多中小型寺庙则有当地传统民居建筑特征，主要殿堂如天王殿、大雄宝殿、法堂、观音殿、钟鼓楼等，往往采用官式建筑样式，而其他附属建筑如客堂、斋堂、僧寮、厢房等则多为民居建筑形式。闽南佛寺建筑主要有以下六种主要特征。

1. 官式建筑

我国佛寺一些主要殿堂，常借鉴官式建筑形式。官式建筑包括宫殿与官衙建筑、部分寺庙建筑等相对于民间建筑而言的宫殿式建筑，代表了当时最高建筑典范，讲究群体组合，严格按照封建礼制进行设计施工，具有严谨的等级和稳重的形式，大度端庄，明清之后又分为大式与小式建筑。[5] 因中原人士大量入闽，也把中原官式建筑营造技术带入闽南。闽南佛寺重要殿堂多采用中原官式建筑，屋顶讲究等级制度，从高到低依次为：重檐歇山顶——单檐庑殿顶——单檐歇山顶——悬山顶——硬山顶——卷棚顶——攒尖顶等，且多为抬梁式结构，梁枋彩画内容丰富，台基、占地面积和体量较大，建筑用材高大坚固，具雍容华贵的外形特征。[6]

泉州崇福寺大雄宝殿（图4）系清代官式建筑，但保留明代风格，前面建有月台，设有台阶，屋顶为重檐歇山顶，面阔五间，通进深六间，抬梁式木构架，彻上露明造。厦门梵天寺大雄宝殿为官式建筑，屋顶为重檐歇山顶，面阔五间，通进深五间，抬梁式木构架，彻上露明造，明间与次间开隔扇门，檐下施弯枋、

图4　崇福寺

连栱，梁架上的垂花、立仙、雀替、随梁枋、束随、狮座、坐斗木雕人物、瑞兽、花卉等。其他还有泉州开元寺与南少林寺、石狮法净寺、厦门梵天寺与梅山寺、云霄开元寺、漳浦紫薇寺与圣能寺、东山苏峰寺、华安平安寺等的一些主要建筑如大雄宝殿、弥勒殿、法堂、观音殿等，均为官式建筑，呈现出尊贵宏伟的气势。闽南佛寺的官式建筑同时还具有当地传统民居的艺术特色，如材料较多选用白石、红砖、红瓦、屋脊饰剪粘、灰塑、泥塑、彩画等。

图 5　石室书院

2. "皇宫起"大厝

　　闽南许多佛寺参照本地民居样式，创造出颇具乡土气息的宗教建筑，如许多佛殿直接借用闽南"皇宫起"大厝风格。"皇宫起"大厝又称作"官式大厝""宫殿式大厝""护厝式大厝""红砖厝"，通身红色，显得欢庆典雅，富丽堂皇。这种红砖大厝起源于五代，是模仿皇宫式建筑风格而建造的，以三间张双落厝为基本单元，院落式布局，建筑群规制严谨、对称，大量使用红砖、红（绿）瓦、白色花岗石，以石、红砖、蚝壳、砖石结合等为外墙，屋顶多为硬山顶，少数为歇山顶，屋脊两端燕尾脊直指天空，采用插梁式木构架，屋脊、墙面、斗栱、雀替、门窗、梁枋、立柱、水车堵等装饰丰富，蕴含着中国传统文化、闽越文化和海洋文化等。[6][7]

　　厦门石室禅院的石室书院（图 5）始建于后唐同光三年（公元 925 年），目前为清道光年间（1821—1850 年）的建筑。20 世纪 80 年代进行修缮，保留原有的红砖白石木构的"皇宫起"大厝，为五间张双边厝，

三川脊硬山顶，覆盖红瓦，屋脊饰大量剪粘，面阔五间，进深三间，插梁式木构架，彻上露明造，塌寿为孤塌，明间、次间及侧面门堵均开门，两侧有护厝，为一进院落，硬山顶，覆盖红瓦。南安雪峰寺天王殿为红砖白石木构"皇宫起"大厝，三川脊硬山顶，覆盖绿色琉璃瓦，脊堵为筒子脊，镂空砖雕，山花灰塑如意纹，面阔五间，通进深四间，插梁式木构架，彻上露明造，塌寿为双塌，明间、次间设隔扇门。其他还有泉州开元寺祖堂和檀越祠、泉州宝海庵弥勒殿、南安白云寺旧大殿、晋江西资岩天王殿、晋江赐恩岩大殿、南安灵应寺祖师公大殿、泉州海印寺天王殿等均为"皇宫起"大厝。[6] 闽南佛寺"皇宫起"大厝体现了当地乡土民居对寺庙建筑的影响。

3. 山地式民居

　　闽南如德化、安溪、永春、华安、平和等内陆山区，多为朴实无华、砖木结构的山地式民居，因其建造简便、造价便宜，于是被部分

深山古刹所采用。闽南佛寺山地式建筑根据原有山林起伏地貌进行营造，在不破坏地形、植被和水流的前提下，让建筑与山体环境互相协调，注重接地形式，有时会减少接地，使用吊脚楼，屋面多铺设灰色瓦，梁架构造简便，多采用土、石、木、竹、砖等自然生态材料，减少能源消耗，外形纯朴，装饰简朴，具有浓郁的乡村特色。[8]

　　平和朝天寺（图 6）规模很小，灰瓦白墙，朴实无华，屋顶装饰少量剪粘、陶瓷及彩画，具有闽南山地式民居特点，其中门厅为悬山顶，面阔三间，进深一间，彻上露明造，檐下施一跳斗栱；大殿为悬山顶，面阔三间，进深两间，插梁式木构架，彻上露明造，远望庙宇如同一户普通人家。南靖登云寺中殿为砖土木结构山地式环形建筑，屋脊中间高，两端低，脊堵饰剪粘，面阔五间，进深两间，插梁式木构架，彻上露明造，横架为六椽栿。其他还有德化程田寺和狮子岩寺等的殿堂也为山地式民居特色。闽南山地式民居

图6　朝天寺

图7　仙峰岩石室

风格的佛寺终究是宗教建筑，在规格上会超出一般的普通民宅，而且室内空间比民居宽敞，结合了山地民居与佛教建筑的特点。

4.附岩式建筑

附岩式建筑是指以天然岩洞为内部空间，依附于洞穴，利用山洞岩壁实现自身结构，洞内外修筑楼阁、墙体、门窗、石阶等，本身并没有独立的建筑单体，是一种集自然山洞与人工构筑为一体的非独立式建筑。闽南佛寺的附岩式建筑多为石构，少数为木构，建于岩洞之前，与洞口外形相结合，建筑造型与装饰借用闽南传统建筑风格，形式简单，进深较浅，空间灵活，布局多变，神秘莫测。

漳浦仙峰岩寺石室（图7）为天然岩洞，洞穴上方是一块形如利剑的巨石，洞内幽深，洞中有洞，凉气扑鼻，洞前建一座面阔三间、进深一间的外廊，正面开一门，两侧辟拱形窗。惠安虎屿岩是典型的岩洞寺庙，岩洞中又有洞穴，幽邃缈冥，深不可测，别有洞天，称作"龙喉"，号称"十八巷陌"。其他类似的还有厦门寿石岩、南安五塔岩、

漳浦白云岩、惠安灵山寺、德化狮子岩、龙海日照岩、平和白花寺、泉州瑞像岩等。可以看出，闽南佛寺附岩式建筑仍然具有本地传统建筑的特征。

5.中外合璧建筑

闽南早期许多民众到海外谋生，功成名就后往往会衣锦还乡，并在家乡建房。这些归国华侨将海外建筑与闽南建筑风格相互融合，于是出现许多具有南洋特色的洋楼，又称为侨乡建筑，当地人称作"楼仔楼""番仔楼"，而闽南佛寺也受到南洋建筑的影响。作为舶来品的洋楼式建筑主要借鉴南洋建筑风格，又具有西洋建筑特征，但同时也有闽南传统民居的特点，屋顶或借鉴中国传统屋檐造型或为平顶，多数为两层楼，门面、屋顶、阳台、栏杆等多采用水泥，使用圆形廊柱、花瓶式绿、蓝色釉陶瓷栏杆，外墙贴五彩瓷砖，为典型的中外合璧建筑。[9]

晋江龙山寺祖堂（图8）为红砖白石洋楼式建筑，共两层，三川脊歇山顶，正吻雕卷草纹，脊堵剪粘瑞应祥麟、狮子嬉戏、凤喜牡丹

等，面阔三间，二楼阳台设琉璃花瓶式栏杆。闽南还有部分其他类型的中外合璧建筑。如石狮虎岫禅寺文昌祠是比较特殊的中西结合建筑，为闽南传统红砖建筑两侧对称伸出欧式亭子，采用多立克柱式，使用泉州传统柱础，并带有西方古典主义风格，硬山式屋顶，正脊上雕双龙戏珠，燕尾脊上雕鱼化龙，脊堵浮雕双狮嬉戏、花鸟，这种建筑样式其实就是把闽南红砖民居与欧式亭子相互拼接在一起。近年新建的龙海普照禅寺建筑采用钢筋混凝土材料，巧妙地融合了新加坡、印尼、泰国等东南亚风格，并添加中国，特别是闽南传统建筑元素，具中外建筑文化与佛教文化特性，形成了颇具特色的国际化佛教建筑景观。闽南佛寺中中外合璧建筑为我国佛教建筑带来别具一格的异国情调。

6.庄寨式建筑

庄寨作为大型防御性建筑，易守难攻，空间格局变化复杂，层次感丰富。闽南庄寨式建筑多在泉州德化交通闭塞的深山老林里，主要是村民为了抵御匪患、野兽而建造的，后来被引入少数山林佛寺建筑

图 8　龙山寺祖堂

图 9　龙湖寺

中。庄寨建筑往往就地取材，采用中轴线布局，整体围合成一个大的方形，前后高低落差一般较大，立体效果明显，庄严宏伟，坚如磐石。

德化龙湖寺（图 9）殿堂整体上有庄寨式建筑特征，依山而建，主体建筑群围合成一个二进四合院，层层而上，前后建筑落差大，体量庞大，但独栋建筑又有"皇宫起"大厝和官式建筑风格。其他如德化香林寺也为庄寨式建筑。闽南庄寨式佛寺的部分殿堂比普通民间庄寨愈加巍峨、宏壮与富丽，散发着宗教的气氛。

闽南佛寺还有少数建筑比较特别，融入了多种建筑风格，并有所创新。如南安石亭寺大殿为石材仿木结构建筑，原为八角形，清代时改成方形，屋顶为重檐，正方形屋顶正中升起一个硬山顶，屋面由石板拼成，覆盖石筒瓦，面阔三间，进深四间，殿内石柱上架有石横梁与额枋，上方再铺设石板条作为屋顶，第四排石柱采用倒梯形栌斗，整体构架简洁而又严密，有小型官式建筑与沿海石构建筑的特色。

总体看来，闽南佛寺建筑具有建筑类型多样、地域特色明显、外观色彩鲜艳、大小体量适宜、内外装饰丰富等特点。

结语

闽南佛寺建筑作为佛教信仰的直接产物，是基于千年来闽南深厚佛教文化和传统文化沉淀之上的独特文化生态，是在现实中建立的一个佛教净土园林和美的境界，蕴藏着深邃的历史信息，是闽南多元文化特色的直接体现。

注：文中图片均为作者自摄。

参考文献

[1] 何锦山.闽台佛教亲缘 [M].福州：福建人民出版社，2010.

[2] 汤景.福建佛教建筑空间的空间与结构 [D].厦门：华侨大学，2009.

[3] 戴志坚.闽海民系民居建筑与文化研究 [M].北京：中国建筑工业出版社，2003.

[4] 王迪.汉传佛教空间的"象"与"教——以禅为核心" [D].天津：天津大学，2011.

[5] 曹春平.闽南传统建筑 [M].厦门：厦门大学出版社，2016.

[6] 孙群.绚丽多彩的闽南佛教寺庙建筑 [J].福建日报（理论版），2021-04-20（12）.

[7] 唐孝祥，王永志.台闽庙宇屋顶装饰的审美文化解读 [J].华中建筑，2007（1）.

[8] 陈少牧.试析泉州寺庙建筑的闽南文化特征 [C]// 福建省炎黄文化研究会，台湾中华闽南文化研究会编.海峡两岸之闽南文化海峡两岸闽南文化研讨会论文集.福州：福建人民出版社，2009.

[9] 徐铭华.当地泉州佛教建筑的营造现状分析及展望 [D].厦门：华侨大学，2005.

莫高窟隋唐佛殿窟
图像—空间—视线规律解析

王 迪 张天宇

国家自然科学基金项目："佛教宇宙世界"空间体系解析与汉传佛寺空间布局研究（51778205）。

王迪，天津大学建筑学院副教授。邮箱：didarch@126.com。

张天宇，天津城建大学副教授。邮箱：zty1030@126.com。

摘要：莫高窟形制和图像的演变，从早期的石璋如、阎文儒、宿白、萧默、樊锦诗等先生到后来的李静杰、张元林、公维章、李玉珉先生等，都有许多重要的研究和论述。本文希望在这些重要研究的基础上，结合隋唐佛殿窟的测绘图和实物，通过建筑学图解分析的方式，尝试将石窟图像—空间—视线的关系，做进一步的分析整理和讨论，以期对敦煌石窟这一容纳丰富图像的空间系统有更量化的了解。

关键词：敦煌莫高窟；佛殿窟；图解分析；图像—空间—视线规律

佛教自两汉之际传入中国，经由近六百年的适应，其礼佛方式由印度的右绕加叩拜，逐渐变为隋唐更符合汉地习惯的叩拜礼佛。因而，北朝主流的中心柱窟，到了隋唐时期逐渐被没有中心柱的佛殿窟所取代。其中除了隋代出现的、由中心柱窟过渡而来的人字披和平顶结合的形式外，绝大多数为方形覆斗顶的佛殿窟[①]。而随着经变逐渐取代佛传故事和说法图，窟内两侧壁渐渐不再设置佛龛，正壁开一大龛、南北侧壁皆绘制经变的单龛佛殿窟成为初盛唐石窟的主流。窟内由此形成了由正壁龛内三维彩塑的主像（群）与其余三壁及窟顶四披二维彩绘相结合、主次分明的图像系统。而随着观赏者行进至不同视点，多个图像系统中的部分都能构成动态连续、构图完整、主次分明的图像组合。本文探讨的正是莫高佛殿窟塑像的动态空间比例和视线规律，包括主像（群）与其内层空间（佛像所在的直接限定的局部空间，如龛、华盖、帐、背屏等）的比例关系，主像与其胁侍的视线关系，以及像与其所在外层空间（窟室）的视线关系。

隋唐覆斗顶佛殿窟，无论是隋至唐初盛行的"凸"字形重层龛（隋23例，初唐4例），初唐之后的半圆敞口深龛（99例），以及盛唐之后的盝顶帐形龛（69例），通过"图像—空间—视线分析"可以看出基本一致的规律。以占据佛殿窟半数以上的半圆敞口深龛佛殿窟的典型代表——莫45窟——为例，主室正壁半圆敞口深龛内一铺七尊塑像（跏坐释迦、二弟子、观音、大势至及二天王）及龛壁四身菩萨；龛顶绘多宝塔内二佛并坐，下绘菩提宝盖。龛外南、北两侧分别为中唐观音像和地藏像。主室南壁绘观音经变，北壁绘观无量寿经变。窟顶四披满绘千佛（图1）。

在B点（进入主室前的临界点），水平标准视野60°视线切过门内框、框出南北两壁经变中原本属于"净土"主题图像系统的听法天人眷属及比丘众，共同簇拥着水平30°最佳（核心）视野内的释迦、菩萨摩诃萨及诸天七尊像，构成了一个完整的、具有特定意义的新的图像组合——《法华经·叙品》中释迦于灵鹫山召开法华会（灵鹫山会）的场景；而垂直标准上倾视角30°恰好切过门框顶部，并涵盖主室佛龛，在此视线内佛龛高：门洞高=0.61，主像高：佛龛高=0.79。

在C点（进入主室的临界点）

---

① 由佛殿窟派生出的另一种类型——中心佛坛窟（隋4例，初唐5例，盛晚唐18例），其视线规律与本文所述佛殿窟高度相似，篇幅所限，本文略去不述。

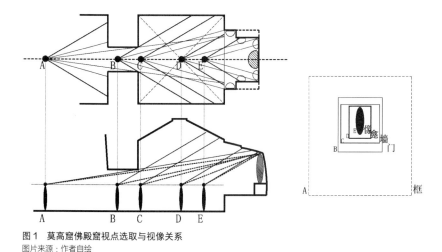

图 1　莫高窟佛殿窟视点选取与视像关系
图片来源：作者自绘

水平标准视野 60° 视线恰好涵盖正面佛龛及龛外菩萨像，水平最佳视野 30° 视线恰巧涵盖佛龛一佛二弟子二菩萨五尊像，垂直视线 30° 视角略高于龛口顶部，在此视线内主像高：佛龛高 =0.76。

在 D 点（主室空间中心点、覆斗顶中心正下方），水平标准视野 60° 视线涵盖佛龛，水平核心视野 30° 视线涵盖龛内核心主尊及左右二弟子，垂直视线 30° 视角恰巧涵盖龛顶多宝塔内二佛并坐的图像，绘塑结合的诸像构成了《法华经·见宝塔品》"虚空会"图像组合。

在 E 点（龛口前），水平标准视野 60° 视线涵盖龛内核心佛像（主尊及二弟子），水平最佳视野 30° 视线恰巧涵盖主尊；垂直标准上倾视角 30° 切过龛顶，龛顶的菩提宝盖也得到了铺展，"虚空会"二佛并坐塔内的图像驻留空中、赞叹法华经义的场景呼之欲出（图 2 右上）。

这种通过 30° 最佳核心视野（主）与 60° 标准视野（次）结合的

视线组织，采用框景、组景的方式，在一定视点上贯穿几个图像系统（比如侧壁"净土"、龛内"灵鹫山会"、龛顶"虚空会"等），将每个图像系统中的部分内容组织成一个完整的、具有特定意义的新的图像组合；而随着观赏者行进至不同空间，各个图像又回到其所在系统，不断产生新的组合和意义的方式，正是中国传统院落纵深布局的外部空间处理方式和华严思想"一含摄多"的佛教空间概念的结合。

而主像与其内层空间高度趋近于 8 ：10 的比例的规律，与佛教禅定观想的"影像"比例也相吻合，如《观佛三昧海经》："（观佛）……方身丈六，足下莲华，圆光一寻"[1]，其头上圆光（当为其所处空间宽度）八尺，则佛所占据空间高度为丈六复加圆光之半、合为二丈，故佛高：空间宽：空间高 =16 ：8 ：10。又如"观佛三昧灌顶法"："观像者，当起想念。观于前地，……壁方二丈，……复当作一丈六金像想，令

此金像结跏趺坐，坐莲华上。"[2] 其中界定佛的空间尺度为"丈六佛像：壁方二丈"，仍然遵循 8 ：10 的比例关系，当为佛教图像系统的一个普遍规律。

通过对隋唐佛殿窟的分析统计，45 窟所展现的图像—空间—视线规律，在"凸"字形重层龛、半圆敞口深龛以及盝顶帐形龛佛殿窟中都趋于一致：在 A 点（进入前室的临界点，其中前室已毁或情况不明的除外），水平标准视野 60° 视线涵盖主室门前两侧天王/力士[3]，而水平视线通过门框涵盖主室佛龛并在最佳视野 30° 视线范围内，垂直标准上倾视角 30° 范围略高于前室天王像，并通过内窟门顶部涵盖主室主尊佛；B 点（自前室进入主室前的临界点），水平标准视野 60° 视线切过内门框，而水平最佳视野 30° 视线恰好切过主室佛龛，垂直标准上倾视角 30° 恰好切过门框顶部，并涵盖主室佛龛，根据统计，在此视线内佛龛高：门洞高 =0.78（420 窟）/0.79（397 窟）/0.73（57 窟）/0.76（328 窟）/0.61（45 窟）/0.65（384 窟）/0.73（231 窟）/0.66（159 窟）/0.72（361 窟）/0.68（12 窟），主像高：佛龛高 =0.82（420 窟）/0.72（397 窟）/0.78（57 窟）/0.76（328 窟）/0.79（45 窟）/0.8（384 窟）/0.73（231 窟）/0.78（159 窟）/0.82（361 窟）/0.82（12 窟）；在 C 点（进入主室的临界点）水平标准视野 60° 视线恰好涵盖正面墙（包括佛龛及龛外图像），水平最佳视野 30° 视线恰巧涵盖佛

① （东晋）佛陀跋陀罗译. 佛说观佛三昧海经·卷九·本行品第八 [M]. 大正新修大藏经本：645.
② （姚秦）鸠摩罗什等译. 禅秘要法经 [M]. 大正新修大藏经本：242.
③ 据考察，除 427、292 窟保存完好的天王力士像，其他大、中型石窟前室中也多发现天王、力士塑、像的残痕，可见此组织方式并非仅存的两个孤例。

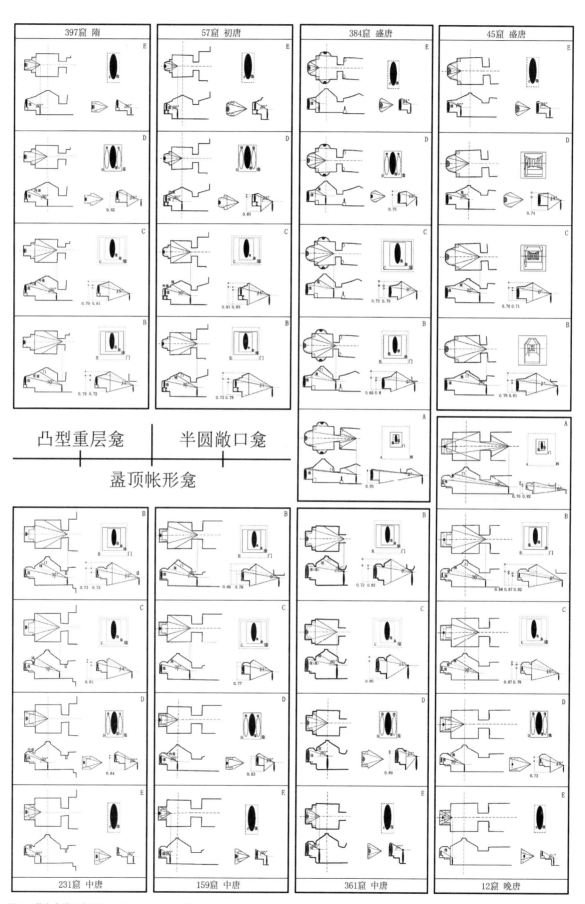

凸型重层龛 半圆敞口龛

盝顶帐形龛

图 2 莫高窟佛殿窟图像—空间—视线分析（部分）
图片来源：作者自绘

龛，垂直视线 30° 视角略高于龛口顶部，在此视线内佛龛高：墙高 =0.82（420 窟）/0.79（397 窟）/0.81（57 窟）/ 重合（328 窟）/ 重合（45 窟）/ 重合（384 窟）/0.85（231 窟）/0.88（159 窟）/0.87（361 窟）/0.88（12 窟），主像高：佛龛高 = 0.82（420 窟）/0.81（397 窟）/0.83（57 窟）/0.76（328 窟）/0.76（45 窟）/0.79（384 窟）/0.81（231 窟）/0.77（159 窟）/0.8（361 窟）/0.78（12 窟）；在 D 点（主室空间中心点、覆斗顶中心正下方），水平标准视野 60° 视线恰好涵盖佛龛，水平最佳视野 30° 视线恰巧涵盖龛内核心佛像（主尊及左右二胁侍），垂直视线 30° 视角恰巧涵盖龛顶图像；在 E 点（龛口前），水平标准视野 60° 视线涵盖龛内核心佛像（主尊及左右二胁侍），水平最佳视野 30° 视线恰巧涵盖主尊（图 2、图 3）。

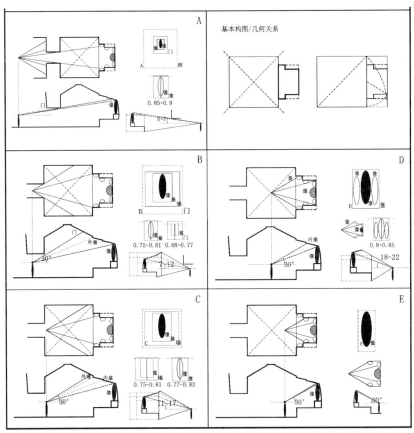

图 3　莫高窟佛殿窟图像—空间—视线规律总结
图片来源：作者自绘

参考文献

[1]　敦煌文物研究所. 中国石窟·敦煌莫高窟（全四卷）[M]. 北京：文物出版社，1984-87.

[2]　敦煌研究院编. 敦煌石窟内容总录 [M]. 北京：文物出版社，1996.

[3]　石璋如. 中央研究院历史语言研究所田野工作报告之三·莫高窟形（全三册）[M]. 台北："中央研究院"历史语言研究所，1996.

[4]　宿白. 中国佛教石窟寺遗迹——3 至 8 世纪中国佛教考古学 [M]. 北京：文物出版社，2010.

[5]　傅熹年. 傅熹年建筑史论文选 [M]. 天津：百花文艺出版社，2009.

[6]　（日）大正新修大藏经刊行会. 大正新修大藏经本 [M]. 大藏出版株式会社，1990.

多元文化交融背景下孟达清真寺建筑彩画分析

黄跃昊　李金懋

国家社科基金重大项目"中华传统伊斯兰建筑遗产文化档案建设与本土化发展研究"阶段性研究成果（项目编号：20&ZD209）。

黄跃昊，兰州交通大学建筑与城市规划学院教授。邮箱：huangyh@mail.lzjtu.cn。
李金懋，兰州交通大学建筑与城市规划学院硕士研究生。邮箱：li8582398@163.com。

摘要：孟达清真寺集大木工艺、梁枋彩画、木板画艺术于一体的艺术瑰宝，其梁枋、斗栱上依旧保存完好的建筑彩画，并带有明显的官式"旋子彩画"特征，同时还包括撒拉族、汉族及藏族等多民族原始信仰艺术特征。通过对孟达清真寺建筑彩画的构图方式、纹样特征、设色规律三方面进行研究，分析河湟地区常用建筑装饰元素和构图技法，进而为河湟地区建筑彩画演变过程提供例证。

关键词：孟达清真寺；梁枋彩画；木板画；纹饰特征

一、孟达清真寺概况

1. 人文历史背景

孟达清真寺位于青海省循化撒拉族自治县东部，清水乡孟达下庄村南部，距县城约21km。元明时期，孟达大庄村实行土司制，统一管理地方军事与民事；清朝设立撒拉十二工，属地归孟达工管辖；民国初年，设为孟达乡，现今更名为清水乡。

大庄村所属的循化县地处甘青通道的腹地，是通往西域的交通要道，北可防御蒙古部族侵扰，东达河西走廊，西进西南藏区，战略位置重要，受到明清历代统治者重视。由于明代对边疆实行卫所制度，采取"屯田戍边"政策，随军队西迁

至此的蒙古族、藏族、汉族与当地撒拉族群众垦荒种田，建村聚居，使得大庄村成为安边守疆、驻守关隘之要地。大庄村地理位置独特，地处积石峡谷的黄河臂弯处，河岸两侧高山纵横、盆地狭长、地势由北向南逐渐升高，易守难攻。当地先民充分利用村庄独特的地域环境，依托黄河水源开垦梯田、养育山林，并通过河道水运、经贸。

大庄村村民大多为撒拉族，以信仰伊斯兰教为主，其聚落形成以血缘与宗教信仰为纽带，通常表现出较强的封闭性与对文化传统的延续性，其中最明显的特征是围寺而居的布局形态。聚落初期以孟达清真寺为核心，受地形条件的限制，村庄内建筑依形就势，形成高低错落的建筑布局特征。孟达清真寺不

仅作为聚落的核心空间，主要承担村民公共活动，其院内唤醒楼作为村内制高点，同时具备军事瞭望功能。自明代永乐年间以后，各朝为达到维护边疆稳定的目的，曾4次出资修缮寺庙[1]，扶持带有鲜明汉式建筑风格的孟达清真寺。据考证，孟达清真寺早在清代就是循化撒拉族12座清真寺之一，建筑细部带有些许蒙藏特点[2]，也充分说明了当时各民族技艺交流情况，为寺院内绘画艺术受藏区影响提供依据。孟达清真寺的修建反映了明朝稳定边疆安定、维护民族团结的战略方针，同时也在一定程度上促进了各民族关系交融互进。

2. 建筑布局特征

根据孟达清真寺院内现存的牌

① 韦琼主编；循化撒拉族自治县志编纂委员会编. 循化撒拉族自治县志 [M]. 北京：中华书局，2001：691.
② 王军，肖琳琳，靳亦冰. 青海撒拉族历史文化名村孟达大庄传统格局保护研究 [J]. 中国名城，2017（09）：76-83.

匾、碑文及相关文献记载，寺院始建于明代中期，迄今已有近 500 年的历史。清朝年间曾 4 次重修扩建礼拜殿、邦克楼、南北配房等建筑，1986 年以后，政府拨款修缮清真寺，主要对其礼拜殿、邦克楼、山门等主要建筑进行揭瓦换椽、补绘彩画等抢救性维护①，2013 年 5 月经国务院公布成为第七批全国重点文物保护单位。

孟达清真寺占地面积约 1300m²，从形制来讲是典型传统汉式风格寺院。寺院整体坐西朝东，平面呈方形，东西长、南北短，沿中轴线南北对称。沿轴线由东向西布置照壁、山门（牌楼）、唤醒楼、礼拜殿，南北配房分置两侧，院落西南角布置水房。整体院落主次分明、布局严谨，形成一组完整的空间序列。

第一进院落空间呈矩形，位于东西轴线上的礼拜殿是寺院的主体建筑，由前殿、礼拜殿、后窑殿三部分组成，前卷棚顶、中歇山顶后庑殿顶，是典型"一卷一殿一后窑"②的布局形式，属于整个建筑群的核心空间。与循化地区其他清真寺不同的是，孟达清真寺柱子、斗栱、梁枋上都绘有精美的彩绘，砖木瓦作、雕梁画栋③，具有独特艺术风格。正对礼拜殿是唤醒楼，六角攒尖盝顶，巍峨耸立，是寺院制高点，其一层砖石砌筑的须弥座东侧作为寺院外墙，为院落留出更多开敞空间。唤醒楼南北两侧布置牌楼式山门，南北两侧单檐硬山顶配房，主要为生活管理性用房。从礼拜殿南

北两侧二门即可进入到第二进院落，南侧布置水房、北侧为菜园，空间略显局促，与前院的疏朗形成鲜明对比。前导空间和辅助空间围合成的院落空间，凸显礼拜殿的威严肃穆，使得整个建筑群井然有序，突出了清真寺建筑空间的丰富性。

二、孟达清真寺礼拜殿建筑彩画

1. 外檐彩画

礼拜殿采用抬梁式大木结构，坐西朝东，建于由青砖砌筑的台基之上，平面呈"凸"字形，前廊为卷棚式屋顶。前廊面阔五间，进深一间，明间面阔稍大于次间。外檐施以彩画的木构件从上到下依次为檩、正心枋、斗栱、额枋及檐柱柱头部分，浓墨重彩；垫栱板、平板枋及柱头两侧托木采用镂空木雕，施以素色，使得外檐建筑彩画层次分明。

屋檐下正心枋彩画以绿色为地，上施青色，外描白边，轮廓线勾以黑色。中央团花花心以绿色为地、中心施以丹红色，外接六路花瓣；团花两侧为升云纹，绿色与青色云纹相间，构图自由，使得整体形态具有向上的动势（图 1）。前廊内外置双层十攒斗栱，外勾墨线，内齐白边，以黑代青，与绿串色，无叠晕。垫栱板以绿为地，上书写黑色阿拉伯文字。斗栱下置平板枋，采用镂空木雕，中央为汉式常用吉祥图案，寿字纹围合形成矩形图案，左右两

图 1　外檐彩画
图片来源：作者自摄

侧雕刻镂空缠枝木雕，上缀桃子图案，图案形式丰富多样。

额枋构图上采用"盒子、找头、枋心"的三停式，盒子、找头与枋心各占三分之一④，明间与次间结构相同，仅盒子纹样图案不同。额枋中央为外弧形枋心框，以深青色为地，上施红色阿拉伯经文；找头绘十字交叉锦文，青绿相间；盒子内明间绘有竹子、菊花纹样，颜料存在脱落现象，不甚清晰，次间两端盒子均绘荷花图案，绿色荷叶上点红色花瓣；箍头皆以团花纹样为主。外檐颜料中采用的青色接近于黑色，使得其整体风格比较深沉、肃穆，营造礼拜氛围。

2. 廊内彩画

抱厦屋檐向外出檐椽，金柱与檐柱间用挑尖梁，下置挑尖随梁。两侧廊墙以青砖砌筑，中部镶嵌"仙鹤飞鹿""月下松树""葡萄松竹"等图案样式，雕刻栩栩如生，木构件施以彩画。金檩以深青色为地，施绿色缠枝纹，上覆白色卷草纹，绿、白叠晕相间施色，提高色彩明度。

① 政协循化撒拉族自治县委员会编 . 凝固的乐章——中国青海·循化地区清真寺建筑艺术巡礼（上）[M]. 西宁：青海民族出版社，2016：143.
② 王南编著 . 中国古建筑丛书：青海古建筑 [M]. 北京：中国建筑工业出版社，2015，183.
③ 马永平 . 青海循化县孟达清真寺建筑艺术 [J]. 四川文物，2012（03）：82-87，100.
④ 蒋广全 . 中国建筑彩画讲座——第四讲：和玺彩画（上）[J]. 古建园林技术，2014（03）：16-26.

图 2　明间金枋彩画
图片来源：作者自摄

图 3　次间金枋彩画
图片来源：作者自摄

金檩以深青色为地，施绿色缠枝纹，上覆白色卷草纹，绿、白叠晕相间施色，提高色彩明度。

上金枋明间与次间结构不同：明间中央枋心框由卷云纹样式代替，无边框，连续构图，以红色为地，上施青、绿色卷云纹，相互叠晕，外勾勒墨线，两侧找头为旋花样式[①]，青绿相间，端头为二分之一旋花，四路花瓣（图 2）。次间为池子结构，中央为外弧形枋心框，朱红色为地，内绘有白色缠枝花，两侧找头与明间结构一致。上金垫板为藏式常见建筑元素——莲瓣枋，上绘有青绿、红绿相间莲花座纹样，内齐白边，外勾墨线，旨在祈祷吉祥平安、幸福如意（图 3）。

下金枋为两个三停式结构相连：明间中央为旋花纹样，旋花为二路花瓣，外接青、绿叠晕花瓣，向两侧延伸莲花头纹样，花心向内；枋心框较长，占到木构件三分之二，青色为地，上施金色缠枝纹，左右

对称布置；两侧找头为二分之一旋花，花心为青色，青、绿、红三色叠晕，内齐白边，外接一路花瓣；盒子以红色为地，上绘青绿相间菊花图案，无箍头。次间与明间结构相似，中央旋花占比更大一些，黄色花心外接五路花瓣；两侧枋心框长度缩短，内绘沥金杜子、桃子、葫芦图案，边框为外弧形；找头部分为"一整二破"样式，一个整旋花与两个四分之一旋花花心相反，外路花瓣相接[②]；无盒子，箍头为半个青、红相间的寿字纹。

下金垫板为向内凹式纹样，呈菱形依次排开，青、红、绿三色相间，与藏式建筑构件蜂窝枋中凸凹不平的叠函图纹样一致[③]，体现在清真寺建造与修缮过程中，当地撒拉族群众接纳藏式装饰的过程。

内檐额枋为池子结构，中央置单层枋心框，以青色为地，上施金色缠枝纹样，红色牡丹花瓣外描金色轮廓线，画面布局自由、灵动；

由枋心框向两侧延伸的卷云纹，从四周向中心聚拢，青、绿相间；找头部分由一个二分之一旋花与两个四分之一旋花构成，外接两路花瓣，青、红、绿三色叠晕；箍头为红、绿相间竖条纹，勾以墨线。

挑尖梁为池子结构：明间箍头为半个寿字纹；找头部分为二分之一旋花，旋花花心为绿色，外旋五路花瓣，红、青、绿三色依次叠晕，旋花外接二路花纹；两层枋心框内绘有云纹、团花纹样，线条变化自由（图 4）。次间中心枋心框以白色为地，上绘有绿色树叶与粉红色石榴图案，外弧形枋心框，找头、箍头与明间样式一致（图 5）。

挑尖随梁结构与三停式相似：明间中心枋心框以红色为地，上书写阿拉伯文字，外弧形枋心框；找头部分为四个四分之一旋花，花心向背构成，中心绘有卷云；两端盒子所占大小与纹样都不相同，左侧为红、绿、青相间的十字锦文，右

①　王晓珍．"旋子"纹样在河湟地区的流变 [J].西安建筑科技大学学报（社会科学版），2017，36（04）：68-74.
②　吴葱．旋子彩画探源 [J].古建园林技术，2000（04）：33-36.
③　王晓珍．从河湟地区传统建筑彩画看藏汉文化交融 [D].西安：西安美术学院，2013.

图 4　明间挑尖梁与挑尖随梁
图片来源：作者自摄

图 5　次间挑尖梁与挑尖随梁
图片来源：作者自摄

侧为半个旋花纹样，内为四路花瓣（图 4）。次间结构与明间一致，仅枋心框纹样不同，以青色为地，上绘缠枝牡丹（图 5）。

3. 礼拜殿内部彩画

礼拜殿为大木起脊式结构，举架高大，给人宽敞明亮感觉。室内木构件大多施以暖色调彩画，不做地仗，又采用砌上露明造做法[1]，使得与外廊冷色彩画形成强烈对比，给人不同心理体验。

五架梁采用两个三停式结构：明间中间为单独一个盒子，边框为弧形，以朱红色为地，两侧团花形式自由，花心为一绿色覆瓣莲花，外旋五路纹样，黄、白、红三色相间；枋心框由圆形图案代替，以墨线勾边，绿色为地，内施以墨线纹样，两侧绘有形式自由莲花瓣，花瓣沥金，色彩明亮；找头部分为"一整二破"样式，二分之一的旋花轮廓接两个四分之一旋花花心，旋花外接二路花纹，红色为地，青绿相间；

盒子为十字锦文，框线为墨色，以绿为地，上施青色，相互串色；两端箍头为竖条纹样（图 6）。次间样式结构相同，与枋心框内纹样不一致，内施以形式自由团花纹样与莲花瓣图案。

三架梁为池子结构：明间彩画部分存在脱落现象，但仍可看出结构特征。两侧箍头为绿色竖条纹，红色为地，外施白边；找头为"一整二破"样式，旋花为三路瓣，青、绿相间；中央枋心边框用两层团花纹样代替，中心为三路旋花，花心为绿色莲花瓣，轮廓勾以墨线，内齐白边，由中心向两侧延伸各两个团花，沥粉贴金。次间枋心结构一致，彩画完整，左右两端设箍头，接半个团花纹样（图 7）。三架梁上接脊瓜柱，橙色为地，施以青、绿卷云纹。

上金檩与下金檩构图样式相似，无枋心框，均以团花样式与卷云纹相间，以波浪形式相接，二方连续构图，富有动态感。室内金柱均施以红地彩画，上绘大小团花，自由

布局，勾以缠枝纹样，柱头采用条纹状，青绿相间，墨线勾勒，使得柱头与梁枋彩画融为一体，互相协调。

殿内四面墙壁木格栅是图案比较简略的木雕和风格粗犷的木板画，而循化其他清真寺大多有精美木雕而没有木板画。殿内墙面绘有"宝瓶牡丹""松树梅花""花瓶菊花"等植物图案，其充分利用色彩对比度，用鲜亮色泽来点缀花瓣，使得室内木板画视觉冲击力较强。在南北两侧窗沿下绘有具有汉式风格的山水画，其描绘的山水形似河湟谷地的大山大河，线条粗犷，通过近处的花草与远处的民房进行对比，充分利用自然事物近大远小特征，利用位置错落来表达画面的纵深感，并用大面积的绿色基调层层渲染，来展现当地山水宽广、深邃之感。同时木板画中还有表现室内风格的题材，并不注重写实性描写，而是通过大面积暖色调来凸显画面中心的重点，画面四周用青色等冷色调，

---

① 唐栩. 甘青地区传统建筑工艺特色初探 [D]. 天津：天津大学，2004.

图 6　明间五架梁
图片来源：作者自摄

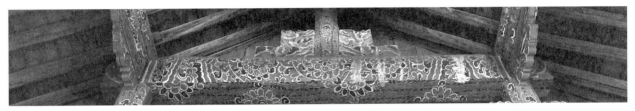

图 7　次间五架梁
图片来源：作者自摄

从而在整体上形成色彩的对比关系。

后窑殿面阔、进深各三间，井架式六层梁架交叉重叠，随层数增高而缩减，梁枋上绘有以红色为地的建筑彩画。抹角梁为大池子结构：两侧箍头为青绿条纹宽带，内齐白边；找头部分为"一整二破"样式，旋花花心为莲花座，外旋三路花瓣，青绿相间，墨线勾边；枋心中间平行置有三组团花，中心旋花为三路花瓣，外齐白边，第三路花瓣施以金色，外接粉色莲花瓣纹样，四周绕以云纹。递角梁内无枋心框，以团花纹样相连，四周绘有金色缠枝纹样，上下环绕式相互连接，富有动态美感。

三、多民族融合的建筑彩画特征

1. 官式建筑彩画的影响

孟达清真寺中梁枋上的彩画具有清代官式旋子彩画的特征。找头部分旋花由一路或多路花瓣组成，并呈现出一定辐射状的多重同心圆[①]形象特征，符合官式旋子彩画构图样式。孟达清真寺中的旋花构图形式更为自由、富于变化，旋花花瓣不是程式化规则圆形，而是以团花瓣、莲花瓣、石榴花瓣等组成。由于其中的旋花没有标准的样式，也没有严格中心对称，使得在工匠实际彩画创作过程中，表现更多其艺术创造性，并且根据木构件的实际大小来确定旋花的规模与纹路，展现出孟达清真寺建造者根据木构件实际情况与建筑所处环境的不同，因地制宜地进行艺术创作。

孟达清真寺中梁枋彩画同样具有官式彩画构图特征。在礼拜殿外檐、内廊及大殿中木构件上，彩画结构同样有箍头、盒子、找头、枋心四类结构样式，并具有三停式构图韵律。由于孟达清真寺大殿内举架高大，如果按照官式彩画固定构图比例会显得单调，在明间五架梁上通过两个"三停式"构图，以中央团花图案为对称点，四周绕以缠

枝，从而丰富梁上彩画样式；由于明间与次间的长短不一，檩、枋等较为短的木构件上，彩画中心没有枋心，没有明确的三停式构图，而是通过相同结构的旋花图案，连续构图来满足构图要求。孟达清真寺中梁枋彩画，整体受清官式彩画影响比较弱，它们纹样丰富多变，展示了河湟地区建筑彩画受不同建设年代、不同装饰样式及不同发展阶段的影响，更能体现出其地域文化延续的多样性。

2. 融合多民族审美艺术特征

孟达清真寺礼拜殿内彩画采用了以红色为主的暖色调，不同于明代官式传统彩画以冷色调为主的特点，在其建筑内部梁枋檩大木构件中使用以朱红色、橙色等暖色为主调，中间调有青绿色彩。由于河湟地区与藏区所处环境相似，均地处高原台地，自然景观相对单调，交通较为闭塞、物资匮乏，使得当地撒拉族群众格外珍视当地草木，对

① 陈晓丽. 明清彩画中"旋子"图案的起源及演变刍议 [M] // 建筑史论文集（15）. 北京：清华大学出版社，2002.

高山树林充满敬畏之心。当地同仁建筑工匠擅长热贡藏画,在绘画创作中大量使用原色来感恩大自然赋予当地的色彩属性。孟达清真寺室内彩画大量使用热烈绚丽的单色,很少使用过渡性色彩,并在抱厦间采用藏式装饰构件蜂窝枋、莲瓣枋,具有藏式装饰风格特征。

受汉文化的影响,孟达清真寺在木板画以山水为题材,整体色彩没有梁枋彩画中色彩浓烈鲜艳,反而含蓄很多。在绘画风格上注重对墨的运用,在背景处理上以中国传统山水画为题材,将画面中建筑、草木与山水融为一体,较为世俗化。在艺术处理上讲究"天人合一",追求对山水、天地、人物自然的营造。由于当地撒拉族群众钟爱绿色,其设色多以雅致的青绿为主,在绘画背景上,以大面积绿色为底色,后以墨线勾勒轮廓、层层渲染,增强画面立体感与纵深感,达到醒目效果,充分体现了撒拉族人们喜爱淡雅装饰风格的特征。

在孟达清真寺中彩画题材多以室内场景构建、日常生活器物以及自然景物为主,颇具地域性风格。在木板画中构图简单,多在画面中央渲染饱和暖色调来突出主题,用宝瓶来象征美好,用太阳花来表达对自然神灵的憧憬,从而寄托撒拉族群众对美好事物的向往。在梁枋彩画中多用云纹、缠枝纹让画面变得丰富,缠枝纹在清真寺建筑中为传统的吉祥纹样,多以木雕形式出现;云纹象征进取与如意,在形式上有升云纹、卷云纹、如意云纹等,是幸福的象征,在中原地区也称"祥云"。孟达清真寺中各民族元素并不只是风格方面简单地相加,而是不同文化交流、碰撞的过程,展现了撒拉族与藏汉各民族交流交往日趋紧密。

四、结语

通过解析孟达清真寺中建筑结构特征、装饰风格与装饰题材,分析其建筑彩画背后意向内涵,反映了一个民族的历史交往过程、审美情趣和风俗特征。在建筑彩画色彩上,孟达清真寺既具有藏族建筑对饱和暖色调的运用,同时保留了当地撒拉族群众对绿色审美追求;在梁枋彩画中,受到传统官式彩画影响,形成独特的旋花纹样和形式自由的构图特征;装饰题材上,融合了汉文化装饰元素,运用汉式常见吉祥图案,表现对美好生活向往。孟达清真寺建筑彩画作为多民族、多文化交融的典型代表,将河湟地区多元文化信仰映射在建筑彩画风格的多样性上,是本土文化与外来文化不断适应发展的综合体。孟达清真寺建筑艺术是各民族特色在历经时代发展后,经人们审美和取舍后的精髓所在,具有较高的历史价值、艺术价值和社会研究价值。

注:文中图表均为作者自绘。

基于 GIS 的唐长安城及其遗址范围内佛寺空间分布研究

宋　辉　孟庆文

陕西省自然科学基础研究计划项目（编号：2021JM-368）；教育部人文社科研究项目（编号：20YJC760085）。

宋辉，西安建筑科技大学建筑学院副教授。邮箱：songhui20021224@126.com。

孟庆文，西安建筑科技大学建筑学院硕士在读。邮箱：meng0726@126.com。

摘要：佛寺建筑作为中国建筑史上重要的建筑类型之一，为我们勾勒出了外来宗教文化在我国传播与互鉴中的历史演变轨迹，是研究我国建筑史发展的重要佐证材料，尤其是对于当前细化的区域建筑史的研究，不仅是其基础资料，更是其发展态势及其源流探究的依据。而 GIS 作为城乡规划与建筑领域的新技术，在建筑史研究中以从定性到定量的方式更准确地揭示其内在运行机制与原理，因此通过对古籍文献中的唐、宋、元、明、清五个历史时期在唐长安城及其遗址范围内的佛寺建筑摸查与梳理，运用 GIS 方法分析其空间分布特性，推演出发展形成的三个聚集圈及其规律，阐释其相互关联的成因，为相关区域的建筑史研究提供新视野与新方向。

关键词：唐长安城；GIS；佛寺建筑；空间分布

佛教自汉代传入中国，在宋代经历了儒释道的三教合一，成为中国传统文化的重要组成部分。佛寺建筑作为佛教宗教活动的重要载体，在与中国传统建筑的结合与演变之后，不同于发源地印度的"Buddha"形式，形成了具有中国特色的佛寺建筑，独立于世界佛寺建筑体系。前辈对于佛寺建筑实例的相关研究不胜枚举，且多为案例介绍，已为我们呈现出中国佛寺建筑的全貌，也有前辈从营造法角度出发探析其本土化的影响，或针对某地区同时期的佛寺建筑空间分布特征进行归类，相关研究成果颇丰。但针对同一地区各时代佛寺空间分布特征的研究却少有提及。随着建筑研究方法和数字模拟技术的进步，将同一地区各时代佛寺建筑的分布特征用数字化模拟的方式推演其发展规律和生成原因已成为可能。因此，本文从历史城域出发，以唐长安城及其遗址范围内的佛寺建筑为研究对象，揭示各时期佛寺建筑的空间分布特征，以及在城市范围变化下的佛寺建筑空间演进之源流。

一、GIS 的介入

GIS 技术亦称"地理信息系统"，常为人文地理学科研究广泛运用。GIS 技术是一种特定的空间信息系统，是在计算机的支持下，对所选研究空间中有关地理分布数据进行采集、存储、管理、运算、分析、显示和描述的技术系统。随着学科交叉发展的深入，GIS 技术在城乡规划方面的研究作用日益突出。大数据化发展的今天，在对研究某一对象空间分布特征的过程中，GIS 体现出了极大的优势，即在原有数据支撑的基础之上提供较为可视化的数据模拟技术，使类型学下的建筑学与城市规划研究完成了从定性到定量的转化。唐长安城及其遗址范围具有影响时间长、其间变化大、佛寺数量多等特点，加上其构成因素的不稳定，遂导致其佛寺建筑空间分布方面研究的缺憾，故本文利用 GIS 中的核密度分析法以弥补之不足。

二、佛寺建筑：向心集中与渐趋颓败

长安城内的佛教发展在隋唐达到了极盛期，之后因国都的东移，加之五代时期的战火不断，唐长安城内建筑的严重损毁，致使原本规模宏大、规划严整的长安城百废待兴，城市规模骤缩，城中建筑破败不堪。宋仅在唐长安城城域内的皇城城址之上修筑京兆府城，而元、明、清三代也仅在此城规模之上加以改扩建，而再未见唐长安城规模宏伟、金城千里之盛景。长安城的发展就仅在城墙以内，城中的佛寺建筑空间分布因而相对稳定。旧有佛寺得以保留，新建佛寺也多居于城中。城外原长安城的范围则因管理的缺失、经济的凋零与人口的稀少而被废弃，最终导致那些唐时居于城内而之后历代居于城外的佛寺建筑渐趋颓败。佛寺建筑的分布摒弃了唐时满天星斗与局部簇群状的分布特

征，转而向城墙之内产生了明显的向心性分布特征。

通过对史料整理分析得出盛唐时期长安城佛寺共 124 座（图 1）。安史之乱后，唐国力凋敝，并无充足财力营建佛寺，因而佛寺建筑的发展开始走下坡路。唐末及五代时期的"会昌毁佛""后周世宗灭佛"事件，致使长安城内乃至全国的佛寺建筑发展受到抑制。宋代佛教的发展有所恢复，佛寺建筑的发展相对稳定，与盛唐相比，佛寺建筑数量仍几近减半，据史料统计出可考的佛寺仅 65 座（图 2）。元代对各种不同宗教采取了兼容并蓄的态度，对佛教发展未有积极影响，致使佛寺建筑在数量上并无任何起色，共计 65 座，与宋时无异（图 3）。明、

清两代的佛教发展也表现出了相对僵滞与缓慢的发展态势。明代佛寺建筑的发展大多集中在对建筑的修缮以及原址上的重建。因儒、道两教的快速发展，导致佛寺建筑数量再次骤减至 34 座（图 4）。清代也未曾再发展佛教，但因康熙皇帝对藏传佛教的倾向，所以在西安府城内敕修唯一的藏传佛寺——广仁寺——并保留至今。虽然清代佛寺的建筑类型丰富，但总体依旧颓靡，唐长安城遗址范围内的佛寺建筑共计 56 座（图 5）。

三、空间分布：以"聚"为形

唐代的译经、传教活动对佛教极力推崇，大肆且有序地兴建佛寺，

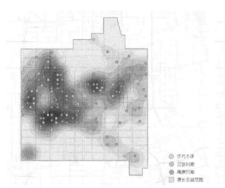

图 1　唐长安城佛寺建筑分布特征

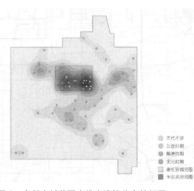

图 2　宋长安范围内佛寺建筑分布特征图

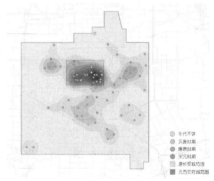

图 3　元长安范围内佛寺建筑分布特征

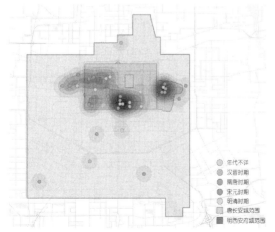

图 4　明长安城范围内佛寺建筑分布特征

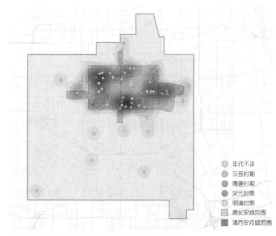

图 5　清长安城范围内佛寺建筑分布特征图

使佛寺建筑在唐长安城内的分布特征具有以围绕皇城均匀布局的规划性。唐灭之后，历代政权再未令长安城重回其当年作为全国政治、经济中心的地位，唐长安城遗址范围内的佛寺建筑也随之失去了政策庇护。历朝历代对佛教的愈发轻视，使得佛教发展趋于颓势，佛寺建筑在分布特征方面失去了规划性，转而表现出了自发性分布特征，并在发展中自成体系，形成了其特有的以核心建筑为服务主体的聚集圈分布特征。

1. 文化之"和"

隋唐时期，佛教在中国古代宗教中占据着绝对的主导地位。但在宋朝，一方面对佛教的政策限制，另一方面对道教以及儒学的推崇，致使佛教的领导地位有所跌落。受政策的影响，宗教的发展主流也被引导至以融合儒、释、道为主旨的所谓宋明"理学"[①]的方向之上。受"儒释道一体化"的影响，京兆府城内的佛寺建筑开始产生与道教建筑、儒学建筑共同分布的倾向。宋代施行崇儒尊孔的文教政策，京兆府学是城中的官学学堂，学子多集中于此接受官式教育，因而此区域成为京兆府城内的文化要地，与佛寺建筑自身所具有的文化属性高度一致，加之此地位于草场街与安上街交会处，往来人流量高，故此地保留的前朝佛寺与新建佛寺密度高居全城之首（图6）。自宋代佛寺建筑开创了与儒学建筑共同分布构成文化聚集区后，历代城内也均保留其作为城中文化要地的属性，并在此基础之上添建诸多文化类建制。元代于此地新添太白庙、三皇庙等道教建筑（图7），明代建关中书院、西安府学等儒学建筑（图8），加之清代添置的碑林与文庙等（图9），形成了儒释道一体的宗教聚集圈。

2. 仓储之"要"

在中国古代社会中，由于交通运输条件的限制与变化无常的气候灾害，使得历代政权对于粮食储备这一制度十分重视。粮食储备不仅能够在危难之际赈济百姓，更是关乎其是否稳定社会、维护政权的生命线，因而在中国古代城市中，粮仓有着非比寻常的重要地位。长安城虽在唐灭后失去了国都地位，但

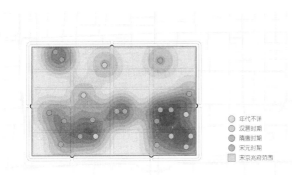

图6 宋京兆府城内佛寺建筑分布特征

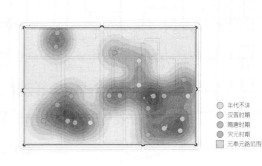

图7 元奉元路城内佛寺建筑分布特征

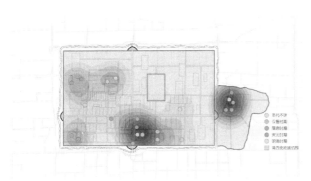

图8 明西安府城内佛寺建筑分布特征

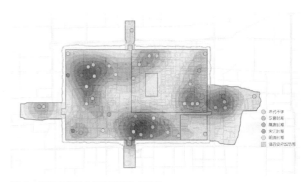

图9 清西安府城内佛寺建筑分布特征

① 理学者，又称程朱理学，是宋代哲学发展到一定阶段的产物，是批判并吸纳了佛教与道教，并将三者加以互相融合的新一代儒学。

经过宋金时期的发展，元时成为控制西北地区的军事重镇。元奉元路城内西南隅，有为粮食仓储而建立的粮仓千斯仓，并于其北侧修筑马站以便粮食运输，城西南隅因而成为府城之内建制较高的区域。因其地位之重、建制规模等级之高，容不得半点差错，结合中国古代佛教信仰中拜佛以求福乐的要义，佛寺建筑便在千斯仓周围应运而生。千斯仓南侧的两座禅院及马站北侧的开福寺，不仅对城内百姓服务，同时更重要的是服务于往来于各地粮仓以赈灾遣粮的公务管理人员。尽管该区域临近顺义门，但丝毫不影响佛寺建筑的分布的聚集性（见图7）。明时的扩城运动虽改变了西安府城的城市格局，但并未影响到佛寺建筑以仓储为核心分布的特征。在明西安府城中心偏西侧的永丰仓附近，也围绕其排布着莲池寺、北五台、西五台、安泉寺等佛寺建筑（见图8）。清代西安府城在永丰仓周围又新添诸多佛庵，形成了佛寺建筑以仓储要地为核心分布的聚集圈（见图9）。

3. 行政之"治"

佛教与中国古代政治之间联系紧密。佛教自传入中国以来便作为统治集团用于安定人心以巩固其统治的工具，而佛教又必须依托政治的认同与管理而生存。政治导向对佛教的发展具有决定性作用，而佛教则反过来会对历代政权产生影响，二者之间存在着对立统一的关系。唐时，居于长安城北端的皇城是全国最高等级的行政机构，为便于信徒礼拜之需，佛寺建筑大多向皇城紧邻分布，形成了以行政机构为核心并围绕其分布的聚集圈（见图1）。相似的聚集圈还出现在元奉元路城内，佛寺建筑围绕着包含了诸如奉元路行省、纹锦局、理问所等行政机构分布聚集（见图7）。明时西安府城西南片区出现的佛寺建筑聚集圈规模相较于往代虽面积较小，但也围绕三座王府与县署、理事厅等行政机构分布聚集（见图8）。清代，因加强西安对于西北地区的军事管理而划西安府城内东北区域为满城，同时修筑八旗教场，因而

满城之内的大面积用地都归属于各旗驻地。满城之内的佛寺建筑因而得以保留与重修，以提供各地驻军使用。佛寺建筑虽于满城之内自由分布，但从城域视角观察，还是形成了用于服务行政机构的佛寺建筑聚集圈（见图9）。

四、结语

从 ArcGIS 中的核密度分析结果可以看出，唐长安城及其遗址范围内的佛寺建筑发展自唐末起逐步走向衰落，在失去政策庇护之后，佛寺建筑开始具有自由发展的空间分布特征。佛寺建筑日渐摒弃了单一高密集人流区域集中及紧邻行政区域的分布特征，在历朝历代的发展过程中，为适应各朝代域内城市职能所导致的城市片区功能转换，形成了自由发展的分布特征，即以服务对象为核心环绕排布的聚集圈空间分布特征。

注：文中所有图片均为作者自绘。

参考文献

[1] 王贵祥.中国汉传佛教建筑史[M].北京：清华大学出版社，2016.

[2] 龚国强.隋唐长安城佛寺研究[M].北京：文物出版社，2006.

[3] 史念海.西安历史地图集[M].西安：西安地图出版社，1996.

[4] 黄秀文，吴平.华东师范大学图书馆藏稀见方志丛刊[M].北京：北京图书馆出版社，2005.

[5] 李思超，宋辉.陕西传统村落空间分布格局及相关性分析[J].城市建筑，2020（17）：100-103.

[6] 郭岩，杨昌鸣，巩金蕊.基于路网中心性的明清北方都市寺庙区位演变研究[J].建筑学报，2020（02）：108-113.

[7] 李昊，朱秀莉，杨昌鸣.清阿拉善旗藏传佛教寺庙的时空分布特征研究[J].世界建筑，2021（04）：82-86+128.

[8] 王树声.明初西安城市格局的演进及其规划手法探析[J].城市规划汇刊，2004（05）：85-96.

[9] 王树声.隋唐长安城规划手法探析[J].城市规划，2009（06）：55-58，72.

[10] 苏义鼎.西安地区佛寺建筑研究[D].西安：西安建筑科技大学，2013.

[11] 苏莹.明清西安城市功能结构及其用地规模研究[D].西安：西安建筑科技大学，2015.

佛光寺东大殿与南禅寺大殿建筑像设空间布局比较研究

张 荣

张荣，北京国文琰文化遗产保护中心副总工程师，高级工程师，清华大学建筑学院博士生。邮箱：zhangrong@chcc.org.cn。

摘要：佛光寺东大殿与南禅寺大殿是我国现存仅有的两座完整保存建筑与像设的唐代木结构建筑。研究团队对佛光寺东大殿和南禅寺大殿建筑、像设进行了全面而精确的数字化测绘勘察。通过调查与实测数据解读，发现两座唐代建筑的塑像题材布局非常相似，并且塑像尺度布局与人的视线存在明确的角度比例关系，并推测出唐代佛殿建筑像设布局"高三距五猜想"。在对佛光寺东大殿和南禅寺大殿对比研究后，发现两座建筑在建筑材分°、营造尺、像设题材、空间布局等方面都可以相互印证，并基于对比研究对中晚唐时期佛殿建筑像设营造逻辑与思想进行了总结。

关键词：佛光寺东大殿；南禅寺大殿；像设；营造尺；"高三距五猜想"

一、概述

我国现存学界公认的唐代木构建筑仅有三座，其中只有两座保留下来了完整建筑与像设。这两座木构建筑都位于五台山地区，一座是建于唐建中三年（782年），位于五台县东冶镇的南禅寺大殿；另一座是建于唐大中十一年（857年），位于五台山南台南麓的佛光寺东大殿（图1、图2）。两座建筑建成时间相差75年，地理相隔46km。

佛光寺东大殿和南禅寺大殿都兴建于五台山佛教发展的第二个高潮时期——唐代。直接对比其建筑与像设的尺度布局，让我们能够更清晰地认识到唐代木构佛殿建筑与像设的营造制度与空间布局做法。

二、主佛坛塑像对比

1. 塑像布局与题材对比

两座唐代建筑都以位于建筑正中硕大的主佛坛为中心营建。仔细对比主佛坛像设的佛像题材和造型有很大的相似性。由此可以看出中晚唐时期五台山地区流行的宗教像

图1 佛光寺东大殿现状照片
图片来源：作者自摄

图2 南禅寺大殿现状照片
图片来源：作者自摄

图 3　佛光寺东大殿主佛坛塑像
图片来源：作者自摄

图 4　南禅寺大殿主佛坛塑像（2000 年以前）
图片来源：孙志虹. 南禅古韵佛光新风——试论唐代及后世佛寺彩塑风格的演变 [J]. 荣宝斋，2009（4）.

设题材，以及该时期佛坛像设布局的典型做法。

佛光寺主佛坛上共有唐代彩塑 34 尊，中间三尊主佛分别为阿弥陀佛、释迦牟尼佛、弥勒佛，释迦牟尼佛身旁胁侍为两弟子、两胁侍菩萨，身前两尊供养菩萨；阿弥陀佛和弥勒佛身旁胁侍只是将两弟子也改成了两胁侍菩萨，其余配置与释迦牟尼佛完全一致。三尊主佛右手边为文殊菩萨，左手边为骑象的普贤菩萨，文殊普贤各有胁侍菩萨两名以及驭者、童子各一名。佛坛左右两端各有天王像一尊。普贤菩萨身旁还有供养人一尊（图 3）。

南禅寺主佛坛上彩塑共 17 尊（现存 14 尊），题材为华严三圣，主佛为释迦牟尼佛法神毗卢遮那佛，身旁两弟子、两胁侍菩萨，身前两尊供养菩萨；主佛右手边为骑狮的文殊菩萨，左手边为骑象的普贤菩萨，文殊普贤各有驭者、童子一名，身前再各有一尊胁侍菩萨。佛坛左右两端各有天王像一尊（图 4）。

佛光寺东大殿像设共分为五组，南禅寺大殿像设共分为三组，佛光寺东大殿明间主佛及胁侍塑像和南禅寺大殿正中的主佛及胁侍塑像的身份、造型、数量、位置完全一样。佛光寺东大殿左右两端文殊、普贤

菩萨与南禅寺大殿左右两组的塑像名称、造型、数量、位置也基本一样，只是由于空间所限，南禅寺大殿文殊、普贤菩萨各少一尊胁侍菩萨像。佛光寺东大殿和南禅寺大殿塑像的姿态、衣饰、璎珞、头冠的造型也非常相似，尤其是后期重妆改动较少的胁侍菩萨。

两个建筑中造型组合最具代表性的是文殊菩萨像，文殊菩萨都盘坐在狮子背上的莲台之上，都身着盔甲装束，驭狮者与普贤菩萨的昆仑奴不同，为参与"安史之乱"平叛的于阗王，这两组文殊像都是典型的"新样文殊"造型。文殊菩萨的造型与胁侍布局跟敦煌莫高窟 220 窟新样文殊壁画，及藏经洞大圣文殊师利菩萨雕版印经非常相似，由此可以推测在中晚唐时期，新样文殊在五台山地区非常流行，后传播到敦煌等区域，其组合和造型都有标准的粉本和规定（图 5、图 6）。

由以上对比可知，佛光寺东大殿、南禅寺大殿内部供奉像设的组合非常相似，仅因殿内空间大小不同，供奉塑像数量有所差别（南禅寺大殿供奉塑像少两组）。但塑像题材、造型、布局几乎完全一样，尤

图 5　佛光寺东大殿与南禅寺大殿新样文殊组合对比
图片来源：作者自摄

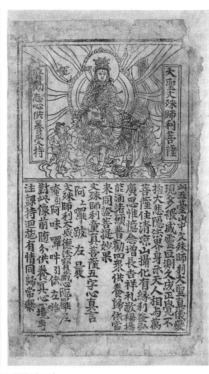

图6　敦煌莫高窟220窟壁画与藏经洞雕版印经的新样文殊组合
图片来源：来自网络，左图：数字敦煌 https://www.e-dunhuang.com/；右图：https://www.163.com/dy/article/
H6G6PATJ05219C7P.html.

其是新样文殊的供奉可以反映出中晚唐时期，时局动荡，国力衰弱，五台山文殊信仰代表的护国护法的理念。

2. 像设尺度对比

根据三维激光扫描点云数据，佛光寺东大殿主尊释迦牟尼佛像通高 5.40m（从地面至头顶，包含基座），根据《佛光寺东大殿建筑勘察研究报告》[①]分析的东大殿材分制度可知，东大殿所用材七寸，每分等于 21mm，折合东大殿所用唐尺为300mm 一尺。这样核算下来，释迦牟尼佛像高正好一丈八尺，两侧的阿弥陀佛和弥勒佛比释迦牟尼佛像分别稍低七寸和四寸（图 7）。

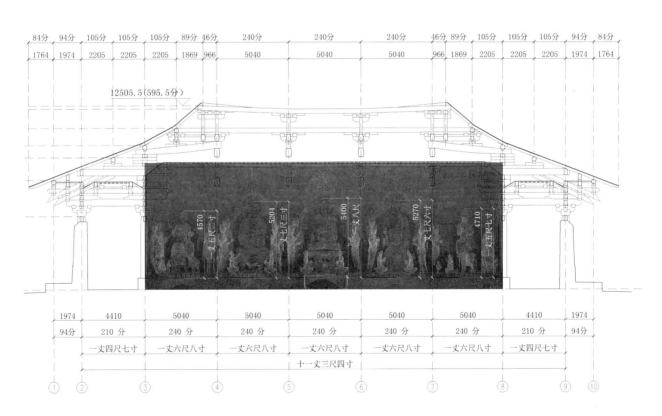

图7　东大殿纵剖与佛像关系图
图片来源：参考文献 [4]

---

① 参考文献 [1]。

图 8　南禅寺大殿彩塑三维激光扫描展开图
图片来源：作者团队采集

根据三维激光扫描点云数据（图 8），我们对南禅寺佛坛上现存的 14 尊彩塑进行了详细的测量，并以南禅寺营造尺（1 尺 =300mm）[①] 进行了塑像高度唐代尺度的换算，结果参见表 1。

南禅寺佛坛高 720mm，合二尺四寸。计算佛坛上塑像高度，我们可以看出，南禅寺主佛身边的阿难迦叶分别高七尺一寸和六尺六寸，基本上为正常人高，主佛毗卢遮那佛高一丈三尺三寸，恰好是迦叶身高的两倍。主佛背光高一丈七尺三寸。

另外值得关注的是，主佛两侧的胁侍菩萨身高八尺，文殊普贤的高度为整一丈，主佛右手天王身高九尺，左手天王身高九尺五寸。文殊菩萨身前童子高三尺三寸，普贤菩萨身前童子高三尺四寸，昆仑奴高四尺。

唐代佛寺建设已趋于成熟化、定型化，《中天竺舍卫国祇洹寺图经》对中土地区自南北朝以来佛寺进行了总结，其中对于佛殿塑像有较详细的描述："当阳殿中大立像者，碧玉为身金银雕镂，往昔文殊菩萨在拘楼秦佛时自运手造。普光跌高一丈八尺……佛在人倍人，人长八尺佛则丈六。"[②] 即指殿内佛身长是人的二倍，高一丈六尺，加上圆光及佛座总高即为一丈八尺，后世佛殿塑像多以此为据。

佛光寺东大殿佛像主佛高一丈八尺，南禅寺大殿佛像高一丈三尺三寸，基本上都符合两倍人高要求，南禅寺大殿主佛背光加佛座高度基本符合一丈八尺的规定。文殊、普贤及其他胁侍菩萨像高度与主佛像协调排布。整体而言，南禅寺大殿像设尺度略小于佛光寺东大殿像设。

南禅寺大殿彩塑高度表　　　　　　　表 1

塑像	高度（mm）	营造尺（300mm/ 尺）
佛坛	720	2.40
毗卢遮那佛	3986	13.29
主佛背光	5195	17.32
阿难	2135	7.12
迦叶	1976	6.59
右童子	988	3.29
左童子	1021	3.40
左昆仑奴	1220	4.07
右一胁侍	2393	7.98
左二胁侍	2439	8.13
文殊	3026	10.09
普贤	3065	10.22
右二胁侍	2576	8.59
左二胁侍	2647	8.82
右天王	2719	9.06
左天王	2864	9.55

①　参考文献 [2]。

②　释道宣 . 祇洹寺图经（一卷）[M]. 影印本 . 上海：商务印书馆，1923—1925：17，21.

三、唐代佛殿建筑与像设布局研究

1. 佛光寺东大殿建筑像设布局与视线分析

傅熹年先生在《中国早期佛教建筑布局演变即殿内像设的布局》一文中指出，佛光寺东大殿与南禅寺大殿剖面设计中考虑到了视线与像设的关系[①]。傅熹年先生认为以1.6m为标准的人体视线高度，人站在佛光寺东大殿或南禅寺大殿的前檐柱、前金柱或佛坛前，人眼视线观看背光顶部和主佛头顶位置的视线角度，都恰好是30°角（图9）。

东大殿前的大中经幢与大殿同时建成。仔细测量了经幢与东大殿台基的位置关系，惊喜地发现经幢至东大殿台基前沿的距离为5045mm，约等于240分°，一丈六尺八寸，刚好是东大殿明间开间的大小；经幢至三层台地边缘，也就是东大殿大台阶口的距离为4376mm，约等于210分°，一丈四尺七寸，刚好是东大殿进深的大小。这样东大殿前檐柱到大台阶口共四丈二尺，加上前后檐柱间距五丈八尺八寸，共十丈零八寸。所以东大殿除了木构吻合材分°制度，其经幢的选址及台基石作也是按照东大殿材分°和营造尺设计建造的。

经过精密测量，进一步考察东大殿明间剖面与视线的角度关系如下：

（1）人登上大台阶，以视点高度1.6m（换算成唐尺为五尺三寸，则人高约六尺）分析，人眼以31°

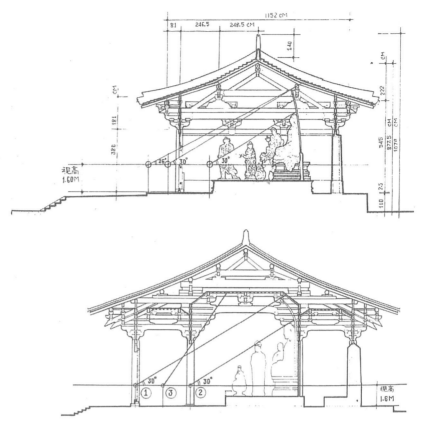

图9 南禅寺大殿与佛光寺东大殿剖面视线分析图
图片来源：参考文献 [3]

（实际测量比傅熹年先生提出的30°多1°）向前望去，刚好看到东大殿的橑檐槫下皮（"佛光真容禅寺"匾额上沿），东大殿的全貌尽收眼底；

（2）人走到大中经幢的位置，以31°视角望去，刚好能看到东大殿栌斗之高度（"佛光真容禅寺"匾额下沿）；

（3）根据前文分析东大殿始建时板门位置在前内槽柱列上，前檐设外廊，人站在前檐柱列，通过大门向内看，恰好可以看到主佛背光顶端，视线高度为31°；

（4）人在门口看到佛头顶和中胁侍菩萨头顶的角度也恰恰是31°（图10）。

连缀人的动线，从人进入东大

殿前廊到进入佛殿，人的视角不需改变就可以通过门洞先看到一组完整佛龛，然后看到佛的全貌。

2. 南禅寺大殿建筑像设布局与视线分析

按照相同的逻辑分析南禅寺大殿塑像与建筑空间尺度关系。同样以人视点高度1.6m（五尺三寸）分析，南禅寺大殿明间纵剖面视线与建筑及像设的关系如下：

（1）人登上大殿台基边缘，向前平视，人眼看到大殿完整斗栱，即橑檐槫下皮的高度恰好是31°；

（2）人走到南禅寺大殿大门位置，向前平视，以31°视角恰好完整看到主佛背光，同时视线高度恰

① 参考文献[3]: 136–146.

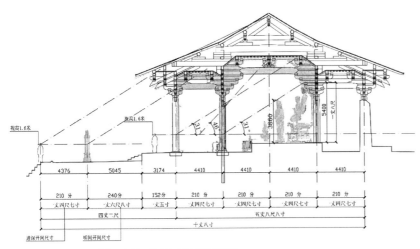

图 10　佛光寺东大殿建筑、经幢、像设布局及视线分析图
图片来源：参考文献 [2]

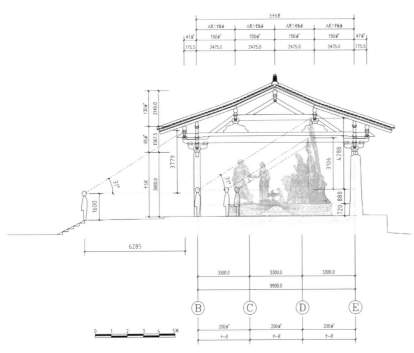

图 11　南禅寺大殿建筑像设布局与视线关系分析图
图片来源：参考文献 [2]

好经过右天王眼睛；

（3）人走入南禅寺大殿殿内，在距大门六尺处，凹字形佛坛外缘连线正中，这也是殿内视角最舒适的区域，向前平视，以 31°视角恰好看到主佛头顶，同时视线高度恰好经过右二胁侍菩萨的眼睛；

（4）人再向前走两尺五寸，走到凹字形佛坛内缘边缘，这也是殿内距离佛坛最近的观赏位置，向前

平视，以 31°视角恰好看到主佛双眼，同时视线高度恰好经过文殊、普贤菩萨冠顶（图 11）。

3. 31°角研究

傅熹年先生认为佛光寺东大殿、南禅寺大殿建筑像设布局存在人眼视线 30°角的关系。经过我们对佛光寺东大殿和南禅寺大殿建筑像设高精度的测量，可以明确证实这种

视线关系，同时将这个视线角度精确测量了出来，为 31°。

通常人体工程学认为人平视最舒适的视角是 30°，但通过佛光寺东大殿和南禅寺大殿建筑像设实测布局，发现该角度的精确值是 31°。

从视角上看 30°与 31°差别不大，单纯从舒适的视线角度难于区分二者的差别。从数学逻辑角度仔细分析一下这两个角度差别。30°角是等边三角形角度的一半，也就是视线中佛像的高度是人眼到佛像头部距离的一半。用三角函数表达，也就是正弦函数 $\sin\angle 30° = 0.5$，这个数据看起来很整，但是对于工匠来说人眼到佛像头部的距离，也就是三角形的斜边长度较难确定。

古代木工工匠做斜线都是先确定两个直角边比值，然后连线两个直角边端点做斜线，也就是视线中佛像的高度与人距离佛像距离的比值。30°视角佛像高度与人距佛像距离的比值，用三角函数表达正切函数 $\tan\angle 30° = 1/\sqrt{3} \approx 0.58$。这个数值比例并不整，工匠使用起来并不方便。

我们再计算一下 31°的正切函数，$\tan\angle 31° \approx 0.60$，精确到小数点 4 位，这个数值是 0.6008。31°的正切函数值非常整，即从人的视线望过去，佛像到人眼的高度与人距离佛像的比例恰恰是 3：5，即如果佛像头部比视点高六尺，人距佛像恰好是一丈（图 12）。

由此可以推测，唐代工匠通过多年实践经验总结人眼视线与被观察对象的高度和位置关系，得出了一套佛殿建筑像设布局设计的方法。猜想在唐代工匠将像设尺度与布局总结为一句口诀："佛高三人距五"

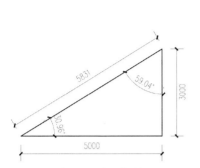

图 12　31°与 30°三角函数分析图
图片来源: 参考文献 [2]

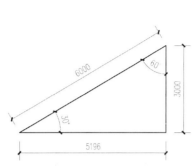

图 13　"高三距五"视线示意图
图片来源: 参考文献 [2]

（图 13）。我们不妨在这里称之为：唐代佛殿建筑像设布局"高三距五猜想"。该猜想内容如下：

（1）以人高六尺，视线高五尺三寸为基准点；

（2）人站在佛殿建筑正前方台基边缘观看建筑完整斗栱，视点位置在橑檐槫下皮（该高度也是一般观看建筑完整匾额的高度），视线高度（被观察点到人眼的垂直高度）与视线距离（被观察点到人眼的水平距离）的比例为 3：5，视线角度为 31°；

（3）人站在佛殿正面前檐柱（大门位置）观看完整主佛坛，视点位置在主佛背光顶部，视线高度与视线距离的比例为 3：5；

（4）人站在佛殿正中最适宜位置，观看完整主佛（主佛塑像高度通常两倍于人高），视点位置在主佛头顶（或者主佛眼睛），视线高度与视线距离的比例是 3：5；主佛两侧主要胁侍塑像头顶或眼睛高度和距离，也应符合视线高度与视线距离比例是 3：5 的规律排布。

唐代佛殿建筑的设计者与工匠，为烘托佛殿建筑庄严神圣的宗教氛围，创造出了一套巧妙精确的设计语言。佛殿建筑与像设营造都经过统一设计，建筑尺度和主佛高度通过建筑法式和佛像图经粉本基本确定规模大小，通过建筑正立面视线高度与殿前台基空间视线距离的固定比例 3：5，以及主佛等像设视线高度与殿内空间视线距离的固定比例 3：5，让人始终都能以固定的最佳视角 31°，进入佛殿空间欣赏瞻仰佛殿外观和佛坛偶像。

这种以人体工程学和最佳视角角度的设计方法，通过一个直角边比例为 3：5 的 31°角直角三角形而实现。

四、唐代佛殿建筑像设营造逻辑总结

1. 唐代佛殿建筑营造规律分析

根据上述分析，我们可以知道唐代佛殿建筑设计首先考虑的是内部像设的供奉及位置空间布局。中晚唐时期佛教寺院设计不再以塔为寺院中心，而以供奉佛像的佛殿为寺院中心设计，佛殿内部以供奉佛像的主佛坛为中心。

我国现存唐代木结构建筑中，只有佛光寺东大殿与南禅寺大殿完整保留了始建时候的建筑与像设。对比两座建筑的空间尺度与布局，佛光寺大门原来位于内槽前金柱列[1]，主佛坛占据了佛殿内槽的三分之二以上的空间内部，而南禅寺大殿主佛坛距离前坎墙内皮约五尺（1510mm），距离两侧墙约四尺两寸（1265mm），距离后墙约四尺四寸（1320mm），主佛坛占据了佛殿内部最主要的空间，而仅为四周留出一圈环廊。这种布局方式与中晚唐时期拜佛礼仪相关，佛殿内部是以右绕式礼佛的方式供信徒与僧人礼拜[2]。佛殿内部并不承担叩拜或者讲经说法的功能。

确定了佛殿内主佛坛的供奉对象与基本空间要求后，根据所在寺院规模及场地实际要求，南禅寺大

① 参考文献 [4]。
② "大威德世尊，愿为我等说。右绕于佛塔，所得之果报。"释实叉难陀译《乾隆大藏经》十七经同函的景字六经同卷（景五）第二篇《佛说右绕佛塔功德经》，第 7~8 页。中国国家图书馆古籍馆藏。

殿选择了三进三间的歇山顶厅堂式建筑，室内无柱，不妨碍宽大的主佛坛摆放，彻上明造不设天花板，为主佛及其背光留好摆放空间；佛光寺东大殿选择了七开间四进深的庑殿顶殿堂式建筑，平面采用金箱斗底槽，内槽后三分之二处摆放主佛坛，外槽前槽作为外廊，外槽后槽、左右两槽及内槽前三分之一空间作为右绕环廊，开间采用明五间等宽，刚好对应主佛坛五组佛像，尽间及进深等宽，便于角梁安放。东大殿使用平闇区分明栿草栿，用峻脚椽将内槽平闇抬升为盝顶形式，外槽平闇距地高度 7.225m，合二丈四尺，内槽平闇距地高度 8.549m，合二丈八尺五寸。内槽为主佛及其背光留好摆放空间。

根据《营造法式》记载，殿身五间至七间的用二等材，厅堂大三间的用五等材。中国营造学社社长朱启钤先生对《营造法式》研究之后，就觉得书中所定的材有过小之

嫌。"观《法式》卷四云，凡构屋之制，皆以材为祖，材有八等，度屋之大小，因而用之。其第一等，不过广九寸厚六寸，殿身九间至十一间则用之。以此推之，其局促可想。"[①]成书于宋代的《营造法式》所反映的宋代建筑体量及用材已经远远小于唐代，这里的材分八等已经不能涵盖中国古代建筑顶峰时期唐代的建筑材分° 等级了。佛光寺东大殿应采用了超过《营造法式》第一等材的"特等材"[②]，厚七寸广十寸五分。南禅寺则使用了相当于《营造法式》的第二等材，厚五寸五分广八寸二分五厘（图 14）。

佛光寺东大殿营造尺为 300mm/尺，南禅寺大殿的营造尺也为 300mm/ 尺。300mm/ 尺应为中晚唐时期五台山地区乃至中国官式营造尺的标准长度。

采用七寸厚"特等材"的佛光寺东大殿，10 分° 为七寸（等于 210mm），所以 1 分° 即为 21mm。采

用"五寸五厚二等材"的南禅寺大殿，10 分° 为五寸五分（等于 165mm），所以 1 分° 即为 16.5mm[③]。

有了这两个基本分° 值，我们便有了建造南禅寺大殿和佛光寺东大殿和的基本单位，南禅寺大殿、佛光寺东大殿主要结构尺寸，进深、开间、柱高、槫距、举高、铺作总高等，皆以材分° 为基本模数，采用整百整十分° 值，并与营造尺相互对应。根据佛光寺东大殿建筑营建模数规律和南禅寺大殿建筑营建模数规律，这两座唐代建筑的大木结构便能搭建而成。

2. 唐代佛殿建筑像设布局规律分析

唐代建筑正立面的高度和台基的大小具有严格的比例关系，建筑正立面的视线高度（视点到橑檐槫下皮高度）与建筑正立面到视点的距离（视点到橑檐槫距离）的比例为 3 : 5，唐代工匠就此确定了南禅寺大殿立面橑檐槫的高度与台基前边缘的位置。佛光寺东大殿位于佛光寺第三层台地上，台地边缘便是该视点的起始位置，以距离第三层台地边缘的橑檐槫的视高的 5/3 倍距离，便确定了东大殿前檐柱的位置。

唐代工匠站在南禅寺大殿大门口和佛光寺东大殿前檐柱的位置，根据"高三距五猜想"中视点高度与视点距离的 3 : 5 关系，首先设计好主佛及其背光的位置，并在计算主佛高度后，确定好主佛坛的高度。再在根据视线的比例，确定文殊、普贤菩萨及其他胁侍像设的布局位置和高度。

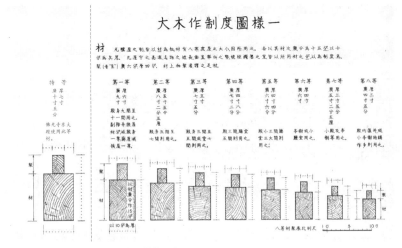

图 14　佛光寺东大殿、南禅寺大殿材等示意图
图片来源：参考文献 [2]

---

① 参考文献 [5]。

② 笔者在 2020 年 10 月 17 日的"纪念中国营造学社成立 90 周年"学术会议上曾做题为《佛光寺东大殿建筑、像设营造制度与空间关系研究》的报告。

③ 参考文献 [2]。

南禅寺大殿并未保留下来除塑像以外的唐代壁画等其他原有像设。佛光寺东大殿的北次间栱檐壁壁画与主佛坛塑像布局完全对应，大中经幢距离台地边缘为东大殿一个进深距离，距离东大殿台基为一个开间的距离，并且站在大中经幢以31°视角看向东大殿正立面，视线刚好到栌斗位置，也就是东大殿匾额的下缘，也符合"高三距五猜想"。从佛光寺东大殿可以看出除了塑像，唐代壁画以及经幢的布局、内容也都能看出清晰的一体化设计思想[①]。

3.唐代佛殿建筑像设营造逻辑

我们尝试着还原一下唐代佛殿建筑的营造设计逻辑。

第一步：功德主与寺院主持等出资人和建造人根据宗教的功能需要，初步确定殿阁功能规模和供奉像设题材和数量；

第二步：出资人、建造人与建筑像设的总设计师——堵料匠——沟通，确定选取适合的建筑等级和开间、进深规模，以及主佛高度与位置；

第三步：都料匠与大木匠、瓦匠确定材分°基本单位，确定铺作与整个建筑的做法；

第四步：都料匠与负责塑像、壁画和彩画的画士、雕銮匠、装銮匠，根据"高三距五猜想"确定像设尺度与布局，选取相应的佛像图经粉本设计制作；

第五步：整体设计完成后，大匠与出资人和建造人确定方案，根据方案安排备料，并安排不同工种工匠按顺序进场营建。

中晚唐时期，佛殿营造已经形成了一套非常完整而严密的设计建造规制，其核心思想是从宗教礼拜功能出发，建筑与像设统一设计。以佛坛供奉像设为核心，以"高三距五猜想"的视点3：5比例联系建筑与像设布局的关系，以营造尺控制建筑开间、进深的大尺度，以材分°模数制度进行具体的建筑木构件设计、加工、安装，整个佛殿建筑像设最终系统性地营造而成。一千多年前，唐代的工匠对于视线角度的把握及其与经幢、建筑、佛像高度之间的关系，不得不令人惊叹。而五台山地区保存下来的南禅寺大殿和佛光寺东大殿就是这整套设计逻辑的典型代表。

[感谢山西省开元文物保护基金会对本研究的资助，感谢山西省古代建筑与彩塑壁画保护研究院任毅敏、吴锐老师对本研究的指导与帮助。]

参考文献

[1] 吕舟，张荣，刘畅.佛光寺东大殿建筑勘察研究报告 [M].北京：文物出版社，2011

[2] 张荣，王一瓅，王麒，李玉敏.南禅寺大殿重建背景、材分°营造制度分析及建筑像设空间布局研究 [J].建筑史学刊，2022（2）.

[3] 傅熹年.傅熹年建筑史论文集 [M].北京：文物出版社，1998.

[4] 张荣，雷娴，王麒，吕宁，王帅，陈竹茵.佛光寺东大殿建置沿革研究 [M]// 建筑史（第41辑）.北京：中国建筑工业出版社，2018：31-52.

[5] 朱启钤.李明仲八百二十周年忌之纪念 [J].中国营造学社汇刊，1930，1（1）.

① 笔者在2020年10月17日的"纪念中国营造学社成立90周年"学术会议上曾做题为《佛光寺东大殿建筑、像设营造制度与空间关系研究》的报告。

磉定乾坤 架栋天地：
泰顺乡土民居的构筑逻辑与象征意涵

萧百兴 马 龙

萧百兴，华梵大学智设系空间设计组教授，曾任建筑学系主任。邮箱：stevenphhsiao@gmail.com、910397310@qq.com。
马龙，西安建筑科技大学建筑学院讲师。邮箱：116303667@qq.com。

摘要：泰顺乡土民居乃是一产生于独特历史社会脉络中的空间文化形式，具有鲜明特色，是泰顺性的展现与形构要素。而与"兴造"息息相关的"构筑"，具有物质性与象征性，实系其特色得以形构彰显的根基。本文旨在针对泰顺民居超出结构理性主义之外、回归仙道宇宙的兴造技艺进行探讨，爬梳其构筑组件、徘徊于礼制内外的文化逻辑与象征性，俾便理解整体构筑所遥指的意涵，以作为后续研究及实践攻错的参考。

关键词：泰顺乡土民居；空间文化形式；构筑文化；深度空间研究；地域性

一、绪论："构筑"是泰顺乡土民居作为空间文化形式的根本环节

诚如吴松弟与刘杰等学者所观察，在泰顺这处"中国传统农村生活活标本"[1]中，经常可见风貌独特的乡土民居[2]，诸如"灰石基、粉土墙、黑黛瓦、软弧顶、摞瓦脊、吉悬鱼"[3]97之类建筑元素的整体组合，再让其具有与宁德、丽水等周遭民居不同的鲜明特色，其作为一种具有泰顺特色的空间文化形式，深深关涉在地方日常生活与社会生产的脉络之中，既是泰顺地域文化总体性（泰顺性）的展现，也是后者形构的要素。必须指出的是，泰顺乡土民居（以下简称泰顺民居）作为一种空间文化形式特色之形塑，与其在兴造过程所特有的构筑逻辑脱不了关系；构筑，既关涉了实质面向，更具有着象征意涵，乃是泰顺民居作为空间文化形式的根本环节，值得予以细究。本文旨在回归地域性（locality），从深度空间建筑史（architectural history of deep space）之观点，结合社会符号学等视野，针对泰顺民居超出结构理性主义（structural rationalism）之外、回归仙道宇宙的兴造技艺进行初步探讨，爬梳泰顺民居独特的构筑组件及其徘徊于礼制内外的文化逻辑与象征意涵；俾作为泰顺等当代乡土民居持续深化研究以及泰顺等地接合传统以从事创造性兴造的参考。

二、结构理性之外——在天地人之间构筑：绳墨、仪式与规矩

泰顺民居的兴造，"构筑"实具有特殊意义，其不仅遵循且更超脱了结构理性原则而具有文化意涵，乃是一种企图回归仙道宇宙的兴造技艺。事实上，不管是正厝、横楼、门楼等的兴造，泰顺民居乃是大木、小木结合了石匠等传统兴造艺匠的精彩表现，不仅是技艺本身千锤百炼的结晶，更是人间与天地互动的仪式展现，遥指了超越结构理性的弦外之音，具现了独特历史社会脉络下的空间文化意涵。

1.结构理性之外：构筑作为一种仪式的过程与结果

泰顺民居作为一种傲然站立的建筑物，必须考虑建筑物理等科学要求，坚固、安全与实用于焉是兴造的根本因素。为此，工匠采选了木材、砖石、泥土等材料，夯筑了台基，架起了栋架，编筑成稳定的

框架系统，务必考虑木料尺寸经受跨距与震摇的试炼、隔断措施能抵挡雨水与潮气的蚀腐[①]；木柱底下要置放石质的"礩盘"（柱顶石）、"礩子"（柱础）以隔断潮水的上侵[②]；梁柱顶上更要接上椽子覆上瓦片构成遮覆的屋顶，以排除雨水落击。这般符合结构原理的构筑，自然能安稳站立在溪山大地之上，撑起庇护的家园。而正因有此物质根基，木构栋架形成的"一榴榴"空间[③]，承载了使用，形成了独特的生活空间（lived space）。泰顺民居因而是结构理性考虑下的空间性产物。

然而，除了必须符合结构理性的考虑外，泰顺民居更有其弦外之音，其之构筑，从择地卜宅、动土、扶柱立驳、上梁、上门到乔迁之喜等几大步骤，本身即是一种借由社会集体动员以敬天礼地、接迎龙神等的仪式；而其之建成，更无疑是如此仪式遂行之结果，承续的是一种华夏先民看重构筑象征意涵的传统，有其来自巫觋的根源！事实上，不管是古文献[④]、还是泰顺当地工匠的口诀[⑤]，再显示传统兴造者被称为工匠，其实蕴含了将之视为巫觋的意涵，亦即是能见神明、能运用兴造技艺，如巫师般达成请神、敬神而使构筑合于天地运转目的的人。

从翁学威师傅的监造喝梁口诀可知，泰顺民居的构筑并非只是施工行为，而更是用以邀请神明见证、赐福的仪式。构筑于焉同时指涉了仪式的过程与结果，既具有过程义也拥有结果义：前者，指的是兴造过程必须如巫觋或道士作法般是一项充满吉祥意涵的神圣式仪，并须借之纠集宗人乡亲的协力热情；后者，则指涉作法后自然会产出的成果，亦即，透过仪式而被建造出来的建筑。泰顺民居于焉是风水师与工匠纠集宗族社会进行动员展开仪式的成果，既满溢了社会集体动员的凝聚感，也充满了礼敬天地神明的神圣意涵。

2. 天地之间，以人为本

泰顺民居于焉是一栋栋位列于天地之间、以人为本的家宅，从包日许等工匠描述可知，其本身甚至就具有人体的隐喻。[⑥]

正因如此，泰顺先民相当重视"门楼"的兴造，视之为有如人的脸"面"，要特别贴上砖石、凝上泥塑、挑出华栱、施以彩绘、弯上翘脊等，以便以章华般的纹彩彰显出文质彬彬的气质。毕竟，对泰顺人而言，夜以继日居住其中的住屋，正像一个人般，有着形式上如人的特征。[⑦]是故，脊檩/脊枋会被称为"栋梁"，上面还带有一根"龙骨"；中柱又被称为"襟柱"，有着面向前方、具有胸怀之隐喻；每驳屋架纵向的"川枋"（穿枋）被称为"档枕"（工匠写为"党枕"），横向的"由枋"被称为"眉枕"，皆具有人体的隐喻。事实上，柱础（礩子）有时也会做成兽脚形状，其虽非人，却与闽南的"柜台脚"有类似象征。

必须指出的是，这一栋栋被比拟为人的屋宅乃是稳稳站立在天地宇宙之间的，对此，拥抱自然、期盼气洽太初的泰顺先民显然格外重

---

① 就民居而言，除火损外，超载、地震与潮水可说是最容易酿灾的因素，是故，不同位置、不同跨距会施以不同断面与长度的梁柱，还要加上辅助的斗栱、替木等，配合上系连了框架的墙板与楼板等，以便加强栋架的稳固。

② 至于曾经在明末、清初泰顺的一些民居中使用过的木质柱础"木橌"（多为方形），则更会注重横放其纹，并可能在木质柱础与木质柱子之间再置上一片名为"木锁"的木质垫板，以便彻底隔断来自土壤的潮气。

③ 泰顺地方用语，称"间"为"榴"。

④ 诚如《说文解字》所示，"能斋肃事神明也。在男曰觋，在女曰巫。"而部首为"工"部的"巫"字，在古时与"工"同意，指的是"祭主赞词"的"祝"者（《说文解字》"巫"："祝也。女能事无形，以舞降神者也。象人两褒舞形。与工同意。"）

⑤ 例如泰顺翁山翁学威师傅交付的监造喝梁口诀（翁晓互纪录），即呈现了工匠上梁时有如巫觋敦请鲁班师傅、五方龙神以及各神明云集以观礼、赐福的生动景象："发鼓三通，发锣三声。锣有响，鼓有名（声）。头戴金日月飞，身穿八卦紫微衣，两手搅起此金盘，手提金盘日月圆。日又高来时又高，普俺祖师进财宝，鲁班师父显因（身）手，执舟（盘）先生前引路。步入云梯奉圣贤，阴阳先生取来居强。一朵金花台上开，鲁班师徒上栋梁。手执金盘并古（果）品，迎请鲁班师父亲来降（临）。吉年吉月吉日吉时，梯亲来栋梁。……天无忌，地无忌，百无禁忌，凶星远送三千里，吉星高照到此堂。……五方龙神高重照……天德星君到，地德星君到，文曲星君到，紫微星君到，天解星君到，黄道星君到，天赦星君到，天恩星君到，月德星君到，天苍星君到，天福星君到，母苍星君到，太平清吉到，此房人口平安。出工先生荣华富贵万万年，永事昌盛代代兴隆。"

⑥ 记得在西溪村向包日许大木师傅请益时，包师傅即以生动的动作做出示范，指出家宅的檐门经常做成"将门"的形式，系有如将军般护卫着室内空间的意涵。可见，泰顺的屋宅是被投射以人之隐喻的，门扇被视为有若将军般担负起护卫的功能。[4]

⑦ 研究者过去与地方民众聚聊时，他们经常会以头、肩、颈、身等人体部位来比拟家宅从屋顶、墙到台基等不同部位的情形，对他们来说，夜以继日居住其中的住屋，正像一个人般，有着形式上如人的特征。泰顺民居虽不像闽南传统建筑般出现将屋宅墙身（闽南称之为"壁堵"）由上到下依人体概念分隔为"顶堵""身堵""腰堵""裙堵"与"柜台脚"的情形，却仍具有着将屋宅视为人体的概念。

图 1 泰顺民居厅头，可见金壁、金柱、三合土地坪中的中心磉等
图片来源：许婉俐摄于 2017 年，泰顺龟湖陈海洋村

视，故而会将厅头地面留设为三合土或有黏性（大格黄泥）的夯土，并透过中心磉或金柱以定其立位与坐向（图 1）。董直机老师傅说道：“泰顺乡村造房子，要根据厝基大小，也就是房子的规模，按尺度找到中心点，埋下一块石头，叫定磉。”民间大木老司常用“前后、左右、上下、中正”八字来划分和区别房子的方位和空间，“中”也就是指定磉的位置，它是房子的中心点，其他方位的确定和空间结构的营造都要围绕它展开。……有些地方，也有不用定磉的，就先确定厅堂的两根金柱，并由此展开空间划分。”[5]

中心既立，四方遂定，如此规则，也成为构件命名的重要依据。诚如刘淑婷、薛一泉指出，泰顺民宅“构件命名的总原则是以人站在房屋中间所形成的空间位置命名。以人为中心分为六合——上、下、左、右、前、后，加上中合共七合，再加上构件名称和距离中间的远近即可得到准确的木构件名，即：方位＋构件或数字＋构件，或两种方式混合使用”[6]273。简言之，泰顺民居系以人为隐喻，天地之间，以人为本，这是有如人体般坐落、站立在天地之间，并强调以此关系作为空间象征的绝妙建筑！

3. 呼天应地与显礼

泰顺民居以七合的空间位置进行大木构件命名，彰显了一定秩序，既符合了先民对于天地宇宙六合之想象，也合乎人间礼制以“中”为准的要求。事实上，从泰顺民居多遵循“方柱圆椽”之类做法①整体而言，暗自符合了天圆地方的指涉，可说透露了泰顺乡亲期待人间与天地和睦一气的企求，让人想起了泰顺民居前院被称为“天地坪”的独特坚持。

有意思的是，泰顺民居的构筑除了呼天应地外，亦需彰显体制，以便符应宗族对礼法的要求。为此，诚如建屋须先立定中心磉所示，“中心意识”是被极大强调的，这中心既是人体体验的中心，更是家户礼法的中心，在此，确立了当心间所在，设立了两边的中柱，顶起了栋梁，并在向前与向后联系一气的中轴线上，竖起了金壁，以背衬厅头并指向了前方，从而让构筑有了左尊右卑、先正后侧之类的秩序。② 正因如此，中柱亦被称为“襟柱”，令人想起了整理衣冠、正襟危坐的端庄肃穆氛围。事实上，泰顺民居的兴造，基本上服膺了正屋先建而后再建横楼的原则，再再扬显了礼制，呼应了宗族伦理的序位。

在此意识下，屋宅前后自然会考虑不同的构筑方式，毕竟，屋如其人，人前人后蕴含的是宗族礼法社会中，个体面对社会整体时应对进退截然不同的关系。正因如此，民居正面有如人的脸面般总是被突起的重点，于是，屋顶的阳坡（前坡）通常较阴坡（后坡）为短，且前者的檐口较后者来得高，除了有利于光线入射厅头外，更具有让被比拟为人体的民居有了露出额头般的隐喻；而如果稍加注意的话，不难发

① 根据刘淑婷与薛一泉所述，泰顺工匠兴造素有“方柱圆椽”的规定，其虽没有被普遍地严格执行，但乡土民居建筑中仍多遵循如此做法，柱子基本上采用了方柱立于方形平面的磉盘与方梯状覆斗形的磉子（磉子上层平面较下层平面微幅内缩）之上，厅头眉枕的断面虽为竖直矩形，但楼厅上为通柱、直柱所支撑的檩／桁（横木／行皮）则采用了圆形断面，即连象征星座的椽子，亦多采用上小下大的圆形断面（椽子构件整体为细长锥形）。[6]260

② 事实上，中轴既立，左右续出，这一驳一驳的屋架，便依着左右各榀的次序一一地被架构而出，并根据方位＋构件或数字＋构件之类的原则而被赋予了名称，从而大体符合了左尊右卑、先正后侧的传统。

现当心间正面的两根廊步（有时也会连同两根前小步）经常会被施以不同的处理（亦有突出整排步廊的做法），其或者采用较大柱径的讹角方柱，或者干脆换成较为粗壮的圆柱，从而突出了与其他列柱的差异，彰显了对礼制的重视。毕竟，当心间的前步廊接邻了天地坪、面向了直直而来的甬道，具有迎宾的特殊功能，正因如此，其有时更会被施作轩廊的形式，有卷棚式（圆拱）①、覆斗式与鹅颈式。与此类似，位于屋宅前面走廊上部的梁枋构件，连同了面临前走廊各榴的墙门，乃是屋宅中被施以精细雕刻的所在。事实上，泰顺乡土民居虽普遍朴质而少见装饰，但位于前走廊上部的月梁、马口（乳栿）、泥鳅梁（札牵）、斗栱等构件却被施以复杂的轮廓与丰富的雕刻，而各榴房间的门扇上也经常可见做工精细的各种花样的格门或装饰，再次透露了对于礼制的彰扬。

4. 兴造论述：经验、规矩与口诀

泰顺民居的兴造本身即是一套仪式，民居建筑更是仪式产生的结果。在此过程中，兴造的进行显然与工匠长期的养成与经验积累脱不了关系，有如巫觋的工匠从学徒开始即在师傅长期带领下接受了民居兴造的各种规矩、累积了丰富经验，从而蔚为乡土民居等兴造的指导原则。难怪，翁士巍师傅在接受访谈时会说出诸如"左右栋柱往外推，每柱升3吋"[7]这般话语，显然，在他们心中存在着一套理想规矩，是赖以进行民居兴造的准绳。

然而，这般规矩的形塑，虽有赖工匠自身经验积累，但更多是来自师门的承传。话说先民移居泰顺，除引入农垦技术外，亦带来汉文化传统的大木等兴造技艺，并在一代代在地实践中②，发展出特属于泰顺的兴造技艺与逻辑，而具体为各师门的兴造论述。故而，工匠的养成相当讲究，拜师学艺是被重视的③，而正是在这般运作机制中，乡土民居等兴造的规矩被具体建立并形成论述，而为徒弟一代代地承传。难怪，众多师傅朗朗上口的是承传自师门的原则，其往往化为禁忌（如女性不能从事构筑）及口诀（如上梁等），而成为兴造的准则，并为其品质的达标提供了保障。④

有意思的是，这套兴造论述的形塑，泰顺的地域性显然发挥了关键性的影响力，是以泰顺民居的兴造虽有不同师门，但从文化角度来看，表现却大同小异，亦即，率皆能展现出属于泰顺民间居住文化的总体独特性样貌。也正因如此，泰顺民居虽曾聘请诸如金华或闽北等外来的大木师傅前来主墨⑤，但所呈现出来的结果，除了诸如处理圆角方柱在具体尺寸上有所不同的差异外⑥，仍具有与泰顺地方大体一致的风貌。这说明构筑作为技术，在过往是必须符应诸如地方文化总体性这类抽象原则的，其或透过绳墨的调度而为之，或经由主家的要求而具现，总要让技术成为表现文化的手段。在过去，绳墨师傅在建造过程中是必须尊重、满足并表现家户主人对于屋宅的期盼与要求的，诚如民居中经常高悬的如"汪波千顷""日永祥云"这般匾额所透露，家宅兴造的主导者与其说是绳墨师傅，不如说是家户主人，地方士绅乃是乡土民居兴造论述形构至为重要的一环。⑦以此观之，泰顺民居其实是深知兴造意义的家户主人透过绳墨之手完成的作品，至少也是两者参考多方因素合作所产生的结晶。

构筑是泰顺民居作为空间文化形式得以形构的根本环节，其固须考虑坚固、安全与便利这类结构理性主义的原则，却更具有神圣性。构筑作为一种兴造，同时拥有着过程义与结果义：其在观测地形环境后借由石匠及绳墨等而开展，实是

---

① 根据对包日许师傅的访谈可知，卷棚式的走廊在当地被称为"圆拱"，地方上有一座屋宅因为在厅头前的走廊施了圆拱，厅头遂有了"小官厅"的称号。[4]

② 在这过程中，必须与具体问题及社会使用不断对话，并尝试符应地域文化对形式与构筑的要求。

③ 刘淑婷、薛一泉描述道："民间建造工匠一般都是师傅带徒弟，要正式举行拜师仪式，送师傅四样东西以孝敬师傅：寿面、鱼、年糕、猪脚；师傅也要回赠徒弟四样东西：墨斗一个、曲尺一把、斧头一把、凿子一把，意味着真心希望徒弟学有所成。学徒期间跟随师傅出工建房屋，要遵守各种规矩，不能乱讲话，不能像师傅一样吃好吃的食物，一个月才一两次肉，三年不要工钱。若三年后还不能独立，还要继续跟师傅学习。"[6]269-270

④ 先说禁忌，女子不能从事构筑即是相当著名的规矩，暗示了兴造乃是属于男性之事，符合了宗族社会对十权力的界定；以口诀来说，诸如上梁等满溢了象征意义的仪式性过程即充斥了各种的祝辞，既具有巫觋口念咒语以饷诸路神明的作用，更具有导引仪式一动一动行礼如仪进行的积极效果，是兴造得以符合品质等的具体保障。

⑤ 例如，仙居古民居、筱村门楼外、雪溪胡氏大院等部分建筑为金华师傅所建造。

⑥ 金华师傅与闽北师父施作之不同参见文献 [6]272。

⑦ 在过去，绳墨师傅在建造过程中是必须尊重、满足并表现家户主人对于屋宅的期盼与要求的，这些家户主人往往是地方的士绅，具有相当高的素养与对于地方文化的总体领略，因而会期待将其对于人生、自然与地方世界等的体会与期盼透过家宅的兴造而表现出来。

一场攸关天地人间的神圣仪式，借之，泰顺人得以生产出一栋栋能够契合天地宇宙运作规则、从而让人安身立命的存在之所。泰顺民居于焉是一栋栋位列于天地之间、以人为本的家宅。其不仅具有位列天地之间的人体的隐喻，也以此架构出了屋宅的方位秩序，并引以为构筑组件等的命名，既符合了先民对于天地宇宙六合之想象，也合乎人间礼制以"中"为准的要求。这是一整套承自师门，并在与在地条件日复一日对话中落实为具体的兴造论述，具有一定的构筑文化与逻辑（仪式、规矩、禁忌与口诀……），而成为通晓泰顺性，深知兴造意义之家户主透过绳墨之手、与其参考多方因素后动员宗族而兴造泰顺安身厝宅的重要凭据！

三、柱枋稳立——土石撑起的木构尊荣

泰顺民居的兴造，有其偏好土石、木材等的接地气选材原则及构筑逻辑，匠师以土石为基，借砖面表彰了家户风采；更善用柱枋的构筑逻辑，突显了木构尊荣，呼应了泰顺特有的社会文化意涵。

1. 因地制宜，材法自然，回归灵性

泰顺民居兴造，材料乃必备之

事，借之，台基、屋身与屋顶等才能被顺利组构，形成华美堂厦。就近取材、从大自然中去进行材料的准备，挑选木材、土石等，配以诸如砖瓦窑烧之类简易加工，因而是自然之原则。其既经济、方便——可说是边陲山区的务实兴造之道①，亦回应了先民取法自然、企盼回归气化仙道宇宙之初衷，令人想起了泰顺厅头金壁"木板必须尾在上头在下，就好比大自然中树的生长样态"[7]②之类的讲究。

正因如此，因地制宜成了泰顺民居构筑、取材的基本原则。其从择地卜宅、屋宇配置即相当讲究与大自然的对应关系，不管是实质还是精神层面，溪山地势起伏形成的风水结构乃是构筑必须考虑的重要元素。兴造，总要与环境取得错落有致的和谐关系；兴造的规矩、作法也会随着环境、使用与经济等条件而有所调整，展露了务实的弹性。顺此逻辑，不同地方、个案因为环境与经济条件的差异，使用材料也会有不同偏重，例如，仕阳、雪溪盛产石材，亦多手艺精湛石匠，民居之兴造因而除了木构外，多见土石③，亦可见因地制宜善用地方材料的表现。

然而，如此并非意味着其之构筑便可随便为之。就近就地取材虽有经济节约之考虑，但更具顺应、

取法自然之意。这种讲究，不仅大户重视，也见之平常人家。奉行因地制宜原则的平常农户虽不见得能花大钱去营构堂皇屋宅，但仍有讲究，总是在经济性与神圣性间保持平衡，找到切入点而彰显出屋宅的神圣性。就此，慎选栋梁并上梁即具代表性④，乃是一充满口诀的选材、制材与用材仪式，借之，民居兴造既遵循了因地制宜原则，也兼顾了对于质材须取法自然而具灵性，从而让屋宅充满生气、回归气化仙宇的深刻坚持。

2. 土石为基、砖面华显

泰顺民居兴造，主要系从大自然中就近取材，其中，诚如中心礅采用石块埋于三合土的状况所示，土石可说是整体构筑的根基，多用以砌筑台基、铺成甬道与坪埕：以卵石或溪石乱砌圈围成的台基，配合稳置其间的块石夯上了扎实的三合土或黏性（大格黄泥）夯土，并以厚厚的长条石板压在边缘形成收边，成了置放屋厝的基台；台基前经常以石板铺设成直穿天地坪的甬道，并借由石板阶梯通达台面；甬道中间隆起，以中轴线为准向两侧弯曲成微幅拱状，常见以长条石板直铺于两侧作为收头，中间再铺上诸如常见的以 45° 角铺设的方形石块等，令人想起龟背的象征；甬道

---

① 否则，山道起伏艰难，硬要从外地搬来材料，不仅所费不赀，且旷日费时，并非明智之举。

② 如此做法显示，泰顺先民系将民宅视为顺应自然、取法自然的筑构之物，以来自周遭大自然资材作为营建的材料，正是顺应与取法自然之道的具体展现。

③ 以雪溪胡氏大院来说，除了接近溪边一带以砌石堆砌的逶迤田垄外，庭院外围可见手工精湛的蛮石墙，由厅堂通往上堂甬道两侧亦筑起了青砖墙面，而几道门楼更可见以泥塑捏塑出朴质风雅的样貌；另外，位居司前、龟湖等深山老林地区的屋宅，如左溪赤潭村、黄桥小燕村、峰门严庄洋村、龟湖董庄与郑家庄等，经常会出现使用夯土作为屋宅侧墙、配合木构而形成木土混合的构筑方式。

④ 泰顺农村流传："房顶有梁，家中有粮；房顶无梁，六畜不旺"，是以，家户莫不注重栋梁的作用，因而要挑选好的栋梁、露天制作栋梁并举行上梁仪式。一般而言，东家要亲自前往南山挑选树龄恰当、粗细一致且四周生有众多小杉木以寓意子孙众多的笔直参天大杉木；而后，选择吉日依照树朝南倒下且不能触地等规矩进行砍伐，并沿途鸣炮由父母双全的兄弟不停歇地之循露天道路抬回家宅放于柴马之上，并于露天处制成栋梁，最后再循惯例由木匠喝梁举行上梁仪式。

两侧的地坪，不是留置为泥土便是铺上石板，从而让土石配合缝隙中迸杂出的草青，成为吸收天地气息以蕴发屋宅人文生机的雄浑后盾。

土石亦常被用作基础，通常分为两段：下部为埋入夯土内而微露于上的方形石质磉盘，上部则是覆斗、鼓镜或莲座等形态的石质磉子（柱础）[1]，成为托起列柱撑起屋宅的根基。可见，石材以其坚固、防潮的特性，被赋予了接壤土地而撑起木构屋架的根本性与中介性任务，在此，从泥经石到木，泰顺民居层层叠起、踏牢了根基，在力的传导中完成了行将仡立于大地而迎向天宇的坚稳准备。

土石有时亦会被夯筑为屋宅墙体。泰顺房厝主要虽为木构，然因经济、习惯等原因，亦可见夯土与蛮石混构的侧墙。其有些全部使用了黄泥拌稻草秆壳等的夯土材料；有些则下半部会改用蛮石乱石砌，从而构成了泰顺民居深具土石粉墙

特征的风貌。这般以土石为墙的构筑，连同了灰黄色调的石砌夯土台基，再再显示了泰顺民居与土地（风水）的紧密关联，也透露了其对于坚稳永恒的企求。事实上，泰顺营构房宅十分着重接引"来龙地气"，更会企图借由"回龙"仪式将汇聚的"龙气"纳藏于宅中，透露了泰顺民居视土石为重要构筑材料，期待坚稳站立于磐石大地之上，并借此而展露了望向天宇的极度企望。

此外，土石更经常化为家户面对外界的围墙，既区隔了内外、发挥阻隔与护卫的实质功效，更对外传达了质犷而坚实的永恒形象。[2]有意思的是，这外墙系连的经常是巍立的门楼，其除了木构外亦可见如库村世英门、雪溪胡氏大院石门楼般的石构门楼（图2、图3）。前者除了以石块砌筑墙体外，更以石条模仿木构梁柱及斗拱，彻底诉说了对于坚固永恒形象的追求；相较之下，胡氏大院大门虽称为石门楼，

却非全然石构而系以青砖砌出上部墙体。毕竟石材虽然坚固，却较为粗糙而不利于表彰耕读文人的儒雅风采。是故，更为细腻的青砖被选为砌墙以形成"脸面"，并搭配泥塑、书匾等，传达出匹配文士的细致风采。质言之，经过水火催化，泥土被人为转化成青砖与彩塑，巧妙发挥了表征耕读士人文质彬彬、庄雅大器形象的历史效果。

3. 柱枕稳立、木构为尊

土石虽不可或缺，但木材方是泰顺民居最重要材料。运用木料，工匠在土石垫起的台基上稳稳架起栋架，撑起楼层，围塑窗墙，顶起瓦檐，从而让泰顺民居展露了以木构为尊的风华。历史中，泰顺民居虽不乏以土石砖面筑起屋厝侧墙者，但其最理想的形式却是木构，可说是当地最为企盼的民居构筑形式。或因如此，甚至亦曾尝试以木构作为柱础建材，出现过运用"木櫍""柱

图2 土石为基、砖面华显——雪溪胡氏大院天地坪及门楼
图片来源：许婉俐摄于2017年

图3 柱枕稳立、木构为尊——雪溪桥东溪山拱秀大院天地坪、正厝与横屋
图片来源：萧百兴摄于2017年

---

① 最常见者为接近立方体的覆斗形；当心间配合圆形的前廊步（檐柱）与前小步（前内柱）则可能出现鼓镜或莲座等形态。
② 例如，上交垟曾姓所筑水城厝即以土墙作为屋厝外围的墙体，其连同了独立的土楼，展露了曾姓借此而遂行防卫的莫大企图；又如，库村与徐岙底两处吴姓村落处处可见工匠以高超的砌石工艺叠起了落落的蛮石，不仅形成了朴质蛮野的风格展现，也表露了地方上默默借由坚石之砌累以追求永恒的不凡结晶。

锯"的做法。① 其固可能系因置处山林而木料易得之故，却也显示了先民对于木构的偏爱，亟欲尽可能地采用木料，俾便延伸木料所可能为民居灌注的文化内涵。

基础既立，随后便是以杉木（不刷桐油）为主所进行的栋架营构。其基本属于中国传统木结构系统中的"穿斗式木构架"（亦写为"穿斗式木构架"），并于一层上部配合"密梁平顶式木构"形成二楼楼板。② 回顾中国构造史，所谓穿斗式构架，系直接以柱承檩/桁（槫），檩上布椽，不设梁而以穿枋和斗枋形成的栋架，原作"穿兜架"，后简化为"穿逗架"或"穿斗架"③，亦即，除了檩与柱外，主要靠穿与逗联系屋架而形成空间构架，从而支撑起平坡或具有近似反凹效果的屋面。④

泰顺民居屋架虽主要使用穿斗式原理，但有些独特的做法与构件命名。⑤ 首先，方形讹角木柱、圆柱等木柱是构成每驳屋架最主要的

构件之一⑥，多为直通屋顶顶起檩条的通柱，正厝一般为七柱十二步架，从前面算起为前廊步（前檐柱）、前小步、前大步、中柱/正金柱/栋梁柱/襟柱、后大步、后小步、后廊步（后檐柱）。横楼⑦则常为五柱十步架。这些柱子除了前后廊步（檐柱）为一层高并另外立有二层的廊步（檐柱）外，其余皆是通柱。二层廊步一般会后退三分之一到一半的距离而立于穿枋（可能为马口）之上，借由宽度比一层走廊来得小的跑马廊的内缩设置，形成了量体下大上小的稳定结构。概括来说，柱子柱径上下不等，下粗上细，略带收分，柱顶可见卷杀，亦可能会缠上一匝当地人称为"白藤"、用以防止柱头崩裂的藤条，有时亦会有栌斗（圆斗等），整体主要模仿树木生长之状态。一般而言，前廊步柱径会来得大些，有时还会选择质地较为坚硬的乌梓等木料（特别是当心间两根前廊步），彰显了宗法礼制

的庄严象征。

其次，被称为"枕"⑧的"枋"乃是另一关键元素。一般而言，成排柱子间会以穿枋联系，一层楼顶部的穿枋连同柱子接连了横向的"眉枕"撑起了二楼木板楼板，构成了密梁平顶式构架；二层楼接近屋顶山花部则设有上下大约五皮、被称为"档枕"的穿枋。这些档枕（或称为"骑桐枕"⑨）兜系了通柱，并支承了骑驾其上的"直柱/骑桐/骑栋"，骑桐与通柱间再以较短的"档枕"联系，形成一整驳屋架；再者，这些穿枋挑出二层廊步（檐柱）后成为挑梁，可直接或借由直柱等方式撑起檐口檩；再次，两驳屋架间除了在一层上部布上用以钉上楼板的"眉枕"外，最上面各柱之间以檩条/桁条（亦称横条、行皮）相连：左右两根正金柱/襟柱/中柱/栋梁柱间之檩条称为"栋梁"（上面叠加了"龙骨"），走马廊外为挑梁等所撑起的檐口檩称为"前上子架横条"，

---

① 一般而言，泰顺乡土民居的磉子（柱础）基本上采用石材，然从泗溪、仙居、三魁等地所留下的明末清初的一些例子可知，亦曾出现过采用木质柱础的状况。这些被称为"木碪"的木质柱础，多为方形，而为了防止湿气上传之故，基本上采取横放方式，让树纹呈现横表之状况。另外，从仙居徐氏宗祠的例子可推，泰顺先民即便使用了石质柱础，亦会有在其与木质柱子之间放置称为"柱锯"的木质垫板之状况。[6]258-260

② 其构件名称虽有着地方独特的称法，却明显是以穿斗式构架为主的成熟与智慧运用。

③ 吕璇指出："具体说是沿房屋的进深方向按檩设立一排柱，每柱上架一檩（位于金柱上的脊檩即是栋梁），各柱随屋顶坡度升高，檩上布椽。屋面荷载直接由檩传至柱，不用梁。每排柱子靠穿透柱身的被称为'穿'的木枋（简称'穿枋'）横向贯穿起来，形成一道屋架。每两道屋架之间使用一种称为'逗'的枋（简称'斗枋'）和纤子连接起来，形成一间房间的空间构架"（p.1）。又说："斗枋用在檐柱柱头之间，形如抬梁构架中的阑额；纤子用在内柱之间。斗枋、纤子往往兼作房屋阁楼的龙骨。"从正文引文及此文可推知，穿斗式构架除了檩与柱外，主要便是靠穿与逗作为屋架间的联系。穿（穿枋）诚如其名所示，主要以"穿过柱子"之方式联系檩下排柱子使成为一幅屋架（泰顺地方以"驳"称之）；逗（斗枋）则用以联系两幅屋架，其作用诚如其原先名字"兜"所示，系以将两幅屋架兜在一起之意，亦即，牵引在一起。而此构件后来可能因求吉祥寓意，而被称为"斗枋"；再后来，则以"纤子"指称内柱间牵引的构件，而将"斗枋"用以指称系连檐柱间的构件。[8]1

④ 吕璇："每檩下有一柱落地，是它的初步形式。根据房屋的大小，可使用'三檩三柱一穿''五檩五柱二穿''十一檩十一柱五穿'等不同屋架。一般随着柱子数目的增多，穿的层数也相应地增多。此法发展到较成熟阶段后，鉴于柱子过密影响房屋使用，有时将穿斗架由原来的每根柱落地改为每隔一根落地，将不落地的柱子骑在穿枋上，而这些承柱穿枋的层数也相应增加。穿枋穿出檐柱后变成挑枋，承托挑檐。这时的穿枋也部分兼有挑梁的作用。穿斗式构架房屋的屋顶，一般为平坡，不作反凹曲面。有时以垫瓦或加大瓦的叠压长度使接近屋脊的部位微微拱起，取得近似反凹屋面的效果。"[8]1

⑤ 此节中构件之名称若没特别标注者，主要依据季海波访问工匠所得。[9]

⑥ 木柱一般使用方形讹角木柱（倒圆角的方形木柱），"面部"（柱子每面除抹脚以外的部分）尺寸的确定依福建或金华的工匠做法有所不同；也可见圆柱，不过比较多用以作为当心间的前廊步（檐柱）和前内柱（前小步）。

⑦ 泰顺称厢房为"横楼"。

⑧ 在泰顺，"枕"（读"qian"）是梁、枋的代称，穿斗式的穿枋（川枋）与斗枋（由枋）皆为"枕"之名所取代。

⑨ 根据翁晓互访谈大木匠师师傅翁士巍师傅，"没有落地柱叫骑同，支撑骑同的枕叫骑同枕"，又说："骑同应为骑栋，骑栋枕"。[10]

两根骑廊柱（二楼檐柱）间为"下小今横条"，步廊（一楼檐柱）外为挑梁等所撑起的檐口檩称为"前下子架横条"，两根步廊（一层檐柱）间为"前廊横条"。同时，几根通柱檩下会设置横向类似穿斗式之"逗"或"纤"的构件，位于中柱栋梁之下者当地称为"细梁""嬉梁"（或者以蛮讲语称为"诗梁"），位于两根前小步檩条之下者称为"龙封"（亦有将此檩条称为"小梁龙封"，以及将嬉梁称为"栋梁龙封"或"龙封"者）①。在结构上，这几根构件并无承重作用而只具极小的牵系功用，故而，当是为了象征性效果。事实上，经常被制成弧度向上之弯曲形的嬉梁，即为楼厅空间带来一丝人间嬉游的氛围。②

值得一提的是，基于礼制、迎接"风水之气"等缘由，与天地坪及厅头接壤的走廊空间系被强调的部分，为此从室内通出的穿枋配合厅头不同高度经常有差异变化：有时，走廊上方的穿枋直接顶着二楼楼板，而在穿过步廊（檐柱）后化为带有名为"猫咪蹲"雕饰的弧板，并在以柱头斗承起檐口檩后以缩小而形如马口的矩形收头，此根穿枋因而被称为"马口／马口枋"[4]③；有时，由于楼厅的地板（厅头的高度）

提高，走廊上的穿枋并不直接顶着楼板，而是在其上方再设置被称为"泥鳅梁"的"札牵"（宋《营造法式》之名）[12]125 以连接柱子及位于穿枋中间上方的栌斗、以便承起二楼的楼板。穿枋因而经常被做成月梁状，而札牵也配合轩棚的施作而有屈曲海虾状等轮廓繁复、雕花繁多的变化。[12]124-126、[2]237-238 根据调访，走廊上方的檐下所在乃是木构表现的最主要空间，为了强调正面的礼制性、庄重性，其经常会被做成卷棚式、覆斗式或鹅颈式轩廊，甚至还会如东洋新厝下林宅般使用宗祠中常见的"挑斡铺作"④，从而给予木构以表演的空间。事实上，除了月梁式的穿枋与泥鳅梁等外，前步廊一带经常也是斗栱展现的所在。此处，穿枋虽可能穿过前步廊而化为挑梁挑接檐口檩（有时先接直柱再挑起檐口檩），但亦可能改用俗称"牛腿"的斜撑拱或类似关刀状之类的斗栱等而撑起出飞的屋檐。另外，前步廊上亦可能出现撑起檐口檩的莲花斗（花叶斗）等装饰构件，其辉映了厅头眉枕下方连接柱子之处经常会出现的有如雀替、鸡舌般而被当地人称为"梁鸡"[4]的长形构件等，皆是朴质木构企图彰显华彩的重要表现。此外，泰顺门厅与门楼的空

间亦是木构与雕饰表演不可忽视之处，其除了常见的斗栱之外，更可见较为特殊之构件。例如古老的木门楼上常可见别称为"丁头栱"的"插栱"，且经常连续起跳达五六层之多而成为"多层插栱"，从而彰显了非凡的气势[12]129；又，雪溪胡氏大院门厅可见札牵与上昂结合之做法[6]265，显现了木构作为表现之技在民宅兴造中所曾被重视的状况。整体而言，泰顺民居虽不若宗祠等曾经出现"挑斡铺作""上昂""假下昂"之类构筑方式⑤，但木构仍有相当表现，展现了泰顺民居以木为尊、在朴质中欲显荣华的殷殷企望。

柱枕既立，紧接着便是楼板与隔墙的施作。就此，不管是金壁还是各榴房间的隔墙以及接临走廊的格门格窗，木作自是最主要选项。此外，除了隔墙外，木地板更是必备配备。就此而言，除了二楼为眉枕（及楼杠）所撑起的木地板外，一层楼除了厅头、后堂（后厅）、鏊灶窟（厨房）与走廊等的地面特意留为三合土或有黏性之大格黄泥夯土外，每处房间（有时甚至包括楼梯接邻的后堂）会在夯土之上施以木架地板，除隔离潮气亦增进人与空间的体贴之感；然而，相对于厅头外一、二层各榴房间主要施以木

---

① 此段根据翁晓互访谈大木匠师翁士巍师傅，"栋梁下边那条枕又叫龙封，也叫细梁"。[10]；刘淑婷、薛一泉则指出，栋梁下者称为"栋梁龙封"，两老檐柱（相当于前小步）间紧靠檩者称为"龙封"或"小梁龙封"。[6]274；另刘杰、孔磊则指出："位于下平槫之下的称为'龙封'，直接承在下平槫之下，而在脊槫之下的则称为'栋梁龙封'，与脊槫的底面相隔一定的距离。龙封比枋子的尺寸要大，拉结作用也更强些。"据此，大约也是指位于前小步所称之檩条下的构件。[2]238

② 以"嬉梁"来说，诚如季海波访问地方工匠得知，并无作用，而只是为了怕栋梁太孤单而设置，为的是陪伴栋梁，与其一起嬉玩之目的。薛一泉亦说："栋梁下面有根梁木有意思，叫嬉梁。因为它没有压力，只起到两根柱子的牵连作用，天天玩一样。"正因如此，在没有承重的状况下，嬉梁经常被制成弧度向上的弯曲形，与位于上方包括栋梁在内的平直檩条，在视觉上形成了一种静定中涵纳了张力动态的平衡，让楼厅空间有了一丝人间嬉游的氛围。前者见文献 [9]，后者引自文献 [11]。

③ 另，根据翁晓互访谈大木匠师翁士巍师傅，"连接廊柱与前小步之间的枕，比较宽的有雕花的那条，叫马口"。[10]

④ 东洋新厝下林宅的"挑斡铺作"参见文献 [6]267。

⑤ "挑斡铺作""上昂""假下昂"之作法参见文献 [2]239-242；根据刘杰、孔磊："泰顺建筑中所用的下昂多为假昂，其本身并不真正起杠杆的作用。……泰顺大部分的下昂尾部并不是搭在槫之下，而是插在柱子上"[2]240-241。

地板并以木板为楼阁头屋顶的状况，整栋屋厝的屋顶却只是在檩上布以细长条圆锥状等的木椽条后直接覆以黛黑板瓦①，借之撑起了上方以阴瓦、阳瓦交相披覆而成的屋坡，并以摞瓦等方式叠出屋脊、挂上悬鱼，从而形成了泰顺以类官帽准歇山坡顶、类官轿准歇山坡顶、准歇山出飞坡顶或悬山束腰软坡顶等为主的几款屋顶。有意思的是，或因要让居住者直接感到泥烧屋瓦尚存的土味以及从瓦缝中天光隙漏的风云之感，屋厝基本上采用不施天花、藻井的"彻上明造"②，借由木质等结构的外露显现了与自然合一的通透风致。或因如此，司前里光村、东溪秀溪村等民居普遍出现借"减柱造"扩展走廊转角处使用空间与外望视野的做法③，赋予屋宅以通透的样貌；另外，屋厝木构之兴筑，也因而会特别注重借着"举折"以形成软以及坡曲面屋顶，以及透过"生起"以形成略带反宇之屋脊与檐口线（上下檐廊之封檐板经常呈缓和起翘之曲线），经由"侧脚"以凝聚向心拥抱天地的坚稳之力，再再让木构屋厝展现了与人间天地相互接壤的魅力。

泰顺民居的构筑乃是一场与天地交融的仪式，在充满神圣性的过程中，绳墨师傅接过了风水师立下的基准，率领了不同工班，掌握了特定的构筑逻辑，以精湛而接地气

的技艺筑基、竖柱、上梁、立墙、置窗、挑檐、架檩、铺椽、覆瓦、摞脊、装饰。他们因地制宜、取法自然，在土石为基的前提下不仅运用砖面突显章华，也借由穿斗式柱枋架构的稳立，撑起了木构的尊荣，并架构出泰顺民居借构筑以安身立命、彰显宗族章华的人间天地。一言以蔽之，柱枋稳立、木构为尊，泰顺民居虽以土石为基，却是借由木构而实现了安居与天地挺立的目的。他们早已了解木材以其温暖而软触的质感，还是比生硬的土石来得贴近人体、抚触生气，加以，其透过象征故事的精心雕饰还能展露对于世俗繁华的些许企望，木构之屋因而有益于遵礼之人的雅净安居。更为重要的是，其基于穿斗式原理所构建的屋宅，既朴稳又显轻盈，终将带给先民以通透风立的油然感受，是其生命如虹姿态的永恒体现！

四、宋代遗风在区域迁移中的历史承传与地方积淀

经由长久的历史实践，泰顺先民发展出了独特的民居构筑逻辑。他们因地制宜、取法自然，在土石奠立的基础上借由砖采扬显章华，也借由穿斗式柱枋架构的稳立，交涵土石撑起了木构的尊荣，从而让屋宅呼应了地方特有的社会文化意涵，成为身体与心灵安置的理想归

宿。如此成果，固有其因应现实而对生活使用与象征挪用等的考虑，但更脱不了历史的承传。回顾历史，泰顺的发展，除了古瓯人的可能遗绪外，主要靠唐末五代以降汉人以及后来畲族等为了避难等的举族移入。泰顺，基本上是在迁移拓垦历史中浮显的历史山境。正因如此，包括建筑兴造技艺在内的各种文化积累，多见先民透过区域迁移所带进的遗迹，其中，乡土民居构筑技艺以及相应的一套独特的构筑组件，即是显著的一环。作为泰顺整体兴造技艺的重要组成部分，其与诸如宗祠、庙宇等的兴造共同彰显了泰顺先民区域迁移的历史承传与地方积累。

1. 承自宋代的遗风

诚如刘杰、刘淑婷、薛一泉等指出，泰顺包括民居在内的建筑保留了大量古老的木作技法，可见明显宋代遗风。回顾历史，宋代，特别是京城设在临安（今杭州）的南宋，乃是泰顺文化因地利濡染而大盛之时，宋式兴造之规矩会传入泰顺④并因地域僻处而被留存至今⑤自不令人意外。事实上，比对泰顺境内大木作做法，有许多即具有宋代遗风，例如，泰顺乡土民居中即经常可见到走廊上方做成宋代"月梁"形式的穿枋，是在宋代被称为"虹梁"而之后基本不再使用的较

---

① 椽条主要呈细长条圆锥状（亦有方锥形，有时还可见比较简陋的扁长条形），上端为细、下端为粗，直径在 6~8cm 左右，设定中轴以及每驳柱列线为必铺的定位点后，以 13cm 左右的间隔分上下几段横布在檩条之上。根据郑昌贵师傅说法，泰顺老瓦较小，椽子的间距也较密，在 13cm 左右。[13]

② "彻上明造"，梁思成称其为"彻上露明造"，亦简称为"露明"。泰顺屋厝除了龟湖王宅与三魁张宅步廊等少数例子外，通常不施天花，更不见藻井。

③ 这种减柱造系将正屋廊步与横楼廊步交接处之柱子减去，并配合悬枋的使用代之以垂花等形态之"吊柱"。

④ 宋代，特别是南宋，泰顺有许多出仕京城临安者，当时于江南一带所流行、可能是《营造法式》厅堂式构筑原型的营造方式势必会为其吸收。[14]1-11

⑤ 宋代以降，泰顺长时因地理及战乱等因素而与外界有相当之隔绝，故而先前随移民引入之相关兴造技得以保存传世，境内至今仍可见古老木作技法之遗传。

古老做法①；又如，其亦大量保存了江南地区极少见之宋式逐跳偷心的多层插栱做法。其可能源自宋代浙江一带民间，多使用于乡土民居的门楼等建筑②；此外，诸如上昂、假下昂、札牵、古制斗栱（通柱顶坐栌斗、檐柱多用圆栌斗）、悬鱼、减柱法、生起与侧脚等亦多保留了宋式兴造的遗风，其中，具有挡雨防潮以及吉庆象征作用之悬鱼的大量出现，尤令人印象深刻。作为宋代《营造法式》中官式建筑的使用构件，其经常以诸如鱼形、花瓶形、云纹形与抽象变异形等造型被悬挂在民居山墙两端的博风板处，种类繁多，牵系了民间"吉庆有余""年年有余""丰稔物阜""多子多孙"等的象征，古朴中自有一股生气的文化韵味，道出了泰顺民居为宋式古风深沉濡染的特殊风味。[6]

2. 邻近区域的影响

除了承传宋式遗风外，泰顺民居的构筑亦展现了来自区域的影响。泰顺先民既是迁移而来，其原居地的文化元素自会随着迁移过程而被带进泰顺。加以，原居地所在区域与泰顺相隔往往不远，人员往来频繁，因而对泰顺文化的形塑产生莫大影响。从既存案例可知，民居兴造基本上有来自浙地与闽地的影响，呼应了泰顺移民大体来自浙、闽两地的事实。③首先，以来自浙江的影响来说，一方面，从木樀亦可在温州永嘉等地见之④，以及遵古法所制之质朴圆栌斗似乎只有出现在温州与泰顺一带这类事证可知，泰顺民居与其所长期隶属的温州有一定渊源，与后者之交流脱不了关系⑤；另一方面，从仙居古民居、筱村门楼外、雪溪胡氏大院等案例可知，亦可见来自金华等地的影响⑥。透过这条社会空间的连系，来自金华的师傅不管在柱子运用、尺度与做法上都较闽地工匠来得细腻，蔚成了独特的风貌。

其次，闽地既是泰顺家族迁移的另一重要来源，由于地缘之便，泰顺乡土民居自会受到福建工匠的影响。诚如刘杰、刘淑婷等研究指出，以讹角方柱每面除了抹角以外"面部"的处理，福建师傅即与浙江金华的师傅有所不同，显系为泰顺民居营造技艺的重要参考。⑦或因如此，泰顺民居中类似关刀栱的插栱构件亦可在邻近的平阳以及福建龙岩等地见之，印证了闽地兴造文化借由移民传入的可能线索。⑧

值得注意的是，从研究者当日在西溪调研时所曾听到与畲族凤图腾攸关的口诀或可推测，来自闽地的影响恐怕还不仅止于汉族文化，而更包含了来自畲族等的元素。兴造口诀提到了栋梁系从"凤凰山取来"⑨，自然令人想起了县城所倚的凤凰山。但谁说，这凤凰山不无可能有其他指涉而与远在粤地的畲族圣山等有所牵连？凡此虽还须进一步探秘，然以山区错杂而略带神秘

---

① 刘杰研究说道："枋大都做成月梁形式，……除底面为单曲面以外，两侧和上面都做成极柔和、轻快、流畅的双曲面，非常生动丰满，极富弹性。月梁上面的曲线中央部分曲率大而平缓，渐近两端曲率渐小，曲线变紧，与宋式月梁相似。到了两头，又在两个侧面各做一个阴刻的曲线，反卷过去，似琼叶卷草，又似长蛇吐须，使月梁的形式更加完美。"针对刘杰所指出这种与宋式做法相似的月梁，刘淑婷与薛一泉进一步指出，"形态弯曲优美、富有装饰性又起结构作用的月梁，不是插入柱身，而是架于栌斗上"，又说，其"在宋代被称为'虹梁'，是一种较古老的做法，宋代以后基本不再使用"。前者引自文献[12]¹²⁵；后者引自文献[6]²⁵⁷
② 根据刘淑婷与薛一泉等推测，逐跳偷心之多层插栱其渊源来自于宋代浙江一带的民间，从其采用逐跳偷心的做法可判断系为宋式，毕竟，"偷心造"在宋后就逐渐为"计心造"取代，前者似乎只有在泰顺这类山区才有比较多的保存。[6]²⁶³⁻²⁶⁴
③ 甚至由于地缘之便，除了当地工匠自行主墨外，亦有直接聘请浙闽两地工匠前来建造者。
④ 泰顺所曾经出现的木樀（木质柱础），亦可在温州永嘉的苍坡、周宅、港头、渡头、霞美、芙蓉、鹤阳、蓬溪、花坛与廊下等村见之。
⑤ 泰顺民居与温州有一定渊源，符合了泰顺当年移民主线之一从"今天的宁波以西为出发点向东向南，而自今奉化沿海滨南下为主线，在到达瑞安、平阳以后再溯飞云江、敖江西入山区"的路途，以及地域发展后长期隶属温州管辖的历史事实。[15]
⑥ 据悉，仙居古民居、筱村门楼外、雪溪胡氏大院等部分现存屋宅系邀请来自金华的大木师傅建造的。此与这些家族来自金华、处州一带的地缘网络脱不了关系，大体符合了浙北移民迁入泰顺的另一路线，亦即由叶兴保于唐高宗永隆元年（公元680年）由钱塘经今丽水碧湖迁入安固百丈青山头南峰岙（今黄坑乡南峰村），所走的路线：即"自今诸暨溯浦阳江，尔后下婺江、衢江，大致是今天的浙赣铁路所经，在到达今龙游以后溯灵江、下松溪，进入今天的丽水地区"，然后再转往泰顺的路线。[15]
⑦ 吴松弟、刘杰："福建工匠不论柱子尺寸大小，其面部尺寸一般为鲁班尺二寸，其余部分均作抹角；而金华工匠则根据柱子的大小，按照比例确定面部与卷杀部分的尺寸"，故而，根据柱子的截面形状，以及其较为粗放的做工便可大约判定工匠的来源，而福建工匠显系是泰顺民居建筑营造技艺的重要参考。[2]²³⁵⁻²³⁶
⑧ 平阳在清中叶正是闽南人迁移聚居并进而入垦泰顺的重要据点，而龙岩虽在闽西，却与闽南紧密接邻，故而，当地的营造文化有可能便是靠着如此迁移的过程而对泰顺发挥了区域传播的影响。
⑨ 口诀："发炮，呼一，三根焚香，拜请鲁班师傅到，又拜杨久平先生到。帮主人取个地坪，后面取个五龙之地，前向取个八卦之山。又帮主人取条好栋梁，何地取来？是凤凰山取来。"[4]

的文化积淀看来，八成有着值得探索的空间技艺承传故事？

3. 饱含地方积淀的构筑组件

尽管有宋式等传承，且受到区域等影响，但泰顺先民却在面对地域特殊条件的实践中，逐渐发展、积累出民居等构筑属于自身兴造的文化逻辑①，也总结收纳了各种称谓而形成特属于泰顺的一套构筑组件。正因如此，据刘淑婷、薛一泉对匠师调访可知，几乎每个构件皆有名称，不仅有利于抓紧位置正确施工[6]275，且具有丰富的象征内涵。其比较重要者如下：

首先，柱子基础部分分为两段，由下到上分别为"磉盘"（柱顶石）与"磉子"（柱础），显与江南一带惯习及吴语的传播有关（图4）。②有意思的是，相关资料显示，江南吴语地区会将柱础称为"磉"，似乎与其采桑生产生活需要以石垫脚，以采摘手够不到的桑叶的经验密切相关（"磉"因而指"采桑用的垫脚石"，引申为"柱石"）。③如此经验透露了柱子之立显然被类比为具有采桑般意义的行止，必须立在坚石之上，以便生产珍贵的丝物并获得丰美的财富。而磉子，也具有了作为美丽事物与财富后盾的象征。泰顺虽与

江南不尽相同，也不盛产蚕桑，却依然使用了磉盘与磉子之称，显然，亦如其他吴语区将柱础视为生产美丽事物与获取世俗财富的坚实后盾，而这自然也赋予了泰顺民居向上的意义：在磉盘与磉子稳踏的基础上，被比拟为树木生长的柱子将昂然而起、架起屋宅，从而为居民的生产与生活提供得以安身立命的立足点。

其次，则是以穿斗式构架形成栋架的柱、枋等元素。先说在《营造法式》中被描述为"孤立独处，能胜任上重"④的柱子，泰顺民居主要采用木柱，除了步廊（檐柱）为一层高外，其余为直通屋顶的通柱，整体而言具有模拟树木生长之意涵。这些柱子按其部位、作用之不同而常有各自名称，其中，撑着栋梁的柱子被称为"中柱"、"栋梁柱"、"正金柱"（金柱）或"襟柱"："中柱"系采其位置而言，可见人体中心意识之隐喻；"栋梁柱"则与其撑起栋梁有关，显示了此柱承担重担的关键性；"正金柱"（"金柱"）则借由"金"字进一步赋予了此柱与永恒及财富显贵的可能联想；至于襟柱之说，以"襟"字古指衣之交领、后为衣之前幅而引申为胸怀的观点视之，除了仍旧保有"重要性"之意外，更被赋予了礼

制与人格的意涵，意谓了此柱将撑起栋架、形塑出宗族式仪与理想之胸怀。中柱之外则依中柱前后被称为"前大步""前小步""前廊步""后大步""后小步""后廊步"。"前""后"显示了方位，"大""小"则显示了位次，与空间名称"廊"皆是对于所在位置的指涉。至于"步"则有人行步履之隐喻，也有计量之指涉，三组名词混搭组合，形成了对这些柱子有如人体平衡分布稳步踩踏在磉盘磉子之上，而将与中柱一起升起、组构成坚稳栋架的最适切描述。另外，二层前檐柱则配合所在的"走马廊"而被称为"骑廊柱"。值得注意的是，除了上述长柱外，泰顺民居在栋架上亦有立于"档枕"（骑桐枕）上的短柱，称为"直柱"或"骑桐""骑栋"等，其与二楼的前檐柱"骑廊柱"共同连系了泰顺山区古道骑马而行的特殊生活经验，也寄寓了任重而道远的特殊想象（图5、图6）。

再次，则是穿系起柱子的枋。泰顺民居以穿斗式为主的木构栋架，在依靠通柱承重的前提下基本上不靠梁传重，而系借着"穿枋""斗枋"之类的水平构件担负起联系柱子、维系框架稳定的作用。"枋"字从木从方，虽是一种树木，却也指涉了"两

---

① 走入泰顺，看到一栋栋散布在乡野间、聚落里的民居建筑，大概很难不感受到其特殊的风貌，也许，个别构件的做法与宋《营造法式》有明显的关联，也显现了与金华、温州或福建等做工类似的风貌，但却具有整体与其他地域不同而独属于泰顺的技艺构成。可以这么说，经过了多年的历练，泰顺工匠在溪山已然发展出特属于泰顺建筑营造的文化逻辑。

② "磉"字虽曾出现在宋《营造法式·第三卷》中，被认为是"柱础"的一种："柱础，其名有六，一曰础、二曰礩、三曰碣、四曰磌、五曰磩、六曰磉，今谓之石碇"（《义训》也说："础谓之碱，碱谓之礩，礩谓之碣，碣谓之磉"），然而《营造法式》的正式名称仍是"柱础"而非"磉"。"磉"字之使用倒是与江南一带习惯有关，不仅与磉子字有关的词汇多与吴语区有关，有关于"磉子"，更直接是出自吴语特别是宁波一带的方言，是以应钟《甬言稽诂·释宫》会说："甬俗称柱下质石为磉子"[16]。以此观之，泰顺地区会将柱础称为"磉子"、柱顶石称为"磉盘"，显与吴语的传播有密切的关联。

③ 百度百科上有一则有关磉的十分有趣的资料："磉，形声。字从石从桑，桑亦声。'石'指垫脚石。'石'与'桑'联合起来表示'为了采摘手够不到的桑叶而使用垫脚石'"，其义指"采桑用的垫脚石"，引申为"柱石"。[17]

④ 《营造法式·第一卷》释"柱"："《说文》：楹，柱也。《释名》：柱，住也。楹，亭也，亭亭然孤立旁所无依也。齐鲁读曰轻。轻，胜也，孤立独处，能胜任上重也。"

图4 泰顺民居可见饱含地方积淀的构筑组件，例如"碌盘"（柱顶石）与"碌子"（柱础）
图片来源：许婉俐摄于 2017 年，雪溪

图5 翁山古民居中的档枕栋架，可见栋梁、嬉梁、骑桐柱等
图片来源：萧百兴摄于 2017 年

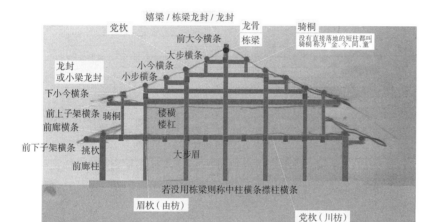

图6 泰顺乡土民居栋架示意
图片来源：萧百兴绘

柱间起联系作用的长方形木材"[18]。或因如此，泰顺师傅率皆把穿枋（穿枋）、斗枋（由枋）称为"枕"，读"qian"，有时亦被简写为"欠"，令人想起了穿斗式构造中名为"纤子"的构件。姑且不论"枕"是否从"纤子"转化而来，其基本上就有如"纤"字本意——拉船绳索般地牵系起成排的柱子，而使其发挥聚拢一驳屋架而形成稳定栋架的作用。事实上，从泰顺工匠将穿枋写为"枕"，却不发其"xian"之原音而读为"qian"可以推测，"枕"字极可能为其所创

的生造字，亦即以"欠"字结合"木"字而成理想中可以担任穿枋、斗枋或纤子角色的构件。其可能带有"牵系"之意，甚至亦有可能如"欠"字为"张口气悟也"。象气从人上出之形（《说文解字》）之义所示，暗示了其系会呼气的材木，让人想起了泰顺民居着重气流通透，以便与宇宙自然共同呼吸的独特用心，实值得进一步深入探究。有意思的是，以枕为基础，产生了诸如"眉枕""档枕""骑桐枕""马口/马口枕"之类的构材。"眉枕"系指构成密梁平顶

构造之一根根横梁，支承着二楼楼厅的木地板，起着扎实的结构作用。其于厅头顶部配合两侧纵向的"档枕"构成的一格格横长的空间，让人想起了泰顺先民认为"屋如其人"、将构件比拟为眉之类器官的相关想象。"档枕"（"档"工匠一般写为"党"）主要指位于楼厅上部每驳屋架上的纵向系材，经常会有三到四皮。之所以称之为"档枕"，根据研究者与大安人大曾民格主席及上交垟郑昌贵大木师傅的共同推敲，有可能系指挡住每驳屋架侧推力，有隔开榴与榴之间空间的作用。这些档枕中用以支承骑桐者，则可被称为"骑桐枕"，与走廊上部驳起二楼楼板而被称为"马口枕"的构材，共同呼应了山区骑行的生活经验，以及期待负重行远的特殊想象。

值得一提的是，通柱与骑桐上缠绕着白藤的柱头撑起的乃是一根根被称为"横条""行皮""桁条"的檩条。位于中间最高的一条即是所谓的"栋梁"，其上紧伏着一根"龙骨"作为承担屋脊的收头。作为屋上的横木，檩条的分布随着柱子的举折下降形成了一定曲形的凹面，

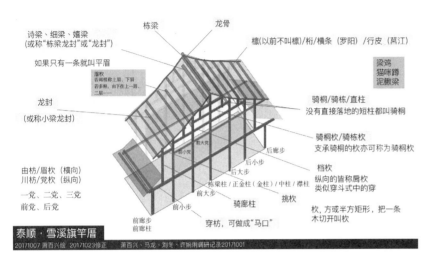

图 7　泰顺乡土民居栋架示意
图片来源：萧百兴绘

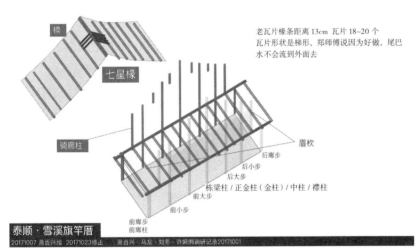

图 8　泰顺乡土民居七星椽布列示意
图片来源：萧百兴绘

以便承受来自上天的恩赐。事实上，"檩"字从木稟声，为具有"稟"①义之构材，亦即用以承受诸如赐谷之类恩赐的构件，令人想起了泰顺将稻谷视为上天恩赐之传统。包含栋梁在内的诸般檩条因而不只是"用于架跨在房梁上起托住椽子或屋面板作用的小梁"，而更具有着承恩之材的独特用意。难怪，泰顺先民会如此注重上梁仪式，不仅请来各方仙灵观礼，更直接将栋梁比拟为一条龙（口诀："栋梁好比一条龙，摇头摆尾卧当中"），意味着将带领屋宅化为龙而悠游于气宇的恩泽之中。在此状况下，栋梁下仅起着连系作用的一根横梁会被称为"嬉梁""细梁""诗梁"，更有师傅称之为"栋梁龙封"，意味了伴着栋梁一起戏玩之义；而前小步上檩条下也经常会有根用以系连的横梁被称为"龙封"或"小梁龙封"，其与"龙骨"以及如龙的"栋梁""栋梁龙封"，再再显示了泰顺民居与仙龙不解的渊源（图 7）。

檩条之上则是被依序排铺的一根根"椽子"。根据《释名》："椽、传也。相传次而布列也"，可知椽子系依序布列于屋坡上之材，具有依次递传之意。从泰顺工匠将先钉的七根椽子（前三后四）称为"七星椽"可知，此一被精心布列的秩序，显然对应了天象运行的原理。事实上，"椽"字会以"彖"从"木"是有道理的。《易·系辞》即说："彖者，言乎象者也。"又说："彖者，材也。"亦即，"彖"指有才德的成卦之材，具有统总一卦、整体掌握卦象的意义。可见，包含了七星椽在内的诸多椽子，乃是被寓意为如彖辞般能够呼应卦象的成德之材，其所布列者，无疑是天纹的展现，具有哲映天机的潜力（图 8）。

凡此种种，具是泰顺构筑的独特展现，显示了泰顺民居等的构筑组件实已饱含了地方性的积淀。事实上，相关的构件元素其做法、命名或有历史之承传，或有来自邻近区域之影响，但皆在泰顺地域性的浸染下形成了泰顺的特色，长期地方实践的积淀除了日益促成构筑方式与构件名称的改变外，更形成了整体特属于泰顺的技艺风貌，而蔚为珍贵、值得保护和发扬的文化遗产。

泰顺民居以木构为尊的营造技艺虽有着宋式遗风，但也随着先民入垦的过程而与周遭区域有了文化上的交流互动，来自浙江温州、金华或者福建的营造技艺，皆在泰顺获得了发展的空间。尽管如此，泰顺民居等以木构为主的技艺，却在历史长河的实践中，逐渐发展、积

① 《说文解字》：稟，"赐谷也"；稟，《广韵》与也。《增韵》供也，给也，受也"。

累出属于自身兴造的文化逻辑，且有了整体与其他地域不同而独属于泰顺的技艺构成。诚如礤盘、礤子、襟柱、栋梁、龙封、眉枕、七星椽等构件名称所示，泰顺民居从基础、柱枕栋架到屋顶等，几乎每个构件皆有名称（且经常具有独特性），既有利于辨位准确施工，且具丰富象征性，乃是泰顺构筑的独特展现，显示了泰顺民居等的构筑组件实已饱含地方性的积淀，而蔚为珍贵、值得保护发扬的文化遗产。

五、仿生构筑的生活体贴与象征展现

浸染于泰顺性中，工匠在长期实践里发展出了独特的构筑技艺、构筑组件，积累出属于泰顺构筑的文化逻辑。这是一种具有深刻社会文化意涵的仿生构筑，既呈现了生活的体贴，也展露了象征的敏锐，蔚成了泰顺民居空间构筑的秀异特色。

1. 林花气韵：构筑仿生的自然回归

泰顺民居的构筑具有强烈仿生特质，充满了花草林木有关的自然主题。根据调访，其以林为师，回归自然，十分重视对树木生长的模拟，材料运用须能符合林木生长原理。① 如此原则，亦表现在椽子② 与柱列③ 等构件运用上，椽子、柱子等构造元素于焉被赋予了生命，不再只是物理之物，而是可以彼此互动并与居住者等互动的有情主体④。

在此状况下，屋宅可说被视为具有生命的有机体⑤，且将所在山林当作重要主题。就此，林木花草等自然事物显系是受到重视的元素，既透露了溪山林野生活的亲近性，也深含了耕读文人承自《楚辞》一脉对香草美人的爱好。而从诸如眉枕又称眉花、档枕也叫档花之类说辞⑥，以及民居正面空间构筑经常充斥花的主题⑦ 可知，"花"显然特别成了构件的重要隐喻，不仅让木构沾满了林树成长、欣欣芳绽的意

涵，也让整栋民居宛如林木生长的花草胜境，是一处林花蔓长的世界。

质言之，屋宅中一根根有如树木的柱子稳立在土石之上，配合了穿枋、雕饰等被整体地搭构而起，终将赋予整栋屋宅以林木的隐喻。走进泰顺民居，因而有如走进泰顺山林，是一处充满了林木花草的自然世界。然而，由于屋内少见雕饰更不见彩画⑧，而只是以质朴的栋架本身隐喻林木的成长，是故，整体空间呈现出的更是一副疏林清野的朴质之感，其间，虽有花草，却显幽致而溶晕于林木枝干深犷的大气里。借由仿生构筑赋予己身以生命的泰顺民居，因而是处林花气蕴的世界，其借由充满机息的建筑空间展现，再再彰显了泰顺先民亟欲借由构筑以回归自然、沐享林泉气蕴的磊落心志！

2. 触木温心：构筑体感的身心安置

泰顺民居的构筑必须动员技艺达成体贴身体、抚慰心灵的效果。⑨

---

① 以厅头金壁来说，为泰顺家户接纳回龙风水之气的壁面，系被视为生命之物，做工异常讲究，须"保存林木完整的生气，以便顺利与自然风水相结合"。诚如翁士巍师傅所述，用以组成金壁的"木板必须尾上头在下，就好比大自然中树的生长样态"，并且"木板不能将接缝线置于正中，而必须是板面置于正中"。甚至，对很多讲究的房主来说，构成金壁的木头，还必须采用同一棵树所裁下来的木板，亦即，保存林木完整的生气，以便顺利与自然风水相结合。[7]

② 以椽子来说，诚如工匠所述，细长的锥形必须下大上小进行排布，因为这是树木生长的原则，是自然造物成长的原则，必须虚心地学习。

③ 穿斗式的柱子基本为通柱，其站立于具采桑之类自然采集垫脚石含义的礤盘与礤子之上，系被比拟为一株株生长的林木。是以，上小下大，上有卷杀，有时还会缠以防止柱头崩裂的白藤。而若是位于走廊的前廊步，柱子上常会设置栌斗并连上莲花斗或者带有似琼叶卷草之类装饰的月梁等构件；位于门厅中的柱子，则更经常会在柱的上半部由插栱、札牵等构件形成林木生长之意象。举例来说，胡氏大院门厅的几根附壁柱（特别是中柱）有精彩的表现：其附壁中柱到了上部于纵向两侧借由类似栌斗般的构件各自插接了两根月梁似的穿枋，并于接近最上端处的两侧插接了两根S形的泥鳅梁（札牵），最顶端处还有木板装饰。这些构件不止表面上可见卷草之类的纹样，而且本身形态宛如藤蔓生动伸展，连接在柱上，整体构成了一派树木自然卷曲伸展的美丽样态，端是一幅艺术的瑰宝。

④ 是以，会有嬉梁与栋梁之间的彼此戏游，也会出现骑桐这类比拟于先民骑乘等经验的构件命名。

⑤ 泰顺整栋屋宅可说在无形中被视为具有生命的有机体，其既是物，但更是人，"屋如其人"往往成了指认屋宅生命特质的关键原则。

⑥ 泰顺某些工匠的说辞里，眉枕又有眉花之称，档枕也会叫为档花，"花"显然成了构件的隐喻，让木构本身沾满了林树成长、欣欣芳绽的意涵。

⑦ 泰顺整栋民居的正面空间中，不管是穿枋、门窗槅扇等构件，还是屋脊之上，经常可见诸如垂花柱（垂莲柱、花篮柱、冬瓜柱）、莲花斗／花叶斗、瓜棱形斗与海棠形斗、捆草脊角等与花草有关的雕饰，而有些门楼，连泥塑也会画上与花草有关的主题（例如雪溪胡氏大院的上堂门楼即画上了松竹梅柳四君子；张十一故居正三大门上之砖雕彩绘除了暗八仙外则为吉花瑞草）。在此状况下，诚如张十一故居正三大门内上匾额"花开昼锦"所示，白昼花开得如锦绣般灿烂，整栋民居宛如一栋林木生长的花草胜境，是一处林花蔓长的世界。

⑧ 泰顺繁复的花草雕饰多见于民居正面空间的相关构件。屋内空间则少雕饰与彩画。事实上，相较于邻近闽东屏南、蕉城等区厅堂壁板上部木构经常出以花饰般的补间铺作，泰顺金壁之上的木作则相对十分简化。

⑨ 泰顺先民借由屋宅营构，为家族建立了存在立足点，让成员有了安身立命的生活所在。民居于焉担负了承载家族日常社会生活运作并中介其发展的任务，因而需在身体上提供家族成员可能的庇护，并在心理与精神上给予可能的慰藉。

就此，尺度显然经过精心控制。综观泰顺民居，虽通透疏朗，也具庄严感，但室内却少见过于高大的空间[①]，其空间基本上系往横向发展，走廊、厅头、走马廊等尺度不高，让人有触手可及之感[②]；另，木板被使用在房间等处作为较为私密之生活空间的主要构材，可说加深了这种屋宅贴身的感受。[③] 而正是在如此特意经营的前提下，泰顺民居以构筑提供了家族成员能坐下、躺卧、休憩、安睡的重要凭借。

可以这么说，透过对木构尺度、材料触感等的细腻经营，民居为居住者提供了一处能与土石保持一点点距离的空间。泰顺先民虽踏立土石基台而感受到了天地的自然力量，

却仍需借由木质贴肤的中介以保存温暖、维系生气。诚如用以吸收回龙之气的金壁定要使用整块木料[④] 所示，木料不仅带给泰顺人体触的温适，更为他们贯注了呼吸循环的气息，而让生命获得了温馨滋润的胚床。以木料筑墙包绕而成的房间，因而有如泰顺人得以透气呼吸的外皮。借之，他们既隔离了侵扰，却仍保持了与外界的通息；同时更得以蜷卧其间，搭配棉被等更柔软的物质而取得了身心安置的亲昵之感（图 9）！

难怪，中柱顶端栋梁两侧经常会设置形状若耳的衬垫木块"心朵"（或称"栋梁耳朵"），寓意了泰顺人要借宛若身体般敏锐的木构，用心

去体察气息以养生机（图 10）。细腻体贴的木构营造，显然为他们提供了身心得以泰然憩息、恒久安顿的基础空间！

3. 禽畜贴心：构筑拟态的人情陪伴

泰顺民居木构技艺的另一特色便是匠师会透过组件的拟态塑造，让民居具有居家陪伴的功效。在前述基础上，他们进一步照顾使用者生活感受，让民居具有身心疗愈的安顿效果。[⑤] 于是乎，泰顺匠师发挥巧艺，在屋架施作过程中，植入了诸如"猫咪蹲"、"牛腿"（斜撑拱）、"马口" / "马口枕"、"梁鸡"、"泥鳅梁"（札牵、搭牵、单步梁）、"梁凤"（"嬉梁"）等泰顺农家常见禽畜的形

图 9　马口枕、月梁等泰顺民居栋架构件示意
图片来源：萧百兴、马龙、刘冬、许婉俐记录于 2017 年

图 10　心朵、嬉梁、丈篙等泰顺民居栋架构件、工具示意
图片来源：萧百兴、翁晓互、许婉俐记录于 2017 年

---

① 与屏南等闽东北民居经常可见玉楼高厅的状况相当不同，更与三坊七巷中福州式高敞气派类似官厅的屋宅大相径庭。

② 不管是一层走廊、厅头，还是二层走马廊、楼阁头，以及各榴房间等空间，让人有触手可及之感；另，即便是较为高大的楼厅，也没有过于高耸的尺度，以至于让人觉得陪伴着栋梁的嬉梁就在那里，被誉为"丞相陪伴着栋梁王"的丈篙也在那里，加以二层以上长伸而被刻意压低的盾瓦檐，让人与屋宅有了容易融为一体的切身感。

③ 泰顺民居虽会在走廊、厅头等地刻意留置三合土或大格黄泥夯土，但在其他用以日常生活特别是用以安睡休憩的空间，却不忘垫起高度、铺上木板而与四周木板墙及木顶形成一体，让整个房间充满了由木料形成的亲昵感。毕竟，木料以其相对细腻、温暖的质感与气味，以及能适度隔绝潮湿的特性，无疑能提供较三合土或夯土来得适合人体长期蜗居的条件。

④ 充满纹路毛细的木材被视为能吸纳风水之气的材料，是以用以吸收回龙之气的金壁定要使用木料，且最好是整块木料。

⑤ 生活需要陪伴，心灵需要抚慰，泰顺先民以耕读劳动为主的生活是如此辛勤，遭遇洪水等灾难而须弭平的情绪又是如此曲折，故而，如何在其放下田园等劳动而归家之时，在其暂别灾难冲击而返厝之际，能够获得陪伴、接受抚慰，便是重要之事。就此，来自家人、宗族与神灵的力量虽是关键而重大的，但个人总有独处之时，而且整体宅的环境、氛围也将左右疗愈之效果。在此状况下，木构技艺势必担负起必要的用心，让家宅成为陪伴的所在，发挥其抚慰的积极功效。

马口／马口枕

出飞
猫咪蹲
柱头斗
莲花斗

泰顺凤垟西溪包日许工匠口述，萧
百兴、翁晓互、许婉俐等记录
20170401

图11　泰顺民居栋架构件示意
图片来源：萧百兴、翁晓互、许婉俐等记录于 2017 年，凤垟西溪

态[①]，让其鲜活地占据屋宅各个角落，成为民居栋架上的栩栩常客（图 11）。

　　这些构件虽以常见的禽畜命名，但皆不是直接复制，而是取其形似（包含构件所能发挥的作用），透过符号性刻画，予人以联想的可能。这是拟态的构筑方式，借由对形态的细腻与抽象掌握，匠师再现了泰顺先民经验里、心目中德禽仁畜的

姿影。木雕禽畜，于焉成了最贴心的活物，是默默陪伴泰顺先民生活的亲昵伙伴。或因如此，泰顺民居也会流露出照顾禽畜的面向，例如胡氏大院下堂门楼侧即留设有禽畜出入小洞，彰显了人与禽畜间细腻的情感关联。

　　这类构件，不管是撑或系，多少具有力学作用，这就使其不仅只限于陪伴角色，而更有共同形成屋

架的意涵；象征了德禽仁畜在匠师努力下协力撑起栋架、将会携手家宅成员共建家园的意涵，让人想起了"枕"的牵系作用。事实上，泰顺民居本就是一驳驳屋架在档枕与楣枕等的共同牵系下兴造构成的，携手牵系共同撑起栋架、营造家园，以作为泰顺人面对挑战、奔赴远大前程的最坚强后盾，正是民居构筑的隐喻与目的，符合了宗族社会纠集家族之力以面对不仁山神挑战的深切期盼。

4. 吉饰化金：构筑雕显的世俗荣耀

　　泰顺民居更是一处动员构筑技艺以彰显居住愿景的空间。[②]于是，小木作雕饰（连同大木等）粉墨登场，以其细腻做工发挥作用[③]，塑造了一个梦境成为现实的部分，从而让民居担负起作为存在立足点的角色。莫怪，泰顺民居尽管朴质，却也要择定前走廊进行装修，除可能做成轩棚外，亦施以雕饰[④]；而一层走廊的槅扇和槛窗等处[⑤]，二层走马廊的槅扇

---

① 比较常见的便是"猫咪蹲"、"牛腿"（斜撑拱）、"马口"／"马口枕"、"梁鸡"、"泥鳅梁"（札牵、搭牵、单步梁），以及有时又被称为"梁凤"的"嬉梁"等。猫咪蹲位于前步架（檐柱）外挑枋上，为圆矩形带有简易刻饰的木板，或许因为形如猫咪蜷缩而被昵称为猫咪蹲；牛腿为斜撑拱，一头插入柱身或立于丁头栱上，另一头置斗承枋，常见于转角处。其整体形成的效果，带给人有如粗壮而能支承重量之牛腿的想象；马口系位于走廊上直接撑着二楼楼板的档枕，挑出廊步（檐柱）后下接柱头斗、上承猫咪蹲一类饰板，而后再缩小成横矩形，挑起檐口檩，整体而言带给人以马口之想象，并涵纳了远行之寓意；梁鸡即是替木，经常位于厅头的眉枕之下，常做成一端有如吐舌的长条状，闽南称之为"鸡舌"；泥鳅梁则为札牵，经常位于走廊上的穿枋上方，一头插入前小步，另一头立于穿枋承载的栌斗之上，做工相较来得卷曲繁复，带给人泥鳅之想象。
② 人类存在感的架构，除了依附在劳动生产基础上的生活庇护，以及对于再生产所需要之情感的抚慰外，更需要梦想的启示与激励，是以包含泰顺在内的乡土民居自然必须发挥如此的功能。为此，构筑势必要动员相关的技艺，透过空间美学与艺术形象以提供相关的画面，从而满足、达成这般功效。
③ 其虽不似由档枕、楣枕等主要构件配合拟态之建筑组件所组成的栋架般在结构等方面支撑起实质空间的存在，却针对泰顺人等的欲望在想象空间方面发挥了无法取代的效果，从而完成了民居之所以是民居的重要功能。
④ 前走廊总是泰顺乡土民居最常被施以装修之处，其可能做成卷棚式、覆斗式或鹅颈式轩廊，并在穿枋、骑桐之类构件上施以花草等装饰。
⑤ 泰顺民居走廊的当心间虽没有借由门扇等形成隔墙，但左右两侧各榴房间相应之门、窗之处基本上会做成垂直的细长槅扇，而形成"将门"等组件。这些槅扇门由"边梃""抹头""格心""裙板"与上、中、下三层或上、下两层"绦环板"组成。其通常并非全部通透，而是下半部之裙板及下绦环板由木板封实（有时还会加上中绦环板），上半部则做成槅扇窗，由格心与上绦环板组成。格心为槅扇最主要部分，系由可以拆卸而以竹钉固定的"格心篦子"组成，整体显得朴质素雅。其多为平棍细木条（向外一面呈外凸微弧）以榫卯相互咬合而成几何图案，但亦常常被拼成各种题材图案，也常被制成"福""禄""寿"之类的吉祥字符；格心之上接近上方穿枋下上槛处则为上绦环板，虽然因为位置较高必须仰望才能目视且较难接触及，却经常设置了丰富的浮雕而吸引了众人的目光。总体而言，除了几何图案与字符外，相关题材主要包括了花鸟等动植物，以及山水庭园（含亭台楼阁等）、耕读生活（含笔、墨、纸、砚、琴、棋、书、画、耕、读、渔、樵等），特别是忠孝节义故事（戏曲、传闻人物）与八仙等传统传说，可说让民居充满了人间的气味。

与外檐栏杆①，特别是门楼②、门厅等也施以大量装修③。这些雕饰上诸如花鸟等动植物、山水庭园、耕读生活、忠孝节义故事与八仙传说等题材，以及多样手法表露的深意（如鹿 – 禄、龟鹤 – 长寿、八仙暗八仙 – 祝寿等），让民居充满人间气味[12]134-137、[20]，并呈现出祈求吉利平安的美好祝愿。

特别的是，泰顺民居屋顶脊饰虽相对简单④，但山墙屋檐下却显眼可见"悬鱼""惹草"这类宋《营造法式》官式建筑中之装饰，大约可分为鱼形、花瓶、云纹与抽象变异几类图案[6]246-252，突出了泰顺民居的鲜明形象。其虽具有保护檩条不受雨水侵袭的效果，但从老师傅等话语可知更重要者实在于攸关生机、护佑平安等的象征性⑤，可说对应了生活经验或生命体会的细节，涵纳了祥和喜庆的独特寓意⑥，指涉了对于花繁锦灿、生气乐活的美好期待。

这般雕饰，位于民居正面，牵涉了财力，是家户彰显脸面之社会

图12　门楼及正厝正面空间充满了雕刻等吉饰，展现了世俗荣耀。雪溪旗竿厝
图片来源：马龙等摄于 2017 年

地位的反映⑦，其除了道出喜庆氛围与未来愿景外，也彰显了世俗荣耀。而这其实透露出宗族社会对礼制的重视以及对文与质统一美感的要求。其诚如"金山玉海"赐匾所示，期盼的是家族子弟位列朝班所绚丽焕发的如金似玉光彩⑧，从而彰显出积极健朗的人生价值，可说以独特方式回应了中国士人对"仕与隐"

的关怀⑨（图12）。

5. 弧宇出飞：构筑化境的道体风映

泰顺先民虽期盼世俗荣耀，却也眷恋着星辰宇宙的渺阔浩瀚。他们不敢或忘天地恩泽，也总是觉察着风水呼应了仙道气宇的势动⑩，体会民居实为人文脉纹的化显，须融合大道的运行。泰顺民居的构筑，

---

① 除了步廊空间外，二层走马廊的槅扇有时也会出现类似的装修，而其外檐栏杆亦可见几何图案之装饰。另，厅头金壁通常是不施装饰的，但在张十一故居中此壁上方的铺作部分亦出现彩饰。

② 以张十一故居来说，正三大门内外除了置上匾额外，亦有以质地细腻之水磨青砖制成的砖雕彩绘，呈现了暗八仙与吉花瑞草相关的内容。网友仙 – 燕："正三大门外上匾额为'星聚奎文'，内上匾额为'花开昼锦'，还饰有砖雕和彩绘，内容多为暗八仙和吉花瑞草。……制作这种砖首先要精选泥土，再加人工淘洗除去杂质和砂粒，烧制而成。在砖上雕刻分'打坯'（构思草图）和'出细'（精雕细刻）两道工序。"[19]

③ 诚如刘杰指出，这些雕饰运用了多样手法而具有深远寓意："有的取谐音，如：鹿 – 禄、蝙蝠 – 福，花瓶 – 平安，莲 – 廉，鲤 – 利，鱼 – 余等；有的则是引申移情手法，鸳鸯 – 恩爱，龟鹤 – 长寿，牡丹 – 富贵，石榴 – 多子，浮萍 – 淡泊；有隐喻手法，如：八仙和暗八仙皆为祝寿，鲤鱼跳龙门象征登科及第等"，再再呈现了乡民祈求吉利平安的美好祝愿。[12]140

④ 经常只是在正脊中间施以卷草、云纹或字符之类的装饰。

⑤ 老师傅董直机说道："栋梁之上就是屋檐了，梁木的两端，在檐角，常有雕刻图案的木牌子。有的是悬鱼，有的是卷草。……雕两条鱼的才是行家里手，因为鱼尾巴可以交错，活蹦乱跳的样子，是活鱼。雕一条的，看着笔直，死鱼一条，就没有生机了。"薛一泉亦说道："屋檐上的雕花板除了防潮和装饰，其实有很重要的意义，那就是以水克制邪火，以保木构平安。如叫悬鱼的雕花板，之所以以鱼为题材，或刻上在五行中代表大海之水的'壬'字，都包含护佑的寓意，体现其中的内生关联。"董直机及薛一泉引文皆见文献[9]。

⑥ 是故，"在小木作里，一定不会把牡丹花雕在斗床里，因为它只开花不结果。所以，石榴就成为斗床最常见的吉祥图案"[9]。

⑦ 不管是门楼、门厅还是步廊或走马廊上的装修，再或者是张十一故居与胡氏大院的蜈蚣花雕砖墙或侧院的花窗隔墙等，所选无疑是民居正面甚或脸面的所在，是故要施以装饰，除道出喜庆氛围与未来愿景外，也彰显自身属于世俗的荣耀。

⑧ 诚如张十一故居右侧横楼厅头"金山玉海"赐匾所示，其绚丽如金似玉，总要让金壁在家族送往迎来的交谊中，焕发出极度光彩。

⑨ 泰顺先民尽管崇尚隐逸，但绝非如嵇康、阮籍般走向对人世的否弃，相反地，崇尚自然的他们热爱人间，喜爱功名，而要以构筑的细腻雕工呈现出自身偏好，并让赖以安身立命的居宅成为愿景金显之处，从而日复一日地激励着自身的迈步前进。

⑩《老子·第五章》："天地之间，其犹橐籥乎？虚而不屈，动而愈出。"对他们来说，这仙道气化宇宙，有如老子以橐籥所隐喻的虚空般，将在风动的吹蕴下，生机翻涌，以各种自然的、人为的纹脉具体地展现自身，镜映道体。

图 13　泰顺民居具有十足通透性，是属风的建筑，总是在站立土石后，任由被比拟为林树的构架在风中领略着云雾的流动、气露的滋润
图片来源：龟湖陈海洋，萧百兴摄于 2017 年

图 14　泰顺民居着重弧宇出飞的独特屋顶做法，让构筑展现了风映造化道体玄妙的深刻欲望
图片来源：萧百兴摄于 2017 年，棠坪村

于焉必须借由境界的提炼凝化，遥指玄妙的道体，镜映如风的精神。莫怪，泰顺民居会选择简易朴质而轻稳的穿斗作为构架：一驳驳屋架横展树立的立柱直挺至檩，相当细长，结合档枋楣枋组成栋架后显得轻盈，让稳重的横长之屋展现了轻盈之感；加以两侧山花多不封墙，而任纤细的立柱连接了几皮档枋与骑桐枋并以疏致的形态暴露于外，构成了柱枋风立的决然姿态，让人想起了《庄子·逍遥游》中神人于藐姑射山野乘云气以吸风饮露的大美姿影。[1]

泰顺民居于焉是座属风的建筑，总是在站立土石后，任由被比拟为林树的构架在风中领略着云雾的流动、气露的滋润（图 13）。难怪其要以"通透"作为构筑效果，让木柱疏朗地撑起了一榴榴敞朗的空间，不仅厅头与楼厅不设门窗与外界隔绝，连位于走廊或走马廊内侧的槅扇，也仅以较轻薄木板隔开内外，从而让室内外取得联系一气的通透感，可说呼应了须露天制作栋梁以吸收天地日月精华的习俗。[2]

此通透不仅止于对田洋林野的平视，而更要俯仰宇宙，抱承造化恩泽。于是，大木师傅借由"举折""侧脚"与"生起"让长长的出檐配上阴阳叠成的黑黛板瓦，形成松软的弧脊屋顶。穿斗式以平坡顶为准、不作反凹曲面的惯习因而被打破：匠师念着师门口诀，拉出漂亮的软面弧线，以至于，虽没使用"飞椽"，却仍借由"出飞"[3] 等做法[4] 形成了飞出的效果，让民宅具有了反宇拥抱苍穹的姿影，令人联想起溪山百姓邀请道士举行科仪时冀盼羽化飞升的素朴愿望（图 14）。

事实上，一根根均布于檩条上模仿树木生长原则的细长锥形椽子，上细下粗，朴质古拙，总是带着浓烈的往下飞冲之势！其由脊顶经长软的反凹曲面顺势就下，终而在左右垂脊接连的两侧下方类似老虎窗般三角形小屋顶所巧妙带起的上扬弧度中，重新指向了天际，望向了星月，让人想起了椽子布列先要以中轴为准、前三后四地钉下七根"七星椽"而后依序布列的规矩，其除了呼应北斗星象外，更具有着统总乾坤卦理的深刻寓意，借之，搭配民居走廊上方经常出现之月梁般构件的意象，泰顺参差错落的屋宇带领民宅完成了其稳立土地、以临风之姿承领天恩进而反映宇宙玄妙道体的奇奥使命。

① 《庄子·逍遥游》："藐姑射之山，有神人居焉；肌肤若冰雪，绰约若处子；不食五谷，吸风饮露；乘云气，御飞龙，而游乎四海之外；其神凝，使物不疵疠而年谷熟。"
② 在此状况下，诸如里光等一些民居会采用"悬梁吊柱"这类减柱造／偷柱造方式以营构步廊的状况便不难理解，毕竟，正厝廊步（檐柱）与横楼廊步连线相交的阴角不设落地柱而设垂花柱（横楼檐枋架在正厝步廊上），不仅只是为了减去柱子，更是要彻底地获得通透之感，从而让屋宅与外界自然获得更为紧密的接连效果。
③ 在当地师傅的口中，廊步（檐柱）之外撑起的一片构造即是所谓的"出飞"。
④ 正因如此，泰顺民居除挑枋外，经常可见"多层插栱"（逐跳偷心插栱）等构筑，甚至出现"上昂""假下昂"与"挑斡铺作"这类较常出现在宗祠、庙宇的构件。多层插栱所形成的虽是比较古朴而武断的层挑效果，上昂、假下昂与挑斡铺作所带来的却是相对较为轻巧而流动的形式，呼应了瓦檐"出飞"所欲达成的效果。

难怪，张十一故居门楼上会高挂"星聚奎文"间距、胡氏大院会高悬"日拥祥云"与"山辉川媚"书匾，而雪溪旗杆底门楼也要揭示"紫气东来"的意境，呼应了泗溪北涧桥与溪东桥上"气洽太初"与"影摇波月"牌匾的哲思，呈现出泰顺先民耕读传家面向气化宇宙、探询道境的独特生命姿态。泰顺民居因而可说是以如风般讲究兴造境界的构筑方式，彰显了地方人士亟欲上探天宙、领略道境的殷切企盼，进而落实自身期待大朴归返的兴造价值！

泰顺民居的构筑积累了先民的经验，深具社会文化意涵。首先，其富含着强烈的仿生特质，充满了花草林木的自然隐喻与主题。泰顺民居因而是一处林花气韵的自然有情世界，具有疏林清野的朴质之感；其次，其充分顾及身体与心灵所需，借由细腻体贴的木构营造出亲昵空间，提供了家族成员生活的凭借，从而安置了先民敏锐的身心；再次，其进一步照顾使用者心理感受，借由构筑的拟态操弄重构了禽畜贴心陪伴的场景与共建家园的心意，让民居深具疗愈效果，成为泰顺人面对挑战、奔赴前程的坚强后盾；再者，其呼应了泰顺人对梦想的企求，借由正面空间中诸如花鸟、山水庭园、耕读生活、忠孝节义故事与八仙传说等题材雕饰的展现，让民居充满人间气味，既道出喜庆氛围与未来愿景，也彰显了世俗荣耀，展现出对家族子弟位列朝班如金似玉光彩的期盼；最后，其更借由兼具稳重与轻盈感的构筑表现，让民居成为临风稳立于山野自然中显露着透朗感的风之建筑，终将以其与天

地间私密的絮语、反璞出世的决然姿影，风映造化道体的玄妙，进而落实自身期待大朴归返的兴造价值。

六、代结论：朴质端雅的落落呈现——构筑为美

泰顺乡土民居稳立于土石营构的坚实基台上，立上柱子，牵插穿枋，借由檩子布上椽子，担起了屋瓦、承起了天恩。在此基础上，泰顺先民协同匠师借由构筑的仿生操弄回归了和煦的自然，营造了林花气韵的活灵世界；借由构筑的体感突显安置了敏锐的身心，催生了触木温心的随处角落；借由构筑的拟态再现抚慰了亲昵的人情，重构了禽畜贴心的陪伴场景；借由构筑的雕琢巧饰呈现了世俗的荣耀，再现了吉饰化金的人间愿景；借由构筑的境界凝化风映了灵明的道体，弘构了弧宇出飞的仰天梦想。磋定乾坤，架栋天地，泰顺民居的构筑于焉不只是纯粹的技艺，也不只是搭架了结构的实体，而是牵涉生活空间与想象空间的兴造，涉及使用者主体生活经验、心理欲望以及生命安顿等的面向，可以这么说，构筑是一种涉及了特殊历史与社会的过程与结果，必将体现"泰顺性"所赋予的独特目的，也将在此前提下，展现出秀异的构筑特质，并回馈"泰顺性"的持续积累以丰饶的内涵。

就此而言，泰顺民居以木构为主的构筑无疑是被当作一种美学的展现，或许应该这么说，对泰顺人来说，构筑为美，他们事实上是透过构筑之美的展现，让深具地方文化意义的构筑美学成为乡土民居遂

行空间兴造目的的最关键手段。换句话说，借由构筑本身各种技艺施展（包含过程与结果）所汇集绽露的总体美感呈现，开显出泰顺民居独一无二的鲜明特质，并遥指了其所可能在历史社会过程所积累的特殊社会文化意涵。事实上，综观泰顺境内的众多的乡土民居，除了极少数曾出现天花板之使用外，绝大部分都是采用《营造法式》所称的"彻上明造"之做法，亦即，不钉天花而让属于大木范围的结构构件搭配着属于小木的装饰构件，尽量外显而展露自身，成为民居空间最重要的主角。以木构柱枋为基础所形成的一驳一驳的栋架及其空间效果因而是泰顺民居最重要的组成部分，是泰顺民居显露其艺术特质最被强调的部分。

这无疑是一种追求简致并将之视为美感的构筑表现，其配合着带有原始质感的木料，无形中为泰顺民居走向朴质端雅奠下了深厚的基础。事实上，这样的原则似乎在无形中被贯彻到了屋宅构筑的方方面面。举例而言，泰顺民居即使在走廊、走马廊等空间中借由穿枋、槅扇等构件进行了装修，然就整体而言，属于小木作的雕饰的部分仍相当有限且显得朴质简易，整栋乡土民居因而基本上仍显得是以纯粹的构筑本身在展露其建筑效果；从相关资料可知，泰顺乡土民居经过长期的发展，除了门楼上可见砖雕、彩饰之外几乎不见彩绘，不管是正厝还是横楼，遑论是富户或者是一般农家，木构栋架原则上皆不施色彩，甚至也不上桐油漆料，而是保留了材质原本的颜色与质感，让栋架借由材质在时间中被

岁月日益浸染而出的状态，涵纳了风水来龙之气，从而展现出迷人的效果。

于是乎，夯土、蛮石、青砖、黛瓦等连同穿斗式的木构纷纷登上了舞台，而在来自各地域等材质默默展现自身并结为一体的支撑下，呈现出泰顺民居以兴造涵纳并反哺文化、以构筑展现并回馈美感的独特风韵。这风韵，徜徉于田野，弥漫于山林，诚如其作为一栋栋望向天地的建筑所示，既朴质又端雅，总是在毫不做作的匠心前导下，佐伴着人间耕读的些许炊烟，寄寓着大山闯荡的磊落心志，俯仰呼吸，疏致稳立，从而展现出落落大方与天地宇宙星月辰流浑融一体的迷人气质！

参考文献

[1] 佚名.泰顺：深山里的桃花源[EB/OL].（2020.10.30）.[2021.09.18].新浪财经网（来源：人民政协报）.http://finance.sina.com.cn/jjxw/2020-10-30/doc-iiznezxr8850110.shtml.

[2] 吴松弟，刘杰主编.走入中国的传统农村：浙汀泰顺历史文化的国际考察与研究[M].济南：齐鲁书社，2009.

[3] 吴俊杰，萧百兴等编著.关怀设计：由产品、建筑到环境关怀[M].北京：中国建筑工业出版社，2021：52-101.

[4] 萧百兴，许婉俐.泰顺凤垟西溪调研访问包日许工匠[Z].2017-04-01.

[5] 薛一泉.薛一泉于岭北岭尾村访问董直机老师傅[Z].2017-02-23.

[6] 刘淑婷，薛一泉.温州泰顺乡土建筑[M].杭州：浙江摄影出版社，2009.

[7] 萧百兴.前往翁山外翰第访翁士巍工匠之访谈记录[Z].2017-04-01.

[8] 吕璇.古建筑木结构斗栱节点力学性能研究[D].北京交通大学，2010.

[9] 萧百兴.萧百兴在"小说泰顺乡土建筑"群里与季海波就泰顺民居构筑相关问题之讨论对话[Z].2017-10-07.

[10] 翁晓互.翁晓互调访资料20171007（萧百兴以微信请教翁晓互所获回报之资料）[Z].2017-10-07.

[11] 薛三川（按即薛一泉）.定磉和花chou[EB/OL].美篇.（2017-02-23）.[2017-10-01].https://www.meipian.cn/dtoobwm.

[12] 刘杰.泰顺[M].北京：生活·读书·新知三联书店，2001.

[13] 萧百兴，许婉俐.上交阳郑昌贵大木师傅访谈记录[Z].2017-02-23.

[14] 张十庆.《营造法式》的技术源流及其与江南建筑的关联探析[M]//张复合主编.建筑史论文集（第17辑）.北京：清华大学出版社，2003.

[15] 吴松弟.浙闽开发与泰顺地域文化变迁——兼论浙南福建文化的共同性[R].日本大阪市立大学，日本文部省资助"东亚海域交流与日本传统文化的形成"国际学术研讨会，2006-12-25.

[16] 佚名."磉子"词条[DB/OL].知识贝壳（ZSbeike）.[2017-10-09].http://www.zsbeike.com/index.php?m=content&c=hanyu&a=show_qw&id=20279820.

[17] 佚名."磉"词条[DB/OL].百度百科.[2017-10-09].https://baike.baidu.com/item/磉.

[18] 佚名."枋"词条[DB/OL].知识贝壳（ZSbeike）.[2017.10.09].http://www.zsbeike.com/index.php?m=content&c=hanyu&a=show_qw&id=20279820.

[19] 仙-燕.廊桥秋梦——传奇人物张十一故居[EB/OL].仙-燕的博客.（2014-10-18）.[2017-10-15].http://blog.sina.com.cn/s/blog_828a5e020102v26y.html.

[20] 萧百兴.萧百兴在"小说泰顺乡土建筑"群里与薛一泉就泰顺民居构筑相关问题之讨论对话[Z].2017-10-16.

山西传统民居研究综述

李 雪 崔 勇

李雷，中国艺术研究院博士研究生。邮箱：15801129953@163.com。

崔勇，中国艺术研究院建筑艺术研究所研究员博士生导师。邮箱：cuiweye214@sohu.com。

摘要：有着"古代建筑的宝库"美誉的山西民居以其丰富的类型、鲜明的地域特色、深厚的文化内涵，成为中国民居重要的组成部分。本文从山西传统民居的建筑特色、装饰艺术、晋商建筑、文化与审美价值以及保护开发等方面，综述了 20 世纪 80 年代以来山西传统民居的研究成果，同时对未来山西民居的研究方向进行探索、思考与设想。

关键词：山西传统民居；研究与综述；保护发展

山西位于黄河中游，黄土高原东部，历史文化悠久，得天独厚的地理条件和人文环境造就了山西传统民居鲜明的地域特色。山西民居场所不仅景色优美，类型众多，形态多样，其背后蕴含丰富的文化内涵，昭示出山西本土居民独特的生活智慧和营造哲理。山西民居无论是从营造技艺、建筑特色还是从装饰艺术来说，都具有较高的科学价值、艺术价值、历史价值及文化遗产价值。本文力图综述 20 世纪 80 年代以来山西传统民居的研究成果及得失，从多个角度归纳整理，力求一窥山西民居研究现状，以期对未来山西民居研究与保护有所裨益。

一、传统民居释义

"民居"，指的是民间的居住建筑。《中国大百科全书》对"民居"的定义是："先秦时代，'帝居'或'民舍'都称为宫室"；从秦汉起，"宫室"专指帝王居所，"帝宅"专指贵族住宅。近代则将宫殿、官署以外的居住建筑统称为民居。民居在其内涵上还有狭义、广义之分。狭义上，民居常常是为了区别于现代新式住宅而称之。广义上，陆元鼎先生认为，民居还包括拥有丰富地域特色和文化痕迹的"庙宇""祠堂""会馆""作坊"等民用建筑，以及在历史长河中逐渐衍生而成的民居群、历史性文化街区 [1]。也就是说，民居不单单是一座孤立的建筑，而是建筑群，这从更宏观、整体的角度审视了民居建筑的内涵。本文对山西传统民居研究亦持如是观。

从其历时性来看，众多考古发掘与研究资料证明，山西民居从产生、发展、演变有着清晰的历史脉络和完备的发展序列。尧、舜、禹都曾在山西建都立业，"晋"自周代始就成为山西的别称，北魏以平成（今大同）为都，北齐以晋阳（今太原）为都……这都使得山西自远古即成为中国政治、经济、文化活动的聚集地，也成为乡民生活、繁衍、耕作的生活场所。从共时性来看，山西南北纬度差异大，得天独厚的自然环境与人文资源导致文化习俗、生活习惯差异也大，因此形成了各具特色的山西民居。因此，不少学者将山西民居分为晋北民居、晋中民居、晋南民居、晋西民居以及晋东南民居 [2]。山西民居无论是从历史发展积淀下来的深厚文化内涵，还是从其鲜明的地域民居建筑特色和民俗民风来看，都使得其成为中国民居重点研究的对象。

二、山西民居的地域化类型

山西盆地、平原较少，多为山地丘陵，南北气候差异较大，因此形成多种民居形式，常有"北窑南房"之称。客观上看，晋中民居、晋南民居、晋西民居、晋北民居以及晋东南民居五个区域的民居，都体现出山西民居建筑类型的多样性。从东西来看，太行山西麓的晋东南地区民居形式同河北居住文化相似；毗邻黄河沿岸的晋西民居同陕西文化有相通之处。从南北来看，晋北地区的民居同北方草原地区在装饰、结构等方面风格统一；汾河中下游的晋南地区民居又与河南地区居住文化接壤。山西不同地域由于自然环境、人文风俗的差异，呈现出不同的建筑形态。

（1）晋西民居。主要以窑洞建筑为主，类型上分为靠崖窑、半地坑窑和砖石砌筑的锢窑。空间组织上有单间，也有多间，许多窑洞在两侧还配有厢房，形成多样式院落。所谓靠崖窑，是指在垂直的崖面上开凿挖洞的横穴居式[3]。窑洞施工简便，造价低廉，冬暖夏凉。平面呈长方形，券形拱顶，洞口设有木质门窗，门上开有一大窗，还有一天窗，俗称"一门三窗"。靠崖窑依山就势，常在一排完成多孔窑洞，或者高低不同形成多排窑洞，远看形成颇为壮观的村落景观。

（2）晋南民居。地窨院是山西南部地区较为典型的民居样式，近年来也成为众多学者研究的对象。地窨院也称"地坑院"，长宽各三四十米，深约十多米。它的建造方法是选择一块平坦地，从上而下挖出类似天井式的深坑，再在坑壁上横向挖成正窑和侧窑，然后在院落一角挖出一条长长的连接上下的斜向门洞，院门就在门洞的上端。在地上，居民种植花草，美化生活环境；在地下，人们繁衍生息，享天伦之乐，展现出"上山不见山，入村不见村"的地坑民居形制。

（3）晋中民居。明清时期，晋中商业繁荣，富商巨贾回乡建立宅邸，形成规模大、质量高、装饰美的晋商院落。晋中民居的类型主要包括晋商大院、家族大院、城镇宅院、堡寨民居、山地窄院、"三三制"宅院等。以四合院为主，院落宽敞，房屋坐北朝南，背风向阳，由正房、厢房、过厅、垂花门以及大门倒座等组合成。较大的院落由多组院落并列而成。院落规模较小的多采用"三三制"——正房、厢房、倒座都为三间的四合院。

（4）晋北民居。晋北地区地处高纬度地带，气候寒冷干燥，建筑基本向阳以达到保暖目的。此地民居类型有窑洞、木构架平房、阁楼、瓦房、石板房等。平坦地区，以合院式建筑为主，房屋呈现出后高前低的形状，百姓称"一出水"，前面满面开窗，采光良好。山坡地区，受封建思想影响，即使是窑洞都要开挖成合院式。

（5）晋东南民居。晋东南地区地形复杂，不管是平坦地势还是山区，一般均采用楼房组成的院落形式，称之为"楼院"式[4]。一层多为居室、客堂；二层多用来储物，较低矮，不设置专门的楼梯，只有移动的木楼梯上下。山区农村，取石方便，乡民常因地制宜，利用石材砌筑楼体，屋顶铺设各色片石，花色各异，虽然简陋，但朴实耐用。山区窑洞顺山势回转，依山而建，随高就低，颇具特色。

三、山西民居研究发展历程

山西民居研究起步较晚，起点不高。20世纪80年代，国内民居研究如火如荼之时，对山西民居的研究还仅限于图像化资料的收集，以及重点旅游资源的民居介绍。事实上，山西民居研究肇始于20世纪30年代，由梁思成、林徽因所著的《晋汾古建筑预查纪略》是研究山西民居较早的书籍，具有较重要的史料价值[5]。1980年代，以丁村为代表的山西特色民居建筑被列为国家重点文物保护单位，引起了学者对山西民居建筑装饰、结构、设计及生态环境的关注，但此时期的研究成果仍局限于史料的汇集与分类。陶富海对丁村民居的规划、格局、建筑结构、装饰艺术等多方面进行了介绍与阐释，是人们了解丁村文化发展的重要资料[6]。由山西省建筑设计研究所出版的《院庆四十周年论文选集》，颜纪臣、杨平首次系统、简要论述了山西民居的风格与特色，引起了业界对于山西民居的重视[7]。

真正对山西民居进行系统化、全方位研究是进入21世纪以来的事。经济的迅猛发展、人文意识的觉醒，使众多热爱山西民居建筑的人纷纷投向这片热土。这一时期的研究，成果颇多、发展亦快。无论从研究视角还是从研究领域来看，都呈现出跨学科、综合性、多元化的研究特点。以王金平为学术领军人物的一系列出版物，如《山西民居》《晋商民居》《山右匠作辑录 山西传统建筑文化散论》《良户古村》等，对山西重要的民居建筑、历史村落进行了完备、全面的概述与阐释。颜纪臣的《山西传统民居》也对山西民居的历史发展、社会背景、建筑特色进行了系统论述，是集史料与考古挖掘、学术理论与实地考察一体的专业论著[8]。虽然较于徽州民居、潮汕民居、黔东南民居等研究，山西民居研究的范围、内容、角度、深度及创新发展等都有所逊色，但我们仍看到了山西民居研究学人的努力、尝试及其硕果。

四、山西民居研究现状

现结合山西民居现有研究成果，将其划分为以下几个方面：

1. 建筑特色与价值的研究

结合山西独特的地理位置和气候条件，对山西传统民居建筑的类型、建筑形式、建筑特色以及院落特征进行的研究成果较为丰富。杨平、颜纪臣追溯了山西传统民居的形成和发展过程，并对民居的布局、类型、装饰造型等进行了完整叙述[9]。李相宏则把山西民居分为晋北民居、晋中民居、晋东南民居、晋西民居以及晋南民居，阐述了不同地理位置的民居中最具代表性的实例[10]。王计平等则进一步结合山西不同地区的地域特征，阐述了山西传统民居地域分化的形成及特点，并对未来发展影响作出了文化历史与审美价值判断[11]。刘宇娇等则从院落特征的角度分析了山西民居不同的类型及样式和风格，阐述了合院式、窑院式、窑洞区以及楼院区等四种不同的院落形制[12]。杨蝉玉则从地理环境的角度揭示了山西不同地域与文化及地理条件下形成众多民居风格的成因，这其中有气候条件、地形地貌、水文因素、生物资源等对民居生成的影响[13]。

孔帅介绍了山西民居不同类型的划分方法，从形式上讲，可以划分为窑洞和平房；从建筑材料讲，又可以划分为土质结构、砖石质砌体结构、木质结构及混合结构[14]。曹艳霞则针对山西窑洞民居这一特色类型，从分布、成因、形制、空间组合以及装饰特点等方面进行了阐述，点明了窑洞民居的众多优良特性以及对当代住宅建筑的启示，并呼吁人们保护窑洞民居[15]。段亚鹏则通过比较研究的方法，从山西民居与皖南民居的差异性分析中，进一步明确了山西民居地域性特色和风格[16]。

对山西民居营造技艺的研究是对建筑特色研究由表及里的深化。不少学者通过对山西传统民居营造技艺的深入研究，企图剥开纷繁复杂的建筑表象，挖掘山西传统民居营造的精髓，探寻其在新的居住潮流下的生命活力与发展潜力。王金平的博士论文认为"窑房同构"是晋系民居建筑的重要技术手法，对其发展、分布、类型以及技术应用等都作了系统论述[17]。张磊则对山西传统民居的围护结构作了定量的分析和研究，并提出了在生态节能视角下的改造及应用方法[18]。通过对山西民居营造技艺的研究是传承与振兴传统民居、探索民居发展新方向的有效途径之一。

2. 装饰艺术的研究

山西民居中的木雕、石雕、砖雕、彩画，甚至小小的铺首，都渗透着强烈的世俗情愫和民间智慧，受到研究者的极大关注。曹媛从符号学的角度分析了山西民居建筑中的木雕、砖雕、石雕以及彩画，并阐明了这些符号背后蕴含的"明贵贱，辩等级"的文化内涵[19]。田惠民则从木雕艺术出发，论述了山西民居木雕的经营位置、图案、技艺，

并归纳出木雕艺术的题材分为祈福纳吉、伦理教化以及驱邪禳灾三种[20]。薛林平等则从山西民居的墀头装饰出发，通过众多典型案例，将墀头图案分为植物类、器物类、动物类、文字符号类以及人物类五种，并认为山西民居墀头装饰图案常呈现出南北杂糅、混合装饰的特点[21]。刘捷则对山西民居的铺首进行了大量的归纳和整理，重点阐述了铺首的装饰特点与图案[22]。还有吕晓薇、王金平、汤举红等都从山西民居的门、窗、屋顶等小木作技艺及装饰特色与手法上进行了系统深入的探讨。

3. 晋商建筑的研究

明清以降，商业票号在山西迅速发展，晋商一度居于国内三大商帮（晋商、徽商、粤商）之首。许多晋商致富之后纷纷衣锦还乡建立宅邸，晋商建筑由此鼎盛一时。晋商宅院的修建耗费了大量的财力、物力，它们选址优良，高墙深院，布局方正，用材高等，装饰精美，再加上商业文化的催生形成了山西独具特色的晋商大院建筑型制。祁县的乔家大院、渠家大院，榆次的常家庄园，灵石的王家大院以及太谷的曹家大院等，都是遗存至今且保存完好的晋商建筑典范。

目前，对晋商建筑的研究大多集中在文史领域，探讨其富有特色的装饰艺术与文化内涵的成果居多。张成德所著的有关"晋商宅院"的四本书以图文并茂的形式展示了曹家、乔家、渠家、王家四座晋商大院的独特建筑文化和各自的规模[23]。王金平通过对晋商建筑的空间布局分析，指出了晋商建筑蕴含深厚的伦理等级思想和选址设计内涵[24]。

潘冬梅则从砖雕装饰的内容与题材的角度，以小观大，深入分析了晋商宅院的民居文化——儒家文化的"仁""礼"，民俗文化的"求善求美求吉利"思想以及佛家"同体大悲"、道家"天人合一"的营造理念[25]。孙艳芳、张建喜、张伟等都从某一晋商宅院出发，详细分析了建筑的砖石木雕饰艺术，总结出了山西民居哲匠丰富的人文思想以及营造智慧。王丽娟则站在行为学、伦理学的角度，创新性地分析了晋商大院装饰艺术同空间秩序、功能以及伦理观念之间的关联，指出了大院内不同的空间功能以及性质都会影响建筑的装饰风格[26]。韩朝炜在硕士论文中，则站在晋中民居保护发展的角度上，详细分析了晋商大院生态性内涵——对土地的合理利用，对乡土材料的利用，以及窑居所带来的稳定热环境。

4. 文化与美学价值的研究

朱向东等站在文化与审美的角度，透过民居形式观内容，指出了山西民居孕育的居住文化精神，即"天人合一"的哲学观念，"礼""仁"儒学精神的体现以及"法天象地"道家阴阳法则[27]。孟聪龄等从"天人合一"的角度论述了山西传统民居的建筑美学思想，他认为，"礼乐合一""天地与我并生，万物与我为一"以及"天遂人愿，人不违天"是山西传统民居贯穿始终的美学内涵，指出山西民居始终在追求天与人、人与自然的和谐共生[28]。李章认为山西民居建筑文化内涵包括礼制、民风民俗以及地域特征等几方面[29]。可以看出，无论是站在历史文化的角度，还是从美学视野

看，山西民居背后的"仁""礼""天人合一"的儒家、道家思想都深深印刻在了建造者的观念及其行为中，进而体现在有意味的建筑布局与建构及装饰风格上。

5. 保护与开发的研究

陆凤华介绍了山西民居的文化潜质，指出了山西民居具有的历史价值在于客观地记录当时的社会发展情状[30]。杨思佳等则进一步指出了山西民居具有的艺术价值、文化价值、历史价值、科学价值以及经济价值，并提出了民居保护与发展及合理利用的具体措施[31]。

不少学者还突破了对单体民居建筑的思考与研究，站在古村落、村镇的角度提出了整体性保护的方案。王雪荣、郭妍在硕士论文中，在尊重历史文脉与传承技艺基础上，站在传统村落发展与保护的角度，对山西大阳泉村、晋中传统村落进行了全面、系统、深入的分析，并提出了未来传统村落与古镇的发展途径与规划[32]。晋美俊以丁村为例，阐述了丁村的历史文化资源，并认为丁村的开发保护不仅要整体性保护、分区保护，更要站在开发利用、旅游规划的角度，挖掘旅游资源，提升品质，把资源引进来，让文化走出去[33]。保护与利用并举是传统民居传承与发展的明智之举。

此外，还有学者站在旅游开发的角度来拓宽山西民居未来的发展路径。朱专法等认为快速城市化进程导致乡村聚落空壳化，开发乡村的民宿资源是一条重要的渠道，并列举了众多成功的民宿客栈实例，总结出未来旅游开发的经验——保护与开发并举，民宿开发主题化、

精致化以及创新化[34]。范玉仙在硕士论文中，则站在旅游发展的角度分析了山西平遥在资源开发过程中出现的问题，并指出了未来保护和旅游发展的模式[35]。近些年，山西在传统村落和民居保护开发方面有不少尝试和探索。在乡民主导、城市带动、景区带动及政府主导等多种模式下，传统村落依靠多样资源，开展农家乐、民宿、庄园等，拓宽乡民致富路径，为村落发展提供活力。以山西碛口古镇为代表的古村落在政府主导下，大力开发旅游生态，整体保持了古镇传统风貌，古镇既是游客景区也是乡民社区，成为有较高知名度的活态古村落。但在开发过程中也出现不少问题，以王莽岭风景区为例，景区内乱搭乱建，利益分配不均及私自拉拢游客等现象，都极大影响景区的建设环境和整体利益[36]，对村落未来发展造成影响，这些都是传统村落开发过程中需注意的问题。

五、研究存在问题及发展趋势

总结当前的研究成果发现，对山西传统民居的研究，无论是广度还是深度，都有了质的突破，但仍然存在一些问题。例如部分研究成果同质化现象较高——这是由于研究内容与角度较为单一，导致研究成果的创新性含量较少。此外，许多关于山西传统民居的研究仍局限于对建筑单体的静态描述，过分关注"功能——形式"的范畴，尤其是对山西民居砖雕艺术的研究，未将其放置于更广阔的文化环境中思考。即使有些研究成果关注民居背后的人文内涵和礼教制度，但也仅

限于表象陈述与罗列，未将深层次的联系与因果关系阐明，也由此使得研究结果缺乏深度[37]。本文试从以下几个方面探讨与设想未来研究及发展方向，以就教于同仁。

1. 从单体研究扩大到群体研究

不难发现，关于山西传统民居的研究大部分仍局限于单体建筑形态、结构、装饰、布局等方面的研究，而忽视了自然与人文环境及建筑所处的村落、街区的重要性。民居内涵丰富，不仅包括住宅类建筑，还囊括了寺庙、会馆、祠堂、作坊等特色类建筑，更包含了整个建筑群、历史街区、传统村落。以点存在的单体建筑，以线状存在的街巷，以面存在的村落、街区，让我们有了对传统民居从微观到中观再到宏观的审视。只有从整体来看，我们才能更深刻理解民居建筑背后的发生过程和它的生态性、文化性，才能抛弃狭隘的片面深刻，进入到更大范畴的自然与社会文化历史背景来，才能产生对人为环境与自然环境融合的"社会文化–聚落空间"的联动知解。

2. 注重差异性比较研究

差异性研究能将不同地区的建筑类型、特色、风格及其背后的地理、经济、文化、宗教等因素做出鲜明对比，让各自的特点更清晰、准确。对于山西民居来说，差异性研究不仅包含同全国各地特色民居的对比分析，还包括山西境内各式的民居类型对比。不少学者把山西传统民居分为晋北民居、晋中民居、晋东南民居、晋西民居以及晋南民居，这种分类是一种外在形态的静态陈述，没有比较分析，也未总结出地理位置、自然环境、文化习俗、风土人情等方面的特征。所谓比较研究，不仅是外在型制的比较，还应进行深度的影响比较，动态解读历史，挖掘出同一时期不同地区的生态、观念、社会、经济、文化、宗教等在民居变迁中的影响变化。这样在对比分析以及历史性和共时性研究的基础上，也会产生更具深度的研究成果。

3. 以晋商建筑研究带动其他领域研究

晋商建筑是山西传统民居研究中有较丰富成果的一部分，乔家大院、王家大院、平遥古城等常成为学者重点关注的对象，但散落在山西各地的民居建筑也如同瑰宝一般闪闪发光——丁村、郭峪村、良户古村、大阳泉村、董家岭村等，都是值得学者关注的对象。据不完全统计，山西全省有3500处古村落，省级的历史文化名村（镇）就有126处，是北方古村落遗址最多的省份。作为文化遗产的传统民居，研究对象绝不仅仅只关注著名建筑，反而越是偏远地区，越是鲜为人知的传统村落，才蕴含着最丰富、最真挚的营造理念及居住情状。对古村落、村镇的研究越丰富，越能体现出山西民居样式的丰富性和多元化。

4. 山西民居保护研究势在必行

目前对山西传统民居保护的研究大多是从建筑学、民俗学、文化学的角度出发，着重分析现有历史资源、文化资源的保护，而从旅游开发角度进行研究较少。对山西民居旅游资源开发的研究，呈现出"实践在先、理论在后"的现状。目前，山西省内已有不少民居开发的实例，碛口古镇、云丘山景区、林家客栈等在政府支持、企业资助甚至是民间众筹的条件下，已经开发出民宿、酒店、书院、传统工艺研习所等丰富的旅游资源，呈现出鲜明的"山西味道"。伴随着国家文旅产业的振兴，那些拥有丰富人文资源和历史背景的山西传统村落不再因为偏远的地理位置遭受冷落，反而成为旅游资源开发的重要场所。

2021年9—10月间，突如其来的风雨侵袭损害了拥有中国古建筑半壁江山的山西古建筑。同济大学历史名城名村镇保护专家阮仪三教授呼吁：保护山西古建民居迫在眉睫！虽然相较于徽州民居、江南民居的研究，山西民居研究起步较晚，研究内容深度与广度都需进一步拓展。未来，"建筑——村落——建筑文化区"应该成为山西民居研究的3个必备层次[38]，过多关注建筑层面的分析始终是"只见树木不见森林"。研究对象的拓宽化，研究视角的层次化，研究方法的综合化，深入构建起山西传统民居的研究体系和框架，将有助于地域性建筑理论的构建，以及对山西历史文化研究的深入，并助力山西乡村振兴，实现现代化转型发展！

参考文献

[1] 陆元鼎 . 中国民居研究十年回顾 [J]. 小城镇建设，2000（8）：63-66.

[2] 王金平，徐强，韩卫成 . 山西民居 [M]. 北京：中国建筑工业出版社，2009.

[3] 王金平，徐强，韩卫成 . 山西民居 [M]. 北京：中国建筑工业出版社，2009.

[4] 山西省建筑业协会主编 . 山西建筑史（古代卷）[M]. 北京：中国建筑工业出版社，2016.

[5] 林徽因，梁思成 . 晋汾古建筑预查纪略 [M]. 中国营造学社汇刊，1935.

[6] 陶富海 . 山西襄汾丁村民居 [J]. 文物，1992（6）：53-62.

[7] 山西省建筑设计研究所 . 院庆四十周年论文选集 1953-1993[M]. 1993.

[8] 颜纪臣 . 山西传统民居 [M]. 北京：中国建筑工业出版社，2005.

[9] 杨平，颜纪臣 . 山西传统民居探析 [J]. 文物世界，2002（3）：24-26.

[10] 李相宏 . 传统山西民居概论 [J]. 艺术教育，2013（4）：182.

[11] 王计平，马义娟 . 山西传统民居的地域分化及其发展趋势 [J]. 山西大学学报（哲学社会科学版），2000（3）：87-91.

[12] 刘宇娇，王国华，侯圆圆 . 山西民居院落特征简述 [J]. 地理科学研究，2017,6（4）：265-272.

[13] 杨蝉玉 . 山西传统民居与地理环境关系浅析 [J]. 科技信息，2008（30）：156-176.

[14] 孔帅 . 山西民居的分类和受力特点研究 [J]. 赤峰学院学报（科学教育版），2011（12）：

44-46.

[15] 曹艳霞 . 浅析山西传统窑洞民居 [J]. 太原城市职业技术学院学报，2012（5）：168-169.

[16] 段亚鹏，严昭 . 皖南民居与山西民居的差异性浅析 [J]. 四川建筑，2011, 31（1）：57-59.

[17] 王金平 . 明清晋系窑房同构建筑营造技术研究 [D]. 太原：山西大学，2016.

[18] 张磊 . 山西省不同地区典型传统民居围护结构节能特性比较研究 [D]. 太原：太原理工大学，2014.

[19] 曹媛 . 浅谈山西传统建筑装饰符号 [J]. 艺术教育，2019（2）：207-208.

[20] 田惠民 . 试论山西民居的木雕艺术 [J]. 文物世界，2005（6）：44-46.

[21] 薛林平，刘烨 . 山西民居中的墀头装饰艺术 [J]. 装饰，2008（5）：114-117.

[22] 刘捷 . 山西民居中的铺首装饰艺术 [J]. 中国建筑装饰装修，2009（11）：102-105.

[23] 张成德，范堆相主编 . 晋商宅院 曹家 [M]. 太原：山西人民出版社，1997.

[24] 王金平，靳松 . 晋商大院的空间与艺术特征初探 [J]. 山西建筑，2005, 31（22）：3-4.

[25] 潘冬梅 . 从砖雕装饰看明清时期晋商民居文化 [J]. 中国园林，2010（8）：79-82.

[26] 王丽娟 . 晋商民居装饰艺术与居住空间的关系 [J]. 山西青年职业学院学报，2017, 30（2）：97-101.

[27] 朱向东，康峰 . 从山西民居观传统居住文

化之基本精神 [J]. 科技情报开发与经济，2002, 12（4）：139-140.

[28] 孟聪龄，马军鹏 . 从"天人合一"谈山西传统民居的美学思想 [J]. 建筑学报，2004（2）：78-79.

[29] 李章 . 浅析山西传统民居建筑文化内涵 [J]. 山西建筑，2006, 32（11）：45-46.

[30] 陆凤华，王艳峰 . 山西传统民居文化的保护与继承 [J]. 山西建筑，2004, 30（22）：10-11.

[31] 杨思佳，刘敬华，董龄烨 . 山西民居的价值与保护 [J]. 大众文艺，2013（8）：54-55.

[32] 郭妍 . 传统村落人居环境营造思想及其当代启示研究 [D]. 西安：西安建筑科技大学，2011.

[33] 晋美俊 . 古村镇发展对策探析——以山西丁村保护性开发构想为例 [J]. 中国建设信息，2010（12）：86-88.

[34] 朱专法，马天义 . 山西传统民居的民宿开发 [J]. 小城镇建设，2017（3）：101-104.

[35] 范玉仙 . 世界文化遗产平遥古城的保护与旅游管理模式研究 [D]. 西安：青岛大学，2004.

[36] 朱专法主编 . 山西乡村旅游发展研究 [M]. 太原：山西经济出版社，2016.

[37] 王浩锋 . 民居的再度理解——从民居的概念出发谈民居研究的实质和方法 [J]. 建筑技术及设计，2004（4）：20-23.

[38] 蔡凌 . 建筑 - 村落 - 建筑文化区——中国传统民居研究的层次与架构探讨 [J]. 新建筑，2005（4）：6-8.

庭院与天井
—— 浙中传统民居的宅院形制研究

戴方睿

国家自然科学基金（51678415，51738008）。

戴方睿，同济大学建筑与城市规划学院博士候选人。邮箱：daifangrui@tongji.edu.cn。

摘要：文章选取浙中地区的 20 个典型遗产村落作为样本，从中提取出 3 种代表性的平面布局类型，并将正房与厢房的关系以及院落尺度与开放程度作为分辨准则，详细解读其在结构构造与空间感受上的差异。然后选取东阳地区"十三间头"民居做个例，尝试从社会结构、生活方式以及仪式需求 3 个角度分析其形制根源，揭示浙中传统民居的多样性和多源性。

关键词：浙中地区；乡村遗产；类型；形制

一、何为宅院形制

宅院形制的基础是建筑平面类型。无论传统与现代，还是东方与西方，平面都是建筑学最基础也是最重要的研究对象之一。民居研究肇始之初（时称住宅研究），平面类型就被视为民居分类首要依据[1-2]，称为平面形状[3]、平面布置（或房间布置）[4]或平面类型[5]。正是因为平面的重要性，平面类型的变化几乎必然会引起空间、结构甚至宅院关系的系统性改变。同时，平面类型不仅仅反映空间的形状，还是一种家庭结构或宗法制度在宅院空间中的体现，揭示"形"背后隐含的"制"也是研究民居平面的重要内容。陈志华教授首先使用"住宅形制"的概念针对民居及其中生活方式进行讨论[6]，而后，常青教授略作扩充，提出了"宅院形制"这一概念[7]，继承并延伸了前辈学者对民居平面类型的分析和研究。

近年来随着区域性和谱系性研究的逐步展开，新的研究成果多是基于宅院形制对特定风土区系内的民居进行进一步类型细分[8-9]，或基于宅院形制对不同区系的民居建筑进行比较[10-11]，并尝试阐释其背后的文化因素。因此本文亦使用"宅院形制"这一概念，旨在通过对浙中民居宅院平面的比较，探寻浙中传统民居的多种形制的源头。

二、研究区域与方法

浙中地区主要指金华所辖行政区域及其周边山区，本文则限于东阳、义乌、金华三市之内，其民居被当地学者称为婺派建筑。[12-13]既往研究之中，往往将东阳的"十三间头"作为浙中民居的典型或原型，认为其他宅院类型均可由"十三间头"发展而成。[11, 14-15]但在实地调研中发现，浙中民居的典型宅院样

式变化多端，院落空间的体验差异明显，即便在同一村落也存在不同类型的平面布局，不能简单用"十三间头"或"大正房"[11]和"日字形"或者"目字形"[15]来概括和区分。

"建筑单体是几乎不可能再现风土性的"[16]，而且多样性和丰富样态本就是风土建成遗产的特点之一，因此用一幢建筑代表一个地区的建筑类型往往是不可靠的。笔者近年在浙中田野调查百余个遗产村落，按均布原则选取其中 20 个有各级文物保护单位的村落作为样本，观察其典型的民居平面样式，提取特征要素，总结其平面类型，而后分析几种平面类型的变化与空间分布，并结合民间文献中的仪式记录尝试探讨宅院的原型与形制。

三、平面布局的多样性

分析建筑现象的前提就是筛选

其特征要素，需要从纷繁复杂的构造细节中寻找结构性要素，特征要素应是清晰明确且易于辨认的。本文的核心在于分析宅院类型，从空间来看就是讨论天井或院落的形态，从建筑实体角度则是分析正房与厢房的关系，因此特征要素必然与正房与厢房的尺度、结构以及空间关系相关。通过对 20 个样本的观察和分析，筛选出适用于浙中民居平面布局的 3 个核心特征要素：厢房与正房是否共用柱子；厢房前廊是否开敞；厢房露明是否超过两间（含两间）（表 1，图 1）。

结合图表可以看出多种平面布局在地理空间上的变化和分布规律，进而可以从中选取 3 个院落作为该区域平面布局的典型加以分析（图 2）。

1. 堂与庑[①]

"堂下周屋"即为庑[②]，在金华，独立的两厢也被称作两庑。从东阳到义乌，堂庑交接处发生了细微的变化：从义乌地区向南，厢房的檐柱（当地称之为廊步）与正房的边帖处于同一轴线上，即表 1 中所指出的正房与厢房是否共用柱子问题，若共用则称为"堂庑结合式"，若不共用则称为"堂庑分离式"。这个变化看似微小，不过是几十厘米的差距，但是后续的变化将会影响到整个宅院的结构与空间。

首先，厢房的廊步与正房边帖同轴直接影响结构的整体性和灵活性。厢房的额枋会直接与正房的檐柱相交接，厢房与正房的结构形成真正的合院，而"十三间头"因厢房与正房脱开，结构的整体性不如

遗产村落民居平面布局特征要素对照表　　　　　　　　　表 1

序号	村名	所属行政区域	遗产身份	厢房正房是否共用柱子	厢房廊下是否开敞	厢房露明是否超过两间
1	寺平村	婺城区汤溪镇	国保，名村	√	○	×
2	雅畈镇	婺城区雅畈镇	国保 *	√	○	×
3	蒲塘村	金东区澧浦镇	省保 *	√	×	×
4	琐园村	金东区澧浦镇	省保	√	×	×
5	傅村	金东区傅村镇	省保 *	√	×	×
6	陇头朱村	金东区孝顺镇		○	×	○
7	黄山村	义乌市上溪镇	国保 *	√	○	√
8	朱店村	义乌市赤岸镇	国保 *	√	×	√
9	倍磊村	义乌市佛堂镇	省保 *，名村	√	×	√
10	陶店村	义乌市廿三里镇	省保	√	√	√
11	陈宅村	义乌市后宅街道	省保 *	×	√	√
12	乔亭村	义乌市赤岸镇		×	○	√
13	前傅村	义乌市后宅街道	省保 *	×	√	√
14	画溪村	东阳市画水镇		×	○	√
15	黄田畈村	东阳市画水镇		√	√	√
16	上安恬村	东阳市南马镇	省保 *	×	√	√
17	上卢镇	东阳市上卢镇		×	√	√
18	下石塘村	东阳市六石镇	省保 *	×	√	√
19	白坦村	东阳市巍山镇	国保	√	√	√
20	厦程里村	东阳市虎鹿镇	省保 *	×	√	√

来源：作者整理

注：√ 为是，× 为否，○ 为两种情况都有出现。

国保为全国重点文物保护单位，名村为中国历史文化名村，省保为浙江省重点文物保护单位，空缺为部分建筑单体为市县级文物。有星号则表明文保单位为建筑单体。

---

① 选用"庑"而不用"厢"，取自周易知对"堂厢型"与"堂庑型"区分，详见参考文献 [14]。

② 出自《说文》，引自 https://baike.baidu.com/item/%E5%BA%91/6237035?fr=aladdin。

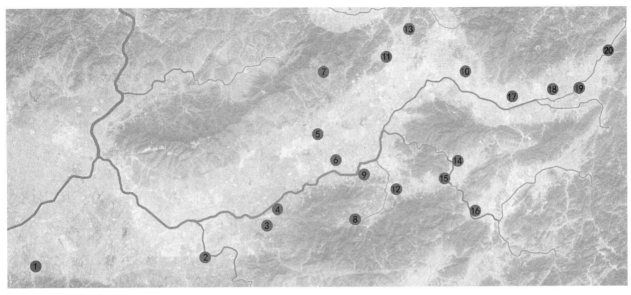

图 1 遗产村落样本分布图
图片来源: 作者以百度地图卫星图为底图改绘, 底图审图号为 GS (2021) 6026 号

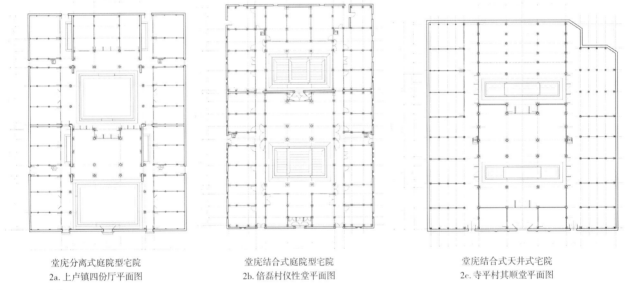

堂庑分离式庭院型宅院
2a. 上卢镇四份厅平面图

堂庑结合式庭院型宅院
2b. 倍磊村仪性堂平面图

堂庑结合式天井式宅院
2c. 寺平村其顺堂平面图

图 2 3 个院落平面图
图片来源: 作者自绘

前者。然而, 结构整体性的缺失带来的是结构和装饰的灵活性。正房与厢房共用柱子将导致这根角柱难以处理, 尤其是浙中最富特色的牛腿经常与厢房的外墙甚至额枋打架, "堂庑分离式"宅院就不存在这样的问题。

其次, 与共用角柱相伴的是院落空间边界的改变。义乌以南地区厢房前廊(简称厢廊)多为封闭, 而东阳地区的厢廊几乎全部开敞, 这一差异而且与是否共用角柱呈现密切的正相关。另外, 若厢廊封闭则廊下就无需作月梁装饰, 而"十三间头"的厢廊无不使用月梁, 木材用料的量与加工难度都大大提升了。空间体验上, "十三间头"的院落之外还有一层廊下灰空间, 显得更为宽敞, 而"堂庑结合式"的院落由于两侧均为实墙面, 则显得内向而

封闭。

2. 庭院与天井

堂与庑的关系是从建筑实体层面影响平面布局, 天井与庭院则是从空间角度分辨宅院类型两个核心对象, 而区分的标准无非是空间尺度与封闭性。[7, 11][17] 从东阳到金华, 院落的纵深尺度呈现缩小的态势, 院落空间的封闭性也随之增强。

根据浙中地区院落空间的普遍情况，本文将庭院与天井的区分标准定为院落空间纵深是否大于厢房两间的宽度。因为正房是三间露明，若院落纵深不足厢房两间的宽度则院落将显得扁长，可以称之为天井。结合上文，从封闭性角度来看，义乌地区的院落因为厢廊的封闭已经一定程度上呈现出天井的空间特征，只是尺度上仍与"十三间头"相似而被归为庭院。

庭院与天井的差异不仅体现在空间尺度上，而且还体现在铺地材质和排水方式上。十三间头的庭院多为中路用条石、两侧用素土或鹅卵石铺地，而义乌以南不论财力强弱，院落铺地均以满铺条石为主；到了金华，院落底部明显下沉，中路雨台高起，成为名副其实的天井。庭院的排水除了大面积的下渗以外，多在阶下庭院边缘修排水沟，而天井排水则利用深陷的天井整体排水。

综上，浙中地区 3 种主要的宅院类型可以分为：东阳地区的"堂庑分离式庭院型"，金华地区的"堂庑结合式天井型"，以及介于二者之间、位于义乌与东阳交接处的"堂庑结合式庭院型"。无论从结构和空间上，还是建造逻辑和使用方式上，庭院型与天井型都有明显的差异，而且在交界区域产生了相对独立的中间形态，展现出浙中传统民居特有的多样性和丰富性。

四、宅院形制初探

从类型到形制是探求现象内在逻辑或诠释现象的过程，如何解读庭院型与天井型宅院原型在金衢盆地碰撞融合形成如此之区域分布呢？本文就选取"十三间头"民居这种"堂庑分离式庭院型"宅院，从如下三方面进行形制分析，尝试阐释其形态背后的制度性因素。

首先是社会结构的影响。从宏观尺度来看，"堂庑分离式"建筑在宁波绍兴地区广泛存在，宁波典型的"H"型合院最为突出。[16]自古以来宁绍平原地区经济与文化均比浙中发达，义乌东阳与之接壤且有水路直接联通，因此宅院形制乃至宗族结构[10]受其影响是历史的必然。庭院型院落相比于天井型院落，有可供日常生计的庭院，还有可能供更多家庭居住的厢房或重厢[11, 14, 17]，因此更适合土地平坦但人口稠密的平原地区，金衢盆地的介于平原和山地直接，宅院形制自然也趋于两者混合。

其次，生活方式存在差异。自宋以来，衢州因地处交通枢纽，其商品流通量和市镇数量就多于金华，兰溪地处三江交汇更是金衢盆地的商业和交通中心，东阳浦江地区的市镇入清之后才得到长足发展[18]，因此从商与务农之间在生活方式上必然存在一定差异。以著名的金华火腿为例，20 世纪 30 年代的统计显示东阳县火腿熏肉的产量为金华地区之最，比义乌县和金华县加起来都多。[19]火腿的晾晒正是在庭院和厢廊下完成的，在东阳至今还能在廊下看到密布的毛竹檩或者竹竿拿去后的竹钉，这都是悬挂火腿之用。①由此可以窥见，厢廊的开敞是从事农业和手工业生产的生计所需，与生存和生活方式息息相关。

最后，仪式需求会对空间塑形。前文提到开敞的厢廊在百姓生产生活中的重要性，其实在特殊仪式中，庭院空间也是参与者活动的最主要空间。东阳紫薇山民居（国保）的宗族昭仁许氏在宗谱中详细记载了，"天恩存问"曾任南京兵部尚书的许弘纲及其家族的仪式。《存问记事》中写道："予公服率合族衣冠跪迎道左，礼生导龙亭香亭安于帐内，地方官下马，礼生导由东角门循廊而入，分为三班，道尊立堂东楹后，府厅稍后，县尊又稍后……二礼生作通赞，立堂前楹下，二礼生作引赞，立堂檐口，……予立阶下檐口甬道东，族众在后，俱西向。……堂西北隅先已设下一台，南向上横一几，置誊黄旨意。二礼生立台下东向以俟矣。至是，一生取几上誊黄授一生南向读之，引赞唱跪，予跪听宣毕。……礼既毕，余率族众由角门出，候龙亭过，跪送道左与门外，易吉服进与道尊行贺谢礼……"[20]

在宅院中举行重要仪式时，厅堂之上是不允许族人进入的，地方长官在次间，而礼生只在廊下檐下主持仪式，而族人则从廊下出入、在庭院中跪拜，所有活动都在厢廊与庭院中完成，甚至不走中门也不上中轴线上的甬道。这样的仪式就要求厢廊是开敞的，而且庭院足够容纳众多族人跪拜，这是在封闭的天井中无法实现的。

五、结论与展望

浙中地区传统民居中至少存在

---

① 图文详见华柯在东岇文化中的文章《"牛腿"与火腿》，链接为 http://i6q.cn/5Z8w5J。

3 种平面布局类型，分辨各类型的特征要素是院落的尺度与开放程度以及正房与厢房的交接关系。其中东阳"十三间头"民居在形制源头上

与宁绍平原的宅院一脉相承，并且因其独特的农业手工业生产以及重要仪式的特殊需求，衍化为一种"堂庑分离式庭院型"的宅院形制，富

有地方特色，但是不宜将其视为其他全部浙中民居的谱系原型。金华其他地区包括兰溪龙游等地的宅院形制仍需继续深入研究。

参考文献

[1] 龙非了 . 穴居杂考 [J]. 中国营造学社汇刊，1934，5（1）：55-76.

[2] 刘敦桢 . 中国住宅概说 [J]. 建筑学报，1956（04）：1-53.

[3] 中国建筑研究室 . 徽州明代住宅 [M]. 北京：建筑工程出版社，1957：13-16.

[4] 刘致平 . 云南一颗印 [J]. 华中建筑，1996，03：76-82.

[5] 陆元鼎，马秀之，邓其生 . 广东民居 [J]. 建筑学报，1981（09）：29-36.

[6] 陈志华，楼庆西，李秋香 . 新叶村 [M]. 石家庄：河北教育出版社，2003：91-102.

[7] 常青 . 我国风土建筑的谱系构成及传承前景概观——基于体系化的标本保存与整体再生目标 [J]. 建筑学报，2016（10）：1-9.

[8] 周易知 . 闽系核心区风土建筑的谱系构成及其分布、演变规律 [J]. 建筑遗产，2019

（01）：1-11.

[9] 伍沙 . 湘语方言区风土建筑谱系构成研究初探——基于平面形制的建筑类型及分布区域分析 [J]. 建筑遗产，2018（03）：31-38.

[10] 蔡丽 . 宗族文化对民居形制的影响与分析——徽州民居和宁波民居原型的比较 [J]. 华中建筑，2011，29（05）：128-132.

[11] 张力智 . 中国南方汉地民居的 3 种原型及其人类学意义 [J]. 建筑学报，2020（07）：20-25.

[12] 王仲奋 . 婺州民居营建技术 [M]. 北京：中国建筑工业出版社，2014.

[13] 洪铁城 . 中国婺派建筑 [M]. 北京：中国建筑工业出版社，2019.

[14] 周易知 . 两浙风土建筑谱系与传统民居院落空间分析 [J]. 建筑遗产，2020（01）：

2-17.

[15] 丁俊清，杨新平 . 浙江民居 [M]. 北京：中国建筑工业出版社，2009：177-181.

[16] ICOMOS. Charter of the Built Vernacular Heritage（1999）[EB/OL]. Mexico：ICOMOS 12th General Assembly，1999 [2019-01-03].

[17] 张力智 . 儒学影响下的浙江西部乡土建筑 [D]. 北京：清华大学，2014：4-5，25，26.

[18] 王一胜 . 金衢地区经济史研究：960—1949[D]. 杭州：浙江大学，2004：147-169.

[19] 李国祁，朱鸿 . 清代金华府的市镇结构及其演变 [J]. 台北：台湾师范大学学报，1979（7）：113-188.

[20] 许应奎 等 . 昭仁许氏宗谱：卷之廿二 [M]. 清同治六年（1867）：35-43.

甘肃文县哈南村民居建筑穿斗架研究

乔迅翔

国家自然科学基金资助项目"南方土司建筑研究"（52078295）；国家自然科学基金资助项目"基于传统营造技艺抢救整理的我国穿斗架分类区系与传承研究"（51578334）。

乔迅翔，深圳大学建筑与城市规划学院教授。邮箱：243245293@qq.com。

摘要：穿斗架流行于我国南方地区，其西北部直至白龙江流域。陇南白龙江流域的民居木构架，是探讨南北变迁、东西过渡的珍贵样本。本文在对陇南传统民居调研的基础上，对代表性案例文县哈南村进行了个案研究。总结了哈南村民居建筑及其穿斗架特征，指出了其诸多建筑特征在我国南北方及东西部地区的渊源，试图揭示三种木构架等营造技术在本地区的碰撞交流现象与规则。

关键词：穿斗架；白龙江流域；土棚房；抬梁架

一、前言

对于我国传统民居建筑来说，南方多采用穿斗架，北方多采用抬梁架，白龙江、秦岭、淮河一线是南北界线；而青藏高原东麓一线——其东部地区多坡顶，西部则多平顶，这大约是我国坡顶、平顶建筑的东西部界线。这两条界线的交汇处正是白龙江流域。白龙江流域及其周边地区是我国多种气候、多种地形、多种民族民系以及多种地域文化类型汇聚地带，这些多元的地理及文化因素影响甚或决定了本地区民居建筑及其木构架特征。陇南白龙江流域民居建筑木构架，是探讨南北变迁、东西过渡的珍贵样本。

高小强梳理了陇南地区传统民居类型及其地理分布和影响因素，着眼于地理景观，注重外形、层数、建筑材料等因素，把本地区民居建筑分为板屋、土木瓦房、土木楼房、羌楼、窑洞、土木石板房、土木茅草房七类，明确指出了不同类型民居建筑的分布地区及其界线，如二层楼房与单层房界线在康县，砖屋北限在武都，石屋土屋之界在文县口头坝乡等。[①]大量利用志书等文献是其研究特色。孟祥武等指出了陕甘川交界区为多元文化交错区，从院落组织、主屋形制、屋顶形式、结构构造、材料装饰、营造技艺六方面因素进行区划研究，提出4区9亚区方案，其中院落及主屋形制作为最重要依据。[②]上述研究成果勾勒了本地区民居建筑的类型、分布等特征面貌。

笔者于2018年10月和2020年8月考察了陇南白龙江流域18处代表性村镇的近百栋民居建筑，包括礼县城关镇潘家巷、西和县汉源镇朝阳村、兴隆乡下庙村、成县黄渚镇柏湾村、徽县栗川乡郇家庄村、两当县左家乡权坪村、康县岸门口镇朱家沟村、武都区琵琶镇张坝、宕昌县狮子乡东裕村、文县碧口镇白果村郑家坪、玉磊乡冉家村冉家坪、丹堡乡杨杜沟、尚德镇田家坝、石坊乡东峪口、石鸡坝镇哈南村，以及铁楼乡草河坝村、案板地村、麦贡山村，覆盖陇南全境。这些村镇有汉族居民为主的，有藏族居民为主的，也有汉藏居民混合的；有位于河边一侧或跨河两分的，也有位于山顶或山腰的，较为全面地反映了陇南民居建筑情形。其中，文县是调查

① 高小强. 甘青地区传统民居地理研究 [D]. 西安: 陕西师范大学, 2017.

② 孟祥武，张莉，王军，靳亦冰. 多元文化交错区的传统民居建筑区划研究. 建筑学报, 2020（s2）: 1-7.

重点，文县哈南村具有较强代表性。

二、哈南村民居建筑概况

哈南村位于白水江南岸，距离县城 35km，是首批中国传统村落。这里交通便利，来往县城与九寨沟车辆经过村边公路。哈南村古为边寨，东西长约 400m，南北宽约 200m，四周有寨墙，每面设寨门，内部东西向街道 3 条（郭家街、中街、后街），南北向巷子 9 条，居民有 500 多户 2000 余人。西门最为热闹，门外即是文县仅存的道教古建筑西京观。哈南村曾于两年前整修过，修复了中街和部分作为聚落、街道入口标志的楼子、亭台，大量传统住宅得以保留。

传统住宅由"主房""边房"围合院坝而成，门屋偏于一边，有的偏转明显角度。建筑布局呈"一主一边"的 L 形，或者"一主两边"的 U 形。边房位于主房前方两侧，也有遮挡主房次间、庭院较小的情况。这种建筑呈 L 形或 U 型布局、不强调庭院严整甚或不设院墙的民

居组合方式，有学者名之为"院坝式"，以与常见的天井式、合院式相区别。院坝式是本地区住宅主要组合类型之一，也是我国川渝黔等地通行的一种做法（图 1）。

主房三间两层，底层设"台子"（即外廊），深 1.5m 左右，用餐、聊天、待客等日常起居活动都在这里进行，与川渝滇等地类似；底层明间作"厅房"，两次间作"二房"，厅房、二房隔以厚墙，相互间不设门，经外廊出入。厅房进门迎面设"请桌"，请桌前置方桌，摆有供品，厅内三面白墙，气氛肃穆。二层敞开，用于储藏和堆放杂物，也有隔为外廊和房间的。一般不设固定楼梯，由爬梯经边房屋顶进入。主房除正面外，其余三面由夯土墙围合，墙厚一尺半（50~60cm），明间、次间之间的隔墙厚一尺（30~40cm），落地柱等被包裹其中，仅二层明间缝和外檐露明。二层山墙也有编竹夹泥墙做法。主房一般为悬山屋顶，由挑枋承托挑檐檩出檐。

边房多作单层"土棚房"（现多改作砖混），其形象与藏羌民族的

密肋平顶住宅相似（图 2）。土棚房也有二层的，底层常作厨房、厕所、猪圈等，二层开敞，储物或住人。受经济条件限制，住宅也有采用土棚房。土棚房内部为木构架。

哈南村还保存一些老宅，如赵家"新房子"、"学房"（据传建于 200 年前）等，其样式、结构与常见传统住宅有很大区别：檐部采用"平板架斗"做法而不是挑枋出檐；外廊窄而通高，檐柱、金柱间设有"月枋"；或者不设外廊而于夯土墙上设槛窗等；室内明间缝中跨为逐层"架栿"（抬梁）。这些做法与村内的门楼、庙宇等公共建筑较为接近，属于官式或北方样式（图 3）。

我国传统木结构主要形式有抬梁式（柱梁式）构架、穿斗式构架、密梁平顶式构架三种。[1] 前两种用于坡屋顶房屋，其中抬梁式主要流行于北方和用作官式，穿斗式流行于南方，密梁平顶式流行于西藏、内蒙古、新疆。调查知，哈南村民居以穿斗架为主，同时也存在抬梁式和密梁平顶式这两种木构架做法。一村中三种木构架并存，这大约正

图 1　哈南村住宅的院坝、台子及正房穿斗架
图片来源：作者自摄

① 傅熹年.傅熹年建筑史论文集[M].北京：文物出版社，1998：8-9.

图2　哈南村土棚房
图片来源：作者自摄

图3　哈南村架栿式木构架
图片来源：作者自摄

是哈南村处在多元营造技术文化交汇地的缘故吧。

三、穿斗架技艺

我们的访谈对象主要是哈南村宛明安师傅[①]。宛师傅67岁，为木匠世家，曾主持修缮建造哈南村诸多街楼、街亭，以及高楼山正觉寺大木架的制作安装等。我们首先针对剖面草图问询了构件名称，在有了进一步交流的基础后，一边翻看照片，一边聊天并提问解答。我们关注的问题有：穿斗架尺度与形式、构件制作及构架施工、榫卯类型，以及其他类型的构架技艺等。访谈主要内容整理如下。

1.穿斗架形式与名称

穿斗架规模以柱数来定，大房（正房）为五柱房，边房（常作土棚房）作三柱房。五柱，依次分别是前檐柱、前二柱、中柱、后二柱、后檐柱。如果省料，柱不落地，则称作"上骑"（或称作童柱），如"前二上骑""中

上骑"。对于每榀横架，从地面依次往上有"地穿枋""下穿枋""挑穿枋""上穿枋"等构件，这些穿枋把各柱的柱脚、柱身、柱头串联起来。在纵架上，从地面往上依次有地欠（牵）、照面枋、顶欠（牵）与楼扶（栿）、挂钩与檩子等，它们把相邻两榀横架串联起来。其中，柱头上的檩条有独檩、重檩之别。重檩做法是下有挂钩枋，

上为背檩；而独檩同时兼作挂钩枋的拉结功能。各檩的差别主要是在榫卯做法上。出檐构造，采用挑穿方承托挑檐檩做法，有的还以挑枋贯穿吊瓜（瓜筒），由吊瓜承托挑檐檩。这里的构架组织和构件名称与川渝黔等地属于同一系统（图4）。

进深方向的柱间距离叫"空距"。空距大小，据测量，大的达1.94m，

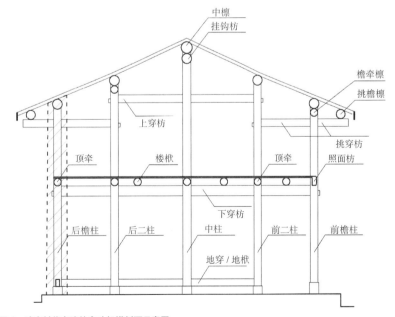

图4　哈南村住宅建筑穿斗架横剖面示意图
图片来源：作者自绘

（图中标注：中檩、挂钩枋、檐牵檩、挑檐檩、上穿枋、挑穿枋、照面枋、顶牵、楼栿、顶牵、下穿枋、后檐柱、后二柱、中柱、前二柱、前檐柱、地穿/地栿）

①　访谈时间：2018年10月。另有部分来自汪莲生老者、一位中年米姓瓦匠。

常见是 1.5m 以上。中间两空距常比外廊大，借此调整室内外空间分配；后两空距也常比前两空距稍大，这样前檐就高敞些。至于出檐，檐柱中至封檐板多为 0.9~1.1m（其中椽出檐 0.3m~0.4m）。

开间三间，明间大于次间。我们所见的案例中，明间多为 4.7m（14 尺），个别小的为 4.33m（13 尺），次间宽 3.3~4m（10~12 尺）不等。有村民说，民宅瓦房开间尺寸尾数以 1、6、8 或 9（小吉）为吉利，庙、衙门等开间尺寸尾数用 5。以市尺验证，住宅明间存在以 1 为尾数的情形，次间则多为整数。这些传统式样住宅建造年代甚晚，有建于 2008 年之后的。笔者了解到新中国成立前，营造尺 1 尺相当于 0.9 市尺多，惜未能查明。

至于建筑高度，一般先定檐口高度，再往上推，依据屋面"分水"[①]逐一推定。正房底层一般高 2.8m，二层脊檩上皮高 3.5m 左右。边房底层高 2m 左右，二层脊檩高 2.5~2.8m。为了增加堂屋高度，有的把它的二层楼面局部抬高 2 尺，楼上在明间位置形成凸台。此举显示对底层空间的重视。这种做法在贵州安顺、江西吉安等地民居普遍存在。

屋顶有"四檐滴水"和"前后檐滴水"两种，前者即歇山顶，后者为悬山顶。屋面有两种式样：一是"黄莺操膀"，即折屋面；二是竹竿水，即直坡屋面。折屋面美观，也便于铺瓦和屋面排水。竹竿水设计时计算简单，是简化做法。檐柱、二柱间，屋面起坡 3.8~4.0 分水；二柱、中柱间，为 4.2~4.5 分水。据此建造的屋面折线明显，但新起的传统民居多为竹竿水的直坡屋面。

外檐柱有侧脚（当地称作"开乍"），柱高 1 丈，开乍 1 寸；一般以柱头为准，向外掰柱脚，也可以柱脚为准，内收柱头。山面屋架也存在向明间缝内倾的"乍"的做法。屋面两端看似也有升起，但测量屋架，未见明显的升山。有的老房子檐口从平柱向角柱有少许升起。

2. 构件榫卯形式

山面构架和明间缝构架底层部分，被全部埋在夯土墙中，仅就明间缝二层屋架和挑檐看，构件是非常简朴的。这样本地民居构架中的粗大檩条和偶有一见的刀型挑枋就越发醒目了。

椽子主要有圆、方两种断面。圆的料小，方的美观；圆椽比方椽更结实，因为圆椽含有木边料，方的仅是木心，边料强度会更大些。也有板椽、半圆椽做法。方椽、圆椽的使用具有等级或地域特征意味。学房、西京观大殿作为高级建筑，采用方椽带飞椽做法，街楼或较为讲究的住宅多用圆椽，土棚房则多密布方椽。上下椽子多错位铺钉，即北方常见的"乱搭头"做法，讲究的用燕尾榫连接或半榫搭接。椽上铺厚约 1cm 的榻子（望板），其上再坐灰铺瓦。一个值得注意的现象是：高等级建筑的檐口不钉封檐板，而是露出椽头。

楼板用材厚约 1 寸，长宽尽其材。铺设时，长边以企口缝拼接，短边整齐地钉在某根楼栿上，确保美观卫生和受力合理。因板材以尽其长为原则，用来支撑楼板的楼栿，其位置安排反而是依据板长加以调整，楼栿间距往往大小不一。

榫卯有直榫、燕尾榫、箍头榫、参手榫、钻天榫、牛蹄窝子榫等类型。直榫，穿枋穿过柱身，实为直榫，常见还有大进小出直榫。燕尾榫，本地称作"线把榫"，用在两檩间和柱檩间，当相邻两挂钩檩都采用燕尾榫与柱头交接时，则称作"碰头榫"。碰头榫仅在材料不够长或为省时省工才使用，通常用翻山挂檩。翻山挂，又叫"参手榫"，实为各取箍头榫之半而成。箍头榫，本地称作"挂钩榫"，用在挂钩檩与柱头交接时。钻天榫，是柱檩间一种简易榫接方式，类似于北方的"馒头榫"，柱头上作榫头，插入檩底（图 5）。

本地区柱檩相交的常见做法是"牛蹄窝子榫"，其基本特点是柱头插入檩身或檩头，与檩子搁置在柱头椀口或嵌入柱头完全不同。这种做法的前提条件是檩径远大于柱径，具体做法是：在檩头或檩身开眼，以容柱头；同时，檩头或檩身的开口中间留胆（檩头处"胆"作燕尾形，以拉结柱檩），并于柱头相应位置开眼，以与之相嵌。较之其他柱檩榫卯，柱插檩具有更好的结构强度和抗拉性能。

四、穿斗架与土棚房、平枋架栿

1. 穿斗架与土棚房构架

哈南村的土棚房，是一种屋顶平缓（起坡 1 分水）、其上覆土的建筑。用作住宅边房时，一般长 1 至 4 间，深为 3 架（三柱房）；作主房

---

① 分水坡度是指屋面起坡高度与屋面水平投影的比值，如果屋面水平投影长为 1，起坡垂直高度为 0.5，则是 5 分水。

时，其规模大小与坡顶建筑基本相同。土棚房起坡有单向和双向两种，椽子上铺榻子，榻子上敷泥土，上面再用碱土（黑土）打石膏作防水层（厚 2~3cm）。这种屋面要经常维修，现在多改为铺瓦，有条件的加高内柱改平顶为坡顶（如汪莲生家）。

土棚房与密梁平顶式木结构建筑在外观上非常类似，但内部的全木构架与坡顶穿斗架本质上完全相同，都是由枋串柱、柱承檩，檩上再钉椽子。檩子是最重要承受屋面荷载的构件，充当主梁。对照常见的密梁平顶式木构架，亦是以纵架梁来承托密肋，梁的首尾以燕尾榫相连接，垂直于房屋朝向顺身布置，如建筑南向，梁就沿东西向布置[①]，这些做法与土棚房木构架如出一辙。

傅熹年先生非常准确地把"密梁平顶式木构架"定义为"用纵向柱列承檩，檩间架水方向的椽，构成平屋顶"，并特别指出"檩实际是主梁"[②]，显示了平顶和坡顶木结构之间的整体性特征。可以推定，柱檩密梁平顶式木结构与穿斗架极可能存在深远的渊源关系，而土棚房的木结构正是演化中的重要一环（图 6、图 7）。

1 牛蹄窝子榫（檩端头）

2 柱头开口

3 柱头与檩交接

4 大进小出直榫

5 挂钩榫

6 挂钩枋、柱与檩

7 翻山挂榫与柱交接

图 5 哈南村民居建筑榫卯
图片来源：作者自摄

图 6 土棚房木构架
图片来源：作者自摄

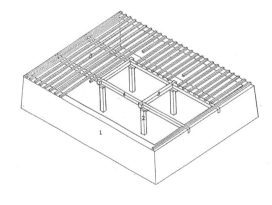

图 7 密梁平顶式木构架
图片来源：参考文献 [3]：9.

① 梁间连接及布置等做法，见：徐宗威．西藏古建筑 [M]．北京：中国建筑工业出版社，2015：358.
② 傅熹年．傅熹年建筑史论文集 [M]．北京：文物出版社，1998：8-9.

2. 穿斗架与"平枋架斗""架栿"

哈南村西京庙大殿、学房、赵家"新房子"及一处小庙均采用"平枋架斗"做法，其中学房的五架梁、三架梁和西京庙大殿的三架梁还采用"架栿"。这两种样式为高等级做法，宛明安师傅说过去只有当官的人家或者庙才用。平枋架斗，是外檐的柱、枋、檩等构件一种结合方式，其特色构件是平板枋。具体做法是：平板枋搁在檐牵枋和柱头上，其上架梁出头，梁上再置檩条。更高级的做法还在平板枋上置大斗承托梁头，并设若干组斗栱、云头等承檩以补间。从以大梁椀口承托檩条的构造看，哈南村的抬梁做法与天水地区一致。① 架栿，即架梁、抬梁，是北方和官式常见构架方式。这两种抬梁做法中，外檐平板枋做法更普遍一些（图8、图9）。

与其他穿斗架地区一样，抬梁做法都是以局部面目出现的，不同的是，这里的抬梁做法成熟地道，

与穿斗架呈现强烈并置的状态——也就是采用了"拿来主义""拼贴"方法，把已有的规制化的抬梁做法，直接拼装在既有的穿斗架上。这就与东南地区采用插梁等穿斗架不同，插梁架保留了清晰的穿斗架连续演化的印迹。

拼贴法所形成的木构架，具有鲜明的特点和设计诉求。首先，借用平枋架斗做法，塑造了地道的抬梁建筑外檐形象（其背面有的仍采用挑枋出檐，如赵家和小庙），而此时的构架主体仍是穿斗架；其次，借用梁栿、云墩、角背等标志性构件形象，塑造特定的室内环境意向，在保留穿斗架的结构性能同时，突出强调了抬梁构件的表现性功能。至于高敞空间的获得，尽管也是采纳抬梁架的目的之一，但显然不是主要因素，因为若仅仅为了获得大空间，采用插枋瓜柱等穿斗架技术完全可以达成，且更加经济，整体结构性能也更好。拼贴抬梁样式做法，重在表达其中的社会意义。

五、结语

哈南村民居建筑木结构总体上属于南方穿斗架系统。因哈南村地处穿斗式、抬梁式和密梁平顶式三大木构架交汇之地，其民居建筑及其构架具有鲜明的混合和过渡特点。具体有：

1. 来自南方的特色

1）院坝式布局。建筑布置呈 L 型或 U 型，不设围墙或设围墙但庭院不注重严整。院坝式是不同于天井式、合院式的住宅空间组织方式，流布于我国西南、湘西、鄂西等广大地区，典型模式为湘西的"正屋 + 龛子"。在陇南，院坝式是普遍流行的基本形制，仅有少量大宅采用天井式。

2）穿斗架建筑多楼房。正房底层住人，二层储物；边房底层作厨房、豢养禽畜，二层储物，也可住人。在陇南康县以北地区，则几乎全为单层建筑。尽管哈南村楼房形制来

图 8 "平枋架斗"外檐做法
图片来源：作者自摄

图 9 "架栿"做法
图片来源：作者自摄

① 唐栩 . 甘青地区传统建筑工艺特色初探 [D]. 天津：天津大学，2004：68.

自南方，但以楼房作为正房，却不是南方传统规制。南方住宅常见做法是，正房作单层（明间通高为宜，次间有阁楼），厢房作楼层。但至近代，正房使用楼房渐多。本地区正房作楼房，正是这种演化的结果。

3）穿斗架构成及制作简约古朴。构架从性能出发，没有多余构件，没有额外装饰。构架被厚墙包裹而不得观瞻是形象简朴、注重结构性能的主要原因。从其构件命名、榫卯做法以及刀型挑枋等构件形式看，本地穿斗架与整个西南地区同属一个大系统。简约古朴的穿斗架，在全国各地广泛存在，但以此地为甚。硕大的檩条以及柱插檩构造，则是本地构架最引人注目的特色。

4）"穿斗平顶式"木构架。哈南土棚房位于我国平顶建筑分布的南缘（文县、舟曲、武都一带），其形象与西藏等地平顶式建筑几乎相同，但内部木构架直接采用了当地穿斗架，或可命名为"穿斗平顶式"。这也引发了我们对这两种木构架具有渊源关系的推测。

2. 来自北方及西部的特色

1）正房三间五架。明间为堂屋，左右次间作卧室，以外廊连通，外廊是日常起居的中心。这种形制流行于文县铁楼镇、石坊乡等汉藏民居中，在武都区、康县等地还很常见，宕昌县狮子乡亦有类似做法（但皆不设挑枋出檐）。文县玉垒乡、碧口镇一带，"五架"被"五柱九架"替代。作为一种规制，"五架"穿斗架在南方已不多见，南北交界处的边缘地区却更多留存下来，如南阳内乡、南通启东等地，体现的是北方及官方制度传统。

2）穿斗架与厚墙结合。建筑三面厚墙（厚可达60cm）围合，木构架被包裹其中。当地大木匠认为，木构与夯土墙相互扶持，具有更好抗震性能。而同属文县的碧口镇民居，却采用四川泥夹壁填充墙。厚墙做法与其说抗震需要，不如说是一种地域习俗，自本地区向西至青海、新疆，向南至云南、西藏，这一广袤地区都流布着厚墙建筑。

3）穿斗架屋面采用方椽圆椽、望板、泥胎瓦面等北方做法。板椽、冷摊瓦和封檐板，与南方穿斗架相配套，与湿热多雨气候相适应。但文县玉垒乡以北地区，瓦屋面普遍采用木望板（榻木）、泥胎作基层，此时因为屋面荷载增大，板椽改作方椽、圆椽；又因为铺设望板、泥胎，瓦垄与椽距不再对位，乱搭头法通行，椽距渐小变密，椽头成为装饰重点，封檐板不再流行。

4）穿斗抬梁混合呈现强烈并置状态。通过拼贴法，吸收抬梁架成熟的平枋、梁栿等形象及构造做法，纳入既有的穿斗架中。穿斗架中的抬梁形象及做法，更具符号性质和象征意义。

参考文献

[1] 高小强. 甘青地区传统民居地理研究 [D]. 西安：陕西师范大学，2017.

[2] 孟祥武，张莉，王军，靳亦冰. 多元文化交错区的传统民居建筑区划研究 [J]. 建筑学报，2020（s2）：1-7.

[3] 傅熹年. 傅熹年建筑史论文集 [M]. 北京：文物出版社，1998.

[4] 徐宗威. 西藏古建筑 [M]. 北京：中国建筑工业出版社，2015.

[5] 唐栩. 甘青地区传统建筑工艺特色初探 [D]. 天津：天津大学，2004.

临清中洲古城传统民居形态研究

黄晓曼　　王运宝

京杭运河山东段城镇民居建筑及文化元素研究（16CWYJ11）；小城镇建设与村落民居更新过程中环艺设计研究生创新实践能力培养（SDYY17172）。

黄晓曼，山东工艺美术学院副教授。邮箱：huangxiaoman@sdada.edu.cn。
王运宝，西安建筑科技大学博士研究生。邮箱：2267830185@qq.com。

摘要：临清中洲古城传统民居文化底蕴丰厚，承载着运河文化、明清商业文化、南北文化等，具有较高的保护与传承价值。本文以课题组在临清中洲古城实地调研的 10 组典型传统民居为基础，通过对古城传统民居进行翔实可靠的实地调研、建筑测绘并对当地居民进行口述采访，记录、梳理其现状，并结合对地方志、史书的文献研究，深入剖析、归纳、总结临清中洲古城的传统格局、院落空间布局及单体建筑形态的特征及规律，以期为后继学者及相关人员提供翔实可靠的建筑实录资料，亦可为古城传统民居的保护提供可行性依据。

关键词：临清中洲古城；运河；传统民居；形态

临清中洲古城是由卫运河、会通河北支与南支围合的一块三角区域，其因运河而兴盛，是京杭运河山东段代表性城市。其从营城到院落，再到建筑的构架，均可看出受运河文化的影响，表现为棋盘式的街道框架，自由灵活的院落空间布局，以及南北交融的建筑风格。其中集市与民居混为一体，既有儒家克己复礼的秩序感，也有商业文化带来的随机应变，在鲁西北区域独树一帜。以下便以临清中洲古城传统民居实地调研与建筑测绘为基础展开叙述。

一、中洲古城格局

临清中洲古城街巷及民居随运河的走势布局，或两面临河，或四面临河。其街巷繁密有序、纵横交错，有"三十二街、七十二巷"的说法，构成了纵横交错的棋盘式网状分布格局。这些不同宽度的街巷沿运河边界自发形成了三角形及内部丰字形的框架，与其他传统古城中轴对称的格局大不相同。传统民居则在原有的古城、街巷框架的基础上，顺着运河与城内大小不同的坑塘建造，体现了中洲古城营建之防洪、排涝、抗旱、蓄水的居住智慧。同时，在明清商业文化的影响下，古城内传统民居的发展更加灵活自由，与街巷一齐形成了临清中洲古城繁密、灵活的格局（图1、图2）。

二、院落空间布局

临清在运河的影响下形成了特有的明清商业文化，构成了多院落灵活组合的大院民居。这些大院民

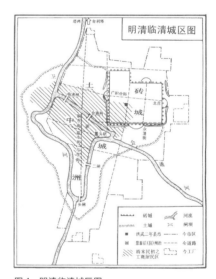

图1　明清临清城区图
图片来源：陈桥驿. 中国运河开发史 [M]. 北京：中华书局，2008.

居的院落布局并不严格受封建礼制的制约，其空间更加灵活自由，更多地考虑其与运河之间的关系。工作组在以往对大院民居调研的基础上，又选择了 10 组具有代表性的院落（表1），为了方便研究与分析，

图2 明清临清运河沿岸
图片来源：谷建华．图说大运河 古运回望 [M]．北京：中国书店，2010.

每一院落按顺序标号，作为研究样本。

从上述院落的平面中可以看出，临清中洲古城的院落布局灵活自由，无固定的院落空间围合形式，且院落平面形状亦不受传统礼制的约束，其主要是受临清当地"居与商"相结合的文化及生活方式所影响。另外，工作组在口述史访谈中发现，部分大院民居相互搭配组合具有象形的特征，这种象形亦体现了院落空间灵活的布局形式。例如，因平面形似鹤、龟，在临清民间便被称为鹤形大院、龟形大院。其中鹤形院以汪家大院为代表，院落中的门楼被比作仙鹤的头部，院落两边的挎院被喻为仙鹤的翅膀，其平面布局像展翅的仙鹤，也叫"同心和"院落。龟形大院主要以李家的耀兴漆店为代表，龟身由院落中几个方正的进院组成，龟尾则是院落尾部的下水道，院落的构成比例关系是中间大、两边小。此外，大院民居就是以这些典型院落拼接成家族大院，各有入口，功能关联，互相协作，形成大型的前店后厂、自带钱庄的综合体。

表1

样本序号	1	2	3	4	5
院落平面					
现场照片					

样本序号	6	7	8	9	10
院落平面					
现场照片					

来源：图片为作者自绘、自摄

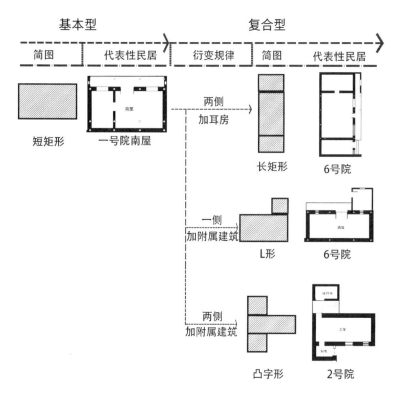

图 3　平面形状衍变图
图片来源：作者自绘

三、单体建筑形态

1. 平面形状

通过调研测绘发现，中洲古城民居的平面形状可归纳为短矩形、长矩形、L 形、凸字形四类，且后三类皆由一个基本型衍变而成（图 3）——由"短矩形"平面向两侧延伸变形而来，其内部结构与"短矩形"平面类似，仅在空间尺度、梁架尺度、空间使用功能上有所变化。产生以上三种平面主要有两个原因。其一，当地民居普遍在门前设置穿厅（回廊），用于连接主屋与两侧耳房（图 4）。此种平面布局形式在临清被称为"明三暗五"，即三间房对外，用来接待客人，两间房对内，作为主人的私密空间。其二，多数民居主体建筑前后会设置抱厦，作为民居主体建筑的延伸空间使用，此种布局形式在临清本地被称作"前有抱厦，后落一脊"（图 5）。

2. 立面形式

临清中洲古城传统民居的建筑立面可分为外檐立面与山墙立面两部分。其中，外檐立面从下至上一般有柱子、额枋、平板枋、檐檩、塈头、飞椽、封檐板、檐头，以及门和窗（图 6）。这里的门主要为槅扇门，其槅心的样式一般为回字形、冰菱花形等。冰菱花形使用等级较高，一般为富裕家庭使用。另外，临清中洲古城民居窗的材料主要为木材，按照窗的安装位置、开启方式、槅心样式、使用方式，可将窗分为槅扇槛窗、十三棂窗、支摘窗、推拉窗四种样式。另外，塈头部分一般雕刻喜鹊登梅的纹样，其他多数雕刻牡丹花，寓意着花开富贵，在冀家大院、单家大院、乔家大院比较常见。一般文人志士之家还会采用菊花纹样，代表着清廉，以赵家大院为主（图 7）。

山墙立面则主要由碱角裙子、

图 4　穿厅
图片来源：作者自摄

图 5　抱厦
图片来源：作者自摄

墙身、博风、拔檐四部分组成。碱角裙子位于窗台以下，其材料主要为砖材，无论家庭经济条件的影响如何，均会选择砖材砌筑碱角裙子。建筑的墙身部分均由砖材垒砌而成，部分墙身还装有钉子，这种墙体在临清被称作钉面墙。钉子的排布规律由柱、梁的位置来确定，通过钉子固定嵌在墙体内部的柱梁框架，防止房屋倒塌，增加承重结构稳定性，具有一定的抗震效果。因此，可以通过建筑立面钉子的层数，确认建筑内部房屋构架中梁的层数。除了钉面墙之外，山墙立面砖材的组合形态还有"扁砖到顶"与"三七墙"。其中，使用"扁砖到顶"砌筑的墙体，在临清的民居建筑中等级最高，砖缝排列方式主要使用十字缝的形式，即将砖横着砌筑。此种墙体更加坚固、稳定，一般是家庭经济条件较优越的居民使用。另外，依据民居保护程度，墙体的材料有青砖与红砖两种，青砖墙身的民居保存较好，而红砖墙身的民居多是由居民自行修缮而成。另外，大户人家山墙的山尖处还有山花砖雕（图 8）。

3. 空间尺度

经过此次调研、测绘与口述采访发现，临清传统民居的开间、面阔比灵活多变。受临清地域文化与等级制度的影响，民居主体建筑的一般为三开间，其余附属建筑多为一开间，少数为两开间。同时，受传统观念奇数为阳、偶数为阴的影响，主体建筑一般为奇数开间，很少使用偶数开间。这种情况在山东民居中比较常见。此外，这也与临清本地的营建习俗密切相关。临清本地营建房屋结构常使用"四梁八柱"的形式。"四梁"指主体建筑均有四根梁，明间两根可见，次间两根埋藏在墙体中；"八柱"指埋藏在墙体内部的柱子数量（图 9~ 图 11）。

在开间、面阔上，基本遵循正间的尺度最大，并向两边的次间逐渐递减，也有少数建筑的开间、面阔相

图 6　外檐立面
图片来源：作者自绘

图 7　墀头
图片来源：作者自绘

图 8　山墙立面局部
图片来源：作者自绘

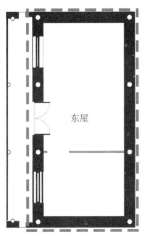

图 9　墙体中的 8 根柱子
图片来源：作者自绘

图 10　埋藏在墙体中的梁架
图片来源：作者自摄

图 11　埋藏在墙体中的柱子
图片来源：作者自摄

同或相似。另外，部分民居因地制宜，出现明间与次间相同、左右次间不相同或次间大于明间的现象。基于此，通过比对十组传统民居三开间主体建筑的明间与次间面阔比值，总结出其普遍规律为明间与次间面阔比值介于 0.8~1 之间。由此可见，奇数开间的面阔比值根据多种因素灵活变化。偶数开间在主体建筑中非常少见，常见于空间较大的且附属于主体建筑的抱厦与耳房（挎院）中。

4. 内部空间结构与功能

在此次调研中，临清民居空间的围合结构主要由外部的砖体、中间的木框架和土坯、内部的白灰面以及顶部的坡屋顶搭配组合而成。其中砖体与木框架梁架组合承重，房屋构架多使用抬梁式，在临清本地被称作二梁起架、三梁起架，即每榀屋架一般使用两根梁或三根梁进行搭接，用来承托屋顶的重量。二梁起架的民居主体建筑在临清比较常见，附属建筑中每榀屋架常使用一根梁起架或不起架，直接将檩条搁置在梁上。而三梁起架等级较高，仅在少数大院民居中见到。又因临清独特的营建方式，民居室内空间常仅可见两根梁，很少出现柱子，其余的梁、柱均埋藏在墙体内（图 12~ 图 15）。

除此之外，民居主体建筑的室内常使用木质假山墙或砖质墙体作为起和居的实体隔断，安装于明间大梁底部，在单栋民居建筑室内中一个隔断居多，少数民居使用两个隔断（图 16、图 17）。

从以上对传统民居单体建筑的平面形状、立面形式、空间尺度以及内部的空间结构和功能的总结与概述中可以看出，临清传统民居灵活多元、丰富多彩，这是在运河的影响下本土文化与外来文化交融的结果，体现出了临清人民的营建智慧。

图 12　一梁起架
图片来源：作者自摄

图 13　二梁起架
图片来源：作者自摄

图 14　三梁起架
图片来源：作者自摄

图 15　一梁不起架
图片来源：作者自摄

图 16　木板隔断
图片来源: 作者自摄

图 17　砖墙隔断
图片来源: 作者自摄

四、结语

　　临清中洲古城传统格局的棋盘式框架，院落空间的灵活自由，以及单体建筑的丰富交融，体现了运河文化、明清商业文化、南北方文化影响下的临清中洲古城传统民居灵活多元、市居一体、南北交融以及多民族和谐共处的特征，展现了运河文化遗产独有的建筑和艺术特色。在国家大力保护与发展运河文化遗产的时代背景下，理应更加积极地投入到传统民居的保护中，应在对其进行数字化记录的基础上，结合传统民居的营建技艺、营建习俗等各方面内容，更深入地挖掘其内在的营建智慧及文化基因，探索更加符合临清中洲古城传统民居的保护技术、方法与模式。

参考文献

[1]　王俊.乾隆临清州志[M].清乾隆十四年刻本.

[2]　张自清，徐子尚.临清县志[M].民国23年铅印本.

[3]　于睿明.康熙临清州志[M].清康熙十二年刻本.

[4]　张度，邓希曾.乾隆临清直隶州志[M].清乾隆五十年刻本.

[5]　山东省临清市地方史志编纂委员会.临清市志[M].山东:齐鲁书社，1997.

[6]　姚汉源著.京杭运河史[M].北京:中国水利水电出版社，1998.

[7]　李浈编著.中国传统建筑形制与工艺[M].上海:同济大学出版社，2015.

[8]　胡英盛，黄晓曼，刘军瑞.山东典型院落文化遗产保护与传承[M].长春:吉林大学出版社，2020.

[9]　赵鹏飞，宋昆.山东运河传统民居研究——以临清传统店铺民居和大院民居为例[J].建筑学报，2012（S1）: 168-171.

鼓浪屿四房看厅洋楼平面衍化研究

丁锐晗

丁锐晗，华侨大学学生。
邮箱：562456073@qq.com。

摘要：本文通过类型学的方法，对 199 栋鼓浪屿近代洋楼进行整理，划分出不同的类型，并基于此探讨外廊、场地是如何影响四房看厅洋楼平面的衍化。

关键词：四房看厅；洋楼平面；类型；衍化

一、四房看厅洋楼平面元素

1. 典型平面形制

闽南传统民居中，4 个房间围绕厅左右对称布局的形式被称为"四房看厅"，同时也被闽南人广泛用于形容各种符合其特点的建筑。鼓浪屿四房看厅洋楼，是基于外来洋楼样式，用四房看厅这种形式，取代

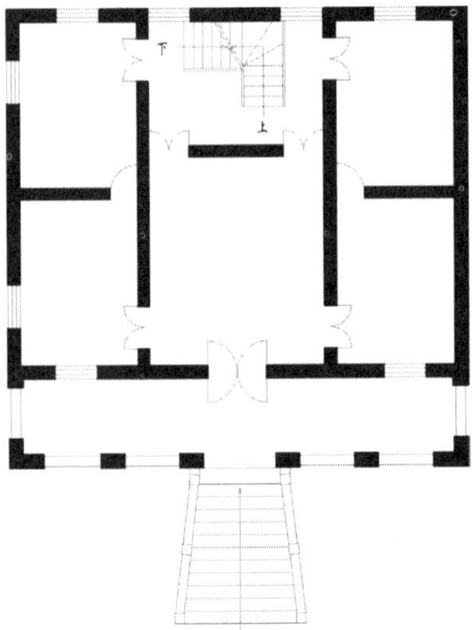

图 1　鼓浪屿四房看厅洋楼典型平面形制
图片来源：华侨大学建筑学院

其原有的平面，使之更符合闽南人的生活习惯。

典型的四房看厅洋楼平面由三部分组成——四房看厅、五脚基外廊和正面大楼梯。建筑内部保留了闽南大厝顶落四房看厅的格局，同时楼梯置于后轩，与大厝中楼梯位置一致；顶落正面步口部分被外廊取代；正面大楼梯这一形式来源于西方，使二层平面成为主要使用的平面，一层作半层使用，有防潮通风的作用（图 1）。[1]

2. 平面元素分析

1）主体。指体现四房看厅特点的平面部分，可分为一厅两房式、四房看厅式、六房看厅式。分别记作 I A、I B 和 I C。

2）外廊。受西洋外廊式建筑的影响，鼓浪屿上大部分四房看厅洋楼都有外廊。西洋外廊式建筑是鼓浪屿上西式建筑的典型，主要特点有：外观上表现为简单的盒子式建筑周围包上外廊；立面是连续的拱廊组合，形式简洁，线脚明朗而无

其他装饰；平面上与 19 世纪早期英国的乡间别墅平面类似；外廊具有生活属性。[2-5] 四房看厅洋楼中的外廊"继承"了其外廊的生活属性和布置方式，并与中式的塌岫、出规等变化结合，共同构成了四房看厅洋楼的外观形式。

3）翼楼。一般位于建筑入口处两侧，对称布局，有八边形、六边形、四边形等样式。特殊形式为单侧翼楼和单侧翼楼状凸起。

4）下落。在洋楼平面中，有些部分会有传统大厝中下落的特征，就把这部分也称为下落。

5）后落。在洋楼平面中，有些部分会有传统大厝中后落的特征，就把这部分也称为后落。

6）倒坐。在洋楼平面中，一些房间呈一字列在主体背部，归类为倒坐。倒坐与后落的主要区别是：后落以厅与主体串联；倒坐没有厅，只是房的罗列。

7）附楼。附楼是一种纯西式的平面元素，广泛存在于鼓浪屿各类洋楼平面中。通过翻阅文献可知，

在西洋外廊式建筑传入中国之前，就已有附楼这种形式，位于建筑一角，用作仆人居室。

8）附属房间。平面中其他元素都归于此类，比如护厝（图2）。[6]

二、四房看厅洋楼平面主体变化类型

1.建筑主体与其他元素的关系

基于主体和外廊，笔者对其他平面元素的梳理。根据与建筑主体的连接程度，可以大致把它们分为3类。①分离，平面元素与主体分离，且可以明确识别；这部分包括附楼等元素。②相接，平面元素与主体相接，但没有逻辑上的联系。主要指从建筑上随意伸出的附属房间。③连接，与主体连接，且与主体存在某种逻辑关系的部分。包括下落、后落、倒坐、翼楼。

2.类型图示的提取

类型图示提取的识别范围除了主体，还应加上翼楼。因为当我们

从外观上观察一栋洋楼时，很难区分出图3中两者的区别。同时，翼楼作为一种洋楼中独立的元素，与塌岫样式息息相关，与平面的衍化关联较大。

提取方式分为对主体图示的提取和对整体图示的提取。有的平面较为简单，只需要针对主体就可提取出类型图示；有的平面较为复杂，需要综合判断，进行提取。个别案例中附属房间也会属于识别范围。

3.四房看厅洋楼平面主体变化类型

4种基本变化类型，记作"ⅠB-a"的形式；4种衍生变化类型，记作"ⅠB-cc"的形式（图4）。

基本变化类型分为完形、对称变化和非对称变化三种。完形指外轮廓不发生凹凸变化，内部墙体发生变化的情况；这种情况有时会为了顺应街道，使建筑外墙发生倾斜，为ⅠB-a。对称变化分为出规、塌岫两种形式，为ⅠB-b、ⅠB-c。非对称变化为L形变化，为ⅠB-d。衍生变化类型有ⅠB-ed、ⅠB-cc、ⅠB-dc、ⅠB-cccc几种。各种类

型对应的建筑图示如图5所示。

三、四房看厅洋楼主体变化影响因素

1.外廊

1）外廊的类型

外廊有五脚基、塌岫和出规三种形式，其中塌岫又有三塌岫和塌岫式外廊两种类型。

五脚基在闽南可泛指骑楼、洋楼中的一字形外廊。"塌岫"一词源于闽南方言，指传统建筑入口向内凹进的手法。三塌岫，指明间旁的两个次间外廊向外凸出的类型；塌岫式外廊，指中间凹进外廊、两侧凸出房间的形式。"出规"一词源于闽南方言，原指传统建筑的门面凸出，后来也用来指华侨洋楼中类似帕拉第奥风格的正面凸出的外廊空间。长条形中央部分凸出的外廊在闽南方言中被俗称为"出规（龟）式"。[7、8]

2）是否结合外廊

当四房看厅洋楼不结合外廊时，

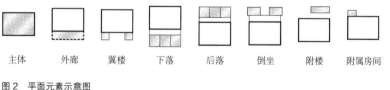

主体　外廊　翼楼　下落　后落　倒坐　附楼　附属房间

图2　平面元素示意图
图片来源：作者自绘

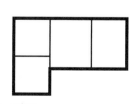

图3　示意图
图片来源：作者自绘

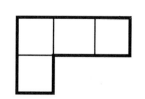

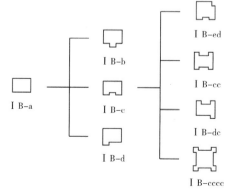

ⅠB-a　ⅠB-b　ⅠB-c　ⅠB-d　ⅠB-ed　ⅠB-cc　ⅠB-dc　ⅠB-cccc

图4　四房看厅洋楼平面主体变化类型
图片来源：作者自绘

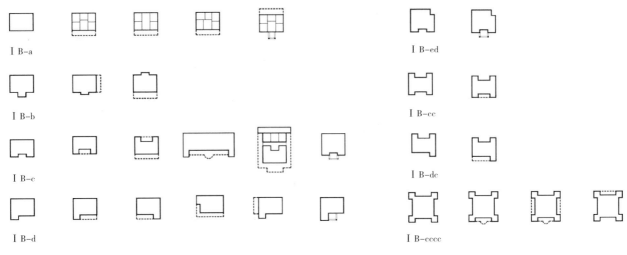

图 5　各类型对应建筑图示
图片来源：作者自绘

主体会发生ⅠB-a至ⅠB-d四种变化。结合外廊时会发生所有类型的变化。

3）主体不发生变化

当主体不发生变形、直接与外廊结合时，外廊有五脚基和出规两种变化，可在主体的单面、双面、三面、四面进行结合。双面有外廊时，外廊有L形和二字形两种变化。

4）主体发生变化

主体发生变化时，外廊会有补全完形的作用。

在鼓浪屿洋楼中，大部分塌岫都是外廊结合翼楼形成的。跟传统塌岫比，这种塌岫进深大，在面宽中占据的比例也增加了，形成了一种更具生活性的休闲空间。翼楼和外廊都是从西方引入的平面元素。虽然形成原因不同，但翼楼和塌岫所呈现的类型图示是类似的，同时，外廊把它的生活属性带入到洋楼的塌岫中，与这种闽南样式产生结合。

当主体结合单侧翼楼时，外廊结合主体的方式与塌岫相同，是一种较为特殊的外廊形式。

当洋楼一侧房间凸出时，外廊会呈L形与建筑结合。由于和建筑

凸起的结合，外廊空间可划分为两部分：一部分是与建筑凸起结合的次要空间；一部分是无结合的主要空间。由于与建筑紧密结合，次要空间的生活性要大大增强。

主体发生出规、塌岫变化时，结合外廊的方式不一样。当主体发生出规时，这一侧一般不会再结合外廊，如若需要结合外廊，一般也会通过外廊强调出规。当主体发生塌岫变化时，一般会结合外廊进行补齐，不结合外廊的情况较少，且都为背面塌岫（图6）。

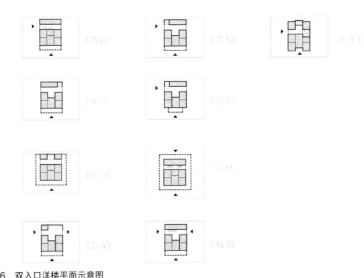

图 6　双入口洋楼平面示意图
图片来源：作者自绘

2. 场地

1）场地的类型

从地形的角度，可分为山地、平地和其他。从用地类型的角度，可分为居住用地、商业用地和其他。

2）福州路片区的洋楼

20 世纪初，鼓浪屿东海岸多次填海造陆，兴建码头，便捷的交通及地理位置优势吸引了大量房地产商的投资。房地产商在购得土地后，将地块进行划分出售，或对地块进行统一建设后再分别出售。经

过房地产商的统一规划，建筑地块排列规则，布局紧密，以独栋式布局为主。

福州路片区是这一规划形式的典型代表。通过整理 11 栋福州路洋楼的平面形式，发现普遍意义上，建筑基地布局紧凑，建筑对基地的占据比较充分，这使得当基地不方正时，建筑外墙也会顺应基地发生歪斜。当两座建筑规划共用一片基地时，两者对角布局，结合附楼划分出开敞和私密的两个庭院；当有两个临着街道的出入口——一个经由庭院，一个直接开在建筑上时，福州路 60 号把建筑出入口开在主体与倒坐间的

内廊一端，福州路 41 号在背面嵌套了两个塌岫形式，形成入口。

3）基地高差明显的洋楼

当基地高差明显时，建筑与基地一般有两种结合方式：设置半层，通过楼梯引导，把建筑主入口设置在二层；或结合地形在不同高差平面上开设出入口。

四、结语

外廊对四房看厅格局的影响主要体现在与塌岫，即与Ⅰ B-c 结合上。通过与外廊结合，使塌岫从入口空间变成了生活空间，又能兼具

一部分的入口职能。

片区规划会影响到基地的形状和基地间的关系，进而影响建筑。房地产商开发的洋楼一般外观造型简洁方正，平面形制也较为偏向闽南特色；同时，由于福州路片区用地紧凑，所以街道的走向会直接影响到建筑轮廓形状，有时住户为了方便起见，由建筑直接向街道开设出入口，也会影响到四房看厅的平面布局。

当建筑在不同高差上开设出入口，出入口的营造也会影响到平面格局。

参考文献

[1] 陈志宏. 闽南近代建筑 [M]. 北京：中国建筑工业出版社，2012.

[2] 汪永平. 印度殖民时期城市与建筑 [M]. 南京：东南大学出版社，2017.04.

[3] 藤森照信，张复合. 外廊样式——中国近代建筑的原点 [J]. 建筑学报，1993（05）：33-38.

[4] 刘亦师. 中国近代建筑史概论 [M]. 北京：商务印书馆，2019.09.

[5] （加拿大）诺伯特·肖瑙尔. 住宅 6000 年 [M]. 北京：中国人民大学出版社，2012.

[6] 吴庆洲著；朱小丹主编. 广州建筑 [M]. 广州：广东省地图出版社，2000.

[7] 曹春平. 闽南传统建筑 [M]. 厦门：厦门大学出版社，2016.

[8] 雷冬霞编著. 中国古典建筑图释 [M]. 上海：同济大学出版社，2015.

广州城市街屋类型学研究引论

肖　旻　周冰鸿

国家社科基金资助项目（批准号：21VJXT011）。

肖旻，华南理工大学建筑学院 & 建筑历史文化研究中心副教授。邮箱：xiao@scut.edu.cn。
周冰鸿，华南理工大学建筑学院硕士研究生。邮箱：1049921825@qq.com。

摘要：清代晚期至民国时期广州城中与街道共生的联排式居住建筑类型可以称为街屋。街屋现象的类型学研究具有城市性、历史性与方法论的意义。街屋术语及其类型学体系可以兼容广州竹筒屋、骑楼等既有现象类型，并实现对广州从传统城市到近代城市变迁过程中，城市与建筑空间特征的更为整体及具有启发性的认识。

关键词：街屋；类型学；近代；广州

一、街屋现象的类型学意义

街屋作为一种建筑形式的表述，并非普遍通行的专业术语，而更接近一种日常表达习惯。林冲于 2000 年完成的博士论文《骑楼型街屋的发展与形态的研究》，是中国大陆地区的建筑学专业文献中较早明确使用"街屋"术语的一例。文中说，"本研究所称之街屋，泛指一般市街沿街设立之店铺住宅或纯为住宅使用的建筑形态而言。店铺住宅是我国宋代以后，南方城镇中传统住商混合的典型城镇居所，在我国建筑史中已成为重要的建筑物类型。户户并排相连，深度狭长的'竹筒屋'为其惯有的形制。在其他研究中也有市屋、店屋或连栋式店铺住宅之称谓来意指这种空间文化形式。本文沿用'街屋'作为连栋式店铺兼住家的民居建筑形态"[①]。

上面的引文包含了若干普遍性的约定，如"南方""城镇""沿街""连栋"等，也简单涉及通行的广东民居术语"竹筒屋"。不过，林文主要将骑楼作为街屋的一种典型表现并进行专题研究，文中大量表述直接以骑楼或骑楼建筑为主体进行，街屋并不是关键词，也未对街屋的内涵外延展开更多的探讨。本文认为，林文对街屋的宽泛描述，可以启发对传统时代晚期至近现代时期华南地区城镇型住宅（或包含商铺功能）现象的一种类型学认识，包含以下几方面的限定性视角：

其一，时间：传统时代晚期至近现代时期；

其二，区位：主要在城镇空间中，可以延伸至乡村墟市集镇等乡村环境中的商业性空间；

其三，外部特征：与街道共生，从而也意味着以沿街集群的方式存在；

其四，本体特征：最基础的形制特征，简言之，就是联排式建筑。

上述限定形成本文对街屋的类型学定义。它所界定的城市与建筑现象，对于华南地区传统民居或近代城市史、建筑史研究的学者而言并不陌生，而关键差别在于这些现象是否具有足够的普遍性（作为类型的代表性）以及特殊性（作为与已有类型区分的新类型）。在现有成果文献中，这一现象的理论潜力未得到足够的重视。[②]

本文以广州为例，建立"街屋"的类型术语并探讨其研究工作方法。

---

① 林冲. 骑楼型街屋的发展与形态的研究 [D]. 广州：华南理工大学，2000：3.

② 因此，引文中所谓"（街屋）在我国建筑史中已成为重要的建筑物类型"，在本文作者看来，主要反映了此类对象被不同研究者和研究文献关注到的状态，并非指这一现象的类型学理论研究状态。在中国台湾地区的学者中，"街屋"的用语较为常见，而大陆地区的学者偶见使用，但两者仍多以日常表达的习惯在处理这一词语。林冲使用这一术语应与其台湾地区建筑师的身份有关。

这一思路的意义可以在以下几个方面得到体现。

1. 类型的历史性

对广州而言，主要是辨析"街屋"与现有广东民居类型概念"竹筒屋"的区别与联系，并进一步明确各自的时间与区位特征。本文研究试图表明，在受到 20 世纪西方城市规划管理影响之前，传统城市内部伴随着传统商业、传统街巷空间，已经出现了"传统街屋"这一现象。这将使得侧重古代乡村的传统民居类型学研究与侧重城镇的近代建筑类型研究，有了更为准确、丰富而细密的建筑类型中介。

2. 类型的城市性

对广州而言，"街屋"作为跨越传统到近代的建筑类型，与"街道"或"街巷"发生紧密的联系。从"消极"一方面看，这种类型学定义方式"溢出"了建筑（单体）的领域。然而它并非将建筑与城市现象作主观的牵强联系。大量广州近代城市建设史的研究表明，从形态、空间到功能，从规则、技术到建造，"街"与"屋"的确是一体的。从"积极"一方面看，这实际上启发了一种城市建筑学的研究方法。街屋的城市性，也意味着前一条所述的建筑类型历史性，可扩展为城市空间的历史性。

3. 类型术语的规范性

从历史理论的宏观角度看，作为街屋关联要素的街道，已经是中国古代城市史中"里坊制"向"街巷制"发展的典型对象。街道（特别是商业性街道）这一公共空间形式及其建筑形态的演变，总是不同程度地交织着"商业化""城市化"乃至"近代化"这三个不同面相的议题，成为中国城市近代化研究中普遍采用的一条线索。

从类型学术语的微观角度看，由于近代中国社会文化状态的剧烈变迁，在处理这一时期的城市与建筑现象时，类型学术语体系的建构都不同程度面临着挑战。如前面提过的"竹筒屋"，存在着时间与区位特征不清的问题（后文将讨论）；另如被广泛研究的"骑楼"建筑现象，其强烈的城市问题特征，早已经为研究者的关注 [1]。围绕骑楼开展的建筑学与城市史学结合的研究，正是前述"城市性"问题的体现，因此，骑楼不失为一个既有历史渊源又有内涵表征的优良术语。然而问题却可能存在于"骑楼"之外。当骑楼因其典型性被大量讨论时，非骑楼的近代城市街屋研究是相对欠缺的。类似"竹筒屋""骑楼"等已有的类型学术语，在一定程度上反映了早期类型研究中基于典型性寻求代表性的倾向。"街屋"的命名思路，是有意识地避免在获取典型的过程中流于"戏剧性"或"精品化"的偏差，寻求在分类逻辑与现象表征上更为全面的概念建构，以便更好地梳理近代与传统、城镇与乡村、骑楼与非骑楼、单体与联排、民居与其他建筑类型等一系列条件要素之间的关系。

4. 类型学方法的理论潜力

尽管"街屋"这一概念在本文中首先是作为一种建筑类型提出，但具有发展为一种基于中国问题的类型 - 形态（typo-morphology）研究方法的潜力 [2]。街屋术语中屋与街的直接组合，已经扮演了将建筑类型研究与城市形态研究结合的角色。街屋研究将建筑形态的变化置身于城市街区演进的语境之中 [3]，避免建筑单体形制研究的孤立视角，也体现了一种类型过程（typological process）的研究特点。

围绕上述思路，本文计划通过以下几个课题来完成对广州街屋的先导性研究：

其一，对"竹筒屋"及传统民居类型研究的批判性思考；

其二，借助早期图像理解近代前夕的传统广州；

其三，关注骑楼之外的广州近代城市建筑问题。

二、从竹筒屋到街屋

1. 广东民居中的竹筒屋

1990 年陆元鼎先生完成的《广东民居》，将粤中（广府）民居分为竹筒屋、明字屋、三间两廊、大型天井式民居（包含西关大屋）等

① 例如，彭长歆在《骑楼制度与城市骑楼建筑》中，明确提出骑楼具有城市制度与建筑类型的双重性格。见：彭长歆. 骑楼制度与城市骑楼建筑 [J]. 华南理工大学学报（社科版），2004（4）：29-33.

② 见：陈飞，谷凯. 西方建筑类型学和城市形态学：整合与应用 [J]. 建筑师，2009（4）：53-58.

③ 如果进一步借助语言学的类比，本文的方法倾向还可以看作是追求词法（建筑形制）与句法（街道系统）、词语（形态）与语境（区位）、语义（空间）与语用（功能）的一种综合性探索的尝试。

类型。[①] 这一分类系统和术语，已经成为后续广府传统民居类型研究的参考坐标而被广泛使用。术语对理论话语具有先决的影响力，近代时段的全球性剧变与都市化进程，都已经预示了对这一时期的建筑形式讨论，不太可能简单在一个稳定的传统类型学框架中进行。这要求对传统民居类型术语进行反思。然而在广州近代建筑史的研究中，此类工作仍显不足。竹筒屋术语的辨析，是对这个要求的一种回应[②]。

笔者先尝试对《广东民居》的类型学建构特点作一概略的讨论：

其一，从中国建筑史学史的角度来看，传统民居研究常被认为标志性地开创了一个异于官式建筑研究的新领域，但是研究者仍不免受到以后者为基础建构起来的中国古代建筑史学知识传统的影响。例如建筑单体的间架描述体系，建筑群体以天井（或院落）组织的进、路体系等。

其二，尽管对城镇与乡村民居有所分辨，但早期的民居研究成果对传统城镇现象讨论较少，在类型体系上也未作专门区分。

上述因素对于传统民居的宏观研究而言，也许不会导致过大的偏差。但是当研究集中到一处地方个案、一个时段变迁上，应有更精细的要求。《广东民居》中，对于竹筒屋、明字屋和三间两廊的分类，显然是基于开间数量的规整化表述；而西关大屋是作为城镇型民居而归属于大型天井式民居类型的，这应该反映了研究者在意识到城乡差别（实际上也是时代差别）的同时，仍致力于一种整体性知识建构的努力。

《广东民居》虽然最初出版于1991年，实际上是从20世纪五六十年代开始，华南工学院民居调查研究成果的累积和发展。如1965年金振声的《广州旧住宅的建筑降温处理》[③]、方若柏等《广东农村住宅调研》[④]、1978年陆元鼎《南方地区传统建筑的通风与防热》，都使用了"竹筒屋"这一术语。早期文献反映了各位研究者采集的所谓"竹筒屋"，基本上是城镇（包括乡镇）区位中的案例。金振声的广州旧住宅文章指的是广州城内的住宅（金文给出了十几座竹筒屋平面示意图并标示出各处案例城区门牌号）；方若柏的文题虽然是农村，文中提及"竹筒屋"却说多用于乡镇沿街。陆元鼎的文章则简单提及城镇中有的采用竹筒屋形式。在1981年，陆元鼎在《广东民居》的期刊论文中提到，"单开间平面，粤中称为竹筒屋，潮汕称为竹竿厝"[⑤]。该文对竹筒屋的描述与前述1960年代的文献相比出现了微妙的差异。文中把竹筒屋分为农村和城镇两种形式，但是仅举证了一处农村住宅的平面示例，单开间二进，中为天井，进深约12m。[⑥] 总体而言，基于上述早期调查文献，我们可以初步判断，竹筒屋的命名应主要用于城镇或乡镇区位的建筑形式，具有单开间、大进深等特征。在这种条件下，建筑纵深延展如竹节的形式，是其名称的由来。[⑦]

竹筒屋这一称呼应来自民间，被早期华南工学院民居学者发现并采用。目前所知最早使用这一用语的文献来自清代文人陈坤的竹枝词，"万间广厦称心难，知足随缘到处宽。多少人家竹筒屋，安居乐业也平安"[⑧]；陈坤还记述，"省中造屋多系单间数进，谓之竹筒屋"[⑨]。所谓省中，就是省城广州。可见在光绪年间，"竹筒屋"的称呼已经成为地方知识的一部分。从"竹筒屋"一词的出现回推其流行年代，

① 见：陆元鼎，魏彦钧．广东民居 [M]．北京：中国建筑工业出版社，1990．

② 笔者学术团队前期在这一思路下的工作有对西关大屋和三间两廊的研究。见：黄巧云．广州西关大屋民居研究 [D]．广州：华南理工大学，2016；李海波．广府地区民居三间两廊形制研究 [D]．广州：华南理工大学，2013．

③ 见：金振声．广州旧住宅的建筑降温处理 [J]．华南工学院学报，1965，3（4）：49-58．金振声与陆元鼎均是当时华南工学院教师，1962 年他们一起带领学生对广州城内旧住宅进行调查测绘。1965 年金振声发表论文。见：邹齐．陆元鼎民居建筑学术历程研究 [D]．广州：华南理工大学，2016：16．

④ 见：方若柏，彭斐斐，倪学成．广东农村住宅调查 [J]．建筑学报，1962（10）14-16．

⑤ 该期刊论文与专著《广东民居》同名，比专著初版早 9 年。建筑间数量的类型规范作用被推广至全省，可见专著的类型学基本框架在此时已经奠定了。见：陆元鼎，马秀之，邓其生．广东民居 [J]．建筑学报，1981（9）：28-36．

⑥ 该例子的进深尺度与小型二进民居近似，并非典型的大进深比例。广府农村当然也存在单开间的住宅，但并不普遍。单开间且大进深的情况难以在乡村地区见到。

⑦ 笔者猜测，竹筒屋状如竹节的说法，正是对城镇区位条件下天井受压缩后屋面前后相衔，瓦面裹垄深色而屋脊每段隆起的形象反映。

⑧ 见：雷梦水，潘超，孙忠铨，钟山编．中华竹枝词 [M]．北京：北京古籍出版社，1997：2792．转引自：何诗莹．明清以来文学中的广府图景 [D]．广州：广州大学，2010：151．

⑨ 文出自陈坤《岭南杂事诗抄》卷三，光绪二年（1876 年）。此信息得自禤文昊老师。

应是对 19 世纪广州城市建筑现象的描述。①

《广东民居》的类型学建构是一个现代知识的集体生产过程。在"竹筒屋"这一称谓成为广府传统民居类型学术语的过程中，单开间被强化乃至于固化为唯一明确的限定条件，大进深被强化却缺乏尺度的清晰把握，同时大进深特征潜在的与城镇用地条件的相关性尽管被部分学者提及，但总体上仍缺乏明确的界定②。大量文献对广州近代住宅建筑的各种过渡性表现，在简单继承"竹筒屋"术语的基础上，形成了各种组合表述，如"民国竹筒屋"③、"'竹筒'屋公寓"④、"短进深竹筒屋"⑤ 等。在这些组合中，竹筒屋究竟只是一种形象的比喻，抑或是选取了它的哪一个形式特征要素（单开间、大进深或传统形式之类）来作为限定条件，往往缺乏交代。此外，传统分类体系对平面开间数的倚重还影响了对建筑空间的恰当把握。例如，建筑类型之间的相互转化有时候被描述为平面格局的简单组合，即使引起建筑转化的经济、社会、建造背景已经被充分考虑，仍然带来空间内涵被忽视乃至误解的风险。例如，"两个竹筒屋并列组合形成'明字屋'，而三个并列发展就形成了著

名的'西关大屋'"之类的表述。⑥

由竹筒屋引出的民居类型学问题，是涉及城乡关系与时代变迁的复杂课题，有待持续的研究推进。考虑到类型学的框架和术语，既是理论思考也是理论话语的基本工具，既是研究走向的指南也是研究成果的呈现，这种互动关系意味着研究工作不能被动地依赖于经验资料的积累与归纳。积极而谨慎的理论思考，主动引导史料收集和辨析，是一种必要的推进策略。

2. 广府民居类型的再认识

基于现有成果与笔者的田野经验，本文对以广州为中心的广府传统民居类型问题，提出以下探讨性的分析与判断。

其一，关于广府民居类型体系的认识。现有传统民居类型体系的知识，尤其在初步调查和初次建构时，出于维护客观性的倾向，多根据建筑形式指标（如材料、层数、开间数之类）进行分类整理，类型的差异并不直接反映价值观与历时性变迁的潜力差异。从制度、仪式与空间的关系看，一地域的传统民居存在较为稳定的核心类型，类型之间的关系不是从简至繁的单调序列（如单开间累积至三开间之类），

而是围绕核心类型的系统调整。实际上大多数汉族传统民居都是以三开间厅堂房屋与中庭、天井或合院建立起稳定而可变的核心空间秩序。对广府传统民居而言，三间两廊民居具有一种乡村建筑原型的地位。⑦

其二，关于广府城乡建筑类型的认识。现有传统民居类型体系是以乡村建筑为基础的知识整理，对传统时代的城镇形民居研究是不足的。就中国历史的宏观背景而言，城乡建筑类型的关系可以概略性地理解为：乡村地区经历长时段的积淀形成了较为稳定的原型，而城市化进程创造了不同程度的变体并向乡村地区渗透（如墟市镇街中）。因此，把握城乡建筑分类时一个可取的策略是：优先考虑乡村原型和城市化程度带来的谱系化变体。而不应反过来，优先建立城镇住宅原型，同时又对乡村建筑类型本身进行细分操作。就竹筒屋而言，本文不再将其直接纳入侧重于乡村意义上的现有广府传统民居类型体系中，而是将其置于城市化的进程中，作为一个动态谱系中的典型产物。同时注意到，竹筒屋虽然以单开间为典型特征，但仍是传统民居空间秩序的缩减表现（轴线上的厅堂及其表征的礼制秩序，这一点容易误导

---

① 竹筒屋而在民间用语中持续流行至民国时期，乃至 1949 年之后，直至被现代民居学者发现，并不奇怪。陈坤生活的时代与百年后民间所称的竹筒屋，不必是同一建筑形制，只需要它们共享一些基本特征。而在口语中，这些共享特征还未必有类型学理论的严格性。因此，如果要借用竹筒屋作为一个类型学术语，就需要进行一种历史学的阐释与类型学的再阐释。

② 个别研究者提出了较为明确定义，如："竹筒屋是在广州进入半封建半殖民地社会以后产生的新的住宅类型"，但没有显示其依据。见：杨秉德. 广州的竹筒屋 [J]. 新建筑，1990（04）：42-43.

③ 见：陈锦棠. 形态类型视角下 20 世纪初以来广州住区特征与演进 [D]. 广州：华南理工大学，2014.

④ 见：田银生，张健，谷凯. 广府民居形态演变及其影响因素分析 [J]. 古建园林技术，2012（03）：62.

⑤ 见：张健. 康恩泽学派视角下广州传统城市街区的形态研究 [D]. 广州：华南理工大学，2012.

⑥ 见：参考文献 [15]。我们推测，造成当前研究中这种术语及相关表述混乱的原因，首先在于近代城市与建筑研究的学者无论出于经验还是理念，都更倾向于建立一种与传统概念之间的连续性，以至于即使传统民居类型中竹筒屋的概念存在先天不足，也被采用（否则何不直接用联排式民居之类的术语）；其次，由于研究领域分工等原因，近代建筑的研究者不容易同时介入对传统民居类型的重新审查工作。

⑦ 见：参考文献 [6] 对广府民居三间两廊及其各种衍生类型的论述。

研究者并将其作为乡村建筑类型的细分）。

其三，竹筒屋特征要素的把握。竹筒屋这一形象化的表述反映了大众基于日常生活经验对单一产权或功能实体的关注。而从建筑存在状态来看，实际涉及三个要素：（单）开间、（大）进深与联排（孤立的单开间大进深建筑单体缺乏存在的合理性）。三者共同服务于相同的经济理性逻辑。本来，即使保留常规进深尺度，单开间超过二进的建筑，无论视觉还是心理都会造成深宽比远大于普通三开间村居的效果。经济因素可能会在特定条件下加剧其狭长比例。而民间口语与文学作品往往会加强这一戏剧性表达，采用超出同类现象中的夸张效果作为命名依据。[①] 同时这种特定用语的流行还反映了足够规模的生存土壤。本文认为，联排要素的重要性超过大进深这一要素。更普遍的情形，是大量联排单开间房屋的出现，其中典型的狭长样式则激发了竹筒屋的想象与命名。

综上几点，本文对竹筒屋这一历史现象作一整体阐述：在传统时代晚期，随着商业经济发展，在传统乡村地区的市镇商业中心或城市商业区，形成典型的商业性街道空间。沿街的店屋或者铺屋形成单间、相对而言大进深的布局，并且采用联排的建造方式。其建筑材料、

结构方式与空间秩序仍类同于典型乡村民居。广州城及其周边区域在传统时代晚期的商业经济发展，有较充分的因素支持这一现象产生。

3. 街屋的类型学

竹筒屋的三个特征要素正符合本文对街屋的定义。竹筒屋的类型学意义就是传统类型的街屋。广州城内，至少在若干世纪之前就已经存在着共生的传统街屋与传统街巷体系，一起走向 20 世纪，伴随着新制度、新材料和新技术的洗礼，演变出典型的近代街道（如商业马路）和近代街屋（骑楼建筑作为其特殊表现）。[②]

借助竹筒屋的讨论，本文提出以"传统街屋"与"近代街屋"两个术语（连同其共生的"传统街巷""近代街道"则为四个术语）来展开对广州建筑与城市史的研究。"传统"与"近代"首先是作为一种主动设立的研究方向指引："传统"可以在材料技术工艺上采用较为明确的指标，在形态尺度上则需要以乡村的对应表现作为标准，此外，历史时间的累积性也是一个参考依据；"近代"则不免存在更多的过渡性表现，但可以用民国时期广州城市的制度性建设成果为典型观察指标，进行回溯与延伸。"传统"与"近代"时段划分，仍可以用 1912 年中华民国建立为一个基础性的标准。[③]

除此之外，还可以考虑增加城市与乡镇（或市镇、集镇）的限定词，把"街屋"与"街道"的术语应用从城市推进到具有城市化特征的其他过渡性聚落空间。

这是一个对应着广州从传统时代晚期走向近代的城市化进程，逻辑较为清晰而结构较为简单的思想性方案，它尝试跨越建筑与城市尺度，跨越传统与近代时段，同时"街屋"术语也提供了足够的开放性和包容性，如：竹筒屋作为典型的传统城镇型街屋；铺屋则属于商业型街屋；骑楼作为典型的近代城镇型街屋；而西关大屋之类，也有其合理的阐释空间。[④]

三、图像中的传统城市

传统广州指清代晚期的广州。与大量聚焦于民国时期广州城市与建筑的研究成果相比，这是一个建筑形态资料较少、过往研究也较少的时期，但这一时期广州的城市形象，却是我们理解近代广州城市图景最重要也最直接的底图。在缺乏民国时期市政建设档案与建筑图纸的条件下，19 世纪中叶照相术的使用为我们留下了难得的证据，可以得窥其时建筑、街巷与城市的表现。

1. 黑白印象

早期的城市鸟瞰照片给人最强

① 广州民间流行的"西关大屋""东山洋楼"称谓都具有类似的民俗心理背景。例如，笔者调查发现，与西关大屋类似样式，出现在近代环境中的传统民居，还被称作"古老大屋"，流行于珠三角的其他城镇中。

② 传统铺屋（作为本文"传统街屋"的异名称谓）向骑楼建筑演变的历史个案研究，可以参见：彭长歆. 铺廊与骑楼：从张之洞广州长堤计划看岭南骑楼的官方原型 [J]. 华南理工大学学报（社会科学版），2006（12）：66-69.

③ 就本文主旨而言，近代城市道路的建设年代会成为重要的分期参考。广州城内第一条由中国人修建的近代化马路可追溯至 1889 年两广总督张之洞任内的长堤修筑；大规模的马路建设则迟至 1918 年市政公所时期；拆除古代城墙始于民国 2 年。

④ 西关大屋作为传统乡村"三边过"（即三开间）大型民居（作为三间两廊民居的高级版本）在城市区位中的变化类型，相关分析见参考文献 [5]。

1875 年广州鸟瞰图（望向沙面）

1859 年广州鸟瞰图（从南门拍摄）

1860s 的广州鸟瞰图

图 1　早期的广州城市鸟瞰图
图片来源：左：《中国摄影史 1842–1960》；右上：https://weibo.com/ttarticle/p/show?id=2309040427036624 6723872；右下：https://m.weibo.cn/status/4237388 790693817?

烈的印象是极高的建筑密度（图 1）。除了少数异样的公共建筑，连绵的坡屋顶形成远看较为均质的肌理。而如果细看的话，坡顶既非杂乱无章，也非整齐对位，在局部区域总是可以看出主要的朝向和大致齐整的屋脊走向——这是由相近的进深尺度造成的，不时被轻微的起伏错落打断。古代方志地图告诉我们，城市中有枝状的街巷网络，但建筑如此密集，以至从鸟瞰的倾斜角度难以辨认出这些街巷网络的存在。它们就像是深深嵌入房屋群体中的皱纹，很难从形式秩序去分辨出是房屋还是街巷主导了某一个时期的空间格局，两者给人的印象是自然的、共生的。

全景的视图可以提供建筑物的信息。可以辨认出大部分房屋不超过 2 层，较为均匀的建筑层数与高度以及坡顶的形式，显示了它们采用了与传统乡村建筑类似的材料与

工艺；坡顶的接续则表明传统的天井或庭院肯定受到了不同程度的压缩。高密度的生活环境促使人们向高度方向发展以满足需求，屋顶的天窗就是一个证据（图 2 左、中），而在乡村通常只会在屋面设置几处明瓦就够了。屋面出现竹木搭设的平台（图 2 右），一般认为提供了晾晒衣物和防火巡逻的功能；前者预示了人们早已经在心理上准备迎接现代材料工艺造就的平屋顶或天台；后者则意味着某种程度的社区公共功能被移植到私人日常生活空间的头顶。这种奇特的干预，只能理解为高密度环境下火灾的风险已经高到令居民愿意改变传统的价值观念。商业利益几乎是这种土地利用方式的唯一解释，这表明除了建筑更密集，与那种出门就是亲戚的乡村相比，省城是一个完全不同的世界。

街景的图片则展示了这片"坡

屋顶海洋"之下的生活空间。与全景图一致的是居民对公共空间的争夺。货柜、招牌、棚架、阁楼都竞相向街巷或其上方伸展（图 3）。

沿街联排的房屋，就是本文所称的传统街屋，也就是陈坤诗中的竹筒屋。对于店铺来说，单开间几乎是必然的。单开间住宅则可以在部分图像中辨认出来。进深的尺度有待结合图像之外其他的资料进行确定，但超大进深的形成则有其特定的因素。如南城墙之外、珠江北岸的南关，街屋依附于码头，不断延伸向江边以抢占珠江新涨岸线，形成超大进深的仓库（图 4）。沿街联排的特征是图像中最重要、最显著的特征，它把建筑、街巷与城市的命运连为一体。

城市里还有一些空白之处。连绵屋顶中偶见的树丛可能是空地，也可能是某处大宅的庭院。照片上也显示出一些未开发的地块，在城

清末广州屋顶天窗与天台 | 1900 年广州屋顶天窗与天台 | 清末广州屋顶天台

图2 早期广州屋顶天窗与天台
图片来源：左、中：https：//m.weibo.cn/1273276401/4608917181307299；右：世纪数字图书馆

1901 年以前广州街景 | 1905 年以前的广州街景 | 1870s 广州双门底（今北京路）

图3 早期广州街景
图片来源：左：1901 年出版的 The Burton Holmes lectures；中：1905 年 Frank G. Carpenter 出版的 China；右：https：//mp.weixin.qq.com/s/irk8mO0NZ8E3OiUQa
PG6dA

图4 南关超长进深街屋（圣心大教堂前）
图片来源：https：//weibo.com/ttarticle/p/show?id=2309404
681116237037661

图5 1905 年以前的广州六榕寺附近（左）与 1857 年广州大北门附近（右）
图片来源：左：https：//weibo.com/u/page/like/53641486；右：https：//mp.weixin.qq.com/s/irk8mO0NZ
8E3OiUQaPG6dA

门附近或近郊则更为明显（图5）。这些留白的场景反映的自然要素与松散的尺度，马上将令人联想到熟悉的乡村景观。但实际上它们和真正的乡村相比，少了一些传统美感的秩序。这就是清朝晚期中国的广州城，一边是留白的乡村想象，一边是遮蔽天日的街屋空间，它们戏剧性地成为共存一地的黑白两极。本文中虽然称为"传统广州"，但这座城市已经做好了走向现代的准备，而街屋也的确是这个过程的同行者。

2. 底色的意义

广州城市的历史图像，显示了传统街屋的存在规模及地位。街屋成为近代广州城市建设的底色。这将有助于在研究过程中发挥后期（如民国时期）广州史料的回溯作用。例如民国街区中杂陈的年代较早的传统住宅，可作为早期街屋的残留片断进行分析，也就是作为城市史的对象进行分析，而不仅仅是将其作为单体形制演进的一个环节。民国资料中的传统样式房屋测绘图、地图（如经界图）等也可以发挥类似的回溯功能。进一步地，如果我们更加侧重广州城市的这个底色视角，避开古代广州城作为国际都市的"眩光"影响，甚至还可以发挥一下那些遗存丰富的传统市镇建筑空间的类比功能，来加深对传统广州城市的认识。

四、骑楼背后的空间

作为最初城市改良政策之一，骑楼型街屋在政府主导下进行大规模建设。1918—1921 年间，广州政府为改善城市风貌，在广州旧城的主要街道同步推行拆城筑路与骑楼修建，完成了广州"城市表层的近代化"[①]。"具有城市制度与建筑类型的双重性格"[②]的骑楼型街屋，是广州近代城市街屋的典型代表，得到学者的长期关注和大量研究；非骑楼型的近代街屋得到的关注较为不足。在笔者看来，骑楼型和非骑楼型的近代街屋一起构成了广州近代街屋，以此整体回溯与早期传统街屋、传统街巷的关系，才能更好地实现对一个完整的广州，从传统城市到近代城市变迁的认识。骑楼背后，存在有待填补的研究空间。

1. 骑楼马路的背后和骑楼立面的背后

民国时期，骑楼街屋伴随着近代马路，建构了近代广州城市的"基本骨架"[③]。但在这些骑楼马路的背后，存在深入地块内部的街道网络和街屋建筑。这些马路背后的非骑楼街屋，连同不设骑楼马路的沿路街屋，是城市肌理更加广泛的载体。除开那些早期遗留下来的传统街屋，那些进入 20 世纪后（特别是 1910 年代之后）逐渐兴建的非骑楼街屋，构成了广州近代街屋的数量更大的非典型样本，它们与骑楼一起成为广州近代城市建设的见证，也分享了共同的特征。

骑楼街屋虽然立面形象与非骑楼街屋迥异，但根据林冲的研究，早期的骑楼街屋由商铺拆除"局部房屋，外加牌楼式骑楼门面"[④]而成。骑楼背后的主体空间与同时期的非骑楼街屋空间具有同质的表现。这个空间依旧延续砖木结构，坡屋顶形式，内部空间延续厅、房、天井的空间秩序。但随着人口增加，天井被进一步挤压，近代街屋普遍出现二层空间。厅堂不再通高，厅房差异减小。但由于后部房间通常有夹层，厅堂高度依旧维持在后部房间的两倍（图 6）。

排除立面部分的影响，不难发现，近代街屋空间对传统街屋的继承关系。而立面部位则提供了更多可供深入的议题。骑楼街屋受西洋外廊样式的影响，立面上有柱式、山花、阳台栏杆、拱券等西方装饰，在外观上展现出全新的面貌，而非骑楼街屋立面则延续传统样式缓慢演变，仅在立面上增设高窗。然而

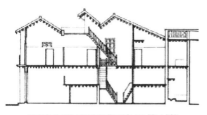 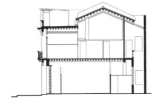 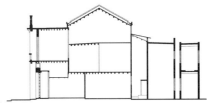

传统街屋剖面图（宝华正中 24 号民居）　　近代非骑楼街屋剖面图（蟠龙西新巷 1 号民居）　　近代骑楼街屋剖面图（文明路 250 号骑楼）

图 6　三种街屋剖面图
图片来源：左：《广东民居》；中：广州思勘测绘技术有限公司，作者改绘；右：华南理工大学建筑学院东方建筑文化研究所，作者改绘

---

① 见：参考文献 [18]。
② 见：参考文献 [2]：29-33.
③ 见：参考文献 [18]：90.
④ 林冲的研究指出，《十五尺骑楼章程》以屋顶桁数划分为十一桁、十七桁、二十一桁三种构造做法，因此当时骑楼延续传统坡屋顶砖木结构的做法，并猜想早期骑楼街屋由商铺拆除"局部房屋，外加牌楼式骑楼门面"而成。见：参考文献 [1]：113.

传统街屋：后乐新街 12 号民居   过渡形态的近代街屋：陈家直街 11 号   近代骑楼街屋：恩宁路 140 号   近代非骑楼街屋：宝恕一巷 19 号

图 7　几种街屋的外观形式
图片来源：作者自摄

尽管起源不同，它们又存在着某种合流的倾向。受到骑楼街屋的影响，西洋外廊样式也开始在非骑楼街屋中萌芽。例如，非骑楼街屋中普遍出现木阵承托的屋顶平台前移以及与立面山花结合设置的现象。笔者认为，这是非骑楼街屋效仿骑楼采用西式山花引发的。此外，非骑楼街屋也普遍出现了阳台，其进深较小，恰好嵌入凹门斗内，不足以满足生活需求（图 7）。笔者认为，这也是受骑楼的影响，非骑楼街屋开始寻求更多的装饰性。上述简略的讨论已经显示出，在统一的街屋概念下，类型演变的层次、渐进与交互关系可以得到更为充分的关照与理解。

2. 从街屋到集合住宅

随着广州城市的近代化，地价飞涨，街屋层数普遍增加，传统"一地一户"的居住模式被淘汰，适应小家庭模式的"一层一户"成为主流。居住模式的变化逐步引发街屋的变化。演变前期，变化局限在街屋内部。为实现每层独立入口，街屋楼梯间前置并对外开门，在立面上表现为两门一窗的构图。

在此基础之上，街屋通过共用楼梯间的形式节约交通空间，以实现空间的进一步集约化。从立面上看，居住单元沿用近代街屋普遍的立面样式，而楼梯间则在正立面进一步获得独立性，首次作为设计要素显现。采用西方样式的楼梯间与普通街屋样式的居住单元并置，并在局部元素上相互呼应。本文将这种过渡类型的街屋称为"对耦式街屋"或早期集合住宅型街屋（图 8、图 9）。

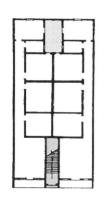
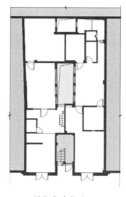
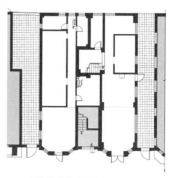

早期集合住宅（直跑楼梯）：   早期集合住宅：   早期集合住宅（有侧巷）：
宝贤南路 29 号   盐运西一巷 2-1、2-2 号民居   盐运西三巷 5、7 号民居

图 8　早期集合住宅街屋平面
图片来源：左：参考文献 [4]；中、右：广州思勘测绘技术有限公司，作者改绘

近代街屋（独立楼梯间　　早期集合住宅街屋：存善　　早期集合住宅街屋：大新路象牙街 12—20 号　　早期集合住宅街屋（有侧巷）：盐运西正街 26—28 号
　入口）：广中路 2 号　　　正街 15、17 号民居　　　　　　　（1930s 建）

图 9　几种街屋外观
图片来源：作者自摄

　　演变后期，"对耦式街屋"突破街屋地块约束，向短进深、独栋式发展。受到 1928 年城郊模范住区建设的影响，现代科学理性的居住观念深入人心，具有良好采光通风的独栋洋楼受到追捧。而随着近代房地产开发的兴起，开发商在城内以"私人自开街"①的形式进行局部整体开发，使得地块重新划分成为可能，适应中产阶级居住的早期集合住宅街屋作为商品房大量建设。这些街屋受独栋洋楼影响，进深较短的同时在公用楼梯间后部设置公用天井来采光。另外，部分早期集合住宅不再联排，两侧出现侧巷，立面特征也向独栋洋楼靠拢（见图 8 右、图 9 右）。随着作为街屋最重要特征的联排形式开始被更多地破解，从传统时代晚期以来街屋主导下的城市空间格局，也就被打开一个个缺口，走向新时代。

参考文献

[1]　林冲. 骑楼型街屋的发展与形态的研究 [D]. 广州：华南理工大学，2000.

[2]　彭长歆. 骑楼制度与城市骑楼建筑 [J]. 华南理工大学学报（社科版），2004（4）：29-33.

[3]　陈飞，谷凯. 西方建筑类型学和城市形态学：整合与应用 [J]. 建筑师，2009（4）：53-58.

[4]　陆元鼎，魏彦钧. 广东民居 [M]. 北京：中国建筑工业出版社，1990.

[5]　黄巧云. 广州西关大屋民居研究 [D]. 广州：华南理工大学，2016.

[6]　李海波. 广府地区民居三间两廊形制研究 [D]. 广州：华南理工大学，2013.

[7]　金振声. 广州旧住宅的建筑降温处理 [J]. 华南工学院学报，1965，3（4）：49-58.

[8]　邹齐. 陆元鼎民居建筑学术历程研究 [D]. 广州：华南理工大学，2016：16.

[9]　方若柏，彭斐斐，倪学成. 广东农村住宅调查 [J]. 建筑学报，1962（10）：14-16.

[10]　陆元鼎，马秀之，邓其生. 广东民居 [J]. 建筑学报，1981（9）：28-36.

[11]　雷梦水，潘超，孙忠铨，钟山. 中华竹枝词 [M]. 北京：北京古籍出版社，1997.

[12]　何诗莹. 明清以来文学中的广府图景 [D]. 广州：广州大学，2010：151.

[13]　杨秉德. 广州的竹筒屋 [J]. 新建筑，1990（04）：42-43.

[14]　陈锦棠. 形态类型视角下 20 世纪初以来广州住区特征与演进 [D]. 广州：华南理工大学，2014.

[15]　田银生，张健，谷凯. 广府民居形态演变及其影响因素分析 [J]. 古建园林技术，2012（03）：62，72-75.

[16]　张健. 康恩泽学派视角下广州传统城市街区的形态研究 [D]. 广州：华南理工大学，2012.

[17]　彭长歆. 铺廊与骑楼：从张之洞广州长堤计划看岭南骑楼的官方原型 [J]. 华南理工大学学报（社会科学版），2006.（12）：66-69.

[18]　彭长歆. 岭南城市与建筑的近代转型 [D]. 广州：华南理工大学，2004.

---

①　根据 1935 年的《私人自开街之整理》，惠吉东西路、粤华路及东皋大道等属于私人开街。根据现状留存，这些街道两侧集中分布有大量早期集合住宅。

清漪园十七孔桥"桥景"分析

严 雨 贾 珺

国家自然科学基金项目"基于古人栖居游憩行为的明清时期园林景观格局及其空间形态研究"（项目批准号：51778317）。

严雨，北京理工大学设计与艺术学院讲师。邮箱：549776140@qq.com。

贾珺，清华大学建筑学院教授。邮箱：jiajun@tsinghua.edu.cn。

摘要：中国古典园林中的桥不仅是重要的造景元素，同时也是关键的造景手段，往往还会被赋予文化寓意。清代皇家园林清漪园中的桥景非常丰富，十七孔桥是其中的典型代表。本文通过文献考证和实地调研，从观桥成景、立桥观景、过桥换景、因桥生境四个方面对十七孔桥的桥景进行分析，并总结其景观设计模式，探析古人在园林营造中的"整体观"智慧。

关键词：桥景；清漪园；十七孔桥；设计模式；整体观

一、引言

中国古代桥梁景观营造是具有多重功能与意义的综合工程。早在三国时期，管辂著《管氏指蒙》载："建桥立塔，筑凿城隍；俱有方位，慎毋胡装；一桥关锁，力成重冈，树以崇屋，富贵无量。"[1]造桥是非常关键的工程，其意义超过重叠的山冈，若（在桥上）建造楼阁，还能富贵无量。相地造桥是中国古代最重要的文化工程之一，既有物质层面的功能需求，更有文化层面的综合设计，逐渐演绎成重要的人文景观——"桥景"。无论是人居环境营造，还是诗文绘画创作，桥景比比皆是。作为综合艺术的造园，桥景几乎必不可少。明代计成对各类造园场地的设计有专门讨论，其中

也包括因地制宜的"桥景"营造[2]。清代沈复惊叹扬州瘦西湖的"桥景"："不知园以桥名乎？桥以园名乎？"[3]"桥景"的重要性可见一斑。各地将"桥景"作为独立景致列入园林景致名列中十分常见，如苏州"拙政园三十一景"[4]之"小飞虹"、无锡"寄畅园五十景"[5]之"知鱼槛"、北京"圆明园四十景"[1][6]之"夹镜鸣琴"、清漪园"惠山园八景"[2][6]之"知鱼桥"……桥景普遍存在，是园林中不可忽视的现象，非常值得关注与研究。

"桥景"是以桥为核心要素所组织形成的整体景致，既包含狭义的桥本身，还包含桥所关联的水陆物理环境、历史文化环境等形成的景观场域空间。桥景分析不就桥论桥，而是把桥放在园林大环境中，尤其

是园林水陆脉络中来进行整体分析，以期"以桥论景"或"以桥论园"，进而总结园林景观的设计模式。

清漪园由乾隆皇帝兴建，整体格局写仿杭州西湖，乾隆皇帝御制诗《万寿山即事》云："面水背山地，明湖仿浙西；琳琅三竺宇，花柳六桥堤。"[6]清漪园于乾隆二十九年（1764年）全部完工，整体格局和景致在清代后期得到基本延续。咸丰十年（1860年），清漪园遭受英法联军的掠夺和焚毁。光绪时期得到重建，并改名为"颐和园"，大体景致得到基本恢复，延续至今。

清漪园是大型山水园林，其中水面约占整体的四分之三，既有清代皇家园林中最大的湖面——昆明湖，湖中设岛、堤，形成丰富的水景空间；还有蜿蜒曲折的后溪河，

---

① 乾隆皇帝御制诗《圆明园四十景诗》中列有 40 处景致，"夹镜鸣琴"是其中唯一一处以"桥景"为核心内容的景致。
② 乾隆皇帝御制诗《题惠山园八景》，分别为：载时堂、墨妙轩、就云楼、澹碧斋、水乐亭、知鱼桥、寻诗径、涵光洞。

长度超过 1km，环绕万寿山后山，景致幽致，迥异于前山昆明湖；此外，各类小水池也非常丰富，如惠山园内的水池、大报恩延寿寺内的方池、罗汉堂院内的八边形水池等。清漪园水体面积之大、水景之丰富，堪称皇家园林之最，而水上之桥非常丰富，数量多达 38 座，组织形成众多精彩的桥景。十七孔桥位于昆明湖区域，是清漪园最大的桥，是众多精彩桥景中的代表，本文梳理其基本发展概况，分析其桥景的四个方面内容，以期从一个特殊的角度对清漪园的造园艺术进行解读。

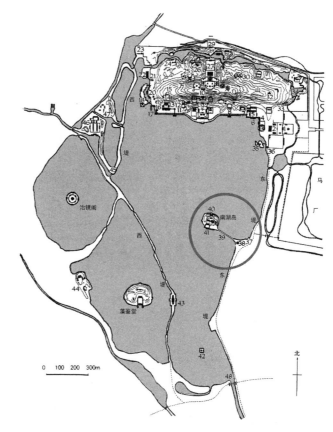

图 1　十七孔桥及周围环境平面图
图片来源：作者改绘自周维权先生的《中国古典园林史》一书

二、十七孔桥概况

十七孔桥建于乾隆十九年（1754 年）左右①，位于清漪园昆明湖东侧水域，西连南湖岛，东接昆明湖东堤，是进出南湖岛的陆上必经之道；同时和南湖岛一起形成"桥 + 岛"组合，构成昆明湖东侧水域的中心景致，是园中交通和景致的重要组成部分（图 1）。

乾隆二十九年（1764 年）御制《西堤诗》注释载："廊如亭西，度长桥为广润祠，祠西为鉴远堂，东北为望蟾阁。"[6] 广润祠、鉴远堂和望蟾阁皆是南湖岛上的重要建筑，廊如亭位于东堤上，其中"长桥"即是指十七孔桥。乾隆皇帝御制诗《澹会轩》云："长桥直入湖，湖心构轩榭。"[6] 又诗云："来轩必自长桥度，三面临湖舟弗殊。"[6] 澹会轩是南湖岛上的一处建筑院落，乾隆

皇帝每来此处，都提及必经之道——长桥。《日下旧闻考》载："东堤之北为文昌阁，其南为廊如亭，亭西为长桥，又南为绣漪桥。"[8] 长桥即十七孔桥，连接清漪园东岸廊如亭和昆明湖中的南湖岛（图 2），此基本格局从乾隆年间的清漪园建成后一直延续到清末的颐和园时期。值得一提的是，嘉庆年间，南湖岛三层的望蟾阁改建成了一层的涵虚堂，从而使得十七孔桥西侧的景致发生了一定的变化。

咸丰十年（1860 年），英法联军洗劫焚毁清漪园，南湖岛涵虚堂等建筑遭毁，十七孔桥幸得保存②。

光绪十四年（1888 年）"清漪园"改名为"颐和园"，此时期的"颐和园全图"可反映十七孔桥周围环境（图 3）。光绪二十六年（1900 年）颐和园又遭八国联军洗劫焚毁，十七孔桥侥幸未遭毁坏，现存十七孔桥为光绪年间修缮之后的遗存（图 4），新中国成立后得到较好的保护。

三、观桥成景

十七孔桥是长桥的俗称，顾名思义，此桥非常长，一共有 17 个石拱洞组成，正中拱洞最大最高，两侧拱洞尺寸依次递减，形成中间高、

① 中国第一历史档案馆藏乾隆十九年奏折《清漪园总领、副总领、园丁、园户、园隶、匠役、闸军等分派各处数目清单》记载望蟾阁和廊如亭都已竣工，推断连接两者的十七孔桥也已竣工，或者在此时间左右完工。

② 根据清漪园遭劫后老照片推断，见：https://www.nlc.gov.cn/service/exhibit/ysl/boards.htm。

图 2　清人绘《崇庆皇太后万寿庆典》局部
图片来源：故宫博物院

图 3　光绪时期颐和园十七孔桥及周围环境平面图
图片来源：美国国会图书馆藏《Summer Palace 1888》

图 4　十七孔桥及周围环境现状图
图片来源：作者拍摄

两端低的对称平缓曲线，非常优美；十七孔桥桥身宽度约 8m，高约 5.4m，总长达 148m[9]，堪称清代皇家园林中的"巨桥"；桥上栏杆皆有精美石雕，望柱柱头雕刻石狮，总数 132 个，桥头还设有靠山兽，一共两组 4 个，雕刻非常精美。

十七孔桥横亘于昆明湖之上，以桥为中心景物。从周围环境观桥，皆有不同角度的景致画面，其巨大的尺度、富有韵律感的拱洞，以及明亮的白色桥身，置于深色湖面之上，尤为引人注目；若视距再加长，直至十七孔桥和南湖岛、廓如亭三者形成景物组团，则成为昆明湖东部水域水面上、东西两堤上、万寿山前山部分等位置观景时的中心景致，三者形成"岛 + 桥 + 岸亭"组合，极大地丰富了昆明湖水陆两类景致。晴天光线良好时，除了水上之桥，还有水下之桥，上下双桥更加壮丽。

从南北两侧观桥，十七拱桥桥身的长向立面完整展现，是景致画面的中心，随着视距的不断加长，桥两端的南湖岛和廓如亭也加入进来，形成整体的图画。从桥南侧的水面观桥，近景是广阔湖面，"岛 + 桥 + 岸亭"是中心，背景的万寿山如同被托举在长虹之上，整体犹如一幅"长虹载山图"；从桥北侧的水面观桥，少了万寿山做背景，昆明湖水面凸显出来，整体犹如一幅"长虹卧波图"。

从东西两头观桥，十七孔桥连接此岸和彼岸，而桥身尺度巨大，桥身高起，侧立面的拱桥桥身是景致中心，视线沿桥身内侧踏跺和桥面延伸，直接指向天空白云，有引人入天上的空间暗示性。整体犹如一幅"长桥入天图"（图 5）。

图5 "观桥成景"四个角度景致
图片来源：作者拍摄

观桥成景，人站在周围不同的位置观十七孔桥，皆有不同角度的景致，视距不同，十七孔桥呈现的尺度不一，"因地之桥"各不相同。除了"因地之桥"，还有"因时之桥"，在冬至日前后的下午4点左右，若是晴天，站在南湖岛一侧自西北往东南方向观十七孔桥，可以观赏到神奇的"金光穿孔"的景象，夕阳余晖照射到石拱桥的孔洞上，金光灿烂，甚为壮观，过了时间金光就消失，充满神话色彩（图6）。

四、立桥观景

站在十七孔桥上，视野非常开阔，周围方向的景致皆入桥中，而桥长148m，桥上不同位置观景，景致各不同；但桥面中心点是重要的停留点，也是观景的最高点，观景有代表性，以此处为例，朝北看犹如一幅"湖光山色楼阁图"，近有浩瀚湖面，远望岸上万寿山及山上以佛香阁为核心的建筑群；朝南看犹如一幅"浩瀚水景图"，近处也是浩瀚湖面，但无高山，远观西堤景明楼一带。朝西看犹如一幅"长桥入岛图"，西端是南湖岛，长桥与之相连，远望西山远黛；朝东则如一幅"长桥接亭图"，长桥正对东岸廓如亭的大屋顶，亭外还有田畴景致。东西两侧观景，桥皆有导景的作用（图7）。

四个方向的景致各不同，南北远而开阔，景在桥外；东西近而神秘，桥内桥外，浑然一体，有引人过桥到达彼岸的暗示性。除此之外，桥跨水上，可俯观水中波澜之景（图8）。

五、过桥换景

十七孔桥是景致游赏的枢纽，

图6 十七孔桥"金光穿孔"景致
图片来源：作者拍摄

图 7　"立桥观景"四个角度景致
图片来源：作者拍摄

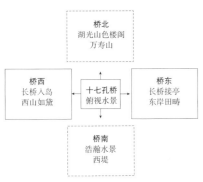

图 8　"立桥观景"示意图
图片来源：作者自绘

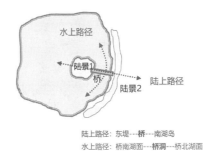

图 9　十七孔桥组织水景和陆景示意图
图片来源：作者自绘

过桥可换景，有两组路径，分别为陆上路径和水上路径（图 9）。

1）陆上路径

十七孔桥一共串联了 3 处景致空间，自东往西依次为东岸的东堤景致空间、中间的十七孔桥及桥所在的湖景空间，以及西侧的南湖岛景致空间。若自西向东游览，景致则反向出现（图 10）。

路径从东堤空间开始，东堤是昆明湖东岸的路径，其东侧是畅春园西墙，西侧是湖面，墙湖相夹，东堤呈线状分布，与西堤隔湖相对。乾隆皇帝御制诗《西堤》诗云："西堤此日是东堤，名象何曾定可稽（西堤在畅春园西墙外，向以卫园而设，今昆明湖乃在堤外，其西更置堤，则此为东矣。）；展拓湖光千顷碧，

卫临墙影一痕齐；刺波生意出新芷，踏浪忘机起野鹭；堤与墙间惜弃地，引流种稻眷连畦。"[6] 诗中说明了东堤名称的来历，东堤是观昆明湖景的佳处，堤与院墙之间还种有水稻。廓如亭是十七孔桥周围区域的东堤部分上唯一的建筑物，位于东堤路径和十七孔桥路径的交叉点上，可谓堤上独亭之景。廓如亭为八角重檐攒尖亭，平面八角形，即有 8 个立面，每面三间，带周围廊，建筑面积约 130m[2①]，堪称清代皇家园林中的"巨亭"，形式华丽而巨大是其重要特点。乾隆皇帝《廓如亭》诗云："湖岸构敞亭，沧茫昒烟水；万顷固其诞，纵横实数里……虚明森廓如，庶几同斯耳。"[6] 可见廓如亭因观赏昆明湖苍茫浩渺、清澈明亮的水景而得名。廓如亭既是东堤上

① 颐和园官网数据资料，http://www.summerpalace-china.com/contents/53/1194.html。

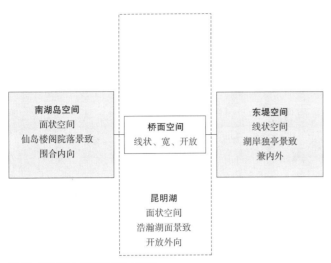

图10　陆上路径"过桥换景"示意图
图片来源：作者自绘

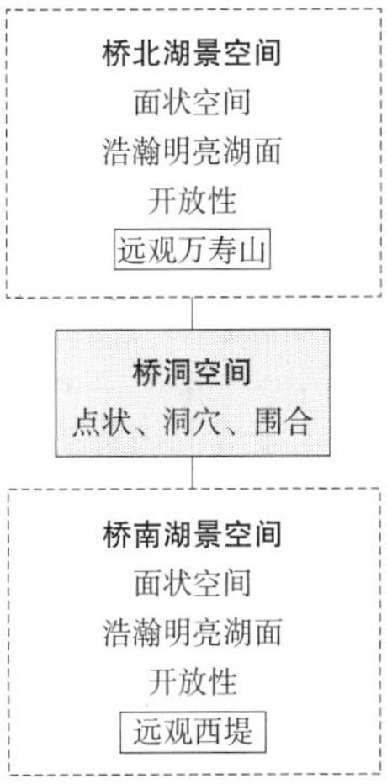

图11　水上路径"过桥换景"示意图
图片来源：作者自绘

的重要景致，又是观赏昆明湖景的重要位置。东堤岸整体景致呈线状形态，仅布置独亭观湖景，景致有较强的开放性。

从东堤景致空间出来，转折约90°往西，登上十七孔桥，进入巨大的桥面空间，景致由线状自然水岸变为线状人工长桥，桥巨长而无顶，浅色石块铺砌桥面，且有石栏板围合，有一定的围合感和领域感；站在桥上朝南北看，则强烈感受到浩瀚清澈的湖面空间，巨大面状水面，围合感较弱，向周围景物开放。

过桥往西，进入西端的南湖岛，南湖岛形状近似圆形，犹如水中圆月。乾隆年间清漪园南湖岛上主要分布楼阁建筑院落，北侧山上有楼阁望蟾阁，仿照黄鹤楼建造；南侧平地布置有较为繁密的建筑院落，其中靠东侧两进院落是广润祠龙王庙，是清帝重要的祈雨场所，靠西侧的一处两进院落是鉴远堂，两组院落之间以及广润祠西还有一些小院落；树木掩映，庭院重重，围合感较强，整体较为幽致。

综上，十七孔桥将一处陆景、一处水景和一处岛景串联组织起来，形成一条有差异化的景致序列。桥空间与桥下水面一起所形成的水景空间，串联组织其两端的东堤景致空间和南湖岛景致空间。三处景致游赏体验从线状空间到垂直线状空间（同时感受巨大的面状空间），再到面状空间转换；从自然水岸景致到人工巨桥景致（同时观赏浩瀚的湖景），再到湖中岛屿院落景致三者转换；从单向开放空间到具有一定围合领域感空间（感受双向开放外向空间），再到围合内向空间三者转换；三处景致在空间形态、空间内容以及空间开蔽上皆形成差异化，共同形成十七孔桥所在环境中陆上路径丰富变化的景致体验。

2）水上路径 [①]

十七孔桥既分隔了昆明湖水面，同时也组织串联了三处景致，自南往北游览，依次为桥南的湖景空间、中间的桥洞空间以及北侧的湖景空间。若自北向南游览，景致则反向出现（图11）。

乘船自南往北，先从桥南的湖景空间开始，浩瀚湖面，明亮清澈，整个湖景空间大概呈长方形，开放而外向，北望十七孔桥，南望西堤景明楼一带，东西两侧皆是远处的堤景，围合感较弱。

进入十七孔桥的孔洞，空间顿时变暗、变小，产生围合感，桥洞长约7.2m、宽约3.83~7.10m [9]。相对湖面而言，桥洞空间呈点状，围合而内向。桥洞处有精彩框景，朝南是景明楼，朝北是知春岛。

出桥洞又豁然开朗，进入桥北的湖景空间，更加广阔的湖面，明亮清澈，整个北侧湖景空间大概也呈方形，但比南侧更加宽阔，水景向周围开放，北望万寿山一带，南望十七孔桥，西侧远观西堤耕织院一带，东侧可观东堤知春岛文昌阁，

---

① 乾隆皇帝有无数首在昆明湖上泛舟的诗句，虽未直接提到在孔洞处通过，但结合十七孔桥的正中拱洞南北两面皆有匾额和对联，过船时才能得见，犹如水门，空间尺寸也方便通舟；且今日颐和园水上游船旅游项目，都可以穿过桥洞，故推断此处通舟。

湖景空间的围合感很弱，但四边有界，仍具有一定的领域感。

综上，十七孔桥的桥洞空间，串联组织其两端的湖景空间。三处景致游赏体验从巨大面状空间到点状空间，再到巨大面状空间转换；从明亮湖面景致到幽暗"洞穴"景致，再到明亮湖面景致三者转换；从室外开放空间到"室内"围合空间，再到室外开放空间三者转换；三处景致在空间形态、空间内容以及空间开蔽上皆形成差异化，共同形成水上路径中丰富变化的景致体验。

综合陆上路径和水上路径，十七孔桥位于水陆两条路径的交汇点处。桥改变了湖面景致的内容，将昆明湖"大湖景"划分形成桥南北两个"小湖景"，同时又将桥东西两岸的南湖岛和东堤联系起来，以桥为枢纽，通过桥来组织与转换周围景致，形成一个多景致、多层次的景致序列群，桥就如其中的"换景器"，过桥即换景，大大丰富了昆明湖区域的景致内容。

六、因桥生境

十七孔桥具有非常重要的象征含义，跟其形式和位置密切相关。十七孔桥形式特别，是清代皇家园林中最大也是最美的多孔石拱桥；同时位置关键，是陆路进出南湖岛的必经之道。乾隆皇帝站在昆明湖中的会波楼[①][10]处观十七孔桥和南湖岛，诗云："长桥亘水面，一径接仙壶。"[6]"仙壶"是指南湖岛，南

湖岛上的望蟾阁、月波楼、龙王庙广润祠、云香阁等所表现的是月宫仙境，"长桥"与之相连，旨在表达十七孔桥是通往神仙之境的"仙桥"之意。乾隆年间的《日下旧闻考》载："长桥南额曰'修蝀凌波'，北曰'灵鼍偃月'。"[8]桥的正中最大的桥洞上南北两面，皆有乾隆皇帝题额，桥南侧题额为"修蝀凌波"，桥的北侧题额为"灵鼍偃月"，保存至今。"修蝀凌波"是将桥比喻为修长的彩虹，驾临在湖面上，彩虹往往与仙境有关。"灵鼍偃月"是将桥象征为神兽——鼍龙，其横卧在水面上，仿佛半弦月。"修蝀"与"灵鼍"既表达了十七孔桥的形式之美，同时还反映十七孔桥的象征含义。乾隆皇帝将其比喻为彩虹、鼍龙，与南湖岛所表现的月宫仙境，以及昆明湖所象征的银河[②][7]，三者相组合，正是"一径接仙壶"之意，反映了十七孔桥象征着进入月亮仙境的仙桥（图 12）。

石拱桥，形如彩虹，历来常被称为虹桥，而彩虹是天上之物，古人常将虹桥与仙境联系起来，有学者已做专门论述研究[11]。李白《焦山望寥山》云："石壁望松寥，宛然在碧霄；安得五彩虹，驾天作长桥；仙人如爱我，举手来相招。"[12]诗中想象彩虹变成天空中的长桥，通往仙境。乾隆皇帝诗文中反复出现与仙境有关的虹桥，如《夜游山月》云："广寒底用驾虹桥，虚无幻境宁容审。"[6]架设虹桥，可通往月宫上的广寒殿，此诗意正好与十七孔桥通往昆明湖南湖岛的寓意相同；乾隆皇帝诗又诗云："跨水作虹桥，象则银河长；天上尚藉鹊，人间自折杨。"[6]虹桥架在银河之上，以通来往；天上交通要借鹊桥，人间要在灞桥折杨柳赠别，诗中也表达了桥是离别的象征符号。

清代皇家园林中有大量石拱桥，直接以虹桥命名的至少有 3 处，分别是长春园狮子林的一孔石拱桥、

图 12　因桥生境示意图
图片来源：作者拍摄合成

避暑山庄文园狮子林一孔石拱桥，以及紫泉行宫的石拱桥。另外，清西苑的金鳌玉蝀桥和圆明园曲院风荷的金鳌玉蝀桥皆是九孔石拱桥，玉蝀也是彩虹之意，而额为"修蝀凌波"的清漪园十七孔桥，当属最大的彩虹之桥，也是清代皇家园林中石拱洞最多、形式最优美的彩虹之桥。皇家园林造园常营造仙境景致，尤其是"一池三山"造园主题，往往设置仙桥来通往仙境，虹桥自不可少。

七、结语

清漪园十七孔桥位于宽阔的昆明湖内部，桥东西两端分别连接湖面上的南湖岛景和岸上的东堤景，

桥南北两侧皆是昆明湖水景，整体形成"面状水 + 岛 + 桥"的组合模式（图13）。与此类似的还有清代西苑北海琼华岛南侧的永安桥（堆云积翠桥）、北海团城西侧的金鳌玉蝀桥[13]等，皆是进入"仙岛"的"仙桥"。

十七孔桥，既是一种造景要素，其自身是园中被看的景物；同时又是一种造景手段，既可造"静态之景"，步行到桥上可观景、舟游到桥洞可框景；更关键的是，桥是水陆景致的连接"枢纽"，可将其两端和两侧的景致组织起来，分别形成步移景异和舟移景异的两条景致空间序列，可谓造"动态之景"。除此之外，十七孔桥还具有象征含义，与其所在的昆明湖大环境的象征寓意密切相关。"桥景"设计是以桥为切入点，

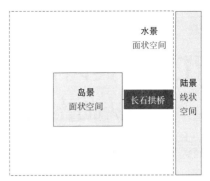

图13　十七孔桥桥景模式示意图
图片来源：作者自绘

以点带面的整体设计方法。牵一"桥"动全"景"。十七孔桥可谓带动清漪园前山前湖的整体景致。中国古人在园林中的整体设计思维，对文化遗产保护以及新时代建筑景观设计有重要的借鉴价值，本文仅以十七孔桥为例，初步探讨古人桥景设计奥秘，其中不足之处，期待同仁指正。

参考文献

[1] （三国）管辂.管氏指蒙[M].明刻本.

[2] （明）计成.园冶注释.[M].陈植注释.北京：中国建筑工业出版社，1988.

[3] （清）沈复.浮生六记.[M].马一夫译评.长春：吉林文史出版社，2006.

[4] （明）文征明.拙政园三十一景册[M].北京：中华书局，2014.

[5] （明）宋懋晋.寄畅园图册[M].苏州：古吴轩出版社，2007.

[6] （清）弘历.御制诗集[M]//文渊阁四库全书·集部·别集类.

[7] 周维权.中国古典园林史[M].北京：清华大学出版社，2008.

[8] （清）于敏中.日下旧闻考[M].清文渊阁四库全书本.

[9] 王其亨，张龙，张凤梧.颐和园：中国古建筑测绘大系.园林建筑[M].北京：中国建筑工业出版社，2015.

[10] （清）吴振棫.养吉斋丛录[M].清光绪刻本.

[11] 吴曦.中国拱桥的"天地"形式审美阐释[J].南京艺术学院学报（美术与设计），2019（06）：137-143.

[12] （唐）李白.李太白集[M].宋刻本.

[13] 严雨.清西苑金鳌玉蝀桥"桥景"分析[J].建筑史，2020（01）：113-123.

江南古典园林单体建筑设计常用尺度探讨
—— 以湖南长沙贾谊故居清湘别墅古典园林复原项目为例

柳司航　田长青　柳　肃

柳司航，湖南大学设计研究院有限公司副所长。
邮箱：410905082@qq.com。
田长青，湖南大学设计研究院有限公司所长。邮
箱：25135028@qq.com。
柳肃，湖南大学建筑与规划学院教授。邮箱：
liusu001@163.com。

摘要：中国古典园林中的单体建筑，具有居住与游乐功能的双重属性，其建筑单体与传统官式、祭祀和民居建筑都有较大区别，可将其作为自成体系的一个建筑类型探讨。如果将天安门的尺度放到江南园林的楼阁建筑中，则会与周边小而精的整体风貌格格不入，因此兴建江南古典园林对于建筑单体体量尺度的把握为第一要务。本文在调研、收集、整理江南古典园林中现存的建筑单体情况后，针对亭、台、楼、阁、轩、舫等不同建筑类型提出各自设计尺度范畴的建议；并于湖南长沙贾谊故居清湘别墅古典园林复原项目中予以实践，希望对江南古典园林中单体建筑的营造提供框架性的设计参考。

关键词：江南古典园林；贾谊故居；单体建筑；尺度体量；设计参考

复原兴建古典园林，对建筑体量的把控为第一首要解决的问题。江南古典园林建筑与其他中国传统建筑有明显区别，虽然都是使用中国传统建筑的结构、构造和材料，但其营造目的是为整体园林服务，园林的营建在古代也是园主人的个人行为，所以在体量上体现出精巧、个性化等特征。营建古典园林，不应以高大、宏伟为目标，高大的园林建筑会将整个园林气质拉垮。而应以典雅小巧为主，于是在建筑设计中从尺度和体量上应整理出一套完整而具有参考借鉴意义的数据统计库，并以此为依据，方可迈出真正将中国传统园林传承和延续的第一步。

一、江南古典园林单体建筑尺度与体量的总特征

中国传统建筑按照尺度与体量分类，大致可以分为以高大宏伟震撼为目标的大型皇家或祭祀类建筑以及以实用居住为主的小型民居类建筑两种。江南古典园林建筑同时具备居住和游玩两大属性，所以在建筑尺度体量上接近小型民居类建筑，以满足其居住功能；而中国传统游园的游玩则是行、游、居、望四大行为的集合，于是作为其载体的建筑体量往往还会比同区域的民居建筑更加精巧，以满足"望"这一观景观赏的需求。

此外，中国古典园林建筑还存在较大的南北差异，从建筑体量、结构、样式、形式和装饰等各个方面都有较大区别，本文就单体建筑的尺度和体量做集中讨论，最突出的差别体现在北方古典园林中的建筑单体均高大宏伟、富丽堂皇、装饰华丽，满足皇家的奢华生活，反应皇权的强大（图1、图2）。而江南古典园林中的单体建筑均小巧精美、典雅别致，满足园主人的大隐于市的隐士生活，以及仕人对自然山水园林的向往（图3）。

二、江南古典园林单体建筑设计的常用尺度与体量

1. 现存单体建筑尺度与体量统计

江南古典园林单体建筑在尺度和体量上，最直观的反映即为现存于各个古典园林中的单体建筑。这

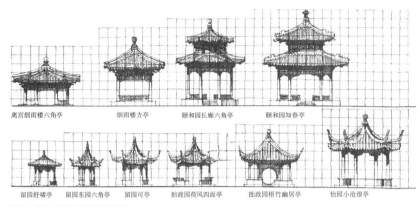

离宫烟雨楼六角亭　烟雨楼方亭　颐和园长廊六角亭　颐和园知春亭

留园舒啸亭　留园东园六角亭　留园可亭　拙政园荷风四面亭　拙政园梧竹幽居亭　怡园小沧浪亭

图 1　南北方景亭尺度对比图
图片来源：《中国古典园林分析》

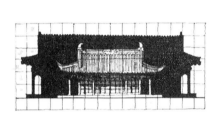

图 2　南北方厅堂尺度对比图
图片来源：《中国古典园林分析》

图 3　南北方楼阁尺度对比图
图片来源：《中国古典园林分析》

些建筑大部分始建于清代，保存较为完好，且有足够的存量供科学研究，本文即选取其中较有代表性的建筑进行分析和统计（表 1）。

2. 江南古典园林单体建筑设计参考

通过以上具有代表性的建筑统计，可以得出对各类建筑类型进行设计指导层面的结论。

1）楼阁类建筑

寒山寺枫江楼、莫愁湖胜棋楼和采石矶太白楼，均为自然山水间的楼阁建筑，整体体量与山形水势相协调，尺度往往较大。而拙政园见山楼（图 4）是拙政园西北隅的主体建筑，前方为大片荷塘，侧方有两层爬山廊与之相连，为江南古典园林中体量较大的单体建筑。所以在进行江南古典园林楼阁类建筑设计的时候，不应超过拙政园见山楼的尺度，即明间 3.4m，次间 2.9m，总面宽 13m，进深 9m，总高以 2 层

江南古典园林单体建筑尺度统计表　　　　表 1

建筑类型	园林	单体建筑	屋顶式样	开间			进深		高度		
				明间（m）	次间（m）	总面宽（m）	进深柱（m）	进深（m）	台基（m）	一层檐（m）	总高（m）
楼阁	拙政园	见山楼	歇山	3.4	2.9	12.4	六柱三分槽	9	0.4	1.9	6.9
	寒山寺	枫江楼	歇山	3.9	3	12.3	七柱副阶周匝	11.7	0.3	3.15	8
	莫愁湖	胜棋楼	悬山	3.95	3.3	17.15	七柱前檐廊	12.5	0.9	3.4	11.2
	采石矶	太白楼	悬山	3.8	3.8	14.2	六柱三面廊	9.4	0.9	2.9	12.9
亭台	何园	月亭	六角攒尖	1.5	—	1.5		3	0.5	1.9	4.5
	何园	水心亭	四角攒尖	4.5	—	6.1	六柱副阶周匝	5.3	0.8	4.7	8.7
	拙政园	雪香云蔚亭	歇山卷棚	2.8	—	5.2	二柱	3	0.2	2.2	3.8
	拙政园	塔影亭	八角攒尖	1.7	—	1.7	—	4	1	2	6.8
厅堂	个园	宜雨轩	歇山	3.9	3.5	13.5	四柱三面廊	8.5	0.4	3.9	7.7
	何园	静香轩	歇山	4.1	2.7	12.7	四柱副阶周匝	8.2	0.5	4.1	8.7
	兰亭	流觞亭西面厅	歇山	3.5	3	12.3	六柱副阶周匝	10	0.7	3.7	8.7
轩	拙政园	倚玉轩	歇山卷棚	3.5	1.8	9.5	六柱副阶周匝	7.4	0.9	2.7	7
	网师园	濯缨水阁	歇山卷棚	4.5	—	9.1	三柱前檐廊	11.1	1	2.9	6.4
	虎丘	悟石轩	悬山卷棚	3.5	2.5	14.1	四柱	6.2	0.7	2.9	5.6

来源：作者自绘

不超过 8m 为宜, 3 层高度不宜超过 12m。

2）亭台类建筑

亭台类建筑是江南古典园林建筑中, 非常特殊的一类。此类建筑的观赏价值最为突出, 设置于山水营造的视觉焦点（水面）或视觉高点处（山体）, 且一个视线范围内应有且仅有一个亭台建筑。亭子的样式和种类最为繁杂精美, 常能成为一座古典园林的点睛之笔（图 5）。此类建筑尺度体量选择较丰富, 小到 1.5m 仅可以容纳一两人的景亭, 大到面宽 6m 立于大水面之上的水亭。其单体尺度的设计应考虑整体视线范围内所有建筑及植物, 而对比确定。

3）厅堂类建筑

厅堂类建筑常常是园林建筑群中最端重庄严的单体建筑。其布局在轴线中以居住功能为主的庭院正房处, 所以体量也相对其他园林单体建筑较大。以个园宜雨轩、何园静香轩、兰亭流觞亭西面厅为例, 常见的明间开间为 3.6~4.2m, 次间开间 2.7~3.6m, 总面宽 12~13.5m, 进深 8~10m, 建筑高 7.5~9m。

4）轩舫类建筑

轩舫类建筑为园林水景建筑的重要组成部分, 同时具有居住、游玩、休憩和观赏功能。根据水景水面大小, 轩舫类建筑尺度体量选择较为灵活, 以现存的拙政园倚玉轩和网师园濯缨水阁来看, 轩类建筑常见的尺寸范围为明间面宽为 3.6~4.5m, 总面宽 9~12m, 进深 6.9~12m, 高度 7m 左右。而石舫为另一园林水景的单体建筑, 其建筑样式为仿木船, 其行为主要为坐于船内, 对于船内空间的仿真使得整体建筑体量更小

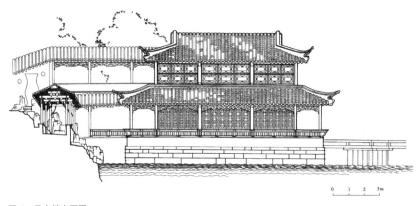

图 4　见山楼立面图
图片来源:《江南理景艺术》

图 5　拙政园见山楼立面图
图片来源:《江南理景艺术》

巧, 所以建筑尺度不能以常规实用性建筑来判断, 柱间开间往往小于 2.1m（图 6）。

三、贾谊故居古典园林设计对单体建筑常用尺度与体量的运用

1. 贾谊故居总体建筑群及整体体量关系设计

1）贾谊故居总体建筑群设计

贾谊故居总体规划服从于长沙市太平街历史文化街区总体规划。太平街为传统步行街, 不能行车,

车辆停在太平街入口以外的停车场内。将解放西路进入太平街路口的石牌坊改名"濯锦坊", 以恢复古地名。

贾太傅祠院内现有建筑为前殿两座和后部"L"形平面两层建筑一座。保留两座前殿, 拆除"L"形平面的两层建筑, 在此基础上重建贾太傅祠正殿, 在位置和体量上成为全部建筑群的中心, 统揽全局。

整个建筑群分为两大部分: 贾太傅祠和清湘别墅（图 7）。二者相互分隔又相互联系, 形成整体。

2）贾谊故居整体体量关系设计

图6 拙政园雪香云蔚亭立面图
图片来源:《江南理景艺术》

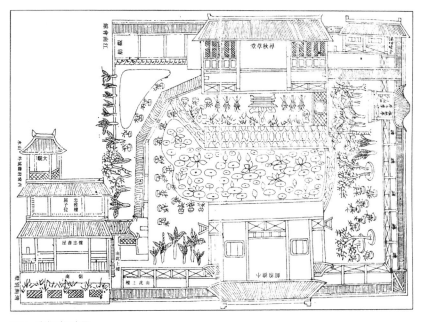

图7 清湘别墅志图
图片来源:《清湘别墅志图》

园林景观以水为主,围绕水景营建各类富有特色的景观,体现中国古典园林的自然意境。志书中记载的小沧浪馆与寻秋草堂隔水相对,靓舫靠近寻秋草堂依水而建,大观楼怀中书屋成组团建于水岸西侧,佩秋亭坐落在水岸东头。建筑围绕水塘而建,廊庑相连,错落有致。

复原设计在遵从志书记载的位置信息基础上,将全部建筑形成两片集中区域,一片由贾太傅祠正殿和偏殿等组成,一片由大观楼、怀忠书屋和小沧浪阁等组成,其他建筑则相对比较分散。有集中又有分散,建筑分布疏密有致。其中寻秋草堂做成小庭院的形式,形成园中之园

的景观(图8)。

大观楼于整体建筑群中的体量关系。按历史记载大观楼为三层楼阁,登楼观景,可越过西边城墙远眺岳麓山。整组建筑安排在西端靠太平老街的位置:一是利用这里院角的特性,便于大观楼远眺;二是利用此交汇处的优势,作为太平街沿街立面的重要地标。所以大观楼的体量可以参照上文所述楼阁类建筑中整体尺度较大的江水楼阁建筑,并通过植物景观和爬山廊削弱大观楼的体量感。

2.贾谊故居单体尺度与体量设计

在进行单体建筑设计的时候,首要保证的是主体建筑均有历史依据,根据历史记载进行分析考证而设计。针对不同建筑类型,参照江南古典园林单体建筑设计的常用尺度与体量,结合长沙地区本土传统建筑的特色,得出以下各栋单体建筑的设计依据。

1)园林入口垂花门

该设计是据贾谊故居纪念馆相关资料优化而来。现有老照片中的贾太傅祠大门原来是在太傅里侧门,考虑到游客进出的缓冲,将重新设计的大门做成垂花门,作为传统的纪念建筑常用的式样,体现出庄重宏伟气势。(图9)在建筑体量上,圆门洞宽2.1m,供三人并肩通过;门楼高结合周边围墙,至4.5m,营造出别有洞天的主入口引导氛围。

2)贾太傅祠正殿

太傅祠正殿为全园的中心建筑,拟建为五开间重檐歇山顶建筑,屋脊、翘角和吻兽均采用湖南传统。其为祭祀建筑群轴线等级最高的建筑,也为整个贾谊故居建筑群中体

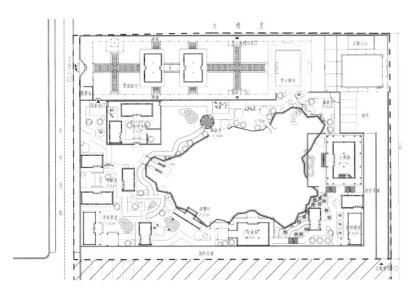

图 8　清湘别墅总平面图
图片来源：作者自绘

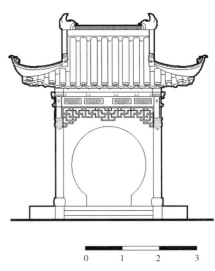

图 9　入口大门立面图
图片来源：作者自绘

量最大的单体建筑（图 10）。

3）怀忠书屋

怀忠书屋由一组建筑构成，其为史书中提到的原有的建筑，内部布置成书斋精舍的格局，有小门楼、小屋舍、小连廊、小庭院，风格朴素而雅致，体现一种文人建筑的意境（图 11）。作为居住区建筑群的正房建筑，怀忠书屋的设计在体量上，接近个园宜雨轩，明间开间 3.9m，次间开间 3.3m。

4）大观楼

据历史记载，大观楼可"俯瞰城外山水"，志书上的图也画的是 3 层，登大观楼可远眺岳麓山，并俯瞰全园（图 12）。大观楼建筑采用 3 层歇山式楼阁建筑，各层均有围廊，可登楼环绕观景。所以在建筑体量上，参照采石矶太白楼，总面

宽 14.2m，进深 9.9m，建筑高 13m。

5）小沧浪馆

同样参考志书图而设计为两层。因其又临水，于是考虑将其设计为茶馆，一端全开敞，可临风品茶，观赏风景。小沧浪馆前有平台悬于水上，亦可用于喝茶休息（图 13）。在建筑体量上，其为贾谊故居古典园林建筑群中仅次于大观楼的第二大单体建筑，同时考虑结合濯缨水阁和拙政园见山楼而设计。

6）舫与亭

靓舫与佩秋亭均为贾谊故居清湘别墅园林建筑群中的园林小品建筑。其中靓舫设计成一船形小屋，可用作高档品茶休闲之所（图 14）。在建筑体量上尽量小巧，甚至不做一个建筑物来使用，其体量参考为江南乌篷船，建筑柱间开间均小于

2.1m，建筑高度不超过 3m。而佩秋亭及其他园林山亭同样参考江南古典园林。佩秋亭（图 15）为荷塘水面打破水平视线的焦点，其体量较大，设计为 5.4m。其他亭子则均小于 2.4m。

3. 总结

江南古典园林，在营建上有一套完整却不完全为人知的"暗"体系，让这类建筑在中国古代建筑中独树一帜。而值得庆幸的是，现存有很多建筑实例可供参考研究，在对比统计各类建筑单体的情况后，本文得出江南园林单体建筑在尺度体量设计上的参考数据，同时在实际项目中运用，也期望这些数据结论能为之后兴建古典园林建筑提供参考价值。

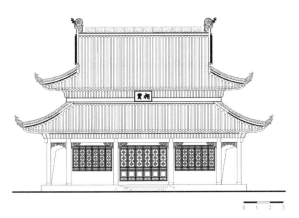

图 10　贾太傅祠正殿
图片来源：作者自绘

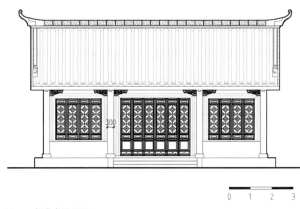

图 11　怀忠书屋正屋
图片来源：作者自绘

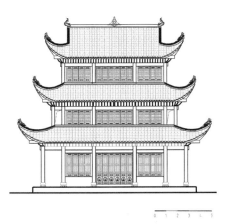

图 12　大观楼
图片来源：作者自绘

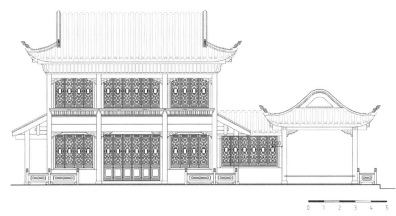

图 13　小沧浪馆
图片来源：作者自绘

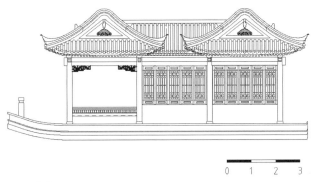

图 14　靓舫
图片来源：作者自绘

图 15　佩秋亭
图片来源：作者自绘

泰安八景文化内涵阐释

杨家强　吴　葱

国家自然科学基金项目"西方'权威化遗产话语'下中国传统保护思想观念的挖掘与研究"（51378334）资助；

天津市研究生科研创新项目"基于 GIS 的泰山古迹数据库建设及泰山古迹体系构成与演进分析研究"（2020YJSB089）资助。

杨家强，天津大学建筑学院博士研究生。邮箱：untiedsoul@163.com。

吴葱，天津大学建筑学院教授，博士生导师。

摘要：泰安八景，目前最早见于明弘治《泰安州志》，并被后世沿用。泰安八景景题有格律诗的声律之美，对仗及结构受到了律诗或四言诗的影响。泰安八景包含有自然、古迹、时间等景观要素，隐喻了泰安一地的万物景象，概括了一地的风貌，是地方风物的诗化。

关键词：泰安八景；泰安；八景；泰山；景观集称文化

八景，是中国传统的地域性景观集称文化[①]。现在一般认为起源于魏晋南北朝时期沈约《八咏诗》，与东晋时期出现的《上清金真玉光八景飞经》[②] 所述的"八景"也有一定关系。除道教八景外，目前可见的最早的地域题名景观性质的八景，一般认为是北宋沈括《梦溪笔谈》记载的"潇湘八景"。泰安位于山东省中部，泰安八景是古人整理记录的 8 处泰安地方景观。对泰安八景的研究，有助于探视历史上的泰安风貌，也有助于挖掘中国传统八景的文化内涵。

一、泰安八景的历史演变

1.定型前期

八景与魏晋间出现的盛行于唐宋间的组咏诗有密切关系。泰安或泰山相关的组咏，较早的有（唐）李白的《游泰山六首》，由于此诗无诗题，六首长短不一，且无分景描写的迹象，这与本文所述"泰安八景"的关系不甚直接。明景泰元年（1450 年），吴节的《泰山十四咏》[③]，选择泰山的 14 处景观为诗题，虽有诗题，然不可认为是八景文化的直接体现。

泰安及周边府县，或大泰山[④]

范围内，可知的最早的八景（含十景、十二景等），见于北宋建中靖国元年（1101 年），释仁钦作的《灵岩十二景诗》[⑤]。此组诗，选择灵岩寺所在的灵岩峪中的 12 处景致，三字景题，分别系以七言绝句，十二景题分别为：

"置寺殿、般舟殿、铁袈裟、朗公山、明孔山、绝景亭；

甘露泉、石龟泉、锡杖泉、白鹤泉、鸡鸣山、证明殿。"

《灵岩十二景诗》稍晚于记载"潇湘八景"的《梦溪笔谈》[⑥] 的成书时间（1086—1093 年）。二者均可认为是八景文化的早期案例，潇湘

---

① 吴庆洲教授称"八景文化"为景观集称文化，见于：吴庆洲 . 中国景观集称文化 [J]. 华中建筑，1994（2）：23-25.

② 题上相青童君撰 . 上清金真玉光八景飞经 [M]// 张继禹主编 . 中华道藏（012）. 北京：华夏出版社，2004：161.

③ 吴节《泰山十四咏》的十四个诗题为：日观峰、月观峰、白玉表、云母池、仙人洞、丞相碑、唐碑、秦松、汉柏、天门山、御帐坪、碎锦屏、十八盘、回马岭。

④ "大泰山"指泰山主峰与泰山各支脉诸山的总称，不被行政区划所限。一般认为"大泰山"观念首倡于明代汪子卿的《泰山志》，其后被《泰山道里记》《岱览》《山东省志泰山志》等继承。详见：（清）唐仲冕编撰；孟昭水校点集注 . 岱览校点集注 [M]. 济南：泰山出版社，2007：5.

⑤ （清）马大相编；王玉林，赵鹏点校 . 灵岩志 [M]. 济南：山东人民出版社，2019.

⑥ （宋）沈括著 . 梦溪笔谈 · 卷十七 [M]. 古迁陈氏家藏元大德九年陈仁子东山书院刻本 .

八景用四字景题，灵岩十二景用三字景题，二者似分属两种体系。至明宣德间（1426—1435 年），金鼎依据《灵岩十二景诗》，修订出四字景题的《灵岩八景诗》[①]，景题分别为"方山积翠、甘露澄泉、镜池春晓、明孔雪晴、书楼远眺、默照幽吟、松斋皎月、竹径晚风"。在此之前，泰安八景尚未见诸文献记载。

2. 泰安八景的文献记载

历史上对泰安八景的记载，主要见于地方志、别集、碑拓等文献中，目前已知最早收录泰安八景景题的文献，是明代胡瑄修、李锦纂的弘治《泰安州志》[②]，在《景致》一节中，以四字一句的形式，记录了 8 处景致：

"泰岳朝云、徂徕夕照；
汶河古渡、明堂故址；
龟阴秋稼、龙洞甘霖；
秦松挺秀、汉柏凌寒。"

在弘治《泰安州志》修纂期间，丁养浩为当时泰安州知州胡瑄作有《泰安州八景为胡廷器赋》组诗八首，诗题基本与弘治《泰安州志》一致，但是景题与顺序略有不同。如：《州志》有"泰岳朝云"，丁氏作"泰岳春云"；《州志》有"秦松挺秀"，丁氏作"秦松挺翠"；丁氏将"龙洞甘霖"提至"明堂故址"之前（表 1）。至于泰安八景的景题是由胡瑄所拟，还是丁养浩所拟，或是在弘治前已经出现，目前难以考证。不过，从上述两种文献可知，泰安八景至少在明弘治间已基本成形。

泰安八景的文献记载　　　　　　　　　　　　　　　　　　　　　　　　　　　　　　　　表 1

时间	出处	八景题名（按原顺序）
始修于明成化二十二年（1486 年）； 刊于明弘治五至七年（1492—1494 年）	弘治《泰安州志》景致 （国家图书馆藏弘治刊本）	泰岳朝云、徂徕夕照 汶河古渡、明堂故址 龟阴秋稼、龙洞甘霖 秦松挺秀、汉柏凌寒
诗作于明成化二十二年至明弘治七年（1486—1494 年）； 书刊于嘉靖八年（1529 年）	丁养浩《泰安州八景为胡廷器赋》 （收录于丁养浩《西轩效唐集录》； 台北"国家图书馆"藏嘉靖八年刊本）	泰岳春云、徂徕夕照 汶河古渡、龙洞甘霖 明堂故址、龟阴秋稼 秦松挺翠、汉柏凌寒
刻于明弘治九年（1496 年）	周津《泰安八景》 （碑原在岱庙环咏亭，现嵌于泰安岱庙汉柏院东壁； 拓片有宁波天一阁藏本）	（前二景佚） 明堂故址、汶河古渡 龟阴秋稼、龙洞甘霖 秦松挺秀、汉柏凌寒
刻于明正德十四年（1519 年）	戴经《泰山八景》 （碑原在岱庙环咏亭，今佚； 拓片有美国哈佛燕京图书馆藏本及宁波天一阁藏本等）	与弘治《泰安州志》同
始修于明万历三十年（1602 年）； 刊于明万历三十一年（1603 年）	万历《泰安州志》山川 （国家图书馆藏万历三十一年刊本）	与弘治《泰安州志》同
作于康熙五年至康熙九年（1666—1670 年）	林杭学《岱郡八景诗次戴刺史原韵》 （载于康熙《泰安州志》卷四）	与弘治《泰安州志》同。
作于康熙九年至康熙十年（1670—1671 年）	张肇昌《步戴刺史八景韵》 （载于康熙《泰安州志》卷四）	泰岳朝云、徂徕夕照 汶水古渡、明堂故址 龟阴秋稼、龙洞甘霖 秦松挺秀、汉柏凌寒
刊于清康熙十年（1671 年）	康熙《泰安州志》山川 （国家图书馆藏康熙十年刻本）	与弘治《泰安州志》同
刊于清康熙三十一年（1692 年）	康熙《济南府志》补遗·山水 （日本内阁文库藏康熙三十一年刻本）	与弘治《泰安州志》同
刊于清乾隆二十五年（1760 年）	乾隆《泰安府志》形胜·附录 （美国哈佛大学图书馆藏清乾隆二十五年刻本）	与弘治《泰安州志》同

① （清）马大相编；王玉林，赵鹏点校. 灵岩志 [M]. 济南：山东人民出版社，2019.
② （明）胡瑄修，李锦纂. 泰安州志 [M]. 国家图书馆藏明弘治刊本.

续表

时间	出处	八景题名（按原顺序）
刊于清乾隆四十七年（1782 年）	乾隆《泰安县志》八景 （国家图书馆藏乾隆四十七年刻本）	泰岱朝云、徂徕夕照 汶水古渡、明堂故址 龟阴秋稼、龙洞甘霖 秦松挺秀、汉柏凌寒
刊于清道光八年（1828 年）	道光《泰安县志》八景 （国家图书馆藏道光八年刻本）	与弘治《泰安州志》同
刊于民国 18 年（1929 年）	民国《重修泰安县志》邑景 （国家图书馆藏民国 18 年泰安县志局铅印本）	与弘治《泰安州志》同

注：1.“八景题名”一栏中，加下划线的景题，指与弘治《泰安州志》八景顺序不一致的景题。
　　2.“八景题名”一栏中，加字符边框的文字，指与弘治《泰安州志》八景不一致的文字。
来源：作者自绘

万历《泰安州志》及之后的泰安相关的府州县志，基本都会延续弘治《泰安州志》八景的景题及顺序。方志之外，明清两代又有数位学者以《州志》八景为题作组诗，如（明）周津《泰安八景》、（明）戴经《泰山八景》、（清）林杭学《岱郡八景诗次戴刺史原韵》、（清）张肇昌《步戴刺史八景韵》等。除了（明）周津《泰安八景》中“明堂故址”与“汶河古渡”的顺序颠倒外，其余各种“八景诗”采用的景题及顺序均与弘治《泰安州志》相同。

3. 泰安八景的衍化及与泰山的关系

泰安八景为邑景，即明代的泰安州八景。至清雍正十三年（1735年）泰安州升为泰安府之后，可认为是泰安府八景，如乾隆《泰安府志》，即与弘治《泰安州志》八景全同。泰安州升府之后，治地称泰安县，今存的几部《泰安县志》中所记的八景，也明显沿用弘治《泰安州志》八景。由此可知，此八景并未随行政区划的变更而改变。此外，此八景又非行政区划性质的泰安州府县专有，比如其间偶有学者改邑景为

山景，如前述戴经，即将弘治《泰安州志》的“泰安八景”改称为“泰山八景”。至清代，孔贞瑄更以此“泰山八景”为本，扩充为“泰山十八景”，见于孔氏别集《聊园诗略》中。

（清）孔贞瑄《聊园诗略》[①]卷四：

“按《岱史》八景曰：岱岳朝云、徂徕夕照、明堂故址、龟阴秋稼、汶水古渡、龙洞甘霖、秦松挺秀、汉柏凌寒。其轻重去取，微须审定。居岱既久，不避僭越，酌取其四，正其二，益以十二，共成十八景，系之以诗，州人士竞属和焉，增入州志。其龙洞甘霖，义同岱云，龟阴秋稼，未详处所，姑阙，以俟后之君子申焉。

岱岳朝云、徂徕夕照、明堂春柳、汶阳秋稼、日观望洋、龙池飞瀑；

石坞松涛、竹林烟雨、傲来晴雪、吴门练马、书涧鸣泉、竹溪霜月；

飞仙幻影、摩空书字、秦松隐雾、汉柏凌寒、末观天书、阴洞积冰；”

（明）戴经的“泰山八景”的提法及（清）孔贞瑄编选的“泰山十八景”，流传不广，对后世的影响略小，远不及弘治《泰安州志》的

泰安八景影响深远，如表 1 所示，自明代弘治时期至民国 18 年，弘治《泰安州志》的泰安八景的景题及顺序，一直占据主流。

泰安八景，起自何时，是否在明代弘治以前就已成型，目前尚不可知。已知最早且最有影响力的是弘治《泰安州志》记录的八景。今存文献中，对泰安八景（偶尔称“泰山八景”）的记载，明代文献有 5 处，清代文献至少 8 处，在此 13 处中，有 9 处完全沿用明弘治《泰安州志》，不仅用字一致，八景排序也完全一致。（明）戴经《泰山八景》，题称“泰山”，属个别现象，基本没有为后世文献采用。由于戴经所处时代早于明嘉靖《泰山志》的修纂，若将戴经《泰山八景》看作是大泰山思想的起源，也无不可，此另当别论。

二、泰安八景景题的文学艺术特征

1. 声律

泰安八景，八景景题有律诗化的特征。

① （清）孔贞瑄撰 . 聊园诗略 · 卷四 [M]// 四库存目丛书 . 影印中国社会科学院文学研究所藏清康熙刻本，第 232 册：172.

泰岳朝云　仄仄平平

徂徕夕照　平平仄仄

汶河古渡　仄平仄仄

明堂故址　平平仄仄

龟阴秋稼　平平平仄

龙洞甘霖　平仄平平

秦松挺秀　平平仄仄

汉柏凌寒　仄仄平平

平仄方面，泰安八景均是四字景题，从对句及全诗角度看，其平仄关系其实并不严整，如"汶河古渡"仄平仄仄，犯孤平；"汶河古渡"对"明堂故址"，平仄重复。然而，单看其中某一景题，其平仄的"二四分明"较为明显。如王力先生概括的"平仄在本句中是交替的"，这里的"交替"指每个节奏（每两个字为一个节奏）的末字，即第二、四个字平仄交替。这样的形式，使得单句平仄谐和，声调铿锵。

2. 对仗

（美）姜斐德（Alfreda Murck）所著《宋代诗画中的政治隐情》①一书中写道：

"沈括关于《潇湘八景》的札记发表于元祐五年（1090 年），这是目前最早和最可靠的对这八景标题的记载。从沈括的条列中，我们考察八景标题的次序，可以看出它们在整体上与律诗形式很相似：

平沙雁落，远浦帆归；

山市晴岚，江天暮雪；

洞庭秋月，潇湘夜雨；

烟寺晚钟，渔村落照。"

姜斐德发现《潇湘八景》景题与律诗形式很相似，称为"以题为诗"。进而从律诗的角度，对八景标题做了文学上的分析，认为八景标题分为四联的话，每一联中的两句互为对句，如"平沙雁落"对"远浦帆归"。细察各联，似乎均有这种对仗的倾向。

在对仗方面，泰安八景表现得较为清晰。首联，"泰岳朝云"对"徂徕夕照"，描写自然景象。以泰岳（即泰山）与徂徕（徂徕山）两山相对，一大一小，一北一南，一为封天之处，一为禅地之所。"朝云"对"夕照"，一早一晚，一为天上景象，一为地上风光。颔联，"汶河古渡"对"明堂故址"，描写古迹遗存。从平仄关系来看，此联平仄重复，似乎不甚工整，然而意象上仍然可以看作有对仗的关系，以自然形态的古迹（汶河）与人文创筑的古迹（明堂）相对，以"古渡"与"故址"相对。颈联，"龟阴秋稼"对"龙洞甘霖"，描写风土人情。龟阴（龟阴田）与龙洞（白龙池）皆是有典故的处所，而"秋稼"与"甘霖"，则明显与农事有关，一为秋收，一为祈雨。尾联写一对古树名木，对仗最为工整。"秦松"对"汉柏"，一秦一汉，一松一柏，一为山上古树，一为山下名木。"挺秀"与"凌寒"，一挺一凌，均表现了古树风霜傲骨的气节、承传千古的见证以及松柏长寿的寓意。

3. 律诗结构

律诗结构方面，四联之间带有一定的律诗所具有的"起、承、转、合"②的关系。如首联以"泰岳朝云""徂徕夕照"的天地自然景象为"起"，格局宏大，意境辽远。颔联以"汶河古渡""明堂故址"的古迹景观为"承"，暗含往古之事，知古鉴今，反映了中国向来即有深厚的崇古传统。颈联以"龟阴秋稼""龙洞甘霖"的风土景观为"转"，前两联的天地往古，至此转为眼前的民生民俗，也可认为是中国古代民生思想的体现。尾联以"秦松挺秀""汉柏凌寒"的刚强意志为"合"，暗含泰山"大德曰生"③的品德，以及对世人自强的教化与劝勉。

总之，泰安八景的八个景题，读来朗朗上口，抑扬顿挫，有格律诗的声律之美。对仗及结构，受到了律诗或四言诗的影响，姜斐德认为"以题为诗"，也可以认为是八景景题的诗化。

三、泰安八景的景观要素

泰安八景包含有自然、古迹、时间等景观要素，隐喻了泰安一地的万物景象，概括了一地的风貌（表2）。

1. 自然要素

八景与东晋时期出现的《上清金真玉光八景飞经》所述的"八景"有一定关系。《上清金真玉光八景飞经》记载"立春之日……元景行道受仙之日也；春分之日……始景行道受仙之日也"等，即将一年中

① （美）姜斐德 . 宋代诗画中的政治隐情 [M]. 北京：中华书局，2009.

② （美）姜斐德在《宋代诗画中的政治隐情》一书中分析了"潇湘八景"景题的结构关系："选词强调了幽暗和终结的色彩——雁落、帆归、晴岚、暮雪、秋月、夜雨、晚钟、落照。'山市晴岚'，或许还有'洞庭秋月'，淡化了不断积聚的幽暗。这种阴郁的情调在起承转合的结构中逐步发展，而这种结构恰与律诗相呼应。"

③ 今岱庙天贶殿（宋称"嘉宁殿"，元明称"仁安殿"，清称"峻极殿"）内悬有乾隆皇帝题"大德曰生"匾。

泰安八景的景观要素 表2

泰安八景	自然	古迹	时间
泰岳朝云、徂徕夕照	泰山、徂徕山	—	朝、夕
汶河古渡、明堂故址	汶河	汶河古渡、汉明堂	—
龟阴秋稼、龙洞甘霖	龟阴田、白龙池	龟阴田、白龙池	秋
秦松挺秀、汉柏凌寒	五大夫松、汉柏	五大夫松、汉柏	冬

来源：作者自绘

"四立二分二至"（立春、春分、立夏、夏至、立秋、秋分、立冬、冬至）的八种节气，对应于八景（元景、始景、玄景、虚景、真景、明景、洞景、清景），这里的八景，就明显与时间相关。彭敏《"潇湘"与"八景"意义内涵的来源与演化》[1]一文认为，"八景被解释为在八个行道受仙的最佳时间里呈现出来的八种自然景象"。

八景又与魏晋的咏景组诗有密切联系。受魏晋玄学影响下自然审美、感物美学的影响。如沈约《八咏诗》所列八种物象，皆是自然景象，并且均无明确场所。北宋潇湘八景，亦全为自然景象，但从景题来看，"潇湘夜雨""洞庭秋月"两景中出现了场所——潇湘与洞庭，不过这两处场所的景观范围极大。至南宋时期形成的西湖十景，景观有了明确的场所。八景中"景"的初始形态没有明确场所的自然景象，引入明确的场所后，八景得以落实。

泰安八景中，自然与人文难以割裂，且各景均有比较明确的场所。中国的名山大川，在自然景观的性质之外，又往往与人文密不可分。如泰山被列为世界自然与文化遗产，其在满足了全六条文化遗产标准之

外，同时还满足第 VII 条自然遗产标准。"泰岳朝云"与"徂徕夕照"实写泰山的朝云与徂徕山的夕阳斜照景象，是地理自然景观。"汶河古渡""龟阴秋稼""龙洞甘霖"三景，是承载着深厚历史文化意蕴的三处自然景观。

2. 古迹要素

"汶河古渡"与"明堂故址"为两处古迹。"龟阴秋稼"与"龙洞甘霖"，其中的龟阴田与白龙池既是自然景观，同时也是古迹、此四景均明写古迹、暗喻古人。汶河的古渡口与古明堂遗址虽已成为旧迹，却使人想见古人功业。"秦松挺秀"指秦始皇所封"五大夫松"，"汉柏凌寒"指汉武帝手植柏，此两类古树代表了古人的遗存，"挺秀"与"凌寒"则象征着屹立千年、傲雪凌霜的坚强意志。在泰安地方志中，以上六处均被列入"古迹"门类。

古迹（或遗迹），指古人所遗之迹。如明汪子卿《泰山志》云："志遗迹何？古人之有遗于斯也。"《岱史》有："志往古之胜迹，昭垂迄今犹未泯者也。夫代与时更，物随世变，居今考古，匪迹曷因？"古迹具有"稽故实"的历史价值和"垂鉴戒"

的伦理价值。[2]

诗咏古迹，始于《诗经》，如《黍离》咏叹故宗庙宫室尽为禾黍。魏晋间出现组诗，经唐代发展，在北宋时期与自然八景结合，形成既有自然景观又有地方古迹的八景及附属组诗。八景为组诗创作提供意象，古迹丰富了八景。古迹为八景增加了人文元素，使得八景不再局限于自然景观，景观的文化意蕴得到极大纵深。此外，古迹与八景都有强烈的地方色彩。而地方文献，尤其重视地方的特色，从此古迹与八景得以推广。

3. 时间要素

彭敏《"潇湘"与"八景"意义内涵的来源与演化》[3]一文认为，"八景被解释为在八个行道受仙的最佳时间里呈现出来的八种自然景象。……这八种景象乃与时间相关，而后来文学上的八景也表现出与时间的相关性，如'潇湘八景'中的'洞庭秋月''江天暮雪'等则是与时节相关的景象，不过总体而言，各地的'八景'主要还是强调各种景物在空间上的特殊审美性，在时间上的特点并不是那么明显。"

泰安八景中，除"汶河古渡""明

① 彭敏 ."潇湘"与"八景"意义内涵的来源与演化 [J]. 湖南科技学院学报，2017，38（1）：5.
② 郭满 . 方志记载折射出的中国古代古迹观念初探 [D]. 天津：天津大学，2013.
③ 同①。

堂故址"两处古迹景观没有体现出时间要素外，其余六景皆与时间相关。如：

"泰岳朝云""徂徕夕照"明言朝夕，无需赘述。

"龟阴秋稼""汉柏凌寒"有较明显的时节指向。"龟阴秋稼"指龟阴田一带的秋收景象。"稼"本指种庄稼，而"秋稼"一般指秋收，如丁养浩诗："龟山之阴秋日明，……薄暮室家都满盈。""汉柏凌寒"指冬季时岱庙汉柏的傲雪凌霜景观，如丁养浩诗："高处几回长积雪，半空中夜忽凝霜。"

"龙洞甘霖""秦松挺秀"的时间要素虽不明显，但是从民俗及当时人的题咏可知，此两景也暗含有时间特征。"龙洞甘霖"似指立秋前后白龙池求雨的景象，因求雨常在立秋之时，民谚有"立秋雨淋淋，遍地是黄金"。"秦松挺秀"指冬季时泰山之上的五大夫松，丁养浩诗："独立一株冰雪外，泰山高处傲年华。"

相较于八景的古迹要素，八景的时间要素的出现尤为久远。道教八景与"四立二分二至"对应，南齐沈约《八咏诗》中有"秋月、春风、夜鹤、晓鸿"。潇湘八景、西湖十景以及后世的各地八景，时间要素始终是不可缺少的成分。景观与时间的结合，使得物化的静止的景观有了时间上的节奏。

此外，泰安八景"龟阴秋稼""龙洞甘霖"两景还含有秋收与求雨的民生民俗要素，限于篇幅，暂不展开。

四、结语

宋代祝穆所撰《方舆胜览》记载了多处"八景"，至明代，各地的八景已经趋于普遍。其中有采选得当，被广为传诵者，也不免有牵强庸陋者。世人对八景的评价也常有龃龉。对"八景"批判者，如章学诚，在其《为毕秋帆制府撰常德府志序》中称："俗志附会古迹，题咏八景，无实靡文，概从删落。"① 考之地方文献，民国《重修泰安县志》云："昔章实斋《为毕秋帆撰常德府志序》，以题咏八景乃俗志所为，遂从删落。是不然。君子不鄙其乡。所谓景者，皆灵秀所锺，足起人爱乡之思，不可以为无足轻重而漫然置之也。"② 道光《济南府志》亦有："惟各邑志俱有八景、十景、十二景、二十四景之说，虽多附会，然旧说相传，骚人墨客以至樵夫牧竖，犹乐道之。所谓无益经典而有助文章者，可为登临选胜之资。"③ 实际上章学诚是站在其"史法"角度，八景的"俗"性自然不被他接受。而方志修纂者，往往站在地方景观及民俗角度，对待八景，即便不褒扬，也不批判删削。泰安地方志等文献往往收录泰安八景。由上文可知，自明代以来，泰安八景以其甄选得当，声律优美，历来被当地人广泛流传。以自然、古迹、时间等景观要素，隐喻了泰安一地的万物景象，概括了一地的风貌，是地方风物的诗化。

参考文献

[1] （明）胡瑄修，李锦纂.泰安州志 [M]. 国家图书馆藏明弘治刊本.

[2] （清）马大相编.王玉林，赵鹏点校.灵岩志 [M]. 济南：山东人民出版社，2019.

[3] （美）姜斐德.宋代诗画中的政治隐情 [M]. 北京：中华书局，2009.

[4] 郭满.方志记载折射出的中国古代古迹观念初探 [D]. 天津：天津大学，2013.

[5] 秦柯，孟祥彬.由虚入实：中国古代城市人居环境"八景"模式的嬗变 [J]. 中国园林，2021，37（12）：26-31.

[6] 彭敏."潇湘"与"八景"意义内涵的来源与演化 [J]. 湖南科技学院学报，2017，38（1）：5.

[7] 吴庆洲.中国景观集称文化 [J]. 华中建筑，1994（2）：23-25.

[8] 邓颖贤，刘业."八景"文化起源与发展研究 [J]. 广东园林，2012（02）：11-19.

① （清）章学诚著；叶英校注.文史通义校注（下）[M]. 北京：中华书局，1985：889.

② 葛延瑛，吴元禄修；孟昭章等纂.重修泰安县志.卷三舆地志·胜概·邑景 [M]// 中国地方志集成·山东府县志辑64. 民国18年泰安县志局铅印本.

③ （清）王赠芳，王镇修；成瓘、冷烜纂.济南府志.卷七十二补遗·山水 [M]// 中国地方志集成·山东府县志辑01-03. 道光二十三年刻本.

纵横画格与草蛇灰线在宋元绘画、明清园林中的应用

朱宁宁

朱宁宁，中央美术学院建筑学院副教授。邮箱：zhuningning@cafa.edu.cn。

摘要：本文针对明清园林中的虚实关系和不规则布局的设计方法问题，分析发现宋元绘画中存在纵横画格法和草蛇灰线法两种隐形控制线方法，并发现此法可也适用于明清园林的平面分析，以此论证古人用此布局之法绘画及造园，进一步论证了画及园在图面控制线上的同源关系。

明清园林的平面构成受到了宋元绘画的影响，除了江南私家园林的造园者多是精通书画的文人等背景因素以外，笔者发现园林的平面图布局在方法上存在两处绘画遗痕。

一、纵横画格

（清）叶昌炽《缘督庐日记抄》中有文："初一日重摹《温室洗浴众僧经》毕，越六日矣，五纸六十行，每行虽祇存四五字，首两行及末行之末尚未蚀尽，首尾鳌然。可见从烟雾迷离之中一波一磔，摸索而出草蛇灰线，若合若离，画格纵横交午，泐纹断续鉤连。"（清）沈宗骞在《芥舟学画编》中有文："一经一纬之谓织，一纵一横之谓画。"笔者认为文中的画格纵横和一纵一横指的是画面构图由纵横网格控制，这一迹象在部分宋元绘画中明显可寻。（清）石涛在《苦瓜和尚画语录》中批判"三叠两段"画面构成拘泥无趣云："分疆三叠两段，偏要空手作用，才见笔力，即入千峰万壑，俱

无俗迹。为此三者入神，则于细碎有失，亦不疑矣。"笔者发现宋元绘画在纵横两条主轴线上常设五实六虚共十一个层次，笔者称之为"纵横虚实十一法则"（图 1）。

八卦图可分解为阴阳相间的序列关系（图 2），中国人将自然理解为阴阳，将阴阳理解为空间，蔡邕《九势》有言，"夫书肇于自然，自然即立，阴阳生矣，阴阳既生，形势出矣"，"虚实有致而空间自生"，自然→阴阳→形势（空间）即中国古人的艺术逻辑，《园冶》称之为"一阴一阳谓之道"《画筌析览》云："阴阳相成……阴必由阳而生……由阴而存阳者，阳已晦而难明。古今造物体之陶冶也，阴阳气度之流行也，有无相生。"阴阳往复流动，形成了绘画中的虚实相生辩证关系。"人但知有画处是画，不知无画处皆是画。画之空处，全局所关，即虚实相生法。人多不着眼，空处妙在通幅皆灵，故云妙境也。""山川草木、造化自然、此实境也。因心造境、以手运心、此虚境也。"实境→虚境→妙境即中

国古人的艺术路径。

这种"纵横虚实十一法则"在明清园林中亦很常见（图 3、表 1、表 2），其中较大型的私家园林网师园、留园和拙政园以及皇家园林北海、什刹海和颐和园都在纵向上达到了 11 层虚实关系，而颐和园则在纵横双向上达到了 11 层虚实，这些都符合绘画的"纵横虚实十一法则"。江南私家园林主、从景轴常纵横相交，是园林的精神统领。其中主景轴以东西向见常，从景轴垂直于主景轴为南北向，"L"形观景廊纵横两向，通过廊中的柱框或墙上的窗框，形成一帧帧的画面，人在移动中多角度、充分地观赏主次景。主景常横贯水域、点以亭榭、阔狭对比、串联景观，视线开阔、模糊灭点，如同山水画一般气势恢宏；从景常深入院落、虚实相生、丰富层次、曲折萦回、景趣盎然，突出景深，如同小景图一般意境深远。黄宾虹有云："作画如下棋，需善于做活眼，活眼多棋即取胜，所谓活眼即画中之虚也。"留园的第二次轴印证了此

   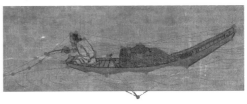

（南宋）马远阳合生意图（蛛丝式）　　　　　　（南宋）马远寒江独钓图（蛛丝式＋草蛇灰线式）

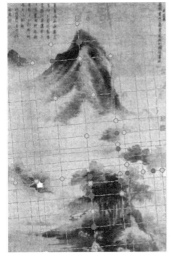   

（元）高克恭雨山图（马迹式＋草蛇灰线式）　　　（南宋）马远踏歌图（马迹式＋草蛇灰线式）

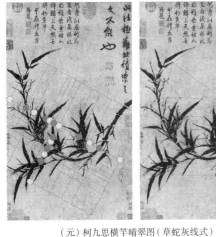     

（元）柯九思横竿晴翠图（草蛇灰线式）　　（南宋）法常柿图（蛛丝式＋草蛇灰线式）　　（元）郑思肖墨兰图（鹤膝式）

图1　宋元绘画中的画格与布局
图片来源：底图源自《宋画全集》《元画全集》

说（图3中留园），从石林小屋→揖峰轩→还我读书处→快雪之亭序列中多重虚实关系递进，环以两侧观景双廊，形成了江南私家园林中虚实相生的空间典范。

二、草蛇灰线

金圣叹在《读第五才子书法》中云："有草蛇灰线法，如景阳冈勤叙许多梢棒字，紫石街连写若干帘子字等是也。骤看之，有如无物，及至细寻，其中便有一条线索，拽之通体俱动"。在绘画中这种可能源于对自然观察的、具有东方思维的、用相互关系确定笔墨位置的隐形控

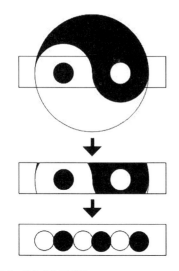

图2 八卦虚实序列图
图片来源：作者提供

苏州园林中"虚实相生"设计手法整理   表 1

纵向上	横向上	园林名	建设起始年份
实六虚五（11）	实四虚五（9）	网师园平面	重建于约 1770 年
实三虚四（7）	实四虚三（7）	沧浪亭平面	重建于约 1872 年
实五虚六（11）	实四虚五（9）	留园平面	重建于约 1794 年
实五虚六（11）	实六虚五（11）	拙政园平面	重建于约 1631 年

明清皇家园林中"虚实相生"设计手法整理   表 2

纵向上	横向上	园林名	建设起始年份
实六虚五（11）		什刹海平面	重建于约 1770 年
实五虚六（11）		北海平面	重建于约 1872 年
实五虚六（11）	实五虚六（11）	颐和园平面	重建于约 1794 年
实五虚六（11）	实五虚六（11）	承德避暑山庄平面	重建于约 1631 年

网师园虚实关系与布局关系   沧浪亭虚实关系与布局关系

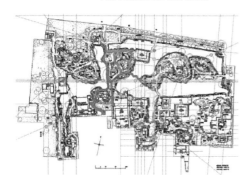
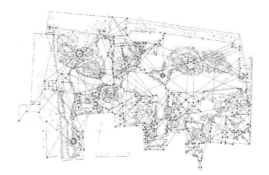

拙政园虚实关系与布局关系   北海、什刹海虚实关系

留园虚实关系与布局关系   颐和园虚实关系

图3 明清园林中的虚实关系与布局关系
图片来源：底图源自《苏州古典园林》《中国古代建筑史》（第二版）

制线法使得画面整体达到视觉平衡且灵动的自然效果。

关于绘画的布局之法，清沈宗骞《芥舟学画编》有言："凡作一图，若不先立主见，漫为填补，东添西凑，使一局物色，各不相顾，最是大病。先要将疏密虚实，大意早定。洒然落墨，彼此相生而相应，浓淡相间而相成。拆开则逐物有致，合拢则通体联络。自顶及踵，其烟岚云树，村落平原，曲折可通，总有一气贯注之势。密不嫌迫塞，疏不嫌空松，增之不得，减之不能，如天成，如铸就，方合古人布局之法。"笔者认为所谓绘画中的"布局有法"即指在可见画面背后存在不可见的控制线，使得画面成为不可拆分之整体。故"能合天妙，不必言条理脉络，而条理脉络，自无之而不在"[1]，"出自天然，无用增减改移者"[2]；"神化不测，不令人见，苟寻绎而通之，无不血脉贯注，生气天成，如铸不容分毫移动，昔人譬之无缝天衣，又曰美人细意，熨帖平裁缝，灭尽鍼线迹此"[3]。

古人用此"布局之法"于风水中以分别气脉，"若有草蛇灰线，则脉络分明，真有气到"[4]；于文学中以段落照映，"首句可以合前章之尾""有提贯有合应""无逐段界划之痕"；于绘画中以"重复开障""山断云连""无痕中间暗补""过段处有衔承有遥接""浑成尤妙"；于园林中以"虽无定式，自有的确位置"[5]、"导引宛转，不迷一缕，暗接百派自归"[6]。

就布局之法的具体样式古人云"或蛛丝马跡，或草蛇灰线，或蜂腰鹤膝，俱甚隐微"[7]、"如草蛇灰线、蛛丝马迹、藕断丝连种种诸式，亦有转接，亦有剥换"[8]。笔者总结其为蛛丝式、马迹式、蜂腰式、鹤膝式、草蛇灰线式、藕断丝连式六种。

所谓蛛丝式是指犹如蜘蛛网由一个中心点向四周层层发散。马迹式是指如马蹄般左右分布前行，其连线在山水画中被演绎为"折高折远"。"蛛丝马迹，隐于不言，细入无间，水底观日，日不一影，晴天看云，云不一色"[9]。蜂腰式是指由一个中心点向上下或左右发散，形成两头大、中间细布局。鹤膝式是指从一条线上的起点皆向同区域发散，且起点不断向发散方向递进。藕断丝连式是指同一物体出于另一物体的延长线上，形成隐现断续、

若离若续之效果。草蛇灰线是指首尾相照、起伏断连、事相掩映、一脉相印、气脉连贯，其灰线拽之通体俱动。

这种绘画中的布局方法也应用于古典园林的设计与施工控制，我们通常认为的蜿蜒曲折的廊道、方向扭转的建筑、不规则的庭院中的每一个节点，都是在与绘画同样的布局之法的控制之下设计而成的（见图3），可谓是布局结构精严、血脉贯续、落脉隐秀、沉雄顿挫；节点处处打得通、处处跳得起；关系不出离合错综、千头万绪在乎一心之连化。

三、总结

宋代山水画的成熟为明清造园高峰期的呼之欲出提供了图像粉本和理论支撑，纵横画格法与草蛇灰线法便是极好的例证。这两种方法在本文中的发现证明了中国古代绘画在布局方法上对古典园林的具体影响，证明了不规则的园林布局是"有法无式"的设计结果，也同时发掘了这两种方法在绘画中的应用，为园林史和绘画史的研究提供新证。

参考文献

[1] 刘敦桢. 苏州古典园林 [M]. 北京：中国建筑工业出版社，1979.

[2] 宋画全集编辑委员会. 宋画全集 [M]. 杭州：浙江大学出版社，2008.

[3] 浙江大学古代书画研究中心. 元画全集 [M]. 杭州：浙江大学出版社，2013.

① （清）沈宗骞. 芥舟学画编·4 卷卷一山水 [M]. 清乾隆四十六年冰壶阁刻本.
② 同上。
③ （清）方东树. 昭昧詹言·20 卷卷一 [M]. 清光绪刻方植之全集本.
④ （五代）何溥. 灵城精义·2 卷卷下 [M]. 清文渊阁四库全书本.
⑤ 同①。
⑥ （清）马荣祖. 力本文集·13 卷卷十一 [M]. 清乾隆十七年石莲堂刻本.
⑦ （清）宋虔平. 矿学心要新编·3 卷卷下 [M]. 清光绪二十八年蜀西广石山房刻本.
⑧ （清）吴元音. 葬经笺注 [M]. 借月山房汇钞本.
⑨ （清）眠鹤道人. 花月痕·16 卷卷二 [M]. 清光绪福州吴玉田刊本.

武康石
——晚明园林黄石假山变革的一个研究视角

邵星宇　叶　聪

邵星宇，东南大学建筑学院博士研究生。邮箱：
535249545@qq.com。
叶聪，东南大学建筑学院硕士研究生。邮箱：
jensom@sina.cn。

摘要：本文在对武康石进行历史文献梳理和园林案例考察的基础上，指出其分别为"峰石"和"山脚石"的两种主要的园林做法。前者暗示了武康石长久以来不同于黄石的石性特征和审美观念，后者则显示了武康石成为一种晚明"黄石"的重要可能——为晚明黄石假山的"画意"变革提供了技术层面上的历史经验。同时，本文重新考证了上海豫园假山并非建于明代万历时期的武康石假山，而是建于清乾隆年间的黄石大假山。

关键词：武康石；石门东园；上海豫园；黄石假山

晚明园林变革的一个重要方面即是黄石假山的兴起——这不仅意味着一种崭新的假山营造手法，也暗示了一种与之前崇尚的玲珑石峰完全不同的审美趣味，对此，已有众多中国园林史学者关注并开展了深入的研究[①]。但一个仍待解答的问题在于，黄石对晚明园林所产生的诸多变化究竟是一种全然的革新，还是也存在着某种依循已久的历史经验？本文试图在对武康石——这一历史悠久且与黄石形态类似的园林用石进行历史梳理和案例分析的基础上，为这一问题寻找一个可能的回答。不过在此之前，我们似乎首先需要厘清晚明所谓的"黄石"究竟所指为何？

从目前所能掌握的历史文献和的假山遗存来看，晚明开始流行的"黄石"其实是对江南地区一类常见的硬质砂岩的统称。计成（字无否，1582—？）对此有过十分精辟的论述："黄石是处皆产，其质坚，不入斧凿，其文古拙。如常州黄山、苏州尧峰山、镇江圌山，沿大江至采石之上皆产"[1]。可见，晚明的"黄石"多指向的是某些相似的特征而非具体的产地，事实上，"是处皆产"正是"黄石"的一个重要特点。此外，这类石头色彩偏黄、紫，质地坚硬，形态古拙，与中国文人长期推崇的太湖石截然不同。那么，本文所要讨论的武康石——一种产于湖州武康，形态特征也较为顽夯的石材，是否也如同苏州的尧峰石一样，属于晚明园林中的一种"黄石"

呢？更为重要的是，作为早在宋代便已见诸记载的园林用石，武康石是否对晚明黄石假山的发展和成熟提供了某些重要的历史经验？

一、武康石——山脚与石峰

武康石产地浙江武康，历史上长期属于太湖南岸的湖州府。作为江南的核心地区之一，武康也是重要的传统园林用石产地。借助四通八达的河道网络，湖州所产的弁山太湖石、武康石等石材源源不断地销往整个江南乃至更远的北京等地区。至迟在南宋时期，武康石便已经成为一种浙江地区较为常见的园林用石。宋代杜绾（字季扬，主要活跃于北宋末年）的《云林石谱》（序

---

① 除了石门东园，在绍兴的沈园的考古发掘中，在宋代遗存葫芦池和小土山中发现不少与石门东园一样的武康石，这显示宋代以武康石为山脚置石的做法在浙中地区确实较为普遍。沈园考古报告参见：浙江省文物考古研究所编 . 浙江省文物考古研究所学刊（第十一辑）[M]. 北京：文物出版社，2019：44-54.

作于 1133 年）中即有专门的条目：

"湖州武康石出土中，一青色，一黄色而斑。其质颇燥不坚，无混然巉岩峰峦，虽多透空穿眼，亦不甚宛转。采人入穴，度奇巧处，以铁錾揭取之，或多细碎，大抵石性匾侧，多涧道折叠势。浙中假山借此为山脚石座，间有蒨怪尖锐者，即侧立为峰峦，颇胜青州"。[2]

可知武康石质地较为粗糙，颜色有青、黄两种，形态上大多"不甚宛转"，在南宋浙地园林中常用作山脚或石座。但也存在少数"蒨怪"者，可作为武康峰石进行独立欣赏。桐乡石门的南宋"张氏东园"遗址，是至今所知最早的一处存在武康石假山的实例，其建造年代大致与《云林石谱》的编纂时代相当，也因此为我们理解杜绾的记载提供了一个重要的实物参照。

东园由石门酒库监酒官张子修（字德夫，活跃于 12 世纪）所建。2002—2003 年的考古发掘，揭示了东园约 999m² 的区域，其中包含了假山、部分水池、水榭基址等重要的园林要素。根据考古报告，现存假山"东西长 14m，南北宽 22m，残高 2~3m，底部基础用大型黄褐色、紫褐色武康石垒砌，上面树立灰白色太湖石和形态各异的武康石"[3]。事实上，假山大部分皆已坍塌，只有一段砖砌过道两侧的山脚叠石保持原状。从现场看，散落的武康石在形态上确与常见的黄石十分相近——色彩偏黄紫色，较多平直棱

角，非常符合晚明文人对于黄石"古拙顽劣"的描述。但石门东园假山中武康石的大小普遍比目前常见的黄石假山用石大很多，最大的一块体积近 1.2m³，重达 2.5~3t。也因此，残存山道的堆叠显得颇为松散，石块间缝隙较大，推测原有假山"石壁"应不会很高（图 1）。这些特征基本符合宋代《云林石谱》中的记载，东园的假山主体仍以土为主，武康石作为山脚及步道两侧山脚护坡——较大的石材体量，可以更好地固住水土，也更节约人工。①

南宋诗人王炎（1137—1218）曾为石门东园作《张德夫园亭八咏》，其中《山椒》较为全面地展现了这座假山的原始面貌："百尺云根老，斑斑长绿苔；幽寻穿窈窱，远眺步崔嵬。地脉元无此，人心亦巧哉；千年湖底石，幻作小飞来。"其中显示出几个重要信息，这座颇为高大的土石山（崔嵬）中山道幽深（窈窱），山石巨大且苔藓丛生。据此推测，目前遗留的山道应该只是原有南宋假山山道的一部分，这就意味着，至少在平面尺度上，石门东园的武康石假山达到了一定的规模和复杂程度。但王炎的诗中，整座假山最为核心的欣赏对象还是那些"千年湖底石"所构成的"飞来峰"意向。在《八咏》的另一首《山堂》诗中有"翠岚侵户牖，瘦石出江湖"之句，对太湖峰石的形态有着更为直接的描绘。而与此相对的，《八咏》中没有出现任何一处刻意指向山脚武康

石的诗句，这暗示着，无论是《云林石谱》的评价还是王炎对石门东园的描绘，其中关于假山／山石的欣赏模式依然是以太湖石为代表的玲珑之美为主导的，而且这种审美观念直至明代后期也依然十分流行。

在明万历之前，文献中的园林武康石大多以峰石的形式出现。如陆深（字子渊，1477—1544）在《春风堂随笔》中有"武康石色黑而润，文如波浪，人家园池叠假山，以此为奇，大至寻丈者绝少。……其品格颇多，惟叠雪者为甲，横文叠起如折，有黑白层叠相间者，有白石作腰带围者，曰玉带流水，其文皆竖麻衣，如人衣麻之状；锦犀，红黄色相间成文；虎皮，大文圆嵌作黄黑色；麻皮，如画家麻皮皴。海石，苍黑色面作矾头纹；鬼面，石纹突出而狞狠；有透漏如太湖石，谓之湖石武康。尝欲聚而作谱，恐未能悉其品，也粗记如此。"[4] 又如王世贞（字元美，1526 — 1590）《游金陵诸园记》："徐九宅园……前有台，峰石皆锦川、武康。"[5] 事实上，无论是独立置石，还是罗聚群峰成小山②，明代中后期的园林文献中，武康石基本仍是以"峰石"的形式参与文人的审美讨论，并形成了叠雪、锦犀、虎皮、麻皮、鬼面等诸多品类。林有麟（字仁甫，1578—1647）编纂的《素园石谱》（序作于 1613 年）中附有一张武康石图则更为直观（图 2），图中显示了一种几乎与太湖石无异的透漏形态，或许

---

① 沈园考古报告参见：浙江省文物考古研究所编. 浙江省文物考古研究所学刊（第十一辑）[M]. 北京：文物出版社，2019：44-54.

② 在明代文献中，存在使用武康石单一石种做园林小山、小景的记录，如陆深《小康山径记》"四友亭之南，有隙地盈丈，因聚武康之石作小山，具有峰峦岩壑之趣"，以及陈所蕴《日涉园记》"……户外地稍美，山人复聚武康香雪石成小景，嵌空玲珑，不减米家袖中物，因名小有洞天"。但这些文献记录中所呈现的审美主体依然是"嵌空玲珑"的武康石峰。《小康山径记》见：（明）陆深. 俨山集 [M]. 上海：上海古籍出版社，1993；日涉园相关记载见：陈从周，蒋启霆选编. 园综（下册）[M]，上海：同济大学出版社，2011：4-7.

图 1　石门东园现存的假山山道两侧石壁
图片来源：作者自摄

图 2　《素园石谱》中的武康石图
图片来源：（明）林有麟. 素园石谱 [M]. 刻本.
1613（明万历四十一年）.

图 3　石门东园现存武康石上的旋涡状孔洞
图片来源：作者自摄

正是陆深提到的一类"湖石武康"。在《素园石谱》的自序中，林有麟直言，"石之妙全在玲珑透漏，设块然无奇，虽古弗录"[6]，可见，作为山脚置石的武康顽石依然完全被排除在石谱的评价体系之外。诡异的是，在晚明颇受追捧的武康石峰至今却并没有任何较为可靠的遗存，唯有石门东园的武康石在局部呈现出的涡旋状侵蚀痕迹（图 3），为我们对《云林石谱》中所谓的"透空穿眼""蒨怪尖锐"的武康石峰提供了一些想象的依据。

以上讨论显示，在晚明黄石假山兴起之前，武康石主要以"山脚石"和"峰石"两种形式参与了园林假山的营造活动，但就欣赏观念的层面上，从宋代至明代，其作为峰石的"蒨怪"之态最受追捧，这与自古以来文人崇尚"玲珑透漏"的奇石欣赏观念也十分一致。但这在某种程度上，也暗示了武康石在石性的层面上与晚明常见的"黄石"之间所存在的显著差异。查阅相关的地质资料可以发现，武康石大部分属于火山喷出岩中的一类融结凝灰岩，质地粗糙，颗粒感强，暴露在

地表或水中时极易被风化侵蚀，这与大部分属于砂（页）岩的坚硬黄石十分不同，后者几乎不可能自然地出现孔洞的形态。不过值得注意的是，晚明的"黄石"本身也并非指向单一的一种石材，而是指一种形态上比较顽夯，色彩偏黄或紫，且产地众多、方便易至的一类石材。那么，或许可以这样认为，对于湖州周边地区的园林而言，就如石门东园一样，大量没有峰石形态的武康顽石或许依然可以被认为是一种"黄石"，而对于苏松乃至北京地区而言，值得花费巨资，远而求之便只能是数量稀少的"武康石峰"了。

二、上海豫园"武康石"假山之辩

讨论至此，另一座位于上海豫园的"武康石"大假山便显得尤为可疑了。在很长的时间里，学界几乎形成了某种共识，认为豫园现存的这座大假山即是万历时期（豫园主体完成于 1587 年左右）由造园家张南阳所叠造的武康石假山[7]。但事实上，考察目前已有的相关研究

可以发现，大家在讨论这座假山的具体用石时，观点其实并不统一。陈从周在 1961 年的论文里认为"见石不见土，以大量黄石堆叠形成假山"是造园家张南阳的重要特点，并指出"像豫园便是以大量黄石堆叠而见称"[8]。段建强在 2018 年比较豫园与寄畅园的假山时，继承了陈从周的观念，"据陈从周研究：唯大假山一区之格局基本保存明代风貌……，豫园中掇山最主要是武康黄石大假山"[9]。而周向频、吴怡静在 2020 年分析晚明江南园林黄石叠山的兴起时，则将武康石排除于所讨论的晚明黄石之列，认为其"石质形态皆与黄石不同，纹理不清晰，形态不规则，并且适应的是'小中见大'的叠山流派，比如上海豫园的黄石大假山"[10]。坦率地讲，豫园现存的大假山是否是"武康石"，直接左右着其是否为明代万历时期所造的重要判断。

正如上文已经指出的，从石材的特性上看，武康石属于粗糙的凝灰岩，易被侵蚀风化，而豫园假山现存的山石更接近于致密坚硬的砂岩，与江南其他地区现存的常见黄

石假山无异（图4）。此外，上海距武康水运距离近200里（可资比较的是，石门离武康仅50里水路）。现存豫园大假山的石材皆形态顽劣，无独立成峰之态，用量却超过千吨。近距离运输少量峰石尚且兴师动众、造价高昂，若从武康运输如此巨量（但却与上海周边随处皆产的"黄石"形态并无二致）的武康顽石，其所资费应当十分夸张。当然，最为重要的证据在于，现存的豫园黄石假山与晚明相关历史文献中的武康石假山之间存在着较大出入。关于万历时期豫园中的武康石假山，有潘允端《豫园记》和王世贞的《游练川云间松陵诸园记》两份重要明代文献，摘录其中相关部分如下：

"有堂五楹，岿然临之，曰'乐寿堂'，颇擅丹腹雕镂之美。堂之左室曰'充四斋'……。其右室曰'五可斋'……。池心有岛横峙，有亭曰'凫伏'。岛之阳峰峦错叠，竹树蔽亏，则南山也。由'五可'而西，南面为'介阁'，东面为'醉月楼'，其下修廊曲折可百余武。自南而西转而北，有楼三楹曰'征阳'，下为

书室，左右图书可静修。前累武康石为山，峻嶒秀润，颇惬观赏。"（潘允端《豫园记》）[11]

"为崇堂五楹，曰'乐寿堂'，其高造云，朱薨画栋，金碧照耀，左右两楹为方伯书室，尤自胜丽，岿然鲁灵光也，前为广除，临大池，可十亩，左有岑楼，门牡甚严，方伯与其嬖宸居之，右折为楼，楼不甚精好，而中庭一小山，皆叠武康石为之，方伯指示意沾沾自喜。出循池右方路不甚侈，已入山，蛇行而上，正枕大池，与乐寿堂对，中亦有峰峦涧壑亭馆之属，而不甚奇，竹细而疏，木庸而童，石亦称是，盖方伯志大而力不副，廊庙多而泉石寡。"（王世贞《游练川云间松陵诸园记》）[12]

可见晚明时豫园内的武康石假山是一座"峻嶒秀润"的小山，且位于"征阳楼"的中庭之内，"征阳楼"则在主堂"乐寿堂"的西南侧，应离大池不远。此外，在"乐寿堂"正对的池心岛的南侧，另有一峰峦涧壑皆备的"南山"。目前学界普遍共识是"乐寿堂"址即今豫园"三

穗堂"所在，现存黄石大假山位于"三穗堂"之北，这与文献中的"南山"和"武康石山"均无法对应。潘允端的《豫园记》很大程度上即是以乐寿堂为中心来进行描述的，几乎所有的假山之景均位于"乐寿堂"之南，而"乐寿堂"之北则是"凿方塘，载菡萏，周以垣，垣后修竹万挺，竹外长渠，东西咸达于前池，舟可绕而泛也"[13]，可见在今大假山的位置晚明时应该是一片竹林之景，文献中并非见有任何山势起伏的记录，更不要说如此巨大的一座假山了。

豫园在潘允端过世后便逐渐荒废，到清初时已经破败不堪。乾隆十五年（1750年）的《上海县志》中在列举了玉玲珑、乐寿堂、涵碧阁、留春窝等主要景物和建筑名称之后，留下一句"今尽废"的感慨。根据嘉庆《松江府志》"西园"条曰，"西园，乾隆二十五年构……，园在庙西北即明潘方伯豫园故址，人醵金购其地，仍筑为园"，可知在乾隆二十五年（1760年），豫园故址上有一次较为彻底的重建活动，并将"豫园"改称"西园"。正是在这一次的大修之后，文献中才开始出现与现存黄石大假山相匹配的记录，如今的主厅"三穗堂"也重建于这一时期。"居一园之正中者为三穗堂，湖心有亭，渺然浮水上……，有堂曰萃秀，右仰巨山，陟其巅，目及数十里之外"[14]。清乾隆四十九年（1684年）的《邑庙西园图》（图5）则更为直观地展示了乾隆二十五年大修之后的豫园格局。图上显示在三穗堂北、萃秀堂西出现了一座大型假山，这座"巨山"无论是位置还是规模都与今天豫园的黄石大假山相符，但

图4 豫园大假山石壁及用石细部
图片来源：作者自摄

与明万历时期的位于"征阳楼"中庭内的武康石"小山"毫无关联。

此外，晚明同时期上海的日涉园也可作为一个重要参照。日涉园与豫园同出当时著名的造园家张南阳之手，园中也有大量使用武康石的记录，主要位于万笏山房之前，陈所蕴（字子有，1543—1626）在《日涉园记》中有载，"所叠石皆武康产，间以锦川斧劈，不杂一他石。……武康有锦罗，有鬼面，有叠雪诸品，皆挺峙特立，无跛倚，

无附丽，有肃雍将济气象"[15]，可见日涉园中所聚武康石应当为品种各异的武康石峰，品类上基本与陆深所列重合。现藏上海博物馆的明代《日涉园三十六景图》中有一幅"万笏山房"图（图6），为我们直观地呈现了晚明这座武康石山的具体景象，当与石门东园的假山做法颇为类似，依然是土山上罗聚峰石的做法——这显示同时期上海造园活动中对武康石的普遍欣赏模式和营造做法应当仍以置峰为主，同为张南

阳所造的豫园武康石山，应该更接近于日涉园"万笏山房"假山的形态，这也更符合潘允端所谓"峻嶒秀润"的评价。基于以上的讨论，基本可以判断豫园现存的大假山并非晚明时的武康石假山，而很可能是乾隆二十五年左右豫园大修时新建的黄石假山。

三、武康石对晚明黄石假山变革的影响

最后，回到文章开始所提出的问题——历史悠久的武康石是否在某种程度上为晚明黄石假山的发展提供了一定的历史经验？我们依然可以以南宋石门东园的武康石山道和清乾隆时期上海豫园的黄石大假山为对象，考察其相互间的关联性。石门东园目前留存的一段山道石壁高约2m，但因为所用武康石较大，堆叠层数在2~3层之间。而上海豫园黄石假山的石壁最高处超过4m，黄石错落堆叠在10层以上，形成峰、峦、涧、壑、洞等丰富的景观要素，虽不是张南阳所作，但整体假山的无论是设计构图还是营造做法均显示出十分高超的技巧。

有趣的是，如果我们仔细观察东园武康石相互堆叠的交接处，可以发现有很多帮助稳定石壁而嵌入的小块扁方石块，这与晚明黄石假山发展成熟后常用的"刹石"做法如出一辙。对照当代叠山家方惠总结的叠山刹石做法，可以发现石门东园假山，在现场遗留不大的武康石堆叠范围中，已经出现了"垫刹""填刹""卡刹"等多种做法①（图7），而豫园

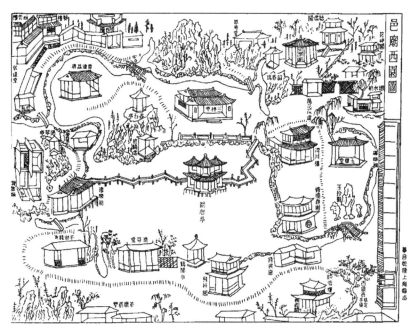

图 5　邑庙西园图，清乾隆四十九年（1684 年）
图片来源：（清）范廷杰修，皇甫枢纂 . 上海县志 [M]. 1784（乾隆四十九年）. 转引自：郭俊纶 . 上海豫园 [J]. 建筑学报，1964（06）：18-21.

图 6　《日涉园三十六景图》中"万笏山房"图
图片来源：杨嘉祐 .《日涉园图》与明代上海日涉园 [J].上海博物馆集刊，1987（00）：390-396.

图 7　石门东园武康石堆叠中使用的"刹石"
图片来源：作者自摄

的黄石大假山中的"刹石"使用则已经十分成熟，且更趋灵活多变，呈现出更强的整体性特点（见图4）。考虑到晚明整个江南地区的文人和造园家之交游密切的现实情况，我们似乎有理由推测，浙中地区一直以来常见的武康石山脚堆叠的做法，为黄石假山的发展积累了技术上的重要经验。

但在审美观念的层面上，正如上文所显示的，直至明代万历时期，对武康石的欣赏依然是玲珑峰石的模式为主导，黄石假山的最终成熟有赖于晚明园林中"画意"观念的大量传播和发挥影响。结合文人画论中的皴法，石缝的处理成为假山堆叠的重要形式原则之一。正如计成所言，"时遵图画，匪人焉识黄山。小仿云林，大宗子久。块虽顽夯，峻更嶙峋，是石堪堆，便山可采"[16]。其中提到了两位重要元代画家——倪瓒（字泰宇，号云林子，1301—1374）和黄公望（字子久，1269—1354），倪瓒代表性的"折带皴"与常见的黄石形态十分相似，

用作黄石假山堆叠的画意模仿对象似乎也十分合理，笔者对此也已做过专门的讨论[17]。但此处黄公望的风格则让人略感疑惑——棱角分明的黄石似乎更适合"荆关老笔"，而非黄公望的江南之山。不过，如果我们将"武康顽石"纳入晚明"黄石"的范畴，正如陆深在文献中提到的一类有着"画家麻皮皴"式纹理的武康石，这恰恰可与黄公望的典型皴法相对应。尽管我们无法证明计成所谓的"大宗子久"指向的就是这一类特殊的武康石，但这至少为这一论断提供了一种合理的解释，同时，这也暗示了在审美观念的层面上，武康石很可能也对晚明黄石假山产生了某些影响。

四、结语

通过对武康石的历史考察，可以发现：一方面，从宋代到晚明，武康石主要是以置峰的形式出现在众多的园林文献中，对其的审美也主要以玲珑蒨怪为主，从这一角度

看，武康峰石并不属于晚明所推崇的"黄石"之列；而另一方面，在浙中地区武康顽石的山脚做法为晚明以"堆叠"为特点的黄石假山的发展积累了重要的技术经验，从这一角度上讲，特别是对湖州地区而言，武康石又无疑是一种特殊的"黄石"。借助这一结论，在对豫园现存的大假山进行细致分析和文献考证的基础上，可以发现其并不是成于明代万历时期的武康石山，而很可能是叠造于乾隆时期的黄石大假山。由此，从石门东园的武康石山脚到豫园的黄石大假山——晚明黄石假山的变革便不再仅仅是一个突然出现的独立事件，而得以处于一个向前向后不断延展的历史脉络之中。

同时，我们也应该注意到，自晚明之后，随着黄石假山的兴盛，有关武康石的文献记录却迅速减少乃至销声匿迹，这是否意味着武康石作为一种历史悠久的园林用石的逐渐衰退呢？其背后又是否包含着更深层次的园林观念的转变？这些问题均值得更进一步的研究。

参考文献

[1] （明）计成著；陈植注释.园冶注释[M].2版.北京：中国建筑工业出版社，1988：237.

[2] （宋）杜绾著.云林石谱[M]//钦定四库全书.子部.序.

[3] 浙江省文物考古研究所编.浙江考古新纪元[M].北京：科学出版社，2009：241-242.

[4] （明）陆深.春风堂随笔[M].钦定四库全书.子部.

[5] 陈从周，蒋启霆选编，园综（上册）[M].上海：同济大学出版社，2011：140.

[6] （明）林有麟著.素园石谱[M].杭州：浙江人民美术出版社，2013.

[7] 周向频，吴怡静.晚明江南造园中黄石叠山的兴起及其原因探析[J].中国园林，2020（11）.

[8] 陈从周.明代上海的三个叠山家和他们的作品[J].文物，1961（7）.

[9] 段建强.翳然林水与平冈小陂：豫园与寄畅园掇山比较研究风景园林，2018（11）：29-32.

[10] 周向频，吴怡婧.晚明江南造园中黄石叠山的兴起及其原因探析[J].中国园林，

2020，36（11）：40-44.

[11] 陈从周，蒋启霆选编.园综（下册）[M].上海：同济大学出版社，2011：1-2.

[12] 王世贞.弇州山人续稿[M].卷之六十三.

[13] 同[11].

[14] （嘉庆）松江府志[G].

[15] 同[11]：4-7.

[16] （明）计成著.陈植注释.园冶注释[M].2版.北京：中国建筑工业出版社，1988：223.

[17] 邵星宇.计成园林理论与实践中的"荆关画意"[J].建筑学报，2020（07）：91-98.

"历时性－共时性"视角下桂林传统山水园林遗产价值构成认知

卢天佑　冀晶娟　傅潇琳

国家社会科学基金项目（编号：21XSH018）；广西哲学社会科学规划研究课题（批准号：21FMZ039）；广西旅游产业研究院 2022 年度研究生科学研究基金项目（编号：LYCYX2022-3）。

卢天佑，桂林理工大学旅游与风景园林学院、广西旅游产业研究院在读硕士研究生。邮箱：2710336462@qq.com。

冀晶娟（通讯作者），桂林理工大学土木与建筑工程学院副教授、硕士研究生导师，博士。邮箱：jijingjuan@126.com。

傅潇琳，桂林理工大学土木与建筑工程学院在读硕士研究生。邮箱：1812525833@qq.com。

摘要：桂林山水园林是在地文化与独特的山水环境相互作用呈现的文化遗产。目前，关于桂林传统山水园林的研究多集中于个案解析、同一时代背景下的园林特征解读，不利于全面、完整认识其价值构成。基于"共时性－历时性"理论，利用古籍分析、现场踏勘等方法，对桂林传统山水园林遗产价值的层积过程与具体构成进行探究。从历时性角度将桂林传统山水园林的历史变迁划分为孕育期、萌芽生成期、全盛期、成熟期四个阶段，阐述了遗产价值构成的层积过程特点；从共时性角度揭示了桂林传统山水园林遗产价值构成，具体表现在标胜凝秀的风景标识、雅俗同赏的公共空间、四围寻胜的景观集称、地方精神文化的载体四个方面。该研究对桂林山水园林遗产价值构成形成创新性认知，为其未来的保护与利用提供了参考依据。

关键词：文化遗产；山水园林；共时性；历时性；桂林

　　桂林是典型的喀斯特地貌，素以"山水甲天下"著称，纵观历史长河，造园家充分利用喀斯特地区之优势，依托真山真水展开园林实践，历代众多园林充分吸收了地方山水之特色，形成别具一格的"桂林山水园林"。桂林山水园林是在地文化与独特的山水地理环境相互作用而呈现的文化遗产，经过历史沉淀与岁月洗礼，展现出独特的地域文化和人文内涵，具有较高的历史、文化和学术价值。

　　桂林传统山水园林（下文也称桂林山水园林）作为自然与文化双重遗产，强调人与自然之间的相互作用，这种作用是动态的，促使桂林山水园林在历史长河中持续演进。在这一演进过程中存在着文化层积和价值层积[1]，因此，对桂林山水园林的价值构成可从"共时性－历时性"维度进行研究。"历时性"与"共时性"是瑞士语言学家菲尔迪南·德·索绪尔（Ferdinand de Saussure）提出的研究语言系统性的方法[2]。其中，将"历时性"解释为"联系各个不为同一集体意识所感觉到的连续的成分之间的关系"，将"共时性"解释为"联系各同时存在并且构成系统的成分之间的逻辑和心理的关系"，事实上，就是对纵向的时间变化与横向的时间切片内部的相对研究[3]。历时性与共时性概念已被引入文化遗产研究领域，如曹永茂提出基于历时性和共时性分析的历史城镇保护方法[4]；肖竞将历史城镇的景观对象视为承载城镇发展演进过程内在价值信息的"文本"进行解析，并提出顺应城镇景观"层积叙事"规律的"有机保护"策略[5]；汪耀龙以台湾板桥林家花园为研究对象，提出古典园林的研究应当用发展的、历时性的眼光看待研究对象[6]。本研究基于历时性维度，采用时间分段的研究方法，形成对桂林山水园林动态发展的全过程描述和研究；同时基于共时性维度，将时间的干预进行排除，对桂林山水园林遗产价值构成进行"切片式"挖掘与识别。历时性与共时性辩证结合，有助于更好认知桂林山水园林遗产价值构成，为其未来的保护与利用提供参考依据。

一、桂林传统山水园林概况

　　桂林传统山水园林广义上指清代以前（含清代）地处桂林地域范

围内园林的总称，狭义上指桂林老城核心区——以独秀峰为中心，东到七星山、西到西山、北至虞山、南至南溪山范围内的园林，同时包括雁山园。由于历史、文化、经济等因素影响，桂林地区的传统造园活动主要集中于桂林老城核心区，该范围内的园林类型齐全、数量繁多、分布密集，充分体现了桂林山水园林的发展脉络与地域特征。此外，雁山园被誉为"岭南第一名园"，无论是拾山掇水、植物配植还是建筑营构，均展现出较高研究价值。因此这些传统园林是当前学界的主要研究对象。从类型构成来看，桂林传统山水园林主要包括公共园林、寺观园林、王府园林、私家园林四大类型。

二、桂林传统山水园林研究现状述评

桂林传统山水园林的研究以2020年作为分界线：2020年之前的文献以典型园林以及不同时代背景下的园林研究为主，2020年之后开始出现较为系统的园林史研究。其中，以典型园林为例的研究占据多数，即针对园林个案，从现状、历史或造景艺术等方面展开论述，其

中以雁山园为显。陆琦的《岭南私家园林》[7]及张瑜的《桂林雁山园——岭南历史文化名园》[8]二书，对该园的景观环境、历史变迁、造园特色与现状情况进行了系统分析；罗超钢等通过历史考察、文献研究等方式提出雁山园的修复构想，并绘制了复原构想图[9]；孟妍君基于考古、口述和文献记述，考证雁山园建园时间[10]，又于另一文中分析其造园美学思想[11]；徐燕玲等通过实地调查，了解雁山园现状园林植物构成，并分析其植物造景模式[12]；甘婉榕等也通过实地调研，分析雁山园的植物景观现状与造景特点，并提出了优化策略[13]。此外，罗冬华[14]、马福祺[15]、唐义[16]等人分析了雁山园的造园艺术。基于不同时代背景下的园林方面研究，刘寿保论述了唐、宋两代园林的开发情况及其时代特征[17-18]；周长山的《广西通史》唐、宋两卷，分别介绍了唐、宋两代寓桂官员的园林建设活动[19]；周开保梳理了唐、宋、明、清各代园林建设情况[20]；雷丙泽探究了宋时期不同类型园林的建设特征[21]。另外，在整体性园林史研究方面，郑文俊探究了唐至清代桂林山水园林的审美历程[22]与形塑过程[23]。

以上成果为本研究的开展奠定了良好基础。但目前既有研究多集中于个案解析、同一时代背景下的园林特征解读，不利于全面、完整认识桂林山水园林价值构成，因此，有必要基于"历时性–共时性"理论，在广度和深度上对桂林山水园林遗产价值的层积与构成进行进一步挖掘。

三、桂林传统山水园林遗产价值层积过程与构成认知

1. 历时性：园林遗产价值层积过程

从历时性维度来看，桂林山水园林历经了秦汉至魏晋南北朝的漫长孕育时期，成型于唐代，兴盛于宋元，成熟于明清。按照历史发展顺序，综合考虑历代社会经济发展水平与文化背景，以及园林数量与规模等，将桂林山水园林的营建过程划分为4个阶段（表1）：孕育期、萌芽生成期、全盛期、成熟期。每个阶段的发展态势、园林特征、园林类型均有差异，折射出桂林山水园林历时变迁及价值层积。

1）孕育期——秦汉至魏晋南北朝

桂林山水园林同中国古典园林

桂林山水园林发展分期及其特征   表1

发展阶段	发展态势	园林特征	园林类型
孕育期 （秦汉至魏晋南朝）	秦汉至魏晋南北朝为孕育时期；南朝颜延之开启了吟咏桂林山水的先河，桂林山水迎来文人之赏会，为山水园林的发展奠定了基础	未经人工开发或开发程度较低，以原始山水形态为观赏对象	尚未产生
萌芽生成期 （唐代）	逍遥楼从军事角楼发展为公共游赏空间，可视为公共园林雏形；唐中期来桂官员展开了真正意义上的园林实践，寺观园林开始出现	"人化自然"的艺术追求，妆点自然，具备完整的造园思路	公共园林、寺观园林
全盛期 （宋元）	宋代迎来建设高潮，公共园林的建设成就突出。园林数量与审美意识较之唐代产生巨大跨越；元代，吕思诚提出"桂林八景"，凝练了桂林山水之精华	人工美、技术美开始凸显，造园艺术成绩走向高峰	公共园林、寺观园林
成熟期 （明清）	明代王府园林的出现，是对园林类型的重要补充；清代以后私家园林集中发展，促成桂林山水园林走向成熟	形成地方园林风格，极富山水意趣和意境之美	公共园林、寺观园林、王府园林、私家园林

注：作者参考了《广西通志》《临桂县志》《桂林石刻》等地方历史文献。

的历史进程相比较而言，历经了更为漫长的孕育时期。桂林地处南疆、远离中原，秦朝以后才被纳入中央的政治管辖范围，汉元鼎六年（公元前 111 年）初创始安县，逐步上升为桂东北的政治、经济、文化和军事中心[24]，此后朝廷不断派遣文人官员南来治桂，桂林山水逐渐进入人的视野。南朝颜延之任始安太守时，以"未若独秀者，峨峨郭邑间"的吟唱使桂林山水的美名远扬[25]，文人墨客慕名而来，他们游历于灵山秀水之间，抒情散怀，进一步传扬了桂林山水之美，为后续山水园林发展奠定了基础。

2）萌芽生成期——唐代

唐代是桂林山水园林从萌芽至成型的重要时期，公共园林与寺观园林构成这一时期两大主流园林类型。唐初，李靖基于军事目的营建的逍遥楼，可视为公共园林雏形。逍遥楼形制华丽、造型独特，"轩楹重叠"，加之具备临近漓江之地利优势，"俯视山川"，展现出"景"与"观"双重价值，伴随游赏活动炽盛，逍遥楼的军事价值逐渐减弱，游赏价值趋于上升，成为承载人们登临游赏的园林空间，但此时仅限于文人之幽赏。宋之问作有《登道遥楼诗》《桂州陪王都督晦日宴逍遥楼诗》，提及其多次登临逍遥楼之游赏经历。

唐中期后，一批来桂官员开始择城郊山水风景优美之地，开路筑亭、疏泉引水，体现出完整的造园意识，促使桂林山水园林得以成型。如裴行立择城东二里形胜之地——訾洲岛，营建訾家洲亭，柳宗元《桂州裴中丞作訾家洲亭记》记录了裴行立的造园过程。其一是相地择址，"观望悠长，棹前之遗"。其二是清

理场地、移除杂木，"伐恶木，刜奥草，前指后画"。其三是审美地布置亭阁、种植花木，"经工庀材，考极相方，南为燕亭，延宇垂阿，周若一舍"。体现出裴行立完整的园林建设思路。李渤开发隐山时则与助手边考察边商议，而后确定造园思路。隐山的园林中，修栈道、筑亭阁、种花木、引泉水均有涉及，吴武陵《新开隐山记》对此进行详细记载，反映出李渤同样具备自己的造园理念。更值得一提的是，元晦营建四望山销忧亭，不仅具备完整的造园思路，更体现出文人情感对园林的渗透。"山名四望，故亭为销忧"，引用东汉王粲《登楼赋》诗句为园林命名，元晦借用诗句"寄情"于园林，加深了园林的文化内涵。此外，随着宗教在桂林地区盛行，僧人、道士同样择山水风景优美之地修建寺庙道观，直接促进了周边环境的园林化建设，催生了寺观园林这一类型，著名的有栖霞寺、东观、舜祠等。

3）全盛期——宋元

宋代，桂林地区迎来第一次园林建设高峰。《临桂县志》记载的宋时亭台楼宇和寺庙，远超唐代十数倍[26]，足见园林发展盛况。其中，公共园林建设之风尤盛，借桂林环城水系形成之机，文人造园家沿水系兴建了大量亭台楼阁。范成大于漓江西岸伏波山建设癸水亭、所思亭，于漓江东岸七星山建骖鸾亭、碧虚亭；张维围绕西湖建瀛洲亭、怀归亭、相清阁；程节则以八角塘为核心建熙春台、知鱼阁、待月楼、望春亭。"山得水而活，水因山而媚"，园林亦然，水体的加持，使得园林更富诗情画意。

宋人普遍具备极强的审美能力，

促成桂林山水园林造园艺术成就走向高峰。如吴及在伏波山营建蒙亭，李师中《蒙亭记》记载，"桂林山水天下之胜处，兹山水又称其尤，而在城一隅，荒秽不治，而无人知者"，桂林山水乃天下胜处，伏波岩尤绝，吴及发掘其于荒榛，并在此岩基础上点缀蒙亭，园林大观毕现，"斯亭之成，景物来会。江山之胜，相与无际。凫鹭在水，或在于浮。中洲蒲莲，迤逦静深"，蒙亭之介入使得伏波岩及其周边景观价值凸显，与山水形胜共同构成一处胜境。元代，吕思诚提出桂林八景——西峰夕照、桂岭晴岚、东渡春澜、訾洲烟雨等，高度凝练了桂林山水之精华，在一定程度上推动"写意"园林创作手法形成。

4）成熟期——明清

明代桂林地区开始出现王府园林，明代靖江王藩镇桂林，以独秀峰和月牙池为核心营造园林，王府园林是对桂林山水园林类型的重要补充。《靖江府图》云："亭有清樾、喜阳、拱秀、望江，台有凌虚，馆有中和"，足见王府园林飞楼舞阁之景观风貌（图1）。此外，张鸣凤在《桂胜·桂故》[27]中描述："朱邸四达，周垣重绕，苍翠所及，皆禁御间地"，反映出王府园林专供王公贵族享用，具有一定的内向性和封闭性。

清代是桂林私家园林集中发展的时期，这一时期形成了独特的地方造园风格，推动桂林山水园林走向成熟。清代桂林文风兴盛，优秀文人造园家不断涌现，其中不乏本土文士，普遍具备较高的文化内涵，他们直接介入造园全程，为园林平添了深远的文化意境，也促进了园林本土风格形成。加之造园理论与

造园技艺成熟，推动园林艺术成就走向巅峰。其中雁山园便是典型代表。乡绅唐岳诗书均擅，设计雁山园时邀请画家农代缙相助，他们充分利用真山真水的自然条件，依乎山形水势修建了涵通楼、澄砚阁、碧云湖舫、回廊等建筑，楼阁高低错落、曲径通幽，再配植以花木，整座园林极富山水意趣和意境之美，代表着桂林山水园林的最高艺术成就。清末以后，桂林地区的造园活动走向衰落。

2. 共时性：园林遗产价值构成认知

从共时性维度来看，桂林山水园林的遗产价值由多方面构成，具体可归纳为以下四个部分：标胜凝秀的风景标识、雅俗同赏的公共空间、四围寻胜的景观集称、地方精神文化的载体。

1）标胜凝秀的风景标识

桂林山水园林中有众多以亭、台、楼、阁等风景建筑为主体的类型。风景建筑多选址于山水风景佳处，兼具"标胜概"与"凝景致"之特点[28]。正如宋代郭熙所言，"山之人物以标道路，山之楼观以标胜概"，"君子之所以渴慕林泉者，正谓此佳处故也"[29]，这些都是在说山水间的风景建筑具有"观"与"被观"

的含义。如玄武阁，建于独秀峰之巅，被清代罗辰赞为"颠风拔地立，高翠击云上"[30]，既作为妙收城中景致的绝佳空间，又作为独秀峰之点缀以壮丽山势（图 2）。再如大空亭，建于风景佳地南溪山刘仙岩口，外形灵窈奇特且有极佳观景视野，"刘翁仙隐处，洞壑灵窈，岩石怪突洞口，岩半隙地如掌，可以揽掇云霞，吐纳曦魄"，大空亭充分结合岩口隙地，更凸显刘仙岩之奇，遂成"遗世独立"之景也。同时，该亭也可供世人旷揽一方之胜景（图3）。还有蒙亭、碧虚亭与癸水亭等皆乃城市山水格局中"壮观瞻""固神秀"之风景标识也[31]。

2）雅俗同赏的公共空间

唐代，园林游赏活动主要限于文人士大夫群体，至宋代，伴随游赏之风炽热，以及"平民化"社会到来，形成了"全民游赏"之风尚，此时园林已然不再仅仅是满足少数名士雅趣的场所，也是居民日常生活空间的组成部分，演化为"雅俗同赏"的公共空间，这反映出桂林山水园林的公共性特征自古有之。从众多园记文献来看，关于"雅俗同赏"的例子比比皆是。李师中《蒙亭记》有记："自公多暇，来燕来临。同民之乐，而无醉饱之心"，说明修

建蒙亭并非是满足一己之私，实有与民同赏之意。黄邦彦《重修蒙亭记》："冠盖追飞，士女笑嬉，马嘶林间，人息木阴，清歌激越，碧天云凝，鼓吹间作，山谷响答"，记载了官民同赏之景象。再如程节所营建的八桂堂亦是"雅俗同赏"的最佳解释，李彦弼《八桂堂记》有云："公之辟圃也，敞扉通途，无隔塞之禁，而不忍擅一身之私，此后同其乐也。"在历史语境下，桂林山水园林作为"雅俗同赏"的公共空间，对提高市民生活品质、引导城市生活风尚、促进城市文化和市民交流起到了推动作用[32]。

3）四围寻胜的景观集称

城市"八景"作为一种景观集称文化现象[33]，是邑人通过考察城市四境山水，而后对特色风景空间所作的归纳。桂林八景作为桂林山水园林重要组成部分，是古人对地方文化与桂林独特城市山水环境耦合关系的良好概括。有元一代，吕思诚来桂任职期间，他惊异于桂林的灵山秀水，在宋迪"潇湘八景"启发下，创造性提出桂林八景——訾洲烟雨、桂岭晴岚、东渡春澜、西峰夕照、尧山冬雪、舜洞熏风、青碧上方和栖霞真境，同时作有八景组诗，高度凝练了桂林城市山水

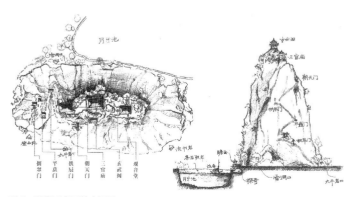

图1 明代王府园林布局图
图片来源：作者引自参考文献 [30]

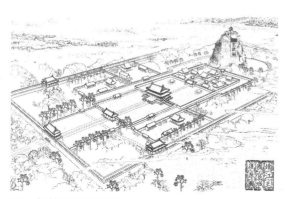

图2 玄武阁与山水环境关系
图片来源：作者改绘自参考文献 [30]

图 3　大空亭与山水关系
图片来源：作者改绘自参考文献 [30]

风景之精华，此乃后世所说"桂林老八景"。清光绪年间，"八景"文化繁荣兴盛，桂林本土文士朱树德效仿前人，在"老八景"基础之上提出"新八景"（图 4）——叠彩和风、壶山赤霞、南溪新霁、北岫紫岚、五岭夏云、阳江秋月、榕城古荫和独秀奇峰，对桂林山水之特色进一步凝练与升华。无论"老八景"抑或"新八景"，皆为桂林山水文化的重要组成部分，构成了桂林独特的山水审美内涵。从现实意义来看，桂林"八景"不仅在古时作为培育地方集体意识和地方认同感的途径之一，对于当代桂林历史文化名城的形成也起到积极推动作用。

4）地方精神文化的载体

自唐以来，国家对粤西地区的政治把控和文治教化政策开始同步进行，桂林迎来大批中原文人入驻，他们在政成之余修建园林以雅集，园林作为文人士大夫寄情山水、和诗交友之所在，也是他们创作灵感的源泉，因此桂林山水园林承载了丰富的名篇佳作。如裴行立在訾洲岛修建的园林，作为时人结社聚会、切磋诗艺、联结社会交往的重要去处，无数文人在此留下佳作。如柳宗元的《訾家洲亭记》："今是亭之胜，甲于天下"，成为描写訾家洲园林的千古名句。陆宏休亦围绕訾洲园林作有《訾家洲诗》。围绕其他园林而作的诗词更是数不胜数。园林成就了文人士大夫的才情，成为记录名篇佳作的文化载体。宋以后，文人士大夫惯以使园林与先贤事迹关联，以达到彰显礼乐制度、教化地方子民、提振城市人文意境之目的，促使园林成为桂林城中的"文化核心"。如诸葛武侯亭便是为昭彰诸葛亮圣贤事迹而建，后人多围绕此进行吟诵经营，以强化此意境氛围。再如南薰亭、怡云亭、闻韶亭、双忠亭等，皆致力于对具有治教意义的圣贤名士德行进行传承与弘扬，

叠彩和风　　　　　壶山赤霞　　　　　南溪新霁　　　　　北岫紫岚

五岭夏云　　　　　阳江秋月　　　　　榕城古荫　　　　　独秀奇峰

图 4　桂林新八景
图片来源：作者引自参考文献 [30]

因此这些园林也得以成为桂林城中的一处处精神萌发地与记忆地。

四、结语

桂林作为首批国家历史文化名城，不仅拥有甲天下的自然山水，同时拥有丰富多样的文化遗产。桂林山水园林便是在地文化与独特的山水地理环境相互作用而呈现的文化遗产。从历时性维度来看，桂林山水园林历经了秦至魏晋南北朝的漫长孕育时期，成型于唐代，兴盛于宋元，成熟于明清，与之对应，其遗产价值构成存在着一个持续的层积过程。从共时性维度来看，桂林山水园林的遗产价值由多方面构成，具体可归纳为以下四个部分：其一，作为桂林山水之"眉目"，其兼具"点景"与"观景"双重功能，可谓"标胜凝秀"的风景标识；其二，作为桂林城中"雅俗同赏"的公共空间，其不仅是满足少数名士雅趣的场所，也是居民日常生活空间的组成部分；其三，作为极具地域特色的"八景"文化集称，其构成了桂林独特的山水审美内涵，同时对历史文化名城的形成起到推动作用；其四，作为古代文人士大夫和诗雅集与施以教化的载体，其不仅记录了丰富的山水文学，还蕴含了儒家思想体系下的仁义礼智精神内涵。基于"历时性－共时性"分析过程，桂林传统山水园林作为文化遗产的价值逐渐被挖掘，而这一过程也将对桂林山水园林的保护与利用产生积极影响，同时对于桂林建设世界级旅游城市具有推动作用。

参考文献

[1] 傅凡，姜佳莉，李春青. 文化景观的共时性与历时性——对香山遗产价值构成多维度认知 [J]. 中国园林，2020，36（10）：18-22.

[2] 费尔迪南·德·索绪尔. 普通语言学教程 [M]. 高名凯译. 北京：商务印书馆，1980：132.

[3] 崔柳，李雄. 共时性、历时性时空观于风景园林学设计研究的启示 [J]. 中国园林，2014，30（09）：63-66.

[4] 曹永茂，李和平. 历史城镇保护中的历时性与共时性——"城市历史景观"的启示与思考 [J]. 城市发展研究，2019，26（10）：13-20.

[5] 肖竞，曹珂. 基于景观"叙事语法"与"层积机制"的历史城镇保护方法研究 [J]. 中国园林，2016，32（06）：20-26.

[6] 汪耀龙，李奕成. 中国古典园林的历时性问题——以台湾板桥林家花园修建过程为例 [J]. 福建建筑，2018（07）：43-46.

[7] 陆琦著. 岭南私家园林 [M]. 北京：清华大学出版社，2013.

[8] 张瑜主编. 桂林雁山园——岭南历史文化名园 [M]. 桂林：广西师范大学出版社，2017.

[9] 罗超钢，刘业. 关于岭南名园——雁山园的研究与修复构想 [J]. 广东园林，2007（01）：6-11.

[10] 孟妍君，秦鹏，秦春林. 岭南名园——桂林雁山园造园史略 [J]. 广东园林，2011，33（04）：12-16.

[11] 孟妍君，秦鹏. 桂林市雁山园造园美学思想 [J]. 安徽农业科学，2010，38（27）：15270-15272.

[12] 徐燕玲，张燕，黄莹. 桂林市雁山园植物造景艺术探析 [J]. 南方园艺，2020，31（01）：23-30.

[13] 甘婉蓉，韦晓娟. 桂林雁山园植物造景分析 [J]. 现代园艺，2017（02）：91-93.

[14] 罗冬华，王明悦. 从《园冶》看雁山园的造园 [J]. 中外建筑，2020（09）：61-62.

[15] 马福祺，沈玖. 桂林雁山别墅的造园艺术 [J]. 中国园林，1997（01）：4-6.

[16] 唐义，郑文俊. 桂林雁山园造园艺术解析 [J]. 南方园艺，2009，20（03）：43-44.

[17] 刘寿保. 唐代桂林山水园林史论 [J]. 社会科学家，1991（3）：70-76.

[18] 刘寿保. 宋代桂林山水园林景观论 [J]. 社会科学家，1992（03）：88-92.

[19] 钟文典，周长山主编. 广西通史 [M]. 桂林：广西师范大学出版社，2018.

[20] 周开保著. 桂学文库 桂林古建筑研究 [M]. 桂林：广西师范大学出版社，2015.

[21] 雷丙泽，龙良初. 宋代桂林风景营建与发展研究 [J]. 住宅科技，2019，39（12）：66-70.

[22] 吴曼妮，郑文俊，胡露瑶，王荣. 风景的人文化进程——桂林山水园林审美历程之解读 [J]. 中国园林，2020，36（03）：50-54.

[23] 郑文俊，吴曼妮，刘宗林，巫柳兰. 时空视野下桂林山水园林形塑过程与机理 [J]. 风景园林，2020，27（11）：29-34.

[24] 钱宗范. 秦汉统一岭南和桂林建城年代研究 [J]. 社会科学家，1999（06）：65-69.

[25] 梁晗昱. 论古代桂林山水诗的从产生、发展及其流变 [D]. 南宁：广西大学，2013.

[26] 曾度洪著. 桂林简史 [M]. 南宁：广西人民出版社，1984.

[27] （明）张鸣凤著. 桂胜·桂故 [M]. 桂林：广西师范大学出版社，2017.

[28] 王树声，张瑶，李小龙. 凝秀：一种妙收山水精粹而升华城市境界的规划方式 [J]. 城市规划，2018，42（08）：65-66.

[29] （宋）郭熙. 林泉高致 [M]. 北京：中华书局，2010.

[30] 林哲. 历史图影中桂林城市景观与建筑 [M]. 北京：金城出版社，2015.

[31] 王树声，李小龙，蒋苑. 四望：一种自然山水环境的体察寻胜方式 [J]. 城市规划，2017，41（05）：125-126.

[32] 罗华莉. 中国古代公共性园林的历史探析 [J]. 北京林业大学学报（社会科学版），2015，14（02）：8-12.

[33] 彭孟宏，唐孝祥. "松塘小八景"的审美特性分析 [J]. 风景园林，2017（06）：105-111.

登山入室——明清江南私家园林亭台楼阁和假山的营造关联

杨莞阗

杨莞阗，东南大学建筑学院博士研究生在读。邮箱：540693739@qq.com。

摘要：中国传统园林营造假山的历史由来已久，假山的营造手法也一直备受关注。然而，在占地面积有限的私家园林中，假山如何与园林建筑紧密地结合则需要进一步研究。通过假山引导游人进入建筑，即"登山入室"，假山作为登临建筑的台阶，为园林的游赏提供了丰富多样的路径，也为园林的营造在"自然"和"人工"之间取得了平衡和过渡。研究通过园林史和实例研究，再探"登山入室"的营造特征和意义。

关键词：园林营造；假山；营造手法；明清江南私家园林

中国传统园林向来以"虽为人作，宛自天开"为追求，这一点在当代的园林研究中形成一定共识。为创造园林的自然氛围，通过叠石的手法塑造自然之"山"是长盛不衰的主题，叠石假山也成为古往今来园林构成中必不可少的部分。宋时郭熙论及山水画时曾言"山水有可行者、有可望者，不如有可游者、有可居者"，意思是观看山水不如在山水中游赏。假山叠石是园林叠山的营造手段，不仅作为园林成景的重要构筑，其本身的游览也成为园林动态体验的一部分。

假山叠石在江南明清园林里常作为建筑物的基座，园林中的假山和建筑似乎构成了一种更紧密的关联，如假山作为建筑的基座，顾凯

等学者也指出"亭踞山巅"在明清时期的造园风潮里是极为常见的现象①。素来被认为是园林营造经验的集成专著《园冶》也提及了假山和特定建筑类型的关联。计成所著《园冶》写道："阁皆四敞也，宜于山侧，坦而可上，便以登眺，何必梯之。"《园冶·装折》中写道："亭台影罅，楼阁虚邻。绝处犹开，低方忽上，楼梯仅乎室侧，台级藉矣山阿。"②《园冶》作为一本理论性的造园指南，阐述的内容在明清江南私家园林里有大量的存留，足以证明这种假山和建筑之间的营造关联已形成某种约定俗成的做法。这种营造上的关联在具体的园林实例里有着丰富的体现，值得进一步探讨营造的特征和意义。

一、历史追溯：叠山与登山

园林人造山追求天然的意象古已有之。东汉的梁冀园内土山被形容为"深林绝涧，有若自然"。魏晋南北朝时期已经出现人造景山，北魏张伦宅园里造有一座景阳山，山中有岩岭、洞壑、石路、涧道等。谢安的郊野别墅也在土山营墅，楼馆竹林甚盛。唐代的私家园林王维的辋川别业，择址于环境清幽的场所，利用山水之胜，加以点缀亭、馆、室庐等建筑，营造山居的意境。园记的记叙表明，无论是选择山林地的环境，还是人造景山，在山中居游，登山游山的体验对于园林的塑造起着极其重要的作用。

明代以来造园之风更胜，存留

① 顾凯 . 中国传统园林中"亭踞山巅"的再认识：作用、文化与观念变迁 [J]. 中国园林，2016，32（07）：78-83.
② （明）计成著；陈植注释 . 园冶注释 [M]. 北京：中国建筑工业出版社，1981.

于世的园记实多。这里引用两个晚明著名私园的案例。其一是祁彪佳营建的寓山园，这是晚明绍兴地区一座著名的山地园林。寓山，位于绍兴城西南二十里处，是祁彪佳家宅旁的一座小丘。崇祯八年（1635年），祁彪佳以寓山为址谋划园林布局开始付诸实践。园林分期营造，在第一年内祁彪佳沿着山麓着力建造榭、亭、阁，直至"山之顶址镂刻殆尽"。从布局上看，名为"远阁"的楼阁建筑以山顶的最高处为基座，占据了较高的地势，同时亦有2层的建筑结构。楼阁以宜于望远而得名，"阁以远名，非第因目力之所及也。盖吾阁可以尽越中诸山水。而合诸山水不足以尽吾阁，则吾之阁始尊而距于园之上"[1]。从地形上看，远阁始终位于园内的制高点，是相当重要的一座建筑物。与此同时，远阁真正的作用在于其能够凭高望远，站在阁之上，放眼望去即是江山万物，视野极其开阔。远阁望远也并具有了深厚的文化和精神意义。寓园之远阁从选址到建造，正是和《园冶》中描写的"山楼凭远，纵目皆然"的形象极为接近。

另一个案例是王世贞的弇山园，这是晚明时期极负盛名的私家园林，以园中三座体格巨大而"巨丽"的假山闻名。园名"弇山"，借用弇州和弇山的历史典故，意在营造传说中的"仙山琼宇"之境。园内以"一池三山"的山水格局为园林骨架，由此可见山之于园林的主体性

和重要性。其中值得注意的是，三座假山之上均坐落着数座建筑，这意味着若要登临建筑，须得经历一段登山体验。这其中，中弇是第一座完成的假山，位于全园中心位置，形成中部的主体景观。山上建有一座"壶公楼"，楼前、西壁均以峰石相绕，在楼处不仅可观两傍的西弇、东弇山景，从楼的北面开窗还可极目远眺，"启北窗呀然，忽一入间世矣。涟漪泱莽，与天下上，朱栱鳞比，文窗绮楼，极目无际"。中弇与西弇之间以水相隔。依据王世贞《弇山园记》中的描写，"西弇"为最高山，山上置有多组奇石，并且营造出洞、岭、涧、崖等丰富奇特的山形。"缥缈楼"则置于石洞之上，楼傍叠石形成石壁悬崖，楼前设有平地，楼的西侧又建一座"大观台"："入洞，屋其上，则缥缈楼也……右折梯木而上，忽眼境豁然，盖缥缈楼之前广除……启西户，更上三级得台，下木上石，环以朱栏……名之曰大观台"[2]。这段描写极其生动地再现了游人在山岭之中穿梭、攀爬而上又顺势而下的登山体验，既包含着一段完整的连续的游山过程，也在其中借由山上建筑的停驻之处，遇见意外的景色，获得突变的心理感受。然而值得一提的是，尽管园记极力描述一段类似穿游真山的经历，弇山园所营造的假山和真实山林仍不可比量。这点园主人是自知的，他写道"尺鷃逍遥，不自知其非九万也"[3]，自知人工堆叠的假

山在尺度上完全不同于真山，然而经由精心的布局和营造，在山中的感受和体验可以产生一种"如游真山"的幻觉。

正如园林研究学者注意到，明代开始，追求动态的游观体验影响了造园[4]。"如游真山"作为动态游赏体验里的突出追求，也是园林营造极其突出的造园特色。而这种动态体验的形成得益于园林精巧的布局，假山上置亭、台、楼、阁等建筑，增设一则停驻之所，作为空间体验的一处转换，为登山之径增添一"景"，由此丰富了游山的体验，因而共同参与形成了假山的布局。

二、明清江南私家园林的"登山入室"营造

这种登山体验在明清私家园林的实例中也极其常见。明清时期私家园林规模不一，多数占地面积较为有限。尽管如此，假山和建筑的关联营造并没有受限于用地的大小，实则有着丰富的类型。

1. 以假山为基的亭台楼阁

局部假山置石和亭子是在空间相对局促时的一种组合方式。例如网师园殿春簃庭院一角的"冷泉亭"，庭院占地面积不到一亩。冷泉亭位于庭院西，坐西朝东，亭子的平台落在一组平缓的假山之上。假山自庭院西北开始，逐渐高起。亭脚的假山较为低矮，亭子的地面相较庭

① （明）祁彪佳《寓山注》；陈从周，蒋启霆选编 . 园综（新版下）. 上海：同济大学出版社，2011：130.
② （明）王世贞 . 弇山园记 [M]// 陈从周，蒋启霆选编 . 园综（新版上）. 上海：同济大学出版社，2011：93.
③ 同上.
④ 顾凯 . 拟入画中行——晚明江南造园对山水游观体验的空间经营与画意追求 [J]. 新建筑，2016（06）：44-47.

院地面微微高起，通过两步假山的石阶方可登上冷泉亭。从亭的南侧出，又可以踏上假山，几级石阶勾连起向东延伸的假山。冷泉亭台基下方堆叠的局部假山，使得亭子仿佛以山为基座，亭与山构成一种"山亭"的意象。登亭先要踏上石阶，身体的行为则暗含了"登山入室"的空间经验。

明清时期的私家园林中的"爬山廊"则是另一类经典的营造方式，如苏州拙政园中部的爬山廊、苏州留园北侧的爬山廊、苏州沧浪亭中部的爬山廊等。廊子以假山为基座，随着山势的变化而起伏，曲折自然。爬山廊将廊这种极具变化的构筑与假山叠石巧妙地融为一体，形成建筑环山而筑的意味。而在廊中穿游竟也有一番攀爬山坡的感受。

还有一类极其特别的"山楼"，独立的假山石屋作为一座楼阁的基座，以苏州沧浪亭内的看山楼为突出代表。看山楼借由黄石假山构筑而成底层的"印心石屋"，山上再建两层楼阁。以假山为基座，楼阁伫立其上更显高峻；假山内部的石屋成为楼阁的一部分，由此楼、山融合成为一个整体。黄石叠成蜿蜒的石阶，顺其向上攀爬，则可以进入看山楼的平台，在此停驻，四周视野开阔，颇有一番近于登临山顶的体验。

2. 石梯与楼阁

明代文震亨所著的《长物志》有一段楼梯相关的描写："自三级以至十级，愈高愈古，须以文石剥成"[①]，

此言楼梯宜由文石叠成，更具古意。假山叠石而成的楼梯台阶，类似于文震亨认为适宜的台阶做法。这种"高"而"古"的楼梯，在江南私家园林的现存实例中多和楼阁关联，成为登楼的路径。

扬州的城市宅园可以说是极具特色的实例。扬州个园的抱山楼，西端紧连一座湖石假山，东端被一座黄石假山环绕。两座假山内各有一条山石云梯，抱山楼被两座云梯夹持，楼梯与楼阁形成一条连贯的道路，既实现了"登山入楼"，又可以"由楼登山"。又如扬州何园的读书楼，欲登读书楼，需步入北面假山下，先登三步蹬道，再向西折登十余步才可至楼二层的回廊上。蹬道右侧以墙为界，左侧则叠有较高的石峰，一方面供人扶壁，一方面又遮挡了大半的石道，使得人从假山外侧看去，石道隐藏不见，只有步至假山内时登之道方能展现在眼前。登楼还可以从船厅东部的假山中部，循着山径到达山巅上的亭子，再从亭处沿着蹬道一直向西，先下半层山再拾级登山直至楼上。

苏州留园内存有多处石梯登楼的营造方式。其一是明瑟楼旁的假山"一梯云"，即是通过局部山石云梯上楼的佳例。明瑟楼位于留园西部水池的南端，西面与涵碧山房相连。楼南面与院墙之间的空隙处叠有一座湖石小山，假山盘曲向上直至楼阁二层门前。明瑟楼的二层只能借由蹬道攀登。假山以蹬道和石峰的形式相组合，蹬道藏于石峰之

后，较为隐蔽。从明瑟楼的首层向南望去，此处局部环绕形成的石景才较为全面地展示在眼前。在微缩的天地营造局部的假山一角，营造出山地的氛围，可谓是十分灵活的布置。此种布局的考虑和计成在《园冶》中提及的"阁山"颇为接近。其二，曲溪楼和西楼是留园内另一组较为突出的楼阁建筑，曲溪楼坐东朝西，面向中部的水池，西楼则向东面向五峰仙馆后的庭院。庭院的南端，正对五峰仙馆的是一组体型较为完整的湖石假山。湖石假山内置有蹬道，盘旋而上的蹬道在西端与西楼东面的门扇相连。冠云楼在登楼布置上也有相似的处理，楼面东段有一段上升的假山。其三，冠云楼东稍间与东侧建筑所形成的角隅空间设置山石云梯，形成曲折的 S 形路径登临冠云楼二层。

明清江南私家园林"登山入室"的营造，将亭台楼阁以假山为基座进行统一考虑，或是顺应假山之势将楼梯与建筑接应，设计方式富有变通，营造方式不拘一格。

三、"登山入室"营造的意义

1. 静观与动赏

假山叠石一直被认作是园林成景的突出要素，亭台楼阁等园林构筑则是在园林中观景的佳所。在对园林叠山的历史回溯里，关于"如游真山"的追求昭然可见，假山之"游"是营造假山所关注的必要内容，而"登山入室"则为动态的游赏过

---

① （明）文震亨著. 长物志 [M]. 北京：商务印书馆，1936.

程创造停驻的空间和情境转换的场所。以往的园林史和园林营造研究，多关注园林视觉景象的营造和构建。而"登山入室"这一关于身体经验的空间特征，反映着园林假山和亭台楼阁等构筑更紧密的营造关联。营造设计的背后意味着动态的游观、身体的感知始终是理解中国传统园林的重要角度，从这个层面看，较为隐匿的"登山入室"的路径营造值得进一步探究。

2. 现实与造境

中国传统园林始终体现着身心体验和意相结合的关照，并落实在现实的营造之中。计成所谓"山楼凭远，纵目皆然"，字面意义指在山林地的天然环境下，楼阁凭山眺远，获得开阔的视野，感受旷远的意境。这既关乎营造手法，又指向写意的园林境界。

尽管明清江南私家园林多为城市宅园，缺少山林地的天然环境。

但是，通过假山和亭台楼阁的关联营造，创造"登山入室"的路径，借由身体的回转、攀爬，引起观赏者身体的介入，在狭小的空间里营造类似于山林地里的体验。"登山入室"的经验与园林现实之间存在的张力，实际造就了私家园林在应对不同环境时造园手法的多样变化，体现了造园师通过具体营造而造境的高超能力。这种营造手法和经验仍是当代造园实践中值得借鉴的内容。

参考文献

[1] （明）计成著；陈植注释.园冶注释 [M].北京：中国建筑工业出版社，1981.

[2] （明）文震亨著.长物志 [M].北京：商务印书馆，1936.

[3] 陈从周，蒋启霆选编.园综（新版）上 [M].上海：同济大学出版社，2011.

[4] 顾凯.拟入画中行——晚明江南造园对山水游观体验的空间经营与画意追求 [J].新建筑，2016（06）：44-47.

[5] 顾凯.中国传统园林中"亭踞山巅"的再认识：作用、文化与观念变迁 [J].中国园林，2016，32（07）：78-83.

[6] 童明.眼前有景：江南园林的视景营造 [J].时代建筑，2016（5）：56-66.

方位词中满族人居空间方位观念管窥

王思淇　王　飒

本文获得辽宁省教育厅科研项目（LJKZ0554）资助。

王思淇，沈阳建筑大学硕士研究生毕业，天津大学博士研究生在读。

王飒，沈阳建筑大学建筑与规划学院教授。邮箱：w_sa75@sjzu.edu.cn。

摘要：本文梳理了女真和满语中方位词的基本义和引申义，分析了满族空间观念中的身体方位和宇宙方位的文化观念；通过清代笔记文献分析了清代满族居住和祭祀中的尊崇方位，并通过语言解析展望了探讨游猎民族及清代宫廷人居文化的议题。

关键词：方位词；满族；人居空间；方位观念

方位词的语义包括基本义和引申义 [1]，既可以描述空间关系，也能够隐喻社会文化 [2]。综合方位词的基本义和引申义，可分析一个语言群体对空间方位的认知观念。以满语方位词作为研究视角，可对满族空间方位文化观念进行探究，丰富所谓"以西为尊，以南为大"的一般性的习俗描述。

一、女真语方位词中的空间观念

女真语是满语的前身，二者在语音与句法结构上大体相同，有60%~70% 词汇相似 [3]，满语方位词传承自女真语。根据《女真文辞典》[4]，总结女真语中的方位词词根、词汇和用法见表 1。

女真语方位词基本义中最明显的特征是词根 "dʒul–" 兼有 "前"和 "东"的含义，从而将人体方位

女真语方位词词根、词汇及用法

表 1

方位词	词根 [5]	词汇及用法
东	dʒul–（同前）	d□ul□□rg□ 东方（前方）；d□ul□gin 东京；d□ul–□Ĭ du-gu-mei 东巡
西	furi–	furi––□Ĭ 西；uli□furi□wo-on 西北路
南	fan–	fan–ti 南；uliti fanti 朔南
北	uli–	uli–ti 北；uli□gin 北京
前	d□ul–（同东）	d□ul□□rg□ 前方（东方）
后	amu–	amu–lu 后；huag amu–lugai 皇后
左	dzo–	（注：音同汉语"左"）dzo–dz□–（g）un 左右；dzo–□in–miŋgan 左申猛安
左	无	会同馆《女真译语》之"通用门"中记载"左"也为"hai-su" [4]，其用法如：hai-su□rg□ 左方（注：词根"hai–"并无"左"意）
右	无	d□□–un 右（注：词根"d□□–"并无"右"意）
上	w□（o）–	（兼有"高"和"陛"的语义）w□–□Ĭ 上；w□–□Ĭ gin 上京；w□–du-gien 隆起之隆,高也；o–□Ĭ-buru 陛；o–□Ĭ-buru m□r-h□ 陛赏；w□–gi d□ a-ha 上甲
中	duli–	duli–la 中；duli–la guru-un ni 中国、中国的；duli–in gi d□ a-ha 中甲
中	无	中的用法还有：d□u–uŋ–du 中都；d□–uŋ–gin 中京（注：词根"d□u–"并无"中"意，按 d□u-uŋ 的发音，此应为汉语"中"的音译）

续表

方位词	词根[5]	词汇及用法
下	f□-	f□-d□Ǐ-l□下（同"低"，应由"低"的含义引申而来）
	f□d□Ǐ-	f□d□Ǐ-gi d□a-ha 下甲；f□d□Ǐ-si nialma 部下（注：nialma 意为"人"，下同）（f□d□Ǐ- 有单独的女真文，故独立于 f□-）
内	无	do-lo 内（注：词根"do-"并无"内"意）
外	turi-	turi-l□外；turi-l□ nialma 夷人

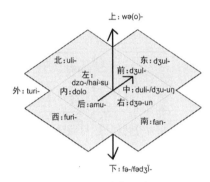

图1　女真语方位词基本义空间图解
图片来源：作者自绘

的主朝向和宇宙方位的"东"重合（图1）。"上—中—下"的用法可引申出明显的等级性："上甲"（wə-gi dʒa-ha）、"中甲"（duli-in gi dʒa-ha）、"下甲"（fədʒǏ-gi dʒa-ha）是金朝科举制度中的榜次等级[6]；"上"[wə（o）-]又可代指位高权重的皇帝，表现出"上"的等级之高；"部下"（fədʒǏ-si nialma）直译作"下面"（fədʒǏ-）的人，"下"相对于"上"表现出较低的等级性。"夷人"（turi-lə nialma）按女真语直译为"外

面的人"，是以"外"引申出心理认同上的"国别之外"。但因"夷"本身具有贬义，所以"外"相对于"内"在观念上的等级较低。

二、满语方位词基本义中的空间观念

根据《新满汉大词典》[7]，总结满语中的方位词词根、词汇和用法如表2。

同女真语相比，满语最大的方

满语方位词词根、词汇及用法　　　　　　　　　　　　　　　　　表2

方位词	词根[5]	词汇、词组及用法
东兼上、高	de-	dergi：1.上，上面；2.等级高；3.次序在前面；4.东，东面；5.那边；6.高明；7.皇上，皇帝；8.封谥用语：高。dergi abka，上天，昊天；dergi elhe be baiha，给皇上请安；taizu dergi huuwangdi，太祖高皇帝。 dele：1.上面，上头；2.在……之后；3.皇帝，皇上；4.高贵，宝贵。dele hargashambi，陛见（大臣进京面圣）。 wesihun[5]：上，往上，高；兴盛，繁盛；贵，尊贵；东；以上。wesihun tembi 往上坐；wesihun cholo 尊号；wesihun dasan i deyen 崇政殿。 wesimbi：（往高处）上、升；升级，升任；成功，兴盛；涨价
东	无	shun dekdere ergi 东方
西兼下	wa-	wargi：西。wargi elhe duka，西安门。 wala：下首、末。wala tembi 坐在下首。 wasihuun：1.往下，以下；2.往下游；3.往西。wasihuun forombi 向西；wasihuun yabumbi 顺流而行。 wasimbi：从高处下，降落，降价；消瘦，衰败，衰退
西	无	shun dosire ergi 西方；shun tuhere ergi 西方
南兼前	zhule-	zhulergi：1.前，前方；2.以前；3.南方；4.上（编），前（编）。Zhulergi ba 南方；zhulergi meyen 前哨。 zhuleri：前，前边的。zhuleri yabumbi 领路，前驱。 zhulesi：1.往前，向前；2.往南，向南。zhulesi zhailanaha 向南逃难
北兼后	ama-	amargi：后面，北。amargi hechen，北城；amargi fiyentebe 八股文的后股。 amala：后，后面；后来。amala tutambi 断后。 amasi：1.往后，向后；2.回，返回。amasi zhulesi 往来
左	无	has'huu：has'huu ergi duin gusai 左翼四旗（《满洲实录》·卷五）
右	无	ichi：ichi ergi duin gusai 右翼四旗（《满洲实录》·卷五）
上	无	ninggu：上，上面。hechen i ninggui chooha 城墙上的士兵

续表

方位词	词根 [5]	词汇、词组及用法
中	duli–	dulimba：中心；在……之间。abkai dulimbade biya eldengge 皓月天心；dumlimbai gung 中宫；dumlimbai gurun 中国
下	fezh–	fezhergi：下，下面，下边；部下的，隶属的；标。abkai fezhergi 天下；fezhergi debtelin 下册；fezhergi urse 属下；fezhergi ing 标营。 fezhile：下，下面，下边 alin i fezhile 山下。 fezhun：卑贱，下贱；卑贱的人；瞒人的丑事
内	do–	dorgi：里面，内，内部；宫廷内部；暗中，暗地。dorgi amban 内大臣；dorgi hoton 皇城。 dolo：里，内，内里；心中，内心，肚中，腹中。dolo bisire ambasa 朝廷；dolo ersheku 内婢；dolo tokobumbi 腹中刺痛，心疼。 dolori：心中，内心。dolori zhambi 默祝
外	tul–	tulergi：外面。tulergi aiman 外藩；tulergi gurun 外国；tulergi golo be dasara zhurgan 理藩院。 tule：外，外面。tule benzhire kunggeri 外解科（清代工部下属机构）。 tulersi：向外，往外；后，以后。tulesi genembi 往外头去

位特征是人体方位的"前"由宇宙方位中的"东"转向了"南"，使词根"zhule–"兼具"南"与"前"的含义。因南和前相重合，词根"ama–"则兼具"北"与"后"的含义。但"东"（de–）与"西"（wa–）并没有相应的因人体方位与宇宙方位重叠而引申出"左"与"右"，而是引申出"上"与"下"，"左"与"右"在满语中有独立的方位词"has'huu"和"ichi"。除"de–"之外，形容"上"还有"ninggu"一词。除"wa–"之外，形容"下"的还有"fezh–"。"中"（duli–）、"内"（do–）、"外"（tul–）则直接承袭自女真语，其基本义无变化。"东西"两个方向在满语中还有以"shun"（太阳、日）为开头的词组来描述："shun

dekdere ergi"（太阳升起的方向）指东方，"shun dosire ergi（太阳进入的方向）/shun tuhere ergi（太阳落下的方向）"指西方，是以对太阳运动状态的观察来表述方向。

三、满语方位词引申义中的空间观念

1. 南（前）尊于北（后）

南与北词根的指向性方位词（–si）与"给予"（bumbi）结合，就形成了对特定祭祀活动的描述："zhulersi bumbi"意为"祭天"，其字面直译为"向南/向前给予"；"amasi bumbi"意为"夜祭七星"，其字面直译为"向北/向后给予"。词组的引申义来自于被祭拜对象所处的宇宙方位：南是日中方向，北是北斗七星的方向。以南作为祭天方向是受汉文化的影响。向北祭祀七星则和北斗信仰有关：北斗七星因具有判断时间和分辨方向的实用性，所以对古代先民时空观念的塑造至关重要 [8]。《李朝实录》也曾记载明代女真人祭祀七星的习俗："祭天则前后斋戒，杀牛以祭。又于月

望，祭七星。" [9]"南"与"北"因引申义和祭祀活动有关，所以在观念上具有神圣性，均可视为尊崇方向。同时"南"又因和人体方位的"前"重合，所以在观念等级上应高于北（图 2）。

2. 东（上）尊于西（下）

女真语以"东"为"前"，以"上"指"皇帝"。到满语时期，对"前"的认知由"东"转"南"，"上"和"东"则进行了融合，从而使词根"de–"不仅兼具"东"与"上"，还可指代"皇帝"，并可引申出"高等级""繁荣""尊贵"等含义。词根"wa–"则与"de–"相对，兼具"西"与"下"的含义，并引申出"下首""消瘦"和"衰败"的意思。从中可见，"东"的等级性明显高于"西"。

"东"与"西"的指向性方位词（–si）和"bumbi"结合的词组也可体现出方位等级性："wesi（wesi–为de–的方位格，见表 2）bumbi"字面直译为"向东/向上给予"，表示"提升、提拔"；"wasi bumbi"字面直译为"向西/向下给予"，表示"降级、贬谪"。这也是认知上东尊于西的体现。

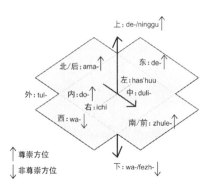

图 2　满语方位词引申义的空间图解
图片来源：作者自绘

3. 上尊于下

除"de-"之外，满语词"ninggu"也可表示"上"，并无引申义，所以对"上"的观念判断以上文中"de-"的引申义为主——"上"为尊崇方向。除"wa-"之外，词根"fezh-"也可表示"下"。"fezh-"的基本义以身体方位的"下"为体现，并可引申出层级上的"低"，如"fezhergi urse（属下）"。"fezh-"还有衍生词"fezhun"，意为"卑贱、下贱；卑贱的人；瞒人的丑事"。由此可见，相对于"上"，"下"在满族空间方位观念中并非是尊崇的方向。

4. 内尊于外

词根"do-"的基本义是"里面、内、内部"，引申义是"宫廷内"。"dorgi hoton"指皇城，特指紫禁城，直译是"内城"；"dorgi oktosi"指御医，直译是"内部医生"，均是以方位"内"来区别于普通身份，从而表现出更高等级的归属性。"dorgi bodogon"（庙算）直译是"内部的谋略"，庙算指"在战争开始之前对关系战争全局的重大问题进行战略筹划和决策的一系列活动及其结果"[10]，此是以方位"内"引申出"重要的、核心的"含义。词根"tul-"的基本义是"外，外面"，无引申义，主要用法如"tulergi aiman"（外藩）、"tulergi gurun"（外国），表达相对于"内"的外部空间归属性。所以"内"因其引申义和"宫廷内"相关联而在观念等级上高于"外"。

综上，在满语方位词背后潜在的满族空间方位观念中，"东"与"上"

和"皇帝、高等级、尊贵"等含义相关，"南"与"前"与"祭天"相关，"北"与"后"和北斗崇拜相关，则均属尊崇方位；"西"与"下"在引申义因具有不好的含义而属非尊崇方位。"内"在观念等级上高于"外"。

四、清代满族人居尊崇方位例析

1. 清初黑龙江满族民居居住方位

康熙年间，《柳边纪略》和《龙沙记略》记载了黑龙江地区满族民居的尊崇方位："屋皆东南向，立破木为墙，……开户多东南，土炕高五寸，周南西北三面，空其东，就南北炕头作灶。上下男女，各据炕一面，夜卧南为尊，西次之，北为卑。"[11]"屋皆南向，迎暄也。日斜犹照，故西必设窗。间有北牖，八月瑾之，夏始启。屋无堂室，敞二楹，西南北土床相连，曰卍字炕，虚东为然薪地，西为尊，南次之，皆宾位也。"[12] 房屋的整体面向显示对东和南的尊崇，是建筑与自然的关系；而室内生活中与人的关系，"南为尊，西次之，北为卑"描述了睡觉休息时方位等级，"西为尊，南次之"描述来访宾客的坐席等级（图3）。

2. 清中期京畿满族民居祭祀方位

嘉庆年间，姚元之所著的《竹叶亭杂记》记录了京畿地区的满族民居祭祀格局：

"跳神，满洲之大礼也。无论富贵仕宦，其内室必供奉神牌……亦有用木龛者，室中西壁一龛，北壁一龛。凡室南向、北向，以西方为上；东向、西向，则以南方为上……南方人初入其室，室南向者多以北壁为正龛，西为旁龛；东向则以西壁为正龛，南为旁龛。不知所谓旁龛，正其极尊之处。始悟礼所谓以西方为上，南方为上，与此正合。极尊处所奉之神，首为观世音菩萨，次为伏魔大帝（笔者注：为关羽封号），次为土地。……中壁①所设，一为国朝朱果发祥仙女，一为明万历帝之太后，关东旧语称为'万历妈妈'。盖其时明兵正盛，我祖议和，朝臣执不肯行，独太后坚意许可，为感而祀之，国家仁厚之心亦云极矣。余则本家之祖也。"[13]

文中南方人应指远离北方满族文化并对满族文化毫不了解的人，其对于室内神圣方位的认知体验和满族人恰好相反：当他进入开门朝南的满族民居时，会认为北炕神位

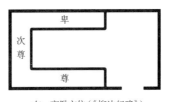
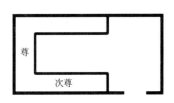

左：夜卧方位（《柳边纪略》）　　　右：宾客方位（《龙沙纪略》）
图3　康熙年间黑龙江地区的满族居住方位
图片来源：作者自绘

---

① 此"中"，应该是为了和"上"做等级区别。以"上中"而不以"上下"形容，盖均为神圣之地也。

为"尊"，西炕神位为"次尊"，而在满族方位观念中是西炕为"尊"，北炕为"次尊"；当他进入开门朝东的满族民居时，会认为西炕神位为"尊"，南炕神位为"次尊"，而在满族方位观念中却是南炕为"尊"，西炕为"次尊"（图4）。从中可见，在南方人的方位感知中，会下意识地认为人体方位感受到的"前"是正尊，人体方位的"左"为旁尊，所以南向开门的民居，北炕是入门之后"前"的方位，东向开门的民居，西炕是入门后"前"的方位，均被认为是极尊之处。与之相对，清代满族室内方位观念中，极尊之处均是人体方位的左手位，所以清代满族民居室内祭祀方位的设置方式，应是由民居朝向和人体方位的"左"共同决定的，反映出对"左"的尊崇。"以左为尊"的具体原因与满语方位词潜在的满族空间方位观念有关，因身体方位的"前"和宇宙方位的"南"同向，所以"左"自然对应着"东"，"东"是满语方位词空间观念中的极尊方位，"左"可能因此也具有了尊崇的含义。

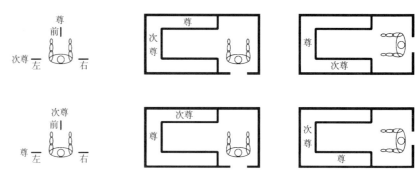

上图："南方人"的空间尊崇方位　　　　　　下图：满族人的空间尊崇方位

图4 《竹叶亭杂记》所记载的满族民居空间方位认知
图片来源：作者自绘

五、关于满族人居空间方位研究的议题

"肃慎－女真－满洲"这一民系，生活在东北的山林之中，游猎采集，信仰萨满，并逐步吸收农耕文明；这一民系的空间方位观念是如何发展变化的，在语言发展和居住遗址中可以获得综合的分析，其是讨论地区民系人居文化演进的重要线索。

清代以来东北地区逐步定型的各游猎民族，散布在兴安岭内外及长白山脉的广大地区，他们之间也存在着地域文化差异，通过分析民族语言及其居所，亦可横向比较不同游猎民族的人居文化。

满族作为清王朝统治阶级，其文化在宫廷之中有着鲜明的体现，如坤宁宫西炕供奉的朝祭神和北炕供奉的夕祭神时，按从左到右神灵等级依次降低排列[14]，反映出"以左为尊"的方位观念在清宫家祭神位的空间布设上；又如故宫三大殿满语名称所展现出的宇宙方位和身体方位观念的叠加；再如盛京与北京堂子的选址及其殿宇布局关系中鲜明的民族特色。这些问题只有深入挖掘满族方位的文化观念，同时对比汉语和汉文化的空间方位文化观念[15]，才能进行全面而充分的讨论。

参考文献

[1] Vincent Searfoss. 汉英空间方位词语义比较研究 [D]. 大连：大连理工大学，2018：1.

[2] 蔡永强. 汉语方位词及其概念隐喻系统 [D]. 北京：北京语言大学，2008：1.

[3] 赵阿平. 满族语言与历史文化 [M]. 北京：民族出版社，2008：1-10.

[4] 金啟孮. 女真文辞典 [M]. 北京：文物出版社，1984：181.

[5] 吴宝柱. 满语方位词词根研究 [J] 满语研究，1994（2）：27，28-35.

[6] 张迪. 金代文官制度研究 [D]. 济南：山东大学，2018：36.

[7] 胡增益等编. 新满汉大词典 [M]. 乌鲁木齐：新疆人民出版社，1994.

[8] 朱磊. 中国古代北斗信仰的考古学研究 [D]. 济南：山东大学，2011.

[9] 王钟翰辑录. 朝鲜《李朝实录》中的女真史料选编 [M]. 沈阳：辽宁大学，1979：135.

[10] 任力. 孙子庙算思想探析 [J]. 军事历史，2009（06）：2-6.

[11]（清）杨宾撰. 柳边纪略 [M]// 周诚望等标注. 龙江三纪. 哈尔滨：黑龙江人民出版社，1985：19.

[12]（清）方式济撰. 龙沙纪略 [M]// 周诚望等标注. 龙江三纪. 哈尔滨：黑龙江人民出版社，1985：223.

[13]（清）姚元之撰；李解民点校. 竹叶亭杂记（卷三）[M]. 北京：中华书局，1982.

[14]（清）允禄等纂. 阿桂，于敏中等汉译. 钦定满洲祭神祭天典礼·卷二 [M].

[15] 王飒. 从方位词看中国传统空间规划观念的意蕴——"社会－方位"图式及其意义分析 [J]. 建筑师，2014（01）：75-83.

乡野山林中的家族生存策略：
比较研究视角下永泰庄寨遗产特征辨析

张依玫　辛　欣

刘晓蕊　张雪纯

张依玫，北京国文琰文化遗产保护中心有限公司
工程师。邮箱：zhangyimei@chcc.org.cn。
辛欣，北京国文琰文化遗产保护中心有限公司工
程师。邮箱：xinxin@chcc.org.cn。
刘晓蕊，北京国文琰文化遗产保护中心有限公司
工程师。邮箱：liuxiaorui@chcc.org.cn。
张雪纯，北京国文琰文化遗产保护中心有限公司
工程师。邮箱：zhangxuechun@chcc.org.cn。

摘要：本文通过永泰庄寨与闽中土堡、闽南土楼、赣南围屋等同类型的居防一体乡土建筑的比较研究，在已有的研究基础上，进一步从微观建筑形态、中观聚落形态以及宏观庄寨整体分布三个层面明确了永泰庄寨的遗产特征。同时，本文借鉴对永泰民间文书的研究成果，对永泰庄寨遗产特征的成因进行了初步的解释，认为永泰庄寨是一种以血缘、地缘、契约共同联系起来，以家户为单位的民间基层生存策略的反映，为理解乡土遗产的价值提供了新的视角，同时也为永泰庄寨申报列入世界遗产预备名录的工作奠定了基础。

关键词：永泰庄寨；乡土建筑；比较研究

一、研究背景

2019年，永泰庄寨申报列入世界遗产预备名录的工作正式启动。[①] 永泰庄寨是分布于福建省永泰县境内的居防一体的乡土建筑（图1）。

图1　永泰绍安庄航拍
图片来源：郑高亮摄

它与闽中土堡、赣南围屋、川南庄园建筑、闽南土楼等集合了居住与防御功能的乡土建筑有着相似的历史背景与建筑形态，尤其是土堡和土楼，经常与庄寨被当作一类建筑的多样化表达来看待。许多学者也将庄寨、土堡并称[1]。因此，准确理解、辨析遗产类型，挖掘独特的遗产价值，是推动永泰庄寨申报列入世界遗产预备名录的重要工作。

二、研究难点：历史角落中的永泰

永泰的历史之悠久，可以追溯至东晋，"永嘉之乱"时已有一定人口南渡迁入今永泰县境内。但在这之后的漫长的历史之中，永泰又似乎未曾进入历史叙述的中心，在史志上笔墨寥寥。几个大的历史事件大致勾画了永泰发展脉络：一是唐永泰二年（766年），永泰设县，并以年号为名；二是明洪武元年起，

① 2019年北京国文琰文化遗产保护中心有限公司受永泰县历史文化名镇名村保护中心（村保办）委托，承担永泰庄寨申报世界文化遗产预备名录文本及保护管理规划的编制工作。

在福建陆续设置卫所，永泰是屯田之一。[①] 然而县治之外广阔的山林民间社会则很难进入官方的记载中，从中找寻庄寨的踪迹更是困难。目前可以读到明万历、清康熙以及民国年间的永泰县志，大致描画了永泰"重冈叠嶂，林木深翳"的风土，但无法触及广阔山区，至于更为微观的庄寨生活和点滴日常，记载则更为稀少[②]。

这与永泰的交通区位有一定关系。福建自古交通不易，越闽浙交界的仙霞岭、闽赣交界的武夷山脉，以及沿富屯溪、沙溪、建溪、闽江的水路是入闽要道。明、清两代永泰主要官方驿路也基本沿水路设置。永泰位于福州腹地，无官方驿站，只能依靠闽江支流大樟溪与官方驿路相联系。庄寨所在的大面积山区，主要靠溪流与大樟溪相互交通。

因此，与福建其他地区乡土建筑相比，对于永泰庄寨的研究与调查亦开展较晚。闽南的土楼较早进入研究的领域，并随着申报世界遗产的成功获得了大量的关注；闽中的土堡也在近年得到重视，安贞堡、大田土堡群分别为第五批、第七批全国重点文物保护单位，而永泰庄寨直至 2019 年才有 5 处列入了第八批国保单位。在民间文书的研究发现方面，1997 年出版的《明清福建经济契约文书选辑》，涵盖了福州、南平、宁德、泉州、漳州、莆田等地的民间契约，涉及土地及山林的买卖、典当以及家族财产分配等各方面，其中却没有涉及永泰的相关记载。直到 2016 年，在永泰县村保办的支持下，厦门大学历史系才开始对永泰地区的民间文书进行系统的收集与整理。

三、研究方法：比较研究

永泰位于深山密林、驿路枝节，历史记载不多。因此在研究永泰庄寨的特征与价值时，我们必须从更多细微的线索中找寻历史的痕迹。通过对于同区域、同类型居防一体乡土建筑的详细比较研究，我们更加准确地把握了永泰庄寨的遗产特征。

1. 微观层面

在建筑层面与土堡、土楼、围屋、庄园等同类型遗产比较，永泰庄寨显示出了与众不同的、高度的同质性。庄寨平面大多为方形，采用中轴对称、层层嵌套的平面布局：中轴线上是祭祀祖先的厅堂系统，由正房和两侧厢房围合而成的合院（正座）；以合院为核心，四周由较为均质的横楼、后罩楼（上座）、倒座（尾座）围合形成大厝式的居住空间；外围为夯土与石块砌筑的防御墙体，一般会在二层设贯通的跑马廊，四角或有数量不等的铳楼。[2] 与之相比，土堡、土楼、围屋、庄园等建筑类型，除了在建筑方式上的不同，虽然有着类似的功能布局，但平面都更为多样，变化较多。庄寨建筑的同质性来源于何处尚不得而知，但这显示出在清中后期，永泰山区的民间社会已经发展出了一套成熟的、区域性的建造体系，值得进一步深入挖掘（图 2）。

2. 中观层面

中观层面考察庄寨组群的聚集形态，可以发现庄寨的分布呈现小范围聚集，而单体又相对分散的特征。这也是在其他同类型的遗产中较为少见的。庄寨始建时一般是由某一直系家庭的家长主导，家族繁衍、小家庭积累一定财富后，会另行选址新建庄寨。如同安张氏张昭乾于咸丰二年与兄弟共建嘉禄堡寨，其侄明良于光绪五年与胞弟共

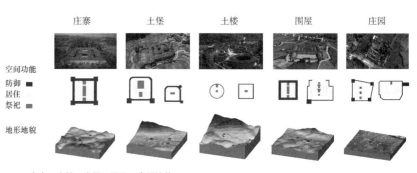

图 2　庄寨、土楼、土堡、围屋、庄园比较
图片来源：作者自绘

---

① 万历《永福县志》记载："（洪武）二十九年，以未科荒地分与福州、延平二卫军之老弱者屯种。"
② 万历《永福县志》记载："何正裔，字其永，邑诸生。山寇窃发，筑堡以卫乡里，青贼邱二总，纵掠赤洋一带，正裔率乡兵败之。"又道："黄勉，字维勤，号隐山。子汝福，筑土堡，使邻寇戴子武、徐朝文等不敢窥东湖，匪患少弭。"可见明代永泰县内已开始修筑堡寨，但这类寨堡是否与庄寨一样居防一体尚无佐证。

建九斗庄。两座庄寨各依一山，遥相对望。锦安黄氏第四十二世黄孟钢于1860年在锦安村建设谷贻堂，其长子黄学书、次子黄学烈建造的绍安庄和绍宁庄则在3km外的周坑村（图3）。

石桥村的土楼聚落组群形态则完全不同。根据石桥村张氏家谱，张氏各代虽与庄寨一样，有着家族繁衍、小家族发展、分家建房的过程，但后代在建房时，一般会选择围绕在已有的建筑周围建设，最终形成了一个建设较为密集的组团（图4）。

与庄寨建筑形式非常相似的赣南围屋，整体上也呈现出聚集的发展模式。如广东的长围村，各代围屋的建设也集中分布在一个较小的范围内（图5）。

3.宏观层面

考察宏观层面庄寨、土楼、土堡的分布，可以发现庄寨的分布有着更鲜明的地域性。如土楼在沿海的漳浦直至山区的永定、南靖都非常普遍。土堡分布范围以闽中为主，闽西亦有少量分布，总体呈现逐渐过渡的趋势。而庄寨的分布则较为明显地以永泰历史范围为界（包括现在福清市一都镇的东关寨），且主要集中在大樟溪以北地势更为平缓、生存条件更为适宜的区域。进一步考察临近永泰的几处土堡建筑，如距永泰一山之隔离的尤溪福德堡、钟祥堡、裕德堡等，从建筑的形式和功能上都与庄寨有了明显区别，如平面前方后圆，建筑内部居住空间以临时避难为主等。这说明永泰庄寨与闽中的土堡之间，可能并不是建筑形式过渡的关系，而有着地理分布上较为显著的差异。

四、研究新知：认知乡土建筑的新视角

通过比较研究可以看出，永泰庄寨与同区域、同类型建筑之间在微观、中观、宏观层面上都有着显著差异与鲜明的特征。理解这一差异性的来源能够为我们提供理解中国乡土遗产价值的新视角。

1. 血缘、地缘与经济三重纽带下的乡土社会

通常认为中国的乡土社会主要以血缘和地缘关系相连接。但根据

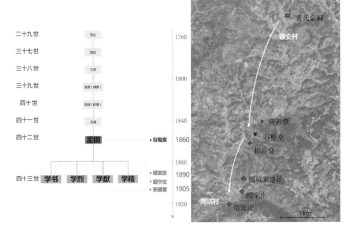

图3 黄氏庄寨代际分布
图片来源：作者自绘

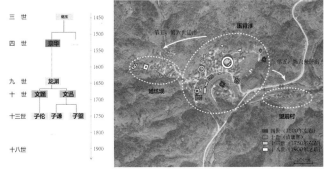

图4 石桥村土楼代际分布
图片来源：作者自绘

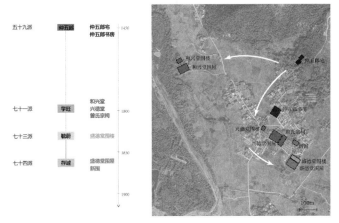

图5 长围村围屋代际分布
图片来源：作者自绘

厦门大学郑振满教授对于永泰民间文书的研究，永泰多地的民间文书，记载了山林开发、土地交易的复杂进程，山林的租赁、抵押、承包、权益分配等行为已经较为普遍，显示出民间经济、金融较为成熟的发展水平。这说明以契约为主要形式的经济纽带也是构建中国乡土社会的重要一环。[3]

庄寨小范围聚集而单体又较为独立的分布特点，很有可能与这种山林开发的模式息息相关。庄寨的生产、生活自给自足，以契约为纽带管理大面积的山林，既需要相对分散以占据足够资源，也因此更少依赖于大宗族聚落发展壮大。

2. 介于户与家庭之间的家族组织模式

中国传统家族组织，一般遵循"家庭－户－支－房－宗族"的结构[4]。土楼、围屋大致是在"房"一级别的同姓聚落，聚居人数众多。土堡中有一些是同族共居，有一些可以是全村多个宗族共同的临时避难场所。而从永泰庄寨的代际关系推断，在家族开枝散叶、繁衍传承的过程中，达到一定的规模就会分家，建设新的庄寨。庄寨中共同生活的成员组织，处在"家庭"（即父亲家系所有同爨合食的成员）和"户"（即同住的多个家庭组合）之间。

3. 一种民间生存策略

庄寨通过相对独立的选址和自成一体的建筑，形成了乡村基层治理的一个小单元：外围的夯土墙、跑马廊与碉楼形成了完整的防御设施。内部沿轴线分布门厅、正厅、后厅的厅堂系统，构成完整的祭祀与仪式空间。两侧的居住空间按照诸子均分、长房占优的模式进行分配[5]，体现了儒家伦理对于民间日常生活的深刻影响。庄寨内的书斋、书院则承担起了教化育人的功能。永泰庄寨可以看作是中国家族制度及家族观念在闽东山区的具体而特殊的体现形式，展现了中国传统家族制度和发展模式的多样性。明清时期在闽东山区开发进程中，家族作为最基层的社会治理单元，通过血缘、地缘和契约关系共同形成了应对政治制度变革、动荡的社会环境和日益成熟的在山林田野中生活的生存策略。

五、总结

通过与同类型的居防一体乡土建筑的比较可以发现，永泰庄寨是一种以血缘、地缘、契约共同联系起来，以家户为单位的民间基层治理单元，对我们深入理解中国乡土聚落的多样性有着重要价值，也显示出了历史聚光灯之外更广阔区域内的乡村聚落特征。

参考文献

[1] 戴志坚，陈琦编著.福建土堡[M].北京：中国建筑工业出版社，2013.
[2] 李建军.福建庄寨[M].合肥：安徽大学出版社，2018.
[3] 郑振满.明清时期的林业经济与山区社会[J].学术月刊，2020（02）：148-158.
[4] 林耀华.义序的宗族研究[M].北京：生活·读书·新知三联书店，2000.
[5] 蔡宣皓.闽东大厝的建筑术语体系与空间观念研究——以清中晚期永泰县爱荆庄及仁和庄阄书中的建筑信息为例[J].建筑遗产，2019（1）：21-34.

福温古道与沿线闽地聚落紧密度的参数化实验

张　杰　贺承林　郭天慧

本文为国家社科基金（20BH154）、上海市哲学社会科学规划专项基金（2019ZJX002）、上海市设计学Ⅳ类高峰学科（DC17014）资助项目。

张杰，华东理工大学艺术设计与传媒学院教授，博士生导师。邮箱：zhangjietianru@163.com。
贺承林，华东理工大学艺术设计与传媒学院设计学系硕士研究生。邮箱：3045886223@qq.com。
郭天慧，华东理工大学艺术设计与传媒学院景观规划设计系硕士研究生。

摘要：福温古道是联系闽北与浙北两大沿海经济地区的纽带，是人口迁徙的大通道，也是文化传播与商贸通道，具有重要研究价值。据此，基于历史文献与实地调研，通过文化地理学的相关理论与方法，结合福温古道进行地理单元分类，围绕K1、K2、D、S、C等古道与聚落的紧密程度（R）五个参数，试探性地对福温古道及沿线闽地聚落进行地理空间特征的量化实验，以此理性解析古道与聚落的关联性，揭示其空间特征。

关键词：福温古道；参数化；地理空间特征；地理分布

一、引论

福建古道历史悠久，遗存丰富，具备了文化线路的诸多特征，近年来许多学者进行了较为深入的研究。如鼎仁（2006年）[1]基于古文献，梳理出福建省际古道和福州古驿道系统的脉络，判读了古道交通网络的分布及走向。王晓敏（2009年）[2]、罗德胤（2015年）[3]、庄晓敏（2017年）[4]、陈名实（2018年）[5]等对福建古道本体、城堡、关隘、景观及其作为线性遗产的保护策略等，进行了较为系统的研究，这些研究有益于判读福建古道价值、保护古道等工作的开展。

福温古道及沿线闽地聚落作为福建古道系统的重要组成部分，是古代贯通闽浙两地的移民通道，其历史悠久，遗产价值较高[6-9]。但随着岁月的流逝，古道早已失去了其原有的功能，其线性、走向及其历史进程等诸多问题已变得模糊不清，而古道两边的诸多聚落也日趋衰败。如何解读古道与沿线聚落间的关系，如何进行地理空间层面的剖析，成为古道文化线路价值判读与保护的基础。据此，本文基于历史文献与实地调研，通过文化地理学的相关理论与方法，试探性地对福温古道及沿线闽地聚落进行地理空间特征的量化实验[10]，以此理性解析古道与聚落的关联性，揭示其空间特征。

二、福温古道及沿线闽地聚落概况

福温古道是福建福州通往浙江温州的古代闽浙交通要道，也是中原移民南迁、南北经济贸易、文化交流与传播等的重要通道[11-12]。古道兴于秦汉，鼎盛于明清，后因现代公路的建设，逐渐衰亡，古道路经福州、连江、罗源、宁德、霞浦（后改福安）、福鼎、温州等地，闽地段古道长403km，宽约1~3m[13-14]。

对于福温古道闽地聚落，结合行政区划与地形地貌，将其划定为四大地理单元，即：西北段，包括柘荣段[15]、福鼎段西北部[16-18]；东北段，包含福鼎段东南部[19]；中段，包含霞浦段[20]、福安段、宁德蕉城区北段；南段，包含宁德蕉城区南段、罗源段、连江段[21-22]。在四大地理单元中，共有沿线347个聚落。

三、实验假设

1. 参数化对象

据《唐六典》卷三"度支郎中员外郎"条规定："凡陆行之程，马日七十里，步及驴五十里，车三十里。水行之程，舟之重者，溯河日三十里，江四十里，余水四十五里"，可知古人每日步行约三十至五十里，约 15~25km。结合古道所在地域的地形，本研究选取古道两侧 15km 范围内的聚落为研究对象[23-24]，以此探究聚落与古道的地理空间关系与聚落空间特征。

2. 参数化计算

古道与聚落的紧密程度（R）由 5 个参数组成：聚落地理中心与古道的垂直距离；聚落边缘与古道的实际距离；聚落平面形态与古道的关联性；聚落周长；聚落面积。

1）K 的计算

设聚落与古道的距离为 K。其中，聚落地理中心与古道的垂直距离为 k_1、聚落边缘与古道的实际距离为 k_2。

（1）K_1 值计算：聚落的地理中心与古道的垂直距离越近，数值越小，则聚落与古道的联系越紧密，紧密程度越大，呈现负相关，此时取 k_1 的倒数，并取沿线闽地 347 个聚落中 k_1 的最大值（为 0.0278）作为满分 10 分，剩余 K1 值将等比例计算。即：

$K_{1i} = 10 \cdot (0.0278 \cdot k_{1i})^{-1}$。其中 k1i 指聚落地理中心与古道的垂直距离的倒数，i 指聚落。

（2）K_2 值计算：聚落边缘与古道的实际距离越近，数值越小，聚落与古道联系越紧密，紧密程度越大，呈现负相关，此时取 k_2 的倒数，并取古道沿线闽地 347 个聚落中 k_2 的最大值（为 0.01611）作为满分 10 分。即：

$K_{2i} = 10 \cdot (0.0161 \cdot k_2)^{-1}$。其中 k2i 指聚落边缘与古道的实际距离的倒数，i 指聚落。

2）D 值计算

设聚落平面形态与古道的关联度为 D。多数情况下，古道对聚落的吸附性越强，聚落与古道临近的界面长度越长。设界面长度为 p，p 值越大，D 值越大，呈现正相关。取古道沿线闽地 347 个聚落中 P 的最大值（为 1584）作为满分 10 分，剩余 D 值将等比例计算。即：

$D_i = 1/1584 \cdot p_i \cdot 10$。其中 p_i 指聚落与古道临近的界面长度，i 指聚落。

3）C 值的取值方式

设聚落周长为 C。在 Google earth 软件中运用 polygon 插件，在卫星图上将聚落内最外围建筑连接，形成闭合的图形，其边界线长即为其周长。

多数情况下，聚落周长越长，古道对聚落的影响程度越长，即 C 值越大，古道与聚落越紧密，呈现正相关。取古道沿线闽地 347 个聚落中 c 的最大值（为 64.47）作为满分 10 分，剩余 C 值将等比例计算。即：

$C_i = 1/64.47 \cdot c_i \cdot 10$。其中，其中 c_i 指聚落周长，i 指聚落。

4）S 值的取值方式

设聚落面积为 S。在 Google earth 软件中运用 polygon 插件，在卫星图上将聚落内最外围建筑连接，形成闭合的图形，计算其面积。

多数情况下，聚落面积越大，古道对聚落的影响程度越大，即 S 值越大，即古道与聚落越紧密，呈现正相关。取古道沿线闽地 347 个聚落中 S 的最大值（为 156.19）作为满分 10 分，剩余 S 值将等比例计算。即：

$S = 1/156.19 \cdot s_i \cdot 10$。其中，$s_i$ 指聚落面积，i 指聚落。

5）紧密度计算

古道与聚落的紧密关系，称之为紧密度，设为 R。

$$R = + \frac{K_1 + K_2}{2} + S + C$$
$$= \frac{10 \cdot (0.028 \cdot k_{1i})^{-1} + 10 \cdot (0.0161 \cdot k_{2i})^{-1}}{2}$$
$$+ 1/1584 \cdot p_i \cdot 10 + 1/64.47 \cdot c_i \cdot 10$$
$$+ 1/156.19 \cdot s_i \cdot 10$$

当 R ≥ 10 时，古道与聚落的紧密程度为紧密；当 5 ≤ R < 10 时，古道与聚落的紧密程度为一般紧密；当 R < 5 时，古道与聚落的紧密程度为不紧密。据此，古道与聚落的紧密程度分为紧密、一般紧密、不紧密三种类型。

四、福温古道及沿线聚落参数化实验

基于上述，结合地理单元，对沿线闽地聚落进行量化实验。首先，量化 k_1、k_2。实验中，当 k_2 为 0 时，则表明古道穿聚落而过。如 k_1、k_2 越小（大于 0），证明古道至聚落的真实可达性越好；当 k_1、k_2 的数值越大，则真实可达性较差。

其次，对于沿线聚落密集程度的计算，则将聚落点落在 Google earth 中，将聚落分布数量与聚落至古道的实际长度结合，以此探寻聚落分布密度。同时，将聚落密度按照聚落与古道的距离划分为距古道 5km、10km、15km 的三大类。聚落密度为：聚落数量/K，分别计算得出不同的沿线聚落密度，即：2~3（极高密度区）；1~2（高密度区）；0.5~1（中密度区）；0.1~0.5（中低密度区）；0~0.1（低密度区）。

再次，为了揭示 R 与地形的关系，在量化中加入高程的参数，即：在相应的高程区域范围内，量化聚落面积与周长比值（计为 I）；面积与距离比值（聚落中心到古道的垂直距离，计为Ⅱ）、周长与距离比值（计为Ⅲ）。其中，Ⅰ、Ⅱ、Ⅲ比值越大，则在相应的高程区域内，古道对聚落影响越大。

综上，结合历史文献推导的古道及沿线聚落时空演变图、沿线聚落密集程度叠合图等信息，可以进一步参数化地揭示不同地理单元、不同高程范围中，古道与聚落地理空间关联及其地理空间特征。

1. 西北段

1）参数化实验

西北段沿线有64个聚落，平均高程为320m。通过实验可得：该段聚落中有28个与古道联系紧密，占比43%，且聚落S与C随着R的递增而递增，而K则呈现为递减趋势，其可达性较好（表1）。在500~800m高程中，Ⅰ、Ⅱ、Ⅲ平均值最大，古道对其聚落影响程度最大（表2、表3，图1）。

2）西北段古道沿线聚落地理空间特征

西北段古道及沿线聚落所在区域属于高海拔地段，其地理空间分布特征主要为：聚落沿古道分散布置，多散布于古道周边的山腰和山谷地带，难聚集成群；因地处山地，耕地面积较少，所以聚落规模相对较小。因此，该聚落整体上呈现围绕古道、小规模、分散呈点状的地理空间特征。

2. 东北段

1）参数化实验

东北段，沿线有9个聚落，平

西北段S、C、K₁、Ⅰ、Ⅱ、Ⅲ分析表　　　　表1

R	K₁	S（hm²）	C（km）	Ⅰ	Ⅱ	Ⅲ
密切	0~400m	11	3.1	5.663	0.095	0.023
一般	400~1200m	8	1.8	4.097	0.009	0.002
不密切	1200m以上	6	1.6	2.632	0.005	0.002

西北段Ⅰ、Ⅱ、Ⅲ数值与高程分析　　　　表2

高程范围（m）	500~800	400~600	200~400
数量（个）	17	7	5
占比	26%	10%	7%
Ⅰ	4.84	4.55	4.38
Ⅱ	0.05	0.03	0.02
Ⅲ	0.05	0.03	0.005

西北段聚落与古道紧密程度的参数化数值统计（部分）　　　　表3

名称	k₁	K₁	k₂	K₂	p	D	c	C	s	S	R	结论
分水关	322	1.12	1	10	611	3.86	3.65	0.54	13.85	0.89	10.84	紧密
白琳堂	114	3.16	1	10	832	5.25	2.18	0.32	8.64	0.55	12.71	紧密
战坪洋	230	1.57	848	0.66	980	6.19	1.06	0.16	3.03	0.19	7.65	一般
姚岙内	1290	0.28	3004	0.19	136	0.86	0.76	0.11	1.78	0.11	1.32	不紧密
贯岭镇	340	1.06	1	10	1540	9.72	3.47	0.51	10.26	0.66	16.42	紧密
坪园村	530	0.68	726	0.77	639	4.03	3.08	0.46	6.22	0.40	5.61	一般
桥头村	161	2.24	1	10.0	881	5.56	3.20	0.47	7.25	0.46	12.62	紧密
镇西村	338	1.07	1	10.0	1326	8.37	2.43	0.36	7.17	0.46	14.72	紧密
塘底村	929	0.39	1156	0.48	657	4.15	1.62	0.24	7.07	0.45	5.28	一般
岩前村	260	1.38	1	10.0	1437	9.07	5.45	0.81	5.66	0.36	15.93	紧密
外墩村	2434	0.15	2654	0.21	188	1.19	2.18	0.32	7.05	0.45	2.14	不紧密
丹岐村	2330	0.15	3231	0.17	515	3.25	2.83	0.42	9.14	0.59	4.42	不紧密
里岭口	487	0.74	1220	0.46	1072	6.77	1.69	0.25	3.15	0.20	7.82	一般
下厝村	67	5.37	1	10.0	151	3.00	0.80	0.12	1.99	0.13	10.93	紧密
王家山	160	2.25	1	10.0	213	4.50	1.06	0.16	2.55	0.16	10.95	紧密
后章垄	129	2.79	371	1.50	670	4.23	0.90	0.13	0.98	0.06	6.57	一般
溪尾岭	85	4.24	1	10.0	76	3.20	1.15	0.17	8.56	0.55	11.04	紧密
新厝村	655	0.55	950	0.59	768	4.85	2.05	0.30	5.78	0.37	6.09	一般
瓦窑	62	5.81	1	10.0	344	2.17	2.09	0.31	4.61	0.30	10.68	紧密
唐阳村	40	9.00	1	10.0	449	2.83	1.97	0.29	3.96	0.25	12.88	紧密

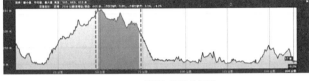

图 1　西北段沿线聚落与古道紧密度分析图

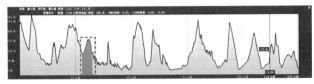

图 2　东北段沿线聚落与古道紧密度分析图

均高程为 200m，通过实验可得：
①沿线聚落与古道紧密度为不紧密，S 随着 R 逐级递增而增大；R 值大，聚落至古道的可达性较好。②在东北段古道中聚落分布较为分散，R 值普遍较低，且 R 会随着 K 的增加而减小。③随着聚 R 的递减，I、II、III 比值趋小，古道对聚落影响程度越小。在 100~200m 高程中，I、II、III 的平均值最大，古道对其聚落影响程度最大（图 2，表 4~ 表 6）。

2）东北段古道沿线聚落地理空间分布特征

东北段古道及沿线聚落所在地域相对高程较低，聚落地理空间分

东北段 S、C、K₁、I、II、III 与 R 分析表　　表 4

R	K₁	S（hm²）	C（km）	I	II	III
密切	0~400m	2.7	1.3	3.396	0.049	0.015
一般	400~1200m	2.3	0.8	2.979	0.005	0.002
不密切	1200m 以上	2.1	0.6	2.979	0.001	0.000

东北段 I、II、III 数值与高程分析表　　表 5

高程范围	0~100m	100~200m	200~300m
数量	1	4	1
占比	11%	44%	11%
I	2.924	3.001	2.979
II	0.006	0.036	0.001
III	0.011	0.012	0.000

聚落与古道紧密程度的参数化数值统计　　表 6

名称	k₁	K₁	k₂	K₂	p	D	c	C	s	S	R	结论
大坪头	51	7.06	1	10.0	255	1.61	1.34	0.20	3.79	0.24	10.58	紧密
双头基	42	8.57	1	10.0	221	1.40	0.66	0.10	2.14	0.14	10.92	紧密
举州村	62	5.81	1	10.0	825	5.21	1.86	0.28	3.49	0.22	13.61	紧密
翠郊村	2573	0.14	0	10.0	230	1.45	0.79	0.12	2.34	0.15	6.79	一般
潘溪村	200	1.80	1	10.0	809	5.11	2.45	0.36	1.34	0.09	11.46	紧密
金谷洋	100	3.60	1	10.0	545	3.44	1.67	0.25	3.83	0.25	10.73	紧密
后畲村	45	8.00	1	10.0	96	2.61	0.76	0.11	2.83	0.18	11.90	紧密
蒋阳村	430	0.84	446	1.25	600	3.79	0.79	0.12	2.34	0.15	5.10	一般
三十六湾	162	4.22	1	10.0	400	4.52	1.26	0.19	2.14	0.14	11.95	紧密

布特征主要以散居型聚落为主，聚落沿古道两边的山谷与河流分布，多分布在河流两侧、河谷间的小盆地。区别于西北段的散居型聚落，因东北段古道更为崎岖、适宜聚落生存的山间盆地面积较少，导致东北段古道沿线聚落更为松散。

3. 中段

1）参数化实验

中段平均高程为66m，共有161个聚落。通过实验得出：①沿线聚落与古道紧密度为不紧密；②I随着R递增而递减；③R值大，其聚落的真实可达性较好，反之，其真实可达性较差，且随着R值的降低，真实可达性较好的聚落，其S递增；④中段中的西南部，R随着K的增加而减小，而在福安市域内，聚落分布较为密集；⑤中段对聚落的影响程度整体大于福温古道西北段与东北段，在100~300m高程中，I、II、III的平均值最大，古道对其聚落影响程度最大（表7~表9，图3）。

2）中段古道沿线聚落地理空间分布特征

中段区域属于低海拔地段，聚落地理空间分布特征主要以集聚型聚落为主；在水系发达的地块，聚落多沿河岸分布，且其空间布局具有向心水系特点。

4. 南段

1）参数化实验

南段共有113个沿线聚落，平均高程为225m，通过实验可得：①古道沿线聚落与古道的联系较为紧密；C随着R递增而增加，随着K_1的增加而递减，S随着R递增而递减，随着K_1增加而递增。②南段与古道联系紧密、一般、不紧密的聚落，可达性均较好，且随着R的降低，可达性较好的聚落S递增。③南段沿线聚落密集程度较高，聚落密度会随着K的增加而减小。南段对聚落的影响程度整体大于福温古道西北段、东北段、中段。④在

中段沿线聚落S、D、K_1、I、II、III与R分析表　　　表7

R	K_1	S（hm^2）	C（km）	I	II	III
密切	0~400m	11	2.23	5.194	0.031	0.006
一般	400~1200m	7	2.22	5.209	0.031	0.006
不密切	1200m以上	4	2.11	5.112	0.030	0.005

中沿线聚落I、II、III数值与高程分析表　　　表8

高程范围	0~100m	100~300m	300~500m
数量	53	7	5
占比	28%	3%	2%
I	5.19	5.6	5.31
II	0.02	0.04	0.03
III	0.003	0.018	0.005

聚落与古道紧密程度的参数化数值统计（部分）　　　表9

名称	K	K_1	k_2	K_2	p	D	c	C	s	S	R	结论
里垄坑	725	0.50	1048	0.53	650	4.10	2.35	0.35	14.34	0.92	5.88	一般
牛池岭	1299	0.28	3521	0.16	321	2.03	1.38	0.20	4.92	0.32	2.76	不紧密
仙宅村	677	0.53	824	0.68	720	4.55	1.30	0.19	9.77	0.63	5.97	一般
苏家洋	1704	0.21	0	10.0	141	0.89	1.33	0.20	5.02	0.32	6.51	一般
狮子头	80	4.50	1	10.0	554	3.50	1.76	0.26	8.17	0.52	11.53	紧密
薛家垄	1747	0.21	2036	0.27	116	0.73	0.51	0.08	1.85	0.12	1.17	不紧密
村洋村	3529	0.10	0	10.0	352	2.22	1.42	0.21	5.92	0.38	7.86	一般
南山头	1515	0.24	1969	0.28	345	2.18	1.19	0.18	3.57	0.23	2.84	不紧密
渔洋村	505	0.71	473	1.18	690	4.36	0.96	0.14	5.46	0.35	5.79	一般
大坑村	2908	0.12	0	10.0	182	1.15	1.74	0.26	8.54	0.55	7.02	一般

续表

名称	K	K_1	k_2	K_2	p	D	c	C	s	S	R	结论
秀庄村	415	0.87	352	1.59	630	3.98	1.22	0.18	5.49	0.35	5.74	一般
坑过村	751	0.48	858	0.65	640	5.04	1.17	0.17	3.01	0.19	5.97	一般
大庄村	230	1.57	858	0.65	650	4.10	1.32	0.20	4.54	0.29	5.70	一般
西洋镜	670	0.54	1120	2.50	629	3.97	0.85	0.13	3.68	0.24	5.85	一般
高岩村	3198	0.11	0	10.0	94	0.59	1.18	0.18	3.80	0.24	6.07	一般
陈家洋	539	0.67	424	1.32	911	5.75	3.25	0.48	9.39	0.60	7.83	一般
高岩村	2960	0.12	0	10.0	76	0.48	1.46	0.22	5.25	0.34	6.09	一般
泥洋村	4560	0.08	0	10.0	171	1.08	0.88	0.13	4.37	0.28	6.53	一般
后柘村	2925	0.12	1075	0.52	79	0.50	0.79	0.12	1.92	0.12	1.06	不紧密
柯洋村	618	0.58	1120	0.50	670	4.23	0.85	0.13	3.76	0.24	5.14	一般

0~100m 聚落分布与高程分析图   100~300m 聚落分布于高程分析图

图 3　中段沿线聚落与古道紧密度分析图

100~200m 高程中，I、II、III 的平均值最大，古道对其聚落影响程度最大（表 10~ 表 12，图 4）。

2）南古道沿线聚落地理空间分布特征

南段在整个古道中属于中海拔地段，聚落地理空间分布特征主要以散居加集聚的混合型聚落为主。

5. 福温古道及沿线闽地聚落的地理空间特征

综上，在福温古道沿线的 347 个闽地聚落中，130 个聚落与福温古道联系不紧密，占比 37.5%；100

南段沿线聚落 S、D、K_1、I、II、III 与 R 分析表　　表 10

R	K_1	S（hm^2）	C（km）	I	II	III
密切	0~400m	8	2.6	6.818	0.040	0.008
一般	400~1200m	10	2.5	6.977	0.036	0.007
不密切	1200m 以上	11	2.3	7.096	0.035	0.007

南段沿线聚落 I、II、III 数值与高程汇总表　　表 11

高程范围	0~150m	20~100m	100~200m
数量	21	5	38
占比	19%	4%	34%
I	6.44	6.47	6.85
II	0.4	0.47	0.6
III	0.008	0.008	0.011

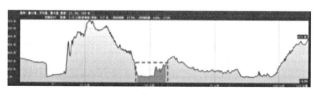

0~150m 聚落分布与高程分析图   20~100m 聚落分布与高程分析图

图 4　南段沿线聚落与古道紧密度分析图

聚落与古道紧密程度的参数化数值统计（部分）　　　　　　表 12

名称	k_1	K_1	k_2	K_2	p	D	c	C	s	S	R	结论
江家渡	376	0.96	264	2.11	583	3.68	4.64	0.69	10.02	0.64	6.54	一般
金涵村	736	0.49	343	1.63	989	3.46	4.64	0.69	10.02	0.64	5.85	一般
桥头村	4063	0.09	3554	0.16	697	3.23	4.43	0.66	5.90	0.38	4.39	不紧密
福山村	4017	0.09	3950	0.14	673	2.34	6.33	0.94	21.33	1.37	4.76	不紧密
下宅村	3770	0.10	4498	0.12	560	1.32	1.60	0.24	9.60	0.61	2.28	不紧密
塔坪村	3203	0.11	4387	0.13	340	2.15	1.81	0.27	8.89	0.57	3.10	不紧密
后山村	3923	0.09	4887	0.11	440	2.78	1.54	0.23	9.76	0.62	3.73	不紧密
古溪村	5245	0.07	6720	0.08	320	2.02	1.13	0.17	7.81	0.50	2.76	不紧密
湾亭村	193	1.87	638	0.87	440	4.78	0.39	0.06	2.72	0.17	6.38	一般
叶厝村	36	10.0	638	0.87	266	4.56	1.08	0.16	0.85	0.05	10.21	紧密
界首村	65	5.54	1	10.0	98	2.62	0.59	0.09	2.16	0.14	10.61	紧密
满盾村	631	0.57	125	4.46	76	2.48	3.49	0.52	1.04	0.07	5.58	一般
叠石村	237	1.52	1	10.0	183	3.16	3.47	0.51	4.67	0.30	9.73	紧密
北斗村	58	6.21	1	10.0	174	1.10	1.46	0.22	7.89	0.51	9.92	紧密
谷洋里	212	1.70	1	10.0	172	4.09	3.23	0.48	3.58	0.23	10.65	紧密
下湖村	69	5.22	62	9.00	169	3.07	1.40	0.21	8.40	0.54	10.92	紧密
王沙村	89	4.04	492	4.45	890	5.62	2.54	0.98	2.39	0.78	11.63	紧密
圣殿村	51	7.06	128	4.36	230	4.42	1.54	0.23	6.11	0.39	10.75	紧密
坪石村	189	1.90	419	1.33	320	2.02	2.90	0.78	2.23	0.76	5.18	一般
溪塔村	97	3.71	1	10.0	453	2.86	1.93	0.29	5.44	0.35	10.35	紧密

福温古道沿线不同行政区域的地理空间单元类型　　　　　　表 13

地理单元	行政区域 地区	时空变迁情况（个）				古道与聚落关系				聚落特征	文化内涵
		唐	宋	明	清	密切程度	Ⅰ 面积/周长	Ⅱ 面积/	Ⅲ 周长/距离		
西北端古道	柘荣段	3	10	5	5	密切	4.789	0.069	0.018	散居型聚落、区间转运型聚落	山林文化
	福鼎段	3	7	9	14						
东北端古道	福鼎段	1	2	3	2	不密切	2.465	0.038	0.015	散居型聚落、山区运输型聚落	山林文化
中部片区	霞浦段	1	2	3	2	密切	5.141	0.03	0.005	集聚型聚落、临水运输型聚落	河海文化
	福安段	12	12	40	16						
	宁德蕉城段	6	5	8	7						
南部片区	罗源段	5	6	8	8	密切	6.977	0.036	0.007	散居加集聚型聚落、军事防御型聚落	江城文化
	连江段	11	10	11	14						

个聚落与古道联系一般紧密，占比 28.8%；117 个聚落与古道联系紧密，占比 33.7%，由此可得：在福温古道沿线闽地聚落中，与古道联系一般紧密和紧密的聚落占多数。因此，可以判定在福温古道沿线的闽地聚落与古道的联系较为紧密。

另外，结合历史文献与地域行政区划，可以进一步归纳出福温古道及沿线闽地聚落的地理空间特征。①在古道西北段，沿线聚落与古道的联系十分紧密，聚落多分布在平均高程为 766m 的山间盆地和丘陵地区，以散居型聚落为主，呈现山林文化的特色，在功能上多承担着区间转运的交通驿站功能。②在古道东北段，沿线聚落与古道的联系并不紧密，聚落多分布在平均高程为 100~200m 的山腰处，以散居型聚落为主，多承担着山间转运的交通驿站功能。③在古道中段，沿线聚落与古道的联系不紧密，聚落多分布在平均高程为 156m 的山间盆地、河边滩地、海岸滩涂地区，以集聚型聚落为主，在功能上多承担着临水运输，体现出河海文化的特色。④在古道南段，沿线聚落与古道的联系较为紧密，聚落多分布在平均高程为 146m 的山间盆地、河边滩地、海岸滩涂地区，以散居加集聚的混合型聚落为主，多承担军事防御的功能，呈现江城文化特色（表 13）。

文中所有图片均为作者在谷歌地图基础上制作，表格为作者整理。

参考文献

[1] 鼎仁 . 福建省际古道探源 [J]. 安全与健康，2006（06）：51-52.

[2] 王晓敏 . 福建省古道景观保护恢复研究 [D]. 福州：福建农林大学，2009.

[3] 罗德胤 . 仙霞古道：沟通浙闽的古商道 [J]. 中国文化遗产，2015（02）：94-102.

[4] 庄晓敏，董建文 ."文化线路遗产"视域下的福建北部古道修复探索 [J]. 广东园林，2017，39（01）：9-15.

[5] 陈名实 . 闽越国时期福建古道及城堡、关隘 [J]. 福建史志，2018（05）：16-21，63.

[6] 葛剑雄，吴松弟，曹树基 . 中国移民史 [M]. 福州：福建人民出版社，1997.

[7] 林国平，邱季端主编 . 福建移民史 [M]. 北京：方志出版社，2005.

[8] 祁刚 . 八至十八世纪闽东北开发之研究 [D].

上海：复旦大学，2015.

[9] 鼎仁 . 福建省际古道探源 [J]. 安全与健康，2006（06）：53-54.

[10] 温天蓉 . 传统村落空间形态的参数化规划方法初探 [J]. 建筑与文化，2015（12）.

[11] 吴炎 . 温州市交通志 [M]. 北京：海洋出版社，1994.

[12]（清）郝玉麟 . 福建通志 [M]. 北京：国家图书馆出版社，1868.

[13] 宁德市地方志编撰委员会 . 宁德市志 [M]. 北京：中华书局出版，1995.

[14] 仔淮修，王攒，蔡芳纂 . 弘治温州府志 [M]. 上海：上海社会科学院出版社，2006.

[15] 柘荣县地方志编撰委员会编 . 柘荣县志 [M]. 北京：中华书局，2015.

[16] 白荣敏 . 福鼎文史 [M]. 北京：商务印书馆国际有限公司，2014.

[17]（清）顾祖禹 . 读史方舆纪要 [M]. 北京：中华书局，2005.

[18]（清）谭垣 . 道光年间政和县志 [M]. 福建师范大学图书馆藏稀见方志丛刊第册，1940.

[19]（清）黄鼎翰 . 福鼎县乡土志 [M]. 福鼎县地方志编纂委员会，1989.

[20] 福建省霞浦县地方志编撰委员会编 . 霞浦县志 [M]. 北京：方志出版社，1999.

[21] 福建连江县交通局 . 连江县交通志 [M]. 福建省地方志编撰委员会，1987.

[22] 李菶，章朝栻 . 连江县志（嘉庆）[M]. 清嘉庆十年刊本，2019.

[23] 周秋琦，罗建华，陈扬州 . 宁德古建筑 [M]. 福州：福建人民出版社，2014.

[24] 陈丽霞 . 温州人地关系研究 [D]. 杭州：浙江大学，2005.

福兴段古道（闽县段）沿线传统聚落的时空演变参数化实验

张　杰　杨诗雨　张乐怡

本文为国家社科基金（20BH154）、上海市哲学社会科学规划专项基金（2019ZJX002）、上海市设计学Ⅳ类高峰学科（DC17014）资助项目。

张杰，华东理工大学景观系主任，教授，博士生导师。邮箱：zhangjietianru@163.com。
杨诗雨，华东理工大学景观规划设计系硕士研究生在读。邮箱：397502908@qq.com。
张乐怡，华东理工大学景观规划设计系硕士研究生在读。

摘要：福兴古道及沿线传统聚落是我国文化遗产的重要组成部分，其古道与聚落空间结构、街巷肌理、聚落景观等均为国内翘楚，具有重要研究价值。对于沿线的传统聚落，理性科学地认知其空间演变关系对于聚落保护与发展至关重要，据此，本文基于地理单元，试探性地采用最邻近指数法、核密度估算法，参数化地解析福兴古道闽县段沿线聚落的时空演变历程。

关键词：古道；传统聚落；时空演变；参数化

福兴古道萌芽于汉晋，发展于宋代，成型于明清时期，民国以后逐步废弃，现已部分改建为国道或公路。古道始于福州三山驿，至仙游枫亭驿，途径福州闽侯、长乐、福清、兴化莆田、仙游，全长约178km。

福兴古道及沿线传统聚落在民族大迁徙、征战、交流和融合中逐步形成，呈现出较为明显的传播梯次，以及各具特色的文化现象与地理景观现象，至今仍以纵深加网络的形式展示其景观特色，形成较为典型的线性文化景观特征，因此具有极高的研究价值。对于沿线传统聚落，如何理性科学地认知其空间演变关系到聚落的保护与发展？据此，本文基于地理单元，试探性地采用文献解读法、最邻近指数法、核密度估算法等，参数化地解析福兴古道闽县段沿线聚落的时空演变历程。

一、实验方法

1. 实验对象

据《唐六典》卷三："凡陆行之程，马日七十里，步及驴五十里，车三十里。水行之程，舟之重者，溯河日三十里，江四十里，余水四十五里"[1]，可推测古人每日最少出行三十里。另据《中国经济史辞典》载："隋唐时360步为一里，每步五尺……再据文献、出土实物实测和其他实物间接推算，隋唐时，一尺相当于29.0~30.3cm"[2]，可推测一步约为1.5m，一里约为540m，则古人每日最少出行约10666步，合计16km左右。据此，本研究确定以福兴古道两侧16km范围内的沿线聚落为研究对象，共计365个（图1）。

2. 实验方法

1）文献解读法

基于历史文献的解读，梳理古道闽县段沿线聚落的始建时间，统计聚落数量，以时间维度量化沿线聚落。

2）最邻近指数法

最邻近指数法（Nearest Neighbor Index，NNI）是以随机模式的分布状况作为标准，来衡量点状要素的空间分布。最邻近距离为表示点状要素在地理空间中相互邻近程度的地理指标。基本原理是：测量每个点和其最邻近点之间的距离，用d_i表示；再通过对所有这些最邻近点的总和进行计算，求得它们的平均值，用$\overline{DO}$表示，其计算公式为：$\overline{DO} = \dfrac{\sum_{i=1}^{n} d_i}{n}$。当所研究的区域内点状要素分布为随机型分布时，其理论上的最邻近距离用$\overline{DE}$表示，其计

图 1　福兴古道沿线传统聚落闽县段放大图
图片来源：作者改绘

算公式为：$\overline{DE} = \dfrac{1}{2\sqrt{n/A}}$。

上式中：A 为所研究区域的面积；n 为点单元数。

再通过将实际最邻近距离 $\overline{DO}$ 与理论最邻近距离 $\overline{DE}$ 的比值 D 来判断点要素呈现随机、集聚或均匀三种状态。当 D=1 时，$\overline{DO} = \overline{DE}$，点单元分布为随机型；当 D＞1 时，点单元分布为均匀型；当 D＜1 时，点单元趋于凝聚分布。①

3）核密度估算法

核密度估计法（Kernel Density Estimation，KDE）是一种非参数密度估计方法。假设地理事件可以发生在空间的任一地点，但是在不同的位置上所发生的概率不同；点密集的区域事件发生的概率高，点稀疏的地方事件发生的概率就低。该分析方法可用于计算点状要素在周围邻域的密度，可以显示出空间点较为集中的地方。以此，对传统村落的聚集区域特征进行分析。[3]

二、地理单元下福兴古道的空间划分

地 理 单 元（geographical unit），是指地理因子在一定层次上的组合，形成地理结构单元，再由地理结构单元组成地理环境整体的地理系统。[4] 地理单元介于地理因子和地理整体系统之间，是约定讨论范围内地理整体的基本组成单位。[5] 福兴古道较为漫长，沿线地形地貌复杂，为了深入研究，本文借鉴地理单元的概念，以行政区作为划分依据，采用县级行政区作为地理单元，将福兴古道划分为闽县段、福清段、长乐段、莆田段、仙游段五大地理单元，以此研究古道沿线聚落的时空演变规律。

三、参数化下闽县段沿线聚落时空演变实验

1. 基于历史文献下的闽县段沿线聚落时空关系

闽县段位于福兴古道的北端，总长约 35km，途径仓山街道、城门镇、马尾镇、祥谦镇、盖山镇、青口镇等，沿线共有 62 个聚落。通过历史文献梳理结合历史地图得出：5 个聚落始建于唐代，且呈现较为均质地分布特性；宋代时新增 30 个聚落，主要分布在乌龙江南北两侧，且多集中在古道或集中偏于古道一侧，少数远离古道；元代时，聚落增长缓慢——新增 3 个，主要位于福州府城内；明代时，聚落再次急速增长，新增 17 个，乌龙江的南北两侧平原面积为聚落最密集发布区，即今仓山区城门镇和闽侯县青口镇处；清代时，聚落增长速度较为缓慢，新增 7 个，主要分布在古道较远的马尾镇上，此时部分聚落呈现出依古道密集镶嵌和部分密集在古道一侧的状态，清代闽县段古道沿线聚落格局趋向于稳定。叠加唐代至清代的聚落可得：闽县段沿线聚落的演变呈现从古道两端往乌龙江方向纵向延伸，再从古道两侧横向外扩发展的趋势（图 2，表 1~ 表 3）。

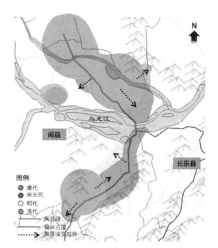

图 2　闽县段沿线传统聚落的时空演变
图片来源：作者自绘

各时期闽县传统聚落数量　　　　　　　　　　　　　　　　　表 1

时期	唐代及以前	宋	元	明	清
数量（个）	5	30	3	17	7

来源：作者自绘

---

① 参考 ArcGis10.5 中平均最近邻的"帮助"。

闽县段沿线传统聚落时空演变分析　　　　表2

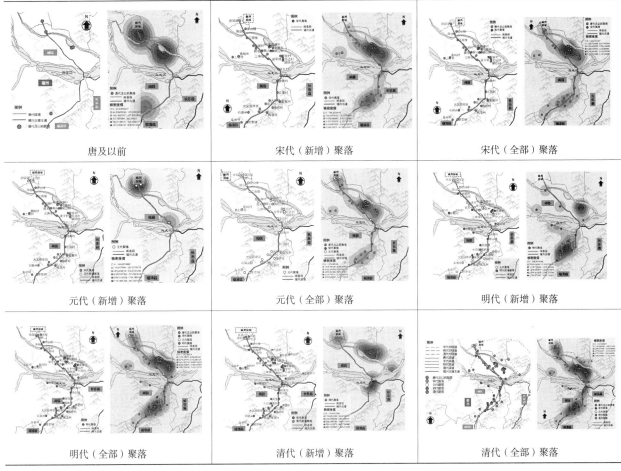

唐及以前　　　　宋代（新增）聚落　　　　宋代（全部）聚落

元代（新增）聚落　　　　元代（全部）聚落　　　　明代（新增）聚落

明代（全部）聚落　　　　清代（新增）聚落　　　　清代（全部）聚落

注：每个朝代2张图，左为聚落分布，右为聚落核密度分析
来源：作者自绘

沿线传统聚落各时期的变化情况　　　　表3

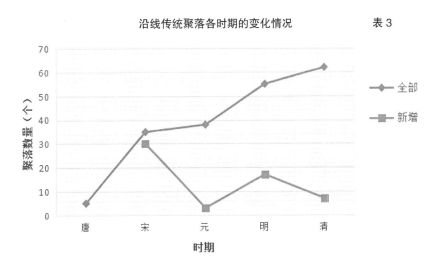

得到宋、元、明、清时期的聚落与古道距离参数（表4、表5）。

汇总各历史时期，除去样本数量太少的元代，可清晰看出：明清时期古道到聚落的步数相当于唐宋时期的一倍。由此，唐宋时期古道与聚落的可达性大于明清时期；从唐宋到明清时期古道与聚落的分布呈现出由古道内侧向外侧扩散分布的状态（表6）。

3. 最邻近指数下的沿线聚落

根据前文，唐代闽县段聚落分布较为零星，在乌龙江以北有4个，而乌龙江以南仅有1个。借助Arcgis的核密度估计法可计算出唐代乌龙江以南聚落密度远不及乌龙江以北。

2. 聚落分布与古道间的近邻分析

基于上文，通过ArcGIS10.5中的近邻分析可得聚落与古道的距离（表4）唐代及以前，聚落与古道的平均距离为1.3km，走2.4里即可从古道行至聚落，占出行每日最少行30里的8%，聚落主要分布在与古道距离0~2km的范围内。同理可以

唐代及以前闽县段古道沿线传统聚落　　　　　　　　　　　　　　　　　　　　表 4

名称	朝代	所在位置	与古道的距离	与古道的平均距离
林浦	晋	仓山区城门镇	2.3km	
石狮头村	晋	闽侯县青口镇	1.4km	
崇轺驿	唐	鼓楼区圣庙路	0	1.3km
南台（唐）临津馆（宋）	唐	台江区台江路	0	
绍岐村	唐	仓山区城门镇	2.8km	

来源：作者自绘

各历史时期古道与沿线聚落的距离关系表　　　　　　　　　　　　　　　　　　　表 5

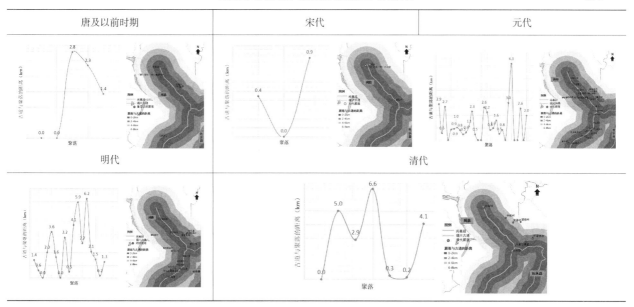

来源：作者自绘

各历史时期闽县段古道与沿线传统聚落平均距离分析　　　　　　　　　　　　　　表 6

朝代	与古道的平均距离（km）	步数（步）	里数（里）	占比（%）
唐及以前	1.3	866	2.4	8
宋	1.3	866	2.4	8
元	0.4	266	0.7	2
明	2.2	1466	4	13
清	2.5	1666	4.6	15

来源：作者自绘

各历史时期古道与聚落核密度分析　　　　　　　　　　　　　　　　　　　　　　表 7

唐代及以前	宋代	元代	明代	清代

来源：作者自绘

各时期闽县段沿线传统聚落最邻近指数表 表 8

时期	实际最邻近距离平均值（km）	理论最邻近距离平均值（km）	最邻近指数 D	分布模式类型
唐代及以前	4.82	2.86	1.69	均匀
宋（新增）	1.27	1.55	0.82	集聚
宋（全部）	1.19	1.5	0.79	集聚
元（新增）	5.63	1.21	4.65	均匀
元（全部）	1.08	1.44	0.75	集聚
明（新增）	2.37	1.85	1.28	均匀
明（全部）	0.94	1.22	0.77	集聚
清（新增）	3.79	2.25	1.65	均匀
清（全部）	1.01	1.35	0.76	集聚

来源：作者自绘

通过 Arcgis 的近邻分析法可得唐代聚落之间的最邻近距离（表 7），可知此时聚落间的最近距离差异较大，最大值为 17.5km，最小值为 0.43km，通过计算公式：$\overline{DO}=\dfrac{\sum_{i=1}^{n} di}{n}$（$di$ 为每个点和其最邻近点之间的距离，n 为点单元数），可计算出平均最邻近距离为 4.82km，因此从参数化的角度可以得出唐代聚落分布整体呈现出聚集的状态。同理可以分析其他历史时期的聚落核密度。

综上可得：从唐至明代，实际最邻近距离的平均值逐渐减小，聚落从均匀分布变成集聚分布。而明代至清代，实际最邻近距离的平均值有所降低（表 8）。

4.闽县段古道及沿线聚落时空演变结论

基于上述，可得：唐至宋代是闽县聚落数量变化最剧烈的时期，宋代至元代增长较为缓慢，明代闽县聚落数量再次剧烈变化，至清代逐渐趋于稳定。

从闽县新增聚落的曲线上看，宋代增长速度最快，这与北方汉人于唐末五代及北宋末两次大的移民潮息息相关。而元代聚落增长是所有时期中最少的，其主要原因是元军入闽后滥杀百姓，战争造成大量人口流失；且战争引起了灾荒、瘟疫等，导致人口大批死亡，所以聚落新建数量也急剧降低。[6]

第二个增长速度快的时期是在明朝，这段时期福建相对于中原地区来说偏安一隅，无论是经济发展还是社会文化水平都相当稳定。闽县作为移民入闽后继续南下的重要节点，由于前代的发展，已成为人口密集的地方，聚落新建数量有限。至清代新建聚落数量变化缓慢，闽县段古道沿线聚落的格局也趋向于稳定。由此可总结出，闽县聚落发展萌芽于唐代，发展于宋元时期，成熟稳定于明清时期。

参考文献

[1] 唐六典（卷三）[M].明刻本.

[2] 赵德馨主编.中国经济史辞典[M].武汉：湖北辞书出版社，1990：32.

[3] 梁步青，肖大威，陶金，冀晶娟，卓晓岚，黄翼.赣州客家传统村落分布的时空格局与演化[J].经济地理，2018，38（08）：196-203.

[4] 左大康主编.现代地理学辞典[M].北京：商务印书馆，1990：29.

[5] 黄裕霞，柯正谊，何建邦，田国良.面向 GIS 语义共享的地理单元及其模型[J].计算机工程与应用，2002（11）：118-122，134.

[6] 徐晓望主编.福建通史[M].福建：福建人民出版社，2006.

电影建筑学视角下山西大院文化遗产的叙事性浅析
——以《大红灯笼高高挂》为例

杜晓蕙　张险峰

杜晓蕙，大连理工大学建筑与艺术学院硕士研究生。
邮箱：510117922@qq.com。
张险峰，大连理工大学建筑与艺术学院教授。
邮箱：zhangxf@dlut.edu.cn。

摘要：山西大院是承托晋商文化的宝贵文化遗产，其中又以祁县的乔家大院最为有名。

乔家大院借助电影《大红灯笼高高挂》，通过电影媒体的视角，讲述传播了山西大院的文化生活。同时，借其影响力助旅游业振兴，完善了当地基础设施，扶助了农业等多种业态，活化片区的经济活力，拉动了当地乡村的振兴。同时，可发现电影极强的叙事性和传播力可以助推建筑文化遗产的发展与活化。本文从电影建筑学角度重释山西大院的叙事空间，重点关注入口序列和屋顶序列；通过对空间意向的总结和解读，从电影建筑视角解析山西大院建筑，从而为理解建筑遗产提供一种新角度，以期对未来山西民俗大院遗产的叙事性保护提出发展方向和参考价值。

关键词：电影建筑学；山西大院；文化遗产；重构新解

一、背景

乔家大院位于山西省祁县乔家堡村（图 1），其留存了中原商业文化与建筑文化，被列入全国重点文物保护单位。近年来，电影与建筑的学科交叉为传统建筑开拓了新的理解维度，非物质空间与实体空间碰撞出不一样的火花。实体的乔家大院承载了当地人民最真实的生活场景和建筑文化。而在电影《大红灯笼高高挂》（图 2）这种非物质空间中，导演通过电影人视角，将建筑进行了拆解和重释，为更多的人讲述了当地故事。本文通过对电影中入口序列和屋顶序列两个角度进行分析，将电影与建筑进行场景叠合拼贴，从新的角度认知山西民居的文化内核。借助电影媒体新视角反哺建筑设计，从而为传统遗产赋能，以期为相同情景下的场所营造构建提供空间借鉴与认知。

图 1　乔家大院实景
图片来源：http://www.qjdywhyq.com/list-16-1.html

图 2　《大红灯笼高高挂剧照》
图片来源：来自该电影截图

二、入口序列的新解

电影通常由拼接的脚本和有组织的分镜来进行叙事，其故事的讲述是通过人物的一、二、三人称视角来进行拼接描述。与建筑设计的宏观视角不同，电影具有更丰富的代入感和叙事性。在电影《大红灯笼高高挂》中，入口序列采用了女主角颂莲的穿行视角、旁人视角和宏观视角进行蒙太奇拼接。通过各分镜中出现的建筑元素，逐步构建起乔家大院的建筑布局，同时对场景氛围进行了营造。通过对比乔家大院的平面图和电影女主角的行为动线（图3），可重新认知大院符号的隐喻。

1. 网状的合院肌理

戈特弗里德·森佩尔说："建筑通过肌理的组合来定义社会的空间。"乔家大院是由四合院组合变形而生成的规模宏大的民居形式，其构建的是一种标准的网状秩序空间。其网状的内部形态暗含着空间的层级性和传统制度下的等级观念，本质上就隐喻了传统礼制的社会结构。因此，体现旧社会等级制度下女性悲惨命运的故事，势必会选取这个地点来诠释故事发生的场所。电影《大红灯笼高高挂》中讲述的故事与建筑时代风格高度重合，暗含着逻辑的对等。

2. 路、墙、门、窗的元素序列

路易斯·康在解读"门"的本质时，认为"门=墙=路"。大院建筑中层层相套的类迷宫空间，展示了中国传统空间的内向性。这种"庭院深深"是中国建筑的魅力所在，是一种民族审美和文化符号。

大院故事通过女主的行动线来展开。女主绕过影壁，到达乔家大院的最外层，穿越围合的夯土高墙，进入院门、步入主轴线过道。此时的纵向序列将视线的远度拉长，轴线的第一人称视角突出过道的狭长高耸。接着视线转折交代了两侧厢房的并列关系（图4），穿越门来进入扁平院落，产生入场和转场画面转换效果，扁平的庭院压缩视线平移至下一个门，引导进入边院空间。每次穿行过一道门，马上会有场景重塑的穿越感觉，自然过渡进入下一个场景。这重新诠释了大院建筑中的门和院落的关系以及门的重要性。

故事的发生和人物的对话场景一般位于轴线以及视线转折的节点区域。乔家大院的双层门楼为水平视角增加了新的层次，有视线的上摆和回转，将入口层次拉开。影壁的遮罩和门的穿越，均是从人的视角出发。从女主的视野将进入大院的一个完整序列联系起来，建立了大框架。通过建筑元素的显现和镜头的运用，将整个院落的建筑特点和氛围表达得淋漓尽致。这种电影的思维与表述方式，与建筑设计有着极强的相似性和共融度。

在乔家大院电影中，不断出现"框"元素。框将三维场景进行切片（图5），具有极强的汇集视线、引导路径的优势。但其同时具有片面性，无法体现宏观维度上的空间关系，是碎片化场景体现，中国传统园林中也有浅空间和负空间的相似概念。建筑语汇中，窗、门和缝都可看作空间投射器。电影中，为了全面塑造观者对大院的整体认知，会采取"局部＋整体"的蒙太奇镜头拼接，将二维图像和三维整体鸟瞰进行组合。在意识上借助观者的生活经验投射四维场域，从而拓宽了观者的空间维度认知。主体和客体借助四维上的补足进行交互，生成意识建

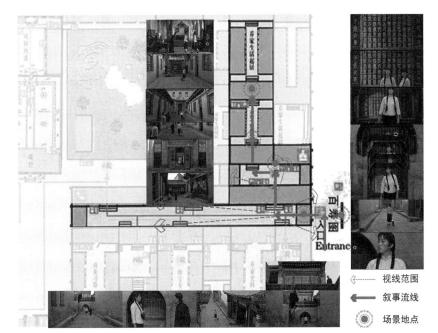

视线范围
叙事流线
场景地点

图3　入口序列镜头流线分析
图片来源：作者自绘

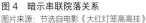

图 4　暗示串联院落关系
图片来源：节选自电影《大红灯笼高高挂》

立体主义绘画

现代主义建筑

图 5　二维和三维拼贴切片
图片来源：http://www.archcollege.com/archcollege/2018/02/39057.html

筑。在参观实体建筑时，大脑投影投射进现实空间，人视线和场景切片的局限性反而能带来建筑参观的丰富体验，人文在空间中得以激发。

三、屋顶序列的解析

1. 不同场景的行为差异

在《大红灯笼高高挂》电影中，屋顶被赋予了更深层的含义。屋顶空间为整部剧的压抑氛围提供了喘息的机会，故而许多行为场景在此发生（图 6）。乔家大院的院落轴线上，不断闪现着建筑遗产中的文化缩影，在具体的场景中，为院落赋能。

其历史和文化通过电影视角进行传播和复现。电影的组合视角和拼接，对建筑师深化场景理解大为裨益。

2. 错落的屋顶广厦

乔家大院属于晋中大院，其院落封闭保守，礼制和轴线要素极为明确，纵向高度多变。外围有 10m 高的堡墙围合，内部组合院一般为低矮的厢房和倒座房，常为单坡形式，正房为多层双坡建筑。丰富的坡顶型制结合灵活的屋顶高差，会带来多样的体验感。

当今山西大院研究中，对垂直空间和屋顶空间探究略有不足。但是屋顶极具潜力，屋顶广厦所蕴含

的可能性与丰富性为整个乔家大院增添了一份活力。由于屋顶的遮罩效果，将规整的串联大院变成迷宫似的游乐质感，人们的穿行感受变得立体和多样。运动是平面的，而视域是垂直的。当运动和视域同时塑造着多层次空间时，序列变得更为丰富和多维，得以实现空间的增殖。

屈米曾在《曼哈顿手稿》（图 7）中阐释了空间经验——空间、运动和事件的影响，尝试进行镜头转译，借助其相对位置来展现时间的变化。通过抽象传统的图示语言，从空间、运动和事件的三重符号法为工具而重构空间场景。重构和理解就运用了分镜的方法进行探究。

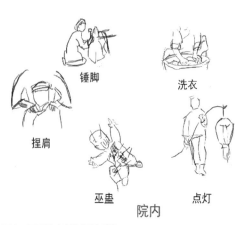

锤脚

洗衣

捏肩

吹笛

交谈

巫蛊

点灯

唱戏

院内

屋顶

图 6　屋顶院内行为活动对比
图片来源：作者自绘

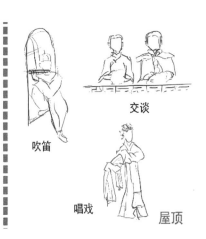
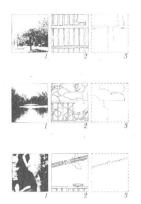

图 7　曼哈顿手稿
图片来源：https://www.zhihu.com/question/46593313?sort=created

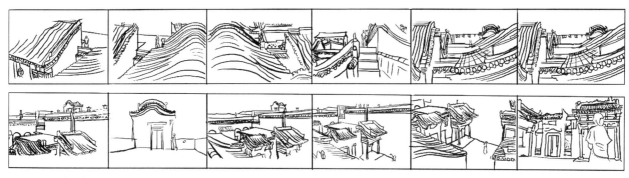

图8　屋顶活动分镜
图片来源: 作者自绘

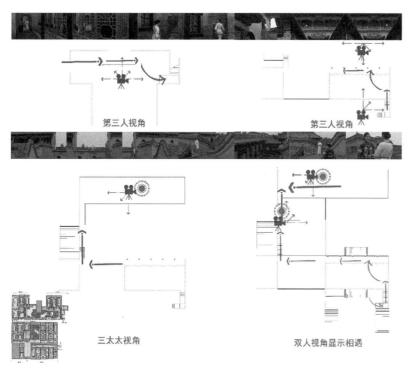

图9　行为动线和镜头视角和平面的关系
图片来源: 作者自绘

本文通过电影中对颂莲在屋顶的活动记录,将屋顶的动线与视角进行逐帧拼接,可得到其分镜组合图(图8),将其投射在建筑平面上,可得到其行为动线图(图9)。

四、发展与展望

乔家大院曾因为《大红灯笼高高挂》这部电影声名大噪,带来了当地的旅游振兴,但是由于管理失误和整体设施的滞后导致后续发展一落千丈。历史遗产价值具有核心的吸引力和巨大潜力,其承托的文化价值需要得到传播和发扬,更需要大家来保护和良好运用,这样才能获得本土人民的认可,得到旅游者的文化认同。大院建筑遗产为各种仪式活动的发生提供了物质空间,而电影具备直观的叙事性和传播能力,两种视角的叠合,会产生超越建筑本体的强大叙事力量。在分析中,对传统图示的转译提取,对于改善建筑改造乱象、转变设计角度和视野,具有实操意义。电影承托了场所记忆和故事,其精神文化意义已经脱离了物质实物本身,在精神上和大众审美对接。未来期望借助电影叙事,提取本土核心的文化基因,融入现代设计。通过转译来强化建筑的故事性,以达到场景重现的目的。

参考文献

[1]　张娜.建筑在电影中的意境建构——以大红灯笼高高挂为例[J]牡丹.2021(04):87-88.

[2]　焦晓倩,李立新,梁婷越.建筑意象对电影意境的营造——以电影《大红灯笼高高挂》为例[J]城市建筑,2019,16(34):125-129.

[3]　张烙,张烁.建筑学语境下电影《山河故人》的空间再现与重构[J]华中建筑,2020,38(02):1-4.

湘东北地区传统祠堂建筑形制浅析

汪　珊　柳　肃

摘要：湖南地区现存大量明清时期的祠堂建筑，目前对该地区祠堂建筑的研究集中在洞口、汝城等地，但不同地区间祠堂建筑形制差异性较大，尚未有人以区域为线索展开研究。湘东北地区位于三省交界处，外来移民在此修建了大量的祠堂建筑，目前对该区域的研究主要集中在以"大屋"为焦点的民居研究上，对祠堂建筑研究不多，因此笔者选择湘东北地区祠堂建筑作为研究对象。通过查阅资料和实地调研，不仅对该区域祠堂建筑进行研究，还将其与相邻地区祠堂建筑对比分析，以丰富湖南地区祠堂建筑的研究，为后续的保护提供参考。

汪珊，湖南大学建筑学院硕士研究生。邮箱：394503031@qq.com。
柳肃，湖南大学建筑学院教授，博导。邮箱：liusu001@163.com。

关键词：湘东北；传统祠堂；平立面形制

一、湘东北地区历史背景

湖南通常被划分为湘中、湘北、湘西、湘南、湘东五个区域。其中，湘北即常德、岳阳地区，湘东为长沙市辖的浏阳市、株洲市下的醴陵市、攸县、茶陵、炎陵等地。本文所定义的湘东北为湖南东北部地区岳阳、长沙浏阳区域。

《宋季兵事》中有记载："宋德祐二年（1276 年），元兵破潭（潭州，今长沙），浏遭迁屠殆尽，奉诏招邻县民实其地。"之后，浏阳多次涌入了大量的外来移民，"至元代元贞元年（1295 年），浏阳户口大增，建制由县升为州"。湘东北地区位于三省交界处，多为来自江西北部的移民。有学者整理出江西往湖南移民的其中一条线路即以南昌（豫章）为主要出发地，经修水、铜鼓穿过幕阜山进入平江、浏阳一带。本文所研究的湘东北地区祠堂集中在岳阳平江、浏阳地区。

1. 湘东北遗存宗祠建筑概况

湘东北地区现存大量的宗祠建筑，建筑形制保存得较为完整。据建设志记载，新中国成立初期以前，平江内有 114 座祠堂，到 2007 年还遗留有 65 座古祠堂。浏阳乡间也遗存了大量的宗祠，其中约 30% 为近年新建，可见修祠堂的传统一直在传承。但目前对该区域的研究更多集中在对"大屋"的民居建筑研究上，只有《平江县古祠堂建筑特点研究》一文对该区域内的宗祠建筑进行了研究。

2. 祠堂建筑

祠堂不等于祠庙建筑，祠庙建筑所涉范围更广，除了祭祀祖先的祠堂建筑外，还包括祭祀著名人物的名人祠庙。湖南很早就有建祠庙的历史，汉代《楚辞章句》中就有"楚有先王之庙及公卿祠堂，图天地山神川灵琦玮诡异及古贤圣怪物行事"。《礼记·曲礼》提到"君子将营宫室，宗庙为先，厩库为次，居室为后"，可见，宗庙自古以来在建筑中就占有重要地位。

史书上对祠堂建筑的形制早有记载。《朱子家礼·祠堂》（图 1）有载，"祠堂之制，三间，外为中门，中门外为两阶，皆三级。东曰阼阶，西曰西阶，阶下随地广狭，以屋覆之，令可容家众叙立。又为遗书、衣物、祭器库及神厨于其东，缭以周垣，别为外门，常加扃闭"；《朱子语类》中进一步提到，"古命士得立家庙。家庙之制，内立寝庙，中

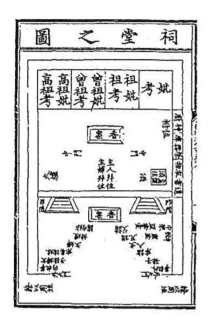

图1 《性理大全》本《朱子家礼》中的祠堂
图片来源：张力智.兰溪祠堂形制的学术（儒学）源流[J].
建筑史，2014（02）.

立正庙，外立门，四墙围之"。即小型祠堂为一进，其中"阶下随地广狭，以屋覆之，令可容家众叙立"可理解为根据寝殿前面积的广狭，建有

容纳更多人参与祭祀的建筑空间，即享堂。学界对祠堂实例的研究成果已较为丰硕，史料在实物上得到了进一步的佐证，即祠堂的基本形制为"门厅－享堂－寝堂"。

3.研究对象概况

虽然我们今天还能在湘东北地区看到一定数量的宗祠建筑，但大部分已经过改建甚至重修。笔者从中挑选了几个保存现状较为完整的清代宗祠建筑作为研究对象，通过文献搜集和实地调研资料获取了湘东北地区的宗祠建筑的相关信息，尝试从平、立面入手研究宗祠的建筑形制。

二、湘东北地区宗祠建筑分析

自明嘉靖年间起，朝廷认识到宗族对社会稳定的重要作用，即下诏"许民间皆得联宗立庙"，祠堂成

为民间普遍的建筑。虽然官方对"品官"宗祠的基本制式有规定，但建筑形制往往还受到地域、文化、社会、宗教等多种因素的影响，因此湘东北在历代大量的移民背景下，其宗祠建筑也体现了一些异于其他地区的特征。

1.平面形制

从平面布局上来看，湘东北地区宗祠建筑平面形制（表1）主要有两种，"门厅－享堂－寝堂"形和"门厅－寝堂"形。通常认为"门厅－寝堂"的一进院落规模小于"门厅－享堂－寝堂"的多进院落，但在湘东北地区，"门厅－寝堂"平面的规模往往大于后者。

"门厅－寝堂"形制即前部为门厅，后部为供奉祖先的寝堂，兼具祭拜的功能。较为特殊的是湘东北地区"门厅－寝堂"形平面中多

			湘东北地区部分宗祠信息					表1
名称	建筑规模	平面形制	名称	建筑规模	平面形制	名称	建筑规模	平面形制
浏阳地区								
蔺氏宗祠	440m²		李氏宗祠	2000m²		张氏家庙	780m²	
平江地区								
方氏宗祠	4587m²		余氏家庙	2300m²		江氏宗祠	741m²	

来源：笔者自绘，其中浏阳地区平面图为作者自绘、平江地区平面图为作者改绘。

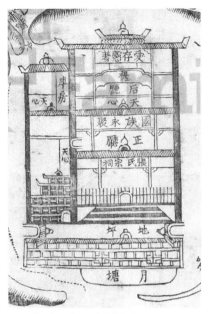

图 2 《浏南山斗张氏族谱》祠堂图
图片来源：（清·道光）浏南山斗张氏族谱 [M].

图 3 葡氏宗祠
图片来源：作者自摄

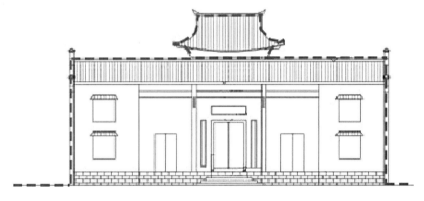

图 4 江氏宗祠正立面
图片来源：作者改绘

图 5 浏阳柘溪李氏宗祠
图片来源：作者自摄

有罩亭。罩亭通常位于中轴线上，平面为 4 根柱子围成的正方形，面积较小，遮蔽风雨的同时能容纳更多的人参与祭祀活动，类似享堂的功能，也叫享亭。其中一种罩亭在屋顶上通过连廊与前后左右建筑相连，屋顶形成"田"字形布局，平面形成 4 个天井。另一种是罩亭在门厅、寝堂间，因距离较近，没有"十"字形连廊，屋顶形成"工"字形，平面为两个天井。笔者在实地调研中发现，浏阳的张氏家庙有罩亭，但查阅《浏南山斗张氏族谱》发现此谱中记载的祠堂图并未出现罩亭（图 2）。因此，笔者猜测张氏家庙可能为了满足更大的祭祀空间，参考同区域内的其他宗祠建筑加建了罩亭，变成了现在的平面，即湘东北地区平面布局受到了所在地区其他宗祠平面的影响。

2. 立面形制

湘东北地区祠堂立面可分为整体式（图 3、图 4）和三段式（图 5、

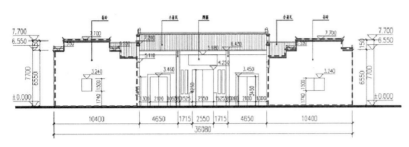

图6　方氏宗祠正立面
图片来源：作者改绘

图6）两种。整体式即正立面整体在一个完整的传统屋顶之下，其中平江地区整体式宗祠的罩亭位置通常较高，罩亭在立面轮廓上常常处于视觉中心。三段式即中间段为三开间的入口门廊，左右两段为封火山墙，该做法将立面分成纵向三段，两段的封火山墙基本不做装饰，只在檐口局部有泥塑或彩绘装饰。

湘东北地区三段式立面的宗祠建筑数量不少。从建筑规模上看，三段式祠堂的规模通常大于整体式立面形制的祠堂。建筑立面是建筑性格最直观的展现，笔者认为，因为宗祠建筑极强的内向性，为了和较大尺寸的平面相适应，湘东北地区产生了这种三段式封火墙立面。三段式立面下又对应了两种形式的平面：一种是中路为祭祀轴，两侧通过封火山墙和天井隔开，左右布置辅助房间，祭祀和辅助用法三路轴线十分清晰，如浏阳李氏宗祠、张氏家庙；另一种是中间一开间或三开间是正厅，辅助用房作为厢房直接布置在四周，围绕着中间的祭祀空间。虽然立面上都体现为三段式，但因内部的辅助用房布置差异较大，使用流线不同，对宗祠的整体仪式空间也有一定影响。

3. 小结

通过对祠堂建筑平、立面的分析，可以看出湘东北地区宗祠建筑形制有一定的地域特色。如"门厅－寝堂"平面形制的宗祠建筑中，都有罩亭的出现，从该功能上看，罩亭既解决了享寝合一祭祀空间不够的问题，同时两侧的天井也满足了采光通风需求。立面三段式的横向展开，展现了宗祠建筑的规模之大；整体式上部有罩亭凸出，吸引了外部人流的视觉焦点，无一不为了展现出家族的气派。

三、与其他地区建筑对比

1. 与湘东北民居建筑的对比

湘东北民居较为著名的是"大屋"建筑，村落多以"大屋"或祠堂为中心向外扩张。目前保存较完整的有桃树湾古民居、锦绥堂、张谷英大屋等。在"大屋"民居中也有祭祀空间的布置，"大屋"通常以堂屋为中心，在堂屋后端设有供奉祖先的神龛，大屋平面围绕堂屋布置。堂屋是家族平时活动的公共空间，也承担有一定的祭祀功能。以桃树湾古民居为例，中路建筑中，前厅和中厅间有罩亭连接，后厅有

神龛，此种布局和湘东北地区的宗祠建筑一样。

2. 与省内其他区域宗祠建筑对比分析

湖南地区宗祠建筑广布，现有遗存主要集中在汝城、洞口等地。汝城等湘南地区宗祠的立面在湘东北基础上加了一个如意斗栱的木门楼，虽然建筑整体规模都不大，但精美繁杂的门楼给建筑多了一份气派。洞口等湘西南地区的宗祠入口多为砖石砌筑的牌楼式，入口开门的位置不再做"凹肚式"退让，门厅从平面上看为"一"字式，牌楼上装饰有各种彩绘泥塑，极尽奢华；因内部房间众多，除了基本的祭祀空间外，两侧还有供人居住的厢房；建筑整体体量十分巨大，立面也铺开得更高大。与湖南其他地区宗祠建筑的立面相比，湘东北地区就显得较为低调，三段式立面虽然在左右两段的封火墙形态上有变化，但中段门屋通常以简单的两坡屋顶形式呈现，其他也少做装饰刻画。

3. 与江西地区宗祠建筑对比分析

湘东北地区毗邻江西地区，历史上湖南地区多为江西移民，现在的湘东北地区仍为赣语区，不得不让人将湘东北地区的宗祠建筑与江西地区联系起来。笔者整理资料发现，湘东北地区宗祠建筑与江西吉安地区有很大的相似之处，比如罩亭的应用，但不同的是，吉安地区的罩亭和享堂连在一起，类似"抱厦"，通常形成"品"字形，相当于享堂的补充功能，享堂后面是"天井－寝堂"，罩亭前是"前坪－门厅"。而湘东北地区的罩亭直接在寝堂前

部，有罩亭的宗祠通常没有单独的享堂，且前部没有开敞的前坪空间，罩亭通过连廊或直接与门厅相接。

四、小结

笔者通过整理文献和实地调研，分析了湘东北地区部分祠堂建筑的平、立面形制，并将该区域内的宗祠建筑与其他地区建筑、其他民居类型作对比分析，丰富了湘东北地区宗祠建筑的区域特性。但不足的是，本文只对建筑形制作了浅要分析，研究过程中笔者发现，大量的族谱中都有对祠堂建筑的记

载，如浏阳的陈氏宗祠现存平面只有一进，立面上看也很朴素，历史记载它的槽门在 70 年代曾被拆除，结合祠堂图（图 7）可以清楚看到之前它不仅有丰富的立面，建筑右侧还有厨房等附属房间。内部现在精美的斗栱（图 8）和现状立面（图 9）或许不那么协调，但结合祠谱图的记载或许更能解释内部斗栱的存在。我们今天看到的传统祠堂和历史上相比，或多或少都发生了一定的改变，作为研究者，我们不应该仅停留在对现状的静态研究上，也应适当进行历时性研究，希望本文能抛砖引玉，让学者们关注大

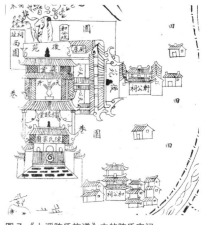

图 7 《七溪陈氏族谱》中的陈氏宗祠
图片来源：（民国）七溪陈氏族谱 [M].

量族谱中对祠堂信息的记载，丰富祠堂建筑的研究，进一步保护祠堂建筑。

图 8 陈氏宗祠梁架
图片来源：作者自摄

图 9 陈氏宗祠现状外立面
图片来源：作者自摄

参考文献

[1] 郭谦 . 湘赣民系民居建筑与文化研究 [M]. 北京：中国建筑工业出版社，2005.

[2] 张力智 . 兰溪祠堂形制的学术（儒学）源流 [J]. 建筑史，2014（02）.

[3] 李杨文昭 . 平江县古祠堂建筑特点研究 [D]. 长沙：湖南大学，2016.

[4] 中共长沙市委宣传部 . 浏阳历史建筑 [M]. 长沙：湖南人民出版社，2017.

[5] 李晓峰，谭刚毅 . 两湖民居 [M]. 北京：中国建筑工业出版社，2010.

[6] 罗兴姬 . 明清赣中吉安地区祠堂地域性建筑形制样式 [J]. 华中建筑，2019,37（02）.

常州府明清祠庙厅堂平面形制特征探析

蔡　军　倪利时

本文系国家自然科学基金面上项目（51978394、51578331）的阶段性研究成果。

蔡军，上海交通大学设计学院教授、博士生导师，中国城市治理研究院研究员。邮箱：cjun@sjtu.edu.cn。

倪利时，上海交通大学设计学院博士在读。邮箱：365903390@qq.com。

摘要：本文以常州府明清祠庙中35座代表性厅堂为主要研究对象，通过史料分析及田野调查，采用类型学、定性与定量分析等研究方法，探讨了常州府明清祠庙的总体布局、厅堂平面形状、构成和尺度特征。此研究的开展，可对江南地区祠庙研究进行一定的补充，为江南地区传统建筑大木构架设计体系的区划和谱系，特别是传统建筑的地域性保护及传承奠定理论基础。

关键词：常州府明清祠庙；厅堂；平面形制；特征

常州府古名毗陵、晋陵[①]，元朝改为常州路，隶属浙西道。明清时期改"路"为"府"，受南直隶管辖。明清常州府下辖武进县、无锡县、宜兴县、江阴县，相当于现今的常州市市辖五区（武进区、新北区、钟楼区、天宁区、戚墅堰区）及无锡市、宜兴市、江阴市。常州府是吴文化的核心，即"中吴"，素有"中吴要辅""三吴之善地"的美称，是吴地重要组成部分。[②]

祠庙也可称为祠堂、宗庙。《辞海》中对祠庙的解释为"祠堂，庙堂"，泛指除宗教寺观的祭祀场所，即用于祭祀祖宗、先贤或神灵的房屋。祠庙根据其祭祀对象可以分为三类：一为神祇祠庙，用于祭拜自然和神灵，如山川、天地、日神、月神、城隍神等；二为圣贤先哲祠庙，用于祭拜有特殊贡献的人，如帝王、孔子等；三为宗祠祖庙，是帝王、平民用于祭祀祖先的场所。[1]"厅""堂"在《辞海》中有各自的解读：厅为会客、宴会、行礼用的房间；堂则为堂屋、正屋、正堂。厅堂则指建造在建筑组群纵轴线上的主要建筑。[2]本文中的祠庙厅堂主要是指享堂、寝堂，为祠庙中的二、三进建筑，举行祭祖仪式、宗族议事和安寝神灵的主要场所。其作为祠庙中最具仪式感的建筑，具有地位高、空间大、陈设考究的特点。明清时期常州府社会经济繁荣、大肆营建祠庙，无锡著名的惠山祠庙群便是在这个时期进入鼎盛。明清时常州祠庙曾达到1100多座，祠庙文化浓厚而丰富。[3]本文以明清时期常州祠庙厅堂为研究对象，对祠庙总体布局、厅堂平面形状、构成、柱网分布和尺度进行分析，以探析祠庙厅堂的平面形制特征。

目前关于常州府祠庙的研究，主要体现在针对常州府无锡地区祠庙群空间、装饰，以及个别祠庙建筑木构架特点的总结；也有关于其他地区，如常州、宜兴个别祠庙的局部研究。但从常州府整体地域视角，对祠庙厅堂平面形制的专

---

① 春秋季札封地延陵。西汉高祖五年（公元前202年）改延陵为毗陵（今常州），并置毗陵县。西汉时期王莽当政时改毗陵为毗坛，东汉建武元年时又复称毗陵。西晋惠帝永兴元年（公元304年）为避东海王越世子毗讳，改毗陵为晋陵。顾炎武．肇域志[M]．上海：上海古籍出版社，2004：59-60.

② 司马迁《史记》卷三十一·吴太伯世家第一："吴太伯，太伯弟仲雍，皆周太王之子，而王季历之兄出。……太伯奔荆蛮，自号勾吴。"商武乙（约公元前12世纪），古公夫（周太王）长子泰伯禅让王位避居江南，在无锡梅里建"勾吴"国，并确定了以太湖为中心的疆域范围。

题性研究尚不多见。① 通过进行大量文献分析、田野调查、匠人访谈等，结合 35 座常州府祠庙厅堂典型案例（图 1）②，分析祠庙建筑群总体布局、厅堂平面形状、构成、柱网分布及尺度等，以期总结明清时期常州府祠庙厅堂的平面形制特点。本研究的开展，旨在对江南地区祠庙研究进行一定的补充，为江南地区传统建筑大木构架设计体系的区划和谱系，特别是传统建筑的地域性保护及传承奠定基础。

一、总体布局

常州府明清祠庙通常有祠门、享堂、寝堂等主体建筑。此外还有厢房、廊庑等作为辅助用房。常州

府明清祠庙建筑总体平面布局大致可分为 5 类。①单栋式祠庙，如宜兴陈氏宗祠。此类祠庙基本仅设享堂，总体布局单一。单栋式祠庙数量较少，在调研案例中仅占 7%。②一进式祠庙，如常州恽氏宗祠。主要建筑为享堂，配以祠门以围合成一个院落空间，整体布局相对紧凑。一进式祠庙在调研案例中占比 29%。③二进式祠庙，由享堂、寝堂、祠门组成，侧翼也可能会设有供祠丁起居用的附房、别院等，如江阴沈氏宗祠。二进式祠庙最为常见，在调研案例中占比 43%。④多路多进式祠庙，如无锡王恩绥祠。建筑群体量较大，一般中路为三进或四进院落空间，左右分两路或一路，呈一进或二进式院落，甚或与中路

呈一定角度。多路多进式祠庙布局较灵活，秩序优美，尤为别致。在调研案例中，多路多进占比 14%。⑤灵活布局式祠庙，如无锡杨四褒祠。由多路或零散建筑自由组合而成，布局灵活多变。此类祠庙在调研案例中占比 7%（表 1）。

可见，总体布局为二进式或一进式祠庙在常州府中最为普遍，两种布局形式都包含了祠庙的主要功能建筑，是较为常规的祠庙布局类型，合计占调研案例的 72%；单栋式与灵活布局式最为少见，均占比 7%。单栋式过于简朴，不能充分反映出祠庙的气势；而灵活布局式祠庙占地较大且需建造者具有更强的经济实力。多路多进式则居于中间地位，占比 14%。另外，常州府明清祠庙布局以对称的中小型居多，且不论何种布局类型，其院落及建筑都围绕中轴线进行规划和组织，强调主次关系，遵循中国传统思想中"长幼尊卑""宗归族训"的礼制观念[4]。

二、厅堂平面形状

祠庙厅堂的平面形状会直接影响到其面阔进深、柱网排布、梁架结构等，对厅堂室内整体空间布局和功能划分亦具有非常重要的作用。我国古典建筑史料，如《营造法式》

图 1　研究对象分布示意图
图片来源：作者自绘

● 常州府明清祠庙厅堂

---

① 目前常州府祠庙厅堂的相关研究文献集中于无锡地区。主要分为以下几个方面。一为关于无锡祠庙文化、装饰的研究，代表性成果有：许燕 . 以无锡惠山祠堂群为例谈祠堂建筑文化及保护 [J]. 山西建筑，2018，44（18）：19-20；张健，秦园 . 无锡惠山古镇祠堂群建筑装饰的地域特征探析 [J]. 山西建筑，2019，45（18）：165-166。二为关于无锡祠庙建筑群空间、景观的研究，代表性的成果有：胡刚 . 无锡惠山古镇祠堂群外部空间研究 [D]. 厦门：华侨大学，2014；吴惠良，夏泉生 . 无锡惠山古镇的祠堂建筑群 [C]. 中国民族建筑研究会，2002：12；朱蓉，王文姬，王琛 . 无锡近代园林营建特征研究 [J]. 中国园林，2017，33（03）：109-114。此外，关于无锡典型祠庙单体建筑的研究，则重点对其平面形制、大木构架、构件细部进行了较详尽的分析。如：郭珩 . 无锡梅村泰伯庙及相关祠庙建筑研究 [D]. 上海：同济大学，2004；周晓菡 . 建构视角下的无锡宗祠建筑构造特征研究 [D]. 无锡：江南大学，2017；等等。而常州府其他地区（如常州、宜兴、江阴等）则主要以祠庙的介绍性成果为主。
② 建筑实例的选取标准主要遵从以下三点：第一，已被列为国家、省及市级保护单位的常州府明清祠庙；第二，建于明清时期，保存完整或经过良好的修复后基本保持原状，室内大木构架可直接观测；第三，具有一定的代表性。

常州府明清祠庙总体布局类型表 表1

类型	单栋式	一进式	二进式	多路多进式	灵活布局式
简图	享堂	享堂 祠门	寝堂 享堂 祠门	寝堂 其他 享堂 其他 祠门	前厅 享堂 其他 其他 潜庐 前厅 草堂(寝堂) 其他 戏台
实例	陈氏宗祠	恽氏宗祠	沈氏宗祠	王恩绶祠	杨四褒祠

来源：作者自绘

《工程做法则例》《营造法原》等书中关于厅堂平面形状，并没有明确的记载，但从其记载文字中可大致推断厅堂平面形状以矩形居多。调研的常州府明清祠庙厅堂案例中，少数由于所处环境的限制、造型的需求或其他原因，尚有呈现平行四边形、凹字形、工字形及矩形挖角等异形平面。但通过分析，均可归结为由"矩形"这一基本形状演变而成（图2）。

矩形平面规整、方正朴实，此类平面形状的祠庙厅堂在常州府占主导地位，亦可视为演变其他平面形状的基本型。常州府明清时期祠庙厅堂平面由基本型"矩形"演变出以下四种不同的平面类型：平行四边形、凹字形、工字形及矩形挖角。"平行四边形"的平面形状较为少见，无锡蒋中丞祠各厅堂平面为本研究调研案例中仅有的平行四边

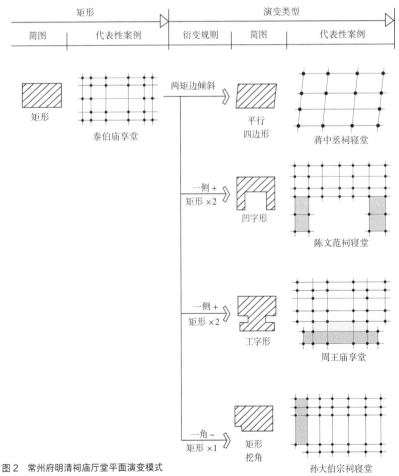

图2　常州府明清祠庙厅堂平面演变模式
图片来源：作者自绘

形。该祠庙的区位图显示其用地即为平行四边形，显然，设计者为与用地呼应，巧妙地将祠庙各厅堂（祠门、享堂、寝堂）的平面形状乃至院落均采用平行四边形，与基地高度协调（图 3）。"凹字形"由矩形平面边间同侧延伸出两个矩形空间而形成，如无锡陈文范祠寝堂。延伸出的两个矩形空间类似于厢房，但内部与主体建筑相通，且共同围合出一个相对封闭的院落，并在入口处设阶梯以提升其仪式感（图 4）。"工字形"则是在矩形平面一侧中间部位加两个大小不等的矩形空间，如宜兴周王庙。其享堂为工字殿，采用"工字形"的平面形状[①]（图 5）。此外，还可通过将矩形平面的一角挖去，形成"矩形挖角"的平面形状，如无锡孙大伯宗祠寝堂。该建筑为两层，主体空间的左边辅加了一个小的矩形空间作为上下楼的楼梯井，从而形成"矩形挖角"平面形状（图 6），这样既保证了祠庙主体空间的完整性和通透性，也解决了垂直交通问题。

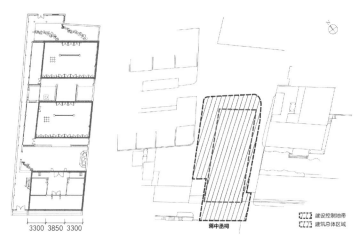

图 3　蒋中丞祠各厅堂"平行四边形"平面及区位图
图片来源：作者根据无锡市园林设计院有限公司提供图纸描绘

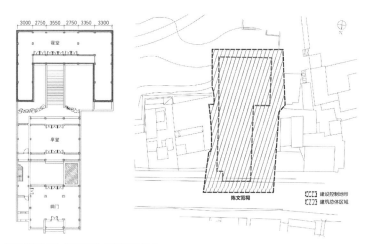

图 4　陈文范祠寝堂"凹字形"平面及区位图
图片来源：作者根据无锡市园林设计院有限公司提供图纸描绘

三、厅堂平面尺度

传统建筑柱网分布由面阔（开间）方向和进深方向所构成。面阔方向与开间数密切相关，进深方向则主要取决于结构类型及构架模式。首先来看常州府明清祠庙厅堂的开间数。本研究中选定的 35 座厅堂案例中，三开间的为 21 座、五开间

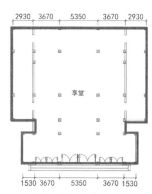

图 5　周王庙享堂"工字形"平面
图片来源：作者自绘

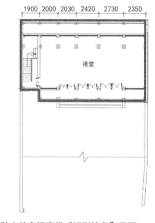

图 6　孙大伯宗祠寝堂"矩形挖角"平面
图片来源：作者根据无锡市园林设计院有限公司提供图纸描绘

---

① "工字形"平面在建筑史料中亦有所记载。如《工程做法则例》中的卷 13"五檩川堂大木"中的"川堂"既指"工字形"平面的中间连接部分，与它前后相连的建筑可称为前后房。"工字形"平面在我国古典建筑中仍可见到实例，如苏州城隍庙工字殿。宜兴周王庙享堂平面形状虽也可称为工字形，但与以上两例存在较大区别。其在主体建筑前部增加两个面阔不同的廊，但并非用"川堂"。其目的可设想为创造层次分明的过渡空间，增加祠庙建筑的进深感。显然，周王庙享堂的"工字形"平面已经弱化，似可由此推断香山帮木作营造技术在常州府的流传与变迁。

的为 11 座、四开间的为 1 座、六开间的为 2 座。大约在周代（公元前1046 年）开始强调中轴线以后，建筑中出现奇数间，并且一直延续至今，特别是官式建筑特别强调开间为奇数，但在民居和宗教建筑中仍有偶数间存在。《鲁班经》中记载"一间凶、二间自如、三间吉、四间凶、五间吉、六间凶、七间吉、八间凶、九间吉"，由此可见，中国民间比较认可奇数间，但偶数间如为两间也是可以的，其原因为"一为孤阳，二为两仪，即阴阳

综合"。其次，所调研厅堂的结构类型，正贴均为抬梁式，边贴则为穿斗式（表 2）。①

1. 面阔（开间）方向

常州府明清祠庙厅堂面阔的开间数量以奇数为主，也有少数为偶数，开间数有三开间、四开间、五开间及六开间，其中三开间最多。三开间厅堂呈完全对称式，正间大于边间，且左边间与右边间相等。如宜兴城隍庙享堂，其各开间比值为

0.89∶1∶0.89。五开间厅堂中，虽正间仍为最大，但次间和边间则更为灵活，可呈完全对称式或非对称式。首先，完全对称式为正间大于次间、次间大于边间，且左次间等于右次间、左边间等于右边间，如宜兴周王庙享堂，其各开间比值为 0.55∶0.69∶1∶0.69∶0.55；也有较少厅堂为非对称式，为正间大于右边间、右边间大于次间、次间大于左边间，如无锡唐襄文祠享堂，其各开间比值为 0.76∶0.89∶

常州府明清祠庙厅堂平面构成分类表　　　　　　　表 2

开间数	开间大小	案例	平面简图	开间比值	正贴构架模式	进深比值
3 开间	正间 > 边间	城隍庙享堂		0.89∶1∶0.89		0.76∶1∶0.46∶0.38
5 开间	正间 > 次间 次间 > 边间	周王庙享堂		0.55∶0.69∶1∶0.69∶0.55		0.74∶0.65∶1∶0.34∶0.5
5 开间	正间 > 右边间 右边间 > 次间 次间 > 左边间	唐襄文祠享堂		0.76∶0.89∶1∶0.89∶0.90		0.38∶1∶0.58
4 开间	右正间 > 左正间 左正间 = 右边间 右边间 > 左边间	倪云林先生祠寝堂		0.76∶0.92∶1∶0.92		0.34∶0.5∶1∶0.34
6 开间	右次间 > 右正间 右正间 > 右边间 右边间 > 左正间 左正间 > 左次间 左次间 > 左边间	孙大伯宗祠寝堂		0.79∶0.83∶0.84∶1∶1.13∶0.97		0.3∶0.26∶1∶0.26

来源：作者自绘

---

① "贴"是指一榀木架，含柱、枋、梁等构件，是《营造法原》及江南一带术语。在正间使用的贴式为"正贴"；在次间或山墙的贴式为"边贴"。参见：祝纪楠.《营造法原》诠释 [M]. 北京：中国建筑工业出版社，2012：8.

1 : 0.89 : 0.90。

面阔为四开间和六开间的厅堂亦较为少见。有趣的是，四开间厅堂为非对称式，即右正间大于左正间、左正间等于右边间、右边间大于左边间。如无锡倪云林先生祠庙寝堂，其各开间比值 0.76 : 0.92 : 1 : 0.92。六开间厅堂各开间更为灵活，规律性极弱。如无锡孙大伯宗祠寝堂，其各开间比值为 0.79 : 0.83 : 0.84 : 1 : 1.13 : 0.97。

2. 进深方向

常州府明清祠庙厅堂进深方向构架样式较为丰富。一般正贴为抬梁式，边贴为穿斗式，现仅以正贴为例来说明。厅堂正贴构架样式均可归结为由主体空间、轩、廊、单步（双步）构成[1]。主体空间则为内四界、五界回顶或六界[2]。其中，主体空间为内四界的厅堂最为多见，正贴构架模式以"廊 / 轩 / 双步 + 主体空间 + 廊 / 轩 / 双步"为基础。如

无锡唐襄文祠享堂，其正贴构架模式为"轩 + 内四界 + 后双步"，进深方向柱间比值为 0.38 : 1 : 0.58。在此基础上，前或后再加双步 / 廊 / 轩，如无锡倪云林先生寝堂正贴构架模式为"廊轩 + 内轩 + 内四界 + 后廊"，其比值为 0.34 : 0.5 : 1 : 0.34；宜兴城隍庙享堂则为"轩 + 主体空间 + 双步 + 后双步"，进深方向柱间比值为 0.76 : 1 : 0.46 : 0.38。此外，主体空间为内四界的厅堂中还有较为特殊的"攒金"样式，即将内四界中后檐一界深的金童柱直落地面，把四界大梁拆分成前三界梁和后一界短川两部分，此做法在《营造法原》中有所记载[5]。在调研的 35 个案例中仅有一例，为宜兴周王庙享堂。由此，将主体空间内四界分解为"三界 + 一界"，其正贴构架模式为"廊轩 + 内轩 + （三界 + 一界）+ 后廊"，其进深方向柱间比值为 0.74 : 0.65 : 1 : 0.34 : 0.5。

四、结论

通过研究发现，常州府明清祠庙总体平面布局大致可分为 5 类——单栋式、一进式、二进式、多路多进式及灵活布局式，以一进式、二进式总体平面布局形式最多。而祠庙中厅堂平面形状则有矩形、平行四边形、凹字形、工字形及矩形挖角等，且均以矩形为原型演变而成。厅堂开间数有三开间、四开间、五开间、六开间。三开间厅堂平面最为规整、对称；五开间厅堂则存在正间大于边间、边间大于次间的现象。特别的是，常州府明清祠庙厅堂尚有四开间、六开间现象存在，且开间尺度非常灵活。进深方向的正贴均为抬梁式，边贴则为穿斗式。正贴构架模式则以"前廊 / 轩 / 双步 + 主体空间 + 后廊 / 轩 / 双步"为基础，根据建筑体量、空间、功能等需求，再适当增加构成元素，如廊、轩、单步、双步等。

参考文献

[1]　王鹤鸣 . 中国祠堂通论 [M]. 上海：上海古籍出版社，2013：252.

[2]　王效青 . 中国古建筑术语词典 [M]. 太原：山西人民出版社，1996：58.

[3]　夏泉生，罗根兄 . 无锡惠山祠堂群 [M]. 长春：时代文艺出版社，2003：10.

[4]　王鹤鸣 . 中国祠堂通论 [M]. 上海：上海古籍出版社，2013：131.

[5]　姚承祖原著；张至刚增编；刘敦桢校阅 . 营造法原 [M].2 版 . 北京：中国建筑工业出版社，1986：103.

① 单步、双步，是衔接室内外的主要过渡空间，装饰性较弱，设于厅堂的前部或后部。单步有时可作为廊。轩具有很强的装饰作用，进深一界或二界，也有重复筑轩的情况，外部为"廊轩"，内部为"内轩"。参见：祝纪楠 .《营造法原》诠释 [M]. 北京：中国建筑工业出版社，2012：8-10.

② 两桁条之间的横向距离称之为"界"，内四界、五界回顶、六界指传统建筑主体空间的进深跨度，即两步柱之间的单位距离。参见：祝纪楠 .《营造法原》诠释 [M]. 北京：中国建筑工业出版社，2012：355.

重庆巴渝传统书院空间文化遗产初探

舒 莺 何月娥 胡馨月

舒莺，四川美术学院副教授。邮箱：
618653@qq.com。
何月娥，四川美术学院在读研究生。
胡馨月，四川美术学院在读研究生。

摘要：重庆地区巴渝传统书院发展历史久远，形成了一批具有地方特色的空间文化遗产，是具有浓厚传统地域文化内涵的承载体，对其建筑历史和空间建构进行挖掘，重新评价其文化意义与历史价值，对于重构书院的社会空间与物理空间，延续巴渝传统书院文化空间使用价值有重要意义；同时有利于特殊园林类型遗产的认知，为其可持续保存与利用拓展新的研究空间。

关键词：巴渝书院；空间文化；遗产保护

一、巴渝书院概览

中国古代书院绵延千年，作为传统中国古代教育制度下的独立教育机构，是私立聚徒讲授、研究学问的场所。早在唐代宫廷已有丽正书院和集贤书院的出现，宋代发展兴盛，明末一度衰退。天启年间，宦官魏忠贤假借圣旨废天下书院，讲学之风一俱息之。清代之后书院重新繁荣，以官办和私立相结合，数量大大超过以往。

重庆地区虽然自古不属文化昌盛之地，但就书院开设而言，却与全国书院发展步骤一致，兴起较早。唐贞观时在大足县南岩书院就开创了重庆书院先河。两宋时期，重庆地区社会经济、文化教育明显发展，书院随之兴起并形成制度，先后建

立书院14所[1]，明代重庆共建书院20所，清代重庆书院已有120多所，数量和规模都达到一定程度，办学条件和书院园景独具特色。书院发展可谓盛极一时，仅在重庆近郊，即原重庆府治区域内，就有宝树传芳书院、渝州书院（东川书院）、缙云书院、三益书院、鹏云书院、归儒书院、字水书院、观文书院、凤冈书院、观澜书院、算学书院、渝郡书院、致用书院（经学书院）等。

纵观重庆传统书院，点多、量大、面广，延续时间长，园景设置人文荟萃，与传统时代对"巴出将，蜀出相"、不以文昌的巴渝地区风气描述相比，差距较大。同时书院在园林中将严谨的空间与山水环境结合，其在满足山地宜居读书的空间需求之外，意趣横生。

二、巴渝书院空间布局与建筑特色

自古书院建设十分重视环境选择，讲究以自然环境陶冶情操，建筑和园林空间相辅相成，往往因所处地域的环境而因势就形开展营造，赋予书院独特的人文色彩。

一般而言，书院讲究"讲于堂而习于斋"，需要符合一定的学规学则。讲堂是聘请名师给学子讲授解惑的场所，《释名·释宫室》："堂，犹堂堂，高显貌也。"据此阐释："堂者，当也。谓当正向阳之屋，以取堂堂高显之义。"[2]斋舍是学生读书研习的课士亭及学舍。作为主体建筑和教学中心，讲堂一般布置在书院建筑中轴线居中位置，斋堂学舍（文场）置于两侧或从属位置。二者

① 陈蔚.重庆古建筑[M].北京：中国建筑工业出版社，2016.
② （明）计成.园冶[M].北京：中华书局，2018.

与廊庑的建筑形式结合，主次分明，空间序列流畅，增添了亲切理知、雅韵深致的艺术个性色彩。

在这种造园意识影响下，巴渝书院既有传统书院的共性，也在细节上体现出相当的个性。在规划布局上，有的是根据功能需要兴建书院，有的是利用原有的圣庙和民居建筑改建而成。在建筑群体布局上，或随山势，错落有致；或随地形，因地制宜。一般有明显的中轴线，但个别书院建筑群体根据山地特点出现轴线转折的情况，即曲轴运用，建筑多为一重和多重堂的院落形式。书院建筑群体排序关系，一般是沿轴线依次排列牌楼大门及门厅、内照壁（或大门外前置外照壁）、天井或院场、讲堂、院场（天井）、藏书楼（阁）、天井、祠宇（或置讲堂楼上或散置）[①]。在中轴线左右两厢分列斋堂学舍及其他辅助用房。

从《垫江县志》[②]中的清代《凌云书院图》可见，书院为复四合院布局，"中立讲堂，后为掌教堂，旁为课士亭及诸生书室，桥坊门垣厨厕皆备"。讲堂两旁各有廊庑上 10 间，称"东文场""西文场"，是学生读书习作之所。而江津四大书院之一的聚奎书院《校史志》中，载书院"正中大厅为讲学处，两旁小屋为师生学习室兼宿舍"，讲堂和学舍也是处于轴线之中对称布局的形制。

此外，藏书建筑在书院中也具有相当分量，一般置于中轴线讲堂后清静处，便于师生静心阅览研习。

一般藏书楼阁都讲究形高醒目，古代在建构藏书楼时都会注意展示其标志性功能。就建筑形式、构造和其营造法式及施工工艺，巴渝书院藏书楼一般也是严格遵循传统做法，长江上游现存书院藏书建筑代表作——垫江凌云书院"诏书阁"，就是其中的典型。

供祀活动作为书院日常教学活动中的重要组成部分，其专门的空间设置在书院中也有特别的体现。"学以景行，祀以志思"。道光二十四年《江北厅志》记载，"凡入学者必释奠于先圣先师。诚以古先圣贤道所，自出尊而崇之"[③]。祭奠先圣先师，树立楷模典范，从感情上培养对"先圣先儒先贤"德业的崇敬远景仰，以达劝诫规励、见贤思齐之目的。书院供祀对象有一定规制，但一般除了祭祀孔子、四圣和七十二贤之外，还可以包括与书院有关的地方官员，与书院学术渊源有关的儒学名师及乡土先贤。巴渝书院供祀场所布置一般有集中后置供祀和分散供祀布置两种情况，而且多供奉本地先贤，充满地方特色。

三、巴渝书院代表性遗存及其园林造景特色

1. 天人合一，山水同构——北岩书院

北岩书院建成时间较早。据史料记载，程颐因"元祐党争"六十多岁高龄时被免去官职，于 1097 年流放黔州（今彭水县），为涪州（今涪陵）编管。在涪期间，得到弟子谯定等人帮助，居北岩普净禅院继续讲学授徒，并在临江砂岩上凿洞静居点注《易经》（也称《周易》等）。于是，后人便将此洞称为"点易洞"。程颐在《易传》中系统地论述了自然、社会和人生哲理，构成了一个较为完整的理学体系，因此点易洞便成为"程朱理学"的发祥地之一。

北岩书院位于重庆市涪陵区长江北岸的北山坪南麓，与涪陵城相隔长江，遥遥对望，兼具自然风光与人文胜迹（图 1）。北岩书院属于"环山面水"选址模式，背靠山丘而面向长江的整体山水格局，为最佳选址方式，负阴抱阳，敛精聚气，在有山有水的自然环境下形成自身的封闭空间，有着良好的生态格局，

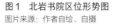

图 1　北岩书院区位形势图
图片来源：作者自绘、自摄

① 彭一刚 . 中国古典园林分析 [M]. 北京：中国建筑工业出版社，2008.
② （清）垫江县志 [M].
③ （清）江北厅志 [M].

环境优美，视野十分开阔。由于地形多有起伏，丰富多变，因此北岩书院各部分建筑大多依山就势，在上下地形的错落中营造丰富景观的空间层次，空间流动性较大，建筑分布疏密有致；书院本就处于大山、大水之间，园中自然清幽、疏野灵动，又能巧于因借，将长江浩荡之境引入书院之中，别有一番大气象。

在错落有致的书院园林中古迹众多，分别有钩深堂、点易洞、云亭、诗画廊、三畏堂、洗墨处、致远亭等（图2），庭中松柏参天，乱石林立，竹林夹道，景趣盎然。此处可卧听晨风松涛，静观夕辉残照，令人心旷神怡。

2. 善美同意，景以人显——海鹤书院

位于南川市城西2km龙济桥东的"尹子祠"，为南川古文化发祥地。为纪念东汉学者尹珍来此设馆讲学，光绪二十七年（1901年）在此设海鹤书院。从民国初年拍摄并保存至今的珍贵老照片上，可清晰看到石木结构的两重檐歇山五开间的讲堂古建筑，居于整体建筑群的中轴线位置，斋舍厢房沿轴线两侧布置（图3）。

尹珍，字道真，东汉牂牁郡毋敛（今贵州正安境内）人，是贵州最早走出大山、叩问中原文化的著名儒学者、文学家、教育家，是西南汉文化教育的开拓者，数千年来一直受到人们的敬仰。川滇黔三省皆留其办校的遗迹，祭祀庙宇香火绵延，其不甘落后、奋发自强、热爱家乡、回报故土的精神便成为当地学人的楷模。

海鹤书院作为其讲学之地，下有凤嘴江环书院曲流，北有龙济拱桥飞虹，沿岸植翠柏青枫丹桂，远山相映如画面。原有祠堂三间，中供祀名贤尹夫子牌位。堂侧有左右角门通往堂后小阜，阜上置六角亭，三层飞檐，凌空孤耸。贺子钦在《尹子祠书怀》中赞曰："俎豆儒林奉，诗书教泽遗。文翁开化后，继起在西陲。"书院北侧的龙济桥像一道飞虹，巍然屹立在碧波荡漾的凤嘴江上，构成了小桥、流水、绿树、祠院相融合的江南胜景画卷（图4）。

3. 自然和谐，静在体宜——聚奎书院

聚奎书院位于江津白沙镇黑石山，为重庆地区目前保存最完整的一处清代山地园林式书院。书院山顶周围有磐石540余，石上苔藓入冬铁青似墨，故称黑石，所以得名黑石山。黑石山主体建筑为二进四合院布局，以中轴对称的方式串连仪门、讲厅、后厅（祭堂）及斋舍。建于20世纪初期的石柱洋楼是江津第一座西式教学楼，还有1929年建成的罗马歌剧院式的"鹤年堂"九曲池、饮水思源池、问梅亭、鹤楼亭、奋乎百世碑、讨清檄文碑等多处景点周围，有自乾隆时期以来的名家石刻文字

图2 钩深堂与点易洞题刻
图片来源：作者自摄

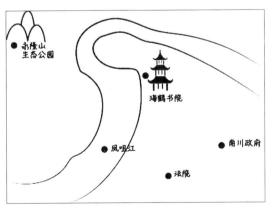

图3 海鹤书院选址位置与总平面鸟瞰图
图片来源：作者自绘、自摄

图 4 重要景观节点望鱼池、龙济桥、六角亭
图片来源：作者自摄

图 5 聚奎书院旧影与园林景观
图片来源：聚奎中学提供

70 余处。书院内大量采用借景、对景、喻景、衬景的手法，将极高的文化艺术造诣与园林景观艺术结合，使书院园林充满浓郁文化气息。

书院周围种植红山茶十余株，盛开状如牡丹，以象征办学育人的前途辉煌似锦，另有两株百年古树白杜鹃，白洁如灿雪盈枝，寓意书院清白为人、两袖清风的德育宗旨和清廉校风。书院不仅注意植物的形、色、质等效果，还将植物的形象美人格化，升华为意境美；将植物的含蓄美转换为寓意美、意境美，融汇了人们思想情趣与理想哲理的

精神内容，产生了极高的园林艺术效果。此外书院满山近千株樟、楠、松、柏高耸入云。其中百年以上的古树名木引来大批禽鸟，有白鹭、池鹭、苍鹭数千只栖息高枝，各种鸟类飞舞林间，使得黑石山成为城市郊外罕见的鸟类乐园（图 5）。

四、总结

书院园林作为我国传统园林景观的重要组成部分，既具有建筑实体与自然风光之美，更具有深刻的人文内涵。重庆地区的山地书院园

林得益于特殊的自然环境条件，又承袭古代人文学养，在地方特色文化景观的塑造过程中体现出自身特有的山水城市之美，同时将人文教化凝聚于景观营造之中，人与空间互动、空间与文化交融，形成了别具一格的重庆山地书院园林。作为与传统教育制度相生而成的特色建筑文化空间遗产，关注其建筑文化景观历史文化保护价值，加强对其地域和民间文化传统文化的传承与保护，可为今天的现代文化与教育空间特色设计思想的创新所用。

参考文献

[1] 陈蔚．重庆古建筑 [M]．北京：中国建筑工业出版社，2016.

[2] 彭一刚．中国古典园林分析 [M]．北京：中国建筑工业出版社，2008.

[3] （明）计成．园冶 [M]．北京：中华书局，2018.

[4] （清）垫江县志 [M].

[5] （清）江北厅志 [M].

古代营造技术

大同善化寺山门大木作构图比例初探

马加奇

马加奇，湖南大学建筑学院硕士研究生。邮箱：
majiaqi@hnu.edu.cn。

摘要：本文首先统筹了大同善化寺山门及善化寺三圣殿的材栔实测数据，推出善化寺山门 1 营造尺 =32cm，1 分° =1.6cm；其次以山门的两组详细测绘数据为基础，分析了蕴含于山门大木作中的数字比例，并试图还原山门理想木构架中的几何构图与可能存在的设计方法。

关键词：善化寺山门；大木作；数字比例；几何构图

一、概述及问题的提出

1. 概述

山西大同善化寺是我国最完整的辽金建筑群，一寺内有四座辽金建筑，即山门、三圣殿、大雄宝殿、普贤阁。上述四者在中国存世早期建筑中都具有重要地位。20 世纪初，日本及中国的顶级学者先后造访善化寺，并撰文将这一建筑瑰宝介绍于世，其中以中国营造学社出版的《大同古建筑调查报告》最为重要，成为时至今日研究善化寺最为完整翔实的基础资料，如图 1 所示。

善化寺山门落成于金天会年到皇统年之间（1128—1143 年）[1]，是珍贵的金代早期木构遗存，更是为数不多的殿堂式木构。以《营造法式》（本文简称《法式》）的术语可简洁表述善化寺山门的大木作形制：殿身五间四椽，四阿屋盖，身内分心槽，对乳栿用三柱，五铺作重拱出单杪单昂，并计心，逐间施

双补间铺作。善化寺山门及三圣殿表现出诸多宋式特征，成了辽金建筑乃至辽宋建筑对比研究的优良样本，中国营造学社也正是从善化寺山门及三圣殿出发，在《大同古建筑调查报告》中指出了辽金宋三代建筑间的差异。

2. 问题的提出

善化寺山门的总开间进深比约

3：1，远大于已知的唐宋辽金建筑，这样的比例是不合规的特例，还是古人的匠心所在？《法式》卷四·总铺作次序[2]点名了对补间铺作的重视："凡于阑额上座栌斗安铺作者谓之补间铺作，当心间须用补间铺作两朵，次间及梢间各用一朵，其铺作分布令远近皆匀"，同时又进一步指出"若逐间皆用双补间，则每间之广，丈尺皆同"。在中国 12

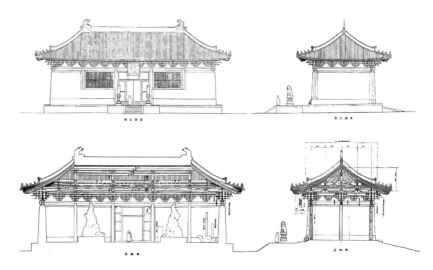

图 1　善化寺山门测绘图
图片来源：《大同古建筑调查报告》

世纪前的木构遗存中，仅五开间的善化寺山门各开间皆用两朵补间铺作，是《法式》所述"逐间间皆双补间"的绝佳例证。但深究山门开间实测数据，可以清晰地发现当心间与次间存在约 0.2m 的差值，这个差值细微却又不可忽视，似乎与《法式》所述每间"丈尺皆同"相矛盾，这一现象该如何解释呢？同样，山门梢间与进深也存在大约 0.1m 的差值，这是施工误差或近千年来木构的形变造成的，还是另有其他原因呢？相比单补间铺作，"逐间双补间铺作"的形制大大限制了建筑在开间尺寸取值的灵活性。山门的铺作朵距与平面构图是否存在相互影响相互制约的关系呢？理想的材分与实际的尺寸是否也存在相互制约的关系？山门的大木作设计是否存在明确的几何构图与比例关系？

　　1999 年山门落架大修前，大同文管所又较中国营造学社 1933 年取得了更为准确的山门实测数据[3]，为善化寺的基础研究又铺垫了一块基石。本文结合上述两组实测数据，对善化寺山门大木作制度的探究，意在通过还原山门最初的设计立意，回答上述问题。

二、实测数据的解读

1. 营造尺与标准材

　　《法式》卷四·大木作制度[3]强调"凡构屋之制，皆以材为祖"。因此，确定善化寺山门的用材标准，是大木作制度研究的首要问题。根据两次实测数据，善化寺山门一材广为 24cm，材厚为 16cm，材广厚比恰为 15：10，合《法式》三等材。

进而可以三等材一材广七寸五分推出一营造尺合 32cm，1 分° 为 1.6cm。善化寺三圣殿一材广为 26cm，材厚为 16.5cm，合《法式》二等材，材广厚比为 15：9.5。进而可以二等材广八寸二分五厘推得营造尺合 31.52cm。善化寺山门与三圣殿为同时期同寺院所建的一组关联密切的建筑[4]，而相似的建筑风格形制也可说明其或为同一匠帮营建，故而山门与三圣殿在营造之时极可能使用的是同一把营造尺，为何二者通过材高换算得来的营造尺却不统一呢？

　　若以上述 1 分° 为 1.6cm 反推山门的栔高为 9.6cm，这与实测数据 10~11cm（且多接近 11cm）有约 1cm 的误差，是不容忽视的。若以实测数据一足材 35cm，则得一尺为 33.33cm，一材广则合 0.72 尺，一材厚合 0.48 尺。显然这样的尺寸无论在设计还是加工上都远没有一材广 0.75、一材厚 0.5 取值合理。值得注意的是，善化寺三圣殿散斗的大小与善化寺山门近乎相同，一栔的大小取值都在 10~11cm 之间（且多接近 11cm），二者在取材上或有更为紧密的联系：若取三圣殿一栔为 11cm，则一足材为 37cm，推得 1 分° 为 1.762cm，进而推得三圣殿一材广为 26.42cm，按一材广八寸二分五厘换算后得一尺恰为 32cm，与山门营造尺 32cm 吻合。《法式》二等足材广应为十一寸五分五厘，按所推一尺 32cm，合 36.96cm，恰与实测数据。

　　由此，可以较为准确地推出：营造之时为了方便加工，提高散斗的生产效率，三圣殿与山门皆取一栔广 3.4 寸，合 10.88cm。进而山门

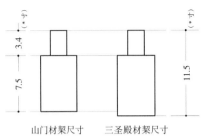

图 2　善化寺山门与三圣殿材栔取值比较
图片来源：笔者自绘

在单材上取《法式》三等标准单材，广 7.5 寸。三圣殿在足材上取《法式》二等标准足材，广 11.5 寸，同时根据栔广 3.4 寸，将一材高度调小至 8.1 寸。在用材处理上，山门与三圣殿在取相同的栔高后，分别在单材与足材尺寸上取《法式》标准材。这既体现了彼时工匠在实际情况中的变通，又可见其对《法式》大木制度的恪守，如图 2 所示。

　　综上可知，善化寺山门一营造尺为 32cm，标准材为 0.75 尺，合 24cm。

2. 以"材"为单位的数据解读

　　山门落架大修时，大同文管所取得的开间进深数据与营造学社所测数据存在 5~8cm 的差异，其原因应是山门檐柱多包于墙内，营造学社未能获得柱脚的实测数据，也不能排除山门木构架本身歪闪给测绘带来的误差。本文在对数据解读时，以山门大修时大同文管所所测数据为主，辅以营造学社所测数据。根据两次实测数据，善化寺山门一材广为 24cm（简称为 1 材，下文皆同），山门平面的各项实测数据及其折算材值经过整理后详见表 1。

　　由上表综合分析，以半材为基准，经过对实测数据的比较与调整可大致确定山门以材为单位的理想

善化寺山门实测数据及折算材值 [1-2] 表 1

	单位	明间	次间	尽间	通面宽	进深	通进深	跳出	平柱高	普拍枋	铺作高	举高
营造学社测	米	6.18	5.78	5.2	28.14	4.99	9.98	0.93	5.86	0.22	1.66	3.64
	材	25.75	24.08	21.67	117.25	20.79	41.58	3.875	24.5	0.917	6.92	15.17
	取整材	26	24	22	118	21	42	4	25	1	7	15
	取半材	26	24	21.5	117	21	41.5	4	24.5	1	7	15
大同文管所测	米	6.1	5.85	5.1	28	5.05	10.1	0.93	5.86	0.2	1.48	3.80
	材	25.42	24.375	21.25	116.7	21.04	41.875	3.875	24.5	0.83	6.17	15.8
	取整材	25	24	21	115	21	42	4	25	1	6	16
	取半材	25.5	24.5	21	116.5	21	42	4	24.5	1	6	16

注：大同文管所测铺作高不包括普拍枋高度，营造学社测铺作高包括普拍枋高度。
来源：笔者自绘

模型：心间 26 材，次间 24.5 材，梢间 21 材，进深 21 材。则山门大木作有如下规律：

（1）正立面开间分别为：21 材，24.5 材，26 材，24.5 材，21 材。

（2）侧立面开间分别为：21 材，21 材。

（3）通面阔与通进深比有：通面阔∶通进深 =117 材∶42 材 =2.79∶1=2×（7∶5）。

（4）通面阔 + 出挑与通进深比有：通面阔 + 出挑∶通进深 =117 材 +4 材 +4 材∶42 材 =3∶1。

（5）平柱高与总高比有：平柱∶平柱 + 普拍枋 + 铺作高 + 举高 =24.5 材∶24.5 材 +1 材 +7 材 +15 材 ≈ 1∶2。

（6）通进深 + 跳出与总高比有：通进深 + 跳出∶平柱 + 普拍枋 + 铺作高 + 举高 = 42 材 +8 材∶47.5 材 ≈ 1∶1。

通过以"材"为单位的校验可以发现：山门的面阔由进深决定，以进深为正方形边长，则取该正方形对角线为总开间的一半之长，在尺寸上体现着"方五斜七"的作图方法。而通进深的三倍恰通面宽与两山跳出之和。在侧样的构图上，平柱高恰为一进深与铺作跳出之和，平柱的二倍为山门总高。

3. 以"分°"为单位的数据解读

山门的大木作制度安排上，确实与"材"联系密切，但却亦存在些许问题：与佛光寺大殿、奉国寺大殿等唐辽建筑不同的是，善化寺山门采用逐间双补间铺作。铺作朵距的配置，是山门平面设计无法回避的问题。若按上述所确定的当心间 26 材、次间 24.5 材换算，则有当心间朵距 2.67 材、次间朵距 8.17 材，显然，这样的取值过于琐碎难以计算；同样，上述对于山门各数值皆以半材做近似处理，其中不乏较大的误差，恐与古代匠师"以毫计寸，以分计尺，以寸计丈，增而倍之，以作大宇，皆中规度，曾无少差" [6] 的设计理念不符。

陈明达先生在《营造法式大木作制度研究中》就建筑的基本尺度指出：《法式》中材分制的分°值是决定建筑比例和尺度的根本 [5]。分°的引入，能为建筑设计提供更为精确的操作尺度。值得注意的

是，山门用三等材，其分°值与尺存在 1 分° =0.05 尺，或一尺等于 20 分°的巧妙换算关系。这无疑为匠师们在理想材分与实际尺寸间构筑了简洁的比例桥梁。兹以一尺 32cm，一分° 1.6cm（简称为 1 分°，下文皆同），将山门实测值换算成尺与分°各取值。并通过对两组实测数据的比较、筛选及取整后，本文尝试建立山门设计之初以分°为单位的理想模型（表 2、表 3）。与实测数值对比后，可见理想模型的尺寸与实测数据高度吻合（最大误差不超过 0.7%）。此外将理想模型以分°为单位的设计尺寸折合成实际的营造尺寸后，其取值亦十分整齐的。

需要说明的是，本文是在精确的实测数据的基础上，"拟合复原"出的具有典型数据特征的"理想模型"。这个理想模型不是善化寺山门刚刚建成后的状态（木构建筑落成后会存在一定施工误差），而是一个仅存在于工匠脑中或设计图纸上的设计模型。这个模型也不是真实的现状或尺寸拟合的测绘模型，而是一个消解了所有误差值的"完美

善化寺山门实测数据折算尺与分° 值 1[1-2]　　　　　　　　表 2

	单位	明间	次间	梢间	进深	平柱高	檐柱高	角柱高	铺作总高	举高
中国营造学社	米	6.18	5.78	5.2	4.99	5.86	—	6.00	1.66	3.64
	尺	19.31	18.06	16.25	15.59	18.31	—	18.75	5.19	11.38
	分°	386.25	361.2	325	311.86	366.25	—	375	103.75	227.5
大同文管所	米	6.1	5.85	5.1	5.05	5.88	5.91	6.02	1.68	3.80
	尺	19.06	18.28	15.94	15.78	18.375	18.46	18.8	5.25	11.88
	分°	381.25	365.63	318.75	315.63	367.5	369.3	376	105	237.5
理想模型	尺	19	18.3	16	15.5	18.3	18.45	18.75	5.25	11.88
	分°	381	366	320	310	366	369	375	105	237.5

来源：笔者自绘

善化寺山门实测数据折算尺与分° 值 2[1-2]　　　　　　　　表 3

	单位	普拍枋高	脊椽平长	檐椽平长	铺作出跳	铺作里跳	檐出	飞出	椽径	标准椽距	槫径	柱径
中国营造学社	厘米	—	264	233	0.93	—	96	67	—	—	—	47
	尺	—	8.25	7.28	2.91	—	3	2.1	—	—	—	1.47
	分°	—	165	145.6	58.125	—	60	49.9	—	—	—	29.4
大同文管所	厘米	20	257	244	0.89	0.89	110	49	13	27.6	30	46
	尺	0.63	8.03	7.63	2.78	2.78	3.44	1.53	0.41	0.86	0.94	1.44
	分°	12.5	160.6	152.5	55.63	55.63	68.8	30.6	8.1	17.3	18.8	28.8
理想模型	尺	0.63	8	7.5	2.8	2.8	3.5	1.5	0.4	0.85	1	0.9
	分°	12.5	160	150	56	56	70	30	8	17	20	29

来源：笔者自绘

的模型①。

由上表分析，经实测数据比较及取整调整，可知山门以分° 为单位的理想模型数据如下：当心间 381 分°，次间 366 分°，梢间 320 分°，通面宽 1753 分°；进深 310 分°，通进深 620 分°，铺作跳出 58 分°。则山门理想模型平面的大木作制度有如下规律：

（1）当心间面阔 381 分° =3× 127 分°，即当心间各铺作朵距皆为 127 分°。

（2）次间面阔 366 分° =3×122 分°，即次间各铺作朵距皆为 122 分°。

（3）梢间面阔 320 分° =2×132+ 56 分°，即梢间补间铺作朵距为 132 分°，附角与转角铺作朵距为 56 分°。

（4）进深 310 分° =2×127+56 分°，即进深补间铺作朵距为 127 分°，附角与转角铺作朵距为 56 分°。

（5）通面阔与通进比：通面阔：通进深 =1753 分° ：640 分° = 2√2：1

（6）通面阔 + 两墙出挑与通进深比有：通面阔 + 出挑：通进深 =1753 分° +58 分° +58 分° ：620 分° =3：1

综上，善化寺山门先取三等材

并以比材更为精细的分° 进行十分精密的推敲与设计，而后以 1 分° 合 0.05 尺换算成实际数值进行营建。

三、山门理想大木构架中的几何构图

1. 山门的平面几何构图关系

（1）山门当心间 19 尺（朵距 127 分°），次间 18.3 尺（朵距 122 分°），梢间 16 尺（朵距 132 分°，附角斗栱与转角铺作朵距 56 分°），进深 15.5 尺（朵距 127 分°，附角

① 关于木构"理想模型"探讨的研究成果可参见：陈彤 . 佛光寺东大殿大木制度探微 [M]// 中国建筑史论汇刊，第 18 辑 . 北京：中国建筑工业出版社，2019；刘畅，廖慧农，李树盛 . 山西平遥镇国寺万佛殿与天王殿精细测绘报告 [M]. 北京：清华大学出版社，2012.

斗栱与转角铺作朵距 56 分°）。通面宽 87.6 尺合 1753 分°，通进深 310 尺合 620 分°。通面宽与通进深存在 2√2：1 的比例关系，如图 3 所示。这样的构图手法在中国各个时期木构建筑中是极为常见的 [7]。

（2）山门通面宽 87.6 尺，两山铺作跳出各 2.9 尺，共计 93.4 尺。通进深 31 尺。通面宽加两山跳出与通进深存在 3：1 的比例关系（误差小于 0.5%），如图 4 所示。

（3）山门通进深 620 分°，次间广 366 分°，当心间朵距 127 分°。三者存在如下关系：620 分°=366 分° +127 分° +127 分°。即山门当心三间中恰包含两个完美的正圆。这样经典的双圆构图手法与佛光寺大殿可谓如出一辙 [8]，足见古老木构基因超越时代的传承，如图 5、图 6 所示。

值得注意的是，今日善化寺之

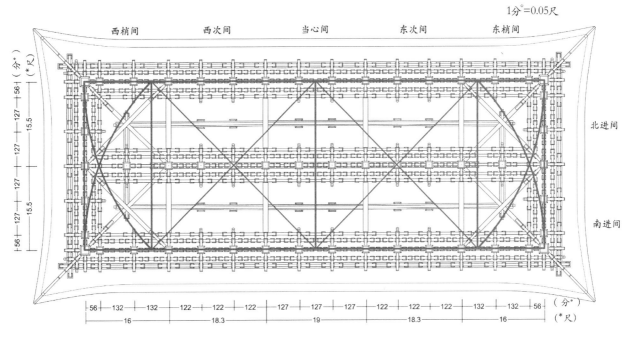

图 3 善化寺山门理想平面铺作层仰视图 1
图片来源：笔者自绘

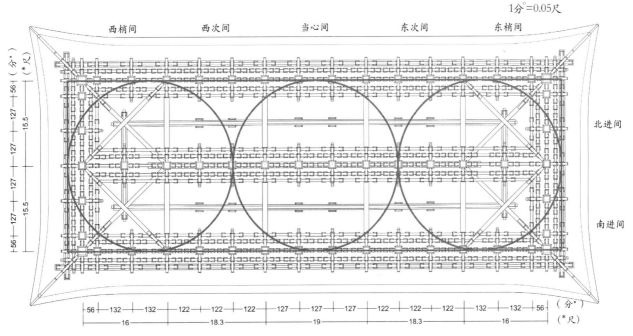

图 4 善化寺山门理想平面铺作层仰视图 2
图片来源：笔者自绘

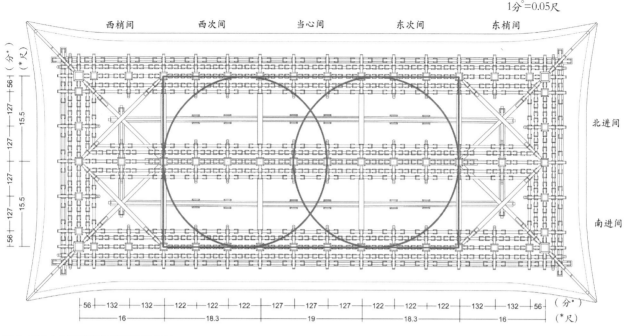

图 5　善化寺山门理想平面铺作层仰视图 3
图片来源：笔者自绘

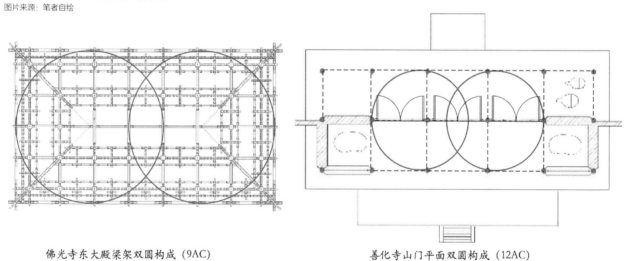

佛光寺东大殿梁架双圆构成（9AC）　　　　　善化寺山门平面双圆构成（12AC）

图 6　佛光寺东大殿与善化寺山门双圆构图比较
图片来源：笔者自绘

形制并非金代原貌，善化寺所存明万历年的《重修善化寺记》石碑上记述了山门改制的情况："至于改易其墙垣，则体制益峻，开广其山门，则气概愈宏。"即明代大修时，将山门内中柱上的三组板门与两侧墙体一并取消，取而代之的是厚重的墙体环绕着檐柱，将内部空间与外界彻底隔绝，仅明间南北开两组板门，作为进出寺院的过道。在 12 世纪初山门落成之

时，中柱当心三间是进出寺院最重要的通道，也是信徒迈入佛国净土进行密宗修行的开始[4]。山门当心三间经典的双圆构图，或可说明彼时的匠师在山门设计之初就对当心三间的布置有过着重的考虑，如图 6 所示。

2. 山门的立面几何构图关系

（1）山门次间广 18.3 尺，平柱高 18.3 尺，由此可知山门次间为设

计之初的标准间[3]。通面宽加两山跳出即两山檐槫间距为 93.4 尺；两山檐槫间距与标准间存在 5：1 的比例关系（误差为 2%）。山门由平柱子至角柱分别升起 3 分°、5 分°，符合《法式》"生势圆和"的要求，亦合《法式》"三间升四寸"的规定，如图 7 所示。

（2）山门通进深 31 尺，通进深加两山跳出即前后檐槫间距为 36.8

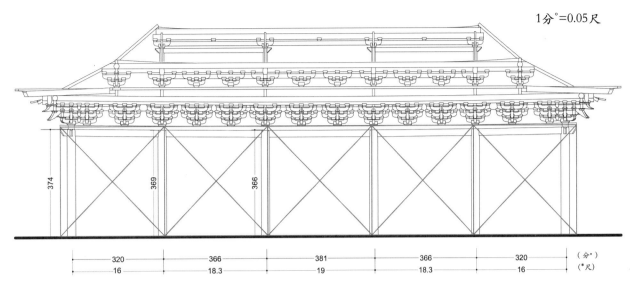

1分°=0.05尺

图7 善化寺山门理想立面构图1
图片来源：笔者自绘

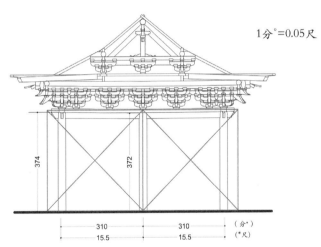

1分°=0.05尺

图8 善化寺山门理想立面构图2
图片来源：笔者自绘

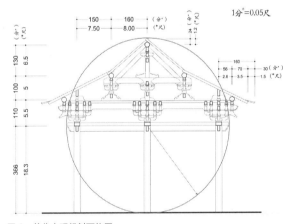

1分°=0.05尺

图9 善化寺理想剖面构图
图片来源：笔者自绘

尺；前后檐槫间距与标准间存在2：1的比例关系（误差小于0.6%），如图8所示。

3. 山门的剖面几何构图关系

山门进深15.5尺加跳出2.9尺合18.4尺，山门平柱高18.3尺，平柱柱头至脊槫上搭椽尾高度约18.2尺，则可知山门侧样恰蕴含于以山门内中柱柱头中点为圆心，以平柱高为半径的正圆中（误差约1%）。

值得注意的是，山门的侧样设计在各尺寸及分°的取值上异常简练，体现了彼时匠师娴熟的比例运用能力与高超的设计水平，如图9所示。

四、结论

善化寺山门的大木作存在严谨的内在逻辑，大木作设计最基本的四个特点是：一是营造尺长32cm；二是用《法式》三等材，1材=7.5寸，

1分°=0.05尺；三是朵距对于山门的大木作形制起到了关键的限定与制约作用；四是大木作设计之初皆以分°为单位，进行各尺寸的推敲与确定。

山门的大木构架存在明显的几何构图与数字比例：

（1）山门通面阔1753分°，合87.65尺；通进深620分°，合31尺。通面阔与通进深存在较之于"方五斜七"更精确的√2（或1.414）倍比

例关系①。

（2）山门的次间为标准间，山门的前后檐槫距为标准间距的 2 倍，两山槫距为标准间距的 5 倍。标准间对山门的平面形态有着严格的控制。

（3）当心三开间恰可包含两个完美的正圆，且正圆的外切方形与山门梁架有着严谨的对应关系，这

或是山门开间、进深尺度设计的另一个重要参照。

（4）选定梢间广 = 平柱高，以 2 倍平柱高确定山门总高。由平柱高减进深大致确定铺作出跳尺寸。即山门侧样蕴含以内中柱柱头中点为圆心，以平柱高为半径的正圆中。

（5）各开间朵距分别为：心间 19 尺（朵距 127 分°），两次间 18.3

尺（朵距 122 分°），两梢间 16 尺（朵距 132 分°），合 87.6 尺（1752 分°）；朵距是决定开间尺度的关键，也恰满足公差为 5 分° 的等差数列。

（6）确定附角斗栱与转角斗栱朵距为 56 分°，恰满足梢间补间铺作朵距 132 分°，进间补间铺作为 127 分°。进而受朵距的制约，铺作里转出跳亦取 56 分°。

参考文献

[1] 梁思成，刘敦桢 . 大同古建筑调查报告 [J]. 中国营造学社汇刊，1934，4（3）.

[2] （宋）李诫 . 营造法式 [M]. 北京：中国书店出版社，1995.

[3] 李竹君，白志宇，等 . 大同善化寺天王殿测绘草图集（内部资料未公开）[Z]. 大同文物管理所，1995.

[4] 徐怡涛 . Shanhua Monastery：Temple Architecture and Esoteric Buddhist Rituals in Medieval China [D]. University of Hong Kong，2016.

[5] 陈明达 . 营造法式大木作制度研究 [M]. 北京：文物出版社，1981.

[6] （宋）李廌 . 德隅斋画品 广川画跋 [M]. 北京：中华书局，1985.

[7] 王南 . 规矩方圆 佛之居所——五台山佛光寺东大殿构图比例探析 [J]. 建筑学报，2017（06）：29-36.

[8] 陈彤 . 佛光寺东大殿大木制度探微 [M]// 中国建筑史论汇刊，第 18 辑 . 北京：中国建筑工业出版社，2019.

① 两宋时期的木工口诀中包含极多的比例常数，方五斜七即是其中最为基本的一组关系。李诫在《法式》取径围·看详中曾指出要用更为严谨的数学比例代替近似比例，"今来诸工作已造之物及制度，以周径为则者，如点量大小，须于周内求径，或于径内求周，若用旧例，以'围三径一、方五斜七'为据，则疏略颇多。今谨按《九章算经》及约斜长等密率，修立下条"，善化寺山门大木构架正是精确比例构图思想的体现。

晋东南所见宋金木构歇山建筑丁栿与梁架关系初探

谷文华　段智钧　李华东

谷文华，北京工业大学学生。
邮箱：G130721517bmggz@163.com。
段智钧，北京工业大学城建学部，北京市历史建筑保护工程技术研究中心讲师。
邮箱：dzj007@163.com。
李华东，北京工业大学副教授。
邮箱：734681529@qq.com。

摘要：本文主要针对晋东南地区宋金时期的歇山建筑有关案例进行分析归纳，结合已有研究论证差异理解，通过实例探访尝试进一步系统总结相关类型，并进行实例对照验证。在此基础上对特定地域中的丁栿与梁架关系进行时代特征的初步探析。

关键词：晋东南；宋金时期；歇山建筑；丁栿；梁架

　　所谓丁栿，为宋式大木作营造构件，用于承山面屋盖，因与横向屋架上的大梁成丁字相互叠垒，故名"丁栿"。就我们近期考察过的晋东南地区案例来看，丁栿多见用于歇山等屋顶建筑中，本文重点就其中的丁栿与梁架关系进行一定的思考与探讨。丁栿的大木结构作用主要体现在两个方面：一方面，丁栿是传力渠道之一，主要将上部屋盖梁架的荷载向下传递；另一方面，丁栿连接铺作与梁架，使其成为整体以共同作用，有利于增加建筑构架的稳定性和整体性。尝试通过丁栿入手考察梁架形态是本文主要的思考路径。从遗存实例来看，宋金时期木构建筑丁栿应较为盛行，丁栿的样式多样，灵活性随屋架结构调整，在晋东南地区现存的木构建筑遗存案例中应用较多。特别是歇山建筑的梁架构造较为复杂，屋架荷载也比较大，丁栿有助于承托上部荷载，并将荷载向下传递，从而增加歇山建筑构架的整体稳定性，关于歇山建筑中丁栿的相关讨论更具有典型意义。

一、关于丁栿与梁架关系的已有研究讨论

　　古建筑木构架中的梁架部分是整座建筑的主体，丁栿是梁架的重要相关构件，一直为学界关注研究。梁思成先生曾解释为：丁栿梁首由外檐铺作承托，梁尾搭在檐栿上，与檐栿（在平面上）构成"丁"字形[①]。潘谷西先生在《营造法式解读》中定义丁栿为：在房屋山面（丁头）所做顺身方向的梁，草栿，明栿均可（清式称顺梁，扒梁）[②]。近年来，又有学者对丁栿的位置形式、丁栿的支垫构件、受力特征等方面进行过一定讨论，但具体观点略有不同（表1）。

　　在比较上述有关观点之后，发现其中不仅观点有所不同，也有研究方向的差异。首先，由于各研究对实例中构件的理解角度不同，例如，地方建筑中呈现微小的做法差异，在不同研究中则对梁架中的递角栿、下昂后尾与角梁后尾等相近位置构件往往不具有明显区分，且难以在类型意义中表明其明确差异；其次，对于文献[1]、文献[2]及文献[3]中均提到"单丁栿"与"双丁栿"的表述，通过观察案例与梁架受力分析，本文认为，就梁架平面前后对称性而体现的所谓单、双丁栿形式差异与梁架的关系，并不具有与前述分类标准对等的划分依

---

① 梁思成．营造法式注释[M]．北京：生活·读书·新知三联书店，2013：151.

② 潘谷西，何建中．营造法式解读[M]．南京：东南大学出版社，2005：63.

近期关于丁栿与梁架关系相关见解　　　　　　　　　　　　表 1

	文献 [1]	文献 [2]、文献 [3]
丁栿与梁架关系	①丁栿与递角栿架歇山草架 ②丁栿与转角铺作下昂后尾架歇山草架 ③双丁栿及角梁后尾架系头栿 ④单丁栿及角梁后尾架系头栿	①梢间 N 椽栿上直接架系头栿 ②丁栿与递角栿架系头栿 ③双丁栿及角梁后尾架系头栿 ④单丁栿及角梁后尾架系头栿

来源：作者自绘

据。而对于晋东南地区的木构建筑，已有学者对其进行了较为全面的统计，其中，宋代遗存 24 座（长治地区 7 座，晋城地区 17 座）；金代 76 座（长治 35 座，晋城 41 座）。在此基础上，我们对其中大部分进行了有针对性的探访，尝试讨论晋东南所见宋金歇山建筑的丁栿与梁架关系。

二、丁栿与梁架关系及有关实例所见类型

根据我们的调研成果发现，丁栿与梁架的关系在晋东南的各类中主要可以有两类观察方向，第一类重点关注丁栿后尾与呈 45° 角的转角梁栿（递角梁栿、铺作昂后尾、角梁后尾等）的共同联系差异；第二类主要面向丁栿后尾与横向梁架构件的位置关联变化（表 2）。

1. 丁栿后尾与呈 45° 角的转角梁栿共同承托上部梁架的情况

由于歇山建筑屋顶木构复杂程度较高，用料较大，因此多见由转角铺作向身内延伸的呈 45° 角的转角梁栿（以下简称"转角梁栿"）与丁栿交会，并共同承托上部梁架的做法。根据丁栿与转角梁栿共同承托的上部梁栿不同大致可见两类：承 N 椽栿[①]；承系头栿。

1）丁栿后尾与转角梁栿承 N 椽栿

作为较特殊的案例，晋城崇明寺大殿北端可见这种做法（图 1），外檐铺作下昂尾向内延伸为上下二丁栿（或可认为上下二丁栿，前端夹持下昂尾），上下丁栿后尾又分居 N 椽栿上下（上丁栿与转角梁栿交会叠置 N 椽栿上，下丁栿入 N 椽栿下顺栿串），使得丁栿与转角梁栿后尾共同与 N 椽栿形成有力的整体交接点。更为多见的丁栿后尾与转角梁栿承 N 椽栿的做法，则是丁栿后尾与转角梁栿并未有交接点，而仅为分居一端作为 N 椽栿的下部支座。如晋城崔府君庙山门实例（图 2），递角栿作为四椽栿的端支座，而丁栿压于四椽栿中点以下。

2）丁栿与递角栿上承系头栿

系头栿是指屋架承受两山出际

丁栿与梁架关系的主要类型　　　　　　　　　　　　表 2

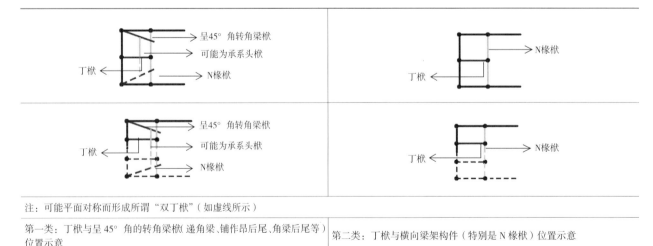

注：可能平面对称而形成所谓"双丁栿"（如虚线所示）

第一类：丁栿与呈 45° 角的转角梁栿（递角梁、铺作昂后尾、角梁后尾等）位置示意　　第二类：丁栿与横向梁架构件（特别是 N 椽栿）位置示意

来源：作者自绘

---

① N 椽栿是指：由于古建筑木构规模进深空间差异，与丁栿后尾相互关联的横向梁栿的椽数不定，多以四椽栿、六椽栿等出现。

部位重量的大梁，类似清官式里的"踩步金"或"踩步梁"功能，而加工有所不同。因系头栿不落在柱头上，就需要用其他的屋架构件来承托。如长治平顺河东村九天圣母庙大殿实例（图3），可见丁栿后尾与转角梁栿（此处为递角栿）共同承托系头栿的情况。在不同的实例中，还可见丁栿上立蜀柱、驼峰等间接承托系头栿的方式，类似的丁栿与递角栿两者共同调节高度以承托系头栿，并形成稳定的构架关系。

2. 丁栿后尾独立搭接上部横向梁架（N椽栿）的情况

1）丁栿搭于N椽栿之上（直接搭接）

丁栿后尾搭于N椽栿之上是常见的做法，以长治平顺车当村佛头寺（图4）、长治西上枋村汤王庙（图5）为例，此类丁栿后尾与梁架连接方式相对较为简单，丁栿从柱头铺作向内延伸，尾端顺势搭于对应梁架结构的N椽栿之上，且搭接不做固定，这种做法在宋金遗构中均较常见。

2）丁栿后尾位于N椽栿之下

丁栿后尾位于N椽栿下的做法也较常见，一般丁栿后尾多见入柱，以晋城陵川龙岩寺释迦殿（图6）为例，丁栿由柱头铺作向内延伸形成，后端平直插入内柱[1]，并与内柱铺作紧密结合，共同承托N椽栿，将上部屋架荷载向下传递。这种做法丁栿与歇山屋顶内部梁架结构拉结紧密，整体性好。

3）丁栿后尾置于N椽栿之上且交于梁栿上的蜀柱

丁栿后尾压于N椽栿之上且交于梁栿上的蜀柱的做法，可以理解为是丁栿后尾在N椽栿上加以固定的方式而非直接搭接，且多见丁栿用弯形构件，以晋城西溪真泽二仙庙后殿（图7）为例，其面阔三间，进深六椽，梁架结构为四椽栿对前乳栿用三柱，因前檐设廊，所以在山面屋架结构中为单丁栿（就结构平面前后对称关系而言），丁栿前端置于两山柱头铺作之上，尾端斜弯搭压于四椽栿之上，并且交接于梁栿上的蜀柱，这种做法中，与丁栿交接的蜀柱，其上多见为支承屋架上平槫。此做法丁栿与屋架结合紧密，受力合理，构架也较稳定。类似的做法还可见于晋城高平河西西李门二仙庙中殿（图8）及中坪二仙

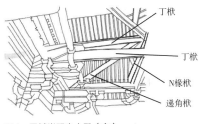

图1 晋城崇明寺大殿（宋）
图片来源：作者自绘

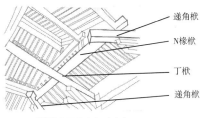

图2 晋城崔府君庙山门（金）
图片来源：作者自绘

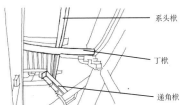

图3 长治平顺河东村九天圣母庙大殿（北宋）
图片来源：作者自绘

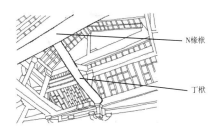

图4 长治平顺车当村佛头寺（北宋）
图片来源：作者自绘

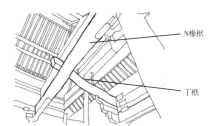

图5 长治西上枋村汤王庙（金）
图片来源：作者自绘

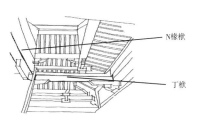

图6 晋城陵川龙岩寺释迦殿（金）
图片来源：作者自绘

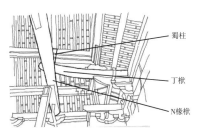

图7 晋城西溪真泽二仙庙（金）
图片来源：作者自绘

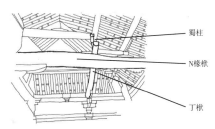

图8 晋城高平河西西李门二仙庙（金）
图片来源：作者自绘

---

① 此时关于丁栿功能、位置、名称均可能有不同理解，在此仅为行文统一仅从此说。

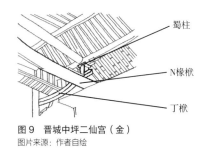

图 9　晋城中坪二仙宫（金）
图片来源：作者自绘

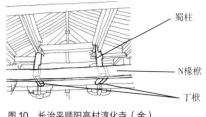

图 10　长治平顺阳高村淳化寺（金）
图片来源：作者自绘

宫正殿（图 9）等。这也是歇山建筑中一种非常常见的类型。

类似做法还有平面用双丁栿的情况（主要可能是平面前后结构对称而导致），以长治平顺阳高淳化寺大殿（图 10）为例，N 椽栿前后对称，两侧丁栿均压于 N 椽栿之上且插入梁栿上的蜀柱，因建筑进深方向为通檐用两柱，且为平面前后对称形式，不设内柱，两侧丁栿形式相同，同样对称插入相对应位置蜀柱，蜀柱上再承托屋架上平槫。这种双丁栿情况在歇山建筑中的运用也较为常见。

三、丁栿与梁架关系时代特征的初步认识

通过以上实例研究可以发现：丁栿与转角梁栿承 N 椽栿的做法，时间跨度较大，从北宋初期即可见，到金代晚期仍有运用；而丁栿与转角梁栿上承系头栿的做法多见于宋代案例。丁栿后尾独立交接上部横向梁架（N 椽栿）的情况，由宋至金均可见实例遗存。从时间上来看，丁栿与 N 椽栿的结构关系从北宋初期到金中期的表现形式相对来说非常多变灵活，可见是经过当时的建筑匠人不断摸索，从而得出的适合整体建筑稳定的结果。

四、结语

本文通过实地探访调研成果对晋东南所见宋金歇山建筑丁栿与梁架关系进行初步探讨。受实例全面性所限，在此仅作基本形态类型的简要认识总结。基于此前学者的研究讨论，本文也仅进一步做了部分的归纳认识，有限的见识所作的局部讨论，仅供同行参考比较，敬望多多批评指正。

参考文献

[1] 赵春晓 . 宋代歇山建筑研究 [D]. 西安：西安建筑科技大学，2010.

[2] 孟超，刘妍 . 晋东南歇山建筑的梁架做法综述与统计分析——晋东南地区唐至金歇山建筑研究之一 [J]. 古建园林技术，2008（02）：3-9，40.

[3] 刘妍，孟超 . 晋东南歇山建筑"典型"做法的构造规律——晋东南地区唐至金歇山建筑研究之四 [J]. 古建园林技术，2011（02）：7-11.

[4] 李会智 . 山西现存元以前木结构建筑区期特征 [C]// 三晋文化研究会 .2010 年三晋文化研讨会论文集，2010：72.

[5] 李会智 . 山西元以前木构建筑分布及区域特征 [J]. 自然与文化遗产研究，2021，6（01）：1-28.

明清时期歙县祠堂建筑中梁的演变

刘 莹 蔡 军 周国帆

本文为国家自然科学基金面上项目"多匠系并存语境下的江南地区木构架设计体系区划与谱系研究"（批准号：51978394）资助成果。

刘莹，上海交通大学设计学院博士生。邮箱：liuying1111@sjtu.edu.cn。
蔡军，上海交通大学设计学院教授，中国城市治理研究院研究员。邮箱：cjun@sjtu.edu.cn。
周国帆，上海交通大学设计学院硕士生。邮箱：sjtuzgf@qq.com。

摘要：歙县传统建筑是徽派建筑的典型代表，而祠堂是传统建筑的重要类型之一。歙县祠堂建筑在明清时期达到鼎盛，数量众多、匠艺高超，具有很高的研究价值。歙县祠堂中梁的形态多样、装饰感强、极具特色。本文选取歙县典型明清祠堂进行田野考察，以祠堂中梁的形态与截面比例、与其他相关构件的连接方式入手，运用史料分析、人文社会科学与建筑学相结合、定性与定量分析方法，探析明清时期歙县祠堂建筑中梁的演变并进行探源。本研究可对歙县祠堂的研究进行补充，并为建筑断代提供参考依据。

关键词：明清时期；歙县祠堂；梁；演变

歙县是徽州地区建制最早的两县（歙县与黟县）之一。秦始置县，宋代则府县同城，于徽州居于极为重要的地位，歙县传统建筑更是徽派建筑的典型代表。祠堂作为祭祀祖先或先贤的重要建筑，兼有举行仪式、宗族集会的功能，具有血缘宗族的象征意义。"祠堂"一词最早见于汉代王逸为屈原长诗《天问》所作之序："屈原放逐，忧心愁悴……见楚有先王之庙及公卿祠堂，图画天地山川神灵，琦玮谲诡，及古贤圣怪物行事。"可见，早期祠堂与庙相似，为统治阶层祭祀祖先所用。祠堂类祭祀建筑自奴隶社会至封建社会早期，其形式经历了从周代宗庙至汉代墓祠、唐代家庙等一系列演变。宋至明清逐渐在民间发展起来，祠堂建筑形式由住宅中的单体建筑走向独立的院落式建筑[①]。程朱理学兴起，徽州人朱熹更是在《朱子家礼》卷一"通礼"中，以祠堂开篇，申明祠堂的重要地位及民间营造形制[②]。随着明代徽商的逐渐崛起，他们凝聚财力后又多喜返乡大肆营造房屋以展示地位、光宗耀祖，歙县明清所建祠堂超过200余处。明清时期歙县祠堂发展达到鼎盛，研究价值很高。

一直以来学界对徽派建筑的关注较多。关于徽州祠堂的研究，涉及面较广，如其历史发展、总体布局、建筑形制乃至大木构架类型等。但对于徽州祠堂中梁的研究还有待补充[③]。本文以歙县县城、呈坎、棠樾、瞻淇、唐模、潜口、许村、西溪南、

---

① 祠堂建筑包含宗祠、支祠、家祠、专祠等类型。家祠是建于住宅中的单体建筑。而宗祠、支祠、专祠等已与住宅分离，一般具有独立的建筑群落，在中轴线上依次设置门厅、享堂、寝堂等单体建筑。

② 君子将营宫室，先立祠堂于正寝之东。祠堂之制，三间，外为中门，中门外为两阶，皆三级，东曰阼阶，西曰西阶，阶下随地广狭以屋覆之，令可容家众叙立。（宋）朱熹著；王燕均，王光照校点. 朱子全书·家礼 [M]. 上海：上海古籍出版社，1999：875.

③ 对徽州祠堂的研究，始于20世纪50年代，近年逐渐增多。代表成果主要体现在以下两方面：首先，关于祠堂基本信息的调查考证。如：张叶茜等. 中国.徽州地方の祠堂建築に関する研究—歙県を中心とする祠堂建築の分類と分布 [J]. 日本建築学会計画系论文集，2017，82（732）：527-537；其次，有关祠堂的测绘及基础研究。如：李秋香等. 宗祠 [M]. 北京：生活·读书·新知三联书店，2006.在对徽州建筑的整体研究中，涉及一些大木作及梁的相关内容。如：朱永春. 徽州建筑 [M]. 合肥：安徽人民出版社，2005；姚光钰. 明代建筑变革对徽派建筑轩顶之影响 [J]. 古建园林技术，2010（03）：63-66；单德启.安徽民居 [M]. 北京：中国建筑工业出版社，2010.对徽州祠堂梁的研究，主要涵盖在大木构架的整体研究中，涉及梁的名称、制作工艺、表面装饰等，但缺乏体系性研究。特别是以梁为载体，探讨明清时期徽州建筑演变的成果更是少见。

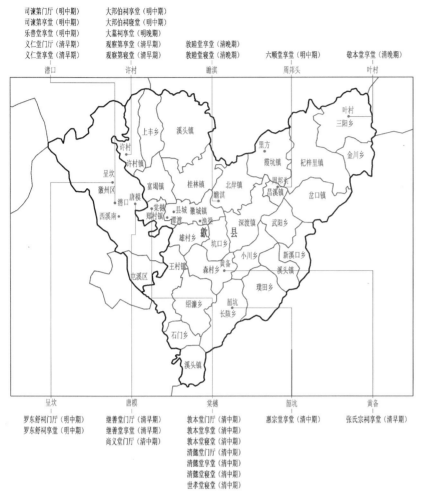

司谏第门厅（明中期）　　　大邦伯祠享堂（明中期）
司谏第享堂（明中期）　　　大邦伯祠寝堂（明中期）
乐善堂享堂（明中期）　　　大墓祠寝堂（明晚期）
义仁堂门厅（清早期）　　　观察第享堂（清早期）　　　教睦堂享堂（清晚期）
义仁堂享堂（清早期）　　　观察第寝堂（清早期）　　　教睦堂寝堂（清晚期）　　六顺堂享堂（明中期）　　敬本堂享堂（清晚期）
潜口　　　　　　　　　许村　　　　　　　　　瞻淇　　　　　　　　周邦头　　　　　叶村

图 1　调研建筑分布示意图
图片来源：笔者自绘

呈坎　　　　　　　唐模　　　　　　　　棠樾　　　　　　　　韶坑　　　　　　　黄备
罗东舒祠门厅（明中期）　继善堂门厅（清早期）　教本堂门厅（清早期）　惠宗堂享堂（清中期）　张氏宗祠享堂（清早期）
罗东舒祠享堂（明中期）　继善堂享堂（清早期）　教本堂享堂（清中期）
　　　　　　　　　　尚义堂门厅（清中期）　教本堂寝堂（清晚期）
　　　　　　　　　　　　　　　　　　清懿堂门厅（清早期）
　　　　　　　　　　　　　　　　　　清懿堂享堂（清中期）
　　　　　　　　　　　　　　　　　　清懿堂寝堂（清晚期）
　　　　　　　　　　　　　　　　　　世孝堂寝堂（清中期）

渔梁、潭渡、里方、叶村、黄备等为主要研究地域，对其中 28 座现状保存较好的代表性明清祠堂建筑[1]进行了详细田野调查（图 1）。运用史料分析、人文社会科学与建筑学相结合、定性与定量分析方法，对其中梁的形态与截面比例、与其他相关构件的连接方式进行研究，探讨歙县明清祠堂建筑中梁的演变，为进一步研究徽州传统建筑木构架设计体系做出铺垫。

一、梁的分类与构架组成模式

歙县祠堂大木构架用料粗大，特色鲜明，营造了极具感染力的室内空间。大木构架是中国传统建筑的骨架，它由梁、柱、槫、额等主要构件构成，是构成建筑空间和建筑体形的重要因素，在《营造法式》中称为"大木作"，在《工程做法则例》中称为"大木"。

祠堂中享堂及寝堂由主体空间（内四架椽）、前后再加附属空间（乳栿或劄牵）构成，大木构架构成模式为 [前乳栿+内四架椽+后乳栿（或后劄牵）]。门厅大木构架可看作为前后两部分构成，构成模式为 [前乳栿+后乳栿]（图 2、图 3）。梁根据位置及跨度的不同，可分为四椽栿、平梁、乳栿和劄牵四种类型[2]，且均采用月梁形式。歙县祠堂月梁形态更加圆润，截面多呈椭圆形态，侧立面呈平缓的弧线，两端雕饰梁眉，中部稍向上拱起，梁背和梁底局部削平，俗称"冬瓜梁"[3]，"肥梁瘦柱"的鲜明形象反映了徽州明清时期的建筑审美观念。

在歙县祠堂大木构架中，梁、额两类构件统称为"梁"。梁为建筑进深方向、承受屋顶重量的水平构件，在歙县工匠中广称其为"列梁"；额则为建筑面阔方向、联系柱间的水平构件，则被称为"直梁"[4]。二者在外形上基本趋于一致，均常做成月梁形态。歙县祠堂中的梁形态多样、装饰感强，且自明至清产生了明显的演变，折射出歙县传统建

---

① 本文研究对象选取的基本原则为保存现状较好、具有典型明清风貌，且列为各级文物保护单位或优秀历史建筑的单层祠堂建筑。一般地，歙县祠堂由门厅、享堂及寝堂所构成。门厅、享堂往往为一层，寝堂既有一层，也有二层。本文仅讨论单层建筑，故二层的寝堂不在研究对象范围之内。因此，选取的 28 座单体建筑包括门厅 7 座、享堂 16 座、寝堂 5 座。

② 本研究主要借鉴《营造法式》及其他学者的研究成果，并结合实地调研对梁进行命名。根据梁上方对应椽子的数量及所处位置的不同，分别称为"〇椽栿"（《工程做法则例》中的"〇架梁"《营造法原》中的"〇界大梁"）；"平梁"（《工程做法则例》中的"三架梁"《营造法原》中的"山界梁"）；"乳栿"（《工程做法则例》中的"双步梁"、《营造法原》中的"双步"）；劄牵（《工程做法则例》中的"单步梁"、《营造法原》中的"川"）等。且附属空间以相应梁的名称指代，如前、后乳栿。

③ 梁眉是冬瓜梁的重要标志性雕饰纹样，位于梁之两端，呈弧状。对于不同地域或不同时期的冬瓜梁，其弧度亦有所不同。明代梁眉弧线较为舒缓，呈抛物线形，清代梁眉弧线则较为拘谨，呈接近圆形的形态。

④ 关于"列梁""直梁"的称谓源于笔者对歙县木作匠师程健生的访谈。本研究中的梁只包含"列梁"，不包含"直梁"。

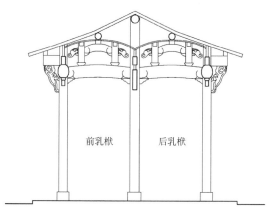

图2　清懿堂门厅当心间剖面
图片来源：笔者自绘

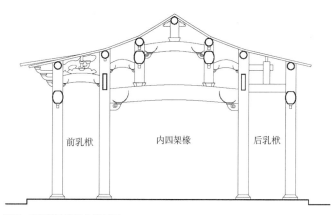

图3　司谏第享堂当心间剖面
图片来源：笔者自绘

筑营造技艺逐步发展成熟的过程。

歙县明清时期祠堂中的梁不仅具有以上共性特征与构架组成模式，从梁的形态与截面比例、与其他相关构件的连接方式来看，还表现出强烈的时代演变特征：由省工省料向受力合理演变、由多样向统一演变。

二、由省工省料向受力合理演变

28座祠堂建筑的营造年代为明中期至清晚期[①]。祠堂的梁均为冬瓜梁形式，但其截面形态及比例具有明显的时代差异。梁的截面形态包含三种类型：第一类，截面近似椭圆形，且较粗胖，高宽比在5：3~6：5之间，侧面的梁眉形态较舒展，呈抛物线形或椭圆形。主

要见于歙县明中期祠堂建筑，如乐善堂享堂、罗东舒祠享堂等，所占比例为36%。第二类，截面近似矩形，高宽比约在2：1，侧面的梁眉形态较舒展。仅见于明代许村的两座建筑（大邦伯祠享堂的劄牵，以及大墓祠享堂的四椽栿、平梁和乳栿），或与许氏祖先许伯升曾任福建汀州知府的经历有关，体现出不同地域的建筑特征糅合。但此类建筑作为特例，占比仅为3%，并不影响歙县祠堂梁的总体特征演变。第三类，截面近似椭圆形，但较第一类瘦长，高宽比约为3：2，侧面的梁眉形态接近圆形。主要见于歙县清代祠堂建筑，如继善堂享堂、敦睦堂寝堂等。此类建筑数量最多，占比为61%（表1）。

纵观明清两代歙县祠堂建筑，

梁的截面形态自粗胖向瘦长演变。明代梁的截面高宽比5：3，甚至6：5，呈近正圆的椭圆形态，非常接近原生木材的截面。由原木制作冬瓜梁，仅需解斫木材的边缘部位，能最大限度地保留原木。从工艺上讲，省时省力；从材料上讲，更大程度地保留原生木材，形态质朴。清代梁的截面高宽比约为3：2，呈较为瘦长的椭圆形，梁两侧的弧线也没有明代饱满。3：2的截面比例与《营造法式》的"凡梁之大小各随其广，分为三份，以二份为厚"不谋而合。从力学角度分析，梁是受弯构件，在原生木材的圆形截面中，解出一根抗弯强度最大的梁，其截面的高宽比是$\sqrt{2}$[②]。自明至清，梁的力学性能更优，截面比例更为科学合理。

① 为研究方便起见，本文又将明代、清代细分为早、中、晚期。
　　明早期：洪武元年（1368年）—宣德十年（1435年）；
　　明中期：正统元年（1436年）—嘉靖四十五年（1566年）；
　　明晚期：隆庆元年（1567年）—崇祯十七年（1644年）；
　　清早期：顺治元年（1644年）—雍正十三年（1735年）；
　　清中期：乾隆元年（1736年）—嘉庆二十五年（1820年）；
　　清晚期：道光元年（1821年）—宣统三年（1911年）。
　　本文调研祠堂建筑的营造年代在明中期至清晚期之间。
② 王天. 古代大木作静力初探 [M]. 北京：文物出版社，1992：6-7，89-91.

祠堂建筑梁截面形态与高宽比（明清）　　　　　　　　　　　　　　　　　　　　　表 1

梁形	代表建筑	剖面	梁截面						所占比例
			形态	高宽比					
				四椽栿	平梁	乳栿	劄牵		
月梁（冬瓜梁）	乐善堂享堂（明中期）		截面较粗胖	6：5	5：4	5：4	/		36%
	罗东舒祠享堂（明中期）			5：3	5：3	5：3	5：4		
	大邦伯祠享堂（明中期）		截面近似矩形	/	/	/	4：1		3%
	大墓祠享堂（明晚期）			5：2	2：1	2：1	/		
	继善堂享堂（清早期）		截面较瘦长	3：2	3：2	3：2	/		61%
	敦睦堂寝堂（清晚期）			3：2	3：2	3：2	/		

注：本表统计以调研的 28 座祠堂建筑为基数。
来源：笔者自绘

三、由多样向统一演变

梁与其他构件的连接方式，同样可以展示梁的明清时代演变（表 2）。首先，歙县祠堂建筑中，梁与柱的连接方式，随着时代发展产生了较为明显的演变。梁与柱交接处包含采用丁头栱和雀替两类构件加以承托。丁头栱和雀替不仅起到辅助支撑的作用，还可减小梁的跨度。丁头栱的做法出现较早，宋《营造法式》已有相关记载[1]，丁头栱又可分为有拱眼和无拱眼两种样式，有拱眼的丁头栱主要表现在明中晚期的建筑中，所占比例为 8%；无拱眼丁头栱可再细分为无雕花和有雕花两类，同样存在于明中晚期，有雕花远比无雕花多见，占比为 18%；从明晚期开始雀替逐渐取代了丁头栱，雀替可分为仿丁头栱和不仿丁头栱两种做法，显然，不仿丁头栱的雀替逐渐占有绝对优势。清中期之后，丁头栱的两种做法和雀替模仿丁头栱的做法已完全消失，仅有

---

① 宋《营造法式》卷五"大木作制度二""侏儒柱"词条有："凡顺栿串，并出柱作丁头栱，其广一足材。"《营造法式》图版中，17 座厅堂建筑有 7 座用丁头栱，其中 6 座丁头栱、月梁并用，1 座丁头栱、直梁并用。可见丁头栱在宋代已普遍使用，且与广泛应用月梁的江南地区关联密切。

明清时期歙县祠堂建筑梁与其他相关联构件的连接及过渡类型   表2

关联构件	连接方式		图示	明清时期演变					所占比例
				明中期	明晚期	清早期	清中期	清晚期	
柱	用丁头栱	有拱眼		●	●	/	/	/	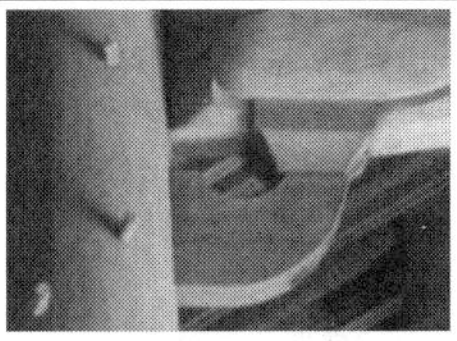 8%
		无拱眼 无雕花	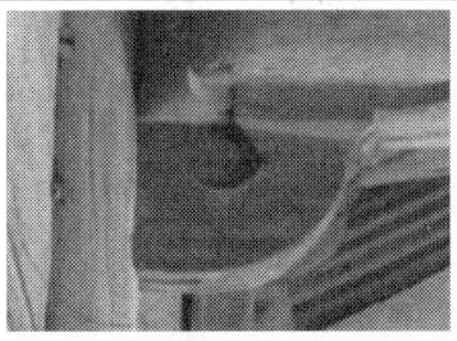	●	●	/	/	/	3%
		无拱眼 有雕花	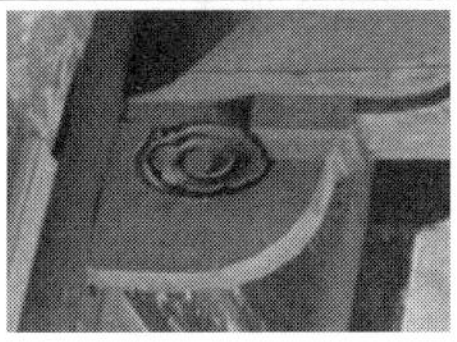	●	●	/	/	/	18%
	用雀替	仿丁头栱		/	/	●	/	/	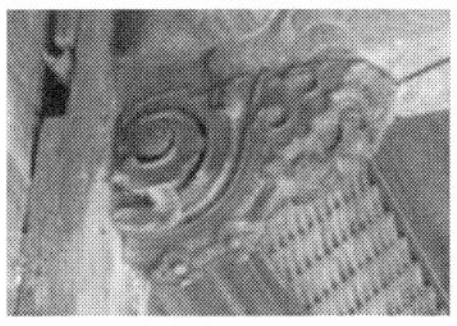 3%
		不仿丁头栱		/	●	●	●	●	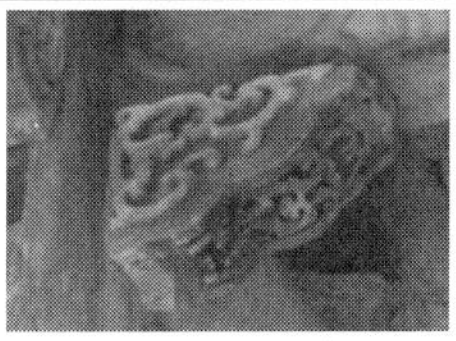 68%
脊槫	（柱托→蜀柱）+ 象鼻			●	●	●	●	●	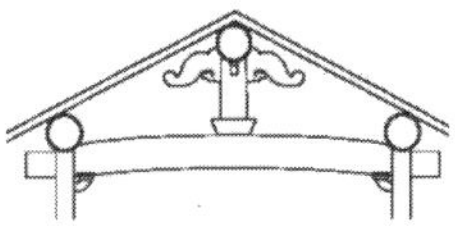 72%
	（柱托→蜀柱）+ 柱头帽			●	●	/	/	/	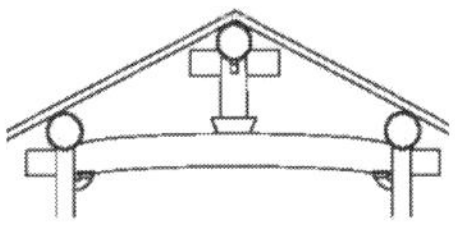 3%
	（柱托→蜀柱）+ 蝴蝶木			/	/	/	●	●	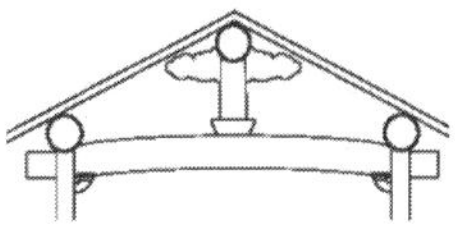 11%
	（柱托→蜀柱）+ 丁头栱 + 蝴蝶木 + 装饰板			●	/	/	/	/	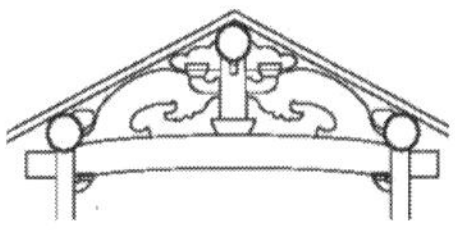 11%
	（柱托→蜀柱）+ 装饰板			/	●	/	/	/	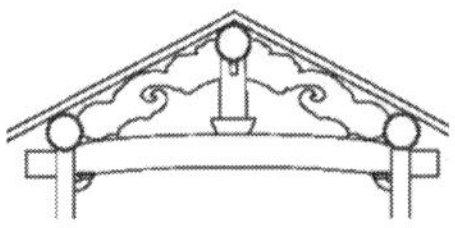 3%

注：本表统计以调研的28座祠堂建筑为基数。
来源：笔者自绘

雀替不仿丁头栱的做法自明代一直延续下来。即歙县祠堂梁与柱间的连接方式完全稳定下来，营造技艺呈现统一化、定型化的特征。早期的构件连接方式趋向多样化，而后期则渐趋统一，体现了徽派建筑营造技艺走向成熟的过程。

其次，从梁与脊榑的连接方式来看，同样可以折射出歙县祠堂建筑中的梁从多样向统一的演变。平梁与脊榑之间的连接构造以柱托和蜀柱为主，但脊榑下方、蜀柱两侧的装饰构件种类多样。明中期，装饰构件有：①象鼻；②柱头帽；③丁头栱和蝴蝶木等，特别是③中还用肥硕的装饰板填充了平梁、蜀柱与椽子之间的三角空间。明晚期，将③中的丁头栱和蝴蝶木完全去掉，而用更夸张的装饰板填充了平梁、

蜀柱与椽子之间的三角空间。到了清代，仅存留下象鼻和蝴蝶木两种，且以象鼻应用最普遍。"象""祥"谐音，象鼻构件不仅形态优美，在传统文化中还有吉祥平安之意，因此在民间建筑装饰中得到了广泛应用。至此，梁与脊部的连接方式也由多样走向统一。

四、结语

歙县祠堂历史悠久、形象鲜明。纵观明清时期歙县祠堂建筑中梁的形态与截面比例，及其与其他构件的连接方式等，可以发现其具有明显的时代演变特征。首先，歙县祠堂的梁以冬瓜梁为主，截面近似椭圆形。明代冬瓜梁截面较粗胖，高宽比在 5：3~6：5 之间。清代

冬瓜梁截面较瘦长，梁高宽比约为 3：2。由明代省时省工、接近原木形态的梁形，向清代受力更为合理的梁形演变，折射出歙县传统建筑营造技艺由明至清的发展成熟过程。其次，梁与柱、梁与脊部的连接方式，均由明代的多样化做法逐步走向统一，反映了歙县传统建筑营造技艺在发展中有所扬弃，直至最终定型的过程。

无论是梁形及截面比例由省工省料向受力合理演变，还是梁与其他构件的连接方式由多样向统一演变，均折射出歙县传统建筑营造技艺发展进化的动态过程。而这一过程中出现的各种细部特征，则可为建筑断代提供参考借鉴。

参考文献

[1] （清）张佩芳修；（清）刘大櫆等纂. 歙县志·歙志序. 清乾隆三十六年刻本.

[2] （宋）朱熹著. 王燕均，王光照校点. 朱子全书·家礼 [M]. 上海：上海古籍出版社，1999.

[3] 程必定，汪建设. 徽州五千村·歙县卷 [M]. 合肥：黄山书社，2004.

[4] 程硕. 徽州班匠录 [J]. 徽州社会科学，2015（11）：38-41.

[5] 王鹤鸣. 中国祠堂通论 [M]. 上海：上海古籍出版社，2013.

[6] 朱永春. 徽州建筑 [M]. 合肥：安徽人民出版社，2005.

[7] 张叶茜，杉野丞，沢田多喜二. 中国. 徽州地方の祠堂建筑に关する研究——歙县を中心とする祠堂建筑の分类と分布 [J]. 日本建筑学会计画系论文集，2017，82（732）：527-537.

[8] 张十庆. 从建构思维看古代建筑结构的类型与演化 [J]. 建筑师，2007（2）：170-173.

[9] 王天. 古代大木作静力初探 [M]. 北京：文

物出版社，1992.

[10] 李秋香，等. 宗祠 [M]. 北京：生活·读书·新知三联书店，2006.

[11] 单德启. 安徽民居 [M]. 北京：中国建筑工业出版社，2010.

[12] 姚光钰. 明代建筑变革对徽派建筑轩顶之影响 [J]. 古建园林技术，2010（03）：63-66.

[13] 马全宝. 江南木构架营造技艺比较研究 [D]. 北京：中国艺术研究院，2013.

浙东区域乡土建筑牛腿挑檐的结构分类与区划尝试

蔡 丽

国家自然科学基金资助课题"传播学视野下我国南方乡土营造的源流和变迁研究"（51878450）。

蔡丽，宁波大学潘天寿建筑与艺术设计学院建筑系讲师。邮箱：524626852@qq.com。

摘要：本文首先对浙东区域乡土建筑构架细部即挑檐牛腿进行分类说明，其次重点分析了外观相似的三角斜撑和琴枋斜撑的差异和发展演化关系，挖掘其背后分别隐含的沿海连架式和内陆层叠式大木结构特征，总结出浙东区域的三大类牛腿挑檐的结构原型并进行初步区划。

关键词：浙东；斜撑牛腿；连架式；层叠式

一、研究范围的界定

历史上浙东和浙西的划分以钱塘江为界，最早的浙东范围相当于宋元两浙东路和浙东道，即今甬绍台温丽舟金衢地区为浙东，今杭嘉湖地区为浙西。清代以来金衢严道属于浙中范畴，宁绍台道所辖范围即现在宁波市、绍兴市和台州市，是狭义的浙东区域，因为海防和水利成为区域共同体，温州属于浙南范畴。浙江南部和东部沿海贸易和海运频繁，现代广义的浙东区域包含了甬绍台温。本文的浙东区域包含了广义和狭义两部分，同时增加了与浙东相邻的东阳地区的比较。

挑檐是指浙东乡土建筑大木构架中为增加檐口出挑水平距离、支撑挑檐桁的构架细部，其位置可以在檐廊柱头，亦可作为二层楼屋的腰檐，结构形式分为水平挑头和牛腿挑檐两大类。水平挑头是单层或多层水平向的梁枋头支撑挑檐桁的结构关系。牛腿挑檐是一套组合构件，由下部的牛腿加上部的斗栱、小栱背梁和挑檐桁等组合而成。

本文中大木构架的结构类型借鉴了张十庆先生提出的层叠式和连架式应对传统的抬梁式和穿斗式，即"层叠型结构依靠构件个体的自重和体量求得平衡稳固，相互拉结咬合成整体的意识薄弱。连架型结构，依靠构件相互的拉结和联系求得平衡稳定，相互拉结咬合成整体的意识强烈。因而二者相比较而言，层叠型结构关注的是由自重体量而成的稳定性，连架型结构关注的是由拉结联系而成的整体性。"

二、水平挑头

浙东区域的水平挑头分为单层硬挑头（图1）和双层挑头两类（图2）。单层硬挑头有两种出挑情形，最常见的类型是檐廊单步梁用伸出的梁头支撑挑檐桁，案例见宁波象山沿海、台州沿海及温州地区。第二是半骑马内走廊[1]中的梁压柱式水平硬挑，主要见于绍兴新昌山区及相邻的东阳地区。

双层挑头原型是单步外檐廊双层梁枋的穿枋式硬挑头，上下挑头之间用短柱支撑，主要见于台州和宁波交接三门湾沿海地区，即宁波宁海县[2]和象山县南部，以及台州三门县；亦有在伸出枋头底部增加斜撑；亦有下层枋不出头，檐廊柱前增加牛腿或插栱，形成上层硬挑、下层软挑的结构关系[3]。

---

① 浙东乡土建筑中二层楼屋中一层的门窗向内退进一步形成内走廊；二层通高檐柱用牛腿支撑单披檐的空间结构关系被称为"全骑马"。楼屋的二层檐柱向内退进，柱脚架在一层走廊梁背上，一层廊柱头用牛腿支撑单披檐，与全骑马相对应被称为"半骑马"，类似《营造法原》中的"骑轩廊"。
② 宁波市宁海县在新中国成立前一直归属于台州。
③ 宁波宁海上层硬挑下层软挑图片由宁波市文物保护管理所提供。

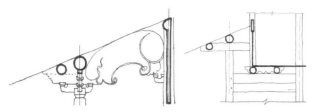
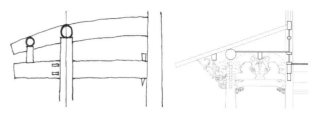

图 1　单层硬挑（宁波象山梁头硬挑、绍兴新昌梁压柱式）
图片来源：作者自绘

图 2　双层挑头（宁波宁海双层硬挑、宁波宁海上层硬挑下层软挑）
图片来源：作者自绘

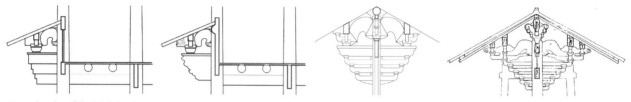

图 3　水平牛腿（宁波奉化山区梯形硬挑、宁波平原地区梯形软挑、明代宁波海曙区多层丁头栱、清代温州永嘉多层丁头栱）
图片来源：清代温州永嘉多层丁头栱挑檐引自：刘磊，张亚祥.温州民居木作初探[J].古建园林技术，1999（04）；其他为笔者绘制

图 4　梯形斜撑牛腿（绍兴诸暨、宁波象山）
图片来源：作者自摄

图 5　斜撑杆牛腿（台州临海）
图片来源：作者自摄

三、牛腿挑檐

浙东区域的牛腿根据受力特点分为水平牛腿和斜撑牛腿两大类。水平牛腿（图 3）主要分布在宁波地区，包括硬挑、软挑以及丁头栱牛腿等；台州和宁波交接三门湾沿海地区的双层硬挑变形为水平硬挑牛腿和斜撑牛腿，详见后述；温州地区的双柱院门采用与宁波明代相似的多层丁头栱牛腿[①]（图 3），在正房和厢房檐廊内转角檐廊柱上用

曲杆状斜撑栱或上昂撑栱承托挑檐桁。

1.斜撑牛腿的形式分类

斜撑牛腿根据外形特征分为块状直角梯形和杆状两类。块状牛腿梯形斜边（图 4）是三角形受力位置，保留实心体，多用圆雕装饰成具象的动物和植物及各种纹样，其余部位可用深雕和镂空雕发挥和配合，多见于绍兴地区及宁波象山南部。杆状斜撑常见有曲度不同的弯

杆或直杆（图 7、图 8）以及斜撑栱两种类型。大多数斜撑杆杆身细长，上大下小，弧度类 S 形，表面或有顺着轮廓的浅刻。台州临海地区有斜撑直杆，突出装饰性，加粗的杆身和杆底部的半圆形梁托表面有精美雕饰，杆身与檐廊柱保持空隙，维持三角形的构成关系，是杆状和块状牛腿的过渡类型，案例见台州临海市下沙屠村马氏庄园（图 5）。斜撑栱主要见于温州地区，长斜栱下端抵住檐廊柱，上端用小斗支撑挑

① 温州永嘉丁头栱挑檐图片引自：刘磊，张亚祥.温州民居木作初探[J].古建园林技术，1999（04）.

图6 斜撑栱（温州永嘉）
图片来源：作者自摄

图7 三角斜撑牛腿（台州三门、宁波宁海）
图片来源：作者自摄

图8 琴枋斜撑牛腿（绍兴柯桥、台州椒江、东阳卢宅、东阳卢宅）
图片来源：作者自摄

檐桁。长斜栱下部依栱身增加短斜栱，短栱下端架在从檐廊柱伸出的丁头栱头上，长短斜栱贴合支撑挑檐桁，其外形类似宋代古制的上昂做法。亦有将双层栱身简化成类S形的弯杆状（图6）。

2. 斜撑牛腿的结构分类

斜撑牛腿根据结构特点分为三角形斜撑和琴枋斜撑两种，以及融合前两种特点的混合式结构。

（1）三角形斜撑牛腿主要见于台州地区（图7）。如前所述的台州临海下沙屠村的斜撑直杆牛腿，在外檐廊中上层梁挑头加长，装饰成小拱背梁，与梁托支撑的斜撑直杆

以及檐廊柱身形成了三角形结构关系。在全骑马挑檐中，斜撑杆下端支撑在穿出廊柱身的走廊梁头背上，与斜撑杆上端支撑的软挑梁头以及廊柱形成了三角形结构关系，走廊梁头迎面常倒圆，做成梁托式样。这两个三角形结构的共性是柱身上下两个节点中需有一个通过水平构件穿出柱身固定，另一个相对灵活，从而确保三角形的稳定性。三角形斜撑牛腿亦可看成双层硬挑的一种变形和涵化。

（2）琴枋斜撑牛腿大量出现在绍兴地区和东阳地区檐下，牛腿有块状梯形和杆状两种外形（图8）。其中琴枋斜撑牛腿与台州三角形斜

撑牛腿外形非常相似，区别在于增加了一道水平琴枋，结构上琴枋斜撑杆牛腿独立于与大木构架主体。

结合笔者在浙东区域和东阳地区的实地调研，琴枋斜撑牛腿是绍兴山区和东阳地区半骑马构架中水平硬挑梁头加斜撑的演化结果（图9）。水平硬挑梁头压在廊柱顶上，梁头底部或增加斜撑加固。若廊柱升高直接顶住檐桁，水平梁头变成了穿柱枋，穿柱枋大多变成内外两个独立的水平构件，内侧拉结骑马柱和廊柱，外侧成为支撑挑檐桁的软挑头，需增加斜撑。斜撑和软挑头变成独立的挑檐构件，通过在软挑头的背部增加垫木来调整挑檐桁的高低，再用水平构

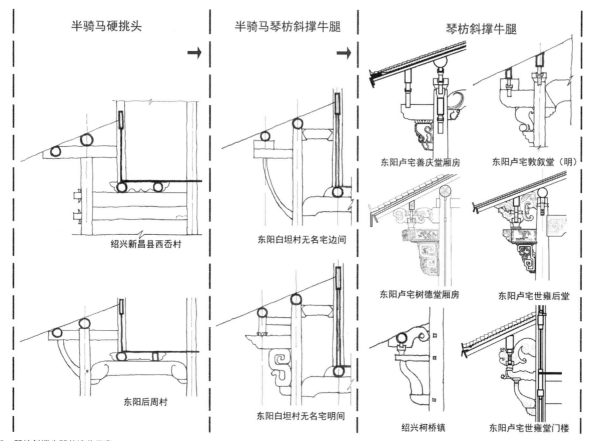

图 9 琴枋斜撑牛腿的演化示意

图片来源：东阳卢宅善庆堂厢房牛腿、东阳卢宅树德堂厢房牛腿、东阳卢宅世雍后堂牛腿以及东阳卢宅世雍堂门楼牛腿引自：同济大学建筑与城市规划学院建筑系 2017 年《浙江省东阳市卢宅文物建筑群测绘图集》；其他为笔者绘制

件将挑檐桁与廊柱头连接。软挑头即是琴枋，垫木变形为加高的装饰大斗，水平构件即是卷涡小拱背梁，斜撑有块状梯形、杆状和斜撑拱三种外形，最终形成了绍兴和东阳地区独立于主体结构，形式多样且装饰性强的琴枋斜撑牛腿[①]。

软挑头与垫木上下叠加的构造关系最早见于东阳卢宅明代敦叙堂的挑檐牛腿中。琴枋头背部增加垫木，横栱插入琴枋两侧，横栱及其替木与垫木共同支撑挑檐桁。东阳白坦村无名宅中琴枋梯形斜撑装饰牛腿的原型即是其边榀中斜撑杆牛腿加垫木的构造关系。

（3）混合式斜撑牛腿是单层 / 双层硬挑 + 辅助支撑的结构关系，介于双层硬挑和三角斜撑牛腿之间（图 10），辅助支撑的形式多样，常见有水平软挑、梯形斜撑块和独立插栱等，亦有琴枋牛腿式样。如台州三门县下岙周村平吊顶檐廊中上层为对拱背式样的一体长轩梁，伸出檐廊柱外支撑挑檐桁，下层随梁枋为月梁式样，檐廊柱前的枋头对应随梁枋，相当于加高的琴枋或水平软挑牛腿，枋底增加梯形小斜块。宁波象山县黄埠村三戒堂卷棚牛腿结构关系与前者相同，相比较琴枋和斜撑牛腿的尺寸、比例及装饰风

格更接近绍兴和东阳。宁波宁海县前童镇中双层梁枋均有出头和出挑，在枋头底增加小斜撑，体现了双层强硬挑加弱斜撑的构成关系。

四、小结：牛腿挑檐的结构原型和分布

基于以上的分析，初步得出浙东区域牛腿挑檐的三种结构原型（表 1），分别是水平牛腿、三角形斜撑牛腿和琴枋斜撑牛腿，大致对应分布在宁波平原、台州沿海地区和绍兴及东阳地区。混合结构牛腿归类于三角形斜撑牛腿。

---

① 东阳卢宅的墨线图片除明代敦叙堂外皆引自同济大学建筑与城市规划学院建筑系 2017 年《浙江省东阳市卢宅文物建筑群测绘图集》。

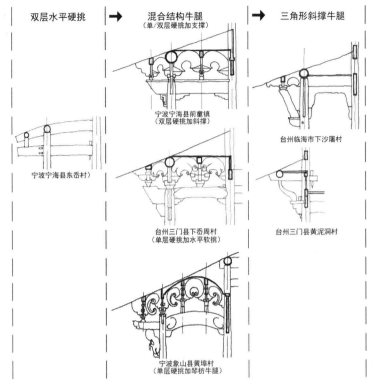

图10　混合结构牛腿与三角形斜撑牛腿的演化示意
图片来源：作者自绘

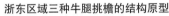

<table>
<tr><td colspan="3">浙东区域三种牛腿挑檐的结构原型</td><td>表1</td></tr>
</table>

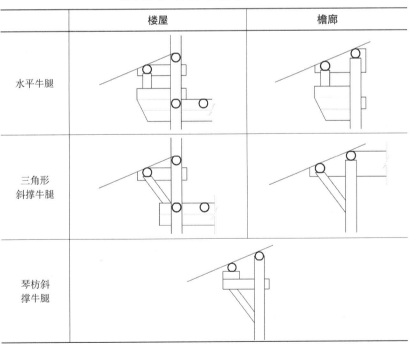

	楼屋	檐廊
水平牛腿		
三角形斜撑牛腿		
琴枋斜撑牛腿		

来源：作者自绘

不同结构类型的牛腿揭示了大木构架不同的结构观念。宁波地区水平牛腿的地方特征明显，脱胎于全骑马走廊梁穿出廊柱的水平硬挑头加小拱背梁，其作为单层厅堂独立挑檐构件时依旧保持水平方向的构造关系，延续了连架式大木构架强调水平连接的特点。浙东内陆的绍兴及东阳地区的琴枋斜撑牛腿独立于大木构架，通过增加额外小构件来加强牛腿与檐廊柱的连接，强调局部节点的构造，缺少了与整体结构关联的思考，琴枋牛腿亦起源于采用断柱的半骑马构架水平硬挑，这些构造和构架细节体现了层叠式结构思维。台州沿海地区的三角形斜撑牛腿中，斜撑的出现意味着受到浙东内陆的影响，但仍保持着水平构件与主体结构的一体关系，亦维持了大木构架的整体性。浙东沿海地区的牛腿挑檐不论是水平还是混合结构都服从和依附于大木构架，体现了追求整体性的连架式结构观念，从而应对沿海台风的水平荷载。琴枋斜撑杆牛腿与三角形斜撑杆牛腿有着相似的外形，却属于不同的结构类型，说明了构件形态与结构类型之间复杂的对应关系。相似的构件形式还需要进行构造和结构的综合辨析，才能真正判定其内在特征。

参考文献

[1]　张十庆.从建构思维看古代建筑结构的类型与演化[J].建筑师，2007（02）.

[2]　蔡丽.基于结构刚性追求的传统民居大木构架定性分析——以宁波传统民居大木构架和虚拼构件为例[C]//林祖锐，丁昶.传统民居与当代乡土：第二十四届中国民居建筑学术年会论文集.北京：中国建筑工业出版社，2019.

我国南方明清时期楼阁式建筑木结构特色探析

张嫩江

本文由国家自然科学基金项目（51878450），国家自然科学基金重点项目（51738008）资助。

张嫩江，同济大学建筑与城市规划学院博士生。
邮箱：nenjiangJZY@163.com。

摘要：传统楼阁式建筑不同于普通民居之处，在于其结构上以垂直延伸为主。本文通过对典型木楼阁式建筑结构特征进行分析，剖析我国南方楼阁建筑结构原型及特色，为传统木楼阁建筑保护及修缮提供科学依据。

关键词：木楼阁；结构特色；原型；南方地区

楼阁建筑的典型特征，即建筑内部有可上人的楼面，并有通向上层的楼梯[1]。木作在楼阁建筑营造中不仅起到承重作用，还有围护以及装饰的作用。而木作垂直方向承重结构的合理性是木楼阁式建筑稳定的决定性因素。本文通过对我国南方地区的四处乡土木楼阁建筑：福建邵武金坑文昌阁、四川李庄旋螺殿、广西容县真武阁和福建邵武和平南谯楼的建筑垂直木结构进行分析，探析楼阁建筑的木结构特征。

一、历史上的楼阁建筑类型

楼阁建筑区别于单层建筑的一个重要特征就是楼阁上下层的架构关系（图 1）。从这个角度去思考历史上现存的楼阁建筑，可以大致理解为两种方式：一种是层叠式，即通过平坐层衔接各层（图 1①②③），另一种是通柱式（图 1④⑤⑥）。

在唐宋时期，层叠式楼阁中一定有斗栱，随着斗栱和铺作层的不断成熟，平坐成为楼阁建筑结构重要的组成部分，是一种空间结构层，上下屋之间通过平坐层传力。《营造法式》在卷四"平坐"内容中涉及三种上下结构方式：叉柱造、缠柱造和永定柱造。叉柱造、缠柱造、永定柱造中无论哪一种，楼阁上下层之间都要通过平坐层，平坐层作为空间结构层，它与铺作层的作用基本一致，增加木结构建筑的整体刚度，保持楼阁上下层柱网的稳定，承担着将上层屋的重量均匀地传递到下层柱的功能。因此具有平坐层的楼阁构架可分解为数层，是叠加一起形成的。

辽金建筑，历经元代的发展，檩、梁、柱直接相交开始普遍。至明清，斗栱日趋式微，楼阁各层平

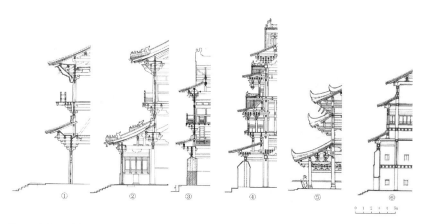

①辽·天津蓟县独乐寺观音阁·叉柱造　　②宋·河北正定隆兴寺转轮藏殿·叉柱造
③宋·河北正定隆兴寺慈氏阁·永定柱　　④明·山西万荣飞云楼·通柱造
⑤明·广西容县真武阁·通柱造　　　　　⑥清·河北承德安远庙普度殿·通柱造

图 1　历史楼阁建筑中的上下层架构关系
图片来源：①《中国古代建筑技术史》82 页；②《中国古代建筑技术史》96 页；③《正定隆兴寺》85 页；
④《建筑历史研究》第 2 辑 113 页；⑤《梁思成文集》第 4 卷 218 页；⑥《中国古代建筑史》第 5 卷 430 页

坐层构架上的刚性作用，大多由通柱所代替。所谓的平坐层内部结构机能逐渐减少，近于消失，而回归为外观形象上的平坐，即有平坐而没有平坐层。通柱式楼阁上下柱的交接问题较平坐中的交接简单些，它是用一根至数根整柱，作为楼阁的主要承重柱，当木柱长度不够时，则运用墩接、包镶法等，仍使之保持贯通之势，明清时期常称之为"通天柱"。

二、南方典型木楼阁建筑分析

1. 金坑文昌阁

金坑文昌阁是福建省级重点文物保护单位，位于福建省邵武市金坑村，具有楼阁式建筑的典型特征。文昌阁是金坑村文昌宫的核心主体部分，建于清乾隆年间（1736—1795 年）。文昌阁占地约 60m²。平面呈方形，总共三层。一、二层面阔与进深均三间，内四柱，周圈 12 根檐柱，共 16 根柱，呈九宫格的平面柱网形式，檐柱与内柱尽皆对位，并以梁栿拉结。三层一间见方四柱。文昌阁总高 12.39m，一至三层逐层缩进，三重檐四角攒尖顶。

金坑文昌阁无铺作层，整体可以看作穿斗式的构架。采用的是"核心主架 + 周匝辅架"组合的木作结构逻辑。主架居中，是整个构架的核心，由四根内柱及联系梁枋构成，形成"口"字形平面，也可称之为"井字架"。周匝辅架，是主架的附体，位于一、二层，由檐柱和内柱及其之间的联系梁枋构成，在建筑的四个角上分别形成"L"形平面。核心主架与周匝辅架梁枋共同组成"回"字形平面（图 2）。

"口"字形梁架在建筑的各层中贯穿始终，起到结构支撑作用的是核心主架中的内四柱。内四柱采用通柱造，具体做法为四根内柱上下对齐，通高至三层檐檩下，在内柱中间部位采用了墩接的方式，墩接部位位于木柱在二层楼面以上、三层楼面以下位置。周匝辅架、四周的檐柱每层收进一步架，三层内柱即檐柱。建筑中核心主架呈现结构、空间一体化特征，周匝辅架的叠加使建筑展示出昂的特征，最终呈现出垂直向上层层收进的楼阁式建筑外观（图 3）。

2. 李庄旋螺殿

旋螺殿坐落在四川省宜宾市李庄镇，建于明万历二十四年（1596 年），是第六批全国重点文物保护单位（图 4）。它并不是严格意义上的楼阁式建筑，但它有楼阁式建筑相似的垂直木结构，且作为八角形平面具有一定的特殊性，因此这里也把它作为一案例进行探讨。

平面呈正八角形，穿斗结构，三重檐，中有四通柱，高约与中檐处正心桁同在一水平线上，各井口柱间施抬梁二层，以其环柱之四面，遂构成方井状，上下两层抬梁之间，井口柱间又具穿梁一层，是为增加四柱之间的稳定性[2]。

构成四方形的井口柱是旋螺殿建筑中的梁架骨干，作为正八角形平面建筑，井口柱与下层外檐八柱

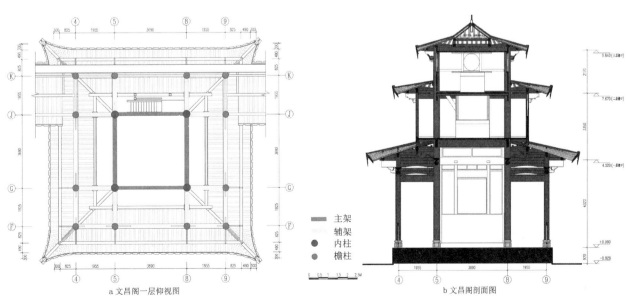

图例：
■■ 主架
　　 辅架
● 内柱
● 檐柱

a 文昌阁一层仰视图　　　　　　　　　　　　　b 文昌阁剖面图

图 2　文昌阁梁架关系图
图片来源：作者自绘

通过踩步梁和斗栱共同作用，踩步梁八根，其内端置于第一层抬梁之上，外端搁于下层角科斗栱上。中层檐柱位置分别沿踩步梁向内收缩至踩步梁中点处，中层屋面重量通过中层檐柱传至踩步梁进而到第

一层抬梁与斗栱再到柱。第二层抬梁主要承受上层檐柱传递的上层屋面重量。整体上四内柱与周匝檐柱通过在抬梁构架的基础上，增加穿梁共同承受上、中、下三层屋面重量。

3. 容县真武阁

经略台真武阁坐落在广西壮族自治区东南部容县城东绣江北岸，建于明万历元年（1573 年），为全国重点文物保护单位。

平面呈四边形，三层三重檐，层层收进，通高 13.2m，面宽 13.8m，进深 11.2m，真武阁 20 根笔直挺立的巨柱中，底层内部前后各有 4 根金柱，8 根柱直通顶楼，是三层楼阁全部荷载的支柱[3]。与穿斗梁架形成整个建筑结构的核心主架。环绕 8 根金柱所形成的内槽周圈为单坡屋顶回廊，成为真武阁一层的屋檐，同时这 12 根檐柱在结构上起着扶持 8 根通柱的作用。8 根通柱至二、三层后，成为檐柱，底层平面比二、三层大很多，使得一、二层屋檐间收进轮廓明显，二、三层的檐柱上出插栱承屋檐，此处插栱后尾直插二、三层不落地金柱，使通柱内外形成受力平衡，三层较二层

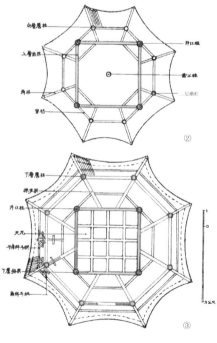

图 3　金坑文昌阁结构模型
图片来源：作者自绘

①木构架关系图
②上层仰视图
③下层仰视图
④剖面图

图 4　李庄旋螺殿结构图

斗栱出挑较短，因此从外观效果上依然可见收进的趋势（图5）。

4. 和平南谯楼

和平南门谯楼为后期修缮，与清同治年间修葺的东门谯楼结构相同，位于福建省邵武市和平古镇，明万历十六年（1588年）和平建城堡，东、西、南、北四个主城门上建谯楼。

木楼阁部分共三层，外观三重檐歇山顶，堡墙之上第一层五开间五进深。其中中心内四柱为通柱，直抵第三层屋檐下，建筑整体为穿斗式构架。围绕内槽四金柱周圈有12根步柱，步柱升至第二层檐下，成为第二层的檐柱。第三层4根通柱成为檐柱支撑屋面。建筑檐部逐层收进，第一层步柱周圈加披形成一层屋檐，第二层为内4通柱加披檐形成二层屋檐，该披檐以升至二层的步柱支撑另一端，并从步柱上出挑枋撑挑檐檩，加大出挑。三层则为四通柱支撑的屋面。逐层收进的木结构中，以四通柱形成的井字架为核心，通过减廊、减进深，使空间从一层到三层逐步缩小，层层收进（图6）。

三、南方明清时期木楼阁结构特征

1. 井字梁架

木楼阁式建筑中普遍采用通柱式，这与我国历史上楼阁式建筑的发展一脉相承，属于时代性特征。通柱式应用于楼阁中，具有内槽通柱承屋，外槽柱承檐的构架特征。进而可以形成"核心主架＋周匝辅

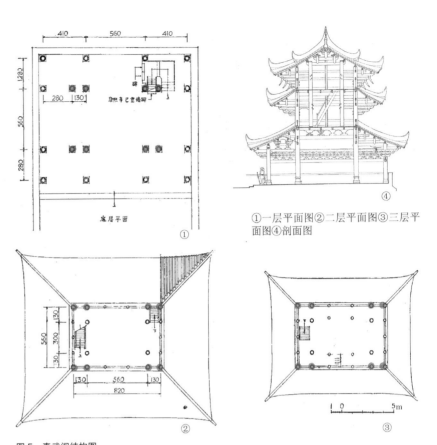

① 一层平面图 ② 二层平面图 ③ 三层平面图 ④ 剖面图

图5 真武阁结构图
图片来源：梁思成. 广西容县真武阁的"杠杆结构"[J].建筑学报，1962（07）：3-4.

架"组合的木作结构关系。通柱作为内部主要承重构架将屋面及各层楼面荷载传至地面，梁枋与柱身之间取消了斗栱这项薄弱环节，使传力更直接、构造更简单、分布更均匀，杆件拉结互济更为有利，逐渐摆脱早期楼阁由多层构架重叠而成的叠圈方法。

楼阁式建筑木构架为穿斗式，四通柱位于金柱位置，金柱之间以及金柱与其他柱之间用梁枋拉结，形成井字主架，其中井字主架包含两部分："口"字形梁枋是拉结金柱的主要构件，四角的"L"形梁枋为金柱与其他柱的拉结构件。如果从发音上来推测，或许我们常说的"金柱"正是"井柱"，是建筑中以梁架形态关系所定义的柱的位置。

井字形架的尺度并不固定，有

正方向，亦有长方形，且不仅可以用于四边形平面的楼阁建筑，李庄旋螺殿是八边形平面，依然能看出井字形梁架的原型。

井字形梁架＋通柱可以理解为南方地区明清时期木楼阁建筑中常用的木作结构形式，通柱承受最顶层屋面荷载，并在以下各层有效与外槽柱共同作用，承各层屋檐，并将荷载传递至地面。井字形梁架使柱之间拉结更加可靠，从而使建筑从横向与竖向上均形成一个整体，稳定性好。

2. 层檐递进

木楼阁建筑在垂直方向上还有一个明显的特征即层檐递进，一层屋檐最大，至顶层逐层收进，在南方的木楼阁建筑中收进的方式和距

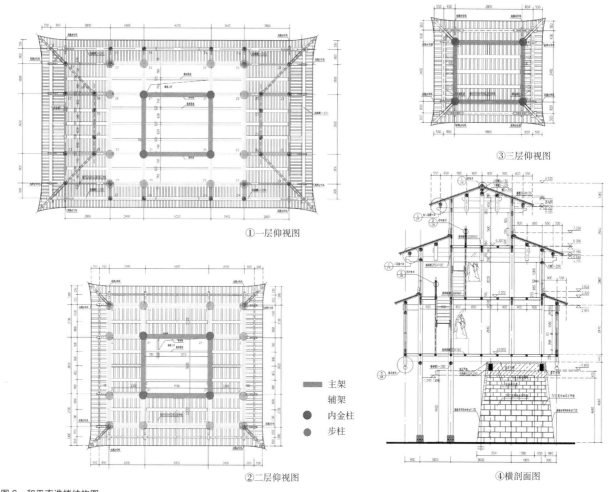

主架
辅架
● 内金柱
● 步柱

①一层仰视图

③三层仰视图

②二层仰视图

④横剖面图

图 6　和平南谯楼结构图
图片来源：古元工作室提供

离均灵活多变。为形成外观上层檐
递进的效果，一般做法为以通柱及
井字梁架为主体，在平面上加披檐、
加檐廊、加进深、加斗栱出挑距离。

　　明清的常用之法中，通柱式楼
阁上层采用童柱承檐（图 7），楼阁
建筑的各层檐口多采用在下层的桃
尖梁或大梁上立童柱的办法承托，
以上各层类推，每层檐口收进多
少，决定童柱的位置，这是因为收
分相对较简单自由。以此法构成的
楼阁外貌自然呈锥体形状，稳固而
均衡。

　　南方地区木楼阁建筑实现层檐
递进的方法更为灵活，通过对案例
进行分析，可总结为以下三大类：

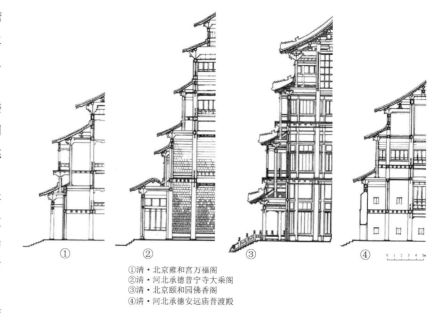

①清·北京雍和宫万福阁
②清·河北承德普宁寺大乘阁
③清·北京颐和园佛香阁
④清·河北承德安远庙普渡殿

图 7　通柱式框架结构中童柱承檐
图片来源：①《中国古代建筑史》第 5 卷，430 页；②《中国古代建筑史》第 5 卷，432 页；③《中国古代建筑史》第
5 卷，429 页；④《中国古代建筑史》第 5 卷，430 页

1）童柱承披檐引起

以不落地短柱做上层檐柱的做法，在我国南方亦可见，如李庄旋螺殿二层为搭于踩步梁处的不落地短柱和通柱共同做二层檐柱，这些不落地短柱均位于檐柱与金柱之间的梁枋上。另外亦有搭于金柱之间的不落地短柱承檐，例如李庄旋螺殿三层的檐柱均搭于通柱之间的梁枋上的不落地短柱；广西容县真武阁的二、三层檐柱中前后两边各有两檐柱和左右山面各有三檐柱均为搭于通柱之间梁枋上的不落地短柱。因此在南方地区，不落地短柱的存在亦是形成层檐递进的关键，位置关系更加丰富。

2）插栱出挑承披檐距离不同引起

南方地区除了不落地短柱承檐的做法，还有插栱出挑承檐的做法，通过变换插栱出挑距离而形成层檐递进的效果，例如容县真武阁，二层和三层均为从通柱位置插栱承檐，可是在外观上依然形成收分的效果，从檐柱设偷心造插栱承屋檐，但三层每一条出挑距离均减少，因此总体插栱出挑距离缩短，挑檐檩位置收进，三层屋檐较二层出挑减少。

3）楼面逐层收进引起

①童柱 + 楼面范围不同引起

不落地短柱除了可以承披檐外，还可以承楼面，随着童柱逐层收进，建筑每层平面收缩，因此屋檐自然逐层收进。例如金坑文昌阁二层楼面范围即为一层四个方向各边檐柱与金柱之间乳栿上驼峰斗栱上承檐柱围合，相当于二层楼面缩进一步架，在三层中楼面继续收缩至金柱围合的空间，这种以通柱为核心支撑，楼面逐层收缩，进而使屋檐逐

层收进。

②落地柱 + 楼面范围不同引起

对于一层需要空间较大的木楼阁建筑，会通过加进深、加檐廊来实现，既满足空间需求，又实现层檐递进的楼阁式外观效果。

例如和平南谯楼，通柱围合的空间在建筑的中心，通柱周圈12根步柱与金柱之间形成了一进深，檐柱与步柱之间形成檐廊，增加了一层的进深，为五进深，如此一来，二层、三层逐层减小，即可使层檐递进，南谯楼二层在平面上收进一进深为檐廊进深，三层在平面上收进一进深为金柱与步柱之间的距离，金柱直通三层承檐，是以平面尺度来逐层收进而形成楼阁式建筑层檐递进的效果。

再如容县真武阁，设8根通柱，实则相当于扩大了井字梁架的开间，一层围绕8根通柱的是12根檐柱，因此一层较二、三层则是多了檐柱与金柱之间这样一间的空间，即可实现二、三层较一层的屋檐收进。

3. 因形而异

楼阁式建筑平面形态多样，平面可以是四边形，也可以是其他多边形，而其梁架既可以在井字架基础上进行变化，又可以在井字架基础上增加梁架。

1）井字梁架的变形

李庄旋螺殿，平面为八边形，内四通柱之间梁枋拉结形成口字形梁架，但四角并非直角"L"形，而成了搭在口字形梁架往外散发的"八"字形踩步梁，与外侧8根檐柱形成连接关系并承童柱即二层檐柱。

2）双井字梁架并列

容县真武阁，平面为长方形，

在开间方向檐柱位置，正立面只有3根檐柱，因此取得传统的当心间略大于次间，当心间为5.6m，次间为4.1m。但在金柱位置，之所以设置两缝金柱，因转角造的需求，一层开间和进深方向第一进均为2.8m；由于平面尺度和木构做法的需要设置了8根通柱，因此形成了双"井"字并列的梁架。

3）井字梁架延伸

和平南谯楼，平面为长方形，内四通柱与周圈12根步柱之间拉结形成井字架，但在其外侧还有一层檐柱，而这一层檐柱的出现，使井字形梁架中的"L"枋沿着进深和开间方向延伸至檐柱进行拉结，而除了延伸在角步柱位置还会再出现一个"L"形梁架，进而使建筑中的整个梁架都与内四通柱联系起来。

进深方向上步柱与檐柱之间形成檐廊，开间方向上步柱以外还有两缝柱，形成开间方向步柱和檐柱的距离大于进深方向上步柱和檐柱的距离，因此形成建筑的正立面和侧立面完全不同的收进距离，这种做法与该建筑为歇山屋顶相契合。若此建筑为攒尖顶，则很难做到不同方向收进距离不同。

四、南方明清木楼阁建筑原型与特色

在以上典型木楼阁建筑中，均可见井字形梁架，"井"字的四个交点即为四根通柱，而"井"字中两横和两竖连接的正是周圈12根檐柱及其梁枋。而在应对不同平面形状和不同尺寸的平面中，"井"字形梁架可发生不同形式的变形，进而适应建筑的平面形式。因此若

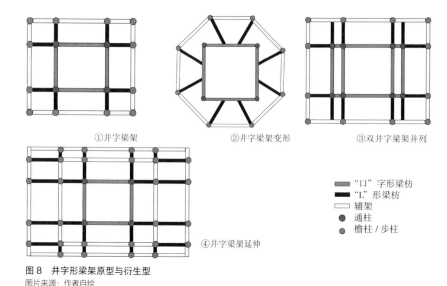

①井字梁架　　　　　②井字梁架变形　　　　　③双井字梁架并列

④井字梁架延伸

■ "口"字形梁枋
■ "L"形梁枋
□ 辅架
● 通柱
● 檐柱 / 步柱

图 8　井字形梁架原型与衍生型
图片来源：作者自绘

从平面梁架形式上看，以木楼阁建筑梁架原型为"井"字形梁架（图8①），可以根据平面形状不同衍生出不同的梁架形式（图8②），而根据平面尺寸的增加也进行衍生（图8③④）。

从木楼阁竖直方向的结构关系来看，以内四通柱为核心，周圈层层收进是其最基本的特征。在案例中可见每个建筑中均有依据周圈柱逐渐内收而产生层檐递进。例如金坑文昌阁建筑二层檐柱位置对应到一层平面内收一步架，三层檐柱较二层檐柱内收一步架；李庄旋螺殿也是逐层檐柱收进一步架；容县真

武阁二层的檐柱较一层檐柱内收一进深；和平南谯楼也是逐层收进一进深的距离。其中收进一步架者为采用不落地柱承屋檐，收进一进深者为落地柱承屋檐，因此对于层檐递进中各层檐柱的位置变化起到重要的作用，这与我国明清时期楼阁建筑的做法一脉相承。不同的是，在南方地区檐柱外插栱的应用，使通过改变插栱出挑的距离亦可实现层檐递进的外观效果，例如容县真武阁的二、三层，二层屋檐在外观上较三层内收，主要原因在于第三层插栱每跳出挑距离减少而形成挑檐檩位置内收，因此将三层屋面檐

口内收，以满足逐层屋檐递进的效果。

对于层檐递进木构做法中以改变檐柱位置和调整插栱出挑这两种做法，似乎有根本上的差异，改变檐柱的位置同时可以调整各层楼面的空间大小，但采用插栱做法，只能实现屋檐伸出的大小，而插栱做法在南方地区较为多见，可以看作是南方地区的独特做法。

五、结论

南方地区明清木楼阁结构中，平面梁架以"井字梁架"为原型，结合平面形状和平面尺度产生了三种衍生型：井字梁架变体、井字梁架延伸体、双井字梁架并列体。

垂直结构中，以内通柱为核心结构，通过外加童柱承檐、增加进深空间、设置插栱承檐等做法以实现层檐递进的外观效果。以檐柱的位置改变形成层檐递进的做法较多，这与北方常见的明清时期挑尖梁或抱头梁承童柱承檐形式接近，而南方地区与穿斗式屋架相关的插栱出挑承檐使层檐递进，是一种较为特殊亦简洁的做法。

参考文献

[1]　马晓. 中国古代木楼阁 [M]. 北京：中华书局，2007：1.

[2]　中国营造学社编. 卢绳. 旋螺殿 [J]. 中国营造学社汇刊，2006，7（1）：114.

[3]　梁思成. 广西容县真武阁的"杠杆结构" [J]. 建筑学报，1962（07）：1-9.

广西富川福溪村马王庙建筑及月梁做法调查

王　娟　乔迅翔

国家自然科学基金资助项目"南方土司建筑研究"（52078295）。

王娟，深圳大学建筑与城市规划学院博士研究生。邮箱：734739186@qq.com。
乔迅翔，深圳大学建筑与城市规划学院教授，博士生导师。邮箱：243245293@qq.com。

摘要：马王庙位于湘、桂、粤三省交界地带的瑶族世居地富川县福溪村，村内明清时期建筑遗存丰富，具有显著的地域特色。本文以木构架类型及月梁做法为线索，通过实地调查发现：福溪村古建筑为穿斗式木构架；月梁做法奇特且与《营造法式》所载类似。研究结果有利于丰富对月梁及地域建筑特色的认知。

关键词：月梁；穿斗架；地域建筑

一、概况

始建于唐宋时期的福溪村，位于桂东北瑶族世居地的富川瑶族自治县。此地瑶汉混居，是古代"湘贺走廊"的重要支路。村落三面环山，东南开敞，西北为东南走势的马郎山，村内有"福溪"穿流而过。马殷庙、钟灵风雨桥、马王庙和丰泽庙等建筑[①]，自南而北分布在福溪村两岸（图1、图2）。

福溪村古建筑具有明显的南方地域特色。目前，学界对其讨论较少，主要成果涉及建筑史学科及民族学学科。如王国政等（1994年）以调查为主，认为其结构类型为"抬梁式与穿斗式混合结构"。顾雪萍等以福溪村现存公共、民居建筑为研究对象，分类讨论了建筑布局和结构类型，但仍沿用混合结构的说法。民族学的研究成果主要以庙宇及地方信仰为着眼点，为我们了解明清时期福溪村社会环境提供了背景资料。本文以实地调查为主，从月梁

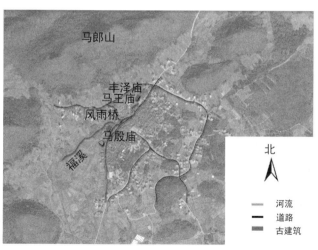

图1　福溪村环境及古建筑位置
图片来源：据谷歌地图改绘

马殷庙前檐

钟灵风雨桥

马王庙内部木构架

丰泽庙内部木构架

图2　福溪村内几座重要建筑
图片来源：笔者自摄

① 马殷庙，又名"百柱庙""马楚都督庙""灵溪庙"，2006年被列入全国重点文物保护单位。福溪村内古建筑遗存较多，从马殷庙到马王庙，沿福溪两岸分布着许多门楼、祠堂建筑，两者中间为始建于清光绪三十二年（1906年）的钟灵风雨桥（第七批全国重点文物保护单位），穿斗式木梁桥。

做法的角度讨论福溪村明清古建筑的地域特色。

二、马王庙现状调查

马王庙位于福溪村村北，背靠马朗山，东南向，东偏南 31°。面阔五间，进深九檩，为穿斗式木构架。整座建筑正面开敞，其余三面为砖墙，单檐硬山式屋顶（图 3）。

1. 台基与柱础

（1）台基：石砌台基，平面为长方形。台基前正中央设石级三步。台基之上砌侧塘石两层，右上为平砌的阶沿石。室内方砖墁地。

（2）柱础：柱础颇具特色，共四种类型，具体位置（图 4）及样式、尺寸见表 1。

其中，（a）型柱础样式繁复，础头为鼓形，上为浮雕蟠龙；础身与础座分别为八角形和方形，上饰卷草纹，当地居民称之为"蟠龙墩"或"盘龙座"[①]；（b）型柱础由鼓形础头、鼓形础身、六边形础座与方形础石组成；（c）型础头与（b）型相同，相较简洁，础身则为六边形；（d）型仅有础头与础石。

2. 木构架类型

穿斗式木构架。内柱配列明间与左、右次间不同，内、外柱不等高。

圆柱直上直下，柱径 0.36m，用料较大。柱承檩，檩下设随檩枋。月梁（即穿枋）穿过柱身，穿枋上皮高度高于斗枋。

（1）明间缝木构架：明间缝构架四柱九檩（图 5、图 6），间架形式为"2-5-2"（数字代表步架数）。后檐柱实为砖墙，砖墙顶上搁檩。檩上为桷板。前檐柱与前金柱间以双步梁（枋）联系，双步梁上承"驼峰+平盘斗[②]"，再上为瓜柱；瓜柱上承檩，檩下设随檩枋；瓜柱与前金柱间以剳牵（猫梁）拉结。前后金柱间为三层抬枋，自下而上依次为五架梁、四架梁和平梁。平梁上为一断面与脊檩接近，插于梁身的

图 3　马王庙与丰泽庙及其周边环境
图片来源：笔者自摄

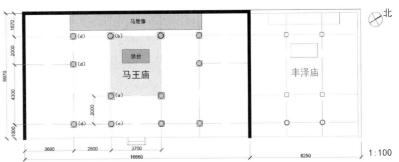

图 4　马王庙平面图及柱础位置示意
图片来源：据参考文献 [2] 改绘

马王庙柱础位置、样式与尺寸（自绘）　　　　表 1

柱础位置	明间缝			左、右次间缝
	前金柱	后金柱	前檐柱	檐柱及金柱
柱础样式 柱础编号	础头 础身 础座 础石 (a)	础头 础身 础座 础石 (b)	础头 础身 础座 础石 (c)	础头 础石 (d)
础石尺寸	500mm × 500 mm	500mm × 500 mm	430mm × 430 mm	430mm × 430 mm

注：柱础样式表达参见：陈丹，程建军 . 广府传统建筑柱础样式的起源与演变 [J]. 建筑学报，2017（04）.
来源：笔者自绘

① 王国政，王今 . 两种木结构形式相结合的典型例证 [J]. 古建园林技术，1994（02）.
② 平盘斗做法与明代徽州歙县西溪南乡吴息之宅做法类似。参见：张仲一等 . 徽州明代住宅 [M]. 北京：建筑工程出版社，1957：24-25.

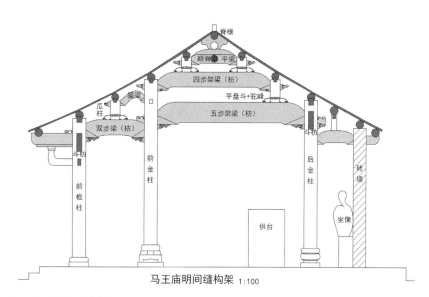

图5　马王庙明间缝木构架
图片来源：据参考文献[2]改绘

图6　马王庙月梁
图片来源：笔者自摄

顺脊串，平行于脊檩但不紧贴[1]。值得注意的是，五步梁上施红白彩画，彩画题材以人物故事为主，依稀可见。

（2）左、右次间缝木构架：四柱九檩，中柱落地并减省前金柱，间架形式为"4-3-2"（图7）。自下而上共四层穿枋：第一层穿枋位于前檐柱与中柱间，左右错位插入柱身；其上皮与中柱与后金柱间第二层穿枋下皮齐平（图7b）。第三层穿枋插入中柱柱身，最上一层为弯形单步梁，又称"猫梁"。其中，第一、二层穿枋上瓜柱骑于穿枋上，直上直下，瓜柱下端靠近明间的一侧做鹰嘴式（图7c）。

穿枋与柱间为错位穿插的半榫拉结，即穿枋在中柱两侧错位穿插。前檐柱与中柱间穿枋扁作，做法与明间月梁相同；中柱与后金柱间为穿枋素平，无任何纹样线脚装饰，以透榫穿过柱身直接插入后砖墙。瓜柱骑于穿枋上，下端未作装饰，与前述瓜柱下用"平盘斗+驼峰"做法不同。

3. 碑刻及题记

（1）碑刻：关于马王庙的碑刻有二：其一为周尚才撰《马王庙置

（a）左、右次间缝构架

（b）穿枋半榫出头用销子

（c）斗枋与中柱榫卯用销子

图7　左、右次间缝构架与枋柱间榫卯做法
图片来源：笔者自摄

田碑》，载明崇祯十二年（1639年）为马王庙"置香田"。又清康熙十三年（1674年）刻有《修庙施田记》一碑[①]，记载为马王庙、丰泽庙装裱圣像事宜。

（2）墨书题记：马王庙内明间两金柱间大额底皮有墨书题记曰："大清光绪八年岁次壬午九月十一日午时丙寅时良利合村众信移建马山庙成□辰向兼分□功果落成福有□归谨题。"

可知马王庙现状遗存为光绪八年（1882年）迁建而成，原址无考。

三、福溪村月梁地域特色

福溪村现存古建筑类型多样，月梁做法具有显著的地域特色。据调查，建于万历八年（1580年）的村内何姓门楼月梁与《营造法式·卷五·梁》所载"若直梁狭，即两面按槫栿版，如月梁狭，即上加缴背，下贴两颊，不得刻剜梁面"类似。从图8a看到，月梁为拼帮做法，以一扁作直枋插入柱身，枋身两面安版，以增加厚度，即"下贴两颊"；又在端部作一斜项[②]线，梁肩处作

一曲线，梁身平直，即"不得刻剜梁面"；梁底起䫜，仍为平直做法。

马王庙明间缝月梁与何姓门楼月梁做法稍有不同。梁身扁作，穿过柱身，出头处用销子固定，下设雀替承托。梁背平直，梁端作曲线（非卷杀），梁端入柱处为"斜项"做法，斜度约1∶1.68，梁底起䫜。马王庙五步梁高0.54m，宽0.14m，梁高宽比约3.86∶1；其余梁高0.4m，宽0.14m，梁高宽比约2.85∶1（图8b）。与福溪村相距不远的湖南永州零陵区周家大院月梁（图8c）表现

（a）何姓门楼月梁

（b）马王庙月梁

（c）湖南永州零陵区周家大院月梁

图 8 福溪村及周边月梁类型
图片来源：笔者自摄

（a）灵川江头村爱莲祠文渊楼

（b）恭城文庙后殿

（c）福溪村马殿庙

（d）忻城莫土司衙署大堂

（e）横县伏波庙

图 9 福溪村木构建筑与广西其他建筑分布关系
图片来源：笔者自摄、自绘

---

① 转引自：付振中．村庙与社群——广西富川瑶族自治县福溪"宋寨"的民族学研究[D]．南宁：广西师范大学，2015.

② 斜项有较多类型，具体讨论可参见：杨家强，程建军．斜项考[C]//2015 中国建筑史学会年会暨学术研讨会论文集，2015 中国建筑史学会年会暨学术研讨会，广州，2015：752-757.

为隐刻做法，月梁为整根木料，为追求式样，仅在梁身隐刻出斜项线，与福溪村内所见拼帮做法不同。

四、余论

笔者走访了部分广西明清时期木构建筑发现，建筑空间分布与自然环境特征基本保持一致。主要沿河流分布，在桂北、桂东地区呈现聚集，而在桂西南呈散点状态(图9)。福溪村马王庙、马殷庙等建筑木构做法地域特色明显，而丰泽庙与"广府式"做法接近。观察其细部做法，如柱与枋间榫卯的节点则与恭城文庙类似，而与桂北江头村、桂中地区忻城莫土司衙署、桂东横县伏波庙区别。瓜柱与穿枋间"平盘斗+驼峰"的组合，接近明代徽州地区做法。月梁（穿枋）则体现出此区域木构建筑在穿斗式木构架基础上显著的地域特色。

参考文献

[1] 王国政，王今.两种木结构形式相结合的典型例证[J].古建园林技术，1994（02）：49-55.

[2] 顾雪萍，周延柳，吴昌蔚.古道上的明珠——福溪村个案研究[C]//2016中国建筑史学会年会暨学术研讨会论文集，2016中国建筑史学会年会暨学术研讨会，包头，2016：326-333.

[3] 付振中.村庙与社群——广西富川瑶族自治县福溪"宋寨"的民族学研究[D].南宁：广西师范大学，2015.

[4] 陈丹，程建军.广府传统建筑柱础样式的起源与演变[J].建筑学报，2017（04）：116-120.

[5] 张仲一，曹见宾，傅高杰，等.徽州明代住宅[M].北京：建筑工程出版社，1957.

[6] 张玉瑜.福建民居木构架稳定支撑体系与区系研究[C].建筑史论文集，第18辑，2003：26-36.

[7] 杨家强，程建军.斜项考[C]//2015中国建筑史学会年会暨学术研讨会论文集，2015中国建筑史学会年会暨学术研讨会，广州，2015：752-757.

[8] 谭其骧.中国历史地图集（元、明时期）[M].北京：地图出版社，1982.

滇南地区风土建筑挑檐构件谱系研究初探

周　婧

周婧，同济大学建筑与城市规划学院研究生。邮箱：zhouzhoujj1566@163.com。

摘要：本文通过对滇南地区风土建筑的考察与分析，发现其外檐挑檐做法独特，具有鲜明的地域特征，而其分布与地域文化及其匠系关系密切，故以方言为主要划分依据，在总结其挑檐构件及其做法类型的基础上，探讨其在建筑空间及地域范围内的谱系分布特征。

关键词：滇南；挑檐构件；谱系；民居

一、概述

在中国传统木结构建筑中，斗栱是反映建筑时代特征和地域特征的重要元素，也是古代官式建筑等级的象征，在地方建筑中使用斗栱进行出檐，其形式往往更加多样化，其主要原因在于斗栱在民间建筑的使用上具有一定的限制性，当地匠人在模仿官式形制或其他地区流行形制时，也将其与本地区原有结构体系和文化相融合，从而创造出不同于官式斗栱，又与之相仿的挑檐构件。

在滇南地区，其风土建筑外檐下均会使用类似于斗栱的挑檐构件承托梁枋以达出檐目的，而这类挑檐构件的形制和做法都极具地方特色，为当地风土建筑之典型特征，且当地大量留存的明清风土建筑也为系统研究此地的木构建筑地域特征提供了庞大的样本群。

自刘致平先生发表《昆明东北乡调查记》《云南一颗印》至今，历代学者对云南传统建筑的研究已经积累了大量的资料和成果，云南省设计院和杨大禹、朱良文等单位和学者相继撰写了不同版本的《云南民居》，以及蒋高宸撰写的《建水古城的历史记忆》，这些研究成果在广泛调查和研究的基础上收集了云南地区大量建筑实例，并对其建筑形制进行了系统的梳理，同时在其匠系研究上，有杨立峰、宾慧中等学者对云南现有滇南和滇西两大匠系进行了梳理和深入研究，这些研究一方面为后续研究提供了大量的素材和案例以供参考和分析，另一方面也为进一步研究滇南风土建筑谱系打下了坚实的基础。

按照《中国语言地图集：汉语方言卷》（第 2 版）的划分，云南地区可以分为滇中小片、滇西小片、滇南小片三个片区，其中滇南小片的汉式建筑以建水、石屏地区建筑最为典型，故而本文选取滇南匠作发达的建水、石屏地区风土建筑作为主要研究样本，以滇中通海、泸西等地区作为对照样本（总计 76 个建筑实例），试图在实地调研考察的基础上，结合前人研究，总结滇南风土建筑中外檐挑檐构件的结构作用与做法类型，分析其在建筑空间及其地域空间分布特征规律，以此对滇南地区风土建筑挑檐构件谱系展开初步的探讨和梳理。

二、滇南地区挑檐构件的基本构造

滇南地区挑檐做法中的构件类型从形式上可以分为八方交构件、四方交构件、六方交构件以及梁端承托构件。八方交构件与如意斗栱非常相似，但在构造做法上极为不同。八方交构件为独立构件，主要由栌斗、华栱、斜栱、横栱四个构件组成。四方交构件缺少了斜栱，在形式上最接近传统斗栱形式，而如果挑檐檩之下的梁端不布置斗栱的话，通常会采用在挑梁端头之间加栌斗，形成梁端承托出檐的形式，这是滇南当地最常用的三种挑檐构件类型（图1）。

滇南地区挑檐做法的基本构造以民居建筑中常见的出一跳的八方交构件为例（图2），其基本组成由进深方向挑梁形成的华栱和与面阔方向的横栱，以及与横栱和华栱相交的斜栱、坐斗和基座、斜撑等构件组成。

在整个结构系统中，挑檐构件八方交构件主要起拖梁的作用，为梁托构件，在建筑中同时起装饰和结构作用，但是其装饰作用大于结构作用，在民居中的挑檐构件做法以出一跳的八方交构件或四方交构件为主，而庙宇建筑则多以一跳至两跳的八方交构件或四方交构件为主。

三、滇南地区挑檐构件的配置分布

1.挑檐构件在建筑空间分布

通过实地调研观察和总结模式之后发现，如果从观察者进入院落的视觉观瞻角度进行考量，可以发现其挑檐构件在建筑空间和立面中的配置分布是有一定规律的。

（1）按建筑空间的重要层级来布置挑檐构件，在同一个滇南建筑院落中按其建筑空间的重要性，一般会把装饰性最强、构造最复杂的八方交构件放在主要位置，如门楼、花厅、正房等重要建筑之上，装饰性次之的四方交构件则会放在侧面的耳房或者二层外檐处。

（2）按人的视觉焦点分布惯性布置挑檐构件，即按视觉焦点的分散向外逐渐简化，在院落中从中心到两端，从下到上逐级简化分布，将其建筑正面的前檐作为以斗栱强化装饰的重点，侧面次之，梁端构造这样简单的出檐处理如若出现在建筑之中，大部分出现在二层外檐之下，其变化等级在宅院中由常见的八方交斗栱—四方交斗栱—梁端承托构件这样依次递减。

（3）按其文化功能，装饰程度在空间上由外向内逐渐简化。例如在滇南建水地区，其外院在建筑功能上多以接待外客、承办宴席为主，而内院在功能上多以生活起居为主，故而在实例中往往外院较之内院在外檐挑檐做法上要更具装饰性（图3）。

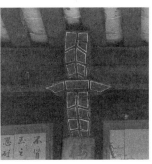

八方交构件　　　　四方交构件　　　　六方交构件　　　　梁端承托构件

图1　滇南外檐挑檐构件类型
图片来源：作者自摄

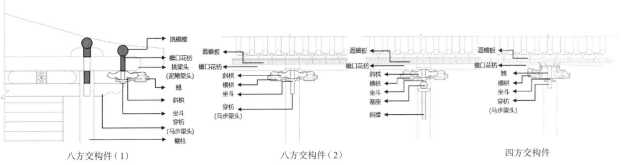

八方交构件（1）　　　　八方交构件（2）　　　　四方交构件

图2　八方交构件及四方交构件立面图
图片来源：作者自绘

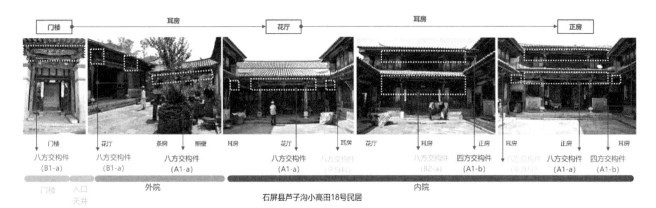

图 3　滇南外檐挑檐构件配置分布
图片来源：作者自绘

通过对实例的初步整理和分析可以看到，其外檐挑檐构件类型的配置分布的经营与权衡是匠人或设计者在宅院空间及立面设计中的重要内容，其配置方式一方面增强了其形式构图上的层次性，有主有次，另一方面也在一定程度上体现了匠人在节约木材和减少人力消耗上的考量。

2. 挑檐构件在地域范围内分布

从表 1 可以看到，滇中昆明一颗印建筑和滇西地区建筑均较常使用四方交构件和梁端承托构件进行挑檐，较之滇南地区，滇中和滇西地区所使用的梁端承托构件更加繁复，形如牛腿。滇中通海、泸西地区风土建筑挑檐构件还是以四方交构件和简单的梁端承托构件为主，

而独立置于外檐梁枋下的八方交构件的分布，就调研实例和收集的资料分析来看，大部分仅分布在滇南建水、石屏以及蒙自一带，具有较强的地域性。

同时，从滇南外檐挑檐做法类型所属建筑实例年代分布中可以看出，在滇南，八方交构件多为清代兴起的挑檐做法样式，其中以商人家宅最为繁缛精巧。通过实地调研及访谈所得，滇南在清末时期因锡矿开采而兴盛的家族大修宅邸时，多数选择八方交构件作为宅邸中主要挑檐构件，建水团山村建筑群就是其中的典型案例。此类现象足以可见在清末时期八方交构件普遍被当地的主流审美和居民的日常生活接受和认可，并形成了某种独特的美学标准，具有一定的时代性，即

在滇南风土建筑外檐下，八方交构件与其上的花枋及彩画共同定义和组织了当地清代建筑的立面形象。

四、滇南地区挑檐做法的类型

1. 挑檐做法的类型

通过对实地调研案例进行总结和分析，本文以参与挑檐时不同构件的组织关系和形态特征来定义挑檐做法的类型，主要将滇南挑檐做法总结为四种类型，即构件—梁端类（A 类）、构件—基座类（B 类）、构件—无斗类（C 类）、梁端承托类（D 类）。

（1）构件—梁端类（A 类）。A 类出檐构架做法的特征为构件之中的栌斗直接放在梁端之上，是滇南

滇南外檐挑檐做法类型所属建筑实例分布统计表　　　　　　　　　　　　　　表 1

	地域分布			年代分布		
	滇南地区／处	滇中地区／处	滇西地区／处	明末—清初	清	清末—民国
八方交构件（a）	89	1	1（如意斗栱）	1	31	55
四方交构件（b）	62	23	11	3	26	58
六方交构件（c）	1	0	0	0	0	1
梁端承托构件（d）	19	13	19	3	14	14

来源：作者自绘

地区最常见的一种出檐类别，根据其构件在梁架之间不同的组织形式可将其分为三种基本类型（A1 插梁类，A2 斜撑类，A3 垂柱类）。A 类挑檐做法在建筑空间中一层、二层均有分布。

（2）构件—基座类（B 类）。B 类挑檐做法为了造型需要，一方面在与 A 类所对应的挑檐做法（A1 插梁类，A2 斜撑类，A3 垂柱类）的基础上增加了基座层（B1 插梁类，B2 斜撑类，B3 垂柱类），基座有莲花形、瓜棱形等；另一方面在目前滇南找到的建筑实例中，B 类挑檐做法仅分布于建筑一层。

（3）构件—无斗类（C 类）。C 类挑檐做法的特征为没有栌斗，在建筑构架之中或是直接做成插栱（C1 插栱类），即将构件直接插入柱身，或是由基座和坐斗结合做成可雕刻彩画的矮柱（C2 斜撑类）、垂柱（C3 垂柱类）来替代栌斗承接栱木。C 类挑檐做法是在 A 类和 B 类的基础

上加以融合和变化，其中 C1 插栱类主要用于庙宇祠堂类大型公共建筑之中。

（4）梁端承托类（D 类）。D 类挑檐做法的特征为没有横栱，直接在挑檐端（泥鳅梁）和穿枋之间加斗承托挑檐檩（D1 插梁类），或是采用垂柱代替小斗（D3 垂柱类），或在垂柱下加入斜撑（D2 斜撑类）。与之前三类挑檐做法相比，D 类做法最为简单，但其结构意义却更强。

从这四种挑檐做法之间丰富的变形和组成元素的多样性（图 4），足以可见滇南地区的风土建筑在发展过程中很可能受到了多种建筑文化的影响。

2. 挑檐构件做法的地域分布

而挑檐构件做法的地域分布也与构件类型的地域分布相符合，初步来看外檐的挑檐做法谱系分布，其不同类别之间分布边界模糊，但构件—梁端类（A 类）、构件—基座

类（B 类）、构件—无斗类（C 类）、梁端承托类（D 类）分布的核心区域并不相同，其中 A 类挑檐做法是分布最广的挑檐做法类型，核心分布于建水、石屏一带；B 类挑檐做法主要分布于建水一带，其他地区较为少见；C 类挑檐做法以石屏地区较为常见；D 类挑檐做法以滇中通海、昆明一带最为常见。不同区域之间采用挑檐做法的不同偏好，除了与其不同地域的建筑文化相关以外，其背后的匠作差异亦是可进一步研究的部分。

五、结语

滇南地区风土建筑中的挑檐做法形式多样，与滇中、滇西地区相比，滇南更偏好在梁枋间增加构件进行挑檐。在构件类型上，除了与滇西、滇中地区一样均会使用四方交构件、梁端承托构件进行挑檐之外，还会使用八方交构件进行出檐，形成了

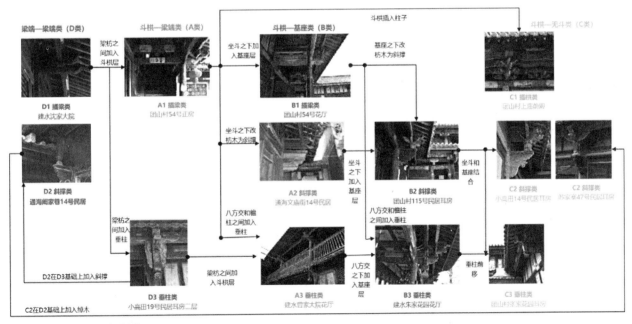

图 4　滇南外檐挑檐做法类型比较
图片来源：作者自绘

极强的地域特色和时代印记，同时以八方交构件为代表的挑檐构件一方面在建筑结构系统中起承托梁枋的作用，另一方面在空间中的分布是经过匠人或主人按建筑空间的重要层级、人的视觉焦点分布、社会文化活动等因素进行权衡考量后进行选择配置的，从这个角度来看，滇南外檐挑檐构件的形制意义和装饰意义要远大于它的结构意义。

虽然挑檐做法只是其建筑构架中的一个部分，但当其形式和功能达到某种平衡，并被当地的主流审美和居民日常生活所接受和认可时，这个构件本身就有着多方面的意义，同时其所构成的挑檐做法所体现出的强烈的谱系特征，也反映出滇南地区建筑文化独特的地域特征和匠作特征，十分值得更进一步的研究。

参考文献

[1] 马炳坚 . 中国古建筑木作营造技术（第二版）[M]. 北京：科学出版社，2003.

[2] 蒋高宸 . 建水古城的历史记忆：起源·功能·象征 [M]. 北京：科学出版社，2001.

[3] 刘致平 . 云南一颗印 [J]. 华中建筑，1996（3）：1.

[4] 杨立峰 . 匠作·匠场·手风——滇南"一颗印"民居大木匠作调查研究 [D]. 上海：同济大学，2005.

[5] 周易知 . 东南沿海地区传统民居斗栱挑檐做法谱系研究 [J]. 建筑学报，2016（S1）：103-107.

[6] 周婧 . 滇南风土建筑中外檐斗栱的地域特征研究 [C]//2021 年第三届建成遗产国际学术研讨会论文集，2021.

[7] 高洁，杨大禹 . 云南通海、剑川匠系民居木构架特点比较研究 [J]. 新建筑，2019（3）.

口述史研究方法在侗族木构建筑营造技艺研究中的应用

吴正航　尹旭红　冀晶娟

国家社会科学基金项目（编号：21XSH018）；
广西哲学社会科学规划研究课题（批准号：
21FMZ039）；广西研究生教育创新计划项目
（编号：YCSW2022324）

吴正航，桂林理工大学土木与建筑工程学院硕士
研究生。邮箱：1293294583@qq.com。
尹旭红，桂林理工大学艺术学院副教授。邮箱：
imyxh@qq.com。
冀晶娟（通讯作者），桂林理工大学土木与建筑
工程学院副教授。邮箱：jijingjuan@126.com。

摘要：侗族木构建筑营造技艺作为我国第一批国家级非物质文化遗产，在侗族传统文化发展中占据重要地位。但现有研究仍处在基础资料收集不足、文化内涵挖掘不够的抢救性工作阶段，口述史研究是非物质文化遗产抢救性保护工作的重要思路和方法。因此，本文以广西三江县侗族木构建筑营造技艺代表性传承人杨求诗等人的访谈实践为例，梳理口述史方法在侗族木构建筑营造技艺研究中的基本思路、实施过程及其关键技术要点，归纳总结出更加规范化、学术化的营造技艺口述史研究方法，以完善基础资料的抢救性记录，挖掘更深层次的侗族文化内涵，对侗族建筑历史和遗产研究提供有益补充。

关键词：口述史；侗族木构建筑营造技艺；匠师；应用

一、口述史研究方法与侗族木构建筑营造技艺相结合的研究趋势

侗族木构建筑营造技艺是侗族民间传统文化的重要表现形式。匠师是侗族木构建筑营造技艺保护传承人，其依靠独特的"墨师文"和普通的竹签、香竿营造出美观的侗族建筑，凭借口传身授的方式传承营造技艺，展现了丰富的营造经验与传统智慧。侗族木构建筑营造技艺研究中多采用传统的田野访谈法，关注木构建筑具体的营造手法以及对其产生影响的社会宏观背景，而对具体分层级的各类传承人与民间匠师的个人事迹、家庭背景、匠作经历以及价值观与民族观的阐释尚显不足。口述史作为一种科学研究方法，更强调以匠师叙述为主，通过访谈，挖掘隐藏在匠师身上的人生经验、建筑思想、建造技艺，为系统解读侗族木构建筑营造技艺背后的传统礼仪、生活习俗等深层逻辑提供依据。[1]因此，口述已成为反映与传承匠师营造技艺与智慧的重要途径。本文以匠人口述为切入点，研究如何开展访谈、访谈的具体实施过程以及每个过程所涉及的技术等内容。研究结论可以有效推进侗族木构建筑营造技艺的传承与发展；进一步拓展口述史与建筑史相结合的研究视角、优化建筑史学的记录与访谈方式、促进口述史料与建筑史学文献资料的核实与互证，并推进口述史研究方法在相关地区的应用与实践。

二、口述史研究方法的实施过程

笔者在2021年7月至8月期间走访了广西三江县以国家级传承人杨求诗为首的8个不同级别侗族木构建筑营造技艺传承人以及民间匠师，用口述史研究方法对侗族木构建筑营造技艺的历史发展、技艺特征、传播演变过程进行研究，真实记录现今侗族匠师的个人感受、文化思想与经验智慧。据此，本文运用口述史方法梳理了在侗族木构建筑营造技艺研究中的具体实施步骤，包括前期准备、访谈实施、资料整理三个阶段（表1），论述了三个阶段的基本方法和关键技术，并以自身经验探讨口述史研究方法在应用过程中出现的问题及其应对方法，为口述史研究方法在传统营造研究

口述史访谈工作流程表

表 1

阶段	基本方法步骤	说明
前期准备阶段	（1）确定访谈目标，查阅文献资料 （2）选择访谈对象，收集受访者资料 （3）设计访谈问卷提纲	明确口述史研究的目标，访谈者专业知识补充，了解受访对象资料以设计访谈问卷，确保访谈计划的可行性
访谈实施阶段	（1）约定时间与地点，做好现场录音、笔录、摄像等信息采集准备 （2）提问方式要遵循中立、客观真实性、灵活变换的原则 （3）主张采用"多听+适当引导"的话题引导技巧	确保时间适宜和场所氛围融洽，录音与现场记录共同进行。口述内容追寻客观真实性、不含个人观点，交谈过程中确保被访者"主体"地位，随机变换问题和引导话题方向，避免访谈内容偏离主题
资料整理阶段	（1）信息筛选与重要信息提取 （2）多轮访谈 （3）文献、考察与口述互证	将录音、现场照片等信息整理归档，注重对重要信息的提炼和归纳，必要时需进行多轮访谈和实地考察，与地方志等文献记载、实地考察资料相互校对、辨伪

来源：笔者自绘

领域的应用提供借鉴。

1. 前期准备阶段

1）文献资料查阅

口述史研究方法要求研究者必须提前做好相关领域的文献查阅和资料梳理工作。学者访谈之前要通过阅读侗族木构建筑营造技艺相关书籍、文献资料并走访相关单位获取有关历史档案、文献记载，了解其历史发展、文化内涵、技艺特点以及保护发展现状，为问卷设计和访谈实施做基础准备。在此基础上对前人在侗族木构建筑营造技艺所做的研究进行总结，判断其全面性以及口述史研究方法可以补充前人研究的哪些内容，逐步确定访谈主题。需要特别注意的是，传统营造口述史研究者的知识大多是从建筑学领域的书籍、文献中获取，但侗族木构建筑营造技艺是典型的"言传身授"的传承方式，没有明确文字记载，在营造细节上许多民间匠师的口头叫法或名称与官式书籍、文献记载不同，对访谈交流造成一定困难。因此，为了提前了解侗族木构建筑营造技艺，必要时还需下乡实地考察。笔者在访谈前曾有意识地接触过侗族地区的民间匠师，

走访木构施工现场，对木构建筑结构体系以及构件名称有所了解，如侗族匠师画墨专用的建筑文字"墨师文"不同于一般文字；匠师将木构建筑的椽、檩统称为大小方条；进深方向的穿枋称为欠枋，开间方向称为方排枋，等等，通过提前了解地方木构营造术语，为访谈实施做了更充足的准备。

2）访谈对象选择

口述史访谈对象的背景不同导致访谈的复杂性较强，因此在选择访谈对象时既要考虑到受教育程度或业界认可度较高的人物口述史料的重要性，也要重视不同层次不同方面的被访者在传统营造技艺口述史中所发挥的作用。如三江县侗族木构建筑营造技艺国家级传承人杨求诗、杨似玉二人是广西级别最高的两位木构匠师，他们从技艺水平、业界影响力、师承和授徒等方面都是木构行业公认最卓越的人物；同时，侗族木构建筑营造技艺的发展是由整个侗族地区木构匠师群体所传承下来的，且不同侗族村寨所衍生的营造技艺因其自然人文和经济社会条件的不同或受到其他民族地域建筑文化的影响而形成各自的特点。因此，笔者选取了三江县不同

地区、不同级别（自治区级、市级、县级等）的侗族木构建筑建筑营造技艺传承人以及民间工匠个体进行访谈，旨在从不同匠师的营造生涯了解侗族木构建筑的历史发展、文化内涵与传播演变（表2）。除此之外，在对匠作事迹访谈过程中，还可以对受访者的家人、亲戚朋友以及有亲密关系的人进行访谈，或者让他们在同一环境同时接受访谈，进而掌握非当事人较为客观的一部分匠师经历、匠作技巧等内容。

3）访谈问卷设计

由于被访者个人年龄、家庭背景、受教育程度、技艺特点、技艺级别等方面都会有差异，所以选定访谈对象后需要针对个人进行访谈问卷设计。首先，口述史研究者需要根据访谈目的确定访谈问卷的核心主题，从核心主题出发围绕不同被访者的个人生活史、生命史来开展问卷设计。其次，设定访谈大纲，设定之前要通过相关单位获取传承人或民间匠师的资料，包括个人信息、家庭背景、匠作记录等。大纲设置应该在围绕主题的基础上，兼顾匠师口述访谈内容共时性和历时性的变化，将匠师营造技艺与家庭环境、政策制度变迁和年代故事等

受访者基本情况表 表2

序号	被访者	民族	出生年份	出生地	职称/称号	学历	访谈时间	访谈地点
1	杨求诗	侗	1963	林溪镇平岩村	国家级传承人、柳州市"十佳民间艺人"、国家工匠	初中	2021年08月10日	三江县林溪镇平岩村杨求诗家中
2	杨玉吉	侗	1963	林溪镇平岩村	柳州工艺美术大师、自治区级传承人	初中	2021年08月16日	三江县多耶广场旁下火堂
3	吴承惠	侗	1969	独峒镇平流村	自治区级传承人	初中	2021年08月20日	三江县独峒乡平流村吴承惠家中
4	杨孝军	侗	1965	林溪镇岩村	市级传承人	初中	2021年08月22日	三江县河西汽车站旁杨孝军家中、施工场地
5	李前祝	侗	1968	丹洲镇板江村	县级传承人	初中	2021年07月28日	三江县丹洲镇板江村李前祝家中、工程施工场地
6	龙林	侗	1985	良口乡产口村	民间匠师	初中	2021年08月25日	三江县河西富安小区何安福（龙林师傅朋友）家中
7	吴荣文	汉	1972	丹洲镇红路村	民间匠师	大专	2021年08月29日	三江县丹洲镇红路村吴荣文家中、工程施工场地
8	杨勇华	侗	1969	洋溪乡信侗村	民间匠师	初中	2021年08月31日	三江县洋溪乡信侗村杨勇华家中

来源：笔者自绘

结合起来，尽量让被访者能够处在一个"过去的环境"当中回忆史实。口述史访谈大纲包括了学艺经历、技艺研究与创新、职业经营、技艺传承、政策扶持、职业展望6个部分，问题设置通常比较广泛，不需要具体到某一问题，而是在访谈过程中根据匠师的回应或现场情况随机调整具体问题，从匠师的回应中不断提取信息。

2. 访谈实施阶段

1）时间地点选择

口述史访谈的实施首先要与被访者联系，共同确定访谈日期和访谈地点，确保时间合理、场所氛围融洽。侗族木构建筑营造技艺口传身授的特点决定了木构工程施工现场是口述史访谈的最佳场所，因此访谈者需要了解匠师近期的工程地点及其工程日期进程，如果有条件尽量选择驻扎在施工现场，对侗族木构的施工步骤、工程仪式、结构材料等进行现场提问。场地也可选择在匠师的家里、工作室等偏安静、舒适的氛围，以保证被访者能够保持情绪的稳定，促进访谈者与被访者之间持续的、不断的思想互动和情感交流（图1、图2）。访谈日期选择在周末或匠师空闲的日子，每次访谈时间控制在2.5小时以内，尽量选择集中的时间访谈以保证访谈状态氛围的稳定。在匠师家、工作室还可以向匠师请求展示木构有关的工具、材料、模型、相册、纪念品以及个人获奖证书等物品，帮助匠师回忆更多的相关历史内容。

2）提问方式设计

口述史访谈的提问方式要有足够的包容性和开放性，尊崇价值中立、客观真实、灵活的原则。话题引入阶段尤为重要，侗族人民都具有热情好客的性格，与匠师见面后可多以"聊家常"的方式切入话题，如"您最近忙啥""家里都还好吗""这是您家的小孩吗，多大了"之类的话语，现场需照顾受访者的身体、情绪以及生活习惯，提问顺序先易后难。在访谈过程中，首先，话题尽量不要带有个人主观色彩，不在提问中对事物做判断，不影响被访者的观点或信念以及真实的个人感受。[2]其次，提问方式上追求营造技艺的真实内容，对匠师个人

图1 笔者在杨求诗、杨孝军施工现场访谈
图片来源：笔者提供

图2 笔者在杨求诗家中访谈
图片来源：笔者提供

成就自我评价真实性不做质疑与评述。每个人在叙述自身经历时都会在一定程度上"美化"自己或"避开"不利因素，我们追求的真实性是在访谈中甄别建造工序、流程、技术的科学性。例如，匠师在描述某一鼓楼木构工程时强调了自己是主要的工程设计者，是某技术的独创者，即便与事实不符，但我们对其参与的角色不做评论，而是通过进一步询问鼓楼结构的设计要点和技巧及其与其他技术创新点有何区别，做出客观判断。若在访谈过程中出现被访者回答较少或几乎不回答时，要思考是否提问书面性较强、肢体语言具有侵犯性等问题，及时切换提问方式，尽可能以简单和直白的词语，配以文本、纸笔描绘或木构模型、香竿竹签等工具辅助描述等方法来进行提问（图 3），若匠师明晰访谈者的想法和意图，其就可以做连贯的、相对较长的叙述。

3）话题引导技巧

口述史访谈是以被访者叙述为主体的互动交流过程，同时也是带有目的的谈话，因此，访谈过程中要坚持"多听 + 适当引导"的话题引导原则，从被访者身上获取特定的历史信息。在谈到特定话题时匠师难免会有感而发，能够说出较长的故事情节，这时访谈者既要认真聆听，也要在偏离主题时及时"拉"回来，避免访谈成为匠师个人情感倾诉的过程。引导的方式包括两种：一是将谈"人"引向谈"事"。在匠师对个人情感、个人名声成就娓娓道来之时，我们可以适当地引向成就形成原因，及其与个人营造技术特点的相关性内容，逐渐导向对建筑材料、结构造型、技艺流程等事物细节的讨论。[3] 例如我们在提问与被访者有"竞争"关系的其他匠师团队时，匠师的回答往往会趋利避害，保证自己的行业市场，因此我们要多以"某匠师技艺手法和您有何不同""您相比其他匠师有何创新"等问题来提问，充分尊重被访者的心理需求。二是访谈过程中的引导要做到"就事论事"，即就被访者所反映的话题以开展提问。在给口述者一个既定的问题方向后，根据匠师的回答从中提取信息、灵活提问以引导话题。例如匠师在描述作品记录时提到"这个工程是我在某某公司任职的时候接的"，访谈者就可以就"某某公司"提问："您是什么时候加入的公司""加入公司后您接了多少工程""加入公司对您木构事业的帮助有哪些"等，将话题引至个人职业经营。

3. 资料整理阶段

1）信息整理筛选

口述史访谈得到的资料包括文字、物品、访谈笔录、图像、影音资料，整理时要注重提取有利信息和剔除无关信息。首先，需要筛选重要信息，建立完整的属性数据库，具体包括被访人简介、访谈者简介、访谈时间地点、整理人及其整理情况、被访者审阅情况、访谈背景、访谈正文，考虑到方言、地域文化的差异，必要时可以请地方村民或专家进行鉴定，最终将访谈内容文本和获取的资料装订成稿、编号分类。口述史中涉及技艺流程、建筑尺寸、设计构思等内容需要进行精炼和提取，并将其转译成对应的简洁、通俗的专业术语，相吻合的内容还可前后合并整理。访谈过程不可避免地会夹杂许多家常问候、闲聊八卦、个人隐私，可根据多位整理者综合判断，对无关信息进行剔除。其次，访谈中涉及技艺流程、建筑材料、设计构思等内容需要进行

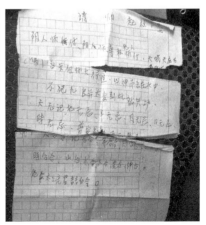

图 3　访谈过程中匠师提供的资质证书（左）、竹签（中）、开工仪式文本（右）
图片来源：笔者提供

提炼和精炼，并将其转译成相对应的专业术语，为建立较为科学、可分享的信息库奠定基础。

2）多轮访谈

多轮访谈是口述史研究方法的基本特性，研究者需要通过多轮访谈进一步丰富口述史内容，验证其真实性。多与匠师接触，建立与匠师之间的信任，可营造最佳的访谈氛围，帮助匠师慢慢回忆往事，丰富访谈内容。同时，通过多次访谈还有利于针对一些有争议的问题进行反复求证，获取相对准确的信息。笔者曾访谈柳州市级传承人杨孝军三次，期间为其提供广西区级传承人申报书撰写等服务，与其建立了友好的信任与互助关系。笔者跟随杨孝军分别在家中、个人公司、木构施工现场进行访谈，填补了许多初次访谈中遗漏的内容。如在二访时杨孝军就谈论了自己与杨求诗二人年轻时成立木构队伍、学习木构技术、建立木构公司的经历，三访时杨孝军通过杉木加工现场向笔者补充讲解了木头榫卯口的画法、竹签的使用流程。[4]

3）文献、考察与口述互证

口述史史料不仅可以对有关档案与历史文献进行补充，还可与相关资料记载进行互相校核、检验，乃至辨伪。口述史涉及不同匠师的个人经历和感受，反映整个匠师群体的风貌，其以个体的视角丰富了侗族建筑文化研究中的文献著作、档案资料、实物事迹等历史记载。具体包括两个方面：一为口述内容与相关文献之间的互证。将被访者口述内容与地方志等文献进行互相验证，进一步推断口述内容的真伪与原因。笔者在访谈杨孝军时，他认为侗族分为南侗和北侗，三江县属北侗，贵州榕江、黎平县一带属南侗，三江侗族建筑受汉化作用而与南侗大有不同。随后笔者根据侗族迁移史等史料文献发现南北侗以方言划分，分水岭是贵州锦屏县启蒙镇，其以北称为北侗，以南称为南侗，三江县在南侗范围内，且已有研究指出南侗和北侗的传统建筑差异不仅仅是由于北侗受汉文化影响，匠师对建筑文化传播以及营造技艺起有更重要的作用。二为实地考察与口述内容之间的互证。一方面要实地考察访谈匠师的作品，另一方面要大量考察其他现存建筑，辨别匠师所述的真实性。笔者在访谈国家级传承人过程中发现，他认为三江县侗族民居的歇山顶做法在林溪乡较多，而在独峒、八江等其他侗族传统村落分布较多的地域以"偏厦"为主。实际上经笔者实地考察，三江县大量侗族村寨以"偏厦"为主，只有户主家庭经济条件较好、建造年代较晚的民居才倾向于使用歇山顶，其屋顶形式表现得更为美观、大气。因此，口述内容还需要与文献史料、实地调研等结论互证，促进结论更全面、科学。[5]

三、结论与展望

随着社会变迁，传统营造技艺会不断变化、更新，传承与保护要与现代社会发展和科学技术相结合，这一研究趋势转变更大程度依赖于营造技艺的实施者——匠师。既有研究中以匠师访谈作为资料收集方式的做法虽已被广泛运用，但是传统的访谈流程不够严谨导致获得的成果真实性、学术性不强，口述史研究方法凭借其严格的操作流程和实施规范保证了学术性、完整性和真实性。本文基于三江县侗族木构建筑营造技艺传承人以及民间匠师口述史的实践历程，提出了侗族木构建筑营造技艺口述史研究的前期准备、访谈实施、资料整理三个阶段的具体思路和关键技术，以期通过口述史丰富侗族传统建造技术和营造理念的抢救性记录，对侗族建筑历史和遗产研究提供有益补充，并且让更多学者以口述史了解作为非遗传承人的匠师的现状与需求。

参考文献

[1] 王媛. 对建筑史研究中"口述史"方法应用的探讨——以浙西南民居考察为例[J]. 同济大学学报（社会科学版），2009，20（05）：52-56.

[2] 李晓雪，陈绍涛，李自若. 口述历史研究方法在岭南传统园林技艺研究中的应用[C]// 中国风景园林学会. 中国风景园林学会 2018 年会论文集，中国风景园林学会，2018：4.

[3] 周晓虹，朱义明，吴晓萍. "口述史研究"专题[J]. 南京社会科学，2019（12）：10-23.

[4] 王瑞芳. 多轮访谈：口述历史访谈的突出特征[J]. 史学理论研究，2021（04）：142-147.

[5] 吴琳，唐孝祥，彭开起. 历史人类学视角下的工匠口述史研究——以贵州民族传统建筑营造技艺研究为例[J]. 建筑学报，2020（01）：79-85.

太原崇善寺大悲殿天花研究

杨尚璇　温　静

杨尚璇，同济大学建筑与城市规划学院硕士研究生。邮箱：2132045@tongji.edu.cn。
温静（通讯作者），同济大学建筑与城市规划学院，高密度人居环境生态与节能教育部重点实验室助理教授。邮箱：wenj@tongji.edu.cn。

摘要：太原崇善寺大悲殿为晋中地区现存的明初官式建筑遗构，因存在结构安全隐患，正在全面开展研究性保护工作。在此背景下，本文聚焦于大悲殿内结构和装饰的重要组成部分——满铺井口天花，对其现状信息进行排查、记录，运用统计学、图像学等方法对所获信息进行对比分析，探索其营造意匠和修缮历史，就其保护问题进行遗产视角下的思考，以服务后续保护方案的探讨。

关键词：大悲殿；明代；天花；保护

一、引言

据文献考证[①]，崇善寺始建于明代洪武十六年（1383 年）四月，历时八年建成，为晋王朱棡为高皇后荐福所建的大型佛寺，建成后作为太原府僧纲司。崇善寺现存大悲殿为晋中地区稀有的明代木构建筑实例，殿内供奉的三尊造型精美的菩萨造像同为明初原物。

大悲殿面阔七间，进深五间，重檐歇山顶，在殿身和副阶部分均施有满铺井口天花。大悲殿天花构造相当简明，无藻井，也无明显的分区设计，整体视觉效果匀质。作为殿内最重要的装修元素，天花不仅对殿内宗教空间营造起着重要作用，还在尺度关系和结构逻辑上与大木构架紧密联系，充分体现出天花与建筑整体设计的特点。另外，

天花及遮椽板背后留有大量笔画清晰、逻辑鲜明的墨书与纸签信息，这为研究其安装方法和改易历史提供了宝贵的一手材料。

本文将基于对上述信息的整理与研究，探究大悲殿天花的设计意匠，挖掘天花对于大悲殿建筑遗产价值的重要意义，并关注天花在后续建筑修缮过程中可能面临的问题。

二、天花与大悲殿建筑的整体设计

大木建筑的装修在不参与结构组织的情况下很可能在后世发生改易，这种现象十分普遍，因此它们往往被孤立研究。而在大悲殿的案例中，装修与建筑整体的联系相当紧密：它不仅与空间尺度相匹配，显然在大悲殿设计之初就被纳入整

体考虑；同时直接参与结构组织，与大木构架结合为一个缜密的结构体系；更是在宗教空间的营造上与殿内立面相配合，与其他构件共同构成一套完整的装饰体系。

1. 天花与大悲殿建筑的平面尺寸

1）天花与大殿平面概况

大悲殿的天花由穿插于柱间的天花梁、天花枋划分为面积不一、整体平面呈中心对称的 35 个区域，分别对应于大殿的七个开间和五个进深之中，其中，外围一周区域位于副阶，其余区域位于殿身。副阶和殿身区域之间为殿身斗栱层（图1）。殿内供奉的三主尊位于中央偏北的三个开间之内，严格对应于三个独立的天花区域。

尽管大悲殿大木构架存在歪闪、木材干缩、施工误差等种种导致天

① 详见参考文献[1]：7-10.

花不规则形变的问题，我们仍不难意识到：大悲殿满铺井口天花在设计之时即希望形成一种均匀的、无边无际的视觉体验。这种天花形式为室内空间创造了一个宽广的、可供工匠极尽艺术创作之技能的装饰界面，为后期彩画的绘制打下基础。

2）天花井格尺寸与建筑平面尺寸的关系

值得一提的是，大悲殿次间和稍间的开间尺寸同为 19 营造尺[①]，而分布于次间和稍间的天花井格尺寸在开间方向上极为近似（图 2a），故可认为殿身斗栱向内出跳的长度恰好等同于一个天花井格的尺度。这一现象说明大悲殿在设计之初就对天花与斗栱的尺寸、数量有着整体考量。

3）天花井格尺寸变化

在测绘中发现，大悲殿明间的开间尺寸稍大于次间和稍间约 0.5 尺，然而视觉上分布均匀的天花井格却很好地掩饰了这种平面尺寸上的微小差异。由此可以想见，为达到均匀的视觉效果，工匠将 0.5 尺的差距化解在天花枝条的间距之内，并使得大量重复性构件（天花框、天花板）在不减损天花整体艺术效果的同时具有一定的"适应性"，以达到对它们进行批量规格化加工的目的。经测量，上述推测得以验证（图 2、图 3）。

值得注意的是，在东、西稍间的开间方向，副阶 6 列井格的总长度等于殿身 6 列井格加殿身斗栱内跳的总长，因此此处的副阶井格更显窄长；而在明间和次间，副阶井

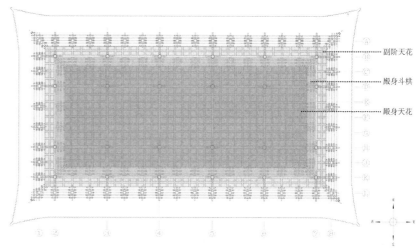

图 1　大悲殿天花仰视平面
图片来源：同济大学崇善寺大悲殿测绘小组绘制

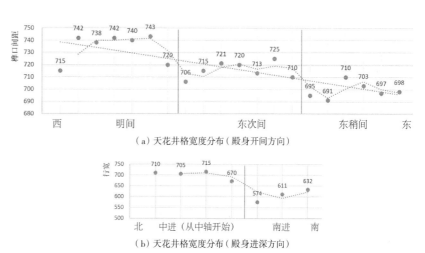

图 2　大悲殿殿身天花井格尺度比较
图片来源：作者自绘

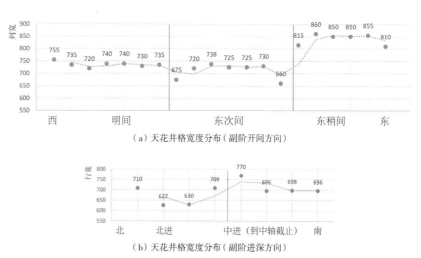

图 3　大悲殿副阶天花井格尺度比较
图片来源：作者自绘

①　1 尺合 315mm，详见参考文献 [5]。

图 4　西次间西天花梁附近
图片来源：作者自摄

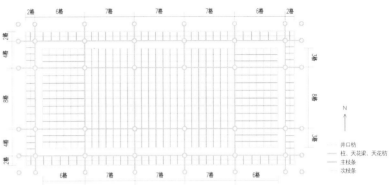

图 5　大悲殿天花承力体系示意图
图片来源：作者自绘

格与殿身井格列列对应（7 列），就无上述情况的出现（图 3a）。

2. 天花与大悲殿建筑的大木结构

1）天花与大木结构逻辑

在草架内部可以清晰地观察到大悲殿天花的结构逻辑（图 4）。

殿身和副阶的天花均有以下规律：两头插接在柱内的天花梁（进深方向）、天花枋（开间方向）和井口枋（斗栱最里跳所承枋子）将天花划分出若干区域，构成天花的最基础一级承力体系；其上承接（或插接）贯通整间（整进）的主枝条将其所在进深（开间）均匀划分为宽度相等的长矩形，再在相邻主枝条之间搭接若干均匀分布的次枝条，构成天花井格，即次一级承力体系（图 5）。最后，在每一井格中放入天花框、天花板，即完成安装。在天花与柱子连接处，为贴合柱的圆弧形表皮，天花框截断一角，填补以柱头圆盘，其上天花板也因势就形剜去一角。在天花梁、天花枋下皮辅以长约一个半井格的雀替，以此来加强结构的稳定性。

总体而言，大悲殿天花的结构形式十分简洁明了，使得构件的批量化加工成为可能。

然而，值得注意的是，大悲殿的天花梁与天花枋不仅是装修结构（天花）的一部分，更是参与到了大木构架的结构体系搭建中，成为不可或缺的建筑构件。

在实地调研中发现：位于檐面和山面的天花梁、天花枋紧贴于双步梁下，发挥着随梁枋的作用。它们在穿过井口枋，与斗栱发生交接时，在下皮部分发生了极为复杂的截面形状变化——由于在天花梁、天花枋越过十八斗之后，要头上皮略低于天花梁、天花枋正常情况下的下皮高度，故为了弥补此空隙，天花梁、天花枋截面下皮在此处发生下沉，以达到与要头上皮紧贴的效果；由于天花梁、天花枋截面宽度宽于要头，故在其截面下沉时会在要头两侧各形成一个凸角，而在部分柱头科上，该凸角会被抹平成一个斜面。穿过斗栱，天花梁、天花枋还需与齐心斗、挑檐檩及随檩枋发生交接，之后继续向外延伸，成为挑尖梁头（图 6）。

为使得天花梁、天花枋承担如此丰富的功能，工匠不仅需要在一整根构件上开数十个形状、大小不同的卯口，还需要满足装饰要求，在托手上雕刻小巧的海棠口（图 7），

这对当时的工匠技艺提出了很高要求。

从这种特殊的截面组合关系来看，天花梁、天花枋与大悲殿整体大木构架的结合可谓十分紧密、精妙。如若后续修缮中对大木构架进行拨正，不难想象这一动作必将伴随天花的拆解与重装。

2）构件连接形式

在承力构件之间的具体连接形式上，除天花梁、天花枋与柱之间为尖头榫相互插接之外，其余构件之间都以直榫搭接或插接。

在殿身部分，枝条与天花枋之间或为搭接，或为插接；其中明间与两个次间的天花枋在面向中部进

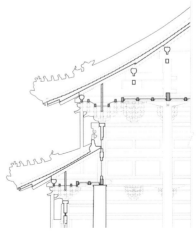

图 6　大悲殿明间横剖面东看局部
图片来源：同济大学崇善寺大悲殿测绘小组绘制

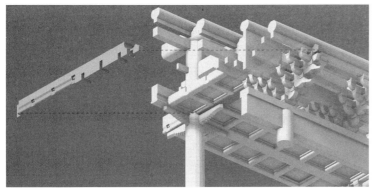

图7 大悲殿北檐面天花梁
图片来源：作者自绘，模型来自同济大学崇善寺大悲殿测绘小组

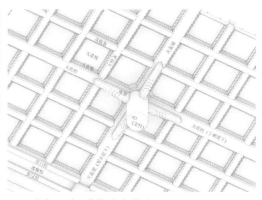

图8 大悲殿殿身天花模型仰视轴测图
图片来源：作者自绘

深一侧连开口直榫，与主枝条搭接；在面向南北进深侧连暗榫，与主枝条插接。两稍间天花枋与次枝条之间则仅使用暗榫插接一种连接形式。枝条与天花梁之间为暗榫插接：由于天花梁两侧分别连接着主枝条与次枝条，两种枝条截面高度不同，故天花梁两侧的榫口尺寸也有所不同。枝条与井口枋之间以开口直榫相搭接（图8）。

而在副阶部分，枝条与天花梁、天花枋之间为暗榫插接，与井口枋之间以开口直榫相搭接。

3. 天花与大悲殿的空间营造

1）天花彩画与殿内其他构件上彩画的配合

大悲殿几乎所有的天花构件上都分布有彩画。彩画未出现点金做法。

其中，天花梁、天花枋与枝条彩画内容相同，但由于天花梁、天花枋的截面宽度略宽于枝条，故其上彩画在表现时会有一定程度的形变，但总体视觉效果依然和谐。在天花梁、天花枋、枝条相互交叉的节点上绘有五瓣莲花形的轳辘，花心呈黄色，花瓣用白色勾边、内填红色；其四面绘有一整二破如意头

燕尾，岔口线为一坡两折外挑内弧式画法，主形用白色细线勾边，再用浅白粗线在细线一侧加粗，后在各区域内交错填充青色、绿色。上述彩画部分暂未发现重绘痕迹（图9）。

天花框与柱头圆盘下皮可见部位都设红色，辅以精巧的海棠口，有着丰富层次、限定区域的作用。

天花板底面彩画是天花彩画的"重头戏"，调研中发现了以下信息：

其一，底层彩画。目前，殿内几乎所有天花板的圆光内都绘有形制相同的六字真言彩画，但近距离观察即可发现，这其中绝大部分天花板的六字真言彩画背后还覆盖着一层绘制精美、与圆光边缘相匹配的水草纹。经小范围考察，水草纹在明间中心一列天花板上为轴对称

图案（图10），在其余天花板上则表现为非对称图案（图11），两种纹样的构成元素相同。故可推测，水草纹在殿内以南北向中线为轴对称分布。

至于水草纹的原状到底如何，大悲殿西南角殿身檐柱边的一块副阶天花板或可提供一定参考：圆光内除了水草纹，在每一簇三片成组的荷叶之上还托着一朵八瓣莲花（被六字真言覆盖的莲花纹样已不可辨别）；水草为绿，地为青色，与枝条彩画的配色一致；莲花为粉红色。圆光由外到内依次采用青、白、红三色的圆鼓子线锁边。方光地用绿色，四角有青线勾勒、红黄青绿四色填充的云纹岔角，四个岔角设色相同（图12）。

其二，表层彩画。表层彩画

图9 天花彩画现状及其复原图
图片来源：作者自摄、自绘

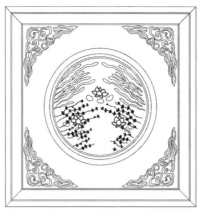

图 10　明间"中四号八"天花板莲花水草纹彩画现状及其复原线稿
图片来源：作者自摄、自绘

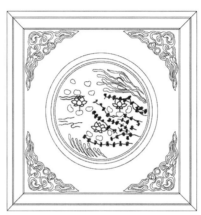

图 11　西次间"二间七号十一"天花板莲花水草纹彩画现状及其复原线稿
图片来源：作者自摄、自绘

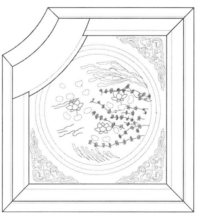

图 12　B-2 柱西南副阶天花板莲花水草纹彩画现状及其复原图
图片来源：周啸林摄、作者自绘

即为六字真言彩画。经图像比对发现，表层彩画和底层彩画的圆鼓子线、岔角几乎重合，故六字真言彩画是以原有莲花水草纹彩画的构图形式为基础进行重新绘制的。圆光

地为红色，内部六字真言及中心种子字金黄设色，每个字均在一青底白边的小圆之内，真言外小圆尺寸大致相同，种子字外小圆尺寸稍大。真言与种子字采用兰扎体梵字撰写。

真言顺时针阅读，其一号字多位于正南或正北方向，与种子字的书写方向相一致。方光地为绿色，从种种痕迹不难看出，该绿色为后期重新刷制。四个岔角的云纹与底层彩画相比形状略有变化，配色也略作简化，且其青绿设色的部位发生交错，对角线上的两个岔角设色相同（图 9）。

殿内其他绘有彩画的构件及部位主要包括上额枋、上平板枋、承椽枋、棋枋、大额枋及其上平板枋、小额枋、斗栱、栱眼壁、柱头、雀替。虽然绘制风格整体上比较粗放，粗细不均的线条和非严格对称的图案给形式特征的判断带来了一定困难，但从中可以充分体会到明初旋子彩画的飘逸灵动。从彩画纹样的差异和部分肉眼可见的彩画叠压现象（图 13）可以初步判定，除大殿明间和东西次间北侧的殿身和副阶彩画外，殿内其余部分的彩画都曾遭到至少一次的重绘。以下对这两种彩画的特征进行描述。

第一种，重绘后的彩画（图 14）。无贴金做法，墨线亦不明显。

殿身部分：上额枋方心头及岔口线为"一坡三折"挑内弧式画法，皮条线形状浑圆；皮条线第一路设红色，其余路数青绿相间；在皮条线与箍头之间设栀花，盒子图案为四瓣莲花加凤翅瓣，没有副箍头，在尽间构件较为短小处则副箍头与盒子都不设；藻头为一整二破加抱瓣旋花加栀花再加二破的形制，旋花为一路圆形抱瓣，花瓣青绿相间；花心为石榴形，填黄色，花心边上的小瓣设红色；方心为青绿退晕素方心（图 15）。上额枋上的平板枋绘有降魔云图案，升云内填

图13 西次间北侧上额枋、上平板枋新旧彩画交界处
图片来源: 作者自摄

图15 重绘上额枋彩画
图片来源: 杜亦阳摄

图16 重绘承椽枋彩画
图片来源: 杜亦阳摄

图14 重绘殿内彩画复原线稿
图片来源: 作者自绘

绿色,降云内填青色,云内不设栀花,云的位置和斗栱没有明显对位关系。承椽枋(图16)和棋枋尺度近似,彩画上均不设副箍头,采用二出如意头盒子、一坡二折岔口线、青绿退晕素方心;不同之处在于:其一,藻头部分,承椽枋为"一整六破"旋花组合,棋枋为"两整两破"旋花组合;其二,副箍头部分,棋枋设之而承椽枋不设。设色规律上,

二者与上额枋相同。

副阶部分:大额枋彩画与上额枋彩画的构图特征和设色规律相同,不同之处在于旋花的构图特点和皮条线的折数(上额枋一坡三折,大额枋一坡两折)。大额枋上的平板枋上亦绘有不设栀花的降魔云图案。小额枋彩画和承椽枋彩画也有着极多的相似之处,仅在旋花的具体画法上有区别。其中,南侧门扇

上方的五组大额枋和小额枋上的彩画颜色鲜艳、形状规则,方心都绘有精美的龙纹和花草纹,从中不难体察工匠的技艺之高超,与副阶其他部分的彩画质量形成鲜明对比(图17)。尽管如此,笔者依旧将其看作重绘部分的彩画,这是因为其藻头上的整旋花头部浑圆,藻头构图与设色特点与其余重绘彩画相一致。

第二种,初期彩画(图18)。

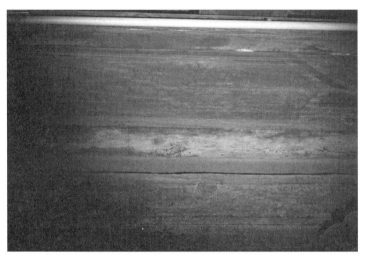

图 17 阑额方心彩画
图片来源：作者自摄

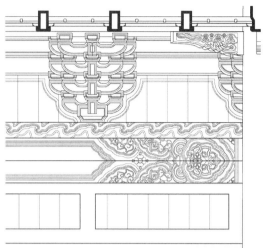

图 18 初期殿内彩画复原线稿
图片来源：作者自绘

图 19 北京出土元代雅五墨旋子彩画复原图
图片来源：作者自摄
图片来源：孙大章．彩画艺术 [M]// 智化寺古建保护与研究．北京：北京燕山出版社，2014.

图 20 初期上额枋彩画
图片来源：北京文博交流馆，北京市智化寺管理处．智化寺古建保护与研究 [M]．北京：北京燕山出版社，2014.

小点金做法，无明显墨线。病害较为严重。

殿身部分：保存于明间和次间北侧的构件上。绘制风格上，笔画匀称浑厚，形状规整和谐。设色上仅有青、绿、白、金四种。除物质质量和绘制风格差异之外，初期彩画区别于重绘彩画的特征还有以下两点：其一，整旋花头呈尖状火焰形，存有明显的元代彩画余韵（图19）；其二，平板枋的降魔云有一定倾斜角度，非轴对称图形，且在设色上升云为青、降云为绿，与重绘后的颜色恰好相反（图20）。

副阶部分：保存于明间、次间

的北侧，即北门门扇上方（图21）。由于缺损十分严重，其彩画设色特征几乎难以辨认，但组成元素的大体形状依然清晰可见，不难看出其与殿身原有彩画的形制相统一的特点。虽然上额枋、承椽枋、棋枋上的整旋花头和殿身一样呈火焰形，但平板枋的降魔云形制却和重绘平板枋相同。

柱头彩画部分：殿身和副阶的檐柱均在青色地上绘有紧密排列的四瓣莲花纹样，纹样宽度和上额枋（大额枋）、垫板、承椽枋（小额枋）的宽度之和相同；每朵莲花花心设黄色，花瓣白色锁边、内部填充绿

色。金柱柱头彩画内容几乎难以清晰辨认，其宽度与雀替高度相同（图22）。

雀替部分：主要以雕刻的形式表现云纹，在此基础上铺设彩绘。构图上以"如意头"云、卷云、鳞状云、带状云为主要元素进行组合；由于殿身雀替尺寸较大，故在构图元素组成上较副阶雀替多一朵"如意头"云。彩绘设色上以红、青、绿为填充，白色锁边（图23）。

前文提到，大悲殿天花彩画和殿内其他构件上的彩画都经历过至少一次的全面重绘，且现存的六字真言彩画和额枋上的重绘彩画都有

 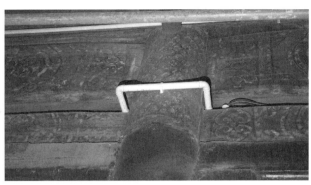

图 21 北门门扇上方彩画
图片来源: 作者自摄

图 22 正门门扇上方柱头彩画
图片来源: 作者自摄

着工艺粗糙、画技不精的特点——上述现象或可佐证大悲殿内的装修和彩画经历过一次整体的重装与重绘。而这种改变势必会影响殿内宗教空间的整体风格及氛围营造。

以下试论该影响:

初期天花彩画以莲花水草为主题,构图上整体以建筑南北中线为轴东西对称,赋予天花图案一种向心的动势,打破了天花结构形式上的均质感。重绘天花彩画以六字真言为主题,图案形状没有方向性特征,在摆放时也未体现出对真言方向的特殊关注,在整体视觉感受上强化了均质的特点。梵字六字真言图像的全面改绘提示了其在明清某一历史时期的传播盛况。

殿内其他构件上的彩画部分,由于原状暂不可考,故笔者仅对重绘后的彩画效果进行分析: 在设色上,各部分均以青、绿为底色,红、黄为点缀。尽管在三主尊背后的北侧墙面上施有点金做法,然而由于年久失修和三主尊的遮挡,这种点金做法的可见性并不高,并未达到空间强化的目的。在三主尊面向的南侧立面上,虽然彩画设色、构图等设计均未改变,但副阶部分大、小额枋方心内的龙纹及植物纹彩画使得整个立面变得极其精致。除去上述部分,其他枋上彩画均为素方心(图 24)。

由此可见,在重绘彩画时,工匠极力在空间中强调南、北两个内立面的对应关系,这与六字真言与种子字的阅读方向不谋而合,也和香客在其中的参拜行为紧密相关。对于东西两山面只用素方心的彩画做法,至迟在清代以后,东、西两稍间陈设有经柜、佛帐、长明灯等诸多与人体尺度相近的功能设置,故无需用彩画将观者视线引至更高部分。

总体而言,殿内各部分彩画与天花彩画一道,从仰视平面和立面两个维度上构建起了世人对于天宫佛国的想象。

2)天花构造的视觉特点

不同于大部分宗教建筑以天花的不同做法来区分参拜空间与神位的设计,大悲殿天花既无藻井也无明确的平面几何形状划分,而使用了满铺井口天花的统一形式进行表现。笔者认为,设计者有以下考量: 第一,在建筑等级与规制的要求下,大悲殿前的毗卢殿与正殿应具有象征更高等级的装饰表达,而到大悲

 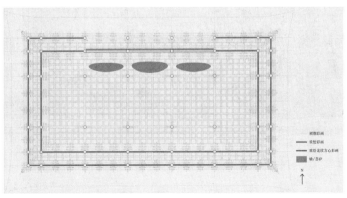

图 23 金柱柱头雀替
图片来源: 作者自摄

图 24 殿内额枋彩画种类分布图
图片来源: 作者自绘

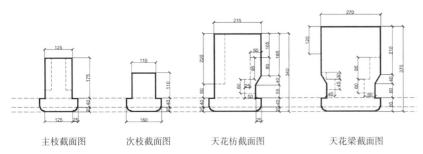

主枝截面图　　　次枝截面图　　　天花枋截面图　　　天花梁截面图

图 25　天花承力构件的海棠口对应关系
图片来源：作者自绘

殿只能在形制上稍作简化，故使用该种满铺井口天花做法。第二，在符合等级规制限定的前提下，认为满铺天花的形制更能表达出天宫佛国的纯净景象。

笔者认为，无论何种考量，大悲殿井口天花的种种做法都可体现出设计者对于均匀、无方向性、有蔓延感的视觉效果的追求，属于一种"有意为之"的设计。

首先，在平面设计上，天花井格在殿身中部进深之内均近似呈正方形，且大悲殿天花仰视平面整体呈中心对称。其次，在构造上，天花梁、天花枋两侧直接与枝条相连，

不做具有视觉强调性的附属连接结构。再次，天花梁、天花枋在彩画纹样上选择了与枝条彩画相同的构图形式，并可与枝条彩画形成组合关系。最后，天花所有承力构件的下皮近乎完美地处于同一水平面，构件边缘的海棠口严丝合缝，在视觉体验上具有极强的整体性——为达到这一效果，各承力构件必须将截面高度的差异全部消化于草架之内，在托手海棠口的做法上保持绝对一致（图 25）。

另外，丰富的构件截面形态也赋予天花井格独特的艺术效果。除去承力构件托手上的海棠口雕刻，

天花框上也开有小巧的海棠口；一青一红两层海棠口相叠加，使得天花井格更加深邃，具有层次感（图 26）。

三、天花装饰性特征的改易

在调研过程中发现，天花板上现状六字真言彩画绘制工艺较为粗糙，且出现了多种错误：从天花板上梵字组合的书写方向上来看，殿内绝大多数天花板的梵字组合均为南北方向，有少数为东西方向，极少数扭转了特殊角度，更有种子字与真言中的字错位的情况出现（图 27）；梵字书写风格上，绝大部分为工整的兰扎体，极个别为笔画纤细的创作型字体；彩画的整体配色上，仅有西次间自西向东第三、四列的天花板为橙黄配色，与其余的天花板的彩画配色格格不入[①]……这些现象或指向后世的多次改易与替换。

值得注意的是，有相当一部分六字真言天花板并未发现其下有莲

图 26　大悲殿井口天花构件组合
图片来源：周啸林摄

图 27　西次间北侧副阶天花仰视
图片来源：作者自摄

① 依据崇善寺内一位老居士的回忆，20 世纪战争时期有流弹落入大悲殿内，不幸将西次间两列天花击穿，之后被损坏的天花构件遭到集中更换，更换后的构件保留至今，其诸多做法皆与原物有差异。

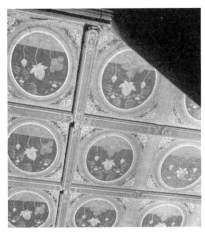

图28　大悲殿东侧小木天花
图片来源：温静摄

花水草纹的绘制痕迹，这种现象或指向一次大规模天花修缮，相关分析将在后文进一步详述。

在彩画重绘年代的判定上，以下两条线索或可提供一些有价值的参考。

其一，大悲殿内现存一座明代小木作中的莲花水草纹天花彩画呈现出中轴线及其邻列天花板图案对称、两侧天花板图案不对称，但殿内天花图案整体轴对称的构图特点（图 28）。这与大悲殿天花的彩画特征极为类似，或可证明现存莲花水草纹绘制痕迹的天花板为明初原物。

其二，崇善寺原有的正殿院为回廊环绕，廊内绘有壁画。如今，虽壁画早已不存，但绘制于明成化十九年（1483 年）的两套摹本完整地记录了壁画当年的盛况。据摹本之一《释迦世尊应化示迹图》记载，该壁画原绘于明代中期成化年间，以连环画的形式表现了释迦成佛过程中的每一个重要环节，在丰富的场景描绘中不乏对明成化年间人物、建筑形象的表达。

在《释迦世尊应化示迹图》中，笔者发现了对于宫廷建筑外檐斗栱、额枋上旋子彩画的形象表达：配色

以青、绿为主，不作点金，藻头是头部浑圆的如意头云纹与破旋花的组合，充分体现出明初旋子彩画的特点（图 29、图 30）。这也补充说明了前文中笔者对于大悲殿殿内彩画年代的推断：初期彩画应绘制于建寺之时、成化年之前，而重绘彩画则应绘制于成化年之后，且不晚于明代后期。

四、天花结构性特征的改易

由于天花的结构性特征，在大木经历的几次打牮拨正过程中必然会经历一定程度的调整。天花板在调整过程中需要被拆下，柱头圆盘、雀替等小型构件也需要被重新安装，而在安装过程中出现一些做法的改易在所难免。

在实地调查中发现，柱头圆盘的做法有多种形式，且圆盘与其附

近构件的搭接关系也不尽相同。尽管限于工作条件未能将其进行逐一排查，但排摸到的三种做法已能展现出丰富的历史信息。

第一种圆盘做法发现于殿身金柱头，形状为一扁宽圆环和厚窄圆环的组合形体，较其他几种形式最为简洁；在搭接方法上，扁宽圆环的两翼分别搁置于相邻一组天花梁、天花枋的托手上，圆弧面紧贴柱表面，与天花框的搭接逻辑相同；与天花框的关系上，天花框延伸至圆盘处即切断，与圆盘相互并置，没有重叠关系。第二种圆盘做法亦出现于殿身金柱头，形状与第一种类似，仅在厚窄圆盘两端切进一个钝角三角形，这是为了弥补圆盘下皮海棠口与天花梁、天花枋 45° 斜向切割的托手无法准确拼接的加工误差；其搭接方法和与天花框之间的关系与第一种圆盘相同。第三种圆

图29　《释迦世尊应化示迹图》（第三）局部
图片来源：张纪仲等 . 太原崇善寺文物图录 [M]. 太原：山西人民出版社，1987.

图30　《释迦世尊应化示迹图》（第十一）局部
图片来源：张纪仲等 . 太原崇善寺文物图录 [M]. 太原：山西人民出版社，1987.

盘做法发现于副阶内、殿身檐柱头，形状在第一种做法的基础上将窄宽圆环上皮两端削去两个厚度约为圆环厚度一半的小木片，留下的小舌一方面用以搭在天花梁、天花枋的托手上以固定圆盘自身，另一方面用以承托搭接其上且延伸至柱表面的天花框；为使天花框下皮与圆盘下皮平整相接，天花框在两端头位置也削去一个小木片，留下的小舌与圆盘小舌恰可对应拼接（图 31、图 32）。

三种柱头圆盘做法各异，但都体现出与其周边构件严密组合的企图。鉴于现如今大悲殿大木构架歪闪严重，且在实地调查中发现其制作工艺比较粗糙，故柱头圆盘的多种做法都属于应对柱身歪闪的细部操作，或可指向现场制作和后世替换的可能。

五、提示改易信息的墨书

在实地调研中，笔者在大悲殿的天花板、天花框、遮椽板上发现了诸多工匠墨书、纸签等信息，这些信息为研究古代工匠的施工逻辑提供了丰富的资料，也成为窥见天花的后世改易的重要线索。限于工作条件，笔者仅对殿内殿身天花和遮椽板上存留的文字信息进行了整体排摸。

1. 天花板背后墨书

天花板背后墨书的主要内容为记录天花板设计安放位置的编号，除此之外还有少量符号、梵字——它们在一定程度上生动地反映出了天花的施工流程，甚至可以在个体层面上体现出工匠的分工安排、做工习惯等信息。

据笔者调查，在书写方向上，墨书大都为由南向北或由北向南，仅有极个别为由东向西或由西向东。在分布情况上，墨书全面分布于明间、东次间及东稍间内天花板。西次间大部分天花板背后也有墨书留存，仅在两列后世替换的天花板上集中出现了墨书遗失的情况。在西稍间，绝大部分天花板上都没有墨书留存，仅有西南、西北两个抹角梁下的天花板有保存完好的墨书。

笔者推测，这种现象的发生原因有二：其一，西稍间天花板曾经遭到整体替换，而西南、西北两角的天花板由于上压抹角梁难以取出，故没有遭到替换；其二，制作西稍间天花板的工匠有着独特的工作习惯，有一套不同于书写墨书编号的天花板位置确定方法。经比对，发现西稍间两角的天花板与其余天花板底面的六字真言彩画在绘制工艺上并无差异，故认为第二种推测更符合事实；后文也将对该推测进行进一步论述。

依据墨书的书写特征，可将其大致分为三类：第一类分布于东次间和东稍间，字体浑圆古拙；东次间编号格式为"东/中弟 M 号 N"[①]，东稍间编号格式为"弟 M 号 N"；编号顺序以每间内东北角天花板为起始，编号"一号一"，向西、向南则 M、N 对应数值依次增大。第二类分布于明间，字体较粗犷；编号格式为"中 M 号 N"；编号顺序以西北角天花板为起始，编号"中一号一"，向东、向南则 M、N 对应数值依次增大。第三类分布于西次间和西稍间，字

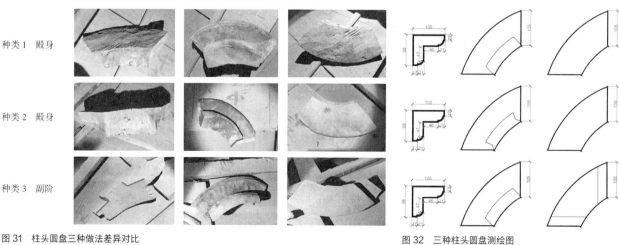

种类 1　殿身　　种类 2　殿身　　种类 3　副阶

图 31　柱头圆盘三种做法差异对比
图片来源：作者自摄

图 32　三种柱头圆盘测绘图
图片来源：作者自绘

---

① M 为列数，取值范围 1~6 或 1~7；N 为行数，取值范围 1~14，下同。

体飘逸；西次间编号格式为"西二间 M 号 N"或"二间 M 号 N"，西稍间仅存西北、西南两角的天花板，其编号格式为"西一间 N"；编号顺序以西北角天花板为起始，编号"一号一"，向西、向南则 M、N 对应数值依次增大（图 33）。

上述对墨书编号特征的分析是笔者在全面统计之后根据大部分天花板背后墨书所呈现的规律总结而来的。尽管目前有部分天花板墨书编号顺序错乱，在明间甚至出现了墨书内容重复的情况（图 34），但不影响从中看出编号规律。

将天花板上的彩画、墨书信息进行综合分析，或可得出以下推论：

首先，天花板的墨书编号和六字真言彩画属一批工匠同期绘制而成，而此次绘制或与一次时间紧迫且参与工匠人数较多的大规模修缮有关。在清灰过程中，在殿身东稍间南部和西稍间中部分别发现了工匠练习书写梵字和绘制云纹岔角的痕迹（图 35、图 36），且梵字练习笔迹与其所在天花板墨书编号的书写风格十分相似，故可推测：彩画和墨书是同一批工匠所为，而书写墨书编号的目的在于方便在重绘彩画之后将天花板重新归位——由于大木构架的严重歪闪，天花板归位时难免发生一时装不进井格的情况，为此工匠们极有可能进行临时调整，从而导致墨书编号错乱的情况出现。殿内各开间天花板上六字真言彩画风格较为统一，故少有可能是经多次重绘而成。至于各开间内墨书的笔迹和编号方式有所不同、西稍间大部分天花板后没有墨书编号的情况，可能是由于负责各开间天花板整理的工匠工作习惯不同所致。

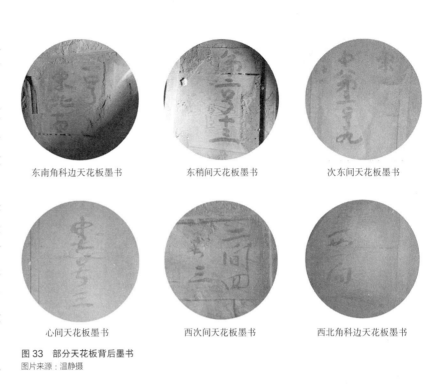

东南角科边天花板墨书　东稍间天花板墨书　次东间天花板墨书

心间天花板墨书　西次间天花板墨书　西北角科边天花板墨书

图 33　部分天花板背后墨书
图片来源：温静摄

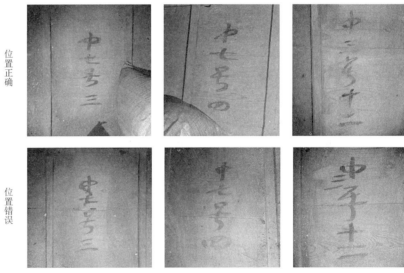

位置正确

位置错误

图 34　明间编号重复天花板
图片来源：作者自摄

其次，天花板墨书编号和六字真言彩画的书写与绘制方向以福条方向作为定位标准。经统计，殿身天花板后墨书编号的书写方向除去极个别特例，绝大多数都与福条平行；六字真言彩画大部分以正南或正北字为一号字开始书写，小部分以正东或正西字为一号字开始书写，极少出现特殊角度的旋转。而将墨书书写方向与六字真言彩画旋转方向对应起来综合分析，二者并未呈现出明显相关性（图 37）。故可推测，二者在绘制过程中虽没有相互之间的方向性联系，但必有同一确定方向的标准所在。出于施工效率的要求，这一标准必须清晰简洁，故福条方向应当是工匠们的不二之选。

图 35　东稍间南部天花板后工匠练习书写梵字痕迹
图片来源：周啸林摄

图 36　西次间中部天花板后工匠练习绘制云纹岔角痕迹
图片来源：周啸林摄

2. 遮椽板背后墨书

遮椽板位于两朵斗栱之间，其数量为斗栱跳数的两倍：在殿身，斗栱内外均为三跳，则殿内、殿外部分分别对应三块遮椽板，故两斗栱之间对应遮椽板一组六块；在副阶，斗栱内外均为两跳，同理可得两斗栱之间对应遮椽板一组四块。遮椽板以罗汉枋、井口枋及天花枋、栱侧面上的开槽作为固定。

限于工作条件，笔者仅就殿身遮椽板的殿内部分进行排查，得到如下发现：

书写形式上，墨书或直接写在板上，或写在贴好的纸签上。若将遮椽板进行分组编号，则可发现南侧第 2、3、5、6、35 组遮椽板使用纸签书写墨书，其余遮椽板上的墨书都直接写在木板上。

墨书内容上，每块板上均写有一则囊括其组别、分布内外和组内顺序的编号信息，其中体现出的编号规律差异或可指向后世的多次改易。"遮椽板组别"指一组六块遮椽板所在的斗栱间隔处，其编号规律或与千字文有关；而位于西山面的组别编号则采用了一种形似"左"字的未知符号，编号规律亦未知。"分布内外"指位于斗栱里跳还是外跳上，一般情况下内跳遮椽板会直接在墨书中写明"内"或"裹"。"组内具体顺序"则指一块遮椽板在其所处板组内六块板中的分布位置，其编号规律是，自正心枋向殿内依次为 4、5、6 号。由此不难推测，斗栱外跳上遮椽板自正心枋向殿外依次为 3、2、1 号（图 38）。

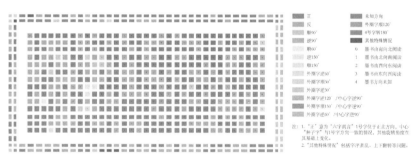

图 37　天花板六字真言纹样方向及墨书编号书写方向分布统计图
图片来源：作者自绘

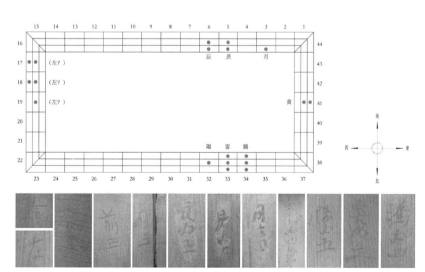

图 38　遮椽板背后墨书记录（局部）
图片来源：作者自摄、自绘

六、遗产视角下的思考

就大悲殿的保护工作而言，天花的修缮工作极可能与大木的归正、三主尊塑像的修缮等诉求产生冲突：前文提到，柱头圆盘的不同做法属于应对柱身歪闪的细部操作，若在后期修缮中对大木结构进行拨正，极有可能造成装修与结构之间的错位，许多蕴藏着丰富历史信息的构件也将失去其实用价值。目前，三主尊塑像正上方天花结构有着明显形变，在每一开间内呈现向上凸起之状；尽管如此，三主尊的头部与天花之间的距离依然极为狭窄，最接近处的垂直距离仅有十几厘米。可以想见，若在修缮中进行大木归正，天花结构与塑像之间极可能发生难以调和的矛盾。

因此，要得出一套较为妥善的保护方案，就要求我们在方案的讨论中充分汇总遗产的历史信息，在对各部分内容精确把握的基础上实施价值评估，并对所提方案进行反复论证，才可应用于建筑本体修缮的实践之中。

参考文献

[1] 张纪仲，安笈．太原崇善寺文物图录 [M]．太原：山西人民出版社，1987．

[2] 陈明达．营造法式大木作研究 [M]．北京：文物出版社，1981．

[3] 郭华瑜．明代官式建筑大木作 [M]．南京：东南大学出版社，2005．

[4] 梁思成．清式营造则例 [D]．北京：清华大学出版社，2006．

[5] 周啸林，温静．格式化与个性化——明初制度整顿背景下的太原崇善寺大悲殿建筑 [J]．建筑遗产，2021（02）：59-69．

[6] 马炳坚．中国古建筑木作营造技术 [M]．北京：科学出版社，1991．

[7] 吴卫光．中国古建筑的天花，藻井技术与艺术 [J]．美术学报，2003（02）：41-44．

[8] 范丽丽．佛教中的莲花意象 [J]．文学界（理论版），2010（06）：211-212．

[9] 于善浦．北京明清故宫的金莲水草天花 [C]// 中国紫禁城学会．中国紫禁城学会论文集（第一辑）．中国紫禁城学会，1996：4．

[10] 谢嘉伟，李沙，杨红．明清莲花水草纹天花彩画初探 [J]．建筑与文化，2017（11）：

195-196．

[11] 李路珂．《营造法式》彩画研究 [M]．南京：东南大学出版社，2011．

[12] 蒋广全．中国建筑彩画讲座——第三讲：旋子彩画 [J]．古建园林技术，2014（01）：11-23．

[13] 刘翔宇．大同华严寺及薄伽教藏殿建筑研究 [D]．天津：天津大学，2015．

[14] 北京文博交流馆，北京市智化寺管理处．智化寺古建保护与研究 [M]．北京：燕山出版社，2014．

近现代建筑与城市研究

中国近现代建筑史长河中的重要支流
—— 中国大陆迁台建筑师及其对中国建筑文脉的传承、发展与贡献

黄庄巍

福建省自然科学基金面上项目"战后中国建筑文化体系在台湾地区的建构与发展研究"（2020J01278）。

黄庄巍，厦门理工学院建筑系主任，教授、国家一级注册建筑师，中国建筑学会建筑教育分会理事、福建省住建厅历史文化保护与传承委员会委员。邮箱：hzhwei@xmut.edu.cn。

摘要：1945 年台湾光复后及 1949 年前后，一批中国大陆建筑师移民中国台湾地区，构成了台湾战后第一代建筑师的核心与主体，本文基于近年来相关系统研究，认为大陆迁台建筑师是中国近代建筑师群体的有机组成，其将中国建筑文脉延续到祖国宝岛，奠定了光复后台湾地区现代建筑体系的基础和架构，他们复兴中国建筑文化传统，创新现代中国建筑探索，开创发展了台湾地区现代高等建筑教育体系，成就了中国近代建筑文脉向台湾地区传播发展和世界现代建筑思潮向中国融合发展的双重维度价值，并补充了 1950—1970 年代中国建筑发展脉络与世界现代建筑主流思潮碰撞的发展叙事，为现代中国建筑多元探索图景的形成作出了重要贡献。迁台建筑师及其相关叙事是中国近现代建筑史长河中的一条重要支流，具有多重学术价值、历史价值与时代意义。本文简要勾勒了这一中国早期建筑师群体及其职业成就的整体轮廓，力图明晰、补全中国近现代建筑历史研究中重要而模糊的一个板块，以期为学界进一步的相关研究提供指南。[1]

关键词：中国近现代建筑史；中国建筑师；中国大陆迁台建筑师；中国台湾地区建筑；中国建筑文脉

一、导言

1. 研究背景：特定历史背景下中国近现代建筑叙事的分流

"中国建筑师的出现和成长，是中国近代建筑史上的一件大事。它突破了长期封建社会建筑工匠家传口授的传艺方式，改变了几千年来文人、知识分子与建筑工匠截然分离的状态，开始有了具备建筑科学知识、掌握建筑设计机能的专业建筑师……这对近代中国和现代中国的建筑发展，都起到重要的推进作用。"[2]

在清末民初以来的近现代发展转型和社会文化思潮之中，中国大陆发展出相对完备的注册建筑师执业制度、高等建筑教育体系，萌发了民族主义建筑思潮和现代建筑萌芽，出现了中国历史上第一批真正意义上的现代建筑师。[3]1945 年台湾光复后，随着《建筑法》《技师法》《建筑师管理规则》及《台湾省建筑师管理补充办法》等一系列民国时期建筑师执业法规制度在台实施，陈植、关颂声等一批中国大陆知名建筑师率先赴台注册开业，成为中国台湾地区建筑与日本殖民体系脱钩并重归中国近现代建筑主体系的标志。

1949 年 10 月中华人民共和国成立，国民党败踞台湾，两岸形成对峙格局并在世界冷战格局中分属东西方阵营。这一世界复杂政经形势下所形成的历史背景，深刻影响

① 本文牵涉建筑、人物、事件较多，限于篇幅，相应图片及详细分析可详见作者相关著作：黄庄巍，刘静. 渡海薪传——中国大陆迁台建筑师及其对中国建筑文脉的传承与发展 [M]. 厦门：厦门大学出版社，2022.

② 赖德霖，伍江，徐苏斌. 中国近代建筑史（第一卷）门户开放——中国城市与建筑的西化与现代化 [M]. 北京：中国建筑工业出版社，2017.

③ 潘谷西. 中国建筑史 [M]. 北京：中国建筑工业出版社，2009：395.

了中国近现代建筑发展进程。[①] 1949 年前后，亦有更多数量的大陆建筑师移居台湾地区，基泰工程司、华泰建筑师事务所、兴业建筑师事务所等近代重要事务所在台开设分所，使之成为中国大陆之外中国近代建筑师最为富集的区域。

在特定历史背景下，中国大陆迁台建筑师（以下简称迁台建筑师）填补了台湾地区建筑界的空白，构成了台湾地区战后第一代建筑师的核心与主体，成为 1950—1970 年代台湾地区最重要的建筑师群体和光复后现代建筑体系的奠基人，成为中国建筑文脉在台承续发展最重要的推动者，构筑了中国近现代建筑叙事的重要分支。

2. 研究的对象：作为中国近代建筑师群体有机组成的迁台建筑师及其叙事

据本研究不完全统计，1945 年后从中国大陆移民定居台湾地区的建筑师超过 140 人，其中在建筑设计、理论及教育等领域有较大建树的代表人物有陈其宽、关颂声、贺陈词、黄宝瑜、金长铭、林建业、林澍民、卢毓骏、马惕乾、王大闳、王秋华、沈祖海、吴文熹、修泽兰、杨卓成、叶树源、殷之浩、虞曰镇、张昌华、张肇康、郑定邦等二十余位（附表 1）。

迁台建筑师在代际上涵盖 1920 年代前后留学归国的中国第一代建筑师、1920 年代—1940 年代国内高校培养第二代建筑师及 1940 年前后留学的新一代留学人员，行业中涵盖职业建筑师、高等院校教师、技术官员等相关职业，学缘背景涵盖民国时期各主要建筑院校及职业院校毕业生[②]，籍贯涵盖中国大陆主要省份，是中国近代建筑师群体的一个有机组成部分，可视为中国近代建筑师群体的"微缩版"（附表 2）。

3. 研究的视域与意义："中国情"与"现代性"、"中国维度"与"世界维度"下的多重价值

近代建筑师是对近代建筑发挥最大能动作用的人群，近代建筑思想则是近代建筑背后所有产生影响的思想因素总和[③]，中国近代建筑师是中国近代知识分子的组成部分，其人物与设计思想是清末民初以来中国近现代转型中社会变革、思想革新、学术转型等现象在建筑学科的投射。

法国年鉴学派历史学家马克布洛赫认为，只有借助"长时段"观点研究"长时段"历史现象才能从根本上把握历史。建筑是石头写就的史书，中国台湾地区建筑史是中国建筑史框架内一个别具特色的篇章，台湾地区近现代建筑历史特别是迁台建筑师相关叙事绝非局限于台湾一岛的"孤岛式"研究视域可以真实呈现[④]，唯有以"一个中国"为基本原则和研究视域，将其置于近代以来中国两岸历史时空与近现代建筑转型发展的源流脉络之中，方能窥全貌。同样，迁台建筑师的核心历史价值与贡献所在，并非仅限于建筑"风格"表象，更在于其映射了"中国情"与"现代性"的碰撞，在于其承载了中国近代建筑文化思潮脉络在台湾地区的传承与发展，在于其作为近现代中国建筑发展潮流的分支延续，对中国近现代历史宏大叙事的共同书写。简言之，迁台建筑师及其研究之真正意义与价值所在，并非限于"台湾"，更在之于"中国"。

1）"中国维度"：中国近代建筑文脉向台湾地区传播发展的历史价值

1950—1970 年代，中国两岸尽管隔绝对峙，但"两蒋"执政期间坚守"一个中国"原则，国民党出于宣示"中国正统"、清除日本殖民残余思想和镇压"台独"需要，在台湾地区各个文化领域大力推动中国文化发展，客观上创造了中国建筑文化传承与发展的良好环境。

① 赖德霖，伍江，徐苏斌 . 中国近代史的终结 [M]// 中国近代建筑史（第五卷）浴火河山——日本侵华时期及抗战之后的中国城市和建筑 . 北京：中国建筑工业出版社，2017：385.

② 由"土木"转为"建筑"即具备土木工程或市政、交通等相关教育背景而从事建筑师职业的现象，贯穿了整个中国近代建筑师群体的形成过程。迁建筑师群体中亦有为数不少的土木专业背景建筑师，代表人如卢毓骏、张昌华等。在高等学院建筑教育之外，各层次建筑职业院校、夜校充当了中国早期建筑教育不可忽视的补充作用，主要相关学校有上海市建筑协会创办的正基工业补习学校、中国建筑师学会与沪江大学合办的沪江大学商学院建筑科及美办上海万国函授学校（International Corresponding School）建筑系等，迁台建筑师中亦有部分毕业于此类建筑职业院校。

③ 周琦，庄凯强，李秋 . 中国近代建筑师和建筑思想研究刍议 [J]. 建筑师，2008（4）：102-107.

④ 即将研究视域局限于台湾一岛，弱化、切断与中国大陆的联系，以孤立的视角论述台湾岛内建筑演变的研究视角和研究方式。近年来，台湾地区的某些近现代建筑历史论述在所谓"本土史观"乃至"台独史观"下呈现出这一倾向，一些建筑历史论述美化日据时期建设和殖民机构历史，"恋殖"色彩浓厚，刻意提升南岛、日本等次要特色建筑元素地位，以个别现象代替普遍现象，刻意强调台湾地区地方文化与中国主体文化不同的"特殊性"，进而认为中国文化只是"台湾多元文化"中的诸多外来要素之一，最终以所谓"多元建筑文化"代替中国建筑文化在台湾地区建筑历史建构中的核心主体和根性地位。

基于这一大背景，构成中国近代建筑文脉主要内容的民国时期设计方法与特征、高等建筑教育、理论研究、行业制度、文化思潮等历史要素，以迁台建筑师为最重要载体，在台体系化发展壮大。迁台建筑师群体推动了建筑文化领域"去殖民化"与"再中国化"的进程，将中国近代建筑文化思潮和学术研究脉络发扬光大，创新发展了现代中国建筑理论和设计实践，使台湾近现代建筑脉络重归于中国近现代建筑发展主体系，也使台湾地区成为中国现代建筑文化发展的重镇，构筑了中国近现代建筑发展脉络与台湾地区紧密相连的关键节点与源流明证。

迁台建筑师及其相关叙事在时间上跨越中国近现代分期（1949 年）、空间上联通两岸，是中国近现代建筑历史的重要组成部分，是"一个中国"原则在近现代建筑文化领域的真实呈现，迁台建筑师研究将有助于完善这一时期中国特定地域中的边陲建筑叙事。

2）"世界维度"：战后世界现代建筑主流思潮与中国建筑文脉融合的时代价值

1950—1970 年代，现代建筑运动风起云涌，迁台建筑师群体中有不少受过世界第一代建筑大师直接影响者，亦有在中国大陆现代主义建筑教育萌芽中形成的自觉现代主义者，他们基于台湾地区 1950—1970 年代作为中国建筑文脉与世界现代建筑主流思潮（即经典现代主义）直接碰撞的特殊区域地位，结合中国建筑文化传统拓展了现代中国建筑实践的范畴与疆域，留下了一系列早期中国传统与西方现代主义碰撞的重要理论与实践遗产，至今对于中国建筑界仍具借鉴意义。

迁台建筑师及其叙事丰富了战后现代中国建筑多元探索图景，特别是补充了 1950—1970 年代这一段中国大陆与欧美主流现代建筑思潮"疏离"时期内中国建筑界在世界现代建筑运动中的叙事与贡献，迁台建筑师研究将有助于完善中国近现代建筑史学知识体系。

二、中国大陆迁台建筑师对中国建筑文脉的传承、发展与贡献

1. 前"二元殖民建筑体系"的影响、民国时期建筑师法规的实施与中国大陆迁台建筑师主导地位的形成

1895 年之前，台湾地区作为闽南文化外延区域，整体而言可比照福建闽南沿海口岸城市，早期近代建筑可视为中国诸多地方建筑类型之一。① 甲午战争后日本侵略者占据台湾，在此期间作为日占区，整体而言可比照 20 世纪初中国东北日本租借和侵占区域，日本殖民机构设立各级官方设计机构"营缮课"，台湾地区的官方公共建筑和一般民间建筑设计、日本官方建筑师和民间"建筑代愿人"② 大致形成了相互区隔的"二元体系"。在该二元体系中，受过日本本土高等建筑教育的、就职于各机构"营缮课"具有"公职身份"的日本官方建筑师掌握了完整建筑理论知识，掌控了公共建筑的设计权。③ 绝大部分台籍建筑设计从业者仅能接受本地高职教育，主要从事营造业和民间建筑设计，可视为"隔绝了建筑理论的建筑设计实务操作者"。因此，当 1945 年台湾光复后日本建筑师随殖民当局解散撤离后，正规建筑师出现了真空现象。

与此同时，作为重归祖国一省，南京国民政府的法律政令包括建筑法规开始逐步在台施行。《建筑法》《建筑师管理规则》及《台湾省建筑师管理补充办法》④ 等民国建筑相关法规在台的逐步落地，"建筑师"

---

① 类型以殖民地式外廊式建筑、中西合璧的闽南式洋楼建筑为主，与闽南地区近代建筑类型、样式几同，构成近代建筑发展体系的诸要素与晚清时代中国其他口岸地区并无二致。

② 主要为台籍建筑设计从业者，也有少量的日本工程技术人员。

③ 整体而言，该时期建筑制度可比照日本在中国东北的侵占区域。这些在日本本土受过高等建筑教育（以东京帝国大学为主）的日本建筑们受当时日本盛行的西方古典折中主义深刻影响，对建筑的整体认知偏向保守。官方公共建筑风格经历过文艺复兴式、辰野式、古典折中主义等几个阶段的转变，建筑形式和设计思想核心仍是源于欧洲古典主义的学院派体系，在 1937 年后更是盛行与中国东北侵占区域一致的日本军国主义"帝冠式"建筑。1920—1930 年代早期现代主义风潮传播入日本本土，因此在日据后期，日本建筑师在台湾地区也设计了部分装饰艺术风格和现代风格建筑作品，但未成规模，且仅限于"风格"层面，并未有基于现代建筑核心精神的颠覆性转变。

④ 1948 年 2 月 28 日，台湾省民政厅在国定《建筑师管理规则》基础上出台仅适用于台湾省的"本省单行法规"《台湾省建筑师管理补充办法》。第三条规定"建筑师在本省执行业务，应于开业前向所在地县市政府核转建设厅公共工程局申请登记，经登记发给临时开业执照后，方准开业"，并对建筑师的学历、执业经历提出要求。
本省单行法规：经建法规：台湾省政府公布令：叁柒丑俭府综法字第三一六一一号（中华民国卅七年二月廿八日）（不另行文）；台湾省建筑师管理补充办法（附表）。

逐步成为法定的名称与身份，绝大部分建筑物的新建、修缮、拆除，不论公私，均需具备执业资格的建筑师设计盖章后方能实施。

根据以上民国时期建筑师执业法规，占据台湾建筑专业人员数量绝大多数、仅具备高职建筑工程教育背景的原"建筑代愿人"受限于学历无法取得技师资格以获得甲等建筑师开业证书从而承揽大中型工程设计，依然仅能承担街市建筑等一般小型民间工程设计。拥有甲等建筑师开业证书的中国大陆建筑师和少数台籍建筑师[1]则可承揽大中型工程。

长期以来，日本文化同化政策所造成的两岸文化差异也成了台籍专业人员在新体制下不可忽视的障碍。[2]加之 1940 年代的中国大陆已建立起较为完备的高等建筑教育培养体系，此时建筑师人数、学历、整体职业素养远超日本建筑师撤离后的台湾一地，同时多年来各事务所已与各公营机构建立起长期业务关系，大陆建筑师事实上填补了日本建筑师撤离后留下的正规建筑师真空。[3]

据 1955 年统计，当时台湾地区甲等建筑师 72 人绝大部分为迁台建筑师，个别为受过日本本土高等教育的台籍人员，战前台湾本地培养的高职层次的工程设计人员大多数转向从事营造业，少数取得临时甲等、乙等建筑师。[4]迁台建筑师在台湾地区建筑设计界主体和主导地位的形成，对光复后台湾现代建筑体系形成直接承续中国近代建筑脉络的情形产生决定性影响。

2. 迁台建筑师推动台湾地区建筑文化领域的"去殖民化"与"再中国化"的贡献

"过去日人统治台湾时，不问日式建筑是否适合本省的环境，却把所有的日本式作风完全搬移过来……（当今）改良台湾建筑最重要的目标有：一、发扬祖国建筑的优点。台湾脱离祖国五十年，对于祖国建筑在结构和美术上的优点，渐渐模糊，渐渐消失……现在台湾重光，极应改良建筑风格多多采用祖国建筑的美点使本省在精神方面与物质方面与祖国打成一片。"[5]

——卢树森《写给台湾营造界创刊号》，1948 年

建筑是文化的重要载体，日据时期日本在建筑领域上"去中国化""日本化"动作不断。当局"拆了无以计数的中国建筑，为的是恐岛民易启思汉之心"[6]，通过"寺庙整理运动"等文化运动拆除、改造中国民间寺庙，压制中国民间文化信仰，同时在各地兴建大量神社、武德殿等深具日本神道教与军国主义色彩的日式建筑，成为"皇民化"运动的建筑表征。

1945 年台湾光复后，在这块新生土地上进行文化领域的全面"去殖民化"与"再中国化"，使台湾同胞在文化认同上重归中国，成了国民政府文化领域建设的重要任务。与之相对应的建筑活动随之展开。[7]1946年 3 月，台湾省民政厅"令各县市政府：奉令拆毁日伪及汉奸建筑碑塔等纪念物"[8]，开启了"去殖民化"的序幕。日本在台兴建的 200多座神社被视为殖民统治象征标志，开始被陆续拆除或改建。以台北圆山地区为例，该地原为日据时期的"圣地"，建有神社等纪念物；台湾光复后，国民政府拆除神社，1946年将救使大道改称中山北路、明治桥改称中山桥，1949 年国民党迁台后则更有中国民族形式建筑圆山饭店等建设。以台北建功神社去殖民

① 日据时期仅有个别台籍人员赴日本修读私立大学建筑学专业，代表人有陈仁和、林庆丰等。

② 光复初期台湾人大都仅懂闽南语或日语，设计方法、专业术语也不同，"北京话对台湾人而言简直就是'外国语'……彼此说的话听不懂，连图上标示的文字都看不懂"，参见：林敏哲等著.桁间巧匠：李重耀的建筑人生 [M]. 台南：财团法人成大建筑文教基金会，2004：62-64.

③ 光复后许多原"建筑代愿人"由设计行业转向营造厂（即施工企业）发展。1953 年 4 月，主管部门举办台湾省建筑技师技副考试，1957 年 4 月修订建筑师管理办法，日据时期受中低教育层次的建筑代愿人及中等建筑教育毕业学生可通过特种考试取得乙等建筑师执照。乙等建筑师仅能从事小型建筑设计。综合自《台湾战后第一代建筑》《建筑师（台）》等文献资料。

④ 此外尚有临时甲等 28 人，乙等 32 人，这部分建筑师多为台湾本省籍。参见：陈凯劭.台湾建筑的现代语言 [D]. 台南：成功大学，1993.转引自王济昌 1955 年《建筑手册》。

⑤ 卢树森.写给台湾营造界创刊号 [J]. 台湾营造界，1948（1）：2.

⑥ 李乾朗.台湾建筑史 [M]. 台北：雄狮图书股份有限公司，1979：32.

⑦ 如 1945 年 9 月，黄炎培言："欲使台湾为中华民国之台湾，则必须使台湾民众深切认识祖国，进而激发其挚爱祖国、倾向祖国之热忱……使识祖国河川之雄秀，人才之众多，与文物之美且富，则人人必将以投入祖国怀抱为荣矣。"1946 年 2 月，台湾行政长官陈仪言："本省过去日本教育方针，旨在推行'皇民化'运动，今后我们就要针对而实施'中国化'运动。"参见：黄炎培.《光复后之台湾教育案（1945 年 9 月）》，摘自教育行政与会议——历届全国教育会议史料编纂与研究 [M]. 台北："教育部"教育研究委员会：392-397.

⑧ 台湾省行政长官公署训令：寅虞（卅五）署民字第二〇二八号（中华民国三十五年三月七日）。

化改造为例，建筑于 1955 年扩建为四合院平面，被改造为覆金色琉璃瓦的中式攒尖顶民族形式的中央图书馆（陈濯 / 李宝铎，1955 年）。而台南神社主体建筑由日式建筑改为中国式忠烈祠，日式鸟居改为中式牌坊。

正因"去殖化"需要，光复后台湾地区建筑"中国化"要求较之大陆更为强烈，当局在重要的公共建筑物上大都要求"融合中西建筑之特点，发扬中国建筑之风格"。[①] 因中国大陆建筑师在 1920 年代以来的民族主义建筑风潮中积累了丰富经验，因此成了建筑文化领域"去殖民化"与"再中国化"的主要推手，"（光复后）早期此类作品之建筑师几乎为大陆来台建筑师"。[②] 同时，以黄宝瑜、卢毓骏为代表的迁台建筑师在高等建筑教育开设"中国建筑史""中国营造法"，基于营造学社学术成果和思想编写教材，进行中国传统建筑学术研究，多个建筑系以"致力于中国传统建筑研究，开创中国建筑的新机运""创造中国新建筑，以适应世界潮流，以贡献人类文明，以延续起死回生我国固有建筑艺术"[③] 等为办学宗旨，推动了建筑教育与学术领域的"中国化"进程。

3. 迁台建筑师复兴中国建筑传统的坚持与贡献：延续、发展"中国固有式"及中国营造学社思想

"六十年来，吾国建筑界有部分人士努力于中国古代建筑之科学的、艺术的研究，其用心自非仅为憧憬过去之文化，而在寻觅古人所遗留于后代之精华，想作为吾人今日技术改进与生活改进之张本，故复古固不可，而复兴则为吾人应有之责任。复兴二字，宜勿以仿古二字恶意加之。"[④]

——卢毓骏《二十世纪之人文科学·建筑篇》，1966 年

"作为一个纪念物，它结合了西方学院派建筑传统与中国风格，表达了中国的民族主义者对于现代中国的期盼，这就是将东西方文化的优点相结合"[⑤]。1950 年代后，台湾地区一大批重要的公共建筑物、纪念建筑、学校等均采用中国民族形式（亦称为中国古典复兴式或宫殿式），与此同时，一批迁台建筑学者开始进行中国传统建筑研究与史学书写。这一现象，是民国以来中国民族形式建筑的跨海发展，是 1920 年代开始的"中国固有式"的建筑政策延续，是在这块新生土地上建构中华民族国家象征的民族主义需求表征，也

成为台湾地区建筑与中华民族建筑主体发展脉络紧密联结的重要标志之一。其背后的历史脉络与中华民族文化复兴思潮、中国近代建筑发展脉络及中国营造学社思想与学术成果存在着直接的联结与因果关系。

对"复兴中国建筑"的坚持亦为迁台建筑师民族主义思想的建筑呈现和乡愁寄托。一如《中国现代建筑史》中所言，"苦难和屈辱的中国近代史，令中国知识分子具有振兴中华的情怀，许多人往往以传统建筑文化作为出发点，期望作品带有文化使命感"[⑥]，该时期这一批参与民族形式建筑实践的设计者们，大都心怀以建筑复兴中华文化的神圣理想和强烈使命感，全力以赴。[⑦] 与此同时，部分迁台建筑师在台进行的一系列中国传统建筑史学理论建构与史学书写，亦构成了营造学社思想在 1950 年代后的重要续篇之一。两者构成了"复兴中国建筑"实践与理论建构的两个方面。

中国民族形式建筑设计的建筑师主体，主要是一批"文化本位主义"色彩浓郁的迁台建筑师，代表人物有卢毓骏、黄宝瑜、修泽兰、杨卓成等。中国民族形式代表建筑作品有台北"中央图书馆"（陈濯 / 李宝铎，1955 年）、台湾科学馆（卢毓骏，1959 年）、历史博物馆（1955/1964 年，永利建

① 中华文化复兴运动推行计划分工实施进度表 [M]// 中华文化复兴运动推行委员会法规汇编 . 台北：中华文化复兴运动推行委员会秘书处，1974：49
② 傅朝卿 . 中国古典式样建筑 [M]. 台北：南天书局，1993：227.
③ 以上分别为黄宝瑜制定的中原理工学院建筑系宗旨、卢毓骏制定的中国文化学院建筑系宗旨。1950 年代金长铭、贺陈词等人在省立工学院也进行了大量结合中国传统文化与现代建筑的现代中国建筑教育探索。
④ 卢毓骏 . 建筑篇 [M]// 二十世纪之人文科学 . 台北：正中书局，1966：25.
⑤ 赖德霖 . 民国礼制建筑与中山纪念 [M]. 北京：中国建筑工业出版社，2012：前言 .
⑥ 邹德侬 . 中国现代建筑史 [M]. 北京：中国建筑工业出版社，2010：绪论 .
⑦ 如在中国文化大学中国式校舍建筑兴建的过程中，卢毓骏与张其昀二人"克难办学"，"以工作不要为金钱所羁绊，即在极穷乏的景况下，也要想办法克服"互相勉励。创始人张其昀的借贷状况因为办学而到了"几乎要被控告的状况"。卢毓骏负责校园与校舍的建筑设计，没有收取分文设计费用，并在经费极为有限的情况下，"许多时候钱未付却已先动工，边盖边募捐，甚至将自己和家人住的房子拿去抵押借钱盖学校的房子"。

筑师事务所 / 林柏年)、台北孔庙明伦堂（卢毓骏，1960 年)、中国文化大学建筑群（卢毓骏，1961—1965 年)、日月潭玄奘寺与慈恩塔 (卢毓骏，1961 年)、圆山大饭店一期 / 二期（杨卓成，1963/1971 年)、台中教师会馆（修泽兰，1963 年)、台北第一殡仪馆（顾授书 / 赵枫，1964 年)、台北"故宫博物院"（黄宝瑜，1965 年)、中山楼（修泽兰，1966 年)、台北东门改造（黄宝瑜，1966 年)、台南延平郡王祠改造（贺陈词，1966 年)、省立台南医院（杨卓成，1967 年)、台北圆山综合大楼（虞曰镇，1969 年)、台北忠烈祠（姚元中、姚文英，1967 年)、台中忠烈祠（林建业，1970 年)、台北棒球场（虞曰镇，1971 年)、中正纪念堂建筑群（杨卓成，1987 年) 等。这一类型的建筑设计甚至扩展到海外华人聚居区和世博会，如菲律宾马尼拉公园（林柏年，1966 年)、新加坡裕廊中华公园（虞曰镇，1960 年代)、纽约世界博览会中华馆（杨卓成，1965 年) 等。在他们的设计带动下，不少本地培养的新一代建筑师也习得了这类建筑的设计方法，共同推动了中国民族形式建筑的设计与发展。

尽管直接承续自 1920 年代以来的"中国固有式"脉络和"复兴中国建筑"民族主义建筑思潮，但不少该时期的此类建筑设计和理论建构绝非浅显的"仿古"和"守旧"，设计在坚守中有创新，理论在承续中有发展。

以这一脉络上两位领军人物卢毓骏与黄宝瑜为例。1930—1970 年代，中国第一代建筑师卢毓骏以结构理性主义为主要理论工具，融合西方现代建筑主流思潮与中国传统建筑文化、传统儒家文明，结合中国建筑史学研究、设计理论研究及建筑创作进行了完整的中国现代建筑理论建构，呈现了西方结构理性主义在中国自梁思成、林徽因以来的完整发展脉络，并成为始自 1920 年代从中国大陆至台湾地区一脉相承的"中国固有形式"建筑文化思潮从萌生壮大到渡海发展的完整写照。[①] 而 1940—1970 年代，直接受教于刘敦桢的中央大学建筑系毕业生黄宝瑜，以复兴中国建筑为目标，基于中国营造学社学术思想，融合中西，在近代文化保守主义、民族主义思潮及西方现代建筑理论的影响下，于台湾地区首开中国建筑史学教育，进行了《中国建筑史》等史学书写及系列理论、实践探索，继承、创新发展了中国营造学社思想，设计了"台北故宫"等系列"改良主义式"民族形式建筑，呈现了中国近代文化思潮脉络中 1950—1970 年代中国史家对复兴中国建筑路径的深度思考。[②]

4. 迁台建筑师发展现代中国建筑的创新与贡献："社会性""时代性"与"民族性"下对现代中国建筑的探索

"中国现代建筑有三个方向可走。我们可以追随现代西方建筑，也可以抄仿我国古代宫殿式建筑，或者创造有革命性的新中国式建筑……我们唯一的方向是走向一种革命创造精神的新中国式建筑……用现代建筑手法表现我国建筑传统精神和中华民族特有的文化。"（王大闳《台北孙中山纪念馆设计立意》，1966 年)

内涵民主、科学，带有批判色彩的西方现代建筑运动于 20 世纪早期在欧洲启蒙、发展，形成了以包豪斯学校为中心的建筑师群体与完整论述。受现代建筑思想的世界性传播影响，1930—1940 年代部分中国近代建筑师在对现代建筑的探索中已存在更深层次、更具意义的思想脉络萌芽。其一是对现代建筑"社会性"的思考；[③] 其二是对现代建筑的"时代性"与"民族性"的思考。[④]

1950 年代后，王大闳、陈其宽、张肇康、金长铭、贺陈词等"精神上的中国现代主义者"为代表的迁台建筑师群体，进一步结合中国传统文化和美学精神，发展了以上现代中国建筑思想脉络萌芽，取得了卓有成效的实践成果和理论突破，开辟了在"中国固有式"之外现代中国建筑的另一条发展道路。

1）推动现代中国建筑"社会性"脉络发展[⑤]

在现代中国建筑"社会性"的发展脉络上，金长铭等人取径现代建筑所内含的"民主"与"科学"

① 黄庄巍，邹广天 . 从结构理性到儒家文明——卢毓骏和他的理论建构与延续 [J]. 建筑师，2021（01）：123-131.

② 黄庄巍，邹广天，刘静 . 学社余韵，返本开新——黄宝瑜和他的中国建筑史学书写与理论建构 [J]. 建筑师，2021（05）：26-33.

③ 即现代建筑代表科学思想、时代意义与进步意义，能够承载改造社会和推动文明进程的历史意义，蕴含着社会平等的乌托邦理想。

④ 1940 年代后，以黄作燊为代表的部分中国建筑师对当时盛行的"中国固有形式"是否是形塑现代中国建筑唯一路径产生了质疑，在 1940 年代后期开始将现代建筑空间理论联结中国传统建筑、园林空间精神，探索现代中国建筑新的发展路径，形成了现代中国建筑新的萌芽。参见：卢永毅 . 解读黄作燊先生的现代建筑教育思想 [M]// 黄作燊纪念文集 . 北京：中国建筑工业出版社，2012：79.

⑤ 黄庄巍，邹广天，连菲 . 金长铭和他的建筑理想国 [J]. 建筑师，2017（04）：92-99.

精神，延续中国"五四"文化传统，以现代建筑启发民智，并与中国古代哲学结合，发展了中国现代建筑所承载的社会性意涵，成了现代建筑精神与中国时代情境碰撞中一次极富意义的启蒙实践，一次"解放性"与"现代性"兼具的理论创新。

2）推动现代中国建筑"时代性""民族性"脉络发展

在现代中国建筑的"时代性"与"民族性"的发展脉络上，迁台建筑师产生了更多实践与理论成果，形成了三条现代中国建筑探索的分支子脉络。

①融合现代建筑"空间""流动空间"原则与中国园林空间精神、文人美学特征的子脉络[1]

空间思想的发展始终贯穿了现代建筑的生成过程并构成其实践与理论建构的核心内涵，"流动空间"更为现代建筑的核心特征与原则之一。1950—1970 年代，王大闳、金长铭、贺陈词等以中国传统文人空间美学中雅致的美学原则、质朴的精神追求、移步换景的园林空间，对应、结合现代建筑中简洁的美学原则、纯粹的空间营造、流动的空间层次，以道家哲学理论诠释、发展现代建筑理论，创造出兼具东方气韵与西方现代建筑空间原则的一系列优秀作品。代表建筑作品有建国南路自宅（王大闳，1953 年）、东海大学校舍（贝聿铭、陈其宽、张肇康，1954 年）、松江路罗宅（王大闳，1956 年）、台南林宅（金长铭，1959 年）、成功大学第三餐厅（贺陈词，1962 年）、虹庐（王大闳，1964 年）等。

②融合现代建筑空间结构形式和中国传统建筑造型、力学特征的子脉络[2]

第二次世界大战之后是世界现代建筑史上利用新结构技术探索新建筑空间与形式的重要时段，1950—1970 年代，陈其宽、王大闳、张肇康、张昌华等以倒伞形（反曲薄壳）结构、折板结构、双曲面薄壳等为代表的新型空间结构形式为切入点，进行了一系列建筑实践与理论探索，在 1960 年代形成创新高潮，形成了兼顾经济性、表现性、中国气韵的建筑创新路径。代表建筑作品有东海大学建筑系馆与学生活动中心（陈其宽，1960 年）、台北"故宫博物院"方案（王大闳，1960 年）、东海大学路思义教堂（陈其宽、贝聿铭，1956 年）、台大学生活动中心（王大闳，1962 年）、台南圣保罗教堂（陈其宽，1965 年）新竹"清华大学"体育馆（张昌华，1968 年）、林口高尔夫俱乐部（陈其宽，1968 年）等。

③结合西方战后多元现代建筑流派与中国建筑造型、空间特征的子脉络[3]

1950—1970 年代，世界现代建筑思潮活跃流派层出不穷，陈其宽、张肇康、王大闳、马惕乾等建筑师，在西方战后多元现代建筑思潮影响下，创新发展了民国时期"新民族形式"现代中国建筑设计方法，与密斯晚期风格、典雅主义、粗野主义、日本新传统主义等现代建筑设计流派产生紧密联系，写就了战后世界现代建筑思潮与中国近现代建筑发展脉络碰撞、融合的多元篇章。代表作品有东海大学校舍（贝聿铭、陈其宽、张肇康，1954 年）、台南市青年馆（金长铭，1960 年）、淡江文理学院学生活动中心与城区部大楼（马惕乾，1962 年）、台湾大学农业展览建筑群（张肇康、虞曰镇，1963—1965 年）、台湾大学法学院图书馆（王大闳，1963 年）、荣总柯柏医学科学研究纪念馆（张德霖，1963 年）、松山机场扩建（王大闳、沈祖海、陈其宽，1971 年）等。

④迁台建筑师对中国近代高等建筑教育脉络的传承与贡献：发展、创办台湾地区高等教育体系

"新的时代将有新的生活，新的思想，新的文化——那旧有的无论如何灿烂，总是属于过去；新时代的人应当创造出自己的东西来，才无愧于祖先。……我们这群从事于此神圣事业的青年，现正战战兢兢，要有负重责，徒辱使命，唯敢于今日发奋自砺，誓尽己能，努力以赴。今天是我们充实准备之时。学习！虚心诚恳地学习！只有学习他人今日的东西，才能创造明日我们的。"[4]

——金长铭《今日建筑》创刊词，1954 年

① 黄庄巍.中国台湾地区建筑设计创新研究 [D].哈尔滨：哈尔滨工业大学，2020.徐明松《建筑师王大闳》等著作。
② 黄庄巍，刘静，邹广天.现代空间结构的集体呈现及其中国化表达——1960 年代台湾地区建筑探索 [J].新建筑，2020（04）：112-117.
③ 黄庄巍，邹广天，胡梦婷.20 世纪 50—70 年代台湾地区仿传统建筑设计方法之发展与源流研究 [J].新建筑，2021（02）：98-103.
④ 金长铭.创刊词 [J].今日建筑，1954（1）：2.

日据时期，当局在台湾地区仅设立了高职层次的建筑教育。[①] 直至 1944 年，台南高等工业学校方设立 3 年制建筑科，成为台湾地区唯一的高等建筑教育科系，招收的第一届建筑科学生中绝大部分为日本人，仅有少数几名台湾本地学生，未及毕业旋即台湾光复，日籍师生在一两年内均撤离殆尽。[②] 可认为，在 1945 年之前台湾地区并未建立起真正意义上的高等建筑教育体系。

1945 年台湾光复特别是 1949 年后，以金长铭、叶树源、黄宝瑜、贺陈词等为代表的一批中国大陆建筑师进入台湾省立工学院（即原台南高等工业学校，成功大学前身）建筑系任教，这批以中央大学、中山大学、重庆大学建筑系为代表的毕业生构成了早期台湾地区高等建筑教育的核心力量，他们以中国大陆近代建筑学院派式教育体系为蓝本，结合战后世界现代建筑教育方法和建筑思潮，培养出以汉宝德、陈迈、蔡柏锋、高而潘、李祖原等为代表的第一代本地建筑师和建筑教育家，成为台湾地区建筑界的"黄埔军校"，"毕业的校友在台湾的产官学中，有极高的比例和影响力，深刻影响着台湾建筑的重要发展"[③]（附表 3，附表 4）。

成功大学建筑系作为省内唯一建筑系的情形从 1940 年代持续到 1960 年。1960 年初期，东海大学建筑系（陈其宽，1960 年）、中原大学建筑系（虞曰镇，1960 年）、中国文化大学建筑与都市设计学系（卢毓骏，1962 年）、逢甲大学建筑系（马俊德，1963 年）、淡江大学建筑系（马惕乾，1964 年）等五所私立大学建筑系相继设立，形成了 1990 年之前的"建筑六校"，构成了台湾地区现代高等建筑教育的核心力量。五所建筑系均由迁台人员创设，其中陈其宽、虞曰镇、黄宝瑜、卢毓骏、马惕乾、郑定邦等均为当时知名的建筑师。迁台建筑师对台湾地区"建筑六校"的创立与发展起到了核心作用，各建筑系不同的教育方式和教育目标也带上了迁台建筑师浓郁的个人色彩，成了其学缘背景、职业特征和建筑思想在建筑教育领域的具体呈现（附表 5）。

进入高等建筑教育领域的迁台建筑师，成为台湾地区现代建筑教育的"种子"，他们构成了台湾地区战后早期高等建筑教育的师资主体，将中国大陆近代建筑教育方法、体系延续至台，建立了完整的现代建筑教育体系，奠定台湾现代建筑教育基础和框架，成为台湾地区光复后绝大部分建筑师师承谱系的源头，有力推动了中国建筑文脉在台湾地区的发展。

他们是台湾地区现代高等建筑教育体系真正意义上的奠基人与开创者。

三、中国近现代建筑史长河中的一道重要支流

1970 年代中期后由于代际的更替，大部分迁台建筑师逐步退出建筑舞台，接受迁台建筑师教育的战后本地培养的第一代、第二代建筑师崛起成为主角。迁台建筑师和以汉宝德、李祖原等为代表有志于传承中国建筑文脉的后继者们薪火相传，使台湾地区成为中国大陆之外中国建筑文化发展的另一个重镇，留下了丰富的建筑实践和理论建构。

在中国海峡两岸之间，改革开放后两岸建筑界开始交流，不少迁台建筑师返乡讲学，台湾建筑设计案例、理论论述也开始通过书籍、期刊进入大陆各大高校建筑系和设计院，不少台湾建筑师、建筑设计事务所至大陆开展建筑设计业务，台湾地区建筑设计特别是现代中国建筑设计方法对中国大陆建筑界也产生了不少影响。在建筑理论层面，迁台建筑师带有浓郁中国传统文化气息的中国传统建筑研究与理论建构及其后续发展，成了中国现代建筑理论的重要组成部分，亦对改革开放以来中国建筑学术研究产生不少影响。

综上所述，迁台建筑师及其对中国建筑文脉的传承与发展，成为续接中国近代建筑史乐章的一曲余韵、联通中国两岸建筑界之间的一座桥梁、构筑中国近现代建筑史大厦的一块砖石，发展出中国近现代

---

① "由于种族歧视与统治政策等因素，台湾并无完整的建筑师教育，少数的建筑科系都以培训绘图员与监工等低阶技术人员为主"，在 1944 年之前仅有设立于各类工业学校中的建筑科，这是"相当于高级中学水准的建筑职业学校"（即高职、中专教育）。参见徐明松《粗犷与诗意——台湾战后第一代建筑》等。

② 傅朝卿. 叱咤台湾建筑风云——走过一甲子的成功大学建筑系 [M]. 台南：财团法人成大建筑文教基金会，2004：12-15.

③ 同上：序.

建筑长河中一条重要的支流。这条支流源自深厚的中国建筑文化本体，滋养了祖国宝岛的同时，最终反哺了中国建筑文化母体，为现代中国建筑多元探索图景的形成作出了重要贡献。

因此，在中国建筑走向全面复兴的今日，全面、系统地发掘迁台建筑师及其叙事，将补充完善中国近现代建筑史学知识体系，亦是将台湾地区近现代建筑叙事纳入中国近现代建筑历史宏大叙事中共同书写的重要环节与研究切入点，兼具多重学术价值、历史价值与时代意义。

参考文献

[1] "中华民国"建筑年鉴 [M]. 台北："中华民国"建筑年鉴编辑委员会，1976.

[2] "中华民国"人事录 [M]. 台北："中国科学公司"，1953.

[3] 成功大学建筑系五十周年回顾 [M]. 台南：成大建筑文教基金会，1994.

[4] 大学科目表 [M]. 台北：正中书局，1947.

[5] 淡江文理学院建筑研究室 . 建筑教育之研究 [M]. 台北：淡江文理学院，1970.

[6] 东南大学建筑系成立 70 周年纪念专集 [M]. 北京：中国建筑工业出版社，1997.

[7] 傅朝卿 . 中国古典式样新建筑 [M]. 台北：南天书局，1993.

[8] 傅朝卿等 . 叱咤台湾建筑风云——走过一甲子的成功大学建筑系 [M]. 台南：财团法人成大建筑文教基金会，2004.

[9] 贺陈词教授作品集 [M]. 台南：财团法人成大建筑文教基金会，1995.

[10] 黄宝瑜 . 宿园论学集 [M]. 台北：大陆书店，1975.

[11] 黄宝瑜 . 中国建筑史 [M]. 台北：编译馆，1961.

[12] 同济大学建筑与城市规划学院 . 黄作燊纪念文集 [M]. 北京：中国建筑工业出版社，2012.

[13] 金长铭先生纪念集 [M]. 台南：财团法人成大建筑文教基金会，2004.

[14] 赖德霖，伍江，徐苏斌编 . 中国近代建筑史（五卷本）[M]. 北京：中国建筑工业出版社，2017.

[15] 赖德霖 . 近代哲匠录 [M]. 北京：中国水利水电出版社，2006.

[16] 赖德霖等 .1949 年以前在台或来台华籍建筑师名录 [C]//2014 台湾建筑史论坛论文集，2014：109-168.

[17] 李乾朗 . 台湾建筑史 [M]. 台北：雄狮图书股份有限公司，1979.

[18] 梁思成 . 中国建筑史 [M]. 上海：三联书店，2011.

[19] 刘敦桢 . 刘敦桢全集 [M]. 北京：中国建筑工业出版社，2007，2009.

[20] 卢毓骏 . 建筑篇 [M]// 二十世纪之人文科学 . 台北：正中书局，1966.

[21] 卢毓骏 . 现代建筑 [M]. 台北：中华出版事业委员会，1953.

[22] 卢毓骏教授文集 [M]. 台北：中国文化大学建筑及都市设计学系系友会，1988.

[23] 邹德侬编 . 中国现代建筑史 [M]. 北京：中国建筑工业出版社，2010.

[24] 钱锋，伍江 . 中国现代建筑教育史 [M]. 北京：中国建筑工业出版社，2008.

[25] 台北建筑 [M]. 台北：台北市建筑师公会，1979.

[26] 台湾建筑 [M]. 台北：台湾省建筑师公会，1995.

[27] 台湾省建筑技师公会庆祝成立二十周年专刊 [M]. 台北：台湾省建筑技师公会，1970.

[28] 台湾省立工学院院刊 [M]. 台南：省立工学院，1955.

[29] 汪晓茜 . 大匠筑迹——民国时代的南京职业建筑师 [M]. 南京：东南大学出版社，2014.

[30] 王镇华 . 中国现代建筑备忘录 [M]. 台北：时报出版公司，2004.

[31] 文化建筑 30 年 [M]. 台北：中国文化大学，1993.

[32] 徐明松，王俊雄 . 粗犷与诗意——台湾战后第一代建筑 [M]. 台北：木马文化事业有限公司，2007.

[33] 徐明松 . 建筑师王大闳 [M]. 上海：同济大学出版社，2016.

[34] 叶树源教授作品集 [M]. 台南：财团法人成大建筑文教基金会，1998.

[35] 张其昀 . 景福门回忆录 [M]. 台北：中国新闻出版公司，1962.

[36] 张绍载 . 中国的建筑艺术 [M]. 台北：东大图书公司，1979.

[37] 郑大华 . 民国思想史论 [M]. 北京：社会科学文献出版社，2006.

[38] 杨思信 . 文化民族主义与近代中国 [M]. 北京：人民出版社，2003.

[39] 建筑特刊 [M]. 台北：台北市建筑技师公会，1976.

[40] 建筑特刊 [M]. 台北：台北市建筑技师公会，1971.

[41] 台北市建筑技师公会会员录（1969）[Z].

[42] 台湾省建筑技师公会会员录（1977）[Z].

[43] 台湾省行政长官公署公报及相关机构公告、公函（1945—1949）[R].

[44]《台湾营造界》《今日建筑》《百叶窗》《建筑双月刊》《境与象》《建筑与艺术》《建筑与计划》《建筑师》（台北）等期刊（1947—1990）.

中国大陆迁台建筑师名录 ①

附表 1

序号	姓名	学缘背景	出生年份	籍贯	毕业年份	在台主要工作部门
1	毕文兹	东北大学土木工程系	1913	山东曲阜		毕文兹建筑师事务所
2	蔡钲	万国函授学校 I.C.S 建筑系	1900	福建	1926	台湾省交通处铁路管理局
3	曾观涛	复旦大学土木工程系				天坛建筑师事务所
4	陈康寿	勷勤大学建筑工程系 / 中山大学建筑工程系		广东	1940	台湾省建设厅
5	陈其宽	国立中央大学建筑工程系 / 伊利诺伊州立大学建筑系	1921	北京	1944/ 1948	东海大学建筑系 / 陈其宽建筑师事务所
6	陈濯	天津工商学院建筑工程系	1920	广东新会	1942	利群建筑师事务所
7	陈链锋	上海交通大学土木工程系	1914	江苏		吴文熹建筑师事务所
8	陈士廉	哈尔滨工业大学土木工程系	1910	吉林		陈士廉建筑师事务所
9	陈宗靖	圣约翰大学	1921	广东		忠信建筑师事务所
10	程天中	圣约翰大学土木工程系	1926	江苏武进		程天中建筑师事务所
11	初毓梅	北洋大学土木工程系		山东莱阳	1929	基泰工程司
12	戴之煐	清华大学土木工程系 / 麻省理工学院土木工程系	1914	安徽		中兴工程顾问社附设建筑师事务所
13	邓汉奇	勷勤大学建筑工程系	1914	广东惠阳	1937	基泰工程司
14	樊祥孙	交通大学唐山工学院土木工程系	1904	浙江		台湾中华顾问工程司附属建筑师事务所
15	方汝镇	广西大学 / 台湾省立台南工学院建筑工程系	1923	广东惠来		东海大学建筑工程处 / 华泰建筑师事务所 / 有巢建筑师事务所
16	冯熊光	复旦大学	1905	江苏		新伟建筑师事务所
17	高凌美	日本京都帝国大学土木工程科	1900	湖北鄂城	1925	台湾省水利局 / 台湾技术服务社建筑师事务所
18	耿鹏程	复旦大学	1923	江苏		美亚建筑师事务所
19	顾授书	上海南洋路矿工业专科学院				台湾中国兴业建筑师事务所
20	辜恩浓	国立中央大学	1921	湖南		新华建筑师事务所
21	关颂声	波士顿大学土木工程系 / 麻省理工学院建筑系 / 哈佛大学研究生院土木工程与建筑学专业	1892	广东番禺	1914/ 1918/ 1919	基泰工程司
22	何孝宜	上海国立工学院	1912	福建		孝宜建筑师事务所
23	贺陈词	中山大学建筑工程系	1920	湖南衡阳	1946	成功大学建筑系
24	胡兆辉	东京工业大学建筑科	1913	安徽休宁	1935	成功大学建筑系
25	胡宗海	复旦大学土木工程系		浙江	1932	合众工程司
26	黄宝瑜	国立中央大学建筑工程系	1918	江苏江阴	1945	成功大学建筑系 / 大壮建筑师事务所 / 台湾中原理工学院建筑系
27	黄显灏	德国德累斯顿工业大学土木工程系	1903	广东海阳	1925	台湾中华机械工程股份有限公司
28	黄彰任	武汉大学土木工程系	1913	湖南浏阳	1938	兆民工程司
29	黄祖权	国立中央大学建筑工程系	1924	上海	1948	台湾中华建筑事务所
30	金长铭	东京工业大学土木工程系 / 重庆大学土木系建筑组	1917	辽宁辽阳	1942	成功大学建筑系
31	李宝铎	天津工商学院建筑工程系	1921	天津	1943	基泰工程司 / 利群建筑师事务所 / 长城建筑师事务所

---

① 资料来源于：《台北市建筑技师公会会员录（1969）》《台湾省建筑师公会会员录（1977）》《台湾地区建筑年鉴（1976）》与赖德霖《1949 年以前在台或来台建筑师名录》《近代哲匠录》等文献资料及散见于各类文献中的相关介绍。名录列入资料相互印证、相对可考的建筑师，建筑师资料缺失严重或存疑的未列入。

续表

序号	姓名	学缘背景	出生年份	籍贯	毕业年份	在台主要工作部门
32	李楚尧	厦门大学土木工程系	1916	福建		友联建筑师事务所
33	李鸿祺	东京高等工业学校建筑科/东京工业大学建筑科	1900	辽宁丹东	1929	大兴建筑师事务所
34	李嘉瑞	中正大学土木工程系	1924	江西		台湾中外建筑师事务所
35	李敬斋	游美肄业馆（今清华大学）/密歇根大学建筑工程学	1898	河南汝阳	1911	曾任南京国民政府地政部部长，在台任河南大学旅台校友会常务理事、顾问
36	李兴唐	东北大学建筑工程系	1906	辽宁辽阳	1932	逢甲工商学院建筑系
37	李宗侃	法国巴黎建筑专门学校	1901	北京	1923	高阳建筑师事务所
38	梁精金	勤勤大学建筑工程系	1925	广东		精金建筑师事务所
39	梁启乾	沪江大学商学院建筑科	1917	广东	1938	复兴工业专科学校
40	林柏年	天津工商学院建筑工程系	1919	福建		利众建筑师事务所
41	林建业	国立中央大学建筑工程系	1923	湖北汉口	1946	林建业建筑师事务所
42	林善扬	广西大学土木工程系	1912	广西		深基建筑师事务所
43	林澍民	清华学校/明尼苏达大学建筑工程系	1893	福建	1920	林澍民建筑师事务所
44	林言	厦门大学土木工程系	1920	福建		仰止建筑师事务所
45	刘士龙	中山大学工学院土木工程系	1915	广东		刘士龙建筑师事务所
46	刘应昌	国立中央大学建筑工程系	1920	福建		乐成建筑师事务所
47	卢宾侯	唐山交通大学土木工程系		上海		中都工程公司/中原工程司
48	卢毓骏	福州高级工业专科学校/法国公共工程学院/巴黎大学都市计划学院	1904	福建福州	1920	"考试院"/（台北）中国文化学院
49	罗维东	国立中央大学建筑工程系/伊利诺伊理工学院建筑系	1924	广东	1946	香港建业工程设计公司
50	罗裕	交通大学土木工程系市政组	1925	湖南长沙	1948	台湾铁路局总队
51	马安澜	上海市立工业专科学校建筑科	1928	浙江		惠德建筑师事务所
52	马惕乾	西南联合大学（清华大学）土木工程系	1917	辽宁本溪	1938	永大建筑师事务所/淡江文理学院建筑系
53	马润源	中山大学工学院	1922			新基建筑师事务所
54	莫衡	交通部上海工业专门学校土木工程科	1891	浙江吴兴	1916	台湾铁路局
55	潘绍铨	中山大学建筑工程系	1921	广东		基泰建筑师事务所
56	彭佐治	中山大学建筑工程系	1921	湖南攸县		成功大学建筑系
57	祁景祜	中山大学建筑工程系	1921	广东		祁景祜建筑师事务所
58	钱维新	万国函授学校 I.C.S 建筑系	1909	上海	1926	鹏程建筑师事务所
59	秦丕基	交通大学土木工程系	1913	浙江	1935	华衡建筑师事务所
60	裘燮钧	交通部上海工业专门学校土木工程科/康奈尔大学土木工程系	1895	浙江嵊县	1917	台湾电力公司
61	璩书阁	北洋大学建筑工程系	1924	安徽		国泰建筑师事务所
62	沈尔朋	之江大学工学院	1915	苏州		力行建筑师事务所
63	沈泰魁	国立中央大学建筑工程系	1924	上海	1948	沈泰魁建筑公司
64	沈鹤甫	巴黎建筑专科	1918	上海		沈鹤甫建筑师事务所
65	沈学优	上海正基建筑学校		浙江		永利建筑师事务所
66	沈怡	同济医工专门学校土木工程系/德累斯顿工业大学水利工程专业	1901	浙江	1925	交通主管部门
67	沈祖海	圣约翰大学建筑工程系	1926	上海	1948	沈祖海建筑师事务所
68	沈廷钰	复旦大学土木工程系	1924	上海		公谦建筑师事务所

续表

序号	姓名	学缘背景	出生年份	籍贯	毕业年份	在台主要工作部门
69	苏金铎	北洋大学建筑工程系 / 北京大学建筑工程系	1925	河北抚宁	1948	苏氏建筑师事务所
70	孙杰森	北洋大学	1926	河北		燕京建筑师事务所
71	孙鸣九	国立中央大学建筑工程系	1922	浙江	1946	孙鸣九建筑师事务所
72	孙书元	北洋大学土木工程系	1918	山东		其祥建筑师事务所
73	唐湘	清华大学土木工程系	1911	江苏		日新建筑师事务所
74	唐宁	北京大学建筑工程系	1918	江苏		唐宁建筑师事务所
75	陶正平	中山大学建筑工程系		江苏		正平建筑师事务所
76	谭慰岑	国立中央大学土木工程系	1912	浙江		伟达建筑师事务所
77	铁广涛	东北大学建筑工程系	1908	沈阳	1932	盛京建筑师事务所
78	汪履冰	中华职业学校	1924	江苏		华盖建筑师事务所
79	汪申	法国巴黎建筑学院	1895	江西婺源	1925	信义公司 / 立群建筑师事务所
80	汪原洵	国立中央大学建筑工程系	1916	江苏吴县	1939	台湾省政府公共工程局 / 逢甲工商学院建筑系 / 台湾中原理工学院建筑系
81	王滨	复旦大学土木工程系	1925	浙江嘉兴		华泰建筑师事务所
82	王大闳	剑桥大学建筑系 / 哈佛大学建筑研究所	1917	广东东莞	1939/ 1942	大洪建筑师事务所
83	王济昌	中山大学建筑工程系	1917	河北	1943	王济昌建筑师事务所 / 成功大学建筑系
84	王立士	东京高等工业学校建筑科	1898	辽宁开原	1929	台北工业专科学校
85	王勤法	上海雷士顿工学院 / 沪江大学建筑工程系	1917	浙江		勤业建筑师事务所
86	王秋华	国立中央大学建筑工程系 / 华盛顿大学建筑系 / 哥伦比亚大学建筑研究所	1925	湖北咸宁	1946/ 1947/ 1950	台北工专 / 淡江文理学院建筑系 / 联合建筑师事务所
87	王先泽	东北大学建筑工程系	1907	辽宁		王先泽建筑师事务所
88	王雄飞	复旦大学土木工程系	1908	浙江奉化	1930	王雄飞建筑师事务所
89	王业桃	江西省立工业专科学校土木工程系	1910	江西		王业桃建筑师事务所
90	王玉堂	北洋大学建筑工程系 / 北京大学建筑工程系	1925	河北	1948	鼎华建筑师事务所
91	王重海	国立中央大学建筑工程系	1923	广东	1948	王重海建筑师事务所
92	王世勋	苏州工业专门学校土木科	1902	江苏		国华建筑师事务所
93	王锦堂	哈尔滨工业大学建筑工程系	1922	山东		锦堂建筑师事务所
94	吴国柄	交通大学土木系 / 英国伦敦大学	1897	湖北		国荣建筑师事务所
95	吴美章	中山大学建筑工程系		广东罗定	1948	
96	吴其俭	哈尔滨工业大学建筑工程系	1920	浙江		北辰建筑师事务所
97	吴文熹	交通大学土木工程系		江苏江阴		吴文熹建筑师事务所
98	吴民康	广东国民大学工学院	1910	广东		吴民康建筑师事务所
99	武杰	北京大学建筑工程系	1923	山西		武杰建筑师事务所
100	伍耀伟	交通大学土木工程系	1917	广东		益彰建筑师事务所
101	翁郁文	浙江大学土木工程系	1914	浙江		曾陈谭建筑师事务所
102	夏功模	香港大学土木工程系	1910	浙江		宏安建筑师事务所
103	香洪	沪江大学建筑系	1913	广东		香洪建筑师事务所
104	修泽兰	国立中央大学建筑工程系	1925	湖南沅陵	1947	泽群建筑师事务所
105	许英魁	北京大学建筑工程系 / 北洋大学建筑工程系	1925	辽宁	1948	鼎华建筑师事务所
106	薛永建			福建		永建建筑师事务所

续表

序号	姓名	学缘背景	出生年份	籍贯	毕业年份	在台主要工作部门
107	萧鼎华	东北大学建筑工程系	1906	湖南长沙	1932	逢甲工商学院建筑系
108	颜禄丰	天津工商学院建筑工程系	1925	浙江	1937	颜禄丰建筑师事务所
109	杨文德	大同大学工学院	1927	江苏		杨文德建筑师事务所
110	杨元麟	万国函授学校 I.C.S 土木科	1905	上海		华信建筑师事务所
111	杨卓成	中山大学建筑工程系	1915	河北丰润	1941	和睦建筑师事务所
112	杨宝琛	交通大学	1914	安徽		联合顾问建筑师（工程师）事务所
113	姚岑章	国立中央大学建筑工程系	1916	上海	1944	永华建筑师事务所
114	叶碧云	重庆大学建筑工程系	1925	广东		台湾中原理工学院建筑系 / 联合建筑师事务所
115	叶树源	国立中央大学建筑工程系	1915	福建闽侯	1938	基泰工程司 / 叶树源建筑师事务所 / 成功大学建筑系
116	叶兆熊	沪江大学商学院建筑系	1913	浙江慈溪		华业建筑师事务所
117	殷之浩	交通大学土木工程系	1916	浙江平阳	1936	台湾大陆工程公司
118	俞国桢	光华大学	1920	浙江		俞国桢建筑师事务所
119	虞曰镇	上海正基建筑工业补习学校 / 美尔顿大学中国分校土木工程系	1916	浙江镇海	1937	有巢建筑师事务所 / 台湾中原理工学院建筑系
120	张昌华	清华大学土木工程系 / 康奈尔大学土木工程系	1908	江苏吴县	1929	华泰建筑师事务所
121	张崇生	哈尔滨工业大学建筑工程系	1918	嫩江		中泰建筑师事务所
122	张德霖	之江大学建筑工程系	1919	广东		张德霖建筑师事务所
123	张尔炽	中正大学	1924			永联建筑师事务所
124	张福中	北洋大学	1912	河北		福中建筑师事务所
125	张家锟	天津工商学院土木工程系	1920	山东		共和建筑师事务所
126	张敬德	之江大学建筑工程系	1917	上海		德联建筑师事务所
127	张绍载	北洋大学建筑工程系	1923	河北		经纬建筑师事务所
128	张亦煌	大同大学土木工程系	1920	上海		永立建筑师事务所
129	张肇康	圣约翰大学建筑工程系 / 伊利诺伊理工学院建筑系 / 哈佛大学建筑设计研究院	1922	广东中山	1946	协和建筑事务所 / 纽约贝聿铭建筑师事务所 / 纽约 EdwardLarrabeeBarnes 事务所
130	张振中	北洋大学土木工程系	1917	江苏		振中建筑师事务所 / 淡江文理学院建筑系
131	张宗炘	重庆大学建筑工程系	1920	江苏南京		大林建筑师事务所
132	赵不滥	东京工业大学建筑科	1915	广东新会	1940	
133	赵汉兴	大同大学土木工程系	1918	上海		汉兴建筑师事务所
134	赵守义	东北大学土木工程系	1910	河北		守义建筑师事务所
135	郑定邦	苏州工业专门学校建筑科 / 国立中央大学建筑工程系	1907	浙江吴兴	1931	台湾省民政厅 / 台湾省建筑技师公会
136	郑拱光	厦门大学土木工程系	1924	福建罗源		郑拱光建筑师事务所
137	郑学桑	交通大学唐山工学院土木工程系	1920	福建		万仞顾问（建筑工程师）事务所
138	钟政齐	重庆大学建筑工程系	1926	安徽		中林建筑师事务所
139	周宗汉	浙江大学土木工程系	1917	浙江		周宗汉建筑师事务所
140	朱彬	清华学校 / 宾夕法尼亚大学建筑系	1896	广东南海	1922	香港基泰工程司
141	朱谱英	国立中央大学建筑工程系	1916	安徽泾县	1938	台湾中原理工学院建筑系
142	朱松林	重庆大学建筑工程系	1921	南京		朱松林建筑师事务所
143	朱尊谊	德国柏林工业大学建筑系	1912	湖北襄阳	1936	成功大学建筑系
144	祖国强	天津工商学院建筑工程系	1918	河北抚宁	1943	汉强建筑师事务所

中国大陆迁台建筑师的人员构成

附表 2

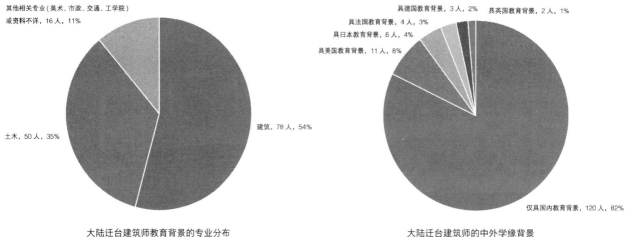

大陆迁台建筑师教育背景的专业分布

大陆迁台建筑师的中外学缘背景

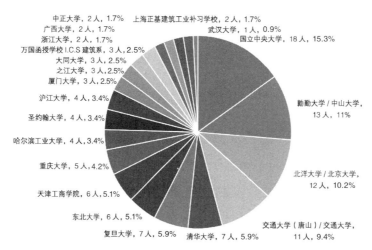

大陆迁台建筑师中的国内各主要院校毕业生分布

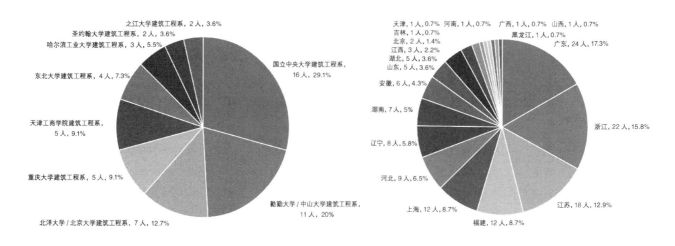

大陆迁台建筑师中的国内各主要高校建筑系毕业生分布

大陆迁台建筑师的籍贯分布

1950 年代的台湾省立工学院（成功大学）建筑系师资表[①]　　　　　　附表 3

任教板块	职位	姓名	籍贯	学历	任教科目	备注
历史	教授	黄宝瑜	江苏江阴	中央大学建筑系	中国建筑史	
建筑设计	副教授	金长铭	辽宁辽阳	重庆大学建筑系	设计	
	副教授	叶树源	福建福州	中央大学建筑系	设计，西洋建筑史	
	副教授	王济昌	河北定县	中山大学建筑系	设计，美学	
	副教授	吴梅兴	广东梅县	中山大学建筑系	设计，都市计划	
	讲师	贺陈词	湖南衡阳	中山大学建筑系	设计	
	副教授	彭佐治	湖南攸县	中山大学建筑系	设计	1953 年离校
	教授	胡兆辉	安徽休宁	东京工业大学建筑研究院	设计，都市计划	
美术	教授	郭柏川	台湾台南	日本东京美术学校西画系	油画，素描	
	讲师	梁小鸿	江苏吴县	上海美术专科学校	建筑绘画	
	副教授	马电飞	江苏盐城	国立艺术专科学校西画系	水彩	
建筑技术	教授	朱尊谊	湖北襄阳	德国柏林工业大学建筑系	建筑构造	
	教授	陈万荣	福建惠安	东京帝大工学部建筑系	结构，设计	
	讲师	高焕庚	台湾台南	台湾省立工学院建筑系	建筑物理，建筑设备	留校任教的早期毕业生
	讲师	徐哲琳	台湾桃园	台湾省立工学院建筑系		
	助教	高而潘	台湾台北	台湾省立工学院建筑系		
	助教	方汝镇	广东惠来	广西大学 / 台湾省立工学院建筑系		
	助教	王秀莲	台湾台南	台湾省立工学院建筑系		
	助教	李济湟	湖北武昌	台湾省立工学院建筑系		
	助教	曾东波	台湾台南	台湾省立工学院建筑系		
	助教	翁金山	台湾嘉义	台湾省立工学院建筑系		
	助教	汉宝德	山东日照	台湾省立工学院建筑系		

1950 年代中后期的台湾省立工学院建筑系课程与 1938 年教育部全国统一建筑系课程、1933 年中央大学建筑系课程对比[②] 附表 4

课程大类	1955 年台湾省立工学院建筑系课程	1938 年教育部全国统一建筑系课程	1933 年中央大学建筑系课程
建筑设计	建筑初则及建筑画	建筑初则及建筑画	建筑初则及建筑画
	初级图案	初级图案	初级图案
	建筑设计（一）（二）（三）（四）	建筑图案（一）（二）（三）（四）	建筑图案（一）（二）（三）（四）
	室内装饰	内部装饰、古典装饰	雕饰
			建筑理论
绘图训练	投影几何	投影几何	投影几何
	透视画	透视画	透视画
	阴影法	阴影法	阴影法
绘画		徒手画	徒手画
	模型素描	模型素描	模型素描
	水彩画	水彩画	水彩画
		美术史、壁画、木刻	美术史
	单彩及水彩画	单色水彩	
		人体写生	
		雕塑及泥塑	
建筑史	西洋建筑史	建筑史	西洋建筑史
	中国建筑史	中国建筑史	中国建筑史
	中国营造法	中国营造法	中国营造法

---

① 综合自《叱咤台湾建筑风云——走过一甲子的成功大学建筑系》《台湾建筑思潮与设计教育之发展分析（1949—1973）》及《今日建筑》期刊等文献资料。

② 综合自《东南大学建筑系纪念专辑》《台湾省立工学院之学院派教育承续途径与结果探讨》《我国建筑教育之研究》等文献。

续表

课程大类	1955 年台湾省立工学院建筑系课程	1938 年教育部全国统一建筑系课程	1933 年中央大学建筑系课程
其他	国文	国文	国文
	英文	英文	英文
	微积分	算数	微积分
		物理学	物理
	应用力学	应用力学	应用力学
	材料力学	材料力学	材料力学
	图解力学	图解力学	图解力学
	结构学	结构学	
	测量学	测量	测量
	建筑设备	房屋给水与排水	给水与排水
		电照学	电照学
		暖房及通风	暖房及通风
	钢筋混凝土	钢筋混凝土	钢筋混凝土与计算
	钢骨设计	钢骨构造	钢骨构造
		木工	
	材料试验	材料试验	
	都市计划	都市计划	都市计划
	庭园	庭园	庭园学
	建筑师职务及法令	建筑师职务及法令	建筑师职务及法令
	施工估价	施工估价	施工估价
			建筑组织
	经济学	经济学	
	毕业论文	毕业论文	

台湾地区"建筑六校"创办情况 [①]　　　　　　　　　　　　附表 5

校系	成立时间 / 年	历届系主任	学制
成功大学建筑工程系 （台南工业专科学校建筑科、台湾省立工学院建筑工程系）	1944	千千岩助太郎（1944—1947 年） 温文华（1948 年） 朱尊谊 *（1948—1965 年） 王济昌 *（1965—1974 年）	原为四年制，1971 年之后改为五年制；但随即在 1972 年改回四年制
中原大学建筑工程系 （中原理工学院建筑工程系）	1960	虞曰镇 *（1960—1961 年） 黄宝瑜 *（1961—1973 年） 汪其乐 **（1973—1974 年）	五年制
东海大学建筑工程系	1960	陈其宽 *（1960—1964 年） 胡兆煇 *（1964—1967 年） 汉宝德 **（1967—1977 年）	原为四年制，1969 年之后改为五年制
中国文化大学建筑暨都市设计学系 （中国文化学院建筑暨都市设计学系）	1962	卢毓骏 *（1962—1973 年） 林泽田 **（1973—1974 年）	四年制
逢甲大学建筑工程系 （逢甲工商学院建筑工程系）	1963	马俊德（1962—1973 年） 郑定邦 *（代系主任） 汪原洵 *（1973—1982 年）	原为四年制，1971 年之后改为五年制
淡江大学建筑工程系 （淡江文理学院建筑工程系）	1964	马惕乾 *（1964—1967 年） 张振中 *（1967—1969 年） 刘明国 **（1969—1971 年） 顾献梁 **（1971—1973 年） 林建业 *（1973—1975 年）	原为四年制，1970 年之后改为五年制

　　备注 1：* 为大陆迁台建筑师，** 为台湾光复后培养的本地早期建筑师。温文华为留日华侨。马俊德为辽宁省迁台企业家，因病系主任职务长期由郑定邦代理。

　　2：省立工学院光复后系主任职务仍由千千岩助太郎代理，1947 年 4 月日本师生撤离后，颜水龙、王永奕曾短暂代理系主任一职。

---

① 综合自《叱咤台湾建筑风云——走过一甲子的成功大学建系》《台湾战后建筑教育实践的过程与内容》《台湾省立工学院之学院派建筑教育承续图景与结果探讨》等文。

从流线摩登的时代特征看柳士英的建筑装饰创作

余燚 陈平 柳肃

余燚，湖南大学建筑与规划学院助理教授。
邮箱：yiyu@hnu.edu.cn。

陈平，上海市历史建筑保护事务中心助理工程师。邮箱：chenping199301@foxmail.com。
柳肃，湖南大学建筑与规划学院教授。邮箱：liusu001@163.com。

摘要：本文试图用流线摩登倾向补充以往研究中对柳士英建筑装饰创作的未尽之讨论，从而引出 1930 年代上海的流线形"摩登风格"在建筑、文化上的影响和特征，说明现代化和平民化是柳士英在建筑装饰创作中的主要考量。最后提出，考虑到创作环境的变化，对中国早期建筑师们的风格多样性考察需要在时间和地区维度上扩展，而他们灵活应用装饰艺术手法对这种变化做出的应对，体现了相关研究的历史意义和现实价值。

关键词：柳士英；流线摩登；中国早期建筑师；Art Deco；建筑装饰

一、关于柳士英的建筑装饰的追问

柳士英（1893—1973）是中国近代著名建筑师、建筑教育家。1920 年从日本东京高等工业学校建筑科毕业回国后，主要在上海、苏州两地从事建筑相关工作。先是做洋行的技师，然后于 1922 年在沪创办了中国最早期的建筑师事务所之一，1923 年于苏州工业专门学校创办了中国第一个建筑科，1927 年至 1930 年忙于苏州的工务工作，随后苏州撤市，他不得已重返上海执业一直到 1934 年。同年底，柳士英离开上海前往长沙湖南大学任教，并在随后的 30 年间兼理建筑设计，创作了许多知名作品（表 1）。作为一名中国早期建筑师，他的设计思想引发了许多研究者的兴趣。

柳士英早期对传统建筑以及装饰的批评颇为激烈。所以在较早的研究中，他被描绘为一位现代主义者，其现代主义的思想基础是净化繁缛的装饰、提倡清新简洁的风格[1]。但是之后也有研究认为，晚期的作品证明了他对传统形式的运用是熟练的，与之匹配的装饰也是成功的[2]。还有建筑评论认为，虽然柳士英"功能至上"的思想至深，但装饰和细节才是他的独特之处[3]。

纵览柳士英的设计作品（表 1），他似乎并不讳用装饰；而且建筑风格如此多样、糅杂，甚至还有王伯群住宅[1]这样的房子，难以想象出自他手。让人不禁在已有研究的基础上继续追问，柳士英对建筑装饰到底持怎样的态度？他的装饰手法是否有来源？

二、流线摩登（Streamline Moderne）的影子

1. 流线形 Art Deco——流线摩登

柳士英有一些形成他个人风格的装饰性特征，例如"柳氏圆圈"[2]、横向线条、弧线形体等手法。在其中，

---

① 上海教育出版社 1995 年出版的《上海近代建筑风格》介绍王伯群住宅"不能归作西方古典主义风格，而是一种英国的哥特复兴式风格，建筑的背面及两侧为中世纪欧洲城堡样式"。也有研究认为是协隆洋行而非柳士英设计。同济大学出版社 2020 年出版的《上海近代建筑风格（新版）》认为柳士英在设计王伯群宅时使用了协隆洋行的名义。
② 多篇文献提到这一说法。根据《南方建筑》1994 年第 3 期的《深切怀念柳士英老师》一文，"柳喜爱以圆曲为母题，构成柔和的曲线美，多用圆平面、圆窗、六角八角窗、圆角、圆柱。无尖锐的角度，又称'柳氏圆圈'之口碑"。

柳士英的建筑作品   表 1

杭州武林造纸厂（1922 年）	芜湖中国银行（1922—1930 年）	上海中华学艺社（1930 年）	上海中华职业学校中华堂（1932—1934 年）
上海王伯群住宅（1932—1934 年）	上海大夏大学办公楼东楼（1934 年）	上海大夏大学办公楼西楼（1934 年）	长沙电灯公司办公楼（1934—1937 年）
李文玉金号（1934—1937 年）	湖南大学第九学生宿舍（简称"九舍"）（1937 年）	湖南大学第二学生宿舍（简称"二舍"）（1946 年）	湖南大学第四学生宿舍（简称"四舍"）（1946 年）
湖南大学科学馆加建（简称"科学馆"）（1946 年）	湖南大学第三学生宿舍（简称"三舍"）（1946—1950 年）	湖南大学工程馆（简称"工程馆"）（1947—1951 年）	湖南大学图书馆（简称"图书馆"）（1948—1950 年）
湖南大学第一学生宿舍（简称"一舍"）（1950 年）	湖南大学大礼堂（简称"大礼堂"）（1951—1953 年）	湖南大学第七学生宿舍（简称"七舍"）（1952 年）	湖南大学胜利斋（简称"胜利斋"）（1953 年）

来源：根据《南方建筑》1994 年第 3 期《柳士英建筑设计作品目录（部分）》改绘

我们似乎看到了流线形 Art Deco（或称 Moderne、摩登，又译作装饰主义派、装饰艺术风格等）的影子：

"与折线形摩登相比，流线形 Art Deco 建筑进一步向现代主义靠拢，装饰减少，光滑弯曲的水平线成为这一时期的主要装饰。水平带状窗、圆窗、倒圆角的挑檐、转角处的弧线墙、透明的玻璃砖取代了折线形摩登时期的垂直线条。"[4]

Art Deco 这种装饰性建筑风格流行于 20 世纪 20 至 40 年代，波及世界各地；传入中国后主要在沿海城市流行，尤其在 20 年代后期和 30 年代盛行于上海，在当时的语境下与现代主义建筑一起被称为"摩登建筑"[5]。在经历了以室内设计为主的奢华的早期法国装饰艺术、以美国摩天楼为代表的折线形摩登时期之后，Art Deco 风格出现了第三个也是最后一个阶段和分支（图 1~ 图 3）——以工业设计为核心的流线形 Art Deco，又可称为流线摩登（Streamline Moderne）[4]。当时空气动力学研究的成果、远洋旅行的时兴、生活方式的变化，加上新材料和新工艺的进展等，都促

成了流线型设计在工业产品中大受欢迎，并随之波及建筑设计领域。它主要在 1930 年代至 1940 年代从美国开始流行，这种强调水平线和流线形的设计风格适合小体量的建筑，显得更亲切、平民化，使源自欧洲的 Art Deco 建筑从奢华转向公寓、电影院、商店等各种类型的新社会生活建筑[5]。与之几乎同步，流线摩登建筑出现在中国的上海[4]、天津[6]等地。

2. 上海的摩登时代和流线摩登文化

在 1930 年代这段"上海的黄金时代"中，Art Deco 风格因为开埠后受到西方城市和建筑风格，以及外国建筑师及其事务所的影响，加上时尚杂志和建筑杂志、西方电影对摩登风格的传播，高层建筑的迅猛发展等推动因素[4]，在上海迅速流行开来，影响遍及建筑、室内装饰、家具、灯具、器皿、汽车、服饰等领域，在一定程度上代表了当时的城市和生活面貌，并产生了深远的影响[5]。这种从欧美起源的艺术风尚兼容并包，既能兼收与复古主义有关的风格或现代建筑运动相联系

的流派的影响，又能并蓄来自欧洲本土的文明或异国文化的营养[4]，因此为上海的中外建筑师都提供了创作发挥的源泉，促成了一个精彩纷呈的摩登时代。如同部分关于上海近代建筑风格的研究所列举的，包括柳士英在内，杨锡镠、庄俊、王克生、李蟠、范文照等中国建筑师在 Art Deco 的浪潮中表现不凡，创作了很多优秀的建筑作品（图 4~图 7）[5]。

1934 年的一幅名为《线的相反变迁》的漫画，对当时的设计风格向流线形的转变作了生动说明：从 1933 年到 1934 年，建筑的风格由古典样式变成了国际式，汽车的形象则由方头方脑变成了流线形（图 8）。在当时接受外来思想活跃、业务繁荣[7]的上海大众媒体上，可以看到流线形代表的科学研究和工业技术的先进成果让人目眩神迷，流线形设计在上海大受欢迎，甚至发展出了对流线形的崇拜。

不仅 1933 年芝加哥世界博览会，这一流线摩登风格发展进程中的重要事件得到及时的图文报道（图 9、图 10）；流线形状的空气动

图 1　国泰大戏院（1930 年）
图片来源：作者自摄

图 2　国际饭店（1934 年）
图片来源：https://www.meipian.cn/1y4tdiq9?share_from=self

图 3　荣德生故居（1937 年）
图片来源：作者自摄

图 4　百乐门舞厅
图片来源：《上海近代建筑风格》

图 5　大上海大戏院
图片来源：《上海近代建筑风格》

图 6　美琪大戏院
图片来源：《上海近代建筑风格》

图 7　中华职业教育社
图片来源：《上海近代建筑风格》

图 8　《线的相反变迁》
图片来源：《良友》1934 年第 90 期

图 9　《良友》1933 年第 77 期对芝加哥世界博览会的报道
图片来源：《良友》1933 年第 77 期

图 10　《中华月报》1933 年第 1 卷第 5 期对芝加哥
世界博览会的报道
图片来源：《中华月报》1933 年第 1 卷第 5 期

力学原理也被反复说明①；各种流线形的车船飞机等工业产品琳琅满目②；服饰发型，甚至是人体身材③，包括某些时髦事物、文化产品等跟流线形状完全没关系的，也都被称为"流线型"④。流线所代表的先进性如此深入人心，不仅政要名流的住宅被称为"流线型"⑤，还有文章直接呼唤"流线型时代"⑥。

这样铺天盖地的、代表科技和进步的流线形形象和文化，对中国早期建筑师们产生影响几乎是必然的。就像代表人物之一，林克明⑦在 1933 年对"摩登格式"的解释："他的形体由交通的物象演化出来……他们的动的样式，令人感觉着进步、感觉着美观，我们采用之、融会之，而构成不动的建筑物的形体，这在动力的意义上，纯然是借用的，抽象的……此无他，这不外是假借最能动的交通的形式为不能动的建筑物的外形，而组成具美的原则。"[8]

三、柳士英的建筑装饰创作与流线摩登的关系

作为中国早期建筑师中的一员，毕生追求社会改良的柳士英⑧受到摩登风潮的影响[9]，也就不奇怪了。而且，将 Art Deco 风格发展的大事件与柳士英的生平经历放在一起可以观察到，二者之间的时空交集，就是 1930 年代的上海（图 11）。

1. 柳士英的建筑装饰与流线摩登相似的特征

在 1930 年代的上海，柳士英的摩登风格代表作是中华职业教育社（1930–1933 年）⑨（图 7）。在这个作品中，已经可以看到一些他在后来的建筑设计中常用的手法，如红砖清水墙面间以白色线脚和白色门框、窗框、窗台的建筑外观，用丰富的几何形装饰强调入口的垂直立面。但是，与上述中国建筑师的 Art Deco 作品类似，这个建筑主要体现折线形摩登风格的特点，流线形摩登还没有显露出痕迹。

甚至到 1934 年，流线摩登建筑还没有大量出现，柳士英就离开上海前往长沙了。他的类似作品大多是在离沪之后完成，并绵延到 1950 年代。将 1930 年代上海的代表性流线摩登建筑与他的作品放在一起比对，可以看到更多手法特征上的相似之处（表 2）。这样的殊途同归，应该是他带着在上海受到流线形文化的感染和设计启发，在内陆继续创作的结果。从他后期的建筑装饰创作中，也能看到摩登风格的影响。

2. 柳士英的建筑装饰创作

"流线型风格的外表尽管是非常现代的，但从本质上讲它仍是装饰

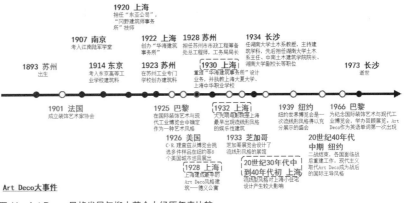

图 11 Art Deco 风格发展与柳士英个人经历年表比较
图片来源：根据《柳士英先生生平简介》《Art Deco 的源与流——中西"摩登建筑"关系研究》绘制

---

① 见：黄维新《流线式的来历》，《大众画报》1934 年第 42 期第 6 页；张明《流线型与速度》，《科学图解》1934 年第 1 期第 15-16 页；等等。

② 见：《流线火车》，《东方画报》1930 年第 31 卷第 18 期第 13 页；《航空杂讯：胜过飞机的流线型之新式汽车》，《军事杂志》1932 年第 45 期第 168 页；《像鱼的潜水艇》，《科学画报》1933 年第 1 卷第 1 期第 22 页；《欧美最新科学画报：陆海空应用的各种流线型》，《科学图解》1934 年第 1 期第 37 页；等等。

③ 见：《发之新型：（三）后流线式》，《中国文艺》1939 年创刊号；高奎章《衣边流线型（照片）》，《趣味》1935 年第 1 期第 26 页；司马骅《流线型的人体美》，《亚洲影讯》1940 年第 3 卷第 4 期第 4 页；等等。

④ 见：莓子《给流线型的妈妈们》，《母亲》1935 年第 5 卷第 10 期第 30 页；欧伯《流线型和文学》，《杂文》，1935 年第 3 卷第 27 期第 1 页；等等。

⑤ 见：苏三《要人住宅底流线型》《趣味》1935 年第 3 期第 23-24 页。文中介绍了蒋介石、汪精卫、孙科等政要的住宅，并非流线形形体，也称"流线型"。

⑥ 见：倩《流线型时代》，《社会新闻》1935 年第 12 卷第 4 期第 147-148 页。

⑦ 林克明（1900—1999），近现代知名建筑师、建筑教育家。1920—1926 年就读于法国里昂建筑工程学院，回国后在广州从事建筑设计和建筑教育活动，在建筑创作方面积极探索、宣扬现代主义设计思想，作品风格包括"中国固有式"、西方古典形式以及摩登风格。

⑧ 柳士英追求社会改良，主要表现为对中国传统建筑的弊端、中国的住宅问题及其与落后国民性的关系的关注，详见参考文献 [9]。

⑨ 本文此处采用的是参考文献 [5] 的研究结论，但这一作品在其他相关研究中未见登载由柳士英设计。

上海流线摩登建筑与柳士英建筑作品的装饰性特征比较　　　　表 2

特征	具有该特征的柳士英建筑作品[①]	柳士英建筑作品局部照片	上海流线摩登建筑局部照片
流线形形体	一舍、二舍、三舍、四舍、七舍、九舍、工程馆、长沙电灯公司办公楼	湖南大学工程馆	湖南路 273 号住宅（1940 年竣工）
以弧形墙体作入口	一舍、二舍、三舍、七舍、九舍、工程馆、长沙电灯公司办公楼	湖南大学工程馆	康平路 141 号
双层挑檐	一舍、三舍、九舍、长沙电灯公司办公楼	湖南大学一舍	达华公寓（1933 年设计）
强调轮廓的圆窗	一舍、二舍、三舍、四舍、九舍、胜利斋、大礼堂、图书馆	湖南大学九舍	建国西路 389 号
水平向"飘带"	一舍、二舍、三舍、四舍、七舍、九舍、工程馆、长沙电灯公司办公楼	湖南大学九舍	荣德生故居（1939 年竣工）

① 建筑名称多为简称。

续表

特征	具有该特征的柳士英建筑作品	柳士英建筑作品局部照片	上海流线摩登建筑局部照片
主立面竖向线条	二舍、七舍、工程馆、图书馆、李文玉金号、中华学艺社、中华职业学校中华堂	 湖南大学工程馆	 思南路 58 号
流线形楼梯	一舍、二舍、三舍、四舍、七舍、九舍、胜利斋、静一斋、图书馆、大礼堂、工程馆	 湖南大学图书馆	 高安路 16 号

来源：作者自绘

的，它是从一种装饰风格转向另一种更加貌似现代的装饰风格，这只是一种形式上的变化。流线形风格在美学上与现代主义更接近，装饰更少，它与现代主义之间的界限显得更加模糊，还有许多建筑师徘徊在这两种风格之间。"[4]

从他 1934 年之后设计的作品来看，柳士英就是徘徊在流线摩登和现代主义这两种"风格"①之间的建筑师之一。在建筑装饰上主张净化，提倡清新简洁，是他现代主义风格的思想基础[1]。但是，他的建筑作品始终没有像建筑新思潮所指引的理性、功能至上，去装饰并向完全的现代主义设计理念靠拢，这也是柳士英在通晓现代建筑流派主义②的情况下的个人选择。

柳士英对建筑装饰的钻研，不仅体现在其建筑作品与流线摩登的相似处——转角和入口的弧线形墙体、倒圆角的双层挑檐、圆窗、水平向"飘带"等，他还加入自己的设计思路，对流线摩登手法做出了一定的创新。例如，二者都有，但柳士英对横线条（即"飘带"）的处理"并不是附着于建筑物的表面，它的投入与抽出自有独到的手法"[10]，这主要表现在他的作品中的飘带较少以直接相交的形式结束于墙面，而是尽量地连续成一个整体、跨越多个立面（图 12），从而更加强调水平线条和建筑体量；他尝试了将飘带和圆窗轮廓结合起来，组成上海流线摩登建筑中没有出现过的飘带收头（图 13、图 14），还有对飘带围绕的窗和窗间墙从圆形改成方形（图 15、图 16）等操作。此外，他的诸多作品中都有简化的

---

① 相较于建筑设计理念，现代主义对当时的上海而言更多的是一种时髦的新样式。参考文献 [5] 认为，近代上海的现代主义建筑具有强调建筑形体本身形成的横竖线条构成，建筑立面大量采用流线形或圆弧形，以带形窗和阳台、遮阳板等强调垂直和水平向线条，强调建筑的几何形体积感而非装饰的特点；这说明上海建筑的"现代主义"化在很大程度上是风格的"现代主义"化。也恰恰是这些特点，让一批近代上海的现代主义建筑与流线摩登建筑难以明确区分，如吴同文住宅、荣德生故居、道裴南公寓、爱林登公寓等。

② 见《南方建筑》1994 年第 3 期柳士英作《我与建筑》："满脑子充塞的是西方近代建筑思潮。法国的自由派、立体派，德国的构造派，意大利的未来派，迷惑于纷然杂陈的所谓'摩登建筑'。"

图 12　湖南大学七舍西南角
图片来源：作者自摄

图 13　上海荣德生故居局部
图片来源：作者自摄

图 14　上海湖南路 295 号住宅局部
图片来源：作者自摄

图 15　湖南大学一舍局部
图片来源：魏春雨，宋明星.异质同构：从岳麓书院到湖南大学 [M].北京：中国建筑工业出版社，2013.

图 16　湖南大学二舍局部
图片来源：魏春雨，宋明星.异质同构：从岳麓书院到湖南大学 [M].北京：中国建筑工业出版社，2013.

图 17　湖南大学七舍装饰性局部
图片来源：魏春雨，宋明星.异质同构：从岳麓书院到湖南大学 [M].北京：中国建筑工业出版社，2013.

几何形装饰（图 17~ 图 20），显示出兼具 Art Deco 各个分支风格的特点。

这样扩展来看，柳士英各个阶段的建筑作品都带有装饰艺术的风格特征。强调竖向或水平线条、利用几何形体的有序排列营造出韵律（图 21、图 22）、运用浮雕（图 23）等 Art Deco 建筑的经典设计手法[6]，被他贯穿到了各种形式主题的建筑当中。

这种装饰手法还帮助他处理了传统和现代的形象矛盾。在中华学艺社的正立面入口处、湖南大学图书馆的局部（图 24、图 25），都可以看到他将传统图案简化后创作的装饰细部（图 26），这与他在湖南大学大礼堂中采用"既非中国传统形式，也非西方样式"的天幔、楼梯、门窗以及台口装饰等异曲同工，都表现了"亦中亦外、亦古亦今"的个性（图 27）[10]。

与 Art Deco 建筑作品相较而言，这些装饰性特征在柳士英的建筑作品上更朴素、简约，却是他在设计

图 18　长沙电灯公司办公楼装饰性局部
图片来源：刘叔华提供

图 19　李文玉金号装饰性局部
图片来源：《南方建筑》1994 年第 3 期

图 20　湖南大学工程馆装饰性局部
图片来源：作者自摄

图21　湖南大学图书馆立面上的竖向线条处理
图片来源：魏春雨，宋明星.异质同构：从岳麓书院到湖南大学 [M]. 北京：中国建筑工业出版社，2013.

图22　湖南大学工程馆南立面及局部
图片来源：魏春雨，宋明星.异质同构：从岳麓书院到湖南大学 [M]. 北京：中国建筑工业出版社，2013.

图23　湖南大学图书馆入口、大礼堂入口处的浮雕
图片来源：魏春雨，宋明星.异质同构：从岳麓书院到湖南大学 [M]. 北京：中国建筑工业出版社，2013.

设计的装饰性细节（图 30）与最终建成的（图 17）不同，明显是为迁就砌筑方便而做了调整，这也从另一个侧面佐证了实际建造条件对建筑装饰的牵制。另外，进入流线摩登阶段后，Art Deco 风格对形式新颖的注重超过用料的华贵 [6]，也与柳士英希望净化烦琐装饰的理想 [11] 相适应。

这种风格设计理念在柳士英晚年所写的自述材料中，模糊地体现为"点、线、面、体"四元形态论：

此外在我的建筑设计中，还虚构了一个"点、线、面、体的四元论"建筑形态。我用得最多的是"点"，因为我认为"点"是没有坐标的，是最自由最生动的在空间上表达，"点"的扩大是"圆"，圆的变化无穷。所以我在许多地方用了"点"的形态，如窗户、门等，有人称我为"柳圈圈"，这完全表现了我的资产阶级的表现形式。

综合看来，流线摩登是诸多"资产阶级的表现形式"[②] 中最现代化的，也是最平民化的。柳士英的建筑作品显示出流线摩登倾向，正是由于现代主义思想对他的影响，以及他"好高骛远的创作欲望"在建筑装饰方面的表现 [③]。这种建筑装饰可以依靠建筑师对形体的把握，而不用依赖充沛的资金、先进的技术或高超的工艺实现。如同林克明指出的，"诚以摩登建筑，虽以简朴

和建造条件都不宽裕 [①] 的情况下的设计选择和尽力创作。例如，他经常用浅色粉灰与深色清水墙面相间的做法来强调立面上的水平或竖向线条，这与上海的几处 Art Deco 风格公寓建筑的立面处理做法一模一样（图 28、图 29）。参考这种造价低、简便易得的手法应该是在经济条件有限的情况下比较理想的选择。他为湖南大学七舍正立面顶部的气窗

---

① 根据《湖南大学校史：公元976—2000》第十二章，因为抗战导致国府紧缩开支，物价飞涨，学校被炸而损失惨重，修缮及西迁、复员等莫不靡费的原因，1937 年至 1947 年间湖南大学的经费一直拮据，低于全国各大学经费水平。又据《民国二十六年度国立湖南大学概况》等资料，当时湖南大学对校舍的需求急迫，柳士英在 1935 年一年间就完成了数个学生宿舍的设计。1950 年代完成的湖南大学大礼堂的设计，也是在尽力节约造价的前提下完成的。

② 该材料写于 1969 年 5 月 20 日，由于当时政治运动的原因，该用语带有时代特征，但是在一定程度上也说明了这些表现形式的来历和象征进步的装饰作用。

③ 柳士英在《南方建筑》1994 年第 3 期的《建筑美》一文中写道："美是一种形象。"

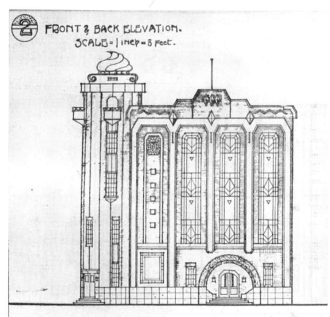

图 24　中华学艺社正立面图
图片来源：《近代中国建筑学的诞生》

图 25　中华学艺社入口
图片来源：柳道行提供

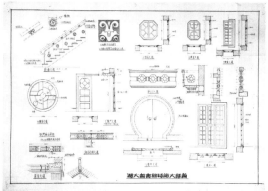

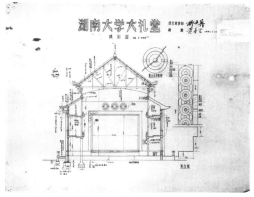

图 26　湖南大学图书馆局部大样图
图片来源：湖南大学档案馆提供

图 27　湖南大学大礼堂横剖面图
图片来源：湖南大学档案馆提供

图 28　恩派亚公寓及局部（1931 年）
图片来源：https://m.sohu.com/a/427313669_260616/?pvid=000115_3w_a，《上海近代建筑风格》

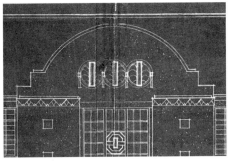

图 29　麦特赫斯脱公寓（1934 年）　　　　图 30　湖南大学七舍设计正立面图局部
图片来源：《Art Deco 的源与流——中西"摩登建筑"　图片来源：湖南大学档案馆提供
关系研究》

之线条，而能表现形体之美 [dbeuty（按：应为 beauty）of form]，与古典式的建筑比较，似亦各有所长，不过这种工作，其种种密切关系，全在乎创作者于其对象上运用相当的智力，才有相当价值的作品"[8]。

四、结论

在近代，接受了外国建筑教育、受到新建筑思潮感染的中国早期建筑师回到国内之后，面对的是特定社会因素 ① 的影响，将原有的建筑思想发展轨道而代之的创作环境[12]。从国际化都市转向内陆地区，是这种创作环境变化程度的进一步加深。所以，在这种大背景下，中国早期建筑师们，对新建筑思潮的反应很有可能是滞后的、迂回的、散乱的，而难以用现代建筑发展的主线为线索来直接判断他们的创作，柳士英的流线摩登倾向就是其中一个生动的例子。但恰恰是这些新建筑思潮在他们的作品中展现出来的时间维度上的延迟和地区维度上的延展，反映了建筑的现代性中国化的曲折过程。

中国早期建筑师中，许多人像柳士英一样是风格多面手，就是这个过程的表现之一。他们大多因为追求艺术创新和民族进步，迎合社会意见和建造条件而主动选择 Art Deco[6][13][14]；对装饰艺术手法的灵活运用，也为他们在民族命题的建筑创作中缝合传统形式、现代功能、进步形象之间的裂缝提供了帮助。2002 年的《从宏观的叙述到个案的追问：近 15 年中国近代建筑史研究评述》一文早已提醒我们，这就是追寻早期建筑师的风格多样性的历史意义和现实价值[15]。

[感谢美国路易维尔大学赖德霖老师为本研究提供的重要启发。]

参考文献

[1] 柳肃，土田充义 . 柳士英的建筑思想和日本近代建筑的关系：2000 年中国近代建筑史国际研讨会 [C]//2000.

[2] 冯江 . 建筑作为一种生涯：柳士英与夏昌世在喻家山麓的相遇 [J]. 新建筑，2013（1）：33-38.

[3] 魏春雨 . 纪念柳士英 [J]. 建筑师，1991（40）：70-77.

[4] 许乙弘 . Art Deco 的源与流 ——中西"摩登建筑"关系研究 [M]. 南京：东南大学出版社，2006.

[5] 郑时龄 . 上海近代建筑风格（新版）[M]. 上海：同济大学出版社，2020.

[6] 徐宗武，杨昌鸣 . 天津近代 Art Deco 风格建筑研究 [J]. 建筑学报，2012（S1）：

40-44.

[7] 赵玲，宣磊，卢永毅 . 专业期刊与大众媒体对建筑发展的促进 [M]// 赖德霖，伍江，徐苏斌 . 中国近代建筑史 第二卷 多元探索——民国早期各地的现代化及中国建筑科学的发展 . 北京：中国建筑工业出版社，2016：453-477.

[8] 林克明 . 什么是摩登建筑 [J]. 广东省立工专校刊，1933：88-92.

[9] 余燚，陈平 . 柳士英的社会改良理想及其住宅救济主张与实践 [J]. 建筑师，2020（5）：94-103.

[10] 柳士英 . 回忆录提纲 [J]. 南方建筑，1994（3）：54-56.

[11] 柳士英 . 我与建筑 [J]. 南方建筑，1994

（3）：59-61.

[12] 赖德霖 . 折衷背后的理念——杨廷宝建筑的比例问题研究 [C]// 中国近代建筑史研究 . 北京：清华大学出版社，2007：289-312.

[13] 郑红彬 . 武汉近代著名先锋建筑师卢镛标 [C]//2010 年中国近代建筑史国际研讨会 . 北京，2010.

[14] 彭长歆 . 现代性 · 地方性 岭南城市与建筑的近代转型 [M]. 上海：同济大学出版社，2012：335.

[15] 赖德霖 . 从宏观的叙述到个案的追问：近 15 年中国近代建筑史研究评述——献给我的导师汪坦先生 [J]. 建筑学报，2002（6）：59-64.

① 参考文献 [12] 中列举的社会因素有"业主的好恶高于建筑师的审美，官方的意识形态要求高于建筑的专业标准，'继承传统'的呼声高于'创造未来'的呐喊，还有，相对于发达国家当时中国还很落后的经济条件……"。

近代建筑技术知识的生产：
以《房屋构造学》为例

张　天　张晓春

张天，同济大学建筑与城市规划学院，博士候选人，美国弗吉尼亚大学联合培养博士生。邮箱：1910205@tongji.edu.cn。
张晓春（通讯作者），同济大学建筑与城市规划学院副教授。邮箱：jessicazxc@tongji.edu.cn。

摘要：1936 年，唐英、王寿宝合著的《房屋构造学》是中国近代建筑构造科目的代表性教材之一。本文通过探究此书主要作者唐英的生平、书籍的写作背景、书籍大要等内容，讨论《房屋构造学》一书的技术知识来源。在此基础上，略论近代建筑技术知识的生产方式。

关键词：唐英；建筑技术教材；构造学；近代建筑师

近代中国的建筑构造学科是与大学制度同时产生的，1904 年《奏定学堂章程》中即有"房屋构造"一门[1]。而 1936 年唐英、王寿宝[2]合著的《房屋构造学》一书很可能是中国构造学科的首本汉语出版教材。1933 年，国民党教育部邀请同济大学参与《职业学科及职业实习教材大纲》编订，这也是唐英参与一系列职业学校专用建筑教材编写的开始[3]。此后，唐英与王寿宝陆续编写了《应用力学》（1936 年）、《房屋构造学》（1936 年）、《房屋建筑学》（1940 年），均经职业教科书委员会审查通过，由商务印书馆发行出版（图 1）[4]。

本文通过对唐英的生平进行简要回顾，讨论唐英的知识背景，进而对《房屋构造学》的内容与写作背景进行探究，探讨这本建筑技术教材[5]的知识来源；在此基础上讨论近代社会背景下，建筑技术知识的生产过程。

一、唐英生平简述

唐英（1900—1975），字雄伯，金山人（图 2），出生于名医之家。曾任中国工程学会会员、同济大学教授、昆明工务局局长。1921 年毕业于浦东中学校，同年留德，就读于柏林工业大学。由柏工大惠示的档案（图 3）可知，唐英先学机械专业，一年后转入建筑学专业学习[5]，1927 年回国。[7]

归国后，唐英首先在国民政府机构任职。1928 年，在南京市工务局设计课任"技正"[8]；同时任"特许工程师"，负责组织"研究股"、"研究学术，交换知识，审定建筑上各

---

① 徐苏斌．近代中国建筑学的诞生 [M]．天津：天津大学出版社，2010：58-61．

② 王寿宝（1902—1941），字乔年，上海人，近代水利、力学家。本文因唐英为二人合著著作第一作者以及唐英作为民国职业教科书委员会委员这一身份的原因，暂时将注意力更多地放在唐英身上。

③ 校闻：教育部函请本校编订职业学科及职业实习教材大纲 [J]．国立同济大学旬刊，1933（7）：7．

④ 1937 年，唐英作为同济附设高等职业学校主任，成为职业学校教科书委员会的委员。该委员会负责对一系列的职业教科书进行征集、审查。信息参见职业教科书委员会审查通过的教材的总序言部分：王云五，编印职业教科书缘起；唐英．房屋构造学 [M]．商务印书馆，1940．

⑤ 笔者通过对同济大学老教授，唐英的同事、学生吕典雅的采访得知，唐英所编著的教材不仅被职业学校使用，也是在同济大学执教时的教材蓝本。该书也是院校合并后同济大学构造科目的主要参考。受限于篇幅访谈记录略暂。

⑥ 柏工大档案馆管理人员解释，唐英对应横栏（右页）中最左侧被划掉的 M 代表机械工程专业，唐英在此专业学习一年后转入第二列的 A 专业，即为建筑学专业。

⑦ 唐英的字号、籍贯、毕业中学、回国时间可参见 1927 年 9 月 9 日《新闻报》的报道。经与原柏林大学现柏林洪堡大学及自由大学确认，《新闻报》称唐英毕业于柏林大学应为报道有误。与柏林工业大学沟通后，基本可以确认唐英系柏林工业大学毕业生。唐英逝世时间参见：程国政．李国豪与同济大学 [M]．上海：同济大学出版社，2007：24．

⑧ 国立同济大学．国立同济大学附设高级工业职业学校一览 [M]．1935：87．

图1 唐英、王寿宝合著的三本教材书影
图片来源：作者藏书，自摄

图2 唐英像
图片来源：同济大学校史馆馆藏

项工学名词等事"[1]。1929年下半年调任镇江，任江苏省省会建设委员会工程处处长，1930年任建设处长，年末辞职[2]。此为其政府任职阶段，在此期间，唐英发表文章数篇，如表1所示。

此后，唐英进入教育系统中工作。首先在国立劳动大学任工学院院长[3]。1933年任同济大学附设高级职业学校筹备委员会主席、主任至1941年[4]，同时也在同济大学土木系任职[5]。1937年至1940年，唐英随同济内迁[6]。在昆明期间兼职担任云南大学"特约教授"[7]，并在昆明市政府城市建设部门任政府设计委员、工务局局长[8]，在任期间编制了《昆明市建设规划纲要》[9]。抗战胜利后，唐英回到上海，在同济大学、大同大学两校土木系任教[10]。从教以来，唐英所发表文章和所著书籍如表2所示。

1952年院系调整，同济大学土木系部分教师合并至新的同济大学

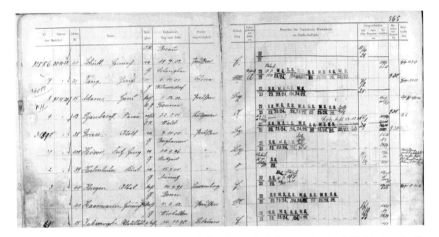

图3 唐英在柏林工业大学的注册信息，图中第二行可见唐英（Tang Ying），上海（Schanghai），中国（China）字样，右侧为他的每学期注册信息
图片来源：柏林工业大学档案馆提供

① 市工局设计课增设研究股，唐英蔡世琛负责筹备，专求工程学术之进步 [N]. 新闻报，1928-1-31（16）.

② 《镇江建设志》编纂委员会. 镇江建设志 [M]. 北京：方志出版社，2011：126.

③ 因未能找到唐英的完整履历，推测唐英进入劳动大学的时间应为1931—1932之间。1932年"一·二八"事变，日军炸毁国立劳动大学校园（该校创办于1927年），同年该校停办，唐英1932年在此校任工学院院长。可参见：《同济大学百年志》编纂委员会. 同济大学百年志：1907—2007[M]. 上海：同济大学出版社，2007：1162-1163.

④ 《同济大学百年志》编纂委员会. 同济大学百年志：1907—2007[M]. 上海：同济大学出版社，2007.

⑤ 《同济大学百年志》中称，1936年前"工学院任教的中国教授有周尚，副教授有唐英、薛祉镐；1940年同济迁至昆明后土木系教授有"吴之翰、唐英、魏特等"，副教授有"倪超、陈廷祐等"；倪超本人的回忆录亦可验证此点。参见：《同济大学百年志》编纂委员会. 同济大学百年志：1907—2007[M]. 上海：同济大学出版社，2007：148，1464；倪超. 八十回忆录 [M]. 财团法人成功文化基金会，1991：23.

⑥ 同济大学曾在1937年上海战事严重后迁往金华，1938年迁往赣州，同年又迁往昆明，1940年迁往李庄，1946年迁回上海。在历年教师名单中均可找到唐英，并在李庄与梁思成有过共同工作的经历。内迁情况参见：《同济大学百年志》编纂委员会. 同济大学百年志：1907—2007[M]. 上海：同济大学出版社，2007：1464-1465；教师名单参见：《同济大学土木工程学院建筑工程系简志》编写组. 同济大学土木工程学院建筑工程系简志 [M]. 上海：同济大学出版社，2007：175.

⑦ 1942年12月起，唐英在云南大学任"特约教授"一职。参见：刘兴育. 云南大学史料丛书·教职员卷 [M]. 昆明：云南大学出版社，2013：106.

⑧ 唐英在昆明市政府任职的起止时间难以确定。夏昌世曾为他的同事。曾在昆明市工务局有过工作经历的沈长泰称，"我后来所在的工务局，有三位局领导都是早期留学德国的，一位是原同济大学教授唐英先生，另一位是我的老师夏昌世教授"。两职务中，政府设计委员参见：云南省地方志编纂委员会总纂. 云南省志. 卷三十一，城乡建设志 [M]. 昆明：云南人民出版社，1996：39.工务局长参见：云南省地方志编纂委员会总纂. 云南省志. 卷三十一，城乡建设志 [M]. 昆明：云南人民出版社，1996：13.

⑨ 云南省地方志编纂委员会总纂. 云南省志. 卷三十一，城乡建设志 [M]. 昆明：云南人民出版社，1996：13.

⑩ 唐英在大同大学任教的起止时间、全职兼职与否因资料缺失难以查找。依照董鉴泓的回忆，唐英先执教于同济大学，后执教于大同大学；依照戴复东的回忆，唐英在1952年院系合并前，应是执教于同济大学。董鉴泓的回忆参见：王伯伟主编，同济大学建筑与城市规划学院编. 同济大学建筑与城市规划学院五十周年纪念文集 [M]. 上海：上海科学技术出版社，2002：40。戴复东的回忆参见：柴育筑. 宜人境筑的探索者——戴复东吴庐生 [M]. 上海：同济大学出版社，2011：63.

1928—1930 年唐英发表文章　　表 1

年份	任职单位	职务	所发表文章名	发表刊物	备注
1928	南京市工务局设计课	技正、特许工程师	首都城市建筑计划	道路月刊	与马轶群、李宗侃、徐百揆、濮良筹合作
1929			建筑取缔之意义	首都市政公报	译自舒巴德，汤肇会记录
			首都建设及交通计划书	首都建设	译自舒巴德
	江苏省省会建设委员会工程处	处长	对于江苏新省会建设之我见	江苏	
1930	江苏省省会建设委员会建设处	处长	江苏省会整个建设计划		
			省会建设委员会之组织及最近情况		

来源：作者自绘

1934—1952 年唐英发表文章与出版书目　　表 2

年份	所在地点	任职单位	职务	所发表文章名或书名	发表出版信息
1934	上海	同济大学土木系、同济大学附设高级职业学校	副教授、主任（附职校长）	附设高级职业学校主任唐英先生谈赣行经过	国立同济大学旬刊
1935				留欧日记——自上海至马赛途次	
				应用力学	商务印书馆
1936			教授、主任（附职校长）	国立同济大学附设高级职业学校主任唐英君报告	教育与职业
				房屋构造学	商务印书馆
				旅川日记	同济旬刊
1937	上海、金华			工厂建筑概述	国立同济大学工学会季刊
1939	昆明			房屋建筑学住宅编	商务印书馆
1941		昆明市工务局	局长	昆明市建设规划纲要	
		云南大学	特约教授		
1946	上海	同济大学土木系	教授	读"中国之命运"后对于最近十年居室建筑之刍议	工务月报
				都市建设与国民义务劳动	
1949				对于今后改进职业学校建筑科教材之刍议	教育与职业
1951				学校建筑	商务印书馆

来源：作者自绘

建筑系，唐英也进入同济大学建筑系执教①。在同济大学，唐英进入建筑构造教研室工作，主要负责"房屋建筑学""建筑构造"等课程，授课风格"生动风趣"②。1952 年后，唐英在同济大学建筑系教学至退休，于 1975 年逝世。

二、《房屋构造学》的技术知识来源③

《房屋构造学》一书完成于 1936 年 5 月，9 月出版印刷。本文所参考的是 1940 年 12 月第 7 版。全书分为概论、设计大要、施工之前准备工作、土工、墙工、木工、钢铁工、钢筋混凝土工、附录九个部分。前四部分略谈建筑历史、设计准备、度量衡统一、平整场地的工作，其后四部分主要论及建筑的建造施工方法，为本书的重点章节。

书中自述参考德文书籍五本。

---

① 院系合并过程参见：《同济大学百年志》编纂委员会. 同济大学百年志：1907—2007[M]. 上海：同济大学出版社，2007：1576.
② 唐英的授课风格可参考傅祁信的回忆："唐英老师上课生动风趣，在赣州他有两堂课深入浅出，至今记忆犹新，终生难忘，同时也决定了我以后的工作志向……还有一堂课是建筑透视画，他只用了两堂课的时间，他在黑板上一面画一面讲，深入浅出，生动形象，使我很快就学会了建筑透视图的画法。"引自：傅祁信. 抗战时期同济求学记[M]// 余安东. 同济人忆抗战. 上海：同济大学出版社，2017：110-111.
③ 本章所引用《房屋构造学》中内容均引自原书，版本信息均在正文中表达，不再一一单独标注。

经对比研究后发现，全书主要架构参考建造手册编委会（Deütsches Bauhandbuch）编写的《建筑学的建造知识》（Baukunde des Architekten）[1]一书（图4），墙工、木工、钢铁工三部分与此书架构基本相同，但唐英去除掉了诸如教堂塔楼建造（Thurmkonstruktionen）等当时不紧要的部分，使整个篇幅大大简化。此书也是引用书目中的第一本。钢铁工、钢筋混凝土工两章主要参考了戈贝尔（August Göbel）与汉格尔（Otto Henkel）合著的《钢铁建筑》（Eisenkonstruktion）[2]（图5），唐英与王寿宝对此书进行了简化拆分，其中的力学计算部分被引用在二人合著的另一本教材《应用力学》一书中。另外三本引用书籍是《建筑结构设计》（Baukonstruktionslehre）[3]、

《钢筋混凝土房屋》（Der Eisenbetonbau）[4]《钢筋混凝土》（Der Eisenbeton）[5]，唐英主要引用了其中的部分图片。

除了对德文材料的译介，本书的另一重要特点是对本土建筑技术、建设条件的吸纳与考量，主要表现在三个方面：

一是对传统施工做法的记录与反馈。书中一开始就给出了标准制度量衡与市用制、旧营造库平制、英制的换算表格（图6）。在本土做法方面则描写更多。例如在"木工"中"木架墙"一节中，作者写道"支住与栏木之结合用笋头"，此处的"笋头"很可能是"榫头"一词未正式确定状况下的描述；又如"墙工"一章中"粉刷及灰缝"一节，详细记录了粉刷墙壁时"为求墙面净白"，

需要"待纸筋石灰干后，刷以石灰浆二度"的做法，并给出了纸筋石灰的详细配料，同时提出更优的做法："用老粉浆以代石灰浆者，其所成墙面，更为洁白"；同一节中还描述了猪血作为建筑材料的用途。这些做法很难从德文书中获得，应是唐英在工部局工作若干年中与工匠交流积累经验的集合。

二是对上海、南京等本地规范的呼应。在"墙工"一章中，引用南京市、上海市的"建筑规则"，说明墙厚、楼面载重量等重要信息，并与德国的建筑规范相对比。同时，建筑规范的更新也体现在书中。对比1953年第15版的"墙工"内容，即可发现在载重量、墙厚计算方法、房屋分类等方面均有所更新，同时增加了此前未出现在规范中的屋顶

图4 Baukunde des Architekten 书影
图片来源：原书藏于美国富兰克林学院图书馆（Franklin Institute Library），由该单位提供

图5 Eisenkonstruktion 书影
图片来源：同济大学图书馆提供

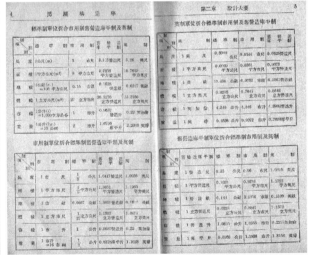

图6 《房屋构造学》中几种度量衡的对照
图片来源：作者藏书，自摄

① Deütsches Bauhandbuch. Baukunde des Architekten [M]. Berlin：Verlag Deutsche Bauzeitung，1903.

② 所引文献原书藏于同济大学图书馆。August Göbel, Otto Henkel. Eisenkonstruktion [M]. Leipzig und Berlin：Druck und Verlag von B.G. Teubner，1913.

③ 所引文献原书藏于同济大学图书馆。Otto Frick, Karl Knöll. Baukonstruktionslehre [M]. Leipzig und Berlin：Druck und Verlag von B.G. Teubner，1920.

④ C. Kersten. Der Eisenbetonbau [M]. Berlin：Verlag von Wilhelm Ernst & Sohn，1913.

⑤ Rudolf Saliger. Der Eisenbeton in Theorie und Konstruktion[M]. Stuttgart：Alfred Kröner Verlag，1906.

坡度相关内容。

三是对建筑材料的介绍，尤其是对国货材料的推荐。唐英十分重视对国货建材的推广，在前言"凡例"部分中说，"建筑材料，应以采用国货为原则，故遇有国产之可供应用者，本书中就作者所知，广为介绍，藉资提倡"。书中对天然建材，通常会列举产地，例如"黄砂在江浙所通用者，有宁波产及湖州产。宁波砂较佳，因洁净而砂粒有棱角也"；在人造材料方面，则会标明最推荐的厂家，例如实心砖推荐"大中、泰山及震苏砖瓦厂"，弯瓦推荐"浙江朱家坞北窑"的"天蝴蝶"等。

三、讨论：《房屋构造学》与近代建筑技术的知识生产

近代中国的建筑技术书籍的写作常往返于"舶来"与"本土"两个端点之间，总的来说是试图使西方知识与中国经验相互适应交流的写作尝试。近代的建筑技术出版物常常有一个明显的西方参照，如张瑛绪的《建筑新法》、杜彦耿的《营造学》，都体现出了对英国营造方法的引入[①]。

与张瑛绪、杜彦耿两位成长于本土的写作者不同，对于唐英一代的知识分子来说，借鉴西方自然是借鉴，但借鉴本土匠人，似乎亦可以看作借鉴。唐英成长于医学世家，基础教育完成后即留学德国，相较于中国传统匠人的营造习惯，他对于德国的营造方法可能更为熟悉。这种对于中国传统的陌生也不只表现在唐英身上，也表现在称《营造法式》为"天书"[②]的梁思成身上。这并非二者的问题，而是"科学"本就是西方现代性的产物。但如果想要实现"现代化"，则必须将中国的建筑传统进行结构化与科学化。

但建筑技术知识的科学化与建筑史学的科学化又有不同。如将唐英、王寿宝合著的三本著作一并观之，则可发现三本书共同指向的是培养一个营造业通才的目标。作为职业学校教科书委员会的委员之一，唐英面临的是如何快速培养近代营造业人才的问题，因而他将在德国所学与工部局工作时掌握的传统建造知识相结合，面向实际操作的构造学科，不断往返于"本土"和"舶来"两个端点之间，将中国传统匠人的营造技能（skill）结构化为知识（knowledge），并与最新的技术相结合。这些知识，及同时代其他建筑学者生产的技术知识，如何转化为建筑实践，如何影响中国近代建筑的发展，都值得做进一步的探讨。

[本文感谢同济大学吕典雅教授接受访谈。在访谈安排方面，感谢同济大学钱锋副教授的帮助。在唐英相关履历、照片、引用书目方面，感谢柏林工业大学档案馆、同济大学校史馆、同济大学图书馆的慷慨惠示。]

参考文献

[1] 徐苏斌 . 近代中国建筑学的诞生 [M]. 天津：天津大学出版社，2010：58-61.

[2] Deütsches Bauhandbuch. Baukunde des Architekten [M]. Berlin：Verlag Deutsche Bauzeitung，1903.

[3] August Göbel, Otto Henkel. Eisenkonstruktion [M]. Leipzig und Berlin：Druck und Verlag von B.G. Teubner，1913.

[4] 潘一婷 . 解构与重构：《建筑新法》与《建筑百科全书》的比较研究 [J]. 建筑学报，2018（1）：92-96.

[5] 潘一婷 . "工学院运动"下的英国建造学发展：以米歇尔《建造与绘图》及其对杜彦耿《营造学》的影响为例 [J]. 建筑师，2020（3）：42-51.

[6] 赵辰 . "天书"与"文法"——《营造法式》研究在中国建筑学术体系中的意义 [J]. 建筑学报，2017（1）：30-34.

① 潘一婷 . 解构与重构：《建筑新法》与《建筑百科全书》的比较研究 [J]. 建筑学报，2018（1）：92-96；潘一婷 . "工学院运动"下的英国建造学发展：以米歇尔《建造与绘图》及其对杜彦耿《营造学》的影响为例 [J]. 建筑师，2020（3）：42-51.

② 赵辰 . "天书"与"文法"——《营造法式》研究在中国建筑学术体系中的意义 [J]. 建筑学报，2017（1）：30-34.

"二五"时期温州矾矿主厂区布局与典型厂房调查分析

方 卉 张 懈 赵淑红

本文为"温州苍南矾山矾矿工业遗址调查"的初步成果。

方卉,浙江工业大学,设计与建筑学院硕士研究生。邮箱:871305092@qq.com。
张懈,浙江工业大学,设计与建筑学院硕士研究生。邮箱:807153423 @qq.com。
赵淑红,浙江工业大学,设计与建筑学院副教授。邮箱:zshseu@zjut.edu.cn。

摘要:本文以"二五"时期温州矾矿主厂区及其典型厂房为研究对象,探索特定时代背景下,国有工矿企业如何应对国家政策建造、改良工业厂房及由此形成的建筑特征,借此微小切口试图洞察新中国成立初期工业建筑建设的时代特征。

关键词:"二五"计划;平阳矾矿主厂区;结晶厂房

一、引言

工业建筑史是工业文明发展的见证,是建筑文化遗产的重要组成部分,对于推动城市化进程发挥着重要作用。温州矾矿(又称苍南矾矿、平阳矾矿等)是我国为数不多的明矾矿国营企业,因明矾储量大,明矾采炼史久远,素有"世界矾都"的称号。矾矿先后经历了民营生产、官督商办等阶段,1956年公私合营后,成为社会主义国有工业企业(图1)。"二五"时期(1958-1962年)是我国工业化快速发展时期,明矾需求量大幅度提升,在此情况下,平阳矾矿合并原有四个炼矾车间,在今矾山镇西南方矾山溪侧建设新厂区,即现在的主厂区(俗称第三车间)。主厂区自创建以来,因总结了之前采炼经验、地理位置优越、生产规模大等因素,其始终是温州矾矿明矾生产的主要厂区,

直至2016年因环境问题停产,可以说完整地见证了矾矿自新中国成立初期至当代的发展全过程,其厂区布局与厂区建筑记录着矾矿为明矾生产所做的诸多探索历程。本文以"二五"时期温州矾矿主厂区及其典型厂房为研究对象,以企业档案为研究资料,结合田野调查采集的信息,探索特定时代背景下,国有工矿企业如何应对国家政策建造、改良工业厂房及由此形成的建筑特征,

借此微小切口试图洞察新中国成立初期工业建设的时代特征。

二、"二五"时期国家相关政策下的温州矾矿

1."二五"时期国家与国有工业企业的政策

从国家政策层面讲,"二五"计划借鉴了苏联制度变革经验和经济

图1 温州矾矿主厂区地理位置图
图片来源:作者自绘

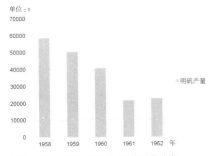

图 2　1958-1962 年温州矾矿产量统计表
图片来源：作者自绘

发展战略，基本任务是继续进行以重工业为中心的工业建设。但受三年"大跃进"和"人民公社化"的错误影响，我国经济在这一时期发生巨大波动。为重新调整国民经济，中共八届九中全会上提出八字方针，即"调整、巩固、充实、提高"。受国家整体经济形势影响，所有国营企业以"边试制，边基建"作为建厂指导方针，其优点是生产规模小，增产较快，在基本建设初具规模、能够满足生产的需求时便开始投入生产。

2."二五"时期平阳矾矿对国家政策的应对

明矾是工业生产中不可或缺的原料，对农业、轻工业等产业有

重要作用。本文通过档案采集，对平阳矾矿在"二五"时期的明矾产量进行了统计①（图 2）。可以看出，1958 年"大跃进"期间温州矾矿的明矾产量最高，这与"大跃进"在工农业生产与建设上追求高速度、高指标的现象相吻合；1958 至 1962 年，温州矾矿明矾产量逐年减少，1961 年达到最低，但这一时期明矾仍然处于供不应求状态，这是因为国内外工农业与出口的需求迫切。据档案资料分析②，造成明矾产量逐年减少的主要原因是当时矾矿生产设备简陋、物资和投资的限制、手工化生产效率低。在这种情况下，1961 年温州矾矿提出基建计划以达到增产的目的。据档案《平阳矾矿 1962 年基建方案》记载："1962 年基建计划本着中央提出的农、轻、重方针和调整、巩固、充实、提高八字方针结合本矿的实际情况进行安排"、"在炼矾方面主要是进行填平补齐，充分发挥现有设备的潜力"③。可见平阳矾矿的基建计划主要以"八字方针"和"边试制，边基建"方针为基本原则，结合厂区内部实际，总结出"填平补齐"

的策略，充分利用既有的炼矾设备设施，以尽快投产为建设目标。

三、"二五"时期温州矾矿主厂区空间布局与典型厂房分析

1. 主厂区调查概况

温州矾矿经过 60 多年发展，形成极具规模的厂区环境，建造了大量的工业厂房（图 3~ 图 7），目前除少量厂房仍在使用外，厂区大部分处于闲置状态，整体环境萧条，一些厂房甚至出现了坍塌的情况。本研究主要对厂区环境及主要结晶厂房及设备进行调查，以访谈、拍照、测绘等方式进行信息采集。通过调查，采集主厂区重要工业遗存共 45 处，部分重要厂房信息汇总如表 1 所示。

2."二五"时期主厂区空间布局概况分析

厂区主要按照明矾的生产工艺流程进行布局，明矾生产流程共有 4 个主要环节：煅烧—风化—溶出—结晶，对应的重要建筑和设备分别

图 3　主厂区航拍图
图片来源：浙江建筑设计研究院提供

图 4　主厂区生产区现状图
图片来源：作者自摄

图 5　主厂区结晶厂房外观图
图片来源：作者自摄

① 温州化工厂平阳矾矿 . 档号 6.01-048，顺序号 6，张号 058，平阳矾矿扩建工程设计任务书 [Z].1963.
② 温州化工厂平阳矾矿 . 档号 6.01-048，顺序号 2，张号 010，关于平阳矾矿 1962 年基建的设计任务书 [Z].1961.
③ 温州化工厂平阳矾矿 . 档号 6.01-048，顺序号 1，张号 002，平阳矾矿 1962 年基建方案 [Z].1961.

主厂区部分厂房现状调查表   表 1

序号	建筑功能	数量 / 个	基本分布	生产状况	保存状态
1	风化厂房	3	南 3 路、北 4 路西南面	厂房闲置	厂房保存较好，钢木结构，周围有钢网包围，杂草较少
2	加温灶房	3	南 3 路、北 4 路东北面	厂房闲置	厂房保存一般，内部设备完整，有运输皮带、滚砂桶等设备，周围杂草丛生
3	结晶厂房	12	主路两侧，大部分围绕风化房和加温灶房布置	除 7 号厂房在使用，其余厂房闲置	厂房保存一般，部分厂房坍塌，内部结晶池
4	明矾仓库	3	北 1 路、北 2 路东北面	仍在使用	仓库保存较好，建筑外观完整，周围环境整洁
5	附属设备（锅炉房、修配间等）	9	主路西北面、南一路北侧、南二路南侧	新锅炉房、1 个修配间、1 个压滤房在使用，其余闲置	建筑保存较好，建筑外观完整，周围环境整洁
6	办公楼	3	厂区入口处、南 2 路东侧	1 个办公楼使用，其余闲置	建筑保存较好，建筑外观完整，周围环境整洁

来源：作者自绘

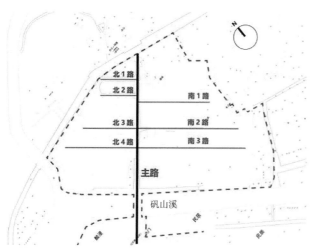

图 6 主厂区炼矾工区内部道路编号
图片来源：作者自绘

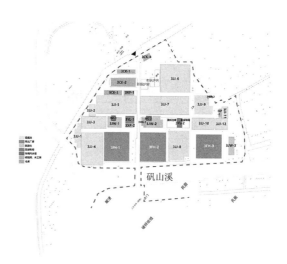

图 7 主厂区炼矾工区现状建筑分布图
图片来源：作者自绘

为煅烧—煅烧炉、风化—风化厂房、溶出—加温灶房和结晶—结晶厂房。主厂区以矾山溪为界，划分为煅烧工区和炼矾工区，两者之间有钢桥连接。煅烧工区紧靠鸡笼山主矿区，位于矾山溪西南侧，内部有煅烧炉、选矿厂房、破碎机房等，煅烧炉从南到北依次排列。炼矾工区位于矾山溪东北侧，内部有风化厂房、加温灶房和结晶厂房等，紧靠矾山溪东侧是风化、溶解区。结晶区在炼矾工区的东北侧，是厂区的核心部分，紧邻仓库区，附属设施建筑围绕结晶区分布。整体来看，

自煅烧区至结晶区一线展开，档案地图显示各区之间曾有轨道交通联系，反映了以生产便利为首要的空间布局特质。据档案所载 1963 年平面图显示（图 8），"二五"时期厂区布局有两方面特点：一是厂房对称布局，以主路为对称轴，建筑相对均匀分布；二是按照工艺流程规划厂房，整个厂区生产格局初具规模。与 1963 年地图相比，1973 年档案地图显示（图 9），厂区已打破原有对称布局，存在不断向东南面扩建的趋势。通过比较可以明确，"二五"时期主厂区布局规整，生产规模小，

功能分区明确，这一生产格局的形成与国家推行的"八字方针"和矾矿自身"填平补齐"的策略相吻合，实现了最初基建计划以改建为主、扩建为辅、充分利用现有厂房设备、投入生产的目的。

3. "二五"时期矾矿典型厂房概况分析——以 2 号结晶房为例

1）结晶厂房的现状调查分析

通过调查，"二五"时期建设的结晶厂房主要有 4 个，编号分别为 1 号、2 号、3 号和 4 号，其中 3 号结晶房保存最好，目前仍在使用；2

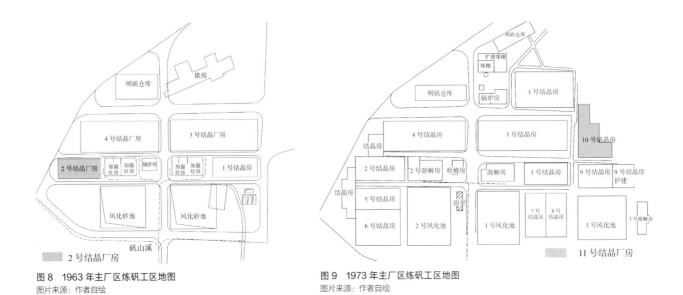

图 8　1963 年主厂区炼矾工区地图
图片来源: 作者自绘

图 9　1973 年主厂区炼矾工区地图
图片来源: 作者自绘

"二五"时期结晶厂房现状调查表　　　　　　　　　　　　表 2

建筑编号	建筑分布	建筑规模	生产与保存状况
1 号	主路东侧, 南 2 路北面, 南 3 路南面	1000m², 32 个结晶池	改建为合成车间, 为钢筋混凝土结构, 周围环境整洁
2 号	主路西侧, 北 3 路南面, 北 4 路北面	存在扩建现象, 1000m², 32 个结晶池	闲置, 砖木结构, 厂房立柱、墙面受酸腐蚀严重, 结晶池废弃, 周围杂草丛生
3 号	主路东侧, 南 2 路北面	2250m², 92 个结晶池	仍在使用, 钢筋混凝土结构, 建筑重新改建
4 号	主路西侧, 北 3 路北面	2250m², 72 个结晶池	闲置, 钢筋混凝土结构, 厂房立柱、墙面受酸腐蚀严重, 结晶池废弃, 周围杂草丛生

来源: 作者自绘

号和 4 号结晶房保存一般, 建筑内部受酸腐蚀现象严重, 现已闲置; 1 号结晶房目前改建为酸浸合成车间。具体厂房信息汇总如表 2 所示。

2) 2 号结晶厂房概括分析

通过档案可知[1], 相较其他同时建于 20 世纪 60 年代的三座结晶厂房, 2 号结晶厂房是当时的最早的砖木结构厂房, 反映了当时的建设指导思想与技术水平, 因此本文选其作为典型厂房加以分析。2 号结晶厂房位于厂区主道路的西侧, 面朝东北, 一层, 占地面积为 1000m²,

内部有 32 个结晶池及一条管沟, 其屋架是基于节点连接的木结构豪式屋架, 节点处用钢筋捆绑或螺栓紧固, 保持整个机构的受力合理性 (图 10), 目前闲置。通过调查可以看到, 南边和北边后期进行了扩建, 厂房内墙、柱子等有不同程度的腐朽, 部分结晶池损坏, 厂房周围杂草丛生。据档案记载: "2 号结晶厂房初步设计为钢筋混凝土预制结构, 为了争取提前在 6 月底建成 8 月份投产, 给 3 号厂房改建创造必要的条件, 2 号厂房 954m² 可改为砖木结

构。"[2] 同时结合历史背景可知, 60 年代国家对钢材消耗量大, 为了节约成本和材料, 将 2 号结晶厂房改为砖木结构。而通过调查可知, 20 世纪 70 年代建设的厂房, 如 11 号结晶厂房, 采用的是钢与钢筋混凝土的混合结构 (图 11), 这是因为 70 年代国家木材紧缺, 因此建造时结合砖木和钢混结构的优点, 将厂房综合改制成混合结构。这样不仅节约材料, 同时也可以使屋架受力更大。故通过对比可以看出, 在 20 世纪 60 年代, 为达成节约钢材运输

---

① 温州化工厂平阳矾矿. 档号 6.01-048, 顺序号 9, 张号 101, 关于平阳矾矿炼矾第三车间改建工程初步设计的审核意见 [Z].1963.

② 同上。

图10 2号结晶厂房屋架结构图
图片来源：作者自摄

图11 11号结晶厂房屋架结构图
图片来源：作者自摄

四、小结

本文在对温州矾矿工业遗址资源调查基础上，以"二五"时期为一个观察切入点，通过不同时期主厂区地图与厂房建筑的比对，探索温州矾矿在特定时期厂区建设的特性。通过分析可以看出："二五"时期为恢复国民经济和全面建设社会主义工业化，在国家"八字方针"和国有企业"边试制，边基建"等方针指引下，温州矾矿总结出"填平补齐"的建设策略，厂区布局上遵循改建为主、扩建为辅的基本原则，结晶厂房遵循尽快投产和增产的建设目的。温州矾矿作为新中国成立初期我国最重要的明矾生产企业，其厂区遗存蕴含着诸多时代信息，为我国计划经济体制时期国有工矿企业建筑遗存研究提供了样本意义，值得进一步研究与剖析！

成本和尽快投入生产的目的，2号结晶厂房形制规整，建筑规模较小，材料以木材为主，钢材使用较少。而20世纪70年代，为应对国家木材紧缺和主厂区扩大规模的要求，11号结晶房建筑规模较大，材料结构呈现以钢筋混凝土为主、木材为辅的特点。综上所述，结晶厂房的材料和结构与国家政策、矾矿建厂策略以及厂区实际生产情况息息相关。

[调研过程得到苍南矾矿文旅集团、苍南县博物馆等单位的大力支持，在此表示感谢！]

参考文献

[1] 温州化工厂平阳矾矿.6.01-048号档案，平阳矾矿1962-1964年，1966年基建设计任务书和1966-1970年"三五"规划[Z].1991.

[2] 温州化工厂平阳矾矿.6.01-050号档案，平阳矾矿1972年扩建扩大初步设计[Z].1972.

[3] 温州化工厂平阳矾矿.6.01-038号档案，平阳矾矿1965年基本建设设计任务书及初步设计[Z].1965.

[4] 温州化工厂平阳矾矿.6.01-042号档案，平阳矾矿1966年炼矾扩建一万吨初步设计[Z].1991.

[5] 冯书静.技术史视野中的温州矾矿工业考古研究[D].北京：北京科技大学，2020.

[6] 黄名楷.清代至民国平阳矾矿的开发与竞利[D].上海：华东师范大学，2020.

[7] 浙江省平阳矾矿.平阳矾矿志（沿革与现状）（内部资料）[Z].浙江省平阳矾矿，1992.

[8] 刘四宇.长春市国有工业企业与城市空间协同发展研究[D].长春：吉林建筑大学，2017.

[9] 刘志迎，王正巧.我国11个五年计划（规划）工业发展重点比较分析[J].现代管理科学，2007（02）：26-28.

[10] 张传君.世界矾都——700年矿山采炼活化石[M].杭州：浙江摄影出版社，2016.

[11] 郑立于.祖国的矾都[M].2版.杭州：浙江人民出版社，1959.

[12] 戴湘毅，阙维民.浙江矾山矾矿的遗产价值与保护建议[J].矿业研究与开发，2013，33（02）：77-83.

[13] 许蟠雲.平阳矾业调查[R].1935.

上海外滩近代建筑外墙石材饰面做法研究

于昊川

国家自然科学基金：现代建筑观念的图像表现研究（项目批准号：51978473）资助。

于昊川，同济大学建筑与城市规划学院硕士研究生。邮箱：1930028@tongji.edu.cn。

摘要：天然石材是上海近代建筑外墙饰面的重要材料，新的建筑形式与建造体系的舶来使得上海近代石材饰面做法与中国传统石作截然不同。本文从技术史的角度，以外滩历史文化风貌区的优秀历史建筑为研究对象，通过现场调研与数据整理，归纳外滩近代建筑外墙石材饰面的基本特征；结合历史文献与现场记录，梳理石材饰面的典型做法；将饰面做法置于建筑风格的语境，探索材料技术与建筑表达中的文化内涵。

关键词：近代上海；外滩历史文化风貌区；外墙石材；饰面做法

一、石材与上海近代建筑

石材作为建筑材料在中国传统建筑中已被广泛使用，宋《营造法式》与清《工程做法》中均有对于石材加工工序的记载，但在官式建筑中石材多用作基础而非建筑立面的主要材料。近代上海大量建筑需要石材完成西式建筑风格的塑造，石材逐渐成为建筑外墙饰面的重要材料，也因此孕育了一批专营进口石材的外国材料商，如意商培尔德大理石厂、英商摩尔康大理石厂、日商淡海大理石厂等。石材的进口将已经成熟的西式石材饰面技术引入上海并逐渐被本土工匠学习掌握[1]。接着山海大理石厂、中国石公司等华商石厂相继成立[2]，逐步采用国产石料进行加工，承建了上海大量的近代建筑。可以说近代上海的石材使用呈现出与传统的"石作用功"截然不同的面貌。

外滩历史文化风貌区（下文简称"外滩"）是近代上海公共租界发展的核心区域，留存了大量近代建筑（图 1）。1900—1937 年是外滩城市建设的高峰期，这一时期建造了大量金融建筑、商业办公楼和高档旅馆等新兴建筑，这些建筑常常使用昂贵的天然石材饰面来显示兴建者雄厚的实力[3]，外滩也因此成为近代上海建筑石材使用最普遍、用法最丰富的区域。

目前针对上海近代建筑石材的专题研究较少，且多侧重材料的保护与修复[4]。本文将以材料的构造技术为切入点，关注石材饰面的做法与效果并探究其在建筑立面上的表达，拓展风格史背后的技术史研究，为历史建筑的修复与风貌区的整体保护与发展提供研究基础。文中所讨论的石材做法主要为建筑的

---

① 据《远东时报》（*The Far Eastern Review*）记载，外滩江海关大厦（1925—1927 年）与沙逊大厦（1926—1929 年）的立面花岗岩工程均由中国营造厂陈记号（S. V. Chen Kee. Shanghai）承包。

② 据《字林西报》之《上海行名录》（*The North China Desk Hong List*）中显示，日商淡海大理石厂（Tankai & Co.）至少成立于 1922 年，山海大理石厂（Shanghai Marble Co., Ld.）与中国石公司（China Stone Co.）至少成立于 1932 年。

③ 根据《建筑月刊》的连载专栏《工程估价》，1933 年平均每平方英尺砖墙造价大致为 20~30 元（视墙体厚度与砖种而定），而石材饰面中较为便宜的焦山石仅表面凿平每方即需 3~4 元，雕刻线脚每方则多达 180~200 元，如要雕凿花梁人物造价更高。详见：杜彦耿．工程估价 [J]．建筑月刊．1933（1）：4-7.

④ 如董珂的博士论文《上海近代历史建筑饰面的演变及价值解析》将石材归纳为建筑饰面的一种，对其类型与特征做了初步归纳，《历史建筑围护体表面修复技术规程》等研究课题对石材的表面维护与修复方式进行了总结。

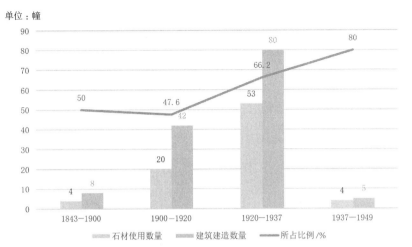

单位：幢

图1 上海外滩建筑建造年代与石材使用统计
图片来源：笔者自绘

基座与外墙，对于装饰构件等部位还无法更加深入探讨。

二、外滩近代建筑石材使用的基本特征

本次研究对外滩内的上海市优秀历史建筑进行资料搜集，结合现场调研记录的建筑外墙饰面材料现状信息，整理成外滩近代建筑外墙石材数据库。透过数据库的统计结果可以得到外滩近代建筑石材使用的基本特征。

在136幢优秀历史建筑中，共有84幢建筑在立面上使用天然石材。石材的种类主要有花岗岩、汉白玉、大理石与青石四种。花岗岩属岩浆岩（火成岩），是外滩近代建筑外墙饰面中使用最多的石材，根据石材来源的不同，其色泽与质地均有差别。主要有产自苏州的金山石与焦山石、产自九龙的香港石、产自山东的崂山石以及产自日本的

德山石（Tokuyama）等。其中以苏州花岗岩的使用为最多，时称"苏州石"。如中国银行大楼、金城银行大楼等均有外立面使用"苏州石"的文献记载①。汉白玉与大理石均属变质岩，由于其质地较软而颜色美丽多用作立面的局部装饰。大理石的产地较多，国内有山东、云南、河北等地出产，国外则多从意大利进口。青石又称绿石，是中国传统建筑中的常见石材，色青而略带灰白，质软易于雕刻，多产于浙江宁波（表1）。

这些石材在立面上的使用情况主要有三种类型：第一种类型中石材主要作为装饰使用，多用在建筑基座、线脚、窗台、过梁、拱心石等局部构件；第二种在建筑底层与顶部整体使用石材，强调三段式的古典构图；第三种则全部立面皆使用石材饰面，也有在面向主要街道的立面使用石材，其他立面则用水刷石等材料代替的做法。

整体来看，外滩近代建筑石材使用广泛、种类丰富、用法多样，而这些石材在建筑立面上呈现出的饰面做法也是极其考究的。

三、外滩近代建筑典型石材饰面做法

《建筑月刊》杂志中连载的《营造学》专栏里的"石作工程"一章记录了近代上海建筑中石材构造的一般做法（图2）。通过现场调研发现，这些文献中记载的技术知识绝大部分可以在外滩近代建筑的石材饰面中找到对应。

1. 石墙的砌筑方式

《建筑月刊》中记载的石墙砌筑方式主要有三种：整石砌、乱石砌与石面②。外滩近代建筑的石墙均为石面的做法，即在砖墙或乱石墙的墙体基层外镶贴石块或石板，又名"包石墙"，如汇丰银行大楼

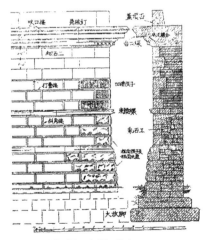

图2 石墙典型立面与剖面做法
图片来源：杜彦耿.营造学[J].建筑月刊,1936,4(2):32

① 如1933年10月，《中国建筑》杂志（第1卷第4期）上刊登《上海金城银行设计概况》一文，文中提到"该行所用之材料，外面用苏州石，里面用斐纳之意大利云石，故于观瞻上异常美丽而雅致"。
② 此处与下文其他石材饰面做法名称均使用《建筑月刊》中杜彦耿所用的表达。详见：杜彦耿.营造学[J].建筑月刊,1936(4):2-6.

上海外滩近代建筑外墙饰面石材类型与使用位置　　　　　　　　　　　　　表 1

石材种类	石材产地	建筑数量	石材使用位置	部分代表建筑
花岗岩	江苏苏州、香港九龙、山东青岛，日本等	66 幢	台基、墙面、门套、窗套、浮雕、地面、石柱、线脚、窗台、装饰浮雕、过梁	中山东一路 29 号东方汇理银行； 中山东一路 27 号怡和洋行大楼； 中山东一路 24 号横滨正金银行； 中山东一路 23 号中国银行大楼； 中山东一路 20 号沙逊大厦； 中山东一路 13 号江海关大厦； 中山东一路 12 号汇丰银行大楼； 江西中路 200 号金城银行； 江西中路 170 号汉弥尔登大楼； 九江路 50 号日商三井银行； 北京东路 280 号盐业银行； 福州路 17~19 号旗昌洋行等
汉白玉（白粒石）	山东崂山、北京房山等	4 幢	墙面、门套、窗套、装饰浮雕	四川中路 261 号四行储蓄会大楼； 福州路 29 号美国花旗总会大楼等
大理石	山东青岛、云南大理，意大利、挪威、比利时等	9 幢	外立面石柱	广东路 93 号永年人寿保险公司； 四川中路 106~110 号普益地产公司等
青石（绿石）	浙江宁波	13 幢	基座、线脚装饰、窗台、过梁、拱心石等局部构件	九江路 201 号圣三一教堂； 滇池路 100 号仁记洋行大楼； 圆明园路 97 号安培洋行； 中山东一路 19 号汇中饭店等

注：同一建筑中可能存在不同种类的石材，因此建筑数量之和大于正文中提到的 84 幢。
来源：笔者自制

（图 3）。用作石面的石料大多预先处理后现场拼装，通过埋入墙体中的金属锭筍将石料与墙体拉结起来并在空隙中灌浆，使二者黏结牢固。建筑底部往往使用较厚的石板，向上层逐渐变薄，如中国银行大楼底层石板厚度为 310~530mm，而上部则在 120~180mm[①]。

2. 石材的表面处理

石材表面的处理方式主要有打毛坯、麻点、斧平、打边、磨砻、磨亮等做法（图 4）。

打毛坯为石材开采之后进行的第一道处理，通过简单的錾凿使石面呈现粗糙的状态，如江海关大楼底层的打毛坯石面（图 5）。麻点石面是在打毛坯之后继续对石材表面

图 3　1922 年 6 月汇丰银行大楼外墙尚未挂贴石材时的工程照片
图片来源：上海城市建设档案馆. 上海外滩建筑群 [M]. 上海：上海锦绣文章出版社，2017：89.

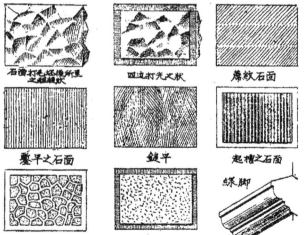

图 4　石材表面处理方式示意图
图片来源：杜彦耿. 营造学 [J]. 建筑月刊，1936，4（3）：40

① 该数据引自：董珂. 上海近代历史建筑饰面的演变及价值解析 [D]. 上海：同济大学，2013：120.

略加錾平，使表面状如麻点。打边是将石块四边宽约 1 寸的区域用不同于中间的方向錾平，多与较为粗糙的打毛坯与麻点石面共同使用，如金城银行底层的打边麻点石面（图 6）。斧平则继续加工石面，先用劈錾的方式将边缘不整齐的地方略微打直，再用尖头锥子将石材逐渐錾平，最后将中间的饰面用斧子凿平，使石面纹理平整无疵。此种处理方式在外滩最为常见，如三菱银行大楼基座石面（图 7）。磨砻与磨亮是对石面更为精细的处理方式，将石材用黄砂、砂石加水用机器磨砻，贵重的石材还会加入石膏粉、滑粉进行人工磨亮，浙江第一商业银行底层基座就采用了磨砻的花岗岩石面（图 8）。

最初石材的表面处理依靠工人手工錾凿，意大利商人勃多喜最先将大理石加工机械引入上海并开设了培尔德大理石厂[①]。到了 20 世纪 30 年代，饰面石材的生产已经高度工业化，石料的切割、石材表面的凿平与磨砻甚至线脚与石柱的制作等均有相应的加工机械[②]。

3. 石材的表面接缝做法

在外滩，石材饰面的表面接缝做法主要有平缝、凸缝、打叠接、斜角接四种。平缝最为普遍，将石块边缘对齐并在缝内灌浆，接缝表面为平整状态。凸缝则在平缝的基础上额外用水泥黄砂做凸出石面约 5mm 宽、10mm 长的方形缝，如通商银行新厦（建设大楼）的石缝（图 9）。打叠接做法将石面的两条相邻边内收约 1 寸使接缝处形成凹槽，如汇丰银行大楼的底层做法（图 10）。斜角接顾名思义，是在石材接缝处向内凹形成斜角的做法，如亚细亚大楼的底层做法（图 11）。上述四种接缝产生的立面效果有着鲜明的差别，平缝与凸缝呈现扁平的状态，而打叠接与斜角接则强调石块体量，是更加立体的处理方式。

另外，建筑师通常会同时运用不同的接缝做法来产生独特的效果，如茂飞（Henry Murphy）设计的大来轮船公司大楼的底层石材饰面，纵向使用平缝、横向使用特殊的"圆角接"做法，强化了立面横向线条秩序的同时使接缝处的体量变化更加柔和（图 12）。

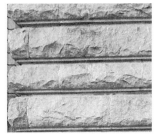

图 5~ 图 8　外滩典型石材表面处理方式，从左至右依次为打毛坯、打边麻点、斧平、磨砻
图片来源：笔者自摄

图 9~ 图 11　外滩典型石材接缝做法，从左至右依次为凸缝、打叠接、斜角接
图片来源：笔者自摄

---

① 此处说法引自《上海建筑材料工业志》。详见：上海建筑材料工业志编委会. 上海建筑材料工业志 [M]. 上海：上海社会科学院出版社，1997：149.
② 1936 年《建筑月刊》中有对石材加工机械的详细介绍。详见：杜彦耿. 营造学 [J]. 建筑月刊，1936，4（6）：27-31.

图 12　大来轮船公司底层石面接缝做法
图片来源：笔者自摄

四、石材饰面做法与建筑风格

外滩建筑风格种类多样，由于建造的独立与唯一性，对每幢建筑进行精确的风格定义比较困难，但可以大致将这些建筑分为若干类型阶段：哥特复兴、新古典主义、装饰艺术风格与现代主义[①]。

哥特复兴风格的建筑大多使用清水红砖作为立面的主要材料，石材多用于基座、线脚、窗台等装饰性构件。而建于 1860 年前后的福州路 17~19 号旗昌洋行大楼则是其中的特例，这座维多利亚哥特式建筑外墙全部使用天然花岗岩砌筑，是上海现存最早的采用西式石材饰面的建筑[②]，也是外滩这一时期石材饰面使用的孤例。石材表面全部做麻点处理，接缝处施凸缝，石块大小不一并

大致呈砖墙的佛兰德式砌法[③]。从某种程度上讲这种石面处理方式具有清水砖墙的意象（图 13）。

新古典主义风格的立面遵循基座—柱式—檐部的三段式构图，根据每一段立面表达效果的不同采用对应的饰面做法。建成于 1902 年的华俄道胜银行是上海第一座采用石材饰面塑造古典立面构图的建筑。建筑立面纵向分为三段：基座部分全部为花岗岩饰面，将石面处理成打边麻点的粗糙质感，又用打叠接缝来强调石块的体量，增强基座的立体感并塑造基座的厚重；柱式部分为了突出材料对比并衬托柱头与雕塑，选用了斧平加平缝的饰面做法；檐部需要强调横向线条的连续性，不仅选用平缝而且将横向的接缝隐藏在线脚的变化之中（图 14）。在

其他新古典主义风格建筑中，常常使用更为粗糙的打毛坯石面来塑造更加厚重的基座，如怡和洋行大楼（图 15）。

装饰艺术风格开始打破严谨的古典立面秩序并逐渐趋于扁平化，因此饰面做法的对比并不强烈。建成于 1929 年的沙逊大厦立面全部采用米黄色花岗岩饰面。主体采用处理得较为粗糙的麻点石面来增强立面的整体厚重感，而在基座、线脚等装饰处使用光亮的斧平做法形成"勾边"（图 16）。现代主义的饰面做法则更加微妙。如建成于 1948 年的浙江第一商业银行，底层花岗岩饰面使用斧平与磨砻两种均较为光亮的表面处理方式形成微妙的肌理对比，丰富了立面的层次（图 17）。

我们往往会简单地把上海近代建筑风格与特定的材料选择相关联[④]，并认为风格从古典转向现代的驱动力是建筑材料的巨大变革，而石材在外滩跨越不同风格的持续使用则显示着风格与材料关系的另一种可能性。风格的演进代表着不同年代大众审美趣味的变化，但外滩建筑对石材的偏爱却不曾改变，反而利用不同饰面做法的选择与组合创造性地适应各种风格的表达诉求。旗昌洋行上大小随意、手工痕迹明显的粗放石块到浙江第一商业银行上整齐划一、光洁无瑕的石面，暗含着石材饰面技术自身也在向标准化、工业化、现代化发展。

①　建筑风格的名称与归类参考了郑时龄院士的著作《上海近代建筑风格》。详见：郑时龄. 上海近代建筑风格 [M]. 上海：同济大学出版社，2020.
②　对旗昌洋行是最早使用石材立面的判断参考钱宗灏教授的说法。详见：钱宗灏等. 百年回望——上海外滩建筑与景观的历史变迁 [M]. 上海：上海科学技术出版社，2005：150.
③　佛兰德式砌法（Flemish Bond）为上海近代清水砖墙普遍使用的西式砌法，具体形式为每层一丁一顺相互交错。
④　通常认为哥特复兴与安妮女王复兴等早期西式风格与清水（红）砖墙相关，新古典主义风格与天然石材的使用相关，装饰艺术和现代主义风格与新型面砖的出现相关。

图 13~ 图 17　外滩建筑立面局部现状照片，从左至右依次为旗昌洋行、华俄道胜银行、怡和洋行大楼、沙逊大厦、浙江第一商业银行大楼
图片来源：笔者自摄

五、结语

中国石公司曾于 1933 年在《建筑月刊》中刊登了一篇广告文章，将用"争美绚丽，堂皇夺目"之石材装饰的建筑称为"今日之屋"①。抛开材料商对推销产品的夸大，我们仍然可以看到石材饰面在近代上海的特殊地位。舶来的西式石材饰面与中国传统石作截然不同，却在不断的使用中被赋予了财富与身份的象征含义，逐渐演化成为上海外滩近代建筑的"新传统"，其影响一直持续至今。必须再次强调的是，石材的构造技术在其刚刚引入上海之时就已成体系并在大量的建筑实践中不断发展，正是技术的完善才使得建筑师与工匠们可以熟练自如地使用石材创造出他们心目中的"今日之屋"。饰面做法作为石材构造技术体系的一部分，一方面以知识的形式被构建并在从业者间传播；另一方面，它真切地呈现在建筑上，成为人们感知与阅读建筑的媒介。这种材料、技术、风格、文化的多重内涵是外滩近代建筑留给我们的宝贵遗产，也是我们今天重新审视这个日新月异的时代的重要维度。

[感谢卢永毅教授对本文的耐心指导与宝贵建议。]

参考文献

[1] 郑时龄. 上海近代建筑风格 [M]. 上海：同济大学出版社，2020.

[2] 伍江. 上海百年建筑史 [M]. 上海：同济大学出版社，2008.

[3] 钱宗灏等. 百年回望——上海外滩建筑与景观的历史变迁 [M]. 上海：上海科学技术出版社，2005.

[4] 董珂. 上海近代历史建筑饰面的演变及价值解析 [D]. 上海：同济大学，2013.

[5] 中国近代建筑史料汇编编委会. 中国近代建筑史料汇编（第一辑）[M]. 上海：同济大学出版社，2014.

[6] 上海建筑材料工业志编委会. 上海建筑材料工业志 [M]. 上海：上海社会科学院出版社，1997.

① 该广告刊于第一卷第九第十期合订本，"今日之屋"与芝加哥博览会中用玻璃造成的"明日之屋"相对应。原文为："陈列于美国芝加哥博览会一世纪进步厅中，有称曰'明日之屋'，全以玻璃构造……推之普殊觉未易。但'今日之屋'，凡时下公寓大厦银行住宅戏院舞厅等，莫不饰以各色大理石，争美绚丽，堂皇夺目，已成事实。盖非此者，不足称为'今日之屋'……"

华南工学院建筑系人民公社规划与设计研究（1958—1962 年）

黄玉秋　彭长歆

摘要：1958 年，随着人民公社化运动在国内的迅速发展，全国各地规划设计部门的技术人员和大专院校建筑系师生深入农村参与到农村人民公社的规划和建设中。华南工学院建筑系师生作为那一时期乡村建设最主要的专业技术力量，为全国人民公社规划与设计做出了重要成绩，并在多个方面产生了深远影响。文章通过梳理建筑系人民公社实践的设计图纸、研究成果、相关报道等材料，结合访谈口述，厘清华南工学院建筑系在 1958—1962 年间开展人民公社规划与设计的进程，分析其代表性的实践案例，并对其开展的人民公社实践进行价值研究，可以更清晰地展现华南建筑教育及实践的特征形成过程，加深我们对人民公社化时期中国乡村建设的认识。

关键字：**人民公社**；**华南工学院建筑系**；**乡村实践**；**集体主义**

黄玉秋，华南理工大学建筑学院、亚热带建筑科学国家重点实验室，硕士研究生。邮箱：214194360@qq.com。
彭长歆（通讯作者），华南理工大学建筑学院、亚热带建筑科学国家重点实验室，教授。邮箱：arcxpeng@scut.edu.cn。

前言

自 1958 年在新中国开始的人民公社化运动是一场为提高生产力而发动的生产关系与社会制度的变革，中国广大乡村在这一时期开展了大规模的人民公社建设。在这场全国性的规划运动当中，高校因其聚集了大量专业设计人员，成了开展人民公社规划的主要力量，取得了一系列重要成果。近年来学界围绕人民公社规划建设进行了较多研究[①]，以彭长歆、施瑛、冯江为代表的学者则就华南地区的相关实践展开过讨论，取得了较大进展。

在人民公社化运动中，华南工学院建筑系结合教学开展了一系列规划设计实践。以嵖岈山（卫星）人民公社设计这一影响全国的标志性案例开始，华南工学院建筑系师生在全国开展了大量人民公社实践，并将教学、科研与生产实践相结合，取得了丰富的科学研究及理论成果。结合以人民公社设计为主的实践进行教学的方式很大程度上影响了华南工学院建筑系新的教学计划的制定，使华南工学院建筑系形成了基于实践能力培养的教学模式，并为规划学科的创办积累了经验和师资。

本文认为，人民公社化运动期间的规划建设活动虽然历时短暂，但大量密集的乡村实践对华南工学院建筑及规划学科都产生了深远影响。从某种程度上，通过人民公社规划及相关教学、研究实践，华南工学院建筑系形成并发展了新的人才培养体系，培养了师资，形成了较为成熟的规划设计方法。更为重要的是，人民公社建设动员了政治、经济、技术等各方面力量，是新中国成立以来最为重要的乡村空间建设之一，对传统乡村格局、乡村建筑以及生产与生活方式等产生了深远的影响。本文以华南工学院建筑系师生的乡村规划设计为线索，试图管窥这一重要社会实践之于空间投射的力量。

---

① 参见以刘亦师、叶露、程婧如、谭刚毅、卢端芳为代表的一批学者近年来在各期刊上发表的相关研究的论文。

一、人民公社化运动的开展

1958—1960 年是我国的"大跃进"时期。由于"一五"期间各项计划实施较好,各省市普遍出现了较为乐观的情绪。与此同时,在重视工业建设的背景下,"一五"期间农业发展滞后于工业发展。针对该情况,1956 年毛泽东主席作了《论十大关系》的讲话,提到工业和农业的均衡发展问题,国家政策开始有意识地关注农业和农村建设。在"一五"建设成果的激励下,年轻的共和国开始出现"冒进"的倾向。作为决策者,认为中国的经济建设不但没有冒进,甚至需要"大跃进"。这一观点在 1958 年 2 月 2 日的《人民日报》社论中得到明确,并提出我国工业生产、农业生产和文教卫生事业都要"大跃进"。该年 5 月,中共八大二次会议正式通过了毛泽东倡议的"鼓足干劲、力争上游、多快好省地建设社会主义"的总路线。以盲动、亢进为特征的"大跃进"思想开始主导国家发展。

人民公社化运动正是"大跃进"方针之于农业建设的产物。1958 年 8 月,中共中央政治局在北戴河举行扩大会议,会议决定在农村普遍建立人民公社,冒进的人民公社化运动自此开始在全国农村展开。作为"大跃进"时期主要在广大乡村出现的"工农商学兵相结合的、政社合一的社会主义结构的基层单位",人民公社既是政治、经济、军事、文化的统一组织,也是集体生产和生活的组织者[1]。中国乡村在这一时期高度集体化、组织化、政

治化,新的社会格局的产生使探索新的空间组织模式成为必要,原有散落、独立的乡村格局逐渐转向以人民公社为中心、分层分级组织的新的格局。

为适应乡村建设的新形势,农业部于 1958 年 9 月发出了开展人民公社规划的通知,建筑工程部也相应发出了进行公社规划的号召,广泛动员全国各地规划设计部门的技术人员和大专院校建筑系的广大师生深入农村,编制了大量的人民公社建设规划[2]。得益于中国共产党在新中国高效且广泛的民间动员能力,随着大量的专业技术人员前往乡村进行技术支援,建筑与规划学科领域的乡村实践也在这一时期迎来了发展的高潮。

二、华南工学院建筑系的响应与组织

自 1952 年院系调整成立华南工学院建筑系后,陈伯齐等教学组织者致力于构建一个新的教学体系以调适新中国建筑教育的发展。受当时意识形态的影响,中国建筑教育体制开始全面学习苏联高等学校教学经验。1956 年,根据中央高等教育部的通知,华南工学院自 1955-1956 年入学的新生开始改为 5 年制。为适应开展教学与劳动生产相结合的教育革命的需要,建筑系系主任陈伯齐及同事恰当地利用了政治形势的发展调整培养计划,开始结合生产进行教学,并加大生产实践在教学中的比重,在 1959 年制定完成的新的教学计划中设置了独立的实

践教学阶段,并要求课程设计也需尽量结合实际生产需要。[3]

在新的教学计划和实习制度下,乡村实践成为实习内容之一。1958 年暑假,建筑系第一次将实习地点设在了乡村——广州市郊棠下村。该村通过组织农业合作社在农业生产方面取得了显著成就,1957 年荣获国家农业部颁发的"1956 年度爱国丰产奖",次年 4 月 30 日,毛泽东主席组织并带领调查组来到广州视察棠下村[4]。最高领导人的关注推动了棠下乡村建设的开展,通过暑期实习,建筑系 26 位学生为广州市郊棠下村完成了总体规划,并进行了住宅标准设计、兼作礼堂戏院的大食堂设计、万头猪场规划和猪舍设计,同时还写了 19 篇科学论文[5]。这一具有先发性的教学活动显然启发了学院党委和建筑系师生,完成了以实习介入乡村实践的组织演练。

随后开展的人民公社化运动借由政治的动员,获得了全国性技术力量的支持。1958 年 8 月,河南省遂平县成立全国第一个人民公社的消息一经报纸发表,华南工学院党委迅速响应。根据学院党委指示,以建筑系参与棠下的乡村实践经验为基础,由罗宝钿老师带队,史庆堂、肖裕琴、刘管平、谭伯兰、余有效等 11 名华南工学院建筑系师生组成的人民公社规划建设调查研究工作队立即奔赴遂平开展人民公社规划工作[1],并取得了成果。

通过嵖岈山(卫星)人民公社设计,华南工学院党委及建筑系开始思考一种全新的组织模式以响应国家号召与实际需要。根据以上两

次实践经验，院、系党委清醒地认识到人民公社虽然从组织模式上已经确立，但如何规划设计仍是亟待解决的新问题，也是建筑教育一个新颖而重大的课题。实际上，当遂平县的"尖兵"回到学校，他们以亲身实践描绘了一个极具想象的设计生产画面，青年学生的政治热情被迅速地调动起来，并与专业实践热情进行了最大程度的结合。同学们纷纷主动要求前往乡村开展人民公社规划，并得到了学校的积极回应，学院党委同意建筑系全体师生以"下放"方式到农村支援人民公社建设[5]，开启了华南工学院建筑系 1958–1960 年人民公社设计实践的高潮。

从 1958 年 10 月开始，华南工学院建筑系全体师生和土木系部分师生共 400 多人，分 6 个工作队，在番禺、中山、高要、澄海、惠阳、海南岛等地，参与人民公社建设规划、土地测量、房屋设计和施工、试制新建筑材料和训练建筑干部等工作[5]。在工作队的人员配置上，多以党委及建筑系老师带队，将建筑系所有年级各班学生进行分组，每组同时配备土木系同学的方式进行组织，以保证工作的顺利开展。在当时的政治背景下，部分未经专业训练的新生也在教学与实践相结合的培养模式下迅速投入规划设计工作中①。经过在广东地区三个月的"下放"，华南工学院建筑系足迹遍及全省，规划了 15 个公社，进行了 26 个居民点的详细规划，面积达 2825hm²，并结合当地条件设计了各

种类型的住宅、食堂、幼儿园、托儿所、敬老院、人民会堂和工厂建筑等，面积达 41 万 m²[1]。

三、建筑系师生的人民公社规划与设计

1. 嵖岈山（卫星）人民公社——建筑系设计实验的开始

作为人民公社化时期华南工学院在全国影响最大的作品，建筑系师生以嵖岈山（卫星）人民公社的规划设计工作开始了人民公社实践的实验性探索，并据此初步形成了一套工作流程及设计方法。工作队抵达嵖岈山后，先就场地展开测量、调研等基础工作，由于缺乏测量设备，建筑系学生根据测量老师的要求，结合实际情况到高地目测地貌（图 1）②。前期工作基本完成后，工作队将传统散落的居民点聚

居模式结合生产生活的要求重新进行公社的区域规划，其后就用地选择、人口计算、功能分区、道路系统以及公共建筑定额五个方面展开公社中心及第一大队的规划工作[6]（图 2）。

由于新中国全面学习苏联的政策，中国的城市及乡村建设都在很大程度上受到苏联以提高生产力为导向的规划范式的影响。农村人民公社居民点分布规划的任务在于集中分散的村镇，使劳动力和生产资料可以适应新的社会组织形式，在较大的范围内作统一的组织调度和安排，以此提高生产效率，同时迅速地建立完善的文化教育生活福利设施等集体福利事业，解放广大妇女劳动力，促进生产力的发展[1]，因此人民公社居民点中的规划及单体建筑单元往往充满集体主义色彩。

以解放生产力、提高生产水平为目的的规划原则清晰地体现在

图 1　华南工学院建筑系嵖岈山（卫星）人民公社规划建设调查研究工作队开展场地勘测
[肖裕琴（左一）、刘管平（左三）、谭伯兰（右二）]
图片来源：谭伯兰提供

图 2　嵖岈山（卫星）人民公社社中心居民点规划[1]
图片来源：河南省遂平县卫星人民公社第一基层规划设计[J].建筑学报，1958（11）.

① 林永祥访谈，地点：广州；时间：2021 年 1 月 6 日。詹义平访谈，地点：广州；时间：2021 年 3 月 24 日。

② 谭伯兰访谈，地点：广州；时间：2021 年 1 月 13 日。

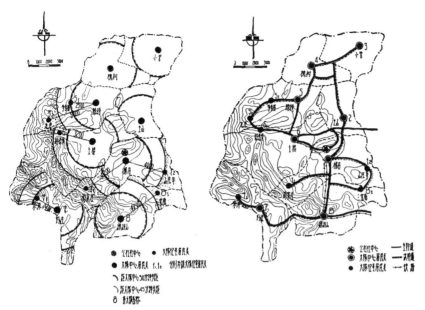

图3　嵖岈山（卫星）人民公社居民点分布图 [5]
图片来源：华南工学院建筑系．人民公社建筑规划与设计 [M].1958.

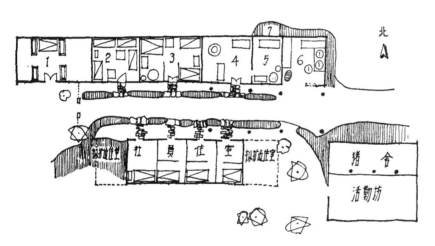

1.饲养室；2.办公会议；3.宿舍；4.磨面及住宅；5.队长室；6.厨房；7.女厕所

图4　龙沟1957年新建的民居平面示意 [5]
图片来源：河南省遂平县卫星人民公社第一基层规划设计 [J].建筑学报，1958（11）．

嵖岈山（卫星）人民公社规划设计当中。为了提高生产管理水平、提高土地利用率和推进福利设施的建立，工作队将居民点适当进行重新集中布置，区域规划中的居民点基本上按社中心、大队中心居民点、大队卫星居民点分布 [6]，以便集体组织及管理。建筑系师生根据农村的生产实践经验，由居住地到达耕作地点的合理时间推算出耕作半径 [1]，以此为确定居民点布局的关键因素。在嵖岈山（卫星）人民公社居民点分布中清晰表达了每个生产大队中心居民点及与其相距30min、45min 步距的耕作范围，并在耕作半径无法辐射的区域设置卫星居民点（图3），以达到最大限度提高生产管理水平的目的。

工作队对一个旧有自然村前湾及一个新型的带有共产主义特征的龙沟两地进行访问和实测后开展的居住建筑设计体现出强烈的集体主义特征。龙沟作为嵖岈山（卫星）人民公社具有代表性的生产队，当时已经有公共食堂以及集体宿舍，其居住建筑均在 1956 年后新建，建筑形制折射出当地居民彼时思想意识向共产主义、集体主义的转变（图4）。建筑系师生根据调研分析为居住建筑制定的面积定额，多以二层楼房辅以少量平房进行住宅设计。平面布局上通过标准化平面以及单元组合的设计策略以满足快速建造的要求，结构设计上通过设置非承重隔墙达到灵活分隔、保证各户独立性及私密性的目的。在两层楼房的居住建筑中，二层设置集体宿舍以满足小家庭分住、大家庭聚居的特殊要求，解决功能问题的同时控制造价 [6]。居住建筑设计所体现出的以适应公社建设及发展的快速建造、标准化布局、集体化生活等特征也是对提高生产力设计导向的回应。

建筑系师生通过嵖岈山（卫星）人民公社的实验性设计培养了重视调查研究的工作习惯。在实践过程中，工作队往往为一个数字奔波十几里路对农民进行访问，以确保研究的科学性及实践的可行性。基于此，工作队完成了社中心的总体规划、公社区域规划、办公大楼设计、住宅标准设计及一份详细的关于当地原有建筑的调查报告 [6]，并在《建筑学报》发表了基于该次实践完成的论文。在进行人民公社这种新的空间组织形式的探索时，详尽全面的调查研究成了建筑系师生们工作的重要组成部分，为使新的空间形式符合居民生活习惯，深入群众生活也成了师生开展设计不可或缺的工作基础（图5）。

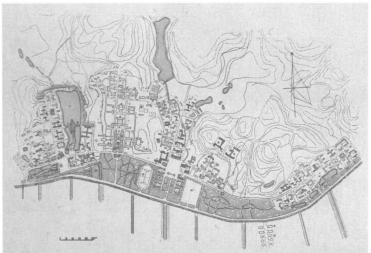

图 5　嵯峨山（卫星）人民公社规划建设调查研究工作队现场设计之余（1958 年）
[第一排：肖裕琴（左二）、史庆堂（左三）、刘管平（右二）
第二排：谭伯兰（左二）]
图片来源：谭伯兰提供

图 6　番禺公社沙圩居民点详细规划 [1]
图片来源：华南工学院建筑系. 人民公社建筑规划与设计 [M].1958.

2. 广东地区的在地化探索

在完成嵯峨山（卫星）人民公社的实验性设计后，建筑系将人民公社的实践重点转向广东，在广东地区展开了大规模在地化的探索性实践，并结合工作过程中出现的各种问题调整其设计策略。

建筑系师生首先对人民公社的规划设计策略进行了调整。自 1958 年 10 月 11 日开始的番禺沙圩居民点的规划方案至 1958 年 12 月历经八次修改才得以完成 [5]，第一版规划设计方案中未贯彻园林化、住宅按照"兵营式"排列且间距只有十余米等问题都反映出建筑系师生初期开展设计工作的不足，师生听取谭震林同志在番禺人民公社视察后提出的指示 [7]，在设计过程中结合实际需求，最终居民点设计采用以轴线主导的规划组织方式，利用地形和自然村分布现状进行组织，结合主干道采用串联式布局将各组群连接起来 [1]。整个居民点被分为了

四个主要组团，组团内部通过次级道路组织各建筑，中部的核心组团沿次级道路对称式布局，其他组团结合地形布置其他福利建筑及生产用房。居民点整体及各组团内部的布局形式均体现出强烈的集体主义特征（图 6）。

建筑系师生初期在规划设计工作中要求"新、大、多"，以体现共产主义已经来临的思想也在实践过程中不断得到修正。在开展张家边人民公社的规划设计工作时，工作队初期要求将原有平房全部拆除，重新建两层或三层楼房的脱离现实条件的设想并未获得当地农民的同意 [5]。结合当地实际条件开展设计工作成为必然结果。

对单体建筑的适应性改建也体现出建筑系师生设计策略的在地化调整。除对居住建筑进行合理的改建设计之外，在广东地区尽可能利用祠堂、书院等较大的建筑物改建或扩建成公共食堂成了常见且符合实际的策略。汕头市郊外砂人民公

社食堂即由祠堂改建，因祠堂邻接民居，空地较少，只能用民居改建为厨房或扩充为饭厅部分（图 7）。粤中地区的祠堂因一般有足够的扩建余地，根据食堂平面组织和使用上的要求，扩建时厨房部分大多选择设在祠堂的侧面，以便于供应。如南海大沥人民公社沥西管理区利用旧有祠堂改建为食堂的实例 [1]，是利用祠堂一侧扩建为临时性的厨房（图 8），厢廊部分可用作备餐及小卖部，该方案也说明了利用祠堂改建为食堂的可能性及其现实意义。

在单体建筑的设计及建造中多选用地方性材料也反映出建筑系师生在设计策略上的转变。学生在校内的课程设计训练中很少考虑地形条件及地方材料如何结合运用等问题，在设计时常常忽略"实用、经济、美观"相结合的原则而多用钢筋水泥及大玻璃等材料。后期参与公社设计时在单体建筑的材料选择上则体现出建筑系师生结合当地实际条件开展实践的特征。沙圩居民点中

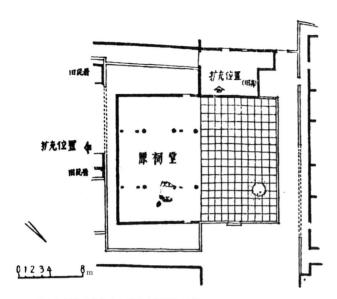

图7 汕头市郊外砂公社某食堂改建前现状图[1]
图片来源：华南工学院建筑系.人民公社建筑规划与设计[M].1958.

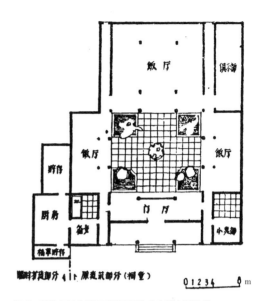

图8 南海大沥公社沥西管理区公共食堂实测图[1]
图片来源：华南工学院建筑系.人民公社建筑规划与设计[M].1958.

建成的个体建筑多用砖、瓦、木材、石灰、蚝灰及无熟料水泥等地方性材料[8]，由于建筑材料匮乏，各公社还多拆用当地已有建筑的材料用于新建及改建建筑①。人民公社的规划设计因其需要快速施工建造的特点，让建筑系师生全面研究当地的实际条件来展开实践工作，提高了师生的实际工作能力。

华南工学院建筑系通过人民公社实践调整了教学模式。不同于过去在学校仅通过课程设计进行专业训练的教学方式，建筑系师生在公社实践过程中通过边学边做边进行科学研究的方法使教学与生产实际紧密联系。公社实践初期，在为嵖岈山（卫星）人民公社做办公楼等建筑设计时照搬南方的建筑形式采用拱顶隔热的策略[7]、设计意向图用椰子树作配景（图9）②等都反映

出公社实践之始建筑系学生在设计上脱离实际的问题。仅经过一个月的调整，部分一年级学生就能掌握绘图、测量的基本知识和技能，独立完成测量工作；三年级的同学"下放"后在高年级同学的帮助下数天就能做出会堂、幼儿园、食堂等单体设计；参加番禺人民公社实践的四年级学生则为公社做出了沙圩新村总体规划[7]。

国家这一时期的政策是在不断修正和探索之中的。1958年12月，经过对人民公社为期数月的探索，中央对农村人民公社建设的合理方面进行了肯定，同时对过激的方面进行了批判和修正。此时华南工学院建系及土木系师生所组成的各个工作队已经完成了9个人民公社的建设规划，113200m²的房屋设计，其中有超过18000m²已经开始施工[5]。建筑系师生因此积累了不少公社规划建设经验，并总结出初期设计阶

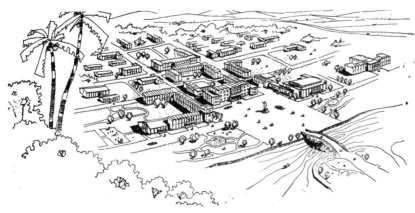

图9 嵖岈山（卫星）人民公社社中心居民点鸟瞰图[5]
图片来源：河南省遂平县卫星人民公社第一基层规划设计[J].建筑学报，1958（11）.

① 林永祥访谈，地点：广州；时间：2021年1月6日。
② 陈其燊访谈，地点：广州；时间：2021年1月8日。

段出现的几个主要问题：

（1）对人民公社的片面认识造成的居民点规划设计没有跳出书本考虑园林化的问题，导致住宅按"兵营式"排列，间隔过小，并且过分强调整体，没有体现"大集体，小自由"的原则。

（2）由于意识上的错误，认为人民公社成立之后，共产主义马上就到来了，导致设计过分讲究排场、气魄，动辄规划设计高楼大厦。

（3）对人民公社成立后的家庭变化缺乏正确认识，以致住宅设计很少考虑每个家庭的男女老幼团聚等问题[7]。

通过对设计过程中出现的问题的反复研究及调整，建筑系师生提高了对人民公社规划设计的认识水平，对于公社规划设计怎样做到既反映共产主义的远景又结合当前的实际，怎样体现出人民公社的形式及特征等问题都有了新的认识和经验。

3. 从农村到城市

随着农村人民公社化运动在乡村不断发展，国家开始要求各地采取积极态度开展城市人民公社的建设。建工部在第二次全国城市规划工作座谈会中提出根据人民公社的组织形式和发展前途来编制城市规划的要求，城市人民公社化运动迅速在全国开展起来。

新的城市规划编制目标的提出使新的城市规划活动的开展变得势在必行，华南工学院建筑系师生的人民公社规划设计实践也开始从农村转向城市。1960 年 5 月，建筑系师生 200 多人组成城市人民公社规划工作队，分赴郑州、武汉、海南、马鞍山和广州大塘等地，至 6 月底，全队基本完成郑州红旗人民公社总体规划，管城分社与红旗一条街的规划、设计、总体修建与详细规划，以武钢为中心的青山人民公社总体规划[9]，其中华南工学院建筑系 1953 级学生刘管平曾在 1960 年 6 月参与武汉青山人民公社总体规划，建筑系师生在规划设计过程中多次就规划内容举行会议（图 10~图 12）①。此外建筑系师生还完成了一批建筑设计，各队同时结合"四化""六新"要求，进行科学研究和技术革命，取得了较大成绩[9]。

违背客观规律的"大跃进"运动使国家陷入了极度艰难的境地。受严重的"左"倾思想的影响，全国出现了"高指标""瞎指挥""浮夸风"和"一平二调"的现象，在农村人民公社居民点的规划、住宅和公共福利设施的设计建造以及公社工业企业的建设中，都造成了巨大的浪费和损失，极大地挫伤了广大农民群众建设社会主义新农村的积极性[2]。1962 年 9 月，党的八届十中全会通过《农村人民公社工作条例修正草案》，自 1958 年底开始的大规模的人民公社规划与设计工作也因此停止。

四、人民公社实践与华南工学院建筑学科发展

1. 科学与理论研究

华南工学院建筑系在参与人民公社规划与设计实践过程中坚持教学实践及科学研究共同发展，使建筑系这一时期的科学研究成绩斐然。人民公社规划设计过程中各工作队对利用地方建筑材料、快速施工、

图 10~ 图 12　华南工学院建筑系师生于武汉青山公社规划会议（1960 年 6 月）
图片来源：谭伯兰提供

① 谭伯兰访谈，地点：广州；时间：2021 年 1 月 13 日。

图 13 《建筑理论与实践》创刊号封面
图片来源：彭长歆提供

图 14 《人民公社建筑规划与设计》封面 [1]
图片来源：华南工学院建筑系．人民公社建筑规划与
设计 [M].1958.

人民公社的规划设计等问题的研究解决，都对规划建设产生了积极作用。在材料试制方面，高要县新桥人民公社规划建设工程队对大型黏土空心砖砌块、预制黏土砖拱楼板、竹筋混凝土、玻璃丝代钢筋、土法制造水泥等方面都开展了相关研究 [10]；番禺工作队因在快速施工研究上的成绩，使其在建设食堂时将施工速度提高了五倍 [7]。可以认为，由于人民公社实践将研究与实际相结合，建筑系的科学研究也在"大跃进"的社会背景下迎来了发展的新契机。

建筑系通过人民公社实践，在相关理论研究上也取得了瞩目的成果。1958 年校庆前，建筑系集中一个月的时间完成了二十多项有关人民公社规划和建设方面的科学研究，据此出版了《河南遂平卫星人民公社规划设计》一书，并完成了建筑气候分区专题论集 [11]。1958 年 11 月 17 日，为展现在"教学、科研、生产"三方面的革新与成果，华南

工学院建筑系主办的《建筑理论与实践》创刊（图 13），创刊号刊载了《河南省遂平县卫星人民公社第一基层规划设计》及《广东省海丰县赤山社会主义农村规划简介》，并以第二期作为建筑系人民公社规划与建筑设计的专辑。其后《建筑学报》分别在 1958 年第 11 期和 1959 年第 2 期刊载了建筑系师生参与的嶂岈山（卫星）人民公社中第一基层规划设计和番禺人民公社沙圩居民点新建个体建筑设计。1959 年 10 月，作为新中国成立十周年献礼，由陈伯齐主编的《人民公社建筑规划与设计》出版（图 14），其对人民公社规划与设计进行了综合分析和系统研究。大量研究成果的发表也标志着建筑系迎来了理论研究发展的高峰。

2. 师资培养

人民公社的实践及研究使建筑系的师资得到了锻炼，也为华南工学院规划学科的创办奠定了基础。

建筑系的专业课教师均接受过完整的建筑学相关教育，在本次人民公社实践之前主要以院系内教学工作为主，也从事过专业相关的绘图工作，但此前并未真正参与或带队完成建筑实践，深入乡村配合完成实际建设更是从未接触过的课题①。建筑系教师通过人民公社规划设计与设计院工作的实践，将理论与实际相结合，强调了设计实践的重要性，对教学也产生了积极的影响。通过人民公社的实践，也让建筑系以罗宝钿、杨宝晟为代表的青年教师积累了经验，成为华南工学院建筑系第一批规划专业的教师 [3]。

3. 教学改革

以人民公社实践为代表的结合生产进行教学的方式一定程度上影响了后来华南工学院建筑系教学计划的调整。为适应党和国家新的教育方针的需要，华南工学院建筑系于 1959 年制定新的教学计划。以人民公社设计为代表的理论与实际紧密结合的实践方式体现出的显著优势，使陈伯齐在 1959 年制定华南工学院建筑系新的教学计划时加强了生产实践的比重，他认为"这种已经为事实所证明的新的结合生产来进行教学的方式应该在新的教学计划中贯彻下去"。[12]

新的教学计划将五年的教学进程划分为前后两个阶段。前三年为第一个阶段，三个专业共同学习一般的基础知识与专业的基础理论，该阶段结束后，"下放"到公社进行规划设计工作，将三年学习的知识与理论做一次综合的运用与实践。

---

① 陈其燊访谈，地点：广州；时间：2021 年 1 月 8 日。

第四年开始进入第二个阶段，各专业分开教学，四上学习一学期之后，即转入设计院通过生产来进行教学。在设计院的时间为一年，即四下至五上，以保证设计院的工作可以连续正常进行。五下即是毕业设计时间，毕业设计可在设计院或其他地方进行，以满足教学目的和要求来决定[13]。此外，建筑系在教学课程上也进行了相关调整，如此前一年级建筑初步课程训练内容为罗马柱式的绘制，此后改为更贴合实践需求的基本制图的学习①。新的教学计划和课程调整体现出建筑系对实践能力培养的重视，也确立了如今华南建筑教育以实践为核心的基础。

4.学科影响

华南工学院建筑系因人民公社实践受到了国内外的广泛关注。1960 年在德意志民主共和国莱比锡春季博览会上，建筑系师生设计的河南岈峥山（卫星）人民公社的远景规划和广东番禺县沙圩人民公社一个生产队的建筑规划的模型和图片作为展品参与展出，吸引了大量观展者的注意。在此次博览会中，建筑系师生的人民公社实践成果作为当时中国农业及城乡建设的代表第一次进入欧洲的视野，与代表中国钢铁和机器制造工业发展的汽车及新式机床一同向世界展现 1959 年中国在"大跃进"时期取得的成就[14]（图 15），是当时华南工学院建筑系乡村实践影响力的直接体现。

图15 1960 年德意志民主共和国莱比锡春季博览会现场[14]
图片来源："没有止境的奇迹"——记莱比锡春季博览会的中国馆[N].人民日报，1960-3-12（5）.

五、结语

1958 年到 1962 年间，华南工学院建筑系师生在人民公社的建设规划、建筑单体设计及施工、土地测量、试制新建筑材料等方面都做了严肃认真的探讨和实践，取得的理论及实践成果对当时的乡村建设、院系发展乃至国内整个建筑及规划学科都产生了广泛影响。虽然"大跃进"时期以人民公社规划与设计为代表的乡村建设在 20 世纪 60 年代因出现了大量问题而突然停止，但回顾华南工学院建筑系在人民公社化时期进行的人民公社实践并对其进行价值探讨，可以让我们更加清晰地理解当今华南建筑教育与实践密切关联的原因，加深我们对华南建筑教育及实践发展脉络的认识。研究华南工学院人民公社规划与设计实践的历程，反思其在设计实践过程中的问题，也可为当今的乡村建设实践提供一些新的思考。

参考文献

[1] 华南工学院建筑系.人民公社建筑规划与设计[M].广州：华南工学院建筑系，1958.

[2] 袁镜身.当代中国的乡村建设[M].北京：中国社会科学出版社，1987.

[3] 彭长歆，卢亚宁.一个新传统的形成：1958 年的华南工学院建筑系[J].新建筑，2019（05）：134-138.

[4] 吴祥珉.三十年风云话棠下[J].南风窗，1989（03）：32-34.

[5] 华南工学院两系师生下放农村[N].光明日报，1958-12-26（3）.

[6] 河南省遂平县卫星人民公社第一基层规划设计[J].建筑学报，1958（11）：9-13.

[7] 杨钟华，鲍启盛.组织师生参加人民公社建设的几点体会[N].光明日报，1958-12-26（3）.

[8] 广东省番禺人民公社沙圩居民点新建个体建筑设计介绍[J].建筑学报，1959（02）：3-8.

[9] 城市人民公社规划成绩辉煌，建工系师生热情高干劲大[Z].华南工学院，1960.

[10] 冯谷.建筑系科学研究上的新的起点[N].光明日报，1958-12-26（3）.

[11] 科研战线上的建筑系师生[N].华南工学院，1958-10-31（1）.

[12] 陈伯齐.崭新的教学计划[N].华南工学院，1959-03-28（3）.

[13] 彭长歆，庄少庞.华南建筑80年：华南理工大学建筑学科大事记（1932—2012）[M].广州：华南理工大学出版社，2012.

[14] 张辛民."没有止境的奇迹"——记莱比锡春季博览会的中国馆[N].人民日报，1960-03-12（5）.

---

① 陈其燊访谈，地点：广州；时间：2021 年 1 月 8 日。

广州市府合署建筑材料与建造工法实录

冯　江　林俊杰　蒲泽轩

广东省自然科学基金资助项目（2019A1515011540）。

冯江，华南理工大学建筑学院和建筑历史文化研究中心教授，博士生导师。

林俊杰，华南理工大学建筑学院硕士研究生。邮箱：949318185@qq.com。

蒲泽轩（通讯作者），华南理工大学建筑学院博士研究生。邮箱：517220974@qq.com。

摘要：林克明先生设计的广州市府合署"建筑式样采用中国式，而内容则参以建筑新法"，是广州市现代市政合署办公建筑，自1934年第一期工程落成后使用至今。该建筑在2020年前未经全面修缮，关于其具体建造技术的研究一直未能系统展开。本文通过对建筑章程、图样等历史档案的细致阅读，结合现场详勘比对，系统地梳理了广州市府合署的建筑材料与建造工法，并对其使用效果进行简要评估。

关键词：广州市府合署；建筑材料；建造工法；中国固有式；林克明

广州市府合署"建筑式样采用中国式，而内容则参以建筑新法"[①]，被认为"是岭南近代继中山纪念堂之后又一里程碑式建筑，它的重要性在于开创了建立在科学理性之上的对于民族主义建筑形式的新的探索"[②]，成为林克明先生的代表作。"林先生的看家本领是方法和形式操作能力"[③]，既往对"中国固有式"或广州市府合署的研究集中探讨了建筑文化象征和风格式样，较少关注到其建造史价值[④]。

该建筑使用至今已80余年，经历了战争和岁月的洗礼，出现了一定的残损与破坏，为此进行过数次局部修葺，由于缺少对其建造技术的系统研究，修葺举措主要针对建筑的外观，对建筑材料、建造工法和建筑式样之间的关系不甚明了，未能有效解决背后的建造技术问题，反过来又在一定程度上影响了文物风貌。从2019年底开始针对修缮的前期研究至2021年8月完工，广州市府合署经历了自落成以来的首次系统修缮。修缮期间笔者通过档案馆和图书馆获取了广州市府合署建筑章程、图样等历史资料，长期驻扎工地对该建筑进行了"解剖式"现场查勘，借此系统梳理了其建筑材料与建造工法，并对其使用效果进行简要评估。

一、广州市府合署建筑概况

广州市府合署是广州市现代市政合署办公建筑，1929年公开竞图后建筑地点经过变更，终定于中央公园后段，使其南面中央公园，北倚中山纪念堂和越秀山，"实居于全市之至中"[⑤]。林克明的方案契合"实用、适合经济能力、美观"三大评判标准，在广州市府合署竞图中获

---

① 一方面指中国近代以来，出现以张瑛绪编写的《建筑新法》为代表的西方建筑技术科普书籍，介绍了西方先进的建筑设计与建造内容，第一卷以材料为章节框架，重点论述材料及其运用；另一方面泛指相对于中国传统建造体系的西方现代建筑科学技术，强调"建筑是科学"的观念。见参考文献[1][2]，历史档案[1]。

② 见参考文献[3]。

③ 见参考文献[4]。

④ 有关"中国固有式"建筑在演进历程、文化象征、风格式样、设计方法方面的研究成果较多，主要见参考文献[1][5][6]；在技术、材料与工法方面的研究以个案现状调查和局部建造技术的分析为主，见参考文献[2][3]。

⑤ 见历史档案[2]。

优胜，图样经修改以适应新址。建筑拟分三期建造，1931 年动工兴建，实际仅建成第一期工程[①]。1934 年 10 月 10 日举行落成典礼后作为民国广州市"六局合署办公"和举办重要公共活动的场所，日军侵略广州期间为"南支派遣军司令部"，1949 年 11 月 11 日解放军将大楼正面中座月台作为检阅台举行入城仪式，其后主体建筑一直作为广州市人民政府。1989 年，"解放军进城式检阅台旧址（含市府大楼）"被公布为广州市文物保护单位。

依据"中国建筑式及合署的精神"[②]的设计理念，林克明设计的广州市府合署平面布局采用合座式以增加行政效能，外围作各局办公之用，中央则设集会广场和大礼堂。其立面呈横向三段式，纵向五段式，正面中座共五层，高一百尺[③]，由上至下为黄色琉璃瓦面、彩饰檐部、红柱灰墙和花岗石基座，仿中国传统宫殿式样（图 1）。林克明原设计正面中座屋顶为重檐歇山顶，工务局局长程天固提议改为庑殿顶，最终市长刘纪文决定改回歇山顶并实施[④]。在建造过程中，因工料价格变化和设计调整，其实际采用的材料和工法与原设计存在诸多变更，需结合历史资料与现场查勘进行仔细研判。

二、素材与来源

1. 历史资料

建筑章程（Specifications）作为近代建筑合同的重要组成部分"载明材料之品质及施作之方法"，建筑图样（Drawings）与章程互相注释，"表示形式与体积之准确尺度"[⑤]。1930 年《广州市政府合署建筑章程》[⑥]共十章，第一章为总则，明确建筑地址、范围、期限、工艺和工序、人员管理、三方责任等基本信息；后八章为地基地台、钢筋士敏三合土、坭水、木料、铁料、瓦料、石料、内外装饰及批荡工程；末章为附件，所有尺寸采用英制单位，均以图样上注明为准。收集到的建筑图样共三类，分别为 1930 年第一期工程原设计图样 11 张，以平立剖面图为主；第一期工程建造过程的设计变更图样 16 张，以局部平面和屋架结构图为主；1933 年第二期工程图样 14 张。其他历史资料包括建筑费详细预算表、变更记录单、期刊报道、历史照片等，以及同时期中山纪念堂、中山图书

图 1　广东市府合署

a.1929 年林克明设计的广州市府合署正面图；b. 1930 年广州市府合署正面图；c.1932 修改后广州市府合署正面图；d.1934 年广州市府合署落成典礼合影；e.1935 年广州市第一届集团婚礼在市府合署举办；f.1949 年广州市府合署正面中座月台作检阅台

图片来源：a：刊于《新广州月刊》封面，广州，1933（1）；b：见历史档案 [7]；c：见历史档案 [3]；d、f：https://www.sohu.com/a/71155927_115354；e：刊于《新广东》，广州，1935（36）

---

① 1928 年起林克明担任广州市工务局设计课技士，同年冬完成中山图书馆建筑设计方案，1929 年完成广州市府合署竞图方案，并于 1930 年完成广州市府合署第一期工程建筑章程和图样，1930 年至 1931 年担任中山纪念堂工程顾问，1931 年起负责广州市府合署现场施工指导等工作，1934 年请辞工务局技士职务，见参考文献 [7][8][9]。

② 见历史档案 [3]。

③ 见历史档案 [1]。

④ 见历史档案 [4]。

⑤ 见历史档案 [5][6]。

⑥ 见历史档案 [7]。

图2 广州市府合署图样等

a、b.1930年广州市市政府合署建筑章程封面及目录；c.吴翘记完成市府合署第一期工程合约；d.广州中山图书馆第三次增加工程合约；e.建筑法学院工程合约；f.1934年《广州市政府新署落成纪念专刊》封面；g.广州市府合署钢筋三合土八字架图

图片来源：a~d、g：广州国家档案馆；e：华南理工大学档案馆

馆和国立中山大学校园建筑的建筑章程和图样（图2）。

2. 现场查勘

本研究对广州市府合署进行了详细查勘，探明表层饰面下的构造层次和做法。三维激光、倾斜摄影、全景摄影等新技术提供了准确的数字化信息基础。房屋结构安全性鉴定和材料检测实验提供了专项评价依据。

本研究通过历史资料分析材料与工法如何实现中国式样，比对现状查勘与历史记载，了解建造中遇到的实际问题及其解决方法。

三、材料与工法

本章梳理历史资料所载与现状查勘所见的广州市府合署建筑材料与建造工法，指出建造过程中发生的变更，将建筑各部位的材料与工法信息汇总成表（表1）。

1. 历史资料所载材料与工法

建筑章程、图样、变更记录、期刊报道等历史资料所载的材料与

工法如下。

1）地基地台工程

设计规定：采用钢筋混凝土柱下独立地基，并用杉木桩。地台先填干净泥土，再铺六寸厚煤屑两遍。

2）钢筋士敏三合土[①]工程

设计规定：混凝土材料均由工务局查验合格方准使用，水泥为国产[②]，细骨料为大黄砂，粗骨料为一寸英石碎或半寸荔石碎，须用三合土混合机混合。混凝土配比共三种，分别为1：2：4（水泥：黄砂：荔石碎）用于柱、阵（梁）、楼面、屋面、楼梯、飞簷（飞椽）、莲花托（斗栱）、铮角花（雀替）、栏杆；1：3：5（水泥：黄砂：英石碎）用于建筑基础；1：3：6（水泥：黄砂：英石碎）用于地面和路面。结合图样可知，屋面板与飞椽在挑檐处无钢筋连接。檐部橑檐枋、斗栱与内墙之间为空腔，外部密封，不设孔洞（图3a、d）。部分钢筋混凝土方柱采用砖包砌成圆柱。

1935年建造东西后座屋面时，飞椽的混凝土粗骨料改为半寸大煤屑[③]。

3）堰水工程

设计规定砖料及砌法：外墙均用上明企红砖，一至三楼内墙用双隔白砂砖，四楼用水泥浮水石；梁底及单隔砖墙用1：3水泥砂浆砌结，其余砖墙用1：3白灰土堰砂浆砌结；所有砖墙距内地面高20cm处，用水泥批荡5分厚，扫沥青三次作防潮层。1936年改建正面中座工程时，四、五楼隔墙采用空心砖[④]。

建筑排水系统：在各下檐屋面檐口对入约23.4cm，用钢筋混凝土建造一道暗雨水槽（檐沟），板瓦砌至檐沟留空一片，筒瓦照砌；下水筒用铁码安装在内墙，承接檐沟内雨水；地面设明渠、暗渠、留砂井和进入井；均照大样图建造。在剖面图和屋架图中绘有檐沟，但未画出下水筒，且未见大样图（图3b）。

地面铺装：正座地面铺云石阶砖，其余楼面用水磨石批荡，厕所铺砌白瓷砖。实际建造时，正面中座门廊地面改用大块云石铺砌[⑤]。

4）木料工程

设计规定：柚木料使用前需用砂纸磨光，再油色三层。正座大门、

---

① 民国时期，水泥由英文"cement"直译作士敏土，混凝土被称作士敏三合土。

② 《广州市政府合署建筑章程》规定水泥"要用桶庄国货"，1935年规定采用"桶庄西村士敏土厂之五羊牌"，见历史档案[7][8]。

③ 见历史档案[8]。

④ 见历史档案[9]。

⑤ 见历史档案[10]。

表 1

广州市府合署建筑材料与建造工法汇总表

部位			建筑章程、图式	施工变更	现状查勘
屋面	瓦脊		蓝色琉璃脊	浅黄色〈北方古殿皆来样本〉	绿色琉璃脊
	瓦面		黄色琉璃板瓦〈1：2水泥砂浆砌结〉、黄色琉璃筒瓦〈1：3白灰红规浆砌结，1：2水泥砂浆泥口〉		黄琉璃板瓦[230×230，厚10，滴水为行龙纹] 黄琉璃筒瓦[240×150，厚15，勾头为正龙纹]
	屋面板			钢筋混凝土	
	采光口		玻璃瓦〈每个天窗上方屋面板开4个采光口，尺寸38×13〉	玻璃瓦〈每个天窗上方屋面板开4个采光口，活动玻璃窗扇两个〉	
	天窗		钢窗〈长窗内延伸垂直面照图式位置〉	钢窗〈每个窗洞安装上下活动玻璃窗扇两个／每个窗洞安一个钢窗，上部顶台、下部固定〉	
檐部	屋架	结构	角铁金字架〈正面中央为拱眼顶〉	钢筋混凝土	
	飞椽	结构	钢筋混凝土	钢筋混凝土〈正面石砌飞椽，水泥：黄砂·半寸碎石＝1：2：4〉	
		饰面	白英泥：少许马唛泥＝1：2	外国灰水〈遵新公司承建〉	矿物颜料[部分为矿物颜料色彩]
	斗拱 花梁 雀替	结构		钢筋混凝土	
		饰面	白英泥：少许马唛泥＝1：2		
	檐沟		钢筋混凝土〈下横屋面横口对入约7寸。饭瓦砌至此处留口。转角安装在墙上〉	彩色水磨石〈见踏记〉	
	下水筒		黄油瓦〈1：2水泥砂浆泥口〉		[砂浆填埋，未有使用痕迹]
	通风口			钢筋混凝土	蓝色釉面陶管[仅四楼发现两段]
墙身	外墙	墙体	红砖〈三顺墙1：3灰砂浆砌结，墙厚14英寸〉		红砖[正面中间门廊外墙身为白色水磨石][黄泥砂浆涂末草灰找平]
		外墙饰面	白砂砖〈厚2寸，1：3水泥砂浆砌结〉	空心砖〈四、五楼隔墙〉[310×100×225，刻有"水业砖厂""河南小港"]	[黄泥砂浆未草找平〈见踏记〉][只内用普通料]
	内墙	墙体	白英砖〈单隔1：3灰砂浆·双隔墙9英寸〉		[未发现]
		饰面	白灰批荡〈1：2白灰砂浆批荡〉	水磨石	[现为白色乳胶漆墙面]
		地脚线	洋红粉水磨石〈见踏记〉		
墙体防潮层			水泥、玻璃、铜五金	柚木、铜五金〈五金件制有"DOMMER""MADE IN U.S.A"字样〉	
柱	门	结构	人造假云石〈厚2寸，1：3水泥砂浆砌结〉	钢筋混凝土〈窗内柱子户均内用用材料，7只以内用普通料〉〈广州钢铁公司制造〉	白蛋石
	窗		银铢批挡〈1：2水泥砂浆，银铢配车深朱红色〉	钢窗〈窗"高2尺以上用材料"〉	
		柱身饰面		白蛋石〈刻度石〉	
		柱础饰面		水刷石〈水泥：黄砂·一寸黑石碎＝1：3：5，刷面〉	
台基	栏杆	结构	人造假石片〈厚2寸，1：3水泥砂浆砌结〉	钢筋混凝土	
		饰面		水刷石〈室内扶手均石为水磨石面打磨工艺〉	
	月台台面	结构		白蛋石	
		其他	云石阶砖	钢筋混凝土	云石大料
	卫生间				红色瓷砖[现为绿色]
楼地面	铺地	面层	红色假云石〈6寸厚，过水磨石〉	水刷石〈6寸厚，过水磨石〉	红色瓷砖
		其他	白色瓷砖〈墙19份水层各6尺，瓷砖用，1：3灰砂浆砌结，胸油涂〉	白灰批荡〈低眼水打底厚半寸，1：2白灰砂浆批荡，凹凸花线绘入料〉	[现为白色乳胶漆天底，矿物颜料绘饰墙里绘墙玻璃数量]
	天花	结构		钢筋混凝土	
		饰面	白灰批荡〈1：3水泥砂浆批荡〉	水磨石〈楼嘴用黑水石碎，其余用云石碎〉	[除两角角一楼楼梯，其余楼面均为钢筋混凝土]
地基				钢筋混凝土、杉木桩	
地台				钢筋混凝土〈先填净水泥土，再铺6寸厚煤屑两墙〉	

注：1.（ ）为建筑章程规定；< > 为现状勘察发现，单位为 mm；[ ]为现状查勘。
　　2. 建筑章程规定：除特别注明外，混凝土成分及体积配比为：水泥：黄砂：半寸白石碎＝1：2：4。

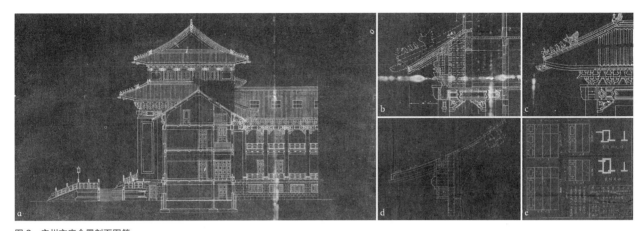

图3　广州市府合署剖面图等
　a.1930年广州市府合署两旁剖面图；b、c.1932年广州市府合署左右中部详图（局部）；d.1932年广州市府合署钢筋三合土八字架图（局部）；e.1933年广州市府合署钢窗图（局部）
图片来源：广州国家档案馆

公共走廊上的门和窗扇采用柚木制作，并配铜制五金件，窗扇配玻璃片。混凝土木模板内侧刨光、涂油，并用胶垫密封。承建商须用柚木制作全座建筑模型。

1932年因钢窗与木窗同价，建筑改用特制图案的钢窗，并绘制钢窗大样图，交由广州钢窗制造公司定制生产[1]。钢窗采用实腹钢组合加工而成，窗扇边梃采用倒工字钢，窗棂采用"T"形钢，所用钢材规格有两种，普通料用于高度2.3m以下的钢窗，重料用于高度2.3m以上的钢窗。窗棂将窗扇划分为多个小块面，各面单独安装小块玻璃，形成简化的"灯笼锦"纹样（图3e）。

5）铁料工程

设计规定：钢筋按大样图冷曲，经主管技士检验方准使用。内庭侧屋面设上下活动式钢制天窗。门窗框用铁码固定于墙，并用水泥砂浆灌实。各窗户安装铁窗花，楼梯栏板用方铁花。屋架采用"金字"钢架，

并用1：2水泥砂浆固定在墙内。

1932年林克明提议改用钢筋混凝土屋架，一是钢架需定期油色、检验和维护，增加修缮费用且阻碍办公；二是钢架耐火性不强，而屋面下空间多作卷宗收藏之用，如有火灾不利于抢险；三是钢架与钢筋混凝土屋架价格相当，后者寿命更长[2]。

6）瓦料工程

设计规定：瓦料由石湾土窑烧制，采用蓝色琉璃瓦脊及脊兽，大号黄色琉璃板瓦、筒瓦。瓦件尺寸及纹样由主管技士规定，照样定烧。瓦脊和板瓦用1：2水泥砂浆砌结，筒瓦用1：3白灰红坭坐实，并用水泥砂浆抿口。

1933年工务局拟改用橙黄色瓦件，经讨论认为橙黄色不够鲜艳夺目，且市府周边绿树已多，绿瓦亦不宜。而橙黄色瓦件规格太小，"合署高敞，远望而不雅"。最终，特地从北方宫殿借来黄色琉璃瓦样本，

经市长批示后采用[3]。

7）石料工程

设计规定：各座月台地面、台阶均用白蛮石（麻石）铺砌。全部外墙、月台外墙面镶人造假石片（水刷石），用1：2水泥砂浆砌结，图样所绘正面月台式样为须弥座。柱脚（柱础）采用麻石，外立面柱础为仰覆莲。

1931年一楼外墙改用麻石饰面[4]。实际建造时，正面中座门廊内墙用白色意大利批荡（水磨石）[5]。

8）装饰及批荡工程

设计规定：中国图案须由建筑师制定，照大样办理。阑额、雀替用白水泥与马唛英坭批荡，照图案上色。柱子用1：2水泥砂浆和深红色银铢批荡。内墙、天花分别先用半寸厚1：1白灰红坭（每3立方尺泥浆加一磅掺禾草碎）、纸根灰打底找平，再用1：2白灰砂浆批荡。各处墙脚用水磨石制作踢脚一度。

1933年林克明因市府形象"关

① 见历史档案[11]。
② 见历史档案[4]。
③ 见历史档案[12]。
④ 见历史档案[13]。
⑤ 见历史档案[10]。

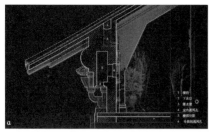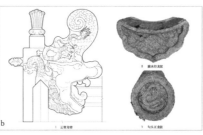

图 4　广州市府合署材料与工法
a. 基于三维激光点云的檐部构造大样图；b. 屋脊、瓦件纹样；c. 水磨石、水刷石细部构造
图片来源：作者自摄、自绘

系中外，观瞻颇巨"，提出柱子改用水磨石批荡，"以期美观"[1]。阑额、雀替也采用彩色水磨石批荡，具体做法为在基底上用半寸厚 1：2 水泥砂浆找平刮毛，再批荡半寸厚石子浆（颜料粉、水泥和细石碎混合），干透后表面磨光。由于本地灰水有脱色问题，改用外国灰水批荡斗栱、飞椽，为"永久性建筑所宜用"[2]。

2. 现场查勘所见材料与工法

经现场查勘广州市府合署实际采用的材料与工法如下。

1）地基地台工程

本次查勘选取该建筑正面中座北侧一处开挖检测，其建筑基础为柱下钢筋混凝土独立基础，与历史记载相符。

2）钢筋混凝土工程

部分飞椽与屋面板仅通过一条预埋钢筋相连，飞椽仅配两条钢筋，部分无箍筋拉结。东西边后座飞椽中的煤屑粒径为 5~20mm，大小不均。

每个天窗上方屋面板设 4 个采光口，上盖亮瓦[3]，增加坡屋顶内部空间采光。檐部空腔对应的室内

墙面设置 160mm×300mm 通风孔，且拱眼壁下方均开 230mm×320mm 洞孔，两孔通过空腔相连而起到室内外空气交换和通风效果（图 4a）。

3）坭水工程

该建筑所用机制红砖规格为 220mm×95mm×45mm，砂浆厚度为 15~25mm。二至四层外立面砖墙一皮全为延伸砖，一皮全为露头砖，逐层交替砌叠，为"英国式砌法"（English Bond）；五层外立面砖墙每一皮都为延伸砖与露头砖间隔排列，上下皮延伸砖中线与露头砖中线重合，为"佛兰芒式砌法"（Flemish Bond）[4]。

全面揭瓦后发现长廊屋面两侧分布有檐沟，檐沟在屋面交接处有下水口，但被煤渣混凝土填埋。在部分下水口对应的室内发现陶制下水筒，但并未与檐沟连通，推测为施工中填埋，屋面排水系统并未按设计完成和使用。

4）木料工程

正面中座三层外立面用柚木窗，其余外立面用钢窗。木门、木窗格心用棂条划分为六角交心纹样，棂

条截面为"十"字形，内外两层棂条中夹小块半透明有机玻璃片。

5）铁料工程

天窗洞口四周用混凝土砌高 160mm 的反梁，天窗覆盖于反梁上，稍高于瓦面。天窗下部窗扇固定，上部窗扇可经固定于内墙的手摇传动装置上悬开启，增加室内通风。

6）瓦料工程

市府合署的瓦色经过多次讨论，最终采用"绿剪边金黄琉璃瓦"[5]，琉璃瓦件纹样为清官式，屋面正脊吻兽、垂兽均为龙纹，勾头纹样为正龙，滴水纹样为行龙（图 4b）。采用了琉璃瓦帽，却并无瓦钉，仅在瓦帽内满填砂浆将其黏结于勾头，瓦帽并未起固定瓦件的作用。板瓦下水泥砂浆厚度从檐口至屋脊由 70mm 逐渐变为 50mm，通过砂浆厚度调整瓦面坡度。

7）石料工程

首层外立面麻石表面错缝相叠，由下至上微微向内收分，并在二层底部凸出石带，形成台基特征。但东西边后座北侧和内庭侧首层立面为水刷石批荡。正面月台立面采用

---

① 见历史档案 [14]。
② 见历史档案 [8]。
③ 即玻璃板瓦，传统岭南民居中常见，用于补充室内采光。
④ 如砖的长边与墙面平行称之为延伸砖（条砖），与墙面垂直则称之为露头砖（丁砖），见参考文献 [10]。
⑤ 此剪边不同于传统瓦作"剪边"，将绿色琉璃屋脊作为金黄琉璃瓦面的"剪边"。林克明：市府合署的屋顶采用绿剪边金黄琉璃瓦，与纪念堂大片的蓝琉璃瓦形成强烈的气氛对比，使得两组建筑既有协调统一的构成要素，又各具特色，见参考文献 [8]。

图 5　广州市府合署现状残损情况
图片来源：作者自摄

麻石雕刻出清式须弥座造型。白蛮石柱脚均为覆莲纹样。

8）装饰及批荡工程

二层至檐部外立面采用灰色水刷石批荡，表面为 300mm×600mm 矩形错缝相叠，分缝宽度为 2~5mm；二层与三层钢窗间采用黄色水刷石墙塑，外凸边带塑出如意云头纹。揭取下水刷石批荡层发现有黄泥砂浆结合层，砖墙外立面先用 20mm 厚禾草黄泥砂浆批荡层找平，再批 5mm 厚水泥结合层，最后铺 2mm 厚石子层。各处水刷石批荡所用石子材质、粒径和分缝宽度存在差异。

柱子采用红色水磨石批荡。阑额、雀替则用彩色水磨石批荡，采用简化的清式和玺彩画和旋子彩画纹样。阑额水磨石批荡的构造层较薄，先用 15mm 厚水泥砂浆打底找平，再用 10mm 水泥浆作结合层，最后分区铺设 5mm 厚不同颜色的石子浆。不同部位的水磨石批荡所用石子材质、粒径和密度稍有差异（图 4c）。

飞椽、斗栱基底为混凝土，底层残留有民国时期报纸，再用灰浆批荡平整，面层采用矿物颜料涂饰。

两梁交接处采用内凹边带刻出如意云头纹，局部用水泥预制覆莲造型边带装饰，再用黄泥砂浆固定于天花四周，均用矿物颜料涂绘。

四、从现状查勘看材料与工法的合理性

1930 年为评选出广州市府合署方案，社会各界代表组成的委员会提出的三大评判标准为"实用：空气流通、光线充足；适合经济能力：用料经济；美观：能表现本国美术建筑之观念、性质永久"，与其建造准则高度契合[1]。结合现状查勘，笔者对广州市府合署建筑材料与工法的使用效果进行分析（图 5）。

1. 地基地台工程

经结构查勘，广州市府合署所在地坪未发现有明显不均匀下沉，上部结构构件未发现有因地基不均匀沉降而引起的变形、开裂等损坏情况。

2. 钢筋混凝土工程

经结构安全鉴定，建筑主体结构保存良好，现状混凝土强度为 C20~C30，部分构件箍筋不足，整体安全性基本满足使用要求。该建筑建造于 1930 年代，恰为中国近代建造技术转变的高潮时期[2]，其采用的钢筋混凝土框架体系是当时较成熟的新式建造技术。同时，建筑章程和图样对水泥、混凝土和钢筋的用前检测、材料配比、施工监理等环节作出明确规定，保障了主体结构的施工质量。

飞椽椽头存在不同程度的断裂、缺损，钢筋暴露、锈蚀严重，主要是由于飞椽不起结构支撑作用而减少配筋，并采用质量轻、强度低的煤屑混凝土。但檐口雨水冲刷严重，加之煤屑吸水性强，导致内部钢筋受潮锈蚀、膨胀，从而引起椽头混凝土脱落、断裂。虽然上述做法有利于降低造价，但其耐久性和耐候性较低，给后期修缮造成困难。

檐部空腔设计赋予建筑构造通风作用，并配合天窗、采光口，在

① 见历史档案 [15]。

② 见参考文献 [2]。

③ 见参考文献 [10]。

一定程度上解决了坡屋顶内部空间的采光通风问题，可视为追求中国式样而采取的补救措施。但并没有建立完善的采光通风系统，采光口和通风口作用有限而被部分后期封堵，仅内庭侧屋面设天窗而外侧办公室仍无法自然采光，牺牲了部分空间的实用性。

3. 泥水工程

砖墙没有出现大面积开裂、坍塌、风化酥碱等残损，基本满足建筑围护功能。建筑所用砖料均为机制砖，生产线引自德国，由霍夫曼窑烧制而成，其边角规整、强度高[①]。广州市府合署外墙基本采用英国式砌法，相比于林克明设计的中山图书馆、国立中山大学法学院所采用的佛兰芒式砌法，虽然露头砖数量增多而增加造价，但其墙体结构的稳定性较好。

建筑没有建成排水系统，由于坡屋面高而陡，雨水经屋面自由排落，对行人出入造成不便，并且伴随较大噪声，对室内办公人员亦造成一定影响。同时，雨水经屋面加速长期冲刷月台，再经台阶排走，部分雨水淤积于月台，造成了月台、台阶麻石铺地水渍污染明显，存在局部开裂和缺损问题。

4. 木料工程

木门、木窗无明显缺损、断裂，仅表面涂料脱落，有机玻璃片污染积灰。木门、木窗采用柚木制作，柚木硬度高、耐磨耐腐，经三层油漆保护，并配进口铜制成品五金件，至今其整体质量和稳定性较好。

5. 铁料工程

原有钢窗玻璃片在日本侵华时被全部震碎[①]，现状钢窗因缺失玻璃而失去围护功能，且构件锈蚀、缺损严重，部分五金构件遗失、断裂，窗扇无法正常开合转动。天窗钢材锈蚀，部分玻璃开裂，开启装置多处滑丝、锈蚀，导致天窗无法正常开启，且天窗与窗洞连接处防水措施不足，引发屋面出现雨水渗漏问题，周边天花、墙面污染明显。采用钢窗和天窗是出于"空气流通、光线充足"的实用性考虑，但是二、三层钢窗和天窗的窗扇面积较大而重，窗框细且易锈，给后期使用和维护带来了不便。并且采用大面积通透玻璃的做法显然不适用于酷暑绵长的岭南地区，导致后期常拉窗帘或加装遮阳棚，反过来又影响了内部房间的采光。

6. 瓦料工程

建筑直接采用琉璃瓦件以延续传统瓦面之特征，但瓦件釉面的耐久性不佳，琉璃瓦脊、瓦面普遍存在表面脱釉、污染、开裂问题，后期采用涂料覆盖。板瓦采用水泥砂浆砌结，对后期更换瓦件造成困难，且砂浆含泥沙较多，易随雨水流失，引起瓦面凹凸不平、天沟堵塞，进一步导致植被入侵和屋面渗水。

7. 石料工程

二层底部外凸麻石边带无防水措施，雨水长期冲刷造成水渍污染、局部开裂。

8. 装饰及批荡工程

外墙水刷石批荡普遍存在裂缝、崩缺和空鼓问题，且多处存在明显"补丁"，应为后期修补痕迹。水刷石批荡与外墙采用了黄泥砂浆结合层，黄泥砂浆与表层水泥石子浆结合紧密，而与砖墙面，特别是平整的混凝土柱面黏结力较弱，导致水刷石饰面与外墙结合不牢固，存在"空鼓"问题。

阑额、雀替、柱子等水磨石彩画保存状况较好，仅有局部细小裂缝。水磨石的水泥砂浆与混凝土基底、石子浆结合紧密，表面硬度高而不易剥落和开裂，且气孔小而密，具有防潮性能[②]，对内部混凝土起到较好的保护作用。

飞椽、斗栱矿物颜料彩绘斑驳、脱落严重，后期采用进口油漆直接在原饰面层重新涂绘。涂料不能对基底起到较好的防水防潮作用，且底层报纸易吸水，水汽通过混凝土毛细现象进入内部，加剧钢筋锈蚀、膨胀，进而导致混凝土基体开裂、缺损。

水磨石批荡和颜料涂绘都是为重现中国传统木构建筑彩画而采用的现代装修工艺，水磨石的使用效果明显优于颜料涂绘，例如中山纪念堂的斗栱便采用了水磨石批荡[③]，

---

① "本工程的结构十分牢固，日本侵华时，在距建筑六七米处投下过一枚炸弹，炸弹爆炸将大楼的玻璃全部震碎，但建筑物却丝毫未出现裂缝及漏水"，见参考文献[7]。
② 见参考文献[11]。
③ 见历史档案[16]。

其保存状况良好。但是水磨石造价远远高出颜料涂绘数倍，这对当时的很多建筑工程来说是难以承担的，因此林克明在其后设计的"中国固有式"建筑中取消或简化了斗栱，以节省材料和加快施工进度①。

五、结语

通过梳理分析广州市府合署建筑材料与建造工法可知，其采用的钢筋混凝土框架结构体系和装修工艺基本为近代外来传入的建筑材料和建造技术，仅局部沿用了本土材料，实现了采用建筑新法以建造中国式样之建筑。同时，广州市府合署是林克明探索"建筑传统的继承与革新"的起点，其在岭南乃至我国近代建筑中占有重要地位，从侧面印证"中国固有式"建筑的实践对于推动我国建造现代化所起的积极作用②。

梳理设计变更的类型可知，大量的变更集中在饰面及批荡工程，反映出西方近代新型装饰工艺在"中国固有式"建筑中的运用尚在探索③。一方面，受到经济、环境因素等的制约；另一方面，包括林克明在内的大量近代建筑师都在尝试以各类材料与工法表达中国式样，如马赛克、彩釉陶砖、新型涂料等，促进了设计师个人风格的形成，一定程度上又推动了装饰技术的发展。

参考文献

[1] 赖德霖. 中国近代建筑史研究 [M]. 北京：清华大学出版社，2007.

[2] 李海清. 中国建筑现代转型 [M]. 南京：东南大学出版社，2004.

[3] 彭长歆. 现代性·地方性：岭南城市与建筑的近代转型 [M]. 上海：同济大学出版社，2012.

[4] 冯江. [城市笔记：之二十七] 乙未小雪对谈 [J]. 建筑师，2016（4）：78-88.

[5] 傅朝卿. 中国古典式样新建筑：二十世纪中国新建筑官制化的历史研究 [M]. 台北：南天书局出版社，1993.

[6] 郭伟杰. 筑业中国：亨利·K.茂飞的"适应性建筑"1914—1935[M]. 北京：文化发展出版社，2021.

[7] 杜汝俭等. 中国著名建筑师林克明 [M]. 北京：科学普及出版社，广州分社，1991.

[8] 林克明. 建筑教育，建筑创作实践六十二年 [J]. 广州：南方建筑，1995（2）：45-54.

[9] 刘虹. 岭南建筑师林克明实践历程与创作特色研究 [D]. 广州：华南理工大学，2013.

[10] 张锳绪. 建筑新法 [M]. 上海：商务印书馆，1910.

[11] 赵芸菲. 广东近现代民族形式建筑彩画饰面研究 [D]. 广州：华南理工大学，2013.

[12] 薛颖. 近代岭南建筑装饰研究 [D]. 广州：华南理工大学，2012.

[13] 行将建筑之本府合署 [J]. 广州：广州市政府市政公报，1930（354）.

[14] 程天固论建筑广州市府合署及其地点 [J]. 广州：广州市政府市政公报，1930（359）.

[15] 市府新署筹建之经过 [J]. 广州：广州市政府新署落成纪念专刊，1934：1-5.

[16] 广州国家档案馆. 另据呈报市府合署工程应将原定角铁金字架改为钢筋三合土架及缴蓝图算书仰遵照分别办理由等 [G]. 全宗号33，目录号3，案卷号223-1.

[17] 杨锡缪. 建筑文件 [J]. 上海：中国建筑，1933（4）：37-40.

[18] 彦记建筑事务所. 广州孙中山先生纪念碑工程章程 [Z]. 上海：彦记建筑事务所，1927.

[19] 广州国家档案馆. 广州市政府合署建筑章程等 [G]. 全宗号4-01，目录号7，案卷号8-2.

[20] 广州国家档案馆. 市府合署东西后座三合土十字顶天面工程章程等 [G]. 全宗号4-01，目录号7，案卷号6-3.

[21] 广州国家档案馆. 改建合署正座四五楼平面图 [G]. 全宗号4-01，目录号7，案卷号8-1.

[22] 广州国家档案馆. 第一期工程增加特别工料数列 [G]. 全宗号4-01，目录号7，案卷号5-2.

[23] 广州国家档案馆. 呈覆遵令转饬承商对于建筑市府合署采用钢窗由 [G]. 全宗号4-01，目录号7，案卷号4-5.

[24] 广州国家档案馆. 呈报市府合署拟改用橙色瓦筒为仰仍采用黄色毋庸更改 [G]. 全宗号4-01，目录号7，案卷号4-6.

[25] 建筑市府合署一律改用白蛮石案 [J]. 广州：广州市政府市政公报，1931（389）.

[26] 广州国家档案馆. 呈为市府合署全座圆柱及半圆柱工作面谕改造核计价值增加极多，恳照数给补给藉恤商艰而利工程事 [G]. 全宗号33，目录号3，案卷号223-3.

[27] 提议组织市府合署图样评判委员会案 [J]. 广州：广州市政府市政公报，1930（349）.

[28] 崔蔚芬. 广州中山纪念堂施工实况 [J]. 上海：工程，中国工程学会会刊，1932，7（4）：414-429.

---

① 见参考文献 [7]。
② 见参考文献 [7]。
③ 见参考文献 [11]。

被侵占地建筑组织与专业人员的活动
——以日据时期鞍山钢铁厂及市街建设为例

赵子杰　徐苏斌　青木信夫

国家自然科学基金项目（51878438）、国家社科基金艺术学重大项目（21ZD01）资助。

赵子杰，天津大学建筑学院博士研究生。邮箱：624222395@qq.com。
徐苏斌，天津大学建筑学院教授，天津大学中国文化遗产国际研究中心副主任。邮箱：1421750993@qq.com。
青木信夫，天津大学建筑学院教授，天津大学中国文化遗产国际研究中心主任。邮箱：nobuoak@gmail.com。

摘要：鞍山钢铁厂早期工业遗产既是世界工业革命以后技术传播的重要见证，也是中国建筑近代化"被动受容"的典型代表。本文通过对 1916 年至 1945 年日据时期鞍山钢铁厂及市街都市化建设进行历史分期，从建筑组织—人—物证的角度解构近代专业技师与被侵占地都市、建筑现代化的关联，并对不同时期建筑技师扮演的角色与目的，以及形成的工业依赖性殖民社会与都市空间进行解析。

关键词：鞍山钢铁厂；殖民现代性；建筑组织；专业；工业依赖性社会

一、研究背景

1904 年日俄战争的胜利使日本侵略者获得了包括中国旅顺、大连租借地与"南满铁路"及其附属地的治理权，开始了日本在中国东北部长达 40 年的殖民统治与建设，至此殖民主义成了中国东北部城市近代化的主要推动力之一。为了适应殖民统治需求，以"南满洲铁道株式会社"下属建筑组织为核心的日本建筑师们实际掌握了所谓"满铁附属地"的侵占地都市计划与建筑设计主导权，并将东北作为其实践西方现代主义建筑思想、技术的试验地。鞍山制铁所及市街计划正是在这种"被动受容"[1]的殖民主义背景下逐步被设计与实施的。

建筑与土木技师组织的专业化是近代史研究的重要课题，一方面西泽泰彦等建筑史学家指出殖民地建筑组织与建筑师作为传播中介将宗主国文化与西方现代主义知识体系引入被殖民地都市建设之中[2]。徐苏斌、沙永杰等则强调了中、日近代社会背景下外聘、留学以及殖民地建筑师对技术移植与发展所起的重要媒介作用[3-4]。另一方面研究专业史的学者进行历史分析后指出，职业与职业团体的建构事实上是国家形构过程的一部分[5]。徐小群在其《民国时期的国家与社会》一书中将 20 世纪初期上海自由职业群体的成立与发展认为是中国近代化转型的重要衡量标准。英国学者托伦斯·约翰逊（Terrence J. Johnson）在《自由职业与权利》殖民地职业群体形成的研究中则指出殖民地政府对于职业团体的管理与职业制度的制定，往往比宗主国政府更加投入，以便细密地控制被殖民地社会，并以"专业"之名掩盖政治意图[6-7]。

2019 年 10 月经国务院核定公布，鞍山钢铁厂早期建筑入选第八批全国重点文物保护单位，入选遗产既包括了日据时期昭和制钢所本社办公楼、一号高炉等带有殖民掠夺印记的工业遗址，又包括了新中国"一五"计划建设的二烧车间、东山宾馆群等民族遗址。近代鞍山由于"他者"的入侵，造成了建设主客体长期分离的割裂状态，为了强化主体连续的集体记忆与中华民族共同体特色的建筑遗产话语，需要对日据时期殖民规划者与建设者的身份、目的以及构建的殖民城市空间进行思考与批判，进而在保存遗产物理层面的同时，联结客体营造与主体记忆的互动，增强市民对于近代历史中殖民城市阶级隔离与剥削本质的认识[8]。鞍山作为日本帝国主义侵略中国后完全自主规划建设的工矿城市，则是探究殖民者设计意图的重要实例。

二、初创期（1916—1923 年）

1. 建筑行政部门的变迁

1916 年 9 月，"满铁本社"于大连沙河口工场内设临时设计系，12 月设立制铁所创立委员会，两者共同负责鞍山制铁所工厂的前期建设筹备工作。次年 3 月，由八幡制铁所工程师八田郁太郎任负责人的鞍山工场准备系取代制铁所创立委员会，负责土地收买、经营与职员培训。4 月，本社总务部设置立山临时工事事务所，下设线路系、土木系与建筑系，分别负责铁路、土木给水及建筑工事的施工与监督。7 月，沙河口工场设计系改称临时建设科，负责鞍山工厂设备与材料机械的采购。随后沙河口工场临时建设科与鞍山工场准备系于 1918 年 3 月合并成立鞍山制铁所[9]。1918 年 5 月鞍山制铁所分课组织决议正式设立工务课营缮科，下设建筑系、土木系与铁路系，主管制铁所建筑土木工程材料、机械的采购、现场施工与工事修缮。事实上，鞍山制铁所早期工厂、社宅、铁道与土木设施的设计规划均由"满铁总务部技术局"各课直接设计与指导。1917 年"满铁总务部"设置鞍山工事系办事处，作为建筑课管理鞍山工事建设的临时驻场机构。1920 年 2 月正式成立鞍山工务事务所[1]，直至 1923 年建设权限移交鞍山制铁所管理，成立制铁所工事事务所，全权负责制铁所土木建筑工事（图 1）[10]。

2."满铁技术局"主导的早期建设

据《"满洲"开发四十年史》记载，这一时期鞍山工厂建设计划主要由"满铁技术局"建筑课小野木孝治、横井谦介、青木菊次郎、弓削鹿次郎、狩谷忠麻等人负责，另有安井武雄、小野武雄负责社宅设计[10]，建筑施工监理亦由"满铁总部"建筑课小黑隆太郎、出利叶喜一郎、仮屋薗盛一带领的现场机构负责[11]。水道设计由"满铁"土木课长加藤与之吉主持[12]，市街建设由佐藤应次郎主导，小野木孝治亦有指导。关于"满铁"建筑课对于鞍山制铁所的影响亦可从建筑课的业务范围变化得到验证，依照"满铁"建筑组织的分课规定，建筑课业务仅仅限于住宅的兴建与修缮事宜[13]，但实际上根据"满铁"建筑课施工监理仮屋薗盛一的回忆，从 1918 年始建筑课主管的业务范围已经包含卫生、煤矿、制铁、病院、旅馆与社宅等建筑物的兴建事宜[14]。同时从设计人员的经历可以看出，技师多有日本、中国台湾或东北的丰富工作经历，且多出身于东京帝国大学工科大学土木与建筑学科[15]。

3. 土木、房地产与建材业的兴起

制铁所的土木工事建设工作均由日本土木营造商承包。菅原工务所负责制铁所场地工事，大仓土木组负责制铁所各建筑工事，吉川组负责水源地开掘和蓄水池；饭塚工程局负责高炉基础工事，间组负责制铁所至矿区间铁路支线建设，其他参与施工的土木商有志岐组与久保田组等。市街建设则由高冈组负责学校建设，大仓土木组、长谷川组、三田组负责社宅建设[16]。这些土木商均有丰富的建设经验，是日本殖民者在中国东北最早设立的一批土木商。与此同时，鞍山出现了由日本财团控制的大型房地产公司，主要负责制铁所代用社宅的建设与租赁。同时期房地产公司还有"康

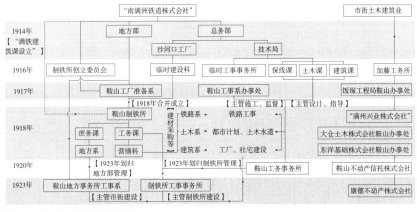

图 1 初创期鞍山建筑组织沿革
图片来源：作者自绘

① 早期制铁所对鞍山市街设施的经营拥有一定的管辖权，由其下设机构庶务课地方系负责。至 1920 年 4 月制铁所地方系一应事务关系交由"满铁"地方部管理，当年包括市街地土木设施、社宅等共计 793 万日元的"满铁"投资转入地方部。1923 年 5 月"满铁"地方部鞍山地方事务所正式成立，首任所长为原制铁所庶务课课长横田多喜助。事务所下设工事系，全权负责鞍山市街土木建筑工程、上下水道等建设事务，代表着制铁所与市街管理建设权的正式分离。

德不动产株式会社"、鞍山不动产信托株式会社等。鞍山亦成立了大量从事建材生产、买卖的会社，如"满洲兴业会社鞍山炼瓦工厂"、立山炼瓦制造合名会社、鞍山窑业株式会社、鞍山建材株式会社等[17-22]，主要生产建设民用建筑的红砖，制铁所工厂专用耐火砖则由 1916 年建设的"大连满铁中央研究所满洲窑业试验工厂"制造供给。

4. 总结

这一时期"满铁"殖民者对鞍山矿区与土地的收买基本完成。临近铁路与矿区，以西北为工厂、南部为社宅的工矿城市规划建设初具雏形，整体建设基本以制铁所为主导，表现出强烈的工业依赖性（Dependency）殖民特征。建设组织虽因"满铁"内各部门管辖权的更迭与冲突而略显混乱，但基本建设工作仍以"满铁"建筑课为主体。在地方事务所成立后，工厂与市街建设权限逐步明确，经济、行政、建设事权，始趋统一。同时出现了以"满铁"社宅建设为中心的公私建筑、房地产业。

三、复苏期（1923—1932 年）

1. 制铁所工事事务所主导地位的确立

1923 年随着日本军国主义对于钢铁的急迫需求以及鞍山贫矿技术的解决，一度因钢铁业低迷而被称为"死亡之都"的鞍山开始了新一轮建设活动。以盐田忠藏为首的制铁所工事事务所建筑系，负责了本阶段制铁所内一系列建设工作，设计并监理了第三高炉铸铁工厂、化

学试验厂、社员消费组合、副产物工厂增筑等工事。系内建筑技师包括佐古宇吉、卜藏淳良、牟田正直、藤井武夫、田中禾等。1930 年 9 月，制铁所工事事务所被"满铁"本社以整合技术力量为由，将其人员关系移交"满铁"鞍山地方部事务所管理，制铁所建筑系长盐田忠藏返日，职员卜藏淳良、佐古宇吉、牟田正直、藤井武夫、田中禾等一批"满洲建筑协会"成员工作单位则从制铁所变更至鞍山地方部工事事务所建筑系或大连、奉天等其他工事事务所，原地方事务所工事系出利叶喜一郎调往"满铁"大石桥工事系。次年因地方事务所与制铁所所属关系地位的矛盾以及事务联络不便等问题，"满铁鞍山工事事务所"解散，所长狩谷忠麻调回"满铁"总部，建筑系长山县嘉一调任大连铁道事务所，工事事务所重归制铁所管辖[23]。

2. 制铁业的复活——选矿厂建设

鞍山制铁所 1923 年选矿工厂的建设计划是复苏期土木建设的开端。由于钢铁价格的持续低迷，贫铁矿的处理问题成为制铁所亟待解决的任务。1923 年临时研究部梅根常三郎研发的贫矿处理技术试验成功，10 月由日本著名土木矿山工程师、制铁所所长梅野实主导，以选

矿工厂建设为中心，共计 1100 万日元的制铁所扩张计划获批。工事事务所负责绘制施工图面，并于次年 4 月开工。在充分考虑工业流程要求与场地现状后，选矿厂选址于距高炉 1200m 处的日暮山上。工厂建设配合生产流线与山形起伏，原料入口处距海平面高 55m，成品出口处高 37.5m，由碎矿设备、焙烧还原炉设备、选矿厂设备、团矿设备以及传送设备组成共计 9474.5m^2 的钢骨砖墙结构工厂[24-25]（图 2）。

3. 市街建设——私人土木建筑业的复苏

复苏期市街建设活动的特征是由私人建筑事务所负责设计的市街公共建筑工事增多，特别是"满铁"在 1925 年实行设计社外委托制度后，众多土木工事被委托给私人事务所，其中以大连小野木横井共同建筑事务所 1927 年设计的"满铁鞍山医院"最具代表性。据"满洲建筑协会"理事高冈又一郎回忆，鞍山医院的土木工事由其与久留弘文 1922 年成立的高冈久留工务所负责施工，同时期工务所还承担了鞍山发电厂的施工。1926 年设立的山崎英武工务所则是鞍山本地工事事务所的代表，其创始人山崎英武于 1924—1926 年、1929—1930 年连续

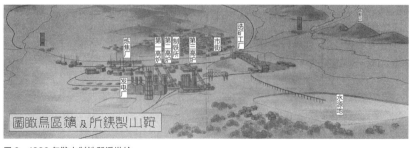

图 2　1930 年鞍山制铁所浮世绘
图片来源："南满洲"铁道株式会. 鞍山製鐵 [EB/OL]. 彦根：滋贺大学经济经营研究所藏 .1-F-1440，1923-04[2021-05]

担任"满洲建筑协会"鞍山评议员，并长期作为"满铁制铁所工厂"、铁道与市街土木工事的指定承包商。据统计，至1932年鞍山至少有17家从事建筑设计、施工的私人公司，并有11家从事建材砖瓦、木材、钢材、水电以及施工器具买卖与制造的公司，私人土木建筑业就此复苏于鞍山的建设之中，但这些公司均为日本人开设，并服务于日本人的日常生活建设。

4. 总结

《"满洲"日日新闻》称这一时期为"鞍山与制钢业的复活"[26]，至此制铁所逐渐从经济危机的阴影中走出，但这一阶段建设仍主要以制铁所工厂建设为主，市街建设仍处于初步发展阶段，建筑工事以"满铁"投资的医院、学校等公共设施建设为主，出现的私人建筑公司也主要服务于"满铁"建设。但从建筑从业者的增加与公共设施的完善等迹象，表明鞍山已处于从早期工厂驻地向现代化殖民都市的过渡阶段。另外从选矿厂建设的急迫程度与对鞍山发展的影响，可以看出制铁事业对于殖民者的重要性，建设鞍山的目的纯粹为进一步侵占铁矿资源，并为日本帝国主义进一步侵略中国而进行物质准备。

四、高潮期（1933—1945年）

1. 建筑组织变更

"如火熄灭般寂寥的鞍山突然恢复了灿烂的光芒"，《"满洲"日报》以"铁都鞍山进行曲"为题介绍这一时期鞍山的建设情况。随着1933

年昭和制钢所正式接管鞍山制铁所以及伪满洲国成立后东北都市化建设的政治需求，鞍山迎来了土建业的黄金期。在1933年昭和制钢所第一次组织分课中，将原制铁所工事事务所改设为工务部工事事务所，设土木系与建筑系，由失野氏任所长，具户氏、户胜氏先后任建筑课长，负责昭和制钢所本社及迎宾馆的设计与建造。1937年工事事务所改称工务部工事课，聘请"满洲建筑协会"理事、横井建筑事务所建筑师草野美男为特约顾问，每周于鞍山工作四日，至1938年正式聘为工事课课长。草野本人精于钢筋混凝土结构计算与大跨建筑设计，负责了1937~1945年制钢所内部众多工事的设计与建设，包括迎宾馆扩建工程、昭和制钢所附属医院、消费组合与武道场等。1938年工事课改制为建设局土木部，1943年制钢所撤销并划归于"满洲制铁株式会社"，重组后的土建部仍由草野美男任次长[23]。此外昭和制钢所关系会社的大量建设亦招揽了众多建筑技师来鞍工作，如"满洲"住友金属藤原弘二以及鞍山钢材会社技师长德山寿人等。

市街建设方面，1933—1937年仍由"满铁鞍山地方事务所"工事系负责，据"满铁"技师藤田贞雄回忆，在地方事务所工事系长泷村盛利、建筑课贝通丸秀雄的指导下其与中岛繁完成了鞍山妇人医院、高等女学校、消防署以及大量的住宅设计、监理工作[14]。1937年随着"满铁"地方部撤销，"满铁"权力进一步被削弱，原地方事务所工事系技师多转往"满铁"各地铁路局工务处，如泷村盛利转入大连工事事务所，藤田贞雄转入沈阳铁路总局建

设局计画科（图3）。

2. 活动频繁的建筑师与土木建筑商

高潮期鞍山建筑技师的人员调动呈现两个特征：一是调动频繁程度的增加，1931、1932年随着"满铁鞍山工事事务所"的解散，大量技师调离鞍山，而1933、1934年开始每年转入人数却开始迅速增加。这样的趋势现象，表明了鞍山都市化进程的提速对土木与建筑专业者需求的增加。二是建筑师所属职业背景的变化，1933年前"满洲建筑协会"会员在鞍山的调动基本以"满铁"职员内部调动为主，而1933年后，私营土木、建筑商中任职的协会会员比例迅速上升至50%以上，大量私营会社技师涌入鞍山。建筑师人数与职业背景的变迁增长，实质上与鞍山市街建设发展

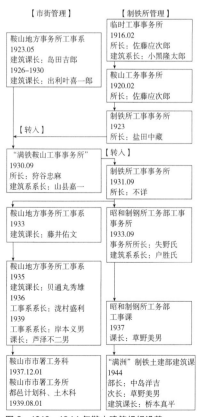

图3　1916—1944年鞍山建筑组织沿革
图片来源：作者自绘

扩张的脉动息息相关。此外私营企业建筑师的增加表明了此时殖民理念与技术体系的传播方式从殖民官方机构政治性强制执行到由民间建筑师生活性引鉴的逐步转变。此外，随着"满铁"对于制铁所的控制权受到来自军政府及其他财阀的挤压与挑战，昭和制钢所成为独立法人机构，其工务处建筑技师不再由"满铁"职员调任，1932—1934 年"满洲建筑协会"鞍山评议员中没有"满铁"职员亦反映了这一现象。1933、1934 年同样是私营土木建筑商入驻鞍山的高潮期，包括大仓组、吉川组、高冈组、福井高梨组、伊贺原组、大林组等建筑土木商鞍山办事处相继成立①。

3. 全产业链的"钢铁王国"

高潮期昭和制钢所逐步建成了以冶铁炼钢为中心的重工业体系。制钢所内部形成采矿作业—选矿作业—冶铁作业—焦炭作业—副产物作业的行业产业链。外部联合各财阀及工业会社成立一系列上下游关系企业②[23]。鞍山市街建设最为显目的特征则是商业、政府、公共服务建筑的大量增加。政府机构包括新的"满铁鞍山地方事务所"办公楼、鞍山市公署以及各类学校、社宅。商业建筑代表包括横井建筑事务所 1934 年设计的"满洲银行鞍山支行"、正金银行鞍山支行、铁都鞍山商店组合等。1938 年为了配合高潮期昭和制钢所增产计划，由伪满

洲国中央政府及鞍山市公署制定了50 万人口目标的"鞍山市第一期都邑计划"③，都邑计划共五年（1938—1942 年），总投资 700 万日元，第 1 年由伪满洲国政府发售鞍山公债共 200 万日元，其后每年由东洋拓殖株式会社借贷 100~200 万日元不等。

4. 小节

"满洲"建筑协会编辑人近藤信宜在 1934 年 2 月发行的《"满洲"建筑》杂志中称昭和制钢所的设立为鞍山建设带来了巨大的动力，并以"复兴鞍山的建筑"作为主题，赞扬鞍山都市化建设的显著成绩。这一时期鞍山建设组织结构相对稳定。同时伴随着土木建筑、金融、娱乐、工商业的蓬勃发展，以及公共设施建设基本完成，鞍山逐步形成了明确的都市功能分区（图 4），完成了从工业厂区到以冶铁炼钢业为中心的殖民都市化建设，这一阶段直至 1944—1945 年第二次世界大战末期日本战败为止。

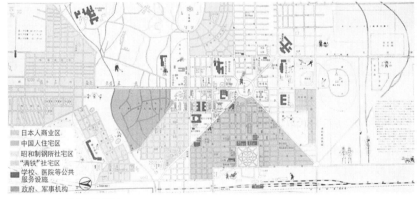

图 4　1945 年鞍山市街地图
图片来源：作者自绘 底图：http://mm39.web.fc2.com/manshu/map2.html

五、结论

如果将日本与英国在东亚殖民地的定位和管理进行比较，英国在东亚的殖民布局注重商业发展，为商业口岸型殖民地，统治较为松散。在官方的建筑组织和机构方面则人员较少，非官方的商业公司自行雇佣的建筑师则具有在东亚城市间流动的特点。而日本侵略者在甲午战争占据台湾后，曾参考英法两国对于殖民地管理的经验，最终选择了类似法国的模式，即将侵占地视为本土的一部分，以同化政策和中央集权的方式进行统治。"满铁附属地"作为特殊侵占地，其注重工业和矿产资源的工业依赖性则更为明显。因而相较于英国的管理，这样的定位和建设目标则注定了殖民掠夺的性质更加直接和明显，也注定需要庞大的建筑组织与研究机构，需要更为专业的素养、更为稳定的人员和平台。这一点在鞍山从中国传统农村发展为大型工矿城市的快速建

---

① 以大林组为例，1934 年至 1939 年相继承揽了昭和制钢所内部铁路、第 9 高炉基础、大孤山采矿所第三储矿厂、第 5~8 号高炉附属储矿厂、"满洲"铸铁所鞍山工厂第一、二、三期工事等。

② 包括"满洲"住友金属工业会社、鞍山钢材会社、"满洲"亚铅镀会社、"满洲"铸钢所鞍山工厂、小野田水泥制造会社鞍山工厂、"满洲"耐火材料会社等。

③ 将鞍山市规划分为 8 类区域，分别是昭和制钢所工厂用地、事务所及住宅用地、（其他）工厂用地、病院用地、学校用地、市场用地、屠宰场用地以及欢乐用地。

设中被充分发挥。

　　日据鞍山近 30 年的建设过程，始终表现出强烈的工业依赖性殖民社会关系，鞍山社会空间建设的进程与方式直接取决于鞍山钢铁厂的兴衰变动。如果说日据时期大连、长春等城市的都市空间建设需要为政治、商业目的服务，那么鞍山都市建设的目的则更为纯粹：以工

矿掠夺为中心，服务于日籍工矿企业社员的异乡生活。这一历史过程实质反映了殖民统治建筑、土木技师活动与殖民掠夺政策的紧密关联性。殖产兴业的近代化经验成为日本军国主义殖民统治的利器，职业化、组织化的技术官僚则在其中扮演了重要的推手作用。易言之，殖民地专业技师在鞍山钢铁厂及市街

建设的真正目标，一方面是加速殖民者对殖民地工矿资源的掠夺；另一方面则是通过殖民地都市化建设，确保其统治的稳定性与权威性。殖民地职业技师在以其专业知识建构都市的过程中，不论其本身的出发点为何，都无法摆脱其殖民掠夺的立场。

参考文献

[1] 徐苏斌 . 关于中国近代建筑发展动力机制的再思考 [J]. 建筑师，2020（01）：96-102.

[2] （日）西澤泰彦 . 南満洲鉄道株式会社の建築組織の沿革について：20 世紀前半の中國東北地方における日本人の建築組織に関する研究るの 3[J]. 日本建築学会計画系論文集，No.457，1994（03）：215-224.

[3] 徐苏斌 . 比较・交往・启示——中日近现代建筑史之研究 [D]. 天津：天津大学，1991.

[4] 沙永杰 ."西化的历史"——中日建筑近代化过程比较 [M]. 上海：上海科学技术出版社，2001.

[5] Macdonald K M. The Sociology of the Professions[M]. London: Sage Publications Ltd., 1995 .

[6] Johnson T J.Professions and Power[M]. London: Macmillan, 1972.

[7] 陈建仲 . 日本帝国主义时期"满洲"建筑协会的形成、发展与影响 [D]. 台南：成功大学，2017：1.

[8] 夏铸九 . 空间再现：断裂与修复 [M]. 上海：同济大学出版社，2020.

[9] （日）淺輪三郎編 . 昭和製鋼所廿年志 [M]. 鞍山：株式会社昭和製鋼所，1940：2, 311.

[10] （日）満史会編 . 満洲開発四十年史（下巻）[M]. 東京："満洲"開発四十年史刊行会，1965：614.

[11] （日）"南滿洲鉄道株式会社"総裁室地方部残務整理委員会編纂係編 . 滿鐵附属地經營沿革全史（中巻）[M]. 東京：龍渓書舍，1977：433.

[12] （日）越澤明 . 伪满洲国首都规划 [M]. 欧硕译 . 北京：社会科学文献出版社，2011：56.

[13] （日）"南滿洲鉄道株式会社"庶務部調査課編 . 南滿洲鉄道株式会社第二次十年史 [M]. 大連："南滿洲鉄道株式会社"，1928：39.

[14] （日）滿鉄の建築と技術人編集委員會編集 . 滿鉄の建築と技術人 [M]. 東京："滿鉄"建築会，1976.

[15] （日）高橋裕，藤井肇男 . 近代日本土木人物事典：国土を築いた人々 [M]. 東京：鹿島出版会，2013：201.

[16] （日）渡辺 . 所謂鞍山製鉄工場 [N/OL]. 神戸大学経済経営研究所，新聞記事文庫，製鉄業（02-034），大阪朝日新聞，1917-08-03[2021-07-05]. http://www.lib.kobe-u.ac.jp/infolib/meta_pub/G0000003ncc_00045313.

[17] （日）大連商業會議所編 . 大連商業會議所事務報告（大正 5 年度）[M]. 大連：大連商業會議所，1916：67.

[18] （日）日本実業商工会編 . 日本実業商工名鑑（昭和 14 年度版）[M]. 大阪：日本実業商工会，1939：55.

[19] （日）"南滿洲鉄道株式会社"興業部商工課編 . 満洲商工要覧（大正 11 年）[M]. 大連：滿蒙文化協會，1922：170-177.

[20] （日）"南滿洲鉄道株式会社"興業部商工課編 . 満洲商工要覧（昭和 2 年）[M]. 大連："南滿洲鉄道"興業部商工課，1927：278-288.

[21] （日）平尾康雄 . 鞍山統計年報（康德五年）[M]. 鞍山：鞍山商工工會，1939：25-28.

[22] （日）帝國商工會編 . 帝國商工信用録：分冊 . 昭和 10 年度版（満洲版）[M]. 大阪：帝國商工會，1935：185.

[23] （日）昭和製鋼所業務課編 . 業務管理資料 [EB/OL]. 東京：一橋大學經済研究所旧満洲製鉄鋼業資料（水津利輔氏旧藏資料），1923-04[2021-03]. https://hermes-ir.lib.hit-u.ac.jp/.

[24] （日）梅根常三郎 . 鞍山制鐵所の特性と日本制鐵界に於ける地位 [J]. 満洲技術協會志，1927，04（19）：149-165.

[25] （日）足立佑一 . 鞍山製鉄所選礦工廠に就て [J]. 満洲技術協會志，1925,02（10）：529-542.

[26] （日）佚名 . 鞍山復活と製鋼業 [N/OL]. 神戸大学経済経営研究所，新聞記事文庫，製鉄業（07-090），"満州"日日新聞，1923-8-18[2021-04-30]. http://www.lib.kobe-u.ac.jp/infolib/meta_pub/G0000003ncc_00049714.

功能、形式与结构的契合
—— 武汉大学早期历史建筑宋卿体育馆解读

童乔慧　董梅雪

童乔慧，武汉大学城市设计学院教授。邮箱：58775289@qq.com。
董梅雪，武汉大学城市设计学院建筑学硕士。邮箱：848684251@qq.com。

摘要：武汉大学宋卿体育馆是全国重点文物保护单位，具有重要的研究价值。建筑设计充分体现了功能、形式与结构的契合，是中国近代"传统复兴式"建筑的典型代表。本文从规划选址和建筑设计两个方面对宋卿体育馆进行解读，以期为我国近代校园体育类历史建筑的保护提供一定借鉴。

关键词：宋卿体育馆；大跨度空间；三重檐歇山顶；三铰拱

一、引言

宋卿体育馆是武汉大学早期历史建筑二期工程[①]的重要建筑，由已故中华民国前大总统黎元洪之子黎绍基、黎绍业的 10 万银圆捐款建设而成，故体育馆以黎元洪的名字命名为"宋卿体育馆"。宋卿体育馆始建于 1935 年，于 1937 年竣工，建筑总面积为 2748m²。建筑设计由开尔斯（Francis Henry Kales）[②] 和景明洋行负责，结构工程师是伯汗·莱文斯比尔（Abraham Lewenspiel）[③]。该建筑的建造历程曲折，历经三次招标，最终总造价 12.31 万银圆，承建方是上海六合公司[④]。

宋卿体育馆是 20 世纪 30 年代中国最高规格的大学体育馆，因其三重檐歇山屋顶、大跨度结构而闻名，其体育馆功能一直延续至今还在使用。19 世纪二三十年代，基于巩固国家政权的政治需求，南京国民政府要求公署和公共建筑采用"中国固有形式"；传教士和教会为传教也追求中国本土风格；现代建筑的发展已呈现燎原之势，折中主义风格却在我国仍旧流行。宋卿体育馆便是在这种复杂的时代背景下竣工，呈现出中西风格的杂糅。

目前有关宋卿体育馆建筑的史料梳理与研究尚有缺乏，因此作者查阅并梳理相关档案文献，从规划选址和建筑设计两个方面梳理宋卿体育馆的建造历程，以期丰富中国近代体育建筑的相关专项研究。

二、宋卿体育馆的规划选址——东西主轴的界定

1928 年随着国立武汉大学筹备委员会的成立，武汉大学的校园规划与建筑设计逐渐拉开序幕。校园选址原定洪山一带，后调整到卓刀泉东湖嘴，最终在聘请的美国建筑师开尔斯的影响下，委员长李四光和委员兼秘书的叶雅各等人达成一致，将国立武汉大学的选址定在武汉东湖的珞珈山、狮子山一带（图 1）。

深受布扎式古典建筑训练的开尔斯将规整的轴线设计运用到武汉大学校园的总体规划上。1929 年夏秋之际的校园规划总图（图 2，深色标注为宋卿体育馆）中以运动场为中心形成三条明确的轴线："医学院—理学院—工学院—水塔"的南北主轴、"图书馆—男生宿舍—大学园"的南北次轴和"体育馆—大礼堂"的东西次轴。此时的规划中，宋卿体育馆位于运动场的西侧并与大礼堂界定了东西向的次轴线。1929 年 11 月

---

① 1930 年到 1932 年为一期工程，1932 年到 1938 年为二期工程。
② 开尔斯（Francis Henry Kales，1882—1957），美国建筑师，武汉大学早期历史建筑总设计师。
③ 伯汗·莱文斯比尔（Abraham Lewenspiel，1899—1979），负责武汉大学部分建筑的结构设计。
④ 上海六合公司，武汉大学二期工程的承建方，1921 年由清华庚款留美李祖贤在上海创建。

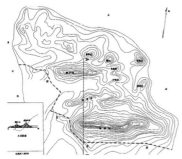

图 1　武昌珞珈山地形图
图片来源：武汉大学档案馆

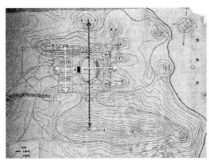

图 2　1929 年夏秋之际校园规划总图
图片来源：武汉大学档案馆

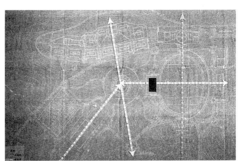

图 3　1929 年 11 月校园规划总图
图片来源：武汉大学档案馆

图 4　1930 年校园规划总图
图片来源：武汉大学档案馆

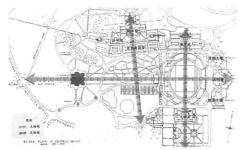

图 5　1936 年校园规划总图
图片来源：武汉大学档案馆

图 6　2021 年校园规划现状图
图片来源：作者自绘

的校园规划总图（图 3）由开尔斯和李锦沛（Poy. G. Lee）[①] 共同设计，东西向的次轴线发生了转折，并与南北次轴交接处形成圆形场地。这份强调校园中心建筑的规划布局在思路上和墨菲（Henry Killam Murphy）[②] 的作品如出一辙，显然是来源于李锦沛曾经就职于墨菲在纽约的建筑事务所的经验[1]。1930 年的规划总图（图 4）中在大礼堂的东侧添加圆形活动场地。这两个版本中，体育馆的位置未发生改变。

直到 1936 年最后一版校园规划总图中（图 5），宋卿体育馆由"体育馆—大礼堂"的东西次轴位置西移到整个校园规划总图的东西轴线上即狮子山的西侧，原先运动场的西侧改为主席台，开尔斯借此举将整个校园的主轴线扭转为东西向，

南北向形成两条次轴线。由此可见，宋卿体育馆位置的变化明确界定了整个武大校园核心建筑群的东西向主轴线（图 6）。

三、宋卿体育馆的建筑设计——功能、形式与结构的契合

开尔斯于 1935 年初已经完成宋卿体育馆的设计图纸。受过严格的西方古典建筑训练的开尔斯采用了新材料、新结构并与中国传统建筑元素相结合的方式，既满足了体育馆本身大跨度的需求，也符合当时南京国民政府的复兴本土文化的理念。值得一提的是，开尔斯 1929 年设计的宋卿体育馆外形概念效果图是中国传统门楼的古典形制——三个拱门的城台上有一座歇山顶的阁

楼（图 7），后来改为与内部结构三铰拱相契合的巴洛克式三重檐歇山样式（图 8）。前者或许是受到同时期建筑师墨菲曾经把建筑底层改为高基座样式的影响，后者的设计手法则展现出开尔斯本人在建筑思想上大胆的变化——功能、形式与结构的契合。

1. 功能——大跨度空间

宋卿体育馆位于武汉大学桂园路与桂园三路交叉路口，紧邻鲲鹏广场和桂园操场，场地内有明显的高差。建筑平面讲究对称，规整简洁，以篮球场为中心，向外拓展一圈走廊，在四角形成附属空间和交通空间。建筑共三层，地下一层（图 9）是健身房、淋浴间和杂物间等；一层（图 10）是篮球场、教师

① 李锦沛（Poy. G. Lee，1900—1968），美籍华裔建筑师，在吕彦直去世后接手中山陵的设计工作。
② 墨菲（Henry Killam Murphy，1877—1954），美国建筑师，金陵女子大学、燕京大学等学校的规划者，参与制定"首都计划"。

休息室、卫生间、配电室等；局部二层是观看比赛的眺望平台。为纪念黎元洪，体育馆内部墙壁上嵌有"宋卿体育馆"的石碑。除此之外，开尔斯在体育馆内还预留了纪念堂并在门外设计圆形喷泉，但因战争等原因并未实施。

由于场地存在高差，西低东高，故建筑西立面为三层，其余立面均为两层。建筑北立面（图 11）靠近鲲鹏广场，最引人注目的是带有巴洛克

风格的涡卷的山墙，入口两侧开挖小天井便于地下一层的采光，同时作为杂物间使用。建筑西立面（图 12）完全对称，左右两侧均有台阶，地上二层形成室外平台可眺望桂园操场，在大屋顶的覆盖下形成缓冲灰空间，两侧均有四角攒尖顶的亭阁。

2. 形式——三重檐歇山顶

宋卿体育馆最引人注目的便是独特的屋顶形式——三重檐歇山顶。

南北侧根据三铰拱结构的形状形成巴洛克风格的轮舵形山墙，东西侧则顺应三铰拱的高度在中间向上抬高两层，形成三层叠落式，同时开侧高窗。这种针对中国传统古建筑屋顶的大胆变形手法显然是开尔斯的首创，形式追随于功能和结构的设计手法与他之前在设计武汉大学理学院时形式占据主导地位的建筑思想有了很大不同。中国建筑师刘既漂认为理学院"光线之坏，不堪设想"[2]，这一点在二

图 7　宋卿体育馆最初概念图
图片来源：武汉大学档案馆

图 8　宋卿体育馆现状图
图片来源：作者自摄

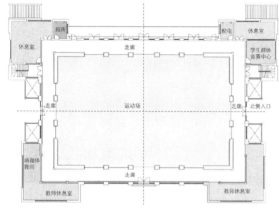

图 9　宋卿体育馆地下一层平面图
图片来源：作者自绘

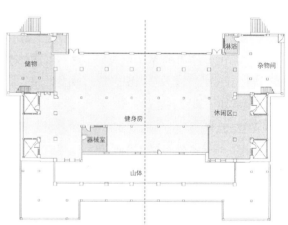

图 10　宋卿体育馆一层平面图
图片来源：作者自绘

图 11　宋卿体育馆北立面
图片来源：作者自绘

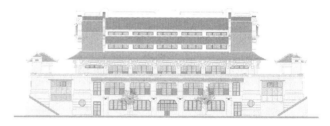

图 12　宋卿体育馆西立面
图片来源：作者自绘

期工程的宋卿体育馆中有了明显的改进，形式退之，功能、结构、采光等占据重要地位。

体育馆的屋面采用孔雀蓝琉璃瓦，山墙上的装饰为简单的云纹等图案。额枋和雀替都是浮雕形式的传统彩画的轮廓，这一点显然是开尔斯和李锦沛等人受到了吕彦直中山陵建筑装饰语汇的影响（图13）。门窗大多采用简洁方正的形状，位于额枋下方的门窗则依据雀替的形式做了弧形的凹角设计（图14）。斗栱类似传统古建筑一斗三升的样式，已经成为纯粹的装饰品且出现斗栱的变形装饰，与传统建筑中起传递荷载和悬挑屋顶等作用的斗栱大相径庭。

3.结构——三铰拱

宋卿体育馆主体结构是钢筋混凝土框架结构。地下一层布置了规整的柱网，运动场部分面阔八柱七间，进深六柱五间，一层则是中间无柱的开敞的大空间，是这座建筑主要功能的承载地。屋顶采用三铰拱钢屋架，屋架由六榀钢桁架组成，整个钢板采用分段钢板铆接而成的方式[3]。屋架檩条作为屋顶的横向联系结构与六榀钢桁架一起组成屋顶的主要结构（图15~图16）。顺势而成的三重檐歇山顶在东西立面上下檐间开天窗，南北立面巴洛克风格的山墙处开弧形的窗户，保证室内的自然通风采光（图17）。

采用西方先进的三铰拱结构，满足了体育馆中间无柱的功能需求，开尔斯将山墙的设计与三铰拱结构很好地结合，形成了东西风格杂糅的独特效果。西方先进的结构并非与中国传统建筑样式生硬地连接，而是以一种十分融洽契合的方式达到了平衡。这一特点是中国近代"传统复兴式"建筑的一大创新点。

四、结语

宋卿体育馆作为武汉大学早期历史建筑之一，是我国建筑风格过渡转型期的中西风格结合的重要结晶。功能、形式与结构完美契合的特点使它有别于其他中国近代大学传统复兴类建筑，这三者之间的平衡恰恰体现了中西方建筑体系达到了一个融合交汇点。同时，该建筑展现出西方先进的建筑体系与中国传统建筑元素的碰撞，是近代中西方建筑师在中国建筑形制上的一种创新式探索。

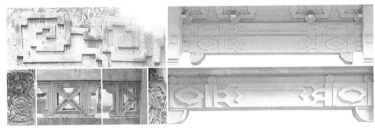

图13 宋卿体育馆装饰语汇
图片来源：作者自摄

图14 宋卿体育馆门窗
图片来源：作者自摄

图15 宋卿体育馆三铰拱照片
图片来源：作者自绘

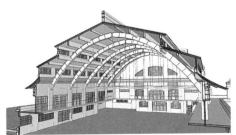

图16 宋卿体育馆室内剖轴测
图片来源：作者自绘

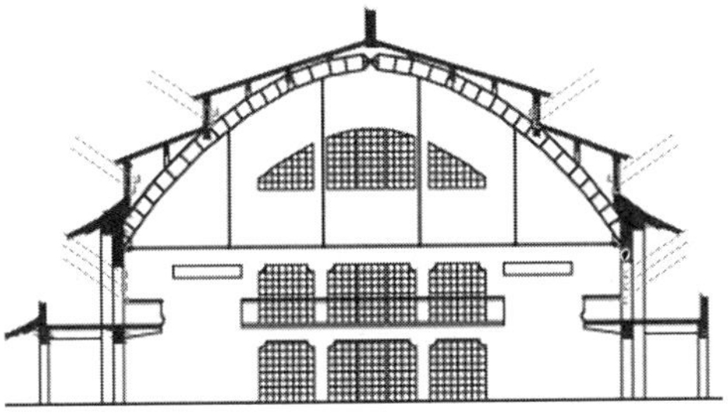

图17 宋卿体育馆屋顶采光示意图
图片来源：作者自绘

参考文献

[1] 刘文祥.国民政府时期的国立大学新校园建设[D].武汉：武汉大学，2017.

[2] 刘既漂.武汉大学建筑之研究[J].前途，1933（2）.

[3] 吴杰.武汉大学近代历史建筑营造及修复技术研究[D].武汉：武汉理工大学，2012.

同济大学西南楼设计解析与结构理性之体现

余君望

余君望，同济大学建筑与城市规划学院，建筑历史与理论博士研究生。邮箱：1810129@tongji.edu.cn。

摘要：文远楼无疑在中国现代建筑研究中占据了重要地位，设计者黄毓麟在 1950 年代的另一作品同济大学西南楼至今仍无专文研究，西南楼除了在平面和立面上体现了轴线、比例等"布扎"体系的设计思想，以及"大屋顶"所表现的鲜明民族特征之外，同样在其剖面中呈现出构造的精美、建造材料的多样和结构受力的合理，建造上由砖石、混凝土、木材等多种材料混合建筑而成，这与当时大量房屋的建造背景相符。本文通过对西南楼的剖析，除了进一步解析黄毓麟的设计外，结合中国 50 年代的建造背景，找出这一建筑形式背后的结构理性体现之所在。

关键词：同济大学西南楼；布扎；大屋顶；木—钢混合桁架；混合承重结构

一、前言

自邹德侬 1989 年首次在公开出版物中评述同济大学文远楼以来 [1]，对文远楼的学术研究一直是中国现代建筑史学研究的重要课题之一，进而引发了学界对其设计者黄毓麟的关注，王季卿在 2006 年《同济人》杂志中追忆了黄毓麟的短暂生平和其参与设计的重要作品 [2]；钱峰于 2014 年剖析了"布扎"体系设计思想是如何体现在黄毓麟的设计作品中 [3]；彭怒、谭奔同样于 2014 年研究了黄毓麟的另一作品——中央音乐学院华东分院琴房，指出其在设计中不仅体现了"布扎"知识体系，也结合了功能和结构等现代建筑观念 [4]。同样是黄毓麟参与设计的，1953 年底开始、1954 年 6 月完成施工图的同济大学西南楼（学生宿舍），

至今仍无专文研究，关于该楼的碎片化信息分别在前述文献中提起，就该楼的设计背景、立面形式和平面比例构成等作了初步分析。本文在前述研究的基础上，进一步分析黄毓麟在西南楼的设计中体现的轴线、比例、体块组合关系，同时从剖面入手，对其构造大样、木屋架构成、混合承重体系等加以剖析，揭示该建筑结构理性体现之所在。

二、"布扎"体系设计手法在西南楼平、立面中的凸现

1950 年代初，同济大学"校舍设计处"成立，黄毓麟和哈雄文带领学生完成了华东地区多处校舍的设计，其中西南楼于 1954 年设计完成，也是同济大学 50 年代校园建设的一部分。西南楼最开始设计的功

能定位就是学生宿舍楼，并且至今未变，以宿舍间为主，配套设置洗涤室、更衣室、浴室、厕所、储藏间以及中部庑殿顶下四层的文娱室等。从功能设置上看，黄毓麟将宿舍间布置在主楼东侧和翼部的南北侧，将更衣、洗浴、厕所等辅助空间布置在主楼的西侧和三个翼部的端侧，主要功能优先布置朝向，通过中间走廊串联不同功能，而上下楼梯间则放在主楼和翼部的中心对称轴处，合理满足上下交通及人流疏散的距离要求。为消解走廊交通空间过于狭长，在平面上的角部、端部和对称轴线处，大约每隔 20m，放大空间尺度，构成张弛有度的平面布局（图 1）。

对比例的推敲同样考究，建筑物坐落的矩形场地比例为 5：2，可由两个比例为 5：4 的矩形叠合而

成，设计而成的"E"字形平面围合而成的两个矩形的入口广场比例为5∶8，整体布局上比例关系的嵌套和重复正体现了设计者深厚的"布扎"知识体系。平面布局上主要功能房间宿舍有两种比例，主楼靠东侧的宿舍房间比例为5∶3，而三个翼部南北向宿舍房间的比例为4∶3；主楼靠西侧的辅助房间比例有4∶9和4∶5两种。在立面设计上更能看出设计者的巧思，尽管传统"大屋顶"在黄毓麟的设计中并不多见，但其仍然处理得宜，将"大屋顶"融入整体立面设计中。基座、墙身、屋顶将主立面划分为典型的三段式布局，正对广场的四层高庑殿顶的两个主入口门楼和翼部尽头处三个三层高三坡顶的次入口，形成五段凸起的视觉中心，综合起来也呈现出了"横三竖五"的古典立面效果。竖向比例上，基座高度

1.5m，墙身高度9m，屋顶高度4.5m是墙身高的一半，整体展现1∶6∶3的比例关系。两个中心入口的门楼以四层高度控制整体比例，第四层墙身的高度为契合屋顶矢高，是下三层墙身高度的1.5倍，更以最高等级的四坡庑殿屋顶控制整体场地。

轴线是"布扎"知识体系中控制设计的重要手段，这点在西南楼多条轴线对称的平面布置中更能反映出来，"E"字形的布局由南北向"匚"字形平面绕中间翼部轴线镜像而来，朝东的四层高门楼形成的主入口轴线，连同朝向南北的翼部楼梯间处中轴线一起，在水平和竖直方向上共同控制着入口矩形广场。在主立面上，主入口门楼中轴和端部三坡屋顶中轴线将立面划分为互为对称的四段。除了主入口门楼和翼部尽头处以自身中心线对称外，主楼朝东侧宿舍间的局部外墙

面同样也以平面上各开间的中轴线、每隔4.2m对称，形成4.2m×14.1m（0.6+9+4.5），各段相同的分段立面，只在交接处的尺寸上作适当调整。平立面的控制轴线在此并不孤立，而是相互关联的，黄毓麟以空间轴线综合考虑平面布局与立面造型（图2）。

毫无疑问，源自巴黎美术学院的布扎知识体系（Beaux-Arts）依然体现在西南楼的设计中。此外，黄毓麟更是吸收了现代主义建筑中对功能、朝向、流线和空间等概念的重视，造型上也并未滥用中式装饰，在设计上探索了一条融合古典与现代之路[5]。

三、西南楼剖面解析与混合承重结构体系

西南楼在形式上最显著的特征就是传统的中式坡屋顶。据王季卿回忆，是同济设计处的领导1953年秋自北京参观返校后，要求在西南楼的设计上探索民族形式，因此在设计时采用了有弧度的四坡屋面，并在檐口、屋脊、漏窗、花格和入口等处做了带有地方传统的细部处理尝试。50年代初建筑界正大力提倡"民族形式，社会主义内容"，在见到首都部分新建的房屋采用坡屋顶并且观感较佳的情形下，负责建设的同志自然想将这种形式带到同济校园。但由于"大屋顶"房屋建造耗时费力，花销过大，不利于更好地开展经济建设等原因，随后更多的是对这一形式的批判。但是，难道用了"大屋顶"就是复古主义，就要被指摘在设计中重视形式，忽视功能吗？西南楼"大屋顶"的民族样

图1 同济大学西南楼一层平面图
图片来源：作者依据同济大学建筑设计研究院同济大学基建档案绘制

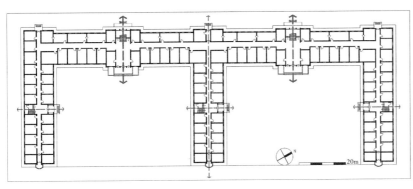

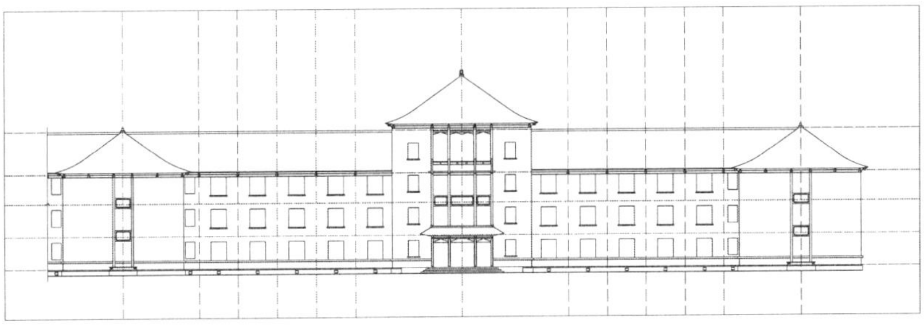

图2 同济大学西南楼东立面图
图片来源：作者依据同济大学建筑设计研究院同济大学基建档案绘制

式是否就意味着其是浪费材料和形式主义？而这一疑问只能通过对西南楼剖面的解析才能得到答案[6]。

首先，西南楼的坡屋顶是通过何种结构技术实现的？通过对同济档案馆所藏蓝图的识读可知，主入口处四层庑殿顶与"E"字形角部屋顶由木—钢混合桁架承重，由木梁构成桁架的上弦、下弦杆和斜腹杆，细长的钢拉杆构成了桁架中的竖向直腹杆，既与各木梁相联系成为整体，又承担了轴向的拉压应力。而翼部建筑中有坡度的瓦屋面则落在直径140mm的杉木桁条上，木桁条通过150mm×250mm×250mm的水泥垫块，将力传递到砖砌筑的横墙上。很明显，同济西南楼的木—钢混合桁架并未遵循中国传统坡屋顶关于清式举架或宋式举折的规定，圆木桁条沿着木桁架上弦杆的固定坡度由屋脊往下排列，在靠近纵向外墙处，木椽则直接落在升高的砖墙上，从而使得屋顶在檐部折起些角度，形成屋檐升起的效果，同时"E"字形角部也布置了屋角飞檐和屋脊推山的木构架，从而形成"如鸟斯革，如翬斯飞"的传统中式屋顶效果（图3）。

与同时期建造的北京西郊宾馆、北海办公楼等其他"大屋顶"建筑相比，同济西南楼并未因传统"法式"要求而改变木桁架的合理形式，屋顶形式在这里服从于结构的受力规律，坡度基本保持一致，飞檐和推山的效果用构造措施达到。此外，屋架的布置也与建筑的平面功能和尺度密切相关，譬如在乙－乙剖面中可以看到，支撑双坡屋顶的圆木桁条分别由横向砖墙和木—钢混合桁架承重，由图4可知，这里的三角桁架并不是完整的，而是切去了左边部分三角而剩余的多边形，设计者为何要这样做？原因如下：乙－乙剖切于主入口和翼部间的主楼，这里东侧是宿舍间，西侧是辅助的厕所洗浴空间，宿舍开间4.2m，洗浴室开间8.4m，圆木桁条在大跨度下所受弯矩更大，设计截面就要增加，这显然是不经济的，而三角桁架只需要几个受力点就可以将上部屋顶的重量传递到承重砖墙，故而在开间增大的洗浴室和中间走廊之上选用桁架承重无疑是合理的，而切去的部分三角也并不影响其几何稳定性[7]。应对不同的功能空间和尺度限制，选择砖墙与屋架共同传递屋顶荷载无疑是合理的选择。

除屋架结构外，木材、混凝土、砖石构成了建筑的整体承重结构，两个主入口处的四层门楼、翼部的楼梯间，以及主楼西侧的辅助房间（跨度较大）都布置了混凝土板以传递楼面荷载，4.2m开间的宿舍以断面为75mm×200mm的方木每隔400mm横跨在两侧砖墙之上，方木间以剪刀撑相连从而形成整体木格

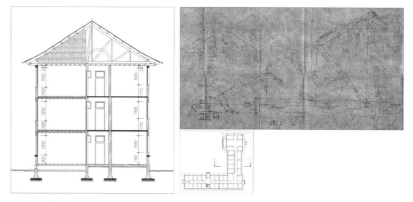

图4　西南楼，乙－乙剖面图（左），乙剖面中木屋架详图（右上），剖切平面位置示意（右下）
图片来源：作者依据同济大学建筑设计研究院同济大学基建档案绘制

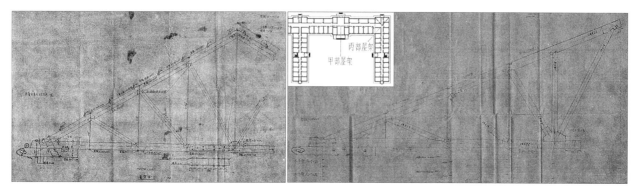

图3　甲部屋架（主入口门楼，左、丙部屋架"E"字形角部，右）
图片来源：同济大学建筑设计研究院同济大学基建档案

栅楼板以承担荷载，纵横砖墙则在竖向上将整栋建筑物的荷载传递至基础。沿坡屋顶下外墙加设的混凝土圈梁保证了结构的整体性和稳定性，而外窗过梁则用钢筋砖横梁传递上部墙体荷载。在新中国成立初期经济建设中节约三材（钢材、木材、水泥）原则的指导下，这种组合结构形式可以将各种材料的优点充分发挥，避免了浪费。

综合以上分析，西南楼的设计并非浪费材料和形式主义，相反，该楼功能合用、受力合理，与其说西南楼是在特定时期遭受"复古之劫"的建成物，倒不妨说是黄毓麟和设计团队在面对设计上的新要求：增设"大屋顶"与体现民族特征的情况下，综合考虑平面、功能、尺度、民族形式特征等建筑学问题，以及稳定、受力、施工等结构工程问题，从而设计并建成这样一栋看似复古，却体现着结构理性光辉的现代建筑。

四、结语

同济大学西南楼作为黄毓麟生前所设计的唯一一座表现"民族形式"的坡屋顶建筑，其所体现的理性、复杂性和现代性远非一个看似复古的立面所能概括，透过时间的迷雾找寻真相，以多路径、多方法、多学科联合的方式研究中国现代史中的建筑工程问题，或许才能找寻历史掩盖的事实，建筑学作为一个复杂、综合的学科，其史学的研究也必然是复杂多元的，其中涉及的知识也会更多更广，或许只有这样方能找出中国现代建筑的演进之路[8]（图5）。

图5　西南楼东立面
图片来源：作者自摄

参考文献

[1] 邹德侬.文化底蕴，流传久远——再读"文远楼"[J].时代建筑，1999（01）：59-61.

[2] 同济大学建筑与城市规划学院.王季卿文选[M].上海：同济大学出版社，2019.

[3] 钱锋.探索一条通向中国现代建筑的道路——黄毓麟的设计及教育思想分析[J].

南方建筑，2014（06）：27-33.

[4] 彭怒，谭奔.中央音乐学院华东分院琴房研究黄毓麟现代建筑探索的另一条路径[J].时代建筑，2014（06）：126-134.

[5] 卢永毅.谭垣的建筑设计教学以及对"布扎"体系的再认识[J].南方建筑，2011（04）：23-27.

[6] 余君望.术语·课程·图集[D].南京：东南大学，2018.

[7] 周国瑾，施美丽，张景良.建筑力学[M].上海：同济大学出版社，2016.

[8] 余君望，彭怒.建筑的工程史 阿迪斯的《建筑：3000年建造与工程设计史》简析[J].时代建筑，2020（03）：176-179.

昨日的"米尼阿久尔"——哈尔滨松花江畔 Miniatures 咖啡茶食店分店 1927—1997

朱　莹　汤　斯　ZINOVEVA EVGENIIA

2020 年度黑龙江省高等教育教学改革研究项目，SJGY20200224，建筑学建筑史论课程"美育"体系的建构、融贯与实践研究；2020 年度哈尔滨工业大学教学发展基金项目（课程思政类，课程名称：外国建筑史）。

朱莹，哈尔滨工业大学建筑学院，寒地城乡人居环境科学与技术工业和信息化部重点实验室，副教授，荷兰代尔夫特理工大学访问学者。邮箱：duttdoing@163.com。
汤斯，哈尔滨工业大学建筑学院，寒地城乡人居环境科学与技术工业和信息化部重点实验室，硕士研究生。邮箱：15601931760@163.com。
ZINOVEVA EVGENIIA，哈尔滨工业大学建筑学院，寒地城乡人居环境科学与技术工业和信息化部重点实验室，硕士研究生。邮箱：bettervalery@mail.ru。

摘要：本文以 20 世纪初建成的新艺术运动风格建筑——米尼阿久尔餐厅为例，对其历史背景、建筑价值、艺术价值、人文价值进行深入探讨，旨在重现其消失的历史风貌，为世人展示 70 多年前米尼阿久尔餐厅的多重建筑艺术价值，且针对此类已消失于城市历史中的建筑遗产展开思索，是重建其历史风貌还是使之成为仅存在于历史照片中的"往事"？

关键词：米尼阿久尔餐厅；中东铁路；新艺术运动建筑；俄侨文化

1896 年，沙皇俄国为攫取中国东北资源，加强控制远东地区，与清政府签订《中俄密约》，中东铁路[1]被迫修建，处于 T 字交叉点上的城市哈尔滨由此而生。在中东铁路的"被动"催化下，外生型文化[2]入侵与城市化进程（图 1）交织融合，在时光的隧道里延伸往前，形成俄、日、欧等多国文化共存融合于今日的中东铁路线性文化遗产带。在这个过程中，建筑文化遗产的命运不尽相同，有些仍然保存完好，不舍这座城的历历往事，继续为城市发挥作用；有些则因城市发展战略与脚步

等多重原因被静态搁置，等待着重生与激活；有些则在城市的过往中消失，湮没在历史的尘埃里。而米尼阿久尔餐厅便是属于最后一种。

米尼阿久尔餐厅于 1926 动工，1927 年建成，伫立于哈尔滨太阳岛松花江畔，是往昔哈尔滨中央大街 68 号米尼阿久尔同名餐厅（1926 年建成，后为哈尔滨摄影分社，图 2、图 3）的分店，由俄籍犹太人卡茨出资兴办，主要经营咖啡、高级茶点。从松花江江面望去，在水一方，精美雅致又灵动纯美，精工细雕间如同艺术品摇曳生姿，恰如"米尼阿久

尔"（МИНИАТЮР）在俄语中的"精美的艺术品"的意义。曾有多个名字：维克多利餐厅、紫罗兰西餐厅、太阳岛餐厅等。但其在世时间较短，1997 年 2 月，一场大火将其烧毁，该建筑历经 70 年，最终消失于江畔。

时光倒流 70 年，再度翻阅历史照片，其带着旧时代的影像的建筑艺术风姿再次将人们带回到 20 世纪 20 年代的哈尔滨，其所承载的新艺术运动建筑文化特质、俄侨生活状态以及中东铁路那一道近代史上的痛感神经、百年前的哈尔滨风貌、

---

[1]　清光绪二十二年（1896 年），李鸿章赴俄祝贺沙皇加冕，与沙俄签订《中俄御敌互相援助条约》（简称《中俄密约》），允许俄国修筑东清铁路。名称正式定为大清东省铁路（俄语：Китайско–Восточная железная дорога，简称 КВЖД），又称中国东省铁路，简称东清铁路或东省铁路。日俄战争结束后称中东铁路，即中国东部铁路。

[2]　源自陈永良《简论外生型主导的文化变异》，外生型文化是相对内生型文化而言的，内生型文化是形成于本民族的、标示自己民族特性的、有着内部普遍认同并主导着该民族生活行为的文化；外生型则是因为在中国近代史交往过程中，受到外部文化的冲击，导致文化的结构性松动和许多人对文化内核的反省和叛逆，从而引发内生型文化的变革发展。

图1　20世纪初的哈尔滨城市旧影
图片来源：黑龙江省档案馆

图2　米尼阿久尔餐厅中央大街店旧照
图片来源：https://mp.weixin.qq.com/s/0YBdAfdo8n1eOM8sW0tPSw

图3　米尼阿久尔餐厅中央大街店现状
图片来源：http://blog.sina.com.cn/s/blog_dcaa11f50102xfzg.html

图4　米尼阿久尔餐厅太阳岛分店面
图片来源：https://graph.baidu.com/pcpage/similar?originSign=1216da7a0688b67dec38301633934733&srcp=crs_pc_similar&tn=pc&idctag=tc&sids

图5　《Rubezh》对米尼阿久尔餐厅的报道（图片文字为：在神圣的星期六晚，米尼阿久尔餐厅门庭若市）
图片来源：https://forum.vgd.ru/614/31743/4110.htm?a=stdforum_view

松花江水岸景观等相关历史议题又再度跃然纸上，"米尼阿久尔"这座建筑似乎为我们打开一道时空大门，通过历史的痕迹一点点为我们揭开这座建筑的过往与其背后的艺术、文化及旧时代的历史。

一、往昔建筑风貌

米尼阿久尔餐厅太阳岛分店为两层全木结构楼房，新艺术运动风格的代表作。从江面望去，米尼阿久尔餐厅就像是坐落在松花江水面的一艘大船，建筑面积800m²，能容纳200人同时进餐。起初这里是一个名为"海滩"的小亭子，里面摆着各种各样茶点，俄语标识上的店名写的是"咖啡茶食"（图4），后来随着知名度的逐渐提升，俄国贵族（大部分是革命后逃到哈尔滨的俄罗斯移民），甚至后来波兰人、意大利人、匈牙利人、丹麦人都曾出没于此，风靡一时，连俄罗斯杂志《Rubezh》（图5）也对其进行了报道。将其建在太阳岛，以船只造型与对岸的游艇俱乐部相映成趣，同时与松花江的壮阔景观互动，餐厅的浪漫格调已然天成，足以见得卡茨对餐厅景观及格调的把握有着强烈的先见之明与审美意趣。

米尼阿久尔餐厅（太阳岛分店）没有留下翔实的平面图纸，但根据1930年以前照片来看，建筑平面是一个呈圆角的矩形，共两层，屋顶露台设置遮阳斗篷且摆满桌椅（图6），客人边用餐可边眺望美丽的松花江景。推测一楼是糕点店，二楼是咖啡馆。从照片（图7）可以看出，餐厅通往二楼的楼梯在建筑内部中央处，通往屋顶的楼梯则位于建筑外部，且只能从二楼进入。整体建筑风格与同样位于哈尔滨松花江畔的游艇俱乐部（yacht club，图8）相似，都是两层，平面呈圆角，外观简洁、少量装饰，相似的空间结构。因图纸缺失，在火灾后重建米尼阿久尔餐厅时，参考了圣彼得堡早期

图 6　1930 年餐厅室外屋顶平台
图 片 来 源: https://forum.vgd.ru/post/614/31743/p3519128.htm; https://tieba.baidu.com/p/2960460551? red_tag=
0409962383; https://graph.baidu.com/pcpage/similar?originSign=1216984988f451533682d01633954172&srcp=c
rs_pc_similar&tn=pc&idctag=tc&sids

图 7　楼梯位置
图片来源: https://forum.vgd.ru/post/614/317
43/p3519128.htm

图 8　哈尔滨游艇俱乐部
图 片 来 源: http://www.360doc.com/content/18/0320/
15/26561818_738736743.shtml

图 9　Singer 公司建筑平面
图 片 来 源: https://shpitsbergen.ru/dom-zingera-v-sankt-
peterburge/

的新艺术风格的著名建筑——"歌手"（Singer）公司（1902—1904 年，图 9），借鉴了其平面上大空间拉长及圆角处理，公用设施房间集中在建筑一侧，一、二层平面一致等做法。

餐厅主立面由三部分组成：两侧的眺望露台及露台之间形成的虚空间。建筑师以此确定建筑物的框架，并在框架等空隙里填充矩形窗，顶部则配以不规则横杆（图 10），由木条连接起来的栅栏支撑如同船的侧面，这种视觉效果很可能是建筑师刻意为之，以营造出建筑与水面的和谐关系，就像一艘双层船游走于水面一样。齐整的立面被一楼和二楼檐口延伸出的金属雨棚打破（图 11），阳台的拐角处施以圆角，一楼的圆角处则做成装饰性的凹槽雕刻，像一个散发光芒的太阳，二楼阳台的拐角处则用直线板条装饰（图 12）。

图 10　餐厅立面
图 片 来 源: https://mp.weixin.qq.com/s/etvGiv_X40Cq-NssLKW_wA; https://forum.vgd.ru/post/614/31743/
p3519128.htm

图 11　餐厅正面部分
图片来源: 作者自绘

图 12　圆角处凹槽雕刻
图 片 来 源: https://tieba.baidu.com/p/2960460551?red_
tag=0409962383

因其位于松花江河岸边，江水经常溢出并侵蚀原有的板式基础，故建筑改选用桩基础，这一点可以从 1927—1930 的照片里（图 13）看出来。建筑主要材料是木，立面使用象牙色的纯胶合板，胶合板寿命短暂（图 14），从历史照片上可以看到因其损坏而裸露的压层。

1932 年，米尼阿久尔餐厅因洪水受到严重破坏，市政当局决定在离江岸更远的地方重建。重建时由

图 13　建筑基础
图片来源: 作者自绘

图 14　立面的破损
图片来源：作者自绘

图 15　立面丢失的部分
图片来源：作者自绘

图 16　重建前后对比
图片来源：作者自绘

于基座高度的增加，桩基础变为板式基础，入口处前方多出四个台阶。许多历史元素遗失，如主入口阳台完全消失被栅栏取代（图 15）；建筑立面装饰元素被删除或简化，以前没有玻璃的窗框现在都镶嵌玻璃且布置装饰，开槽的雕刻从转角阳台处消失，通向屋顶的入口被封闭（图 16），配色方案（图 17）也发生了根本性的变化，极大地改变了建筑原貌，米尼阿久尔有关俄罗斯后期新艺术运动风格的影子几近消失。

二、新艺术运动的奔赴之果

　　米尼阿久尔餐厅是新艺术运动风格在中国东北大地的产物，自 1880 年以来，新艺术风格一直是俄罗斯的主要建筑风格。在 D. 萨拉比亚诺夫（D. Srabyanov）的理论中，

根据意识形态的优越性和风格表达的程度，新艺术运动在俄罗斯分为萌芽期、成熟期、晚期，米尼阿久尔餐厅分店建筑属于俄罗斯新艺术运动晚期（1900—1917 年）。新艺术运动晚期承接着现代主义运动的萌芽，而 1917 年十月革命导致俄国知识分子逃往中国，使得现代主义在俄国失去发展的时机，而新艺术运动风格却得以乘坐中东铁路的列车在哈尔滨这块土地上大展身手，并由此诞生了大量的建筑精品，如米尼阿久尔餐厅、哈尔滨火车站（已拆除）、铁路局、圣尼古拉教堂（已拆除）、哈尔滨工业大学后楼（哈尔滨铁路技术学校）等。

　　在米尼阿久尔餐厅中，新艺术运动的特征元素主要体现在门、窗、女儿墙，以及主入口、转角处等细节中。太阳岛分店主立面窗户开口

图 17　改建后的颜色
图片来源：https://graph.baidu.com/pcpage/similar?originSign=1213ff39537ba1b32849c01633955386&srcp=crs_pc_similar&tn=pc&idctag=tc&sids

上端、屋顶的栅栏处均具有植物花环形式的装饰，雕刻精美（图 18、图 19），在简约之中点缀建筑。建筑转角处，立面及平面上均采用圆角处理，使建筑呈现柔美典雅性格。在中央大街店铺建筑立面中（图 20），正立面充满了大胆而自由的曲线和圆环装饰，入口周边、踢脚处、窗户的顶部均塑造柔和优美的曲线，窗户曲线与直线交加，层与层之间以多重线脚装饰，雨棚及屋檐转角

处均饰以圆角，在靠近屋顶处还营造出椭圆曲线和抛物线的窗户，女儿墙以铁艺、直线砖跺和圆弧交错，虚实相间，自由活泼。一层宽大的玻璃窗与二层圆方额窗形成了鲜明风格对比，立面上还贴有小圆环、窝卷装饰，这些细节装饰无不体现了新艺术运动的装饰特征，华贵新颖又不失优雅柔美。新艺术运动建筑善于从细微之处展现其魅力，用局部装饰构件点缀建筑，以曲线丰富直线，突破传统建筑的严谨构图模式，使建筑在简洁明快的韵律中富有灵动的艺术之美。

三、俄侨记忆的那方生活

在米尼阿久尔餐厅的历史发展进程中，俄侨文化是不可磨灭的文化印记，贯穿餐厅的发展始终。中东铁路的修建，大批俄国铁路工程师、技术工人、贵族，包括许多俄籍犹太人等纷纷来到哈尔滨，20 世纪 30 年代前后，哈尔滨成为远东地区最大的侨民城市。侨民的涌入不仅给哈尔滨带来了人口数量等变化，

更带来了集建筑、宗教、文学、习俗等于一体化生活模式的文化特质，这种文化特质里蕴含的诸多俄侨文化基因如建筑技术、艺术符号、美学哲理、风俗习惯、民族性格等，跨越国界来到遥远的城市里扎根，催生了独具俄式浪漫情调的实体建筑"西餐厅、茶食厅"，如米尼阿久尔餐厅。它在中东铁路建筑文化遗产带上具有独树一帜的特殊意义，印证俄侨在哈尔滨的生活痕迹，然而与之伴随的沙俄殖民化也给这座城市带来了血与火，带来了屈辱与伤痛。以此为代表的"米尼阿久尔"类的建筑文化遗产，在哈尔滨的城市品格里，除了俄侨文化这抹鲜明的特征外，它还隐含着那段旧时光里的不愿被提起的回忆。

四、结语

建筑就像一部生动的史书，书写着城市的风貌与历史，米尼阿久尔餐厅作为城市的时代背影，也记录着不同层面不同时段的复杂表征与含义，是哈尔滨城市发展与文化

交融的历史物证，具有其特殊的时代印记，如同一把开启我们对历史的记忆与感知的钥匙，仿佛回到那个年代一般。但米尼阿久尔这座带有旧时代俄侨生活影子和文化痕迹的西餐店，在一场大火后便成了哈尔滨人遥远的记忆。如今在哈尔滨东郊伏尔加庄园内，一座新的米尼阿久尔餐厅重回人们的视野，在消失的历史中重构出一条回忆往昔的通道。或许出于"米尼阿久尔"知名度，独特的建筑风格，俄侨历史痕迹，或是对历史的尊重与回忆；或许是为了满足现代人们对历史遗存的猎奇；又或许复建的"米尼阿久尔"具备大型餐饮娱乐中心的实用功能，以此可以补足景区内这一功能的欠缺。但新建的餐厅地理位置远离江畔（图 21），餐厅样貌细节也有别于历史，它的建造是纪念还是为了忘却？是猎奇还是商业？

以米尼阿久尔为代表的新艺术运动建筑时代早已远去，但它的美不应该被消解于城市的历史长河中。哈尔滨作为东北的老工业城市，面临着许多矛盾：城市发展与建筑遗

图 18　餐厅立面上的植物装饰元素
图片来源：作者自摄

图 19　与米尼阿久尔相似的新艺术运动风格装饰元素
图片来源：作者自摄

图 20　中央大街米尼阿久尔旧址现状照片
图片来源：http://blog.sina.com.cn/s/blog_dcaa11f50102xfzg.html

图21 伏尔加庄园重建的米尼阿久尔餐厅
图片来源：作者拍摄

产保护的矛盾、经济发展与历史建筑更新的矛盾、现代性城市建设与地域文化多样性的矛盾等。在这些矛盾中，建筑遗产发生着各不相同的演替路径。时间无法逆转，针对消亡在历史中的建筑遗产，曾经建筑遗产的所在地，曾经因建筑遗产而营造的场所精神，是否因当下城市的旅游化、特色化发展而被再度触及，甚至凸显在现代城市的时空之中；还是，就让它们永存在历史的最深处，在照片中和图纸上，任人遐想？或者，在城市奔腾向前的乐章里，让历史照进未来，不断创造的明天，才是更美好的生活。

文章的最后，正如林徽因先生所说："无论哪一个巍峨的古城楼，或一角倾颓的灵魂里，无形中都在诉说，乃至于歌唱，时间上漫不可信的变迁……"

参考文献

[1] 刘艳杰.哈尔滨"新艺术"建筑的符号学解读[D].哈尔滨：哈尔滨工业大学，2008.

[2] 何璐西，刘大平.文化选择与接受的产物：20世纪新艺术运动在中国的传播模式及其形态特征解析[J].建筑师，2021（04）：120-129.

[3] 刘松茯，袁帅.哈尔滨新艺术运动建筑研究[J].建筑师，2017（05）.

[4] 刘延年"米尼阿久尔"茶食店.https：//www.163.com/dy/article/FCVS7SU4052198BL.html

[5] 朱莹，张向宁.进化的遗产——东北地区工业遗产群落活化研究[J].城市建筑，2013（05）：110-112.

[6] 陈永良.简论外生型主导的文化变异[J].新疆社科论坛，2013（02）：55-59，65.

扶壁技术对山西近代建筑的影响
——以朔州新安庄天主教堂为例

郝达迵　徐苏斌　青木信夫

国家社科重大项目（项目编号：21ZD01）。

郝达迵，天津大学建筑学院博士研究生。邮箱：339093429@qq.com。

徐苏斌，天津大学建筑学院教授。邮箱：1421750993@qq.com。

青木信夫，天津大学建筑学院教授。邮箱：nobuoak@gmail.com。

摘要：朔州新安庄天主堂及周边教会建筑作为兼具中西方建筑特征的山西近代建筑的代表，是中西方建筑文化碰撞交融在中国内陆地区产生的一种富有本土化特征的杂糅形式。本文以支撑砌体墙的扶壁构件为具体研究对象，通过分析砖砌墙体的力学性能以及扶壁系统对墙体稳定性的影响，结合对比中西方传统结构技术在新安庄天主堂及周边建筑中的运用，论述了扶壁技术为山西本土建筑近代化转型所带来的文化转译与风貌影响。

关键词：扶壁；砌体结构；应力分析；山西近代建筑；教堂

一、扶壁技术

近代西方列强对华进行殖民侵略的同时，将欧洲大陆以砖石为主的建造体系引入中国，对本土建筑在 19 到 20 世纪的变迁产生了深远的影响，尤其在非租界地的内陆地区，为我国本土建筑的近代转型带来了诸多造型风貌与结构技术上的改变。其中最主要的当属"扶壁"结构作为建筑墙体的重要支撑构件和造型手法在内陆地区近代建筑中被广泛采用。

"扶壁"即扶持墙壁之意，与"壁柱""扶壁柱"均属同一类结构概念，是一种为平衡土体等对建筑外墙的侧推力，而在外墙壁上附加的辅助墙或其他结构[①]（图 1）。西方传统建筑中的扶壁柱常见于砖石结构建筑的外墙壁上，用来辅助支撑砖石墙体所承受的土体推力与屋顶荷载，进而大幅增加砌体墙面的高度。在我国民间建筑中虽有"扶壁挡土墙"的类似结构出现，但这种构件未能作为一种官式匠作的主流做法被系统地传承下来。本文以山西朔州新安庄天主教堂与其周边建筑的比较为例，结合墙体应力分析，具体探究扶壁建造技术对山西本土建筑产生的影响。

二、新安庄天主教堂

1. 历史沿革

天主教传入山西地区最早可追溯至明末。约 1620 年前后，传入朔县（今朔州）地区的具体时间据史料所载为光绪二年（1876 年），最初传入米西马庄（今新安庄），随即便向周边地区扩展[②]，朔州地区现存近代天主教堂建筑大多分布于新安庄天主堂所处的朔城区地区，是朔州境内最大的天主教堂口。

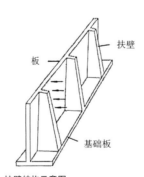

图 1　扶壁结构示意图
图片来源：朱泊龙. 砌体结构设计原理 [M]. 上海：同济大学出版社，1991

① 李必瑜. 建筑构造 [M]. 北京：中国建筑工业出版社，1988.
② 李金华. 山西通志：民族宗教志 [M]. 北京：中华书局，1997.

新安庄天主堂曾是朔州教区主教座堂，始建于 1879-1881 年中国籍神甫常老楞佐任职期间，1900 年义和团运动中遭到焚毁。1913 年方济各会意大利籍神甫 P. Antonium. Eippizone 被罗马教廷委任至此重整教务，于原址重建教堂。1926 年，朔县教区正式成立，下辖 15 个县，总堂设在米昔马庄[①]。新中国成立后，该教堂及周边建筑曾被征用为朔县师范学校，主教堂被用作图书馆。1996 年教区建筑归还教会，多数建筑被保存下来（图 2）。

2. 教堂及周边建筑基本状况

新安庄天主堂坐北朝南，面向村口道路，西式的主立面在远处的村口即可被识别。建筑总体风格以哥特式为主，细节处兼具本土建筑装饰特征。建筑内部采用巴西利

卡形式，内部空间从北至南依次为大门、门廊（夹层）、大厅、圣坛及祭衣所五个部分。整个建筑长约 36m，宽约 12m，除钟楼外建筑屋顶最高处可达 11m，墙体部分从散水至檐口平均高度为 5m 左右（图 3）。

周边教会辅助用房的建造年代大致与重建年代相近，均在 1913 年之后。主要包括教会学校、教会医院、育婴堂及神甫及神职人员用房等，这些建筑均采用砖木结构建造，主体呈中式风格，局部装饰凸显西式元素，如教会学校的入口山墙呈巴洛克风格，建筑墙体以青红砖拼贴的方式砌筑等（图 4）。

近年来由于信众减少和产权更迭等一系列问题，导致原教堂及周边建筑均已荒废，但外观保存相对完好。本文以现已弃置的新安庄天主堂为主，对比同一时期建造的周边教堂辅助用房，分析扶壁建造技术在本土近代建筑中的运用及影响。

三、扶壁在新安庄天主堂及其周边建筑中的运用

1. 扶壁在本土传统建筑中的缺席

山西本土传统木构建筑的特点是将木材以榫卯的搭接形式构成房屋的框架，再以夯土或砌块围合在房屋四周形成墙体，从而达到分离结构主体与墙体的效果。此外，由于榫卯结构在力学性能上属于铰接，因此当房屋遇到如侧推力、地震力或积雪压力等外来荷载作用时，整个木构架系统可以通过铰接的优势来减少附加扭矩对整体结构的破坏[②]。故此，扶壁这种针对砌体承重墙而发挥作用的辅助支撑构件在本土传统建筑中没有用武之地。

梁思成先生在其著作《中国建筑史》绪论中对中国古代匠人为何钟情于木构而少用石材的原因曾做出了两点思考：其一，传统匠人对木材力学性能的理解甚

图 2 "文革"前的教堂
图片来源：王瑛，马骦 . 新安庄天主教堂构造分析——中式手法营造的西式外形 [J]. 华中建筑，2008（07）

图 3 原教堂现状
图片来源：作者自摄

图 4 原教会学校入口
图片来源：作者自摄

① （德）韩铎民著 . 朔县教区简史 [M]. 李树洙译 . 朔州教区内部资料 .

② 赵鸿铁，薛建阳，隋龑等 . 中国古建筑结构及其抗震——试验、理论及加固方法 [M]. 北京：科学出版社，2012.

③ 梁思成 . 中国建筑史 [M]. 天津：百花文艺出版社，2004

于石材；其二，传统匠人对垫灰的忽视③。在本土传统建筑中作为围合作用而存在的砖墙因种种原因无需承载过度的重量，自然也就不需要扶壁来特意加固砌体墙面，更何谈扶壁这一构件在传统建筑中的形成与完善。

2.扶壁对提高新安庄天主堂砌体墙支撑作用分析

新安庄天主堂采用砖木混合建造技术，以砖作为墙体的主要建筑材料，屋顶采用木桁架结构，室内装饰多以木骨搭建。根据当地村民的叙述，该教堂在建造时并无西方建筑师参与，施工多以山西本地的匠人为主。通过现场调研也可发现，该教堂的建筑材料和建造方式均源自本土，尤其砌体墙面的砌筑并未脱离传统丁顺砖相间的方式。但与本土传统建筑相比最大的区别在于教堂那高大连续的墙体上，间隔出现了凸出于墙面的扶壁，正是这个构件保证了在西方建筑师缺席的山西内陆，以本土的方式建造了西式的教堂。

1）扶壁对提高墙体抗侧刚度的影响

新安庄天主堂的连续较长的砖墙因砌体结构自身的力学性能特点对刚度有着很高的要求，墙面上的拱券门窗则会进一步降低墙体的整体性，所以增设轻巧省料的扶壁从材料力学角度分析是提高墙体刚度最有效的方法之一。

增设扶壁可增大墙体平面内与平面外的抗侧刚度。独立的墙体在受到其平面内的水平作用时，可将其简化为悬臂梁并对其进行分析。例如在顶部集中力作用下，墙体顶

端水平侧移包括弯曲变形和剪切变形，可通过下式计算：

$$\Delta = \frac{V_0 H^3}{3EI} + \frac{\mu V_0 H}{GA}$$

式中：V_0——底部截面剪力　H——墙体计算高度　E——弹性模量　G——剪切模量　I——截面惯性矩　A——截面面积　μ——剪力不均匀系数

可见，增设扶壁后墙体截面的惯性矩 I 增大，使得墙体在平面内与平面外的抗侧刚度增大，从而减小墙体的侧向变形，对墙体抵抗平面外水平作用的能力也有明显提升。尤其是在教堂如此高大的砖砌墙体上开设高门窗后，墙体的侧向刚度将被明显削弱，此时扶壁对于提升墙体抗侧刚度的作用将体现得更为明显。

2）扶壁对改善墙体受力性能的影响

砌体墙增设扶壁可以提高墙体稳定性的原理，还可以借助有限元软件 Abaqus 进行力学分析。由于随着砌体墙高度的增加墙体的稳定性会大大降低，因此在模拟参数设置时墙体高度取近代建筑中常见的数

据中的较大值进行计算，以产生相对明显的计算结果。

将新安庄天主堂带扶壁的砌体墙面简化为以下模型：底部是固定端的悬臂墙，基本参数为墙高 5m，墙宽 2.5m，墙厚 0.48m。下面两个模型中扶壁的设置状况依次为：无扶壁，增设截面尺寸 250mm×500mm 的扶壁（与实测尺寸一致）。模拟地震作用的加载方式为总位移 30mm 的顶部位移加载。得到的应力云图信息如图 5 所示。

（1）无扶壁时，墙体应力在水平方向近似均匀分布，而在竖直方向上呈现两边大、中间小的分布规律，且下端应力最大。在遭受地震作用时，无扶壁的墙体上端和下端都将遭受严重的破坏，且下端截面受拉区、受压区高度都较小，可以提供的抵抗力矩也比较小，难以抵抗过大的倾覆力矩。

（2）当在墙体上设置扶壁后，应力分布有很大的改变。墙身部分所受应力减小，底部截面受压区高度进一步增加；墙身底部应力较无

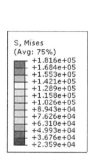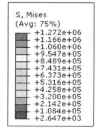

①无扶壁柱墙面　　　　　　　　②250mm 扶壁柱墙面

图 5　模拟地震作用对砌体墙模型加载位移所得受力云图及墙体应力分布对比（单位：Pa）
图片来源：作者根据 Abaqus 软件自绘

扶壁时墙身底部应力大幅降低；且墙身所受应力分布更加均匀，较大的应力基本都集中于柱子部分；此外，还可以看出扶壁所承担的应力增加，且应力分布向上发展。这些现象说明扶壁的作用有了进一步的提升。

通过上述模型分析，说明新安庄天主堂墙体凸出的扶壁使得墙面所受应力减小，且使应力集中在凸出于墙体的扶壁上，对墙身起到了非常好的保护作用，更好地满足建筑坚固性的要求，进而有效地减少地震发生时墙面所受的破坏。

3）扶壁对墙体稳定性的影响

增设扶壁可防止墙体平面外失稳。对于较长的砌体墙扶壁柱可提供若干支点，从而提高墙体稳定性。教堂建筑的空间普遍较高且跨度较大，这无疑使得建筑的高厚比增大，导致墙体在平面外失稳的风险增加。在遭遇地震或其他水平荷载时，由于砌体结构的墙体在平面外的抗弯能力非常弱，砌体墙很容易发生倾闪从而导致房屋的整体倒塌。在不增加墙体厚度的前提下，设置扶壁可为墙体提供侧向支撑，并减小了高厚比这一影响墙体失稳非常重要

的参数，从而增强墙体平面外的稳定性。

四、扶壁对新安庄天主堂及周边建筑立面的影响

上述从力学性能方面分析了扶壁对新安庄天主堂砌体墙的结构影响，下面从另外两个方面对比新安庄天主堂与周边同时期建设的教会建筑外立面对比情况。

第一，增设扶壁后的本土建筑可显著提升跨度和高度，为建筑类型的多元化提供可能。

山西朔州地处我国内陆，建筑建造方式主要采用本土砖木结构，本土建造方式所营造的空间使用类型有限。在新安庄天主堂教区，神甫用房和一些办公用房基本采用了与传统建造方式一脉相承的技术手段（图6）。这些小尺度建筑的墙体外侧并无扶壁构件支撑，目前这些建筑保存状况良好，墙面部分底部有受潮返碱的情况和轻微的砌体砖损坏状况，并无结构性破坏。

前文中提到的教会学校相比于神甫住房属于非传统空间类型，由于需要多跨度的连续空间和大面积

的开窗适应西式教学需要，连续较长且开窗自由的墙面成为此类建筑的必须（图7）。根据上文对扶壁结构的力学分析可知，正式扶壁构件的出现为教会学校的建造提供可能。此外，根据受力分析，对于新安庄天主堂和教会学校这两类建筑的砌体墙面，承重墙的底部需要做得很厚才能提高墙体抵抗侧推力的能力，扶壁的增设以及在扶壁底部进行加粗，可以适当地减少墙体材料的用量，减小墙面厚度，为建筑内部腾出更多的空间，丰富建筑空间使用的可能性。

第二，扶壁作为一种文化符号与本土建筑的融合激发了我国传统建造技术的隐性基因。

这一点在近代教堂建筑中体现得尤为明显。以新安庄天主堂为例，扶壁在建筑外立面扮演的是一种具有强烈装饰色彩和象征意义的构件（图3），是一种西方建筑精神符号的本土化转译，当地村民可以通过外立面上的扶壁很快识别出宗教信息。而山西本土天主教堂的建造都是出自从未受过西方建筑训练及并不具备天主教信仰的本地工匠之手，他们仍然保持着师徒制的口传心授，很少有人受过专业的西式建筑技术训练。新安庄天主堂及周边教会建筑的建成并无标准施工图册，多是凭借神甫随身携带的照片与当地工匠现场沟通完成。扶壁这一构件一方面来源于模仿西式建筑的尝试，另一方面也有本土匠人对传统技术的提炼，其结果是客观上厘清了本土建造技术中已有的砌体墙支撑方式并使其获得更加准确、合理和美观的表达。

图6 原神甫用房
图片来源：作者自摄

图7 原教会学校带扶壁砖墙
图片来源：作者自摄

五、结语

朔州新安庄天主堂及周边教会建筑作为兼具中西方建筑特征的山西本土建筑，是不同建筑文化交流碰撞而产生的一种新形式。扶壁在中国近代建筑中的出现不仅是作为一种支撑结构而出现，它一方面引自于西方建筑，另一方面又脱胎于本土建筑对于新材料、新技术的灵活运用。此类构件的广泛使用是对中国传统营造技术和大众审美的挑战和冲击。中国近代建筑作为独立于中西方古典建筑与现代钢筋混凝土建筑之外的一种形式而存在，是我国宝贵的建筑文化资产。本文通过对扶壁技术的结构原理和受力分析做出的初步分析，试图进一步说明中西方建造技术只是因为对于空间需求的不同而产生了技术关注点的差异，并由衷希望更多的人能够把目光投入到中国近代建筑中来。

参考文献

[1] 梁思成 . 中国建筑史 [M]. 天津：百花文艺出版社，2004.

[2] 李金华 . 山西通志：民族宗教志 [M]. 北京：中华书局，1997.

[3] （德）韩铎民著 . 朔县教区简史 [M]. 李树洙译 . 朔州教区内部资料 .

[4] 李必瑜 . 建筑构造 [M]. 北京：中国建筑工业出版社，1988.

[5] 赵鸿铁，薛建阳，隋龚，等 . 中国古建筑结构及其抗震——试验、理论及加固方法 [M]. 北京：科学出版社，2012.

[6] 朱泊龙 . 砌体结构设计原理 [M]. 上海：同济大学出版社，1991.

[7] 郭海燕 . 建筑结构抗震 [M]. 北京：机械工业出版社，2010.

[8] 严小宝 . 扶壁式挡土墙结构简化计算方法研究 [D]. 西安：长安大学，2013.

[9] 刘杰 . 基于 ABAQUS 整体式模型下砌体结构抗震性能影响因素研究 [D]. 长沙：湖南大学，2014.

[10] 王瑛，马骥 . 新安庄天主教堂构造分析——中式手法营造的西式外形 [J]. 华中建筑，2008（7）.

哈尔滨马家沟地区的近代机场建筑遗存研究

欧阳杰　文　婷　刘佳炜

国家自然科学基金面上项目"基于行业视野下的近代机场建筑形制研究"（项目批准号：51778615）。

欧阳杰，中国民航大学交通科学与工程学院教授。邮箱：ou_yangjie@163.com。
文婷，中国民航大学交通科学与工程学院硕士研究生。
刘佳炜，中国民航大学交通科学与工程学院硕士研究生。

摘要：研究近代哈尔滨马家沟机场的布局规划及其建筑遗存，梳理日伪时期哈尔滨地区的机场总体布局，根据马家沟地区的城市规划建设过程，分析马家沟机场的建设历程和用地演进，考证马家沟地区的近现代建筑遗存，对其价值进行认定并提出保护策略。

关键词：哈尔滨马家沟；马家沟规划；马家沟机场；建筑遗存

一、哈尔滨近代城市规划中的马家沟地区

1.《商埠城市规划》时期的马家沟新区规划（1907—1932 年）

1）早期马家沟地区建设背景及概况

近代哈尔滨是因 1898 年中东铁路的建设而新兴的大城市，也因铁路的纵横切割而形成了由傅家店（开埠后改名傅家甸，今道外区）、埠头区（今道里区）、新市街（今南岗区）和老城区（今香坊区）等若干块状分布拼凑城市格局。马家沟地区地处新市街（今南岗）和老城区（今香坊区）之间的位置。南部的马家沟村地区与北部的新市街以马家沟河为界，该村分为东、西马家沟村两部分，其东村南面是赛马场，附设兵营和日军"共同大队"，西村西

面是马家沟贮木场（图 1a），早期其他大部分为空地。衔接中东铁路老城区香坊站与南岗区的哈尔滨站的通道街（现中山路）贯穿整个马家沟地区。中东铁路在马家沟地区还设有王兆屯站，主要服务于卫戍医院村，并接铁路支线引入马家沟贮木场，其沿线地区还建设有无线电台。后续在贮木场南邻新建马家沟发电厂，以其为起点开设马家沟至新市街的电车线，并于王兆屯站引入第二条铁路支线。

2）马家沟新区规划

早在 1903 年中东铁路管理局便发布了《中东铁路附属地哈尔滨及其郊区规划图》，该规划图在通道街西侧的马家沟地区采用正南北向的方格网状规划方案。1905 年 12 月，根据中日签订的《会议东三省事宜条约》附约中确定自行开通哈尔滨等 16 处商埠的决议，清政府于 1907

年 1 月 12 日正式成立哈尔滨商埠公司开发商埠区。开埠后的哈尔滨除初定的"四至"[①]商埠区外，开埠范围也逐渐向新市街、马家沟地区扩张。近代哈尔滨由北向南以中东铁路、马家沟河为界形成了不同布局模式的路网格局。傅家甸及埠头区为传统的方格路网，新市街则是方格路网和扇形路网的结合，并在方格路网基础上叠加了放射状轴线道路。这些城区路网的共同特性便是道路走向与中东铁路线保持平行或者垂直。

1923 年，东省特别区聘请俄国人编制了《东省特别区哈尔滨城市规划全图》。考虑马家沟地区由南岗、卫戍医院村和香坊以及"露村"四类不同朝向的方格路网地块所围合形成的多边形用地形状，结合西方巴洛克风格的城市设计思想，马家沟新区规划方案设计为"一心十

---

① 哈尔滨商埠公司确定商埠"设在四家子迤东圈儿河地方"。其"四至"为："东至阿什河，西至铁路界壕，南绕田家烧锅，北至松花江南岸。"共计熟地 5298 坰，荒地 5179 坰。（来源：哈尔滨市档案局胡珀所著《档案解密：哈尔滨商埠公司兴废始末》一文）

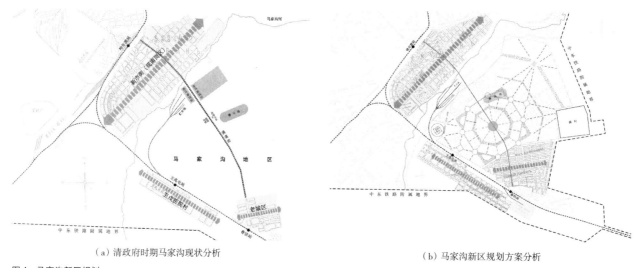

（a）清政府时期马家沟现状分析　　　　　　　　　　　　　（b）马家沟新区规划方案分析

图 1　马家沟新区规划
图片来源：底图来自哈尔滨城市规划局编著的《哈尔滨印象（上）》，作者自绘

路八环"的八角形平面和环放状路网相结合的规则式布局形式，以中心广场为核心，以通道街为主轴线，采用正八边形的形状，其四角镶嵌三角形绿地，向周边环放式布设十条放射状道路和八条环状道路及三条环状绿化带。马家沟新区核心区呈"内八外方"，该同心放射状"圈层式"布局方案与周边地区融合较为自然，鲜明地体现了欧洲几何规则式城市规划思想（图 1b）。

2.《大哈尔滨都市计画概要》和《哈尔滨都邑计画》时期马家沟地区建设（1932—1946 年）

　　1932 年 5 月，日本关东军司令部提出《大哈尔滨都市计画概要》，该方案中的"都邑计划"区域规划重点放在了新城区、老城区及马家沟。考虑马家沟地处哈尔滨腹地，且周边基础设施完备，特以马家沟河为界，并在八角形放射状布局平面的东部、通道街以东的较大空闲地区规划了用地规模庞大的马家沟

军用机场（图 2a），并将用地面积为 5.3km² 的马家沟飞机场列为"公共设施"分项，该用地面积不含在郊外兴建的军用飞机场，最终使马家沟地区由铁路附属地转为依托"铁、路、空"交通网络发展的侵华日军军事重地。1933 年 12 月，"满铁经济调查会"也在《哈尔滨都市计画说明书》中的"各种公共用地"项下列入飞机场，提出"为将来旅客乘降与军用分别设置，除已有机场（马家沟机场）外，计划在郊外设置 3 处机场"。哈尔滨特别市公署都市建设局同期编制完成的《哈尔滨都邑计画说明书》则是将马家沟地区通道街以东地区划定为机场用地，提出"马家沟现有飞行场面积约 3km²，维持现状"。1936 年 3 月修编后的《哈尔滨都邑计画说明书》中的"哈尔滨都邑计画概要"则将飞机场和公共用地、道路与广场、水路及运河分列，调整提出机场用地面积由 3km² 扩充至 5.4km²。这一变更的说法与日本关东军于 1934 年 5

月做出的相关决议几乎相同。

　　由于马家沟机场大规模的扩张，日伪时期的马家沟新区原有的八角形环放状规划路网结构遭受破坏，不得不更改为与通道街平行或垂直的方格状路网，仅文昌街、文明街、文端街等按照马家沟原有规划形成了以八角边广场为核心的局部环放状路网（图 2b）。另外，在通道街沿街开设部分学校，如马家沟电车线通道街站东、西两侧分别是日本人女学校和花园小学（前霍尔瓦特中学），赛马场南侧是日露协会学校①（日军占据哈尔滨后改称哈尔滨学院）；原有赛马场作为军用场地划归机场用地，并在卫戍医院村南侧空地移建"国立赛马场"。调整后的马家沟地区规划建设整体上依附于通道街，其西侧为新建中心广场；东北侧是以巴陵街为主的老马家沟村；东南侧为老赛马场和机场用地。至 1935 年以后，通道街以西、以北的八角形规划区域建设已初具规模，东南角则为基本成形的机场区域，

---

① 哈尔滨著名间谍学校，由日本政府和"满铁"合资开办，主要用于收集苏联情报。

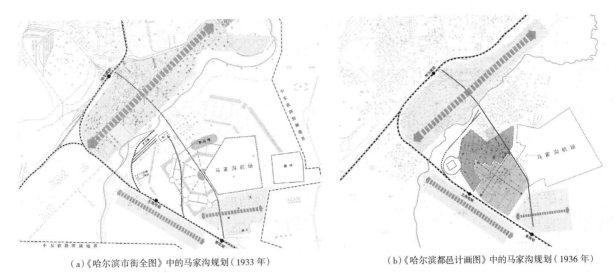

| (a)《哈尔滨市街全图》中的马家沟规划（1933年） | (b)《哈尔滨都邑计画图》中的马家沟规划（1936年） |

图2 日伪时期马家沟地区的规划建设分析
图片来源：底图来自哈尔滨城市规划局编著的《哈尔滨印象（上）》，作者自绘

后续朝三棵树火车站方向扩建。

二、近代哈尔滨地区的机场布局建设

日伪时期的哈尔滨地区先后建成马家沟、平房、王岗、双榆树、双城和拉林六个飞机场（表1、图3）。按照日本关东军的"常驻飞行场、机动飞行场和着陆飞行场"的机场等级分类标准，除王岗机场为着陆飞机场以外，其他飞机场均为常驻飞机场，另外马家沟机场作为唯一的军民两用飞机场，曾先后进行了三次改扩建，其功能主要是运送军政人员和军用物资，二战后期又增设航空制造功能。1944年，最初设立在沈阳的"满洲飞行机制造株式会社"划分为南机械制作处（奉天）、中机械制作处（公主岭）和北机械制作处（哈尔滨）三处，其中马家沟机场为第一制作部，孙吴机场为第二制作部；1932年日本关东军为侵占哈尔滨曾在双城修建了临时机场，次年在双城下辖的拉林修建飞机场，1936年又在双城站东3km处

重新修建了双城军用机场，由日本关东军第472部队驻扎；1938年，日军在滨江省平房镇（今平房区）修建了军事特区，其中包括平房飞机场和飞机修理车间，该机场为日军第8372航空部队专用飞机场，以航空修理和航空补给为主，北跑道供防疫给水部队（"731"细菌武器

工厂）使用，南跑道为航空队专用；1939—1940年间，为了供伪军第3飞行队训练及配合陆军作战、侦察使用，日本关东军又在王岗镇修建飞机场，在双榆树地区修建了以飞机制造为主的孙家机场，而后又于1945年各自加修了水泥混凝土跑道。时至今日，哈尔滨地区除了

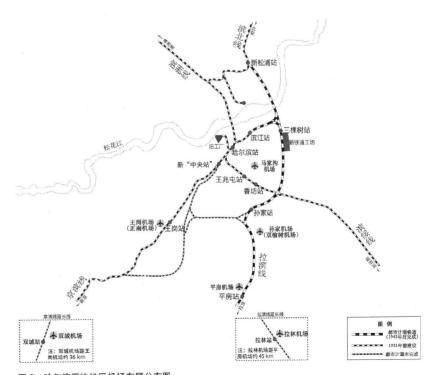

图3 哈尔滨周边地区机场布局分布图
图片来源：作者根据越泽明所著《哈爾浜の都市計画：1898—1945》一书中图52"哈爾浜の鉄道計画概要図"改绘

近代哈尔滨地区机场概要

表 1

机场	修建日期	示意图	驻扎部门	
			日伪时期	新中国成立后
马家沟	1924 年（临时）；1931 年（军用）；1932 年（军民两用）		第 12 飞行团司令部；第 12 航空地区司令部；飞行第 11 战队；第 32 航空修理分厂；第 22 飞行场大队；"满飞"第 5 勤务队；"满洲航空哈尔滨站"（战斗机飞行队机场①；"满飞"北机机械制作处第一制作部）	中国人民解放军第一轰炸学校；中苏航空公司哈尔滨站；哈尔滨航空工业学校；国营风华机械厂；航天风华科技股份公司
孙家（双榆树）	1939—1940 年（军用）		飞行第 1 战队；第 21 飞行场大队；第 21 航空修理分厂；"满飞"（战斗机飞行队机场、飞机维修）	空军哈尔滨飞行学院
平房	1938 年（军用）		北区：731 部队（细菌战）	中国飞龙通用航空有限公司；新中国成立后为哈飞 122 厂和东安 120 厂
			南区：8372 部队；第 12 野战航空厂（飞机修理、哈尔滨地区主要航空补给厂）	
王岗（正南）	1939—1940 年（军用）		伪军第 3 飞行队（以侦查、配合陆军作战为主）	空军哈尔滨飞行学院
双城	1936 年（军用）		472 部队（中间备降场）	空军航空大学
拉林	1933 年（军用）		第 8 飞行团；飞行第 60 战队；第 73 航空修理分厂（重爆击机飞行队机场、飞机维修）	空军哈尔滨飞行学院

来源：作者根据日本国立国会图书馆《満洲に関する用兵の観察 第 4 巻 昭和 27 年 6 月》等资料整理绘制

马家沟机场已经建成为高新技术产业开发区以外，其他五座机场均处于正常使用中。

尽管日伪时期的哈尔滨机场建设目的、规模各有不同，但依靠铁路线建设机场的布局模式整体不变。其中，马家沟机场地处由"南满铁道株式会社"1934 年建成的拉滨铁路线和中东铁路的京滨线（南段）、滨绥线（东段）所围合的三角形区域的中部位置，其四周分设三棵树站（今哈尔滨东站）、哈尔滨站、王兆屯站、香坊站和滨江站五个铁路站；另外在中东铁路的双城站附近修建了双城机场，在王岗站附近修建了王岗机场；在拉滨铁路的孙家

站、平房站、拉林站附近分别修建了双榆树机场、平房机场、拉林机场，并将铁路专用支线引入双榆树和平房两机场。

三、哈尔滨马家沟机场的建设沿革及其用地演进

1. 北洋政府时期

早在 1924 年张作霖统领东三省时期，为了开通奉天（沈阳）至哈尔滨的民用航线，东北航空处在马家沟新区赛马场南侧建设了哈尔滨最早的临时草地机场，供飞机临时起降使用。次年开设哈尔滨航空分

处，并配置 6 架飞机用于开展航空业务。这时期的马家沟临时机场并没有特定机场范围和跑道，仅是近似方形的草地场面。1930 年底，为满足经停西伯利亚的中德开航的需求，东省特别区东北政务委员会拟出资 300 万元在郊外筹建"国际飞行场"，计划次年开春后启建。

2. 日伪时期

1931 年"九一八"事变爆发后不久哈尔滨便全部沦陷，日本关东军遂将马家沟临时机场改建为军用机场，并于同年 11 月投入使用，次月开通了奉天—长春—哈尔滨的定期军用航线。该机场用地范围进一

① 日军又根据使用飞机种类的不同将空写战队分为：战斗机飞行队、重爆击机（日军称轰炸机为爆击机）飞行队、轻爆击机飞行队、远爆击机飞行队、袭击机飞行队和侦察机飞行队。

步向赛马场及东北方向的空旷地外扩，最终建成了占地1.65km²的五边形草地场面。第二年日军留守哈尔滨的飞行队将机场再次扩建，加铺了一条长800m、宽100m的近正南北朝向的混凝土跑道以及一条平行滑行道及其联络道，并新建了飞机库等机场建筑，还占用了老赛马场的用地。此时的机场东西长1600m、南北宽1400m，总占地面积达到2.31km²，这时期的机场用地形状为不规则的多边形。1933年，日本关东军第三次对马家沟机场进行了改建，"满洲航空公司"同时也在机场开通了大连—奉天—新京—哈尔滨—齐齐哈尔和齐齐哈尔—哈尔滨等航线，并设立哈尔滨站，建成事务所及其飞机库，马家沟机场也由此成了哈尔滨唯一的军民两用机场。

3. 新中国成立后

1949年4月，中国人民解放军"东北老航校"将密山的飞机修理厂、机械厂和器材厂合并后由东安迁往哈尔滨马家沟机场，建立航校机务处第一修理厂，主要修理飞机和发动机及生产零部件；同年8月，中国与苏联政府达成协议，苏方帮助中国创办2所轰炸航空学校和4所歼击航空学校。12月，东北农学院全部迁出马家沟机场，中国人民解放军第一轰炸机学校（又称第一航校，前身是东北老航校一大队）校部随即进驻机场，在159名来华苏联顾问和专家指导下，利用日伪遗留机场设施开展航空训练、教学。后期为满足空军部队驻场的需求，将原跑道改为滑行道和停机坪，并新修了由一主一副跑道所构筑的"人"字形跑道构型，主副跑道均长1400m、宽400m，其

中主跑道磁方位角为75°~255°，副跑道磁方位角20°~200°，大致朝向分别呈东偏北、北偏东，主副跑道各有滑行道连接机场航站区和停机坪。此时马家沟机场的整体占地面积约为5.6km²（图4）。

中苏民航公司哈尔滨站开航以后，对马家沟机场设施再一次进行了扩建，新修混凝土客机坪和草地停机坪各1处，可停放数十架不同类型的飞机；另增设导航台、固定指挥塔台、活动塔台指挥车、路空话台、活动马灯和探照灯车等通信导航设施[8]。1968年，为满足机场运行的需要，新建了具有航管指挥、机场办公和旅客候机功能的二层式机场综合楼。

4. 用地性质和范围的演变

哈尔滨马家沟机场位于哈尔滨市南岗区中山路115号，地处哈

尔滨中心地带，地理位置十分优越。该地块的用地性质在不同时期多次发生演变（图5），曾分别用作机场用地、航空教育用地、航空工业用地和航天工业用地。自1931年"九一八"事变前后，该地块作为机场用地分别由东北航空处、日本关东军航空部队和"满洲航空株式会社"所主导使用。日本投降后该机场地区曾在1948年至1949年期间短暂用作东北农学院，1949年起同时用作中国人民解放军第一航空学校和哈尔滨航空工业学校的航空教育用地，而后又合并或升格分别成为"空军哈尔滨飞行学院"和"华北航天工业学院（现迁址河北廊坊）"；1950年7月至1954年底期间，中苏航空公司进驻机场开航；至1969年，该学校所用地改为军工企业风华集团使用至今。

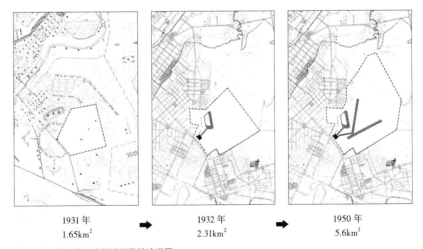

图4　哈尔滨马家沟机场地区用地演进图
图片来源：底图来自哈尔滨城市规划局编著的《哈尔滨印象（上）》，作者自绘

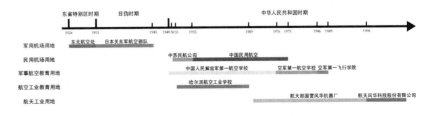

图5　哈尔滨马家沟地区的用地性质及驻场单位演变沿革
图片来源：作者自绘

四、哈尔滨马家沟机场地区的建筑遗存研究

尽管哈尔滨马家沟机场于 1979 年 6 月 15 日正式关闭后已辟为高新技术产业开发区，但时至今日，由于驻场空军、航天及民航等驻场单位的保密和安保特性，马家沟地区仍遗存有不为人熟知且较为完整的近现代航空教育建筑群、机场建筑群和航空工业建筑群以及配套住宅建筑群，整体分布在中山路两侧，呈集群组团式布局（图 6）。

1. 近现代机场建筑遗存

目前马家沟机场地区尚遗存三座保存较为完整的近代机库，这批机库群集中布置在机场的南部，大致呈东西向面向机坪方向排列，其北侧以引道衔接飞机堡群和"满航"的哈尔滨航空站，东侧以滑行道与跑道相连，整体联系紧密。20 世纪 90 年代因马家沟地区开发，近现代航空站建筑大多已拆除，仅遗存位于机场西南角、面向飞行区的"满航"飞机机库和侵华日军军用飞机机库。

1）民用航空站建筑

日伪时期，马家沟机场作为军民两用机场使用时建设了清水墙体和桁架屋盖结构组合的两座机库，均保留相对完整，现分别作为仓库和体育馆。"满航"的哈尔滨航空站（事务所）于 19 世纪 30 年代建设，航空站由办公综合楼和飞机机库两部分组成。办公综合楼为四坡顶的二层式建筑（图 7a），总面积约 250m²，其中候机室面积约 50m²。二楼正面设有面向机场、观察指挥飞机起降的外凸露天平台，办公楼并排设置满航飞机机库，两者之间设有一单层坡屋顶的锅炉房建筑。编号"风华 44 栋"的满航机库采用砖混结构和折线形桁架屋盖结构，后期在机库前后两侧的门档位置各自扩修了两排等长的辅助房间，并将机库坡屋顶延伸至辅助房间，辅助房间屋顶再增设老虎窗。该机库应是"满洲航空株式会社"在东北地区唯一的机场建筑遗存，现为闲置状态（图 8）。

1950 年由中苏航空公司建设民航哈尔滨站，沿用了"满航"办公综合楼，并将机库与综合楼之间的单层建筑扩建为二层（图 7b）。1968 年又新建了融合指挥塔台、气象观测台、航站楼等相关功能的机场综合楼（图 9a），其中候机室面积约 200m²，顶楼为气象观测台和正八角

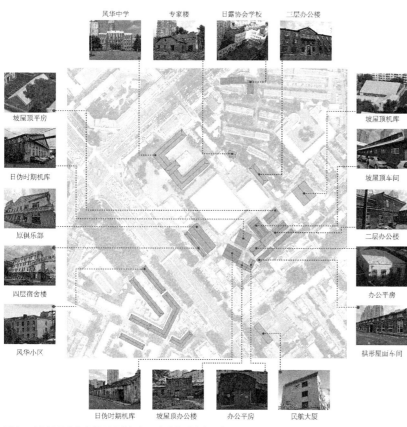

图 6　哈尔滨马家沟机场近现代机场历史建筑群遗存分布图
图片来源：底图来自谷歌地图，作者自绘

（a）"满航"办公综合楼

（b）20 世纪 50 年代中苏航空公司航空站

图 7　马家沟机场的近现代航空站
图片来源：网络及《黑龙江省志·交通志》

形的指挥塔台室。这两座标志性的航空站建筑在 20 世纪 80 年代因马家沟地区开发均被拆除。

1975 年，中国民航在中山路 87 号新建了四层民航综合楼（图 9b），并设立民航哈尔滨售票处，营业面积和服务项目全面扩充。该楼整体保留完好。

2）日本关东军军用飞机库

日伪时期的军用飞机库机库大门为西北—东南朝向，主立面面向飞行区。该机库为三角形桁架屋盖结构，20 世纪五六十年代曾作为哈尔滨航空工业学校的教学培训用房使用，现作为体育俱乐部使用，并在机库西侧增建了辅助房间。

2. 现代航空工业建筑遗存

新中国成立后，苏联援建了坐落在哈尔滨马家沟机场的中国人民解放军第一航空学校，这时期建设的机场建筑普遍具有典型的苏联建筑特征。现遗存有飞机机库、教学楼、办公楼、车间、专家楼以及住宅楼等。

1）苏式建筑风格的教学楼、办公楼及住宅区建筑

哈尔滨航空工业学校位于中山路与长江路交叉口东南角，南侧紧邻马家沟机场机库群。该校主楼共四层，局部三层，"山"字形建筑平面，中轴对称布局，主楼南侧为实习厂、宿舍楼等，现为风华中学主教学楼。编号为"风华 2 栋"的苏式办公楼于 1954 年建成，三层砖混结构，采用四面坡屋顶和内走廊平面，门廊、挑台及山花处均有装饰图案。编号为"风华 63 栋"的专家楼建筑形制独特，由两个双面坡屋顶的单层建筑组合成"T"字形平面，砖混结构。编号为"风华 49 栋"的砖混结构车

间采用钢筋混凝土现浇的连续拱屋顶，便于吊车梁设置，车间两侧采用上小下大的双层采光窗，室内采光良好。中山路以西保留有完整的苏式航校住宅建筑群，为围合式院落布局模式，住宅楼沿用坡屋顶、中轴对称等苏式建筑元素，现为风华小区。

2）木屋架车间建筑遗存

马家沟机场地区现存一座木结构屋架的砖木结构车间，该建筑屋顶结构新颖，整体保存完好，整个屋架结构由两组三角形木屋架（中央位置各自叠加气窗）沿中轴线对称布置组成（图 10）。整座车间西北—东南向面宽约 22.8m，单组面宽约 11.4m；西南—东北向进深约31.5m，共排列 6 根矩形砖混构造柱，柱间距 6.3m。西南面墙和东北面墙均各布置 6 扇高窗，屋架部分

图 8 日伪时期马家沟机场的"满航"飞机库
图片来源：作者自摄

（a）1968 年的机场综合楼
图 9 新中国成立后的马家沟机场航站综合楼
图片来源：《黑龙江省志·交通志》及作者自摄

（b）1975 年的民航综合楼

（a）车间内部结构图
图 10 木屋架车间内部结构及剖面示意图
图片来源：作者自摄、自绘

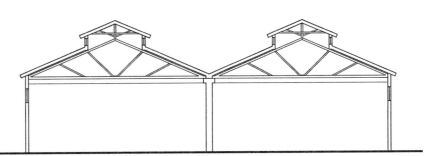

（b）车间剖面示意图

做了斜向收缩、纵向抬高设计，并沿抬高墙体布置一排高天窗，使得车间采光非常充足。车间南侧后期增设了一座二层办公楼，与车间呈"T"字形布局。该车间现作为材料仓库使用。

3）苏式建筑风格的飞机库

位于厂区东北角的大机库建设于 20 世纪 50 年代，为苏式建筑风格，双面坡屋顶，三角形桁架屋盖结构，建筑为东西朝向，原面向机坪，现与和平路走向一致，该机库现作为零件加工车间正常使用，东西两侧的机库大门均已经改建，东侧增设两层式的辅助房间。

五、哈尔滨马家沟机场建筑群遗存的价值体系认定

马家沟机场是近现代哈尔滨航空的起源地，马家沟机场地区至今遗留有不少在不同时期建造的不同建筑风格特征的近现代航空类建筑，且大多保留完好，这些建筑遗存无论从建筑形制、建筑结构或外观装饰等诸多方面都展现出较高的科学技术与艺术价值；另外，随着马家沟机场地区划归高新技术产业开发区进行开发建设，原有机场建筑遭受大量拆毁，近现代两座航站楼也被拆除，仅遗存部分机库、宿舍、校区等建筑，这些机场建筑遗存是见证我国军民航、航空航天工业历史发展历程的实体文物，具有重要的历史文物价值。

哈尔滨马家沟机场地区先后用作机场用地、航空教育用地、航空工业用地以及航天工业用地，该地块在不同时期用作不同功能，但均与航空领域相关，充分展现出了该地块丰富的航空历史文脉。从航空行业来看，马家沟机场地区的建筑遗存涵盖军事航空、民用航空、航空教育、航空工业等诸多类型，其行业价值显著。

总的来看，地处哈尔滨市中心的马家沟机场地区近现代建筑群遗存具有典型的时代特征、地域特征及航空特征，蕴含了丰富多样的历史价值、文化价值、教育价值及行业价值，该地区为黑龙江地区现存机场建筑数量最多、建筑形制最丰富、建筑年代最完整的航空类建筑遗产，具备了认定国家工业遗产名录和全国重点文物保护单位的基本条件和价值体系。

六、结语

哈尔滨马家沟机场地区先后叠加了北洋政府时期、日伪时期、计划经济时期及改革开放时期等不同阶段、不同风格的航空类建筑遗存，该地区集近现代航空教育、航空工业、民航运输及军事航空等多种功能于一体，可谓是中国近现代航空史的见证地和"活化石"。显然，创新性地探究马家沟地区近现代建筑群遗存并进行保护和再利用模式将为哈尔滨这座历史文化底蕴丰厚的城市增添浓墨重彩的一笔。

参考文献

[1] 徐璐思. 铁路影响下的近代哈尔滨城市建设（1898-1931）[D]. 北京：北京交通大学，2012.

[2] 哈尔滨市地方志编纂委员会. 哈尔滨市志·城市规划志 [M]. 哈尔滨：黑龙江人民出版社，1998：147.

[3] 越沢明. 哈尔滨の都市计画：1898—1945[M]. 东京：总和社，1989.

[4] JACAR（アジア歴史資料センター）Ref. C13010004600、満洲に関する用兵の観察 第 4 巻 昭和 27 年 6 月 [B]. 防衛省防衛研究所.

[5] JACAR（アジア歴史資料センター）Ref. C13010005200、付録第 2 飛行第 33 戦隊ノモンハン事件戦闘記 [B]. 防衛省防衛研究所.

[6] JACAR（アジア歴史資料センター）Ref. C13010271700、満洲飛行機製造株式会社調査資料 [B]. 防衛省防衛研究所.

[7] 欧阳杰. 中国近代机场建设史 1910—1949[M]. 北京：航空工业出版社，2008.

[8] 哈国际飞行场 [N]. 益世报，1930-12-07

[9] 哈埠将设大飞行场 [N]. 益世报，1930-12-03（03）.

[10] 刘亚洲，姚峻. 中国航空史（第二版）[M]. 长沙：湖南科学技术出版社，2007：193-194.

[11] 哈尔滨市地方志编纂委员会. 哈尔滨市志·交通志 [M]. 哈尔滨：黑龙江人民出版社，1999：475.

原型分析与重构
——儋州那大基督教堂建筑群的形制研究

谢德洪　陈　琳

海南省自然科学基金资助（项目编号：721RC604）；海南省级大学生创新创业训练计划（项目编号：S202013892068）。

谢德洪，三亚学院国际设计学院，三亚学院南海地域建筑文化遗产保护研究中心，本科。邮箱：2787579124@qq.com。
陈琳（通讯作者），三亚学院国际设计学院，三亚学院南海地域建筑文化遗产保护研究中心，博士，副教授（副院长）。邮箱：linchen@sanyau.edu.cn。

摘要：本文从儋州那大基督教堂建筑群的原型分析与重构为出发点，以基督教在中国发展中的"儒学化"和基督教建筑的"在地化"作为切入点，追溯教堂建筑群群体布局与修道院及哥特式教堂的渊源，探究其"在地化"重构的特点及原因；同时对主教堂的原型——单塔哥特式教堂进行分析，并探究其与地域性建筑融合后重构的过程。

关键词：儋州那大；基督教堂建筑群；原型；在地化；重构

引言

海南省是近代以来基督教[①]在中国传播的重要区域之一。据《海南省志》记载，从光绪七年（1881年）至新中国成立前夕，基督教美国长老会派往海南的传教士先后共有50余人，设立基督教海南大会及其分会41个，堂会14个，发展教徒8000多人。时至今日，仍有当时建造的大量教堂广布于海南省各地。众所周知，海南岛早期为"蛮荒之地"，相比大陆长期处于相对落后状态，在交通、物资极其有限的条件下，海南岛上的教堂群是如何建造的？源自哪里？它们又与海南当地传统民居有何关联？带着这些疑问，本文以海南省儋州市那大基督教堂群为例，来探讨其形制来源及本土化重构的特征。

一、概述

1. 历史沿革

第二次鸦片战争（1858年）后，琼州被迫开辟为对外通商口岸，基督教随之再次踏足[②]海南岛，1881年，海南传教先驱冶基善牧师[③]来游海南，随后他以独到的眼光选择那大为教会之一。他一边治病扶伤一边传教，得到当地人们的认可，使基督教在海南儋州迅速发展起来。光绪十二年（1886年），基督教在儋州那大设立分教堂，儋县那大基督教堂会（亦称那大差会）系海南基督教会分支机构。起初，由冶基善在那大市北门建起一座二进的平房（现已不存），一进为教堂，二进为医务室。后来那大镇热心教友邓维庆、叶妡英夫妇将自己的园地奉献给教会，于清宣统元年（1909年）教会开始建造教堂群（表1），由美国基督教会冶基善、林保罗两位牧师历经五年全部建成。

① "基督教"一词在中文语境下有广义和狭义之分，在文中无特别说明的情况下均指广义的基督教，包括新教、天主教与东正教在内。文章涉及的主要是前两者。

② 明嘉靖三十四年（1555年），葡萄牙传教士在澳门取得传教权后就开始向海南传教，1632年因为王弘诲的请求，基督教开始海南之行，17世纪30年代末，基督教因发展迅速对政府产生隐患，到康熙三年（1664年）"杨光先教案"等事件发生，导致基督教停止在海南传教。康熙十年（1671年）有所恢复，但康熙十二年（1673年）实行禁海。乾隆年间，因没有传教士主持大局，海南陆续出现了教徒脱教现象，传教陷入了停滞阶段。

③ 冶基善（Mr. C.C. Jeremiassen），美籍丹麦人。他于1847年生在丹麦，22岁来到中国，34岁踏上海南，1901年54岁的他长眠于海南岛。他于1881年开创了海南基督教传教事业，为海南人民带去基督教文化，医治很多的海岛人民，为海南的近代教育贡献了非常大的力量。

那大基督教堂建筑群的历史沿革　　　　表 1

时间	历史沿革
光绪十一年（1885 年）	由冶基善在那大市北门建起一座二进的平房，前进屋为教堂，后进屋作为医务室
光绪十二年（1886 年）	基督教在儋州那大设立分教堂，儋县那大基督教堂会（亦称那大差会）系海南基督教会分支机构
1901—1911 年	热心教友邓维庆、叶妌英将自家园地奉献给教会建大礼拜堂，由林保罗设计的那大基督主教堂建于清宣统元年（1909 年），历经两年，1911 年完工。钟楼与其同时建成。其他附属建筑牧师楼和神学灵修楼六幢也于清宣统年（1909 年）起陆续兴建，历经五年全部建成
1957 年起	那大基督教堂及其附属建筑钟楼、牧师楼和神学灵修楼均被县机关单位占用
1987 年	根据政策落实那大基督教堂及其附属建筑钟楼、王道琼牧师楼、李惠霖牧师楼、林保罗牧师楼、王约翰牧师楼和神学灵修楼返还儋州市基督教三自会管理使用
1987—2005 年	儋州市基督教三自会筹资，对那大基督教堂及其附属建筑进行 8 次维修
1995 年	被儋州市人民政府列为市级文物保护单位
2008 年	第三次全国文物普查时，对那大基督教堂主教堂进行了复查，并做了测量、照相及文字记录等工作
2010 年	由儋州市文体局和民宗局共同出资维修主教堂和钟楼
2016 年	结合棚户区改造工作，拆除牧师楼周围的其他建筑
2020 年	那大基督教堂被评为海南省第四批省级保护单位

来源：作者自绘

2. 建筑概况

那大基督教堂群现有主教堂 1 幢，牧师楼 5 幢（王道琼牧师楼、林保罗牧师楼、李惠霖牧师楼、王约翰牧师楼、格柏牧师楼）和神学灵修楼 1 幢。原教室、食堂、宿舍已被拆除（图 1、图 2）。主教堂为欧式建筑，坐北向南，由传教厅和钟楼组成，建筑面积 487m²。牧师楼和神学灵修楼分布于主教堂北面，均为南北向，建筑面积 492~632m² 不等。其中李惠霖牧师楼为一层建筑，是离主教堂最近的北侧建筑；其他牧师楼和神学灵修楼均为混凝土结构欧式两层建筑。

二、教堂群的原型分析与"在地化"重构

1. 原型分析——修道院的延伸

据载，1885 年那夏礼牧师首次在那大举行洗礼仪式，当时提出申请领洗的民众有 60 人之多，其中有 30 人接受了教会的审查，最后达到要求的只有 9 人。仅在几年的时间内，全岛信教的人数便增加到数千人之多。追溯到 1894 年所建的中西学堂和 1909 年所建的教堂及牧师楼等开办学校教育的举措，那大基督教堂建筑群与基督教修道院学校建筑有着密不可分的渊源。

公元 4 世纪中期，白苛密在尼罗河的远奔尼岛上建立了第一所修道院，其影响遍及埃及、叙利亚、巴基斯坦等地。修道院是培养虔诚的基督教徒的地方，并且制定了诸多制度以决定修道的生活方式，此后修道院传入欧洲，反过来又影响着基督教建筑的布局与形制。基督教在海南开办学校，毋庸置疑是教士传播福音的有效途径，从西方带来的修道院制度以及建筑风格起着推动当地文

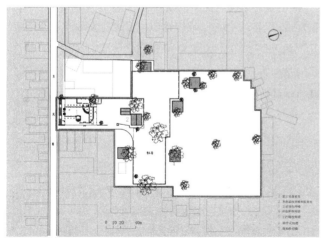

图 1　那大基督教堂群总平图
图片来源：谢德洪绘

图 2　那大基督教堂群鸟瞰图
图片来源：作者自摄

图3 那大基督教堂鸟瞰图
图片来源：作者自摄

图4 瑞士圣加尔修道院模型鸟瞰
图片来源：https://kuaibao.qq.com/s/20191125A0NVON00

化建设和中西方建筑活动的相互作用（碰撞、交叉和融合）。接下来笔者继续结合西方修道院校园对那大基督教主教堂建筑的原型进行探讨，以及如何与中国地域性建筑结合重构，挖掘建筑背后的价值。

西方修道院建造基本模式在公元6世纪受本尼狄克院规的影响基本成型，那大基督教堂群建造之初就与西方修道院在建造功能上十分相似，同样有教堂、教室、宿舍、餐厅、图书室等。这些齐全的教学设施无不体现了学校功能。建筑群虽然在功能上与西方修道院一致，但布局与西方修道院存在差异性。修道院的雏形中，礼拜堂作为他们的精神信仰，与其他公共建筑餐厅和医院等构成了院落中心。例如瑞士发现的约公元820年建造的圣加尔修道院（图3、图4）就是修道院的典型，建筑一侧是面积较大的教堂，它与宿舍及餐厅等建筑围合出一个内院，院中设十字形回廊空地建有园囿，

主体建筑周围布置厨房、浴室等附属建筑。诸多描述表明因功能的需要，西方修道院建筑基本是一致的布局。

2."在地化"重构——中西交融

为何海南的教堂建筑要结合中西方进行分析？这与1919年11月罗马教廷向全世界教会发布了一个名为"夫至大"通谕①，以及首任宗座代表刚恒毅②来华落实和贯彻"夫至大"通谕的精神密切相关。刚恒毅主教曾在1924年上海主持召开"第一届中国教务会议"中提出"吾人当钻研中国建筑的精髓，使之天主教产生新面目绝不是抄袭庙宇的形式或拼凑中国因素而已，乃是要学习中国建筑与美术的精华用以表现出天主教的思想"。刚恒毅大力提倡建筑的"本地化"，对中国近代教会建筑形成中西交融形式起到了至关重要的推动作用。虽说那大基督教堂群在1914年建成，但教堂建筑

与地域建筑的相互作用是不可避免的建造需求。同时，也证明"夫至大"通谕所提思想的必要性，教堂建筑与中国传统建筑结合的必然性，为后续基督教堂的修整起到重要作用。

基督教"在地化"从16世纪就有"儒学化"的思想，当时利玛窦就表明基督教与中国的儒家思想一致，以中国的儒家文化为基础，诠释基督教的内涵，是实现基督教在中国本土化的有效尝试。几经波折，最终基督教"在地化"在1962年取得了重大的突破。这一系列中西文化的碰撞、重构无一不被建筑书写。那大基督教堂群原教室、食堂及宿舍与教堂的围合的空间布局与中国四合院巧妙结合。经访查了解到食堂位于主教堂正西侧，教学楼位于食堂北侧与宿舍相对，宿舍建造在东风路边方便与来往人交流，四个建筑围合成四合院。但地块的局限性是决定建筑布局差异性原因之一，据载，该地块是热心教友邓维庆、

<hr />

① 1919年11月，罗马教宗本笃十五世向全世界天主教会发布了一个通谕，由于其行文以"夫至大至圣之任务"为起首，故称"夫至大"通谕。通谕认为，一个在异国为天主传播福音的人应当置父母之邦的利益和光荣于教会之下，不要介入列强的政治，反对当时教会中的殖民主义倾向，教宗本笃十五世，教宗本笃十五世通谕译文。朱维铮．马相伯集 [M]．上海：复旦大学出版社，1996：318-340.
② 刚恒毅（Celso Costantini 1876—1958），意大利人，生于乌地纳，早年随父亲习泥水工，有艺术天赋，16岁入修道院，1920年4月，任斐乌墨一团理主教。1921年，教宗本笃十五世升其为正式主教。第一任罗马天主教宗座驻华代表。1932年回国，1952年升任为教廷的枢机主教。

叶�英夫妇捐献建造教堂，用地有限。该地块南低北高，南窄北宽，南侧又靠近交通要线，从而导致其围合空间有所差异；在该建筑群中，教堂与牧师楼各自处于相对独立，牧师楼且在有限的地块内以教堂为中心向北有意识地呈扇形分布，缩短了牧师到达教堂的距离。牧师楼相互错开布置以保证直线视角可观看到教堂（图 5）。那大基督教堂群延续了西方修道院学校的功能与部分空间布局。

三、主教堂的原型分析与地域性重构

1. 原型分析——单塔哥特式教堂

　　主体建筑那大基督教堂其建筑样式的来源远比我们想象的要广阔和复杂。基督教产生于公元 1 世纪，而哥特式教堂与基督教碰面，要追溯到 12 世纪左右的法国西部对巴黎附近的加洛林王室大修道院的西立面进行改造工程上，工程是由一个前廊将新的立面与原有建筑中殿连为一体。这一看似偶然的工程，却从根本上改变了中世纪基督教建筑的风格。追溯西方建筑史，在 19 世纪"折中主义"复兴运动中，不得不提的是哥特复兴代表人物奥古斯特·普金（Augustus Welby Pugin），普金认为只有哥特式建筑才能完美代表基督教堂。他在其代表作《真实原则》[①]中提出的理论对单塔哥特式教堂起到指导作用。

普金后期在英格兰对乡土建筑的研究中，其教堂建造表现特征有：钟楼位于圣殿的两端或依托圣殿建筑，并且钟楼一般只有一座；成阶梯状布置的圣殿与至圣所屋顶；大多教堂只有约减的钟楼、圣殿和至圣所三个部分（钟塔和至圣所在条件更有限时甚至可以与圣殿合二为一，图 6、图 7）。这也就是那大基督教单塔哥特式教堂的原型。

2. 地域性重构——单塔哥特式教堂的重构

　　西方教堂布局多为坐东朝西，祭坛设在建筑物的东端，大厅末端为圣所，教堂正立面开口朝西，教徒在圣礼仪式时必须面向圣地耶路撒冷的方向（西方），同时也是耶稣圣墓所在[②]。那大基督教堂平面的朝向是坐北朝南，与西方教堂的西

朝向毫无关联。究其缘起应与中国传统建筑文化相互碰撞所致，我国自古至今为礼仪之邦，据《周易》记载"圣人南面而听天下，向明而治"的论述，则决定了后世建筑中"坐北朝南"的基本原则。那大教堂入乡随俗，朝向也就和西方教堂截然相反。但这太难以置信，难道基督教就此妥协对"光"崇拜？并非妥协，因为朝向的改变使得教堂的钟塔、圣殿和至圣所与西方的教堂有些许不同，至圣所巧妙地放置在西北角，以圆弧（扇形）为台，入口位于南侧和东侧（图 8），解决朝南朝东问题，灵活地对中国古人尊"天"、基督教崇拜太阳进行文化融合。随后的东侧和南侧构成宽阔的圣殿，呈"厂"状，东短南长。再加上至圣所西侧的耳堂，整个平面呈"T"形，钟塔依托圣殿建造，位于东南"T"形拐

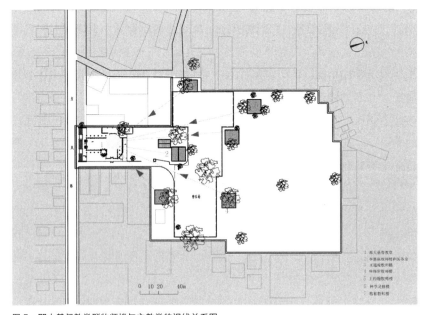

图 5　那大基督教堂群牧师楼与主教堂的视线关系图
图片来源：作者自绘

① 《尖拱建筑或基督教建筑的真实原则》（ The True Principles of Pointed or Christian Architecture ）；青锋 . A.W.N. 普金的两种功能主义 [J]. 建筑师，2011（01）：5-16.

② 李文 . 基督教文化对教堂建筑的影响 [J]. 重庆科技学院学报（社会科学版），2012（03）：150-152.

图 6 普金设计的教堂图纸
图片来源：参考文献 [7] 插图 VII、插图 IX

图 7 那大基督教堂群主教堂
图片来源：作者自摄

角处。

主教堂与单塔哥特式教堂有何密切关系要从立面说起。西方哥特式教堂建筑尤为重要，西立面有骨架券、尖券、尖拱以及飞扶壁的应用[1]。那大基督教堂剖面形式接近早期基督教时期巴西利卡式，中厅高、侧廊略低的特点，虽然不是典型的横三段、竖三段的构图形式，但是立面窗户的尖券造型以及隐藏在侧廊屋顶下飞扶壁的应用，钟楼强调的垂直性，都呈现出哥特风格。由于文化的碰撞，灵活多变的平面，使得立面的变化转移到山墙之上，尖券起源于古代阿拉伯世界被多数学者认同，但尖券却是 20 世纪之前哥特建筑的最大特征，它是力与美的完美结合，比圆券承担荷载大。在那大主教堂的立面随处可见的尖券形制完美地彰显哥特建筑特征，西、北立面均运用在窗上，特别是东、南立面门和窗的运用尤为精美（图 9、图 10）。那大主教堂建造的成功，正是凸显中国工艺与西方的完美结合，也是显现中国工人技术上的提升。那大主教堂门窗框为方形石材与水泥结合以锯齿形排列，穿插关系更好地与周围墙体相抓实，起着很大的承载作用。这种大体块的拼接方式，不仅解决了小体块的拼接难度以及技术精密的要求，还使得结构更加稳定厚实。教堂门窗内框的木构尖券与彩色玻璃的结合勾勒出美观多变绚丽的轮廓，造型的统一与门窗外框相呼应。

那大教堂大礼拜堂是砖墙瓦面结构，砖、瓦均为本地匠人烧制，与海南传统民居的砖瓦一样。但屋顶金字架均用出自外国的钢筋，室

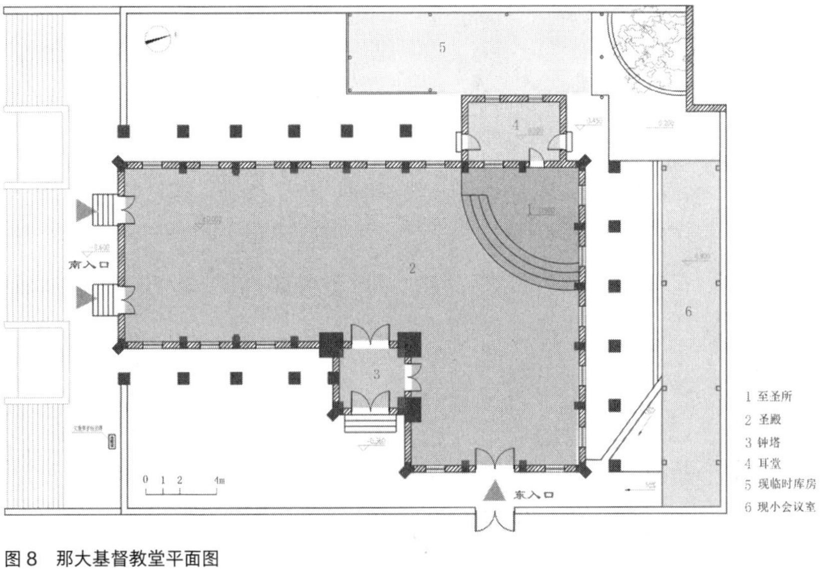

图 8 那大基督教堂平面图
图片来源：谢德洪绘

1 至圣所
2 圣殿
3 钟塔
4 耳堂
5 现临时库房
6 现小会议室

① 余佳洁. 川南近代天主教堂建筑本土化研究 [D]. 重庆：重庆大学，2016.

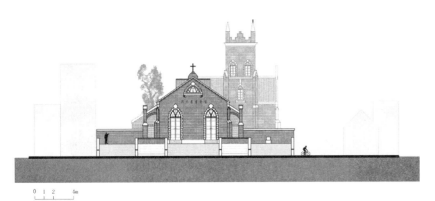

图 9 那大基督教堂南立面
图片来源：张梁绘

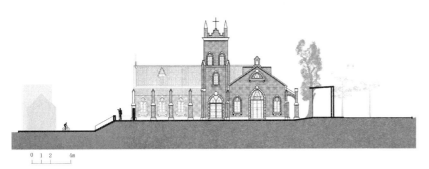

图 10 那大基督教堂东立面
图片来源：张梁绘

内地砖也出自外国。教堂采用木屋架，桁椽用本地上好的苦楝木，按规格一条条锯出来。堂内安装点灯，四层高的钟楼顶的四个尖角安装有避雷针，连起来用一根大铁缆系通到地下深处。

那大基督教堂袒露的骨架结构，垂直的线条、状尖券以及内部高大的空间也充满了哥特式建筑的味道。教堂均运用到扶壁（Buttress，垂直于墙面的支撑结构）与飞扶壁（Flying buttress）（图 11~ 图 13），广泛地运用线条，轻快的尖拱券，轻盈通透的飞扶壁，修长纤细的壁柱，这样的结构使得教堂的框架相对独立，更加壮观，且便于施工。简单明了的结构设计，给教堂增加了自由、空灵、崇高的效应。那大基督教堂立面的尖券门、窗采用哥特式风格，但是上部砖的叠涩做法却是

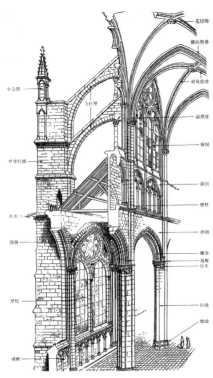

图 11 飞扶壁
图片来源：王瑞珠.世界建筑史·哥特卷（上册）[M].北京：中国建筑工业出版社，2008.

图 12 那大基督主教堂外廊的飞扶壁
图片来源：作者自摄

图 13 那大基督教堂墙角的扶壁
图片来源：作者自摄

中国传统形式。哥特式教堂又是一种非常成熟的时代艺术风格，是石头和玻璃的建筑物，工人都是儋州人，因此建筑风格因地制宜。哥特式建筑风格传入儋州与本土文化和技术的彼此交融，相互作用，体现了中国传统建筑与西方宗教建筑的完美结合。

四、结语

一百多年前的儋州那大，地处密林深处，无论规模和经济实力比不上儋州州城中和及临海重镇新英，然而，冶基善却以独到的眼光选择了在这里建立起早期的那大教会。而如今那大却已是儋州的行政中心，那大基督教堂建筑群恰位于城市中心地带，周边商业、居住用地容积率较高。现因用地稀缺牧师楼群周边已建立起停车场，牧师楼群已破败不堪。

那大基督教堂群是海南乃至全国规模较大、保存完整的基督教堂群，更有着基督教弃绝尘寰的宗教情绪以及中西结合的独特建筑文化内涵。是基督教传入海南、传入儋州的历史物证。承载了儋州城市文化历史信息，尤其反映了海南近代宗教建筑史的信息与保护资料。

而对周边所在的自然环境和自然生态同时进行保护，才能更好地在宗教建筑之外形成区域性宗教气氛，以烘托宗教活动的场所精神。笔者希望对那大基督教建筑群进行形制解析的同时，呼吁各界人士对那大基督教堂群的重视，相信只要坚持可持续发展的保护方式，竭尽全力地保护建筑的本真性，使建筑的历史、社会、文化价值得以体现，一定能够为后世留下瑰丽灿烂的历史文化瑰宝。

参考文献

[1] 唐黎洲，李浈．转译与移植——福建元坑真神堂的神圣原型与现实拼贴 [J]. 建筑遗产，2019（01）：99-106.

[2] 季国良．近代外国天主教会组织在华建筑活动及其空间特征 [J]. 世界宗教文化，2015（03）：148-153.

[3] 李文．基督教文化对教堂建筑的影响 [J]. 重庆科技学院学报（社会科学版），2012（03）：150-152.

[4] 顾卫民．刚恒毅与近代中西文化交流 [J]. 世界宗教研究，1996（04）：92-100.

[5] 鲍月．中世纪法国哥特式教堂的建筑和装饰艺术 [J]. 美与时代（城市版），2019（10）：1-5.

[6] 张复合．中国近代建筑史研究与近代建筑遗产保护 [J]. 哈尔滨工业大学学报（社会科学版），2008，10（06）：12-26.

[7] 罗薇．和羹柏的中国建筑生涯 [J]. 新建筑，2016（5）：60-65.

[8] 张小群．基督教与清末民初的海南社会 [D]. 长沙：湖南师大学，2010.

[9] 余佳洁．川南近代天主教堂建筑本土化研究 [D]. 重庆：重庆大学，2016.

[10] 颜小华．美北长老会在华南的活动研究（1837-1899）[D]. 广州：暨南大学，2006.

[11] 丁远远．5—12 世纪西欧修道院学校研究 [D]. 哈尔滨：哈尔滨师范大学，2018.

[12] 崔玲玲．山西近代天主教修道院建筑研究 [D]. 太原：太原理工大学，2011：12.

[13] 董睿．易学空间观与中国传统建筑 [D]. 济南：山东大学，2012：33.

[14] 徐宗泽．中国天主教传教史概论 [M]. 北京：商务印书馆，2015：12.

遗产保护与利用

银川拜寺方塔复原研究

林丁欣　燕宁娜　赵振炜

国家自然科学基金项目（51968059）；宁夏回族自治区重点研发计划重大（重点）项目（2019BBF02014）。

林丁欣，宁夏大学土木与水利工程学院。邮箱：1436650459@qq.com。
燕宁娜（通讯作者），宁夏大学土木与水利工程学院博士，教授。邮箱：459995540@qq.com。
赵振炜，宁夏施图建设工程技术审查咨询有限公司，高级工程师。

摘要：宁夏地区建塔历史悠久，蕴含丰富的文化底蕴，因此，宁夏地区古建筑复原研究具有重要意义。本文对拜寺方塔进行考古研究，基于宁夏考古部门发掘清理的遗迹，解剖塔基，确定方塔建筑结构形式，推定了拜寺方塔建筑尺寸，塔体总高 36.44m，塔身逐层收缩，并运用 BIM 技术对方塔建立三维模型。此研究对拜寺方塔的复原研究及重建具有技术支撑作用。

关键词：古塔；建模；复原研究

一、引言

古建筑是指具有历史意义和现实意义的建筑结构体系，在中国，很多古镇以及大部分的大城市还保留着一些古代建筑。它是一种文化精神的载体，见证了这个城市几百年甚至上千年历史的沧桑变化，一旦破坏就再难以恢复和接续。它不仅反映了当代当地的历史文化底蕴，同时也传承了中华民族历史文化体系。

拜寺沟是贺兰山东坡的山沟之一，属于宁夏贺兰县金山乡拜寺口村，沟口南北两侧有多处西夏遗址，沿山间小路向沟内前行约 10km 就到达方塔所在地（图 1）。现因年代久远，沟内情况复杂，经泥石流冲刷，山间小路已不复存在，无法到达。然而，在 1990 年 11 月 28 日，方塔被不法分子炸毁，现场一片狼藉。对于方塔被炸毁、文化传承断裂这一突出问题，文物考古研究所进行清理发掘后，建筑学界迄今没有给予足够的重视。根据宁夏文物考古研究所记录与勘察的记载，对拜寺方塔做出复原研究，对方塔的原构进行合理推测，并建立起方塔模型及对其模型进行动力特性分析，同时在其结构体系分析过程中加强薄弱点的设计。

二、关于古塔复原的研究现状

张驭寰[1]根据考古部门发掘清理北魏洛阳永宁寺塔烧毁之后遗址的纪要，分析平面，参阅有关文献，以多年研究古塔的经验，推测当年的木塔样式并做出了复原图。复原内容包括台基、方形平面、九层九间、塔的柱网、附角柱、塔铃、塔的整体结构以及全塔尺寸。

钱国祥[2]对北魏洛阳外郭城形制布局在前人研究的基础上，结合该城址近 60 年的考古工作，对北魏洛阳都城外郭城的规模形制与空间格局，以及里坊、市场、名人宅邸、寺院等重要建筑的分布进行了位置推定与复原研究。

刘淳[3]在了解上海外滩的和平饭店南楼屋面塔楼的建造历史及结构现状后，制定了塔楼复原设计优化方案，并介绍了所采用的结构、装饰施工方法。

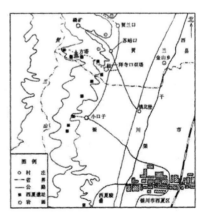

图 1　拜寺沟方塔位置示意图
图片来源：宁夏文物考古所．拜寺沟西夏方塔 [M]．北京：文物出版社，2005．

杨鸿勋[4]为雷峰塔的复原考证，具体说明了吴越雷峰塔的原状，具体为七级塔至刹尖原高约 68m；正面二层台基，应有勾栏；底层有副阶；二级以上作九成等比级数递减；塔体收分略呈抛物线卷刹；塔顶设刹，形制略如保俶塔。该塔大木应是采用宋式一等材，推测各层塔檐为六铺作，双抄双下昂。平座为四铺作，不用昂。

在对古塔复原的工作上，有大量学者进行了深入的研究，研究了塔本身的结构样式、选材以及全塔的尺寸，综合各学者所做研究，总结研究的方法、推测古塔的结构样式的步骤、推测的方式，在对方塔进行复原时全面考虑各方面因素，推测方塔当年结构样式，为此后的重建奠定基础和对类似建筑进行复原提供参考。

三、拜寺方塔概况与复原研究

我国庞大的古建筑体系中，虽数量巨多，但年代久远未经改动的却相对较少。而根据塔心柱墨书题记可知拜寺方塔建于西夏惠宗大安二年（1075 年），距今 900 多年，可谓年代久远[5]。更为重要的是，方

塔被炸毁之前，除塔顶残损外，塔身是未经后世重修重建的，即这座被炸毁的方塔（图 2）是未经后世影响的西夏原建。有鉴于此，作为西夏原建的方塔，对我们研究银川的古塔具有重要的意义。

拜寺方塔，背山面沟，坐落在方塔区坐北向南的高台上，塔基用毛石堆砌而成，没有地宫类构造；塔身直接从塔基上筑起，不设基座。塔体以塔心柱（木质）为中心，表里内外逐层向上铺砌，每层叠涩出檐，并在 3、10、12 层构筑塔心室。塔心柱从地基圆坑起立，从下向上，通过 3 个塔心室，贯穿全塔。塔心柱上下层柱与柱之间榫卯相接。在地基圆坑和 3、10、12 层塔心室顶部横置大柁，塔心柱从中穿过。有的塔心柱上段和下段在大柁圆孔中交会相接。以长方板、板皮等材料，交错架于大柁及塔体上，构成塔心室方顶。塔刹底部以槽心木构成井字架，以加强塔心柱的稳定性。塔刹早年被毁，其形状似为唐宋北方流行的相轮式。塔壁抹白灰皮，上施柱枋斗栱彩绘。南 1 壁处理较为特殊，3、10、12 层似为方龛，实为塔心室向外通；其余各层，为影塑直棂假窗[6]（图 3）。

1. 基础数据调查

1）方塔原构

根据资料记载，拜寺沟方塔为砖砌十三级密檐式塔，被炸毁前只存十一级，并确认现在的地面并非西夏时期的原始地面，现在地面上的第一级，实为原古塔的第三级，而原塔的第一、二级，清代以来遭暴风雨侵袭后沉积在塔体四周的泥石流和巨石淹没，其塔门、塔身和腰檐的情况暂不清楚，而第三级至第十三级，每级由塔身与腰檐两部分组成，每级塔身的高度、宽度自下而上逐级递减，收分显著。

（1）塔基

方塔塔基用毛石堆砌而成，毛石间灌以黄泥浆，塔基中间筑有立塔心柱的圆坑，圆坑是砌筑塔基时预留的，圆坑上部横置中的圆孔用以固定塔心柱的大柁，塔身直接从塔基上筑起，不设基座，塔基内没有地宫类构造。

（2）塔身

被炸毁前的塔体，仅能看到地表以上十一层，以塔心柱为中心，围绕塔心柱采用满堂砖的砌法，层层铺砌，铺砌采用的基本都是一顺一丁，以黄土泥为浆，交错压茬而砌。建筑特点是首级较高，从第二级之上有规律地逐层递减收缩。

（3）腰檐

塔身之上为腰檐，每层叠涩出檐，与塔身同一斜率逐层收缩，由下往上由叠涩砖挑出，腰檐下部由平砖挑出，中间部分由两皮棱角牙子夹一皮平挑砖组成，上部同样也由平砖挑出。

（4）塔心柱

方塔塔心柱就地取材，用松木

图 2　方塔第三层塔心室残留塔心柱
图片来源：宁夏文物管理委员会. 中国古代建筑 西夏佛塔 [M]. 北京：文物出版社，1995.

图 3　方塔残存西北角塔刹
图片来源：宁夏文物考古所. 拜寺沟西夏方塔 [M]. 北京：文物出版社，2005.

做成，有圆形与八边形两种，圆形的较粗，用于塔身的下部；八边形的较细，用于塔身的上部，柱头两端均有榫卯结构。塔心柱从塔基圆坑内立起，穿过横置于塔基内和各层塔心室的大栿，从下而上，直至塔顶。塔心柱的连接有两种：一种是在塔体内榫卯连接，另一种是在大栿圆孔内交会相接。

（5）塔刹

塔刹早年被毁，具体形状与尺寸无从考证，但是根据推理，其形状应为唐宋时期北方古塔中多见的相轮式，塔心柱的最上端即为塔刹刹杆。

2）建筑材料

根据现场考古发现，建造方塔所使用的砖石为青砖，有长砖与方砖两种：

长砖的规格颇多，大致可分为大、中、小三种，分别为385mm×190mm×65mm、320mm×180mm×55mm、300mm×180mm×47mm，但是根据记载，塔体的砌筑方式为一顺一丁，故本文以385mm×190mm×65mm的长砖作为

建造塔身的主要材料来建立模型。

方砖的数量较少，根据残留的塔体构造来看，方砖是塔檐的使用材料，尺寸为365mm×365mm×62mm，材质较坚硬。

根据以上描述，做出典型楼层立面砌筑图（图4），且尺寸符合推断。

方塔塔内所使用的木材主要有以下几种：

塔心柱：根据考古资料，塔心柱有圆形与八角形两种，每种两端皆有榫卯结构[6]。推断下半段塔身采用圆形柱，上半段塔身采用八角形柱。

圆形柱：发现两根，一整一残，柱身带有树皮，为云杉原木。完整柱尺寸为260cm×30cm，分属两端的榫头、卯口，直径10cm、长（深）9cm。残柱尺寸为94cm×27cm，直径与大栿穿孔处的塔心柱印痕吻合。

八角形柱：皆残，柱两端表层朽，也有被烧痕迹。

大栿为长方体，正面平整，背面呈弧状，两侧有残留树皮，中心

有穿孔，是两段塔心柱对接之处。现存大栿皆从穿孔处折为两段，但断岔处仍可对接。

槽心木因断面圆形，中间有一槽口，故名槽心木（图5）。

3）方塔已知尺寸

由于第一、二级塔身被泥石流与巨石掩埋，其塔门、塔身与腰檐的尺寸不详。

第三级塔身高1.92m，下边长为6.2m，塔身南壁正中开一方形门道。塔身之上为腰檐，腰檐高1.02m，共十七皮，下挑十皮，上收七皮。由叠涩砖挑出十皮，由下往上，第一、二皮平砖挑出，第三皮为棱角牙子，第四皮平挑，第五皮为棱角牙子，第六至第八皮各平挑一皮，腰檐最外端檐口由第九至第十皮平砖挑出。檐口之上用反叠涩平砖内收七皮，直接承接上层塔身。

第四级塔身高1.56m，塔身南壁正中开一方窗。腰檐部分高0.96m，其砌法与第三级腰檐相同，即叠涩挑出十皮，檐口之上反叠涩内收七皮，挑出的第三皮与第五皮均为棱

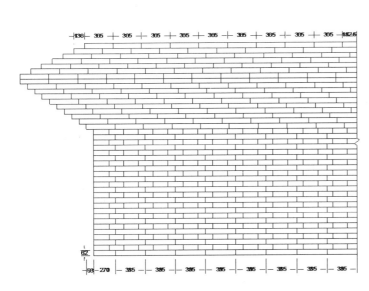

图4　典型楼层立面砌筑图
图片来源：作者自绘

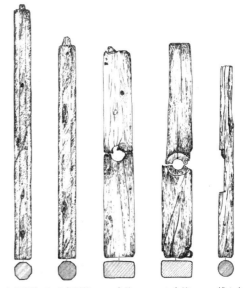

a. 八角形柱　b. 八角形柱　c. 大栿　d. 大栿　e. 槽心木

图5　八角形柱，大栿，槽心木
图片来源：宁夏文物考古所. 拜寺沟西夏方塔 [M]. 北京：文物出版社，2005.

角牙子，第三皮出棱角牙子 22 个，第五皮出棱角牙子 25 个。

第五级至第十三级塔身，腰檐的砌法与第三、四级相同，塔身南壁亦各开一方形的门窗，其中第五级至第九级、第十一级、第十三级均为方窗，第十级、第十二级塔身南壁正中亦开一方形门道。各级腰檐均由叠涩砖挑出十皮，挑出第三皮与第五皮均为棱角牙子，仅棱角牙子数略有增减。

4）方塔未知尺寸推定

方塔始建于西夏时期，根据《中国古代建筑·西夏佛塔》记载，方塔形制为西夏佛塔Ⅱ型：多层塔身，但自第二层以上各层上下檐间距显著缩短[7]。

塔体塔身所采用的材料为 385mm×190mm×65mm 的长砖，第三级塔身高 1.92m，第四级塔身高 1.56m，第三级塔体下边长 6.2m。塔体腰檐所采用的材料是方砖，每次共十七皮，具体构造做法在上一章节已具体讲述。根据宁夏文物考古研究所编制的拜寺沟西夏方塔有关记载与所绘制的拜寺方塔原构示意图，推断得知塔体总高 36.44m，除所记载的三、四级塔身与腰檐高度外，其余塔身高、出檐高以及塔身上下边长如表 1 所示。

根据有关文献记载，每层腰檐共十七皮叠涩，分为十层出檐与七层上收，推论尺寸如表 2 所示。

第三级至第十三级腰檐平面尺寸与标高以此类推计算。

塔体的砌法基本为一顺一丁，黄泥勾缝，交错压茬而砌，但压茬不够严整。从塔体的断面看，塔心不是用残砖黄土填充，而是全部用砖层层铺砌，基本砌法仍是一顺

一丁。塔身采用 385mm×190mm×65mm 的长砖铺砌，塔身壁厚 385mm。

根据以上描述，拜寺方塔所有尺寸数据都已推论完成并在合理的范围之内，故此对方塔进行平立面绘制与建模。

2.方塔原构推定

宁夏地区现存建造于西夏时期的古建筑仅有几座，根据记载，与拜寺方塔结构形式基本相同的仅有

拜寺口双塔（图 6），两座塔的塔体收分、腰檐的叠涩形式、层数的分布基本相同，唯一区别是方塔为四边形十三级密檐式砖塔，双塔为八边形十三级密檐式砖塔。目前对方塔进行的推定符合与双塔的比对。

本文根据书中所记载的拜寺沟西夏方塔的原有数据和推定数据，结合对方塔的推定尺寸，对方塔进行了示意图的推定（图 7）。

据《拜寺沟西夏方塔》记载，

拜寺方塔尺寸表　　　　　　表 1

层数	塔身高 /mm	出檐高 /mm	边长 /mm	
			下边长	上边长
一	5373	1109	6285	6285
二	2122	1127	6226	6226
三	1920	1105	6200	6200
四	1560	1119	6163	6163
五	1365	1099	5991	5991
六	1221	970	5871	5857
七	1182	1003	5719	5676
八	1088	883	5444	5403
九	1050	843	5211	5186
十	990	734	4935	4900
十一	937	666	4740	4673
十二	848	622	4563	4524
十三	814	220	4306	4217

来源：作者自绘

图 6　拜寺口双塔（西塔）
图片来源：作者自摄

图 7　拜寺方塔推定图
图片来源：BIM 软件建模结果

拜寺方塔腰檐叠涩推论尺寸表

表 2

一级腰檐

皮数	平面尺寸 /mm			标高 /mm	
	边长	叠涩边长	高度	起点	终点
一皮	6487	101	64	5373	5437
二皮	6689	101	64	5437	5501
三皮	6891	101	64	5501	5565
四皮	7093	101	64	5565	5629
五皮	7294	101	64	5629	5693
六皮	7496	101	64	5693	5757
七皮	7698	101	64	5757	5821
八皮	7900	101	64	5821	5885
九皮	8102	101	64	5885	5949
十皮	8303	101	64	5949	6013
十一皮	8303	135	67	6013	6080
十二皮	8033	135	67	6080	6147
十三皮	7764	135	67	6147	6214
十四皮	7495	135	67	6214	6281
十五皮	7225	135	67	6281	6348
十六皮	6956	135	67	6348	6415
十七皮	6686	135	67	6415	6482

二级腰檐

皮数	平面尺寸 /mm			标高 /mm	
	边长	叠涩边长	高度	起点	终点
一皮	6414	94	63	8604	8667
二皮	6602	94	63	8667	8730
三皮	6790	94	63	8730	8793
四皮	6978	94	63	8793	8856
五皮	7166	94	63	8856	8919
六皮	7354	94	63	8919	8982
七皮	7542	94	63	8982	9045
八皮	7730	94	63	9045	9108
九皮	7918	94	63	9108	9171
十皮	8106	94	63	9171	9234
十一皮	8106	135	71	9234	9305
十二皮	7835	135	71	9305	9376
十三皮	7564	135	71	9376	9447
十四皮	7294	135	71	9447	9518
十五皮	7023	135	71	9518	9589
十六皮	6752	135	71	9589	9660
十七皮	6481	135	71	9660	9731

来源：作者自绘

通过现场勘察和清理发掘，对方塔的构筑方法进行了描述并且绘制了原构推定示意图，但这个原构推定图，没有将相关数据推测作为依据，只是粗线条的勾勒，其中难免会有描绘得不够准确的地方。而本文所做的推定图（图 7），则基于方塔原有数据和推定数据所做，并且已知塔身采用 85mm×190mm×65mm 的长砖为主要建筑材料，腰檐采用 365mm×365mm×62mm 的方砖作为主要建筑材料，整个塔体所用砖的铺砌尺寸与推定尺寸相符合。

四、复原模型

1. BIM 模型的创建

1）拜寺古塔模型的建立

使用 Revit 软件族功能，利用公制常规模型通过拉伸命令绘制拜寺方塔的实体，并定义材质为普通烧结砖。

拜寺方塔实体由十三级塔身、十三级腰檐和塔刹三部分组成，所以模型的建立从这三部分入手，每级塔身都有门窗洞口，建立起塔体模型之后再开凿洞口，插入塔心柱模型。

2）塔体的绘制

在 Revit 软件里打开公制常规模型，通过拉伸二维形状来创建三维实心形状，输入一级塔体边长尺寸，并在弹出常规模型框的约束框内输入拉伸的起点和终点，选择所采用的材质。

3）腰檐的绘制

以一级塔体作为参照标高，在此基础上通过拉伸来绘制腰檐部分的每皮砖，腰檐由叠涩砖挑出十皮（图 8a），由下往上，第一、二皮平砖挑出，第三皮为棱角牙子，第四皮平挑，第五皮为棱角牙子，第六至第八皮各平挑一皮，腰檐最外端檐口由第九至第十皮平砖挑出。檐口之上用反叠涩平砖内收七皮（图 8b），直接承接上层塔身。腰檐部分的绘制由每皮砖为一模块，承接在一级塔体上，第三、五皮的棱角牙子则在绘制出一皮之后再绘制出三

角形框区域，对其进行剪切。

2. 建模完成的总体成果

根据 Revit 软件对方塔进行建模得出典型楼层平面图（以一级、六级和十三级为例）、典型楼层剖面图以及三维模型（图 9）。

五、结论

本文基于以往对宁夏银川市西夏古塔的研究（《拜寺沟西夏方塔》与《中国古代建筑 × 西夏佛塔》），对所记载的方塔原构材料与尺寸进行梳理和整合，对方塔的未知尺寸进行合理推定，做出拜寺方塔尺寸表，再根据推定的尺寸利用 BIM 技术的核心软件 Revit 对方塔建立三维模型，所做推定符合书中记载与史料记载，为此后方塔的复建提供有利条件。

a 腰檐叠涩挑出图　　　　　　　　　　　b 腰檐叠涩内收图

图 8　腰檐细部图（以一级腰檐为例）
图片来源：BIM 软件建模结果

参考文献

[1] 张驭寰 . 对北魏洛阳永宁寺塔的复原研究 [J]. 建筑史论文集，2000，13（02）：102-110，229.

[2] 钱国祥 . 北魏洛阳外郭城的空间格局复原研究——北魏洛阳城遗址复原研究之二 [J]. 华夏考古，2019（06）：72-82.

[3] 刘淳 . 和平饭店南楼屋面塔楼复原技术 [J]. 上海建设科技，2011（03）：37-39.

[4] 杨鸿勋 . 杭州雷峰塔复原研究 [J]. 中国历史文物，2002（05）：13-22.

[5] 宁夏文物考古所 . 拜寺沟西夏方塔 [M]. 北京：文物出版社，2005.

[6] 牛达生，孙昌盛 . 宁夏贺兰县拜寺沟方塔废墟清理纪要 [J]. 文物，1994（09）.

[7] 宁夏文物管理委员会 . 中国古代建筑西夏佛塔 [M]. 北京：文物出版社，1995.

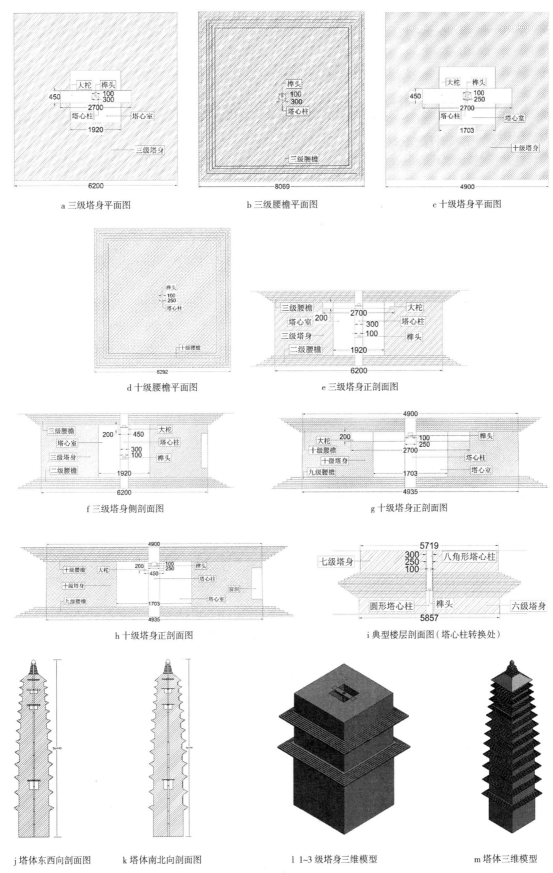

a 三级塔身平面图   b 三级腰檐平面图   c 十级塔身平面图

d 十级腰檐平面图   e 三级塔身正剖面图

f 三级塔身侧剖面图   g 十级塔身正剖面图

h 十级塔身正剖面图   i 典型楼层剖面图（塔心柱转换处）

j 塔体东西向剖面图   k 塔体南北向剖面图   l 1~3 级塔身三维模型   m 塔体三维模型

图 9   拜寺方塔典型楼层平面图（以三级、十级为例）、典型楼层剖面图（以三级、十级与塔心柱转换处为例）、典型楼层模型、塔体（东西向、南北向）剖面图以及整体三维模型
图片来源：BIM 软件建模结果

珠海、澳门两地传统夯土建筑保护与发展路径研究

陈俊璋　　陈以乐

陈俊璋，澳门城市大学创新设计学院，城市规划与设计博士研究生。邮箱：U19091105192@cityu.mo。
陈以乐，澳门科技大学人文艺术学院，建筑学博士研究生。邮箱：2009853GAT30001@student.must.edu.mo。

摘要：夯土是一项历史悠久的营造工艺，随着第一次工业革命的产生与发展，到后面工业文明的融入，在城市的飞速发展下，传统的夯土施工技艺逐渐淡出了人们的视线，取而代之的是钢筋混凝土的施工工艺和更加高超的施工技术。本文首先深入对澳门大炮台、圣保禄教堂、大三巴牌坊和珠海前山寨古城墙、翠微棣园和斗门区小赤坎村的夯土建筑进行现场调查。通过历史地理学的考察与田野调查，对比得出珠澳两地传统夯土建筑的异同之处。最后针对夯土在建筑防火、通风、采光、防水、地基等方面存在的现状问题，从夯土建筑细部构造、外部环境空间营造和设计策略三个方面，对珠澳两地传统夯土建筑的保护、活化与更新提出改善和发展策略，希冀对现代夯土建筑的发展参考借鉴。

关键词：**夯土**；**现代夯土建筑**；**保护和发展**；**珠海**；**澳门**

一、珠海、澳门两地传统夯土建筑发展历史

夯土是土材质中相对结实的一种建筑材料，在古代广泛应用于城墙和宫室的建造，"夯"作为一个动词，其组词有夯实、砸实。夯土指的是用一种使用的重物按压泥土，排除泥土内残余的空气，泥土内部空气减小，压强变小，外界大气压就会使土与土之间的分子更加靠近，土进而更加结实。珠海、澳门在南宋时期开始同属于广东香山县，在地域文化上有着高度的关联、建筑风格上极为相似。传统建筑的夯土技术在 16 至 17 世纪就已经达到成熟，例如珠海斗门区排山村、小赤坎村、澳门旧时圣保禄神学院围墙，现存圣保禄教堂遗址左侧旧城墙（茨林围入口）等，均采用了夯土建成

的墙体。明清两朝是夯土建筑发展的巅峰时期，夯土技术在中原地区产生并发展，随着黄河流域的先民迁徙到江南，夯土技术也随他们一起流传过来，南下后成为粤、古闽等地的新部族并继承和发展。由于夯土墙没有经过任何煅烧或化学反应作用，多数是建造者就地取材，因此具备了生态环保的特点，坚固且强硬，防寒保温，透湿透气且节能。伴随着城市的快速发展，传统夯土技术建造的建筑物也面临着活化利用的瓶颈，是珠海、澳门两地新时期保护建筑遗产的一大挑战。

二、珠海夯土建筑现状分析

1.珠海夯土民居分布及特点

珠海夯土民居主要分布在香洲、前山、斗门、南屏、官塘社区、高新区唐家湾镇那洲村、社区太平里、会同社区、官塘社区、永丰社区阳春铺村等，甚至在南屏镇南屏社区街巷均有零星分布，即北山社区北山正街一巷、二巷、东大街、朝阳路、南屏社区卓斋街一巷前山街道翠微社区、中和里、人和里、治谷里、腾凤里、南溟里、敦睦里。而斗门南门村接霞庄、小赤坎村，则是民国和清朝建成的夯土民居，可以看出这些夯土建筑选址都是在基地较为开阔、平坦的村落，且村落在建村之时处于依山傍水的"风水宝地"之势，呈现出广府梳式空间布局。除了夯土民居之外，所处的场地内还存在着许多庙宇、宗祠和公祠，大部分也是夯土建筑，其建造过程都是依赖于代代相传的营造技艺与表现形式，几乎从同一套模

子印刻而成。随着城市化进程的发展，在不同程度受到了外界气候的影响，特别是全球气候变暖、海平面上升问题日益突出，珠海地处沿海，夏季常有台风，夯土民居建筑不断地受到恶劣天气带来暴雨的"洗礼"，大部分夯土结构已发生不同程度的损坏。

相比于现在钢筋混凝土结构的高楼大厦，传统式的夯土民居建筑具有制作工艺较简单、造价较低且节约能源，夏季凉爽冬季较暖的优点。工艺简单具体表现在夯土墙工艺简单易学，施工的速度与钢筋混凝土、砖混结构相比，较快成型且工期较短。造价低具体表现在可就地取材，避免开山凿石、挖方填土，破坏大自然原有的特征。同时可节省托运、货运所带来的交通运输费以及通过一次、二次和多次加工所带来的加工费用。节约能源具体表现在夯土民居在拆除的过程当中，夯土墙体年代已久，吸收了空气中大量的氮气，在拆除后，碎墙片还可以作为肥料回归于大自然，不会对大自然造成污染且达到了与大自然和谐共生的效果。夯土民居存在耐久度和强度较差的缺点，夯土民居主要集中在历史悠久的村落，依山傍水而建，中间地势低，两边地势高，具体表现在遇到狂风暴雨天气时，村场内容易积水，夯土墙泡

在水里强度和承重能力丧失，从而瓦解崩塌。遇到寒冷天气时，寒风的侵蚀缩短夯土墙的使用寿命。

2. 珠海市夯土民居群建筑现状分析——以斗门区小赤坎村为例

小赤坎村位于斗门区斗门镇东北面 582 县道旁边，全村占地 11044亩，包括生产种植耕地 4000 余亩、养殖面积 5000 余亩，早先已被列入市二级水源保护区和市基本农田保护区，村内有民国 20 年（1931 年）修砌的横贯全村东西麻石板街道，为全珠海市所有行政村中现存最长且保存比较完好的石板街。村中现存 66 座夯土民居（图 1），当时小赤坎村就地取材建造而成。三合土板构筑的夯土墙在建成初期具有较好的抗风性和雨水的侵蚀性，富有代表意义。

从建筑防火、通风、采光、防水、地基几个方面来看，村落现阶段夯土建筑存在着自主施工、随意性较强、土料自身强度不够、防火性能较差、墙壁过于厚实、传热性能较差等缺点。大多数夯土建筑都是依山而建，立面虽有开窗户，但窗户较小，采光和通风性能较差，室内潮湿，走进屋内，可闻到一股久久不能散去的异味。民居内部阴暗，村民在里面用柴火煮饭做菜，产生大量的烟气和水汽，使得周围墙壁

吸收受潮，被烟熏黑。夯土建筑多用木材做梁柱支撑，用竹编编制屋顶棚。村民多用木材和草料生火做饭，较多的木材堆积在一个狭小的角落内备用，因木材、材料和竹编都是易燃物质，烧炕或做饭产生的明火或者浓烟容易将其引燃，因此夯土建筑的火灾隐患较大。屋面和地面的排水较差，易吸水软化。夯土建筑的屋面瓦片连接不密实，下雨天屋内容易渗水、漏水。夯土建筑外墙壁和内部天花板的位置存在着裂缝，随着裂缝越来越大，墙体承重作用就会逐渐减弱，墙壁随时面临崩塌的危险。有的夯土建筑选址在山坡上，一旦发生小型地震，房子可能会沿着山坡的方向倒塌或下滑，对村民造成较大的安全隐患。

3. 珠海市夯土城墙现状分析——前山寨古城墙和翠微棣园

前山寨古城墙在 1621 年间为了防止葡萄牙入侵所建立的军事城墙，作为坚固的夯土城墙，其设立与保家卫国、抵御外来侵略者紧密联系在一起。新中国成立以后，前山寨城墙的军事战略地位已经消亡。坐落在前山、珠海最大的古村落翠微村也是在 1621 年间形成，村内存在一栋名为翠微棣园的建筑，属吴健彰故居，目前只有门牌保留可见，翠微"里"门坊建筑群，包括人和里、

图1 珠海市斗门区小赤坎村夯土墙建筑
图片来源：作者自摄

图 2　前山寨古城墙
图片来源: https://www.sohu.com/a/402877013_120739212

图 3　翠微棣园、中和里
图片来源: http://gdzh.wenming.cn/012/201803/t20180306_5068635.html

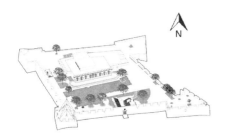

图 4　大炮台南面轴测图
图片来源: 澳门特别行政区文化局大炮台墙体修复计划说明, 1634 年澳门地图, 安东尼奥博卡罗编纂《东印度所有要塞、城市和村镇平面图册》

图 5　炮台东南角碉堡
图片来源: 澳门特别行政区文化局大炮台墙体修复计划说明, 1634 年澳门地图, 安东尼奥博卡罗编纂《东印度所有要塞、城市和村镇平面图册》

图 6　澳门城防图
图片来源: 澳门特别行政区文化局大炮台墙体修复计划说明, 1634 年澳门地图, 安东尼奥博卡罗编纂《东印度所有要塞、城市和村镇平面图册》

中和里、腾风里、诒谷里、南溟里、敦睦里、圣堂里的门坊结构，村内最大的大宅韦氏大宅也是以夯土墙为主（图 2、图 3）。

三、澳门夯土城墙现状分析

1. 大炮台东、西、南面夯土墙

如图 4~ 图 6 所示，1637 年天主圣母学院在澳门成立，学院位于澳门本岛中部地区"海拔"最高的地段，教学区由教堂、建筑和大炮台组成，高原街 35 号北侧发现的夯土墙呈现南北向的形制，与大炮台学院围墙的位置和西北角位置这几段城墙相结合，可以构成一个相对封闭的空间区域，是此学院围墙的一个不可或缺的部分。明朝隆庆三年（1569 年），葡萄牙人在澳门建立城墙，起初受到了明政府的反对，所建的城墙多次被拆毁，后来葡萄牙人以抵御荷兰人和海盗入侵澳门为主要目的不顾明政府反对，

在 1617 年依旧设立了澳门北部城墙和大炮台。目前大炮台紧靠圣保禄学院遗址，占地约为 8000m^2，如澳门的旧地图所示的本岛北部位置，显而易见有明显的夯土城墙痕迹存在。一系列军事活动，使澳门成了军事防范森严的壁垒，至今已有 400 多年历史。经过常年日晒雨淋，加上夏冬两季气温差异较大，墙体在雨水和温差变化的影响下逐渐出现了裂缝，周围植物的增长撑开了夯土的裂缝，随着植物根茎的成熟，成长速度之快，城墙裂缝越来越大，对墙体造成了较为严重的破坏。

2. 圣保禄教堂遗址左侧旧城墙（茨林围入口）

在澳门著名地标大三巴牌坊下，临近哪吒庙的一个毫不起眼的地方，存在着一片旧城墙，现存墙体长 18.5m、高 5.6m、宽 1m 多（图 7），墙身开有一砖券洞，可通往茨林围内部，是夯土结构所制成，主要成分是泥土、砂石、石灰、稻草、砖块和贝壳粉等，再掺和黄糖及糯米粉等有机材料以加强其黏结力，以木枋一层一层挤压而成。这片旧城墙是世界遗产"澳门历史城区"重要的景点之一（图 8）。

图 7　茨林围入口处的夯土墙
图片来源: 作者拍摄

图 8　圣保禄学院
图片来源: https://www.sohu.com/a/456714194_120043731

图 9　大三巴牌坊夯土墙
图片来源：https://edocs.icm.gov.mo/Heritage/MWHC.pdf

图 10　大炮台夯土墙修复前后对比
图片来源：澳门文化局大炮台墙体修复计划

3.大三巴牌坊夯土墙

大三巴牌坊原来是"圣保禄学院"的大门口，经过三次火灾，教堂只剩下正门具有巴洛克式风格的前壁，下面有 68 级台阶，通过文物专家的不断修缮加工，现阶段已经成为澳门的一个地标性建筑物，是澳门著名的旅游景点，融合了东西方文化建筑艺术的精华，是东西方文化相互交融贯通所形成的艺术品。其夯土墙目前位于牌坊背后，用钢结构支撑保护（图 9）。

四、夯土建筑保护与发展路径研究

1.澳门大炮台夯土墙修复路径

在对开裂的夯土墙修复的过程当中，应分为前期、中期和后期三个不同的阶段，前期需对开裂的夯土墙具体位置进行检查、分析和记录，在图上做好相应的标记，为后期制作详细的修复方案打下一个坚实的基础。在仪器设备上，可使用红外线测温仪，对夯土墙空鼓和渗水的情况进行检测，采集相关样本回实验室运用仪器检测，并针对现状问题设计解决方案。中期和后期阶段，首先需要

使用小型工具找出夯土墙内部空鼓的位置，清除表面较为松散的部分；其次，需要去除夯土墙中的植物，裂缝处运用灌浆的方式进行加固处理；再次，根据实验室分析的结果，采用相应的坚固材料对夯土、灰泥和批荡层，运用传统技术做相关的修补，最后在批荡层表面加水进行养护（图 10、图 11）。

2.斗门区小赤坎村夯土建筑外墙修缮手段

新和旧之间并不是"对立""主次""对峙""不是你死，就是我亡"

的关系，而是相互依存、相互发展、相互转化以及和谐共生的关系；在发展的过程当中，你中有我，我中有你，在夯土墙建筑的保护过程当中，应该修旧如旧，对夯土外墙的立面进行修缮保护，在院落围墙上加建钢化"屋檐"，断壁残垣处加建钢化玻璃防护装置，保证夯土墙在暴雨来临时不受雨水的侵袭。在材料的运用当中，地面应使用旧瓦片、老木材、青砖这些简单而不失简洁、具有地域文化特色的元素进行铺贴，无须刻意使用较为昂贵的材料，遵循区域历史文化发展进程。自然界

图 11　步骤
图片来源：澳门文化局大炮台墙体修复计划

中，任何事物都不是孤立存在的，需要与其周边的环境相互联系。因此修缮夯土建筑外墙并不是单一的过程，需要与民居周边的植被景观和光线相结合，方能达到因地制宜、与大自然和谐共生的目的。

3. 传统夯土民居建筑活化方向和发展路径

夯土建筑可以充分展现当时夯土技术的高超与巧妙之处，是整个珠海乃至岭南广府地区夯土墙的典型代表，为了能让到访游客更加了解珠海夯土墙历史的演变和制造的过程，在村内可设立夯土历史文化展示厅，介绍夯土历史发展的前世今生，现场放置不同样式打夯土的工具和夯土原材料，在专业人士的指导下，到访者可以现场学习夯筑技艺，使其"理论"和"实践"相结合。

传统夯土民居的建造，受到当地文化习俗、建筑构造、建筑材料和景观建筑营造手法的影响，建筑主体是往规整式住宅方向进行建造，而住宅最核心的仍是居住功能，因此大多数住宅的形制相差无几，对个性需求表达较弱，创新性不强，室内的采光条件较差，空气无法对流。一方面，传统民居的窗户普遍集中在屋顶或者在房子很高的地方，普遍较小；另一方面，建筑背后一般与卧室相连，极具隐私性因而不开窗。因此可考虑对原来建筑的屋顶进行加高，屋顶太高后，四面形成的一圈可以装上加固玻璃，增强室内空间光的照射面积，使屋内的采光性增强，引导居住者积极的心理活动。在室内功能的空间布局中，应按照现阶段城市设计的标准和建筑设计防火规划，对室内外进行重新改造更新，功能布局和居住尺度按照现代城市生活空间的标准进行设计。通过外部排污系统管线埋藏在地下的形式，对民居进行供气、供水、供电，让修复后的老建筑重新恢复生机，打造更宜居的环境。院落式夯土墙民居的外侧，可设置凉亭、吧台、烧烤架等，满足居民的公共活动。夯土墙构成的公祠、宗祠，可以活化成博物馆、图书室，放置与公祠、宗祠有关的历史书籍，进一步传播夯土历史文化，用心去感受村落的历史文化和民俗风情。

五、结语

珠海、澳门作为沿海城市，1553 年葡萄牙人踏入澳门，将澳门作为葡萄牙人在华唯一的居住地。由于历史人口迁移等，在建筑文化特点上富有多国文化特色。19 世纪中期后，逐渐演变成以岭南文化为主体，保持着葡萄牙天主教文化的地区，其独特的历史文化背景，造就了澳门独特的建筑风格，出于防御目的搭建了城墙，城墙的形制是夯土墙，坚固的特点起到抵御外来侵略者的作用。珠海作为首批开放的经济特区，在 1980 年以前还是一个渔村的珠海，此时有较多的外来人员迁入，古村落内的夯土建筑空间，也是打工人的栖息地，民居的建造随着时间的推移而扩大，造就了珠海村落自然式的空间布局。在建筑文化方面，保持单一的、具有岭南特色的建筑风格。随着广府文化的传承和发展，珠海村落中建筑屋顶的形制发生了转变，村落内部有了风水塘、庙宇、宗祠和公祠，夯土建筑的发展也有了一些新的转变，但是整体风格还与原来保持一致。

现代对于夯土建筑的保护技术日趋成熟，发展的路径呈多元化，澳门作为一个国际化旅游城市，拥有较多的历史文化遗产，在保护和传承方面下足了功夫。相关部门对夯土保护高度重视，曾聘请内地的专家学者来现场考察，通过相关的仪器检测夯土墙存在的问题，采集标本，拿回实验室进行检测分析。而珠海在夯土建筑保护与发展上有待提高，建议不局限于古村落的拆迁和改造，对于夯土建筑需要结合社会资本，出台一系列的政策，合理开拓生土建筑市场，使夯土建筑产业良性发展。相应研究机构应增设夯土研究岗位，吸引更多文物保护专业人士对其进行深入研究，同时大学也可考虑开设夯土学这一专业，学习夯土理论，在未来对夯土建筑保护与发展作出贡献。

参考文献

[1] 王帅. 现代夯土建造工艺在建筑设计中的应用研究 [D]. 西安: 西安建筑科技大学, 2015.

[2] 张延年, 张瑞琴, 马建飞, 等. 夯土建筑现场调查 [J]. 辽宁工程技术大学学报（自然科学版）, 2014, 33（04）: 485-491.

[3] 刘翔, 柏文峰. 现代夯土建筑在我国推广发展的策略研究 [J]. 城市建筑, 2018（02）: 22-25.

[4] 大炮台墙体修复计划说明 [Z]. 澳门特别行政区政府文化局.

[5] 珠海市第二批历史建筑保护规划 [Z]. 珠海市自然资源局, 2020.

[6] 珠海市第三批历史建筑保护规划 [Z]. 珠海市自然资源局, 珠海市规划设计研究院, 2021.

武汉工业遗产保护及再利用的策略探析

房梦雅　崔昊宇

房梦雅，华中科技大学建筑与城市规划学院研究生。邮箱：1345512003@qq.com。
崔昊宇，华中科技大学建筑与城市规划学院研究生。邮箱：642423790 @qq.com。

摘要：武汉有着丰富的工业遗产资源，并编制了相关保护与利用的规划，但是在现实层面，武汉工业遗产的改造利用与条例难免存在差异。本文选取三例典型的武汉工业遗产保护与再利用案例进行分析，结合相关保护规划和原则对其再利用现状评析并发现问题，解读案例保护再利用的改造策略，为武汉工业遗产的改造实践提供一些思路和方法。

关键词：武汉工业遗产；保护与再利用；适宜性原则；改造策略

　　工业遗产是文化遗产的重要组成部分，与工业遗产保护相关的观念与章程以及相关实践的开展经历了长时间的演变历程，国内外对工业遗产的保护与利用得到不断的发展。然而，对工业遗产的保护应建立在对遗存充分调研的基础上，不同价值等级的遗产有着不同的保护等级与利用途径。2012 年，武汉编制《武汉市工业遗产保护与利用规划》，根据武汉市工业遗产的特点，因地制宜地确定了工业遗产的保护模式与利用措施。本文对武汉市三个工业遗产保护与再利用案例进行分析，试图探讨工业遗产的保护原则与利用策略，以及相关适宜性改造技术。

一、武汉工业遗产再利用现状

1. 武汉工业遗产概况

　　在中国工业发展不同阶段的历史背景下，武汉凭借独特的地理优势，有着悠久的工业历史发展进程

和丰富的工业遗产资源，现如今，留存的大量不同时期的工业建筑，成为武汉工业历史发展的见证，蕴含着丰富的历史和文化价值。近年来，武汉市编制了《武汉市工业遗产保护与利用规划》（以下简称《规划》），基于武汉市志工业志的研究和一系列勘探筛查，筛选出现存工业遗存 95 处，其中 27 处被列入武汉市推荐工业遗产名单，根据 27 处工业遗产的价值、重要性差异，划分为三个保护级别：其中，一级工业遗产 15 处（包括国家级文保单位 3 处，省级文保单位 3 处，市级文保单位 9 处）；二级工业遗产 6 处；三级工业遗产 6 处。《规划》结合武汉工业遗产保护的现状，因地制宜，制定了具有武汉特色的工业遗产保护与利用模式。[1]

2. 典型保护再利用案例选取

　　本文所探讨的三个工业遗产包括平和打包厂、鹦鹉磁带厂和武汉锅炉厂：其中平和打包场作为原英

租界最早建立的棉花打包厂，见证了武汉棉花市场的发展变迁，是最早的大型钢筋混凝土建筑，被列为武汉市文物保护单位；鹦鹉磁带厂创立于原汉阳兵工厂，从开始的军工产品研制到后来的录音磁带生产，是武汉唯一的磁带生产企业，也是全国磁记录产品的重点企业，在行业内具有代表性；武汉锅炉厂是国家"一五"计划时期的建设项目之一，厂区内空间布局完整清晰，具有鲜明的苏式建筑风貌。所选三个案例在时间上覆盖了近、现代两个时期，在保护类别上分别属于分级保护的一、二、三等级工业遗产，是武汉工业遗产中的典型代表（表 1）。

二、《规划》下的现状评析

　　《规划》中对不同等级工业遗产的保护利用有着不同的规定，对应的原则、态度和方式也有所区别。一级工业遗产作为文物建筑，其保护受到法规的严格规定，强调真实

性，这与《关于真实性的奈良文件》中论述的"原真性"相契合。原真性的内容还包括形式与设计、材料与物质、使用与功能、传统与技术、位置与环境、精神与感受六个方面，作为权衡文物建筑是否被适宜保护的重要标准，因此在评判一级工业遗产保护是否合理时，也应参照原真性原则。三级工业遗产不及一、二级标准，其保护的介入性程度相对较高，侧重于改造再利用方向。《下塔吉尔宪章》表示对工业遗产适宜的改造和再利用是具有经济效益的可行方式，改造应该具有可逆性，对遗产的影响应控制在最小的范围内。因此，对三级工业遗产的改造利用评判标准也应考虑适宜性与可逆性原则。尽管《规划》对武汉市工业遗产的保护利用提供了界限和

依据，但是由于价值误判、自主改造等问题，现实层面与价值认定标准之间难免存在一定的差异，值得我们深入探究与反思[2]。这里以所选三个案例来具体探讨其保护与改造现状。

1. 平和打包厂

平和打包厂现已成为集办公、展示、休闲于一体的综合性商业文创中心。厂房内部结构保存良好，原钢梁、钢架、水管阀门以及展现工艺流程的货物滑道等保留下来，在一定程度上遵循了"传统与技术"原真性原则（图1）；红砖砌筑、壁柱分割、装饰线脚等在材料、质地方面最大程度上还原历史风貌，尊重历史特征，使得这座工业遗产重获新生，形成片区的开放活力点

（图2）。然而，打包厂在历史发展的更新变迁中，功能被用作仓库、商铺、宾馆，并被使用者私自改造，违背了《奈良文件》中的"使用与功能"原则；沿街立面采用统一的红砖砌筑，使得其携带的不同时期信息被抹杀，不能很好地符合"材料与物质"原则（图3）。

2. 鹦鹉磁带厂

鹦鹉磁带厂现已变身为汉阳造文化创意产业园，园区范围大且工业建筑多，现存的建筑中有保留建筑16栋，新建建筑31栋，园区里的部分建筑保留原来的大跨度空间，大多是排架和巨型钢架结构等，因需改造为大空间的展示区域，也有部分进行内部改建和加建的方式，用作办公、会议等。园区内的原有

典型工业遗产的类型　　　　　　　　　　　　　　　　　　　表 1

厂名	厂址	遗产认定	建设年代	历史脉络	建筑形式	现状用途
平和打包厂	江岸区青岛路10号	市级文物保护单位、一级工业遗产	1905年	初为棉花打包厂，后经历1918年、1933年、2009年多次加建成6栋建筑，今用于商业办公	建筑体量大，钢筋混凝土结构，红砖砌筑外墙	创意产业园
鹦鹉磁带厂	汉阳龟北路1号	二级工业遗产	1960年	最早名"824"，从事半导体、电化学和磁记录研究。1987年更名武汉鹦鹉磁带厂，2009年至今逐步转变为创意文化产业园	厂区以一、二层砖木、砖混结构建筑为主，少量钢筋混凝土结构	汉阳造创意文化产业园
武汉锅炉厂	武昌区中南路街武路路586号	三级工业遗产	1956年	1956年作为"一五"重点项目投建，经过几次改组和股权划分，2012年列入武汉工业遗产，今为社区商业中心	建筑外墙体多为红砖砌筑，内部为钢筋混凝土构架，多为单层两跨厂房	百瑞景中央生活区

来源：作者自绘

图1　现存原厂货物滑道
图片来源：作者自摄

图2　还原历史风貌的立面
图片来源：作者自摄

图3　沿街统一红砖立面
图片来源：作者自摄

风貌也得到保留，比如生产设备、砖塔管道等合理修缮后成为园区地标性雕塑，且园区保留了原始的肌理尺度与原结构，维持了原厂房的空间气氛，既遵循了二级工业遗产条例的规定，又符合了"位置与环境"的原真性原则。然而，在不同使用者的改造需求中，有部分未遵循"形式与设计"与"传统与技术"原则，以 46 号楼为例，从原本的车间到工作室，摄影棚使得原窗户封死，办公空间加窗导致原形式变动，装修粉饰掩盖了原本车间的构造（图 4、图 5）[3]。

3. 武汉锅炉厂

锅炉厂作为"一五"计划的重点项目，经历 50 年的风雨见证，旧址现已改造成集创意产业、展览、商业于一体的生活区。根据原有空间结构进行规划设计，功能分区布局延续了空间记忆与历史记忆，将工业厂区的历史特征与环境结合现代生活所需，新旧结合，使得工业历史地段焕发新的生命力，符合三级工业遗产的要求。以 403 车间为例，通过改造赋予其新功能，在保留原结构的基础上增加新构件，轻质隔断划分空间，未对原建筑进行大面积改动，符合可逆性原则（图 6）[4]。

三、改造再利用案例的策略解读

1. 基于空间价值差异的功能置换

在某些工业建筑结构保存完好的基础上，可以考虑直接利用原结构，用新功能去置换空间，一方面降低成本，另一方面可以最大化地保存原有特色和历史记忆。不同级别的工业遗产其空间价值具有一定的差异性，因此在进行功能置换的过程中，应对不同特质的空间有所顾虑，对不同价值空间区别对待。

平和打包厂作为一级工业遗产，在改造时应对建筑原状、结构、式样进行整体保留，以严格保护为主，通过分析原有空间的特质，从而判断新置入的功能和原有空间状态是否相符合。打包厂的六栋建筑由于不同时期加建，风格各异又形体统一，为钢筋混凝土大跨度结构，在其置入了展览、办公、商业等功能。比如中庭的大空间为举办活动提供场所，梁柱体系下的空间通过可逆的分隔手段划分为办公空间等（图 7、图 8），直接利用现有结构体系，将内部空间置换新功能，维护建筑原风貌。但是部分却未能很好地遵循"原真性"原则，比如原本中庭中的原始楼梯被拆除掉[5]。

鹦鹉磁带厂 46 号楼作为园区单跨跨度最大的车间，原则上在保护建筑外观与结构的基础上可对功能进行适宜改变，现已被改造为独立影视制作工作室。现存大跨度空间可以很好地匹配摄影棚的大空间需求，因此可以保存原结构空间，但是对原建筑立面造成破坏，装修掩盖了原本的构造与空间特质（图 9）。武汉锅炉厂 403 车间作为三级工业遗产，原则上应尽可能保留建筑结构样式的主要特征，可对原建筑加层或立面装饰。为满足复合功能空间需求，403 车间在外立面局部扩建满足新需求，置入剧场、展览、书店等新功能，并拓展地下新空间用作运动中心。既符合三级工业遗产保护的准则，又重新为工业遗产注入新的活力（图 10~ 图 12）[6]。

2. 基于不同功能需求的空间重构

当新的功能需求和原来的空间形式存在一定差别时，考虑到工业遗产的适应性和可逆性原则，可通过改变空间划分形式的操作方式对旧工业建筑进行保护性再利用。以保护为前提的条件下，把原有的内部空间结合不同功能需求再进行空间重构，可分为空间重组与新构空间。在原来空间形式的基础上，改

图 4　46 号厂房内摄影棚改造
图片来源：作者自摄

图 5　46 号厂房外立面
图片来源：作者自摄

图 6　厂房加建楼梯
图片来源：作者自摄

图 7　厂房内某入驻公司
图片来源: 作者自摄

图 8　厂房内书店改造
图片来源: 作者自摄

图 9　46 号楼立面
图片来源: 作者自摄

图 10　403 艺术中心剧场
图片来源: 作者自摄

图 11　403 艺术中心酒馆
图片来源: 作者自摄

图 12　新拓展的地下空间
图片来源: 作者自摄

图 13　磁带厂 27 号楼改造
图片来源: 作者自摄

图 14　TAO 迹事务所办公室改造
图片来源: 谷德设计

图 15　403 厂房大空间的重构
图片来源: 作者自摄

变划分方式, 可以在局部增加或缩减空间, 或者根据实际情况拆除部分老化构件, 对内部结构和空间重新进行设计, 以满足新功能的空间需求 [7]。

鹦鹉磁带厂 27 号楼为大跨度桁架结构, 结合展示区、活动区和小空间办公室的不同功能需求, 加建非承重墙, 将大空间进行拆分, 同时在砖混大空间内嵌入夹层空间用于办公, 改变了原有空间的划分形式, 并与功能需求相匹配, 但是划分的形式略显单一, 空间使用率低 (图 13)。以 TAO 迹事务所办公室改造为例, 厂房原来是桁架大跨度结构, 保留了 7.8m 的大空间, 插入夹层, 上面是工作区, 下面是会客洽谈区以及一些附属服务空间, 把大空间进行改造重组, 既结合不同功能需求呈现出丰富的空间体验, 又避免空间浪费 (图 14)。锅炉厂车间的新功能具有复合性, 包括展览、话剧、阅览、演出等功能, 因此以原有大跨度空间为切入点, 将宽敞的大空间分别在垂直和水平方向进行拆分, 大空间分解, 小空间连接, 以满足不同功能需求。在水平空间上沿原有柱网增设新的轻质隔断, 垂直空间上增设楼板, 用楼梯连接, 并在局部增建特色空间, 使得原来单调的大空间充满趣味性, 更加丰富 (图 15)。

四、结语

本文选取武汉市三个典型的工业遗产改造再利用案例，对其利用现状结合相关保护规范条例和原则进行评判，发现问题，解读梳理出改造的两种策略，试图为武汉工业遗产改造提供一些思路和方法。由此可知，在进行武汉工业遗产的再利用时，应该基于价值差异和不同特质空间采用适宜的改造策略。

参考文献

[1] 武汉市自然资源和规划局.武汉市工业遗产保护与利用规划[EB/OL].http://www.zrzyhgh.wuhan.gov.cn/zwgk.2013-5-23.

[2] 周卫.关联与并存——武汉近·现代工业遗产存续关系研究[J].新建筑，2015（3）：20-23.

[3] 陈立镜，周卫，李林林.工业遗产再利用现状反思——以武汉龟北片区遗产改造为例[J].新建筑，2014（4）：36-39.

[4] 童乔慧，李洋.旧工业建筑内部空间改造探讨——以武汉锅炉厂403车间为例[J].文化历史，2017，11（3）：120-126.

[5] 张斯，齐蔚，钟迅等.文物建筑中工业遗产的加固和改造——以武汉市平和打包厂加固改造工程为例[J].工程抗震与加固改造，2019，41（1）：137-144.

[6] 李沐.城市更新背景下的工业遗产研究——以武汉一级工业遗产为例[D].武汉：华中科技大学，2017.

[7] 吴珺.工业建筑遗产内部空间重塑手法与技术研究[D].南京：东南大学，2018.

国内外视角下近代革命旧址类文物建筑的保护发展研究

徐 震 郝 慧

徐震，合肥工业大学副教授。邮箱：
Archhistory@126.com。
郝慧，合肥工业大学硕士研究生。邮
箱：architecture2021@163.com。

摘要：革命旧址类文物建筑是革命旧址的一个重要组成部分，是中国近代以来革命战争的见证者、红色文化精神的载体，展开其保护发展研究能够激发人们的爱国主义情怀。本文从中外视角出发，探讨国内外相关遗址的保护现状，并以安徽省国保与省保名单中的革命建筑作为此次研究对象，从旧址的历史角色、分布与类型特征等方面进行初步分析，同时结合具体案例梳理当前安徽省的三种保护发展模式，以期为未来我国革命旧址类文物建筑研究提供参考性建议。

关键词：革命旧址；文物建筑；爱国主义；保护与发展

一、引言

2019 年的《革命旧址保护利用导则》中明确"革命旧址"的概念，即已被登记为不可移动文物，见证近代以来中国人民长期革命斗争，特别是中国共产党领导的新民主主义与社会主义革命历程，反映革命文化的遗址、遗迹和纪念设施。作为革命旧址的一个重要组成部分，革命旧址类文物建筑是中国革命斗争的历史见证和革命传统的象征，也是党和人民在社会主义事业建设中艰苦奋斗的真实写照，展开其研究是乡村振兴、红色旅游等相关政策大力推行下的必要趋势。

二、国外视野：文化遗址与战场遗址保护范围的不断扩大与具体案例实践

"革命旧址"是我国特定革命历史背景下形成的专有名词，国外主要是对历史建筑、工业遗产、战场遗址等方面的文化遗产研究，并且开展时间较早，目前已经形成了较为成熟的理论。本文对国外现状的研究主要从文化遗产和战场遗址两方面展开。

1. 国外文化遗产研究

18 世纪的欧洲新意识层出不穷。现代历史建筑保护意识是该时期启蒙运动下的重要成果，在历经一百多年的曲折发展后逐步成熟并于 19 世纪中叶初步形成建筑遗产保护理论。20 世纪初的第二次工业革命带来的新材料与新技术使现代主义建筑成为可能，新建筑运动浪潮迅速成为欧美的建筑设计主流。但快速兴起的现代工业和城市化进程加速了现代新生材料、建造技术和城市历史环境之间矛盾的激化，越来越多的人迫切呼吁历史古迹的保护和保存，相应的法律法规慢慢建立并不断完善（表 1）。

2. 国外战场遗址研究：以美国为例

早在 1865 年，美国就将美国内战有关的一些战场遗址作为国家公园保护并向公众公开展示，这开辟了战场遗址保护的先河。目前美国已经形成了较为成熟的保护与管理体系并取得显著成果。截至 2020 年 12 月，美国最大、最成功的非营利性战场保护组织——美国战场信托及其成员已经在 24 个州保护超过 53000 英亩的土地（表 2）。加拿大于 1908 年成立国家战场协会，保护魁北克市重要战场遗址，并以国家公园的形式供公众参观。英国于 1991 年成立了英国战场联盟，以专门组织机构的形式积极响应遗址保护号召，开展后续遗址保护工作。2000 年在法国举办的第一届战场遗址保护国际研讨会上，包括加拿大、英国、美国、法国等 14 个国家纷纷加入遗产保护运动的浪潮，共同起草《维米宣言》，从教育、纪念、旅

国外文化遗产相关法律   表1

时间/年	会议名称	宪章名称	主要内容
1931	历史古迹建筑师及技师国际会议第一次会议	《关于历史古迹修复的雅典宪章》	呼吁关注单个古迹及其周边环境，这一号召构成后续相关历史保护国际文件的基本内容之一
1964	历史古迹建筑师及技师国际会议第二次会议	《威尼斯宪章》	扩大"文化遗产"的范围定义，指出只要包含了一定历史信息、具有历史纪念性的、都可以被称作"文化遗产"
1972	联合国教育、科学及文化组织大会（UNESCO）第十七次会议	《保护世界文化和自然遗产公约》	提出各缔约国将一些具有重大文化遗产价值的自然遗产列入世界遗产名录并共同保护
1977	现代建筑国际会议（简称CIAM）	《马丘比丘宪章》	将文物和历史遗产保护作为一个单独的部分，强调其重要性
1982	国际古迹遗址理事会	《佛罗伦萨宪章》	保护领域扩大到包括历史园林并明确相关保护规章
2005	国际古迹遗址理事会第15届大会	《西安宣言》	保护领域进一步扩大到遗产周边环境及相关社会活动与传统习俗等

来源：作者自绘

美国战场信托的保护情况   表2

序号	州名称	战场数量/个	保护面积/英亩	序号	州名称	战场数量/个	保护面积/英亩
1	亚拉巴马州	4	261	13	密苏里州	5	546
2	阿肯色州	5	1670	14	新泽西州	1	24
3	科罗拉多州	1	640	15	新墨西哥	1	19
4	佛罗里达	1	110	16	纽约	4	279
5	佐治亚州	8	2381	17	北卡罗来纳	4	2527
6	堪萨斯州	1	326	18	俄克拉荷马州	2	172
7	肯塔基州	6	2980	19	宾夕法尼亚州	2	1299
8	路易斯安那州	3	750	20	南卡罗来纳	7	737
9	马里兰州	4	1616	21	田纳西州	10	3608
10	马萨诸塞州	1	1	22	德州	1	3
11	明尼苏达州	1	240	23	弗吉尼亚州	56	26961
12	密西西比州	10	4249	24	西弗吉尼亚	7	1721
合计	24个州；145个战场；53120英亩保护面积						

游等多方面提出具体保护方法。

3. 国内视角：相关法律法规的不断深入

法律法规的不断完善是我国旧址保护工作不断深入的主要体现形式。国内革命旧址保护工作从新中国成立初期就慢慢开展，但由于初期经济与技术水平都较为落后，国民的旧址保护意识尚处萌芽阶段，重点多放于旧址的调查统计。1953年颁布的《关于在基本建设过程中保护历史及革命文物的指示》，是目前能查询到的关于革命旧址类文物建筑的最早规章，首次明确规定革命建筑物不得随意拆除。1956年的《关于在农业生产建设中保护文物的通知》中提出文物建筑保护中全民参与的重要性，并首次提出设立文物保护单位。1961年的《文物保护管理暂行条例》中将保护范围扩大到文物周围环境的保护并颁布了第一批全国重点文物保护单位名单，其中革命遗址及革命纪念建筑物为单独分类，这标志着我国于革命旧址保护体系逐步完善。1982年的《文物保护法》中以立法的形式提出保护重大历史事件、运动或革命人物居住过的近现代历史史迹与代表性建筑，这标志着保护范围的进一步扩大。1985年，中国加入《保护世界文化和自然遗产公约》，这标志着我国文物建筑保护工作开始与世界接轨。至今，我国已有55处文化遗址列入《世界遗产名录》。

改革开放与社会经济的快速发展使革命旧址建筑所承载的红色文化价值日益凸显，这推动相关条例的不断完善。2016年的《关于加强革命文物工作的通知》提出以红色旅游的形式充分发挥旧址再利用优势。2018 年的《关于实施革命文物保护利用工程（2018—2022 年）的意见》阐述工程意义、总体要求、主要任务、重点项目四个方面内容以挖掘文物价值。2019 年的《革命旧址保护利用导则》明确革命旧址的概念，提出其保护再利用的原则、形式和领导机制，并强调分类保护。

三、爱国主义情感背景下的革命旧址类文物建筑保护与发展——以安徽省为例

地跨江淮、资源丰富、地势险要的安徽在我国近代革命史中具有重要的地位。安徽革命史是中国共产党领导安徽各阶层人民与民主党派进行革命斗争的历史，也是我党用革命武装反抗外来侵略者与本国反动势力并取得社会主义建设伟大胜利的历史。

革命时期划分	建筑名称	
太平天国运动至辛亥革命时期	三河大捷遗址及古民居	太平军枞阳会议旧址
	太平天国英王府及清安庆市太平天国英王府壁画	太平军攻城图壁画
	捻军会盟旧址	熊成基安庆起义会议旧址
	太平军题字	
第一、二次国内革命战争时期	民国临泉县政府旧址	中共安徽地委旧址
	皖豫特委旧址	中国国民党（左派）安徽省党部旧址
	红三十四师活动地旧址群	赤城县赤色邮政局旧址
	皖西北道革命根据地金寨革命旧址群	"四九"暴动旧址
	中共安庆建党会议旧址	立夏节起义旧址
	西镇暴动旧址	红军第 11 军 32 师成立旧址
	黄尾河暴动旧址	独山暴动指挥部旧址
	谭家桥战斗旧址	列宁小学旧址
	豫东南道委、道区苏维埃政府机关旧址	苏家埠战斗旧址
	中共寿县第一次代表大会旧址	红军中央独立第 2 师司令部旧址
	清水寨暴动旧址群	中共鄂豫皖省委会议旧址
	中共皖南特委机关旧址	皖南苏区工边特区革命委员会旧址
	六安中心县委、六英霍暴动总指挥部旧址	
抗日战争与解放战争时期	安徽省工委驻地旧址	南方八省红军游击队集中地旧址
	新四军二支队司令部旧址	中共鄂豫皖区委员会旧址
	中原局第三次会议旧址	新四军军部旧址
	嘉山县抗日民主政府旧址	半塔保卫战旧址
	新四军三支队司令部旧址	鄂豫皖军政大学皖西分校旧址
	抗日工作团驻地旧址——刘氏支祠集成堂	刘邓大军刘家畈高干会议旧址
	桐东区抗日民主政府旧址	刘邓大军挺进大别山革命旧址群
	新四军淮上行署旧址	渡江战役二野四兵团司令部旧址—陈氏宗祠
	新四军四支队驻浙旧址	渡江战役二野司令部旧址
	中共皖浙赣省委驻地旧址	渡江战役总前委孙家
	安徽省民众总动员委员会旧址	渡江战役期间总前委旧址
	抗大八分校旧址	中共淮海战役总前委旧址
	新四军七师司令部旧址	淮海战役双堆集战场旧址
	中国工农红军第二十八军重建会议旧址	渡江战役中线指挥部旧址
	新四军四师司令旧址	岩寺新四军军部旧址

图 1　安徽省革命旧址类文物建筑列表
图片来源：作者自绘

1. 近代安徽省革命旧址类文物建筑的历史角色

文物建筑是革命旧址的重要组成部分，是近代中国革命战争的见证者、参与者。近代太平天国运动、国内革命战争、抗日战争与解放战争等均在安徽留下了大量革命旧址。本文选择目前可查到的国家级与省级文物保护单位内的安徽省革命旧址中的文物建筑作为研究对象，由于故居和重要史迹在《安徽省文物志》不属于革命旧址分类中，所以不列入本次研究范围。根据研究对象与时空范围的界定，梳理出此次研究对象共 62 处，并依据《安徽省文物志》进行时期划分（图 1）。

2. 近代安徽省革命旧址类文物建筑的特征

近代安徽省革命旧址类文物建筑特征包括分布与原有功能两方面。整体分布呈现点多面广、重点地区高度集中和跨省交界地带分布密集三个特征，功能上呈现类型丰富、分布分散的特点。

（1）点多面广。经过统计发现，62 处革命旧址类文物建筑分布在安徽 15 个城市（图 2），包括市区、县城与村镇范围，其中大部分分布在乡村地区，这和战争隐蔽性需求的军事属性有很大关系，地处险要的优势在我国共产党全面性战争胜利进程中起到了很好的推动作用。

（2）重点地区高度集中。62 处文物建筑在岳西县和金寨县等重点区域呈现高度聚集的特点，这和国内革命战争时期鄂豫皖革命根据地的成立有关。金寨县和岳西县位于大别山腹地，是中国革命和大别山革命战争的重要策源地。1929 年金寨县爆发的立夏节起义诞生了红三十二师，推动了后期鄂豫皖革命根据地的建立。1935 年红二十八军在岳西凉亭坳重建后，岳西人民与红军一同战斗，为鄂豫皖三年游击战争作出无法估量的贡献。

（3）跨省交界地带分布密集。金寨县与湖北省交界处的斗林村、大湾村、瓦屋基村，以及岳西县西部地区临近湖北省的响肠村、中关村、清水寨村等一带革命旧址呈现局部地带密集分布的特征。究其原因在于其特殊的地理环境既可以作为兵员补充与后勤培育，也使外军不易靠近，适合游击作战，这极大地推动了安徽与湖北、河南两省交界处军事活动的开展与发展。

（4）类型丰富、分布分散。根据《革命旧址保护利用导则（2019）》中的分类并统计 62 处建筑原有功能，可以看到有党政机关、军事机关、文化教育机构、会议旧址、壁画题字和战场遗址等多种类型。与其他文化遗产不同，文物建筑只有与特定革命历史事件关联才具有其重要价值，单个文物建筑往往只是漫长革命史中的一个片段。在此，笔者提出基于"革命历史事件性"的分类方案，因为革命事件是革命旧址作为文物的本质属性，这直接影响后续相关旧址的等级划分、保护与发展策略的提出与具体方案制定。

3. 近代安徽省革命旧址类文物建筑的保护与发展

在爱国主义情感主导下，近代安徽省革命旧址类文物建筑大部分得到有效保护与发展，少数处于闲置状态，这使得安徽近代不屈不挠、

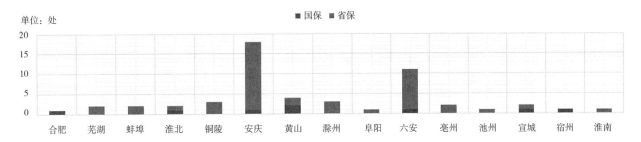

图2　安徽省革命旧址类文物建筑分布城市
图片来源：作者自绘

热血沸腾的战争记忆得到进一步升华。

近代安徽省革命旧址类文物建筑的保护与发展模式有：①基于历史主题的街区整体式保护与发展。金寨县汤家汇镇红军街将7处抗日战争时期的革命旧址统筹规划参展流线，并通过引入商业业态的方式加大街道的活力，形成以整体保护为主、单体旧址保护为辅的兼具参观与红色体验复合功能的主题街区，实现旧址保护再发展的同时将红色文化精神扩大到民众视野中（图3）。②纪念馆式公开展示的旧址保护与发展。将旧址本身打造成陈列馆、博物馆的形式，内部空间作为革命文物的展陈布景，其中部分空间按照战时布局陈列，是安徽省旧址保护发展中最常见的手法。肥西县渡江战役总前委旧址纪念馆规划布局中将总前委旧址、机要处旧址、秘书处旧址、中共中央华东局旧址、参谋处旧址五处遗址以纪念馆的形式统筹规划布局与陈列布展，并配备游客服务中心、停车场等设施，完善旧址周围环境，实现旧址更好的发展（图4）。由于五处旧址在地理位置上有一定距离，无法全部纳入纪念馆范围内，当地政府通过道路与绿化环境规划的方式加强旧址间的关联性。③空间拓展方式下的

辅助陈列式保护与发展。枞阳县桐东区抗日民主政府纪念馆也是以纪念馆的形式实现旧址的保护发展，但其是在既有旧址空间旁新建桐东抗日民主政府革命文物陈列馆作为辅助陈列。原有旧址空间按照战时功能布局，还原战时场景，而新建陈列馆则以革命文物、照片陈列的形式将参观者带入革命战争时代，了解革命烈士的英勇事迹，并通过

走廊将陈列馆与旧址串联起来形成一个闭合的完整参展流线（图5）。

安徽省革命旧址类文物建筑的保护发展在爱国主义情感与红色旅游政策推行下获得了很大进步，今天旧址的保护发展是红色文化精神的传播，是革命烈士英勇战斗的讲述。革命旧址保护与发展工作的不断深入也是国家强大、国民爱国主义意识不断提高的真实反映。其他

图3　红军街现存红色革命旧址
图片来源：根据参考文献[3]改绘

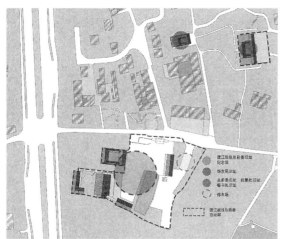

图 4 渡江战役总前委旧址群
图片来源：作者自绘

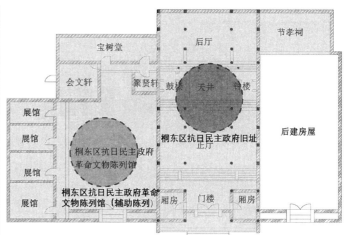

图 5 桐东区抗日民主政府旧址
图片来源：作者自绘

更多关于安徽省革命旧址类文物建筑保护发展的问题，如保护发展原则、现状、问题与典型案例分析及实现路径等，限于篇幅，笔者期望在今后的文章中做进一步深入思考与分析。

四、总结

全球化的今天，在国内外视野下探讨中国革命旧址的保护与发展，是遗产保护的一个重要研究话题。本文从革命旧址概念出发，追溯国内外相关遗址的保护与发展现状。首先基于国外视野介绍了国外文化遗产与战场遗址的保护发展现状，并具体以美国为例介绍其目前战场遗址保护工作的成果。然后基于国内视野诠释了爱国主义情感下国内革命旧址相关法律法规的发展状况，并以安徽省革命旧址类文物建筑的保护现状为例，剖析了文物建筑的历史角色、分布特征、类型特征，并结合具体案例总结其保护与发展模式等问题。

参考文献

[1] 安徽省地方志编纂委员会 . 安徽省志 · 文物志 [M]. 北京：方志出版社，1998.

[2] 中国革命老区建设促进会 . 中国革命老区 [M]. 北京：中共党史出版社，1998.

[3] 张飞 . 金寨县革命传统建筑保护研究 [D]. 合肥：安徽建筑大学，2021.

[4] 潘一婷 . 中外视野下的近代战争遗产研究 [J]. 中国名城，2020（01）：32-40.

[5] 沈旸，蔡凯臻，张剑葳 . "事件性"与"革命旧址"类文物保护单位保护规划——红色旅游发展视角下的全国重点文物保护单位保护规划 [J]. 建筑学报，2006（12）：48-51.

[6] 谭立地 . 红安七里坪革命旧址展示与利用研究 [D]. 武汉：华中科技大学，2019.

[7] 国家文物局 . 中国文物地图集 · 安徽分册（上）[M]. 北京：中国地图出版社，2014.

[8] Tim Sutherland. Foundation Document Gettysburg National Military Park. （2016）[2016-08] [OL].https：//www. nps.gov/gett/learn/management/ foundation-documents.htm.

[9] Heritage Conservation Program. Vimy Charter for Conservation of Battlefield Terrain[S]. Canada, 2000.

河北井陉地区传统村落集群保护发展模式研究

张文君

张文君，北京建筑大学建筑与城市规划学院博士。邮箱：1989671886@qq.com。

摘要：目前我国传统村落量大面广，区域差异明显，发展不平衡。在城镇化发展阶段的特殊时期，传统村落因单个规模有限、功能不足等问题，保护发展陷入困境，避免零碎化保护、格式化发展，在一定区域内，将资源整体性保护、系统性统筹、协同化发展是当前亟待解决的问题。由于传统村落自身蕴含着丰富、鲜活、多样的历史文化遗产，村落之间往往具有极高的内在联系性，得以孕育出不同族群的文化记忆。本文以城乡遗产保护体系和社会有机体理论为依据，提出传统村落集群式保护发展的概念与内涵、框架与路径，并以河北井陉县为例，将传统村落放在一个系统地理单元内研究，探索建立传统村落集群保护发展的模式与方法，以达到统筹区域资源合理配置、实现设施共建共享、增强传统村落内生动力、形成各具特色的村落品牌文化群，以期从单一村落保护跨越到区域关联保护，促进传统村落持续健康发展。

关键词：传统村落；集群模式；保护发展；河北井陉

一、引言

传统村落是我国乡村文化遗产的重要组成部分，蕴含着丰富的文化内涵，承载着中华民族优秀的文化基因。截至 2021 年我国遴选出五批共 6819 个国家级传统村落，随着新型城镇化与乡村振兴的实施，传统村落已从调查、挖掘、保护，进入了新的阶段：保护发展兼并。传统村落不能离开发展谈保护[1]，传统村落作为乡村振兴的特色保护类村庄，应该突出城乡文化遗产在区域社会中的历史价值，强调城乡文化遗产在地理单元中的整体保护，兼顾经济社会发展，寻求地方文化与社会经济发展之间的紧密联系[2]。因此，对于我国数量众多、类型丰富的传统村落，亟须新的理论与研究视角，实现整体性、系统性保护发展是关键。经过多年的探索，当前传统村落面临着多重困境：传统村落多分布于经济欠发达和城镇化相对滞后的地区，自身无法支撑对村落的保护，村落出现空心化现象；村落由于个体规模有限、功能缺失，导致发展动力和竞争力不足；区域范围内由于缺乏统筹，村落单一化、同质化现象严重，村落发展不均衡；由于对村落过度资源开发，带来无序竞争和资源浪费等。在此背景下，避免村落遗产零碎化保护、盲目性发展，探讨区域内多资源的综合协调利用，变得尤为重要。

从 1930 年代开始，学者对传统民居关注增加，并不断扩大至民居依存的聚落环境。随着国家 1961 年提出文物保护单位、1982 年提出历史文化名城、2003 年提出历史文化名镇名村、2012 年提出传统村落，相关研究逐渐增多，纵观近年来传统村落的相关文献及案例，主要在空间分布、形态特征、价值挖掘、保护利用等方面，具有大量成果，对个体的研究不乏新理念、新思路，但仅有少量立足于村落群体及区域资源的研究[3]。何依等以山西为例探讨省域资源集群保护方法[4]；邵甬、刘玮等探索跨行政区的资源保护与利用方法[5][6]；郑志明对区域历史文化资源特征及集群保护研究[7]。总的来说，多类型保护较多，针对集群成片的保护发展研究不足。从乡村发展模式上看，华晨、乔治·阿勒特在 2012 年提出乡村集群发展模式能够实现中国乡村地区主动、可持续发展[8]。

河北井陉作为千年古县,传统村落数量众多、类型丰富、分布密集、保存完整,拥有国家级传统村落 46 个,已立档调查传统村落 70 个,是全国首个"中国传统村落保护区"。因此,本文在研究传统村落集群保护发展模式的基础上,以井陉为例探索集群保护发展的方法对其他传统村落、历史资源分布密集的地区具有一定示范借鉴作用。

二、传统村落集群依据、概念、内涵

1. 集群式保护发展的依据

城乡文化遗产保护体系中认为聚落的形成与发展特定于自然地理条件,也是城市文脉的重要渊源(张兵,2015);聚落也因社会经济因素成为能够见证文明与发展的城市或乡村①,传统村落是现有遗存较为完整的传统乡村聚落。因此,传统村落既是地域环境适应的产物,也是区域历史的物化载体,是"文脉"和"地脉"的相互交融与充分展现,在一定地理单元内,若干村落也因地域相近、文化相关、特征相似,逐步形成能够融合历史文化和彰显现代优势的传统村落组群空间与文化圈。

社会有机体理论是 19 世纪实证主义社会学的重要理论观点,其核心认为社会如同生物一样是一个活的有机体,都在不断生长和发展,个体规模的增长与变化,都会产生结构和功能的分化,有机体的每个部分发展到一定程度均可自成为一

个小组织,并相互依存。传统村落是历史发展过程中形成的,并仍然在继续发展和不断变化,村落之间有着密切的联系,是系统的有机体[9]。这就揭示了传统村落的集群有机性,传统村落同生物体一样,通过历史选择和发展在当今遗存,但这并不是最终发展形态,他们还将相互作用继续生长、相互影响。同时,社会有机体还揭示了社会群体集聚与协同共生的发展规律,集聚是协同的前提,也是空间的表现形式,零散的传统村落只有通过集聚,进行资源互补和能量交换,才能提升个体的抵御能力和竞争力,为自身发展创造环境和提供可能。

2. 集群式保护发展的概念

传统村落集群式保护发展是指适用于传统村落分布相对集中或具有一定规模的历史文化资源区域内,将散落在各处的特色资源进行整体统筹与优化整合,将零散无序、功能不足、发展受限的个体村落或历史遗迹依据各自特点进行重新组合,形成集群化保护发展的模式(图1),

解决个体村落的无序竞争和资源浪费,达到区域特征鲜明、结构脉络清晰、资源优势互补,实现整体性、系统性保护发展。

3. 集群式保护发展的内涵

集群式保护发展不是简单的聚落总和与村落集合,而是一系列通过历史、地貌、区域、社会、文化等综合呈现出的整体关系。其内涵包括了三个方面:时间、空间、人。

时间维度:集群保护发展是传统与现代的有机共生。传统村落承载着历史的记忆和社会的变迁,需要挖掘区域内村落的形成动因和历史演变,厘清区域内地脉与人脉相互融合的历史特征。

空间维度:集群保护发展体现的是多元文化的交互作用。随着时代发展的新要求、资源认知的新角度与城乡融合发展的要求,突出城乡文化遗产在区域社会中的历史价值,强调城乡文化遗产在地理单元中的整体保护,寻求地方传统文化和社会经济发展之间联系的重新建构。

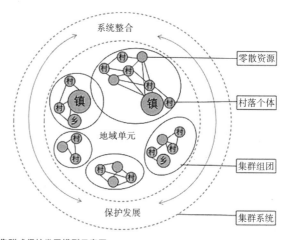

图1 传统村落集群式保护发展模型示意图
图片来源: 作者自绘

---

① 《威尼斯宪章》, 1964 年。

从人的需求角度出发，当今城乡居民对于传统村落有新的要求和期望。传统村落需要发挥更大的价值，发掘多种形式的村落生产生活形态，不应停留在"村落博物馆"式的保护，而是集聚生产空间、生活消费空间、生态环境空间的高品质三生空间，提升与完善传统村落持续发展。

三、传统村落集群式保护发展的框架与路径

1. 集群保护发展的框架

新时代背景下，传统村落正面临前所未有的变化，其地位作用、客观需求、思想意识等愈加复杂，影响因素也更加多元。本文基于对集群保护发展理念的梳理，遵循问题和目标双重导向的工作组织模式逻辑，构建传统村落集群保护发展的框架（图2）。

1）以问题和目标为导向的整体统筹引领

传统村落保护发展中面临许多问题，因此，集群模式的保护发展既要有长远目标又能够解决近期的问题，以突破个体村落出现的困境，通过区域历史资源的整体保护和协同发展引领集群体系的构建。

2）以多属性为支撑

通过对集群模式的研究发现，传统村落群具有集聚性、关联性、系统性、特质性四大影响特性。集聚性强调地域空间属性，既包括村落的空间分布，也包括村落与城乡、零散资源的空间关系特征；关联性强调村落的文化、社会属性，村落之间具有一定的联系性，如相同的文化背景、相同的习俗、相似的语

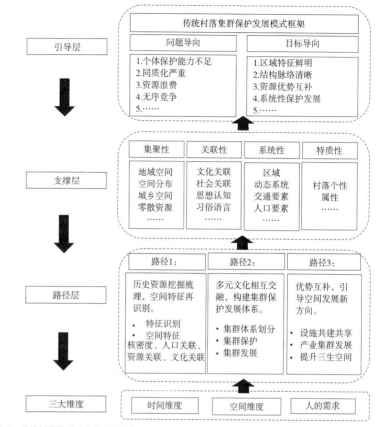

图 2　传统村落集群式保护发展框架
图片来源：作者自绘

言和思想认知等系统性强调区域动态可流动系统，如交通流动、人口流动、时间流动等；特质性是指每个传统村落仍然保留着自身的唯一性。这四大特性是作为村落集群的前置和基础支撑。

3）以多维度的影响要素驱动为路径选择依据

从三个维度展开实施传统村落集群保护发展的多路径探索，能够形成集群体系又能相互融合，促进传统村落集群保护发展。

2. 集群保护发展的路径

传统村落集群保护发展是在一定区域范围内展开的研究，将历史上因共同机制，使得文化相关、特征相似、地域相近的传统村落进行集群化整体保护与协同发展。在以

"时间、空间、人"三大维度和"集聚性、关联性、系统性、特质性"四个支撑的基础上提出集群保护发展的方法与路径。

1）历史挖掘，识别空间特征

（1）资源的由点到面全覆盖

纵观历史，我国经历了长期的农耕文明时期，孕育出了数量众多的历史聚落资源。集群化的前提和基础就是对区域内历史文化遗产资源的充分挖掘和系统梳理，建立由点到面完整的保护体系，包括文物保护单位、历史文化街区、历史文化名村、特色古镇、传统村落、少数民族村寨等。

（2）区域历史文化资源保护思路

历史文化资源与其他资源不同，是地域、民族、文化、产业要素等

共同作用的结果，资源之间存在极大的关联性，相互支撑、相互影响。根据历史资源挖掘与特征识别步骤（图 3），首先建立"基础—依据—方法"的空间组织逻辑，从"要素梳理—特征识别—集群保护发展"的思路，从点类资源拓展到景观资源、生态资源，明确区域数量和类型，在此基础上解析空间特征，明确村落集聚的成因及空间组织方式，以此作为构建集群保护发展空间结构的依据和支撑。

2）多元交融，构建集群体系

集群体系的构建必然是多元文化相互交融的结果。包括人、空间和文化的融合，多文化的融合，多类型空间的融合，多主体的融合以及多驱动力的融合等，如何让众多要素协调融合是传统村落集群符合未来趋势的关键点。

（1）集群的架构

集群依据区域资源、文化特性进行划分，在地理单元内分为群域层、组团层、特征层。群域空间内受地理环境、文化关系和自然与人文景观的影响，往往存在许多具有高度关联性的个体，通过对个体之间关联性分析，划分组团空间，从而形成特色鲜明、相对独立的保护发展单元，在空间形态上呈现面状或带状，形成集聚区或集聚带；特征层是指特色鲜明、在群域范围内具有带动作用的最小单元。通过层级的划分建立集群保护发展架构"群域层—组团层—特征层"。

（2）划分方法

组团层是集群的核心，可按照地理区位、景观风貌、村落特色、民风家族等影响要素形成相对独立的集聚区，依据城镇体系、时空距离、共性特色三个方法对组团层进行划定：城镇体系以城镇之间的融合发展为前提，将地理空间相邻城镇的传统村落建立组团，有助于集聚区的有效管理；时空距离是为达到集聚区内部的综合效益，传统村落之间以 1~1.5 小时车程为宜划分集聚区。共性特色是对村落之间密切联系的文化、景观、生态形成集群单元，突出村落群的特色。

3）集群保护发展体系

构建集群保护发展体系（图 4），"群域层"是实现集群保护发展的区域背景，是实现分级分区保护的基础；"组团层"是集群保护和发展的核心，组团是一个相对整体和独立的保护单元，无论从空间还是文化景观上，都具有很强的联系性。因此，从整体上对组团的空间风貌体系（景观通道、文化线路）、保护控制范围、空间发展方向进行控制引导。"特征层"在群域的统筹指导下，突出本体特色，注重个体与区域的协调发展。

4）优势互补，产生集群效应

（1）建立传统村落集群风貌区

建立传统村落集群风貌区凸显了组团的自然特色、文化特色和空间特色，能够形成传统风貌集群效应，组团内部将相互关联的生态环境、传统建筑风貌、景观视廊、文化标识进行统筹，不仅组团内能够形成良好的宜居环境，组团之间也因各自不同而彰显特色，集群风貌区的建立对于传统村落是良好的保护和传承方式。

（2）服务设施共建共享

从区域层面统筹实现村落基础设施与旅游服务设施的共建共享。提高传统村落的人居环境需要解决村民最基础的生活设施问题，但往往因供需不平衡导致资源浪费，因此，借助集群框架的搭建，让组团内的村落在一定范围和规模内实现雨污环卫等基础设施和公共服务设施的共同使用，一方面满足了村民

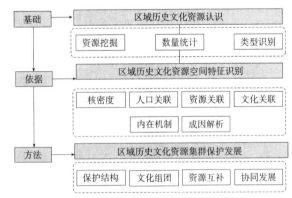

图 3　历史资源挖掘与特征识别步骤
图片来源：作者自绘

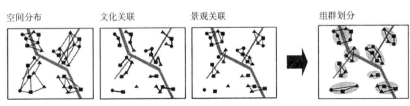

图 4　传统村落集群示意图
图片来源：作者自绘

的需要，另一方面减少了重复投资。

（3）资源互补产业集聚

土地、生态、景观、农业、旅游等资源优势互补是集群的关键，通过设施配置、线路规划、资源互补，避免村落同质化发展和无序竞争。与此同时，具有一定数量、规模的村落产业，才能够带动区域经济发展，形成村落集聚的特色产业。从区域层面进一步将产业、文化、人才、政策等各类资源进行有效整合，促进劳动力、资金等要素在市场之间合理利用和流动，实现区域范围内产业的高效协作和优化提升，发挥组团的调节作用，能够适度改善村落空心化，提升村落自我造血的功能。

四、井陉传统村落集群式保护发展探索

井陉位于河北省石家庄西部的太行山东麓、冀晋交界处，素有"太行八陉之第五陉，天下九塞之第六塞"。井陉历史悠久，现存文物古迹甚多，文化底蕴深厚，传统村落分布密集，该地区拥有河北省数量最多的国家级传统村落（46个，包含井陉矿区所辖村落2个）。作为千年古县的井陉，长久以来具有重要的历史意义与文化价值，在区域中形成了集群化的聚落组合。

1. 井陉传统村落集群的历史演化与形成机制

作为一个地理单元，井陉既有自然环境的独立性和完整性，也因资源禀赋和历史渊源在经济和文化上具有同源性。早在旧石器时代井陉地区就有人类生活踪迹，到新石器时代就有部落聚集在此居住。其境内发现的多处先商遗址，足以证明井陉是商文化的发源地之一；战国时期，遂在井陉盆地中央置城，称之为"五陉"城；秦朝统一全国后在井陉置县并修建古驿道；明末清初人口增多，经济、战争、政治等众多变迁因素为井陉保留了丰富的历史文化，传统村落与历史演化于一体。本文以井陉历史文化研究为基础，梳理井陉传统村落的演变特征。

1）井陉传统村落的历史演变

（1）因政治统治而出现的村落

秦汉时期，井陉驿道沿途三十里一传舍，十里一亭，五里一邮，为往来的使者提供食宿；从唐代起朝廷开始派兵镇守，规定"凡三十里一驿"[10]，并逐步形成建制镇。如天长古城范围内的北关村、东关村和宋古城村。

（2）因军事防御而形成的村落

井陉地处山区、山地复杂，特殊的地理位置成为历代"兵家必争之地"的代表。如宋古城位于天长镇，西靠太行山脉，其余三面环水，需通过作为唯一入口的长石桥才能进入，据险扼要，易守难攻。

（3）因躲避战乱而迁徙的村落

井陉中西部因处于晋冀边界，山地密布，通过古驿道方便到达，因此在井陉县中四部山区中形成战乱迁移型传统村落[11]。这类村落有单一迁移村落，也有多个族群迁移形成村落。如井陉县于家村，由于氏族群明代政治家于谦后裔所建。

（4）因商业交通而聚集的村落

古驿道的交通便捷性对沿线村落的落成与发展建设起到了至关重要的作用。驿道沿线村落依托于河谷、盆地等自然资源，以农业作为村落发展的基础。一些村落依托于古驿道的服务型功能需求而逐渐成形，加之明清时期晋商兴起，由井陉古驿道出太行山前往北京等地，一定程度上也促进了新兴村落的建设行为，如微水镇五里铺村、朱家疃村、三家店村。

（5）因家族信仰而繁衍的村落

血缘宗亲是传统村落世代生长的纽带，以氏族文化、文化信仰为村落发展的核心。如建于明崇祯年间，由始祖郝栋从板桥村迁居于此，因其村落坐落于台地至上，故名之郝家台村。

2）井陉传统村落形成机制

（1）自然因素

良好的自然环境适宜居住和人口聚集，形成大量的传统村落；井陉境内的绵河蜿蜒曲折，流经诸多村落，其分支贯通南北，使境内村镇呈串联之势。山地自然阻隔，形成相对封闭的环境，保留了特色文化和特色传统村落。至此，太行山脉、井陉古驿道与绵河共同构成的地理要素轴线，支撑起了保护区地上空间的联系骨架。

（2）人文环境

区域历史悠久具有良好的文化环境，受汉族文化的影响该地区在漫长的人类活动和聚集过程中形成了井陉丰厚的历史文化遗产与多样的民俗文化。井陉民俗文化的代表，主要有三个特点：一是庙会多，井陉村村有庙，有庙就有会。二是内容多，有拉花、社火、骑驴、旱船等节目。三是井陉县有独特的山区饮食文化，因地域特色和农业种植结构的特殊性，形成了粗粮细作的饮食习惯。

井陉历史文化资源统计   表1

历史文化名镇		1个	
历史文化名村		4个	
传统村落（河北省第一）		46个（其中包括井陉矿区2个）	
文物保护单位	37处	国家级	4
		省级	15
		市县级	18
非物质文化遗产	122项	国家级	4
		省级	35
		市级	83

来源：根据井陉县人民政府网统计

（3）交通经济主导

由于井陉县中西部山地居多，大多数传统村落远离城镇，因此对于城市发展所受到的影响相对较少，导致传统村落保留的文化相对较为完整。加之地区资源丰富但交通较为封闭，因此，形成了以山区农耕文化为主要文化脉络的传统村落。

2. 井陉传统村落集群特征的识别

1）历史文化资源构成

井陉的历史文化资源要素是集群保护发展的基础。井陉以历史悠久、人文浓厚，形成了丰富多样的历史文化资源（表1）。

2）传统村落空间分布特征

（1）传统村落分布全域，中西部密集

利用 Arc GIS10.7 Tool Box 中的 Density 工具对井陉传统村落进行核密度分析（图5、图6），可以看出井陉传统村落分布较广，形成了两个高度区，集中分布在井陉中西部地区，涉及15个乡镇（其中两个地属井陉矿区）。天长镇、于家乡、南障城镇、辛庄乡是传统村落分布较多的乡镇，其中天长镇传统村落数量最高，占比30%，于家乡占比16%，南障城镇、辛庄乡占比12%。由于这里是晋冀交界带，依托古驿道所形成的村落群保留了下来。

（2）与区域内山水特色文化关联分布

井陉传统村落受自然及历史因素影响，形成了特色鲜明的山水人文特色（图7~图9）。井陉是纯山区县，地表形态为海拔在130~450m之间的盆地，中间低凹，前有水，后被山峰环绕，境内河流分属海河流域、子牙河水系、滹沱河支流。全境河网形同树冠状，以冶河为主河道，为村落的产生提供了适宜的居住环境，但同时由于封闭的自然地理环境使得其长期以传统农业、手工业为主，长期自给自足表现出内向而稳定的淳朴地域文化；有以东元村旧石器时代遗址、测鱼仰韶文化、蔓葭古城、天长宋古城、秦皇古驿道为代表的千年古县文化；以井陉拉花、井陉晋剧为代表的非遗文化；以社火、庙会为代表的古

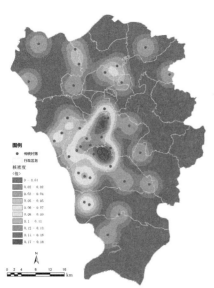

图5 井陉地区传统村落核密度分析
图片来源：作者自绘

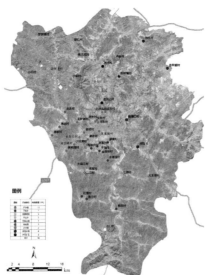

图6 井陉传统村落分布图
图片来源：作者自绘

图7 井陉传统村落与高程
图片来源：作者自绘

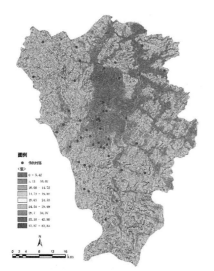

图 8 井陉传统村落与坡度
图片来源：作者自绘

图 9 井陉传统村落与河流
图片来源：作者自绘

图 10 井陉传统村落集群结构图
图片来源：作者自绘

民俗文化；以于家石头村、大梁江、核桃园等为代表的明清古村落文化；以苍岩山福庆寺及法舫大师为代表的宗教文化；以苍岩山桥楼殿、古戏台为代表的古建筑文化；以百团大战聂荣臻司令员指挥所旧址洪河漕、挂云山抗日烈士、长生口战斗指挥所旧址等为代表的红色文化；以蔓葭之战、背水一战、庚子大捷为代表的兵家文化。从空间分布来看，村落与文化区高度一致，有较强的关联性，形成不同文化的资源聚集单元。

（3）与区域风景名胜区空间融合

井陉县境内沟壑纵横，重峦叠嶂，大山、古道、关隘、城郭、古刹、佛窟、湖泊、山寨分布皆与村落有着密切的关系，有国家级森林公园仙台山，省级森林公园藏龙山、锦山、洞阳坡、祖山，省级生态湿地冶河湿地。

3. 井陉传统村落集群保护发展应用

井陉因自然地理、政治军事、交通商业、家族信仰等因素，村落之间产生紧密联系，这是集群保护发展的基础。通过历史、地理、文化、产业等多要素的解析，厘清了传统村落集群的形成过程和特点，形成了轴线和群化聚集的特征，特色文化孕育了特色资源，应进行传统村落与各类资源的空间整合，划定保护单元，突出资源的文化特色性与差异性，并以旅游协同为手段，在协同发展中系统保护。

1）构建"群域层—组团层—特征层"空间结构

井陉地区聚集了数量众多的历史文化名村、传统村落、文物保护单位等"点状"的历史文化遗产，拥有良好的生态基地，河网形同树冠，以冶河为主河道，贯穿全域，水源丰富、气候温和，历史的发展和演变孕育了井陉独具冀南特色的文化生态系统。要维持整个系统良好运转，延续原生文化脉络，应构建"群域—组团—特征"的空间整体保护发展格局，以"延续基础、特色成团、产业成链、协同发展"，形成"两轴—三团—多特色"集群结构（图10）。

2）确定特色文化保护单元，注重组群特色差异性保护

传统村落和历史文化资源在区域内部，形成集聚化特征的"组团单元"，由于地理条件的阻隔、民族宗教的差异等形成不同的特色文化单元，不同单元的特色文化落实到物质空间层面，形成了各具特色的建筑风貌与格局，多样的特色文化单元组成区域，呈现宏观区域文化的复杂性与包容性。文化单元具有内部和形式的一致性和统一性，以特色文化为保护单元，能较好地保护特色文化及其空间承载，充分保护不同文化单元的差异性与多样性。井陉特色文化众多，在区域内部以特色单元划定特色风貌群、文化景观带，结合村落群的民俗文化实现区域集群保护。

3）区域旅游协同，实现历史文化资源在发展中保护

从传统村落空间分布发现若干村落与风景名胜区具有一定的融合，组团单元中也以景区文化相互衔接。因此，应将生态旅游资源和历史文化遗产资源相互统筹，从单一的风景观

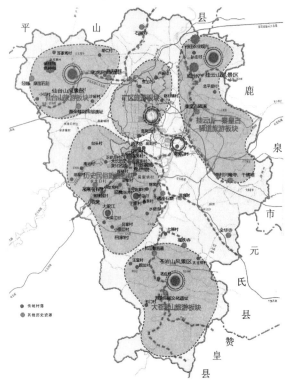

图 11　井陉传统村落协同发展图
图片来源：作者自绘

五、结论

探索集群模式为村落未来的科学发展奠定了多方面的良好基础。

交通方面，保护区的建立使井陉古驿道和现状道路可以进行整体修缮、质量提升。促进了村落的物质与非物质文化遗产的整合，彼此依托，形成区域体系。

旅游方面，片区的构建既利于各个村落间游客的流动，又利于多样化旅游产品的开发，对提升区域的知名度和竞争力有着推动作用。

技术方面，集群式保护可以实现资源和技术的互通有无，可以更好地聚集力量、招揽人才、引进新技术。

经济方面，以片区层面的所有村落为样本，概括核心问题，利于把握整体的发展方向，制定更加宏观层面的发展规划，将各个村落纳入一个经济体系中，有的放矢地渐进式发展，避免盲目无序的开发建设和资源的浪费。

集群式为传统村落保护发展提供了一种新模式，有助于完善传统村落保护发展的理论研究，指导未来的保护性更新实践，并可作为其他地区传统村落保护工作的参考，具有示范性意义。

光旅游方式向文化旅游、体验式旅游方式转变，从单一开发旅游资源向全面开发文化资源、历史遗产资源等多维度开发模式转变，充分发挥历史文化源远流长、资源丰富的长处，实现历史文化资源在发展中进行保护（图 11）。注重线路协同，依托井陉古驿道以及单元内基础设施与公共服务设施的共建共享，依托岩山福庆寺、井陉古驿道等旅游品牌带动区域人文游、古镇古村游集群发展。注重资源协同，避免小、散、乱的发展模式，以组团为单位进行资源统筹实现产品特色亮点化，此外应与井陉独特的非物质文化相结合，打造成多样民俗文化深度体验地。

参考文献

[1] 冯骥才. 传统村落的困境与出路——兼谈传统村落是另一类文化遗产 [J]. 民间文化论坛，2013（01）：7-12.

[2] 何依，柴晓怡. 石浦港域海防聚落的演化与集群保护 [J]. 城市规划学刊，2018，246（6）：111-118.

[3] 魏绪英，蔡军火，刘纯青. 江西省传统村落类型及其空间分布特征分析 [J]. 现代城市研究，2017（8）：39-44.

[4] 何依，邓巍，李锦生，等. 山西古村镇区域类型与集群式保护策略 [J]. 城市规划，2016，40（2）：85-93.

[5] 邵甬，胡力骏，赵洁. 区域视角下历史文化资源整体保护与利用研究——以皖南地区为例 [J]. 城市规划学刊，2016（03）：98-105.

[6] 刘玮，吕斌. 基于自组织理论的跨行政区历史文化资源整合路径——以曲阜、邹城、泗水为例 [J]. 城市发展研究，2018，25（03）：70-76.

[7] 郑志明，焦胜，熊颖. 区域历史文化资源特征及集群保护研究 [J]. 建筑学报，2020，21（S1）：98-102.

[8] 华晨，高宁，乔治·阿勒特. 从村庄建设到地区发展——乡村集群发展模式 [J]. 浙江大学学报（人文社会科学版），2012，42（03）：131-138.

[9] 陈志文，胡希军，叶向阳，等. 中国传统村落有机体生长内在逻辑研究 [J]. 经济地理，2020，40（11）：225-232.

[10] 应雅婧. 社火文化视角下的村落公共空间研究 [D]. 西安：西安建筑科技大学，2015.

[11] 陈旭. 井陉古驿道沿线村落空间演变及特征研究 [D]. 北京：北京建筑大学，2019.

不变与变
—— 论近代建筑的修复与改造

张光玮

张光玮，北京国文琰文化遗产保护中心有限公司，高级工程师（所长）。邮箱：z.guangwei@foxmail.com。

摘要：在近代建筑的保护中，通常要面临诸多与变化相关的问题，比如甄别建筑始建的状态和在层积的时代变迁中留下的各时代痕迹，修补由于各种自然或人为造成的物质载体与历史信息的缺失。修复的过程常常伴随着对过去已经发生的改造的处理，使得修复与改造之间的界限变得模糊。本文从修复和改造的视角，通过概念辨析和实例分析，说明发轫于技术变革时期且频繁被改造的近代建筑的保护中，是否造成了变化作为本质的评判标准，需要系统的分析和论证。

关键词：近代建筑；文物保护；修复；改造

一、引言

近代建筑是很多近代先发城市中留存较多、分布较广的一类建筑遗产，这里说的"近代"主要指从1840年到新中国成立前；"建筑遗产"则是在前述时间建造的，与历史进程、重要历史事件、历史人物有关的代表性建筑本体；具有时代特征并在一定区域范围具有典型性、在社会各领域中具有代表性、形式风格特殊且结构和形制基本完整的建筑物。

近代这个时间跨度，是中国近代社会、经济、文化与产业逐步向现代转型的变革时期。本雅明曾用"灵光"（Aura）指代工业时代的机械复制品所不具备的、为手工艺术品所拥有的独一无二性。而近代建筑，恰恰是建筑行业从手工业向半手工业，再逐渐过渡到工业化的产物。其中有对外国近现代建筑形式、技术、材料的借鉴与模仿，也融汇了自古传承的中国传统砖石和木结构建筑工艺做法——它是"灵光正消逝"年代的证物。正因其处于技术变革的过程中，也很容易被后来的技术所替代。

今天的近代建筑保护实践中，存在颇多值得讨论的地方。这里面有保护与利用理念上的差异、有对遗产价值认识的分歧、有在技术细节处理上的争议，难免也带有每个使用者的烙印。在"最小干预"原则下，"变化"是保护者常常关注的问题，尤其是在修复和改造的问题上。

二、修复和改造

从词源学的角度，修复、修缮、整修、保护等中文词汇及其相应的英文学术用语之间，有颇多值得玩味和研究的深意。本文则以2015年版《中国文物古迹保护准则》（以下简称《准则》）的定义为准展开讨论。《准则》中说修缮：包括现状整修和重点修复。值得关注的是其中对"重点修复"的内容阐述：包括恢复文物古迹结构的稳定状态，修补损坏部分，添补主要的缺失部分等。①

---

① 国际古迹遗址理事会中国国家委员会.中国文物古迹保护准则[S].2015：24.第27条 | 修缮：包括现状整修和重点修复。| 现状整修主要是规整歪闪、坍塌、错乱和修补残损部分，清除经评估为不当的添加物等。修整中被清除和补配部分应有详细的档案记录，补配部分应当可识别。| 重点修复包括恢复文物古迹结构的稳定状态，修补损坏部分，添补主要的缺失部分等。| 对传统木结构文物古迹慎重使用全部解体的修复方法。经解体后修复的文物古迹应全面消除隐患。修复工程应尽量保存各个时期有价值的结构、构件和痕迹。修复要有充分依据。| 附属文物只有在不拆卸则无法保证文物古迹本体及附属文物安全的情况下才被允许拆卸，并在修复后按照原状恢复。| 由于灾害而遭受破坏的文物古迹，须在有充分依据的情况下进行修复，这些也属于修缮的范畴。

近代建筑通常都会伴随使用历程而大量调整，历任主人有意为之的改造是一类，由于战火或自然灾害的破坏而局部重建或修补是一类；年久失修被动维护是一类，时代发展带来基础设施设备的更新换代与改造也是一大类。

这里讨论的近代建筑遗产，泛指被认定且有一定保护身份的近代建筑。现实中，大多数的遗产建筑都还在继续使用之中，上述"调整"或者说"改造"贯穿了其建筑生命的过去，并且在将来会持续发生。

无论是保护修缮工程，还是更新改造工程，都是一个瞬时的事件。近年来，新闻报道中不乏"保护性拆除"这样的字眼；其实在修缮工程中，也会涉及对残损严重构件、结构变形构件，或后期添加无价值部分的拆除。拆什么、为什么拆和拆完了以后接着做了什么，成为评判修复、改造还是破坏的关键点。破坏自不必谈，那么修复和改造之间，是否有清晰的界限呢？字面上理解，似乎修复意味着修整并恢复，偏向"不变"的维度；改造则含有改变和创造的意味，朝着"变"的方向。

就近代建筑来说，其建造和使用的年代就是一个各方面都在短时间内持续变革的背景，在很多情况下，修复实际上伴随着改造，特别是当修复的对象也是历史上改造的结果，且这个改造结果已经无法继续使用的时候，会面临修复的问题。而修复又需要讨论是修复这个改造的结果（有可能是坏了、残损了，也有可能是与某些条件不匹配了），还是将其复原到历史改造前的状态（复原讲究充分的依据，也许会出现可挖掘的依据不充分的问题；或者这

次改造前可能还有上一次改造，难以权衡应该复原到哪一次；另外也面临着修复后对业主来说不合用的问题）。所以很多时候，在综合考量、权衡利弊下，不管修复还是改造，都呈现出对文物本体的干预，且干预的结果可能是一个新的历史上不曾存在过的状态。这种对本体的干预与造成的变化是否就是"不真实"的，什么都不动也不改变是否就是"真实"的，往往不可简单而论。

三、案例释义——表与里、变与不变

以一栋位于鼓浪屿岛上的老别墅为例，从老照片上看，正立面是非常典型的外廊式建筑，在隔潮层上座两层半圆拱外廊，前后两落歇山屋面形成勾连搭。该建筑曾经在1959年的台风中受损，导致屋顶毁坏严重且前落二层墙体坍塌，当时

的主人对其进行了修复和改造，建筑的正立面变成了一个三角山花朝向正立面的歇山双坡屋面的形象。在综合评估建筑的保存情况、遗产价值、特征要素及结构的整体性与安全性，并参考了历史照片和外立面装饰柱、门窗细节等本建筑相关遗存及同区域相似案例做法后，修缮工程恢复了损毁的原二层外墙柱列和编木板条窗。对老别墅缺失的重要外廊形象及其物质载体的修复，相对于有依据的历史信息，是为"不变"（图1、图2）。

在修缮设计中，建筑内部损毁的室内隔墙并没有选择恢复，相对于建筑修缮前的状态，也是为"不变"。开敞成为一个大开间，在屋架形式的设计上则选择了更为轻盈的钢架，以最大限度地释放净空，适应后期的灵活使用，是为"变"。结构轴网延续了原有外廊和内墙轴线，在桁架形式的设计上，也通过构件

图1　老别墅历史照片和修缮前照片对比
图片来源：北京国文琰文化遗产保护中心综合四所项目资料

图2　正立面修缮前后对比
图片来源：北京国文琰文化遗产保护中心综合四所项目资料

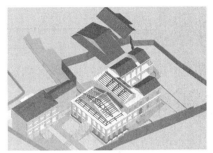
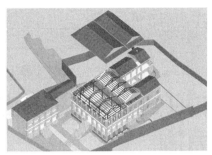

图3 内部屋架修缮前后模型对比示意
图片来源：北京国文琰文化遗产保护中心综合四所项目资料

图4 前落二层室内修缮后照片
图片来源：北京国文琰文化遗产保护中心综合四所项目资料

图5 加固墙体与新增楼板范围示意（深色部位）
图片来源：北京国文琰文化遗产保护中心综合四所项目资料

变化暗示了原外廊部分和室内部分，是为"不变"（图3）。

而实际上，上述变与不变，主要还是外部视觉层面的，是为"表"。从内里来说，建筑整体为砌体结构，平面布置规则，竖向墙体连续。但是横向构件均为木结构柔性体系，整体约束性不强。同时结构墙体砂浆强度较低，缺少构造柱等抗震措施，使得整体抗震性能不高，复建的前落二层与现存主体建筑之间也存在如何形成有效拉结和整体性的问题需要解决（图4）。

修缮过程中，在不破坏历史建筑外观的前提下，采取措施加固修复了结构的老化和损伤，并恢复或适当提高结构的承载能力，增强结构的延性、整体性以适当提高抗震性能，包括：对有条件的砖墙体采用砂浆替换法加固，部分内墙体采用混凝土板墙加固；在损毁了二层墙体的一层原有砌体墙顶部设置交圈的水平混凝土梁，内外圈梁之间设间隔连接；复建层楼面采用混凝土现浇板；屋面钢桁架间上方设置斜撑，立柱与钢梁进行固结设计，通过砌体墙墙顶通长混凝土梁的均布锚筋传递复建层的水平荷载（图5）。

不变与变之间，最终完工的效果模糊了修复和改造的界限，却也达到了建筑的保护、历史信息的留存与延续和兼顾未来使用之间的平衡。完整的论证过程和修缮设计方案最终通过文物部门的审批把关，得以实施。

四、结语

严格来说，所有的修缮都是一种干预，《准则》谈道："重点修复工程对实物遗存干预最多，必须进行严密的勘察设计，严肃对待现状中保留的历史信息，严格按程序论证、审批。"[1] 严密、严肃、严格，三个词道出文物保护行业对此事的严谨态度。从这个意义上来说，对文物建筑施加的干预，是一个系统论证、谨慎选择的结果；对于经常被频繁改造的近代建筑来说，适宜的保护措施更需要超越"变"与"不变"的维度，规虑揣度，而后敢以定谋。

① 国际古迹遗址理事会中国国家委员会.中国文物古迹保护准则[S].2015：25.

多元视角下主客体原真性的古镇更新策略研究
—— 以龙兴古镇为例

刘　晨

摘要："原真性"是一种主观的、建构的以及不断发展的动态概念，当被运用在古镇更新时，则体现出主体原真性与客体原真性的动态特征。扩展"多元主客体原真性"这一概念并以龙兴古镇为例，通过对古镇的原真性调研及评价体系建立，构建"统筹规划、评估优先、多元参与、保障实施"的更新思路。制定客体更新策略、主体开发策略及实施策略。旨在通过多学科领域、多视点角度的方式，反复研磨出龙兴古镇真正本源的原真特点，亦为当前历史城镇的更新提供借鉴。

关键词：原真性；更新模式；多元主客体；龙兴古镇

刘晨，重庆大学建筑城规学院。邮箱：389990813@qq.com。

一、前言

"原真性"是遗产保护与利用中的核心问题[1]。在当前遗产旅游领域存在两种倾向：一种是以"利用"为核心，忽略客体原真性从而导致旅游遗产千篇一律；另一种是以"保护"为核心，强调绝对原真的文物式保护，造成客体吸引力和舒适性的丧失。这两种现象其实都忽视了"原真性"在主客体的文化传承和精神体验中的感知尺度。其原因在于对原真性的认知还存在分离和割裂。

二、多元主客体原真性概述

1. 原真性及其演变

原真性（Authenticity）源起于中世纪的欧洲，其原意为"初始的真实"，最早用来指宗教经本及宗教遗物的真实性。它对于文化遗产保护领域的基本概念在 1964 年通过的《威尼斯宪章》中被确立。在此后一系列国际文件如《奈良文献》（1994 年）中，使原真性在遗产保护领域的概念框架进一步被完善，同时其应用和意义亦被不断拓展。当原真性的关注点从遗产保护转向旅游研究领域，"客观主义原真性""建构主义原真性"等四种主要的原真性实践理论相继产生。遗产旅游中的原真性不同于遗产本身的原真属性，强调原真信息的传递与接受的过程，是客体表现的原真，也是主体感知的原真。

2. 多元主客体原真性

在文化遗产领域和旅游学科中，原真性在出发点、基本观点、判断依据、主要内容及实践层面分别呈现出客观性与主观性特性（表 1）。

在古镇保护中，客体主要表现为承载古镇文化历史的物质载体，例如历史建筑、单元场景及文化景观；主体则主要指原住民、游客等参与方。值得注意的是，在古镇中主体与客体间不是单线的感知路径，而是相互作用与影响，共同形成古镇的原真性。主体不仅是感受客体原真性的一方，而是变为了原真性的一部分；客体不仅是被感受的物质，而是会影响着主体的感受。因而提出"主客体原真性"的概念，将原本割裂分离的"客体保护"和"主体偏好"转变为对主客体两方的"统筹考虑、协同发展"。由于现代人际关系的多元化与复杂性，不同主体间的身份可以相互转换，抑或者单个主体有多重身份，单纯从游客的旅游心理角度分析原真性不再是唯一的方向，不同主体对于古镇的原真性会起到不同的正负作用。因此

原真性在不同领域中的应用　　　　　　　　　　　　表 1

应用领域	文化遗产	旅游科学
出发点	客体	主体
基本观点	空间的真实性和完整性	旅游者原真意向的还原和自我感受
判断依据	基于客体空间原真得失	基于游客感知偏好
主要内涵	原真性不是最初的真实而是各个时段历史遗留而成的叠加物	旅游者在对客体真实、完整追求的基础上有"自我存在的原真感受"的需求
实践应用	历史遗迹保护 历史街区保护 文化保护区保护	旅游开发保护 旅游经营管理 旅游商业化运作

来源：作者自绘

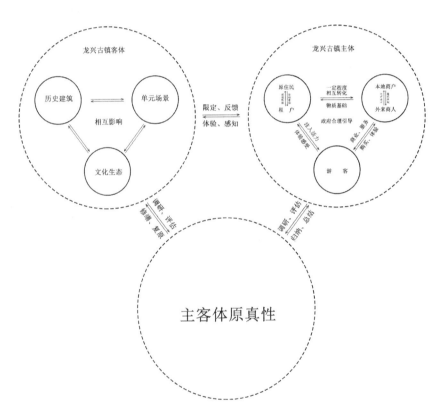

图1　多元主客体原真性基本组成要素及发展
图片来源：作者自绘

在原主客体原真性研究的框架下，展开分析不同主体间的关系与影响，进而分析不同主体与客体空间的关系与感受（图1）。这种思维模式与手段方法既保证对传统风貌的保护，又能联系主体，平衡需求，达到有效落实更新方案的目的，进而保护历史城镇的"原真性"特色。

三、龙兴古镇的原真性调研与评估

　　龙兴古镇位于重庆市渝北区东南部，东临御临河，背依铁山山脉石壁山，坐落在一个小型盆地中。2005 年入选第二批中国历史文化名镇是重庆渝北区、两江新区中唯一的中国历史文化名镇。其发展历史由来已久（图 2）。

龙兴古镇以小集市的形式成为了附件农副产品交易中心 —— 元末明初

场镇形成，建禹王庙，场镇向南扩展，场镇空间基本形成 —— 清嘉庆时期（1796 年）

江北厅改为江北县，隆兴仍属仁里 —— 民国 2 年（1913 年）

隆兴场正式改名为龙兴场 —— 民国 5 年（1916 年）

江北县撤仁义礼 3 个里改为 9 个区，龙兴属一区的一个镇 —— 民国 18 年（1929 年）

撤镇建龙兴乡 —— 民国 30 年（1941 年）

江北县行政区划调整为 16 个区 144 个乡镇时，龙兴为四所在地龙兴乡 —— 1950 年

江北县调整保留 13 个行政区 91 个乡镇，区名从序数命名改为以区公所驻地命名，原 4 区命名为龙兴区 —— 1955 年

将龙兴、天堡、普福 3 个乡合并成立龙兴公社 —— 1958 年

人民公社改为乡，龙兴人民公社改为乡，天堡，普福又分别成立乡 —— 1984 年

设置龙兴镇 —— 1988 年

撤区并镇建镇，撤销龙兴区，将普福并入龙兴镇 —— 1994 年

龙兴古镇被评为中国历史文化名镇 —— 2005 年

两江新区的成立为龙兴古镇乃至整个江北区的经济发展带来了空前的契机 —— 2010 年

图2　龙兴古镇发展时间线
图片来源：作者自绘

1.原真性调研

龙兴古镇的空间格局清晰。龙兴寺和龙藏宫是两个中心，其他建筑根据这两个中心像带状一样在山体上延伸并且发展出藏龙正街、藏龙横街、祠堂街三条主街。龙兴古镇基础的骨架因此形成。随后其他垂直于主街的巷道形成了树枝状的格局。古镇通过街道—公共空间、巷道—半公共空间、宅院—私人空间的三级空间结构，形成清晰的街区社会组织的基本模式（图3）。

龙兴古镇内有着丰富的文化遗产。第一是由"湖广两省人民迁徙到四川省"所带来的移民文化，民俗差异反映在空间形态上则是龙兴古镇中多个宗祠和会馆。第二是因

"文化交融"而形成的宗教文化，古镇基于龙藏宫、龙兴寺（原禹王宫）发展而来，后来天主教堂被引入，因此古镇呈现出难得的多宗教文化氛围。第三是被命名为"陆地上的码头"的商贸文化。龙兴古镇曾是江北区域商贸经济重镇，五条商贸走廊呈五马归巢之势。第四是"传统巴渝"的民俗文化，如著名的龙兴阴米、特色棕编、古中医文化等。

龙兴古镇内的建筑保存情况良好，其中大多数是传统巴渝风格的砖木结构为主，高度主要集中在1~2层。沿街建筑大多一层为商业，二层及以上为住宅，内街和巷道内的建筑则多以住宅为主。古镇内有7处区市级文物点，有特色传统建筑群体多处（图4）。

古镇中的多元主体人群被细分为居民、租户、游客、原住商户、外来商户。对居民的调研应该是研究居民的数量、人口结构、住户人员结构类型、居民居住体验、改造意愿等方向。对于商户的调研则关注于商户类型（原住/外来）、商业类型、业态分析等。对于古镇内游客的调研则是对游客的类型、消费情况、旅游体验等进行分析。同时与古镇居委会以及区干部进行积极的沟通是有必要的，这有助于深入了解古镇内外的现状与问题。

2.原真性评估体系

根据古镇客体中三个主要组成要素现状建立评价体系，能够较为全面地评价其原真性状态。不同主体间对

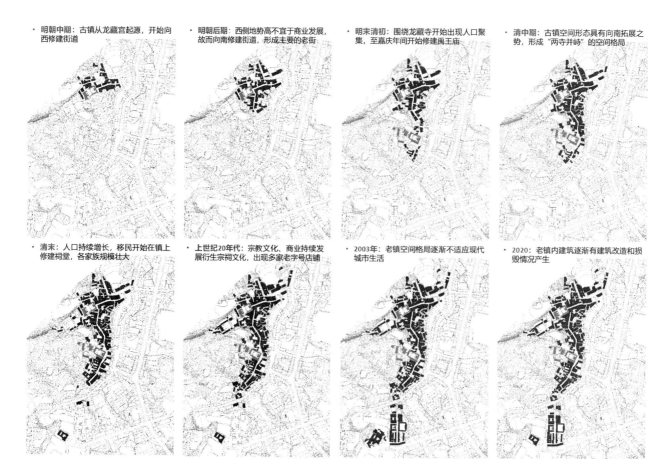

图3　龙兴古镇空间发展演变
图片来源：作者自绘

于客体的有效认知、识别及意象从而形成的原真性意象构成评价体系的另一个重要方面（表2）。更新的不仅仅是"物"，也要基于人的思维及尺度。以龙兴古镇中"三井巷"这一建筑组团为例，通过对历史与现状风貌的对比得出客体得失情况，同时对比多方主体对客体的评价偏好，进而得出针对性的原真性更新方案（表3）。

图4 上两图为藏龙街东侧沿街立面，下两图为祠堂街西侧沿街立面
图片来源：作者自绘

主客体原真性评估指标　　　　　　　　　　　　　　　　　　　　　表2

影响要素	影响层面	影响因子	龙兴古镇
文化生态	生态格局	绿化植被、山水风貌	山麓缓丘落镇、重石岩为制高点
	景观特征	整体格局、地形地貌	五马归巢山水格局、"一寺一宫"两心三街古镇格局
	文化风俗	民俗礼仪、文化特征	移民文化——会馆；宗教文化——寺、观、教堂；商贸文化——五马归巢；巴渝民俗——阴米、棕编等
	社会体系	生活方式、邻里关系	原住民家族维系，邻里关系和谐。年龄较长，保留传统文化习惯（麻将、早茶、早烟等）
单元场景	空间界面	路面铺装、沿街立面	主街依山势延伸，巷道呈鱼骨状向四周伸展。沿街立面连续完整，以1~2层店宅为主。有连续完整的檐下空间。主街铺装青石板，巷道多是青砖石板
	空间格局	平面布局、空间布局	建筑沿主街连续发展，围绕以龙兴寺、卫生院、三井巷等节点组团布置
	单元尺度	道路宽度、单元长度、沿街立面高度	现有路径总长度1285m，主街青石板，宽度3.5m左右，D/H维持在1 ± 0.1，巷道多以青砖石板为主，宽度1.8m左右，D/H维持在0.2 ± 0.05
	单元肌理	单元规模、单元结构	组团单元多以一个体量或规模相对较大的建筑为中心，四周生长一至多个建筑
历史建筑	建筑尺度	建筑规模、建筑高度	古镇内建筑单体规模较小、建筑高度以1~2层为主。具有少量3层以上建筑
	建筑特征	整体风格、平面、朝向、色彩、结构、工艺、材料	整体风格多以传统风貌建筑为主，平面、朝向、色彩、结构、工艺、材料详细可见建筑情况表
	建筑功能	建筑功能、出入口	建筑功能多以住宅、店宅为主。另有公共建筑，详细可见建筑情况表

来源：作者自绘

"三井巷"组团单元主客体原真性评价体系　　　　　　　　表 3

影响层面	影响因子	历史风貌	现状风貌	得失评价	偏好评价	采取方案
单元肌理	单元规模	1795m²（含公共空间）	1973m²（含公共空间）	加建厢房导致公共空间减少	居民：担心损害自身利益，望维持现状；游客：空间感受独特	拆除部分加改建筑部分，还原至主体建筑成敞开的三合院。消解空间通过内部设计还给居民
	单元结构	三井为心，十栋环绕	三井为心，十栋环绕	维持现状	居民：私密性和舒适性较差；游客：空间独特，但井风貌较差	维持单元结构，强化三井核心
	道路宽度	院落约为16m×19m	院落约为16m×19m	维持现状	居民：无明显感受；游客：院落狭小，旅游体验感较差	保持院落整体风貌，增设休闲空间
单元尺度	单元长度	东西44m×南北56m	东西44mm×南北56m	维持现状	维持现状	维持现状
	沿街立面	1~2层	1~2层	建筑形态维持现状	居民：舒适性较差，担心面积受损；游客：建筑古朴，破烂但有年代感	维持整体风貌，改善建筑内部空间
空间格局	平面布局	院落组团	院落组团	建筑局部有加改建	居民：生活受到游客的一定影响和打扰；游客：感受独特，但建筑无法入内	维持平面布局特征，不大拆大建
	空间布局	前后高差约1.5m，建筑高度错落分布	前后高差约1.5m，建筑高度错落分布	建筑局部加改建	居民：无明显感受；游客：院落狭小，旅游体验感较差	针对建筑进行修缮和改造
空间界面	路面铺装	青石板、青砖	青石板、青砖、素混凝土	年久失修	居民：下雨路滑造成干扰；游客：质感优秀，有年代感	保存原材质、增设防滑措施
	沿街立面风貌	青砖、木材、白色抹灰	青砖、木材、白色抹灰、混凝土	年久失修，居民自我修复	居民：年久失修，舒适性差；游客：传统风貌、有特色	保留原始材质

来源：作者自绘

四、基于多元主客体原真性的保护更新策略

1. 更新思路

摒弃古镇普遍采用的整体街道修旧如旧或仿古重建的手段，确定了"统筹规划、评估优先、多元参与、保障实施"的更新思路。以评估体系的建立串联主客体双方，使其统筹考虑，协同发展，并强调规划决策过程各方主体全程参与，构建保障机制（图 5），其目的是尽可能使多元主客体原真性能够得到细致和良性的复原与发展。

2. 龙兴古镇客体更新策略

1）文化生态保护更新策略

保留龙兴古镇五马归巢山水格局和景观特征，将古镇紧邻的重石

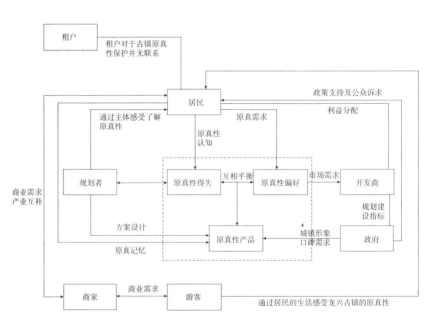

图 5　龙兴古镇内各主体参与下的互动合作路径
图片来源：作者自绘

岩山丘、水塘、耕田、树林等自然元素纳入整体考虑范围，且不改变已经形成的控制点和风貌特征；保护传统龙兴文化风俗，为民俗文化提供展示能反映其文化特色的场所，并引导其建立现代高效的宣传方式，构建以民俗展览馆及龙兴集市等民俗文化物质载体。

2）传统建筑保护更新策略

保留建筑单体原始特征，针对不同建筑设计特定的保护策略。恢复反映其原真性的建筑整体风格，保持现有的平面形状、建筑朝向、建筑色彩。在建筑内部解决居民或商户的功能需求。尊重建筑主体人群改造意愿，建筑改造需要详细考察居民的问题与感受。解决房屋内部配套设施不完善、屋顶漏水情况严重等房屋单体问题，使居民能更好地生活在古镇中，避免因原住民流失造成原真性的消失。

3）单元场景保护更新策略

空间格局、单元肌理维持现状，在遵从龙兴古镇整体山水格局的同时，保留其以藏龙街、祠堂街、马号街为骨架的结构，不额外增设古镇内的通道。提升公共空间品质，增设可供游客驻足游玩的景观空间与休闲空间，对局部未利用的空间进行重新设计激活，保证龙兴古镇内公共空间在不破坏原真性的同时，提升舒适度。

3. 龙兴古镇主体开发策略

1）产业活化策略

由于龙兴古镇内存在不同的空间类型、权属问题，因此需要细化空间开发类型、开发模式，合理赋予各空间不同的规划方向。同时规划者和政府职能部门有计划有体系地引导古镇居民自主创业、有节制地干预外来商业的引入，使得内外产业平衡发展。

2）社区营造策略

建设完整公共服务设施、市政基础设施；建设服务于居民的社区活动中心、服务于游客的游客接待中心等。建立古镇旅游系统与适合居民生活的古镇生活系统，双系统并行且互补，尽可能降低外来力量对原住民的冲击，并转化为居民的生产生活力，从而避免原住民过度流失造成集体记忆的缺失和断代。

4. 龙兴古镇实施策略

通过对龙兴古镇内的文物保护单位、保存良好且产权明晰的公有产权建筑先行规划设计，使得古镇内的重要节点先行更新，使其功能能有效改善居民生活品质或提升游客体验乐趣，从而提升节点周边居民改造意愿，进而带动整个片区的改造提升（图6）。遵循骨架先行、基础设施先行的实施策略。

五、结语

随着多元主客体原真性得到越来越广泛且深入的关注与研究，在古镇保护方面，基于多元主体与客体间的原真性的思考有着更多的实

图6 渐次更新过程示意图
图片来源：作者自绘

际应用价值和现实意义。为了保护龙兴古镇这座承载了历史记忆与场所精神的优秀古镇，确定以"多元主客体原真性"为核心，从多领域跨学科的角度加以分析和研究是完整思路。由于不同领域视角的原真性概念是多元、复杂且动态变化的，遗产保护与社会科学间的关系也在互动演进中发展，因此，对古镇原真性的保护也是不断进步和修正的过程，研究者在针对不同的古镇保护时更应该仔细研究客体、主体与主体间的关系，从而更好地保护古镇和归属其中的人们。

参考文献

[1] 阮仪三，林林 . 文化遗产保护的原真性原则 [J]. 同济大学学报（社会科学版），2003（02）: 1-5.

[2] 张朝枝 . 原真性理解：旅游与遗产保护视角的演变与差异 [J]. 旅游科学，2008（01）: 1-8, 28.

[3] 杨新海，林林，伍锡论，等 . 历史街区生活原真性的内涵特征和评价要素 [J]. 苏州科技学院学报（工程技术版），2011, 24（04）: 47-54.

[4] 于沐仔 . 基于游客和居民感知的地方性文化遗产可持续发展研究 [D]. 天津：天津商业大学，2018.

[5] 徐威 . 基于原真性视角的历史城镇更新实施策略与保障机制研究 [D]. 杭州：浙江大学，2018.

[6] 李和平，邢西玲 . 文化景观视角下的山地历史城镇保护途径 [C]// 中国科学技术协会 . 第二届山地城镇可持续发展专家论坛论文集，北京：中国科学技术协会，2013: 12.

[7] 邓琳 . 原真性原则及其在重庆历史城镇保护中的应用初探 [D]. 重庆：重庆大学，2004.

[8] Handler, R., Saxton, W.. Dissimulation: Reflexity, Narrative, and the Quest for Authenticity in "Living History [J].Cultural Anthropology, 1988,（3）: 242-260.

[9] Beng, T.H.. Tropical Resorts [M]. Singapore: PageOne Publishing, 1995.

[10] Xie, P., Wall, G. Visitors Perceptions of Authenticity at Cultural Attractions in Hainan, China [J].International Journal of Tourism Research, 2002（4）: 353-366.

[11] Wang, N.. Rethinking Authenticity In Tourism Experience [J]. Annals of Tourism Research, 1999（2）: 349-370.

城市记忆视角下的石油工业遗产保护模式的思辨——以克拉玛依区为例

孙志敏　揭元峰　陈思羽

国家自然科学基金青年基金（51908110），基于数字史学的石油系列遗产的情境阐释研究。

孙志敏，东北石油大学副教授。邮箱：szm1982
@126.com。
揭元峰，东北石油大学硕士研究生。
陈思羽，东北石油大学硕士研究生。

摘要：本文以克拉玛依市执行"一带一路"的国家发展政策为契机，从城市记忆的视角出发，分析克拉玛依区现行的工业遗产保护模式，找到遗产保护过程中城市记忆延续存在的问题，并且从宏观、中观和微观三个层次提出工业遗产相关联城市记忆的保护策略，希望可以对工业遗产保护再利用的方法做出新的补充，并为克拉玛依市石油类工业遗产的保护和再利用提供研究基础。

关键词：**克拉玛依**；**城市记忆**；**工业遗产**；**城市形态**

城市记忆的激发需要物质实体和情感关联，地理学家段义孚将这种人类对于地理环境的情感纽带定义为"恋地情节"，是一种情感连接存在于个体建构的地点与个体之间[1]。对于资源型城市来说，城市工业的建设发展与地方社会各个方面息息相关，工业发展与城市建设之间的关联性也是居民城市记忆中的重要组成部分。本节依据对克拉玛依区城市建设和石油工业发展特点的分析，将克拉玛依区的城市空间形态和工业用地布局演变划分为五个阶段，并且归纳和总结各个时期工业用地特征和城市空间格局的变化特点。

一、克拉玛依区城市发展和石油工业发展历程

1. 阶段一：1964—1986 年，围绕石油产区确定城市布局

克拉玛依油田建设初期，为了减少工业污染，将石油工业产区设在城市主导风向的下风向。由于当时受到苏联发展经验的影响，城市的主要街道采用方格网状。居住区和石油生产区相连的道路既是城市交通干道又是油田生产道路，奠定了克拉玛依城区北向居住、南向生产的城市基本布局（图 1）。但因为规划坚持从内往外发展的原则，使城市较为紧凑，并且当时规划过于强调"油田生产第一、居住区要靠近生产区、建居民点要分散布局"的原则[2]，而未考虑城市市区集中发展的远景。

2. 阶段二：1986—1996 年，优先发展石油工业的城市规划

1985 年，由于克拉玛依石化基地是当时最大的石化基地之一，而玉门油田的产量又逐年降低，克拉玛依的石油工业急需快速发展以满足国家需求。1986 年开始，新的城市布局中大幅度提高了工业用地的占地比例，确定了以旧城改造为主、适当发展新区的发展总规划，用于城市景观的公共绿色用地也随之出现，城市建设由单一型向综合型转变，克拉玛依市城市空间形态也发生了结构性的转变，城市建设不再单向沿南北延伸，城市整体结构由矩形向不规则多边形发展，城市南向的工业用地布局进一步扩大（图 2）。

3. 阶段三：1996—2006 年，降低工业用地占比，完善城市服务配套功能

1996 年，克拉玛依市提出要建设成为北疆经济中心城市的目标，

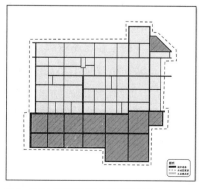

图 1　1964 年克拉玛依规划总平面图
图片来源：作者自绘

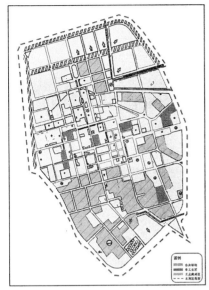

图 2　1986 年克拉玛依规划总平面图
图片来源：作者自绘

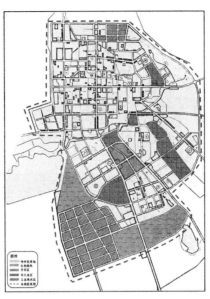

图 3　1996 年克拉玛依规划总平面图
图片来源：作者自绘

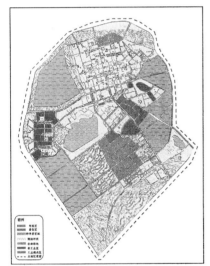

图 4　2006 年克拉玛依规划总平面图
图片来源：作者自绘

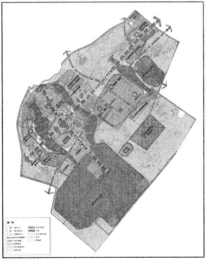

图 5　2013 年克拉玛依规划总平面图
图片来源：克拉玛依市人民政府

"组群发展，整体推进"的发展战略，城市的空间结构呈现横向扩张的特征，老城区的开发建设规模基本定型，城市行政区的位置未有明显变化，城市西部开发了新居住区，将自然水系包含在城市规划中，提高了城市的景观活力。这次规划重点仍然是将资源型经济发展作为导向，未对各个区域产业分工做出明确规划，土地浪费的问题没有得到解决（图 4）。

5. 阶段五：2013—2030 年，强化工业核心地区带动区域活力

2013 年，中国城市规划设计研究院完成了《克拉玛依市城市总体规划（2014—2030 年）》的编制。在城市的空间布局上，坚持"合理分工、点轴布局、集约发展"的原则[4]，重点打造两个核心地区，中心城区综合产业核心地区和独山子区石化产业核心地区（图 5）。通过极化发展中心城区，发挥辐射带动作用，打造产业发展聚集带，引导新兴产业园区、生态旅游区、现代农业示范区的协同发展，促进城市区域协调发展。该版规划具有前瞻性，强调确定石油工业的核心地位的同时，协调统一了城市其他区域发展。

二、城市记忆视角下对克拉玛依区工业遗产保护模式的分析

随着克拉玛依市遗产保护工作的不断推进，通过对克拉玛依市工业遗存的详细调查研究，确定了克拉玛依区的各级文物保护单位。截至 2020 年，克拉玛依区内共有石油类工业遗产 3 处[5]，均为国家级重点文物保护单位，分别为克拉玛

这要求规划的工业用地比例要有所下降并且补偿城市的服务职能。在 1996 年制定的总体规划中[3]，以石油生产为主的工业区不仅设立在城市南向，北面也规划了小规模的工业用地，工业用地占比虽然减少，但城市的工业发展更加均衡。此外，第一次将主行政区设立在城市中部位置，为以后城市区域的细分打下了基础。在调整工业区占地比例的同时，城市中心的公共绿地比例

也得到了显著增长。由于其他产业的持续发展能力较弱，规划中的西南新工业园区并没有发展起来，土地资源浪费的问题并没有得到解决（图 3）。

4. 阶段四：2006—2013 年，石油工业区与其他区域协调发展

2006 年，克拉玛依油田已成为我国第四大油田，城市到了转型发展的关键时期，当年的总规中提出

依一号井、机械制造公司及物资供应总公司、黑油山地窖（图6），下面以克拉玛依一号井和机械制造公司及物资供应总公司为例进行详细说明。

1. 克拉玛依一号井

克拉玛依一号井是克拉玛依油田的第一口油井，也是克拉玛依油田发现的标志。2015年，克拉玛依市政府在完整保留克拉玛依一号井遗址的基础上，在其周边建设了石油文化广场。克拉玛依一号井采取的是教育基地保护模式，来发挥遗产的社会教育价值，也更好地传播了石油工业遗产的文化精神内涵。克拉玛依一号井在更新改造过程中，仅保留了一号井的原址和纪念碑，其旧址原在地的城市道路，街区划分却有了"大尺度"的更新（图7a）。从城市道路的变化来看，遗址北向的主干道路得到了保留，有利于保留遗址的城市记忆点。而遗址所在的街区尺度发生了明显变化，新的石油广场被作为区域的工业地标核心，围绕其设置了新的工业区，并且重新规划了市政道路，将之前北向散乱的工业区，系统地划分为各个居住区（图7b），合理利用了城市布局，同时也进一步加深了旧址区域地标的辨识度。

从城市记忆的视角分析，一号井原址位于黑油山内，改造过程中将原来自然区域景观全部去除，造成历史建筑和周边环境的关系相较改造前差异过大，难免会造成城市居民的"城市失忆"[6]。主题广场中的主要构筑物"油泡"是雕塑性的构筑物，未设置展览或陈设的区域来展示一号井背后的文化精神和相关的人物故事，观者在区域中缺少记忆的链接锚点不能很好产生情感的共鸣，这也是一种城市记忆的"断流"。

2. 机械制造公司及物资供应总公司

机械制造公司及物资供应总公司位于克拉玛依石油工业机械生产基地，它是现代新疆石油工业恢复和起步过程阶段的见证者，为新疆石油工业乃至中国石油工业培养了

克拉玛依一号井

机械制造公司及物资供应总公司

黑油山地窖

图6　克拉玛依区的石油类工业遗产
图片来源：作者自摄

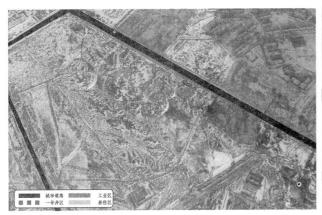
a更新改造前

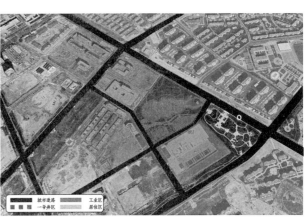
b更新改造后

图7　克拉玛依一号井更新前后城市道路及区块对比
图片来源：作者自绘

　　　　更新改造前　　　　　　　　　　　　　　　　　更新改造后

图 8　供应总公司更新前后城市道路及区块对比
图片来源：作者自绘

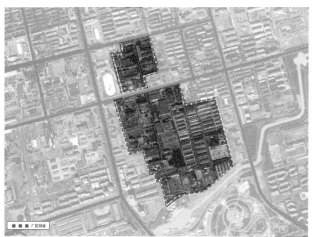

　　　　更新改造前　　　　　　　　　　　　　　　　　更新改造后

图 9　供应总公司更新前后城市肌理对比
图片来源：作者自绘

许多石油机械的技术骨干和管理人才。2018 年被确定为国家级工业遗产，现被改造为汉博文化创意产业园。目前厂区采用的保护模式是工业创意园区发展模式，希望通过恢复和重塑石油工业文化的场景，将石油主题与现代生活相结合，创造出新的文旅体验感受，更好地激发人们对石油文化的兴趣。

　　从城市记忆的视角分析，供应总公司改造前后的城市街道、街区尺度都有所变化，但旧厂址的建筑肌理得到了很好的保存。改造后的城市街道变化并不明显，为了加强原基地和周边环境的联系，在厂区的南向新规划了一条城市主干道。从城市街区尺度的划分中可以看出，在进行创意产业园区规划时，选择性地保留具有工业价值的厂区部分，而去除了利用价值不大的厂房，减少了原厂区的街区尺度，扩大了南向商业片区的面积（图 8），以提升创业园区周边的城市区域活力[7]。虽然原有厂区的南向边界有所缩小，但厂区旧址更新后的建筑肌理未发生变化，厂房之间的空间关系也依然清晰，延续了旧时期的空间肌理特点（图 9），这对当地居民的城市记忆及城市认同感的塑造上都有着积极的影响。以石油工业文化进行创意产业园区主题的保护模式，既延续了工业记忆也树立了新的城市商业形象。但园区内为满足新功能需要而改造的商业建筑，与保留的旧厂房存在的较大差异，不利于原厂区空间氛围感的营造改造。

三、城市记忆角度下对克拉玛依区遗产保护模式的建议

1. 克拉玛依市工业遗产保护模式存在的问题

1）遗产环境的消逝

随着克拉玛依市城镇化的快速推进，以及政府对"一带一路"国家发展政策的执行，城市内旧的工业区逐渐被废弃，虽然对部分遗产采取了保护手段，但绝大多数是针对遗产本身的物质遗存，却忽视了遗产环境的社会价值和对城市记忆延续的重要性。在城市记忆的视角下，遗产本身和其周边环境共同组成为城市记忆的有形要素，遗产周边环境的拆建，不仅改变了当地住民的生活环境和习惯，更是对城市历史的擦除。

2）城市文脉要素的忽视

克拉玛依作为资源型城市的典型代表，石油文化对当地政治、经济和社会环境的发展有着不可磨灭的作用。在城市转型发展的时代，工业遗产相关的城市文脉要素、历史事件、符号名称、文化精神等无形的城市记忆要素正在逐渐"消逝"，传统的文化习惯、行为方式对现代居民的感染力和影响力也越来越小，人们遗忘了遗产背后的历史记忆，城市文脉的延续出现了断层。

2. 基于城市记忆的延续对遗产保护策略的建议

1）宏观的城市层次

确定以城市记忆延续作为遗产保护的导向。目前克拉玛依市的工业遗产，由于历史背景、地理位置、社会环境等因素的不同，所采用的保护方法也不尽相同。首先，以克拉玛依城市历史发展为线索，发掘城市文化精神和城市记忆元素，确定城市记忆延续的合理性和科学性。其次，通过整理石油工业遗产的碎片化记忆要素，将遗产包含的物质和非物质线索，连同人们的认知线索综合考虑，确定克拉玛依市工业遗产保护策略。最后，注意避免对遗产改造区域过度开发，可以适当地引入文旅项目，但不能破坏区域原有的社会环境结构，扰乱当地居民原本的生活氛围。

2）中观的街区层次

对遗产所处的街区进行控制性调整。在遗产改造中，街区的变化主要分为街区功能的置换和尺度的改变两部分。对于遗产周边利用价值不高的区域，在重新设计规划时应该着重考虑新的功能区与遗产所在区域功能上的动静关系，减少新旧街区间的冲突，例如，以克拉玛依一号井为主题设计的石油文化广场与其周边住宅区之间产生了城市功能上的冲突，住宅需要静谧的外部空间，而广场空间是聚集人流的公共空间。同时，在进行街区尺度的划分时，不宜再对遗产所处的街区尺度做大的调整，维持街区空间形态的稳定，有利于当地居民接受由于遗产更新带来的生活环境的变化。

3）微观的建筑层次

对建筑遗产的原始功能进行适当保留。在机械制造公司及物资供应总公司的改造保护中，厂区内的建筑外观都得到了较好的保留，但原建筑的功能都没有得到保留。遗产实体作为城市记忆的物质载体，外观的风貌特征和内部的建筑功能共同组成了人们的记忆触媒。遗产旧的建筑功能可以改变，但仍要有所保留，只注重外观而完全摒弃内部空间的保护方法，不仅掩盖了遗产的历史价值和社会价值，也是对居民城市记忆的抹除。

参考文献

[1] 刘苏，段义孚.《恋地情结》理念论思想探析[J]. 人文地理，2017, 32（03）：44-52.

[2] 蔺相友. 克拉玛依市志 [M]. 乌鲁木齐：新疆人民出版社，1998: 111-115.

[3] 廖凯. 转型期克拉玛依市城市总体规划编制策略研究 [D]. 北京：北京建筑大学，2014.

[4] [EB/OL].https://www.klmy.gov.cn/010/010001/010001009/20201211/439ff18c-5eb0-4c9e-8685a7d10ab5.html.

[5] [EB/OL].https://baijiahao.baidu.com/s?id=1590752271263407856&wfr=spider&for=pc.

[6] 郭凌，王志章. 城市文化的失忆与重构 [J]. 城市问题，2014（06）：53-57.

[7] 刘云舒，赵鹏军，梁进社. 基于位置服务数据的城市活力研究——以北京市六环内区域为例 [J]. 地域研究与开发，2018, 37（06）：64-69, 87.

遗产保护视角下重庆市大田湾体育场钢筋混凝土看台的保护修缮研究

陈 蔚 张 露

陈蔚，重庆大学建筑城规学院教授。邮箱：jzx2007cw@126.com。
张露，重庆大学建筑城规学院硕士研究生。邮箱：253651448@qq.com。

摘要：重庆市大田湾体育场是西南大区时期在重庆所建设的重要历史建筑，有极大的历史价值和社会价值，钢筋混凝土看台由于其材料特性，其保护修缮方法更加值得探讨。本文从遗产保护的角度出发，结合遗产保护的原则，对重庆市大田湾体育场看台部分的保护修缮工作方法进行阐述，以现场材料检测及科学试验为基础，阐释了重庆市大田湾体育场看台从建筑现状勘察、劣化分析评估到修缮策略的修缮体系。

关键词：体育场；遗产保护；钢筋混凝土；修缮策略

一、引言

大行政区是新中国成立初期在地方设置的一级行政机构。1949 年 10 月重庆解放，这座民国时期的"抗战首都"成为新中国西南大行政区的首府[1]。当时为恢复国民经济，改善人民生活，在重庆修建了大批重要建筑。重庆市大田湾体育场正是在这一重要时期由贺龙元帅主持修建的重要历史建筑，具有极高的历史价值和社会价值。大田湾体育场看台以钢筋混凝土为主要建筑材料，其保护修缮问题有其普遍性和特殊性。本文从遗产保护的角度，阐述重庆市大田湾体育场看台的保护修缮策略，希望给近现代以钢筋混凝土材料为主体结构材料的历史建筑的勘察修缮策略以一些思考。

二、重庆市大田湾体育场概述

重庆市大田湾体育场位于重庆市渝中区两路口。1951 年由贺龙元帅主持修建，于 1955 年 12 月竣工。体育场原占地约 12 万 m²，体育场看台下及西看台上面可供使用的建筑面积共计 9600m²[2]。大田湾体育场是新中国第一个甲级体育场，中国第一座现代意义的综合体育场。2009 年 12 月 15 日被列为第二批重庆市市级文物保护单位。大田湾体育场尽管历年来经过多次修缮，但现状由于材料的劣化和结构不稳定，处于荒废状态，亟待修缮利用（图 1）。

图 1　大田湾体育场建成后历史照片
图片来源：网络

三、保护修缮原则

1. 真实性——探寻真实的历史形制

"真实性"原则体现为对体育场原有历史形制的追溯和复原，采用历史文献收集、老照片收集对比、原有设计图纸与现状对比等方式，排除历史建筑若干次的修缮改制的干扰，力求找到初始建造的历史形制本身，还原历史最珍贵的价值。

2. "最小干预"原则——尽可能保留原始材料

"最小干预"原则主要体现为通过细致的现场勘察、科学实验的检测方式对现状建筑结构材料病害进行量化判断，再制定不同级别的修缮方式。修复技术针对性地采用最适宜的修复材料和方法，在保留历史痕迹的情况下，保证历史建筑的新时代应用。

3. "修旧如旧"原则——控制建筑风格与修缮材料

不同地域总有区别于其他地域的建筑风格与传统手法，在修缮过程中要加以识别，尊重传统，修缮时尊重原有建筑风格和传统工艺，采用更科学的修缮方法进行修缮。如大田湾体育场中，经材料取样并

实验后，可知大田湾体育场最初建造时使用的混凝土骨料为当时重庆地区特有的卵石骨料，现今这类骨料较少，但为追求历史建筑的真实性原则和地方传统，在修缮时根据实验得出混凝土骨料级配，寻找相似的材料，做到"修旧如旧"的原则。

四、大田湾体育场看台现状勘察及劣化评估

1. 现状使用材料分析

对大田湾体育场看台的劣化评估，首先需要对其现状使用材料进行勘察和判别，对体育场现状材料勘察时，分为结构材料和装饰材料，并且需要精确到材料的使用位置及类型。经勘察发现，大田湾体育场看台的结构材料以钢筋混凝土为主，红砖等结构材料为辅。可得知，其主要使用材料为钢筋混凝土，因此对其进行劣化评估是将针对钢筋混凝土的材料特性及劣化机理进行分析。

2. 大田湾体育场看台劣化原因分析

大田湾体育场钢筋混凝土材料的劣化分为钢筋的劣化和混凝土的劣化，其主要病害特征为混凝土开裂、泛霜、碳化及钢筋外露和不同

程度的锈蚀（图2）。

造成体育场钢筋混凝土材料劣化的主要原因有空气中的水和二氧化碳、环境中各种盐类的侵蚀等，这些物质通过和混凝土的成分发生一系列物理化学反应造成混凝土本身的物质成分改变，主要分为溶出性腐蚀，即水分渗透溶解混凝土中可溶于水的物质，再通过物理变化将溶出物带到混凝土表面，形成泛霜；溶解性腐蚀，空气中的物质与混凝土中的物质发生化学反应，使混凝土本身的成分腐蚀，形成混凝土自身碳化；膨胀性腐蚀，空气中的物质与混凝土中的物质发生化学反应，形成体积比原来物质大的新物质，就会造成开裂[3]。同时混凝土碱度降低，会引起内部钢筋的腐蚀。

3. 大田湾体育场看台劣化现状勘察

1）目测法统计残损情况

通过目测法统计残损情况时，由于看台区体量较大，再细分四个区，首先进行后期加改建分析[4]（图3）。其次对每个区域的各建筑构件进行分类，如看台区，分为栏杆、栏板、望柱；看台板（实铺板、架空板）、看台梁、看台柱、细节装饰等七大类。对每个区域的每类构件进行编号，结合钢筋混凝

大田湾体育场混凝土看台生物侵蚀现状　　大田湾体育场混凝土看台泛霜现状　　大田湾体育场混凝土栏板开裂，钢筋外露　　大田湾体育场混凝土栏板开裂，钢筋外露

图2　大田湾体育场钢筋混凝土劣化现状照片
图片来源：作者自摄绘制

土材料的病害特性，现场对其残损类型、残损程度、残损面积进行判定并通过图片和文字表格的方式进行记录，之后再进行统计学的梳理（图4），将残损等级分为A、B、C三级。其中A级残损程度为30%以内，确定为轻微残损；B级残损程度为30%~70%，确定为一般残损；C级残损程度为70%以上，确定为严重残损。

　　2）实验法对建筑材料性能检测

对钢筋混凝土构件的实验检测方法主要是对钢筋混凝土构件剩余强度的无损检测[5]，对钢筋的锈蚀程度和混凝土碳化程度的检测。对钢筋混凝土构件剩余强度的检测具体落脚于对钢筋混凝土梁、板、柱构件的剩余强度分析，具体检测方式为对重要梁、板、柱的多点位回弹法混凝土强度检测（图5）。并用钢筋扫描仪对钢筋混凝土梁柱的配筋情况，凿开表面混凝土，取出内部钢筋。首先目测观察残损情况，然后带回实验室用弱酸对钢筋进行

清洗，洗去锈蚀的部分，通过对比钢筋锈蚀区域与未锈蚀区域的尺寸及质量，判断钢筋残损程度及剩余强度。在检测混凝土碳化深度时需要对混凝土构件表面凿出直径约15mm的孔洞，其深度应大于混凝土的碳化深度（大于10mm），然后用洗耳球吹掉灰尘碎屑，喷2%的酚酞酒精溶液，用游标卡尺测定没有变色的混凝土的深度，并通过检测的方式对A、B、C级残损进行实验数据上的补充。

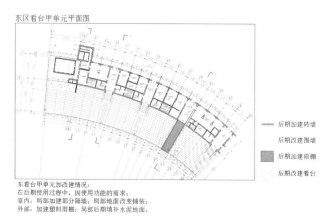

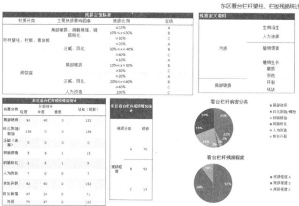

图3 东区看台后期加改建分析图
图片来源：重庆大学规划设计研究院传统建筑设计与保护分院大田湾保护修缮项目组提供

图4 东区看台残损统计分析表
图片来源：重庆大学规划设计研究院传统建筑设计与保护分院大田湾保护修缮项目组提供

图5 大田湾体育场结构稳定性现场检测照片
图片来源：重庆大学规划设计研究院传统建筑设计与保护分院大田湾保护修缮项目组提供

五、大田湾体育场看台修缮策略

1. A 级轻微残损部分的修缮策略

轻微残损的 A 级残损部分，主要包括混凝土梁、柱、看台板、栏杆等，由于混凝土碳化深度较小（低于 6mm），内部钢筋保存较为完好。首先，应该剔除表面已经碳化的混凝土，然后对内部未碳化的混凝土实施电化再碱化或采取其他技术措施，并且为防止内部钢筋腐蚀必须排除掉氯离子和重建钢筋纯度。使用除盐术和复碱术等化学方式，使结构中的氯离子大大降低或排除，以增加钢筋混凝土的使用寿命[6]。然后对构件的局部破损和表面裂缝采用混凝土表面修复的方式，通过使用高强无收缩低胶骨比砂浆对构件表面残损处喷注，并且加装模板和表面修整，进行表面修正处理，以达到原有构件规则外观的效果。

2. B 级一般残损部分修缮策略

一般残损的 B 级残损部分，主要包括混凝土梁、柱、看台板、栏杆等，属于占整体残损比例最大的构件。由于混凝土碳化深度一般（6~10mm），内部钢筋轻度锈蚀，采用混凝土表面修复和深层修复结合的方式，对钢筋进行整体除锈，通过化学试剂除去钢筋混凝土中的氯离子[7]，对原有构件钢筋配植不够的地方，进行补充植入钢筋处理。再使用高强无收缩低胶骨比砂浆进行修补，使其恢复原样。将恢复后的区域使用矿物质材料涂刷，使色差与原建筑基本吻合。

3. C 级严重残损部分的修缮策略

严重残损的 C 级残损部分，主要包括栏杆、栏板等，由于 C 级构件混凝土碳化深度大于 10mm，内部钢筋严重锈蚀，强度基本丧失，无法继续使用。根据遗产保护的真实性原则，采用原材料原工艺原貌重建的方式进行修复，并且在色彩上与原建筑相协调。

对于混凝土材料本身，为了保证历史建筑修复的真实性原则，首先需要对现状历史建筑所使用的混凝土进行强度、混凝土配合比和骨料级配的分析[8]。具体手段是对现状混凝土选取芯样，带回实验室将混凝土的水泥部分做 X 射线衍射仪及热重分析出水泥的成分，对于骨料部分将其通过马弗炉及弱酸溶蚀后将骨料与水泥完全分离后通过试验筛对骨料级配进行分析，最终得到现状混凝土材料的成分、强度及配合比等相关参数，为修缮材料提供基础，同时考虑到未来的使用，将通过混凝土配合比的调整使构件强度达到现行国家规范要求。

六、结论

本文以重庆市大田湾体育场看台的保护修缮研究为例，针对其主要建筑材料——钢筋混凝土的劣化共性，从材料本身的特性和劣化机理出发，对于近现代钢筋混凝土历史建筑的保护修缮主要围绕"真实性、最小干预性、能保尽保"的修缮原则，引入科学的检测手段，较为系统地阐述了针对该类从现状勘察、劣化评估及修缮策略的工作方法，期待对其他近现代钢筋混凝土历史建筑的保护修缮提供一些可参考的修缮思路。

参考文献

[1] 陈荣华，陈静，蒋蓉江. 西南大区时期重庆市院主要建筑作品特征研究 [J]. 重庆建筑，2021，20（04）：5-8.

[2] 尹淮. 重庆市人民体育场 [J]. 建筑学报，1956（09）：11-23.

[3] 王立久，姚少臣. 建筑病理学 [M]. 北京：中国电力出版社，2002.

[4] 卢亦庄. 重庆山地湿热环境砖砌历史建筑劣化检测评估研究 [D]. 重庆：重庆大学，2019.

[5] 周晓金. 无损检测在混凝土结构检测中的应用 [J]. 广东建材，2021，37（04）：14-16.

[6] 耿鹏飞. 现浇钢筋混凝土楼板裂缝控制措施及修复方法 [J]. 工程技术研究，2020，5（24）：129-130.

[7] 袁波，田原. 混凝土结构加固修复业技术现状与发展对策 [J]. 建筑技术开发，2020，47（23）：137-139.

[8] 刘超，吕振源，肖建庄，等. 再生骨料的微生物载具性及其在自修复混凝土中的应用 [J]. 建筑材料学报，2020，23（06）：1337-1344.

空间遗产视角下的雷州祠庙建筑遗产价值认知研究
—— 以雷州伏波祠为例

陈冠宇　王国光

摘要：雷州祠庙建筑作为雷州重要的文化景观，传承历代居民信仰文化，见证历年城市空间演变，是雷州古城的精神核心，是多元遗产价值的重要载体。本文从空间遗产的视角出发，梳理雷州祠庙建筑的遗产价值认知，归纳其"鉴、传、聚、崇"四大空间遗产价值，结合雷州伏波祠的具体案例，从选址与环境、功能与格局、场所与精神三个方面阐释遗产价值与载体的关联性，进而从空间、时间、文化、社会四大维度提出关于雷州伏波祠的保护建议，为祠庙建筑的遗产保护提供新的思考方式。

陈冠宇，华南理工大学建筑学院硕士研究生。邮箱：chen964356437@qq.com。
王国光，华南理工大学建筑学院教授。邮箱：wgg999@126.com。

关键词：雷州祠庙；遗产价值；空间遗产；雷州伏波祠；遗产保护

祠庙建筑，一般指祭祀祖先先贤或供奉神灵的场所，是一种承载当地民间信仰与社会生活的公共建筑类型。在传统社会发展中，祠庙建筑反映居民集体价值认同，逐渐被视为精神家园或心灵寄托。祠庙建筑根植于地域文化，延续空间记忆，承载居民精神信仰与社会生活，融汇多元遗产价值。而当下遗产保护多着眼于物质空间保护，缺乏对非物质层面的关注。重新构建建筑遗产的价值认知体系是学科探讨的热点。李晓峰教授等提出空间遗产（Spatial Heritage）概念是物理空间、社会空间与精神空间的集合，包括一切有形与无形、物质与非物质、自然与人工的空间要素。把环境整体与建筑空间的本质联系加以探讨，来阐明随着社会的发展，整体环境变迁与空间形式的变化之间的内在

联系和辩证关系。把物质空间、非物质文化与精神空间联系起来，形成整体动态的价值认知（图1），有效弥补文化遗产保护理论的不足。本文从空间遗产角度切入，剖析雷州祠庙的空间遗产价值认知体系、价值承载和保护策略，以期助益于祠庙建筑空间遗产的动态保护及可持续发展。

一、雷州祠庙建筑的空间遗产价值认知

雷州位于粤西，东濒南海，西靠北部湾，有"天南重地"之称，融汇闽潮文化、中原文化、海外文化，民间信仰多元，历史底蕴深厚。庙以存祖之仪貌而汇聚祖先之道，祠以述祖先之迹而传颂祖先之道。雷

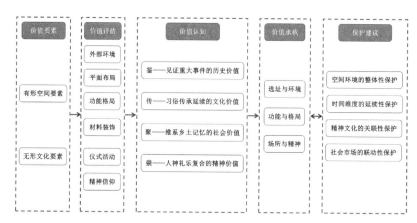

图1　空间遗产价值认知框架图
图片来源：作者自绘

州祠庙作为多元文化的物质载体与传播媒介，延续城市文脉，规范社会价值观。雷州祠庙随着社会发展而动态演进，由祭祀功能延伸出集群功能，成为城市里不可或缺的公共建筑。雷州祠庙作为空间遗产，蕴含有形空间要素与无形文化要素，基于真实性和完整性原则，从历史环境、物质环境、社会环境和精神环境进行价值认知，归纳出"鉴、传、聚、崇"四大价值（图2）。

1. 鉴——见证重大事件的历史价值

雷州具有较多的祠庙建筑及历代碑刻遗存，保存完好，作为真实反映重大历史事件和历史人物的重要载体，既体现当地历史风俗习惯和社会风尚，也体现极高的历史价值，是研究粤西地区社会历史变革更替的重要物质资料。

2. 传——习俗传承延续的文化价值

雷州祠庙建筑是开展祀神、游神、集会、宴饮等集体性社会活动的主要场所，承载集体生活的记忆，反映出其文化价值不仅在于物质形态空间本身，更在于习俗传承延续的符号载体上。建筑本体通过建筑等级、规模、颜色、高差等营造崇高地位，以仪式感区分等级，体现其宗教性。轴线空间与层级关系体现中国传统伦理和礼制文化，使传统习俗得以传承延续，具有较高的文化价值。

3. 聚——维系乡土记忆的社会价值

雷州祠庙建筑作为祭祀性的活动中心和精神核心，占据主要空间节点，成为城市地标景观。建筑选址毗邻民居，服务民间社会，适应民间社会需求，发挥着维系乡土记忆、增强社会凝聚力和集体文化认同感的社会价值。

4. 崇——人神礼乐复合的精神价值

祠庙建筑"礼乐复合"，"礼"代表人神差异，"乐"消除人神差异，既承认神的崇高，也满足人的需求，体现人神交汇的空间特点。人的价值观通过对古代先贤的事迹塑造而转化为神的价值观，再由神将这种价值观传给求神者，因此神的价值观与人的价值观是一致的。从人对神的崇拜、人与神的互动关系中形成一套精神文化的价值规范方式，体现出人神礼乐复合的精神价值。

二、雷州伏波祠的空间遗产价值承载

1. 选址与环境

"伏波神为汉新息侯马援，援有在功德于越，越人祀之于海康、徐闻。"后人在海康县（今雷州市）等地修伏波祠（图3~图5）以纪念其功德。作为城市精神核心，伏波祠选址有空间节点的内涵。①沿行军路线而建：雷州伏波祠西临雷州大道，南临南亭街，毗邻城市主干道，一方面作为街道的视觉焦点，体现其崇高地位；另一方面为社会活动提供宽敞的交通和集会面积。②临古城入口而建（图4~图6）：兼做防御警示功能，同时大型祭祀活动举办时，城内外百姓便捷易达。③依堪舆理念而建："伏波"有"伏息波涛"含义，雷州半岛三面临海，台风灾害频发，伏波祠布置在水口处且面朝南海，供奉海神，符合《礼记》中"御灾捍祸则祀之"的民间信仰。伏波祠的空间遗产价值承载不仅是"地点"的承载，更是"空间"的承载，同时伏波祠毗邻老城区，统筹包括马跑泉、宁国坊土地庙及石板路等周边环境要素，构建环境

图2 "鉴、传、聚、崇"遗产价值场景

图片来源：作者自摄

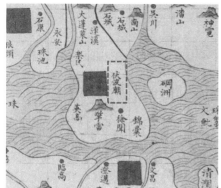

图 3　明《广东地图》
图片来源:《明代舆图古代历史地图集》

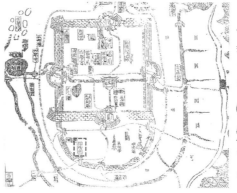

图 4　清《雷州府城图》
图片来源:(嘉庆)《雷州府志》雷州府城图

图 5　民国《海康县城图》
图片来源:(民国)《海康县续志》卷一县城图

图 6　宏观尺度: 伏波祠与古城、周边环境整体
图片来源: 作者自绘

图 7　中观尺度: 伏波祠与周边文物的环境整体
图片来源: 作者自绘

整体观, 形成其遗产空间外部环境的价值承载 (图 7)。

2. 功能与格局

古建筑学家张驭寰曾论述:"庙宇的设计都按礼制制度, 都以中轴线贯穿, 左右对称, 前朝后寝, 前低后高, 主要建筑都建在中轴线上。"雷州伏波祠遵循中轴对称格局, 设置三进院落, 与广府三进祠堂布局基本一致 (图 8)。礼制文化不仅体现在中轴平面格局, 也体现在建筑层抬升的竖向台级空间。中轴对称的平面格局结合尽端的正殿形成具有层级关系的礼制性场所, 传达出礼制空间的等级观念。正殿安放主神, 其他神灵则供奉在两侧廊庑中, 形成多神并祀、一神独尊的主从空间格局, 承载中庸文化、伏波文化和祭祀文化等多元文化价值 (图 9)。

3. 场所与精神

雷州伏波祠承载着祈愿、还愿、祭神、宴饮等集体活动, 属于宗教性和世俗性并存的建筑类型。伏波祠正殿是主要的祭祀空间, 也是人神交汇的过渡空间。通过一系列的祭拜活动, 人神交流, 反映出伏波祠祭祀空间"礼乐复合"的空间特征, 体现宗教性和世俗性的交融统一。雷州伏波祠作为城市空间节点, 承载社会群体的娱乐、商业活动, 周边逐渐发展成集市, 庙以立市, 以庙兴市, 庙市共生, 与周边自然环境共同构成城市景观, 体现居民乡土记忆和集体记忆的价值承载。

图 8　伏波祠平面图
图片来源：作者自绘

图 9　伏波祠价值承载场景图
图片来源：作者自摄

三、空间遗产价值保护现状及建议

遗产保护核心是对价值的认知、评估及保护。从空间遗产的视角对雷州伏波祠进行保护，理解"鉴、传、聚、崇"四大价值，关注其价值承载，以原真性和完整性为原则，聚焦空间、时间、精神、社会四大维度，对雷州伏波祠进行整体的、延续的、关联的、联动的保护。

1. 空间环境的整体性保护

从宏观、中观和微观三个层面，以建筑本体为核心，结合周边环境进行整体性保护。①宏观层面：对周边自然水体、农田、山林等以及雷州古城进行整体保护，结合宏观尺度的城市规划使伏波祠与自然、古城相契合。②中观层面：对雷州伏波祠建筑本体及周边的自然人文资源（包括马跑泉、伏波关八角井、宁国坊土地庙及祠旁石板路等）进行有效的空间整合，建筑形制、材料、色彩等与古城风貌相协调，与场地周边环境形成和谐统一的关系。③微观层面：人与建筑密不可分，

保护要从居民活动出发。集群性的公共活动承载人们对城市的集体记忆，真实完整地传递出遗产信息。

2. 时间维度的延续性保护

雷州伏波祠历经百年风雨，经过反复修葺，仍基本保持其原始风貌。当下伏波祠不是其最终形态，而是处于不断发展的中间形态。随着时间推移，伏波祠不断适应社会发展，呈现出历史信息层积性。时间维度的延续性保护就是对伏波祠不同时期历史信息的保留和延续，是一种基于过去、现在和未来的真实性动态保护。对伏波祠层积的历史信息进行辨别提取和价值再现，要求着眼于未来发展的同时，把不同时期空间信息完好保存。合理活化利用其局部空间，最低限度干预，采取以修缮为主的功能置换，如伏波文化博物馆等，为其注入新鲜血液，为未来发展提供可延续的保护。

3. 精神文化的关联性保护

雷州伏波祠是祭祀、集会、祈愿、教育等活动的场所，受伏波文化、移民文化、闽潮文化等多元文化影

响，在保护中应秉持尊重文脉延续、尊重文化多元、促进文化交融的态度，充分考虑文化多样性，以文化传承为目的，举办多种文化活动，促进文化交融，促使空间遗产的保护与精神文化形成关联，强化集体认同感，提升社会凝聚力。

4. 社会市场的联动性保护

雷州伏波祠空间遗产保护离不开社区参与。"庙立于市"是其基本特征，但是庙与市的关系往往是脱离的，并没有形成相辅相成、相互促进的局面。因此在保护中应大力宣扬伏波文化，建立政府和公众参与的保护体系，形成社会、公众与市场的联动性保护体系。伏波祠空间遗产的保护与社区营造结合，完善社区基础设施，引导社会力量以投资、捐款、租赁等多种方式加入伏波祠的保护中，重现伏波祠活力，促进社区交流，丰富社区生活。

四、结语

空间遗产的保护绝不是对静止的物质空间进行修缮活化，而是对

有形的空间要素与无形的文化要素进行完整性活态保护，传递出场所精神。空间遗产的保护要着眼未来，适应社会发展，反映多元文化交融。

自发的社区参与往往是空间遗产焕发活力的关键，强调空间遗产保护中的社区参与，强化社区认同，延续遗产活力。祠庙建筑作为空间遗产，其遗产价值处在动态发展和演化过程中，价值的多元渗透与保护的动态可持续使祠庙建筑空间遗产更具活力。

参考文献

[1]　李晓峰，吴奕苇. 传统书院作为空间遗产的价值认知、承载与保护 [J]. 建筑遗产，2018（03）：57-62.

[2]　王国光. 基于环境整体观的现代建筑创作思想研究 [D]. 广州：华南理工大学，2013.

[3]　黄郁成. 祠庙与中国文化的传播 [J]. 社会科学家，1990（06）：36-39.

[4]　（汉）班固. 汉书 [M]. 北京：中华书局，2000.

[5]　张驭寰. 张驭寰文集（第十一卷）[M]. 北京：中国文史出版社，2008.

[6]　刘永辉，李晓峰，吴奕苇. 空间遗产视角下闽南家族书院遗产价值探讨——以泉州永春碧溪堂为例 [J]. 建筑师，2020（04）：116-122.

[7]　常青，Jiang Tianyi，Chen Chenand，Li Yingchun. 对建筑遗产基本问题的认知 [J]. 建筑遗产，2016（01）：44-61.

创意理念注入下历史街区遗产传承与活化策略
—— 以海口骑楼老街为例

邢维逸　张　杰

邢维逸，华东理工大学硕士研究生。
邮箱：1144958295@qq.com。
张杰，华东理工大学规划设计系教授，
博士生导师。

摘要：海口骑楼老街是重要的城市遗产，承载老海口人的回忆，是国家首批历史文化名街，是海口文化旅游的闪亮名片。近年来随着人民生活水平的提高，精神文化需求的增加，创意街区、创意旅游、创意产业、创意阶层更多地出现在大众视野，将创意结合历史文化街区发展国内已有不少实践。本文通过相关案例启示和对创意街区、创意产业、创意旅游、创意阶层四方面的创意方法研究，结合海口骑楼老街发展现状，从创意视角下探索海口骑楼老街的创意转型，为海口骑楼老街的遗产传承和街区活化提出创意设想。

关键词：历史文化街区；创意；海口骑楼

一、创意延续城市历史文脉的方法研究

在新的时代背景下，单方面观赏已不能满足人们的精神文化需求，文化遗产也在寻求多样的表现形式，通过创意手段寻求历史文化价值的最优表达。近几年创意的介入使得历史文化街区更具活力，因此历史文化街区摆脱落后发展模式，寻求持续性发展，创意转型是必然趋势（表1）。

创意方法探究　　　　　　　　　　　　　　　　表1

创意手段	方法要求	创意案例	目的
创意街区	保留历史街区的原生性	宽窄巷再现老成都的生活韵味。宽巷子的原住民、精美门头、街檐茶馆代表老成都闲生活；窄巷子植物结合建筑的精致街面设计体现老成都的慢生活；井巷子的现代界面代表成都人的新生活	在创意理念注入下成为城市历史怀旧和创意旅游的人文游憩目的地
	寻求创意在街区历史与文化中的表达		
创意产业	促进传统产业的创意转型和产业创意良性循环	南锣鼓巷的创意产业活力体现在创造性的生产设计、创意设施配套，形成场地文化历史创意消费链，例如与老北京文化底蕴相符的围巾专营店"嬁"和"饰绝"手工饰品店等	发展文化产业的创意优势，促进创新以创造活力，增加历史文化街区发展活力
	激活历史街区品牌特色，建立长期品牌效益		
创意旅游	拓展从视觉凝视到精神升华的创意展示形式	福州三坊七巷的文儒坊内的中国商印展览馆，富有趣味性的特殊展览吸引游人观展欣赏；福建非遗金鱼培育技艺主题博物馆增添创新的展示平台的非遗传承发展窗口……	提供多样的情景化互动和精神文化消费，充分表达街区的历史文化，让游客形成较好的旅游记忆
	营造具有历史文化氛围与生活气息的创意空间		
	打造创意体验活动进行文化表达加深旅游记忆		
创意阶层	通过定期举办创意活动、确立会员制度、依托税收减免、创业贷款等优惠制度，配备完善的设施以吸引创意阶级有效聚集和交流互动	上海田子坊内，艺术家尔冬强设立工作室，乐天陶社举办艺展，自在工艺品公司的竹刻独享盛名，引进了十几个国家和地区的创意阶层在改造的旧厂房内，设立了创意工作室、艺术研究所……	创意阶层内部紧密联系，促成街区文化创意产业发展，使原有的历史文化价值得到活化、升华

来源：作者自绘

1. 历史文化街区创意街区氛围塑造

历史文化街区更是有着得天独厚的历史文化资源和人文内涵，是发展创意产业创意旅游的优良载体。成都宽窄巷历史文化街区，保留了街道空间尺度和固有的街道特点，即使在传统建筑修复、院落功能置换等方面较改造前发生了变化，但还是维持了院落内格局构成的规律[1]。从对宽巷子"闲生活"、窄巷子"慢生活"和井巷子"新生活"的创意界定，到巷子的街道景观环境创意表达，都体现了传统院落空间格局规律和城市历史进程中的发展连贯性，在创意理念注入下成为城市历史怀旧和创意旅游的人文游憩目的地。由此得到，历史文化街区的创意街区氛围塑造应做到以下两个要求：一是保留历史街区的原生性。街区改造要求尽最大可能地尊重原物，延续其存在的期限，从遗址保护、景观营造、产业发展、社区更新等方面传承街区的历史文化底蕴。二是寻求创意在街区历史与文化中的表达。创意表达可以通过街区的公共建筑、活动场所、景观环境等来体现街区历史文化价值，通过设计手法表现城市历史文脉，塑造新旧时空对话的创意氛围。

2. 历史文化街区创意产业激活转换

文旅融合发展的背景下，创意产业与历史文化街区相结合是一种新的发展模式。南锣鼓巷的创意产业包含了大量创造性的生产设计、配套设施到消费链的大量创新和文化要素，体现了场地文化历史的创新发展，促成"南锣鼓巷"品牌的生成[2]。将历史文化街区的文脉和习俗特色概念纳入各种产品，增加创造性思维，激发历史街区新的活力。历史文化街区是城市文脉的重要体现，为避免同质化、商业活动过度，通过街区品牌的塑造和提升来烘托地域特色的历史文化价值，是值得探讨的有效方式。利用街区富有标志性的建筑物或构筑物，将街区的公共空间与品牌设计相结合。融入街区内丰富的历史人物和历史故事，设计象征性的 IP 形象或图案讲述街区故事，打造街区文化的名片。注重串联品牌特色和创意产业链、宣传营销途径和销售手段，由此建立长期效益，提升区域品牌价值和文化街区品牌活力，打响城市旅游品牌和城市名片。

3. 历史文化街区创意旅游品质提升

创意旅游提供多样的情景化互动和精神文化消费，是模式僵化的历史文化街区的发展出路。三坊七巷不仅通过街区建筑风貌展现了场地历史文化，同时将福建传统文化一并纳入，通过多种创意手段让游客互动式观赏体验，促进文旅融合发展。福建非物质文化遗产借助三坊七巷这个文化传承载体和创新平台，塑造了"老宅子晒老手艺"等非遗手艺动态展示模式，例如金鱼培育技艺博物馆等，让福建非遗文化、本土文化走出去的同时又促进了历史文化街区的活化利用。历史文化街区中发展创意旅游有三个方面：一是创意展示，将创意元素融入展示形式与过程，启发游客思考，增添旅游凝视的趣味性。二是创意空间，历史文化街区内创设创意空间是具有挑战性的，不仅不能破坏历史原貌遗迹，还要将艺术设计融入街区文脉，在继承上创新。三是创意体验，让游客能够参与进来的活动，情景式的互动能够充分地表达街区的历史文化，同时也让游客形成较好的旅游记忆。

4. 历史文化街区创意阶层有效聚集

历史文化街区的创意发展离不开创意阶层的有效聚集和创意思想碰撞。上海田子坊在区政府的支持下，吸引了多位艺术家、工艺品商店入驻泰康路，使得艺术之风吹进原本平平淡淡的上海老弄堂。政府搭台招商，企业唱戏经营，创意阶层的聚集为走向世界的田子坊带来了许多社会、经济效益。较高品质的历史文化吸引相关设计师、艺术家、文学创作者等创意阶层对街区历史文脉进行挖掘和创意提升；同时文化环境和艺术氛围，相同的品位、思想碰撞产生火花，形成了较高水平的身份感的认同，将创意阶级内部紧密联系，促成街区文化创意产业发展，新的文化艺术的思想不断产生，原有的历史文化价值得到活化、升华[3]。吸引创意阶层有效聚集可以通过以下几种途径：通过举办定期创意活动为历史文化街区孵化创意聚集地，以会员制度促成艺术家紧密联系，依托优惠制度吸引其入驻，配备完善的软硬件基础设施，为创意阶层的艺术产品提供产业链支撑等。

二、骑楼街区寻求创意转型是必然趋势

海口骑楼老街是城市重要发源地，以独特的南洋风情骑楼建筑闻名，承载着一代代海口人的记忆。

在经历两次大规模的修缮更新中，骑楼街区空间肌理逐步成形，骑楼建筑得到了不同等级的修复保护。老街修缮的工作不彻底，深度观察和研究其发展建设现状，不难发现一些问题：老街基础设施落后，交通流线混乱，危房仍有存在；老街业态复杂，中山路的特色旅游业态逐渐被古玩批发、特产超市等同质化商铺取代；老街导览、停车场等基础设施数量较少并且没有特色等。在现今历史文化街区创意文旅蓬勃发展的模式中，借鉴成功的历史文化街区创意发展之路，结合海口骑楼老街资源优势与街区特色，在创意介入下探讨海口骑楼老街的活化，是符合趋势且意义深刻的课题。

三、创意视角下海口骑楼老街的遗产传承与活化策略

1. 空间肌理延续及建筑遗产修缮

首先，对老街空间片区肌理重塑，按照空间分布的均衡、人口流量的大小及可达性分析，布置视觉景观点和服务型节点；规划每条街道的主要功能和形象定位，辅以视觉空间廊道景观设计和沿街立面设计；加强对周边片区的保护和改造，兼顾海口市城市形态，保持老街的整体风格与肌理，才能在时间和空间上得到历史文化的持续保护。其次，对骑楼老街街巷空间进行更新改造，进行基础环境整治和市井记忆挖掘。对历史价值不高的危房进行拆除，整合公共空间。深入挖掘巷子内的历史文化、老海口人生活气息，通过墙绘、铺地等创意设计来讲述巷子的集体记忆，将消极的

遗留空间转化为丰富有趣的邻里空间。最后，对建筑立面进行修缮，对内部空间进行改造。骑楼建筑的修复任务包括历史建筑遗迹修复、街区建筑立面修整和街区相关建筑改造三方面，修复手法总结来说就是"以史为参，与古为新"。"以史为参"即以存留的历史照片、图纸作为参考，将建筑还原成历史原本的模样，目的在于使整修后的街道符合历史，拒绝将老街改造成夸张绮丽仿古建筑的滥觞。"与古为新"是指尊重过去的做法，同时融入新时代的特点。老街修复的目的不是追求外观统一，而是要尊重各时代符合逻辑的变化和添加。对外立面采取修旧如故式修复，而内部空间可以结合琼北民居特点和空间艺术进行创意性、改造性修复，赋予其现代审美和实用性[4]（图 1）。

2. 骑楼老街街区的活化策略

1）骑楼老街街区的创意转型

首先，对历史遗留物再利用。通过建筑遗产的外立面装饰等提取

独特元素，对场地历史文脉分析提取其特有的文化符号，找寻海口骑楼老街的发展特色。通过塑造公共空间、建筑组合形式、景观序列组织来还原和重塑场所记忆，使人处在其中就能感受其过去的辉煌，唤醒其场所记忆及归属感[5]。其次，提取文化资源特质。历史文化作为创意场所发展的精髓和内涵，应该结合现有的场地文脉资源去塑造开发。最后，对老街社区进行创意更新。留住原住社区，留住原住民和内部生产消费活动，需要依托骑楼老街建筑景观环境，利用历史文化资源、场所文脉等老街遗产，通过生产、消费、休憩、传统活动等日常的生活活动进行商品化创意转型，让社区居民、创意阶层共同参与到社区的创意活动中，形成街区认同感和社区归属感，将海口骑楼老街居住社区打造成遗产型创意社区。

2）骑楼老街的产业转换与品牌塑造

海口骑楼老街业态的活化包括两方面：一是已有业态的发展提升。

图 1　海口骑楼老街创意活化规划设计
图片来源：作者自绘

面对已有业态类型，应整合不同性质的商家，规划街道布局，使其既吸引游客，又能固定本地消费者群体。二是创意产业注入活力响老街文化创意品牌，不用再以单一的海南特产作为老街的品牌输出。防止街区文旅产业同质化，展现海口骑楼老街独特的产业特色。业态创意转型是一个漫长的过程，需要政府的政策支持和资金给予，开发商引导业态转型，需要骑楼老街管理会的支持，与原商铺、居民进行合理协商进行逐步改造，同时还要提升群众思想，开放其视野等工作的配合。让越来越多的人参与到骑楼老街的生活中，那将是对老街历史文化价值的一个更好发挥，同时也将增加本地市民以及骑楼老街游客对海口本土文化的认同感。

3）骑楼老街高品质创意旅游体验打造

高品质的创意旅游可以通过多样的体验性活动策划，促使游客形成深刻的老街记忆。海口骑楼老街是街道交叉、景点分散的旅游片区，因此旅游体验活动可以分为定点活动和动态活动。定点活动主要有海口骑楼老街历史文化科普类和人文风情体验类，可以将闲置的骑楼建筑内部空间改造成海上丝绸之路陈列馆、非遗工艺体验馆等。此外，在各展馆中不能是单一的文化输出，还需要游客互动其中，例如设置虚拟骑楼修复技术体验等电子屏幕游戏或提供情景化沉浸式体验活动，感受骑楼老街历史文化和民俗风情的魅力。动态活动主要是将活动以特定游线的形式展开，推出多条骑楼老街主题游玩线路，例如亲子科普路线、骑楼百年建筑摄影游线、老海口生活体验游线等。

4）在骑楼老街绽放文艺之花

创意产业的发展离不开创意阶层的集聚。海口骑楼老街创意转型的主要任务之一就是通过举办定期活动、确立会员制度、依托税收减免、创业贷款等优惠制度、配备完善的设施来吸引创意阶级有效聚集和交流互动，为街区内的业态提升创设创意环境，推动历史文化的传承与创新，推动历史文化街区的产业升级。骑楼老街社区的创意改造，需要居民的认同和努力、创意阶层的引领和支持。对于居民，可以通过讲座、节庆活动、街道宣传来深化他们对居住社区、骑楼片区的历史文化认同，以及对这片土地的依恋，为骑楼片区发展做出切身努力。对于创意阶层，要鼓舞他们自发地对社区进行文化创意挖掘和提升，例如在街巷内开设个人艺术工作室、私人会所等，延伸举办多种创意活动，例如茶话会、论坛、艺术展览等。街区居民的认同与依恋给场所带来市井人文气息，创意阶层的凝聚将带动社区的创意发展，让文艺之花在海口骑楼老街绚丽绽放。

参考文献

[1] 张菡瑶. 基于成都少城街道和院落空间的宽窄巷子原真性研究 [D]. 成都：西南交通大学，2019.

[2] 姚瑶. 文化创意产业的历史街区：以南锣鼓巷为例 [J]. 炎黄地理，2020（08）：39-42.

[3] 王兰，吴志强，邱松. 城市更新背景下的创意社区规划：基于创意阶层和居民空间需求研究 [J]. 城市规划学刊，2016（04）：54-61.

[4] 常青. 存旧续新：以创意助推历史环境复兴——海口南洋风骑楼老街区整饬与再生设计思考 [J]. 建筑遗产，2018（01）：1-12.

[5] 肖芮，尚金帅. 文创街区规划设计研究——以湘潭市河街老码头文创街区为例 [J]. 美与时代（城市版），2020（06）：44-45.

聚落模式下的工业文化遗产保护策略研究

李　皓

李皓，沈阳建筑大学建筑与规划学院。
邮箱：hao463938318@126.com。

摘要：城市工业文化遗产具有规模大、位置核心、保留完整等特点，常常与城市结构更新、土地经济收益、城市环境治理方面产生冲突。本文结合沈阳铁西工业文化特色城区建设，试图通过"聚落模式"的概念，引入集居住、商业、文化、游憩于一体的复合生活功能，成为激发城市新活力的有机体，使城市工业文化遗产保护方式能够与城市建设、文化建设、经济建设相协调发展。

关键词：文化遗产；工业遗产；聚落模式；遗产保护

一、聚落模式对工业文化遗产保护的新内涵

聚落是一种状态，是人类主观意识的汇集。古代指村落，"或久无害，稍筑室宅，遂成聚落"[①]；近代泛指一切居民点。"聚落模式"是一种措施，是在原本没有聚落的空间中通过某种途径使其能够吸引人来聚集，形成新的聚落。对于工业文化遗产保护来说，"聚落模式"的载体是老旧厂区及其内部的一切，通过赋予新的居住、商业、教育、娱乐、办公等功能，吸引人们来聚集生活，而工业文化遗产赋予这个新聚落一个最核心的内涵，即是独一无二的文脉。

二、工业文化遗产与"聚落"的契合点

1. 聚集性

早期人类为了生存下来，共同生活，共同劳作。工业革命提高了社会生产力，促使了更大量的工人迅速聚集在一起工作和生活，比如沈阳铁西工业区曾经就具有"南宅北厂"的格局。所以，工业区通过生产方式间接促进聚集效应，工业文化遗产虽不再行使生产职能，但仍可以换一种方式重新促进新的聚集。

2. 生长性

聚落并不是强制性的扩张，而是一种自然而然的生长，具有独特性和适应性，这往往归结于一种深层次的文化积累。工业文化遗产本身就是一种独特的文化，并不是有意而为之，形成了群体性的烙印，是一种被认可的文化。工业遗产虽经历过条条框框的规划，呈现出对外界限规整、对内空间灵活的特征，这一点在调研沈阳铁西区多处工业遗存后得到验证。因此，工业文化遗产的保护是在已有的环境中辗转腾挪，寻找合适的空间，并沿这种文脉去生长和修正。

3. 多样性

工业文化遗产与聚落一样，都有自己独特的发展轨迹和环境。对于传统聚落来说，气候、山势、河流、民族、事件等每一种要素都能主导聚落的演变与兴衰。同样，科技水平不同、生产产品的不同、生产流程的不同、生产设备的不同也决定了建筑体量、空间质量以及外部环

---

① 《汉书·沟洫志》记载："或久无害，稍筑室宅，遂成聚落。"

境等方面的不同。因此，每一处工业文化遗产都带有一个时代的独特烙印而丰富多彩。

三、沈阳铁西工业文化遗产保护现状

沈阳是中国最具代表性的重工业城市之一，拥有多处历史悠久的工业区域板块，铁西算得上是其中最耀眼的名片，被誉为"东方鲁尔"。如今，铁西工业产业升级调整，给城市留下了大量蔚为壮观的工业文化遗产。但由于缺乏行之有效的保护机制，一片片老厂区正在消失，令人惋惜。

1. 铁西工业文化遗产普查成果

2006 年，辽宁省政协专门主持沈阳工业建筑遗存普查，共调查了 129 户大中型企业，其中铁西工业遗存共 18 户。随后实施的"东搬西迁"政策，大部分企业均已搬迁至新园区，遗留下来的老厂区大部分以拍卖土地的方式建设了住宅区。

2. 铁西工业文化遗产保护过程中出现的问题

1）文化遗产保护与城市更新的认识矛盾

铁西原有工业企业多数属于高排放、重污染的类型，再加上受市场经济的冲击，自身调整不及时，高新技术严重缺失，环保意识差，造成环境恶劣、生产生活条件落后的"脏、乱、差"印象。因此，如何摆脱旧有城市形象，推倒重建成了最直接、最有效的途径。2008 年，铁西被评为"联合国全球宜居示范城区"，这已然证明了已取得的成绩，但从工业文化遗产保护的角度来看，

昨日的辉煌已作历史而不复存在。

2）静态保护与多元生活的需求矛盾

铁西工业文化遗产规模大、数量多，已采取改造再利用措施的包括沈阳铸造厂、铁西工人村、红梅味精厂等。前两者突出保护与展示，后者强调商业的融入。然而，通过实地调研发现三者并没有达到预期效果，陷入了保护与经济发展不协调的老问题上来。铸造厂与工人村改造成博物馆，缺少与市民生活的互动性；红梅味精厂更新为文创园定位不明确，餐饮、展览、商业、办公均有涉及，但配套空间与服务不足，与周边需求匹配度不高。虽然三者都可以通过不定期的事件与活动带动瞬时人流集中增长，但没有明确的功能目标作为基础，依然无法带动经济，更不是长久保护的办法。

3）新旧城市空间承载力的经济矛盾

在计划经济向市场经济转型的浪潮中，房地产开发商成了城市空间更新的开拓者。原来的老厂区已经从城市边缘变成城市中心，再加上城市化进程促使城市人口的爆发性增长，又导致新一轮的住房建设。企业搬迁新园区，利用城区土地与开发区土地的土地级差，顺利筹集搬迁和重置的费用。但新的城市空间失去了历史与环境，丢失了城市的识别度，文化不在，经济难行。高密度的住宅，整齐划一的建筑，带来了房价的攀升和交通的拥堵，带来短期收益的同时也带来了长期的困惑。

4）现代审美与历史记忆的文化矛盾

新的审美方式导致大量同质化建筑和城市的产生，不利于城市的

凝聚力和持续发展。如今走在铁西的街头，各种样式的建筑争奇斗艳、密密麻麻，渐渐地与工业印记渐行渐远。

四、聚落模式保护途径与策略

1. 聚落主体

工业生产遗留下来的建筑物、构筑物、生产设备、植物和外部空间，都是新聚落形成的基础。工业文化遗产中的主体是工业建筑，是生产中的载体。而新聚落中的主体是居住，是人的空间。生产的空间是大尺度的空间，居住的空间是小尺度的空间，他们之间是有所不同的。所以，大尺度空间向小尺度空间转化是首要目标，通过建筑内部空间的加减以及建筑外部空间的聚散，增加建筑使用面积，提高容积率，为促进人口聚集提供空间保证。

2. 聚落骨架

原有厂区与城市空间相对分隔，内部交通自成体系，仅有几处主要出入厂区的大门与城市路网相接。新聚落可以适度开放工业文化遗产内部车行道路，重点打通人行道路，缓解由于大量人口聚集所产生的保护区与城市交通结合处的机动车出行压力；同时，解决了原有大规模厂区对城市交通的阻隔难题，增加城市路网密度，使保护区内交通网与城市交通网相互补充。对遗产保护区内部交通的改造倾向于缩小道路尺度，降低行车速度，减少外部穿行交通对保护区的影响。鼓励内部公共交通发展，包括公共汽车、轨道交通等，比如铁西工业区可改

造原有铁路专用线作为公共交通的补充。保护区应大力发展步行街巷，使路网密度有效提高，方便居民生活，强调其在行走中的生活体验和文化熏陶，提升街道活力，刺激街道经济活力，使保护与发展呈良性循环。

3. 聚落边界

工业文化遗产的保护更加强调整体保护，使历史空间场所得以还原。现有的保护区边界多由城市道路围合而成，明确而又清晰。但这恰恰说明了其封闭性强，没有融入现有的城市之中。"聚落模式"的保护是蔓延生长的，是对周边城市空间有辐射作用的。因此，在强调保护区边界的同时应该弱化实体性的、绝对性的阻隔，加强柔性边界的设计，让来来往往的人感受到文化的边界、历史的边界和空间氛围的边界。

其实，边界的另一个意义是控制聚落的恶性扩张，基于公交站点为中心和以步行距离为半径的地域作为保护区的基本发展单元，形成区域性发展网络，促进形成居住、商业、办公、教育、娱乐等混合功能的工业文化遗产聚落。

4. 聚落公共设施

普通居住区的公共服务设施一般只针对业主进行服务，服务覆盖面小，经济收益低，经营不容易持久。由于当今人们生活水平普遍提高，消费意识上更加追求品质，城市级的公共服务设施成了首选，由此造成了园区内公共服务设施闲置，城市公共服务需求紧张，对其服务质量和环境均有消极影响。而对于工业文化遗产聚落来说，保护区的公共服务设施既服务内部，又能覆盖城市内的其他需求群体，城市与保护区相互补充。工业文化遗产"聚落模式"保护摆脱了封闭式的住区模式，继而也改变了如铁西工人村这样的工业文化遗产保护中功能单一的弊端。

5. 聚落公共空间

现代的城市公共空间更适合看，而不适合走进。大的广场、大的湖面、大的雕塑，仿佛无法不用"宏伟壮观"来形容。但这样的公共空间却比不上老村落中的古树、水井、戏台子更真实和深刻。集中的公共空间联系弱，公共步行系统缺失，使公共空间与生活、工作空间严重脱节。工业文化遗产保护区更强调公共空间的文化营造，把静态保护方式中的展示教育功能集中体现在了公共空间上。同时，其公共空间更属于工业文化遗产的内涵，在视觉和使用上存在与城市空间的因借关系，延续城市发展轨迹。在聚落公共空间的使用上，紧密结合生活工作需求，提高使用效率，提升周边居住、办公、商业、教育等功能的品质，间接拉动经济发展。

6. 污染治理

工业文化遗产由于生产属性的特殊，不可避免地对原有环境产生一定的污染，尤其是当以人的生活为主要功能的"聚落模式"转换后，其遗留的污染问题更加突出。处理手段针对不同的污染程度以及对改造后使用的不同影响，可以分为四种修复方式，分别是整体置换污染物、清除并使用清洁材料隔离污染物、土壤清洗的物理方法以及生物和化学方法。

五、结语及思考

工业文化遗产是宝贵的文化资源，是城市软实力的体现。保护工业文化遗产不能与城市更新相对立来看待，不能与人民生活需求相孤立地保护。"聚落模式"的保护方式为工业文化遗产的保护与利用提供了新的方式，但工业文化遗产是一个比较特殊的载体，还有很多保护制度上的漏洞、改造技术上的难题以及人为意识上的偏差等待突破和转变。

参考文献

[1] 刘丽华，何军，韩福文. 我国东北地区近代工业遗产的基本特征及其文化解读——基于文物保护单位视角的分析 [J]. 经济地理，2016, 36（1）: 200-207.

[2] 刘伯英，李匡. 北京工业建筑遗产保护与再利用体系研究 [J]. 建筑学报，2010（12）: 1-6.

[3] 罗超. 城市老工业区更新的评价方法与体系——基于产业发展和环境风险的思考 [M]. 南京：东南大学出版社，2016.

[4] 刘宇. 后工业时代我国工业建筑遗产保护与再利用策略研究 [D]. 天津：天津大学，2015.

[5] 单霁翔. 关注新型文化遗产：工业遗产的保护 [J]. 中国文化遗产，2006（4）: 6, 10-47.

[6] 王学勇，张永超. 基于城市文脉的工业遗产保护和再生研究 [J]. 工业建筑，2017, 47（12）: 57-60, 65.

[7] 王建国，蒋楠. 后工业时代中国产业类历史建筑遗产保护性再利用 [J]. 建筑学报，2006（08）: 8-11.

空间遗产视角下的传统聚落空间图式化认知研究
—— 以鄂东南聚落为例

上官华东　　李晓峰

上官华东，华中科技大学建筑与城市规划学院硕士研究生。邮箱：1453449128@qq.com。
李晓峰，华中科技大学建筑与城市规划学院教授，副院长。

摘要：本文从图式理论和空间遗产理论的自身特点，以及二者逻辑耦合性、互补性出发，通过研究传统聚落空间逻辑、层次及意向图式梳理认知思路，针对当下传统聚落困境提出空间遗产价值为理论导向、图式理念为抓手的保护思路，旨在为聚落空间遗产图式研究的体系化奠定相关基础。

关键词：**图式**；**空间遗产**；**传统聚落**；**认知研究**

一、研究背景

　　中国先贤在传统聚落营建活动中，以天地人伦为观念指引，赋予聚落格局以礼法，将当世价值同个人信念结合融入真实建造，后随世代承袭、演进、更替，聚落空间逐步形成具有节律性和本土性的空间序列和场所意境，即为中国传统文化在地性的"图式"表达，也是聚落表层现象后蕴含的空间"遗产"。

1. 图式理论

　　"图式"在当代汉语辞书中解释为注记的符号，在传统匠作中意为通过图画表达样式和做法[1]。西方康德哲学和心理学将图式比拟为人脑中有组织的知识结构，是对某一范畴事物的典型特征及关系的抽象，也即为从概念走向认知的桥梁[2]。在此基础上，国内学界立足传统文化，在传统聚落空间"图式"研究中关注聚落演变的整体性特征，以抽象图形的高度概括性探究传统聚落空间产生的规律和原则。20 世纪 90 年代，学界兴起"身体—环境""空间—数字""历史—文化"三类图式研究，分别以人体心理、方位向度、礼乐制度为研究导向用数理图形解释传统聚落及建筑空间现象，解析空间逻辑关系。值得注意的是，近年来国内学界受跨学科研究的思潮影响，常借鉴西方社会学、地理学、人类学等学科体系建立跨学科的研究方法，例如，以田野调查为基础，语言学为架构图式语言研究法、关注社会关系与活动的社会学视野研究法、运用遥感与 GIS 结合的可视化图式研究法等[3]。时至今日，国内传统聚落图式研究领域已经形成了注重多元方法论的理论研究体系，研究内涵也更为综合化。

2. 空间遗产理论

　　空间遗产（Spatial Heritage）理论的产生脱胎于文化遗产理论与空间生产理论，特指具有突出普遍历史文化价值的空间环境[4]。其内涵囊括承载文化信息与遗产价值的物质、精神双重要素，表现为空间界面、架构营造、景观风土等物质空间以及社会背景、人文活动等非物质遗产。该理论认为建筑乃至聚落遗产保护的关键核心是价值问题，提倡以价值为导向，对广泛聚落空间开展类型与现象的联动调研，并全面分析实体建造与虚体环境的普遍性关联，最终推动其获得恰当保护与再利用开发[5]。

3. 传统聚落图式理论与空间遗产理论的逻辑耦合与互补

　　传统聚落空间营造方法与设计理念，自先秦以来便逐步演变并形成一套成熟的图式理论体系，语言、文字记载、数理图形是常用的表达途径。对于当代建筑学，图式作为解读传统聚落空间审美认知、逻辑构造以及空间构想等思维活动的理论体系，其核心是以图形化抽象为方法对聚落选址、功能组合、空间形式等特征进行全面识别，从营建思想、社会结构、地理条件等方面分析关联性成因[6]。

与之相对，空间遗产理论的重要特征便是着重关注空间内涵的关联性。空间遗产是将传统聚落空间环境纳入文化遗产认知体系，强调非物质空间遗产与物质性空间遗产的联动关系，聚焦社会意识与精神文化的活态传承，使其真实性与完整性得到更为普遍的价值认同[7]。

二者针对聚落空间认知的关注点各有侧重，图式理论侧重聚落空间与文化联动的多样性，强调图式在水平、垂直两个维度上的拼接、转换与嵌套的普适性原理。遗产空间理论则更加注重以乡土地方性价值为导向的物质空间与社会形态的互动探索。在空间遗产视角下的传统聚落空间图式研究是基于二者在乡土聚落认知层面上的互补，有利于拓展传统聚落的认知视野。

4. 研究靶目标

鄂东南传统聚落实为我国建筑文化的一笔历史遗存，不仅作为区域聚落居民乃至传统建筑的空间载体，其聚落格局、建筑形态、营建风格也铭刻着传统建筑语言和社会环境等地域性特征，其重要性不言自明。因此本文从鄂东南传统聚落出发，旨在从遗产空间视角下将鄂东南聚落展开聚落图式化认知，同时也对湖北传统聚落研究完成一项有益的补充。

二、空间遗产理论的传统聚落图式化认知途径

遗产远非只是一个静态的可供参观的展品，而是可供人居、行、住、娱的场所或者生活所用之物。传统聚落营建的历史脉络表明，一切精神要素需依托人的创造和传播才得以存续，其空间遗产活态性不言而喻："人文"是内核，"空间"是载体。故本文所论鄂东南传统聚落"人文"与"空间"的互动具有三个基本特征：①具有成制式的空间构成逻辑；②呈现多层级特征；③人的行为、思想、感受以及人赋予空间的意义和价值持续性转化生成为该空间的一部分，即空间意象[8]。

1. 传统聚落图式化的遗产空间逻辑

基于空间遗产理论，鄂东南传统聚落作为地区乡土社会的系统性整体，其各类别价值远超单体建筑价值之总和，体现了当地文化、心理和社会意识，其空间构成逻辑也受血缘伦理、防御需求以及邻里生活等因素影响。

1）血缘伦理的中心图式

宗法制度是影响鄂东南地区传统聚落秩序结构的决定性因素。鄂东南传统聚落以宗族血缘为依据形成差序格局的乡土社会关系网，以宗祠和祖屋为中心在聚落空间上形成"家庭—氏族—聚落"的组织形式。随着子孙繁衍分户迁居，各建筑类别围绕祖屋向外扩建，在选址和建造规模上避免"僭越"突出敬祖和长幼有序的伦理观念（图1）。

2）防御需求的边缘图式

"江西填湖广，湖广填四川"是历史上著名的移民运动，鄂东南地区即为其主要的移民通道之一。鄂东南聚落先民为对生命财产实行防御，以山水作为视觉屏障营建聚落，以土地神信仰回应自然和超自然对象的敬畏心理，二者本质上都属于对空间趋利避害的反应，因此在空间上出现明显的"边缘"（图2）[9]。

3）邻里生活的节点图式

在鄂东南传统聚落公共空间中，住民为满足社交需求，在沟通多区域的"节点"位置营造相应的公共建筑或构筑物：①在祠堂、祖庙等

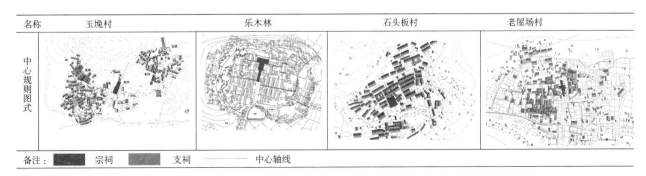

名称	玉塅村	乐木林	石头板村	老屋场村
中心规则图式				

备注：■ 宗祠　■ 支祠　—— 中心轴线

图1　中心图式示意图
图片来源：华中科技大学建筑遗产保护中心，作者改绘

重要宗族建筑前置空间理水围合成仪式性开放空间（图3）；②位于街道巷弄相交的位置的十字、T字交叉口处形成标志性节点停留空间；③紧邻古井、古桥或古树等历史文化或自然水系等景观要素结合营建休闲节点空间。

由此可见，鄂东南传统聚落节点图式是与地区历史、人文、风土进行空间对话，从而抽象呈现其地域性，这亦是空间遗产的价值承载。

2. 传统聚落图式化的遗产空间层级

鄂东南聚落的功能区划与空间层级方面以中国传统村背山面水的理想空间模式为原型，营建者以目之所及的"四望"范围将头脑中的方位概念和居住理念投射在鄂东南自然地形环境中，并以此成为聚落"人文"与"空间"互动的基本依据[10]。

古书《尔雅》称"邑外谓之郊，郊外谓之牧，牧外谓之野，野外谓之林"。由此，中国自古便有完整的聚落空间层级系统（图4）。经过学界的研究归纳，现普遍认为鄂东南聚落格局由外到内具有：①"四望—生态"外层，即居民目之所及的聚落联系外部世界的生态区域；②"近村—生产"中层，即居民日常行之所及为的范围；③"聚落—生活"内层，即村民身之所居的聚居空间（表1）。

凭借"千尺为势，百尺为形"的尺度形势转换，宏观上界定鄂东南聚落的山水格局，中观上限定生产起居，微观上确立了人际交往，进而统筹生态、生产和生活的空间逻辑和依存关系，呈现鄂东南地区空间区域与格局的动态衍化过程，也反映历史背景下鄂东南聚落的遗产意义。

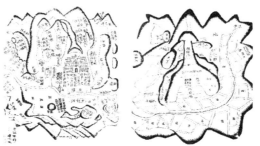

图2　水南湾村传统聚落边界堪舆图
图片来源：水南湾村族谱

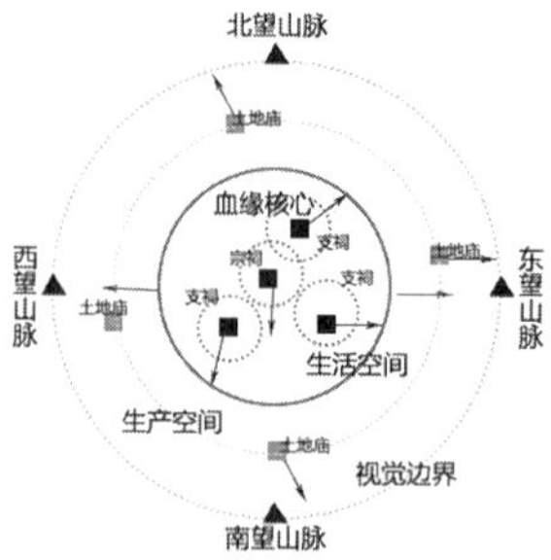

图3　鄂东南聚落层级图式
图片来源：作者自绘

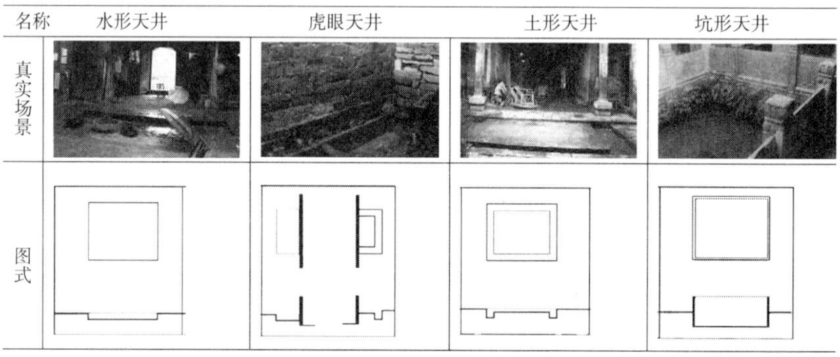

名称	水形天井	虎眼天井	土形天井	坑形天井
真实场景				
图式				

图4　天井节点图式
图片来源：华中科技大学遗产保护中心，作者改绘

聚落空间层次内容分析表　　　　表1

空间层级	范围	功能	空间要素	空间肌理
四望—生态	目之所览	生态活动	山水形胜、冲击洲、河漫滩、林带等	山水形胜
近村—生产	行之所及	生产活动	田园、果园、鱼塘、溪流等	田园图式
聚落—生活	身之所居	生活活动	古树、庭院、庙宇、宗祠等	聚落肌理

图片来源：作者自绘

综上，抽象化图式既呈现传统聚落普遍的重要价值与承载，也有助于帮助理解遗产空间与聚落图式的关联耦合。

3. 传统聚落空间图式化的遗产空间意向

鄂东南传统聚落空间与多种文化遗产都有很强的关联性。传统聚落遗产作为一个有机整体，由有形的物质实体、无形的文化等多层次的内容组成，其本身就是空间的整合，也是空间遗产的一种类型。

例如，受到宗法观和习俗的影响，鄂东南多聚落民居平面结构同聚落结构一致呈现层次关系，即私密空间→半公共空间→公共空间"的组合定式，以烘托中轴线空间的等级高度。同时，不同类型空间职能体现清晰—私密空间需要通过半公共空间进入主轴公共空间，并随着规模增加，半公共空间发生衍化承担公共空间的部分职能，轴线也逐渐分离，从而清楚展现聚落家长制礼仪空间的遗产价值（图5）。

由此，这种平面形制揭示空间随需求扩展产生的血缘文化适应性转变，隐喻鄂东南地区的地域性建筑特征，从而由图式概念升华成为空间意象。

三、空间遗产图示化理论视角下传统聚落保护

以空间遗产视角剖析传统鄂东南聚落图式普适性的价值，能准确描述区域聚落的动态衍化过程及历史背景下的空间精神内涵。然而随着社会快速城镇化发展，鄂东南地区传统聚落自然环境受损、文化信仰异化、审美价值变迁等诸多问题正加速其乡土聚落结构与遗产空间的消解。

在此背景下，学界应带动业界以空间遗产价值为理论导向，以图式理念为研究方法对其进行整体性、活态性、多维度保护：①聚焦遗产空间元素的整体保护，以遗产空间图式层级为抓手，从居民目之所及、行之所及、身之所居三个层次对鄂东南地区进行整体性评价和活化更新。②保持时间元素的活性保护，鄂东南聚落是历时性的空间遗产，其时间性表现为活跃的、动态的演进过程。研究者要对其衍生、发展的全周期历史信息予以尊重，以可持续发展的思维意识进行针对性的活态保护。③强调文化元素的多维度保护，鄂东南聚落在文化传播角度上作为载体对本土信息进行整理、

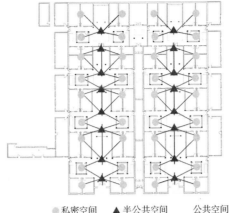

● 私密空间　▲ 半公共空间　　公共空间

图5　平面形制结构分析
图片来源：华中科技大学建筑遗产中心，作者改绘，左为大夫第，右为王南丰老屋

发送，对外部信息进行选择、接收。因此，想要理解和保护鄂东南传统聚落空间遗产丰富的价值蕴含，应具备包容开放的研究态度，以多元思维面对相关文化特质。

四、结语

上述内容实际回答了传统聚落空间遗产图示化认知研究的两个问题：问题一，传统聚落为什么要进行空间遗产图示化认知研究？——传统聚落图式理论与空间遗产理论的逻辑耦合与互补。问题二，传统聚落语言学是怎么开展的？——传统聚落图式化的遗产空间逻辑、层次以及意象研究。

在研究者越发注重以多元思维和视角进行传统聚落研究的今天，本文以鄂东南聚落为例，通过这两个问题的回答为传统聚落空间图式研究转向提供整合遗产空间思维的研究思路，其目的是唤起业界对传统聚落空间遗产图式研究的重视以及对鄂东南的地脉构成特征、环境意象、建筑习俗乃至文化内涵的宝贵遗产价值的重视[11]。

因此，开展空间遗产视角下的传统聚落空间图式化研究，对保护、研究和延续聚落肌理，整合地域性设计的语境，推动保护传统聚落脉络格局等现实问题具有重要意义。

参考文献

[1] 王飒. 传统建筑空间图式研究的理论意义简析 [J]. 建筑学报, 2011（S2）: 99-102.

[2] 温纯如. 康德图式说 [J]. 哲学研究, 1997（7）.

[3] 陈薇. 中国建筑史研究领域中的前导性突破近年来中国建筑史研究评述 [J]. 华中建筑, 1989（04）: 32-38.

[4] 李晓峰, 吴奕苇. 传统书院作为空间遗产的价值认知、承载与保护 [J]. 建筑遗产, 2018（03）: 57-62.

[5] 廖泽宇. 空间遗产视角下的传统聚落公共空间研究 [D]. 武汉: 华中科技大学, 2019.

[6] 刘淑虎, 张兵华, 冯曼玲等. 乡村风景营建的人文传统及空间特征解析——以福建永泰县月洲村为例 [J]. 风景园林, 2020, 27（03）: 97-102.

[7] 刘永辉, 李晓峰, 吴奕苇. 空间遗产视角下闽南家族书院遗产价值探讨——以泉州永春碧溪堂为例 [J]. 建筑师, 2020（04）: 116-122.

[8] 孔宇航, 张兵华, 胡一可. 传统聚落空间图式语言体系构建研究——以福建闽江流域为例

[J]. 风景园林, 2020, 27（06）: 100-107.

[9] 李晓峰, 周乐. 礼仪观念视角下宗族聚落民居空间结构演化研究——以鄂东南地区为例 [J]. 建筑学报, 2019（11）: 77-82.

[10] 张兵华, 胡一可, 李建军, 等. 乡村多尺度住居环境的景观空间图式解析——以闽东地区庄寨为例 [J]. 风景园林, 2019, 26（11）: 91-96.

[11] 常青. 传统聚落古今观——纪念中国营造学社成立九十周年 [J]. 建筑学报, 2019（12）: 14-19.

历史性城镇景观（HUL）视角下的
汕头小公园开埠区更新策略研究

许莹中　　何韶颖

教育部人文社科一般项目（20YJA760020）。

许莹中，广东工业大学硕士研究生。邮箱：553194648@qq.com。
何韶颖（通讯作者），广东工业大学教授，建筑与城市规划学院副院长。邮箱：childhe@139.com。

摘要：历史性城镇景观（HUL）是一种认识城镇遗产价值的方法，平衡和管理"空间的当代变化"是其实施的核心目标。本文以汕头小公园开埠区的更新为例，在总结其历史文化价值及现状问题的基础上，引入 HUL 的视角，结合"文化基因"理念及"参与式规划"方法，探讨了 HUL 方法在历史街区更新中的运用，并着重介绍了目前在保护规划及公众参与方面的工作。

关键词：历史性城镇景观；汕头小公园；历史街区保护；文化基因；参与式规划

一、汕头小公园开埠区概况

汕头小公园开埠区位于汕头老市区中心（图 1），形成于 20 世纪 20 年代末、30 年代初，在华侨文化、欧美文化以及当时市政建设的影响下，形成了如今独特的街区风貌与结构肌理，是全国唯一呈扇形放射状格局分布的骑楼街区。街区的历史文化价值与特色主要有四点：①以老妈宫为精神象征的民间信仰空间形成汕头城市的雏形；②作为汕头最早形成的商业街区之一，至今依然保存有部分行商、老字号、传统小吃等城市印记；③传统街巷与现代市政建设下产生的放射状路网叠合，形成了小公园延续至今的街巷肌理，见证了汕头埠的源起和发展；④街区内建筑风格多样，保存有清末民初以来建造的传统潮汕民居，具有现代主义风格、西方新古典主义风格、折中主义风格特征的骑楼等。

经历了八九十年的变迁，如今的小公园也面临着许多问题，如：①建筑质量较低，大部分骑楼结构严重受损；②早年更新改造对街区

图 1　小公园开埠区范围
图片来源：汕头市小公园顺昌街区保护利用项目规划设计方案

风貌造成了不可逆转的破坏；③空间层次单一，核心保护区仅有中山纪念亭广场一处公共活动空间，公共绿地等对外开放空间亦十分缺乏；④业态特色不突出，政府对业态的规划调控力度较弱，缺少专业运营管理团队。

二、HUL 方法对小公园街区更新的启示

HUL 是一种认识城镇遗产价值的一种新视角和新理念，包含对"物质对象"和"物质对象变化的机制"两方面的认识；它强调"层积性""动态性""整体性"，即历史城镇的历史文化价值和特色的生成是一个多层积淀、不断发展、系统形成的过程，"动态性"和"层积性"是对历史和文化发展的长期过程和形成机理的考虑；"整体性"则深入社会、经济、空间的意义上发掘要素之间的联系。

HUL 实施的核心目标是平衡和管理"空间的当代变化"。"管理变化"意味着要在充分尊重本地文化传统及价值的前提下，在社会转变中有效地管理既有空间的变化，确保当代的干预行动与历史环境中的遗产和谐共处。基于小公园的历史价值与现状问题，以 HUL 理论为指导，参考其实施的"六个关键步骤"

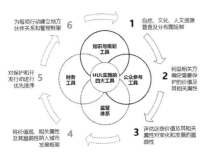

图 2 HUL 实施的"六个关键步骤"及"四大工具"
图片来源：根据《HUL 指南》绘制

与"四大工具"（图 2），对小公园的更新策略展开探索。

三、小公园开埠区更新策略探索

"四大工具"为 HUL 的实施提供了更为详细的指引，它们相互影响、同时作用，并且需要根据当地实际情况进行转化及延伸。表 1 对小公园开埠区现阶段的更新工作进行了梳理，以下将着重介绍"知识与规划工具"与"公众参与工具"的运用。

1. 知识与规划工具的运用

2016 年《汕头市经济特区小公园开埠区保护规划》公布，金平区全力推动小公园保育活化。经历了备受争议的新建方案及立面修缮工程后，新一轮更新中提出了以 HUL 理论为指导、以"空间基因"理论为理论基础的"识别提取—解析评价—保护传承"的方法。

1）要素识别与基因提取："岭南特色城市建筑风貌基因库和修缮标准研究"项目

项目内容包括汕头小公园开埠区风貌研究及开埠区建筑风貌基因库。项目组首先对小公园开埠区风貌形成的影响因素、风貌特征进行了研究，并对现状问题及国内外风貌管控与活化利用的相关案例进行了分析与总结，阐述了 HUL 理论与"空间基因"理论对小公园开埠区更新工作的意义。

项目组在此基础上提出构建风貌基因库。取中山亭 300m 半径内街块作为"建筑风貌基因"提取区，其中顺昌街区为提取重点区域。项目组对街区内的每一栋特色建筑建立了特色建筑信息表（图 3），并将信息表中构件索引部分，按部件分类录入"山花与女儿墙""阳台""挑檐""门窗套""外墙""柱廊"六大构件基因库中（图 4），为下一步的修缮更新提供了依据。

2）解析评价与整体导控：汕头市小公园顺昌街区保护利用项目规划设计

基于 HUL 对于"层积性"和"动态性"的强调，保护规划首先从城市历史发展的角度对整个开埠区的

	小公园开埠区更新工作中对"四大工具"的转化 表 1
知识与规划工具	以"空间基因"理论为基础的"识别提取—解析评价—保护传承"工作方法 ● 岭南特色城市建筑风貌基因库和修缮标准研究 ● 汕头市小公园顺昌街区保护利用项目规划设计 ● 汕头市小公园顺昌街区微改造活化项目
公众参与工具	通过数字平台及共同缔造工作坊促进利益相关方的交流与谈判，达成保护共识 ● 通过数字平台实现信息公开及多方参与：汕头开埠文化数字陈列馆，汕头老埠旅游产业服务平台 ● 通过共同缔造工作坊实现社区赋权及多方对话
监管体系	● 国家／省规划及保护条例 ● 汕头市出台的关于小公园区域的条例与指引 《汕头市开埠历史文化保护区保护办法》《汕头经济特区小公园开埠区保护条例》《汕头市历史建筑修缮维护利用规程和指引》《汕头经济特区小公园开埠区建设管理指引》
财务工具	● 省财政厅保护补助资金，省住建厅专项资金 ● 潮商企业认捐 ● 政府统租，华侨城运营，双方签订长期租赁合同

来源：作者自绘

图 3　小公园开埠区特色建筑信息表（节选）
图片来源：岭南特色城市建筑风貌基因库和修缮标准研究文本

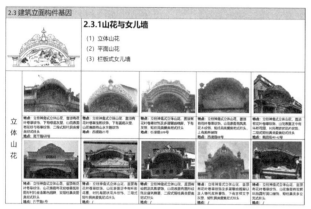

图 4　小公园开埠区特色建筑构件基因库（节选）
图片来源：岭南特色城市建筑风貌基因库和修缮标准研究文本

演进进行了系统梳理（图 5），阐述了其形成与发展过程中所体现出的历史文化与时代价值（表 2）。为可持续地推进开埠区的保护利用活化工作，规划建议选取顺昌街区（开埠区中最早形成的街区之一）作为首期示范区，并对街区肌理形成、建筑历史信息及建筑质量进行了研究与调查。

为了体现"对变化的管理"，以在下一步工作中实现可持续的风貌管理，保护规划在街区中整理出"三街一轴""四院四广场"结构，确定街区功能业态，对街道景观风貌进行整体打造；后根据街区建筑现状，提出"保护修缮（具有历史文化价值的建筑），保留整治（质量较好的非保护类建筑），拆除更新（风貌不协调建筑），原址重建（结构破坏严重但具有一定保护价值的非保护类建筑），拆除建绿（质量较差/已坍塌建筑）"的分类整治原则（图 6），从三大层面（高度与体量、建筑元素、建筑细部）提供建筑修缮设计指引

小公园开埠区各发展时期及其体现的历史文化与时代价值　　　　表 2

发展时期	体现的历史文化与时代价值
城市萌芽时代（1530—1859 年）	明末清初资本主义萌芽时期，自然地理优势引发港口贸易的自发形成，军事、民间信仰、商贸共同作用形成汕头城市雏形
开埠和填海时代（1860—1904 年）	清末官商洋博弈下，环形路网随着填海活动不断扩张，以服务港口商贸的放射状路网形成，组成开埠区独特的"环形放射状"路网结构
全面建设时代（1905—1938 年）	民国时期，华侨投资刺激了商业及房产业的发展，近代城市管理制度与市政建设理念被引入，形成了中西交融的近代城市风貌

来源：根据《汕头市小公园顺昌街区保护利用项目规划》绘制

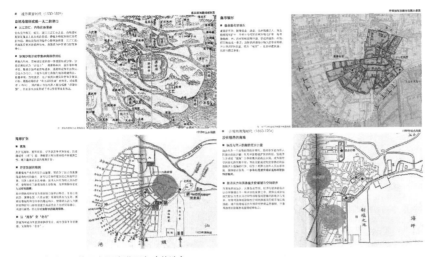

图5 小公园开埠区空间演进研究（节选）
图片来源：汕头市小公园顺昌街区保护利用项目规划设计方案

分类整治措施一览

建筑分类整治布局图

■ **保护修缮类**：23栋
对具有历史文化价值和保留意义的建筑，按照文物保护单位和历史建筑的保护要求，对残损破坏的部分进行保护修缮。

■ **保留整治类**：166栋
对建筑质量较好的非保护类建筑，可根据街区风貌导则保留特色要素进行整治改造，与历史风貌相协调。

■ **拆除更新类**：13栋
对连片与街区整体历史风貌不协调的建筑，根据街区规划设计方案拆除重建。

■ **原址重建类（近期遗址展示）**：26栋
对于结构破坏严重甚至以坍塌、但具有一定保护价值的非保护类建筑，近期可作为遗址展示，远期允许按历史风貌原址复建。

■ **拆除建绿类**：33栋
对建筑质量较差甚至已坍塌的建筑，根据街区规划设计方案公共空间设计要求，改造成为广场、绿地或庭院。

图6 建筑分类整治原则（节选）
图片来源：汕头市小公园顺昌街区保护利用项目规划设计方案

控制要素	设计指引	意向图
建筑风格	■ 顺昌街区建筑风格集中了潮汕传统民居、新古典主义、巴洛克风格等多种风格复合的形式；■ 严格按照建筑原有风格开展修缮，禁止风格混搭。	
建筑屋顶	■ 顺昌街区屋顶形式有传统金式山墙、传统平顶、阁楼平顶和平坡结合等多种形式；■ 严格按照建筑原有风格开展修缮，禁止擅自改变屋顶样式的设计方式。	
建筑立面	■ 顺昌街区多元复合建筑的风格，建筑立面组合形式较多，但基本以三段式为主；■ 严格按照建筑原有立面形式开展修缮。	

图7 建筑修缮指引（节选）
图片来源：汕头市小公园顺昌街区保护利用项目规划设计方案

（图7），并补充场地设计指引及"业态正负面清单"作为参考。

3）风貌保护与文脉传承：汕头市小公园顺昌街区微改造活化项目

目前，顺昌街区微改造活化项目正在推进之中。项目设计部分根据保护规划中的分类整治原则及修缮设计指引，对区域内的重要公产、单位产、主要街道立面确定了不同的修缮改造策略。如对重要列表建筑，参考相关保护要求，对各风貌要素进行严格保护，原状修缮残损部分，内部适度改造；而对主要街道立面上的风貌破坏较严重或风貌不协调的建筑，参考其现状风貌，将其建筑类型、体量、结构、材质、特色构件及与周边建筑的关系等因素与风貌基因库中的建筑进行比对，选取基因库中风貌状况相似的建筑作为参考进行修缮设计（图8），以协调街区风貌，回应历史文脉。

2.公众参与工具的运用

尽管小公园街区的更新改造中"由上至下"的力量仍然占主导，但其改造历程一直受到多方关注，亦在各方声音下获得了良性的发展（如《汕头市历史建筑修缮维护利用规程和指引》的颁布）。通过多种方式促进各利益相关方参与保护工作，帮助冲突的利益和群体进行调解和谈判，是保持更新工作的多样性与可持续性的重要一环。

1）通过数字平台实现信息公开及多方参与

2015年，汕头开埠文化数字陈列馆上线，运用虚拟现实技术、立体显示系统、互动娱乐技术等将文物、模型、多媒体融于一体，客观上增加了群众对片区的关注。2017

图 8　以建筑现状及基因库为依据的立面构件修缮设计（示例）
图片来源：汕头市小公园顺昌街区微改造活化项目文本

图 9　汕头老埠旅游产业服务平台界面
图片来源：汕头老埠旅游产业服务平台

年，由汕头市金平区文化广电旅游体育局指导的"汕头老埠旅游产业服务平台"上线（图 9）。它既包含了"览胜""淘玩"等提供游览指引的板块、便民服务模块，还包括了"今日老埠"等专注于街区新闻的板块，用户在获取街区相关信息的同时，能通过登录的方式发布游记、联系客服、提出建议，是扩大公众参与的一次尝试。

2）通过共同缔造工作坊实现社区赋权及多方对话

基础设施建设完成后，设计团队计划引入"共同缔造工作坊"，希望通过构筑政府、公众、规划师、社会或社区组织等多元主体互动平台，引导片区居民、租户、商家等形成发展共识，协商共治制定规划方案并落实，实现更广泛的公众参与。团队对工作坊内容提出了六点设想：

（1）以街道为主体，由市、区统筹发起多元化的工作坊行动，邀请居民、商家、社会组织、媒体、设计单位等共同参与讨论，提出问题，进一步明确希望实现的目标和核心任务。

（2）以公产、单位产为激发点应对产权复杂的难题，首先选取公共空间（如老妈宫等）进行场所营造。通过参与式设计鼓励居民参与自我更新，逐渐实现整个片区的渐进式

有机更新。

（3）挖掘街区文化要素，在空间规划上延续城市发展的文脉与肌理；建立"一日博物馆"，将空间改造与主题活动相结合；走访老居民，了解他们与建筑的故事，以口述历史的形式重现成长场景。

（4）成立小公园商家协会，就公共空间使用、服务优化、指引系统等进行讨论；成立街区风貌保护协会，邀请居民、业主单位、商家、政府、公益组织等参与，协商保护利用方式，保护街区原有风貌及多元生活模式的同时，适当创新业态模式。

（5）充分利用街区内的商会、

侨胞资源，寻找和培育有责任心、乐于奉献的社区能人。通过培训讲座、故事分享等，鼓励及带动其他居民发现问题，为社区改造建言献策；邀请社区能人担任社区导赏师，为社会人士、游客等介绍街区历史文化。

（6）充分发挥以奖代补制度的激励作用，在鼓励居民业主自我更新、沿街商户立面改造等多方面创造制度激励；探索一套适用于侨产、私产活化的机制体制：政府通过产权租赁、产权收购、房屋托管等方式获得建筑的保护开发权，通过工作坊引导公众从功能、形态等方面探索具体的改造方案。

四、总结

如今的小公园是不同时期、不同文化、不同社会状况、不同空间活动的产物，引入 HUL 的视角，能帮助我们更好地理解它的价值。在多方努力下，小公园开埠区的更新工作在研究规划、公众参与、规范管理、资金筹措等方面都进行了新的探索，并尝试在实践的过程中逐步建立它们之间的联系。但更新过程中亦存在着各种困难，如产权复杂对规划实施的影响、居民保护意识薄弱、"旧城"与"新规"之间的矛盾、资金筹措方式单一等，仍待进一步的探索。

[本项目的研究和设计由广州市城市规划设计有限公司、广州黄埔建筑设计院有限公司、广州市竖梁社建筑设计有限公司、广东工业大学等多个团队联合完成。]

参考文献

[1] 张兵 . 历史城镇整体保护中的"关联性"与"系统方法"——对"历史性城市景观"概念的观察和思考 [J]. 城市规划, 2014, 38（S2）: 42-48, 113.

[2] UNESCO. Recommendation on the Historic Urban Landscape [EB/OL]. http: // portal. unesco.org/en/ev.php-URL_ID=48857&URL_DO=DO_TOPIC&URL_SECTION =201.html, 2011.

[3] UNESCO. The HUL Guidebook: Managing Heritage in Dynamic and Constantly Changing Urban Environments[M/OL]. http: //www.historicurbanlandscape. com/themes/196/userfiles/download/2016/6/7/wirey5prpznidqx.pdf, 2016.

[4] 肖宗平 . 汕头小公园开埠区骑楼建筑研究 [D]. 广州: 广州大学, 2018.

[5] 吕琪 . 文脉延续视角下汕头小公园开埠区骑楼建筑保护利用策略研究 [D]. 广州: 华南理工大学, 2019.

[6] 袁奇峰, 蔡天抒 . 基于空间生产视角的历史街区改造困境——以汕头小公园历史街区为例 [J]. 现代城市研究, 2016（07）: 68-77.

澳门世界文化遗产中的夯土城墙及分类初探

张天一　冯　尖

张天一，澳门科技大学建筑学硕士（建筑遗产保护）在读。邮箱：52937@163.com。
冯尖，澳门科技大学建筑学硕士（建筑遗产保护）在读。邮箱：fengj3@mail.sustech.edu.cn。

摘要：城墙是一个城市边界，更是一个城市发展的象征。在拥有四百多年中西文化交流史的世界文化遗产地澳门，澳门城墙遗址是最重要的部分之一。文中针对前人对澳门城墙，特别是夯土墙研究的不足做出补充，结合古地图与文献，从功能和形式上对其做出分类和整理；并以此为出发点，希望丰富澳门世界遗产历史城区的文化价值，突出夯土墙在文化遗产保护中的重要作用。

关键词：澳门；城墙；夯土墙

一、澳门城墙建设始末

澳门的城墙大多是葡萄牙人修建的，其目的是不断占据用地，扩大势力范围。葡萄牙人最初登陆澳门晾晒货物时，并未有实际上的"居住权"。明嘉靖年间允许葡人居澳，并非将中国领土直接割让，也不是租借，更不是对其居澳没有任何条件限制。

据可信度较高的说法，明世宗嘉靖三十三年（1554 年）葡人对汪柏[①]行贿，获取了澳门的长久居留权利[1]。葡人获得租借地之后，明政府不允许其擅自"筑台建城"。但是葡人因贸易急需不断扩大用地，又担心激怒当时国力昌盛的明政府，于是通过新建城墙和建筑不断试探明政府底线。福鲁图奥佐（Gaspar Frutuoso）说："1568 年，由于中国海盗的骚扰侵扰澳门，特里斯倰·瓦斯下令建一道土坯围墙……葡萄牙国王们后来在那一带的许多城堡和城墙就是在那里开始的"。[2]

据史料记载，香山县令于明神宗万历三十四年（1606 年）派兵至青州，焚葡人堂屋。后葡人不服，再次"建寺[②]"。明熹宗天启元年（1621 年），两广总督陈邦瞻命人毁葡人所筑青州城，"番亦不敢拒绝"[3]。自此之后，葡人似乎有所收敛，澳门城墙的范围在很长一段时间里没有太大变化（图 1）。

直至 1846 年 4 月 19 日海军上校亚马留（João Maria Ferreira do Amaral，1803—1849）抵达澳门，21 日成为掌管澳门治权的第一位总督。以强硬的姿态开始进一步侵犯中国主权。亚马留打破传统的地界观念，改以关闸门为界，并在中方的关闸上刻下葡文[4]（图 2）。此处可根据当时的古地图进一步证实澳门城墙界限有变。在此之后，澳门城墙的功能开始转换，从"防御"转变为标识势力范围的"边界"，其中失去防御意义的部分，便不可避免地在各个时期被拆除。时至今

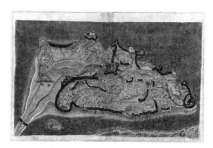

图 1　佩德罗·巴雷托·德·雷森德（Pedro Barreto de Resende，15??—1651）于 1635 年绘制的《MACAO》，现藏于埃武拉公共图书馆
图片来源："全球地图中的澳门"数据库，图像对比度经过调整，图中颜色较深者为城墙段

① 汪柏，字廷节，明代嘉靖十七年（1538 年）进士，授大理评事，升广东道副使，浙江布政使。
② 中国古人称外国教堂为"寺"，有明末清初诗人成鹫创作的《三巴寺》可以佐证，三巴寺即为大三巴牌坊。

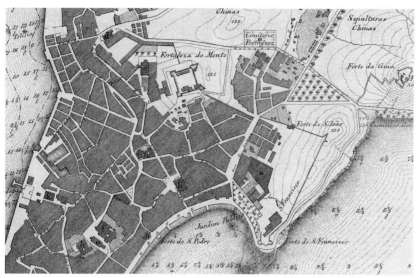

图 2　Palha, João Fradique de Moura, 1829—1908, 于 1865 或 1866 年绘制的《China, Costa de Leste. Macau com as ilhas e costas adjacentes》的中部，现藏于法国国家图书馆；此图澳门城墙边界清晰，并可见绘图上侧部分城墙已不存在，同时此图已经具有部分现代特征的地图元素
图片来源：澳门科技大学图书馆"全球地图中的澳门"项目提供

日，被澳门文化局认定的城墙只有四段，同时被列入了澳门第一批不动产清单里，在法律层面给予了支持和保护[5]。根据实地踏勘，澳门的城墙遗址不仅有不动产清单中的案例，也有相当一部分正在被陆续发现、评定。更进一步说，尽管有些城墙已经消失，寻回其准确位置也是十分重要的。

二、澳门夯土墙初探

在澳门第一批不动产清单里出现的四段城墙全部为夯土墙。除此之外，澳门地区也发现了很多夯土墙的踪迹。比如正在进行公众咨询阶段的第三批不动产清单①中，夯土墙是以"圣保禄学院遗址（围墙遗迹，茨林围两段）"身份出现的。笔者在实地踏勘中，于沙梨头巷北段亦发现了

被水泥包覆和风化严重的夯土墙。在烧灰炉炮台旧址前，亦有部分塌陷的夯土墙。这些遗址正待详细地测绘及分析、保护。澳门著名的圣保禄学院遗址（Ruínas de São Paulo）中，除上述片段外，两侧的围护墙体也是夯土墙。由此可见，在澳门的不可移动的文化遗产中，夯土墙仍有考究和挖掘的潜力。

1. "夯土墙"词义辨析

厘清词义本意对挖掘和探究文化遗产价值具有重要的作用。"夯土墙"的英语为 Rammed earth wall，葡语为 Chunambo。"夯土"与"墙"一词一字组成。前者为动词，"夯"本义为砸地基用的工具，引申为用夯砸，又为方言的用力打，即"大力"；"土"即为自然界中的土壤。由于其定义的普适性，这是在全球

范围内都可通用的——可以理解为"夯土"是一种建筑技术，即夯击土壤，而不可误解为某种特殊土壤。而"墙"一词便是用夯土技术筑造的墙体，包括城墙和围墙等，与此相区别的有夯土台基等。

夯土技术在全球各地范围内都有所普及，是一种具有普适性和可循环利用的建筑技术。夯土具有很强的区域性——在不同地区会有不同的适应当地气候的颗粒级配和其他添加物。在中国不同地区的夯土墙添加物有很大的差异性，如西北地区的夯土遗址会添加草秆、西藏地区会添加牛奶等。在中国南方的澳门及珠海等地会添加糯米粉和红糖水，但岭南地区的工艺又未必全部一致。而在亚非拉等地区也有发现添加羊毛等有机物，来增强夯土墙的强度。因此，同称为夯土墙，我们也需注意进行比较与分类。

2. 澳门城墙与夯土墙的关系

值得注意的是，虽然目前的澳门城墙全部为夯土墙，但仍不应排除澳门城墙会应用以石材为主的可能性。澳门葡人所筑的炮台和城墙在军事方面是呈同一体系的，所以炮台的建筑形式与材料会和城墙互相影响。如澳门的圣保禄炮台、嘉思栏炮台等，主要的墙体用料为石材，这与目前发现以夯土为主的城墙交合有所矛盾。不论是在功能与形式上，都应结合各个学科的优势，进一步挖掘和探索澳门城墙遗址的实证。

---

① 为持续有效保护澳门具有重要文化价值而未列入"文物清单"的不动产资源，文化局现根据第 11/2013 号法律《文化遗产保护法》第 22 条的规定，对一些反映本土文化特征、资料齐备、论证充分、评定条件成熟的第三批共 12 个不动产项目启动评定程序。

图 3　澳门茨林围部分围墙墙体，具有明显的夯土特征
图片来源：作者自摄

图 4　澳门烧灰炉炮台遗址塌落的材料，具有明显的夯土分层的特征
图片来源：作者自摄

三、澳门夯土墙分类案例

笔者发现在以往对澳门地区文化遗产保护研究中，叶健雄在修复圣保禄学院遗址的项目中提到了"防御式城墙"一词，其意为夯土墙的材料会随着功能而发生变化，并不是一概而论的[5]。基于此，笔者在前人的研究上，探讨通过施工材料与功能，将澳门夯土墙分为民用、军用两大类。其中民用夯土墙的土颗粒半径较细，主要由细腻的泥质组成，适用于民间建筑及不受炮弹等武力威胁的墙体。军用夯土墙则石英含量较高，并有体积较大的骨料，以加强墙体韧性。这两类夯土墙的遗址都有典型的案例可循。

1. 民用夯土墙

圣保禄学院由耶稣会创立于1594 年，是中国境内第一所西式高等教育机构[6]。现如今学院旁的茨林围和蔡记里正在进行第三批不动产名单公众咨询阶段（图 3）。两个围里的围墙实物遗址均为夯土墙。澳门文化局认为位于茨林围、蔡记里的围墙，印证了学院在历史上的面貌与兴衰，对确定圣保禄学院的范围具研究价值，同时作为圣保禄学院的实物遗存，可以进一步推断其背后的建筑设计手法、宗教传播理念和中西文化交流的体现等。

大三巴牌坊背后相连的两段夯土墙也是世界文化遗产的一部分。2015 年初，为了缓解夯土墙的风化，澳门文化局修补了大三巴两侧的夯土墙。其中提到小于 5mm 粒径的颗粒占所取样品的 60%，推断含泥量较高，有别于常见的高石英含量的"防御式城墙"。

2. 军事用途夯土墙

南湾炮台（Fortress of Nossa Senhora do Bomparto，又译作烧灰炉炮台），位于西望洋山东南面，南湾西头（the extreme western side of Praia Grande Bay）。炮台的东南角在 2021 年夏季的一场暴雨中发生了部分坍塌，从滚落的土块中可以清楚地观察到夯土材料，具有明显分层的特征（图 4）。其暴露的夯土材料中有石英砂等颗粒，同时肉眼观察比大三巴和茨林围的夯土墙黏土含量较少，同时手触颗粒级配较均匀，用料良好。

四、总结

澳门城墙作为重要的城市元素，在各个学科的研究中都有所涉及，包括常见的建筑学、城市规划学和考古学等。但是对于其城墙本体的研究还不够深入，如不同墙体的勘查资料、颗粒级配曲线、常见病害分析及应对方法等。进一步展开对澳门城墙的研究，有助于我们更好地了解澳门中西交流的文化价值。同时，我们应抱着严谨科学的态度面对不可移动的物质文化遗产，争取在更多方面挖掘实证和史料，让澳门在"后世遗时代"的道路上越走越好。

参考文献

[1]　姜秉正．澳门问题始末 [M]．北京：法律出版社，1992．

[2]　福鲁图奥佐．怀念故土（第二篇手稿）[J]．澳门：文化杂志，1997（31）：121．

[3]　戴裔煊．明史·佛郎机传 [M]．北京：中国社会科学出版社，1984．

[4]　吴志良，汤开建，金国平．澳门编年史（第四卷）[M]．广州：广东人民出版社，2009：1616．

[5]　澳门特别行政区政府文化局文化遗产厅．澳门被评定的不动产 2021 纪念物 [M]．澳门：澳门特别行政区政府文化局．

[6]　叶健雄．传统材料在澳门文物修复中的应用 [J]．澳门：文化杂志，2015，（95）：129．

传统营造方式中设计方法^①的现代适应性研究

林晓薇

林晓薇，华侨大学建筑学院硕士研究生。邮箱：418602560@qq.com。

摘要：本文是在对传统研究方法分析的基础上，对比农村自建房、仿古建筑、现代设计中大木匠师二次深化工艺做法。分析匠师在设计中的参与程度和发挥的作用，并试图解读匠师在初步设计阶段和深化设计阶段传统营造方式如何适应现代管理体系。

关键词：**传统大木营造**；**匠师**；**现代管理体系**；**适应性研究**

闽西本地大木匠师多数是父辈跟随本乡有名望的大木匠师学习传统营造技艺，少数匠师依靠自学成才，几乎没有大木匠师接受过现代的系统学习。现存匠师职业现状是少数会画图的匠师做设计部分、多数匠师配合古建公司做施工部分，本文主要研究匠师设计部分。这些工程现状既要满足现代管理的模式和设计规范，又要有细部工艺赖于传统工匠。这部分至今未检索到有学者对此进行研究，因此本文对此进行研究。

本文涉及的案例位丁闽西长汀。

长汀古城地处福建西部，从盛唐到清末均是州、路、府的治所，古建营建历史文化土壤深厚。黄有柏大木匠师长期致力于古建筑设计图纸的绘制并专注于闽西传统风格元素研究。担任长汀名城管委会的设计顾问时，参与了店头街、兆征路街道立面改造设计，丁屋岭古村落、新桥曲凹古镇、一江两岸太平桥长廊、艄公楼、大夫第五凤楼等项木结构施工设计，对于传统建筑的设计改良有丰富的实践经验。因此在分析设计体系改良的基础上，本文选择他的两个实际案例进行阐释（表1）。

一、长汀传统大木作设计方法

长汀传统大木结构受徽派穿斗式木结构体系的影响较大，长汀核心部分大木结构为适应当地自然地理人文环境，形成以前厅抬梁式加中厅和后厅插梁式组合为主要地域特点的结构形式。大木建成过程拥有与之对应的营建方式，建成过程经历选料、构件制作、大木安装三个部分，其中构件制作与设计相关，因此营造方式中的设计方法围绕构件制作展开，包括梁柱层、屋架层、特殊形状构件二个主要部分。

大木匠师项目类型及参与程度   表1

新建项目	大木匠师参与程度	项目类型	人员参与程度		
	设计中的全主导	农村自建房	●		
	↓			设计	施工
		仿古建筑		●	●
	辅助作用	设计院设计，大木匠师二次完善		●■	● ×

注：大木匠师●　　设计院■　　其他施工人员 ×
来源：作者自绘

---

① 传统营造方式中没有设计方法这个说法，由于对现代管理体系的适应，前期阶段出现了设计图纸，因此题目中有"传统营造方式中的设计方法"这个说法。

梁柱层构件制作所需设计图纸为地面图、篙尺、由心尺。其中地面图在图纸中主要记录建筑设计的关键尺寸、房间的大尺寸、定位柱位。竹篙的作用是标画檩高以及柱上所有的横向构件的高度位置，再根据标画卯口高度尺寸，即完成屋面算水、设计扇架组构、设计川路构件、设计由路构件。其中构件宽度在施工时，由师傅按照传统经验值进行设计。由心尺主要是标画面阔方向的数据，比如柱间距，作用是便于施工时放样面阔尺寸。屋架层在由心尺上标识了房间屋桷板、仰板个数，便于在施工时放样到屋架上。特殊形状构件制作时一般会绘制特殊构件大样图，在木板上标画出一定比例的木构件模板，施工时一般放样到木头上，再根据模板制作构件。

总结，传统大木作设计体系特点是通过将设计尺寸按实际比例标注在一个标准模具上，然后用模具实地放样到建筑上的方式来进行施工。受现代的影响，有的传统做法也会出现现代的剖面图辅助篙尺设计、地面图出现现代尺寸标注的图纸形式。在形式上相比传统做法标注出现更多的尺寸信息。

二、长汀传统大木作现代设计体系上的适应性改良

1. 现代管理体系

传统大木设计体系为适应现代管理体系，大木匠师根据项目的规范审批流程要求对传统设计方法做了一些改良以适应现代古建筑项目。长汀现有项目按审批流程分为农村

自建房和文物保护的建筑工程。农村自建房按照《福建省农村村民住宅建设管理办法》不用设计方案只要申请用地使用权，满足周围规划许可即可聘请大木匠师开工建设。仿古建筑根据文物保护审批程序，设计方案要通过文物局审查、批准后才可以进行施工。因此凡是文物保护工程都需要完整地通过审批程序的图纸，才可进行文物保护工程建设。

因此有图纸的文物保护工程采用现代设计做法，没有设计图纸的农村自建房采用传统设计做法。两者相比，传统设计做法在大木匠师方案构思确认后，即可开始施工，边施工边设计制作构件。文物保护工程前期需要图纸审查，因此，现代设计做法在传统设计做法的基础上做了一些适应性的改进，前期方案构思确认后开始技术图纸和施工图的绘制。与传统相比之下，现代做法将设计部分与施工部分剥离。设计图纸提前进行构件设计，施工时传统的设计体系中的篙尺、由心尺等仅在构件制作的时候起到放样作用。设计部分只剩下构件磨合时的二次设计调整（图 1）。

2. 初步设计改良分析

1）大木匠师对自身制图方法的改良

大木匠师在完全学习现代制图体系后，剖面图还保留大木构件制作时篙尺绘制的特点。大木匠师的图纸设计阶段分为四个：方案构思阶段、初步设计阶段、深化设计阶段、与施工结合的设计阶段。在方案设计阶段大木匠师会对构件进行定位，施工图阶段会设计构件具体尺寸。最后在与施工结合的设计阶段会根据施工实际需求对设计进行调整。

仿古建筑方案设计阶段的剖面图绘制与设计院设计图纸的不同之处在于，设计院图纸将所有构件尺寸标注出来，大木匠师设计图纸在此阶段只会对构件进行定位。其中在檩条和枋、柱的构件尺寸标注上出现区别，定位枋只定位枋的下皮、定位柱只定位柱中线、定位檩条只定位檩条的上皮。标注檩条上皮目的在于画出屋脊线，为后续屋桷板的铺设奠定基础。

大木匠师在完全学习现代制图体系后，又根据传统竹篙绘制定位柱高和定位卯口的特点，对现代制图体系作出了适应大木匠师施工的

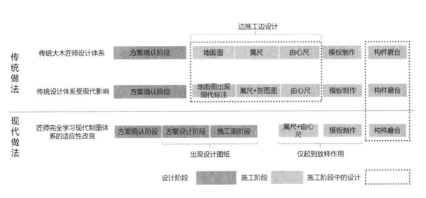

图 1 传统与现代做法的阶段对比图
图片来源：作者自绘

传统篙尺绘制上用单横线标注柱子垂直高度,用"| <—> |"标注孔洞位置,并在边上标注文字,以便识别。

现代制图定位檩条上皮,定位枋下皮

图2 大木匠师对现代制图的适应性改良
图片来源:作者自绘

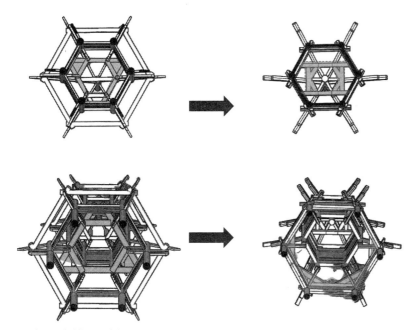

图3 亭子设计结构前后对比图
图片来源:作者自绘

改良(图2)。

2)六角亭、长廊项目——大木匠师对传统结构的现代改良

项目为农村某自建的景观小品,项目布局为六角亭附带长廊,设计院设计图纸按照闽西传统结构的一种类型设计亭子、长廊结构。根据《古建筑木结构抗震鉴定标准》,所有结构设计上都会考虑到抗震度要求。设计院设计的传统结构形式并不符合现代新建古建筑的抗震规范要求,因此大木匠师对设计院设计的结构形式进行改动。

六角亭部分改动将下层檐(言)

骑童(其同)支柱改为抹角梁与托脚的组合形式。上层檐(言)其同支柱改为井字梁与六边形梁组合,将闽西传统形制中的装饰挂落改为雀替三角木(图3)。

长廊部分不考虑传统的骑梁川插的形式,而改为更为坚固的骑果川插,并增加雀替三角木,防歪斜增加垂直力度,单面墙也改为更为坚固的双面墙。

3.深化设计改良案例分析

案例:龙学馆牌楼——大木匠师对设计院图纸设计完善

当设计院设计图纸出现问题无法施工时,会聘请黄有柏专家对设计院设计的图纸进行二次完善。如长汀龙学馆牌楼设计案例中,建筑方案设计阶段和施工图阶段是由中煤科工集团重庆设计院设计。后期由于牌楼部分在施工中出现问题,因此请大木匠师黄有柏对其进行了二次结构设计。

在方案设计阶段,由于缺乏对长汀传统建筑的建造知识,设计院在设计牌楼时,牌楼设计尺寸过大,与屋面冲突。这样的屋顶不能很好地疏导雨水,且设计不符合现代规范。

大木匠师在传统的设计的基础上,基于设计图纸现状,对项目中的结构进行数据的调整。对图纸进行深化改动如下:①修改屋顶坡度,下降屋顶高度,并修改其卷棚枋的形制。②提高斗栱位置,增加由枋高度,以便增加结构承载力。由于作图要满足施工要求,分别在当心间和次间牌坊斗底盘下加 500mm×140mm 和 500mm×100mm 的由枋,提高斗栱位置方便落水。③增加斗栱、雕花样式细部工艺施工图(图4)。

牌坊顶部高度是根据主屋的高度进行计算的,总高已经定下不能改动。下部梁架的高度是按比例计算的,下降到一定高度不能改动。牌坊的大小相对固定,且需要符合一定的比例。即使将牌坊重新设计,跟原先的设计差距也不大,只能继续修改下部由枋和屋面坡度。

设计院设计的前廊屋顶的脊高是按照传统设计下厅的方式来设计的,因此屋顶脊高偏高。因为有封火山墙隔挡,可以不用按计算下厅的脊高来设计屋顶高度,因此大木匠师修改屋面坡度和卷棚栋架的

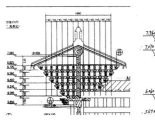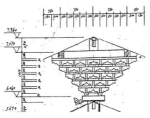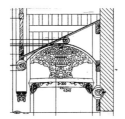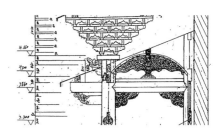

图 4　牌楼的尺寸相对固定，主要改动前后屋顶坡度、卷棚枋形式
图片来源：作者自绘

形制。将枋的尺寸从 140mm 改为 500mm，目的在于抬升斗栱位置，为倒水提升空间。其次也是为了美观调整，最终才使得牌坊满足雨天倒水的要求。

枋的传统尺寸根据匠师经验值的总结，宽度可以为 110mm、160mm、180mm、200mm、280mm，

传统建筑也有枋宽超过 500mm 的情况。大木匠师将枋宽增大的原因归于：汶川地震后，法规上新增条例，所有建筑在设计方面都应该考虑到抗震度的标准。因此，大木匠师增高了枋的宽度，提高构件的承载力，并在次间梁中间也增加其梁架支撑承载力（图 5）。

三、结语

黄有柏匠师在满足现代管理的模式和设计规范条件下，改良了现代的制图方式，这一举动既弥补了传统营造方式没有图纸的空缺，又帮助设计院避免陷入传统细部工艺知识不够完善的窘境。在木构设计上根据规范从初步设计和细节设计上改良了传统木结构，在保护传统营造方法的同时，又使建筑结构更适应时代的需求。匠师在传统工艺的适应性改良中发挥了重要作用，这种做法值得我们深入研究和探讨。

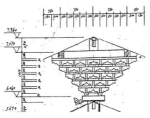

图 5　枋宽增加前后对比图
图片来源：作者自绘

参考文献

[1] 陈志宏，赵玉冰，李希铭.闽南传统匠师的近代转型——以惠安近代名匠杨护发为例 [J].南方建筑，2014（06）：22-26.

[2] 杨书杰.连城客家传统民居大木营造技艺研究 [D].华侨大学，2016.

被误读的"非典型"
—— 再思广州北斋拆除事件

郑安珩　冯　江

广东省自然科学基金资助项目（2019A1515011540）。

郑安珩，华南理工大学建筑学院硕士研究生。邮箱：
201921004732@mail.scut.edu.cn。
冯江（通讯作者），华南理工大学建筑学院、建筑历史
文化研究中心教授。邮箱：jfeng@scut.edu.cn。

摘要：2005 年的广州北斋拆除事件是较早引发公众参与建筑遗产保护讨论的代表性案例。本文回顾了北斋拆除的始末，梳理了当时的三个主要争议之处，结合相关历史线索和原北斋住户的回忆，重新剖析北斋建筑被误读或被忽略的遗产价值，并就建筑遗产价值的准确阐释和非正式遗产存续与拆除的价值博弈等问题展开探讨。

关键词：广州北斋；建筑遗产保护；集体住宅；价值阐释；非正式遗产

2021 年 9 月 3 日，中共中央办公厅、国务院办公厅印发《关于在城乡建设中加强历史文化保护传承的意见》，其中明确提到："着力解决城乡建设中历史文化遗产遭到破坏、拆除等突出问题，确保各时期重要城乡历史文化遗产得到系统性保护。"回顾在城乡建设中引发争议却依然难逃被拆命运的建筑，2005 年遭到拆除的广州北斋即为其中之一。广州北斋拆除事件可以说是较早引发公众参与建筑遗产保护讨论的代表性案例。

一、北斋拆除事件始末

1. 北斋概况及历史沿革

北斋位于广州市文明路德仁里，是国立中山大学文明路旧校区的教职工住宅[①]。北斋所在之处百余年来经历多次主体变更，但一直延续着文教用地的脉络（图 1）。1684 年，此处建成为广东贡院。1905 年科举制度废除后，两广总督岑春煊在贡院原址设立两广优级师范学堂。1912 年国民政府将其改作国立广东高等师范学校。1924 年，高等师范学校被并入孙中山创办之国立广东大学（1926 年更名为国立中山大学）[②]，其校舍

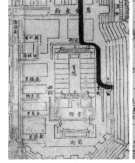

图 1　清末至今不同时期地图上的北斋所在场地
图片来源：从左至右分别为：《六脉渠图》（1888 年）；《广州市最新马路全图》（1924 年）；《一万分一广州市全图》（1929 年）；《1955 年广州市航空影像地图册》；百度地图（2021 年）

---

①　由于用地主体构成复杂，国立中山大学文明路校区旧址也有为附属小学及附属中学的教师设立的教职工住宅，本文主要关注原国立中山大学教授住宅。
②　见参考文献 [1]。

图 2　北斋鸟瞰照片（2005 年）
图片来源：《广州日报》，颜士然拍摄

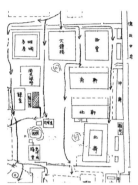

图 3　《国立中山大学文明路房舍位置图》（局部，1950 年前后）
图片来源：广东省档案馆

建筑也大体被沿用。抗战时期，日军轰炸重创国立中山大学文明路校区。1945 年国立中山大学复员广州后，校方重新修葺文明路校舍，请时任建筑工程系教授刘英智[①] 在学生宿舍楼原址上设计建造一座供教授及家属们居住的建筑，即后来所称的"北斋"[②]。

北斋为砖木结构单层平房，共26 户居住，每户的面积及户型近似，共 26 套约 40m² 的一厅两房户型。建筑四面围合，由围绕庭院的走廊连接；庭院设有十字形石板路，四角绿地遍植热带花木（图 2）。北斋与南面的南轩、北轩、中斋、西堂同为复员时期所修葺或新建的教授住宅，相连成片（图 3），称为"西堂住宅区"[③]。因广东省立中山图书馆新馆建设所需，西堂等四座建筑已于 1980 年代拆除。

2. 北斋拆除之始末

2003 年，省立中山图书馆的改扩建工程立项，将图书馆二期的建设

地址选定在北斋所在位置，2004 年已有对此事相关报道的《广州最后四合院年内消失》。2005 年 3 月 18 日，因改扩建工程推进，施工队砸下了拆除北斋的第一锤。虽然北斋当时未被列为文物，拆除工程经本地媒体集中报道后仍激起较大舆论风波（图 4）。民间自发开展各种对北斋的保护行动，中大校友及北斋原居民等团体通过张贴标语、向媒体发言等方式，向社会公众表达北斋的历史价值；同时省市政府参事亦一度呼吁缓拆北斋[④]，并建议文物部门重新评定其历史价值后再行定夺。同年 3 月 23 日，省文化厅召开北斋问题专家座谈会，省市文物专家和建筑学者共 11 人出席。会议认为，北斋既不属于四合院，也不属于文物建筑[⑤]，较之对文化建设有较大促进的图书馆工程，北斋可不加以保留。最终，北斋被拆除，在原址建成广东省立中山图书馆 C 区馆舍，为地上 7 层、地下 4 层的综合大楼（图 5）。

图 4　2004 年至 2005 年关于北斋拆除事件的部分新闻报道
图片来源：作者自摄

---

① 据笔者采访北斋曾经的居住者，北斋可能由工学院教授构成的小组共同设计，因此设计者可能不止刘英智教授一人，但此说法目前未获任何书面资料证实，故本文仍参考目前的普遍说法，即刘英智教授为北斋的主要设计者。

② 见参考文献 [2]。

③ 《国立中山大学校刊》1937 年 10 月 5 日的总务工作报告中"校舍修建"一章提到："计先后修理教职员宿舍，学生宿舍……及西堂住宅区，与其他各项房舍等，共一百三十余座。"又提及"旧校西堂住宅区，及新建西堂住宅区，亦应按院部人员人数比例分配，以昭公允"。可见"西堂住宅区"所指至少包括重新修葺及新建的 5 座教授住宅，见参考文献 [3]。

④ 见参考文献 [4]。

⑤ 见参考文献 [5]。

图5　广东省立中山图书馆鸟瞰（左，靠近图片上方为在北斋原址建成的C区馆舍，2018年摄）与C区馆舍首层的北斋旧址立牌（右）
图片来源：作者自摄（左）；引自广东省人民政府网站（右）

3. 拆除之争

梳理北斋拆除事件的各方观点，有三个问题一直引起争论。

第一，关于北斋是否属于"四合院"的辩论。因为北斋呈四面围合的布局，当时的媒体据此建筑特征将北斋表述为"穗仅存四合院"。这一说法在北斋拆除10年以后依然被提起[①]。而文物专家及建筑学者则从建筑学的定义上指出：北斋虽然四面围合，但只是外形类似四合院，其不具备典型四合院的特征。这一结论直接影响到北斋保留价值的评定。

第二，北斋曾有商承祚、符罗飞等文化名人在此居住，亦曾吸引毛泽东、周恩来等重要人物到访，具有深厚文化底蕴，其或许可被纳入名人故居类文物加以保护。北斋曾与各界名人结缘确是事实，但曾有相关人士指出，并不能只因有名人居住过，就要将建筑立为名人故居[②]。

第三，即便图书馆的扩建工程势在必行，北斋是否仍能获得更好的保留。比如，市政府参事在呼吁缓拆时曾提出，省博物馆在珠江新城筹建新馆，旧馆所在地已转交省图规划使用，因而扩建未必一定要通过拆除北斋来实现[③]。

针对上述三个问题，下文进行逐一辨析。

二、"非典型"与"典型"

1. "非典型"的四合院

因为四面围合的格局而诞生的"穗仅存四合院"之称为北斋带来了建筑价值上的误读。这里的误读是两方面的：一方面，媒体将北斋称作"四合院"，是不了解四合院尤其是北京四合院在建筑学上是一种特定称谓；另一方面，专家会议否定北斋为四合院，是从建筑学角度出发的，未考虑到公众一般不具备建筑学知识，没有去进一步揭示北斋本身的价值。

从建筑学角度上看，北斋的平面格局四面围合，所有单元面积和户型几乎一致，并不存在四合院不同空间之间的等级之分；且北斋由四边房屋相连成"回"字形，有别于四合院由抄手游廊串联实则各建筑间互不相接的特点。北斋的建筑形制更接近围屋的形式（图6）。

2. 近代广州居住建筑之"典型"

"四合院"之误读，恰也反照了北斋作为近代广州住宅建筑，因其格局之独特而有着难以取代的典型性。广州近代建筑设计采用围合布局的并不鲜见，国立中山大学部分早期校园建筑即采用此布局。如文明路校区分别作为文理科教室的东、西讲堂，及北斋前身的学生宿舍楼，建筑两至三层，立面均为外廊样式（图7）；又如石牌校区由杨锡宗主持设计的机电工程学院与土木工程学院、教职工宿舍等，高二至三层，立面风格多样[④]（图8）。

---

① 例如2015年3月《城市建筑》主办的"非正式遗产的维育"主题沙龙中，记者何姗认为："……我想在广州整个名城保护的体系没有建立之前，除了文物建筑以外，其他都是非正式遗产。最早出现有保护意识，且比较有代表性的是2005年3月的'北斋事件'，它是中山大学最早期的校址，也是广州唯一的四合院。"见参考文献[6]。

② 见参考文献[7]。

③ 见参考文献[8]。

④ 见参考文献[9]

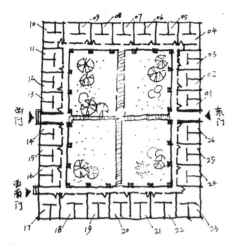
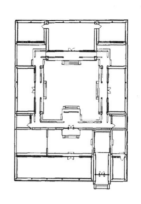

图 6　北斋平面与典型北京四合院平面对比
图片来源：原北斋 8 号住户回忆的建筑平面手绘图（左）；马炳坚《北京四合院建筑》（右）

东京工业大学建筑科毕业，1937 年至 1938 年任教于勷勤大学建筑工程学系，1938 年至 1952 年任教于国立中山大学建筑工程学系，1952 年后一直在华南工学院建筑学系任教[①]。北斋拆除计划公布后一年，《信息时报》对其女刘明慧的采访提及 1946 年时，中山大学委托父亲为教授及其家属们设计住宅时的一些思想渊源。她指出两点：一是刘英智对北方建筑的研究，以及考虑到居住在此的中大教授多生长自北方，间接影响了北斋建筑采用多见于北方的围合布局；二是刘英智曾留学于日本，他的设计喜好倾向类似日本的平房建筑以及均分的室内户型，减少垂直交通上下滋扰的同时宣示了居住在此"人人平等"的理念[②]。此外，抗日战争时期，刘英智作为中山大学建筑工程学系教师队伍的一员，

在北斋之前，国立中山大学各区校园采用围合布局的建筑基本高于一层，其较为宽大的建筑尺度鲜明区别于传统民居。在围合布局建筑诸多的各时期国立中山大学校园，北斋拥有更强烈的形似传统民居"四合院"的特征。结合建筑布局、立面手法以及建筑功能等多方面看，北斋在广州近代集体住宅建筑中难以找到其他相似案例，具有独特性，成为单独一类的"典型"。

关于北斋设计者刘英智的研究较为缺乏。刘英智出生于 1903 年，广东廉江青平镇人，1936 年于日本

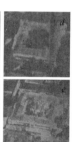

图 7　国立中山大学文明路校区部分建筑概貌
a 学生宿舍楼（1934 年）；b 东讲堂、西讲堂（中间为钟楼及礼堂，1910 年代）；c 学生宿舍楼鸟瞰；d 东讲堂鸟瞰；e 西讲堂鸟瞰（1932 年）
图片来源：a：参考文献 [1]；b：不详；c、d、e：《大众画报》，1934 年第 3 期

图 8　国立中山大学石牌校区部分建筑概貌
a 电气机械工程教室；b 土木工程教室（1934 年）c 教师宿舍楼（1937 年）d 电气机械工程教室、土木工程教室鸟瞰（今华南理工大学 8、9 号楼）
图片来源：a、b：参考文献 [1]；c：《国立中山大学现状》；d：作者自摄

① 见参考文献 [10]。
② 见参考文献 [11]。

辗转到云南澄江、广东坪石等地开展教学，当时教学条件艰难，系主任虞炳烈在坪石设计的临时校舍时，利用当地低成本材料建造①。这可能也对日后北斋建筑材料的选择上产生影响。

1945 年抗日战争取得胜利后，国立中山大学师生逐渐回到广州，彼时广州百废待兴，国民政府财政紧张，资金流向修复海珠桥、广九铁路等关乎经济发展当务之急的重要市政设施；但与此同时，由于复员回到广州的人口不断增加，而沦陷时期民房大多已经破坏，故屋荒问题一时十分严峻。国立中山大学的房舍也不堪容纳日渐增加的师生人数，修葺和兴建更多的宿舍势在必行。因此复员时期新建的住宅建筑，其最迫切的要求是建筑方案简洁明了、材料便宜可得、施工期尽短，且建设成本尽可能低廉。

从建筑布局及结构上看，北斋主体采用类似围屋的方式，空间上共面墙体最多，减少了造价较贵的山墙，是符合经济性之优选。另外建筑只作一层平房，可采用成本较低的砖木结构。2005 年拆除北斋的相关照片中（图 9、图 10），可见北斋的屋顶结构由多组六节间的豪式屋架构成。源自美国的豪式屋架基于三角形稳定原理，相比传统抬梁式和穿斗式，在构造上更简单②。

从微气候角度上看，广州地区的气候容易使四面围合的建筑产生西晒问题。北斋的多组豪式屋架构成了连贯通道，便于形成空气环流，增加室内外热交换效率；而且北斋充分利用庭院条件，四角遍植鸡蛋花、芒果树等阔叶花木，产生良好的遮阴效果，改善庭院微气候；加之北斋作为低矮平房，西侧被多层住宅遮挡，一定程度上缓解了西晒。

北斋的建筑设计是面对战争刚刚结束，市区满目疮痍而建设条件困难时的权宜之选。选择低成本的建造，内聚式的空间，尽可能更快地纳入更多的教职工居住，是灵活多变、因地制宜的策略。这正是北斋是否属于"四合院"的争论背后被误读或忽略的更具有意义的历史线索及建筑价值。

三、知识分子集体生活记忆的空间载体

在保留北斋的呼声中，不乏居民们对北斋生活记忆的怀念，因此有将其荐为名人故居加以保留的建议。《羊城晚报》在北斋拆除事件的报道中，更直接称之为"旧式市井生活绝版画面"和"鸿儒聚居地"③。民国时期，城市中洋楼、街屋和多层公寓住宅成为主流，诸如北斋的大院式集体生活显得弥足珍贵。北斋的院墙呈封闭围合状态，入口数量设置有限，主入口左侧的第 26 户即为整个西堂住宅区的管理员住所（图 11），在环境严峻的年代可以最

图 9 北斋西南角屋顶结构
图片来源：《羊城晚报》，何奔、吴万生摄

图 10 北斋屋顶桁架
图片来源：微博用户 @ 青砖麻石

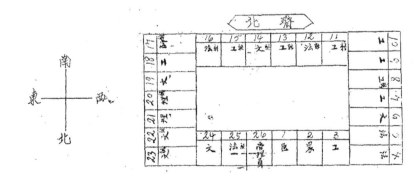

图 11 《新建宿舍分配各学院及新教授宅号图表》（局部）
图片来源：广东省档案馆

---

① 时任建筑工程系主任虞炳烈采用杉木板、杉树皮、竹竿、竹笪等建筑材料，并将建筑物区分为"用鱼鳞板之工程"和"用竹笪之工程"，以追求最低造价为中山大学缓解迁校的燃眉之急。见参考文献 [12]。

② 见参考文献 [13]。

③ 见参考文献 [2]。

少成本维持楼舍治安，保护中大教授及家眷。这也意味着建筑与外界联系较弱，而选择内在形成凝聚力，鼓励了居住者们积极参与使用庭院这一核心公共空间，促进了彼此的交流及共治。

1952 年以后，中山大学在文明路校舍基本只余西堂住宅区一片供教工及其家属居住，新聘的教职人员已不再居住于此，北斋逐渐转变为中大教授及其后人的成长地，住户们知识分子的身份特点使得北斋的生活氛围重视文化教育，常利用其专业所长熏陶院中孩童[①]，激励了住户们对北斋社区自发的建设管理。如 1958 年"大跃进"期间，居住在北斋的教授夫人们响应国家解放妇女劳动力之号召，自发利用东侧的废弃工具房改作幼儿园（图 12 左），并分工担任教学、生活教师，方便附近居民子女实现上学需求[②]。许多北斋后人因自幼深受集体氛围影响，成年以后继续投身学术或文化事业。

可以说，北斋成了知识分子集体生活记忆的空间载体。类似围屋

的设计间接促进了居民的交流共治，并让这种记忆依然存续于居民远离北斋以后的生活当中。正因北斋承载了这难能可贵的集体记忆，居民们在得知北斋拆除消息时纷纷表示不舍，并通过各种方式极力守护自己最后的"乡愁"。北斋拆除后多年，他们仍然念念不忘（图 12 右）。这种具有文化底蕴和乌托邦色彩的知识分子集体生活记忆，正是比起斟酌多少名人曾在此居住、住了多久等问题，更能代表北斋作为"故居"的价值所在。

四、过往的痕迹与记忆的唤醒

北斋的保留与拆除之间的价值博弈，指向的是意义（重要性）之争：保留建筑遗产、延续历史风貌和集体记忆更重要，还是建设新的文化设施、促进新的文化生活更重要？此类争议在历史环境更新改造的过程中不断发生，今后也会继续面对、无法避免。保留与拆除构成了一组非此即彼的选择，导致要将两种不易比乃至不可比的价值放在同一架

天平的两端进行比较，最终造成鱼与熊掌不可兼得的困境。在不同话语体系和各自评判标准下的一较高低，往往难以达成共识。在将拆除和保留放到天平上之前，也许更重要的是去了解拆除与保留背后真正的目标，然后才能判断是否需要以及可以和解，是否必须进行要么保留要么拆除的极端选择。今后对待类似情形，如何能为待拆的非正式建筑遗产提供更有利的存续条件？

北斋作为历史风貌和特定历史时期知识分子集体生活记忆的空间载体，需要讨论建筑与记忆之间的具体关联。一方面，如果建筑实体灭失，虽然记忆可以留存，但却失去了开启记忆的阀门；另一方面，在没有遗产身份的情况下，是否需要完整保留北斋才能开启记忆之门，还是说可以通过一定的历史痕迹来唤醒记忆？从北斋的情况来看，即便当时不能完整保留原有建筑，但仍然有机会在新的设计中仔细甄别原场地和北斋建筑中有价值的痕迹并让其存续下去，正如 2021 年普利兹克奖得主安妮·拉卡顿（Anne Lacaton）和让-菲利普·瓦萨尔（Jean-Philippe Vassal）所言："我们的准则是：不去拆除已经存在的建筑，不去撤销已经完成的成果，不去除依然有活力的东西，而是在保留现存的城市肌理中去增添和加强。"[③]

北斋既是城市历史的"储存器"，也可以成为城市新生活的"发生器"。让身为"储存器"的老建筑兼负"发生器"的可能，需要持续深化多层

图 12 原北斋住户梁炽回忆北斋生活场景的手绘图
图片来源：原北斋 17 号住户梁炽手绘

[①] 比如，参考文献 [2] 中所提及罗思宁教授与其姐姐在北斋的成长历程："……尽管缺少父亲的亲自教导和指点，但北斋的父辈邻居却对她们一路扶持、帮助她们健康成长……"

[②] 见参考文献 [14]。部分细节在笔者对该文献序作者林子雄先生的访谈中亦有补充。

[③] 见 Lacaton 和 Vassal 2015 年在哈佛大学 GSD 的讲座"Freedom of Use"。译文引自公众号"全球知识雷锋"文章《普奖公布，中外知名建筑师第一时间想说什么？（附 L&V 讲座 / 寄语）》。

次的、具体化的保护措施，为更多没有身份的建筑遗产找到"容身之所"。某种程度而言，北斋最终被拆除的一大原因是其未获得任何法定身份。和现在不同的是，当时我国还没有历史建筑名录和传统风貌建筑名录，除了文物以外的其他老建筑都是非正式遗产，在存亡关头无法拿出护身符[1]。战后困难条件下建成的北斋采用了权宜的做法，但缺乏维护，多年来漏水、虫害等病害问题一直侵扰，几近危房状态[2]，日渐劣化的建筑外观使北斋独特格局背后的建筑价值更难以得到正视。在只有"文物"和"非文物"之分的时期，北斋未能获取法定保护身份。

北斋拆除事件成为公众建筑遗产保护意识的一个萌发点，2013年金陵台、妙高台的拆除事件再次引发公众舆论，促进了历史建筑保护工作的开展[3]；后来，传统风貌建筑线索的认定也在逐步展开。不断细分出的历史建筑、传统风貌建筑等范畴，为不同背景、境况的建筑遗产匹配相应的保护身份，也让建筑遗产保护工作不只停留于"拆"和"留"的二元化选择，历史建筑和传统风貌建筑线索的保护机制是通过价值要素判断，在保护价值要素的前提下给予建筑更多活化改造空间[4]，平衡了价值保护和当代合理使用，更加现实可行[5]。不妨想象，若北斋的拆除计划发生在当下，便有可能获得历史建筑身份，价值要素判断为下一步的选择性保留提供依据，而不必因其非正式遗产的身份而失去相应的保护机制。

五、结语

再思广州北斋拆除事件，当时将其称为"四合院"是对建筑形制的误读，影响了北斋建筑价值的判断。作为广州近代"围屋"式集体住宅，北斋是"非典型"的典型案例，同时作为知识分子集体生活和集体记忆的空间载体，具有独特意义。非正式遗产身份在面对新空间和新功能的介入时可以不必陷入非此即彼的拆留选择，其历史和记忆依然可以在尊重场地和历史痕迹的设计中得以延伸，不仅作为城市历史的"储存器"，也可以成为城市新生活的"发生器"。

生存，还是毁灭，对于非正式建筑遗产来说，并不是一道必做的单选题。

参考文献

[1] 张掖. 国立中山大学成立十周年新校落成纪念册 [M]. 广州：中山大学出版社.1934.

[2] 最后的北斋，往事并不如烟 [N/OL].[2005-3-10].http://news.sohu.com/20050310/n224627819.shtml.

[3] 国立中山大学事务管理处，总务工作报告本校总务重要事项处理经过 [N]. 国立中山大学校刊，1937-10-05.

[4] 80 岁北斋拆迁起波澜 [N/OL].[2005-03-16].http://news.sohu.com/20050316/n224719250.shtml.

[5] 何晓兵. 华南师范大学经济与管理学院. 从"北斋事件"看危机管理中的媒体沟通 [C]// 中国科技情报学会，2010.

[6] 冯江，郑力鹏，曹劲等."非正式遗产的维育"主题沙龙 [J]. 城市建筑，2015（10）：6-20.

[7] 北斋曾记否，往事终成烟? [EB/OL].[2017-05-03]. https://www.sohu.com/a/137932876_526351.

[8] 省市府参事急吁停拆北斋 [N/OL].[2005-03-16].http://news.sohu.com/20050316/n224717733.shtml.

[9] 孙杨栩. 华南理工大学校园早期建筑文脉研究 [D]. 广州：华南理工大学，2014.

[10] 彭长歆，庄少庞. 华南建筑 80 年：华南理工大学建筑学科大事记（1932—2012）[M]. 广州：华南理工大学出版社，2012.

[11] 广州最后四合院年内消失 [N/OL].[2004-04-07]. http://news.163.com/2004w04/12515/2004w04_1081296098470.html.

[12] 侯幼彬，李婉贞. 一页沉沉的历史——纪念前辈建筑师虞炳烈先生 [J]. 建筑学报，1996（11）：47-49.

[13] 彭长歆. 广州近代建筑结构技术的发展概况 [J]. 建筑科学，2008（03）：144-149.

[14] 曹赞. 文明昔采：清代广东贡院：民国中山大学建筑风景油画集 [M]. 广州：岭南美术出版社，2011.

[15] 张智敏，刘晖. 一起公共事件的余波——广州旧城改造转变的观察 [J]. 新建筑，2015（03）：9-13.

[16] 冯江，汪田. 两起公共事件的平行观察——北京梁林故居与广州金陵台民国建筑被拆始末 [J]. 新建筑，2014（03）：4-7.

[17] 刘晖，梁励韵. 历史建筑的认定与保护 [J]. 南方建筑，2011（02）：23-25.

---

① 见参考文献 [15]。
② 见参考文献 [4]。
③ 见参考文献 [16]。
④ 见 2021 年 10 月 9 日由广东省住房和城乡建设厅印发的《广东省历史建筑和传统风貌建筑工作指引（试行）》。
⑤ 见参考文献 [17]。

文化糅合视野下甘南拉卜楞寺喜金刚学院建筑彩画研究

黄跃昊　　王长江

国家自然科学基金项目（项目编号：51668030）。

黄跃昊，兰州交通大学建筑与城市规划学院教授。邮箱：huangyh@mail.lzjtu.cn。

王长江，兰州交通大学建筑与城市规划学院硕士研究生。邮箱：changjianglanzhou@126.com。

摘要：喜金刚学院作为拉卜楞寺六大学院建筑之一，整体形制为藏汉结合式风格，其建筑彩画体现出鲜明的多民族文化糅合特征。通过对殿内建筑彩画取样，借助 EDX 能谱分析、X 射线粉末衍射分析、激光共聚焦显微拉曼光谱分析、显微镜观察和扫描电子显微镜成像等实验，对颜料样品及地仗层进行分析，结果表明喜金刚学院建筑彩画多采用青海黄南州传统技艺及绘制原料。颜料、绘画技艺伴随画匠及匠帮群体的迁移，间接推动了本地区汉藏文化交往、交流、交融，使各民族文化糅合共生，成为中华文化不可或缺的重要组成部分。

关键词：喜金刚学院；建筑彩画；颜料；地仗层

一、喜金刚学院建筑概况

拉卜楞寺位于甘肃省甘南藏族自治州夏河县拉卜楞镇西南，始建于清康熙四十九年（1710 年），是藏传佛教格鲁派（黄教）六大寺院之一，寺内有经堂、佛殿、活佛府邸、僧舍等百余座建筑，于 1982 年被列为第二批全国重点文物保护单位。拉卜楞寺在区域文化层面处于河湟多民族文化的辐射范围内，不同匠帮、技艺在寺院建筑中均有所体现，在建筑彩画装饰方面受到以青海黄南州同仁市为代表的"热贡艺术"影响，寺内建筑彩画展现出鲜明的多民族融合特征和多重文化发展脉络。

拉卜楞寺有显、密宗共六大学院，喜金刚学院是寺内重要的密宗学院之一。喜金刚学院藏语称"吉多尔扎仓"，位于嘉木样寝宫南侧、白度母殿东侧，主要作为寺内僧众诵经、集会、礼佛及学习汉历的场所。喜金刚学院主体建筑由嘉木样四世于清光绪五年（1879 年）主持修建，1956 年该建筑失火而毁，1957 年依照原有形制重建，同时在三层平顶之上增建汉式单檐歇山木构建筑。

喜金刚学院建于大夏河北岸二级台地之上，院落总体坐西北朝东南，平面基本呈规则矩形，大门位于院落东南侧，院内东北及西南方向分别设置有转经廊道。大殿平面呈"凸"字形，占地面积约 750m²，坐落在 1m 高的台基之上，由经堂和后殿两部分组成。经堂面阔 5 间，进深 8 间，为 2 层密檐平顶结构。经堂前出 2 层门廊，底层共 8 根十二楞柱，供信徒日常礼拜使用。经堂一层高约 4m，内部设 4 排 5 列共 20 根柱子，中心 4 根柱子为通柱，在承托 2 层屋面的同时形成通高 2 层的内部空间。二层高约 4.5m，中心为"回"字形礼佛回廊，由四周墙体向内出挑的斗栱承托，其形制与汉式传统斗栱构造不同，无坐斗和正心栱，仅向内出一翘，翘尾直接插入承重石墙内，回廊四周被木板隔墙划分为不同的空间，分别作为僧舍、仓库以及活佛休息室使用。经堂二层东西两侧各开 7 扇推拉窗，并在回廊前后设置 2 处天井，便于日常采光、通风。穿过经堂及殿内东侧大门便可以进入内部的佛殿，其面阔 5 间，进深 2 间，共 4 层，一到三层为密檐平顶结构，三层屋顶中央为金顶（图 1）。佛殿西北角设置有楼梯以连接各层，每层东西两侧各开 2 扇推拉窗。后殿一层通高两层，正中为嘉木样活佛坐席和法台，三层为存放佛像、经卷以及

图1　喜金刚学院三层及四层金顶
图片来源: 作者自摄

图2　喜金刚学院前廊柱头彩画及装饰
图片来源: 作者自摄

法器的仓库，四层面阔3间，进深1间，南侧正中开门，汉式单檐歇山顶，檐下施单翘三昂五踩斗栱，金顶屋面覆镏金铜瓦，置镏金铜质狮、龙、宝瓶、如意和法轮等法器。

二、喜金刚学院建筑彩画特征

据寺院内僧人介绍，绘制喜金刚学院大殿建筑彩画的画匠多来自青海热贡地区（今青海省同仁市），其中以藏族为主，兼有少量汉族画师，每名画匠负责不同的建筑构件，大家通力合作共同完成整个建筑彩画绘制工作。喜金刚学院建筑油饰彩画集中分布在大木构件、四层金顶外檐和室内门板等部位；从彩画绘制内容及整体风格上进行比较，可分为藏式传统建筑彩画和汉藏融合式建筑彩画。

喜金刚学院大殿一层门廊处为典型的藏式传统建筑彩画，柱子为藏式十二棱柱，以朱红色为主色，结合蓝、绿、橙等色彩，整体为暖色调，烘托出庄严、华贵的氛围。柱身底部四分之三均为朱红油饰，施单披灰地仗，刷朱红油皮两

道。柱身顶部四分之一处装饰有藤蔓、卷云纹等木雕图案，并施以不同颜色的油彩（图2）。木柱之上置托木，托木短弓上雕刻有塌鼻兽图样，兽首两侧为卷曲的卷草纹饰，施红、蓝、黄、绿四色油饰，用以象征头衔和权利，有阻挡魔兽的寓意；长弓正中雕刻有命命鸟图样，这是藏式宗教建筑柱头处常用形式，两侧为沥粉贴金的盘龙造型，四周围绕有透雕卷云纹饰，盘龙造型为木板雕刻后施以油饰，再用胶水黏贴在长弓之上，与中间的图样共同形成一个三段式的拱形雕刻装饰图案。托木之上置兰扎枋、莲瓣枋和蜂窝枋，兰扎枋中心为贴金双鱼造型，两侧枋心处有蓝底金色的经文。莲瓣枋共分为3层，外层为蓝、绿相间的莲瓣纹，用金粉勾边，中层为金色沥粉装饰，内层瓣心施红色、有白色油饰描边。蜂窝枋在藏语称"白玛曲杂"，层层叠叠的图案模仿叠起的佛经经卷形式，以红、黄、蓝、绿四色交错布置，整个枋头凸起部分颜色由内而外逐渐加深，形成渐变效果。蜂窝枋上设双层椽头，下层椽头为金色描边的三色祥云，上

层为对角线相互连接的交叉图案，椽子间为四色祥云。整个柱头左右对称，图样和颜料顺序有固定的模式，不能随意改变。

大殿的殿门为典型藏式风格，三重门框，双扇对开板门，均施油饰。左右两侧边框由月亮枋、莲瓣枋、蜂窝枋等构件组成，其形制、做法与前廊柱头相同。门扇装饰较为统一，施一布二灰地仗，二层朱红油皮，不做彩画，但由于喜金刚学院等级较高，因此在殿门上除了施朱红油饰外，还使用刻有缠连枝纹样的装饰图样，并在中部平行布置两个相互对称的坐龙纹饰，两侧排列行龙纹饰，整体图样对称分布，均施沥粉金饰。殿门四角及边线处镶包铜铁饰件，正中置鎏金铺首、门环等；门楣上方以椽子出挑多层枋木和一层蹲兽彩绘木雕，两侧为大象木雕；整体门楣上方木构件多达六七层，或层层雕刻，或涂绘各种图样，以红、绿、蓝、橙为主要色调，形成十字交替图案；门框四角绘制有金色法轮，并延伸出抽象的卷草纹饰；同时在门框中心布置贴金饕餮兽首图样，藏语称其为"珍果巴察"，象

征一切无尽财富与优秀形象。大门处饕餮图案与龙纹共存，汉藏融合的大门装饰艺术体现出藏传佛教寺院对大门极为重视。

一层西侧楼梯间入户门为单扇板门，门框施橘红色油饰，门板处绘制有自然山水图样及和睦四瑞图，和睦四瑞图主要由大象、猴子、兔子和鹧鸪鸟组成，背景为圣山、祥云和佛塔，该图主要表达出藏族人民对团结和睦、宁静美好生活的向往，是一种祈福纳祥的建筑彩画表达形式。喜金刚学院大殿二层设有出挑门廊，供采光或登临观瞻之需，其双扇对开门同样以撑枋和椽飞挑出门廊，出挑梁枋上施斗栱，梁枋、斗栱彩画样式较单一，多为卷云吉祥草纹。二层东西两侧均开有小窗，均为单层窗框，十字形或一码三箭式窗棂，对开式窗扇，彩画的主要部位是边框、撑枋及椽望构件，其装饰色彩浓郁，颜色比较固定，均为蓝、绿、黑、白色为主的单色油饰。窗子的外边框、椺条一律饰绿色，窗扇为土红色。由于藏传佛教特殊的礼佛习惯，每年在建筑外墙喷涂红、白、黄色泥浆，使得木构件上的彩画被污染，影响整体建筑色彩风貌。

经堂二层天井处的彩画是汉藏融合式风格，鲜明地体现出汉藏工匠在绘制过程中彼此采借和交流的特征。喜金刚学院二层天井柱间枋上的彩画以朱红色为底色，缀有水波纹底图，这是建筑彩画工匠祈求自己所绘建筑能避免受火、保障建筑安全的一种祈福镇宅方法，这种建筑彩画做法在河湟地区的佛殿、清真寺、民居等类型建筑中均有所出现。枋子上的彩画构图形式与清

代璇子彩画类似，为三段式结构，分为箍头、藻头和枋心三个部分。箍头处为蓝、绿、红三色装饰的祥云纹，不同于璇子彩画一整二破样式，其最边缘祥云仅绘半个，形成一个三角形的组合图案。藻头处为组合式团状卷云图案，每层相互叠加，直接施不同色彩进行装饰，在视觉上形成层层重叠的观感，以突出枋心。枋子中部枋心处绘制有抽象的缠枝纹图样，面积占整个枋的二分之一，西侧的枋上绘有绿色倒挂蝙蝠图样，将卷云与蝙蝠相互融合，带有祥云送福的寓意。檩子的装饰较为简单，是蓝、绿、红三色相间的团云图案，椽子头为四色团花纹饰，闸挡板与飞椽根部装饰也为四色祥云图，椽头施绿色油饰。天井四周为木质隔墙，墙板内均施黄色油饰，上饰雪莲花、寿字纹等装饰纹饰。

第四层的歇山金顶建于 1957 年，其外檐建筑彩画为汉藏结合式风格。平枋与额枋的彩画在构图上与清代旋子彩画构图相类似，但将整个构件分为两部分，以中心团花纹饰为中轴，两侧相互对称，每部分为三段式结构，箍头与藻头处为四色卷云图案，枋心内以黄色颜料为底，绘以牡丹花图案，各图案间用白色颜料描边，以突出图案的形态和颜色。平身科斗栱为单翘三昂五踩斗栱，出 45° 斜栱，以四色卷云纹为主要图案，外缘白色收边。栱眼壁边缘与斗栱连接部分用蓝、绿色油饰叠加形成渐变色彩，以白色打底，内绘如意宝、石榴、桃子等象征丰收、多子的图样，彩画纹样以黑色细线勾勒，橙色和绿色为主色调。柱间木板墙划分为四个部

分，以黄色为底，中心绘寿字纹，四角为暗红色卷草纹。金顶椽头绘制有五瓣梅花图案，相邻椽子施不同颜色的油饰，形成色彩丰富的装饰效果。

三、喜金刚学院建筑彩画颜料及地仗层成分探究

本次试验初步分析了拉卜楞寺喜金刚学院大殿建筑彩画中橙红、蓝、绿、黄四种颜色彩画颜料的化学成分，并对地仗层的组成和材料进行分层剖析。喜金刚学院建筑彩画主要以橙红、蓝、绿及黄色四种颜色为主色调，笔者根据彩画在各构件分布位置，对以上四种颜色在不同位置进行取样，分别进行 EDX 能谱分析、XRD（X 射线粉末衍射）分析、激光共聚焦显微拉曼光谱分析，对地仗层进行 EDX 能谱分析、显微镜观察以及扫描电子显微镜成像观察实验。

1. 实验仪器及方法

EDX 能谱分析在 JSM-5600LV SEM 配置的瑞士 KEVEX-EDX 分析仪上进行测试，电压为 20kV。XRD（X 射线粉末衍射）分析在 SHIMAZU XRD-6000 粉末衍射仪上进行，仪器条件为铜靶，40.0kV，30.0mA，扫描格式为 θ-2θ 连续扫描格式，扫描速度为 6.0000（°/min）。激光共聚焦显微拉曼光谱分析在 Labram HR 800 激光共聚焦显微拉曼光谱仪上进行，激光器波长为 532nm，使用 CCD 探测器及 InGaAs 探测器，显微尺寸分辨率为 1μm。显微镜观察以及扫描电子显微镜成像实验采用直接观察法。

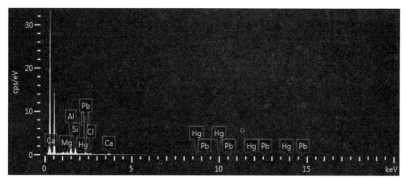

图3 橙红色颜料 EDX 能谱分析图
图片来源: 作者提供

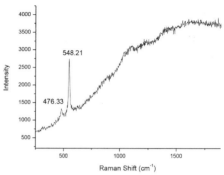

图4 橙红色颜料样品 Raman 分析图谱
图片来源: 作者提供

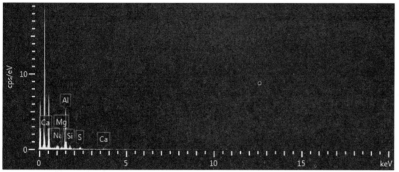

图5 蓝色颜料样品 EDX 能谱分析图
图片来源: 作者提供

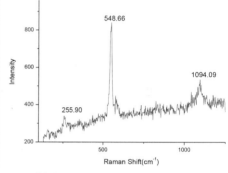

图6 蓝色颜料样品 Raman 分析图谱
图片来源: 作者提供

2. 建筑彩画颜料分析

对喜金刚学院一层殿门处蜂窝枋、梁头、柱子等部位橙红色颜料进行取样，借助 EDX 能谱分析和 X 射线粉末衍射分析，发现样品中主要含有 Pb、Al、Si 等元素（图3），Al 和 Si 在样品中分别占比 26.7% 和 24.5%，原因在于彩画地仗层中使用土壤及细沙，Pb 则占比 20%。进一步通过 Raman 分析图谱显示（图4），橙红色样品在 476.33cm^{-1} 和 548.21cm^{-1} 有振动峰，结合 EDX 能谱分析图及 XRD 谱图，判断其主要成分为四氧化三铅（Pb_3O_4）。

喜金刚学院殿内莲瓣枋、蜂窝枋、椽头装饰和四层金顶斗栱处常用蓝色颜料，对样品进行实验，EDX 能谱分析结果显示颜料内主要元素为 Na、Al、Si（图5）。群青颜料分为矿物质原料和人工合成原料，青金石作为天然的矿物质原料，均来自国外，且价格高昂，国内建筑彩画中极为罕见。Raman 分析图谱显示样品颜料在 255.90cm^{-1}、548.66cm^{-1}、1094.09cm^{-1} 处出现峰值（图6），这与人造群青图谱出峰位置相近似，可以确定建筑彩画使用的蓝色颜料为群青（$Na_6Al_4Si_6S_4O_{20}$）。

通过对喜金刚学院梁、枋和金顶斗栱处的绿色彩画颜料进行取样试验，借助 EDX 能谱分析进行实验，颜料主要成分为 Al、Si、Cu、As 元素（图7），其中 Al、Si 偏多的原因也是颜料层内粘连有部分地仗层，这与橙红色颜料 EDX 能谱分析结果相类似。根据 XRD 分析谱图（图8），样品的 2θ 值在 22.78° 和 30.94° 有着强烈的衍射峰，结合 Raman 分析图谱，这与巴黎绿的主衍射峰和反射谱图相吻合，因此表明绿色颜料为巴黎绿 $Cu(C_2H_3O_2)_2 \cdot 3Cu(AsO_2)_2$。

对喜金刚学院木板墙、平枋池子内黄色颜料进行取样分析，通过 EDX 能谱分析实验，从计数率和含量可以看出，样品颜料中含有大量 As、S、Si、Ca 等元素（图9），结合 Raman 分析图谱，在 294.27 cm^{-1}、312.12cm^{-1}、351.62cm^{-1} 有振动峰（图10），同时对比 XRD 测试结合，其主衍射峰与雌黄（As_2S_3）颜料峰形相同，可判定该颜料为雌黄。

喜金刚学院建筑彩画中橙红色、蓝色和黄色颜料在 EDX 能谱分析中显示均存在较多 Ca 元素峰值，其原因在于由于其彩画颜料层很薄，在扣取样品时粘连部分白色地仗层，该部分为 $CaSO_4$，因此 Ca 元素常出现峰值。

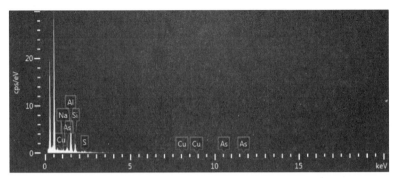

图 7 绿色颜料样品 EDX 能谱分析图
图片来源：作者提供

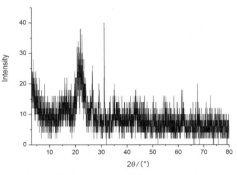

图 8 绿色颜料样品 XRD 分析图谱
图片来源：作者提供

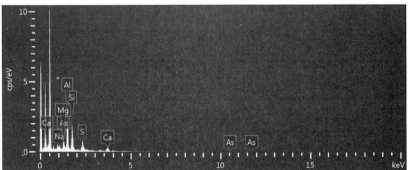

图 9 黄色颜料样品 EDX 能谱分析图
图片来源：作者提供

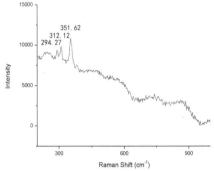

图 10 黄色颜料样品 Raman 分析图谱
图片来源：作者提供

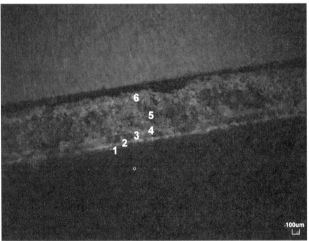

图 11 喜金刚学院地仗层样品光学显微镜图
图片来源：作者提供

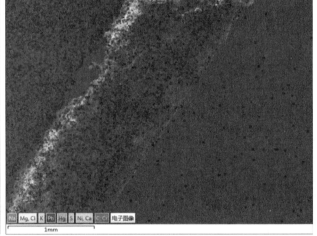

图 12 喜金刚学院地仗层样品 EDS 分层图像
图片来源：作者提供

3. 地仗层分析

地仗层是绘制建筑彩画的基础，对喜金刚学院一层方柱地仗层进行取样，在电子显微镜下低倍数观察样品，发现样品正面为浅红色，从侧面图自上至下可以看出该地仗层共分为六层（图 11）：①颜料层（厚度小于 50um）；②白色地仗层；③黄褐色土层；④纤维层；⑤土层；⑥白色层。为了更进一步研究，实验还借助 EDX 能谱分析实验测定样品的元素。

根据地仗层样品 EDS 分层图像显示（图 12），样品明显分为四大颜色区，自下而上为：蓝绿色区域，红色集中区域，较为分散的红黄绿分布区域，黄绿集中区域，这说明 1、2 层 Ca 含量较高，Ca 元素主要分布在靠近颜料层的区域，结合硫元素分布状况，说明其主要成分为

$CaSO_3$。C 元素的分布，则体现出颜料层微量胶黏剂的存在；在连续纤维层 4 中同样也有大量 C 元素。Pb 元素存在比较明显，主要是颜料层中含有 Pb 元素，从数据可以看出颜料层 Pb 含量逐渐减少，Si、Al、O、Ca 等元素对应为土层，成分以硅铝酸盐为主，应为土与砂石粉的混合物。Si 元素分布靠近颜料层，并与 Ca 元素间隔出现，对应土层 3、5。地仗层中 $CaSO_3$ 的使用与同仁画匠在绘制建筑彩画时常常使用的白土有着密切关系，白土即为"白垩土"，富含 $CaSO_3$，以此可以看出，喜金刚学院建筑彩画地仗层多使用以白土

为主要原料的无机材料，这与颜料分析中部分颜料成分 Ca 元素含量较高相对应。

四、结语

喜金刚学院作为拉卜楞寺内重要的学院建筑，在建筑彩画装饰中展现出浓郁的汉藏融合特征，油饰彩画绘制工艺主要沿袭自清末、民国时期青海省黄南州热贡地区，其形制谱系应归属于热贡绘画艺术。迄今，拉卜楞寺许多建筑的油饰彩绘工程仍然由这些画师们承担并完成，他们掌握并使用着传承百年之

久的安多地区建筑彩画绘制工艺技术，至今仍在大量传统建筑营造和文物保护工程中广泛运用。拉卜楞寺所处的甘南地区是黄土高原与青藏高原的交界区域，同时也处在河湟文化圈辐射范围内，这里是多民族文化交往、交流和交融的核心地区，文化间的彼此糅合以及寺院营造需求推动具有建筑彩画绘制技艺的匠师汇聚于此，藏式与汉式祈福纳祥图样同时在建筑装饰中运用，体现了各族人民对美好生活的向往与追求。

参考文献

[1] 甘肃省文物考古研究所拉卜楞寺文物管理委员会编. 拉卜楞寺 [M]. 北京：文物出版社，1989：5.

[2] 智观巴·贡却乎丹巴绕吉. 安多政教史 [M]. 西宁：青海人民出版社，2017：583-585.

[3] 阿旺罗丹，次多，普роде主编；西藏拉萨古艺建筑美术研究所编著. 西藏藏式建筑总览 [M]. 成都：四川美术出版社，2007：340.

[4] 蒋广全. 中国清代官式建筑彩画技术 [M]. 北京：中国建筑工业出版社，2005：220.

[5] 孙大章编著. 中国古代建筑彩画 [M]. 北京：中国建筑工业出版社，2006：62.

[6] 边精一. 中国古建筑油漆彩画 [M]. 北京：

中国建材工业出版社，2007：65-70.

[7] 苗月，杨红. 甘肃连城妙因寺壁画中建筑装饰色彩及彩画形象研究 [A]. 中国建筑学会建筑史学分会，北京工业大学. 2019 年中国建筑学会建筑史学分会年会暨学术研讨会论文集（上）[C]. 中国建筑学会建筑史学分会，北京工业大学：中国建筑学会建筑史学分会，2019：10.

[8] 方小济，张蕊，陈垚，康葆强，王猷，宋纪蓉. 养性殿西暖阁佛堂唐卡颜料研究 [J]. 故宫博物院院刊，2021（07）：131-138，143.

[9] 李越，刘梦雨. 慈宁宫花园临溪亭天花彩

画材料工艺的科学研究 [J]. 故宫博物院院刊，2018（06）：45-63，159.

[10] 张亚旭，王丽琴，吴玥，夏寅，齐扬. 西安钟楼建筑彩画样品材质分析 [J]. 文物保护与考古科学，2015，27（04）：45-49.

[11] Roderick Whitfield. Chinese Painting Colors：Studies of their Preparation and Application in Traditional and Modern Times[J].The China Quarterly，1992：132.

[12] 王晓珍. 甘青河湟地区藏汉古建筑彩画研究 [M]. 北京：中国文联出版社，2016：62-74.

综合物理环境下东南沿海地区
文物建筑病害研究

申　宇　刘松茯　杜　蓉

国家自然科学基金面上项目"综合物理环境下东
南沿海城市文物建筑病害及生成机理研究"（项
目号: 520708154, 2021-2024）。

申宇, 哈尔滨工业大学建筑学院, 寒地城乡人居
环境科学与技术工业和信息化部重点实验室博士
研究生, callshenfast@126.com。
刘松茯, 哈尔滨工业大学（深圳）建筑学院, 教授,
博士生导师, 国基金项目主持人。
杜蓉, 河北省邯郸市磁县政府办, 硕士研究生。

摘要: 我国东南沿海地区自然气候复杂多变, 高湿、高温、光辐射强度大、江海风速高等综合物理环境导致文物建筑极易产生病害现象。为研究这些病害的生成规律, 本文拟采用随机抽样的方法, 对东南沿海地区 13 个城市 84 处 643 栋文物建筑进行田野调查, 并检测其宏观气候环境和微观本体环境, 以相对湿度为主, 结合光辐射、温度、风速的变化, 了解文物建筑生存现状及病害的主要类型和特点。对比分析宏观气候与微环境对文物建筑病害的作用机理与规律, 为文物建筑保护与修复工作提供有效的基础支持。

关键词: **文物建筑病害**; **综合物理环境**; **微环境**; **病害机理**

在我国东南沿海地区高温、高湿、光辐射强度大、江海风速高等的气候环境下, 有近 90% 的文物建筑产生不同程度的病害。据国家文物局统计, 近五年来平均每年有几百个不可移动文物修复项目提交审批, 仅国家"十二五"规划期间, 财政部在文物建筑保护修复方面的总投资达 60 亿, 但修复后的文物建筑或在极短时间内再次病发, 或引发其他后生病害。国外在此领域侧重于环境范围研究, 按照环境影响的区域大小划分物理环境; 英国学者费尔顿认为, 造成文物建筑破坏的物理环境因素主要有: 空气和水质污染、洪涝、风化腐蚀、地下水位, 以及建筑内部湿度、温度和光照。其中, 水对文物建筑的破坏作用在病害现象中起主要作用。在一些修复案例中也提到, 修复过程中对"水环境"的忽略会导致修复后的建筑出现相同的病害现象。也有学者认为除了湿度外, 还包括温度波动、化学侵蚀、可溶性盐类及活动生物破坏等因素。国内主要在文物建筑现状调研、修复活动中提取病害现象, 对综合物理环境及病害影响研究相对较少。经验认为文物建筑在恒定干燥环境中能长期保存, 完全被水浸泡的情况下隔绝空气也能保存完好, 但若是暴露在空气中反复浸湿与干燥, 就会迅速老化损坏。湿度变化使建筑"水环境"发生变化, 直接影响文物建筑材料的耐久性, 目前越来越多的研究认为光辐射和风力也会左右其发展, 它们在看不见的情况下直接或间接引发病害。

一、综合物理环境分类与数据采集

在综合物理环境因素中, 除考虑宏观气候因素外, 还应考虑文物建筑本体湿环境、风环境、光辐射环境等微观环境因素（以下简称: 微环境）。宏观气候数据以国家气象局公布的天气参数为标准; 微环境数据使用仪器现场采集。用随机抽样的方法, 对东南沿海 13 个城市 84 处 643 栋文物建筑进行田野调查。样本条件:（1）城镇之间在地理区域上力求分散, 满足样本随机性排除偶然性;（2）样本内文物建筑应集中, 便于甄别区域内现象与物理环境关系的横向、纵向对比;（3）修缮过的样本应最少干预, 便于前后对比。样本涵盖木构建筑、

砖木建筑、砖构建筑、砖石建筑，能够反映建筑生存现状。

1. 高湿、强辐射与高速风气候环境

我国处在东亚季风区，每年春夏季节交替会出现持续阴雨天气——梅雨季，以2017年中央气象台发布的"入梅"数据为例，东南沿海地区江苏南部、浙江西北部等地有强降水，"入梅"累计雨量50~90mm，有些区域降水量100~150mm，局部可达250~280mm，梅时天气以阴沉为主，日照不足，空气湿度大，主

要城市平均相对湿度均在80%左右（表1）。

对东南沿海地区部分省市相对湿度平均值进行统计发现（图1），相对湿度从沿海向内陆，由南向北逐渐降低，全年数值均在70%~85%之间，即潮湿浸润的高湿环境。

太阳光辐射造成温度变化，基于国家气象局一天24h温度数值经谐量分析绘制一阶谐量曲线（图2），实线表示晴天，虚线表示阴天，峰值与谷值之间的差值是温度日较差。根据部分城市温度日较差对比

（图3），一天当中温度变化在4~8℃之间，因季节和地区的不同，秋冬季各城市之间的温度变化较分散，夏季则日较差比较集中，如5—7月南京的温度日较差为5.7~7.8℃，日较差越大对应温差越大。

东南沿海距离海岸50~100km左右的狭窄地带，全年大于等于3m/s的三级风5000h以上，大于等于6m/s的四级风3000h以上，年平均最大风速达30m/s以上。每年5—9月风速持续加大，尤其是来袭台风，11级风速可达30~35m/s，瞬时风速40~50m/s。重要的是海风带来大量盐分，导致的危害在气候学上被称为盐害；另一类影响较大的是沿江地带的江风，江风白天从水体吹向陆地形成"水风"，夜晚风从陆地吹向水体形成"陆风"，和海风一样形成高速对流的风气候。

由此可见，东南沿海地区高湿环境是文物建筑产生病害的主导因素，辐射环境和风环境为辅助因素。文物建筑在物理环境作用下，不同材料受到湿环境、辐射环境和风环境的影响也不同，并呈现出不同的病害表现。

2. 微环境数据采集

测试前先网格化建筑表面，对同一栋样本文物建筑不同测点进行

各主要城市梅雨季节相对湿度　　　　表1

城市	相对湿度	城市	相对湿度
南昌	79%	无锡	81%
南京	81%	常州	81%
蚌埠	82%	苏州	82%
金华	80%	武汉	80%
上海	80%	长沙	83%
杭州	79%	贵阳	78%

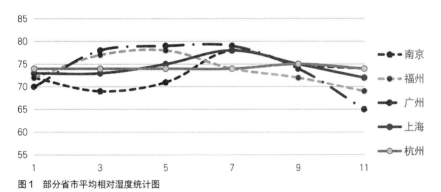

图1　部分省市平均相对湿度统计图

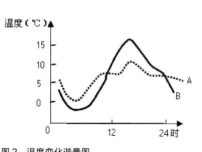

图2　温度变化谐量图

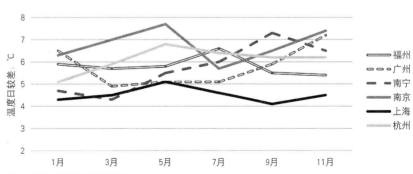

图3　部分城市温度日较差统计

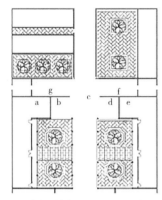

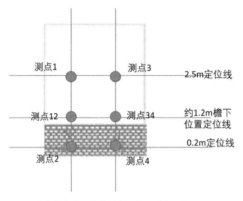

图4 南京总统府二堂侧廊平面测点　　图5 南京总统府二堂北侧廊 a 立面测点示意

图6 建筑立面测点示意图

<table>
省区	地名（标号）	普查总数	病害建筑数量	病变建筑占比
广东	广州（G）	129	41	31.8%
	佛山（F）	17	6	35.3%
福建	福州（FZ）	34	19	55.9%
	厦门（X）	26	24	92.3%
浙江	杭州（HZ）	38	14	36.8%
	宁波（NB）	4	1	25.0%
	绍兴（SX）	23	17	73.9%
	南浔（NX）	61	28	50.8%
江苏	南京（NJ）	79	45	57.0%
	常州（CZ）	16	12	75.0%
	无锡（WX）	35	15	42.9%
	苏州（SZ）	117	71	56.4%
上海	上海（SH）	45	20	62.2%
总计	—	643	313	—
</table>

文物建筑数量及病变比例　　　　　表2

一组测量，在每个立面取 4~8 个测点，测试仪器包括 testo-435 多功能测量仪、手持型气象仪以及测距仪等，其中 testo-435 配备热敏风速探头，内置温湿度传感器，直径 12mm，带 745mm 可伸缩手柄。以南京总统府二堂的北侧廊为例，将外露的每个立面依次按照 a、b、c、d、e、f、g 进行编号（图4），依编号设置测点（图5），标记为 1、2、3、4、12、

34。其中 1、3 两点距地面高 2.5m，2、4 两点测量勒脚部位，距地面高度 20cm，12 和 34 两点取室外窗下檐据地面高度 1.2m 部位（图6），每个测点读取 3 次数据取平均值进行记录。

从测试结果看，微环境是最直接对文物建筑产生侵蚀作用，文物建筑本身所处的湿环境复杂多样，并且由于建筑朝向、建筑布局的不同，影响了各个立面的辐射和风环境，进而对湿环境产生影响，在建筑的某些部位形成不利的微环境。

二、文物建筑病害表现与分布

对样本文物建筑病害数量进行统计（表2）发现，厦门这一海岛型城市病变比例高达 92.3%，上海为 62.2%。各地区建筑病害发生概率不同，沿海城市文物建筑病变概率基本在 60% 以上，地理分布上呈现一定的聚集性，常整体较高或整体较低。

病害是文物建筑对环境变化做出的回应，病发部位、类型、侵蚀时间长短不同，病害表现不同。统计样本病害程度严重的占 33.5%，轻微的占 56.4%。按照病害深度，可分为表层浸润病害、深层病害和内里恶化三种类型。

1. 表层浸润引发病害初萌与扩散

文物建筑表层受潮湿浸润最先产生斑痕变色、表面泛碱和面层开裂。斑痕变色是调查样本中材料表层和保护面层的重要病害，主要分布于勒脚、立面主体、背立面以及向阳面。呈水平分布或以落水口为中心向外扩散，87.8% 勒脚和 29.7%

的立面伴有苔藓、霉菌生长，纵向线型斑痕分布于墙角和背立面。漆层褪色现象集中于距地面1.2m以内的部位，随高度增加而变缓。

传统建筑屋架下檐、勒脚会出现潮线和表面泛碱，沿木材纤维方向呈鳞片状分布。木构梁架表面发生泛碱病害的概率可达64%，其中挑檐处46%，木构墙体泛碱的现象较为普遍，样本中有202栋建筑泛碱，占比62%，边界部位如墙角泛碱占48%，檐下、窗下檐的墙体泛碱的面积可以扩展很大，能够整墙蔓延。

面层开裂广泛存在，表面出现细微的开裂、起翘甚至变形剥落，主要存在于柱、梁枋部位。调查发现52%样本的柱子漆层表面都出现面层裂缝现象，且越靠近地面、窗下、檐下越严重，地仗层亦脱落严重。梁枋漆层表面褪色泛碱较柱子轻微，但会并生开裂甚至脱落（表3）。

2. 深层侵蚀产生病害损伤与破坏

表面保护层作用失效后，湿气侵入材料内部，出现深层侵蚀的病害裂缝和酥碱，酥碱是面层泛碱进

表层浸润病害表现 表3

分类	部位	地点	病害表现	形态
斑痕变色	勒脚	民俗博物馆前门 上海外滩建筑群		褐色斑痕清晰水线及苔藓和霉菌
	立面	三坊七巷 二梅书屋	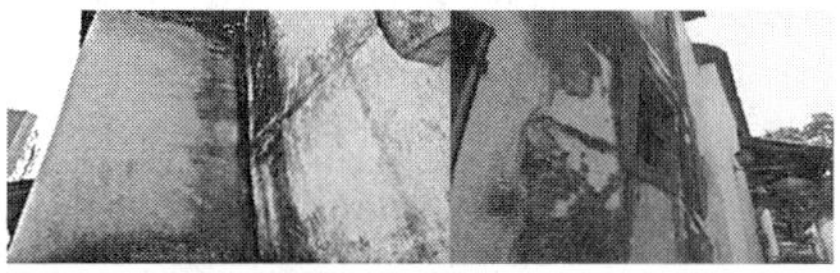	褐色痕迹由屋顶向下扩
	向阳面	鲁迅祖居 甘熙宅四进		漆层褪色，失去光泽油漆表面颜色黯淡
表面泛碱	木构	福州民俗博物馆 刘氏梯号前楼		水线明显泛碱和边界模糊不连续水线
	石构	东吴大学旧址 中共二大会址		边界不清晰的水线，墙角两侧有少量泛碱
面层开裂	柱	二梅书屋		漆层表面开裂、脱落
	梁枋	严复故居		彩画褪色、漆面褪色

一步引起材料粉化，两种病害现象常并称"酥碱"。构件裂缝在文物建筑中广泛存在，在样本调查的543栋文物建筑中，有357栋文物建筑出现裂缝，病害率高达65.8%。木材裂缝主要包括分散开裂和集中开裂，其中分散开裂是集中开裂的先导阶段。从数量上看，分散开裂大于集中开裂；就破坏程度来说，集中开裂大于分散开裂。墙角、墙脚及勒脚台基最容易产生酥碱，在砖石文物建筑中酥碱出现缓慢，但逐渐累积会使砖石从表层逐渐粉化脱落。203栋砖石文物建筑中，有酥碱建筑126栋，占比62.1%，按发病程度，可分为轻度酥碱和重度酥碱（表4）。

3. 内里恶化的病害表现与特征

文物建筑产生内里恶化的病害表现为腐朽虫蛀和断裂歪闪。腐朽虫蛀危及建筑结构安全，调查样本中有184栋建筑出现腐朽病害，占比56.4%，193栋建筑出现虫蛀病害，占比59.2%。腐朽虫蛀主要分布在柱、梁、墙身、挑檐及檐下装饰部位，其中构件端部、构件与地面交界处较为严重。断裂与歪闪是建筑生存状况持续恶化的反应，可致使构件丧失功能，影响建筑稳定性。在调查样本中建筑主体出现情况较少，主要位于栏杆、室外楼梯、连廊、扶手等非主体构件（表5）。

深层侵蚀病害表现　　　　　　　　　　　　　　表4

分类	部位	地点	病害表现	形态
木构裂缝	集中开裂	民俗博物馆一进二梅书屋		裂缝宽度70mm，长度0.6m，自柱头延至墙体
	分散开裂	严复故居小莲庄六角亭		分散式裂缝有大量细微的裂缝
砖构裂缝	横向裂缝	朝天宫大成殿济宁孟庙		横向裂缝长度约为30cm
	纵向裂缝	厦门近现代建筑群东吴大学旧址林堂		竖直贯穿裂缝，长0.8m，宽20mm
酥碱病害	轻度酥碱	东吴大学旧址林堂中共一大旧址		酥碱层仅表面薄薄一层
	重度酥碱	刘氏梯号百尺楼鹤鸣堂		灰缝消失，砖大面积粉化

内里恶化病害表现   表 5

分类	部位	地点	病害表现	形态
腐朽虫蛀	木构木墙腐朽	严复故居甘熙宅第		腐朽，已向内削减和严重腐朽功能缺失
	木构虫蛀	张石铭旧寨花厅民俗博物馆西落		白蚁自下而上啃噬高度达 0.3m
断裂歪闪	断裂	三坊七巷朝天宫		门框下部产生断裂，断口不整齐
	歪闪	东吴大学旧址近园		窗框歪闪有下坠趋势，木构架倾侧

综上所述，文物建筑自表层浸润，到深层侵蚀，再到内里恶化的各种病害，是随着时间的推进逐渐出现的。在东南沿海地区环境影响下，文物建筑最先受到侵害的是表层，产生斑痕变色、表面泛碱和面层裂缝的情况。其次，表层的保护作用失效后，湿环境会侵蚀内部的材料，构件开始出现裂缝，泛碱会引起材料的酥碱。最容易出现裂缝的部位为正面窗上下檐和勒脚墙基处。按照轻度酥碱和重度酥碱对文物建筑酥碱状况进行讨论。微环境越稳定的区域，酥碱情况越不易出现，因此墙角、墙脚及勒脚台基最容易产生酥碱。最后，文物建筑会产生影响使用功能的病害，即腐朽虫蛀和断裂与倾侧的现象。

三、综合物理环境因素下文物建筑病害机理解析

1. 建筑布局与朝向影响微环境变化

受布局与朝向影响，建筑各部位病害表现随微环境不同而迥异。温度数据随太阳辐射变化表现出一定延后（图 7），在太阳升起前后温度达到同一周期内最低，太阳升起，辐射增强，温度升高，反之亦然。一天中温度日较差大致在 5℃ 上下浮动。由于紫外线在太阳光辐射中占比固定，7% 在紫外线光谱区（波长 <0.4μm），43% 在红外光谱区（波长 >0.76μm），在 a~f 五个面 26 个测点通过计算获得紫外线能量一般在 12—13 时左右能量达到最大，之

后开始迅速下降，至 7 时左右降为 0W/m²。

除广东外，北回归线以北文物建筑多为坐北朝南，南向垂直面接受太阳辐射最多，部分时间段能照射到建筑东西侧面，背立面无光照。光辐射数据对比结果为：正面主体 > 向阳侧立面 > 正面勒脚 > 背阴面 ≈ 窗下檐 > 檐下。计算各部位温度与参考值的偏差（参考值为当日气象部门公布宏观气候温度值），正立面主体温度最高，偏差最小；其次是檐下，由于热空气向上流动，檐下长期温度较高；勒脚处靠近地面，温度最低。近现代文物建筑以独栋居多，建筑主体部位的温度情况与太阳辐射参考值大致相同，而勒脚处偏低，满足勒脚温度小于立面主

体温度这个规律，但传统文物建筑因院落天井等布局形式各部位温差不大，正立面主体和勒脚温差无此规律。

独栋的近现代建筑更容易受外部风环境直接影响，如中共二大会址、一大旧址、外滩中国银行等测试部位，分为迎风面勒脚、迎风面主体、背风面勒脚、背风面主体和两个侧立面（图 8），东南和西北面是主要迎风面，与宏观环境风速相差不大，有 75% 以上最大风速与参考值风速相差在 1m/s 以内，通常勒脚处风速最小。

湿度方面，院落型传统建筑将正面勒脚、正面主体、正面窗下檐、檐下、侧面主体和背面主体采集到的相对湿度与参考值进行对比，如总统府、张石铭旧宅花厅等（图 9），微环境相对湿度总体维持：正面勒脚≈侧面主体≈背面主体＞檐下＞正立面窗下檐＞正立面主体，有时檐下会集中偏高，无论测试当天气候条件如何，侧立面、背立面和勒脚处总是最潮湿的部位。而独栋的近现代建筑有很大的不同，各部位相对湿度与宏观湿度参考值基本无差别，建筑每一个构件都存在于较大的潮湿环境中。

由此可见，院落型传统文物建筑的空间布局使内部风环境稳定，受光辐射影响较大，材料表面昼夜温差可达 10℃ 以上，导致相对湿度完全不同。那些阳光照射不到的勒脚、窗下檐、檐下以及背立面等常年无光区域，病发率高且集中，常在同一部位大面积泛生或叠加多种病害，病害表现从表层浸润至内里恶化均有发生。近现代的砖石文物建筑正立面受规律而持续的温差和紫外线辐射，再加风

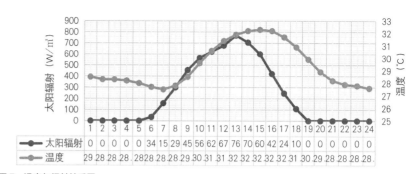

图 7　温度与辐射关系图

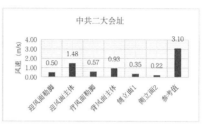
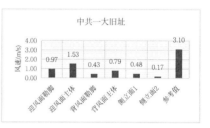
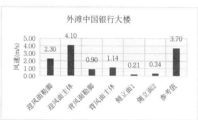
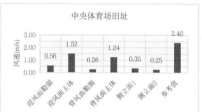
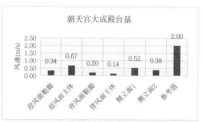
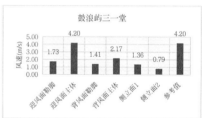

图 8　近现代建筑各单体风速对比图

环境破坏，在整个立面粉化程度几乎一致并伴随表面泛碱或分散性面层开裂；两个侧面的微环境相对温和，往往只有 1~2 种病害，较少出现多种病害层叠共生且病症分布均匀；背立面由于缺乏光照，风速偏低，相对来说更易因阴暗环境、空气凝滞产生病害，多为深层侵蚀和内里恶化病害表现。

2. 微环境影响下病害表现差异明显

由于最不利部位勒脚、墙角、檐下以及背立面，湿度高、风速低、光辐射强度小，长期处在水浸润状

态，内里恶化、深层侵蚀、表层浸润病害同时存在，即使斑痕变色也伴有霉菌或藻类的生长，抹灰多为褐色、墨绿色。调查发现，87.8%的文物建筑勒脚处会出现微生物生长，微生物死亡后的黑褐色残留呈水平状分布，最宽能达到 0.5m 以上，几乎与建筑等长，也有以落水口为中心向外扩散。

例如泛碱析出的无机盐为微生物和苔藓生长提供必需的营养，木构梁架中檐下泛碱病害可高达 46%（图 10），主要形态为沿着滴水、挑

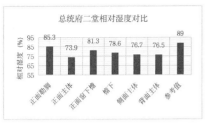

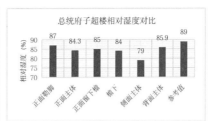

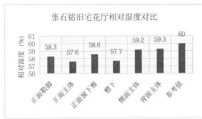

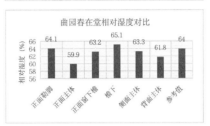

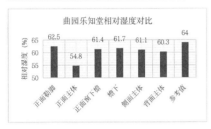

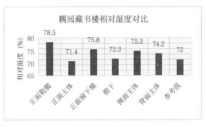

图9　各单体主要部位相对湿度对比图

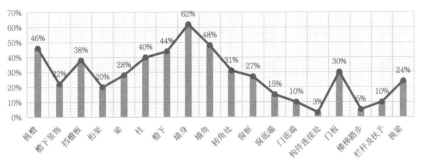

图10　文物建筑木构系统泛碱现象统计

檐和墙体连接处向中下部扩散。样本中202栋木构文物建筑墙体泛碱，约占62%，其中分界部位（如墙角）的泛碱较为严重，占调研木构墙体数量的48%，同时泛碱还伴随严重的腐朽虫蛀与裂缝等并发病害。

在203栋砖石文物建筑样本当中，有酥碱病害126栋，占比62.1%，轻度酥碱239处，重度酥碱208处，主要病害表现为砖墙的表面粉化、灰缝松软脱落，砖砌块削减程度可达8cm。而墙脚因毛细作用易与土壤中的水分产生交换病害最为严重，

15栋建筑的墙脚出现77处重度酥碱，占重度酥碱数量的32.2%。酥碱程度因建筑部位不同而异，墙角和墙脚的变化速度最快、酥碱严重，而窗间墙酥碱度最轻，大面积山墙变化最小、泛碱轻度且稳定。值得一提的是，内里恶化构件断裂和歪闪的病害情况相对较少，在调查过程中尚未发现坍塌建筑，这与样本选择侧重全国重点文物保护单位有关，该级别建筑几经修缮，总体保存状况良好。因此，断裂现象多发生在栏杆、台阶、台基、门窗框架

一类非主体构件上，这类构件与主体的连接性不强，在受到环境侵蚀时的抵御能力差，更容易受到破坏。

因此，由于微环境差异，近90%文物建筑出现不同程度病害，其中病害表现严重的占总量的33.5%，轻微的占56.4%。因表层浸润产生的病害影响美观，破坏建筑表面或封层的保护作用，若任由物理环境尤其是湿环境侵蚀建筑，会引发构件裂缝、酥碱等深层病害，甚至最终会因构件腐朽、断裂、倾侧等内里恶化原因，使文物建筑的功能缺失。对此，验证病害高发部位、分析病害表现规律变得十分重要。

3. 微环境影响下病害机理因"材"而异

我国东南沿海地区的文物建筑多为砖木结构、砖石结构及少量砖混结构，最常见建筑材料为木、砖、石。受阳光辐射，材料表面温度升高，水分蒸发加快，加上高速风亦会加快水分蒸发，二者都会降低外部相对湿度，促使材料内部水分加速向外循环，造成材料表面孔隙结构溃塌散离，诱发病害。

木材在水的浸泡下易发生分解、腐烂，尤其是糟朽部位能够在短时间内吸收大量的水分，水循环变得极为容易和频繁。因此，木材含水率在很大程度上决定了它的强度和耐久性。含水率高的木构件在干缩和膨胀过程中，木纤维难以适应应力作用而开裂，大幅降低抗弯能力和抗压能力，影响文物建筑结构稳定性。漆面可以保护木材表面免受侵蚀，但光辐射紫外线会引起油漆高分子老化，漆膜褪色发脆，附着力降低，一段时间龟裂后，被风化

瓦解并剥离木材表面。

　　砖是沙质黏土或砂土经成型、干燥、烧结而成，内部孔隙自带较强吸湿能力，受潮浸润后会发生水化、腐蚀作用，膨胀收缩性变差，内部压力增大，容易产生裂缝。零度以下还会发生冻融循环，直接破坏内部结构，材料强度降低，使构件丧失力学性能。砖构文物建筑的黏结石灰砂浆本身吸水性强，干燥后体积又会收缩，收缩后不饱满的灰缝会导致结构出现裂缝，同时在风的作用下会被剥离本体。外抹灰对墙体起一定保护作用，常用抹灰包括靠骨灰、泥底灰、滑秸灰、三合灰、毛灰等，但灰浆所用的生、熟石灰与水、空气中的二氧化碳易形成碳酸钙。碳酸钙吸湿性强，潮湿温暖的环境是苔藓生长的最佳环境，而藓类分泌的酸性物质会腐蚀墙面。另外，抹灰层吸水后与内层连接性变小，易出现空鼓与脱落现象。

　　石材状况稍好，常见的石材种类有大理石、花岗岩和砂岩。石质文物建筑同样会被潮湿侵蚀，病害会潜伏一段时间然后爆发。天然石材内部有很多不均匀微孔隙，吸水系数和膨胀系数都比较大，材料被浸泡后内部联结性减弱，整体强度降低，此过程虽然缓慢，但仍是由表层向内逐步风化。紫外线对石材最直接的影响是褪色。另有研究认为，紫外线会使石材的物理、化学性能发生改变，暂时性或永久性损坏石材本身。

　　因此，文物建筑病害是一个逐渐变化的过程，最先受到综合物理环境影响的是建筑材料表层，表层浸润往往会引发深层病害和内里恶化的进一步病害。

四、小结

　　在东南沿海地区特有的综合物理环境影响下，文物建筑病害现象复杂多变，本文通过宏观气候环境和微观建筑环境的对比测试，分析得出以下结论：

　　（1）文物建筑病害影响因素除宏观气候环境外，还受湿环境因素、光辐射环境因素和风环境因素等微观环境因素影响。

　　（2）院落型传统建筑受布局和朝向影响，微环境数据与宏观气候环境差异较大，勒脚、窗下檐、檐下以及背立面为最不利点；近现代砖石文物建筑外围护结构的微环境与宏观环境差别甚微，背立面遭受潮湿空气侵蚀最为严重，风和太阳辐射起辅助破坏作用。

　　（3）综合物理环境是文物建筑病害的主要影响因素，病理变化由表及里逐步深入，表现为表层浸润、深层侵蚀以及内里恶化病害。木、砖、石文物建筑因材料不同，病害机理不同，但都是受湿环境影响，水循环破坏材料孔隙结构并使之发展生成病害，风环境、光环境起辅助、催化作用。

　　病害变化是一个长期的发展过程，相关研究还需进一步持续和深入。

注：文中插图如无特别说明，均为作者自摄或自绘。

参考文献

[1] 朱瑞兆，薛桁．中国风能区划 [J]．太阳能学报，1983（02）：123-132.

[2] 史培军，张钢锋，孔锋等．中国 1961—2012 年风速变化区划 [J]．气候变化研究进展，2015（06）：387-394.

[3] 熊敏诠．近 30 年中国地面风速分区及气候特征 [J]．高原气象，2015（01）：39-49.

[4] 刘大龙，刘加平，杨柳．以晴空指数为主要依据的太阳辐射分区 [J]．建筑科学，2007（06）：9-11.

[5] 黄真，徐海明，胡景高．我国梅雨研究回顾与讨论 [J]．安徽农业科学，2011（16）：9924-9927.

[6] 刘松茯，陈思．气象参数对砖构文物建筑酥碱的影响 [J]．建筑学报，2017（02）：11-15.

[7] 白宪臣，张大伟，张义忠．古建筑砖砌墙体粉化成因分析与防治 [J]．建筑技术，2009（07）：626-628.

[8] 刘诗芸．寒地砖构文物建筑的冻害研究 [D]．哈尔滨：哈尔滨工业大学，2014.

[9] 孙岩．寒地文物建筑木构系统的冻害研究 [D]．哈尔滨：哈尔滨工业大学，2015.

[10] 程鹏．东南沿海地区木构文物建筑的潮湿病害研究 [D]．哈尔滨：哈尔滨工业大学，2019.

[11] 杜蓉．东南沿海地区文物建筑的病害研究 [D]．哈尔滨：哈尔滨工业大学，2018.

[12] 刘佳欣．东南沿海地区砖构文物建筑的病害研究 [D]．哈尔滨：哈尔滨工业大学，2019.

明蓟镇砖石长城镁质石灰发现及思考

戴仕炳　秦天悦
王怡婕　Tanja Dettmering

国家自然科学基金面上项目"明砖石长城保护维修关键石灰技术研究"（批准号：51978472）成果。

戴仕炳，同济大学建筑与城市规划学院教授、博导。
邮箱：daishibing@tongji.edu.cn。
秦天悦，同济大学建筑与城市规划学院硕士研究生。
邮箱：ada_q@tongji.edu.cn。
王怡婕，同济大学建筑与城市规划学院硕士研究生。
邮箱：lyan_0316@qq.com。
Tanja Dettmering，同济大学建筑与城市规划学院外聘研究员。
邮箱：tanja.dettmering@arc.or.de。

摘要：根据对北京、河北等多地明蓟镇砖石长城建造灰浆样品进行岩相学、扫描电镜、化学分析等检测的结果，发现明蓟镇砖石长城建造灰浆主要使用了镁质石灰。镁质石灰的高强度、低收缩性等优异性能保障了宏伟砖石长城的建成。然而在现代环境中，镁质石灰的固有缺陷，不利于砖石长城遗址的良性保存。同时，镁质石灰在明蓟镇砖石长城灰浆中的发现引发了关于我国传统灰作、保护理念及原址保护技术的诸多思考。

关键词：明长城；蓟镇；长城灰浆；镁质石灰；遗址保护

一、明蓟镇砖石长城及长城灰浆概况

明长城是我国现存长城遗址中保存最多、最完整的长城。蓟镇是明代万历长城"九边重镇"中最重要的一镇，建于明初、后又多次重修的蓟镇长城修建得尤为坚固、雄伟，采用了大量砖石和灰浆进行建造（图1）。灰浆作为砖石长城砌体结构体系中的黏结剂和填充剂，对其他部分有着联结和保护作用，在砖石长城砌体中的作用不可忽视，因此亟须对其进行系统性的研究。研究工作首先要回答明长城修建时期使用了什么灰浆，自身或由其黏结建造的砖石等单元发生了哪些病害等问题，同时要明确将明长城大部分作为遗址进行保护需要采用什么类型的石灰等。

图1　明蓟镇长城河北秦皇岛板厂峪段
图片来源：秦天悦摄

二、明蓟镇长城灰浆组成及镁质石灰的发现

在长城灰浆属于什么类型这一问题上，许多长城学者、工匠习惯以传统经验口口相传，认为长城灰浆就是俗称的"白灰"，即钙质石灰。同时，目前学术界对长城灰浆的研究多采用化学方法，着眼于建筑石灰的外加组分，如糯米等。尽管过去的科研和实际工程中对残存灰浆进行化学测试后发现明代灰浆含有较高的镁，但是缺乏对含镁灰浆的系统分析。通过对明蓟镇砖石长城砌筑、勾缝灰浆样品进行宏观分析发现（图2），大部分长城灰浆，特别是明代早期的长城灰浆不含砂等骨料，这使研究团队得以采用全化学法、湿化学法、矿物学（XRD）、岩相学、扫描电镜等方法确定其主要化学组分，依据矿物相来阐明当时采用的石灰类型及固化机理。系统分析后可以得知，以蓟镇为代表的明砖石长城建造灰浆普遍或者主要使用了镁质石灰。

图 2 部分长城灰浆取样点
a. 北京八达岭残长城；b. 北京司马台；c. 河北迁西喜峰口；d. 河北遵化罗文峪段；e. 河北板厂峪；f. 河北秦皇岛北翼城
图片来源：王怡婕、秦天悦摄

1. 长城灰浆的化学分析结果

明长城建造用灰浆黏合剂含量总体很高，一般大于 80%。根据灰浆黏合剂的化学组分含量理论换算成原始消石灰中钙、镁含量，发现明蓟镇砖石长城有大比例的石灰样品中氧化镁（MgO）含量大于 5%（图 3），对照现有的建筑消石灰分类，可以判断其为镁质石灰。其中河北遵化等地长城砌筑灰浆样品为纯白云石石灰，而在如山西新广武长城砌筑灰浆等作为对比的样品中，氧化镁含量低于 2%，说明后者是典型的高钙石灰或钙质天然水硬性石灰（图 3）。

2. 长城灰浆的矿物学分析

对现有不同部位灰浆的矿物学研究结果显示，在司马台、八达岭等代表性的明蓟镇砖石长城灰浆中出现大量含镁的矿物，如菱镁矿、水菱镁矿等（表 1）。在扫描电镜下，北京司马台段长城灰浆样品呈现出如同混凝土的胶结碎屑结构，与山西新广武长城灰浆样品中的钙质石灰有着明显区别（图 4）。研究同时发现，镁质石灰灰浆总体上密度、超声波速度、强度等高于钙质石灰。

三、明蓟镇长城建造用镁质石灰历史及地质地理初步考证

明蓟镇长城拱卫京师，等级高、修筑频繁，砌筑灰浆用量远多于其他段明长城。明代中后期，即嘉靖（1522—1566）、隆庆（1567—1572）、万历（1573—1620）年间进行了大规模修筑，在戚继光担任蓟镇总兵官之后，更是开始大规模用砖石砌筑空心敌台。《明史·戚继光传》中记载："蓟镇边垣，延袤二千

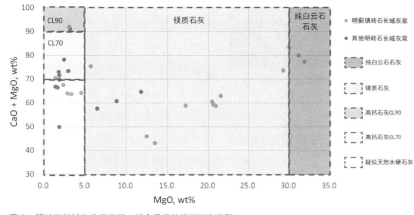

图 3 明砖石长城灰浆样品钙、镁含量及其推测石灰类型
图片来源：王怡婕、秦天悦绘

明砖石长城代表性灰浆样品矿物学分析结果及主要物理特性　　　　　　　　表 1

矿物相	化学式	北京司马台（SMT）	北京姜毛峪（JMY）	山西新广武砌筑（XGWD）	山西新广武勾缝（XGWF）
文石（Aragonite）	$CaCO_3$	4.3	5		10.0
黑云母（Biotite）					0.1
方解石（Calcit）	$CaCO_3$	49.7	57.2	95.7	78.4
石膏（Gips）	$CaSO_4 \cdot 2H_2O$	0.8		2.8	0.6
蓝晶石（Kyanite）	$Al_2O_3 \cdot SiO_2$				5.6
菱镁矿（Magnesit）	$MgCO_3$	41.3	8.6		
水菱镁矿（Hydromagnesite）	$Mg_5(CO_3)_4(OH)_2 \cdot 2H_2O$		26.9		
石英（Quarz）	SiO_2	3.9	2.3	1.5	5.3
总计		100.0	100.0	100.0	100.0
推测石灰类型		镁质石灰		高钙石灰	钙质天然水硬石灰
饱和吸水性（wt%）		19.5	17.6	42.3	44.6
容重（g/cm³）		1.7	1.7	1.2	1.1

来源：参照 Tanja Dettmering 等完善。

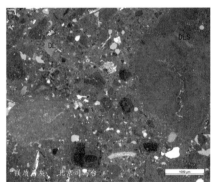

图 4　北京司马台（左）、山西新广武（右）长城灰浆样品透射显微镜照片
图片来源：Tanja Dettmering、戴仕炳

里，一瑕则百坚皆瑕……令成卒画地受工，先建千二百座……"[1] 为了使边墙更坚固，自万历年间蓟镇边墙开始包砖。"当是时，墙犹夫旧也。至我皇上御极四年，始有拆旧墙、修新墙之议。近墙高广，加于旧墙，皆以三合土筑心，表里包砖，表面垛口，纯用灰浆，足与边腹砖城比坚并久……"[2] 其中"纯用灰浆"

也与灰浆分析结果中高于 80% 的黏结剂含量相符合。在军事管理下，推测整段蓟镇长城统一了砌筑灰浆直观的性能指标等。

我国历史上也有以白云岩为原料煅烧而来的镁质石灰的记载。晋张华《博物志》卷四中记载："烧白石作白灰，既讫，积着地，经日都冷，遇雨及水浇即更燃，烟焰起。"[3]

此处的描述与《天工开物》总结的"石以青色为上"[4] 不同，此"白石"可能是白云岩等白云石灰岩。将北京地质图与北京地区长城走向进行叠加分析可以得知，长城建造位置周边的山体以花岗岩、白云岩为主。值得注意的是，地质学家在进行华北地层命名时，将含有白云岩的地层命名了长城群、蓟县群，结合长城建造"就地取材"的特点，表明了长城石灰烧制的原材料与周边地质情况有着紧密联系。

四、讨论与思考

1. 镁质石灰在明长城灰浆中的利用是否有意为之？

今天的科学研究发现，镁质石灰其实是一种难以烧制、难以消解

① （清）张廷玉.明史·戚继光传[M].

② 方放.天津黄崖关长城志[M].天津：天津古籍出版社，1988.

③ （晋）张华.博物志[M].上海：上海古籍出版社，2012.

④ （明）宋应星.天工开物[M].北京：人民出版社，2015.

的石灰类型，但它具有极其优异的机械物理性能，即高强度、低收缩、高密度（低透水性）等。令人惊奇的是，结合现代技术检测出的物质遗存特性和历史文献印证，可以推测中国明代匠人已经了解镁质石灰的特性和优点，同时已经掌握从选石、烧制到消解及施工的完整灰作，因此特意选择白云石灰岩烧制性能更好的镁质石灰用于长城建造。但对于这种推测尚未能够发现直接文字记载作为佐证，这可能是由于长城作为军事要塞，其建造工艺在当时属于军事机密，未能流传今世。要进一步证明镁质石灰在明蓟镇砖石长城中是有意选用的，除了需要大量历史调查、地质地理研究外，尚需要实验考古学等进行验证。

2. 镁质石灰与近年长城破坏加剧的关系？

我国国内对传统镁质石灰的研究尚处于起步阶段。近年来，明砖石长城坍塌的现象时有发生，从材料角度出发，这很有可能与原始灰浆的失效或修复时使用的灰浆中石灰质量不满足要求有关，而目前的研究在两者之间没有建立关联。明砖石长城出现的病害除了与原始建造缺陷、自然灾害等相关外，也与现代大气污染环境下引发传统灰浆中镁质石灰的一系列反应息息相关。在严重大气污染环境下，镁质石灰与硫氧化物作用的产物有石膏（见表 1）、硫酸镁等，后者易溶解于水，灰浆可以随雨水流失，在特定部位会加重砖石长城墙体泛碱、酥化，影响砌体整体稳定，给长城造成了严重病害。同时，这些水溶盐还会与修复用灰浆发生反应，形成膨胀盐而进一步破坏长城。

3. 比镁质石灰更适合现代大气环境的长城灰浆保护修复材料？

在现代大气环境下，镁质石灰本身的缺陷不利于建成遗产的良性保存，使用镁质石灰建造的明砖石质长城不宜再使用相同材料镁质石灰进行保护干预，这对"真实性"保护理念构成了挑战。20 世纪，镁质石灰被用于欧洲修复建筑遗产时出现各种问题，导致其在目前修复中已被禁止使用，替代其的材料为天然水硬石灰。只有等空气污染明显减少，才可以重新考虑使用镁质石灰作为修复材料。

4. "糯米"加入镁质石灰会产生什么样的反应？

目前主流观点认为，"糯米"是导致明长城灰浆强度高的原因。这一观点需要通过对比研究更多不同地段的长城灰浆进行证实或证伪。但是，"糯米"加入到镁质石灰中会发生什么反应，对灰浆的机械物理性能会造成什么影响，既是一个科学问题，也是一个具有应用价值的实践问题。

[研究工作得到北京建筑大学汤羽扬教授等的指导、帮助，周月娥、居发玲、胡战勇、德国 Kassel 大学 Middendorf 教授等分析了大量原始样品，在此一并表示感谢！]

参考文献

[1] 国家文物局 . 长城保护总体规划 [S]. 2019-1-23.

[2] 中华人民共和国建材行业标准：石灰术语 [S]. JC/T619-1996.

[3] 中华人民共和国建材行业标准：建筑消石灰 [S]. JC/T481-2013.

[4] 周月娥，戴仕炳 . 我国传统镁质石灰初步研究 [J]. 文物保护与考古科学，2021，33（01）：43-50.

[5] 李晓，戴仕炳，朱晓敏 . "灰作六艺" ——中国传统建筑石灰研究框架初探 [J]. 建筑遗产，2019（03）：47-53.

[6] 戴仕炳，钟燕，胡战勇，石登科 . 明《天工开物》之 "风吹成粉" 工法初步研究 [J]. 文物保护与考古科学，2018，30（01）：106-113.

[7] 杨富巍，张秉坚，潘昌初，曾余瑶 . 以糯米灰浆为代表的传统灰浆——中国古代的重大发明之一 [J]. 中国科学（E 辑：技术科学），2009（01）：1-7.

[8] 联合国教科文组织亚太地区世界遗产培训与研究中心苏州分中心，戴仕炳 . 文化遗产保护技术读本第一辑：石灰与文化遗产保护 [M]. 上海：同济大学出版社，2021.

[9] 戴仕炳，胡战勇，李晓 . 灰作六艺——传统建筑石灰知识与技术体系 [M]. 上海：同济大学出版社，2021.

[10] 戴仕炳，钟燕，胡战勇 . 灰作十问——建成遗产保护石灰技术 [M]. 上海：同济大学出版社，2016.

[11] 张云升 . 中国古代灰浆材料科学化研究 [M]. 南京：东南大学出版社，2015.

[12] 王怡婕 . 镁质石灰建造的明砖石长城原址保护问题初步研究 [D]. 上海：同济大学，2021.

[13] 王琳峰 . 明长城蓟镇军事防御性聚落研究 [D]. 天津：天津大学，2012.

漳州天一总局建筑墙面彩压瓷砖的病害调查分析

雷祖康　卢艺灵
蒋　昕　程　蕊

华中科技大学研究生创新基金资助项目（2021yjsCXCY081）。

雷祖康，华中科技大学建筑与城市规划学院，华中科技大学建成遗产研究中心，湖北省城镇化工程技术中心，博士生导师、副教授。邮箱：leizukang@126.com。
卢艺灵，华中科技大学建筑与城市规划学院硕士研究生。邮箱：19852871359@163.com。
蒋昕，华中科技大学建筑与城市规划学院硕士研究生。邮箱：JiangXdeyouxiang@163.com。
程蕊，华中科技大学建筑与城市规划学院硕士研究生。邮箱：1421589260@qq.com。

摘要：彩压瓷砖是 20 世纪初福建沿海地区出现的一种特殊建筑材料，本文以漳州天一总局的对看堵为主要研究对象，通过地－空影像信息层析技术对屋面与地面的裂损信息进行层析，以探究彩压瓷砖材料的病害构成机理。研究结果表明：1）屋面渗漏导致对看堵顶堵灰塑被雨水溶蚀，身堵的彩压瓷砖被灰塑溶蚀液污染形成污染病害。2）对看堵地基受水力侵蚀产生沉降变形，导致墙体产生局部沉降，右下角的彩压瓷砖产生剥落病害，左上角彩压瓷砖产生斜向裂纹病害。3）长期处于潮湿环境使彩压瓷砖表面产生结晶盐病害，而对看堵周边饰面材料的潮湿劣化问题亦影响彩压瓷砖的结晶盐病害的形成。本研究对彩压瓷砖进行重新定义，采用地－空影像信息层析技术探究彩压瓷砖病害机理构成，该技术亦可作为建筑陶瓷类材料修缮工程的前期勘察参考。

关键词：彩压瓷砖；地－空影像信息层析技术；灰塑溶蚀；潮湿病害；天一总局

一、前言

1910—1940 年间，闽南建筑中出现了一种特殊的陶瓷材料——釉面砖。该瓷砖纹样特殊、色彩丰富，其质地、颜色、纹样与传统陶瓷材料有很大不同。为探究该瓷砖在建筑中的应用状况展开针对性的田野调查。通过调查发现，该瓷砖仅在 1910—1940 年间福建沿海区域的传统村落成为一种流行材料，当时屋主与工匠选择这一材料的原因为何，是为了解决什么问题而引进这一材料？引进这一瓷砖材料后又产生了什么新的劣化问题？而这一特殊材料的劣化特征与病害机理构成如何？基于这三个问题展开研究，并以漳州天一总局入口廊心墙为例进行病害调查。

二、天一总局中的彩压瓷砖应用状况解析

天一总局历史建筑群位于漳州龙海市九龙江边的流传村，包括办公楼北楼、居住办公两用建筑宛南楼、陶园等，而上文所述的特殊瓷砖仅见用于宛南楼（图1、图2）。通过对宛南楼的调查发现，该建筑中这一瓷砖的数量庞大、种类繁多，共使用了 17 种不同类型的瓷砖，数量超过 1500 片，在室内外均有使用。

而对于这种特殊瓷砖国内尚未出现统一的名称，这类瓷砖在国外被称为马约利卡瓷砖（majolica tiles[①]），引进闽南地区后以"花砖、彩色瓷砖[②]"称之。这种瓷砖的制作过程较为特殊，主要体现在其采用干式成形法进行制作：先将粉碎

① 康格温. 建筑装饰文化跨海传播研究：以台湾、星马地区之建筑彩绘瓷版为例 [J]. 海洋文化学刊，2008（06）：115.
② 曹春平. 闽南传统建筑 [M]. 厦门：厦门大学出版社，2016：207.

图 1　天一总局建筑群

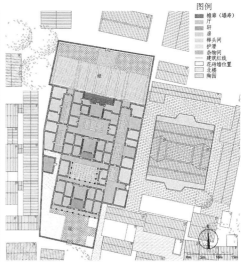

图 2　彩压瓷砖在天一总局建筑空间的分布状况

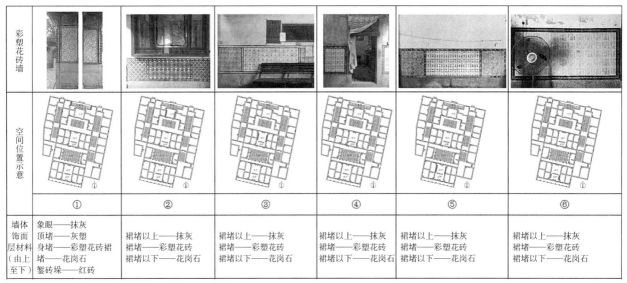

	①	②	③	④	⑤	⑥
墙体饰面层材料（由上至下）	象眼——抹灰 顶堵——灰塑 身堵——彩塑花砖裙 堵——花岗石 鋻砖垛——红砖	裙堵以上——抹灰 裙堵——彩塑花砖	裙堵以上——抹灰 裙堵——彩塑花砖 裙堵以下——花岗石	裙堵以上——抹灰 裙堵——彩塑花砖 裙堵以下——花岗石	裙堵以上——抹灰 裙堵——彩塑花砖 裙堵以下——花岗石	裙堵以上——抹灰 裙堵——彩塑花砖 裙堵以下——花岗石

图 3　彩压瓷砖材料在建筑室内与室外墙面应用的差异性

后的陶瓷粉置入模具，采用高压高温的方式进行瓷胚的烧着，在瓷胚上施软釉后复烧成型。而"花砖"与"彩色瓷砖"等名称无法完整地体现该材料在制作过程中以高温高压烧制的特点，且传统建筑的砖雕亦被称为"花砖"①。因此，为避免与砖雕的定义重合，本文根据这一瓷砖材料的制作特点与材料特性为其定义一个新名称——彩压瓷砖。

该建筑采用西式洋楼与中国传统大厝南北并置的布局，通过现场调查可知（图 2），该建筑中一共有六处空间使用了彩压瓷砖，均为建筑主轴线上的空间，且均应用于墙面，其中①处应用于室外的廊心墙，②～⑥处应用于室内厅堂墙裙。彩压瓷砖应用于墙体时主要有两种不同的构造做法（图 3）：一是用于室外塌寿处，彩压瓷砖应用于廊心墙身堵作为饰面材料，除身堵外，其他部位均应用灰塑、石材等传统装饰材料作为饰面层，同时在一堵墙中运用两种不同时期、不同风格的饰面材料，较为少见。二是用于室内厅堂处，将彩压瓷砖应用于隔墙墙裙位置，该墙底部以石材砌筑，群堵以上则抹白灰，并未采用其他工艺进行重点装饰，这样的处理手法较为常见。加之廊心墙位于半室外空间，其表面所形成的裂损最为严重。因此，下文以廊心墙瓷砖病害调查为例展开研究。

① 丁卫东，中国建筑卫生陶瓷协会．中国建筑卫生陶瓷史 [M]．北京：中国建筑工业出版社，2016：4．

三、廊心墙饰面材料的裂损特征与建筑病害信息勘察

1. 彩压瓷砖材料的裂损特征与建筑病害信息勘察

据我国的《陶质彩绘文物病害与图示》（WW/T 0021-2010）与《陶质文物彩绘保护修复技术要求》（GB/T 30239-2013）标准对瓷砖材料的裂损信息进行勘察可知：廊心墙瓷砖表面形成灰黑色的水垢痕且擦拭后水垢痕无法清除，从瓷砖侧面观察可知水垢痕是附着于釉质层以下的颜料层，并使瓷砖原来的颜色难以辨识，判断为污染病害。瓷砖材料拼缝四周有淡黄色的晶体析出，边界线触摸时有明显颗粒感，触摸后手指上有淡黄色粉末一段时间后手指表皮有发涩的感觉，这为结晶盐病害。部分瓷砖出现了缺损、釉面掉落的现象，为剥落病害。墙体右上角的瓷砖出现了裂痕，用手触摸有明显凹凸感，从彩压瓷砖墙的侧面观察这些裂痕并没有穿透胎，为裂纹病害。

廊心墙瓷砖材料共出现了污染、结晶盐、剥落、裂纹这四类病害，通过图层层析法对这四类病害进行层析可知（图4），这四种病害的面积约占总面积的15.4%，其右半部分所形成的建筑病害面积远超左半部分，主要是污染、结晶盐、剥落病害，以点状或者线状的分散式分布。其中以污染病害的纹理特征最为明显，病害面积最大，占总面积的10.7%，该病害基本是以细长线状分布，掩盖了瓷砖原有的颜色纹样。该墙的右半部分产生的污染病害面积较大，主要分布于瓷砖表面

的惊纹附近的颜料层与拼缝周边。瓷砖墙结晶盐病害占总面积的3.2%，主要分布于瓷砖墙右上角与灰塑交接处，其次是砖材间的拼缝处。该墙一共有10块砖（1/8）出现了裂纹病害，主要分布于该墙的左上角，这些砖大部分存在黏合基底不平整问题。剥落病害（0.56%）则主要分布于瓷砖墙右下角，瓷砖墙的左上角到右下角的对角线区域是裂纹与剥落病害形成的主要区域。

2. 彩压瓷砖周边墙面的饰面材料病害信息勘察

通过现场考察与文献验证可知，塌寿廊心墙的构造组成如下：该墙体从上而下由象眼、顶堵、身堵、群堵、柜台脚组成，墙裙均以花岗石砌筑，身堵、顶堵、象眼各

以彩压瓷砖、灰塑、抹灰作为饰面层，墙体靠室外一侧的鏨砖垛以红砖砌筑至檐下并叠涩挑出支承屋檐。根据该建筑墙体的饰面层构造组成，以我国的《古代壁画病害与图示》（GB/T 30237-2013）、《文物建筑维修基本材料青砖》（WW/T 0049-2014）、《石质文物病害与图示》（WW/T 002-2007）《石质文物保护工程勘察规范》（WW/T 0063-2015）的勘察方法为参照，对该墙体的裂损信息进行勘察可知：柜台脚的花岗石有淡黄色晶体附着，并形成明显的淡黄色边界线，为表面泛盐病害。而鏨砖垛红砖墙与灰塑表面有淡黄色晶体析出，呈现向下延伸的线性分布，为盐霜病害。而顶堵灰塑与象眼的抹灰则均有掉落缺损的现象，其中灰塑表面的浮雕已经大面积缺损，难以辨

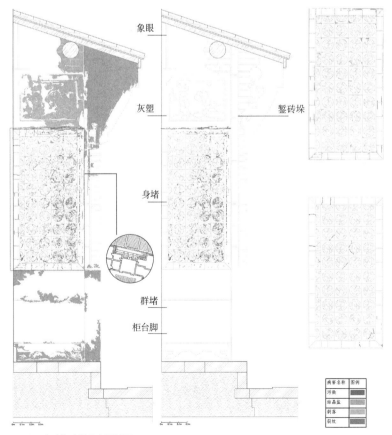

图4　彩压瓷砖墙建筑病害层析图

认原来所雕刻的内容，象眼的抹灰则出现大面积掉落，为剥落病害。

彩压瓷砖周边墙面饰面材料所形成的病害主要为盐霜、剥落这两大病害，通过周边墙面的病害层析图可知（图 5）该墙体的灰塑形成大面积剥落病害，病害面积占灰塑面积的 69.78%。灰塑右半部分边框的颜料层均剥落，基底裸露，而左半部分的边框仍可见深蓝色颜料附着，顶堵的灰塑形成大面积盐霜病害，盐霜病害面积占灰塑面积的 58.04%，灰塑右半部分形成两处连续片状盐霜病害，并延伸至彩压瓷砖墙。墙体上部横梁附近的抹灰呈现大面积片状剥落。錾砖垛红砖墙上部出现由上至下延伸的大面积泛霜病害，并渗透至彩压瓷砖墙面。廊心墙底部花岗石与地面石材交界处形成向上延伸的表面泛盐病害，病害面积占花岗石面积的 19.89%，而地面可见明显水渍。

综上所述，彩压瓷砖周边墙面饰面材料的病害分布主要表现为以下特征：1）该墙的各部分饰面材料的建筑病害呈现相互渗透的特征。该墙体上半部分的象眼、顶堵等位置建筑病害面积较大，分布范围较广，病害的类型较多，呈现由上往下延伸的特征，对瓷砖墙病害形成有重大影响。2）该墙的右半部分的建筑病害范围较大，呈现由室外向室内延伸的特征，而通过现场初步观察可知，墙体上部靠近檐口位置的屋面有破损，这可能与墙体的建筑病害形成有关，后续将结合建筑环境特征深入剖析该墙体病害形成原因。

四、彩压瓷砖材料建筑病害形成原因解析

1. 建筑环境特征分析

为了探究造成彩压瓷砖材料裂损病害形成的环境因素，参照《建筑变形测量规范》（JGJ 8—2016）对建筑的潮湿环境缺陷与建筑沉降变形环境缺陷进行勘察，采用地—空影像信息层析技术对地面与屋面的缺陷进行层析，通过屋面、地面两个维度对瓷砖材料病害的构成机理进行剖析。

1）潮湿环境特征分析

漳州属于亚热带季风性湿润气候，全年降雨日数占全年天数的 76% 以上。在这样湿润的气候下，宛南楼的屋面、墙体、地基均存在严重的裂损缺陷。通过对建筑屋面裂损缺陷进行勘察并绘制屋面的缺陷层析图可知（图 6、图 8），廊心墙周边的望板出现酥碱、挠曲变形缺陷，封檐板出现裂损、腐朽，廊心墙上方屋面瓦出现裂损、松动缺陷。通过将廊心墙周边屋面的残损病害层析图与廊心墙病害层析图进行联动分析可知（图 7），屋顶渗漏的雨水冲刷墙体表面，使彩压瓷砖墙上部的象眼抹灰与灰塑表面的颜料层基本完全剥落粉化，而这些被溶蚀的颜料、灰泥、灰浆随着雨水流经彩压瓷砖，成为彩压瓷砖污染病害的污染源，因此，廊心墙的潮湿环境主要是屋顶裂损造成的渗漏型潮湿。而在潮湿环境下瓷砖表面析出无机盐，形成泛碱病害。

2）建筑沉降变形环境特征分析

通过现场勘察可知，廊心墙左侧墙体产生了 3mm 的沉降，该墙体

图 5　廊心墙墙体饰面层病害层析图

图 6　廊心墙周边屋面裂损状况

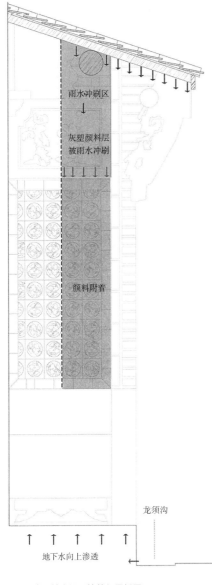

图7　廊心墙潮湿环境特征层析图

（图中标注：雨水冲刷区；灰塑颜料层被雨水冲刷；颜料附着；龙须沟；地下水向上渗透）

图8　廊心墙周边屋面的残损缺陷层析图

（图例：病害名称　图例；屋面残损；瓦片更换过的屋面）

錾砖垛与彩压瓷砖墙的缝隙有扩大趋势，最宽处增至5mm宽。除此之外，塌寿台明的石材有3块产生了塌陷，因此，推测该处地基产生沉降变形。通过将廊心墙周边地面潮湿环境特征层析图与廊心墙变形环境特征分析图进行联动分析可知（图9、图10），廊心墙上方檐檩的荷载压迫廊心墙，进而造成地基局部集中受力。廊心墙附近地基的土层长期受雨水溶蚀，受到外力作用后易产生沉降变形，最后导致廊心墙产生不均匀沉降。在这个过程中，彩压瓷砖墙的对角受力不均，彩压瓷砖墙的左上角到右下角的对角线区域分别出现裂纹、剥落病害，彩压瓷砖墙与錾砖垛间的拼缝也因此增大。

2. 墙体构造缺陷特征勘察

通过前文的分析可知建筑潮湿环境缺陷为污染与泛碱提供了有利条件，为了进一步探究污染病害的来源以及泛碱病害集中分布于拼缝周边的原因，参照《清代官式建筑修缮材料　琉璃瓦》（WW/T 0073—2017）对彩压瓷砖墙的构造缺陷进行调查。

1）廊心墙饰面层构造缺陷勘察

通过现场勘察可知，该墙的构造处理选择耐久性差的灰塑与抹灰作为彩压瓷砖材料上部墙堵的饰面层，这两种材料的表面先后涂了深蓝色、黑色两种色粉，颜料被雨水溶蚀后流经彩压瓷砖表面形成污染病害。通过将彩压瓷砖污染病害分布特征与灰塑剥落病害的分布特征进行联动分析（图11）可知，象眼抹灰、顶堵灰塑的剥落病害与瓷砖的污染病害均主要分布于墙体的右半部分。由此可见，象眼抹灰与顶堵灰塑的劣化直接影响污染病害的形成。除此之外，錾砖垛红砖与灰塑的吸水率均大于瓷砖，红砖与灰塑中的水汽渗透至彩压瓷砖，为瓷砖墙结晶盐病害的形成提供有利条件。综上所述，瓷砖的污染、结晶盐病害的形成与廊心墙的饰面层构造缺陷有关联性。

2）彩压瓷砖材料砖材面构造缺陷考察

通过彩压瓷砖墙的建筑病害层析图可知，彩压瓷砖的污染、结晶盐病害分布于拼缝处，彩压瓷砖墙中产生裂纹病害的砖存在黏合基底不平整问题。因此，为了探究砖材面的拼合缝隙缺陷与彩压瓷砖墙的结晶盐病害形成是否有关，以及砖材黏合基底缺陷与彩压瓷砖墙的裂纹病害形成是否有关，进行以下研究。

参照《清代官式建筑修缮材料　琉璃瓦》（WW/T 0073—2017），对瓷砖墙进行调查，并对该瓷砖墙中拼缝以及黏合基底出现缺陷的位置进行标记，发现瓷砖墙中共有61处拼缝存在灰浆残留、灰浆脱落问题（图12），其中50处（82.0%）产生了结晶盐病害问题。该墙中产生裂纹的 10 块砖中有 8 块砖存在砖材黏合基底不平整问题。瓷砖墙中产生结晶盐病害的位置与砖材面的拼合缝隙存在缺陷的位置大量重合（82.0%），因此，瓷砖的结晶盐病害形成与砖材面的拼合缝隙缺陷存在关联性。而瓷砖墙中产生裂纹病

害的砖 80% 存在砖材黏合基底不平整问题，因此，瓷砖的裂纹病害形成与砖材面的拼合缝隙缺陷存在关联性。

3. 彩压瓷砖材料病害构成机理

本文通过将屋面、地面与墙体的裂损信息进行联动分析可知：1）彩

压瓷砖墙污染、结晶盐病害的形成是屋顶裂损后墙体直接受雨水侵蚀，从而导致灰塑表层颜料随雨水流经瓷砖表面形成污染病害，并使瓷砖、象眼抹灰、顶堵灰塑、鏊砖垛红砖产生形成大面积盐霜病害。在这个过程中，象眼抹灰、顶堵灰塑、鏊砖垛红砖延伸至瓷砖。2）彩压瓷砖墙的剥落、裂纹病害的形成则是因为地基的土层长期受雨水侵蚀，当墙体上方的檐檩压迫使地基局部受力不均产生变形，进而导致墙体局部沉降。在这个过程中，右下角瓷砖受压破裂掉落，左上角瓷砖面上也出现斜向的裂纹。

综上所述，彩压瓷砖材料的建筑病害形成是屋面、地面、墙体三个维度的裂损缺陷同时作用的结果。屋面渗漏导致墙体受雨水侵蚀，彩压瓷砖上部的灰塑被溶蚀，最终影响彩压瓷砖墙的污染病害形成。而地基受雨水溶蚀变形造成廊心墙的局部沉降，进而导致墙体出现剥落、裂纹病害（图 13）。

图 9　廊心墙周边地面潮湿环境特征层析图

图 10　地基受潮变形环境特征层析图

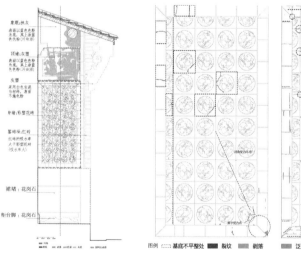

图 11　彩压瓷砖污染病害分布与灰塑剥落病害分布的关联性

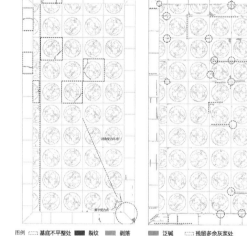

图 12　彩压瓷砖污染病害分布与砖材面构造缺陷关联性

五、结论

通过对天一总局的调查可知，1911 年以前彩压瓷砖就已经被应用于福建沿海地区的历史建筑，这种新式材料引进后，受福建沿海地区潮湿环境影响亦产生了裂损问题。通过对屋面、墙体、地基三个维度的裂损缺陷信息的联动分析，综合探究彩压瓷砖这一新兴材料的建筑病害构成机理可知：1）建筑潮湿环境与沉降变形环境是彩压瓷砖材料病害形成的主要环境因素。2）雨水侵蚀使墙体处于潮湿环境，灰塑表面颜料被溶蚀，溶蚀的液体成为主

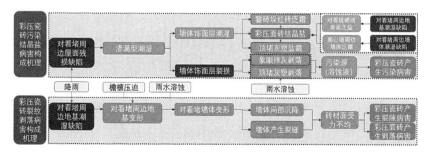

图 13　彩压瓷砖材料病害构成机理

要污染源，影响瓷砖表面污染病害的形成，墙体内的水汽蒸发时在残留多余灰浆的拼缝处析出无机盐形成结晶盐病害，周边墙体的泛霜病害亦渗透至彩压瓷砖表面。3）雨水溶蚀廊心墙地基的土层使其受檐檩压迫后产生局部沉降，墙体也因此产生不均匀沉降，使右下角的瓷砖产生剥落病害，左上角的彩压瓷砖出现裂纹病害。

本文通过地－空影像信息层析技术探究彩压瓷砖的建筑病害因果构成机理，为彩压瓷砖材料病害的调查分析提供了一种可行的方法。

与此同时，让读者了解到彩压瓷砖这一独特的建筑材料以及其在近代建筑中的应用状况。

注：文中图片均为作者自绘。

参考文献

[1] 国家文物局 . WW/T 0021—2010 陶质彩绘文物病害与图示 [S]. 北京：文物出版社，2010.

[2] 国家文物局 . WW/T 0049—2014 文物建筑维修基本材料 青砖 [S]. 北京：文物出版社，2014.

[3] 国家文物局 . WW/T 002—2007 石质文物病害与图示 [S]. 北京：文物出版社，2007.

[4] 国家文物局 . WW/T 0006—2007 古代壁画现状调查规范 [S]. 北京：文物出版社，2007.

[5] 国家文物局 . WW/T 0073—2017 清代官式建筑修缮材料 琉璃瓦 [S]. 北京：文物出版社，2017.

[6] 国家文物局 . WW/T 0063—2015 石质文物保护工程勘察规范 [S]. 北京：文物出版社，2015.

[7] 国家质量监督检验检疫总局、国家标准化管理委员会 . GB/T 30237—2013 古代壁画病害与图示 [S]. 北京：中国标准出版社，2013.

[8] 国家质量监督检验检疫总局、国家标准化管理委员会 . GB/T 30239—2013 陶质文物彩绘保护修复技术要求 [S]. 北京：中国标准出版社，2013.

[9] 中华人民共和国住房和城乡建设部 . JGJ 8—2016 建筑变形测量规范 [S]. 北京：中国建筑工业出版社，2016.

[10] Powell Robert. Singapore Architecture: A Short History[M]. Hong Kong：Periplus Editions（HK）Ltd，2004.

[11] Julian Davison. Singapore Shophouse [M]. Singapore：Talism Publishing Pte Ltd，2010.

[12] Beckwith Arthur. Pottery：observation on the materials and manufacture of terra-cotta, stone-ware, fire-brick, porcelain, earthen-ware, brick, majolica, and encaustic tiles with remarks on the products exhibited[M]. New York：D. Van Nostrand, 1872.

[13] （日）INAX. 日本のタイル文化 [M]. 大阪：淡陶，1976.

[14] （日）INAX. 不二見タイル 110 史 [M]. 东京：INAX 出版社，1991.

[15] 康锘锡 . 台湾老花砖的建筑记忆 [M]. 台北：猫头鹰出版社，2015.

[16] 梁春光 . 泉州华侨民居 鲤城卷 [M]. 北京：九州出版社，2015.

[17] 曹春平 . 闽南传统建筑 [M]. 厦门：厦门大学出版社，2016.

[18] 丁卫东，中国建筑卫生陶瓷协会 . 中国建筑卫生陶瓷史 [M]. 北京：中国建筑工业出版社，2016.

[19] 陈帆，同继锋，高力明 . 中国陶瓷百年史 [M]. 2 版 . 北京：化学工业出版社，2018.

[20] 湛轩业，傅善忠，梁嘉琪 . 中国砖瓦史话 [M]. 北京：中国建材工业出版社，2006.

[21] Bernard Rackham. Recent Studies of Maiolica[J]. The Burlington Magazine，1918（Oct.）：324-327.

[22] Edwin A. Barber. Maiolica Tiles of Mexico[J]. Bulletin of the Pennsylvania Museum, 1908（Jul.）：37-41.

[23] Jing Zhao, Weidong Li, Hongjie Luo, et al. Research on protection of the architectural glazed ceramics in the Palace Museum, Beijing [J]. 2009，11（3）：279-287.

[24] 康格温 . 建筑装饰文化跨海传播研究：以台湾、星马地区之建筑彩绘瓷版为例 [J]. 海洋文化学刊，2008（06）：115-151.

[25] 雷祖康，张叶，万龙雨 . 取证·诊断·循证：环境气候作用下青海丹噶尔城隍庙壁画的建筑病理学探索 [J]. 南方建筑，2020（05）：70-77.

[26] 陈志宏，涂小锵，康斯明 . 马来西亚槟城福建五大姓华侨家族聚落空间研究 [J]. 新建筑，2020（03）：30-35.

[27] 雷祖康，孙竹青，吕晓裕 . 建筑潮湿病害田野调查方法研究——以武当山皇经堂建筑檐廊为例 [J]. 建筑学报，2011（S2）：22-27.

[28] 雷祖康，孙竹青 . 武当山金顶钟鼓楼附近环境的建筑潮湿病害危机问题调查研究 [J]. 建筑学报，2011（S1）：34-38.

南方室外汉白玉雕像主观评价与客观检测
—— 以宋庆龄陵雕像为例

汤 众　戴仕炳

摘要：汉白玉雕像在南方长期置于室外会产生各种病害，对其外部的主观评价会有影响。为作进一步工作，首先需将主观评价通过检测量化为客观的数据，以作为状态记录用于存档和比较分析。本文介绍以宋庆龄陵园内宋庆龄汉白玉雕像为例，就上述问题进行的相关实验和研究。初步对于雕像颜色、纹理、裂缝等各种病害进行量化检测和记录，分析主观评价产生变化的原因，并为后期监测奠定基础。

关键词：汉白玉雕像；主观评价；客观检测

汤众，同济大学高级工程师。邮箱: tangzzzk@163.com。

戴仕炳，同济大学研究员。邮箱: ds_build@163.com。

一、背景

汉白玉因其质地坚实、细腻、易雕刻，相传自汉代就作为建筑和雕像材料，所谓"玉阶生白露、雕栏玉砌、亭亭玉立……"。汉白玉属于大理岩，是以白云石 [碳酸镁钙，$CaMg(CO_3)_2$] 为主的变质岩。汉白玉若长期置于户外，受自然气候环境影响就会产生各种物理与化学上的变化，特别是在南方多雨、高温、潮湿的环境影响下变化更大，因其影响美观与使用，被称为"病害"，其外观可以被人们观察到并产生主观评价。然而这种观察与评价往往比较模糊，更多是形容，很难作为研究保护的客观依据。在中华人民共和国名誉主席宋庆龄陵园内宋庆龄汉白玉雕像（以下简称：宋庆龄陵雕像）保护项目中，作者尝试以客观检测技术与工具将这种口头的主观评价量化为客观的数据，以作为状态记录用于存档和比较分析。这对于汉白玉材质的室外文物建筑构件也具有参考价值。

二、主观评价与客观分析

1984 年，原上海万国公墓宋氏墓地经改扩建后，经中央批准命名为"中华人民共和国名誉主席宋庆龄陵园"。宋庆龄陵雕像位于陵园纪念广场北侧，雕像高 2.52m，底座高 1.1m。近 40 年后，雕像外观已经产生明显改变。陵园管理人员描述为：变色泛黄，特别是在阴雨天看上去是"花"的。另有多处开裂。为此作者专门在晴天和阴雨天多次前往现场观察，确实有如此状况存在。

据查，宋庆龄陵雕像户外仅展示 5 年左右就已经发生变化，为此在 1990 年上海涂料研究所对雕像进行清洁后，再临时以白色涂料粉刷，次年又以 A–30 聚氨酯 – 丙烯酸透

明涂料，采取钛白粉打底并在涂料中伴有少量白漆的办法又进行粉刷处理。以后近 10 年间，每年都以涂刷丙烯颜料的方法作为保护措施。2012 年，上海英灏雕塑设计工程有限公司采用专业措施将宋庆龄雕像表面涂料去除清洗，恢复原汉白玉表面。随后 2 年，采用进口有机硅 – 氟材料防水憎水保护，保护层为无色透明，雕像外观上保持了汉白玉晶莹白色的质感。但是至 2019 年有机硅憎水保护层已经完全失效，问题再次出现并有加剧的趋势。

经现场观察发现：在晴天日照良好的情况下，雕像正面有充分的阳光直射，在其背后深绿色的松树衬托下，雕像整体呈亮丽的白色。但在阴雨天气，雕像变得灰暗且不均匀，显现出多处深浅和颜色不同的条纹，即所谓"变花"。雕像多处的裂缝也变得更为明显。临时用手机拍照记录阴雨天的状态后又再一

次选择晴天到现场观察，发现原有的各种病害依然存在，主要在于不同的照明环境对主观感受和评价会有较大地影响。

晴天，白色雕像明暗间有较大的反差，而雕像背后深绿色的松树几乎不反射光，更使得亮部白色部分有些晃眼，如果按照普通观者在雕像前方3m外的绿篱外，基本感觉不到雕像的微妙色彩变化。非专业的以手机拍照往往会由于背景较暗而使得雕像曝光过度，整个雕像白白的一片，也就记录不下什么变化（图1）。

雨天，雕像被雨淋湿以后，表面反射率降低，均匀而没有明确方向的照明使得整个雕像反差很小，雕像底色一致，不均匀的色差和纹理就很明显，而裂缝中的灰尘吸水之后变成深灰甚至黑色。由此发现，无论阴晴，雕像的病害都是客观存在的，只是在晴日里不易被观察和感受到，而阴雨天则使得病害更为显现。如果用专业照相机以雕像为测光对象进行拍摄，就可以明显记录雕像外观这种不均匀，如果再经后期图像增强处理，则会更为明显（图2）。

三、客观检测技术与工具

1. 纹理与色彩

汉白玉雕像外观纹理与色彩记录最通常的方式是拍照，初步的现场记录会直接采用较为方便的手机进行拍摄。对于汉白玉雕像的拍摄首先要注重的是合适的曝光，要准确记录表面的明暗变化。为此需要以雕像为测光对象才可能记录雕像外观不均匀的明暗变化。如果拍照工具没有"点测光"模式控制曝光，就需要调整曝光补偿减曝光，通常至少要减1档曝光。更为专业的控制照片明暗的方式是根据图像的色阶直方图进行设置。

数码照片用横轴代表亮度数值（左黑右白）、竖轴代表照片中对应亮度的像素数量形成函数图像就被称为色阶直方图。自动曝光直方图会使得图像中汉白玉雕像像素被挤压在右侧，也就是雕像部分显示为纯白色；减低曝光量之后，图像中汉白玉雕像最亮的部分也不到255，整座雕像呈现出丰富的灰色调变化（图3）。

数码照相机在取景时可显示直方图，方便进行曝光量的调整。另，专业相机内部感光元件的动态范围更大采样频率也更高（可达14bit色深），即可以记录更丰富的明暗层次。专业的镜头也更通透而较少降低成像的明暗反差。在正式记录汉白玉雕像病害状态时，还需要使用专业摄影器材。

通过后期处理还可进一步增强明暗反差。根据色阶直方图将深色和浅色分别向两侧拉开，使一些不明显的明暗变化显现出来，用于病害定位的目的。经过处理后，晴天拍摄的雕像也明显地显现出了"花"的状况（图4）。

然而在色彩方面，摄影器材不容易做到客观记录，最基本的要根据对象被照明的光环境测定色温并设置好相应的白平衡，并要尽量避免相机内部各种色彩"优化"模式。再进一步可以购置专业的色卡，选择合适的色卡中对应对象较为接近的色彩范围页，将其与被需要记录色彩的对象一起拍摄下来。在初步记录宋庆龄陵雕像表面色彩时，选用的是欧洲标准的瑞典NCS色卡中P22-25浅橙黄色系作为参照，并在后期通过图像处理软件中的"拾色

图1 晴天雕像外观

图2 阴天仅对雕像测光后拍摄（左）与图像增强处理后效果（右）

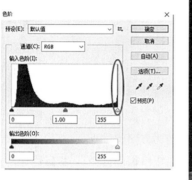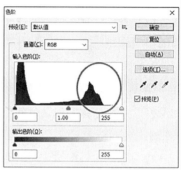

图 3　不同曝光量的色阶直方图表现

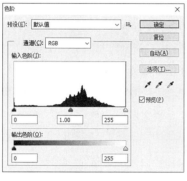

图 4　图像后期增强与色阶直方图

图 5　NCS 色卡、雕像表面与拾色器

器"进行比对（图 5）。

　　然而使用色卡仅作为一种参照，并无法准确记录雕像表面的色彩。雕像表面的"泛黄"其实是一种纯度和明度都较低的橙（红、黄混合）色，要确切定义就需要应用色彩学知识。色彩学建立各种颜色模型用于表示色彩，由 CIE（国际照明委员会）制定的色彩模式 Lab 颜色模型是以数字化方式来描述人的视觉感应，与设备无关，所以它弥补其他色彩模式必须依赖于设备色彩特性的不足，也是一种基于人的生理特征的颜色模型。Lab 颜色模型由三个要素组成，一个要素是亮度（L），a 和 b 是两个颜色通道。a 包括的颜色是从深绿色到亮粉红色；b 是从亮蓝色到黄色。

　　分光测色仪（Spectrophotometer）

是一种可以基于 Lab 颜色模型的精确测量色彩的光学测量仪器。其又可以通过两次测定或与内置标准进行比较给出差值，又被称为分光比色计、分光色差计。

　　对于宋庆龄陵雕像使用了手持式的分光测色仪（AN-2081），对其面部和上半身前面共 12 处进行了色彩采集。除了对于这些点的色彩做客观记录，还可以进行简单的统计比较分析。从图表中可以看到雕像不同部位的亮度 L 差别不大，但色差 a、b 还是比较大的（图 6）。

2. 裂缝

　　经过近 40 年的风吹、日晒、雨淋，目前宋庆龄陵雕像表面多处出现裂缝，这也是陵园管理人员反映的一个状况。要明确对雕像裂缝进

行客观记录就包括了裂缝的位置、长度、方向、宽度和深度。

　　裂缝的位置可以标注在雕像的二维平面视图上。对于三维的圆雕，通常会从前、后、左、右、上 5 个方向将三维物体投影到平面上，转换成 5 个方向的二维平面视图。如果希望去除透视变形获得雕像的正射影像，就需要使用近景摄影测量技术，以软件将雕像大量的多个方向拍摄的照片建成一个三维模型，然后再输出无透视的各方向视图。

　　在将裂缝标注到雕像的二维平面视图上还需要对每一个裂缝加以编号。宋庆龄陵雕像编号规则为 3 段字符，第一个字符表示雕像的方向（F 前、B 后、L 左、R 右），第二个字符表示雕像部位（H 头、A 臂、B 身、L 腿、S 座），第三个字符是

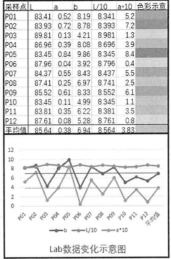

采样点	L	a	b	L/10	a*10	色彩示意
P01	83.41	0.52	8.19	8.341	5.2	
P02	83.93	0.72	8.78	8.393	7.2	
P03	89.81	0.13	4.21	8.981	1.3	
P04	86.96	0.39	8.08	8.696	3.9	
P05	83.45	0.84	9.86	8.345	8.4	
P06	87.96	0.04	3.92	8.796	0.4	
P07	84.37	0.55	8.43	8.437	5.5	
P08	87.41	0.25	6.97	8.741	2.5	
P09	85.52	0.61	8.33	8.552	6.1	
P10	83.45	0.11	4.99	8.345	1.1	
P11	83.81	0.35	6.22	8.381	3.5	
P12	87.61	0.08	5.28	8.761	0.8	
平均值	85.64	0.38	6.94	8.564	3.83	

Lab数据变化示意图

图 6　雕像不同部位的色差 Lab 值

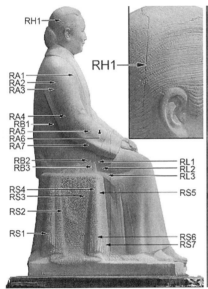

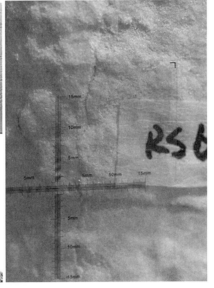

图 7　裂缝位置编号与带标尺照片

顺序编号（图 7 左）。

　　裂缝长度和方向是可以用几何方式测量数值的，同时也需要以照片进行更直观的记录。在宋庆龄陵雕像裂缝的拍摄中，使用了工业检测中的菲林尺，这是一种印刷在透明胶片（菲林）上的高精度的刻度尺。菲林尺不仅拥有极佳的透光度，还可以弯曲以贴合雕像不平直的表面，而其刻度可以精细至 1mm（图 7 右）。

　　雕像裂缝宽度很多都是毫米以下，需要使用可对裂缝宽度的定量检测及被测裂缝图像存储的裂缝宽度观测仪。用于宋庆龄陵雕像的裂缝宽度观测仪（ZBL-F130）显微摄像头与主机间采用无线连接；裂缝宽度可自动实时判读，符合《房屋安全鉴定标准》（GJ125—99 标准）。

　　裂缝深度的测量采用 CECS21：2000《超声法检测混凝土缺陷技术规程》所述平测法，即利用超声波速度及首波幅度与岩石的力学强度成正相关关系，而力学强度又直接反映着石质文物的风化程度，因而用超声波作为了解、评价自然岩石质量的参数是非常适宜的。因有中国工程建设标准化协会标准技术规程，在此不再赘述。

3. 其他病害

　　常置于城市室外的汉白玉雕像，工业污染产生的酸性物质以湿沉降（雨、雪）或干沉降（酸性颗粒物）的形式从大气转移到雕像表面上，会与汉白玉发生化学反应，发生不均一溶解。由于汉白玉为天然形成，各成分不均匀，溶解也是不均匀产生，再加上南方较为强烈的降雨冲刷，就会使得雕像表面部分剥落。对于剥落的记录包括位置、形状、面积，可参考记录裂缝拍照的方法。

　　雕像在南方潮湿多雨环境还容易受到苔藓和霉菌等微生物的侵害。苔藓一般会在裂缝中产生，也可作为裂缝附属的一项状况在做裂缝检测记录时一并记录（苔藓：有、无）。霉菌会在汉白玉雕像雕凿加工或后期风化溶蚀后的毛糙表面的微孔中滋生，外观上会呈现出深（黑）色纹理或斑块。霉菌侵害的记录也可以参考裂缝的记录方法。

　　鸟粪是室外汉白玉雕像不可忽视的污染物，但由于其基本浮于表面，在后期会加以清理，故一般不做专门的记录，但是清理过程及后续的雨水冲刷也会对汉白玉颜色产生的影响则需要记录。

四、总结

　　在南方长期置于室外汉白玉雕像和建筑构件并不少见，不同于青铜雕像或其他材料，由于在选用汉白玉作为材料时就希望其长期具有

"冰清玉洁"的艺术效果，因此对其外观就有较高的要求。但是汉白玉并不是非常稳定坚固的材质，而南方的气候环境又加剧了各种病害的产生。普通观赏者（也包括大多数管理人员）通常只会给出比较模糊的描述和主观评价，并希望有专家可以对劣化的外观提出改善的方法甚至直接采取措施。而作为专业工作的基础，首先就是需要客观量化记录各种病害，使用较为专业的工具和方法将病害的类型、位置、程度完整地记录下来并得到确认，不仅为后续的研究和保护工作提供基础数据，也可以给管理方提供一套保护对象状态的科学描述。如果这种记录坚持在一个较长的时间阶段按照一定频率定期进行，就成为一种有效的监测。因为使用的是可以量化的观察数值，就可以进行数据统计比较分析，发现病害产生发展的规律或趋势，这将是十分具有意义的工作。

注：文中图片均为作者自摄。

参考文献

[1] 米夏尔·奥哈斯等.石质文化遗产监测技术导则 [M].戴仕炳等译.上海：同济大学出版社，2020.

[2] 张涛，黎冬青，张中俭.北京汉白玉石质文物的病害类型及病害机理研究 [J].工程勘察，2016，44（11）：7-13.

[3] 李万博，胡占勇.石质文物保护工程中汉白玉石材的清洗及保护 [J].建筑技术，2021，52（06）：734-736.

[4] 汤众，戴仕炳.宋庆龄雕像现状勘察技术与方法 [A].中国建筑学会建筑史学分会，北京工业大学.2019 年中国建筑学会建筑史学分会年会暨学术研讨会论文集（下）[C].中国建筑学会建筑史学分会，北京工业大学：中国建筑学会建筑史学分会，2019：5.

20 世纪以来紫禁城古建筑保护项目管理机制变迁考

张 典

摘要：故宫明清古建筑群作为我国宝贵的历史文化遗产，其古建筑修缮和保护工作一直受到重视。清朝结束后，故宫古建筑修缮项目逐渐从市级政府工程处管理发展为故宫博物院独立管理。中华人民共和国成立后，故宫博物院古建筑项目管理与时俱进，在实践中走向专业化，于 21 世纪初确立工程管理处作为全院古建筑项目的总执行机构。故宫古建筑保护工作方法不断调整创新，并始终践行新时代下对古建筑保护方法的不断优化，为传承中华传统营造技艺、保护历史文化遗产而持续努力。

张典，故宫博物院副研究馆员。

关键词：**故宫**；**古建筑保护**；**项目管理**

　　紫禁城以气势恢宏的明清古建筑群闻名于世，工程管理处作为故宫博物院古建修缮保护及相关项目的专业管理职能部门，主要负责紫禁城区域内古建筑保护项目的委托设计、监理、施工、项目立项、报批、项目质量和进度管理，组织工程验收等重要工作。[1] 为了对紫禁城建筑进行保护和传承，自 20 世纪以来，故宫古建筑修缮和保养工作一直在持续，负责修缮项目管理的建制和人员也一直存在，只是随着百余年历史发展的脚步不断发生变化。本文以 20 世纪初紫禁城向公众逐步开放时期为始，以今日故宫博物院所辖区域为空间范围，通过梳理相关档案资料，尝试分析近代以来故宫古建筑修缮保护项目管理工作的发展沿革。

一、中华人民共和国成立前

　　1912 年以前，紫禁城作为明清两代的权力中心，一直为皇室所居。在清代，宫殿修缮事务由内务府营造司专门负责，包括岁修和举办诸类庆典时的维修。清朝覆灭之后，国内时局变化迅速，紫禁城的维修工作一直随着政权更迭与北京城市归属调整而不断发生变动，大致可分为三个阶段。

1. 故宫博物院成立前（1912—1925 年）

　　辛亥革命胜利后，清帝退位，逊帝溥仪等人继续居住在紫禁城内廷，前朝不再归其使用。1914 年，"古物陈列所"在紫禁城前朝成立。该时期，紫禁城被前后一分为二管理：包括三大殿、武英殿、宝蕴楼等重要古建筑在内的外朝，变为由国民政府内务部管理的古物陈列所，向公众开放参观。包括养心殿、御花园、东西六宫等处的内廷，仍是原清室成员的居所，依然保持清宫原有的运行方式。此时故宫建筑修缮保养工作基本没有开展。

2. 南北分别管理时期（1925—1946 年）

　　1925 年 10 月，北平故宫博物院正式成立。从 1925 年开始直到 1946 年古物陈列所归并故宫博物院前，紫禁城实行南北分别管理，南部的"朝"归古物陈列所管辖，北部的"廷"归故宫博物院管辖，院、所从这一时期开始都对其所辖范围内的古建筑进行修缮保养，但因时局动荡频繁，院、所的古建筑项目管理方式都随北京（北平）城市的

---

① 故宫博物院．故宫博物院规章制度汇编 [M]．北京：故宫出版社，2013．

政权变化而多次改变，现分别介绍如下：

1）古物陈列所

由于展陈和保管文物的需要，古物陈列所曾经多次对三大殿、武英殿、宝蕴楼等古建筑进行修缮保养。

1928 年，古物陈列所首次对下辖古建筑开展全面勘查修缮。最初，所内尚未有专门机构管理修缮工程。由古物陈列所 1930 年的《办事细则》第十条得知，工程管理当时由本所第一股负责[①]。而 1939 年新修订之办事规则明确表示负责"匠役之管理，工程之修缮"事项的是第一股第三科。[②] 陈列所的古建筑工程管理部门随着所内组织机构变化而调整，彼时虽然仍与其他事务夹杂管理，但已得到初步重视，将工程管理作为主要工作内容纳入机构设置之中。其古建工程模式大体是由陈列所公函联系相关主管单位设计、招标。其主管单位和项目管理方式也几经变化（表 1）：

1946 年 12 月，古物陈列所归并故宫博物院，隶属于国民党政府行政院，古建筑修缮事务也一同归博物院与北平文整会工程处对接。

2）故宫博物院

1925 年故宫博物院成立后，古建修缮工程主要是接受国内外各界人士、基金会捐款修缮，依项目招标招工，由院属总务处第四科工程股负责管理并主持实施。至 1946 年底古物陈列所并入博物院前，故宫博物院古建保养修缮工程较少。1935 年以前，工程款项几乎都为捐赠而来，工程管理责任单位虽一直存在，但并未进行指定。据 1935 年的《故宫博物院修缮工程投标须知》，自该年起，"对于图样及说明有不明了处，可到本院总务处第四科工程股询问。"[⑬] 即由博物院总务处第四科工程股专门负责修缮项目管理。

此时，故宫博物院的古建修缮

古物陈列所工程组织方式变化表   表 1

时间	陈列所隶属关系	工程组织
1925—1935 年	国民政府内务部	由陈列所依具体情况招商修理，并设独立科室管理
1935—1937 年	国民政府行政院冀察政务委员会[③]	北平市工务局文物整理委员会工程处[④]
1937—1938 年	伪中华民国临时政府[⑤]	旧都文物整理实施事务处[⑥]
1938—1940 年	伪中华民国临时政府行政委员会	建设总署都市局营造科[⑦]
1940—1943 年	伪华北政务委员会[⑧]	建设总署都市局营造科[⑨]
1943—1945 年		工务总署都市计划局[⑩]
1945—1946 年 12 月	国民党政府行政院[⑪]	北平市工务局文整会工程处[⑫]

① 古物陈列所 . 内政部北平古物陈列所办事细则 [S]. 北京：古物陈列所藏，1930，案卷 13，jfqgwzz00036.
② 古物陈列所 . 本所各项规则一九三九年修订（内部资料）[Z]. 北京：古物陈列所藏，1939，案卷 26，jfqgwzz00057.
③ 即 1935 年南京国民政府为满足日本"华北特殊化"要求设立之"冀察政务委员会"，直属行政院，负责处理河北省、察哈尔省、北平市、天津市一切政务。
④ 令修缮旧皇城（禁城）角楼工程行将开工派员持函前往接洽由（内部资料）[Z]. 北京：古物陈列所藏，1936，案卷 41，jfqggwxjgc100095
⑤ 1937 年 8 月，日本侵略者扶植以江朝宗为首的汉奸傀儡政权，建立伪北平政府。12 月 13 日，日本侵略者在北平成立伪中华民国临时政府，以北平为首都。
⑥ "旧都文物整理实施事务处"为 1935 年成立之"北平文物整理委员会"管辖，负责古建筑保护与修缮工程的设计施工管理，委员会由工程技术人员及古建筑匠师组成。该处对古物陈列所古建筑的工程管理，参见《你市协和门朝房等工程标由祥盛承修函达查照由》，1937 年 6 月，案卷 42，jfqggwxjgc100100，古物陈列所藏；《南薰殿及宝蕴楼修缮工程标由恒部做函达查照由》，1937 年，案卷 42，jfqggwxjgc100095，古物陈列所藏，等。
⑦ 1938 年 4 月，伪政府成立建设总署。1939 年 9 月，将原有工程局改组为北平、天津、济南、太原四个工程局，负责公路、水利、港湾、都市建设。古物陈列所辖古建筑修缮由建设总署都市局统一规划管理，局内营造科专门管理工程设计、招商。参见《函复武英殿等处应急修理各工程准由祥盛木厂承办不日即可开工由》，1939 年 6 月，案卷 46，Jfqggwxjgc100106，古物陈列所藏。
⑧ 即 1940 年 3 月汪伪国民政府成立后改组之伪"华北政务委员会"。
⑨ 函达保和殿前东西朝房修缮工程要施工希望将宝内物件迁挪由（内部资料）[Z]. 北京：古物陈列所藏，1942，案卷 50，jfqggwxjgc100125.
⑩ 1943 年，建设总署改为工务总署，职能不变。参见《函达本所赃罚库修缮工程由》，1944 年 5 月，案卷 52，jfqggwxjgc100136，古物陈列所藏。
⑪ 抗日战争胜利后，北平收归国民党政府管理。古物陈列所古建筑修缮事务仍由北平市工务局文物整理工程处管理。
⑫ 函达三大殿等处工程由公兴顺营造厂承做即开工由（内部资料）[Z]. 北京：古物陈列所藏，1946 年 11 月，案卷 53，jfqggwxjgc100140.
⑬ 修缮工程投标须知（内部资料）[Z]. 北京：古物陈列所藏，1935，案卷 67，jfqgzz00229.

项目管理工作的上级归属情况应该与古物陈列所类同。在 1939 年博物院呈报伪中华民国临时政府行政委员会的公文档案中，可见故宫博物院此前的古建筑修缮工作负责单位与古物陈列所一样，均为旧都文物整理实施事务处。北平政权变动后，由建设总署都市局负责。①

3. 平稳过渡时期（1946—1949 年）

1946 年起，国民党政府设立"行政院北平文物整理委员会"，下设"文物整理工程处"，承担北平古建修缮管理工作。1946 年底古物陈列所并入故宫博物院后，博物院开始统一管理紫禁城古建筑，故宫古建筑修缮项目管理进入了一个稳定的过渡时期。

1947 年 5 月，行政院北平文整会发布《古建保养须知》，明确指出大型项目由文整会负责管理，基础性的岁修保养项目，由各单位按专业方法自行组织完成。故宫博物院即须照此执行。② 这份公函中"拨办"一栏的批示"须抄存四科"，可以再次印证故宫博物院在这一时期负责古建筑岁修保养项目管理的是总务处第四科。

由 1948 年行政院北平文整会工程处与故宫博物院总务处关于修理天安门中洞左扇大门等处的来往公函等档案可知，1947 年午门钟楼、1948 年天安门中洞大门等修缮工作就是由文物整理委员会工程处负责

的。③ 所以在此阶段，故宫博物院古建筑修缮项目是由本院总务处第四科负责向行政院北平文整会上报，由文整会规划设计，并予以指导帮助，由总务处第四科负责具体修缮实施的管理工作。

二、中华人民共和国成立后

中华人民共和国成立后，各项工作都在陆续恢复。故宫博物院在经历了五年的初步探索，尝试了工程小组等形式之后，于 1954 年正式组建了专业的古建筑修缮项目管理部门，在实践中不断理顺项目管理、设计等职能关系，至 1960 年代中期，已完成大量古建筑修缮工程。1960 年代中期至 1970 年代初，故宫的古建修缮工程因"文化大革命"影响基本中断，进入停滞期，直到 1972 年才逐步恢复。此后几十年内，故宫博物院逐步调整优化古建筑项目管理结构，经过实践工程办公室管理、多部门合作验收、工程管理处"一处两制"等模式之后，于 2002 年正式成立工程指挥办公室，下设工程管理处，统筹故宫的古建筑修缮保护工程事务，各部门职责基本确定并延续至今。现对各阶段发展情况予以介绍。

1. 探索尝试（1949—1954 年）

中华人民共和国成立后，原有的文物整理委员会归文化部管理，

继续此前职能，负责包括故宫博物院在内的多处古建筑修缮项目管理、规划、指导。与此同时，故宫博物院也开始尝试组建自己的古建筑工程队伍，完善自身职能。

1）工程小组（1949—1950 年）

1949 年 12 月，《故宫博物院文化建筑物基本整理计划书》④ 经北京市文整会委员梁思成先生审定施行，正式成立"工程小组"，对故宫古建筑修缮保护工程进行管理工作。此时，故宫博物院进入新的历史时期，院内机构面临调整，在新的组织机构未正式确定前，院内负责古建修缮项目管理事务的部门仍是总务处第四科。

2）专门的项目管理部门出现（1950—1954 年）

此阶段新中国的各项事务都在理顺过程中，故宫博物院的隶属关系也经历几次调整，古建筑修缮项目管理机构随之发生变化，专门的项目管理部门应运而生。

① 总务处第四科第二股（1950—1951 年）

负责故宫博物院的古建工程管理事务。

② 办公处工程组（1951—1952 年）

1951 年 5 月 18 日，文化部文物局批准故宫博物院改组，原有总务处职能分化，开始了初步的专业化分工，原负责古建筑修缮项目管理事务的总务处第四科第二股的工作移交至办公处工程组。在移交资

① 参见《呈行政委员会王委员长关于宫殿古建保养问题由》，1939 年 9 月，案卷号 80，jfqggxjgc100232，故宫博物院藏："该建筑物均年久失修，其工程较繁重者曾商准北建设总署都市局继续前文物整理委员会实施事务处工作。"

② 会北平文物有关机关对于古建筑如有保养修缮由本会先与商配由（内部资料）[Z]. 北京：故宫博物院藏，1947，案卷 144，jfqggxjgc100379

③ 故宫博物院 . 院史编年 [M].1947.

④ 关于故宫工程计划已将梁思成先生阅毕有不妥之处应照改后保局备查（内部资料）[Z]. 北京：故宫博物院藏，1949，案卷 41，19490265z.

料中包括原有建筑材料、图卷、合同等物品。从此办公处工程组开始专门负责故宫古建筑修缮项目管理事务。

③行政处工程科

1952 年，故宫博物院改隶社会文化事业管理局，原有办公处工程组调整为行政处工程科，负责故宫博物院的古建和基建项目管理、设计。工程科此时完成了"设计、估算"，提交了"图说、预估单"等材料，可见该时期工程科的职能在逐步完善，负责履行组织施工及工程管理，并且在探索中不断完善古建工程的设计、预算等职能。① 修缮工程竣工后，由故宫博物院呈报上级主管部门派员，会同博物院人员进行验收。

2. 专业化发展（1954—1965 年）

1954 年 7 月，故宫博物院进行组织机构改革，新设的修建处是故宫博物院首次设立的专门负责古建筑修缮管理的处级机构，下设工程科，由原行政处工程科人员构成。工程科部分设计人员后与从北京文整会调入的专业建筑师共同组成修建处设计科。

1956 年，修建处改为工程队，实行企业化管理，直属故宫博物院，故宫博物院开始了独立完成古建工程设计工作的阶段。原修建处设计科分化为建筑研究室，后改组为古建管理部，逐步走向古建工程设计

专业化。这一时期，原本由上级单位派员进行的古建工程验收工作改为院内自行验收，院内开始组建工作验收小组。故宫博物院的古建修缮保护工程部门职能不断清晰，走向专业化。

3. 恢复发展（1972—1990 年）

因社会变革影响，故宫古建筑修缮工作趋于停滞，原有工程队组织机构也受到影响。1972 年古建工程逐渐恢复后，工程队也逐渐恢复发展，于 20 世纪 90 年代初更名为古建修缮处。该时期的工程管理职能也随着原机构和工作计划的调整发生变化。

1）革委会管理时期（1972—1973 年）

该时期，故宫博物院实行革命委员会管理制度，原有古建管理部改"古建管理处"。至 1973 年，工程队暂由该处管理，承担故宫自营古建、基建具体施工②，古建管理处研究设计组继续原有工程设计职能。

2）工程办公室管理时期（1974—1979 年）

1974 年，故宫博物院取消革委会管理制。该年，博物院出台了"七年修缮规划工程"，特设工程办公室专门管理故宫古建、基建工程事务，进行统一的工程管理。工程队的各项维修工程由古建部领导，但实行企业化管理。

3）平稳发展时期（1980—1990 年）

1980 年，故宫七年修缮规划工程结束，工程办公室相应撤销，工程验收工作仍由原验收小组完成。1984 年，故宫博物院再次进行机构调整③，工程队作为院属企业化管理单位，依然负责本院古建、基建工程，相当于本院处级单位，与古建部为并列关系。该时期，各部门对于古建修缮的一些职能有所重叠，分工不够明确，该模式一直持续至 1990 年。

4. 新形式探索（1990—1998 年）

1990 年，工程队更名为"古建修缮处"④，实施处级管理办法。主要负责本院古建维修工程及配合其他部门、事务进行的工程，除工程实施外，处内成立了工程质量检查小组，严格把控工程质量管理。

5. 工程管理工作恢复处级建制（1998—今）

1）"一处两制"阶段（1998—2002 年）

1998 年，故宫博物院"在行政、工程和文物三个领域进行机构调整，撤销行政处、综合治理办，成立行政服务中心；撤销古建修缮处、基建办、安工办，成立工程管理处。"⑤由此，工程管理处再次以处级建制被恢复，故宫博物院的古建维修工作逐渐进入常态化规范管理阶段。

1998—2002 年，工程管理处实

① 北五所后罩房修缮所用费签报（内部资料）[Z]. 北京：故宫博物院藏，1952，案卷 49，19520461z.
② 古建部一九七三年工作计划（内部资料）[Z]. 北京：故宫博物院藏，1972，案卷 55，19720168z.
③ 故宫博物院 . 院史编年 [M]. 北京：1984.
④ 故宫博物院 . 院史编年 [M]. 北京：1990.
⑤ 1998 年度全院工作总结（内部资料）[Z]. 北京：故宫博物院藏，1998，案卷 99，19981569z.

行"一处两制"①,即"事业—企业"制。具体来说,古建或新建工程申报、审批、管理、验收、外包工程、预算审核、材料归口等,下设电管科、水暖科、施工管理科(后分一、二科)、审核科等,实行事业化管理;古建工程队实施企业化管理,负责故宫古建修缮具体施工。

这一阶段是事业和企业双轨管理模式的探索时期,经历内部机制与社会发展不对口、工程审计审核职能混淆、工程设计滞后等问题,在实践中不断优化、调整内部职能;在整个博物院范围内,是与其他部门的工作关系逐渐理顺的时期。

2)职能调整稳定(2002年以来)

2002年10月11日,故宫博物院院长办公会第十八次会议②讨论并通过了新世纪故宫古建筑修缮工程的规划,同时组建古建修缮中心。彼时,工程管理处作为全院工程的总执行机构,同时主管故宫保护范围内基本建设、基础设施整修和古建零修等任务的实施和管理工作,并在工程管理处设全院工程指挥办公室,作为院长直属的领导小组,负责全院工程的总协调和总指挥。此后,工程管理处的性质和职能便基本确定下来。根据故宫博物院2013年出版的《规章制度汇编》可见,时至今日,工程管理处一直负责故宫博物院的古建筑工程委托设计、古建筑项目的立项审批、招标工程技术文件和合同的编写确认、与中标单位签订施工(监理)合同、整个施工过程中的安全、工期、质量、材料、造价的管理、组织施工验收、项目前、中、后期资料的收集整理③等工作。

综上所述,自明清至今,紫禁城中的建筑保护项目管理都属于专业职能,由专门单位和人员负责。中国古代封建君主专制结束后,故宫的古建筑修缮项目从归属各类市级政府工程处管理,到接受上级单位监督,独立由故宫博物院管理;从部门较少时,设置专门科室、处室进行管理,到部门逐渐细分后,成立院级小组进行统筹调度,古建筑保护项目管理工作虽几经更名、改组,却从未中断。在20世纪80年代探索时期,虽一度使项目管理工作与设计及研究文献历史部门、施工部门配合执行,但实践后,最终仍恢复了工程管理的专门处室。在新时代,工程管理处作为故宫的专业职能部门,仍继续坚守着自身职责,随着古建筑保护事业的不断进步,发展和调整着工作方法,并始终践行新时代下对古建筑保护方法的不断优化。

遗产保护与利用

① 九八年工作总结(内部资料)[Z]. 北京:故宫博物院藏,1998年,案卷98,19981552z.
② 故宫博物院院长办公会第十八次会议纪要[C]. 北京:故宫博物院院办档案科藏,2002,20021758z.
③ 故宫博物院编. 故宫博物院规章制度汇编[M]. 北京:故宫出版社,2013.

基于 SEM 的建筑遗产访客感知价值和满意度定量研究

陈　丹

陈丹，广东工业大学讲师。邮箱：jianzhuchendan@qq.com。

摘要：在遗产保护与旅游服务和城市更新相协调，实现可持续发展的时代，价值被认为是遗产保护、利用和管理的核心因素。本文通过问卷调查和结构方程模型（SEM）研究方法，深入探讨访客感知价值的作用因素及其与建筑遗产价值类型的关联。首先，本研究基于 ACSI（美国客户满意度指数）构建建筑遗产的感知价值、感知娱乐性、游访满意度和访问后行为的研究模型，同时将感知价值变量分解为 4 个二阶变量：艺术、历史、文化和科学价值。结果表明：1）访客并不能根据价值类型来感知建筑遗产，而倾向基于个人体验进行综合评估；2）访客的感知价值主要取决于艺术价值；3）尽管专家主张历史价值是建筑遗产最核心的价值类型，访客却倾向于与文化交织的历史故事，而对纯粹的历史意义兴趣不大；4）感知娱乐性对游访满意度具有相当显著的积极作用，并能提高访客的感知价值。本文所提出的研究模型和结论能为建筑遗产的保护管理和活化利用提供有效的参考，并为建筑遗产价值研究提供新的思路和方法。

关键词：建筑遗产；结构方程模型；感知价值；感知娱乐性；游访满意度

一、引言

从遗产保护的角度，价值是遗产保护和再利用的首要因素，价值评估也被公认为是保护和管理的基石和关键步骤。近年来遗产保护领域最重要的变化便是从专家权威话语扩展为一系列利益相关者话语，尤其是社区居民和访客的参与[1]。梅森教授指出，价值多样性植根于价值主体的多样性，因此他鼓励通过问卷调查、人类学研究、访谈等方式，全面把握当前和未来利益相关者赋予文化遗产的综合价值[2]。然而，已有研究成果主要是从专家的角度深化和拓宽建筑遗产的价值内涵和类型，而较少从普通访客的角度探讨建筑遗产的感知价值。因此，解析普通访客（包括访客和社区居民）如何赋予建筑遗产丰富的价值，具有重要的学术意义。

在消费者行为方面，感知价值是决定消费者满意度、忠诚度和消费后行为意愿的关键因素之一。[3]因此，访客的感知价值和满意度是建筑遗产满足市场需求、促进消费、提升游访体验质量的重要切入点。当下大多数建筑遗产的开发利用主要为博物馆模式或延续原功能，对当代民众价值感知特征、精神文化需求不敏感，存在提供服务内容趋同、展示方式单一、与日常生活脱节、吸引力较弱、访客重游意愿低等问题[4]。在上述前提下，了解访客对遗产的感知价值，揭示访客感知价值和满意度的影响因素和作用机制，从而为建筑遗产的管理和利用做出客观判断，制定优化策略具有显著和紧迫的实践意义。

本研究：1）基于公认的 ACSI 模型（美国客户满意度指数）建立结构方程模型，包括感知价值、感知娱乐性、游访满意度和访后行为意向，并将感知价值分解为建筑遗产的艺术、历史、文化和科学价值，而后提出若干假设；2）在广州市 4 处建筑遗产（均为国家文物保护单位）的出口对 360 名访客进行问卷调查；3）通过 SPSS 19 和 AMOS 23 对收集到的 271 份有效问卷进行数据分析，对提出的假设进行评估，揭示访客感知价值的特征以及与建筑遗产价值、感知娱乐性、游访满意度、访后行为意向的相互关联。本研究可为建筑遗产的保护、管理和可持续发展，以及城市文化品质的提升提供具有针对性和可靠的建议。

二、研究结构模型

1.游访满意度

大量研究已证实，访客对产品和服务的感知价值与游访满意度、访后行为意向（或忠诚度）之间具有相关关系。[5]感知价值通过满意度的中介作用对行为意向具有间接影响效果。[6]感知价值是经济成本、时间成本、物质收益、精神收益的综合体现。[7]感知价值变量的研究多是将其针对不同的产品类型细化分解为对应的变量，这些相同或者不同的变量都与产品和服务的特征相关。[8]例如可以分解为功能价值、社会价值、情感价值3个变量，[9]亦可分解为功利价值和享乐价值2个变量。[10]桑切斯等人制定的GLOVAL访客感知价值量表则包含设施功能价值、旅行社人员专业技能、包价旅游产品质量、功能价值、情感价值和社会价值6个变量。[11]国内学者也对感知价值变量进行了多种设计（表1）。

上述研究虽有不同的研究情境，但成本、服务、功能、娱乐（或享乐、情感）是比较公认的几个感知价值变量。具体到建筑遗产特性，本研究主要探讨感知价值中的功能和娱乐两个变量对满意度、访后行为意向的作用机制，为了与下文建筑遗

产的各项价值区分，将其分别命名为"感知价值"与"感知娱乐性"。

2.感知价值

本文旨在将建筑遗产价值特性与"感知价值"变量建立直接联系，解析访客对当下流行的遗产价值类型的感知情况，以及其对访客综合感知价值的作用比重。建筑遗产作为记载和表达历史、记忆、文化、艺术等多重信息的综合体，学者们对其价值类型有诸多或同或异的定义，最核心的有艺术（审美）价值、历史价值、文化价值、科学（技术）价值[12]，这在世界遗产和我国各级文物保护单位的评价标准中都清晰可见，同时也是访客消费和体验的主要内容。此外，艺术、历史、文化、

科学价值是基于遗产特征信息产生的感知和认识，认知自由度相对较小，具有客观性，适合通过问卷进行测量。因此，本文将"感知价值"变量分解为艺术价值、历史价值、文化价值和科学技术价值，由于建筑遗产价值类型间可能存在部分重叠，还需验证四者的相关性。最后，本文拟定研究模型如图1。

三、研究设计

1.问卷设计

本问卷量表内容设计包括人口统计基本资料与核心问题两部分，核心问题有：1）艺术价值；2）历史价值；3）文化价值；4）科学价值；

感知价值变量列举　　　　　　　　　　　　　　表 1

案例类型	作者	感知价值变量
乡村旅游	张迪（2006）	文化价值、自然价值、基础调节、产品特色、人员服务和认知成本
乡村旅游	蔡伟民（2015）	管理与服务价值、设施价值、景观价值、项目价值、社会价值、精神价值、成本价值
文化遗产	隋丽娜、李颖科（2010）	质量价值、效率价值、服务价值、成本价值、社会价值和享乐价值
古村落	李文兵、张宏梅（2010）	社会价值、情感价值、认知价值、功能价值
古村落	李文兵（2011）	情感价值、古村落旅游资源本体感知、认知价值、社会价值、非经济成本感知、导游服务感知、经济成本感知、社区服务感知

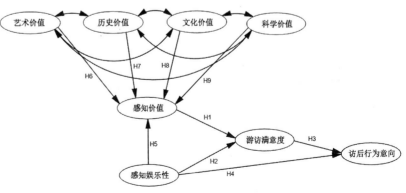

图 1　研究模型

5）感知价值；6）感知娱乐性；7）游访满意度；8）访后行为意向。人口统计变量包括名目及顺序尺度，共计 5 个题项，包括性别、年龄、受教育程度、居住区域、家庭月收入（表 2）。

本文研究模型中各变量的题项均来自国内外学者已验证良好的成熟量表，并结合研究内容对题项的表述做适当调整。在咨询建筑遗产领域相关专家后，本研究选取广州光孝寺完成了 50 份小样本预试。根据预试数据对问卷的信度、效度以及观测指标设置的合理性进行分析，对问卷进行修订后形成正式量表，在专家复审通过后确定最终的调查问卷，题项均采用李克特 7 点尺度，研究变量的题项定义与相关资料来源整理成表 3。

2. 数据采集

正式调查于 2019 年 10 月 1 日、10 月 6 日、10 月 17 日、10 月 26 日进行。调查人员为经过培训的在读二、三年级建筑学本科生。调查地点分别为广州光孝寺、陈家祠、沙面公园、圣心石室大教堂景点出口。这四处建筑遗产皆位于广州老城区内，为全国文物保护单位，类型上分别是传统寺庙、地方祠堂、近现代殖民风格建筑群和教堂。调查对象设置为 12 岁及以上访客，采用简单随机不重复抽样，以当面访问、现场填写的形式开展，并对以团队形式到达的访客视其规模及内部同质性确定被调查者的数量。SEM 是一种大样本的分析技术，一般样本要求模型观察变量与样本数之比在 1：10~1：15 之间[22-23]，本研究共有观察变量 24 个（题项），样本数应在 240~360 之间。本研究共发放问卷 360 份，收回 360 份，其中填写完整、数据有效的样本 271 份，符合 SEM 分析样本数要求。访客样本人口统计特征见表 4。

样本人口统计特征题项　　　　　表 2

BD1. 您的性别：（1）□男（2）□女

BD2. 您的年龄：
（1）□ 15 岁以下（2）□ 15~24 岁（3）□ 25~34 岁（4）□ 35~44 岁（5）□ 45~54 岁
（6）□ 55~64 岁（7）□ 65 岁及以上

BD3. 您的受教育程度：
（1）□初中及以下（2）□高中及中专、职业学校（3）□大专（4）□大学本科（5）□硕士及以上

BD4. 您的居住区域：
（1）□广州市（2）□广东省其他市（3）□中国其他省份（4）□其他国家

BD5. 您的家庭月收入：
（1）□ 6000 元以下（2）□ 6001~9000 元（3）□ 9001~12000 元（4）□ 12001~15000 元
（5）□ 15001~18000 元（6）□ 18001~21000 元（7）□ 21001 元以上

四、分析与结果

1. 信效度验证

验证式因素分析（Confirmatory Factor Analysis，CFA）为 SEM 分析的一部分，SEM 研究在执行分析结构模型之前应分析测量模型，验证测量模型配适度为可接受，再进行完整的 SEM 模型评估。本研究针对所有变量皆进行了 CFA 分析，模型的 8 个变量为感知价值、感知娱乐性、游访满意度、访后行为意向、

研究结构变量题项定义及来源　　　　　表 3

结构变量	题项	参考来源
艺术价值	AV1. 本建筑遗产具有视觉上的吸引力 AV2. 本建筑遗产带给我审美上的愉悦感 AV3. 本建筑遗产代表当地某时期的建筑艺术典范	颜宏旭（2013）[13]
历史价值	HV1. 本建筑遗产能反映当地历史背景 HV2. 本建筑遗产能展示当地历史上一个或几个重要阶段 HV3. 本建筑遗产具有体验历史空间的价值	颜宏旭（2013） 常青（2016）
文化价值	CV1. 本建筑遗产能让我更了解当地文化 CV2. 本建筑遗产是当地文化发展的具体呈现 CV3. 本建筑遗产能提升我的文化素养	颜宏旭（2013） Zabkar V，Brencic M M，Dmitrovic T[14]
科学价值	SV1. 本建筑遗产能展现前人的智慧 SV2. 本建筑遗产可作为同类型建筑设计的典范 SV3. 本建筑遗产的工艺技术精湛	颜宏旭（2013） 常青（2016）
感知价值	PV1. 我认为本建筑遗产的总体价值很高 PV2. 我认为游览本建筑遗产物有所值 PV3. 游览本建筑遗产让我感觉非常好	王佳欣（2012）[15] Boo S，Busser J，Baloglu S[16]
感知娱乐性	PE1. 在游览中我放松了心情 PE2. 我觉得游览本建筑遗产的过程非常有趣 PE3. 此次游览给我留下了愉悦的回忆	周淳（2016）[17] Assaker G，Vinzi V E，O'Connor P[18]
游访满意度	TS1. 总体来讲，我很享受在本建筑遗产的游览时光 TS2. 总体来讲，我觉得很值得游览本建筑遗产 TS3. 总体来讲，我很喜欢本建筑遗产	窦璐（2016）[19] 薛永基，胡煜晗，白雪珊（2017）[20]
访后行为意向	BI1. 如果有机会，我还会选择重游该建筑遗产 BI2. 我会推荐亲戚朋友来这里游览 BI3. 我会向他人正面介绍本建筑遗产	周淳（2016） 刘力，陈浩（2015）[21]

艺术价值、历史价值、文化价值、科学技术价值，如表5：（1）除艺术价值变量的 AV3 题项目外，所有变量的负荷量均在 0.6~0.9 之间，AV3 因素负荷量也在 0.5 以上，且全部达到显著；（2）各变量组成信度皆在 0.7~0.9 之间，说明题项具有充分的内部一致性；（3）各变量 AVE 皆大于 0.5，说明每个变量之间的收敛效度都符合要求。模型变量和题项指标皆符合 Hair, et al[22] 和 Fornell and Larcker[24] 提出的标准，即因素负荷量大于 0.5；组成信度大于 0.6；收敛效度大于 0.5。

访客样本人口统计特征（单位 %）　　表4

BD1 性别	男	39.9	BD4 居住区域	广州市	41.7
	女	60.1		广东省其他市	30.3
BD2 年龄	15 岁以下	0.0		中国其他省	27.3
	15~24 岁	57.6		其他国家	0.7
	25~34 岁	25.5	BD5 家庭月收入水平	6000 元以下	19.6
	35~44 岁	9.2		6001~9000 元	29.5
	45~54 岁	6.6		9001~12000 元	16.6
	55~64 岁	0.7		12001~15000 元	9.6
	65 岁及以上	0.4		15001~18000 元	6.6
BD3 受教育程度	初中及以下	2.2		18001~21000 元	5.2
	高中及中专、职业学校	16.6		21001 元以上	12.9
	大专	20.3			
	大学本科	53.5			
	硕士及以上	7.4			

信度、效度分析[①]　　表5

变量	题项	参数显著性估计				因素负荷量	题目信度	组成信度	收敛效度
		Unstd.	S.E.	t-value	P	Std.	SMC	CR	AVE
感知价值	PV3	1.000				0.684	0.468	0.849	0.655
	PV2	1.287	0.110	11.723	***	0.847	0.717		
	PV1	1.362	0.117	11.676	***	0.883	0.780		
感知娱乐性	PE1	1.000				0.752	0.566	0.863	0.678
	PE2	1.241	0.094	13.248	***	0.859	0.738		
	PE3	1.147	0.087	13.236	***	0.855	0.731		
游访满意度	TS1	1.000				0.835	0.697	0.874	0.699
	TS2	1.110	0.072	15.505	***	0.908	0.824		
	TS3	1.021	0.074	13.785	***	0.759	0.576		
访后行为意向	BI1	1.000				0.763	0.582	0.852	0.658
	BI2	0.898	0.070	12.846	***	0.876	0.767		
	BI3	0.855	0.068	12.524	***	0.790	0.624		
艺术价值	AV1	1.000				0.758	0.575	0.765	0.529
	AV2	1.053	0.126	8.324	***	0.851	0.724		
	AV3	0.842	0.108	7.805	***	0.537	0.288		
历史价值	HV1	1.000				0.789	0.623	0.839	0.635
	HV2	0.981	0.080	12.250	***	0.817	0.667		
	HV3	0.977	0.081	12.080	***	0.784	0.615		
文化价值	CV3	1.000				0.618	0.382	0.787	0.555
	CV2	1.176	0.131	8.984	***	0.772	0.596		
	CV1	1.276	0.145	8.803	***	0.829	0.687		
科学价值	SV3	1.000				0.754	0.569	0.796	0.571
	SV2	1.357	0.139	9.779	***	0.875	0.766		
	SV1	0.827	0.089	9.260	***	0.615	0.378		

①*** 代表 P <0.01.

2. 模型配适度验证

一定的模型配适度是 SEM 分析的必要条件，配适度越好即代表模型矩阵与样本矩阵越接近。本文配适度指标参考 McDonald and Ho[25]，Jackson, Gillasyp and Stephenson[26] 的研究结果，以几个关键指标进行模型整体的配适度评鉴（表6），其中 $\chi 2$ 与自由度的比值 2.778 小于 3；GFI 为 0.838，CFI 为 0.890，皆大于 0.8，AGFI 为 0.795，也较接近 0.8；RMSEA 为 0.081，略高于 0.08 的理想指标。本文将感知价值变量分解为建筑遗产的艺术、历史、文化和科学价值，从而直接将访客感知价值与建筑遗产价值类型相关联，提高研究结论的实践指导意义，但二阶模型的适配度指标也必然低于一阶模型的适配度指标，因此本文结构统计模型的适配情况仍较为理想。

3. 路径分析

本研究通过检查潜在变量之间的路径系数，并结合 P 值来确定假设是否成立，从而验证假设变量的关系。模型标准化路径如图 2 所示，假设检验结果见表 7。理论模型中假设 H1、H2、H3、H5、H6 的参数估计达到 P < 0.01 的显著水平，H8 的参数估计为 0.012，也达到 P < 0.05 的显著水平，说明这些假设得到样本数据的支持。而假设 H 4、H7、H9 的参数估计未达到 P < 0.05 的显著水平，表明这些假设没有得到样本数据的支持。

整体模型拟合分析及测量指标　　表 6

统计指标	拟合标准或临界值	结果
χ 2/df	<3.0	2.778
GFI	>0.8	0.838
CFI	>0.8	0.890
AGFI	>0.8	0.795
RMSEA	<0.08	0.081

研究模型假设检验　　表 7

假设	路径			C.R.	P	β（标准）	结果
H1	游访满意度	<---	感知价值	8.271	***	0.510	成立
H2	游访满意度	<---	感知娱乐性	8.575	***	0.536	成立
H3	访后行为意向	<---	游访满意度	7.804	***	0.681	成立
H4	访后行为意向	<---	感知娱乐性	1.799	0.072	0.138	不成立
H5	感知价值	<---	感知娱乐性	4.166	***	0.231	成立
H6	感知价值	<---	艺术价值	4.046	***	0.397	成立
H7	感知价值	<---	历史价值	0.503	0.615	0.057	不成立
H8	感知价值	<---	文化价值	2.501	0.012**	0.280	成立
H9	感知价值	<---	科学价值	1.747	0.081	0.155	不成立

注：*** 代表 P < 0.01，** 代表 P < 0.05。β：结构方程模型中的路径系数。C.R：结构方程模型中的临界值。

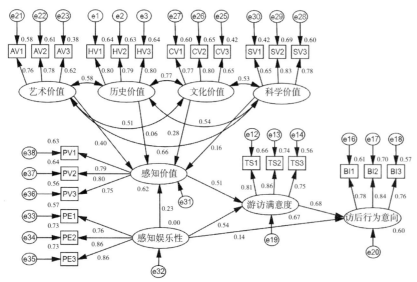

图 2　标准化模型路径图

4. 关键因素分析

如图 3 所示，结构方程模型中各变量间的路径分析结果揭示出影响访客对建筑遗产感知价值、满意度和访后行为意愿的关键因素：（1）感知娱乐性（β = 0.536|P < 0.01）显著影响游访满意度；（2）感知价值（β =0.510|P<0.01）是影响游访满意度的第二重要因素，略低于感知娱乐性；（3）游访满意度（β = 0.681|P < 0.01）对访后行为意向有显著影响，包括重访意愿和口碑传播；（4）感知娱乐性对行为意向的标准化路径系数为 0.138，p = 0.072>0.05，说明建筑遗产的游访感知娱乐性与访后行为意向没有直接关系。（5）艺术价值（β =0.397|P<0.01）对感知价值有显著影响；（6）文化价值（β = 0.280|P =0.012<0.05）是对感知价值产生积极影响的第二重要因素；（7）感知娱乐性（β = 0.231|P < 0.01）是影响感知价值的第三重要因素；（8）历史价值对感知价值的标准化路径系数为 0. 057，p = 0.615>0.05，说明建筑遗产的历史价值对访客感知价值的影响不显著；（9）科学价值对感知价值的标准化路径系数为 0.155，p=0.081>0.05，说明建筑遗产的科学价值对感知价值没有显著影响。

5. 遗产价值类型之间的相关性检验

不可否认，建筑遗产的各种价值类型定义和界限上存在一定重叠。因此，有必要验证遗产价值类型变量之间的相关性。遗产价值类型变量之间相关性检验如表 8：（1）建筑遗产价值类型的四个变量（艺术、历史、文化、科学价值）之间具有显著

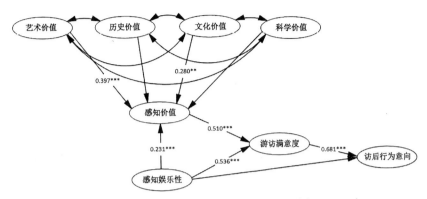

图3　建筑遗产感知价值与满意度结构方程模型（*** 代表 P<0.01；** 代表 P <0.05。）

建筑遗产价值类型之间的相关系数　表8

路径			S.E.	C.R.	P	β（标准）
艺术价值	<-->	历史价值	0.045	6.319	***	0.576
艺术价值	<-->	文化价值	0.041	5.411	***	0.513
艺术价值	<-->	科学价值	0.044	6.762	***	0.663
历史价值	<-->	文化价值	0.061	7.007	***	0.770
历史价值	<-->	科学价值	0.051	6.089	***	0.536
文化价值	<-->	科学价值	0.048	5.568	***	0.525

基于人口统计特征的相关性分析　表9

		BD1	BD2	BD3	BD4	BD5
AV1	Pearson 相关性	0.089	0.011	–0.040	–0.020	–0.031
	显著性（双侧）	0.144	0.856	0.510	0.743	0.615
HV1	Pearson 相关性	0.074	0.143*	–0.091	0.091	–0.137*
	显著性（双侧）	0.223	0.018	0.136	0.135	0.024
CV1	Pearson 相关性	0.090	0.153*	–0.073	0.115	–0.073
	显著性（双侧）	0.141	0.012	0.228	0.059	0.230
SV1	Pearson 相关性	0.135*	–0.011	0.031	–0.041	–0.035
	显著性（双侧）	0.027	0.857	0.612	0.504	0.566
PV1	Pearson 相关性	–0.005	0.109	0.035	–0.113	0.073
	显著性（双侧）	0.938	0.073	0.567	0.062	0.231
PE1	Pearson 相关性	0.017	0.167**	–0.138*	–0.040	0.044
	显著性（双侧）	0.777	0.006	0.024	0.514	0.474
TS1	Pearson 相关性	–0.033	0.186**	–0.096	0.002	0.117
	显著性（双侧）	0.594	0.002	0.116	0.971	0.055
BI1	Pearson 相关性	0.097	0.277**	–0.183**	–0.044	0.041
	显著性（双侧）	0.113	0.000	0.003	0.467	0.504
	N	271	271	271	271	271

注：** 在 0.01 水平（双侧）上显著相关；* 在 0.05 水平（双侧）上显著相关。

相关性；（2）艺术价值与科学价值的标准化相关系数最高（0.663），其次是与历史价值（0.576）；（3）历史价值与文化价值的标准化相关系数最高（0.770），其次是科学价值（0.536）；（4）文化价值与历史价值的标准化关系最接近（0.770），其次是科学价值（0.525）。

6. 基于人口统计特征的分析

　　由于前文已经验证通过了研究模型各变量题项的组合效度，因此分别抽取各变量第一个题项与人口统计特征通过 SPSS 19.0 进行皮尔森相关分析。如表9，结果如下：（1）BD1 与 SV1 具有 0.05 水平上的相关性，相关系数为 0.135，说明女性对建筑遗产科学价值的感知程度比男性略高；（2）BD2 与 HV1 和 CV1 都具有 0.05 水平上的相关性，系数分别为 0.143 和 0.153，说明访客年龄与建筑遗产历史价值、文化价值的感知程度显著正相关；BD2 与 PE1、TS1 和 BI1 都具有 0.01 水平上的相关性，系数分别为 0.167、0.186 和 0.277，说明访客年龄与其建筑遗产游访的感知娱乐性、满意度和访后行为意向显著正相关；（3）BD3 与 PE1 具有 0.05 水平上的相关性，系数为 –0.138，说明访客受教育水平与游访的感知娱乐性显著负相关；BD3 与 BI1 具有 0.01 水平上的相关性，系数为 –0.183，说明访客受教育水平与访后行为意向显著负相关；（4）BD5 与 HV1 具有 0.05 水平上的相关性，系数为 –0.137，说明访客家庭月收入水平与对建筑遗产历史价值的感知程度显著负相关；（5）BD4 与本文研究结构模型中的变量不存在相关关系。

五、结果与讨论

1. 感知价值和价值类型

感知价值对游访满意度具有显著影响，也是形成积极访后行为意向的关键因素，本文研究结果再次表明，遗产价值的有效展示和传承应该是建筑遗产保护和可持续利用的第一步，也是其指导方针和评价标准。

同时统计分析结果揭示出以下现象：（1）艺术、历史、文化、科学价值之间的显著相关性表明，普通访客对专家设定的建筑遗产价值类型不敏感。换言之，访客不是按照价值类型来感知建筑遗产的价值，而倾向于以一种整体的体验去评价；（2）艺术价值是对感知价值有显著正向影响的第一因素，揭示出访客对建筑遗产价值的感知主要取决于其艺术价值，即建筑设计和建造的艺术性、卓越性、创新性；（3）艺术价值与科学价值的标准化相关系数为 0.663，这意味着对于访客而言，感知的科学价值在很大程度上仍属于建筑艺术价值；（4）文化价值是影响感知价值的第二个显著因素，标准路径系数为 0.280，而历史价值对感知价值的标准路径系数仅为 0.057。同时，文化价值与历史价值的标准相关系数为 0.770。这些结果说明，虽然历史价值从一开始就被专家认定为建筑遗产最重要的价值，但非专家访客对"纯粹"的历史价值并不敏感，更倾向于与文化交织的历史信息，例如历史故事。

2. 感知娱乐性

感知娱乐性与感知价值对游访满意度皆具有显著正相关，并且感知娱乐性的标准化路径系数略高，二者分别为 0.536 和 0.510，说明游访过程中娱乐体验与对遗产价值的感受同样重要，是形成游访满意度不可或缺的内容。更重要的是，感知娱乐性还显著正向影响感知价值，路径系数为 0.231，说明娱乐体验还能促进民众对遗产价值更深的感知。

因此，在建筑遗产保护设计、规划等决策中，不能仅着眼于对"建筑"本体的修复，还应充分考虑当下社会、当今民众的"遗产"游览体验。此外，感知娱乐性对访后行为意向不具有显著相关性，说明如果建筑遗产不具备良好的感知价值，即便游访过程充满乐趣，访客也不倾向于自己或推荐他人再次游访。

3. 基于人口统计特征的分析

基于问卷人口统计特征的分析有两个值得注意的现象：（1）年龄与历史价值、文化价值、感知娱乐性、游访满意度、访后行为意向皆具有显著正相关，标准化相关系数分别是 0.143、0.153、0.167、0.186、0.277。然而 15 岁至 34 岁的访客占83.1%，年轻人已经成为建筑遗产游访的主体。这反映出目前的建筑遗产运营展示缺乏面向年轻人的、更活泼、更前沿和更具趣味性的方式，遗产保护和管理都亟待更积极地面向市场，作出具有针对性的调整；（2）访客受教育程度对感知娱乐性和访后行为意向显著负相关，标准化相关系数分别是 −0.138、−0.183，而访客中受教育水平占比最高的是大学本科，为 53.5%；其次是大专，占 20.3%；两项共计 73.8%。可知目前建筑遗产的运营展示方式仍待提高，内容上应着眼于艺术价值与文化价值，同时面向有较高教育水平的年轻人，在方式方法上推陈出新，增强游访过程的娱乐性体验。

六、结论

本文基于 ACSI 理论模型，建设性地将建筑遗产保护管理的核心——遗产价值（分解为艺术价值、历史价值、文化价值、科学价值），与感知价值、感知娱乐性、游访满意度和访后行为意向相结合，形成研究框架，解析各变量之间的相互作用关系。通过 SEM 方法和 AMOS统计分析，揭示出普通访客对建筑遗产感知体验的重要特征。本文的研究成果可为遗产保护和管理决策提供有效地指导，提高访客的感知价值、感知娱乐性和满意度，同时平衡遗产保护和城市更新。

尽管具有部分理论和实践意义，本文仍存在一定局限性。第一，我们进行问卷调查的四个建筑遗产都在广州市，还需要在中国更多的城市和乡镇进一步研究。第二，建筑遗产的类型多样，在价值和访客与他们的心理距离上存在很大差异。本文选取的四个案例不能完全涵盖建筑遗产的全部类型。第三，本文将感知价值变量分解为建筑遗产的艺术价值、历史价值、文化价值和科学价值四个二阶变量以简化研究模型，将访客满意度与遗产价值特征直接联系起来，获得更多的指导性成果。但简化建筑遗产游访行为也存在模型拟合指数相对更低的问题。

最后，随着经济的发展和城市更新的持续推进，建筑遗产不仅将成为热门的旅游景点，更将成为城市休闲、娱乐和文化生活的重要场所。访客年轻化、高学历化等新特征的出现，给当代建筑遗产的管理、传承和振兴带来了更严峻的挑战，

民众对建筑、城市、村庄、景观等建成遗产的游访期望、行为和满足机制仍需在不同文化和地区进行更深入和全面的探索。

注：文中图片及表格均为作者绘制。

参考文献

[1] Patiwael, P.R., Groote, P., Vanclay, F.. The influence of framing on the legitimacy of impact assessment: examining the heritage impact assessments conducted for the Liverpool Waters project[J]. Impact Assessment and Project Appraisal, 2020 (4): 308-319.

[2] Mason, R. Assessing values in conservation planning: Methodological issues and choices. In D. L. T. M (Ed.), Assessing the Values of Cultural Heritage[M]. New York: Getty Conservation Institute, 2002: 5-30.

[3] Yi, X., Fu, X., Yu, L., Jiang, L.. Authenticity and loyalty at heritage sites: Themoderation effect of postmodern authenticity[J]. Tourism Management, 2018 (67): 411-424.

[4] 唐嘉蔚，韩瑛. 基于扎根理论的贝子庙建筑遗产社会价值研究[J]. 南方建筑，2019 (04): 38-42.

[5] Hutchinson J, Lai F, Wang Y. Understanding the relationships of quality, value, equity, satisfaction, and behavioral intentions among golf travelers[J]. Tourism Management, 2009, 30 (2): 298-308.

[6] Gallarza M G, Saura I G. Value dimensions, perceived value, satisfactionand loyalty: An investigation of university students travel behavior[J]. Tourism Management, 2006, 27 (3): 437-452.

[7] Ambler T, Styles C. Brand development versus new product development: toward a process model of extension decisions [J]. Journal of Product & Brand Management, 1997, 6 (4): 222-34.

[8] Oliver R L. Varieties of value in the consumption satisfaction response [J]. Advances in Consumer Research, 1996, 23 (1): 143-147.

[9] Holbrook M B. Consumer Value: A Framework for Analysis and Research [M].New York: Routledge, 1999.

[10] Chandon P, Wansink B, Laurent T G. A Benefit Congruency Framework of Sales Promotion Effectiveness [J]. Journal of Marketing, 2000, 64 (4): 65-81.

[11] Sánchez J, Callarisa L, Rodríguez R M, et al. Perceived value of the purchase of a tourism product [J]. Tourism Management, 2006, 27 (3): 394-409.

[12] 徐进亮. 建筑遗产价值体系的再认识[J]. 中国名城，2018 (04): 71-76.

[13] 颜宏旭. 文化遗产认知价值对愿付价格影响效果[J]. 户外游憩研究，2013, 26 (3): 23.

[14] Žabkar V, Brenčič M M, Dmitrović T. Modelling perceived quality, visitor satisfaction and behavioural intentions at the destination level [J]. Tourism Management, 2010, 31 (4): 537-46.

[15] 王佳欣. 访客参与对旅行社服务质量及访客满意度的影响——以京津冀地区为例[J]. 地域研究与开发，2012, 31 (02): 117-23.

[16] Boo S, Busser J, Baloglu S. A Model of Customer-based Brand Equity and Its Application to Multiple Destinations[J]. Tourism Management, 2009, 30 (2): 219-231.

[17] 周淳. 历史遗产地访客感知价值对重游意愿影响研究 [D]. 北京：北京林业大学，2016.

[18] Assaker G, Vinzi V E, O'Connor P. Examining the effect of novelty seeking, satisfaction and destination image on visitors' return pattern: A two factor, non-linear latent growth model [J]. Tourism Management, 2011, 32 (4): 890-901.

[19] 窦璐. 旅游者感知价值、满意度与环境负责行为[J]. 干旱区资源与环境，2016, 30 (1): 197-202.

[20] 薛永基，胡煜晗，白雪珊. 自然游憩品牌访客认知、感知价值与品牌忠诚[J]. 商业研究，2017 (07): 1-8.

[21] 刘力，陈浩. 温泉旅游地认知形象对访客体验和行为的影响分析 [J]. 地域研究与开发，2015, 34 (06): 110-115.

[22] Hair, J. F, Tatham, R L, Anderson, R E, Black, W. Multivariate Data Analysis with Readings, 5th ed., Upper Saddle River [M]. New Jersey: Prentice Hall, 1998.

[23] Jackson, D L. Revisiting sample size and number of parameter estimates: Some support for the N: q hypothesis[J]. Structural Equation Modeling, 2003, 10 (1): 128-141.

[24] Fornell, C, and Larcker, D F. Evaluating structural equation models with unobservable variables and measurement error [J]. Journal of Marketing Research, 1981 (18): 39-50.

[25] McDonald R P, Ho M-H R. Principles and practice in reporting structural equation analyses [J]. Psychological Methods, 2002, 7 (1): 64-82.

[26] Jackson, D L, Gillaspy, J A, Jr, & Purc-Stephenson, R. Reporting practices in confirmatory factor analysis: An overview and some recommendations[J]. Psychological Methods, 2009, 14 (1): 6-23.

东西巷非物质文化遗产保护与
商业发展共生研究

冀晶娟　　郭穗仪

国家社会科学基金项目（编号：21XSH018）；
广西哲学社会科学规划研究课题（批准号：
21FMZ039）。

冀晶娟，桂林理工大学土木与建筑工程学院副教授。邮箱：jijingjuan@126.com。
郭穗仪，桂林理工大学土木与建筑工程学院硕士研究生。邮箱：351857889@qq.com。

摘要：商业性历史文化街区为非物质文化遗产的传播发展提供生长环境，非物质文化遗产是历史文化街区彰显文化内涵与个性特征的保障。然而，目前历史文化街区面临着过度商业化、千城一面、文化内涵丧失的窘境，如何平衡好非物质文化遗产保护与商业发展两者的关系是当今文化遗产保护的核心问题。本文基于东西巷非物质文化遗产保护与商业发展不平衡的现状难题，引入共生理论，构建东西巷非物质文化遗产保护与商业发展共生系统，并提出补偏救弊平衡共生单元、裁长补短提升共生模式、群策群力改善共生环境三大策略，为历史文化街区中非物质文化遗产保护与商业发展之间的对峙状态提供理论与方法借鉴。

关键词：共生理论；历史文化街区；非物质文化遗产；桂林东西巷

引言

近年来，随着文旅消费产业的蓬勃发展，将历史文化街区更新改造为商业旅游胜地已成为文化遗产保护的主要方法之一。非物质文化遗产作为地方文化的代表，是丰富历史文化街区、文化内涵的重要资源，也是吸引游客驻足的关键。反之，历史文化街区是非物质文化遗产创新、传播、发展的摇篮，两者相互促进，共同繁荣。但是，在以经济利益为首的历史文化街区更新改造过程中，片面关注商业发展，对于非物质文化遗产重利用而轻保护，使历史文化街区逐渐丧失文化内涵，旅游者对街区的文化底蕴知之甚少，更多地停留在商业意象中，历史街区深陷过度商业化、同质化、文化内涵消失的困境。然而，并不能将此现象完全归责于发展商业，

简单通过压制市场对于历史文化街区与非物质文化遗产的保护均非上策，理应平衡非物质文化遗产保护与商业发展两者的关系，使非物质文化遗产在市场助力下探索适合自身的成长路径。由此，本文引入共生理论，以桂林东西巷为例，基于共生理论建立非物质文化遗产保护与商业发展共生系统，旨在通过消解非物质文化保护与商业发展之间的对峙状态来探寻相互共存的平衡，根据彼此优势相互取长补短，以此形成互利共生关系，为历史文化街区中各个共生单元间共生模式的建立与共生环境营造提供理论与方法借鉴。

一、东西巷概况

东西巷区位条件优越，位于叠彩山——独秀峰——靖江王府——

正阳路——象鼻山的历史轴线上（图1）。明靖江王府是我国现存占地面积最大、留存最完整的潘王府城之一，东西巷位于靖江王府正阳门外，正阳路以东为东巷，以西为西巷，鼎盛于明清时期，见证了桂林自唐武德建城后一千四百余年的时易世变、桑海沧田，具有极大的历史文化价值。

东西巷区位优势与历史地位决定了其发展旅游经济的命运。2013年，以秀峰区政府牵头的"东西巷修缮整治"开始实施，将东西巷规划成为商业购物、旅游休闲、文化娱乐、博物展览等多功能旅游服务用地，并致力于将东西巷打造为城市名片。如今，东西巷成为世界各地游客旅游打卡之地，节假日来访的游客络绎不绝，俨然成为文旅消费地的代表。

二、东西巷非物质文化遗产保护与商业发展现状

为更直观地探究东西巷非物质文化遗产与商业发展之间的现状，本文将非物质文化遗产保护与商业从宏观与微观两个层面进行解读。从宏观层面上看，一般性商业空间与非物质文化空间承载空间的数量与空间区位条件是东西巷非物质文化遗产保护与商业发展是否平衡的映射。非物质文化遗产承载空间指展示、创作、表演非物质文化遗产的物质空间载体。[1] 一般性商业空间指非从事与非物质文化遗产有关的商业性空间，如电影院、品牌餐饮连锁、零售店等。从微观层面上看，聚焦到单个非物质文化遗产承载空间，其以商业手段进行非物质文化遗产手工艺品贩卖等，同样需要平衡非物质文化遗产保护以商业发展之间的关系，具体指商业贩卖与非物质文化遗产保护两种行为。

1. 宏观层面非物质文化保护与商业发展现状

1）数量关系上非物质文化遗产承载空间势力单薄

东西巷共有 16 项非物质文化遗产，11 个非物质文化承载空间（图 2），包括手工技艺、传统美术、传统戏剧多种类型；一般性商业空间包括连锁餐饮、连锁零售店、电影院等，非遗承载空间数为 11，东西巷总店面数为 124，非物质文化遗产承载空间占有率为 8.87%，一般性商业空间占有率为 91.13%，一般性商业空间数量是非物质文化遗产空间数量的 10 倍有余，从事与非遗有关的空间在数量上难以与品牌连锁、零售等店铺抗衡。

2）空间关系上非物质文化遗产承载空间处于边缘化地位

运用空间句法从拓扑网络的角度，以整合度为指标，从东西巷的路网结构、一般商业性空间与非遗承载空间的分布特点（图 3），探讨非物质文化遗产承载空间与一般性商业的空间区位优势是否均衡。根据东西巷现状平面图，笔者将东西巷的道路网络转换为轴线图，并使用 Depthmap 软件进行了整合度分析。整合度表示空间模型中某一道路或节点的集聚或离散程度，越高的整合度表示道路承载人行流量的能力越高 [2]，轴线图颜色由暖到冷的变化表示整合度数值由高到低的变化（图 4）。经计算，东西巷的平

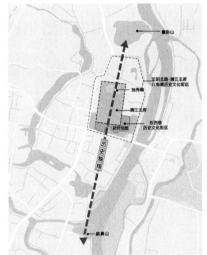

图 1　桂林正阳东西巷区位图

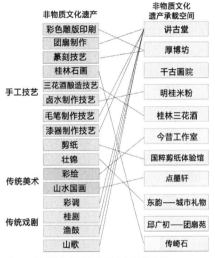

图 2　东西巷非物质文化遗产与承载空间

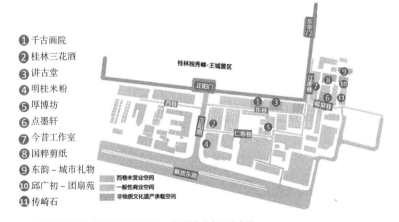

图 3　东西巷非物质文化遗产承载空间与一般性商业空间分布图

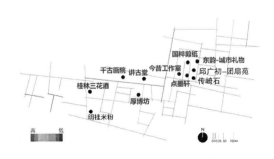

图 4　东西巷全域整合度

均整合度为 1.374，笔者将高于平均数值视为可达性较好，低于平均数值视为可达性较差。经进一步统计分析，东西巷中非物质文化遗产承载空间整合度高于平均水平的只占23%，而一般性商业空间整合度高于平均水平的占 65%。由此可见，非物质文化遗产承载空间在东西巷中处于边缘化地位。

2. 微观层面非物质文化保护与商业发展现状

笔者通过调研东西巷中 11 个非物质文化承载空间，以技艺流程的展示、传承人、产品创新为指标[3]，对东西巷 11 个非物质文化遗产承载空间进行现状及问题分析。调查结果显示，有 68% 的店铺不涉及展示非物质文化遗产的技艺流程、制作材料和工具等，例如某种手工艺品终端产品的售卖，游客只能观赏到商品，却难以体验非物质文化遗产的内涵；有 76% 的店铺只有售卖员在场，没有非物质文化遗产传承人，这就容易导致非物质文化遗产以"物态"而不是以"活态"得以延续；有 73% 的店铺所贩卖的商品是工业化流水线生产的，并不涉及艺术创作或创新，这容易使非物质文化遗产保护在商业利益驱动下迈向批量化、模式化生产的窘境，而丧失了创作、创新的精气神。

三、共生理论内涵与运用

1. 共生理论的内涵

共生理论最早来源于生物学界的"共栖"，其内涵是指两种或多种物种间基于生存需要所建立的相互

依赖、互利共存的自然关系。20世纪 50 年代，共生理论被推广并运用于社会科学领域，并被定义为共生单元之间在一定的共生环境中按某种共生模式形成的关系（图 5）。[4]

其中，共生单元是共生关系中进行能量交换、物质转换的基础条件；共生模式是共生单元间相互联系、作用的方式；共生环境是共生单元的外部因素条件总和，能直接影响共生模式的选择，并关系到共生单元间相互作用的效果[5]，只有各个共生要素之间相互补充调和才能形成可持续发展的共生系统。共生理论中对于各共生单元间的共存共赢以及共生系统的建立，对消解历史文化街区中非物质文化遗产与商业两类功能之间的对峙状态提供有益的借鉴。

2. 东西巷非物质文化遗产保护－商业发展共生系统

东西巷的非物质文化遗产保护－商业共生系统分为宏观和微观两个层面，由共生单元、共生模式、共生环境三部分组成（图 6）。

1）共生单元

显然，东西巷非物质文化遗产保护－商业发展的共生单元为非物质文化遗产保护与商业发展，在宏观与微观层面有不同的表现形式。笔者将上文所说的两个单元体

视为共生单元，宏观的共生单元指非物质文化遗产承载空间与一般性商业空间，微观上的共生单元指非物质文化遗产保护与商业贩卖两种行为。

2）共生环境

东西巷非物质文化遗产保护－商业发展的共生环境与文旅经济背景、历史街区管理制度、政府文化遗产保护政策等共生环境密不可分。在文旅经济发展层面，东西巷非物质文化遗产保护受公众口味、网红文化所影响；在东西巷管理制度层面，东西巷的功能业态受招商引资所设置的条件及优惠政策影响；在政府文化遗产保护政策层面，政府对推动非物质文化遗产保护起主导作用，文化遗产保护政策影响着非物质文化遗产保护的环境。

3）共生模式

非物质文化遗产保护与商业发展的共生模式，指两者之间采取何种合作方式，以此促进两者取长补短、共同繁荣。按照东西巷两个共生单元间共生模式的作用效果来看分为偏利共生和互利共生，偏利共生指东西巷历史文化街区过分注重经济效益而丧失了非物质文化遗产的文化内涵，互利共生指东西巷历史文化街区适当使用商业手段，同时注重挖掘非物质文化遗产的精神内涵，促使经济文化共同发展。

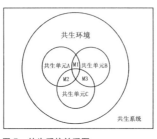

图 5　共生系统关系图

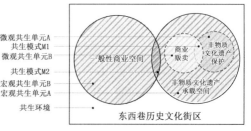

图 6　东西巷共生系统及其共生三要素

四、东西巷非物质文化遗产保护与商业发展的共生策略

1. 补偏救弊平衡共生单元

协调平衡非物质文化遗产保护–商业发展的共生单元，需在共生环境的引导下，补给弱势单元能量，保证共生单元之间的能量平衡。首先，在宏观层面，在历史街区开发建设过程中需平衡非物质文化遗产业态与其他一般性商业业态的数量，保证非物质文化遗产承载空间在整个历史街区中占有率，在空间分布上一般性商业空间与非物质文化遗产承载空间需均匀分布，以保持街区的文化多样性与个性，在数量与空间上提升非物质文化遗产承载空间的地位有利于历史文化街区内涵的整体提升。与此同时，在微观层面，非遗承载空间的质量是影响游客体验、感知文化的重要影响因素，如若只以非遗文化遗产为噱头进行商业售卖，非遗保护、传播的效果会在很大程度被减弱。因此，非物质文化遗产承载空间不应只作商品销售，应增强展示、表演等环节，让游客的参与感更强，使得游客能够从中感受到非遗文化的魅力，通过观看传承人的表演和展示，又能深刻地体会到其中巧传统技艺传承的世代沿袭的精神。

2. 裁长补短提升共生模式

强化提升非物质文化遗产保护–商业发展的共生模式，要结合两个共生单元的需求与特征，加强两者间的合作与交流，促进共生单元之间进行能量转换。首先，以历史街区中商业红利带动非物质文化遗产的保护，应从商业盈利中抽取一部分用于支撑街区的非物质文化遗产保护，避免非物质文化因获利较少而退出历史街区。再者，通过商业店铺与非物质文化承载空间进行商业合作，利用商业店铺所聚集的人流带动非物质文化遗产的传播，保障两个共生单元之间人流、信息流等能量的交换，从而促使两个单元的共生共赢。

3. 群策群力改善共生环境

优化改善非物质文化遗产保护与商业发展的共生环境，需要多元主体参与，为共生单元营造适合其发展、共生共赢的共生环境。首先，在历史街区管理制度层面建立有序的市场环境，应在招商引资的过程中对进驻的店铺进行控制，设置入驻门槛，控制连锁品牌、外来文化商店在整个街区的比例，对桂林本地的非物质文化遗产的店铺入驻实行优惠补贴，从而吸引更多具有桂林代表性的文化入驻，不能一味迎合大众口味而没有节制地引进连锁品牌商店。其次，从政府文化遗产保护的角度，政府应在历史街区定位发展上发挥指导作用，重视历史街区中非物质文化遗产的保护，针对历史文化街区更新改造制定非物质文化遗产保护制度，对历史文化街区的保护更新、非遗的保护情况进行督促和管理。

五、结语

历史文化街区作为一种宝贵的旅游资源，为进驻历史街区的非物质文化遗产带来了人流与关注度，历史街区也因非物质文化遗产而丰富文化内涵，使街区的文化特色得以延续，两者互利共生，共同繁荣。但是如果过度依赖商业手段，便会偏离非物质文化遗产保护的初心。共生理论为保护与发展、文化与经济共同繁荣发展提供了理论基础与解决思路。本文基于东西巷非物质文化遗产保护与商业发展不平衡的现状，引入共生理论，通过建立非物质文化遗产保护与商业发展共生系统，试图采取补偏救弊平衡共生单元、裁长补短提升共生模式、群策群力改善共生环境三大策略，促进非物质文化遗产保护与发展的共生共赢，避免两者处于"偏利共生"的境地，为历史文化街区更新、文化遗产保护提供理论与方法借鉴。

文中图片均为笔者绘制。

参考文献

[1] 陈星，杨豪中. 扬州东关街历史街区中的非物质文化遗产相关空间研究 [J]. 工业建筑，2016.

[2] （英）比尔希利尔. 空间是机器——建筑组构理论 [M]. 北京：中国建筑工业出版社，2008.

[3] 陈星. 基于非物质文化遗产保护视野下的江苏地区历史文化街区复兴与发展研究 [D]. 西安：西安建筑科技大学，2016.

[4] 袁纯清. 共生理论–兼论小型经济 [M]. 北京：经济科学出版社，1998.

[5] 王世良. 非物质文化遗产与其传承村落共生保护研究 [D]. 西安：西安建筑科技大学，2017.

哈尔滨市中央大街公共空间更新的新文旅视角探索

薛名辉　万子祎

薛名辉，哈尔滨工业大学建筑学院，寒地城乡人居环境科学与技术工业和信息化部重点实验室教授。邮箱：Yi_zhu@vip.126.com。

万子祎，哈尔滨工业大学建筑学院，寒地城乡人居环境科学与技术工业和信息化部重点实验室在读硕士研究生。邮箱：shero222@163.com。

摘要：在当今信息爆炸的时代，随着新媒体等平台在大众间的不断普及，传统的文旅产业融合发展正在逐渐地转型，"新文旅"一词应运而生。历史文化街区作为城市特色的展示窗口，也是文化旅游的重要阵地，深受新文旅发展的影响，已经成为众多游客的旅行打卡地。因此，本文从新文旅的视角来探索中央大街历史文化街区公共空间的更新问题，首先对新文旅进行系统阐释，分析探讨新文旅与历史文化街区空间更新之间的理论关联，而后详细介绍了目前中央大街的发展现状，提出了如何把握中央大街历史文化街区更新的工作要点，涉及街区空间运营方式的转变、游客体验的新模式，以及高流量的空间营造等方面，以期通过典型历史文化街区的更新带动周边区域发展。

关键词：历史文化街区；街区更新；新文旅；中央大街；公共空间

引言

当前，城市正在从空间扩展式的增量发展转向空间优化式的存量发展[1]，城市更新行动逐渐成为城市发展的重要任务，对历史文化街区的保护与更新提出了新的要求。与此同时，随着新媒体的大众化，文旅融合迈向新的发展阶段，而历史文化街区作为独特城市文化的承载，如何在这样的背景下把握街区空间更新方向成为重要议题。从旅游学来看，学者较多讨论了社交媒体对历史文化街区旅游目的地形象构建的影响[2-4]，从建筑学层面来看，学者更多从文旅融合的视角下探讨历史街区更新的策略[5-7]，但并未重点关注文旅融合转型带给街区的变化。本文尝试以哈尔滨市中央大街历史文化街区公共空间为重点关注对象，从新文旅的视角切入，探索在其影响下街区更新的发展策略。

一、新文旅与历史文化街区更新

1. 新文旅

1）新文旅的发展

随着旅游产业的不断发展，文化体验在其中扮演着重要的角色。2018 年，我国文化和旅游部的组建开辟了文化和旅游融合的路径，推动了城市的高质量发展。而在当今时代，新媒体在大众间不断普及，传统的文旅融合逐渐转型，"新文旅"一词应运而生。新文旅在《上海在线新文旅发展行动方案（2020—2022 年）》中首次出现，是上海市文旅局为积极落实《关于进一步加快智慧城市建设的若干意见》《上海市促进在线新经济发展行动方案（2020—2022 年）》要求，主动顺应全球新一轮信息技术变革趋势，制订此方案，以期加快推进文化旅游融合发展，加强文旅业态模式创新、服务创新、管理创新，更好地推进上海国际文化大都市和世界著名旅游城市建设。

结合《行动方案》以及目前文旅融合发展的新动向，笔者认为新文旅（图 1）是指在全球新一轮信息技术变革趋势下，依托新媒体平台（如微博、抖音等），充分利用游客自身的网络传播性，以"网红效应"为加持，形成文旅产业的新模式、新体验、新空间。

2）新文旅的特征

相较于传统的文旅融合发展，新文旅的特征主要表现在以下三方面：如图 2 所示，一是模式的立体化。传统文旅模式主要是旅游目的地单向提供游客文化体验，新文旅以新媒体为媒介，以大众分享为纽带，基于大众分享的旅游目的地评价帮助游客筛选出游场所，同时将游客偏好反馈给旅游目的地，建立两者的双向联系。二是体验多元化。传统文旅的体验主要集中在游客的传统旅游活动六要素，新媒体的普及使游客分享成为新文旅游客体验的另一要素，并且与"食、住、行、游、娱、购"紧密相连，体验趋向多元，意味着游客文化感知的提升。三是空间共享化。新文旅深受新媒体网络传播的影响，要求旅游目的地创造适宜共享的空间氛围，利用"网红效应"吸引更多游客，提升知名度。

2. 新文旅与街区更新的耦合效应

近年来，新文旅在历史文化街区发展中表现出积极的推动作用。一方面，文旅融合的发展激励了具有独特文化的历史区域的更新，让城市资源发挥最大的经济和社会效益；另一方面，新媒体等社交媒体的融入加速了历史文化街区更新的进度，最大化地激活了城市老旧空间活力。在笔者看来，新文旅对于历史文化街区更新而言，内涵至少可以从三方面进行解读，如图3所示：其一，新文旅转换了政府、商家、游客之间的利益关系，是历史文化街区运行模式转型的重要手段；其二，新文旅以高流量社交媒体为依托，使得历史文化街区的更新可以利用新兴的旅游行为引流，例如：角色扮演、直播、拍摄攻略等；其三，新文旅背景下要求历史文化街区公共空间提供适宜分享的空间氛围，指明了街区空间更新的重要方向。可以看出，新文旅与历史文化街区的更新有着较多的一致性，前者对后者的介入，能够产生积极的耦合效应。[8]

二、哈尔滨市中央大街历史文化街区的概况与发展历程

中央大街位于哈尔滨市，始建于1898年，为中东铁路建设时期中国人居住的场所，旧称"中国大街"。后由泥土路改为石板路，刺激了商业互贸的快速发展，1928年正式改称"中央大街"。中央大街历史文化街区保留了哈尔滨的独特建筑文化和哈尔滨人的欧式生活方式，是哈尔滨市最具代表性的历史文化街区，有"露天建筑博物馆"之称。

中央大街历史文化街区是典型的鱼骨状空间肌理，主街长约1450m，左侧9条、右侧16条辅街穿插进主街中，平均60~70m出现一个公共空间节点，节点大多为十字路口交叉空间，也有T形交叉空间，主要包括：中央大街入口节点、中央商业广场节点、马迭尔宾馆节

图1　新文旅新文旅概念示意图

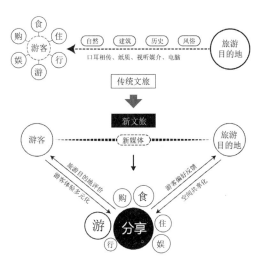

图2　新文旅特征解读

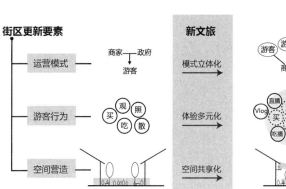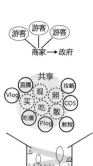

图3　新文旅与街区更新

点、防洪纪念塔广场节点等[9]，如图 4 所示。80 余处文艺复兴、巴洛克、折中主义等风格的历史建筑遍布其中，从建筑风格可以看出，中央大街属于外来文化影响下的历史文化街区，因此其更新方向不同于我国传统文化引导的历史文化街区更新。

与北京、上海等一直保持高速发展的城市不同，中央大街历史文化街区所在的哈尔滨市经历了工业强市、产业升级、东北振兴等发展阶段，地理气候环境寒冷，人口外流严重，在这种城市背景下，中央大街等历史文化街区的更新面临引流的困难。虽然哈尔滨市对中央大街历史文化街区的保护与开发工作开展较早，但在新的阶段也需要对其提出新的更新发展定位。在文旅融合发展的新形势下，

充分把握中央大街等历史文化街区更新的机会，推动哈尔滨市乃至东北地区的全面振兴。

由于中央大街早期作为商贸之地，导致如今街区发展成为商业型街区，保留了居民日常购物需求，激活了旅游淡季的历史空间，成为其适应新文旅趋势的有力抓手。2020 年 4 月，黑龙江省人民政府公布了第一批历史文化街区，中央大街位列 19 个街区之首，街区知名度和空间活力较其他街区更胜一筹，在各大社交媒体平台哈尔滨景点排行榜上中央大街基本位列第一，热度较高，[10] 具备向新文旅发展的特质。因此，将哈尔滨市中央大街作为研究试点，探索在新文旅的契机下黑龙江省历史文化街区更新发展的新方向。

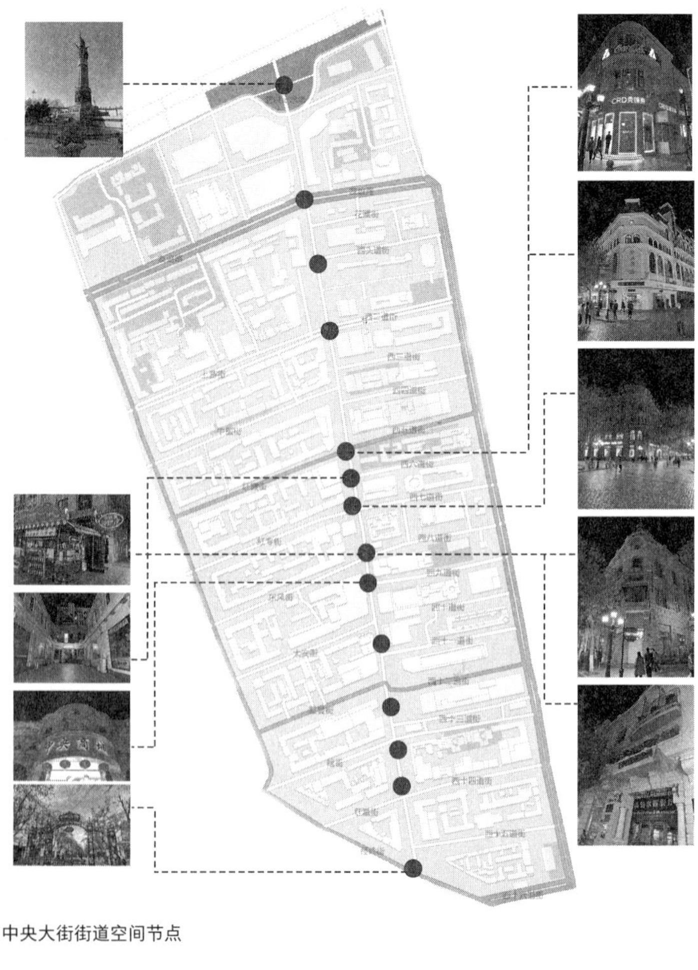

三、新文旅视角下中央大街历史文化街区更新策略

1. 以主流社会媒体为核心的街区公共空间运营

当下使用率较高的主流社会媒体平台有社交类（如微信公众号、微博等）、短视频类（如抖音、小红书等）、评论类（如携程、大众点评等），在以上平台中搜索关于"中央大街"的相关内容，可以发现微博的使用偏日常性空间行为分享，用户发布内容较为繁杂，而小红书和抖音的内容偏向关键意见领袖的攻略视频，携程旅行与大众点评都致力于打造真实用户体验评论，大众点评还具备打卡和实时定位功能（见图 5）。在中央大街历史文化街区更新中可以充分利用不同类型社会媒体的不同功能，利用微信、微博等平台拉动居民对中央大街的常态进行分享，而利用短视频平台类可以进行实况直播、街拍打卡等，对于点评类的平台要善于利用游客的真实用户评论，打通商家和游客的直接交流，方便商家和相关政府部门对需改进处及时更新。同时，可以利用 NVivo 等软件对点评类社交媒体的评论图片进行数量统计，可以发现：分享频率较高的位置为历史保护建筑分布较多的区域，分享者所处的空间多为道路中央、路旁人行道、道路交叉口、开敞空间等，分享内容中以建筑和标识牌的出现频率较高，在以建筑为主的图片中，建筑的转角立面会被更多人分享，如图 6 所示。新文旅为公共空间的更新提供了新的渠道，像上述对主流社交媒体数据进行分析，辅助快

图 4　中央大街街道空间节点

速找到重要的空间元素，把握公共空间亟须更新与仍需保留的部分，以此提升街区公共空间的运营效率。

2. 充分考虑游客分享行为的体验提升

目前，中央大街历史文化街区提供的旅游产品主要有三种类型：以历史建筑为主的观光旅游产品、以美食购物为主的休闲旅游产品、以民俗活动为主的文化体验产品。[11] 在文旅融合的趋势下，更加强调三种类型产品带给游客的文化感知，包括建筑文化、美食文化、异域风情的生活民俗文化等。但受疫情的影响，民俗活动举办频率降低，影响了街区日常性空间的游客体验。如今，公共空间中游客的体验行为主要以休闲散步和购物为主，体验形式较为单一，而以新文旅视角介入，可以在此基础上为游客增加分享性文化感知行为体验，例如：直播、拍摄"Vlog""吃播"；街舞、轮滑、角色扮演、时尚街拍；网红拍照"打卡"等，这就需要合理安排承载这些行为的公共空间，如图7所示。网红拍照打卡点主要设置在以马迭尔宾馆为中心的历史建筑群周围，而将角色扮演、时尚街拍等设置在流量较少的区域，通过日常性活动体验带动空间活力，同时，直播提供四种类型线路，将各个空间节点串联起来。通过不同公共空间属性的设计，引导游客利用新兴的分享形式，以社会网络传播效应为加持，增加社交范围内对中央大街的理解度，既能丰富线下游客的文化体验性，也可提供不同线上游览的视角，提升历史文化街区的文化底蕴。

3. 具有网络传播特性的空间氛围营造

针对新文旅视角下的中央大街历史文化街区空间氛围营造问题，可以从三方面进行：

一是空间多层立体化。中央大街的街道宽约24m，建筑高度为13~24m，街道的高宽比例关系是1：1~1：2之间[12]，目前主要以单层沿街空间作为人群主要活动场域，在新文旅时代，如果能适度开放二层及以上街区空间，就可以为游客提供更多欣赏和分享建筑与街道的不同视角，也为网络直播、网络体验等提供多元的场所，如图8所示。

二是街道界面节奏化。新文旅为街区提供了海量共享数据，可以利用不同社交媒体平台对街区进行分享热度的分析（图9），可以发现

图5 三类社交媒体分享内容

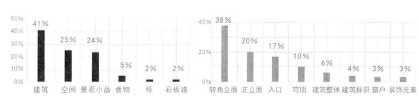

图6 基于大众点评的分享情况统计

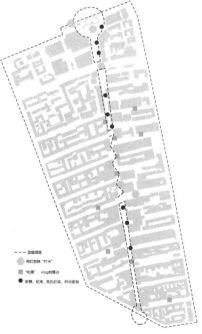

图7 体验空间分布

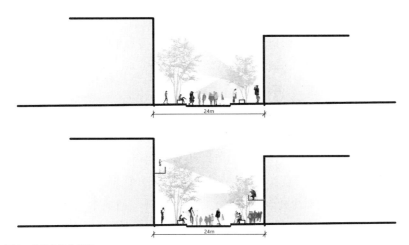

图 8　空间立体化示意

图 9　分享热度分区图

5 号区域分享热度最高，其中分布的历史保护建筑较多，是马迭尔宾馆、教育书店的所在地，最能体现中央大街历史风貌，在公共空间更新时应重点打造，将其确定为空间序列的高潮。这样做可以辅助把握街区的空间节奏，统筹安排各个道路交叉口空间职能，重点打造交叉路口建筑的转角界面，形成"峰谷结合"的街道韵律，打造特色的空间节点。

三是场景氛围弹性化。在保留分享率高的典型空间形式的同时，应根据季节变化实时更新景观小品，营造不同的街区氛围，吸引二

次游客在网络共享不一样的"中央大街"。

四、结语

本文从新文旅的产生及概念入手，讨论其对历史文化街区公共空间更新的影响，以中央大街为研究试点，提出了在新文旅的视角下中央大街历史文化街区公共空间更新的方向。纵观黑龙江省第一批确立的 19 个历史文化街区，其保护与更新的进程不一样，均处在向新文旅进发的不同阶段，可以进一步分析

在新文旅的背景下不同类型街区的不同更新模式。本文的视角仅对新文旅与历史文化街区公共空间更新做初步探索，希望建构二者的理论关联，从而为进一步的实践提供新的思路。

注：除图 5 为微博、小红书、大众点评 APP 截图外，其余均为笔者自绘。

参考文献

[1] 章迎庆，孟君君. 基于"共享"理念的老旧社区公共空间更新策略探究——以上海市贵州西里弄社区为例 [J]. 城市发展研究，2020，27（08）：89-93.

[2] 汪东亮. 媒介变迁视野下旅游体验分享建构目的地形象研究 [J]. 社会科学家，2021（02）：71-76.

[3] 王昭雨，庄惟敏. 点评数据驱动下的感性评价 SD 法使用后评估研究——以城乡历史街区为例 [J]. 新建筑，2019（04）：38-42.

[4] 王莹，叶云. 基于旅游凝视的传统村落文化元素视觉表征研究——以宏村为例 [J].

旅游研究，2021，13（03）：88-98.

[5] 彭丽文. 基于文旅融合的绍兴古城历史文化街区风貌规划研究 [J]. 中国建设信息化，2019（10）：67-69.

[6] 邬夏依. 文旅融合背景下杭州西湖文化空间品质提升策略研究 [D]. 杭州：浙江工业大学，2020.

[7] 孙凯. 文旅融合视角下亳州历史文化街区的保护与路径探讨 [J]. 文化产业，2021（02）：92-93.

[8] 宗祖盼，蔡心怡. 文旅融合介入城市更新的耦合效应 [J]. 社会科学家，2020（08）：38-43.

[9] 李畅. 哈尔滨城市街道冰雪景观设计研究 [D]. 哈尔滨：哈尔滨工业大学，2017：105.

[10] 刘润萍，徐晓菲. 基于在线评论的哈尔滨中央大街旅游目的地形象研究 [J]. 对外经贸，2021（6）：58-62.

[11] 刘硕. 基于游客体验的哈尔滨中央大街体验旅游发展研究 [D]. 哈尔滨：哈尔滨师范大学，2019.

[12] 李大为. 哈尔滨中央大街空间特色剖析 [J]. 哈尔滨工业大学学报，2003（04）：469-471.

近代中国建筑遗产保护研究的新视角

王　巍　吴　葱　周悦煌

国家自然科学基金重点项目（52038007）；河南省高等学校人文社会科学研究项目（2021-ZZJH-252）。

王巍，南阳理工学院历史建筑保护工程教研室主任、讲师、建筑学博士。邮箱：659774129@qq.com。
吴葱，天津大学建筑学院教授。
周悦煌，天津大学建筑学院博士研究生。

摘要：本文通过对已有研究的分析，并结合自己的研究心得，提出近代中国建筑遗产保护研究的若干新视角，增益中国的遗产保护理论。首先是研究材料和思路上的补充，即应对民国各个地方编修的地方志、清末民国全国性文物普查的名录和民国后期梁思成编纂的临时性文物名录及时展开研究；其次是研究视野的拓宽，即打破建筑史研究和建筑保护研究之间的壁垒，在更大的学科背景和横跨中西的视角下看待中国的建筑遗产保护理论的生成机制和嬗变过程，同时尝试对建筑史和建筑保护之间的关联进行初步探讨；最后是研究角度的补充，即系统地挖掘和彰显传统观念的价值，通过对 20 世纪中西理念互动过程的研究，探讨中国的遗产保护理论能为西方带来何种启迪和借鉴。

关键词：建筑保护研究；新视角；建筑史；学科壁垒

近年来，随着文化遗产保护事业日益兴盛，对于建筑遗产保护的研究也大量涌现，但中国目前的保护理论体系存在根基相对薄弱、西方影响的痕迹过重、本土话语发育不良等问题。本文通过对已有研究的分析并结合自己的一些思考，提出一些新的研究视角，增益新时代中国建筑遗产保护理论。

一、研究材料和思路上的补充

1. 民国时期各个地方编纂的地方志

对于近代中国建筑遗产保护理念的研究，已有不少成果：从研究材料上来看，已经涉及的包括清末民国的相关政府律令、梁思成等重要学者的文章、重要机构或重要修缮工程的档案等，反映了清末民国阶段精英层面或官方叙事中遗产保护理念的嬗变图景，是非常重要的研究。近年来，学界开始对中国古代的遗产理念和传统观念进行挖掘，地方志是重要的研究材料之一，其中关于古迹这一名目的条目和评述展示了古人如何看待自己的"遗产"。民国虽政局动乱，但编纂地方志的工作没有停止。比如民国 18 年编修的《河南新志》，一共分二十卷，古迹为其中一卷。又如民国 21 年重修的《开平县志》，其中卷四十三和四十四均为古迹。

一方面，民国时期各个地方编纂的方志很多，和国家文物律令比较，有不可忽视的独特性：虽然大多方志都是地方政府相关部门组织编纂，但各个地方的编纂人员的水平参差不齐，教育背景更多出于传统史学、经学或金石学，和国家层面的精英官员逐渐吸收西方理念的状态是不同的，地方志更多地体现着传统观念的延续，从这个角度上来讲，为了和国家文物律令这种典型的官方叙事相区分，我们可以称之为"本土民间叙事"。另一方面，和梁思成等人的重要文章相比，地方志同样具有一定的独特性：梁思成等第一代留洋建筑学子才华过人，是中国建筑学领域里当之无愧的精英，秉持着当时西方正统的建筑学理念，从这一点来看，地方志的"本土民间"属性更加突出了。最后一个比较点在于这些方志很多，达到了一定的规模，而且覆盖的空间范围大，有明显的历史继承性，这些都是文物律令和梁思成等人的重要文章作为研究材料的欠缺之处。

对于民国时期的地方志中相关内容的考察，应该纳入建筑遗产保护的研究中，对于已有研究是很好的增益和补充，尤其是对于探讨中西理念之间的碰撞和拉扯、传统观念的近代化转向等关键问题。

2. 清末民国时期全国性的文物普查名录

除了民国地方志之外，清末和民国政府组织开展的文物普查名录也是一项很重要的研究材料，目前已有研究很少涉及。清末和民国一共组织了三次全国性的文物普查，分别是在 1909 年、1916 年和 1928 年，每次普查都是依托某个文物律令的颁布而展开的。1909 年，清民政部颁布了《保存古迹推广办法》，之后下令在全国范围内进行普查，当时极少数省份提交了成果，比如山东省的《山东省调查局保存古迹统计表》。1916 年，北洋政府内务部颁布了《保存古物暂行办法》等三条律令，同时展开全国文物普查，根据目前可见文献，京、冀、鲁、豫四省份提交了调研成果。[①]1928 年，南京政府民政部颁布了《名胜古迹古物保存条例》，并依据此条例展开全国性文物普查，目前的可见文献中还没有找到这次普查结果的具体内容。

这几次全国性文物普查留下来的普查名录和地方志的生成机制是不同的。前文已述，每次普查都是依托一个新颁布的律令作为指导，

而这些律令所设定的保护对象范畴是不同的，所以这些普查名录更能反映官方话语的演进趋势，但经过对比可发现，这些名录和地方志有一定的交集，所以在官方和民间、本土和外来这样的多向作用交织的嬗变图景中，对这些名录的考察是不可或缺的。

3. 民国后期梁思成编纂的文物（建筑）名录

另外，梁思成在民国中后期编纂过两个全国性的文物名录，即 1944 年的《战区文物保存委员会文物目录》和 1949 年的《全国重要建筑文物简目》。目前的研究多在他所提的"保存现状"与"恢复原状""修旧如旧"等之上，即具体的保护行为，对于这两个反映他如何认知保护对象及价值的名录，关注较少。作者认为名录的重要性体现在以下几个方面：

首先，梁思成是建筑学背景，名录主要是不可移动文物，而前面提到的无论是文物律令、文物普查名录抑或是地方志，相当一部分都是针对可移动之物而言，即历史语境下的传统"古物"，从这个角度来看，这两份材料是他首次正式以名录的形式界定了文物（建筑）的所指范畴，也是近代中国最早的专门聚焦于建筑遗产的文物名录。

其次，名录的内容在基本的条目之下，列出属地、文物性质、建造年代、价值定级与简要的阐释等。

其中关于价值这一部分，对于考察梁思成的保护理念尤为重要，同时也是反映当时的建筑遗产价值认知的一面镜子。

最后，从时间上来看，最能反映梁思成保护思想的文章，主要都在名录编纂之前已经发表，而且此时的他已经完成了中国建筑史叙述框架的基本构建[②]，同时考察和测绘了大量的古建筑，而且也进行了"中国固有之形式"的中国风格建筑的探索[③]，而这些学术实践都在不同程度上影响了其保护理念的发展。所以，名录可以算是梁思成若干年建筑历史与建筑保护学术探索的结晶，具有重要意义。

另外，注意到这一时期的研究材料较少[④]，所以这两份名录无论是对于梁思成的学术思想，还是对于近代中国保护理念的嬗变，研究意义都非常重大。

综上，对于近代建筑遗产保护理念的研究，从材料上至少应该囊括官方颁布的文物律令、反应重要学者的保护理念的文献、重要修缮工程的修缮档案、官方文物普查后收到的普查名录、各个地方的地方志、梁思成编纂的临时性文物名录，等等。对于前三项已进行了相当的研究，对于后三项的研究应该及时跟进，这样才能在传统与现代、本土与外来这样的语境中更好地认知中国建筑遗产保护的历史基因和嬗变过程，为更好地构建当代特色的建筑遗产保护理论贡献力量。

---

① 此次成果被编纂为《民国京鲁晋豫古器物调查名录》，北京图书馆出版社 2004 年出版。

② 此时的梁思成已经完成了《中国建筑史》和《图像中国建筑史》。

③ 梁思成参与设计了国立中央博物馆的正殿，体现了梁思成关于中国风格现代建筑的理想，详见参考文献 [3]，第 94~131 页。

④ 这一时期没有国家性的文物律令颁布（之前离此最近的是 1930 年南京政府颁布的《古物保存法》），也没有国家性的文物普查名录，重大的修缮工程也不多。

二、研究视野的拓宽：建筑史和建筑保护理念的关联

近年来，关于建筑遗产的研究大量涌现，但始终局限在建筑保护的领域内，并没有结合建筑史或者建筑理论的发展来进行考察，导致我们对自身保护理念的形成过程和机制认知不足。一般认为，当代意义上的遗产保护肇始于清末民国，是民族自发的行为，也是因为受到了外来影响的刺激。在之后的发展过程中，西方理念起了很大的作用。所以首先尝试剖析西方语境下保护理念和建筑史之间的关联，也为中国的考察提供参照。

1. 西方的建筑发展史和建筑保护史之间的关联

在启蒙运动时期，看待历史的态度发生改变。历史被看作是线性发展的过程，因此历史建筑被视为能够代表国家过去的纪念物，对其保护也成了塑造民族身份的必要手段，至此现代的保护意识诞生了。当然这也和浪漫主义带来的重现历史的怀旧愿望有关。在风格式修复与保存运动的大论战爆发，即19世纪30年代之前，比较重要的修复工程以英国的哥特教堂为代表，主要人物有詹姆斯·维亚特（1746—1813）等。此时的修复工程目的多在于提升艺术价值（如追求纯净、实现某种风格的统一……），并将其作为对于某种理想典范的实物图示，也引发了关于如何保护的讨论，较之前述的大论战，规模和影响都较小，但已经触及了保护理念的核心问题，追求风格的统一还是保留历史价值，与后来的论战是基本相通的。那么提升艺术价值抑或是历史价值的保留，其背后的价值观念或者思想根源是什么呢？跟建筑史的发展又有什么关联呢？

奥地利艺术史学家阿洛伊斯·里格尔（1858—1905）曾说，从文艺复兴到19世纪，人们认为存在"一种神圣不可侵犯的艺术规范，一种绝对有效，所有艺术家都为之奋斗，却没人能完全达到的客观艺术理想"。这样的分析也适用于对待遗产的处理。因此，在修复历史建筑时人们才会推崇某种客观的艺术理想、风格、建构规范或者原状，表现在维奥莱-勒-杜克身上即他对哥特建筑的偏爱和对其进行的风格式修复。他认为哥特建筑是具有结构理性的，这一点是其最突出的价值或特征，修复处理也应基于这种理性，当然他也承认中世纪建筑是不完美的，所以我们可以根据结构理性和精确地计算，将其修复至统一的风格，即符合他对"风格"的定义——基于这种结构原理的逻辑结果或基于某种原则上的理想图示。一言以蔽之，维奥莱-勒-杜克追求的"统一的风格"，其实是在探求符合某种客观典范的理想状态。在他心中，如里格尔所言，"艺术作品只有符合那样的客观要求，才被认为具有艺术价值"，他本人所绘制的哥特教堂理想图示似乎也印证了这一点（图1）。出于这样的价值观引导，自然便会忽视历史建筑的史事见证价值，因而会遭到批判。

图1　哥特教堂理想图示
图片来源：Viollet-le-Duc. Dictionnaire raisonné de l'architecture[M]. Paris：vol. 2，1856：Fig.18.

跳脱建筑保护的领域，在建筑历史与理论的研究中，维奥莱-勒-杜克的建筑学思想近年受到关注，被视为现代设计的重要先驱，其建筑学思想和其修复理念是相通的。他所处的时代，巴黎美术学院派注重外在表皮品质的建筑学思想占据主流，折中主义盛行，工业革命引发了大家对艺术逐渐式微的担忧，所以如弗朗索瓦丝·萧依在《建筑遗产的寓意》中所说，维奥莱-勒-杜克试图建立一种新的建筑艺术来挽救这个局面。他在《建筑学讲义》中提到，他的后半生，一直在寻找真正的现代建筑，这种探求是基于历史和理性而出发的。他认为，我们能从对过去的重要建筑体系的理性分析中，发现一种长久不变的、可以被多个文明批判应用的原则。他所言的这个原则，应该就是他的结构理性观念。[①]

---

① 他的这一思想影响了许多著名的建筑理论家、历史学家和建筑评论家，形成了西方近代建筑批评的结构理性主义传统。这样的理念被汉宝德评价为"结构的真理就是建筑的真理。……未始不有其可贵之处，然而要把它错认为建筑学的唯一真理，则去史实远矣"。转引自参考文献 [3]，34 页。

综合上述维奥莱 - 勒 - 杜克的论述，可以发现无论是修复历史建筑还是设计新建筑，他都认为存在着某种永恒不变的真理或者理想典范，应该尽力去接近或者实现。他太过强调结构这一点，和当时影响整个欧洲的巴黎美术学院的建筑学教育是冲突的。巴黎美院的教学侧重建筑的风格和形式，多在构图和要素的训练，但其代表人物加代（1834—1908）也提到要追求一种普遍的恒定的艺术原则。

约翰·拉斯金是建筑艺术领域里的重要人物，也是保存运动（conservation movement）的引领者，他在《建筑的七盏明灯》的"遵从之灯"里表达了这样的观念：建筑作品需要遵循某一种已经存在的风格，在此基础上进行创新，形成具有独创性的作品，然后才有一线希望去创造和引领新的风格，这是建筑创作必须遵守的一条原则。

通过这几位相近时期学者的表述，可以看出正如里格尔所说，人们普遍认为存在着某种东西，类似于某种客观的艺术理想、风格、建构规范、逻辑原则等，然后大家都在遵守或者探求。也就是说，作品只有符合这样的规则，才具有意义或者价值，这种规则更多的时候是围绕风格或形式。这个时期的建筑创作领域正在流行的有新古典主义、浪漫主义、折中主义、工艺美术运动、新艺术运动，以及其他各种各样的建筑探新运动等，大家都在积极探索新时代的建筑走向，如何应对传统，如何面对当下等，但似乎都没有跳出存在某种先验的艺术典范的

理论框架，真正提出彻底的改革主张的，自是我们熟知的现代主义建筑，彻底摆脱了过去的风格，逐步取代了驰骋数百年的学院派而成为主流。现代主义的主张很多，与本文相关的应该是认为经典的风格不存在了，反对复古，主张创立新的形式，不再论及探求某种先验的、恒定不变的艺术准则等。

这种在设计领域一直追溯某种理想典范的思想，在哲学上属于对于某种绝对神圣价值观的探求。这种绝对神圣不可侵犯的价值观或者理念，背后的根源其实可以追溯到柏拉图主义（认为存在着绝对的理念），但在 18 世纪晚期和 19 世纪的哲学领域，神圣的绝对价值观开始被动摇，价值相对主义开始被认同，普遍适应的艺术标准开始被舍弃。这一点和当时正在流行的浪漫主义有契合之处，浪漫主义提倡重视艺术家的个性和创造性，这种思想一定程度上孕育了工艺美术运动。此运动的代表人物拉斯金在阐述为什么保护历史建筑时已经表现出了这样的思想。

他在《建筑的七盏明灯》中的"记忆之灯"里说到，历史建筑承载了信息和记忆，同时拥有"如画"的外表，所以我们要保护它，尽量不去修复。他认为每栋历史建筑都是手工艺人和艺术家在特定历史背景下的独特创造，同时凝结了岁月流逝的自然之美，是具有极高的艺术价值和意义的（不存在什么先验的客观的艺术理想需要我们去恢复或者探求）。如果修复，比如使用新材料去复原构架，必定会破坏古

代艺术家的此番创举的独特性和真实性，千篇一律或者没有差异，是拉斯金不愿意看到的。拉斯金的这些思想，时间上比现代主义建筑要早半个多世纪，在建筑保护领域里的影响也是可以和现代主义建筑在建筑史中的地位相媲美的。所以，较早孕育现代建筑思想的，可能是保护领域里的保存运动，甚至是向前追溯的浪漫主义。① 当然哲学上对价值认识的转变可能是更重要的根源上的一笔，但不是本文讨论的重点。

2. 近代中国建筑保护理念的形成和建筑设计领域之间的关联

在对西方的回顾之后，我们将视角转回中国。梁思成毕生致力于我国古代建筑的研究与保护，是中国建筑遗产保护学科的开创者和奠基者。他的很多思想都直接影响了当今的保护理论的核心内容，比如对于法式的推崇、整旧如旧、保存现状和恢复原状，以及对文物保护单位制度构建的影响。梁受教于美国宾夕法尼亚大学，学习的是巴黎美术学院派的建筑学教育。他沿袭了巴黎美院的学术思路，回国后展开了建筑史研究和古建筑的调查与保护，与本文相关的有解读《营造法式》、阐明中国建筑的"文法"和"词汇"，用"风格"来描述和界定中国建筑史的发展脉络，用"法式"推求古建筑的原状，提倡恢复原状为最高理想等。这里不是对梁思成的保护思想展开讨论，只是想说明梁似乎也认为存在着某种绝对的理念或者理想的典范，只有按照这个典

---

① 这里的浪漫主义不是指外国建筑史上的这种潮流或者某些代表作品，是泛泛意义上的浪漫主义思潮。

图2 杭州六和塔复原状图
图片来源：梁思成. 杭州六和塔复原状计划 [J]. 中国营造学社汇刊第五卷第三期，1935.

范或者理念，作品才会有最大的价值。他提到，"一个民族总是创造出他们世世代代所喜爱，因而沿用的惯例，成了法式"①，他将此运用到了建筑保护的领域，提出按照法式

推求我们能够得到历史建筑的原状，并且这个原状是应该努力去恢复的。正如前文述及维奥莱－勒－杜克基于结构理性对哥特教堂进行的风格式修复，梁思成实际是将风格式修复进行了本土化转译，基于此提出了借由法式推求原状等思想。他深知中国的历史建筑大多经历了多个朝代和历史时期的干预，但是他也会如西方的众多建筑师认为希腊的艺术是典范一样的，认为唐宋时期的建筑是最卓越的，是一种理想的典范。所以，面对此时期留下的建筑，他认为应该将其恢复到那个时候的风格（图2）。

通过这些我们可以看出，梁思成的保护思想和巴黎美术学院派的建筑教育有很大的关联，这一点在其为数不多的建筑设计实践中也能感受到。梁思成设计或者参与设计的建筑作品不多，和本文比较相关的是南京国立中央博物馆的设计

（图3）。他从既有的古建筑实物和"法式"中分别提取所需要的构图要素，适当修改，重新整合，形成了最具有仿古"大屋顶"的"辽和宋初风格"的博物馆建筑，既重现了他心中古代最卓越的建筑风格，也反映了他对中国建筑理想的探求。

西方对待风格式修复的态度，在《威尼斯宪章》公布时达到国际共识，强调保护历史信息的重要性以及修复的目的不是为了风格的统一，但风格式修复本土化转译的恢复原状等思想，在1980年代前的修复实践中一直占据主导地位②，至今仍有相当的受众基础。这样的意识本源决定了无论是在建筑保护领域还是在建筑设计领域，都体现出将建筑的物质本体"纪念碑化"的倾向，即强调物质本体的客观存在或者风格与外在形式，这是典型的西方建筑观，和中国古人看重物质本体承载的信息和意义完全不同。

图3 梁思成参与设计的南京博物院正殿
图片来源：作者自摄

① 出自：梁思成. 中国建筑的特征 [J]. 建筑学报，1954（1）：36-39.
② 1950年代的隆兴寺转轮藏殿的修缮，1960年代上海真如寺大殿的修缮，1970年代南禅寺大殿的修缮，都是典型的恢复原状的代表性修缮工程。

这样的审视可以帮助理解西学影响下产生的恢复原状等思想和中国传统延续的物质本体存续方式——重建（局部或整体）等传统做法之间的关系，帮助理解当今保护事业的全貌及其生成机制。

在民国阶段的建筑设计领域，除去梁思成以外，还有很多建筑师在从事这类似于复兴中国古建筑的事情，中国风格、中国固有形式等是他们讨论和探求的重点，类似于"复兴中国建筑之法式"的呼声更是不绝于耳。从这些或可约略感受到，包括梁思成在内的这一批致力于复兴中国建筑风采的建筑师们和保护领域的图景一样，可能都没跳出绝对神圣价值观的理论框架。

三、研究角度的补充：中国对西方的反作用

对于近代中国建筑遗产保护的研究，学界已经注意到其发展过程中双向维度的影响，即历史传统的延续和外来的思想，但是目前的研究无论是对历史的钩稽还是现状的讨论，关注点多在西方如何影响了中国和如何借鉴学习西方，但其实如果纵观整个 20 世纪，中西话语的关系不是单一维度的，本土话语对西方也有反向作用，系统挖掘和梳理本土观念及其与西方理论的互动，能够彰显传统的价值，同时能够为西方遗产保护理论的发展带来启迪，提升文化自信和国际话语权。

首先，本土话语中名胜古迹思想中所体现的建筑和环境密不可分等传统观念，虽然在民国官方主导的保护范畴中受到西方的冲击而分解，但华夏文明积淀千年的众多遗产反映了这样的观念，因而其文化内涵不会因为本土话语的短暂妥协而就此衰落，反而随着改革开放后的国际交流而显得愈发深刻，从而开始影响西方理念，泰山申遗便是例证。通过泰山这种自然与人文价值相融的遗产，国际层面逐渐意识到人文与自然的关系未必全是泾渭分明；在中国，自然和文化的双重价值不仅并存相融，而且文化价值还可以基于自然价值而产生。这拓宽了国际学界对遗产价值的认知视野，促进了世界遗产理论的更新，如文化景观及文化自然混合遗产的提出。同时，学者们（如梁思成、祁英涛等）自始至终没有放下对保护古迹环境的理论钩沉，正是这些坚守，拓宽了国际层面对遗产周边环境的认知，即《西安宣言》提出的周边环境对于古迹的重要性。虽然上述传统观念已经影响了西方认知，但对于自然和文化的关系，在传统观念的研究中还有很大的探索空间。此外，《西安宣言》还提到了环境应该囊括无形因素，即与下文要提到的传统做法引发的西方反思有关。

其次，局部复原或重建、彩画重绘等传统做法，很早便在梁思成等留洋学子的认知中引发了中西对比的思考。由于学界的不断坚守和改革开放以来国际交流的增多，上述对立经历了多年讨论之后，终于在《北京文件》中得到国际认可，并且开始影响西方对遗产多样性和真实性的认知，正如《会安草案——亚洲最佳保护范例》中说："在很多活文化传统中，实际上发生过什么，比材质构成本身更能体现一个遗址的真实性"，因而真实性的评判自然要在西方的一贯标准上有所调整，这直接影响到对文化遗产的界定；国际层面也开始跳脱东西之分，从一般意义上来思考有形和无形孰轻孰重等问题，如 2018 年 ICOMOS《战争类记忆遗址申遗报告》中提到相当一部分列入世界遗产预备名录的战争遗址中，无形的证据大多超过有形的物证。

上述西方理论的转变被学者比尼亚斯在《当代保护理论》（2003 年）中描述为"由保护'客观真实'转向保护'意义'"，即从注重客体转向注重主体、保护客观对象对于主体的意义等无形因素。在这样的转向中，中国传统观念应该能提供丰富的启迪，因为古代古迹观念从未局限于物质本体的永久，而是注重其背后意义的传承。古人对于人工和自然物普遍存在基于人文精神的认知，注重主体感受，即古人看到古迹时，通过之前获取的历史信息和现场的主观想象，和物质客体达到精神和思想上的共鸣。一言以蔽之，客体对象因为浸染历史人文色彩进而和主体产生互动，这是其主要价值。这种偏向主观、遵从主体感受、不过分强调客体的人文主义认知，和西方理论所强调的历史距离感之下客观物质的真实存在不太相同，对西方理论的当代转向及文化景观中的关联性景观等均有启发意义，有待更加深入、系统的探讨。

四、结语

上文提出的这些新视角，背后反映了两个最本质的问题：一是近代中国建筑遗产保护理念形成过程

中，传统观念和西方理念分别起了什么样的作用，其实就是厘清古今中外之间的交缠，彰显传统观念的价值，提升文化自信。二是学科之间的关联问题，建筑史和建筑保护史应该结合起来进行研究，应该在更大的学科背景和横跨中西的视角下看待民国和当代中国的遗产理念的生成和嬗变。这依赖于更多学者的关注和持续的积极探索。

参考文献

[1] 陈曦.建筑遗产保护思想的演变[M].上海：同济大学出版社，2016.

[2] 尤嘎尤基莱托.建筑保护史[M].郭旃译.北京：中华书局，2011.

[3] 赖德霖.中国近代思想史与建筑史学史[M].北京：中国建筑工业出版社，2016.

[4] 陆地.建筑遗产保护、修复与康复性再生导论[M].武汉：武汉大学出版社，2016.

[5] Alois Riegl. The Modem Cult of Monuments: Its Essence and Its Development[G]// Historical and Philosophical Issues in the Conservation of Cultural Heritage. Los Angeles: The Getty Conservation Institute, 1996.

[6] Ruskin John. The Seven Lamps of Architecture[M]. London: George Allen, 1899.

[7] 维奥莱－勒－迪克.维奥莱－勒－迪克建筑学讲义[M].白颖，汤琼，李菁译.北京：中国建筑工业出版社，2015.

[8] 萨尔瓦多·穆尼奥斯·比尼亚斯.当代保护理论[M].张鹏等译.上海：同济大学出版社，2012.

[9] 林佳，王其亨.中国建筑保护的理念与实践[M].北京：中国建筑工业出版社，2017.

[10] 李晓东.民国文物法规史评[M].北京：文物出版社，2013.

[11] 吕舟.20世纪中国文物建筑保护思想的发展[J].建筑师，2018（4）：45-55.

[12] 梁思成.梁思成全集[M].北京：中国建筑工业出版社，2001.

[13] 王巍，周悦煌.清末民国文物法规与调查名录的再解读——从文化景观的视角切入[J].古建园林技术，2021（06）：78-83.

[14] 常青.回眸一瞥——中国20世纪建筑遗产的范型及其脉络[J].建筑遗产，2019（03）：1-10.

[15] 朱光亚等.建筑遗产保护学[M].南京：东南大学出版社，2019.

[16] 弗朗索瓦丝·萧伊.建筑遗产的寓意[M].寇庆民译.北京：清华大学出版社，2013.

乡村振兴与文化遗产

"我和掌墨师一起建房子"：建筑师在黔东南少数民族村寨的在地设计与协同营造

彭雪娇

彭雪娇，重庆大学 2019 级人类学专业硕士研究生。邮箱：peng_xuejiao@qq.com。

摘要：乡村营建在国家乡村振兴的制度安排以及政策引导下成为热点话题与实践方向，当前对建筑师介入乡村的讨论主要来自建筑学内部对建筑实体的研究和分析，缺乏对建筑师自身在这一过程中与地方以及地方上的人双向互动的关照。本文聚焦扎根贵州黔东南少数民族地区青年建筑师团队，通过呈现其营造新乡土建筑的策略性实践过程，探讨他们在传承乡土文化，推动城乡对话所做出的努力和存在的局限，说明作为"物质"的建筑是如何促进人与物、人与人的互动，从而为当下的乡村建设研究与实践带来新的视野和场域。

关键词：新乡土建筑；乡村营建；传统村落；乡村建筑师

在当下国家宏观的乡村振兴战略引导下，乡村振兴并不只是一个议题，更多的是实践与行动，我们看到越来越多的多元力量进入到乡村，开展形式、内容各异的实践活动。人们越来越意识到乡村作为"在乡土性的社会空间和社会系统中创造出来并保留和传承下来的自然生态文化遗产，以及生产生活文化，由田园生态、生活方式、风情民俗、古建遗存、传统技艺等多种元素构成的复杂综合体"的价值。在此背景下，大量的建筑师、规划师也加入到乡村营建的热潮中，在乡村中开展以物质空间建造与利用为核心的建设实践，并希望通过建筑手段解决一定的社会性问题，从而达到促进乡村发展的目的。如何认识和

活用遍布于乡村各地的传统村落及其建筑为代表的物质文化遗产，以及以乡土建筑传统营造技艺为代表的非物质文化遗产成为建筑师介入乡村地区所必须要面对的问题。

建筑学作为一个职业性的学科，包括了两个基本层面的任务：一是研究过去与现在既有的建筑；二是设计建筑并研究如何去设计它们，总结来说就是从物质空间的角度解释世界和改造世界。针对乡土建筑的研究已经有了很大的进展，建筑学者将人类学和社会学等多学科引入到民居研究中，不再局限于就空间论空间，而是关注到了建筑背后的社会文化背景，从而为乡土建筑历史发展与形制结构变化研究提供了更为广阔的文化视野和新的方法

论。除了将建筑视为社会文化的物质载体，人类学对建筑的民族志研究也展示另一条理论进路，将建筑作为一种积极的对象置入社会文化的再生产中进行分析，各自探讨了建筑与社会关系的生产、文化解释的传递以及集体认同的构成的关系，提供了一种新的思考建筑的方式，即在建筑与社会的互动过程中去考察建筑。值得注意的是，虽然在理论和方法论层面上已经有了重大推进，但也有学者意识到"我们的建筑创作实践还没有与地区建筑研究紧密地结合起来"。也正是在此意义上，本文聚焦于扎根在贵州黔东南少数民族地区的 W 社青年建筑设计师群体[①]，通过关注他们在乡村开展的项目经历，立足这群青年乡

---

① 基于伦理规范，本文出现的相关人名均由字母代替。

村建筑师在地方真实的建筑设计创作过程，探讨他们在实践中所采取的策略性方法和反身性思考，为弥合当下理论与实践的差距提供一些新的思路。

这些建筑规划师们在乡村中开展以物质空间建设与利用为核心的建设实践，并希望通过建筑手段能够解决一定的社会性问题，从而达到促进乡村发展的目的。但目前学界关于乡村振兴背景下乡土建筑营建实践的讨论多集中于建筑学、风景园林学、城乡规划学等工学学科领域，其关注的是如何利用景观设计、活态保护等理论保护、传承和发展乡土建筑，以此来推进村落保护。营造经验、营造策略是此类研究的关键词，建筑本身即是其研究对象和目的，因此较少关注到营造实践中在设计、改造传统乡土建筑时人与人的互动，以及在具体的实践过程中建筑师所遭遇的地方社会文化情景对其理念与实践的形塑作用。本文通过探讨 W 社在营造新乡土建筑的实践过程，参与他们过去半年的项目运作中，带着人类学的视角深度观察、学习，展现其通过建筑设计语言将地方文化的洞察予以物质化的具体过程，从人类学的视角对乡村营建常见基本概念的反思，在此基础上进一步厘清人与物质相互结合、共同构成可能存在的新方式，阐述这一可能性对于弥合当今不平衡的城乡关系所具有的意义。

一、田野情况介绍

W 社成立于日本京都，于 2017 年 6 月返乡落户贵州黔东南，由一群关心中国乡土·地域实践的青年建筑师组成。1980 年以后出生的创始人 M 在日本学习和工作的经历激发了他对古村落的浓厚兴趣，归国后，他潜心于传统木构建筑和在地文化的研究与保护工作，其领导的 W 团队秉承以"挖掘在地民俗建筑营造智慧，传承并实践新乡土建筑营造可能性"的工作理念，希望与"在默默无闻的乡土营造人士（村民、工匠师傅）共同劳作，尊重在地的营造智慧和营造习惯，重估乡土建筑营造的价值，构建适应于当代乡镇发展的新乡土建筑营造"①。

在几年的乡村工作中，M 几乎走访了黔东南的上百个村寨，对这片地区有着深厚的感情。感受到自己正处在黔东南木构建筑聚落发生巨变的前夜，他决心投身于这一事业中，探索传统木构建筑在现代的新的可能性。在了解到 W 社在乡村开展的工作后，Z 公益基金会主动联系了 M，并促成了双方的合作。Z 公益基金会成立于 1989 年，是当时中国扶贫与乡村发展领域规模最大、最具影响力的公益组织之一。在产业振兴方面，Z 基金会实施示范带动策略。2018 年，Z 基金会联合当地县政府合作发起了黄岗村②乡村旅游经济示范项目，该项目以民宿为载体，希望以此驱动村庄经济发展。黄岗村项目资金投入 1000 万，县人民政府项目配套资金 350 万。W 社在其委托下接手了黄岗村的整村规划及建筑设计项目，同年 3 月 M 带着团队正式进入黄岗村开展长期驻场工作。

2021 年 3 月，我以实习生的身份加入 W 社，开展了为期三个半月的田野调查。调查期间，我与 W 社的同事们同住在黎平县事务所的宿舍，过上了工作、生活于一体的集体生活③。具体工作安排方面，我参与到事务所项目的实际运作中，跟随他们进村调研、与业主沟通、与施工方交涉。在了解跟进其正在进行的建筑设计项目的同时，我也负责整理往期项目的各类文字、图表和设计模型资料。由此得以熟悉 W 团队的日常生活和工作模式，获得内部视角的观察。

二、挖掘传统与回应当下：从在地调研出发的设计创作

W 社在黄岗村项目中一个名为"禾仓下的创客中心"的单体建筑的设计过程可以呈现出新乡土建筑的生成机制。他们一方面强调建筑的

---

① 来自 W 社的公司简介。
② 黄岗村地处贵州省黔东南苗族侗族自治州黎平县双江镇，距镇政府所在地 23km，距离黎平县城 68km。辖 11 个村民小组，共 365 户，1817 人。交通闭塞使得黄岗之前参访的人却寥寥无几。虽然在如今看来，黄岗村距离周边的县镇级行政中心路途遥远难行，交通不便，但它在历史上却位于南部侗族地区的核心区域，早在 2012 年就被国家列入第一批"中国传统村落名录"，村寨内保存完好的侗族特色木构建筑也是重要的文化资源，鼓楼、风雨桥、干栏式民居、禾仓等一应俱全。
③ W 社的成员来自全国各地，大家同住在公司安排的宿舍里，在平时的工作、生活中都保持着高度的同步性，在这里工作有时候更像是过着学生时代集体氛围的生活。

在地性①，为了达到这一理解，在前期会有针对性地进行设计调研工作。另一方面，基于这些调研成果，他们在将地方建筑文化的洞察转译为设计语言的同时，又对建筑的社会性予以重视，以此回应乡村发展的需求，使新乡土建筑的创作实践成为可能。

禾仓创客中心是政府、基金会、建筑设计师多方力量介入的产物。"创客"这个名词来自英文的 Maker，这一概念最初指的是进行自主创造的技术人员，他们擅长利用最新兴的科技，从硬件或软件入手，融入与众不同的想法、创意，并将其转化为商品。当这些理念涌入贵州黔东南地区的传统侗寨时，创业创新更是与乡村振兴结合在了一起，成为开发地方文化旅游产品的新思路。在这一语境下，黄岗村的禾仓创客中心被有意塑造成：为有志于投身乡村实践的外来创客青年提供工作、居住和研讨的空间，同时也是包括黄岗村在地青年以内的全域青年发声、联结的平台。

为了配合这一想法，W 社作为设计方从自身建筑设计的专业出发，将禾仓这一建筑形式中共享的精神内涵提炼出来，将其与创客的理念衔接起来。侗族村落中的禾仓是独立于民居之外的建筑类型，其结构构件和内部空间都是为了服务于农业生产中粮食的晾晒和储存，"在建造技法体系中，上处于承上启下的位置，下接牛棚、柴火堆、露天厕所等四柱框体结构功能性建筑；上承有内部空间分隔及小木作

的住宅建筑，是了解侗族建筑构造和建构逻辑的建筑基本型"。禾仓表明了一个家庭作为独立经济单位的能力，是衡量家庭供养能力和社会地位高低的指标，也可以作为家屋维持成员之间物质和精神凝聚力强度的一个有力支撑，在侗族人的生产与生活中占据着重要位置。W社早在前期就关注到禾仓这一建筑形式，并进行了针对性的调研，以便从根本上理解侗族木构建筑的建构逻辑。在调研过程中，他们不仅注重建筑学上的测绘调查，从技术、手法上加以归纳分析，绘制出各个村寨现存禾仓的尺寸模型图，也同样关注其背后的社会生活方面，创造性地将创客与禾仓这两个看似完全不相关的事物结合在一起，进一步发展成了禾仓创客中心这一概念（图 1）。

三、协同营造："我和掌墨师一起建房子"

建筑师来到乡村工作采用的不是我们印象中强势主导的模式，他们面对的是一群特定的知识掌握者，这些乡村营造人士在长年的实践中积累了对木材、对村落布局、对人情关系、对地方社会互动的理解。乡村建筑师不仅要在知识层面上处理跟这些地方工匠存在的理解和转译的困难，还需要在多个维度上建立沟通。在施工阶段，W 社最重要的工作是处理和侗族木构建筑的营造者——掌墨师的关系，如何让他们理解的设计意图和逻辑从而根据图纸去构建结构框架也是一项不小的挑战。

在侗族地区，能独立设计建造整个建筑的木匠被称为掌墨师，意

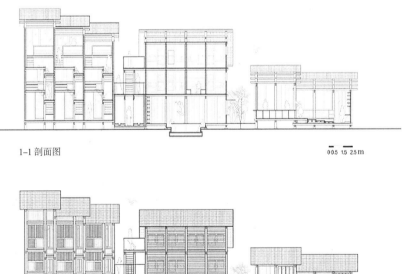

1-1 剖面图　　　　　0 0.5 1.5 2.5 m

立面图　　　　　0 0.5 1.5 2.5 m

图 1　禾仓创客中心设计图纸（从左至右分别为酒店、青旅、餐厅）
图片来源：W 社的设计图纸材料

① 从建筑本体角度，"在地"是一种设计手法，关注建筑与当地环境的契合、建筑营造的全过程，以及当地人的使用和反馈，但它还有超出专业语境的意义，用于乡村营造，可能是一种经济生产行为、一种社区营造行为或者一种文化复兴行为[2]。W 社的设计理念和具体实践也正是回应了这一点。

思是"掌管墨斗的师傅"。他掌握着纯熟的技法，拥有高超的计算和设计能力，定点画线，柱枋关系了然于心，将木材开槽削刨后便可拼接起排扇，并组织立屋架了。① 除此以外，建造传统木构建筑更是一种具有强烈仪式特征的文化事项，掌墨师是这项事业中集技艺、文化、情感、心理特质于一体的载体。他们在营造过程中需要熟练运用侗族建筑方面的侗款、各种仪式的念词以及侗书中的择吉习俗，与神灵进行沟通对话完成选址、砍梁、发墨、立柱、上梁、启用等一系列重要仪式。掌墨师在侗族木构建筑营造过程中发挥着无可替代的作用，是建筑施工时众多木匠的总指挥，木匠中的核心人物，同时也是建筑的总设计师。

随着像 W 社这样的设计团队介入后，掌墨师身份中的设计工作就被代替了，某种意义上变成了纯粹的技术实施者。W 社的同事们在工作中也感知到了这一点。1993 年出生的 JJ 入职 W 社已经快两年，算得上是目前团队里的"老人"了，他独立负责过——免费为榕江县归柳村一名小学老师设计家宅。在那次经历中，他驻村一个半月，每天和师傅们在工地上同吃同住，和掌墨师一起琢磨排扇穿插搭接的结构问题，用他的话来说就是"知道了房子是怎么搭起来的"。SY 虽然同为

90 后（1990 年代出生），但却因为较早接触到木构建筑，来 W 社之前在地方上已经有了多年的项目经验，和不少掌墨师打过交道，大家都"尊称"他为大哥。同事们在项目中遇到结构安全性的难题时，也会先主动向他们俩寻求意见和帮助，经过团队内部讨论后再向合作的掌墨师请教，反复确认方案的可行性。当我问起他们与掌墨师交流存在的问题时，有了下面的对话：

作者：那如果我们现在和掌墨师合作的话，主要交流的是？

JJ：让他理解我们做的新空间，然后他提供给我们支持新空间的一个结构的可能性。但是现在遇到了最大的问题就是掌墨师不理解你，一是不理解，二是想象不到。他无法给出准确的结构的可能性，他只能照着你的做，做错了，他说这个我没搞懂。

SY：所以就一直要跟他沟通。

JJ：对，有的师傅愿意跟你沟通完，就说做这个可以，有的师傅做一半就说这老火②得很，就不做了。

SY：有的老师傅很难接受这一点。

JJ：而且你这么想，以前所有的事情都是掌墨师来决定。他就是我们这个角色，他就是设计师。但你来决定（设计方案），让他只是来做结构，或者让他来配合这件事情，

他觉得自己的地位受到了侵犯。③

虽然双方在设计师的身份上有一定的竞争关系，但 W 社团队仍需与掌墨师合作，借助其身上长期积累的经验来判断建筑物的结构是否存在问题。因为最后屋架能不能立起来，房子能不能建起来都要靠掌墨师耐心计算各个构件的位置关系，确保框架结构的稳定性，组织协调好团队将设计方案细心地付诸实践④。

但问题在于，掌墨师和以 W 社为代表的现代建筑师掌握的是两种不同的建筑设计知识体系，这就使得双方在沟通交流上存在障碍，有时甚至会威胁到双方的深入合作。"当时回国做项目的时候，师傅直接跟我讲我们的设计逻辑有问题，他说这个太奇怪了，他就直接这样说。那会儿我们也不懂用他的语言来翻译这个东西，你在他的思考逻辑以外做东西他就觉得很奇怪。那会儿我也不懂这个事情，因为我们就有自我的一种对这个世界的理解，就还是有距离的"，"他们就是觉得你做的这个东西跟他以前做的东西不一样，他觉得你这个东西可能不行，因为他想象不到最终的结果可行不可行，这已经超出了他自己之前的经验范畴"⑤。W 社的设计逻辑更多的是从空间的角度出发来重新构建出新的木构形式，而这套思考逻辑来自在学生时代所接受的西方

---

① 侗族传统民居木构建筑由木架框架搭建而成，这些裸露在外的结构框架被统称为屋架。掌墨师通过榫卯工法将加工好的柱子组合搭接起来就完成了一组排扇。排扇是侗族木构建筑的结构单元体，多组排扇又通过过肩枋连接起来，由此就形成了木构建筑的整体屋架。

② 方言表述，意为很困难，难以操作。

③ 来自作者与 W 社同事 JJ、SY 的访谈，访谈时间：2021 年 4 月 27 日；访谈地点：贵州省黎平县 W 社工作室。

④ 木构建筑的模数体系不似现代砖混建筑一样标准、规范，没有公开且具体的核算公式来判断结构是否存在问题，只能根据老师傅多年的从业经验确认结构受力合理性。

⑤ 来自作者与 M 的访谈，访谈时间：2021 年 6 月 11 日；访谈地点：贵州省榕江县归柳村。

现代建筑设计教育体系，即从砖混结构建筑的"盒子式"设计逻辑出发去想象空间，通过方形体块的多种组合来提升空间的丰富性。而掌墨师所掌握的则是传统营造的思维体系，即从排扇的组合形式，穿枋的搭接方式等具体的结构框架来想象建筑的空间形态。

掌墨师的构思体现了"传统建筑结构与形式、空间设计没有相互分离，而是有机地融合在一起，表现出奇妙的统一性"。相对于现代建筑营造体系中精准的设计图样与模型，这种设计营造一体化的思维体现是一种"具象化的设计"，它不仅能直接指导构件加工，还能满足弹性穿搭，校对构件制作与组装的需求。侗族传统木构建筑从杉木选材、加工制作、拼装搭建都由掌墨师带领的木匠师傅团队①一手操办完成。掌墨师的思维运作模式就如人类学家列维·斯特劳斯笔下具有前逻辑思维的"修补匠"，"他并不是每种工作都依赖于按设计方案去设想和提供的原料和工具：他的工具世界是封闭的，他的操作规则总是就手边现有之物来进行的，因为这套东西所包含的内容与眼前的计划无关，另外与任何特殊的计划都没有关系，但它是以往出现的一切情况的偶然结果，这些情况连同先前的构造与分解过程的剩余内容，更新或丰富这工具的储备或使其维持不变"。

在建筑还未建造时，掌墨师就已经根据场地的地形地势调整好在脑海中构思的屋架结构，并计算出建筑所需的木材量。他们在无数的建造实践中不断增进对木材的熟悉度，能够有效地挑选优质木材延长木构建筑的寿命，能够准确判断不同尾径大小的木头的承重能力，还能根据每根木材的弯直属性调整卯眼的角度。也正是在此意义上，侗族掌墨师的设计思维更多的是与实际建造过程相结合，而非像现代建筑师一样事先预想出建筑空间形式，再通过结构方式去实现它。他们的设计是在与周围环境接触的具体关系背景下产生的，是在与木材的合作实践中获得的经验性知识。

要真正和掌墨师实现深层次的沟通，最需要的是积累更多的项目经验，了解他们的营造逻辑和习惯，并在此基础上将自身的设计意图转译为他们能理解的语言进行交流。首先一个转变是W社的设计图纸不再采用现代砖混建筑体系下的单一的平面、立面和剖面呈现方式，而是遵从掌墨师的搭建逻辑，以一组组排扇的形式呈现出来（图2）。掌墨师最擅长的就是将二维的排扇单元转化为建筑的三维架构，从而在脑海中推演出W社设计的新的空间形式。

值得注意的是，掌墨师虽然能够将二维的排扇图转化为立体的建筑框架，但由于W社设计的新的空间形式不在掌墨师过去的经验范畴内，比如说在设计手法上，有时为了丰富空间的体验感，W社会设置室内的挑空空间，这就和讲究规整的传统木构建筑有了很大的差别，也会相应地使每组排扇的结构发生变化。掌墨师有时候无法准确接收到W社的设计意图，同事们就会进一步将建好的3D模型（图3）或者制作的动画效果图演示给师傅看，帮助其理解新的空间形式。尽管如此，新的空间设计对掌墨师的认知来说仍是一个很大的挑战。JJ回忆过去在项目中的遭遇，"我们当时刚开始在那里施工的时候，掌墨师想象不到是什么样子，他想的是这个东西做是做了，到时候做出来怎么能交得了差。大师傅十多天的时间头发都白了，中途还一度想过不干了"②。在理解和计算出整个建筑框架前，即使掌墨师参考W社的设计图纸也无法指导木材加工，而通过对原有的营造算法体系进行相应的调整，就能够确定所有搭建细节，定点画线，厘清柱枋关系，最终把建筑给实现出来。

虽然W社团队在进入黔东南的前两年工作中对木构建筑的营造体系有了一些基本认识，但在和掌墨师交流合作过程中，也感知到了某种无法超越的界限。"我们前期都有做一些经验性的积累，多大的、什么样的构件以及怎么做都有图文的，但是没有标准的算法，掌墨师不会告诉你算法，我们只能从局部出发。因为不同的村子都是不同的掌墨师体系做的东西。像黎平的话，一般

---

① 具备掌墨资格的木匠就能组织召集可以独立承接大小型侗族木构建筑项目的施工团队了，而团队成员往往都是掌墨师的堂兄弟、表兄弟等亲戚。掌墨师的身份在侗族地区很受人尊敬，家族也很受当地人欢迎，具有一种荣誉感，能成为掌墨师是对其能力和品质的证明。所以掌墨师一般会选择家族内的能者承祖业，这既是谋生的一种手段，也是延续家族荣誉的方式，族亲观念在技艺传承领域是极为重要的因素[4]。

② 来自作者对JJ的访谈，时间：2021年6月6日，地点：贵州省黎平县W社工作室。

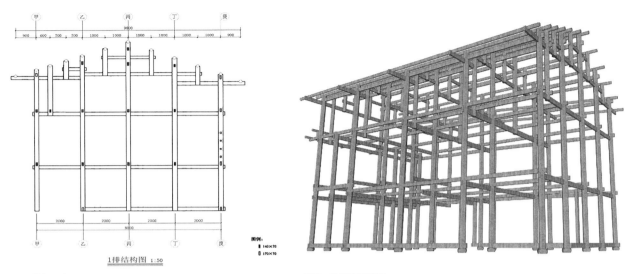

图 2　排扇设计图
图片来源：W 社设计施工图

图 3　建筑模型截图
图片来源：W 社设计施工文本

出水枋[①]就是五分水。在黄岗村的话还见过六分水、七分水这种东西。这就是出水枋的那个比例嘛，然后也只能知道他们某个构件到底是怎么算的，但是具体他以哪个为标准，这整个体系也是问不出来的"[②]。

无法全面掌握侗族木构建筑的营造技艺的原因在于几个方面：首先，最直观的原因在于掌墨师有着严格的师承体系且流派众多，不会轻易外传口诀；其次，即便掌墨师愿意传授模数制度，但正如上文中提到的，他们自身所掌握的知识体系来自于与周围环境接触的具体实践，本身就是一种具象化的思维逻辑，有着高度的实践性和灵活性，并非一个单纯靠建筑师根据成熟的结构公式在图纸上或是在电脑模型中以推敲、演绎的思考过程。掌墨师可以凭借着对材料的熟悉程度对房子的框架结构进行评估，随时进行调整，这些远非 W 社团队在短时间内能够掌握的。

虽然不能掌握掌墨师这套结构的模算体系，但在现代建筑教育体系下成长的 W 社青年建筑师团队却可以通过对建筑新的功能、空间体验、审美需求、流线设计等方面的综合考虑，为木构建筑带来更多的可能性，将他们对建筑空间的丰富性理解传递给掌墨师。我们可以看到，W 社以空间为导向的设计与掌墨师高超的建造技艺正在走向新的合作模式，他们双方并不是简单地借用、利用的关系，而是互相成就，掌墨师也成为 W 社开展新木构实践的理想的一部分。

四、结语

在乡村振兴背景下，青年建筑师团队 W 社选择扎根贵州黔东南少数民族地区，试图用建筑设计回应乡村发展问题，发掘地方的多样化潜力，以新乡土建筑为切入点拓展乡村的独特价值和多元功能。本文目的是帮助他们梳理其乡村工作中基于地方社会文化情境所发生的理念与实践，展示营造新乡土建筑的实际过程，从人类学的视角为当代乡村建设提供一个新的思路。

W 社团队穿梭于乡土中，通过在地调研了解侗族传统木构建筑，并在此基础上将对地方的洞察，用建筑设计语言予以重新表达。进入乡村的建筑师不再扮演着高高在上的指导者角色，他们的工作不仅包含设计规划部分，还需要在实际营建过程中面对与当地营造人士在知识层面存在的理解和转译困难。W 社团队在施工过程中与掌墨师的沟通是一种互相学习的状态，二者既有竞争也有合作。现代建筑教育体系下成长的建筑师可以为掌墨师带来新的空间认知，但这也意味着会与掌墨师的设计师身份

---

① 承接屋檐的枋被称为出水枋。
② 来自作者与 W 社同事 MY 的访谈，访谈时间：2021 年 6 月 14 日；访谈地点：贵州省黎平县 W 社工作室。

发生冲突。要化解这一矛盾不仅需要建筑师在日常生活中与掌墨师建立良好的人际关系，更需要建筑师在实践中不断学习，积累关于传统营造逻辑和营造技巧的知识。尽管如此，建筑师和当地营造人士之间还是存在着某种无法超越的界限，地方知识文化体系下的掌墨师和工匠们对木材，以及对木构建筑模度系统的体认都是建筑师短期内难以习得的。而正是这种复杂的关系，使得双方需要在多个维度上建立合作机制，在新乡土建筑实践中探索出共生、共建的模式。

参考文献

[1] 陆益龙. 乡村文化的再发现 [J]. 中国人民大学学报, 2020, 34（04）: 91-99.

[2] 张雨薇, 范文兵. 在地的建筑: 乡村营造的几种路径分析 [J]. 建筑与文化, 2019（01）: 172-174.

[3] 潘曦. 建筑与文化人类学 [M]. 北京: 中国建材工业出版社, 2020.

[4] 田泽森. 黔东南侗族鼓楼建筑技术传承方式及其影响因素研究 [D]. 重庆: 西南大学, 2014.

[5] 王东, 王清华. 住屋文明与居家生活: 西南民族地区建筑人类学研究 [M]. 北京: 中国建筑工业出版社, 2019.

[6] 潘曦. 社会过程中的建筑——家屋社会与20世纪晚期的乡土建筑研究 [J]. 世界建筑, 2018（09）: 111-113.

[7] Pierre B. Algeria 1960 : the disenchantment of the world : the sense of honour : the Kabyle house or the world reversed : essays[M]. Cambridge : Cambridge University Press, 1979.

[8] 吴良镛. 乡土建筑的现代化, 现代建筑的地区化——在中国新建筑的探索道路上 [J]. 华中建筑, 1998（01）: 9-12.

[9] 罗德胤. 传统村落规划实践——以西河村为例 [J]. 小城镇建设, 2016（07）: 19-22.

[10] 蔡英杰. 绥德郭家沟村乡土景观的活态化保护利用研究 [D]. 西安: 西安建筑科技大学, 2020.

[11] 张念伟, 庞涵月. 传统村落乡村文化景观保护与可持续再生途径——以金华市山下鲍村为例 [J]. 创意设计源, 2020（05）: 28-32.

[12] 刘鹏程. 协同创新与创客经济发展 [J]. 东方论坛, 2021（03）: 98-107.

[13] 叶宝聪. 黔东南从江、榕江、黎平侗寨禾仓建筑衍变研究 [D]. 广州: 华南理工大学, 2018.

[14] 赵巧艳. 侗族传统民居主屋与谷仓的象征人类学阐释 [J]. 南方建筑, 2015（01）: 43-48.

[15] 石庆秘, 向鹏飞, 张倩等. 仪式场域与惯习: 土家族吊脚楼营造技艺传承的生态空间 [J]. 民族论坛, 2015（01）: 88-96.

[16] 蒋凌霞. 掌墨师: 侗族木构建筑营造密码的解码人 [J]. 文化学刊, 2019（01）: 153-155.

[17] 赵亚敏, 辛善超, 孔宇航. 中国传统建造体系的现代转化线索研究 [J]. 建筑学报, 2020（S1）: 179-184.

[18] 蒋凌霞. 侗族木构建筑营造技艺历史名匠传承谱系研究 [J]. 文化学刊, 2020（05）: 55-57.

[19] 列维·斯特劳斯. 野性的思维 [M]. 北京: 商务印书馆, 1987.

长城沿线戍边乡村景观体系的梳理与乡村振兴思考
—— 以北京地区为例

陈　喆　何勇杰

摘要：本文通过对长城沿线戍边乡村的演化与发展历程的总结，分析了这些乡村的景观构成要素和变化动因，以及保护规划对景观增殖的作用与不足。指出在今天长城沿线戍边乡村再次转型与发展过程中，树立景观资源意识和让村庄景观环境资源保值增殖，对长城沿线戍边村庄生存发展的重要意义，并在此基础上提出了这类乡村振兴的建议。

关键词：长城沿线戍边乡村；演化；景观构成要素；景观资源；乡村振兴

陈喆，北京工业大学教授。邮箱：cz-chw@126.com。
何勇杰，北京工业大学博士研究生。

　　万里长城是中华民族的伟大象征，是民族文化精神的重要载体。长城及与之配套的古代军事设施和周边山川自然环境形成了独特的长城文化带，是人文与自然景观的完美结合，特别是产生于长城戍边设施的聚落——长城沿线乡村的景观，在今天积极倡导弘扬民族文化和保护自然生态环境的世纪伟业中承担着重要角色，所以我们需要对其景观体系构成和保护利用有一个清晰明了的认识和研究。

一、长城沿线戍边乡村的形成与演化

　　明代长城是历代长城建设的集大成者，有一套严整完善的防御设施体系，是集军事、政治、经济、文化、贸易、民族交融于一体的"秩序带"。

　　明洪武元年（1368 年），朱元璋始命徐达修筑居庸关、古北口、喜峰口等处长城，用于防御北元南下。淮安侯华云龙于洪武三年（1370 年）上言："北平边塞，东自永平、蓟州，西至灰岭下，隘口一百二十一，相去可二千二百里。其王平口至官坐岭，隘口九，相去五百余里。俱要冲，宜设兵。紫荆关及芦花山岭尤要害，宜设千户守御"。至此在北京北部初步建起了隘口、哨所等长城防御设施，明永乐十九年（1421 年）迁都北京后，为保卫都城的安全，修建和完善长城防御体系成为明朝军事工作的重要任务。隆庆年间，谭纶、戚继光调北京后，长城修筑形成高潮。谭纶、戚继光亲自设计督造，为北京长城的修建作出了很大的贡献。在建都北京的 200 多年中，筑长城、修城池，加强北京警备，每任皇帝均非常重视长城的修筑，工程连年不断。[1]

　　长城除了由城墙、敌楼、墩台和敌台组成的长城本体外，还由镇城、路城、卫城、所城、堡寨、驿站、烽燧等防御设施共同组成指挥、作战、情报、后勤、屯田等单元构成的体系化军事防御和保障系统。北京地区的长城戍卫分别由宣府镇和蓟州镇统领东西两路管理。宣府镇总兵驻宣府卫（今河北张家口市宣化市）。管辖的长城东起慕田峪渤海所和四海治所分界处，西至西阳河（今河北怀安县）；蓟州镇管辖的长城最初东起山海关，西至镇边城（原名灰岭口），自增设昌平镇后，管辖的长城从原蓟州镇防区划出的渤海所、黄花镇、居庸关、白羊口、长峪城、横岭口、镇边城诸城堡长城线，其东北起于慕田峪关东界，西至紫荆关。组成了一个多级累叠的完整防御工程体系（图 1、图 2）。

　　1644 年清军入关，长城内外复归和平，长城及其防御体系失去了军事作用，原有的戍边聚落发展发

图1 清代延庆州志所载延庆境内长城防御体系图
图片来源：周林，等．密云县志，清光绪八年壬午（1882年）刻本，国家图书馆古籍馆藏

图2 清代县志所载岔道所城及所辖墩堡及关城
图片来源：何道增等．延庆州志 [M]．清光绪六年康辰（1880年）刻本，国家图书馆古籍馆藏

图3 密云境内现存长城戍边聚落乡村分布图
图片来源：作者自绘

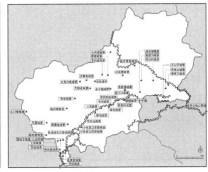

图4 延庆境内现存长城戍边聚落乡村分布图
图片来源：作者自绘

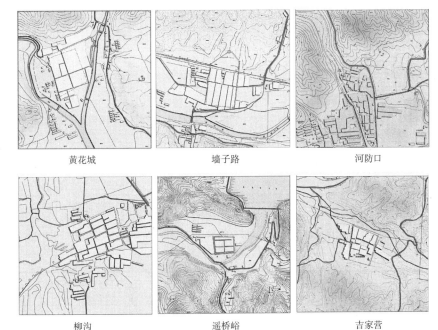

图5 典型戍边村庄现状与原城堡比较图（虚线部分为原城堡区域）
图片来源：作者自绘

生分化，戍边军事聚落回归普通聚落的自然演进历程，交通、农业和商贸等经济地理条件成为聚落发展的首要条件。一些基础条件好的聚落得到快速发展，演化为小城镇和大型乡村，一些聚落则逐渐没落，沦为废墟。

具有屯田基础的戍边军事聚落顺利转变，成为农村。设在交通要冲处的关城、墩堡、卫所是沟通长城内外人流、物流的重要通道和据点，借助地理优势也得以较快发展，成为有一定商贸功能的村庄。这是目前北京地区与戍边聚落有关乡村的主要来源，当然在长期演化过程中，一些村庄并没有完全在城堡原址上发展，因为凭险固守是戍边聚落的首要军事任务，但在和平条件下会对生产和生活带来许多不便。所以一些乡村在原聚落附近平坦之处发展，如石塘路村就是在原城堡的南部平坦处成村发展。清中期，因饥荒等原因，内地人口不断向塞外迁徙，原本地广人稀的长城周边地区，人口逐渐增多[2]，到民国时期，从长城戍边聚落向村庄演化的过程基本完成，奠定了今天北京境内的100多个长城戍边聚落村庄（图3、图4）。中华人民共和国成立后，人口流动固化，许多村庄人口快速增长，乡村的发展突破原有城堡城墙的范围。在不断发展过程中，原城堡城墙逐渐成为村寨扩张发展的障碍，同时城堡城墙可为村民提供现成的建筑材料（如城砖、夯土），城墙逐渐被拆除，当然各地城堡因其所在地区自然条件、区位关系、经济发展状况的不同，在发展演化过程中表现也各有不同，一些处于山区的城堡更多地受到山地

图 6　小口村全景图
图片来源：作者自拍

图 7　白马关城堡遗迹
图片来源：作者自拍

图 8　榆林堡村街景
图片来源：作者自拍

环境的制约或原有城堡比较坚固，突破城墙发展的情况较为有限，所以保存也较为完整；如遥桥峪、鹞子峪等城堡，而交通条件好、发展空间较大的地方，村庄的规模发展也较快，原城堡多消失殆尽，如河防口等（图 5）。

2018 年，作者再次去长城沿线村庄考察时，发现与十年前已有了很大变化。一方面，多数遗址被维修和保护起来了，退耕还林，保护生态的效益正在逐渐显现，积极发展旅游业几乎成为这些村庄的普遍共识；另一方面，一些村庄的衰败和传统特色丢失几乎同时存在。无疑戍边聚落村庄正迎来新一轮转变，如果说明末清初一些聚落能够生存发展的条件是经济地理环境，那么这一回就是景观环境资源了，所以有必要对长城沿线戍边聚落乡村景观构成进行系统梳理。

二、长城沿线戍边乡村景观构成分析

19 世纪，著名地理学家亚历山大·洪堡（Alexander Humboldt）将景观定义为一个区域内全部特征的复杂综合体，其包含的内容越多，景观的内涵就越丰富。对于景观构成的分析，有多种方式，这里按类型可分为四类：

首先，长城北京段主要分布在北京西部和北部的延庆和密云山区。峰峦叠嶂、云蒸霞蔚、苍松翠柏是最为突出的景观特征，也是所有长城沿线戍边乡村景观的基质和载体，春夏秋冬、风晴雨雪的变换主导着其他景观要素的底色（图 6）。

第二，以长城为主体，结合城堡、烽燧等戍边聚落遗址是长城沿线戍边乡村景观的标志性要素，是区别于其他山区乡村的唯一特质。从景观资源的角度看，村域内长城戍边设施遗存越多、保存越好，其特色就越突出（图 7）。

第三，长城脚下、城堡之内或周边的山村建筑是长城沿线戍边乡村景观中最活跃的要素。在过去 600 余年里，始终处于变化之中，不论是早年的规模扩张，还是近些年的改建更新，都在不同程度影响着村庄的景观格局和风貌（图 8）。

第四，依山就势，临沟傍水的林果间作、小块梯田是长城沿线戍边乡村景观中的田园板块。也是一个不断变化的景观要素，特别是这几年，退耕还林和旅游产业的发展，使得这一景观斑块有了明显质变。

以上四个分类无疑还可以在每一个分类中进一步细分。在地理学中，有景观单元的分析方法，郑度在《地理区划与规划词典》中将景观单元的定义为最小的绘图单元，即特定空间分辨率下能够分辨的最小均质多边形[3]，B. 阿克森与 B. 菲什将景观单元定义为色调、纹形、图形和地形要素具有相同特征的区域。[4]综合各方定义，在第一类基质景观构成要素中，可进一步分解为山体、山林、山涧等景观单元；第二类可细分为城墙、敌楼、城门、敌台、烽燧等；第三类可分为建筑（住宅、公共建筑）、街道、村庄历史要素（古树、古桥、古碑）等；第四类可细分为果木、农田等（图 9）。

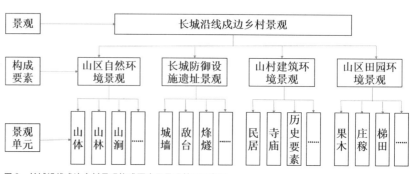
图 9　长城沿线戍边乡村景观构成要素及景观单元示意图
图片来源：作者自绘

分类的目的在于科学系统地认识长城沿线戍边乡村景观和对其作出正确的评价，并在相应的景观保护、建设和利用方面作出科学决断。但乡村景观是一个互相依存的整体，从景观生态学的角度看，乡村是典型的整体人文生态系统，是自然生态与人文生态复合形成的景观综合体，是复杂的地域生态系统。引用陈奕凌、王云的乡村景观研究理论[5]：乡村景观格局（pattern）是乡村整体人文生态系统的空间载体，与乡村景观构成（component）、乡村景观过程（process）、乡村景观感知（perception）相互作用影响（图10）。上文总结出的四类景观构成要素之间的关系，形成了长城沿线戍边乡村景观的空间格局。乡村景观空间的保护和可持续发展，在于对乡村景观的空间格局特征的清晰认识，捕捉乡村景观空间变化的动因和未来趋势。从景观生态学看，乡村景观生态过程

图10　C-3P 理论示意图
图片来源：参考文献[5]

包括自然过程与人工过程两种类型。目前由于各类长城文物及生态环境保护政策的落实，一定时段内相关景观的自然过程趋于稳定，长城沿线戍边聚落乡村景观的变化因素主要集中在村庄建筑的变化上，而这种变化也在影响着人们对乡村景观的感知。

三、长城沿线戍边乡村景观的变化动因

景观作为一种资源，与其他资源最大的不同是用之不绝，历久弥坚。所以把控景观构成要素中的变量因素，有效控制未来变化趋势，对景观资源的保护和增殖意义重大。基于上文长城沿线戍边乡村景观构成要素的分析，我们对14个列入第一批北京市级传统乡村的长城乡村进行了跟踪研究，在考察自然和人工作用下的结果时，通过卫星图片和典型建筑及环境的新旧照片对比（或和村庄保护档案中的记载比较），发现乡村建筑景观是受自然影响较大的要素，同时也是人类活动和干预最频繁的要素，而其他景观构成要素的变化较小，且趋于稳定的增殖发展（表1）。

在14个传统乡村建筑中，传统建筑保护主要涉及传统公共建筑（寺、庙、祠堂、戏台等）和传统民

居，其中传统公共建筑保护情况明显好于传统民居。传统公共建筑的修缮多由区县文物部门统一协调修复，所以普遍资金到位快、修缮质量较好，目前保护状况相对较好。在14个乡村中有不少村庄的历史环境要素有消失，如密云区吉家营村的梨树、遥桥峪村和黄峪口村的柏树在乡村发展过程中消失、沿河城村的传统院落保护不当，遭受损坏，此外14个乡村中危房增加和新建民宅破坏风貌的现象均有存在，如密云令公村、延庆东门营村等。主要原因如下：

一是传统民居普遍居住环境条件差、冬季保温性能不好、室内密闭性差，目前14个乡村中有22.3%的传统民居没有室内厕所，导致冬季只有10%~15%的村民在原村居住，绝大部分村民到城镇居住。因此，传统民居普遍闲置是导致传统民居加速老化变成危房的最主要原因。典型的如房山区的柳林水村、密云区的令公村等传统乡村部分传统民居处于危房或濒临消失的状态（图11）。

二是传统民居修缮需要依据传统乡村保护与发展规划，按原材料、原风貌修缮、翻建，老百姓无经济能力或因造价高而无积极性。尤其是在村集体产业薄弱、没有开展旅游的村庄，情况更糟，导致传统乡村风貌逐渐消失。

14 个乡村自然和人工作用下景观构成要素的变化评价（2014—2019 年）　　　　　表1

作用＼要素	山区自然环境	长城防御设施遗址	山村建筑及历史要素	山区田园环境	主要原因
自然作用	0	－	－	0	生态保护、遗产保护、退耕还林等政策落实到位，农宅建设缺乏政策细节支撑和管控
人工作用	＋	＋	－	＋	
综合效果	＋	0	——	＋	

注：＋为正向增殖作用；－为负向作用；0为平衡。

图 11 　榆林堡和黄峪口的闲置和破旧民宅
图片来源：作者自拍

三是不依据乡村保护与发展规划的要求翻建民居造成破坏的情况较多，如采用灰色彩钢板罩在石板屋顶外面解决漏雨难题，还有些比较富裕的农户翻建时将民居层高大幅度提高，甚至增建为 2 层，如密云的河西村、房山的柳林水村、延庆的柳沟村等传统民居翻新、增高现象特别普遍。目前按北京市农民住宅抗震节能建设项目管理办法（2011—2012 年）中，倡导的抗震节能加固措施与绝大多数传统民居的承重结构体系、外墙立面特色相冲突，很多传统民居在抗震节能改造中被毁坏，导致传统建筑风貌丧失。这类问题比较突出的如门头沟的千军台村等。

综上，目前保护传统乡村与改善村民居住条件的问题缺乏统筹，影响了村民保护传统乡村的积极性。新农村建设相关工程和政策与传统乡村保护有冲突，目前没有适宜的传统民居抗震节能改造措施和新建民宅建设管理细则。因此亟待各区政府依照北京市传统乡村修缮技术导则和风貌控制要求，量身

制定适宜的农民住宅保护与建设条例。

四、保护规划对景观增殖的作用与不足

涉及长城沿线戍边乡村的各类规划为数不少，比如专项规划《北京市长城文化带保护发展规划》（2018—2035 年）中核心区的保护范围和一类建设控制地带就将多数长城沿线戍边村庄包括在内。在《延庆区分区规划》和《密云区分区规划》（2017—2035 年）等中也均有涉及长城沿线戍边村庄及村域生态环境保护的内容。但最核心的还是各村庄编制的规划。在 2007—2010 年北京社会主义新农村建设规划编制中，曾全部覆盖这些村庄，但这个规划的主要任务是落实村庄道路、上下水、垃圾处理、公共卫生间和浴室五项村庄基础建设工程，虽然在规划中强调了生态环境、文物保护和发展旅游产业等，但落实不多（资金投入不足）。2014 年开始的美丽乡村及新型农村社区建设则强调

"绿色低碳田园美""生活宜居村庄美""健康生活舒适美"和"和谐淳朴人文美"，这是最强调"景观"的一次行动。在此期间，许多有历史文化遗产的村庄编制了村庄传统乡村保护发展规划和建立村庄历史要素及建筑档案，其中就包括入选北京市级传统乡村名录的 14 个长城沿线戍边乡村。

传统乡村保护发展规划编制目前有两种形制，一种按《北京市传统乡村保护发展规划设计指南》要求编制传统乡村保护与发展规划，另一种是编制村庄规划，将传统乡村保护与发展规划内容融入村庄规划中。纵观 14 个市级长城沿线戍边传统乡村的保护规划编制，深度与质量普遍较好，有详尽的传统乡村保护档案，对传统乡村的整体格局、传统街巷、各类建筑、历史环境要素，以及非遗有具体的保护或整治措施。但个别规划也存在村庄中的传统建筑、历史要素等的位置和数量标注不准确的问题，这将对下一步保护规划的落地实施产生不利影响。另传统院落保护措施普遍停留在院落

尺度的控制方面，多数保护规划只是划定了一个保护范围，对如何保护？保护的最终目标是什么？均没有特别明确的说明。在规划落实方面，生态环境、山水格局及传统街巷保护效果普遍良好，对景观资源起到了增殖的作用。最大的问题是缺少对村庄民居建筑修建的细节控制，在产业规划中，虽然突出了发展旅游业的策略，但观念陈旧，八股气十足，并没有真正认识到当前这些村庄发展的主要矛盾是什么，以长城遗址为核心的景观资源在新历史时期对村庄发展意味着什么？

当前传统村庄面临的主要矛盾是保护与发展的矛盾，集中体现在乡村历史风貌环境保护与村民追求现代生活的矛盾，这个矛盾不能很好地解决，长城沿线戍边乡村景观的逆向变量因素就始终存在。目前北京深山区村生态建设力度非常大，退耕还林的工作深入展开，很多农田在向林地转化，当然这也与种地的农村人口急剧减少和山区农田产出效率较低密切相关。第一产业在农民的收入占比持续下降、第二产业在2007年新农村建设规划中就已被限制和取缔，第三产业发展很薄弱，农民收入主要来源于政府的看山护林补贴和外出务工。年轻人大量流失，相当多的深山区村正在急剧"老化"，衰败的景象处处可见。对于长城沿线戍边村庄未来的发展，如何看待和利用长城戍边聚落历史景观的作用和价值就显得十分关键。

五、以景观资源为核心的长城戍边乡村振兴建议

区位经济地理条件曾是长城戍边聚落得以顺利转变为自然乡村的重要条件，而今天长城戍边聚落遗址景观则成为这些村庄能否顺利转型和振兴的关键因素。牢固树立景观资源意识，解决好村庄发展的主要矛盾，让村庄景观环境资源保值增殖，是长城沿线戍边乡村生存发展之道，也是落实中共中央、国务院《乡村振兴战略规划（2018—2022年）》规划中强调建设生态宜居的美丽乡村、保护利用乡村传统文化和重塑乡村文化生态的重要内容的关键。为此，我们认为以景观资源为核心的长城戍边乡村振兴应在如下三个方面采取行动：

第一，借助国家和地方生态保护、历史文化遗产保护和乡村振兴政策：找到并形成良性的产业生态发展模式。十八大以来上述三项工作成为国家和地方政府的重要工作内容，村庄发展的根基是产业，在以景观资源为核心理念下建立起可持续的产业发展路径，是这些历史乡村得以存续的关键。

第二，借助乡村规划和文化创意策划，打破乡村区域同质化发展倾向：同样的山水、同样的历史文化遗产和村落风貌，是这些历史乡村发展的短板。必须从根源上，暨乡村规划上培养特色化和竞争力，才能扭转乡村没落和退化的态势。

第三，借助政府或社会帮助，在建筑师主导下开展乡村民宅、民宿及环境的更新改造设计和建设工作：充分认识过去乡村民宅的建设政策的不足，将传统民宅保护、节能改造、抗震抢险加固等建设资助政策统合成一条综合性措施，统筹建设。制定乡村引智政策，改变多少年来农民住宅主要由农民自建的方式，让建筑师等专业人士充分参与。

参考文献

[1] 黄云眉.明史考证[M].北京：中华书局，1980年6月.

[2] 尹钧科.北京郊区乡村发展史[M].北京：北京大学出版社，2001.

[3] 郑度.地理区划与规划词典[M].北京：中国水利水电出版社，2012.

[4] B.阿克森，B.菲什.景观单元评价方法[J].王德甫译.地理译报，1985（02）.

34-37.

[5] 陈奕凌，王云.基于C-3P理论的乡村景观空间格局分析体系[C].北京：中国建筑工业出版社，2015：35-38.

走向平民建筑：
"社会—空间"视角下武陵山区茶村自建民宅研究

李敏芊　　李晓峰

国家自然科学基金（51978297）。

李敏芊，华中科技大学建筑与城市规划学院，湖北省民族地区乡村振兴研究与实训基地博士研究生。邮箱：d201880900@hust.edu.cn。
李晓峰，华中科技大学建筑与城市规划学院，湖北省民族地区乡村振兴研究与实训基地教授、博士生导师。邮箱：lixf@hust.edu.cn。

摘要：武陵山区乡村自上而下的产业振兴过程中，面临着文化传承与经济发展之间的道路选择困境。这种矛盾也集中呈现在空间层面——土家族传统木构民居的大量空废化与近十年来"建房竞赛"中诞生的大批"小洋楼"形成鲜明对比。过往的乡土建筑研究关注于代表"传统"的那部分传统民居，而忽略当下的居民自建活动。本文提出以"社会—空间"视角研究村民自建民宅，提出自建民宅这种看似是居民自发选择的建筑风格，背后实则是在政府政策与市场消费的裹挟下被迫选择。

关键词：乡村振兴；乡土建筑；自建民宅；社会—空间，武陵山区

一、引言：乡村振兴背景下的传统失序与空间乱象

我国进入全面推进乡村振兴阶段，武陵山区作为曾经的集中连片深度贫困区，集少数民族聚居区、资源富集区、生态功能区为一体，是中部地区实现脱贫攻坚同乡村振兴有效衔接的战略腹地。当地乡村自上而下的产业振兴过程中，面临着文化传承与经济发展之间的道路选择困境。[1]这种矛盾也集中呈现在空间层面——土家族传统木构民居的大量空废化与近十年来"建房竞赛"中诞生的大批"小洋楼"形成鲜明对比。代表着传统乡村与民族特色的文化意象正在远去，取而代之的则是大量毫无根基的外来文化符号的杂糅相间。

乡土建筑研究的焦点过去往往投注于代表"传统"的亟须抢救性保护的那部分传统民居，而忽视大批新生的村民自建砖混民宅，并对此抱有一种"怀旧"与惋惜的情结。事实上，村民的自建民宅亦出自深嵌于时代背景之中的自发选择，是乡土社会变迁的空间表达。如若不深入探究其背后的经济、社会缘由，仅仅针对传统民居做类型学的记录而呼吁保护，则不可避免地成为一种空谈。本文试图以微观化的研究，以"社会—空间"视角观察村民自建行为，并尝试解读武陵山区茶村自建民宅变迁的社会机制。

二、"社会—空间"视域中的乡土建筑研究

1. "乡土"概念的扩大化：从传统建筑到平民建筑

20 世纪中期，战后资本主义发展背景下，美国乡土建筑（Vernacular Architecture）研究较早关注到当代语境下平民生活与大众建筑。"Vernacular"的定义被扩大化，不再局限于描述农业社会的遗存，而是被用于广泛描述非精英的、非学院派的、大众的、平民的、通俗的、日常的事物。这一转变使得乡土建筑研究领域脱离了单纯的怀旧、恋乡情结，走向与时代变迁接轨的道路，也得以具备持续发展的活力。

如果说中国古代建筑体系具有"官方—民间"之分野，那么当代社会最显著的张力则存在于"城—乡"关系中。无论是传统木构民居，还是砖混"洋楼"，都是时代背景的产物。国内乡土建筑研究的扩大，意味着从民居表面风格的价值判断，走向建筑背后深层的社会机理。

2. 自建民宅研究：空间作为阅读社会的方法

20世纪中后期，结构主义人类学家列维·斯特劳斯提出"家屋社会"（House Society）理论，使得房屋建筑成为地方性社会研究中的重要内容。布迪厄的空间研究认为住房实际上是一种社会控制工具。列斐伏尔的"空间生产"理论直接指出"空间就是一种社会关系"，是资本关系的内在组成部分。社会学家认为20世纪资本家通过商品住宅的形式来粉饰阶级间的不平等，工人阶层通过购买与资本家相似的住宅形式、模仿装饰主题来实现对于精英生活的幻想。

国内社会人类学家对当代乡村聚落的研究中，早已关注村民的自建民宅及背后的社会图景。李耕提出家宅空间的再建造实质是一种社会关系的再生产，住宅的象征意义脱离了传统"人—居—宇宙"的同构关联，成为象征家庭声望的消费品。[2] 段威对浙江萧山当代乡土住宅的自发性建造进行研究，从基因、共享、突变和蔓延四个方面展开分析，总结该地区的当代乡土住宅从无序向有序的演变过程。[3] 黄华青提出建筑人类学视角的"空间志"方法，以一个福建茶村的165座厂宅为载体，展现出一幅具身化、平民化、动态化的当代乡村图景。[4] 在"社会—空间"研究视角下，房屋不再仅仅被视为社会文化的载体，而是一种组织社会关系的手段，空间也具有主动建构社会的功能。乡村自建民宅成为一种阅读社会图景的方法。

三、产业振兴与茶叶消费背后的山区茶村

1. 茶旅融合：政府运作与官方话语下的产业振兴

武陵山区是中国重要的产茶基地之一，种植茶叶的历史可追溯至唐代。中华人民共和国成立以后，政府鼓励当地居民种植茶叶，至今仍有大量居民"以茶为生"。在恩施的产茶版图中，相较于恩施玉露、巴东真香茗、伍家台茶叶、宜红茶等历史悠久的知名品牌，以利川市毛坝乡（图1）为核心产区的"利川红"实际上是近年来新兴建构的品牌。

1981年5月，在湖北省组织的茶树品种资源普查中，一种被称为"冷后浑"的红茶品种被发现。2010年前后，全国掀起红茶热，"冷后浑"这种利川当地的品种得到政府的高度重视，提出将利川红打造为利川对外开放第一名片的议案，并开展"12854"扶贫模式，试图通过龙头企业带动、知名品牌建设以帮扶贫困村、贫困户。随后利川红的扶贫事迹被多家新闻媒体报道，利川红广告在央视播出、品牌宣传覆盖了北京地铁。直至2018年4月28日，中印两国领导人在武汉东湖举行非正式会晤，两国领导人在茶叙中饮用了来自恩施的"一红一绿"——利川红与恩施玉露。此后，"利川红"迅速成为风靡大江南北的"网红"品牌。

事实上，利川红从诞生到发展壮大的过程，一直以来编织在自上

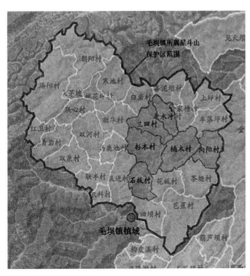

图1　利川红核心产区

而下实施产业振兴的语境下。这个过程是由地方政府与大型茶企所主导的，广大的茶农只是在号召下顺势而为。在恩施发展全域旅游的背景下，近 5 年来毛坝镇也提出"茶旅融合"的战略构思，试图通过茶源地旅游的方式，进一步提升茶文化价值，促进当地产业发展。

2. 市场体系：大型茶企、普通茶厂、茶商、茶农

在山区不适宜种植粮食的条件下，毛坝居民选择了种植茶叶，这一地区的茶叶种植从 20 世纪七八十年代开始，几乎家家都有五六亩茶田。这种茶叶在今天被称为"普茶"，与利川红、黄金叶等"高端茶"拉开差距，茶青价格上就有两三倍之差距。近 10 年来，随着政府推广与乡贤带动，村民纷纷投入种高端茶的行列。

在普通茶农与消费者之间，还存在着包括产、运、销三个环节在内的复杂市场体系和庞大的各类人群。普通茶农只有散装卖给当地的大型茶企飞强茶业，或每年去恩施茶叶市场售卖。除他们之外，还有

部分种植大户，较早开发高端茶种植，也拥有更多茶田。这些人普遍有更殷实的家底，家里人担任着村书记等地方职务。他们有的开办私有茶厂，有的建设私人茶园，有的结合民宿旅游做起家庭农场。他们手握更多生产资源，也具有更加长远的眼光，更加广泛的人脉网络。他们普遍有固定的销售渠道，要不自家在市区开办门店，要不拥有来自江苏等地的固定茶商，不愁茶叶销售问题。茶叶销往五湖四海的茶行，经过包装呈现在消费者面前，同一品种的鲜叶最终成为具有三六九等之分的商品流入市场。在此过程中，茶农口中的高端茶实际上在金骏眉、正山小种等知名品牌统治的全国茶叶江湖中，只具有极为有限的知名度和市场份额。

四、茶村自建民宅的空间变迁

1. 生活形态变迁：木构民居演替与空废化现象

利川红核心产区的毛坝镇以土家族聚居区为主，一直以来延续着

传统的穿斗式木构民居体系。结构上以三柱四瓜、五柱八瓜为主，组合形式以一字型三开间、L 型钥匙头，以及三合水的撮箕口为主，二层向外挑出檐廊，有的民居顺应地势落柱于山坡，形成土家族最具标志意义的"吊脚楼"。民居内部以供奉着先灵牌位的堂屋为神圣的中心，而在这个常年云雾缭绕、湿气弥漫的山区，火塘成为民居中的家庭核心活动区域。随着时代发展，陈旧的木房与简陋的室内空间已经不再满足日益扩张的家庭人口与居民对于现代化生活的追求。此时传统民居的存续出现几种情况（图 2），一是局部改造，主要表现为将屋顶小青瓦替换为机瓦或彩钢板，或将木格门窗替换为玻璃窗；二是加建附属空间，主要是配备现代设施的卫生间、厨房在两端或后方以披檐的形式加建；三是新旧并置，一些需要拓展使用空间的家庭在老木房边建起砖混房，并将二者连接起来。

但是保留下来的木构民居仍为少数，大多数在茶产业与外出打工积攒了资金的家庭都选择拆除老房子，在原宅基地基础上新建砖混房。

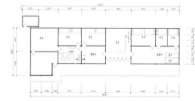

图 2　木构民居演替过程

近年来在国家保护传统文化的号召下，政府有意识地投入资金整修了一批木构民居，并对其实施相应的保护政策，不允许拆除或改建。看似保护乡村遗产的美好初衷之下，却充斥着村民的不解与抱怨，认为保护工程不仅没有为他们带来收益，反而阻碍了改造生活空间的意图。

2.砖混洋楼：想象中的品质

近十年来，当地掀起兴建砖混仿欧式民宅的热潮。这类自建民宅往往在原宅基地的基础上拔地而起，往往有三至四层高度，部分做民宿的达到五六层。平面仍然延续三开间的传统模式。

1）立面装饰：建筑竞赛中的社会格局

新建砖混民居往往在立面上呈现风格各异的建造表达，这个远在我国中部地区腹地山区的山村却拥有五颜六色的或欧式或仿古的房屋立面（图3），似乎在进行主人财力与品味的比拼。论及乡村住宅的这种现象，阎云翔认为住宅风格和规模的效仿反映了社会关系中的平均主义和攀比心态。[5]朱晓阳对滇池

小村十年跟踪研究，认为当代乡村"建房竞赛"是村民在平均主义的宅基地分配下通过建筑高度、装饰豪华程度的竞赛来标志新的社会等级格局。[6]

在这场立面竞赛的背后，无疑是茶产业振兴以来村里社会结构的重新洗牌。发展得好、赚到钱的村民率先建起"洋房"，象征着日子富裕，新房的位置也抢占村里交通最为便捷的村口广场区域，为进一步发展争取到先机。而家中劳动力短缺、在茶产业升级格局中错失了机会的茶农也在"建房竞赛"中落后半拍，赤裸的砖混墙面已经搬进去几年了，仍然等待着外出打工的资金来装饰外墙面。

2）平面格局：流动的布局

新建砖混房虽然延续着三开间的基本平面布局，却有着完全不同的空间内核。传统木构民居以堂屋为中心的格局消失。为方便茶叶加工，满足大型机械的空间需求，部分民宅的一层空间打通，成为具有流动性的大空间，加工环节的各类机器环绕墙体摆放一圈，中间的空地则成为茶叶萎凋的临时堆放空间。

作为民宿的住宅空间则更加灵活，住宅被切分为宾馆式的隔间，较大的空间成为摆放沙发的公共空间和为游客提供饭食的餐饮空间。

为了吸引外地茶商，抑或为了加强茶叶原产地旅游中游客体验，一些民宅将原本为祖先设置的堂屋改为品茶桌。巨大的实木茶台、背后的博古架、仿古的中式座椅，以及精致的饮茶器具重新组合成一个中心，参与着茶文化的建构。这种装饰的形式源自发达地区早已达成默认的茶店形式，不少开设在大城市的茶叶销售门店都弥漫着此类古色古香的气氛，烘托着品茶的文化气氛。这种形象很容易就成为一套固定的文化符号，通过市场网络，成为山区茶村极易复刻的空间模板。也代表着茶农心中理想的空间品质，是卖"高端茶"应该有的样子。

五、总结

观察武陵山区利川红核心产区茶村的社会与空间变迁，我们得以理解，自建民宅这种看似是居民自发选择的建筑风格，呈现与传统木

图3 "建筑竞赛"

构民居全然不同的面貌，其背后实则是在政府政策与市场消费的裹挟下的被迫选择。茶农处于产运销体系、市场末端的弱势地位，茶农与消费者中间隔着庞大的市场体系。双方都抱有不切实际的幻想，茶农试图通过建构一个想象中高端品质的空间来吸引消费者。处于弱势地位的茶农，能力范围极为有限，只能通过调整空间策略来迎合市场品味，投入家中积蓄来进行一场房屋建造的赌博。

本文尝试以社会—空间的视角解读当代乡村自建民宅空间乱象背后的机制，引入社会与人群的具体分析，试图以一种更加具身化的视角观察空间问题，借此突破建筑学以往流于表面的类型学分析，回归建造的主体——人。

注：文中图片均为作者自摄或自绘。

参考文献

[1]　乔杰，洪亮平，迈克·克朗，李晓峰.乡村小流域空间治理：理论逻辑、实践基础和实现路径 [J/OL].城市规划：1-15[2021-1023]. http: //kns.cnki.net/kcms/detail/11.2378.TU.20210917.1201.004.html.

[2]　李耕.消费时代的社区整合——以西双版纳傣寨的家宅换代为例 [A]// 郑也夫，沈原，潘绥铭 编.北大清华人大社会学硕士

论文选编 2010.北京：中国城市出版社，2010.

[3]　段威.萧山"自造"浙江萧山南沙地区当代乡土住宅的自发性建造的研究 [J].风景园林，2015（12）：89-99.

[4]　黄华青.空间作为能动者：基于"空间志"的当代乡村变迁观察 [J].建筑学报，2020（07）：14-19.

[5]　阎云翔.私人生活的变革：一个中国村庄里的爱情、家庭与亲密关系（1949—2009 年）[M].龚小夏译.上海：上海书店出版社，2006.

[6]　朱晓阳.黑地·病地·失地——滇池小村的地志与斯科特进路的问题 [J].中国农业大学学报（社会科学版），2008（02）：22-48.

武汉市新洲区传统民居特征分析及更新设计

赵 逵 周 春

赵逵，华中科技大学建筑与城市规划学院教授、博士生导师。邮箱：yuyu5199@126.com。
周春，华中科技大学建筑与城市规划学院硕士研究生。邮箱：745900516@qq.com。

摘要：在国家大力推行乡村振兴的背景下，传统民居在发展中如何提升居住品质与传承特色风貌成为重要议题。通过对武汉市新洲区传统民居进行大量的田野调研与研究，总结出传统民居的风貌特征，结合当地发展情况，对传统民居建筑与环境的品质提升，以及传统风貌的现代演绎提出切实可行的改造与更新策略。

关键词：新洲区；传统聚落；传统民居；特征分析；更新设计

在乡村振兴发展中，怎样提升人居品质，提升居住环境质量是发展中首要考虑的问题之一。党的十九大报告作出了一个重大战略判断：我国社会主要矛盾已经转化为人民对日益增长的美好生活需要和不平衡不充分的发展之间的矛盾。不难看出，提升乡村民居品质、改善人居环境是加快乡村振兴大业、化解社会主要矛盾的必然选择。

新洲区东邻黄冈市团风县，西接武汉市黄陂区，南与武汉市青山区、鄂州市隔江相望，北与黄冈市的红安县、麻城市毗邻交错。为武汉东部水陆门户。

一、新洲区传统聚落分布与类型

1.聚落分布

新洲区的传统聚落一般集中分布在片区内部的水运通道两侧，且多数集中分布在新洲区北部（图1）。

这是由于新洲区自古以来就是武汉东部水陆门户，向北通过倒水河与河南相连，向东北方向通过举水河与安徽相连，向东通过沙河与东侧山脉相连，这三条水系自古就是新洲区的交通要道，水岸两侧聚落众多，商贾云集。随着现代化交通系统的发展，传统的水运交通模式难以满足发展的需求，水运通道两侧聚落因没能赶上时代发展的步伐而逐渐衰落，许多传统聚落因此被较

好地遗留下来。新洲区南临长江，大部分长江边的聚落借着长江的优势发展迅速，现代化程度比较高，因此南部传统聚落遗留下来的较少。

2.聚落类型

通过对传统聚落的调研与分析，新洲区传统聚落按照聚落形态与功能可划分为水运商业型、传统产业型、特色规划型三类。

第一类为水运商业型，聚落一

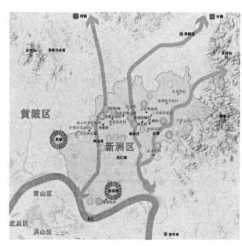

图1 新洲传统聚落分布图
图片来源：百度地图基础上绘制

般临传统水运通道而建，规模一般较大，沿水呈现带状或片状分布，聚落内一般都有商业街。此类聚落的代表是李集街。李集街位于新洲举、倒两大水系之间，距新洲区驻地邾城约 12km，是新洲区重要街镇。明中期为李寨大塆边的"露水集"，隶属黄州府黄冈县中和乡车埠二村，明末期正式成集市。现在仍然能够看到集市两侧建筑的精美状况。

第二类为传统产业型，大部分聚落从事农业或渔业，聚落规模一般较小，大多呈片状或点状布局，聚落多设于水源充沛的平坦地区，环境优美。例如陈田村，位于新洲区北部的凤凰镇北端，与红安、麻城接壤，共有九个自然塆，依据丘陵地势形成星点的分布格局。村塆内居住建筑分布集中，体现了明显的聚落特征。陈田村沿着北边的山势发展，形成北边靠山、南边临水的负阴抱阳的传统村落格局。村内街巷或平行或垂直于山势发展，巷道较为狭窄，在炎热的夏季十分凉快。陈田村的历史文化资源主要分布在陈家田塆、郭希秀塆、肖家田塆三个自然塆。陈田村文化底蕴深厚，文物古迹丰富，保存至今的主要历史文化资源包括传统石砌民居建筑、郭希秀塆门楼、肖家田红军活动旧址等建筑，以及村内的青石板铺地、石阶、池塘、自然驳岸、

古树名木和散落各处的石碾等历史环境要素，还有民俗、传统技艺等非物质文化遗产，充分展现了村落古朴的传统风貌。

第三类为特色规划型，属于特殊型聚落，一般是特殊时期形成的聚落，例如凤凰石骨山村，位于新洲区凤凰镇西部，地处丘陵半山坡。联排石屋和人民公社，这里曾经是"农业学大寨"的示范点，保留了当时集中统一建设的房屋。有明显的轴线，在整体空间组织、建筑形式和风貌以及装饰艺术上，都体现了政治空间的秩序性与乡土建筑的自然性两者结合的艺术价值。

二、新洲传统民居特征分析

传统建筑是传统文化最直接的体现者，通过对新洲历史的解读与实地调研，从建筑风貌、建筑形式、建筑细部、建筑色彩四个方面来分析新洲区传统民居特征。

1. 建筑风貌

新洲传统民居风貌主要受江汉流域文化影响较大，建筑在布局、材料以及建造技艺方面主要受江西地域的特色影响较大，同时在局部例如马头墙则呈现出徽派特色。这主要受元末明初时期"江西填湖广"的影响，新洲南临长江，北连安徽，

因此民居风貌呈现出多文化交融的特征。

2. 建筑形式

新洲传统民居按建筑形式可分为联排式民居与天井式民居两种类型。

联排式民居（图 2）分布较广，几乎每个传统聚落都有联排式民居，主要分布在沿街两侧。建筑结构是砖木混合结构，屋顶以人字形坡屋顶居多。联排民居有一联排、三联排与五联排等几种形式，建筑内部空间较简单。

天井式民居（图 3）多见于商业型聚落之中，天井型民居相较于联排式聚落，在建造技术、建造工艺、装饰细节等方面普遍优于普通的联排式民居。建筑内部空间较联排民居更为复杂，天井大多采用的是小进深的模式，且内部的细部装饰更加的复杂与精美。

3. 建筑细部

在建筑屋顶方面，一般民居的做法是在屋脊正脊用砖平铺一条，有的末端竖起一块形成起翘，侧脊用砖砌，然后用水泥砂浆抹面。屋顶用青瓦，夹杂着少许红瓦。檐口在体块凸出的墙面上，先用涂料刷一层白色，在其上叠涩出一层砖承托屋檐。在土块凹进的入口部分用

图 2　李集街联排民居

图 3　陈田村天井式民居

一块木板承托屋檐。

墙体方面，新洲区传统民居墙体一般采用两段或三段式砌筑，用石材砌下段，青砖或红砖砌上段。有的用土块砖。较新的有表面贴瓷砖。在墙身侧面，一般延续正立面的材料。

在建筑门窗方面（图4），大多数做法为石质或砖砌门框、窗框。过梁用整块石材，较厚。门、窗本身多是木质，也有铁门，正立面窗为木窗，侧立面开木质小窗，无窗框的做法。门窗装饰方面一般在砖木材质上进行雕刻，装饰题材多样。

4. 建筑色彩

在建筑色彩方面，由于传统建筑所采用的材料大多就地取材，以石头、砖、木、土等材料为主，色系多以灰、黄、青、白、红等色调为主（图5）。总体风格质朴，结合周围的自然环境，整体色彩呈现出自然和谐的特点。

三、改造与新建方案

1. 改造设计

传统民居相较于现代民居，从使用功能到居住体验感都有明显不足。从经济的角度考量，对传统民居的改造应以最低的成本达到最大程度的改善效果。因此，改造成本应优先用于生活品质提升的部分。对于建筑风貌而言，传统民居本就具有独特的文化风貌，只需要对外观明显不足的地方进行修缮即可，同时改造目光不应局限于建筑本身，对于建筑外环境也要进行综合考量。现选取一户单层传统民居进行改造

分析（图6）。

改造之前的房屋属于一户带前院的单层传统民居，面阔三开间，进深两间。建筑基底面积为98m²，房屋西侧为厨房、厕所等辅助空间，东侧为起居室。户主为两口老人，因此对于建筑功能的改造主要从便于老人生活为主。原本厨房与卫生间的位置不变，位于房屋东侧的客厅改到西房的南侧，并且与餐厅合用，这样可以减少日常活动的动线距离，东侧南面改为卧室，背面则作为农具储藏间。原本中间开间北侧为室外空间，改造后将屋顶加建玻璃屋顶，这样可以扩大室内使用空间。改造时充分利用原本室外的庭院空间，将原本荒芜的花坛内填满种植土，种上当地的鲜花种子，同时屋子西侧空地改建为菜园，这样平时就能方便吃到自己种的菜品。在庭院内西侧加置一处休闲空间，天气好时摆上桌椅便能在室外休憩。院子的东侧则可用于晾晒场地。

建筑风貌方面（图7），原本住宅的门窗都出现老化情况，在风雨天容易漏风，屋面有许多处老化，有损坏漏雨的可能。因此对于外立面的改造，重点是更换牢固的门窗，门窗样式提取当地的元素进行更换。屋顶增设屋脊与墀头，这样既能增强屋顶的抗风性能，又能达到美化立面的效果。

总体改造的价格按当地的物价水平在1.9万元左右。

2. 新建设计

在乡村振兴建设中必然少不了新房屋的建设，为避免破坏聚落原有风貌与乱搭乱建造成后续的一系列问题，在房屋建造最初就应当制定切实可行的规划与设计。针对不同的建设场景与使用人群，应当制定相应的设计方案。

第一种方案（图8）主要针对的是留守家庭，一般传统聚落里面的大部分家庭状况都是留守家庭，因此设计主要考虑的是老人与儿童的使用。要照顾到老人行动不便的

图4 新洲区传统民居门窗

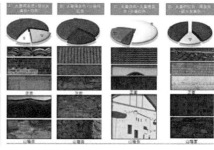

图5 新洲民居色彩分析图

图6 改造方案图

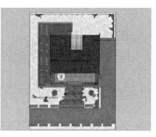

图7 改造方案元素提取图

图 8　新建方案一

图 9　新建方案二

情况，此类民居一般以单层为主。平面以三开间为主，西侧开间为老人与儿童房间，东侧北面为厨房与厕所，南面则作为客厅，中间开间则作为餐厅使用，整体户型经济实用。建筑外观则提取当地硬山、双坡顶、木门窗等传统元素进行建造。此种形式可进行联排拼接。预计造价为 7 万元。

第二种方案（图 9）针对的是三世同堂的家庭，三世同堂的家庭对于空间的需求复杂度更高，每代人都有不同的生活居住习惯。因此，设计采用天井式的建筑原型来进行设计更加合理。在天井式住宅的基础上对其内部的空间进行设计与调整，总建筑面积为 139m²，一层东侧为老人与儿童的卧室，西侧房间为公共活动场所，包括餐厅、客厅等公共功能。二楼为儿童父母的房间，具有较好的隐私性。整体功能布局既照顾了每代人的需求，同时又相互独立。在建筑南侧为家庭庭院，庭院西南侧的小空间可作为菜园，可以种植日常菜品，方便

照顾与取拿，这样就避免了菜园在菜地距离远的问题，同时还能防盗。房屋东南侧空地可作为停车场所。建筑外观提取了当地的传统元素，例如两段式墙面，硬山山墙、墀头、双坡屋顶、屋脊、木质门窗等。材料主要使用当地的青砖灰瓦，总体建筑色调淡雅。整体造价预计为 12.5 万元。

以上两种案例都是提取的当地民居空间的原型进行现代化改良，主要针对的是生活品质的提升而非纯粹的给建筑穿衣戴帽，对于建筑风貌则是尊重当地传统文化进行元素提取与改良，在保证生活需求得到满足的同时提升居住品质与品位。重要的是，乡村振兴在建设的过程中要有规划与设计的参与才能在很大程度上避免早先乡村建设与发展的弊病。此外考虑到建设与设计成本，可通过当地政府与设计院合作进行统一的标准制定，各家各户在建造标准下进行适合自家的建造，这样也就降低了设计成本，也能够一定程度上提升民居品质。

四、结语

通过大量的调研，对新洲区民居风貌进行分析与提炼，总结出新州民居的特征。结合现代民居建造技艺与规划设计方法，改良传统民居居住品质的同时对其原有的特色风貌进行传承与现代化演绎。现代风格建筑固然有其优秀的地方，但是不加以提炼而无序仿制，只会令我们与传统文化与风貌渐行渐缓，任何建筑形式与文化只有在对其进行分析与提炼后，学习其优秀的地方并结合实际情况进行融合才能发挥其价值。中国从来没有一成不变的文化，我们要在树立文化自信的同时学习他人文化之所长，才能真正建设美好乡村。

注：除特殊标注外，其余图片均为作者拍摄与绘制。

参考文献

[1] 孙瑞，闫琳，曾婧 . 乡村民居风貌现代演绎与规划导则研究——以鄂东北为例 [A]// 中国城市规划学会，重庆市人民政府 . 活力城乡 美好人居——2019 中国城市规划年会论文集 . 北京：中国建筑工业出版社，2019：13.

[2] 赵逵 . 武汉农村建房标准图集（指导版）[M]. 武汉：华中科技大学出版社，2019.

[3] 李晓峰，谭刚毅 . 两湖民居 [M]. 北京：中国建筑工业出版社，2009.

[4] 住建部 . 中国传统建筑解析与传承（湖北卷）[M]. 北京：中国建筑工业出版社，2016.

[5] 湖北省建设厅 . 湖北传统民居 [M]. 北京：中国建筑工业出版社，2006.

[6] 胡瑜佳 . 城市传统建筑形象的现代演绎 [D]. 长沙：中南大学，2007.

探索风土聚落遗产的保护与更新策略
—— 以重庆巴南区丰盛古镇为例

夏婷婷

国家自然科学基金（51738008，
51678415）。

夏婷婷，同济大学建筑与城市
规划学院博士研究生。邮箱：
2021472556@qq.com。

摘要：大量传统风土聚落由于管理不当、保护不善、资金不足等原因，正在快速走向消亡。文章以重庆市巴南区的丰盛古镇为例，探讨如何通过产业结构调整，激活风土聚落的生命力。基于航拍、测绘等方法收集的基础资料，与企业家、地方政府负责人进行的访谈记录，总结出丰盛古镇的活化模式为由政府和热爱传统文化的"能人"共同主导。当地政府主要负责聚落的环境整治与基础服务设施建设；"能人"主导的私企主要对重要建筑出资修缮改造，同时依托周边的宗教遗迹，实现第二产业生态陵园的开发，将古镇纳入其商业配套服务设施进行发展，为古镇带来持续不断的人流、物流与现金流，并带动周边村落发展。

关键词：风土聚落；产业调整；规划保护；活化模式；丰盛古镇

2021年中央一号文件提出，加强村庄风貌引导，保护传统村落、传统民居和历史文化名村、名镇，加大农村地区文化遗产遗迹保护力度。风土聚落是中国农耕文明留下的巨大遗产，凝结着历史的记忆，承载着一方文化，反映了与自然环境和谐相处的关系，具有非常重要的保护价值。

一、研究背景

截至目前，国家颁布的前七批历史文化名镇共312个，历史文化名村共487个，前五批中国传统村落共6799个，数量十分惊人。获得这些身份的聚落会得到国家一定的资金补助，但是在调研访谈中得知，古建筑的修复消耗巨大，这些资助仍然是杯水车薪，无法有效改善整个聚落的现状。

笔者自2019年随导师对这些聚落遗产的现状进行调研，至今在西南地区走访了约180个聚落，其中大部分仍然处于无力保护，逐渐消亡的状态：风土建筑破败损毁严重，多数已难以修复（图1）；青年人多外出务工，仅留下老幼病残在村中，生活艰辛（图2）；管理不当，翻新改造现象严重（图3）；传统手艺师傅多高龄退休，且后继无人（图4）。

图1 破败损毁的建筑
图片来源：笔者自摄

图2 贫穷弱势的村民
图片来源：笔者自摄

尽管整体的情况非常不乐观，但有些村落另辟蹊径，从而得以实现自救，成为我们可以借鉴学习的宝贵经验。本文将以重庆市巴南区的丰盛古镇为例，基于村落航拍、实地测绘等方法收集的基本资料和与企业家、地方政府负责人、村民进行深入的会议讨论、访谈记录，探讨以"能人"主导的企业和当地政府合作的活化模式。

二、丰盛古镇概况

丰盛古镇始建于宋代，明末清初发展成为一个大的场镇，称"丰盛场"，因处于陆路交通要道而繁盛，为古代巴县旱码头之首，被誉为"长江第一旱码头"。[1] 丰盛古镇位于重庆市九个主城区之中的巴南区，曾是连接重庆和涪陵、南川的重要节点，现今距市中心约 1.5 小时的车程。古镇位于平坦的山谷中，四周为丘陵、低山地貌，交错散布着数条溪流，风景优美，静谧安然（图 5）。

古镇现在保留有两条主要街道，大致形成回字形结构。街道两侧以二层及以下的店宅为主，空间尺度宜人（图 6）。十全堂、一品殿、仁寿茶馆、禹王宫等重要历史建筑占据街道节点空间，其中一些经过修缮后，成为古镇特色旅游热点。过去出于对防御的考虑，人们在街道出入节点上设有洛碛、木洞、涪陵、南川四个场口（现已恢复重建），并且宅院中多建有高大的碉楼，其数量和保存完整度在巴渝地区是较为罕见的。古镇整体风貌保持较好，建筑内有精美的木雕和石雕，具有很高的艺术价值（图 7）。

三、活化模式

丰盛古镇在 2002 年成为重庆首批 20 个"历史文化古镇"之一，2008 年成为第四批"中国历史文化名镇"之一。尽管曾获得多重保护

图 3 翻建改造严重
图片来源：笔者自摄

图 4 传统技艺式微
图片来源：笔者自摄

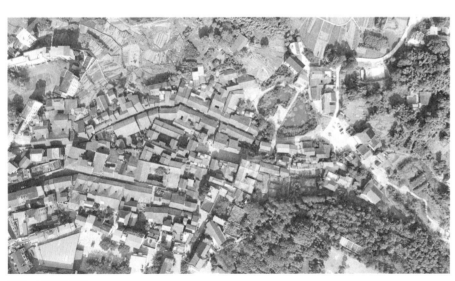

图 5 古镇整体航拍
图片来源：http://www.gongshe9.com/travel/1600925.html，现网址失效，署名来自 Ding Ding 摄影

图 6 古镇热闹的街道
图片来源：笔者自摄

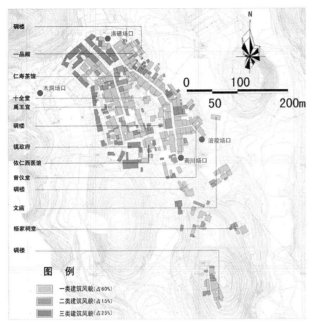

图 7　古镇整体建筑风貌与重要建筑、场口
图片来源：笔者改绘，底图来源于当地政府提供的《重庆市巴南区丰盛镇古镇保护规划》

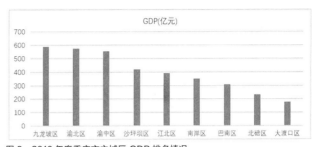

图 8　2010 年度重庆市主城区 GDP 排名情况
图片来源：基于百度文库数据绘制（https://wenku.baidu.com/view/9f8f9e8d680203d8ce2f2469.html）

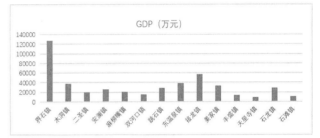

图 9　2010 年度巴南区各镇 GDP 排名情况
图片来源：基于参考文献 [2]24-25 页表格数据绘制

身份，但直到 2010 年，古镇仍然非常贫穷，一派衰败情形。当时巴南区的经济在九大主城区中排名靠后，丰盛镇在巴南区众多小镇中更是处于垫底状态（图 8、图 9）。而在这之后，古镇及时调整发展战略，找到了一套适用于自身发展的活化模式，才得以重现昔日热闹非凡的景象。

1. 决策定位

面对当时严峻的情况，当地政府决定招商引资，以推动古镇经济发展。包括国有企业和民营企业在内，共有五家企业参加了投标。其中四家企业认为应该采用房地产模式，希望在周边建造一些花园洋房和别墅。同时，他们将测算古镇修缮的成本，并愿意一次性支付所有费用。然而，剩下一家企业中的一位"能人"强烈反对他们的方案，这位"能人"曾有过在故宫工作多

年的经历，且自身非常热爱传统文化。首先，他认为古镇历史悠久，风貌保存完好，建设现代风格的建筑会对历史环境造成非常大的影响。其次，他认为古镇的资源、规模和名气远不如丽江、平遥等地，难以在全国范围内或者持续性地吸引客流。

"能人"认为古镇应当有着清晰的自我定位——成为重庆主城区短时旅游休息的后花园，而且最重要的目标是可持续的吸引人流。古镇目前可利用的资源有三种：①保存完好的传统建筑和多达 90% 以上的原住民。因此，古镇拥有传统的生活习俗、工艺和特色小吃。②地热资源，可用于开发温泉、休闲、旅游度假、养生、养老等相关产业。③十几处的道教和佛教寺庙的遗址，可以满足一些宗教人士的需求，将来能为古镇带来一定的人流。然而"能人"补充，这些资源不能满足古

镇的可持续发展，人们可能在来过一两次之后就不会再来，有一个与古镇相互支撑的产业才是长久之计。

2. 产业选择

基于对市场充分的调查了解，筛选了多种产业后，"能人"提出在古镇附近建一个陵园。在中国文化中，这是一个非常大胆的想法。人们通常认为陵园是禁忌之地，因此它往往是孤立的，无法承担许多社会功能。但"能人"发现，在国外，陵园附近往往是最高端的住宅区。首先，那里非常安静；其次，周边没有高楼大厦，不会遮挡视线；再者，附近通常植被茂盛，景观良好。但这只是不同文化之间的差异，很难说服当地政府，真正让他们接受建设陵园这个想法的是以下实际的原因：第一，从主城到古镇的距离非常合适，既不太远也不太近。太近，则无法保持神秘感，太远，则会舟

图 10　古镇与陵园
图片来源：笔者自绘，底图来源于 Google Earth

车劳顿，体验不佳；第二，交通堵塞问题。按照传统，人们通常早上去祭拜，中午左右结束回家，但这时正赶上返程的高峰期，势必会造成拥堵。第三，停车问题。由于陵园平时很少使用，故政府不会批准修建停车位。但古镇每天都需要接待游客，为发展考虑，政府已经投资建设了数百个停车位，并且这些停车位仍在扩建中，所以陵园可以借用古镇的停车场。第四，选择问题。如果人们祭拜完成后有一个缓冲的地方可以稍作休息，以避开交通拥堵的时间，那可以肯定大多数人都会非常乐意，这时古镇就自然成为人们的首选。

当地政府与"能人"主导的企业签订了一份为期三十年的合同，约定双方的责任和义务。企业负责免费修缮古镇中的重要建筑物、公共空间和沿街立面，并需要在规定时间内完成规定任务。与此同时，企业将在合同时间内获得已修缮好的建筑物的使用权，可由企业自身经营，也可以招商引资。当地政府主要负责基础设施的建设，如道路、管网等。当然，最重要的是对企业的政策支持，允许其在古镇附近修建陵园，并有权开发温泉和宗教遗迹。如此，企业就可以获得一定的回报，实现资金的收支平衡。

3. 模式实现

陵园与古镇相距约 2.7km，中间有丘陵相隔，故不会影响古镇的整体风貌，从建好至今运行良好

（图 10）。每逢清明、中元、春节或者亲人的祭日时，便会有人络绎不绝地赶来祭奠。古镇提供停车位和摆渡车接送。人们祭拜结束后，通常会选择在古镇吃完饭或者休息一晚再离开。于是，古镇中的各种功能被激活：从原来的一家餐厅变成现在的三十多家；从没有一个公共厕所到政府投资修建了好几个；古镇包括周边村民们养的牲口，种的瓜果蔬菜等都有了大量的消费人群。古镇在某种意义上成为陵园的商业配套设施，而陵园为其带来了大量的人流、物流和资金流。

"能人"在对传统建筑的修缮方面也非常重视历史的原真性，并且充分发掘传统建筑特色，使其重新焕发生命活力。其中，原有的仁寿茶馆既延续了其茶馆的功能，又成为袍哥文化展览馆（图 11）；原有十全堂的传统碉楼院落转变成了特色民宿和餐馆，碉楼因墙体厚、隔声好的特点而被改造成 KTV（图 12）。

因此，我们可以总结出丰盛古镇的发展模式。古镇的保护和发展离不开当地政府、当地村民和社会企业这三个重要角色，其风土资源被三者共享。企业主要从事古镇古建筑的修复与保护，规划定位，并投入大量资金，利用古镇资源打造遗产品牌，获得长期效益；当地政府主要负责基础设施建设和对遗产的严格把控，并为企业提供政策支持；通过与政府、企业合作，村民们也开始自己创业，使生活变得越来越好，并愈加意识到保护古镇的重要性。三方各得其所，形成了持续良好的合作关系。如此，古镇不仅可以受到很好的保护，而且实现了可持续发展（图 13）。

图 11　仁寿茶馆航拍、入口及内部展览馆
图片来源：笔者自摄

图 12　十全堂碉楼民居航拍、院落景观及碉楼内部
图片来源：笔者自摄

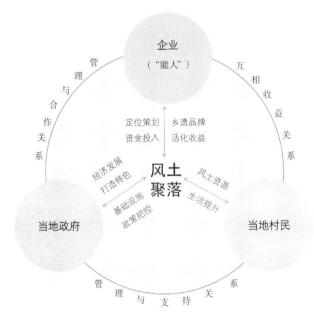

图 13　丰盛古镇活化模式总结
图片来源：笔者自绘，导师常青给予修改意见

四、结语

　　风土聚落遗产的保护需要投入大量资金，且收益回报缓慢。丰盛古镇与企业合作，借助社会资金的发展模式在一定程度上是可以推广的，但不一定是陵园产业，还可以发掘其他产业。风土聚落遗产不应等待修复后的再次腐朽，而应充分利用，以满足时代的需要和发展。然而，在发展过程中，我们需要警惕过度商业化的现象。最重要的一点是，我们必须对风土聚落遗产进行分类、分级保护。因其数量众多且同质化现象严重，集中有限的资源保护有代表性的聚落遗产将是更加有效的方法。

参考文献

[1]　赵万民，等.丰盛古镇[M].南京：东南大
　　　学出版社，2009.

[2]　林斌.重庆市巴南区小城镇发展研究[D].
　　　重庆：重庆大学，2011.

"中国传统村落"钱岗古村空间格局复原初探

张　欣　顾煌杰　彭长歆

国家自然科学基金（51978271）。

张欣，华南理工大学建筑学院硕士研究生。邮箱：1002114080@qq.com，510640。
顾煌杰，华南理工大学建筑学院博士研究生。邮箱：314641017@qq.com。
彭长歆（通讯作者），华南理工大学建筑学院教授。邮箱：509557@qq.com。

摘要：传统村落的保护和利用具有非常重要的意义，其历史风貌很大程度由相应的空间格局决定。钱岗古村是中国第三批传统村落，村内普遍存在地块范围混乱、街道损坏、建筑倒塌等严重情况，导致其空间格局不清晰。本文通过实地勘察获取村落及建筑的基本信息，复原地块、街巷分布，进一步运用社会学、类型学、统计学等交叉学科的方法复原钱岗古村的建筑布局，完整梳理出古村落空间格局的结构特征和思想脉络，以期对传统古村落的复原研究提供参考。

关键字：传统村落；空间格局；村落复原；钱岗古村；交叉学科

引言

近年来，传统民居和村落的保护与利用愈受重视，相关研究成果颇丰。就民居方面，陆元鼎、余英、王其钧等对民居的地域特征、历史演变、类型形制、空间构成、建筑构造等做了相关研究[1-3]。就岭南传统村落和民居而言，陆元鼎、程建军、陆琦、冯江、潘莹等学者对其历史文化、空间形态、布局方式、建筑类型、交通流线等做了多方面研究[4-8]，呈现出丰富多样的研究成果。相关研究多注重于整体村落空间和布局要素的形式特征，较少涉及村落空间格局的复原。

钱岗古村地处从化太平镇东南部，是南粤古驿道中从化古道的重要节点，受广府文化和客家文化的影响，其传统村落格局和民居形态呈现出独特的风格。近年来，由于居民大量外迁，疏于利用，民居破损严重，倒塌者众多，亟待复原及进一步保护与利用。本文以"中国传统村落"钱岗古村为研究对象，通过查阅相关文献，实地调研并测绘建筑以获取重要信息，利用类型学、统计学等方法，研究古村的历史沿革和发展变迁，对建筑的空间格局进行复原，进而深入分析村落整体格局和建筑特征。

一、村落现状与问题

钱岗古村始建于宋代，历八百余年，有"未有从化，先有钱岗"之说，是从化建筑文化的重要组成部分。作为"中国传统村落"，钱岗古村传统风貌较好、文化价值丰富。就其空间格局而言，大致有如下特征：①防御系统完备：古村落外围水塘环绕，并设置四个门楼、更楼和连续寨墙做加强防御之用。②巷道空间曲折：街巷布局呈现出梳式布局的特征，但相对灵活自由，宛若迷宫。③建筑类型多样：钱岗古村传统建筑以典型的三间两廊为主，布局形式灵活紧凑。[9]

近年来，随社会进步和物质水平提高，居民愈加不满足于古村不便捷的生活，陆续迁出。因缺乏使用，传统建筑大面积倒塌，村落空间格局不清，大致存在如下问题：①地块范围混乱：倒塌墙体阻碍原有水系和街巷的通达（图1）；②街巷格局不完整：建筑倒塌和杂草丛生导致部分街巷阻断，尤以北向、东向为最（图2）；③建筑损坏严重：北向和东向大部分建筑倒塌，现存建筑不及一半。原有建筑布局被厚土层和植被覆盖，难以辨别（图3）。为重现钱岗古村的空间格局，从地块、街巷和建筑三个部分对其空间格局进行复原。

图1 钱岗古村鸟瞰图

图2 街巷现状图

图3 明进书院现状

二、整体格局复原

1.地块与产权关系

在宗族血缘关系的影响下，传统村落居民对地块的划分是圈地行为和财产分配的结果[10]，居民有权依法利用宅基地建造住宅及其附属设施，村落的地块格局往往能体现出居民的产权关系。钱岗古村地块也遵循此类特征，产权关系成为地块格局复原的主要依据。

通过族谱脉络，钱岗古村的地块与产权存在对应的关系，具体表现为：①地块与族谱关系密切：传统继承制背景下，地块发展信息可以由族谱获悉；②地块产权完整：同一地块中数个产权人可追溯至同一世祖先，整体仍是原始的统一地块。③扩张地块格局清晰：村落发展过程中，虽然会存在部分地块局部扩张的情况，但仍在可承受范围内，不影响整体格局。由此可见，钱岗古村的地块变化较为稳定。根据钱岗古村的产权信息推导原有地块范围、边界和朝向等分布关系，并分析街巷特征（图4）。

2.地块与街巷现状

地块现状方面，钱岗古村整体地块格局破坏严重。古村分为东、南、西、北四向，其中东、北两向大部分建筑完全坍塌，难以分辨地块大小和具体建筑朝向；村落部分建筑损坏，如屋顶坍塌，墙体损坏和梁架倒塌等情况；村落四向街巷皆有一定程度的损坏，东、北两向大面积阻塞，西向损坏程度一般，南向破坏极少；村落沿宗祠、书院、广场等重要节点分布的主街巷规划清晰，保存完整，如贯穿广裕祠、兆文祠、沈氏宗祠的政南巷，以及沿村落边界布置的街巷；次要街巷蜿蜒曲折，保存情况不一。

3.地块与街巷复原

依据产权图复原的整体格局显示，原有地块形状完整，范围清晰，布局紧凑，排列略显自由。其中，东、北两向建筑地块略大于西、南两向，这也说明前两者的发展时期早于后两者。就朝向方面，西、南两向建筑多为坐北朝南，东向普遍坐西朝东，北向有坐东朝西和坐北朝南两种布局形式。其展现的不同朝向或许受早期原有地形的影响。在产权图和已复原地块基础上，村落街巷系统逐渐清晰，地块之间关系相对自由而非规则排列，造成巷道弯折和不规则现象。钱岗古村内街巷曲折蜿蜒，很多次街巷都是断头路。街巷尺寸大小差距较大，主要街巷可容纳3人通过，小巷道最窄仅容纳一人侧身通过（图5）。

三、建筑布局复原

1.地块与建筑布局

民居建设在地块范围内进行，建筑的布局类型、地块尺度和朝向密切相关。此外，地块临界环境对

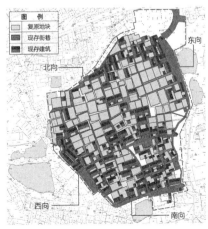

图4 钱岗古村空现有空间格局

图5 钱岗古村街巷复原图

地块内建筑的布局、边界及退让距离都有不同程度的影响。[11]依据钱岗古村产权分布图复原的地块格局，基本排除了临界环境的影响，地块尺度即建筑尺度，这是建筑布局复原的重要依据。钱岗古村建筑布局主要有"上三下三"四合院（10 座）、三间两廊（79 座）和一字型（13 座）三种类型，共计 102 座（表 1）。

2. 现存建筑分析

本文对钱岗古村的建筑类型进行调研编号（附图 1），并对现存"上三下三"四合院、"三间两廊"及一字型三种类型的地块开间、进深进行测量，获取尺度数值后，进一步得出其开间和进深的比值（附表 1）。由数据统计分析可知，建筑布局类型与地块尺度存在明显相关性，随着布局类型由一字型向"上三下三"四合院越大，地块开间与进深的比值越小。因此，本文采用初步筛选和精确筛选两个步骤进行复原：通过对各类型比值分析进行初步筛选，确定基本数值范围；再利用具体进深和开间尺度进一步筛选出地块的建筑类型。

其中，各布局类型比值具体表现为：三间两廊地块开间与进深比值稳定在 0.83~2.06 之间；一字型建筑数据在 1.69~4.12 之间，取值范围较大；合院式建筑地块开间与进深比值稳定在 0.36~0.83 范围内（图 6）。分析数据可知，一字型建筑与三间两廊的比值范围有重叠部分，数值上难以分辨，但二者的进深尺度差距较大；进一步分析二者地块进深尺度可得：三间两廊地块进深大小稳定在 7.6~16.0m 之间；一字型地块进深大小稳定在 5.3~7.6m 之间。结合上述两种数据分析可知，若地块开间与进深比值在 0.83~2.06 之间且进深尺度符合 7.6~16.0m，则为三间两廊；若地块开间与进深比值在 1.69~4.12 之间且进深尺度符合 5.3~7.6m，则为一字型；若地块开间与进深比值在 0.36~0.83 之间且进深尺度符合 12.0~63.4m，则为合院式。

3. 建筑布局复原

除 118 处已知建筑类型，钱岗古村另有 80 处未知建筑类型的地块；筛除 9 处位于村落边缘且产权模糊的地块后，对剩余产权清晰的 71 处地块尺度进行统计分析，获取较为准确的建筑布局（附表 2）。筛选可得：①未知地块中 62 座建筑开间与进深比值在 0.83~2.06 之间且进深尺度符合 7.6~16.0m，为三间两廊。②未知地块中 1 座建筑开间与进深比值在 1.69~4.12 之间且其进深尺度符合 5.3~7.6m，为一字型建筑。③未知地块中有 6 座建筑（兆文祠）开间与进深比值在 0.36~0.83 之间且进深尺度符合 12.0~63.4m，为合院式建筑。未知布局的 71 处地块中仅余 3 处数据在复原范围外，难以确定其建筑类型，整体复原率达 95.77%（图 6）。

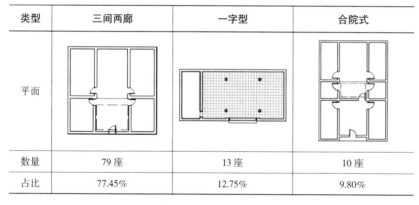

钱岗古村的典型建筑类型汇总　　　　　　　　　　表 1

类型	三间两廊	一字型	合院式
平面			
数量	79 座	13 座	10 座
占比	77.45%	12.75%	9.80%

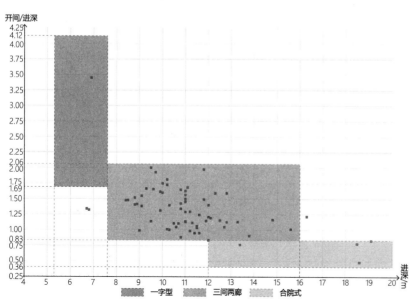

图 6　钱岗古村复原地块尺度分析图

四、空间格局分析

通过钱岗古村空间格局复原图可知（图7），村落以宗祠为核心，民居围绕祠堂分布，主次街巷纵横贯穿，其边界的寨墙和门楼呈环形布局，周边水塘围绕，形成层次分明的空间格局。下文将对村落建筑朝向、空间防御性和布局类型加以分析。

1. 朝向分析

古村民居朝向整体趋同，形制各异，这跟古村自明朝至今的发展脉络相关。钱岗古村（图8）的民居朝向主要受宗祠和水系两个因素影响，大部分民居朝东南方向，仅东、西两向的少部分民居为西南和东北朝向，整体显示出较强的趋同性：①东南朝向的民居主要受到水系和宗祠的双重影响。村落选址遵循背山面水的风水格局，宗祠和民居都临水而居；古村由陆、沈两族定居发展而来，宗族权利在村落中占统治地位，南、西、北三向大部分民居轴向与各祠堂保持一致，如广裕祠、兆文祠、陆氏大宗祠和沈氏祠堂。②西南和东北朝向的民居主要受到水系影响。钱岗古村周边水塘环绕，东、西两向的部分民居临水而居，形成面朝村落水塘的空间格局。钱岗古村的整体规划深刻体现了古人在村落选址和空间布局方面的智慧。

2. 防御性分析

钱岗古村在选址、整体布局、街巷和建筑形式等方面都表现出很强的防御性。在选址上，古村北依格田、胜塘二岭，南临沙溪水；整体布局上，环绕的水塘和寨墙构成

两道防御系统；街巷方面，主次巷道迂回曲折，街巷空间复杂多变。另外，村落外围空间防御性强，内部空间相对安全舒适，具体体现在单体类建筑的布局方面；通过对钱岗古村外围107处和内部93处的三间两廊和合院式建筑类型进行统计可得：外围的三间两廊和合院式建筑共72处，占比67.3%；内部为96处，占比达92.5%。相比于村落内部的三间两廊和合院式建筑营造出相对舒适开放的空间环境，单体、L型和一字型建筑的外围墙体高度更高，墙面门窗洞口更少，封闭性和防御性更强；外围建筑的外墙与

村落寨墙结合，共同构成一道坚固的防御屏障，对抵御外敌具有重要作用。

3. 布局类型分析

三间两廊、"上三下三"合院式和一字型是钱岗古村最主要的布局类型，钱岗古村的布局类型受到地块开间和进深两方面的综合影响（图9）。在进深方面，当尺度高于7.6m时，建筑类型由一字型加入两廊变为三间两廊；当尺度增加至12.0m，需要根据开间与进深比例考虑是否在三间两廊基础上加入前三间变为"上三下山"合院式；若继

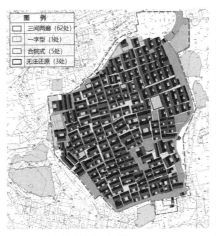
图7 钱岗古村建筑布局复原图

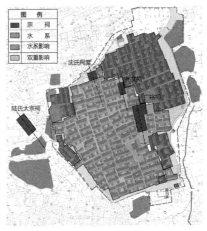
图8 钱岗古村朝向影响因素分析图

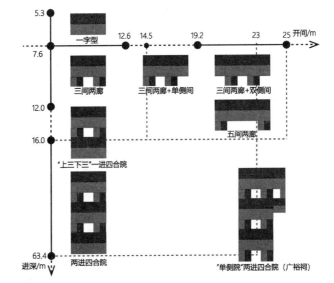
图9 钱岗古村建筑规模与布局类型示意图

续扩大到 16.0m，建筑类型则以合院式为主。在开间尺度方面，对复原的钱岗古村 122 座三间两廊民居加以分析发现：三间两廊分为普通三间两廊、"单侧间"三间两廊、"双侧间"三间两廊和五间两廊（见附表 3），分析数据得知：开间尺度高于 14.5m 时，建筑形式从普通三间两廊变为"单侧间"三间两廊或"双侧间"三间两廊以及五间两廊。布局类型的灵活变化与社会需求密不可分。三间两廊布局是典型的广府民居类型，随着居民的生产、生活需求增多，三间两廊便加入侧间或前三间等房间，变为侧间"三间两廊"和"上三下三"一进合院式；规模更大的两进合院式一般为广裕祠等大型宗祠，承担祭祀功能。

五、结论

通过对上述村落地块、街巷和建筑布局的分析，本文能较为准确、完整地复原整个钱岗古村的空间格局。村落各地块虽尺度、形态有差异，但整体较为方正。地块形成的街巷也因所处位置的重要程度不同而尺度不一，整个系统布局灵活多变。村落整体呈现出兼具梳式布局和自由布局的特征，建筑类型以三间两廊为主，朝向涵盖朝东、西、南三向。从地块、街巷到建筑无不体现钱岗先人在村落规划和建筑营建方面的智慧。

文章旨在为传统村落的复原、保护与发展提供新的思路，但所采用的方法也存在一定限制。对于人

为因素影响较小、整体状况较原生的村落，使用产权图和族谱分析能较好地把控地块尺度信息。反之则会存在产权范围大于原地块、范围模糊、朝向不清和地块不规则等问题，影响村落空间格局的复原。对于地块大小差异较大、建筑类型特征相对明显的基础上，通过统计分析得出相应规律，一一对应并复原未知地块的建筑布局是行之有效的策略。若地块差异不大、建筑类型复杂则需要更多数据或借助历史图像方能准确完整地复原。

图 1~ 图 3、附图 1 为华南理工大学建筑学院提供，其余图片为作者自绘。

参考文献

[1] 陆元鼎 . 中国民居建筑 [M]. 广州：华南理工大学出版社，2003.

[2] 余英 . 中国东南系建筑区系类型研究 [M]. 北京：中国建筑工业出版社，2001.

[3] 王其钧 . 中国民居 [M]. 北京：中国电力出版社，2012.

[4] 陆元鼎 . 岭南人文·性格·建筑 [M]. 北京：中国建筑工业出版社，2015.

[5] 程建军 . 开平碉楼：中西合璧的侨乡文化

景观 [M]. 北京：中国建筑工业出版社，2007.

[6] 陆琦 . 广东民居 [M]. 北京：中国建筑工业出版社，2008.

[7] 冯江 . 祖先之翼·明清广州府的开垦、聚族而居与宗族祠堂的衍变 [M]. 北京：中国建筑工业出版社，2010.

[8] 潘莹 . 潮汕民居 [M]. 广州：华南理工大学出版社，2013.

[9] 曾令泰，郭焕宇，李岳川，许孛来 . 广州从化地区传统民居建筑类型及其特征研究 [J]. 南方建筑，2018（01）：72-76.

[10] 费孝通 . 江村经济 [M]. 北京：商务印书馆，2001.

[11] 江军廷 . 地块尺度及用地边界对城市形态的影响 [D]. 上海：同济大学，2007.

现存各建筑类型调研分析　　　　　　　　　　　　　　　　附表1

建筑编号	名称	布局类型	地块开间宽度（m）	地块进深长度（m）	建筑编号	名称	布局类型	地块开间宽度（m）	地块进深长度（m）
ER-3	传统民居	三间两廊	12.7	11.7	SR-72	传统民居	三间两廊	17.7	9.5
ER-5	传统民居	三间两廊	14.2	11.7	SR-73	传统民居	三间两廊	23.9	11.6
ER-6	传统民居	三间两廊	12.8	9.4	SR-74	传统民居	三间两廊	17.3	12.0
ER-10	传统民居	三间两廊	11.8	12.5	SR-75	传统民居	三间两廊	12.6	12.0
ER-11	传统民居	三间两廊	13.0	11.6	SR-76	传统民居	三间两廊	12.6	9.5
ER-12	传统民居	三间两廊	11.8	9.1	SR-79	传统民居	三间两廊	16.8	11.5
ER-13	传统民居	三间两廊	9.7	10.2	SR-80	传统民居	三间两廊	16.8	11.5
ER-17	传统民居	三间两廊	11.9	7.6	SR-81	传统民居	三间两廊	13.8	15.7
ER-18	传统民居	三间两廊	17.6	10.0	WR-82	古书院（私塾）	三间两廊	13.3	10.5
ER-20	传统民居	三间两廊	14.4	15.7	WR-83	传统民居	三间两廊	15.7	9.8
ER-21	传统民居	三间两廊	24.3	11.8	WR-85	传统民居	三间两廊	14.5	10.9
ER-22	传统民居	三间两廊	12.2	11.5	WR-86	传统民居	三间两廊	15.5	10.0
ER-24	传统民居	三间两廊	13.4	11.0	WR-87	传统民居	三间两廊	13.9	11.4
EC-18	传统民居	三间两廊	12.9	8.0	WR-88	传统民居	三间两廊	12.2	7.8
SR-29	传统民居	三间两廊	12.4	10.3	WR-89	传统民居	三间两廊	16.9	10.0
SR-30	传统民居	三间两廊	12.4	11.4	WR-90	传统民居	三间两廊	16.9	10.9
SR-33	传统民居	三间两廊	12.7	12.6	WR-92	传统民居	三间两廊	13.1	13.5
SR-34	传统民居	三间两廊	15.5	8.8	WR-93	传统民居	三间两廊	17.6	12.9
SR-36	传统民居	三间两廊	12.4	12.8	WR-95	传统民居	三间两廊	18.3	13.5
SR-38	传统民居	三间两廊	19.2	13.2	WR-101	—	三间两廊	10.1	8.2
SR-39	传统民居	三间两廊	16.4	12.4	WR-104	传统民居	三间两廊	9.7	9.2
SR-42	传统民居	三间两廊	22.8	11.7	WR-106	传统民居	三间两廊	16.0	11.0
SR-43	传统民居	三间两廊	19.6	11.6	WR-107	陆炜故居	三间两廊	18.0	12.8
SR-44	传统民居	三间两廊	19.2	11.2	WR-108	传统民居	三间两廊	16.0	10.9
SR-45	传统民居	三间两廊	11.7	10.0	NR-109	传统民居	三间两廊	18.5	10.4
SR-46	传统民居	三间两廊	12.0	10.0	NR-111	传统民居	三间两廊	19.6	11.0
SR-47	传统民居	三间两廊	14.0	16.0	NR-112	传统民居	三间两廊	11.2	13.5
SR-48	传统民居	三间两廊	13.9	9.3	NR-114	沈氏祠堂	三间两廊	14.8	12.6
SR-53	传统民居	三间两廊	12.1	11.2	NR-116	传统民居	三间两廊	12.0	12.5
SR-55	传统民居	三间两廊	12.9	13.4	NR-117	传统民居	三间两廊	11.8	12.3
SR-62	传统民居	三间两廊	13.8	12.4	NR-118	传统民居	三间两廊	10.8	12.3
SR-63	兰集堂	三间两廊	15.7	15.2	NR-119	传统民居	三间两廊	13.1	7.9
SR-67	传统民居	三间两廊	17.7	10.9	NR-120	传统民居	三间两廊	12.6	11.3
SR-68	传统民居	三间两廊	13.1	11.5	NR-122	传统民居	三间两廊	13.2	8.3
SR-69	传统民居	三间两廊	15.4	8.2	NR-123	传统民居	三间两廊	13.2	10.3
SR-70	传统民居	三间两廊	16.2	8.9	NR-124	传统民居	三间两廊	16.0	10.9
SR-71	传统民居	三间两廊	20.6	14.8	NR-125	传统民居	三间两廊	11.7	10.2

续表

建筑编号	名称	布局类型	地块开间宽度（m）	地块进深长度（m）	建筑编号	名称	布局类型	地块开间宽度（m）	地块进深长度（m）
NR–126	传统民居	三间两廊	12.8	11.6	SR–52	传统民居	"上三下三"（一进四合院）	12.2	17.1
NR–127	传统民居	三间两廊	11.6	10.3	SR–65	明进书院（私塾）	一进四合院	15.0	19.8
NR–131	传统民居	三间两廊	10.6	11.6	SR–66	传统民居	合院式	11.3	20.2
NC–49	传统民居	三间两廊	13.1	10.0	NR–121	传统民居	合院式	8.9	20.0
NC–58	传统民居	三间两廊	13.4	12.1	NR–132	传统民居	"上三下三"（一进四合院）	12.0	15.1
ER–9	传统民居	一字型	15.0	6.9	NC–47	传统民居	一进合院式	10.0	12.0
ER–15	商铺	一字型	18.2	5.3	ER–1	灵秀坊	建筑单体	6.0	1.2
ER–19	东向更楼	一字型	15.0	7.2	ER–2	启延门	建筑单体	6.3	6.0
ER–23	商铺	一字型	24.3	5.9	ER–25	传统民居	建筑单体	5.5	4.8
SR–27	传统民居	一字型	24.8	7.5	SR–26	传统民居	建筑单体	5.9	4.7
SR–57	南向更楼（史馆）	一字型	17.2	7.0	SR–58	震明门	建筑单体	4.9	6.9
SR–41	—	一字型	22.3	5.5	WR–100	镇华门	建筑单体	9.2	7.5
WR–96	西向更楼	一字型	12.2	7.2	NR–129	迎龙门	建筑单体	5.8	3.2
WR–98	商铺	一字型	13.9	7.4	SR–54	传统民居	L 型	7.5	11.4
WR–99	传统民居	一字型	21.0	7.5	ER–14	传统民居	L 型	7.9	10.2
WR–105	传统民居	一字型	13.6	7.2	SR–40	传统民居	L 型	14.6	13.9
NR–115	传统民居	一字型	15.4	7.6	SR–64	传统民居	L 型	12.0	14.5
NR–110	传统民居	一字型	23.8	7.1	WR–97	传统民居	L 型	15.5	11.1
ER–16	东向食堂	"上三下三"（一进四合院）	13.5	19.3	WR–102	传统民居	L 型	7.2	8.1
SR–31	广裕祠	两进四合院	23.0	63.4	WR–103	传统民居	L 型	10.0	12.7
SR–50	传统民居	"上二下二"（一进四合院）	8.0	18.0	NR–130	传统民居	L 型	11.2	9.5
SR–51	传统民居	"上三下三"（一进四合院）	12.8	16.4	SR–61	敬所书院	工字型	6.4	13.5

完全损坏建筑地块统计 附表 2

序号	开间（m）	进深（m）	开间 / 进深	序号	开间（m）	进深（m）	开间 / 进深
EC–1	12.5	11	1.14	EC–13	14.4	12.1	1.19
EC–5	13.6	11.9	1.14	EC–14	15.5	9.3	1.67
EC–6	11.9	11.5	1.03	EC–15	19.8	16.3	1.21
EC–7	17.8	10.8	1.65	EC–16	23.3	11.8	1.97
ER–7	17.2	11.0	1.56	EC–17	12.2	11.5	1.06
EC–8	17.6	11.8	1.49	EC–19	13.4	8.8	1.52
EC–9	17.6	10.2	1.73	EC–20	12.4	8.8	1.41
EC–10	14.4	12.5	1.15	EC–21	12.4	11.0	1.13
EC–11	14.4	12.8	1.13	SC–22	12.4	8.4	1.48
EC–12	14.4	11.6	1.24	SC–23	11.0	11.2	0.98

序号	开间（m）	进深（m）	开间/进深	序号	开间（m）	进深（m）	开间/进深
SC-24	11.0	11.2	0.98	NC-51	14.4	18.5	0.78
SC-25	11.0	11.2	0.98	NC-52	19.6	12.3	1.59
SC-26	18.7	9.7	1.93	NC-53	18.5	10.2	1.81
SC-27	15.9	9.6	1.66	SR-56	13.0	9.9	1.31
SC-28	14.1	9.1	1.55	NC-56	15.8	15.6	1.01
SR-28	11	11.6	0.95	NC-57	23.8	6.9	3.45
SC-29	12.6	9.1	1.38	NC-59	12.5	13.8	0.91
SC-30	10.8	9.5	1.14	NC-60	12.6	11.3	1.12
SC-31	14.5	11.2	1.29	SR-60	10.8	11.4	0.95
SR-32	10.2	13.4	0.76	NC-61	10.3	10.2	1.01
WC-32	14.5	12.0	1.21	NC-62	9.0	18.6	0.48
WC-33	9.5	10.8	0.88	NC-63	16.5	11.0	1.50
WC-34	9.5	10.8	0.88	NC-64	20.4	12.8	1.59
WC-35	16.0	11.0	1.45	NC-65	9.0	6.7	1.34
WC-36	16.0	10.0	1.60	NC-66	10.3	10.3	1.00
SR-37	18.7	11.1	1.68	NC-67	14.2	11.0	1.29
WC-37	19.0	9.5	2.00	NC-68	9.0	6.8	1.32
WC-38	8.9	9.0	0.99	NC-69	16.0	9.9	1.62
WC-39	16.8	12.0	1.40	NC-70	12.6	8.9	1.42
NC-40	14.5	10.8	1.34	NC-71	11.1	10.6	1.05
NC-43	11.6	10.5	1.10	SR-77	12.6	8.5	1.48
NC-44	14.4	10.3	1.40	SR-84	17.5	10.0	1.75
NC-45	15.0	13.3	1.13	WR-91	15.8	19.1	0.83
NC-46	17.2	14.8	1.16	WR-94	13.3	12.7	1.05
NC-48	10.0	12.0	0.83	NR-113	17.9	11.0	1.63
NC-50	15.4	10.8	1.43	—	—	—	—

三间两廊各形制地块统计　　　　　　　　　　　　　附表3

建筑编号	三间两廊形制	地块开间宽度（m）	地块进深长度（m）	地块开间/进深的比值	建筑编号	三间两廊形制	地块开间宽度（m）	地块进深长度（m）	地块开间/进深的比值
ER-3	三间两廊	12.7	11.7	1.09	ER-24	三间两廊	13.4	11.0	1.22
ER-5	三间两廊	14.2	11.7	1.21	SR-30	三间两廊	12.4	11.4	1.09
ER-6	三间两廊	12.8	9.4	1.36	SR-38	三间两廊	19.2	13.2	1.45
ER-11	三间两廊	13.0	11.6	1.12	SR-39	三间两廊	16.4	12.4	1.32
ER-22	三间两廊	12.2	11.5	1.06	SR-75	三间两廊	12.6	12.0	1.05
ER-10	三间两廊	11.8	12.5	0.94	SR-81	三间两廊	13.8	15.7	0.88
ER-12	三间两廊	11.8	9.1	1.30	SR-29	三间两廊	12.4	10.3	1.20
ER-13	三间两廊	9.7	10.2	0.95	SR-33	三间两廊	12.7	12.6	1.01
ER-17	三间两廊	11.9	7.6	1.57	SR-34	三间两廊	15.5	8.8	1.76
ER-20	三间两廊	14.4	15.7	0.92	SR-36	三间两廊	12.4	12.8	0.97

续表

建筑编号	三间两廊形制	地块开间宽度（m）	地块进深长度（m）	地块开间/进深的比值	建筑编号	三间两廊形制	地块开间宽度（m）	地块进深长度（m）	地块开间/进深的比值
SR-45	三间两廊	11.7	10.0	1.17	WC-34	三间两廊	9.5	10.8	0.88
SR-46	三间两廊	12.0	10.0	1.20	NC-43	三间两廊	11.6	10.5	1.10
SR-47	三间两廊	14.0	16.0	0.88	NC-59	三间两廊	12.5	13.8	0.91
SR-53	三间两廊	12.1	11.2	1.08	NC-60	三间两廊	12.6	11.3	1.12
SR-55	三间两廊	12.9	13.4	0.96	NC-61	三间两廊	10.3	10.2	1.01
SR-68	三间两廊	13.1	11.5	1.14	NC-66	三间两廊	10.3	10.3	1.00
SR-69	三间两廊	15.4	8.2	1.88	NC-67	三间两廊	14.2	11.0	1.29
SR-70	三间两廊	16.2	8.9	1.82	NC-70	三间两廊	12.6	8.9	1.42
SR-76	三间两廊	12.6	9.5	1.33	NC-71	三间两廊	11.1	10.6	1.05
WR-92	三间两廊	13.1	13.5	0.97	SR-77	三间两廊	12.6	8.5	1.48
WR-101	三间两廊	10.1	8.2	1.23	SR-42	单侧间	22.8	11.7	1.95
WR-104	三间两廊	9.7	9.2	1.05	SR-43	单侧间	19.6	11.6	1.69
NR-116	三间两廊	12.0	12.5	0.96	SR-44	单侧间	19.2	11.2	1.71
NR-118	三间两廊	10.8	12.3	0.88	SR-48	单侧间	13.9	9.3	1.49
NR-120	三间两廊	12.6	11.3	1.12	SR-62	单侧间	13.8	12.4	1.11
NR-117	三间两廊	11.8	12.3	0.96	SR-67	单侧间	17.7	10.9	1.62
NR-122	三间两廊	13.2	8.3	1.59	SR-71	单侧间	20.6	14.8	1.39
NR-123	三间两廊	13.2	10.3	1.28	SR-72	单侧间	17.7	9.5	1.86
NR-125	三间两廊	11.7	10.2	1.15	SR-73	单侧间	23.9	11.6	2.06
NR-127	三间两廊	11.6	10.3	1.13	SR-74	单侧间	17.3	12.0	1.44
NR-131	三间两廊	10.6	11.6	0.91	SR-79	单侧间	16.8	11.5	1.46
NR-112	三间两廊	11.2	13.5	0.83	SR-80	单侧间	16.8	11.5	1.46
NR-114	三间两廊	14.8	12.6	1.17	WR-82	单侧间	13.3	10.5	1.27
NR-126	三间两廊	12.8	11.6	1.10	WR-83	单侧间	15.7	9.8	1.60
NR-119	三间两廊	13.1	7.9	1.66	WR-85	单侧间	14.5	10.9	1.33
EC-1	三间两廊	12.5	11	1.14	WR-86	单侧间	15.5	10.0	1.55
EC-5	三间两廊	13.6	11.9	1.14	WR-87	单侧间	13.9	11.4	1.22
EC-6	三间两廊	11.9	11.5	1.03	WR-89	单侧间	16.9	10.0	1.69
EC-10	三间两廊	14.4	12.5	1.15	WR-90	单侧间	16.9	10.9	1.55
EC-11	三间两廊	14.4	12.8	1.13	WR-93	单侧间	17.6	12.9	1.36
EC-12	三间两廊	14.4	11.6	1.24	WR-95	单侧间	18.3	13.5	1.36
EC-13	三间两廊	14.4	12.1	1.19	WR-106	单侧间	16.0	11.0	1.45
EC-17	三间两廊	12.2	11.5	1.06	WR-108	单侧间	16.0	10.9	1.47
SC-22	三间两廊	12.4	8.4	1.48	NR-111	单侧间	19.6	11.0	1.78
SC-23	三间两廊	11.0	11.2	0.98	NR-124	单侧间	16.0	10.9	1.47
SC-24	三间两廊	11.0	11.2	0.98	ER-18	单侧间	17.6	10.0	1.76
SC-25	三间两廊	11.0	11.2	0.98	EC-18	单侧间	12.9	8.0	1.61
SR-28	三间两廊	11	11.6	0.95	EC-7	单侧间	17.8	10.8	1.65
SC-30	三间两廊	10.8	9.5	1.14	EC-18	单侧间	12.9	8.0	1.61
WC-33	三间两廊	9.5	10.8	0.88	EC-7	单侧间	17.8	10.8	1.65

续表

建筑编号	三间两廊形制	地块开间宽度（m）	地块进深长度（m）	地块开间/进深的比值	建筑编号	三间两廊形制	地块开间宽度（m）	地块进深长度（m）	地块开间/进深的比值
EC-8	单侧间	17.6	11.8	1.49	NC-64	单侧间	20.4	12.8	1.59
EC-9	单侧间	17.6	10.2	1.73	NC-69	单侧间	16.0	9.9	1.62
SC-26	单侧间	18.7	9.7	1.93	SR-84	单侧间	17.5	10.0	1.75
SC-27	单侧间	15.9	9.6	1.66	NR-113	单侧间	17.9	11.0	1.63
SC-28	单侧间	14.1	9.1	1.55	WR-94	单侧间	13.3	12.7	1.05
SC-29	单侧间	12.6	9.1	1.38	ER-21	双侧间	24.3	11.8	2.06
SC-31	单侧间	14.5	11.2	1.29	SR-63	双侧间	15.7	15.2	1.03
WC-35	单侧间	16.0	11.0	1.45	WR-107	双侧间	18.0	12.8	1.41
WC-36	单侧间	16.0	10.0	1.60	EC-16	双侧间	23.3	11.8	1.97
SR-37	单侧间	18.7	11.1	1.68	NC-53	双侧间	18.5	10.2	1.81
WC-37	单侧间	19.0	9.5	2.00	NC-63	双侧间	16.5	11.0	1.50
NC-50	单侧间	15.4	10.8	1.43	NR-109	五间两廊	18.5	10.4	1.78

注：ER、SR、WR、NR 分别指东向、南向、西向、北向有遗存的地块；EC、SC、WC、NC 分别指东向、南向、西向、北向无遗存的地块

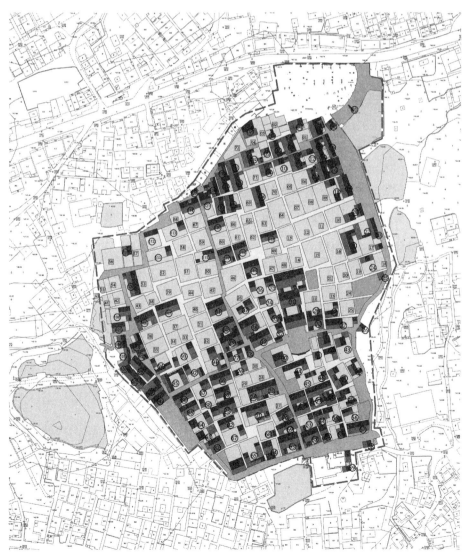

附图 1　钱岗古村现状总平面图编号图
注：圆形指有遗存的地块；方形指无遗存的地块

基于民俗节庆的传统村落公共空间场所精神营建
—— 以潮州鹳巢古村小灯首为例

何韶颖　张艺铃　苏梓敏

何韶颖，广东工业大学建筑与城市规划学院教授，副院长。邮箱：childhe@139.com。
张艺铃，广东工业大学建筑与城市规划学院硕士研究生。邮箱：1466650643@qq.com。
苏梓敏，广东工业大学建筑与城市规划学院本科生。邮箱：2445684317@qq.com。

摘要：在城市化进程中，传统村落公共空间作为民俗节庆的重要载体，其独特的文化价值和精神内涵正遭受侵蚀。本文选取潮州市鹳巢古村为研究案例，梳理小灯首期间村落公共空间中的物质要素及社会主体构成，从主体行为、空间利用与文化内涵划分活动类型，并进行空间与活动事件的耦合关系分析；最后，从方向感、安全感、认同感和价值感四个层级探讨传统村落公共空间场所精神的营建手法。研究成果在丰富场所精神理论体系的同时，为营造对内具有归属感、对外具有吸引力的宜居乡村提供借鉴和参考。

关键词：场所精神；民俗节庆；公共空间；传统村落

一、项目背景

党的十九大报告提出实施乡村振兴战略，文化振兴作为一项铸魂工程，是乡村振兴的"根"与"魂"，贯穿于乡村振兴全过程与各领域。中华农耕文明所积淀的乡村文化，集中反映在传统村落的民俗节庆中；通过传统村落民俗节庆中公共空间的保护和提升来推进乡村文化振兴，是乡村振兴战略实施的现实需求。本文试图以民俗节庆作为乡村公共空间研究的一个切入点，在既有的传统村落公共空间语境中探寻场所精神的营建途径，以助于传统村落的社会结构维系、文化认同培育以及价值认同塑造。

二、研究案例概况

鹳巢位于广东省潮州市龙湖镇，现分为四个行政村。建村历史悠久，相传在南宋末年，这里古榕参天，鹳鸟成群，并于树颠筑就鹳巢累累，因此而得名"鹳巢"。鹳巢李氏共分为八个社，灯首活动一年一社轮流主办，形成"八社轮值"的俗约，当地称为"值灯脚"，每年正月十七举行的活动为大灯首（俗称"大灯脚"），本文提到的小灯首（俗称"灯脚仔"）于大灯首举行的前一年农历七月初七举行。灯首活动八年一轮回，对值灯脚的社来说，是倾尽全社之力举办的宗族盛事，活动类型丰富。近年来，原真的乡土文化和丰富的文娱活动吸引了大批周边游客前来体验和观光。

三、小灯首中公共空间与活动事件考察

1. 公共空间的物质要素解析

1）自然环境

水体：鹳巢形成了核心区与南部区域两大片水体（图 1），由大小不一的池塘构成，池塘之间以道路分隔；此外，鹳巢祠堂前几乎都有池塘。全村大大小小 40 多个池塘，既构成了村落主要的自然景观，也起到了调节环境微气候的作用。

植物：古榕紧邻宗祠和池塘，形成了具有鹳巢特色的公共空间单元（图 2）；在节庆活动中，村民会自发带上板凳在榕树下休憩。大榕树下成为兼具休闲娱乐和修身养性功能的公共空间。

2）人工环境

祠堂：本次小灯首活动所涉及的祠堂根据承载功能可分为两类，一类是敬拜神明、祭祀先祖的祠堂，规制完整，庄严肃穆，如五桂名宗、上园公祠和双抛祠；另一类是举办书画作品展等展览活动的祠堂，前广场临近池塘，空间开阔，如予怙公祠、锡霖公祠。

广场：广场是村民日常交往行为和传统节庆活动中公共行为最集中的发生地，蕴含着丰厚的社区情感和集体记忆，也是小灯首活动中最主要、最活跃的空间载体之一。广场大多靠近水系、祠堂或交通干道，空间开阔，能同时容纳上千人的祭祀仪式和类型丰富的文娱活动。

街巷：街巷是构成村落形态的骨架支撑[1]，是内部交通、民俗活动和村民日常交往的重要载体。小灯首期间，主办社的街巷挂满彩旗、灯笼等装饰，既营造了节庆氛围，也划定了主办社的地界。

2.活动的社会主体构成

乡贤：参与组织鹳巢小灯首活动的乡贤主要归属老人组和理事会两个团队，老人组全部由社内德高望重的老人组成，共10人，主要负责在祭祀中引导祭拜仪式；理事会由老、中、青三代组成，中年和青年人各15人，以及老人组推举的3位老者，在公平、公正、公开的民主氛围中，负责组织和协调小灯首各个环节的人、事、物。

村外游客：游客在参观游览的过程中扮演着不同角色，是活动产品的消费者、传统文化的体验者，乃至文化交流的传播者。根据问卷调查结果，上园社小灯首活动50%的游客通过熟人推荐，这些熟人几乎都是曾到鹳巢体验过灯首活动魅力的游客。

文娱团队：小灯首合理利用了外部资源，邀请其他专业的表演人员或团队，营造传统与现代共存、老少皆宜的文化氛围。例如，潮汕三市票友会和乒乓球邀请赛均为邀请的表演人员。

3.活动事件的类型考察

1）按主体行为模式分类

线路巡游型：在传统村落的民俗节庆中，线路巡游型活动在村落界域内呈线性动态特征，表达为村落祈福的文化内涵（图3）。鹳巢乡小灯首最典型的线路巡游活动是迎花公花嬷和锣鼓队表演，这类活动路线的确定原则，一是尽可能顾及乡内的宗祠庙宇，二是要保证鹳巢各社均在线路范围内，既发挥了敬神祈福的社会功能，又明确了鹳巢的空间界域。

舞台表演型：舞台表演型活动的行为主体固定在明确的空间中，活动的视线焦点为舞台，表演者与观众之间界限清晰[2]（图3）。在小灯首中，潮曲票友和潮剧戏曲表演的观众多为爱好潮剧的中老年人，

图1 鹳巢村落平面图

图2 "池塘—古榕—祠堂"空间组合

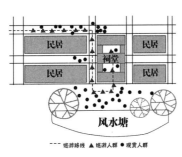

线路巡游型

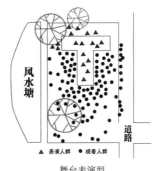

舞台表演型

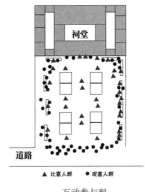

互动参与型

图3 不同的主体行为模式活动示意图

在舞台前形成三五排观演区，所需空间面积较小；相较之下，现代歌舞的观众人数较多，既定的观演空间不能满足需求，甚至有观众需要站在广场附近的高处以便看到舞台，既定的观演空间被人为扩大。

互动参与型：在该类型的活动中，表演者与观众在公共空间中高度融合，甚至可随时进行身份互换，活动主体的自由度提高，公共空间的灵活性增强，这也导致形成了"多中心"的公共活动空间（图3）。例如，小灯首期间在五桂名宗前广场举行的汇集潮州当地业余乒乓球队的乒乓球邀请赛，参赛选手与观众交融在同一公共空间，并以各球台为中心，形成了多个小规模焦点空间。

2）按空间利用模式分类

空间序列型：活动沿空间序列进行，各物质空间要素之间建立起顺序、流线和方向的联系，营造抑扬顿挫、高潮迭起的节日氛围。小灯首中，锣鼓队巡游队伍以街巷为连线，经过若干个重要空间节点，在"面—点—线—面"空间中通过队伍的移动和停留串联场景片段，以此建立空间序列组合。

空间节点型：根据活动所在空间节点的形态差异，活动场所可分为半围合空间和开放空间。半围合空间容纳事件行为与事件主体，其承载的活动包括敬神、乒乓球邀请赛和潮曲票友等；开放空间具有开放性、包容性和功能性的特征，可承载主体参与度高、环境自由性强的集体活动，其主要承载的活动有卡拉OK、鹳巢红色革命展览和社内灯光秀等。

3）按文化表达主题分类

宗族文化型：鹳巢的传统宗族血亲结构自宋朝开基祖定居此地到现在仍然维系良好，后世乡族宗亲对于来自同个祖先的认同感形成了强大的向心力。对上园社村民的问卷调查结果显示，60%的群众身在外地的家人都能在小灯首时回到家乡，25%表示外地的家人偶尔也会回来参加。小灯首以宗族祖先崇拜强力"拉扯"着人们在精神价值上回归村落。[3]

民俗文化型：民俗文化是一个区域内人们生产生活实践中产生的带有集体记忆和共同情感的文化现象。小灯首是鹳巢盛大的民俗文化集会，敬拜神明、祭拜先祖，表现出了对原始信仰和宗族血缘的尊重

和继承；以锣鼓队巡游为代表的活动体现了民俗文化具有的传承性特征；以潮汕话为谜面、当地民俗为谜底的"猜灯谜"，表现了民俗文化在形式传承性和内容在地性上的高度统一。

红色文化型：鹳巢红色文化资源丰富，是潮州市著名的爱国主义教育基地。上园社小灯首开辟了"红色文化展览区"，是鹳巢首次对外的红色文化宣传。展区吸引了许多青少年，红色基因在年轻一代中得以传承。

体育文化型：鹳巢的小灯首将大众体育节目的内容固定化、形式多样化、特色放大化。一方面丰富了民俗活动内容；另一方面也吸引了更多游客，扩大了小灯首活动的区域影响力。上园社乒乓球邀请赛老带新的筹备模式，已然成为上园社小灯首不可或缺的内容之一。

4.公共空间与活动事件的耦合分析

对小灯首进行"空间"与"事件"的耦合分析（图4、图5），通过纵轴比较，仅祠堂和广场为通实线，表明这两类空间可承载全部类型的活动事件。分析其原因，小灯首活动事件多围绕敬神祭祖展开，

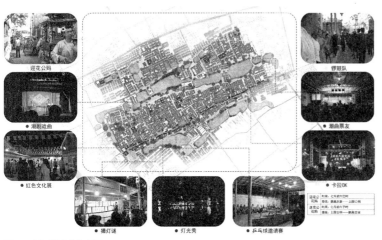

图4 小灯首活动分布图

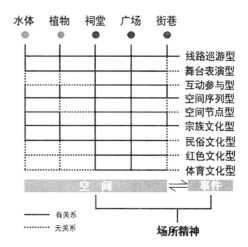

图5 小灯首"空间·事件·场所精神"分析图

祠堂在乡村具有象征宗族传承、根脉相连的精神地位；同时，祠堂在建筑平面形式上分为前埕和后厝，室内外空间交融，可满足祭祖、表演等多种文化活动的空间要求。而广场既可依附祠堂出现，亦可独立于建筑空间外，空间开阔、环境优美，适宜承载各种类型的活动事件。

通过横轴的对比发现，线路巡游型、空间序列型和宗族文化型这三类活动事件为通实线，三类活动的交点为迎花公花嬷和锣鼓队表演，它们是小灯首最为核心的活动事件，通过既定线路的巡游，串联乡村公共空间，传达文化共识，构建集体记忆，赋予了公共空间精神内核。

四、村落公共空间的场所精神营建手法提取

1. 以物质空间多要素的组合构成方向感

鹳巢小灯首的各项活动，都不会仅仅使用单一的空间要素，而是采用多要素组合的方式。例如，空间序列型活动将自然环境和人工环境有机地融合在一起，连续且高可达性的公共空间为建构空间序列创造了条件，沿线的空间标志物有效形成空间的方向性；空间节点型活动则利用建筑、临时构筑物、开放空间等共同构成相对固定的空间载体，使人们获得相对明确和个性化的空间氛围体验。

2. 以空间与事件的耦合营造安全感

通过上园社小灯首的考察可发现，特定的公共空间与特色的活动事件之间存在着能够互动的耦合关系[4]；公共空间与活动事件互为充要条件，特色活动事件需要特定类型的空间作为载体，而通过特色活动事件，特定的公共空间被主体感知并带来回忆、产生情感，安全感也因此被构筑起来。

3. 以文化主题的综合性培育认同感

相较于城市以地缘为主的大众社会，传统村落依靠以血缘为纽带的熟人社会发展，在场所精神的营建过程中，通过提取传统村落的历史文化要素，将文化元素融入空间叙事和活动开展中，通过场景再现、仪式发生和空间叙事等手段，构建活动事件中社会主体的认同感。如小灯首中的宗族文化型和民俗文化型活动，可提升对中华传统农耕文化的认同感；红色文化型活动则可提高村落公共空间的历史代入感和时代精神感染力。

4. 以参与主体的多元化塑造价值感

"价值感"一方面体现在当地村民对自我以及所处社会空间的自豪；另一方面表现在外来游客和其他主体对传统村落公共空间向好的肯定，是在方向感、安全感和认同感基础上形成的积极的空间情感体验。小灯首活动对于公共空间的价值感营建主要有两个途径：一是公众参与以塑造村民个体价值；二是带动消费以提升村落经济价值。

五、结语

城市扩张、文化侵蚀容易导致乡村面貌同质化、趋同化。对传统村落公共空间场所精神营建的持续关注，可以有效规避在乡村建设中对于物质空间要素的片面改造和精神文化要素的机械继承，有助于实现传统村落公共空间的保护、发展与重构。传统村落公共空间中包含的自然环境、人工环境是社会主体可识别、可认知的物质要素，在节庆活动中，直接影响人们在空间中的方向感和安全感形成；不同主体行为模式、空间利用类型和空间文化表达中形成的集体记忆和空间感知，是场所精神形成的精神文化要素，促成了空间认同感和价值感的产生。在"空间·事件·场所精神"的理论基础上，通过民俗节庆中鹳巢古村公共空间场所精神塑造的手法提取，可为营造对内具有归属感、对外具有吸引力的乡村提供借鉴和参考。

注：文中图片均为作者自绘。

参考文献

[1] 陈李波，刘贵然.空间句法语境下大悟县熊畈村传统村落街巷活力重塑[J].建筑与文化，2020（09）：206-210.

[2] 吴家禾.基于民俗事件的乡镇空间活化[D].南京：南京大学，2019.

[3] 盖媛瑾，陈志永.传统村落公共文化空间与景区化发展中的资源凭借——以黔东南郎德上寨"招龙节"为例[J].黑龙江民族丛刊，2019（01）：48-57.

[4] 陆邵明.基于空间事件的城市精神塑造策略[J].城市发展研究，2011，18（08）：120-124.

基于民居建筑遗址保护上的展示利用设计探讨——以湖南益阳胡林翼故居遗址保护及部分复原项目为例

柳司航　田长青　柳　肃

柳司航，湖南大学设计研究院有限公司副所长。
邮箱：410905082@qq.com。
田长青，湖南大学设计研究院有限公司所长。邮
箱：25135028@qq.com。
柳肃，湖南大学教授。邮箱：liusu001@163.com。

摘要：建筑遗址因其界定类别的多样性和个体案例的特殊性，在做遗址的保护设计时，应有针对性地采取保护措施。常规的遗址保护能提供丰富的科学科研价值，记录原有的艺术价值，却无法提供更多的社会和教育价值。所以在建筑遗址调勘发掘完整且充分的基础上，应通过展示利用甚至部分复原的方式，创造更大的价值和意义。而在这个过程中往往存在很多不确定性的因素和问题。胡林翼故居遗址的展示利用和部分复原设计是在研究现存遗址特性的基础上，采取了保留统一的传统民居外观，同时兼顾传统建筑材料和现代建筑结构相结合的方式进行保护展示。本文在探讨了遗址保护、展示和复原的若干问题后，希望能以胡林翼故居遗址项目为例提出一个参考的方向。

关键词：建筑遗址保护；部分复原；展示利用；保护设计；胡林翼故居

对于建筑遗址的保护，要根据不同材料、不同部位和不同类型进行针对性的保护，常规的保护措施应贯穿遗址保护从勘查到展示阶段的全过程。为更好地利用遗址的历史、科学和艺术价值，产生社会影响力和教育意义，遗址的展示利用极为重要。和大遗址的展示不同，民居遗址相对规模较小，片区集中，不能用大遗址保护与展示的那套方法，而更适用于博物馆展示馆的方式。传统民居往往建在乡村或密集的旧城区，现代化的博物馆体量与周边环境格格不入，所以应根据具体遗址情况采用对建筑遗址部分复原的方式。

建筑遗址的复原一直在国际和国内存在广泛争议，究竟什么样的遗址适合复原，什么样的遗址只做原址保护，如果做复原有什么可以参考的原则，复原到什么程度，是做整体的复原还是做局部复原，复原建筑在设计时可以采用什么方法。这些问题是我们在做建筑遗址复原设计之初都要考虑到的。下面主要就遗址保护的前提下，对展示利用和部分复原等若干问题做探讨。

一、民居建筑遗址的常见类型与常规保护的原则与方法

1. 民居建筑遗址的常见类型

按照部位功能的不同，民居建筑遗址可以分为地面砖砌部分、基础部分、埋地部分。其中地面砖砌部分分为砖墙墙身、砖墙墙基、地面青砖、砖砌阶沿等；基础部分有柱础垫砖、埋地麻石、三合土基槽等；埋地部分主要是排水暗沟砖。以胡林翼故居遗址堂屋院出土的遗址分布为例（图1）。

2. 民居建筑遗址常规保护的原则与方法

对于建筑遗址的保护设计，首要确认的就是原则性问题，遗址原址保护是首要考虑的基本原则，在这个前提下引申出保护遗址及其环境的完整性、真实性。

1）建筑遗址常规保护的原则

原址保护，文物现存遗址遗迹在历史过程中形成的价值及其体现这种价值的状态应该被真实、完整

地保护下来，以胡林翼故居为例，有效地保护胡林翼故居局部遗址的历史、文化环境，并通过保护延续相关的历史格局，是遗址保护的基本原则。保护完整性与真实性，尊重历史演化过程中形成的包括各个时代特征、具有价值的物质遗存。

保护遗址的多样性：选择考古调勘出的多处不同种类的建筑遗存保护。本遗址遗存构成丰富，有排水沟、柱础、地砖、墙基、天井、三合土地面、石门坎等，在本次保护中保留了各类遗存（图2）。

集中成片保护：遗址保护需集中成片。选择官厅区域最集中的地砖、柱础、天井等区域，形成集中

保护和展示，结合展柜、展墙、展板形成更具有教育和传承意义的展厅功能空间。

保护遗址的特殊性：保护有特殊做法的遗址。需根据不同的遗址类型采用不同的保护和展示方式，例如回形空斗墙和柱础，采用钢梁、钢柱支撑架空上方砌墙搁柱的形式；官厅地面做法特殊且面积较大，采用开设通风空洞的梯形玻璃罩展示，上方设天井，保证被保护遗址的通风透气。

2）建筑遗址常规保护的方法

按照工程阶段可以分为遗址调勘阶段的保护和遗址展示利用阶段的保护两部分。遗址调勘阶段：常

规的遗址保护应根据保护部位的不同，采取不同的保护措施（表1），以胡林翼故居遗址为例说明（图3）。

遗址展示利用阶段的保护：温度和湿度是遗址展示利用阶段保护的两个最基本的因素。高温（或高湿）以及干湿循环等容易造成遗址产生物理变化（表面开裂）、化学变化和生物变化（微生物生长）等病害，因此为了更好地保护遗址，应当控制展览馆内遗址周围的温湿度（图4）。

遗址展示阶段的环境控制应当从大环境和小环境两方面考虑，其中大环境控制应当结合展览馆内游客参观和展陈环境要求共同考虑，

图1　胡林翼故居遗址航拍照片

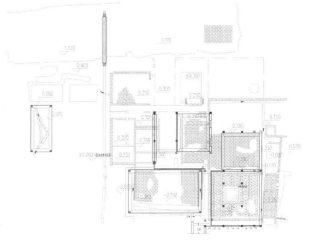

图2　胡林翼故居遗址保护区域

图3　胡林翼故居遗址现状

胡林翼故居遗址不同部位保护措施 表 1

保护部位	地砖、排水沟、柱础保护措施	封火山墙墙基保护措施
保护方法	（1）在保护范围内覆盖彩条布，彩条布以青砖压边 （2）彩条布覆盖完成后回填土，覆盖被保护遗址 （3）完成覆土后周边区域划白线以区分，保护区域内严禁踩踏、碰撞和盛放重物 （4）复建工程完成后方可铲除覆土，揭除彩条布，启动遗址展示工程	（1）以木板支模罩住墙基遗址 （2）木板为防腐朽侵蚀，上覆彩条布，彩条布以青砖压边 （3）彩条布覆盖后回填土，覆盖被保护遗址 （4）完成覆土后周边区域划白线以区分，保护区域内严禁踩踏、碰撞和盛放重物 （5）复建工程完成后方可铲除覆土，揭除彩条布，拆除木模，启动遗址展示工程

图 4　胡林翼故居遗址保护罩

图 5　胡林翼故居遗址保护展示

主要手段包括恒温恒湿空调、新风系统等。小环境控制是重点针对遗址局部（如砖体附近）进行温湿度（主要为湿度）控制，主要手段包括布置除湿器，玻璃罩体内通风等。此外，为达到控制遗址环境目的和制订除湿设备使用策略，建议对遗址保存环境的温度、湿度、土体含水率等进行长期监测（图 5）。

二、民居建筑遗址部分复原设计的前提、原则和方法

对于常规保护，在前文已进行较详细的论述，本节主要针对建筑遗址的部分复原进行论述。除了遗址的常规保护，基于保护为前提的部分复原，是当代更可行、更有推广性的方法（图 6）。

1. 建筑遗址部分复原的前提探讨

1）对于遗址复原的规定

《中国文物古迹保护准则》第43 条规定："不提倡原址重建的展示方式。考古遗址不应重建。鼓励根据考古和文献资料通过图片、模型、虚拟展示等科技手段和方法对遗址进行展示。"其阐释内容说明"只有在特殊的情况下，如缺损建筑对现

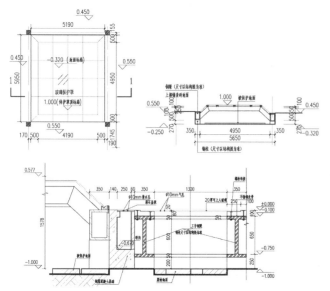
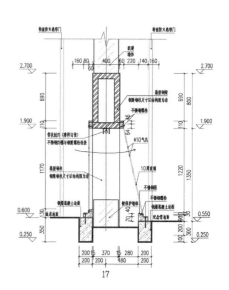

图 6　胡林翼故居遗址措施施工图

存建筑群具有特别重要的意义，并且缺失建筑形象和文字资料充分，依据充足，能够准确复原，方可考虑这一措施。"[1]

2）遗址复原的前提条件

为何会有不提倡原址重建的展示方式，其根本原因是建筑遗址的不可再生性。所以无论国内还是国际都更推崇使用数字、图片、虚拟等展示手段，以展示的方式对遗址进行保护。我们在做遗址复原前，首先要解决的就是不可再生的根本问题和复原的必要性与可行性。现在国内面临很现实的情况是，如果只是建筑遗址，很难起到教化普及和传承的作用，对于传统文化的传承不利，所以文旅融合迫在眉睫，建筑遗址如果能通过复原做到更好的保护和传承，就可以做适度的复原。

3）胡林翼故居遗址部分复原的背景

胡林翼作为晚清名臣、湘军重要首领，是清代益阳的重要历史人物。湖南益阳拥有如胡林翼、陶澍等这样一批晚清湖湘文化精英人士，成为益阳乃至湖南的独特文化奇观。然而，在历史的变革过程中，这些具有重要历史文化价值信息的实物载体几乎破坏殆尽。因此，复原胡林翼故居，重塑湖湘文化在湖南，

乃至中国的历史地位，具有重要的历史价值和意义。

故居科学与人文精神高度结合，具有极强的地域性和代表性。对错误拆除文物建筑、尽快恢复故居风貌的需要。从1950年始至1980年，故居历经社会动荡和自然灾害遭到拆除损毁，其损失的不只是文物建筑，还有故居功能性布局胡林翼其人和所代表的湖湘文化的复兴，并且发挥文物建筑的教育作用是必要的。

2. 建筑遗址部分复原设计方法探讨

1）部分复原设计的依据

准确的复原设计依据是调勘发掘的遗址有明确的传统格局，同时有亲历者详尽的回忆记录佐证，以胡林翼故居为例：遗址所展现的传统格局明确，作为典型的湘东北地区代表性建筑，其庄园式的总体格局，严谨的建筑布局，是传统农村经济与官僚经济背景下的产物，是对当时社会背景下农村地主家庭生活面貌的最生动的记录与展示。在已调勘遗址基础上分区域做复原和展示保护，周边地区保留下来的清代宅院建筑资源较多，如益阳的魏公庙巷、廖氏宗祠、唐家观古建筑群等均有借鉴意义，尤其是建筑布

局上可以借鉴的方面很多。

除发掘遗址的格局明确外，还有建筑亲历者的回忆佐证。就故居保存情况最好的区域，绝大多数遗迹均可在胡万祺先生回忆的故居平面布局图上找到相应位置，例如天井花园及以北的两个天井、官厅等（图7）。由此可见，以胡万祺先生回忆的故居平面布局图为蓝本，修复重建故居基本上是切实可行的。

2）部分复原设计的方法

对胡林翼故居文物建筑进行部分复原工程。局部复原工程中含胡林翼故居部分复原和胡林翼纪念馆两部分。地面遗存不多的区域和胡林翼的出生房做故居部分复原；地面遗存较多且集中的区域做纪念馆，通过现代的保护手段更好地保存建筑遗址。包括文物建筑本体布局及形制的还原、内部空间的恢复及展示利用，以及周边环境及整体历史格局的复原。针对故居的考古现状，制定对应的复原方案，排除安全隐患，对文物及其历史风貌进行保护（图8）。

综上可知，针对胡林翼故居建筑遗址最适合的部分复原设计方法是现代室内展陈与传统外观结合的设计。建筑遗址的复原应讲究完整性，经过多方考证后确认故居原

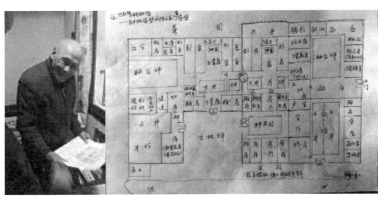

图7　胡万祺先生和其手绘的复原平面图

图8　胡林翼故居部分复原建成照片

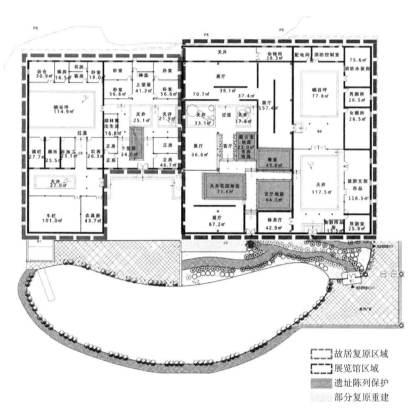

图例：
- 故居复原区域
- 展览馆区域
- 遗址陈列保护
- 部分复原重建

图9　胡林翼故居部分复原功能分区图

状应为四个并列院落。在复原设计的时候需把握整体的建筑风貌，同时由于被保护地面和遗址的集中性，调整官厅院落为现代化展览馆（图9）。

结构体系相结合：展览馆内为满足保护和展示空间的需求，不做木结构而改为钢梁柱支撑体系。

建筑材料相结合：外侧墙体为胡林翼原有样式的370mm厚空斗墙，屋顶为小青瓦屋面，屋面做法选用现代满足节能要求的保温防水屋面。

内部空间相结合：空间分割采用白墙开竖向长窗的展墙、满开玻璃门窗与天井自然空间相协调的灰空间，在原本局促的民居空间分割中，替换为大空间展示。展陈设施设有为保护地面遗址而设置的玻璃保护罩，为满足展览要求设置的展柜和展板以及现代化的射灯。

注：文中图片及表格均为作者自绘或自摄。

参考文献

[1] 国际古迹遗址理事会中国国家委员会 . 中国文物估计保护准则 [M]. 北京：文物出版社，2015：39.

乡土记忆视角下的田庄台镇区空间形态演变分析

刘茹卉　朴玉顺

刘茹卉，沈阳建筑大学建筑研究所硕士研究生。
邮箱：877693325@qq.com。
朴玉顺，沈阳建筑大学建筑研究所教授、博士生导师。邮箱：634858356@qq.com。

摘要：古镇田庄台踞守辽河右岸，西面渤海辽东湾，是早于营口的辽河航运最大的码头，清中叶至民国年间，曾是东北地区重要的物资集散地。伴随着辽河航运的兴衰，生产、生活的转变，田庄台镇区的空间形态发生了相应的变化。本文从文化人类学角度，透过四个有代表性历史时期人们生活、生产方式的变化，探索空间形态演变的脉络和内在机制，为古镇田庄台的历史文化信息的保护和今后的发展提供可靠依据。

关键词：乡土记忆；田庄台镇；空间形态；演变

田庄台镇位于辽宁省盘锦市南部，东临大辽河，是大辽河下游开发较早的历史文化名镇（图1）。它被人们记忆，离不开辽河水运。田庄台镇作为典型的商业型集镇，从明洪武二十七年（1394年）的形成到如今的发展可分为四个阶段：农耕起源时期（1394—1858年）、商业发展时期（1858—1949年）、农业发展时期（1949—1978年）和商农共生时期（1978年至今）。各个阶段不同的记忆要素形成了不同的空间形态（表1）。

一、农耕起源时期（1394—1858年）

明朝中后期，建州女真逐渐壮大，对明朝政权产生了威胁，这就使沟通华北与东北且有"京师左臂"

田庄台镇区空间形态演变　　　　　　　表1

发展时期				
	1394—1858年	1858—1949年	1949—1978年	1978年至今
空间结构特征	散点式居住，趋向于经济与交通的核心	沿河向条带状居住发展，局部形成商业片区，形成街巷与院落空间，对外具有开放性，对内具有防御性	完善街巷与院落空间，聚落线性生长，形成沿河条带状空间形态	聚落沿垂直于河流方向发展，局部改建新小区，空间形态发生突变
轮廓特征	散点状	局部片区状	条带状	团块状
影响因素	战争	商业、战争	农业、工业	商业、农业、工业

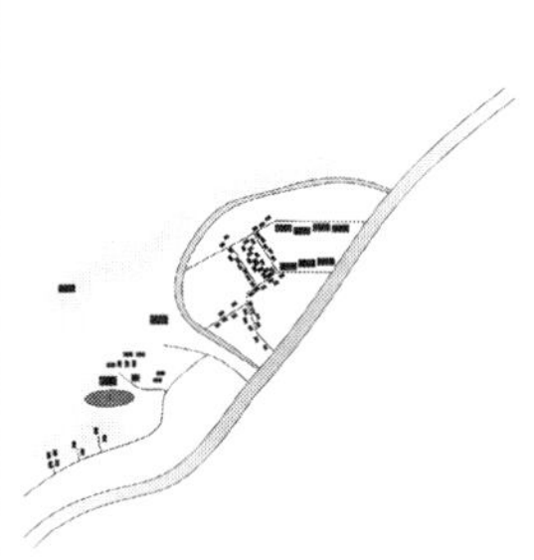

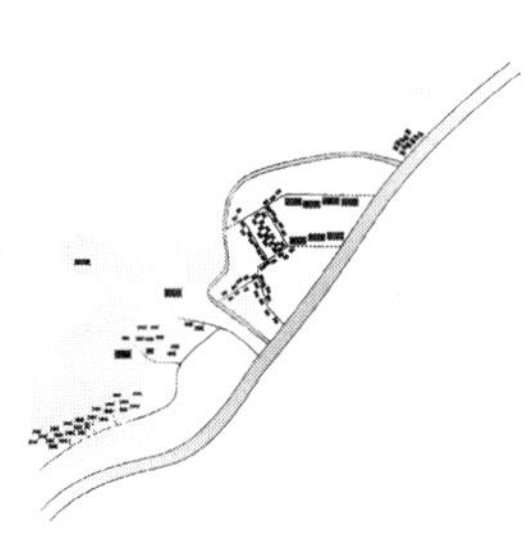

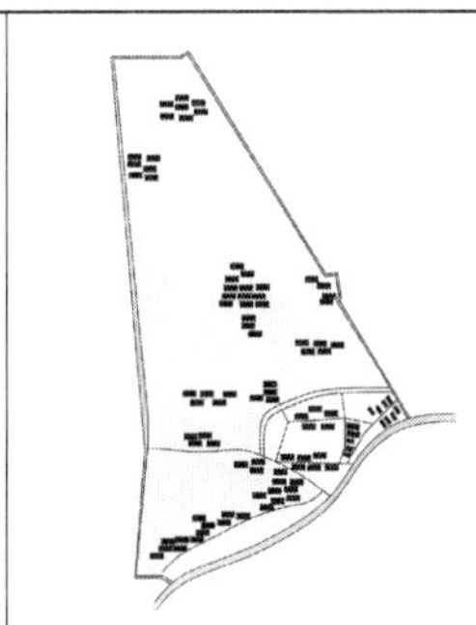

注：表格中图片均为作者自绘

图 1　田庄台镇区位图
图片来源：根据 google earth 改绘

之地利的辽东地区的战略位置变得空前重要。此期间明朝政府在辽东地区修筑边墙、墩台，建立镇堡，驻守重兵。踞守辽河右岸的田庄台镇更是成为控制敌船由海上入侵内河的要津。明洪武二十七年即公元1394 年，镇西 3km 处修建了烽火台，并设有士卒瞭望并传递警情。[1] 清朝建立后，受开国战争影响，人民走死逃亡。清顺治十年，清政府颁发《辽东招民开垦则例》，人流开禁，始有直、鲁、晋、豫等地流民陆续地成批地迁来，沿大辽河右岸开荒占草，至此田庄台镇才载进史籍有据可查。[2] 此时期受军事活动及开垦条例的影响，人们迫切地需要生活空间及满足慰藉功能的信仰空间，

两者一个集聚性，一个开阔性，互不干扰却又彼此依托。

1. 以卫成为纽带的生活空间

　　早期的外来居民主要分为两部分，即由关内移驻于此的大批卫成军官及其家属和从山东等地而来的"闯关东"者。大批军官集体住在军营中，随着年龄的增长，离营自建住房独居并开垦荒地。当时，聚落空间的整体形态虽无从知晓，但从相关书籍及历史照片中可以考证，出于安全的考虑，以及限制于当时的经济水平，使得此时对居址的选择呈现出了以卫成设施烽火台为核心向外辐射的趋势，且居址最远不超过现在的 G305 国道。

2. 以移民为灵魂的信仰空间

　　由于此时，田庄台镇区以汉人移民为主体，信仰上的需求会使他们构建庙宇来抒发对故乡的思念，以此祈求平安。《崇兴寺碑志》中记述"寺之始建年代，不可考察。明隆庆、万历时，有刘普道父子重修之"可知明朝之时田庄台镇便已有佛教寺庙。此庙位于烽火台西北约 2.5km 处，占地面积不详，但经过数次增建后，时至今日总占地 26126m²，呈南北向略长，东西向略窄的矩形，寺庙近旁无住家，使得寺庙显得孤零，却庄重（图 2）。

二、商业发展时期（1858—1949 年）

　　清朝是田庄台镇区最繁荣的时期，随着辽河流域两岸的发展演进，田庄台镇作为清朝辽河上重要的中转码头，成为我国沿海漕运的运转枢纽[3]，是联系东北地区与南方各省的经济纽带，并在时间的流转中逐渐成为繁荣的商贸集镇。此时期的田庄台镇区以商业活动为主，农业为辅，并伴随有少量工业。因此满足人们需求的商业空间及与之相伴的宗教空间占据了田庄台镇区的大部分地方。

1. 发散式商业网络格局

　　在陆路不发达的"辽泽"地带，最重要的运输途径就是水运，码头的繁荣为田庄台镇区的商业发展带来了机遇，热闹的贸易吸引了大量的人们来此生活。1860 年前，镇内已有八大商户和九大集市为代表的300 多家商铺遍布在古镇的街巷中。

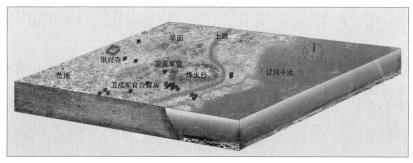

图 2　1394—1858 年农耕起源时期空间形态示意图
图片来源：作者自绘

其分布主要分三类：第一类分布在夹心街以北，道西大车店，道东铁匠炉。由于其是由天津经山海关至奉天的交通要道，此街相较于其他街巷略宽，两侧店铺为满足人们的生活需求，所占空间亦较大。第二类分布在夹心街以南，其紧邻蔬菜基地又靠近辽河岸畔，故此处沿街设有菜市场、鱼市场及与人们日常生活息息相关的小铺。第三类分布在镇中心，为专职商人的聚集处，经营此处特色商品及需对外运输的货物，沿街设东粮市等。此时的商业布局特点为：沿街设市、分区明确。除沿辽河预留大面积的交易场外，其他主要街区沿路均分布小体量的商业网点。这种布局特点方便明确，目的性强，能够体现田庄台镇区的商业特色（表2）。

2. 多宗教场所分散布局

田庄台镇区自古以来就行业复杂，一方面由于田庄台镇区的人来自四面八方，信仰繁多，需要借助庙宇来抒发对故乡的思念；另一方面，战争的伤亡使人们需要庙宇来传递哀思。因此，2万余人的田庄台镇区汇集了佛教、道教、伊斯兰教、基督教、天主教五大宗教；崇兴寺、关帝庙、朝阳宫、凌云宫、望海观、宝灵寺、清真寺、文昌宫、冰神庙九大庙宇。这些庙宇大部分分布在南北大街以西，田庄台镇区西侧高地上，以主要街巷道路划分区域，每一区域内均有一处宗教类建筑。这些庙宇分布随意，基督教堂与财神庙相近，娘娘庙与清真寺相邻……体现了田庄台镇宗教的包容性。

3. 军事重镇的边界防御布局

地名往往能够反映该地的特性，田庄台镇就是如此。历史上田庄台镇借助辽河天然屏障，挖潮沟、筑台地、设卡子门。据田庄台老人张胜利讲述：

田庄台曾是兵家必争之地，战争多，匪贼也多，一面街设有潮沟，太平的时候上河来的粮船顺着这个沟能进来，沟一侧设有围墙，都是土围子，那是1929年为了防匪建的，还设了5个卡子门，当时贼匪来的时候，好多人都藏在围墙后头进攻。

4. 外围散点村屯的初现

此时期田庄台镇区外围多是闯关而来的农民。他们几个或几家人安顿在此，聚集成屯，一个个村屯点缀在商业网点之外，形成了内聚外疏的独特空间形态。据田庄台老人夏大娘描述：

我小的时候，房后都是坟圈子、乱石岗子、大片是荒地，以前从东边辽河大桥那过来，鬼王庙那有两三户，我们这夏家该有两三户，再往西孟家那有个三四户，碾坊那能多点，有个五六户，剩下的都是农垦那阵儿，后盖的房子，后来的人。

5. 围合式院落形成基本单元

田庄台镇区的院落根据其业态的不同可分为三类：普通商户、码头的"口袋房子"，以及大车店。普通商户的布局特点是采用"前店后厂"形式，是自产自销的经营模式（图3）；码头的"口袋房子"一般没有围墙，建筑通常采用一侧开门，像一个长口袋；大车店院落通常尺度较大，建筑简陋，多为南北向的直排长屋，院子大，大门宽，以便大车进出（图4）。

田庄台镇商业街侧界面特征分析　　　　　表2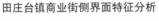

分布	历史照片	特点
夹心街以北		街巷较宽，路上至少可同时停留两辆大车，在两侧堆砌秸秆和停放柴车时仍不过于拥挤
镇中心		此处房屋排布并不整齐，但十分密集，牵引着老街弯弯曲曲地延伸，街的宽度适宜，约3m
夹心街以南		此处街巷相较于前两处略窄，沿街设置摊位，排布紧凑

来源：历史照片来自《田庄台事情》，其余图片为自绘。

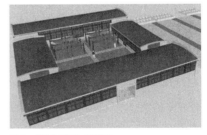

图3 "前店后厂"示意图
图片来源：项目组成员绘制

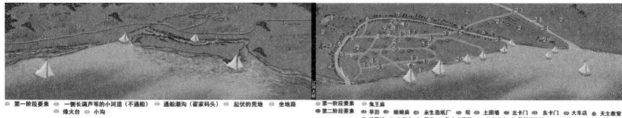

图 4　1858—1949 年商业发展时期空间形态示意图
图片来源：作者自绘

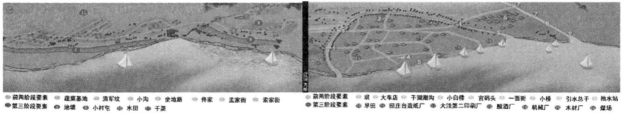

图 5　1949—1978 年农业发展时期空间形态示意图
图片来源：作者自绘

三、农业发展时期（1949—1978 年）

中华人民共和国成立后掀起一股农业热潮，田庄台镇区的人民为贯彻"五七指示"，组织占全镇人口 57％ 的家庭手工业者、小商贩、临时工和闲散人员，组成专职生产连队进行开荒。1969 年这种全民性质的种田生活不复存在，但曾经的生活仍对古镇空间形态的演变起着至关重要的影响。受自然灾害及人为因素的影响，此时期田庄台镇的空间形态发生了很大变化。聚落空间形态整体上呈现出曲折前进的特点，商业空间萎缩，宗教空间落寞，农业空间大面积增多。

1. 外聚——聚落边界的外扩与延伸

1948 年，盘山县人民政府接管原营田公司及沦陷时期所陆续开垦的水田。作为盘锦的历史名词，"南大荒"即于此间问世。这一时期，田庄台镇放弃了持续数世纪的商业，坚决地走上了亦工亦农的康庄大道，但这种均人为地改变了古镇的自然属性[4]。从这一时期的活动中可以看出，曾经外围的散点村屯，在此时期发展并连城一片，聚落边界布满此时期开垦出的大面积土地，聚落边界在外扩延伸的同时也变得模糊起来。

2. 内疏——聚落内部空心化

其主要表现为传统文化空间的落寞与破坏。中华人民共和国成立以后，进行了大范围的土地改革，大部分庙宇被拆除。特别是"文化大革命"中的"破四旧运动"，对田庄台镇的庙宇造成了极大地破坏。据田庄台坐地户董大爷回忆：

新中国成立之后，庙宇被拆了很多，之后大多在原址上重建了，但像我家旁的这个鬼王庙在 1958 年被拆除了，旁边这个烽火台在 1970 年也被推倒了，还有凌云宫、文昌宫、冰神庙，这些在我小时候都有，现在都已经不存在了（图 5）。

四、商农共生时期（1978 年至今）

改革开放以后，在乡村振兴战略的带动下，新型生活模式与新型交通使古镇传统格局发生改变，该时期聚落的空间形态在继承原聚落肌理的同时，发生了很大的改变。

1. 旧有空间的复建

改革开放以后，大量庙宇被修复、重建，1993 年修复在"大跃进"中被拆除的关帝庙，1998 年增修，2006 年续修；2003 年在原址上重建望海观；2003 年在原址上重建清真寺；2004 年和 2006 年先后两次大规模重建崇兴寺。旧有空间在最大程度上进行复原，还原古镇旧时景象。

2. 多业态空间的共生

由于新型交通的引入和为协调商业空间与农业空间，田庄台的整体路网在曾经的"井"字形中心基础上，发展形成了以"口"字形为主的环路。环路南继续发展以商品旅游业为主的商事，次路位于主路的三等分点上，向东西两侧延伸，将整条路分成三部分。紧邻主路的商业建筑顺应主路走势，呈线性排布在道路两侧，延续商业特色；环路北侧发展商业，预留大面积田地，次路亦位于主路的三等分点上，向东西两侧延伸，只有最中部存在建筑，两侧是大面积耕地，体现着农业特色。建筑均坐北朝南，行列式排布（图6）。

图6 1978年—今商农共生时期空间形态示意图
图片来源：作者自绘

五、结语

传统聚落空间形态发展演变受到历史进程中社会、经济、文化等多种因素的共同影响[5]，文章以不同时期人的活动为线索，抓住引起田庄台镇区空间形态演变的因素，理清其空间形态演变的特征规律，这为保留其独特的"历史记忆"大有帮助。同时聚落空间形态的演变是一个动态的过程。我们要利用手段合理干预，推动聚落空间形态渐进式有序演变，这是传统聚落保护发展的应有之义。

参考文献

[1] 杨春风，杨洪琦.辽宁地域文化通栏·盘锦卷[M].沈阳：辽宁人民出版社，2014.

[2] 岁月当歌/高科.大洼风情[M].沈阳：白山出版社，2006.

[3] 王军，周阳雪，周静海.多元文化融合下的田庄台镇历史街区改造[J].沈阳建筑大学学报（社会科学版），2019：464-469.

[4] 杨春风.田庄台事情[M].沈阳：辽宁人民出版社，2011.

[5] 林祖锐，张杰平，张潇，丁志华，井陉古道沿线商贸型传统村落空间形态演变研究——以山西省平定县西郊村为例[J].现代城市研究，2019：10-18.

红色文化振兴提升村庄空间质量
—— 以港西村为例

陈占祥　陈　欣

陈占祥，华中科技大学建筑与城市规划学院在读研究生。邮箱：505837289@qq.com。
陈欣，华中科技大学建筑与城市规划学院在读研究生。邮箱：1148026028@qq.com。

摘要："十四五"强调乡村振兴与产业同行。目前乡村振兴空间治理模式多基于国土空间规划层面，从产业、村域等视角出发构建治理框架，较少从文化角度出发探索新的路径与可能性。乡村作为红色文化与革命历史的承载体，更应以文化振兴为核心贯彻乡村振兴宏观策略与治理手段。本文以红色文化为线索，通过制定完善的产业发展整体规划，实现"红色 + 民俗""红色 + 生态""红色 + 美丽乡村"的多要素、整体性、一体化乡村建设与空间治理。将黄石市大王镇港西村作为具体案例进行实践操作，提出村域内循环下村庄空间质量提升与全域外循环下村庄空间治理的策略，以期探索红色文化振兴视角下村庄空间质量提升新的可能，为乡村振兴实践路径提供又一新的思路。

关键词：**乡村振兴**；**红色文化**；**空间治理**；**质量提升**

一、前言

随着国土空间规划革新与城乡融合发展，乡村振兴成为国家重点关注，习近平总书记在《乡村振兴战略规划（2018—2022）》中提出"五个振兴"[1]。2021 年，中央一号文件强调乡村建设要重点关注乡村文明程度核心提升、促进各要素向乡村流动的良性循环模式。"十四五"规划则进一步强调"三农"工作带动农业农村优先发展[2]，激发农村发展内生动力，构建促进乡村全面振兴的全域网格体系。

国内既有研究与实践中，村庄空间治理模式与具体策略作为现实路径取得了一定成果。王晓毅提出增加以就业为导向，产业推动乡村多样性农业发展、并举乡村环境治理策略[3]；许阳就乡村振兴中文化振兴提出传统乡村文化与乡村空间对应关系，探讨文化变迁视角下乡村空间治理原则与经验[4]；张丽新指出空间治理有助于解决城乡发展不平衡，并提出应以空间正义为价值导向，重塑乡村空间，获得乡村振兴综合效益最大化[5]；董祚继从国土空间规划视角出发，利用"多规合一"[6]的改革成果探索乡村振兴新的可能路径；丁波基于"治理有效"理念构建"空间形态——权力结构——联结关系"分析框架[7]，提出因地制宜建立微治理机制，实现乡村治理体系与治理能力现代化；郭杰、陈鑫等人从村域"人——地——产"耦合互动机理[8]识别各要素与村域资源禀赋，提出符合村域特征的差异化乡村空间治理模式

和对策；戈大专等从乡村空间"物质——权属——组织"综合治理视角[9]出发研究空间治理模式并得到物质空间治理可作为乡村空间结构和功能优化重要手段这一结论；颜德如与张玉强以"接点治理"为基本理念强调乡村公共空间的重要性，提出"目的——主体——要素"分析框架[10]探索乡村内源式发展新的可能，实现乡村公共空间治理由政府主导向多元主体协同治理的转变；刘荣增等基于国家"双循环"战略建立"知理、制理、智理"协同的城乡空间综合治理机制推动乡村振兴[11]；陈小卉与闾海基于当前国土空间规划体系构建背景提出全域土地综合整治推动乡村空间治理现代化[12]。

已有乡村振兴空间治理模式多

基于国土空间规划层面，从产业、村域等视角出发构建治理框架，较少从文化角度出发探索新的路径与可能性。文化振兴作为乡村振兴重点内容，可通过深入挖掘乡村农耕文化与红色革命文化，加强红色遗迹的保护与利用，发挥村域片区自然生态优势、革命历史文化优势，以红色文化传承推动乡村建设与发展[13]。基于红色文化视角，结合村域红色文化资源特色，本文提出红色文化振兴村庄、提升空间质量新的实践路径，通过制定完善乡村红色文化产业发展整体规划，实现"红色＋民俗""红色＋生态""红色＋美丽乡村"的多要素、整体性、一体化乡村建设与空间治理。

二、"十四五"规划下红色文化振兴乡村再解读

1. 乡村振兴与空间治理要素

以"乡村振兴"与"空间治理"为关键词进行文献检索，自2018年8月至2021年3月，共有60篇已发表文章，其中公共空间、乡村发展、全域治理等次要关键词出现6~17次不等（图1）。"十四五"期间，针对乡村振兴提出三大具体策略：创新乡村产业用地、完善现代乡村产业政策、完善乡村生态宜居政策[14]，其中就第二点强调产业融合发展带动乡村振兴。因此，应从实际出发，以农业产业为主，一、二、三产业并举，多种产业并联，采用梯次推进多元化战略，实现乡村全面发展。多要素、多元化产业发展为乡村空间治理提供了更多行之有效的现实路径。

2. 红色文化时代价值与意义

乡村振兴重点在于文化重拾与文明重塑，文化自信逐步成为乡村规划和建设必须拥有的价值观与方法论[15]。中国革命扎根于农村，乡村红色文化的挖掘与红色基因的传承成为当下乡村振兴一大重要议题。

红色文化内涵包括红色遗址、红色纪念地等实物形态存在的物质文化，以及革命精神和革命道德传统等精神形态存在的精神文化。每一处红色文化遗产具有独特的精神内涵与历史文化背景。红色文化作为坚定文化自信的重要理论支撑，具有重要的现实价值，更是党性教育的宝贵资源[16]。发展红色旅游业、打造红色美丽乡村，不仅加强了红色文化资源的开发与保护力度，通过文化产业与旅游产业发展带动乡村振兴，实现村域到全域的公共空间治理与质量提升。

3. 红色文化振兴乡村的策略

红色文化振兴乡村方法有三：加强对革命英雄文明事迹宣传、创作以农业农村为背景的红色优秀文化艺术品、大力开展以弘扬革命优良传统为主体的文明示范村。[17]村域空间规划层面，因地制宜、结合当地红色文化资源，制定完善的乡村红色文化产业发展整体规划；产业联动发展层面，重点抓好高层次红色教育项目，拓展与提升红色文化产业与乡村棕色、绿色产业的融合发展路径；乡村空间治理层面，以生态兴农路为目标加强红色遗迹保护利用与再开发，加强乡村基础设施建设，打造宜居宜业的红色文化生态乡村，实现红色文化传承，推动乡村绿色生态发展与全面振兴[18]。

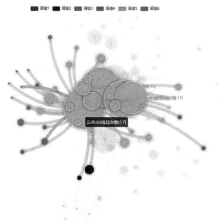
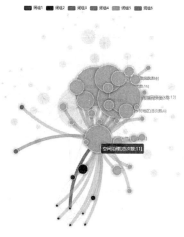

图1 关键词可视化检索
图片来源：CNKI可视化分析

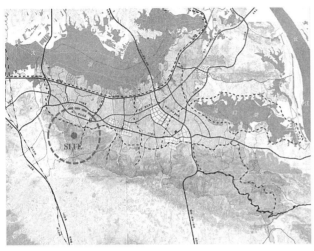

图 2　港西村区位图

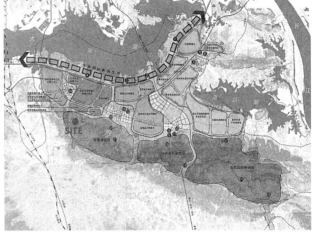

图 3　黄石市产业布局规划

三、红色文化提升村庄空间质量实践路径

1. 黄石市港西村基础概况

港西村位于湖北省黄石市阳新县，北临大冶湖，南靠幕阜山脉，联动黄石市"两镇一区"发展。周边交通路线通达，地处 315 省道综合发展轴与黄石咸宁综合发展轴交叉点，先天优越的地理环境、周边丰富的自然资源、多样化产业结构为港西发展提供了极大便利条件。其中，阳新县湘鄂赣边区鄂东南革命烈士陵园作为优质红色旅游资源，与港西村红色人文历史底蕴呼应，为港西村红色资源带动村域发展提供新的可能与契机（图 2~ 图 4）。

2. 红色文化传承与红色基因赓续

港西村三大资源丰富，具有极高历史价值与文化价值（图 5）。作为湘鄂赣革命根据地重要组成部分，红色文化与革命基因深入港西村。据《中国工农红军第十五军军史》《阳新人民革命史》等史料记载，1930 年 8 月，红八军第四、第五纵队在港西村

重组为红十五军。村内参加革命人数多达 200 余人，为中国革命作出巨大贡献。因此，作为红十五军组建地与革命战略后方，村内红色资源与红色文化以内涵丰富性与内容先进性而更

具时代价值与传承发展必要性，是当下党性文化的再解读与文化自信贯彻实施的重要内容。

1）红色资源——物质资源与红色遗址

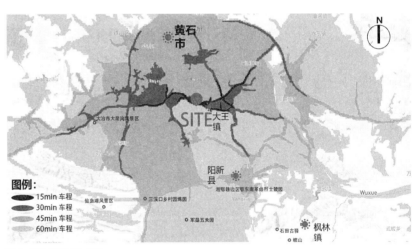

图 4　周边资源产业分布

图 5　港西村三色资源梳理

沿村落主干道分布有红色遗址四处：李清塔、红十五军革命旧址、红军井与演武场。村内红色遗址以革命时期民居建筑与烈士陵园为主，烈士陵园分布于港西村入口处，革命遗址沿村内道路分布——连九堂、李世源故居、箭楼下庄等。与周边田野景观结合，成为重要的红色物质资源片区（图6）。

2）红色文化——非物质资源与意识形态

作为红十五军重组的重要基地与革命时期的战略后方，港西村内场所记忆与历史发展下沉淀的红色故事和红色文化传承更加重要。经现场调研与当地村民进行口述访谈，革命期间李发高烈士过家门而不入，箭楼下五壮士的故事，李清、江姐、李开连等革命人物的优秀品质与事迹为中国红色先进文化发展作出贡献，也为港西村红色资源的保护开发与再利用提供更加切实的时代背景与文化基础，成为港西村得天独厚的资源优势与鲜明的集体意识形态。

3. 村域——全域视角红色乡村全周期发展

港西村落空间布局以农种产业为主划分空间与土地利用，红色资源作为村内独特优势未被充分利用。基于多方优势与条件，提出基于村域到全域视角下红色乡村全周期发展模式，结合现有产业格局，提取港西村独特资源禀赋——果园茶田、景观资源、红色文化，以农业产业发展为主要导向，联动一、二、三产业综合发展，实现居、业、文、旅、社、拓六个维度产业规划，将红色文化作为核心要素贯穿其中，实现港西村重要节点打造、空间质量提升、村落有效治理。

1）村域：红色乡村空间格局重塑

从村域资源禀赋出发，港西村应以红色为链、以点带面、山水交融、三色共生，实现村域层面乡村空间格局重塑。

（1）总体发展策略

红色为链：梳理港西红色历史文脉，以红军革命历史事件为叙事结构，注入当地人文与自然元素，与旅游体验相结合，打造红色文旅品牌。

以点带面：以古村落传统建筑遗产与红色历史事件为依托，建立多个空间节点，植入居住、文娱、餐饮等多种业态，以点带面激活整个红色

文旅产业链条，促进旅游增值。

山水交融：港西村周边山水环绕，环境优美，依托李清水库与太子山等良好自然生态资源，完善交通等基础配套设施，打造特色山林生态基地，实现产业生态融合发展。

三色共生：以红色、绿色、棕色共生为目标，以红色遗存为依托，传承历史文化；美化自然山水，开发生态农业；修复古村面貌，形成三色并存的空间格局，丰富村落空间层次与旅游体验，实现红色更艳，绿色更青，棕色更古（图7）。

（2）功能结构规划

功能结构规划构建"一轴、两核、三环、四片区"的空间网格（图8）。"一轴"为忆红革命轴贯穿村域并联系各个片区、节点；"两核"为拥军文化核、家族文化核，分别以山下庄、老庄正堂与凤山庄作为村内红色文化与宗族文化核心交点区域；"三环"自北向南为种植产业环、古村古居环、山水康养环，紧靠忆红革命轴纵向形成多样化产业景观与村落空间格局；"四片区"中红色革命区以忆红轴为路径贯穿村落格局，形成拥军文化片区；文化旅游区以古居结合发展变迁展现村落历史底

图6 红色资源分布

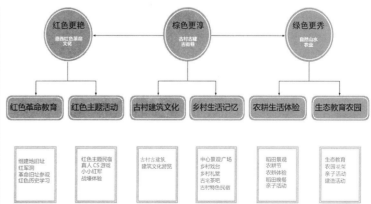

图7 港西村三色共生总体策略

蕴；采摘体验区通过植入白茶产业、百果园采摘业加强农业休闲体验；生态涵养区结合幕阜山脉与大冶湖实现生态发展。

（3）节点处理手段

红色资源具体解决策略与处理手段从路径、遗址、意识形态三个层面出发：路径层面建立红色文化之径，以走红军路、吃红军饭、悟红军文为流线，组织红色文化综合路径；遗址层面结合村庄内部具有高度防守意义的古建筑，进行红色遗址修复，保留乡村原有红色印记；意识形态层面打造红色文化记忆馆，依托港西村内部特有拥军文化、名人事迹、红色遗址等，进行红色研学教育，打造爱国主义教育中心。

2）全域：红色乡村全周期再发展

（1）宏观格局：三大方向

宏观格局出发规划港西村整体空间格局，以"红色旅游结合休闲农业""红色旅游结合乡村旅游""红色旅游结合研学教育"三大方向为主，以红色为魂，依托农业养殖，结合林业牧业，形成区域主题性开发，打造红色旅游与红色乡村，加

入红色教育主题研学，形成体系化红色发展架构，做到红色文化的魂与旅游市场需求、产品、业态的有效整合。

（2）全域视野：五化、五期

全域视野下以红色文化为依托提升港西村空间质量，具体策略要实现"五化"——情景化：演绎港西红色旅游故事、融合化：推进乡村产业发展实现地区产业结构优化、主体化：开发红色旅游产品带动乡村一、二、三产业融合发展、经常化：定期策划展开红色旅游活动、体系化：打造红色旅游目的地。

从长远发展、乡村振兴角度出发，红色乡村打造不仅限于港西村域范围，以全周期红色乡村打造为最终目的，实现良性循环发展，时间线上应遵循"五期"——起步酝酿期、发育成长期、加速发展期、稳定成熟期、城乡融合期[19]。

4.红色节点打造提升公共空间质量

以港西村入口、李清塔、红十五军纪念旧址、演武拥军广场、烈士陵园纪念区重要节点为主，打造红色片区、治理公共空间是实现

港西村基于红色文化提升村落空间质量的现实途径，既是弘扬红色基因、传承红色文化的记忆场所，也是实现红色文化振兴乡村的启动空间。

1）功能分区——两轴一带四区

港西村红色文化启动区位于村口三角地块，各红色重要节点南北向形成纵向纪念轴线，串联主要空间形成序列纪念廊道；拥军广场作为南北纵向轴线中心区位空间，东西向连接笔架山与都市农业区形成次要轴线。港西村南侧绿林发展带动生态旅游，集中体现幕阜山脉与父子山旅游产业与港西村发展的对接。入口门户区结合三角地段打造港西村入口门户形象，凸显红色美丽乡村历史底蕴；李清塔片区以李清塔为中心建立观光平台与广场，呼应村内历史建筑脉络；红十五军成立旧址综合区，以红十五军旧址宗祠为中心，打造拥军广场、体育广场、红色文化长廊、宗族文化长廊等多元化内容；陵园纪念区以纪念馆和烈士陵园两大主要功能区为主，结合周围生态林，打造公祭纪念、生态陵园、记忆场馆等多层次红色文化展陈学习内容（图9）。

2）红色节点空间打造

入口广场空间打造以"显红韵"主题置入接待功能，结合三角地块形象打造地标性入口景观，营造鄂南红色第一村的深刻印象；李清塔片区以"展红塔"主题突出李清塔的纪念性、标志性，凸显红色文化载体形象；红色革命旧址片区以"忆革命"主题结合红十五军旧址内部戏曲、红色展廊等内容的情景化呈现，复原演武场并打造拥军广场，结合众多功能渲染革命气氛，

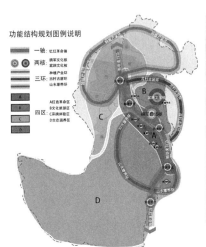

图8 结构功能规划图

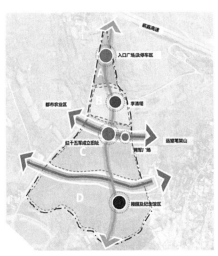

图9 红色启动区功能分区

深化红色文化与红色基因；烈士陵园纪念区以"缅先烈"为主题，结合高低起伏的山貌地形，打造因地制宜的纪念性陵园、公祭台以及红军雕塑，形成具有肃穆氛围与时代感的纪念性场所空间。在各红色节点空间打造设计中，拥军广场作为红色启动片区核心内容，承上启下，内容多元，是港西村红色文化提升村落公共空间质量的重点实践区域（图10）。

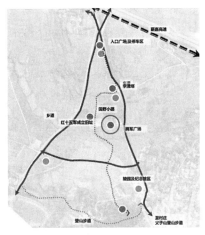

图10　红色节点区位图

四、结论

乡村作为红色文化与革命历史的承载体，更应以文化振兴为核心原则贯彻乡村振兴宏观策略与治理手段。以产业联动发展为基础，置入红色旅游产业发展，从村域到全域逐步提升村落空间质量。村域层面以中观与微观尺度出发，规划设计红色启动片区与红色空间节点，打造"红色＋民俗""红色＋生态""红色＋美丽乡村"三色共生模式，实现红色文化带动村庄多要素良性内循环发展模式。全域层面从宏观尺度出发，以上位政策为指导，自上而下与自下而上的方式并行，构建完整"镇村体系"为目的，红色乡村与周边乡村产业联动形成镇乡共生特色发展区，实现基于城乡融合的红色美丽乡村全周期共生外循环模式。

本文以红色文化为核心要素，贯穿村域内循环乡村空间质量提升方法与全域外循环乡村空间治理策略，并以黄石市港西村作为具体案例进行实践操作，以期探索文化视角下村庄空间质量提升新的可能与现实可行的方法，为乡村振兴实践路径提供又一新的思路。

除图1为CNKI可视化分析外，其余图片为作者自绘。

参考文献

[1] 张玉虎,卢旺.《乡村振兴战略规划（2018—2022年）》的形成——基于多源流理论框架的政策分析 [J]. 继续教育研究, 2019（04）: 56-60.

[2] 黄河啸,李宝值,张明生,朱奇彪.浙江"十四五"时期乡村振兴工作的思考 [J]. 浙江农业科学, 2021, 62（03）: 461-466.

[3] 王晓毅.再造生存空间：乡村振兴与环境治理 [J]. 北京师范大学学报（社会科学版）, 2018（06）: 124-130.

[4] 许阳.乡村文化变迁视角下的空间治理研究 [D]. 北京：中国城市规划设计研究院, 2019.

[5] 张丽新.空间治理与城乡空间关系重构：逻辑·诉求·路径 [J]. 理论探讨, 2019（05）: 191-196.

[6] 董祚继.新时代国土空间规划的十大关系 [J]. 资源科学, 2019, 41（09）: 1589-1599.

[7] 丁波.乡村振兴背景下农村空间变迁及乡村治理变革 [J]. 云南民族大学学报（哲学社会科学版）, 2019, 36（06）: 48-55.

[8] 郭杰,陈鑫,赵雲泰,欧名豪,欧维新,陈杰,朱醒,张毓珊.乡村空间统筹治理的村庄规划关键科学问题研究 [J]. 中国土地科学, 2020, 34（05）: 76-85.

[9] 戈大专,龙花楼.论乡村空间治理与城乡融合发展 [J]. 地理学报, 2020, 75（06）: 1272-1286.

[10] 颜德如,张玉强."接点治理"：乡村振兴中的公共空间再造——基于上海市Y村的空间治理实践 [J]. 理论探讨, 2020（05）: 160-167.

[11] 刘荣增,王淑华.新时代中国城乡空间治理与融合的机理与路径 [J]. 学习论坛, 2020（11）: 39-45.

[12] 陈小卉,闾海.国土空间规划体系建构下乡村空间规划探索——以江苏为例 [J]. 城市规划学刊, 2021（01）: 74-81.

[13] 林峰.乡村发展：做好红色旅游文章 [N]. 中国文化报, 2019（007）.

[14] 农新.绘制"十四五"乡村振兴路线图 [J]. 农村新技术, 2021（02）: 1.

[15] 周静,张亮.论红色文化在新世纪发展及展望 [J]. 理论视野, 2019（07）: 34-39.

[16] 石书臣,张朋林.习近平关于红色文化重要论述的德育思考 [J]. 思想政治教育研究, 2019, 35（05）: 1-6.

[17] 同[13]。

[18] 刘红梅.红色旅游与红色文化传承研究 [D]. 湘潭：湘潭大学, 2012.

[19] 单路,兰文龙,姜莹.红色乡村全生长周期发展路径研究——牛角沟为例 [A]// 中国城市规划学会,重庆市人民政府.活力城乡 美好人居——2019中国城市规划年会论文集.北京：中国建筑工业出版社, 2019: 12.

"农业学大寨"时期武汉石骨山村村落规划之反思

董子航　　郝少波

摘要：武汉市新洲区石骨山村是我国"农业学大寨"时期的重要历史遗存。在当前乡村振兴、建设美丽乡村的背景之下，认真审视这段历史中的特殊遗存，有助于我们总结历史教训，反思当时的思路和做法，为当前的乡村振兴提供前车之鉴。本文运用对比研究方法对这一村落遗存展开了规划思路与方法的专项研究，反思这一时期的新村规划思路，分析当时建设的内在机制，从理论上进行了总结归纳。

关键词：武汉市新洲区；人居环境；农业学大寨；石骨山村；村落规划

董子航，华中科技大学建筑与城市规划学院在读研究生硕士。邮箱：1525766863@qq.com。
郝少波，华中科技大学建筑与城市规划学院副教授。

一、"农业学大寨"的时代背景

"农业学大寨"是一场旨在探索社会主义农业发展道路、解决人口大国的民生与经济发展问题的群众性运动，对我国当时的农业生产和农村生活产生了极大的影响。作为一场"社会动员性"农村运动，"农业学大寨"在中国当代史上留下了浓墨重彩的一笔，赋予了当时的新村规划以独特的形式。

"大寨村"位于山西省昔阳县，由于原先赖以生存的传统村落多损毁殆尽。灾后重建，如何快速安置

图 1　"农业学大寨"
图片来源：http://www.cnr.cn/sx/pic/20181217/t20181217_524452385.shtml.

灾民、生产集体化、土地集约化等就成为解决问题的主要方式。由此，大寨村就形成了大兴集体经济、共享生产资料、集中设置住房、集体劳动等新村形式，有效地应对了自然灾害的袭扰。可以说，大寨新村是按照实际使用需求，由村民自发建造的（图 1）新村落，但由于当时的政治需要，一时之间大寨新村成为全国争相学习效仿的新乡村建设样板工程，"农业学大寨"运动也由此开展起来。

尽管当时"农业学大寨"运动在政治上十分高调，但实际上国家经济状况却十分严峻，在这种背景下，大量集中建设的村落和住房只能降低建设标准，除了学习大寨整齐划一的行列式布局的村落外，无论从建筑的形式、建设的标准，还是采用的建筑材料等都十分简陋。石骨山村是武汉地区保存下来的为数不多的"农业学大寨"新村案例。

二、石骨山村的规划特征

1. 石骨山村概况与建设变迁

石骨山村是武汉市首批公布的历史文化名村之一，其所在的新洲区是武汉市一个远城区，位于大别山余脉南端，长江中游北岸。境内以岗地为主，结合平原构成和缓起伏的岗地地形，约占总面积的四分之三。石骨山村是鄂豫皖地区人民公社至"农业学大寨"时期建成的典型新农村形式的村庄，依丘陵岗地而建，又有着人力改造自然的众多印迹，至今村湾内历史空间格局保存较为完整（图 2）。

石骨山村是时代的产物，其兴衰的原因离不开时代背景的变迁，当时的政治制度深刻地影响着石骨山村的空间形成。1973 年，受"农业学大寨"运动影响，石骨山村所在区域推广兴修水利、平山造田、

图2　石骨山村民居
图片来源：作者拍摄

机械耕种，成立了石骨山人民公社，集合原生散布的九个自然村湾，建设为集中居住、设施共享的公社"新村"。公社集体住房的建筑材料，除开山采石、就地取土外，部分源自各自然村湾的原有民居，所以公社"新村"的建成，也意味着原有九个自然村落的衰亡。这一时代运动标志着政治影响已经彻底改变了农村

社会千百年来以宗族为核心的传统组织方式。1980年代开始，国家进行土地改革、实行土地联产承包责任制，原有的人民公社体系逐渐解体，部分村民陆续自发回迁原村湾，重建自然村。如今石骨山村已经失去了当时的辉煌，整体呈现出衰败的景象，尽管村落整体骨架尚存，但不少石屋因年久失修、无人居住而垮塌。为了记住这个特殊历史时期的特殊印记，湖北省政府已经将石骨山村的石屋和人民公社办公楼公布为省级文物保护单位，并已立项，准备修缮这些文物建筑（图3）。

2. 石骨山村规划特征

石骨山村的规划是当时政治意志指引下的集体办村落的典型代表，其内设置有学校（幼儿园、小学、

中学、省艺校石骨山分校）、人民公社办公楼、礼堂、供销社、食堂、卫生院等公共建筑，配套十分齐全。石骨山村的空间格局则呈现出整齐的行列式对称布局，轴线明确，重点突出。统帅全局的是公社办公楼兼大礼堂，正前方为广场，广场前面和两侧均为整齐联排的石屋。

根据田野调查与分析，我们认为石骨山村有以下几个规划特征：

1）规模的高度集合化

石骨山村由九个自然村（湾）集合而成，这是当时高度集合化的要求，整合村湾，减少村湾占地，腾出耕地，便于高效化的集体农业生产。新村规划是以公共区域为核心，强化轴线，周围对称布置整齐划一的行列式居住建筑（图4）。这种规划布局形式虽然呆板，但也有其优势，鉴于其经济拮据，该村是以最经济的方式来安置村民，也能提高对村民的管理效率。该规划理性的秩序与效率，也体现出当时急躁冒进背景下"人定胜天"的极"左"思想。

2）功能的集合化

从石骨山村现存的格局来看，当时的设计者具有较强烈的现代规划意识，该村功能分区明确，形式规整划一。该村坐北朝南，居住用地为主。规划围绕村落中轴线采用行列式对称布局。居住建筑以东西走向的长条石排屋形式布置，各家联排，几乎每家每户的居住面积、空间形式等都是相类似的。整个村落的道路系统十分规则，网格清晰，每个居住小片区自成一体，整体烘托中轴线上的公共建筑及设施。这种传统城市布局与现代城市规划结合的规划意识和集体意识，是该村

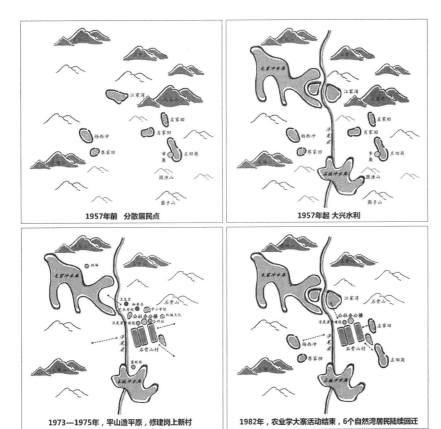

图3　石骨山村发展沿革示意图
图片来源：《基于精准理念的历史名村保护与发展研究以武汉市新洲区石骨山村为例》——汪文，作者改绘

图 4　石骨山村航拍图
图片来源：作者拍摄

图 5　石骨山村主要建筑布局
图片来源：《石骨山村规划》公示，作者改绘

图 6　从左至右依次为：石骨山人民公社办公楼、学校旧址、生产队旧址、湖北省艺术学院分校
图片来源：作者拍摄

规划的特色体现。除了居住功能以外，在新村规划时，该村将学校、大礼堂、广场、泳池等公共设施集中布置在了新村的中轴线上，这种高度集合化的功能布置已经成为石骨山村的标志，其公共设施的空间秩序也就作为当时政治样板的重要符号，也代表了那个时期新村的面貌（图 5）。

3）政治中心取代传统信仰中心成为村落的核心

新村以一个大广场为中心，广场北端中间设置了人民公社办公楼兼集会活动的礼堂，广场周围是供销社、行政、医疗等公社管理服务设施（图 6）。尽管现状广场已经废弃，但这个中心具有十分强烈的统帅和引领作用，这些功能的布置更是展示了强烈的"反仪式性"，该中心已经成功取代了原传统村落中家族祠堂等宗教礼法场所具有的信仰核心的地位。

三、"农业学大寨"时期石骨山村的生成机制

1.影响农村建设的外因——各项政策

（1）人民公社化运动为"大寨式"的新村规划建设扫清了群众的思想障碍，并提供了参考的建设蓝本。人民公社的集体生产代替了原先个体式的小农经济，随着生产的逐步集体化，公社成员在生活中也巩固了集体意识，使得他们可以从思想上接受新村建设中以集中式布局代替原有村落的分散式、向心性布局。

（2）"农业学大寨"运动直接催生了"大寨式新村"，树立的新村"样板"成为全国各地争相效仿的对象。此时新建的村落大多跟随"大寨新村"的建设形式，以整齐划一的行列式布局为主，与人民公社化时期的宏大规划相比较，这个运动变得相对务实，规模更小，更契合国家当时的实际情况，更具可实施性，但塑造集体化空间的本质并未改变。

（3）"消灭三大差别"的社会理想把城市的各种思想带入农村。在"消灭三大差别"的思想指引下，农村也开始工业化和城市化，使得农村在规划布局方面出现城市规划的影子。

2.影响农村建设的内因——生产、生活活动

（1）生产活动影响了"大寨式新村"的建造方式。"农业学大寨"运动中，一些公社响应中央的号召，推进了农业机械化的发展，较好地完成了农田基本建设，促进了社队的经济发展。随着社队的蓬勃发展，不仅为新村的建设提供了大量的建设原料，同时培养了专业的技术队伍，为规划与建设新村奠定了基础。

（2）权力集中、"政社合一"是人民公社另外一个非常重要的特点，人民公社不但是一个处理事务的政治组织，也是一个管理生产的经济组织，同时还是一个教育组织。其多种

属性并存的特质就需要组织高度的集体化，从而导致生产空间、生活空间、教育空间的高度集合化，以便于管理。因此，基于人民公社的"政社合一"特点与其社会动员带来的效应，村民能从思想上接受农村由原有的分散布局改变为集中式布局。

（3）生活活动影响了"大寨式新村"的内部功能与外部形象。从满足居住者物质需求的角度看，当时的生活空间只需设置堂屋、厨房、卧室，以满足最基本的生活需求，并不配置单独的卫生间，居住条件相当简陋。

四、价值与反思

1. 价值

（1）石骨山村为代表的"新农村"是农村集体化高潮时的产物，反映了集体化生活方式与榜样型社会动员综合作用时的乡村形态。石骨山村空间结构变化与政策变化联系紧密，从1970年代因政策深入乡村而兴建，到1980年代因政策改变公社解体，农民迁回分散居住，再到今日公社与自然村湾共存，形成新的农村形态。石骨山村成为我国土地制度变迁和中国社会主义时代运动的历史见证。

（2）石骨山村的规划是城市居住区理念在政策推动下深入广大农村的一次特殊实践，为新时代社会主义美丽乡村建设提供经验和教训。石骨山村是湖北省内首次运用"城市社区"理念建设的模范村，新村分区明确，生产与生活分布在不同的区域，公共建筑构筑完整的轴线，并形成高度集中的空间秩序。石骨山村的规划在一定程度上体现了"邻里单元"的概念，是一次将比较先进的规划思想运用于农村的实践，是我国乡村建设中十分重要的一个阶段。近些年来，中国出现的"新村"使得农村中有了与传统形态作对比的素材，而在比较与融合中，农村的规划设计也在向前推进，从一些新村的规划之中，我们仍能看到那个时期"新村"的影子。

（3）石骨山村的多数公共建筑已毁，但目前还保留下来的人民公社办公楼（兼礼堂）已经是湖北省省级文物保护单位，石屋也是武汉市市级文物保护单位。

2. 反思

（1）从经济基础的角度看，"农业学大寨"时期，为了大规模的农田基本建设促进村镇建设发展，把本来零星松散的自然村湾迁移合并，力争增加耕地数量，达到生产效率最大化。这样的集中化在工业不发达、农业器械缺乏的小农经济时代是不合理的。原本聚落到农田的合理距离是传统聚落选址的重要因素，

而新村规模的高度聚集导致距离较远的农田更多被荒废。这也导致后期因为缺少耕作机械、社会资源和组织管理的持续投入支撑，原有的人民公社逐渐解体，集体耕作生活方式逐渐难以适应，村民陆续自发回迁原村湾，重建新居。

（2）一刀切、集体化呆板、单调。否定私有经济体制，一切都搞集体经济的年代，按照家庭人口数量与职位高低分配住房，形成联排式的集体住房，甚至是楼房，打破了原有院落式的乡村民居格局，打破了农业自留地这一传统小农经济家庭种菜、家庭养殖、种植果树等赖以生存的基础，农民的生存情况似乎并没有得到改善，甚至生活条件还有下降的趋势。

五、结语

随着人们的居住环境在人口迅速增长所造成的压力下不断恶化，人居问题便越来越受到人们的关注。在建设美丽乡村的背景之下，石骨山新村作为我国初期探索新的乡村道路的珍贵遗存，为新时代的乡村建设提供了宝贵的经验借鉴和教训。乡村是自然、文化、社会政策、经济等因素综合作用的结果，在政策支撑提高生产质量发展水平的前提下，还应当更多地适应村民对美好生活的现实需要。

参考文献

[1] 黄一如，叶露．集体化时期乡村住宅设计研究（1958—1978年）[J]．住宅科技，2017，37（11）：57-63.

[2] 赵纪军．"农业学大寨"图像中的乡建理想与现实[J]．新建筑，2017（04）：134-138.

[3] 叶露，黄一如．1958—1966年"设计下乡"历程考察及主客体影响分析[J]．建筑师，2017（06）：91-99.

[4] 严婷，谭刚毅．基于类型转变研究的人民公社旧址改造设计——以湖北"石骨山人民公社"为例[J]．南方建筑，2018（01）：16-21.

价值评估视角下南京江宁乡村建筑遗存保护与再利用研究

丁倩文　王彦辉

摘要：江宁自古传统农业发达，近代工业制造业发展较早，乡村建筑类型丰富多样，特色价值鲜明。通过实地调研，笔者发现大量具备价值的非文物建筑、非历史建筑仍然没有得到充分的价值认知。本文以南京江宁区乡村建筑遗存为研究对象，在对其调查统计的基础上明晰其价值特色，采用 AHP 层次分析法建立区别于现有城市建筑遗产价值体系的乡村建筑遗存价值评估体系并进行保护再利用等级分类，按照不同等级提出相应传统建筑的保护与再利用策略及政策建议，为江宁传统建筑保护再利用导则的编制提供参考依据。

关键词：乡村建筑遗存；江宁；价值评估；分级；保护与再利用

丁倩文，东南大学建筑研究所博士研究生。邮箱：
1145416400@qq.com。
王彦辉，东南大学建筑研究所教授。邮箱：
248970507@qq.com。

一、引言

自党的十九大提出实施乡村振兴战略以来，全国各地纷纷开展规模宏大、影响深远的乡村振兴实践与探索。2021 年 2 月 21 日发布的《中共中央国务院关于全面推进乡村振兴加快农业农村现代化的意见》文件强调"民族要复兴，乡村必振兴"。[①]2021 年 9 月 3 日发布的《关于在城乡建设中加强历史文化保护传承的意见》再次提出在城乡建设中系统保护、利用、传承好历史文化遗产。江苏省早在 2017 年开始了以焕发乡村内生动力为目的的全省特色田园乡村建设行动，

又率先开展了乡村"传统建筑组群"的遴选和保护再利用工作。[②]江宁作为江苏省乡村建设极具前沿性和代表性的区域之一，自 2020 年年底开展了乡村建筑遗存保护和再利用的导则编制工作。乡村建筑遗存承载着浓厚的自然、历史和文化价值，在乡村旅游和发展中占有重要的地位。从价值评估视角下进行江宁区乡村建筑遗存保护和再利用的研究有利于帮助有关管理部门和当地居民对建筑价值有进一步的深刻认知，为后续的保护再利用工作提供理论指导，为相关政策与规划的制定提供技术支撑[1]，也有利于提升乡村历史文化资源的发掘与保

护，以及建筑遗存与乡村社会经济的协调发展。

首先对传统建筑、建筑遗产、乡村建筑遗存三个概念进行区分。传统建筑是指从先秦到 19 世纪中叶以前的建筑。[2]遗产（Heritage）是法国大革命之后产生的，"建筑遗产"（Architectural Heritage）这个词直到 20 世纪 70 年代才诞生，概念经历了包括"纪念物""纪念性建筑""废墟""古建筑""历史建筑"等核心概念的长时间铺垫[3]。这些对保护对象的定义或在某一历史阶段彻底取代，或在某历史阶段出现，从而扩展了"建筑遗产"的领域，又或者相互叠加、相互影响[4]。这里引

---

① 中共中央国务院 . 关于全面推进乡村振兴 加快农业农村现代化的意见 [EB/OL]. 2020-02-23. http://www.mofcom.gov.cn/.

② 江苏省住房和城乡建设厅 . 江苏省传统建筑组群目录 [EB/OL]. 2020-12-29. http://jsszfhcxjst.jiangsu.gov.cn/art/2020/12/29/art_49384_9618398.html.

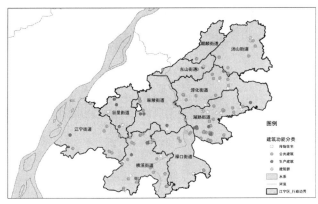

图1 江宁区乡村建筑遗存功能类型分布图

图2 江宁乡村建筑遗存文物等级分类分布图

入"乡村建筑遗存"的概念，将时间界限扩大，指在乡村地域内建设的具有一定历史、文化等价值和改造再利用潜力的建筑类遗存。即限定了地域范围的建筑遗产概念。

从目前文献研究内容上来看，传统建筑主要围绕民居建筑以及公共建筑，尤其是祠堂和寺庙为多[5]，建筑遗产的研究则主要围绕城市建筑遗产进行，多对城市建筑遗产[6]、历史建筑[7]价值评估的研究，对乡村建筑遗产的价值评估研究较少。

二、发现问题

江宁位于南京市东南部，属典型的丘陵、平原地貌。区内河道主要有秦淮河和长江两大水系，众多河流、水库散布其间。江宁自古传统农业发达，近代工业制造业发展较早，建筑类型丰富多样。长江文化、秦淮河文化、湖熟文化，以及佛教、伊斯兰教等宗教文化在这里融汇，地域特色鲜明，具有重要标本研究价值。

本次调研通过和江宁城市规划局合作下发乡村建筑遗存信息调查表格获取基本信息。通过统计、筛选和去重，总共梳理出 152 个乡村

图3 未被保护的案例

图4 有价值但未受到重视的案例

建筑遗存（图 1、图 2 ）。调查过程中发现，大部分非文物建筑遗存处于废弃状态，缺乏有效地保护措施和监管。而部分文保单位、不可移动文物、优秀历史建筑也是如此；江宁区现存的乡村建筑遗存类型丰富，功能上包含传统住宅、传统产业建筑、军事遗存、传统公共建筑（祠堂、寺庙）等，这些建筑遗存具有历史、科技、文化、美学等不同层面的价值，但并未引起相关各方的重视得到保护更新和再利用（图3~图5）；而由于大多数村民对建筑遗存的保护认识不足，不能做到对其有效地保护，仅仅以满足日常使用需求为基本目标，从而造成对建筑遗存的二次破坏（图6）。从现状调研和问题分析来看，需要尽快建立一套价值评估体系与再利用技术导

则，对保护修缮和再利用工作起到分类指导的作用。

三、价值评估体系

1. 价值评估体系指标因子

江宁乡村建筑遗存价值体系以东南大学王建国和蒋楠教授提出了近现代建筑遗产综合价值评价指标体系为基础，在此基础上结合江宁乡村情况，利用层次分析法（AHP）构建评价因素的递阶层次结构模型：以江宁区乡村建筑遗存价值评价为目标层，将历史价值、文化价值、社会价值、艺术价值、技术价值、经济价值、环境及生态价值、使用价值等因子作为准则层；隶属各准则层的具体评价因素构成方案层，

图 5　被认定为文物而质量参差不齐的案例

图 6　居民在使用中造成的二次破坏案例

江宁区传统建筑价值评价指标体系　　　　　　表 1

目标层	准则层 1	准则层 2	方案层
江宁区传统建筑价值评价	A1 历史价值	a1 历史背景信息	建筑主体的建造年代
			建筑的历史地位与特征
			与历史人物、事件或机构的相关度及重要度
	B1 文化价值	b1 文化认同度与代表性	文物建筑的等级
			地域风貌特色、民俗文化的代表性、认同度与归属感
		b2 文化象征性	某种精神或信仰的象征性
			对当时社会文化和建造观念的反映
	C1 社会价值	c1 社会贡献	能够发挥社会教化功能
			提高社会凝聚力
		c2 乡村发展	由于在村落中的位置、功能性及其对村落的影响力而对村落发展起到的推动作用
	D1 艺术价值	d1 形式风格	建筑造型、形式、风格的典型性与独特性
		d2 设计水平	布局与空间的设计水平
		d3 艺术审美	建筑外观的艺术审美
			细部节点的艺术审美
	E1 技术价值	e1 材料	材料的合理性、独特性或代表性
		e2 结构	结构的合理性、独特性或代表性
		e3 工艺	工艺的合理性、独特性或代表性
	F1 经济价值	f1 经济增值	综合开发的经济增值
		f2 改造经济预期	建筑以及环境改造的经济性预期
	G1 环境及生态价值	g1 景观及其配套	自然景观品质以及附带的人文景观价值
			环境功能、产业结构、设施配套及交通状况的协调性
		g2 生态性	建筑建造过程中（如材料、技艺等）体现的在地性、生态性
			建筑建成后环境调控性能的生态性
			建筑拆迁重建所需的资金、人力的节省以及可持续发展的生态性
	H1 使用价值	h1 质量现状	建筑主体结构的完好性
			维护体系（墙体、屋顶、门窗）的完好性
		h2 适应性	接纳或置换新功能的适应性
			空间布局和改造的灵活性

每一个具体评价因素对上一层评价因素的综合评价作贡献，从而建立起两级层次分析体系（表 1）：

2. 价值评估体系指标因子权重的确立

1）AHP 层次分析法和德尔非专家法

在此递阶层次结构模型的基础上，引入 1~5 标度法对两个层次指标进行比较，从而构造出判断矩阵。对于 n 个元素来说，我们得到两两比较判断矩阵 $C=(C_{ij})n\times n$。其中 C_n 表示因素 i 和因素 j 的相对的重要值。根据心理学的研究成果，人们在进行比较判断时，通常可以将两个对象区分出"同等重要""略微重要""明显重要""强烈重要"和"极端重要"五个等级（表2）。本文采用问卷形式，将制定好的层次分析法的问卷分发给多位专家填写。利用SPSS软件进行计算，结果如表3所示。

2）绝对评价体系和相对价值评价体系

根据上文得出的建筑价值评价因子权重值设计了价值评分表：假设建筑的最高得分为满分100分，那么A1指标历史价值评价的最高得分即为27分。同时，将每个指标的得分按照等量划分的方式分为四个等级，例如b1指标等级的分值划分

为（0~4分）、（4~8分）、（9~13分）、（14~27分）。

上文为江宁乡村建筑遗存的综合价值评价体系，其涵盖价值内容较为全面，但此综合价值评价体系并不能简单直接适用于所有个体，在绝对评价标准之外，存在加权的相对评价标准。例如某些建筑因物质实体坍塌消失而导致部分准则层因子分数缺失，但其他准则层分数极高或较高的情况：诸多建筑如麒麟街道的窦村古戏台，其建筑主体已经完全坍塌，仅剩下部分残垣断壁。其经济价值、使用价值、技术价值等都无法通过现在的建筑实体进行准确评判，但通过资料以及调

查发现，本应获得较高分数或者其他准则层的价值获得极高的分数。诸如此类情况则应该根据实际情况对其他准则层因子分数进行相应的加权处理，将缺失准则层因子的分数值按照前文给出的权重值重新赋予其他项准则层，再进行评分和等级划分（表4）。此外，对于已经被评为文保单位、历史建筑、不可移动文物等建筑而言，该价值评价体系仅供参考。文保单位、历史建筑、不可移动文物等建筑的评定、保护和再利用需遵从相关的法律规定和要求。

四、江宁乡村建筑遗存保护再利用等级的建立

依照价值评价体系将建筑分为四个等级：综合评价指标在75分以上的建筑属于Ⅰ级乡村建筑遗存。如文物建筑横溪街道许呈村横山县抗日民主政府旧址、湖熟清真寺（图7）、非文物建筑周子泵站（图8）等。这类建筑在历史、社会文化、艺术审美、科学技术等方面具有极高的独特价值。其保护再利用应以"修旧如旧"为保护原则，除受到不可抗力造成的破坏外，应避免对建筑原有结构、风貌等进行改变，对局部维修或构件替换也应该完全按原状进行，同时新构件应该可逆、可识别。

综合评价指标在60~75分之间的建筑，属于Ⅱ级乡村建筑遗存。如湖熟油米厂、叶村粮管所（图9）、云台山硫铁矿等。这类建筑一般具有多种较高的价值，或具有某一种特殊重要的价值，在历史文化、建筑艺术、科学技术等方面具有学习研究、保护利用的价值和意义。其

判断矩阵及其含义		表2
标度	定义	解释
1	同等重要	两个因素，具有同等重要性
3	略微重要	一个因素比另一个因素略微重要
5	明显重要	一个因素比另一个因素明显重要
7	强烈重要	一个因素比另一个因素强烈重要
9	极端重要	一个因素比另一个因素极端重要
倒数	因素 C_i 与 C_j 的比较标度为 C_{ij}，因素 C_i 与 C_j 的比较标度为 C_{ji}，因素 C_i 与 C_j 的比较标度为，C_{ij}，$C_{ij}=1/C_{ij}$	

价值指标权重值				表3
指标	特征向量	权重值	最大特征值	C1值
历史价值	2.165	27.062%		
文化价值	1.871	23.385%		
社会价值	1.493	18.66%		
艺术价值	0.420	5.25%	8.508	0.073
技术价值	0.823	10.282%		
经济价值	0.343	4.292%		
环境价值	0.595	7.436%		
使用价值	0.291	3.633%		

一致性检验结果汇总				表4
最大特征值	CI值	RI值	CR值	一致性检验结果
8.508	0.073	1.410	0.051	通过

图 7　湖熟清真寺

图 8　周子泵站

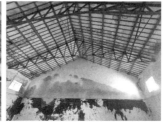

图 9　江宁街道叶村粮管所

图 10　苏庄仓库

图 11　种子库

保护整治及再利用应注重该建筑突出的价值部分，首先保全整体风貌及表现特殊价值的局部物质实体，对现存建筑破损及毁坏处进行修复，非特殊部位的修复可依据新的功能、先进技术、审美等要求进行适当地改变，改造部分应该与保留部分协调。

综合评价指标在 40~60 分之间的建筑，属于 III 级乡村建筑遗存。如田园社区苏庄仓库（图 10）等。

这类建筑也具有一定价值，但总体价值水平一般，其建（构）筑物大多质量良好，空间较大，结构坚固，具有较高的改造适应性，经再利用后将能够发挥更高的价值。这类建筑保护整治及再利用应该以突出原有建筑的最具代表性的特征为保护要点，而其余部分则可根据使用要求进行改造更新。保留部分和拆除改造部分一般不具有明确界限，宜根据实际情况做出取舍。

综合评价指标在 0~40 分之间的建筑，属于 IV 级乡村建筑遗存。如向阳社区种子库（图 11）、石塘传统住宅等。这类建筑本身价值较低，通常具有建筑质量差、改造利用性较低等缺点。原则上应该以当地经济发展为主，进行系统的综合开发。

五、结语

随着城镇化进程的不断推进，乡村建筑遗存的保护在现代社会的快速发展潮流中处于弱势地位，对于传统文化的保护时常让步于经济资本，这就使得乡村建筑遗存的保护与开发之间的平衡显得尤为重要。而伴随着出台农村宅基地、集体经营性建设用地等一系列乡村建设用地的市场化政策的出台，乡村建筑遗存的保护面临着更加急迫的处境。这些政策的出台为深化乡村振兴明确了方向。但同时，如果没有更为深入和针对性的前期研究、科学评判和政策策略的引导，同样会导致农村集体建设用地上的大量有价值的非文物类乡村传统建筑在资本和市场力量裹挟下，面临极大的不确定性，乃至被快速集中拆毁的危险，从而重蹈我国 20 世纪末旧城改造浪潮中大量优秀建筑遗产被拆毁的旧辙。

注：文中图片均为作者自摄或自绘，表格均为作者自制。

参考文献

[1]　储金龙等 . 基于 GIS 的传统建筑分布特征及影响因素分析——以安徽省潜山市为例 [J]. 中国名城，2019（07）：78-84.

[2]　宋文 . 传统建筑 [M]. 上海：东方出版社，2010.

[3]　朱光亚等 . 建筑遗产保护学 [M]. 南京：东

南大学出版社，2020.

[4]　陈曦 . 建筑遗产保护思想的演变 [M]. 上海：同济大学出版社，2016.

[5]　陆元鼎 . 中国民居研究五十年 [J]. 建筑学报，2007（11）：66-69.

[6]　蒋楠，王建国 . 近现代建筑遗产保护与再

利用综合评价 [M]. 南京：东南大学出版社，2016.

[7]　李浈，刘圣书 . 对历史建筑价值评估系统的研究 [J]. 城市建筑，2021，18（22）：11-15.

旧城更新及街区保护

吐鲁番地区新城历史文化街区空间形态特征探析

肉孜阿洪·帕尔哈提　赵　雪
买买提祖农·克衣木　黄一如

肉孜阿洪·帕尔哈提，同济大学建筑与城规学院博士研究生、讲师。邮箱：ruzahun818@126.com。
赵雪，新疆大学建筑工程学院助教。邮箱：1456480431@qq.com。
买买提祖农·克衣木，新疆大学建筑工程学院讲师。邮箱：122739131@qq.com。
黄一如（通讯作者），同济大学建筑与城规学院博士生导师、教授。邮箱：hyrhyrhyr@sina.com。

摘要： 吐鲁番地区是丝绸之路沿线重要的国家历史文化名城，城区范围内拥有丰富的历史文化资源，亚尔镇新城历史文化街区是其中之一。文章以吐鲁番亚尔镇新城历史文化街区为研究对象，通过分析街区的发展历史、街巷格局、空间节点和建筑风貌，总结新城历史文化街区的空间特色及其成因，并探讨该街区保护与更新思路，以促进历史街区旅游发展，以及为其他历史街区的文脉保护研究提供参考价值和借鉴。

关键词：历史文化街区；空间形态；空间句法；保护与更新

一、引言

2007 年 4 月，国家公布吐鲁番地区为历史文化名城，于 2008 年实施"历史文化名城名镇村保护条例"，对历史文化街区概念进行详细的阐述。2010 年 3 月，吐鲁番地区编制了《吐鲁番市历史文化名城保护规划》及《吐鲁番历史文化街区保护规划》，又于 2013 年编制了《吐鲁番城市总体规划（2013—2030 年）》，并纳入城市总体规划。规划划定了市域范围内的三处历史文化街区，分别是新城（回城）历史文化街区、苏公塔历史文化街区和葡萄沟历史文化街区。对亚尔镇新城的研究意义体现在两个方面：一方面，新城历史文化街区是吐鲁番城市文脉的传承者，延续和继承了吐鲁番地区传统建筑特色和风俗，展现了吐鲁番多元文化影响下形成的地域文化；另一方面，城市建设走向了模式化、量化建设，建设中心偏离老城向新城方向发展，导致历史街区被忽视，丧失了其重要的地位和意义，产生了历史街区发展严重滞后等一系列问题，使其周围环境不协调，严重影响了旅游城市的形象。

二、街区概况

1. 街区现状与功能定位

吐鲁番新城历史街区位于吐鲁番市区西部，具体位置在亚尔镇内，离老城以西 1km 范围内，核心保护区面积 47.3hm²，街区总占地面积约 54.35hm²，东至新城路北十一巷，南至新城路南五巷，西至新城路北一巷，北至新城路北三巷。是商住混合街区，居住户数 421 户，历史文化建筑有 83 座，其中百年以上的民居有 65 座，共 1895 人，至今已有 150 年左右的历史（图 1）。街区功能定位为具有传统风貌特色的生活区与当地平民文化特色的商业区，老街历史文化街区是吐鲁番地域多元文化特征的体现，也是历史商业脉络与痕迹的体现。

2. 街区历史和发展成因

吐鲁番地区作为古丝绸之路上主要的交通枢纽，拥有四千多年的历史文化内涵，是西域政治、文化和经济中心。在历史的长河中先后有许多民族在这片土地上出现并繁衍，建立政权，具有代表性的古国有车师、乌孙、柔然、高昌、回鹘等，随着历史的发展及演变，逐渐形成了不同层次的吐鲁番文化[1]。新城历史街区最早建于清同治十年（1871 年），历史上称"回城"，今称"新城"。历史中城中心围绕着集会场所，均由原生土夯筑墙

图 1　吐鲁番新城历史街区位置范围

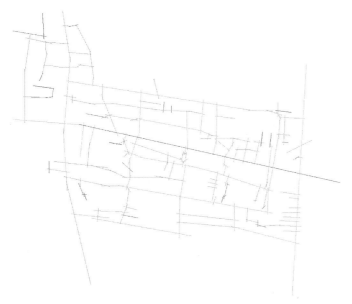

图 2　新城历史街区全局整合度（R=n）

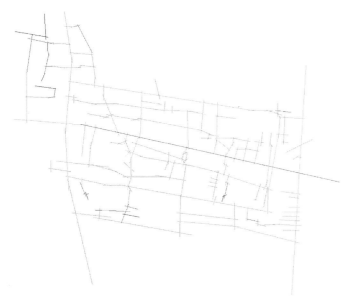

图 3　新城历史街区局部整合度（R=3）

而成正方形区域，面积大约 0.5km²，城墙高 3m，墙基宽 1.5m，后来城墙被乡民建房拆除或利用，城里主要建筑有关帝庙、西厢庙、官立学堂、民立学堂、监狱等，是土木穹形窑洞式结构，两侧有商店、居民住宅和包括集会场所 [2]。

三、街区空间形态特征

1. 基于空间句法的历史街区整体形态分析

空间句法（Space Syntax）理论是由伦敦大学比尔·希列尔（Bill Hillier）教授首先提出的，如今形成了一套理论体系。该理论认为在研究城市空间结构时，要考量社会因素的同时需要考虑空间因素。[3] 利用空间句法整合度来分析街区内轴线集成的人流水平，全局整合度和局部整合度反应街巷空间的可感知性。该理论用于进行定量分析建筑和其围合形成的活动空间之间的关系，是人的视角进行空间分析，适合历史街区的保护和更新研究 [4]。本研究是通过空间句法对研究区域的空间结构进行量化分析，找到其空间网络演变和衰落的内在组织规律，探寻这种现象背后隐藏的社会文化因素，帮助人们用一种全新、科学的视角来审视历史城区的保护与更新，倡导用一种延续、织补的方式来完成对于历史城区的改造，为城市新建区与原有街区空间格局的有效连接提供科学依据 [5]。

1）整合度分析

整合度反映了街区内某一个道路空间与全部道路空间的聚集或离散程度。图 2 空间句法全局整合度可知，在整个历史街区范围内全局整合度（R=n）模型中，可达性最好的街道为新城街道路段，还有直连新城路的街巷路，模型中线颜色越暖则可达性越高，图 2 和图 3 整合度图均表示了新城路是该街区内的几何中心，在空间句法意义上是历史街区中心性最强的区域。由图 4 协同度散点图可知，R² 为拟合度，是散点图与直线走势的吻合程度，当衡量指标 R²>0.5 时，说明协同度较高。在新城街中，拟合程度为 0.845，说明新城路街道在历史街区范围内空间识别性较好。

2）可理解度分析

可理解度是整个街区空间形态的可感度。图5为街区可理解度分析，系数 R^2 以0.5为界，可理解度数值 R^2 为：0.3316，通过数值可知街区部分街巷位于尽端空间或偏僻的区域，因此某些街道与整体无法相互适应，游客对街区整体空间没有很好的感性认识，对区域积极探索程度较差，街区体验具有随机性。

3）选择度分析

图6为历史街区选择度分析图，其中局部选择度最高的街区空间是新城路两边街道，表明人流和车流通行率最高，具有较大的吸引穿越空间的潜力，选择度越大，周边地块的商业潜力越大，这也论证了以前新城街道是一座繁华的商业街道的说法。

2. 街坊形态分析

由街区肌理图可以看到（图7），街巷空间肌理变化多样，空间整体分布均匀，空间结构较为完整，但是闭合单元较多，缺乏通透性，新城历史街区街坊格局和民居建筑群布局自由多变，一般都是自然有机生长状态，整个街区往往以集会空间或者主要历史街道为中心向周边扩展。街巷空间功能特征明显，空间界面多样、空间尺度和多样灵活的交叉口模式，丰富的视觉效果，部分巷道只能步行或非机动车运行，

是一种封闭、狭长的带状空间，因而形成了地区独特的街区风格。

3. 街区街巷空间分析

1）街巷结构形态

街巷作为一种重要的聚居交往公共空间，其空间布局和功能秩序在一定程度上影响了村落聚居空间的整体形态，其形态体现了吐鲁番当地的本土地域特色。吐鲁番地区大部分聚居空间形态灵活多变，内部的各街巷系统空间元素具有明显的本土地域特色[6]。街巷的布局形成在当地特殊的地域气候环境下不仅有着防风沙、遮阳蔽日、营造阴凉舒适空间的作用，且在行人处于街巷时，由街巷空间中的阴影变化，

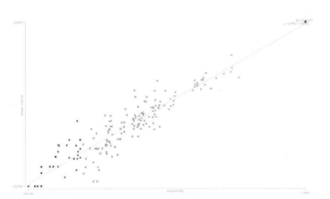

图4　新城历史街区空间协同散点图

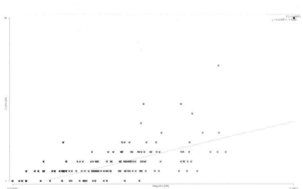

图5　新城历史街区可理解度散点图

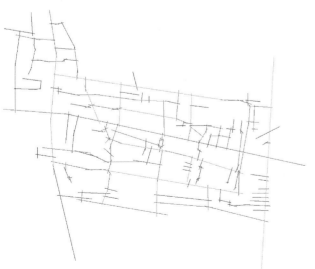

图6　新城历史街区空间选择度分析图

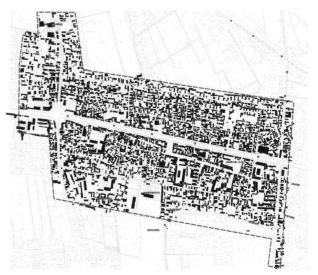

图7　新城历史街区肌理图及范围

图 8 吐鲁番新城历史街区现存古街道风貌

以及各界面的不同围合限定，成功营建了丰富多变的空间体验。

2）街巷道路系统

吐鲁番传统村落的街巷道路系统多由所处的地形决定，主要包括平行于等高线的主街巷和垂直或斜交于等高线的支巷道（图 8）。街区巷道南北纵横，东西交错。南北向巷道间距在 150~200m 左右，东西向巷道间距在 50~100m 左右。主街巷与主街巷，主街巷与支巷的相交区域则构成了古村街巷循环系统中的交叉口特殊空间（图 8）。街区中的大多数娱乐活动、祭祀礼拜活动等则均将在主街道或部分中心空间进行。支巷一般所起的作用是沟通部分村民或个别村民进行联系交流，但其也具有一定的公共属性，相对于村落主街巷而言，限定在支巷范围内的人际交往空间要小很多，但也更加私密。

3）公共空间节点

街区的公共交往空间节点是街区中的特殊区域，一般会出现在街巷的出入口、交叉点或转折区域，抑或产生于某些特定区域，如历史变革、名人效应等影响下的功能场所，也可以是街巷系统中因某界面的突然变化而由此产生的局部放大部分。依照其所适用的功能特性，这些特殊区域空间也可以分为一定数量的种类形制，其不但在日常生活中为人们提供着必要的休憩、娱乐或指引，而且也是蕴含村民集体精神记忆的标志性意向空间。

4.建筑空间形态

街区内建筑大体为 1~2 层，主要有两种类型，即居住建筑和非居住建筑：其中居住建筑主要分布在新城路南侧街巷中，多为私人所有的民房，大部分为四合院布局，普通人家多为一层平房，大户人家多为二层楼房，其中一楼作为厨房和杂物房，二楼作为客厅和卧室。住宅是用未经焙烧的土壤作为材料而建成的建筑物，吐鲁番气候异常干燥、炎热、少雨，其土质是沉积状沙质黄土，黏土层厚且坚硬，具有很好的直立性，大多住宅为一明两暗式的拱顶窑洞房，土木结构的平顶房屋和半地下式二层楼房，房顶

部有正方形或长方形的小天窗，采光通风；商业建筑基本集中布置在新城路街道两侧，大部分一层，部分新建两层，砖木结构的房屋较多，部分商业分散在街区街巷十字交叉路口，人流量比较多的区域。

5.街区文化内涵分析

历史文化街区见证了古代吐鲁番地区的繁荣，不仅有民族手工业，还有传承前年的美食文化等民族风情文化。街区内的居民继承并发展民族手工业，主要有柳条编织、民族花帽、装饰地毯、木制雕刻、汤瓶壶、擀毛毡等。除展示功能外，也可通过对食物的生产制作、包装文创等来展示地区味觉美食文化。民俗风情保护方面可以开辟民俗风情旅游线路，通过展示起居、服饰、餐饮、传统节日、民族音乐舞蹈、民间游戏等内容来全方位地展示民族风情。

四、结论与建议

在进行历史街区更新时，可以参考空间句法模型数据，整体了解街区特性，整合核心区域为街区公共活动相对聚集的地方，将区域作为街区更新重点考虑对象。在此，以吐鲁番地区新城历史文化街区为例，提出以下建议，希望对新疆其他区域历史街区的更新提供参考。

1.优化历史街区内道路肌理，完善街区空间规划

强化文脉本体资源的保护，包括：街区核心文脉资源的整体性保护、历史传统建筑的原真性保护、街巷肌理的延续性优化保护等方面。

第一，尽可能保留历史上遗留下来的街巷格局，针对有损坏的路段进行修复、替换，路面等重点修复。第二，在保留传统格局的同时解决消防道路问题。第三，历史街区分批次地保护和更新，对街区肌理、文物、社会结构影响较小，可以保证延续性。

2. 挖掘历史街区本源文化并提升历史街区空间节点活力

通过对历史街区中建筑体量和风貌控制，使历史街区和周围环境协调统一，保证历史街区外部环境的原真性。依据空间句法数据结论来进一步组织功能布局，激活并优化空间节点活力，并通过对街区历史街区文化遗产的保护为旅游业的发展提供可能。

3. 促进历史街区环境及文化生态可持续发展

历史街区中的人与环境是长期互相作用、互相选择的结果，因地制宜，与自然相互依存。历史街区拥有着较为独立的系统特征及生态运行机制，在历史街区保护更新发展中，一方面需要完善绿化系统，并将公共绿地与乡土植物相结合；另一方面需要将地区特定的文化特色和场所精神融入民俗景观中，以促进历史街区环境及文化生态的可持续发展。

注：除图 7 为课题组自绘外，其余图片均为作者自摄或自绘。

参考文献

[1] 朱有玉，张芳芳，董云财. 历史街区的活力重塑——吐鲁番历史街区微空间改造的研究 [J]. 安徽建筑，2018，024（002）：45-46.

[2] 刘稳定. 吐鲁番历史文化街区文脉保护研究 [D]. 西安：西安建筑科技大学，2018.

[3] 陈歆颐，张熹. 国内"空间句法"理论在城镇规划与管理中的运用及未来发展展望 [J]. 华中建筑，2020，38（06）：7-11.

[4] 钟延芬，杜菲雨. 基于空间句法与 POI 相关性的城市空间多尺度分析——以南昌绳金塔历史文化街区为例 [J]. 华中建筑，2020，38（11）：136-140.

[5] 段进. 空间句法在中国 [M]. 南京：东南大学出版社，2015.

[6] 罗志刚. 从"人类聚居学"到"人类空间系统学"的提升 [A]// 中国城市规划学会，杭州市人民政府. 共享与品质——2018 中国城市规划年会论文集. 北京：中国建筑工业出版社，2018：16.

城市与社区公共性的探索
——1980 年代深圳大型集合住宅设计特色初探

张轶伟　　杜湛业

张轶伟，深圳大学建筑与城市规划学院，建筑历史与遗产保护研究中心助理教授，建筑系副主任。
邮箱：zyw@szu.edu.cn。
杜湛业，深圳大学建筑与城市规划学院硕士研究生。邮箱：949170023@qq.com。

摘要：本文对 1980 年代深圳大型集合住宅的建设历史进行了概括，从城市肌理重构与公共空间营造两个层面进行了案例解读，并试图还原屋村建设与当时社会生活模式之间的联系。通过对制度转变历史的引证和空间类型学的分析，本文试图揭示深圳早期大型集合住宅对于城市现代化与公共生活的作用，并归纳其在建筑设计领域所进行的探索创新。

关键词：深圳现代建筑史；大型集合住宅；公共性；空间类型学

一、问题的提出

深圳经济特区早期居住区与屋村建设史是讨论深圳现代建筑史的一个重要切入点。作为改革开放的试验田，深圳的住宅建设不仅应对了快速增长的市场需求，推动了住宅开发与设计市场化的转型，而且在不同时期都实现了政策与制度的创新，完成了一批具有全国影响力的佳作。特区创立之初所兴建的一些居住区甚至已经具备了当代建筑遗产的价值[1]。但与其历史意义相悖的是，改革开放初期兴建的大量屋村都面对着被拆除与改造的严峻局面。相对于特区的高层建筑和文化地标，针对居住区建筑设计史的研究仍处于空白状态。在深圳现代城建史多元而复杂的线索中，居住建筑类型的演变往往被建设量巨大、市场驱动这类简单化的标签所概括，而忽略其与市民日常生活的联系。实际上，1980 年代起，特区建设相对开放、宽松的大环境赋予了规划设计者相当的自由度，并孕育了诸多具有探索性的大型集合住宅项目。本文写作的直接目的也是希望回顾这段历史，从城市空间与社区公共性的角度重新发掘其在建筑设计领域本身的价值。

二、1980 年代的转型期

1980 年代是深圳居住建筑建设发展的第一阶段，并开始突破原有市场经济体制下住宅开发与建设的固定模式[2]。自 1950 年代起，国内居住区规划大多受到了苏联模式的影响，采用居住小区的形式，并有着"小区——组团——住宅"的三级结构[3]。在计划经济体制主导时期，深圳的住宅建设延续了全国的惯例，主要是政府统筹下的福利房与微利房，还包括人才住房、集体宿舍等。政府统一划拨土地，事业单位或国有企业具有使用权，并进行统一管理。建筑类型以六层及以下的单元式住宅为主。

随着大量人口涌入特区，住宅建设量开始激增，同时出现了大型集合住宅（Collective Housing）的新

---

① 比如，作为第一个可买卖的涉外商品房小区，深圳东湖丽苑被已经具备了和海上世界、国贸大厦等地标类似的保护价值。引自：尤涛，崔玲. 以当代遗产的视角看深圳改革开放初期的建筑实践 [J]. 时代建筑，2014（04）：45-47.
② 改革开放之前，国家长期推行"先生产，后生活"的政策，同时也受制于意识形态、社会资源、生活模式等原因，这个时期住宅发展让步与工业发展，只需满足居民基本需求，因而住宅规划设计的核心目标就是控制造价与标准，使得其在建筑设计方面相对单一且缺乏创造力。
③ 深圳早期居住小区单体建筑的布置往往采用行列式的板楼布局，封闭化管理，并有着正交网格的规划结构。上步工业区居住组团、园岭住宅区一期、蛇口工业区四海小区等项目都属于这一模式，并强调居住空间规划和资源管控的效率。

图1　深圳大型集合住宅建设发展概况（1978—1992年），不完全统计
图片来源：作者自绘

类型（图1）。居住区开发与建设涉及土地政策、管理模式、经济调控、资源分配等一系列城市现代转型的政策与制度性因素，这是剖析深圳住区建设演变不可或缺的整体性视角。由于特定的地缘因素，深圳在国内较早地接纳了我国港台地区以及新加坡的规划与建筑设计理念，并因地制宜转化为落成的建筑作品。在社会主义市场经济初期，深圳率先进行了住房制度改革，并推行商品房销售的试点。1987年之后，市政府推行出台的一系列住房改革措施快速推进了房地产事业的发展。1987年12月，深圳率先在国内完成了国有土地使用权转让的公开拍卖，标志着房地产市场的起步[1]。1988年，政府出台《深圳经济特区住房制度改革方案》，召开住房制度改革动员大会，公布房改方案以及九项

配套细则。1989年，政府颁布《深圳经济特区居屋发展纲要》（简称"居屋纲要"），其主导思想即为"双轨三类多价制"，并改变过去由国家统一建设和分配住房的单一模式。

建筑学本身的进步同样推动了深圳居住建筑的发展。首先，随着建筑技术的发展，深圳率先在板式、塔式等类型上突破高度限制，将容积率推至3.0以上，[2]带来高层的聚居模式，并引入电梯、空中连廊等新的设施；其次，居住区普遍扩容，很多大型屋村都开始整合底层商业、幼儿园、车库等配套设施，并通过居住区的功能类型和空间结构重新改变了城市肌理。"商住"的功能混合与"城村"的交融关系是居住建筑类型的重要转变；再次，随着对外交流的深入展开和国内大型综合设计院对深圳的支持，

本地建筑师开始成长，并完成了一批具有示范性的住宅项目。可以说，1980年代，新建的大型集合住宅项目不仅从规划设计层面重塑了城市空间结构和肌理，同时也从微观层面改变了居民的生活和交往方式。下文就从城市肌理重构与公共空间营造两个维度来探讨深圳早期居住区规划设计的特色，并对由建筑设计所推动的社会生活模式变迁进行简要地概括。

三、规划设计特色与公共性的探索

1. 城市肌理重构

深圳早期住宅建设受到传统模式影响，布局以多层行列式为主。这种布局模式一般是经济发展受限、

① 1987年12月1日，深圳市采用公开拍卖的方式尝试出让国有土地的使用权，改革了原有的划拨土地无偿使用的制度。从事涉外房地产经营的地产公司以525万元的价格购得50年的土地使用权，并建设了"东升花园"的项目。

② 在高层住宅上尚未普及时，深圳仅有南苑新村（容积率3.24）等小区容积率超过了3.0，住宅平均容积率在2.0上下。

物质条件短缺时期为了满足住房刚需而大量出现。如早期在蛇口工业区内建设的水湾头、荔园等小区，这种行列式布局模式将区域内的空间分割零碎，形成分散的小空间，使居住区的空间结构布局十分刻板与单调。尽管行列式布局解决了建设效率和人口容量等问题，但在设计上缺乏个性和人文关怀，已经不再适应在社会转型的时代背景下人们不断提升的居住需求。而从西方现代主义建筑的成熟经验来看，以大行列、高层高密度的居住模式来替代传统的多层行列布局已经是必然趋势[①]。

1980 年代中后期，随着深圳住房制度的变革，住宅布局也开始由行列式转向中心组团式。居住区中心组团式布局可理解为集合住宅的道路网络肌理与建筑肌理形成以节点（一般为中央绿地）为核心的组织模式。一种典型的总图布局是在住区规划中以中央景观绿地为中心，四周成组布置围绕中央绿地的居住组团，以扩展社区内公共空间的面积，并吸收部分城市职能。这种规划形式是随苏联的"居住小区"规划模式传入中国而出现的住区设计手法，后来被戏称为"四菜一汤"的做法，也有"节点式鱼骨肌理"的说法。[②] 具体的建成案例有白沙岭高层居住区、高嘉花园、园岭住宅区三期，以及 1980 年代末竣工的莲花二村（图 2）。国内第一个规划建设的高层住区——白沙岭高层居住区，整个场地呈矩形形态，建筑是点条结合的高层住宅的形式，这种形式有助于缓解当时城市建设用地紧张的问题。建筑布局由位于中央的 14 栋 24~30 层的塔式住宅和周边向心布置的 15 栋曲板型住宅组成，强调向心式动态组团结构。两种住宅组合的实体肌理形成 6 组居住组群。同时，出于解决住宅区与城市空间之间的交通，以及场地地形条件等问题而形成的菱形路网肌理与建筑实体肌理两层级叠加，进一步凸显出白沙岭居住区中心式组团的布局结构。尽管 1980 年代末的莲花二村路网系统更加复杂，但仍然采用向心式菱形路网，同时整合了小学、幼儿园、运动场、廉租房等功能，体现出社区功能复合化的趋势。再如高嘉花园和园岭住宅区三期，虽然两者路网肌理形态各异，但均具有明显的中心指向性，特别是高嘉花园的圆形肌理路网。在建筑布置上，两住区的建筑布置形式都加强了这种向心性。前者将中心 4 栋住宅扭转角度，形成强调中心绿化空间的实质界面，而后者是建筑以锯齿形内收，结合公共设施形成中心活动空间。

上述案例证明，在 1980 年代的转型期，以城市肌理重构为设计手法的住区规划不仅打破了传统布局形式，而且更多地拓展了社区的使用空间，加强了与城市的联系，在深圳乃至国内具有相当的创新性。

2.公共空间营造

在计划经济时代生产大于生活的语境下，"单位"成为日常社会关系的锚点，"单位社会"成为集体生活不可分割的一部分[③]，此时的住

用地面积：665000m²，容积率：3.16　　用地面积：164300m²，容积率：1.43　　用地面积：490024m²，容积率：0.9　　用地面积：25000m²，容积率：2.6

图 2　中心式组团肌理示意图（左到右：白沙岭居住区、莲花二村、园岭住宅区、高嘉花园）
图片来源：作者整理（非地级市以上和国外的地图）

---

① 1929 年，在法兰克福举行第二届 CIAM 大会上，组织讨论了最小生存需求（existenzminimum）问题，即以最低工资收入负担得起的家庭住房单元。1929 年、1930 年两次 CIAM 大会的讨论中，开始形成以最小生存需求组成的住区规划布局，即主张以大间距的行列式（zellenbau）模式来进行新住宅的建造，以拓展公共资源，提高生活质量的底线。

② 林琳. 深圳集合住宅的街区肌理演变研究 [D]. 哈尔滨：哈尔滨工业大学，2010.

③ "单位社会"成因：1956 年国务院颁布《关于加强新工业区和新工业城市建设工作几个问题的决定》，在新工业区建设中明确各工业主管部门和地方政府的责任和权限，规定新建厂区和生活区及内外基础设施、道路、服务设施由项目主管部门建设，此外的公共基础设施由地方政府投资建设，由此形成了住房建设投资体制中的"条块分割"现象。土地由地方政府无偿提供，单位成立专门机构负责建设与分配，由此形成一个基本自足的生活单位，整个城市由这些"单位社会"组成。

宅公共空间具有强烈的政治和集体化性质。但在改革开放后，公共空间得以重塑，开始结合住宅品质、住户需求、设计特色和地域气候进行创造。深圳借鉴了中国香港和新加坡的先例，高密度的城市生活鼓励了多功能布局和新的空间类型更加多样化和高效的组合，而服务型公共空间是社会生活的核心，因此出现诸如连廊、架空、向心式内院等新的空间类型。通过对深圳的住宅公共空间设计特色探讨，可以了解居民日常生活模式的转变。

1）连廊

深圳住宅的连廊形式最早是解决6层以上住宅不使用电梯的问题，但连廊的置入不仅发挥了它内部交通分流的作用，而且也增加了公共空间层次和使用感受。如南华村、滨河小区、园岭住宅区等（图3）。

滨河住宅区是较早将连廊作为设计特色的住宅区之一，位于福田区滨河大道红岭南路东园街，占地面积为123000m²，建筑面积129388m²，共30栋住宅楼，分为东西两组团，建筑布局采用点状周边式的布置形式，场地中央留出完整的活动场地，形成大组团结构布局。整个方案较为突出的是连廊的植入，多栋多层点式住宅沿基地布置，用一条2层连廊将其串联形成有机的整体。连廊的植入使得住区内的空间层次复杂化，出现不同的连廊的使用模式，归纳起来主要有连廊与公共空间、连廊与公共服务设施、连廊与入口空间三种模式，这也和当时居民的生活模式紧密相连。首先是公共空间，最初连廊主要是为了解决各层住户分流问题，但设计师赋予它公共空间的功能（如在架空部分连廊停放自行车、屋面创造交流活动场所和穿过式廊道作为室外大庭院的补充等），使连廊成为活动促发地和发生地，以至于居民在户外空间发生活动行为的概率增加；其次是公共服务设施，深圳特区成立以来的一系列经济、社会改革，促成建筑师在设计理念上创造一个既能体现集体生活社会性又符合经济特区现代性住区的愿望。因此，在局部连廊段设置商店、银行、邮电、咖啡馆、冷饮室等公共服务设施在时间与空间类型关系上是相吻合的；对于入口空间，其主要有两种形式，地面层住宅入口与2层连廊入口，两种入口空间都是在连廊的公共服务用房之间，前者有较大的进深，后者是敞廊外加楼梯的形式。两种形式的入口廊道空间都可作为缓冲休息廊道来处理。可以说，连廊附加的使用模式直接或间接地改变了以往"工作——居住"的简单生活模式。

2）架空

底层架空的手法是另一种公共空间设计特色。早期在建筑底部设计相对简单，一般的处理手法是直接将底部空间封上利用，为满足功能需求而忽视空间对人们精神需求的影响。但1980年代开始有建筑师意识到这个问题，并在住宅设计上寻求与使用需求结合的空间设计。早期深圳住宅底层架空空间比较模糊，与连廊空间有交错部分，作用主要也是停放自行车。但在1984年，白沙岭高层居住区规划中已经将长条曲板式住宅底层大部分架空，后来在南天大厦、长城大厦得到实现（图4）。在规划上，这种长条板式住宅的底层架空处理手法很好地引导深圳夏季主导风向，改善住区内通风状况。而且可在架空空间设置公共服务设施，也能增加公共使用面积，满足居民使用需求。另外，架空半室外空间也可使组团间的公共空间相互渗透。值得注意的是，在规划结构中，建筑师设想的是由6个板塔结合的住宅组群所构成，与住区内菱形肌理道路直接划分的7个地块明显不同，原因可能是住宅组群的内在共享空间结构结合，即长条板式住宅的底层架空半室外空间与塔式住宅相互组合，形成多层

图3 住宅与连廊关系（左、中：滨河新村，右：园岭新村）
图片来源：吕俊华《中国现代城市住宅 1840—2000》；深大建规历史图档；论文《南方城市住宅区规划的新尝试——深圳园岭住宅区规划设计构思》

图 4　架空层（左：园岭新村早期连廊式架空，中、右：白沙岭住宅区架空层）
图片来源：作者自摄

次的居住组合空间。对于居民来说，日渐高密度的城市环境带来的生活压力，通过底层架空作为公共空间的补充来疏解——不仅为居民提供开展休息、交往、游戏等活动平台，也为当时维持集体生活意识形态创造实质性空间。

四、小结

本文简要梳理了 1980 年代深圳大型集合住宅在城市与社区公共性层面的设计特色。在规划布局和空间类型的探索中，建筑师学习外来经验，结合南方的地域和气候特征进行了不同尝试，推动了新的建筑空间类型创新，并尤其强调对于城市与社会公共生活的考量。在商品房大潮全面来临之前，这种探索体现了现代建筑对于公平性、社会性等价值的追求，同时也在当时为居民提供了高品质、多样化的居住空间。其规划与建筑设计层面的创新性，是梳理特区城市建设历史的重要标志之一，并在国内具有示范性。在今天看来，那个时代所构建理想的居住空间、关注个体和群体现代社区生活模式的住房改革与建设无疑是成功的。但在 40 年之后，这批见证历史的老旧住宅如何突破困境，实现空间再生和适老化改造将成为深圳城市更新课题下的重要分支之一。这也亟待当代建筑师传承前人智慧而进行新的探索。

参考文献

[1] 吕俊华，彼得·罗，张杰.中国现代城市住宅 1840—2000 年 [M].北京：清华大学出版社，2003.

[2] 尤涛，崔玲.以当代遗产的视角看深圳改革开放初期的建筑实践 [J].时代建筑，2014（04）：45-47.

[3] 张洁，翟宇琦.人本主义的回流 战后欧洲现代建筑对社会住宅的修正（1944—1970 年）[J].时代建筑，2020（06）：44-52.

[4] 陈达昌.深圳滨河小区规划设计——大空间住宅小区实例 [J].城市规划，1985（06）：20-24.

[5] 陈文.深圳高层住区底层架空层空间环境探究 [D].广州：华南理工大学，2010.

[6] 林琳.深圳集合住宅的街区肌理演变研究 [D].哈尔滨：哈尔滨工业大学，2010.

[7] 孔晓青.日常生活中的居住实践——以深圳 40 年住宅发展为例 [J].河北师范大学学报（哲学社会科学版），2021，44（01）：78-92.

基于 CiteSpace 国内历史街区研究的回顾和展望

张 楠 赵 琳

张楠，青岛理工大学建筑与城乡规划学院在读硕士研究生。邮箱：2312429982@qq.com。
赵琳（通讯作者），青岛理工大学建筑与城乡规划学院教授、副院长。邮箱：linzzh@163.com。

摘要：首先对近 40 年来历史街区的研究进程进行分析，运用 CiteSpace 提取每个时间切片中具有代表性的关键词，划分为 3 个研究阶段：以整体保护为目标的制度确立阶段（1982—2005 年）、以存量优化为背景的更新改造阶段（2006—2014 年）、以空间品质为主导的活化提升阶段（2015—2020 年）。通过梳理历史街区的研究特征，发现研究对象从单纯的街区保护范围划定到空间品质的提升策略，研究重点由保护历史街区转向活化利用的模式研究，研究方法在传统数据获取方式上融合了大数据技术。最后对历史街区未来发展提出 3 点展望：从固守到突破，历史记忆重塑城市文脉；从闭塞到开放，文化之源激发地方情感；从管控到疏导，政策转型活化城市遗产。

关键词：历史街区；CiteSpace；可视化分析；回顾和展望

历史街区承载了一座城市的历史记忆与传统文化，是城市的魅力与特性所在，其独特的内在和外延能为打破城市同质化提供新思路[1]。通过回顾过去的研究过程及特点，展望未来的研究趋势，为后续历史街区的研究提供参考和借鉴。

一、研究基础

1. 数据来源

本次研究以中国学术期刊全文数据库（以下简称 CNKI）为检索源，以"历史街区"为主题词进行检索。检索跨度设定为"不限—2021 年"①，检索类别为全部期刊，检索得到6310 篇文献，包括研究性论文、调研报告、规划信息、国内简讯、建设纪事等多种文献类型。

2. 研究方法

CiteSpace 是一款基于信息计量化和数据可视化的文献分析软件，可以利用 CNKI、WOS 等数据库中的文本数据进行多元、动态的复杂网络分析。CiteSpace 绘制的图谱中节点大小代表出现频次的多少，节点间的连线表明相互联系的强弱，颜色代表了出现的时间年份。

3. 总体分析

自 1994 年首篇文献发表以来，以历史街区为研究主题的论文年发表量呈现阶段上升，波动增长的趋势（图 1）。在 CNKI 的文献分类目录中，历史街区研究涉猎工程、经济、社会等 9 个学科专辑、40 个学科专题、30 种代表期刊，多学科交叉、领域广泛。各作者之间虽有交流（图 2），但协同合作有待加强。研究机构（图 3）大多为各高校的建筑学院，还有一些建筑领域的实验室和研究所，涉及其他学科的机构较少。

二、历史街区的研究进程

结合 CiteSpace 中聚类视图的分布情况（图 4），可将历史街区研究分为 3 个阶段：规划保护阶

---

① 检索日期为 2021 年 10 月 9 日。

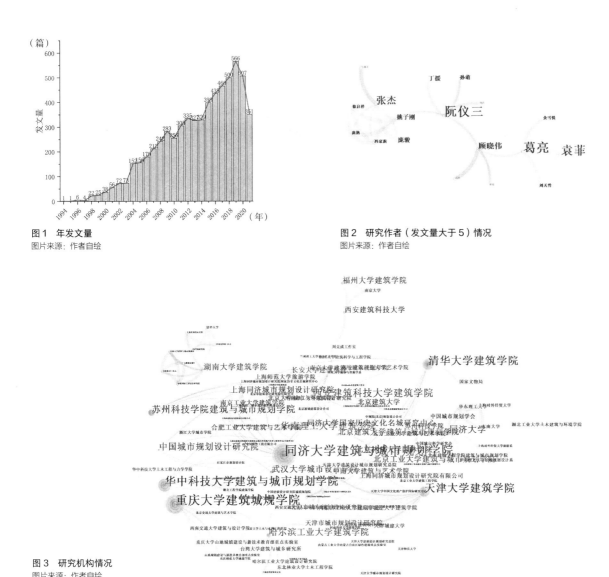

图1　年发文量
图片来源：作者自绘

图2　研究作者（发文量大于 5）情况
图片来源：作者自绘

图3　研究机构情况
图片来源：作者自绘

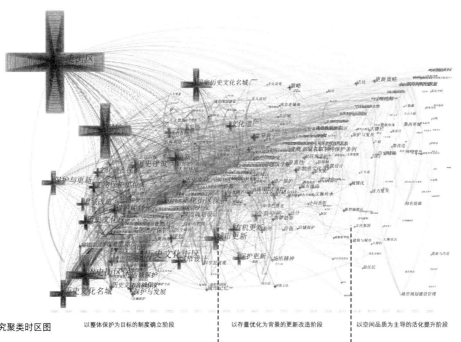

图4　历史街区相关研究聚类时区图
图片来源：作者自绘

以整体保护为目标的制度确立阶段　　以存量优化为背景的更新改造阶段　　以空间品质为主导的活化提升阶段

段（1982—2005 年）、改造利用阶段（2006—2014 年）、活化提升阶段（2015—2020 年）。

1. 以整体保护为目标的制度确立阶段（1982—2005 年）

该阶段的历史街区研究可分为两个方面：一是制度政策明确完善。在我国，历史街区保护作为遗产保护二级体系中承启名城与文保建筑的中间环节。其概念形成伴随我国名城保护制度的发展逐步清晰和深化。1986 年，正式提出历史街区的保护概念，在 1996 年"黄山会议"上得到推广，随后发展逐渐制度化。二是基础方法归纳总结。基于西方理论经验的学习借鉴，大量学者结合国内的实际情况进行了积极探索。研究指出我国历史街区保护应注重整体观、生活观、真实观和生态观[2]，在城市、街道、建筑不同层面的问题上要分项研究、分级控制、分类保护。[3]

2. 以存量优化为背景的更新改造阶段（2006—2014 年）

2006 年至 2014 年间是历史街区保护与发展矛盾冲突最为强烈的阶段，大量新区的建设开发，使历史街区成为孤岛，但与此同时，多维度协同合作促使历史街区保护获得了巨大进步。基于类型学、形态学，通过肌理修补、局部更新、演绎重构来协调历史街区新旧功能与风貌留存的矛盾[4-5]；基于经济学、制度学，通过刚性控制、弹性引导，实现街区综合效益与边际效益的优化[6-7]；基于旅游学、文化学，挖掘资源价值，发展体验经济[8-10]；基于社会学、管理学，提出历史街区保护管理的民主化与动态化治理方法[11]。

3. 以空间品质为主导的活化提升阶段（2015—2020 年）

在该阶段，人性化的空间和场所记忆逐渐成为研究焦点，主要可分为两个方面：一是使用主体感知评价。熊文[12]等通过动态监控，调整人群的活动空间、业态的分布，引导道路交通等从而促进历史街区的更新；李亚娟[13]等借助网络游记，提取游客的空间感知情况，从旅游供需匹配的角度提出建议。二是城市记忆延续重塑。历史街区承载历史记忆和集体情感的容器[14]。文彤[15]等通过分析历史空间、公共空间等不同空间类型所形成的不同的城市记忆，从供需对应的角度提出空间重塑下城市记忆传承与发展的模式。南京夫子庙、北京南锣鼓巷、佛山岭南天地等实践项目的成功，证明了城市记忆指导下空间重塑的可行性。

三、历史街区的研究特征

1. 研究对象：构建保护模式，优化空间品质

历史街区研究呈现阶段性，各阶段的主要研究对象不同。初期主要研究对象是历史街区的概念和范围，随着名词概念的明确，研究对象逐步拓展为保护体系。现阶段的主要研究对象是历史街区保护的评价准则和精细化空间优化策略。

2. 研究重点：更新物质空间，重塑人文环境

国内历史街区的研究主要围绕物质空间更新和经济社会治理相互

调节而展开。制度确立阶段研究主要围绕合理确定历史街区的保护边界及其外部城市空间的协调区域；改造利用阶段研究重点侧重建成环境的修复更新；活化提升阶段强调地方性、场所精神的重塑，唤醒城市记忆和地方情感。

3. 研究方法：梳理定性归纳，优化定量评测

研究方法可分为定性归纳和定量统计两种主要模式。定性归纳主要是梳理国内外历史街区的发展历程、经典案例、成功经验，但总结的角度不同。定量评测分析方法从传统数据获取方法向大数据技术发展，大致分为空间评价、价值评价和影响评价三类，数据来源和类型更丰富，分析更准确。

四、历史街区的研究展望

1. 从固守到突破：历史记忆重塑城市文脉

在存量优化的当代语境下，被动和封闭的保护方式亟待改变，如何在现代化的城市中重构历史要素是关键问题。尊重城市肌理，避免功能导向的区划对历史风貌和建筑形式的破坏[16]；尊重城市记忆，以史为径串联起街巷、建筑、场所与记忆，将散落在城市中的文化遗产整合成连续的线性文化空间，重新组构城市记忆[17]。

2. 从闭塞到开放：文化之源激发地方情感

历史街区作为城市历史文化价值集中体现的地段，面临开发力度

较弱，运作水平不高，公众传播度较低等问题，虽然文化资本无法像经济资本那样进行量化操作，却有着与物质财富同等的力量[18]。通过把城市建设成"文化产业创造性转化与创新性发展的地点"来运作城市"文化资本"，是一个不错的选择。

3. 从管控到疏导：政策转型活化城市遗产

现有的政策大多为控制类规划，关于具体实施的细节鲜有解读，如何利用好文化遗产，提高公众参与度仍是业界关心的话题。好的规划框架应以翔实的历史脉络研究和全面的现状实地调研为基础，立足整体保护观，依据历史城区的形态特征及其保留程度进行分级管理，并及时根据实施效果做出相应调整。

五、结语

我国的历史街区研究首先从整体规划出发，强调其保护的重要性；其次从实践入手，在改造更新的过程中摸索体现城市特色的方式；最后，回归到人本角度，关注使用者的情感体验，整体而言，形成了"保护——改造——活化"的研究模式。对未来历史街区的研究提出三点建议，首先：在碎片化的城市空间中重构城市文脉的阅读体系；其次，利用文化遗产激发地方情感，拉动周边地块的整体发展；最后，政策转型活化历史建筑，激发公众参与的热情，实现历史街区与城市更好地联动发展。

参考文献

[1] 滕有平，过伟敏. 城市历史街区的再生性保护 [J]. 城市问题，2012（01）：44-47.

[2] 叶如棠. 在历史街区保护（国际）研讨会上的讲话 [J]. 建筑学报，1996（09）：4-5.

[3] 王景慧. 历史文化名城的保护内容及方法 [J]. 城市规划，1996（01）：15-17.

[4] 吴良镛. 历史文化名城的规划结构、旧城更新与城市设计 [J]. 城市规划，1983（06）：2-12.

[5] 周俭，陈亚斌. 类型学思路在历史街区保护与更新中的运用——以上海老城厢方浜中路街区城市设计为例 [J]. 城市规划学刊，2007（01）：61-65.

[6] 耿慧志. 历史街区保护的经济理念及策略 [J]. 城市规划，1998（03）：40-42.

[7] 桂晓峰，戈岳. 关于历史文化街区保护资金问题的探讨 [J]. 城市规划，2005（07）：79-83.

[8] 张艳华，卫明."体验经济"与历史街区（建筑）再利用 [J]. 城市规划汇刊，2002（03）：72-74.

[9] 马晓龙，吴必虎. 历史街区持续发展的旅游业协同——以北京大栅栏为例 [J]. 城市规划，2005（09）：49-54.

[10] 肖竞，曹珂. 从"刨钉解纽"的创痛到"借市还魂"的困局——市场导向下历史街区商业化现象的反思 [J]. 建筑学报，2012（S1）：6-13.

[11] 毕凌岚，钟毅. 历史文化街区保护与发展的泛社会价值研究——以成都市为例 [J]. 城市规划，2012，36（07）：44-52.

[12] 熊文，阎伟标，刘璇等. 基于人本观测的北京历史街道空间品质提升研究 [J]. 城市建筑，2018（06）：57-61.

[13] 李亚娟，曹慧玲，李超然，等. 武汉市历史街区空间结构及游客空间感知研究 [J]. 资源开发与市场，2018，34（11）：1599-1603.

[14] 刘艺轩. 历史街区的情景再生与景观重塑的方法探索 [J]. 参花（下），2013（11）：32.

[15] 文彤，张茜. 城市空间重塑与城市记忆感知——以佛山岭南天地为例 [J]. 城市问题，2016（09）：42-47.

[16] KROPFK. An alternative approach to zoning in France: typology, historical character and development control[J]. European Planning Studies，1996，4（6）：717-773.

[17] 张杨，何依. 历史文化名城的研究进程、特点及趋势——基于 CiteSpace 的数据可视化分析 [J]. 城市规划，2020，44（06）：73-82.

[18] 朱伟珏."资本"的一种非经济学解读——布迪厄"文化资本"概念 [J]. 社会科学，2005（06）：117-123.

泉州古城形态变迁中的日常生活街区

蔡舒翔

福建省中青年教师教育科研项目（项目编号：JAS21226）。

蔡舒翔，泉州师范学院美术与设计学院讲师，台湾大学建筑与城乡研究所博士资格候选人。邮箱：susiechoi@hotmail.com。

摘要：本文在泉州古城形态生成的研究基础上，对下一尺度层级的街区结构进行演变分析，归纳了日常生活街区在城市形成、发展和衰弱的三个主要形态时期下的空间特点。指出在制度更迭下，部分街区融合了各形态时期的特征，至今仍可识别。考察该尺度层级的动态变迁，有利于未来展开更多的类型形态研究。

关键词：**泉州古城**；**类型形态**；**街区结构**；**演变**

王铭铭将古泉州的历史发展归纳为三个时期，一是泉州设府前的内部拓殖期；二是唐中后期至元代，泉州海外交通核心地位的逐渐形成；三是元末至清代在区域性政治经济关系的改变下，泉州逐渐式微。[1]泉州古城的形态从生成到稳定，主要发生在第二个时期之内，可再进一步细分为初创期、成型期和繁荣期，分别对应城市建制、初步成型和规模扩张的进程，具有明显的中国古代贸易港口城市的形态特点[2]——这也是现阶段为止，泉州古城形态研究的核心议题。

从中微观层面上，虽然对泉州局部历史街区的研究也相对丰富，但较少有串联起宏观形态变迁下的动态理解，主要原因是史料的缺失。但从类型形态学方法来看，这部分内容是帮助以历时性视角理解历史街区的形成过程，并关联起城市形态和建筑类型的关键分析层级，对城市遗产保护的讨论十分重要。

本文尝试透过中国传统城市的一些普遍特性，如里坊到坊巷的制度变革，结合地方志、前人研究和历史地图，在已有研究的大框架内，进一步勾勒出几个主要形态时期泉州古城中日常生活街区的可能特点。虽然大部分分析是基于各类文献相互参照下的推测，不像文史研究般严密谨慎，但希望可借此为城市历史空间提供更多的想象及未来深入研究的可能。

一、唐子城规划下的坊与市

在中国传统城市的形态研究中，对次级空间管理单位的关注主要有唐代封闭式的“里坊”，及宋代以后开放式的“厢坊”或“巷坊”，这两套统治制度在城市街区的结构和肌理组织上发挥了关键的作用。唐宋时期经济快速进步，引发了社会各方面的革命，同时造成了中国古代城市形态发展的重要转折点——从坊市制向坊巷制变革。武进以形态学视角，将其前后分别定义为“封闭形态时期”与“封闭的解体与开放形态的产生时期”。[3]

首先，在西周至隋唐的“封闭形态时期”，坊市制的显著特征是“市坊分离”。“市”是官方管理下居民商品交换的场所，是城市集中的商业区。用于管理居住的“里坊”单位，是为加强统治而形成的封闭式结构。各区由城市主要街道划定，多呈方形制，以坊墙围合，坊门昼启夜闭。坊内的土地组织承袭了“田制”——由十字街划分为田字道路骨架和四个区块，其下再由十字巷划分为一坊十六区的格局[4]。曹魏邺城（图1）、北魏洛阳城、唐长安城（图2）等众多都城，都体现出这样的空间关系。

关于泉州最早的“市坊”，许多地方志中将子城谯楼所在的十字街交界处称作“双门前”。庄为玑认为，由于唐子城有东西两坊，“坊门设在正中，有东西二门”，故得此名。双门以北是州治，以南是东西两侧

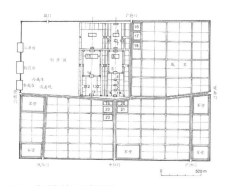

图 1　曹魏邺城平面复原图
图片来源：https://huaban.com/，获取日期：2019/12/08

图 2　唐长安城内各坊（局部）
图片来源：北宋吕大防《长安图》补绘

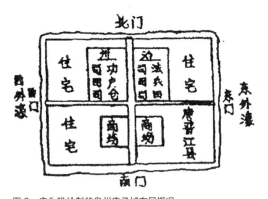

图 3　庄为玑绘制的泉州唐子城布局概况
图片来源：《泉州历史文化名城保护规划（修编）》（2018）

整齐对称的街坊，为工商业集中点。在他绘制的唐子城布局图中（图 3），他将商业与居住区分离开来表达。[5] 可见，他对唐子城规划的想象参考了坊市制下的"封闭形态时期"样貌。

然而，地方文史专家陈泗东曾"查唐代城区坊隅之设，莫得其详"。[6] 且对"双门前"的另一解释，指出该名源于此地原有两仪楼，"东西两门，中垒石如城，盖楼其上，以两边楼宇相对，故名"。[7]《晋江县志》中亦有记载："谯楼相传为唐末王审知所建，前辟双阙"。[8] 因此，后面这一说法更为可信，双门指的是州治之门，而非坊门。泉州是否存在过分区的坊市、封闭的里坊、隔离的坊墙、坊内建筑如何布局等，都没有更多资料可考，这无疑是对当时城市内部空间想象的巨大空缺。但若将唐宋作为城市空间形态变革的过渡阶段串联起来理解，结合泉州的政治经济背景横向对比其他城市，或许可收获一些新的思路。

泉州建置虽始于盛唐，但继承了中国传统筑城思想的子城的建成，实则伴随着唐朝的分崩离析和闽国的建立。纵观其朝代背景，在手工业发展和商品经济愈加繁荣之下，城市中人们对更多商业空间的需求

与严格分区的坊市制产生了深刻的矛盾。以扬州为代表的许多地方都出现了坊市混合的情况。空间上，商业不仅溢出了规划的"市"，在"近场处"广造铺店、在坊内设店、"侵街打墙，接檐造舍"成为普遍现象；时间上，夜间商业活动也开始兴盛。这些都动摇了坊墙的限制功能及其规划管理原则。经济与政治的结构性冲突日益激烈，"中世纪城市革命"[9] 由此展开，促进了城市空间模式向下一个形态时期演变，即武进定义的"封闭的解体与开放形态的产生时期"。

泉州唐子城的规划虽然有新的统治集团借以确立统治正当性的需要，但这一时期，替代大一统帝国的阶段性地方分权，为长久治安就需要实行有利于地方经济繁荣的政策[10]。统治者注意到当时泉州已有初步的海上贸易，渴望进一步推动其发展。[11] 由此观之，城市的政治性首先体现在子城的建造形制上，而功能上"北朝南市"的调整，反映出因应地方特定需求的务实性，呈现了经济与政治双重因素对规划的影响——这也是该时期商贸型城市具有的共性。对此，大部分形态研究关注的是这一调整筹谋了向海

而生的意图，也预示了城市向南拓展的发展进程，从而更强调城南片区在海洋贸易市场中的空间角色。而对于其他片区，"就算这些城门周围的确存在一些市场，但它们并未占据很重要的地位"。[12] 然而，这些信息对于理解城市中的街区及其演变，仍具有重要研究价值的。

进而思考坊和市的关系。首先，王铭铭指出，古代之市多与庙会相关，他推测泉州在正式建城之前，元妙观就以仪式活动中心汇聚人群，形成较密集的聚落。[13] 而分别位于十字街东西两向的元妙观和开元寺，都比筑城历史更为久远，或许传统上周边早就已经存在开放型的、定期或不定期的"市"。其次，泉州作为一个离"中央"遥远的边陲地带，在行政上一直远离国家的控制，地方权力高于朝廷，甚至达到过自治的状态[14]。子城建造之时，是各地坊市制度瓦解之际，建立新政权的地方统治者有意与民间互利并发展经济，对于坊、市的管制或许会不严格。此外，地方志中对泉州坊市的记载，有明《八闽通志·卷十四》："东街市，在谯楼东。西街坊，在谯楼西。南街市，在谯楼南。会通市，通远市，车桥市，新桥市（上

三市在府城南德济门外)。",以及清《晋江县志·卷二十一》:"城中双门前十字街,有市",从双门前往东南西北方向至各子城门"以上街各有市"。[15]

综合考量以上因素,笔者认为,子城双门前的十字街周边长期以来一直是城内日常生活及经济行为的主要发生场所。庄为玑提出"十字路以南,有东西两坊,为工商业集中点",指的应该是包含东西街在内的以南区域分布的工商业,而不是限定在南街的某个范围内。早期泉州城内有较大的可能性就已经是以坊市混合的形态存在。同时,据苏基朗推断,10世纪中叶之前,闽南地区的生产力和手工业产品都还处于比较低下的水平。因此,市主要是服务于当地的基本生活所需。[16]

二、宋元时期坊的演变

北宋中叶,迎来了新一轮的经济繁荣时期,各地出现地方官吏侵街营建"房廊"租给商人的情况,甚至将租税纳入政府收入,表明了临界设店的合法性受到官方承认。[17]约1041—1048年间,东京汴梁城废除坊市制,拆除坊、市的围墙。南宋时期,最终完成了从坊市制向坊巷制的转变。坊不再指传统的方形居住分区,而演化为原先坊内的街道名称。坊内外街道两侧,出现沿街商铺。以街巷来组织城市的居住和商业,城市空间从封闭形态转变为开放形态,并形成混合功能的土地使用方式。

继续将泉州的城市空间生成,安放到这个变迁的历史背景下。北宋开始,闽南地区的农业得到了快速的发展,为进入区域和跨区域商业竞争创造了资本和劳动力的前提条件。设立市舶司前,泉州已能够向朝廷进贡大量外来货品和珍宝,且地方开始出现富商家族。苏基朗认为,这些财富的积累主要来自海上的转口贸易,活动主体是当地人。虽也有外商来访,但为数不多。1087年,泉州设立市舶司后,成为可以直接对外的口岸,进出口贸易才迅速增长,许多外国人开始定居泉南。12世纪初,泉州的海上贸易已可与广州相媲美。[18]

北宋,王安石推行"保甲法"用于地方的基层管理。但泉州宋初就形成了以商业贸易为主的地方发展模式,需要宽松的人员流动环境,且地方"民淳讼简,素称易治""爱身畏法,崇逊耻争"。因此,并未建立严格的保甲制度,而是以松散的社区管理制度取代之。城区内依方位设置"厢"与"坊"。时任知州陆藻《修城记》云:泉州"城内画坊八十,生齿无虑五十万",街坊有统于"五厢"。说明北宋末年,泉州城内已有八十个坊。苏基朗通过统计地方志中的人口数据,指出城内人口密度非同一般的高,甚至远超唐时的京都。他认为,合理的解释是相当高比例的人口从事非农务职业,进一步说明了城市经济基本是以商业为导向的。[19]

其中,城南郊区作为宋代泉州重要的商业核心区已毋庸置疑,相关研究也较多。城南市场主要服务于进出口贸易,重要的商品有香药、珍贵饰材、丝绸等,但这些并非生活的必需品,而是供社会上层人士消费的奢侈品,以及用于生产的原材料,如铁、染料、木材等。因此,

我们可以想象,在高密度的城市居住空间中,肯定还需要许多服务于地方日常生活的社区型商业。作为城市最早中心的十字街及其周边,很可能也已经发展出商铺林立的街市。《光明之城》是一位意大利犹太商人在南宋时期泉州的见闻游记,其中有大量关于市的描述——游走的商贩、路边的临时摊位、城墙内外的各类市场……可惜这本书的可信度现在饱受真伪之争,文本便不做更多引用。

学者们通过《八闽通志》《泉州府志》《晋江县志》等地方志,梳理了有记载的宋坊。杨清江整理了五厢七十五坊的位置,苏基朗则归纳了坊的主要类型和分布规律。虽然对照各类文献,其中一些坊的位置描述有矛盾之处,但综合起来,整体上为我们理解中微观尺度的城市空间提供了更详细的线索。以下先以唐子城可能的"西坊"区域(图5)为例进行讨论,并尝试回应以上猜想。

苏基朗将77个宋坊按建造原因,分类为仕途成功、金榜题名、捐助地方教育、道德楷模和商业因素五类。[20]对应标注在地图上,展示出宋代时期,有大比例的地方精英集中在子城西坊及周边区域,并较多向西和向南辐射(图4)。辐射范围主要覆盖宋代城五厢的右南厢。据地方志记载,这是五厢中坊数最多的一个(表1),因此,也可能聚集了最多的人口。

西坊区域中包含五个宋坊,由北往南分布依次为"阛阓坊""好义坊""好德坊""熙春坊"及"师模坊"(图7)。其中,"阛阓坊"位于西街头,是唐坊。从地图上看,该坊的

宋代城五厢所对应的坊（标注下划线的亦为唐坊）　表1

右北厢	光华坊，忠孝坊，居贤坊，进贤坊，兴庆坊，庆远坊，永盛坊，魁武坊，彩华坊，台望坊，奇士坊，荣寿坊，旌孝坊	朝天门（北） 清孝坊	兴德坊，麟应坊，三秀坊，文昌/望云坊，尊辉坊，孝悌坊，拱辰坊，孝友坊，启荣坊，懿孝坊，执节坊	左北厢
义成门（西）	平易坊，省魁坊，棣华坊，会通坊，魁甲坊，博学宏词坊，亚魁坊	谯楼（双门前）	中和坊，状元坊，衮绣坊，桂香枋，相门神通坊，清政坊（清节坊）	仁风门（东）
右南厢	阛阓坊，好义坊，好德坊，熙春坊，师模坊，育材坊，高桂坊，万石坊，义泉坊，萃贤坊（忠厚坊），昼锦坊，宣明坊，绿埜坊，奏赋坊，紫囊坊，义塾坊，宏博坊，升俊坊，袭魁坊，登瀛坊，黄陂坊，紫微坊，清华坊，两朝定策坊，官园坊，忠节坊	承宣坊（镇雅坊），忠节坊，儒林坊，泮宫坊	远华坊，阜财坊（通籍坊），佚老坊（登贤坊），郡庠坊，通远坊，南俊坊，鼎甲坊，卿月坊，论秀坊，定居坊，帅节坊（公惠坊），绣衣坊，耆德坊，仙桂坊，忠义坊，良弼坊，献规坊，挺烈坊，怀忠坊	左南厢
通津门		镇南门		通准门
南厢		德济门（南）		南厢
	空津坊，通远坊，善济坊，朝阳坊			

来源：作者整理

图4　泉州城宋五厢及坊的分布
图片来源：作者整理。图底：苏基朗（2012年）

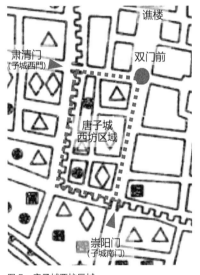

图5　唐子城西坊区域
图片来源：作者整理。图底：苏基朗（2012年）

街巷肌理是以正南北朝向的十字巷形式划分（图6），具有唐时里坊的布局特征。而宋坊的名称，通常是以区域内所立的牌坊加以识别，如《八闽通志》记载："师模坊，宋郡守吕用中辟郡人张过典教，因名。"依据杨清江老师的考证[22]，将宋坊对应到推测的位置上，其分布呼应了区域中几条主要巷道与西街、南街的交界，符合宋代坊巷制的命名习惯。

由于年代久远，没有明确的记载可验证上述猜测。通过检视清乾隆和道光两个时期的城池图，或许可有一些补充。这两张图是泉州城可追溯的最早历史地图，具有中国传统制图学特点：没有精准比例，是卷轴式的画意表达，通过特定空间要素来呈现城市形态组织关系。在乾隆版地图中（图8），图形上除城门、城墙、道路、水圳外，只标识了重要的公共建筑。即便如此，西坊区域内的主要十字巷结构，都得到了清晰完整的呈现。而道光版地图（图9）则采用了类似南宋时期随坊巷制形成的图学表现方法——主要的巷坊名会依照其走向标注在

边界从"双门前"至子城西门。"阛阓"本身即指街市、店铺，说明此处从唐代开始，就有街市商铺，且是商人阶级的居住区——极可能是前店后屋、坊市混合的形态。到了宋代更为热闹，道光县志称"宋时贾肆皆聚于此"。同时，子城城墙内侧南北走向现名为"会通巷"的一段，原为"仕曹巷"，俗称"土曹"，意为"市内商业集中之处"。坊名与巷名共同印证了子城西门附近的商业活动，从唐代开始就一直十分活跃，

且一路向城门外开元寺方向蔓延。

同时，九三学社"泉州古城址踏勘与研究"课题组还指出，好义坊、好德坊、熙春坊、儒林坊、育材坊也疑为唐坊。[21]虽然暂未有更多考证，但参照其他城市从坊市制向坊巷制变革的空间演化，很可能该区域的宋坊是由原来唐子城西坊分裂并依巷坊重组而来。对照1922年的历史地图，同时参考上文唐长安城和曹魏邺城的里坊平面（见图1、图2），会发现西坊区域内的

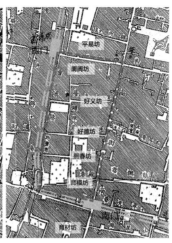

图6 1922年街巷结构图
图片来源：作者整理

图7 宋坊位置示意图
图片来源：作者整理

- - - - 西坊区域
    子城城墙
    子城城门

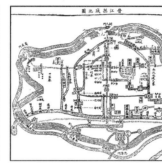

图8 泉州府城池图
图片来源：清乾隆《泉州府志》

图9 晋江县城池图
图片来源：清道光《泉州府志》

地图上，典型的如南宋《景定建康志》中的府城图。其中，西坊区域的几条巷名都被标出，是整个地图上巷道密度最高的区域。从侧面反映出，在比较长的一段时期内，这一街区的肌理结构是城市中相对稳定且被熟知的，可作为人们识别城市空间组织的重要元素。

陈飞指出，在漫长历史过程中，尽管中国传统城市经历了各种自然灾害和战争，但城市变化基本上是缓慢的。城市的肌理形态在1949年中华人民共和国成立以前，几乎都保持了高度的连贯性。[23]虽然坊的形态经历了长期的有机发展过程，但通常是基于先前形态的分裂和重组，或因应新的街道产生而形成。[24]

亦即，虽然传统里坊制度的形式不复存在，但在一些地方，坊对传统城市街区和地块形态的影响依旧可能被识别。[25]因此，笔者大胆假设，这一区域的地块结构和肌理，具有高度历史连续性，融合了唐宋不同形态时期的特征，一定程度上是中国传统城市中坊的规划及其演变在泉州地方的体现。

三、明清铺境体系下的双重城市空间

元代以后，泉州建立起类似保甲制度的"铺境"体系，作为城市基层政权单位和行政区划。以城墙为范围，城下设"隅"，"隅"下设"铺"，

"铺"下设"境"。"铺境"的前身为"铺递"或"铺驿"，初为官方文书传递或物资储存的单位，后衍生出供往来官员、宾客和信使留宿、饮食等功能。但随明清时期国家权力对地方社会控制的深入，铺境很快发展出明确的管理功能。乾隆《泉州府志》界定三项："辨民数之虚盈"；"审其财蓄之聚耗"；反映"年岁丰凶，兵役动定"。道光《晋江县志》列出六项：考"闾阎、耕桑、畜牧、士女、工贾休戚"之"利病"；"立铺递，以计行程而通声教"；"稽其版籍"；"察其隆替"；"除其莠而安其良，俾各得其隐愿"；及"治教礼政刑事之施"。同时，官方在铺境中设立祠庙，将民间崇拜神挪用于宣扬正统意识形态，还充当"约所"——"古朔望讲约之所""约束士民之所"，或设有"社学"，都是用来宣讲推广乡约或执行教化的场所[26]。可见，铺境系统是当时政府出于对居民进行军事组织目的而设计出来的城市空间区划，用于构建和维系地方城市的正统性[27]。

然而，在加强地方政治控制的同时，民间通过模仿官办或官方认可的祠、庙、坛、学社等，在每个铺境单位都兴建自己的铺境宫庙——明清时期被官方称为"淫祠"，培育出地缘组织单位内部自下而上的空间秩序。由上而下的区划和自下而上的营造是双向融合的过程，同构的铺境体系在明代后期已相当完整活跃，清代初期达到鼎盛，且一直沿用到清晚期[28]。

铺境的出现，取代了之前以坊组织城市的空间认知模式。然而，在地图上观察这一套长时间存在和运作的空间系统，铺境的划分边界

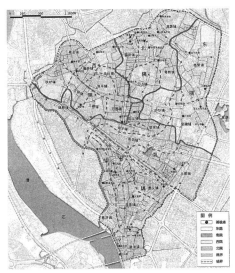

图 10 泉州古城铺境分区和铺境庙分布图
图片来源：《泉州历史文化名城保护规划（修编）》说明书，2018

图 11 万厚铺、阳义铺局部
图片来源：《泉州历史文化名城保护规划（修编）》说明书，2018

极其不规整（图 10），并不像里坊、巷坊通常以明确的方形或线性的形态布局，也很难符合我们惯常理解中由街道巷弄围合的街区概念。上文分析的西坊范围，也由一个较规整的四边形分裂为不规则的三部分，分别隶属于万厚铺、清平铺和阳义铺。划分的边界，与区域内最明显的十字巷结构几乎没有重合（图 11）。但仔细对照会发现，铺境与原本的宋坊仍有一定关系，如归入万厚铺的一侧是阛阓坊所在，沿西街的部分归属清平铺，而好义坊、好德坊、熙春坊、师模坊一起并入阳义铺。尽管如此，铺境系统的划界在长期运作下与实质空间仍没有形成明显的对应界面，说明这一套制度的建立对城市街区的结构形态产生的影响并不大。那么如何解释这一时期的城市空间组织？

泉州铺境空间的形成过程深受民间信仰的影响，岁时民俗和民间游艺都和铺主、境主崇拜分不开，在迎神赛会的各种活动中得到传承

和发展。王铭铭指出，明清泉州城市空间的内部社会组织正是以这些周期性的仪式为内在逻辑，营造出包含家户、宗族、地缘性社区（铺境）、城市几种社会空间层次的共同体秩序。[29]亦即，这一套城市的空间组织，其物质性主要体现在家中的厅堂、宗族的祠堂、铺境的宫庙等，结合了非物质的仪式活动来构建各层级的领域边界及其间的网络关系，是由物质、关系和意义共同形构而成。从而，铺境的空间领域不完全是通过空间实体来界定的，还涵括一系列仪式来彰显人在空间中的支配力和控制力，两者共构形成了人们对各个社区单元的"认知地图"——更大程度上是一种心理认同的地域性建构，并渗透到了社会生活的各个方面[30]。

综上所述，虽然铺境体系取代了原本的巷坊制度，但新的空间治理体制的特质，更多体现在地方的社会活动及其关联的空间节点上，而不是透过大量的城市建造实践来

彰显，形塑出新的空间边界是物质上模糊而心理上清晰的。因此，可将府城图和铺境图理解为古城居民同时存在两套时空观，一套是基于原本里坊和巷坊制度产生且持续发展的城市实质空间结构，继续组织着人们在城市中的每日生活；另一套则是以铺境为心理边界的地方认同网络，以仪式为周期重复营造社会的共同体。两套系统既并行发展，又相互交织于地方生活之中。从而，城市街区的实质空间总体仍遵循了之前的结构形态，继续有机缓慢地演变，并未因为制度的转变而发生物质性的突变，这也保证了古城空间的延续。

四、小结

本文主要以城市形态下一层级的街区为分析尺度，尝试从一些历史信息碎片中建构泉州古城局部空间的肌理形态、从唐代建城至清末之间的发展历程及其特点。由于篇幅有限，本文初步归纳三个可能的特性。首先，唐子城的建造遵守了传统城市营造的准则，里坊内部具有唐代里坊布局特点，但早期就以坊市混合的方式存在；其次，在宋元时期的快速发展下，里坊在原本基础上重新以巷坊组织，坊内的主要巷道转变为城市尺度中重要的空间识别要素；最后，明清时期的铺境系统虽然取代了坊的制度，但形塑的新城市空间更多是通过心理上的建构，而非物质上的改变。

通过以上分析，我们可以暂时认为，中国传统城市的街区形态生成很大程度上受国家和地方统治制度的影响，虽然朝代更迭，一些

局部区域依然可能保持以有机而连续的方式演进。泉州作为远离中央控制的边陲城市，地方统治者与城市管理方式也发生过多次变革，但基本上并未受到战争的明显破坏，在封建帝国晚期还经历了长时间的发展停滞。古城的空间组织单位在经历不同制度和划分下，部分街区融合了各形态时期的特征，至今仍可识别。这也从侧面说明了，街区尺度的格局结构也具有一定的稳定性和延续性，从类型形态学视角来说，有利于将城市形态和建筑类型两个层级的分析衔接并展开更多研究。

参考文献

[1] 王铭铭 . 刺桐城：滨海中国的地方与世界 [M]. 北京：三联书店，2018.

[2] 郑剑艺，田银生 . 古代海港商业城市的形态特征——以泉州城为例 [J]. 华中建筑，2014（03）：128-132.

[3] 武进 . 中国城市形态：结构、特征及其演变 [M]. 南京：江苏科学技术出版社，1990.

[4] 宿白 . 隋唐长安城和洛阳城 [J]. 考古，1978（6）：409-425.

[5] 庄为玑 . 泉州历代城址的探索 [M]// 周焜民 . 泉州古城踏勘 . 厦门：厦门大学出版社，2007：172-194.

[6] 陈泗东 . 幸园笔耕录（上）[M]. 厦门：鹭江出版社，2003.

[7] 黄梅雨 . 泉州古城街坊摭谭 [M]. 厦门：厦门大学出版社，2007.

[8] 周学曾等 . 晋江县志 [M]. 晋江县地方志编纂委员会整理 . 福州：福建人民出版社，1990.

[9] 施坚雅 . 中华帝国晚期的城市 [M]. 北京：中华书局，2000.

[10] 同 [1]。

[11] 苏基朗 . 刺桐梦华录：近世前期闽南的市场经济 946—1368 [M]. 李润强译 . 杭州：浙江大学出版社，2012.

[12] 同 [11]。

[13] 同 [1]。

[14] Clark, H. Community, Trade, and Networks: Southern Fujian Province from the Third to the Thirteenth Century [M]. Cambridge: Cambridge University, 1991.

[15] 同 [8]。

[16] 同 [11]。

[17] 贺业钜 . 中国古代城市规划史论丛 [M]. 北京：中国建筑工业出版社，1986.

[18] 同 [11]。

[19] 同上。

[20] 同上。

[21] 九三学社"泉州古城址踏勘与研究"课题组 . 泉州唐城踏勘考察研究报告 [M]// 周焜民 . 泉州古城踏勘 . 厦门：厦门大学出版社，2007：195-238.

[22] 杨清江 . 宋泉州"城内画坊八十"考 [J]. 闽台缘，2021（01）：63-68.

[23] 陈飞 . 一个新的研究框架：城市形态类型学在中国的应用 [J]. 建筑学报，2010（4）：85-90.

[24] 毛敏 . 南宋建康城居住空间布局研究 [J]. 东南文化，2012（01）：101-108.

[25] Whitehand, J. W. R. & Gu, K. Urban conservation in China: historical development, current practice and morphological approach[J]. Town Planning Review, 2007（5）：643-670.

[26] 林德民 . 从一方"乡约"碑看明末泉州社会及乡治制度 [M]// 许在全 . 泉州文史研究 . 北京：中国社会科学出版社，2004：339-346.

[27] 王铭铭 . 走在乡土上——历史人类学札记 [M]. 北京：中国人民大学出版社，2003.

[28] 林志森 . 铺境空间与明清城市社区——以泉州旧城区传统铺境空间为例 [A]// 第十五届中国民居学术会议论文集 . 2007：68-72.

[29] 同 [1]。

[30] 林志森，张玉坤 . 基于社区再造的仪式空间研究 [J]. 建筑学报，2011（02）：1-4.

事件史研究方法下三线工业城市保护更新模式探索

陈　欣　陈占祥　曹筱袤

国家自然科学基金项目："我国中部地区三线建设的建成环境及其意义的表达与遗产价值研究"（项目编号：51778252）。

陈欣，华中科技大学建筑与城市规划学院在读硕士研究生。邮箱：1148026028@qq.com。
陈占祥，华中科技大学建筑与城市规划学院在读硕士研究生。邮箱：505837289@qq.com。
曹筱袤，华中科技大学建筑与城市规划学院、华中科技大学建成遗产研究中心在读博士研究生。邮箱：cxm.caoxm@gmail.com。

摘要："三线建设"时期"集体制度"政治形态、"单位大院"社会形态、"三线精神"意识形态作为非物质性内容映射于建筑与空间等物质性内容上，支撑并促进此后三线工业城市的建设与发展。建筑空间为当下学者研究关注的重点与工业遗产研究中的主要内容，而该背景下的非物质意识形态汇聚成为三线工业城市文脉，赋予城市文本更深层次内涵，具有多重保护意义。现有关于历史城市保护研究进展中以历史文化名城代表，引入"事件史"研究方法，基于层次性时间理论探讨历史城市保护研究与更新。城市层面与工业遗产范畴对这些"既定事实"的存在进行有限范围内的界定与更新，打破原有保护格局，从时间、空间分别出发，重新构建"集群保护"的内容框架，为三线建设工业城市保护与更新提供新思路。

关键词：事件史；三线建设；工业遗产；集群保护；历史文化名城

一、引言

工业遗产范围界定以"工业考古"方式出发，其内容包括矿山、工厂与代表杰出工程水平的项目与相关的设备。国际先后于 1987 年、2003 年分别通过《华盛顿宪章》[①]与《下塔吉尔宪章》[②]并对工业遗产保护作出具体阐释。国内现行工业遗产保护以《中国文物古迹保护准则》[③]为根本性准则，2006 年通过《无锡建议》[④]并正式确定有关工业遗产保护文件。而目前有关工业遗产保护多以价值为导向，从工业城市更新视角出发实现工业遗产价值。国内的谢明阳[⑤]、刘宇[⑥]、许东风[⑦]、刘力[⑧]等人研究内容中以资源型城市更新与振兴为背景，建

---

① 《华盛顿宪章》：该宪章于 1972 年 ICOMOS 通过并指出，应该予以保护的价值是城市的历史特色以及形象地表现其物质和精神因素。

② 《下塔吉尔宪章》：2003 年 7 月 TICCIH 通过并指出工业活动的构筑物与生产设备、工艺流程、外部环境等有形的和无形的内容都具有重大意义，应该被研究并保护、维护。

③ 《中国文物古迹保护准则（2015）》：该准则提出"保护性研究"概念并指出该过程由多方调查、价值评估、方案制定、结果反思四个部分组成。

④ 《无锡建议》：2006 年 4 月 16 日"国际古迹遗址日"主题为工业遗产并在该次会议呼吁全社会提高对工业遗产价值的认识，尽快展开工业遗产普查与认定评估工作。

⑤ 见参考文献 [5]，作者由国内外城市更新与工业遗产保护开发理论切入，实践并总结城市更新与工业遗产两者关系，探讨不同模式下工业遗产再利用对城市更新与再发展影响。

⑥ 见参考文献 [6]，作者以探索后工业时代与城市发展语境相协调、可持续发展工业建筑遗产保护再利用途径为目的，通过构建完整可实施工业遗产评估体系与普查管理机制探讨工业遗产建筑保护与再利用。同时作者通过对比天津、台北不同历史背景与发展模式城市的工业遗产类型，借助遗产廊道概念进一步研究工业遗产城市保护与更新机制。

⑦ 见参考文献 [7]，作者从文化遗产学、历史学、建筑学、城市规划学等多学科角度出发探讨构建重庆工业遗产保护理论与实践方法，希望借此复兴老工业区、推动城市可持续发展、增强工业城市特色并促进工业城市向文化城市转型。

⑧ 见参考文献 [8]，作者以后工业社会作为背景，在价值评价基础上提出资源型工业城市"一点、一线、一组团"的总体开发思路。

 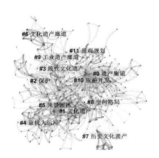 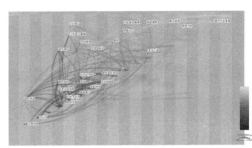

图 1 "遗产廊道"与"城市"主题文献可视化分析

立完整的工业遗产价值评判标准层级并提出相应策略；胡亚卓[1]、牛琛[2] 等人则从产业转型，以及文化层面出发探讨工业遗产城市的更新活化策略。

以"遗产廊道"与"城市"为关键词对中国知网 CNKI 数据库检索，得到相关文献 286 篇并借助 Citespace 可视化（图 1）。由分析发现国内关于遗产廊道研究类型以文化遗产、工业遗产为主，其中工业遗产廊道构建围绕保护、城市更新、价值评价、层次分析法等内容展开。分析研究时间线可知，2007 年提出文化遗产廊道构建与工业遗产概念，2008—2011 年间将"构建空间格局""线性文化遗产""层次分析法"等内容展开进一步研究，完善文化遗产廊道研究框架。在此基础之上，2012 年国内学者提出"工业遗产廊

道"研究框架并将价值评估作为划分层级主要的方法与依据。至 2016 年"城市更新"成为工业遗产廊道研究重要的背景，其中，刘宇以天津、台北为代表城市，通过对比两种不同工业遗产廊道探索其活化路径可能性，梁晓涵[3] 运用 GIS 技术构建价值评价模型，并分级构建全局性、整体性、科学性的资源型工业遗产廊道保护格局，实现工业遗产城市的活态更新。

三线建设时期横跨计划经济"一五"至"三五"，作为中国近代工业发展史与工业现代化道路的重要时期，工厂、工业建筑等工业遗存也成为近年学者研究与保护的主要对象。不同于一般类型工业遗产，三线建设往往与城市建造紧密结合，其内容极为丰富与广泛。以"三线建设工业遗产保护"与"城市更新"

为主题词检索 73 篇相关文献，进行可视化分析（图 2），三线建设时期工业遗产基于已有工业遗产研究框架进行保护与再利用，从研究时间线分析可知，2008—2013 年间相关研究仍以价值评估作为主要方式，展开对三线工业遗产的保护再利用研究。刘瀚熙[4] 通过构建 AHP 层次分析法研究三线工业遗产基于价值评估的保护更新策略可行性，谌嘉洋[5] 从价值角度出发探讨 861 工厂与热电厂工业遗产的保护再利用，魏宏扬[6] 等通过对比当下国内外工业建筑再利用策略结合三线建设工业遗产制定保护策略，王之睿[7] 提出多中心治理视阈下的多中心三线工业遗产治理架构，刘志钰[8] 基于生产单元构建工业历史文化遗产保护框架。从宏观的"城市更新"视角出发对三线工业遗产成体系的研究

---

① 见参考文献 [9]，作者以产业转型作为研究背景，建立城市更新－现在城市景观－工业城市景观更新－当被老工业区景观更新四个层级实践理论并从多学科领域出发讨论老工业区景观更新研究。

② 见参考文献 [10]，作者以文化为导向分析国内工业遗产再利用现实问题并进行策略研究。

③ 见参考文献 [11]，在工业企业转型城市面临更新的背景下，将"遗产廊道"概念引入工业遗产保护研究，通过价值评价并根据遗产价值等级构建工业遗产文化廊道和绿色廊道，整合非物质文化遗产形成整体保护格局。

④ 见参考文献 [12]，作者将"三线"工业遗产作为研究目标，引入层次分析法（AHP 法）建立多层级、权重可量化的价值评估体系并建立相应风险评估体系，最终构建可行性评估体系以做到对"三线"工业遗产价值再利用最大化、合理化、全面化。

⑤ 见参考文献 [13]，作者针对工业遗产改造性再利用现象的兴起提出对三线建设工业遗产厂的价值评价分析，通过对保护方法的探讨提出多种可实践模式。

⑥ 见参考文献 [14]，作者将三线建设工业遗产与一般工业遗产进行比较并在国内外已有研究基础之上制定适用于三线建设工业遗产的保护研究模式。

⑦ 见参考文献 [15]，作者运用文献分析法、实证分析法、比较分析法对三线建设工业遗产保护利用问题进行研究，并提出三线建设工业遗产保护利用由多中心主体参与能从根本上改变传统单中心保护模式，通过政府、企业、社会民众参与方式建立多中心工业遗产治理构架。

⑧ 见参考文献 [16]，作者提出基于"生产单元"的工业历史文化遗产保护方法，通过厘清工业生产逻辑、识别厂区生产单元并划定空间边界构建工业历史文化遗产保护框架。

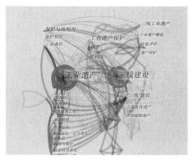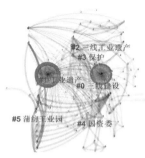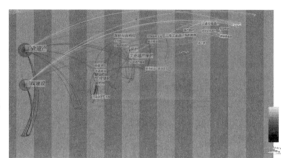

图 2 "三线建设工业遗产保护"与"城市更新"主题文献可视化分析

较少，仅胡跃萍[①]、许东风[②]、裴莹可[③]等人在工业调迁与城市振兴背景下对成都、重庆西南部分地区做出相关研究，试图构建西南地区三线建设工业遗产体系。目前国内研究多聚焦于工业遗产点、线，并未建立健全的"点——线——面——域"完整研究框架，缺乏区域、城市角度下对三线建设工业遗产整体性保护研究。

国内对历史文化名城研究进展以张扬、何依于 2020 年发表的《历史文化名城的研究进程、特点及趋势——基于 CiteSpace 的数据可视化分析》[④]为参考，作者根据相关研究文章关键词聚类、共现等可视化图谱分析将时间线划分为三个阶段：以整体保护为目标的制度建立阶段（1982—1994 年）、以旧城更新为背景的实践探索阶段（1994—2008 年）、以新旧共生为导向的理论发展阶段（2008—2019 年）。在新的发展阶段中，作者总结了名称研究关注的四个方面：文化地景系统规划

的提出、历史文化聚落概念的提出、四维城市理论的提出、博弈论的引入。其中四维城市理论中在城市空间中引入时间维度，揭示了城市空间在时间顺序上的此消彼长与关联耦合[1]，从城市整体格局出发赋予非物质的历史文脉，以文本解读方式与保护价值，为国内历史城市、历史街区保护与更新提供了重要的思路。

三线工业遗产城市既包含重要的工业遗产，同时也是具有特殊政治背景与历史文脉下发展演绎的工业型城市，更具有研究价值与多重保护意义。基于以上研究综述，借引历史文化名城研究中"事件史"研究方法与工业遗产研究中"工业遗产廊道"研究框架，从城市层面与工业遗产范畴对三线建设时期"既定事实"的存在进行有限范围内的界定与更新，打破原有保护格局，分别从时间、空间出发重新构建"集群保护"的内容框架，以期为三线建设工业城市保护与更新提供新的思路与研究方法。

二、历史文化名城既有研究发展进程

国内有关历史文化名城保护性研究开展较早，自 1982 年起，国家与地方政府先后推出相关政策并不断完善，持续推进名城保护机制的构建，逐步实现"整体保护——街区保护——整体保护"的理论回论[2]。研究城市空间形态通常按照历史发展脉络，将物质的与非物质的内容组合构成完整研究框架。其中，物质的便是传统意义的基本单元、单元组合、街坊构成、建筑形式等实体；非物质的内容是场所保留下集体记忆的再现，是城市空间记忆研究。历史文化名城在形成与发展过程中积淀或延续下来的历史遗存，作为显性元素与象征符号成为城市特有叙事性文本，赋予城市历史可读性，为具有价值的非物质性内容的研究提供丰富的语汇。

1. 历史城市空间形态研究

建筑原形、单元组团、城市肌

---

① 见参考文献 [17]，作者针对工业调迁后"三线"城市遗留的工业留存做出研究。

② 见参考文献 [18]，作者以整体性保护作为工业遗产基本指导思想，建立工业历史文化名城、历史风貌区、文物建筑、历史建筑、风貌建筑五个层级提出保护更新步骤与程序，建立局部到整体递进式保护格局。

③ 见参考文献 [19]，作者以长江上游段川渝地区大量"三线"工业遗产作为研究对象，结合层次分析法分级评价并借鉴国外遗产廊道概念构建该段"三线"工业遗产线性整体格局。

④ 见参考文献 [1]，作者对近 40 年来历史文化名城研究进程进行分析，得到历史文化名城三个发展阶段并对其作出相应阐释，其中提出"事件史"研究方法构建不同时段格局，将时间维度与空间维度结合实现四维城市的保护研究理论并应用在历史文化名城研究中。

理三个层次构成完整城市空间形态，建筑原形作为城市最小构成单位，随时间推移不断复制、发展、调整、再复制……而空间组合关系的变化进一步演化为基本类型。单元组团作为不同空间功能属性的载体，是基本类型组合关系与建筑肌理演化研究的基本单位。在城市发展过程中，同类型单元组团因相似性产生肌理，不同类型单元组团进一步构成城市肌理。城市肌理与单元组团成为建筑原形与类型在宏观、中观层面的具体表现。其中，类型保留与继承原形内在结构并在时间维度下变化与演绎，原形是城市的表层形式体现，类型则是城市得以恒久存在的内在深层结构。因此，类型学的研究与应用为历史文化名城保护更新中的城市肌理修复提供了有效的理论方法。

2. 历史城市空间文脉研究

城市文脉与城市空间记忆作为历史城市的非物质性内容，往往通过原形与类型等要素性遗存得到显性表达。不同历史时期的城市空间具有独特的叙事属性，建筑与建成环境反映特定的思潮与精神，因而是可被阅读的多层次"文本"。其中，不同类型建筑为城市发展创造了稳固的空间结构，而历史原形演绎出新形式的同时，能够继承其内在文化属性，从而创造了城市历史文化的连续性。在历史学研究领域，法国学者费尔南·布罗代尔[①]结合事件史提出"层次性时间"概念，打破了传统史学二维、单向的研究方

法。层次性的时间构架赋予时间以空间特性并将空间与史学方法论有机结合，为历史城市文脉研究提供了全新的研究框架。

3. 历史文化名城保护研究框架

历史文化名城保护更新研究中，城市文化与集体意识转化为符号性元素融入城市空间，随时间发展这些可读性"文本"历史要素构成城市空间框架并发展为物质的核心内容，文化内涵与深层次意义在传承与演绎中得以延续。因此，对历史城市的保护研究实质是传承和演绎，城市更新视角下实践研究包括要素保留、组团更新、肌理修复三项，最终实现城市空间更新与发展、城市文脉传承与演绎。

物质的内容构建保护研究框架分为三个层面：微观层面需要识别城市历史要素中建筑原形与类型并划分为结构性遗存、要素性遗存两类，前者维持城市空间格局、具有稳定性，后者介入城市活动并展现城市活力、具有可调整性；中观层面归纳并辨析基本的空间组团，其作为城市基本单元与空间组合构建场所并承载集体记忆；历史要素与空间组团的叠加并置构建了城市肌理形态，即宏观层面的综合表达。将城市肌理划分为机械性肌理与增长性肌理，机械性肌理保持城市结构与稳定性，增长性肌理推动城市更新发展。

非物质的内容研究框架以何依[②]教授对历史文化名城保护更新研究

为参考，该学者借助费尔南·布罗代尔全新史学理论，将城市发展放在历史事件中研究，构建了基于事件史、社会史、自然史架构之上的城市空间演化研究框架。在理论研究框架赋予时间以空间特性，时间上将保护研究分为三个时段：基于历史"事件"短时段、基于历史"要素"中时段、基于历史"环境"的长时段。短时段演化对应城市空间中特殊时间转折点；中时段演化代表了某一阶段城市空间的普遍特征；长时段演化体现城市兴衰存亡与整体风貌的宏观表现。特定的历史事件赋予城市空间的意义并体现其社会历史本质，成为城市历史脉络与文化意义的节点性表达。以事件为线索将城市空间演化锁定在某个时期，促进城市快速整合、重构与提升[3]。

三、三线工业城市保护与更新研究

"三线建设"是20世纪60至80年代的重大经济决策与战略调整，以加快工业军工产业建设为目的，工业大规模迁移紧密结合铁路、水运等方式，因此，促进了内陆城市工业发展，并催生了一批新兴工业城镇——"三线"工业城市。该时期"集体制度"政治形态、"单位大院"社会形态、"三线精神"意识形态作为非物质性内容映射在建筑与城市空间等物质性内容上，支撑并促进此后三线工业城市的建设与发展。其中，建筑形态、空间组团、城市肌理作为集体意识的物质

---

① 史学年鉴学派代表人物，在《地中海与菲利普二世时代的地中海世界》一书中突破传统史学，将传统历史分为个体史、事件史……并把历史时间明确称为"长时段""中时段""短时段"，分别对应"结构""局势""事件"三个概念。

② 见参考文献[2]，该学者将"事件史"研究方法介入历史文化名城研究中，将城市空间记忆作为研究对象展开对城市历史文脉的研究框架构建，突破二维研究模式并赋予时间以空间的性质。

化载体，成为当下学者研究关注的重点与工业遗产研究中的主要内容。而三线建设背景下的非物质意识形态作为物质客体与象征符号汇聚成为三线工业城市文脉，赋予城市文本更深层次内涵，具有多重保护意义。以历史文化名城已建立的保护研究机制为参考，分层级建立适用于三线工业城市保护研究的整体框架，为城市空间与城市记忆的演绎传承和价值实现提供可行的理论指导。

1. 三线建设背景与城市发展

三线时期建设的工业城市从不同类型建筑单体、单元组团到城市空间布局，是"一五计划"下对苏联共产主义社会模式的本土化探索，既是中国工业化与现代化道路的重要节点，也是集体意识、集体形制在空间的投射，体现当时的空间治理模式。随 20 世纪 80 年代企业调迁与产业转型，三线工业城市在新的政治制度与政策下转变发展模式，探索城市生存新模式。以湖北三线建设为例，国家沿焦柳铁路重点建设十堰、宜昌、襄阳、恩施等三线城市成功转型为鄂西北工业化城市，而如位于鄂东南赤壁市蒲圻纺织厂则因企业转型、城市资源聚集度等问题而放缓城市发展，逐渐进入"老化"的状态，应借助自身城市发展背景优势，实现三线建设工业城市再振兴。

2. 三线工业城市空间形态研究

工业厂房、办公楼、住宅、俱乐部等基本建筑类型根据建设时期功能空间属性的不同形成基本的空间组团：生产单元、生活单元。生产单元包括工业厂房、办公楼等基本建筑类型，而具体生产空间的属性特点进一步丰富单元内部建筑类型(冷却塔、烟囱等构筑物)；生活单元由居住建筑、生活类建筑、文娱建筑三种基本类型构成，空间组合模式结合生产性质与从业人员活动而形成特有的组团布局（如市场、幼儿园、学校、俱乐部、食堂等）。

遵循"先生产、后生活"的理念，"三线建设"时期各类型建筑因地域条件、施工材料的限制有所差异，但标准化设计建造影响下，都具有可循迹的原形，并在此基础上进一步演绎成更具适应性与在地性的建筑形态。生产单元与生活单元两种基本空间组团以具体的组合方式与空间形态组合分布，通过建设时期修建的道路、铁路等交通，以及管道运输设施将不同空间组团串联成为空间集群，并与环境结合服务于三线生产。各空间组团直接相对独立且紧密联系，与建设环境交融发展形成最终的三线工业城市肌理。

3. 三线工业城市空间文脉研究

三线建设时期的城镇是集体意识形态下的空间映射，"三线"精神作为非物质意识形态支撑并促进城市的发展。毛泽东提出要加快三线建设速度后，人民积极响应号召，争先恐后投身于祖国中西部地区三线建设工程中。奋勇献身、加快生产速度的集体意识转化为物质性的生产空间。建筑类型、布局组团、城市肌理等不同层面均体现出非物质意识形态与物质空间形态的结合与相互之间紧密的关系。

居住单元与生产单元将不同建筑类型归属于同一空间并展现完整三线生产工艺流程并承载历史文化价值[4]；共时性研究下呈现不同空间组团各自特点，以及承载的文脉与意义，历时性研究下呈现建筑原形的演化与演绎，体现技术发展下价值的传承。原形的演绎与类型的衍生体现出在当时"先生产、后生活"等集体意识，以及社会、经济、文化等影响因素下意识形态在建筑单元转化上的空间映射，都包含了三线建设时期场所记忆、企业文化精神等非物质内容。而在此后 20 年至今，三线建设文脉与集体意识在建筑空间，乃至城市格局上仍有所映射并影响城市发展深层次结构。

4. 三线工业城市保护与更新研究框架

国内对工业遗产保护的重视程度与日俱增，三线建设时期的工业遗存引起更多学者的关注与研究。但基于传统的保护概念出发，讨论三线工业遗存及三线城市的保护与更新并不具有广泛性与普适性，三线遗存不同于一般工业遗产或历史建筑，三线遗存的范围更大，小至厂院的分散，大到城市的聚集，其内容涵盖广阔，应从空间"集群保护"视角出发探索保护研究模式，继遗产廊道与工业遗产廊道范畴下，三线工业遗产廊道概念应运而生。城市空间层面划分遗产区域（沿三线建设铁路或水运）、工业城镇（某一类型三线工业遗产聚集区）、工业地段（工业遗产聚集区中工业企业与单位）、历史工业企业（单体建筑构筑物）、工业遗产建构筑物，通过 AHP 层次分析法对单体建构筑物、企业与相关单位、工业聚集区、沿线主要城镇进行价值评估，根据权重值构建遗产廊道体系。

历史文化名城与三线建设工业城市在空间构成要素与城市文脉构成

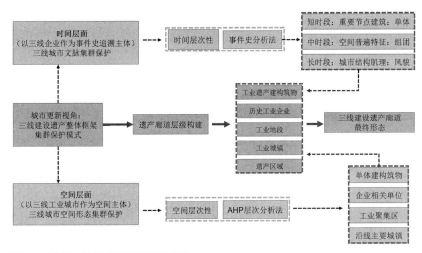

图 3　未来三线工业城市保护研究可能性框架

具有相似性，历史文化名城以历史为脉络纵向发展，将特定的历史单元作为基本原型，在社会、文化、经济多重因素影响下不断演绎与转译，最终形成基于历史故事的物质与非物质的历史单元共同体。三线建设虽仅跨越"一五"至"三五"时期，但时间发展可从近代追溯至今，同样在当时共产主义、集体意识、社会经济大发展及不断变化的国家政策等非物质的意识形态影响下，产生了适应

当时的生产单元与布局组团，进而将三线文脉转译进城市肌理中构成三线工业城市结构。时间层面通过层次性时间构建不同时段与对应尺度的空间相联系，以三线工业企业在政策与社会背景下事件作为线索，构建基于"三线企业事件史"下城市空间形态保护更新研究，辅助遗产廊道构建实现层次性时间与空间下对三线工业城市的"集群保护"研究框架构建（图 3）。

四、结论

"三线建设"时期除三线工业遗产，集体意识形态是当时具有重要意义的社会记忆，既是一种物质客体，又是三线的象征符号，汇聚当时建设精神与国家发展的深层次内涵，而建筑、空间、城市作为载体将其物质化，具有多重保护意义。对这些"既定事实"的存在进行有限范围内的界定更新，打破原有保护格局，从时间、空间分别出发，重新构建"集群保护"的内容框架，探究三线遗产保护的新途径，这一过程中历史文化名城保护的众多概念与策略则为其提供了更多新的思路。通过对既有研究的梳理，试图在时间与空间四维层面对三线遗产提出全新保护模式的探索，激发三线城市活力，激活城市内部原生动力，形成活态的历史工业城市模式，为后工业时代下城市振兴提供一定理论指导。

注：文中图片均为作者自绘。

参考文献

[1] 张杨，何依 . 历史文化名城的研究进程、特点及趋势——基于 CiteSpace 的数据可视化分析 [J]. 城市规划，2020，44（06）：73-82.

[2] 同参考文献 [1]。

[3] 何依，牛海沣，何倩 . 基于"事件史"的城市空间记忆研究 [J]. 城市建筑，2016（16）：16-20.

[4] 刘志钰 . 基于生产单元的鄂东南三线建设工业历史文化遗产保护研究 [D]. 武汉：华中科技大学，2020.

[5] 谢明阳 . 城市更新视角下的煤矿废弃地工业遗产保护与再利用研究 [D]. 合肥：合肥工业大学，2019.

[6] 刘宇 . 后工业时代我国工业建筑遗产保护与再利用策略研究 [D]. 天津：天津大学，2016.

[7] 许东风 . 重庆工业遗产保护利用与城市振兴 [D]. 重庆：重庆大学，2012.

[8] 刘力 . 资源型城市工业地段更新研究 [D]. 天津：天津大学，2012.

[9] 胡亚卓 . 产业转型背景下的老工业区景观更新研究 [D]. 沈阳：沈阳建筑大学，2014.

[10] 牛琛 . 文化导向下工业遗产再利用研究 [D]. 南京：东南大学，2015.

[11] 梁晓涵 . 遗产廊道概念下煤矿工业遗产的保护与利用研究 [D]. 北京：中国矿业大学，2020.

[12] 刘瀚熙 . 三线建设工业遗产的价值评估与保护再利用可行性研究 [D]. 武汉：华中科技大学，2012.

[13] 谌嘉洋 . 湖南辰溪 861 工厂工业遗产保护与再利用研究 [D]. 长沙：湖南大学，2013.

[14] 魏宏扬，刘洋 . 三线建设遗存工业建筑再利用策略初探 [J]. 西部人居环境学刊，2014，29（02）：73-77.

[15] 王之睿 . 多中心治理视阈下三线建设工业遗产保护与利用研究 [D]. 武汉：湖北工业大学，2018.

[16] 刘志钰 . 基于生产单元的鄂东南三线建设工业历史文化遗产保护研究 [D]. 武汉：华中科技大学，2020.

[17] 胡跃萍 . 成都市成华区工业遗产保护与再利用研究 [D]. 成都：西南交通大学，2008.

[18] 许东风 . 重庆工业遗产保护利用与城市振兴 [D]. 重庆：重庆大学，2012.

[19] 裴莹可 . 整体观指引下的长江上游城市三线滨江工业遗产保护研究 [D]. 武汉：武汉理工大学，2018.

基于城市微更新理念下无障碍盲道研究
—— 以长春大学特殊教育学院为例

金日学　张仕宽

金日学，吉林建筑大学建筑与规划学院教授。
张仕宽，吉林建筑大学硕士研究生。zhangshi
kuan1996@126.com。

摘要：在城市快速的更新和演化过程中，衍生出很多促进社会的有利因素，却忽视了更多对于弱势群体的人文关怀。本文通过针对长春市长春大学所设有的特殊教育学院当中的视力障碍者，进行为期一天的观察和实地调研，在周边盲道基础上进行微改造设计，目的是更好地改善他们的生活环境。

关键词：盲道；天桥；红绿灯；城市更新；微改造

一、引言

随着城镇化的不断发展，城市规模的不断快速扩张，人口的增多，建筑密度不断地增加，周边配套设施的不断完善，城市基本生活保障设施之间的差异逐渐变小，但所处的生活环境，以及服务型设施差异仍然较大。与此同时，城市中更多强势因素对城市盲道设施的不断"干扰"和"破坏"，导致现在很多城市无障碍盲道设施仍相对简缺，很多处于不可用的尴尬境地，难以形成完善、便捷的城市通行系统。老城区无障碍盲道的建造与城市快速路的快速建设矛盾愈发突出。过路难、走路难、出行难都成为每个残障人士心中的痛。

二、"微更新"理念在城市无障碍盲道中的渗入

"微更新"是针对当下城市快速发展过程中所产生的各种"城市顽疾"和城市问题所提出的针灸式城市更新策略，关注城市的温暖和活力。"微更新"是在城市进行点式更新，试图从细微处寻找城市的症结所在。从而由点成线，在城市中形成关键轴线，最后由线成面，继而在弱势空间触发良好的连锁反应。

"微更新"的理念很早就提出，同时也是当下十分火热的城市改造理念。但更多成功的改造案例，设计师都是在关注正常人对城市的需求，很少有人能够考虑在城市的参与当中还有一群这样的人——他们由于各种原因无法享受正常人的生活，同时对于城市的快速发展产生强烈的敬畏感，因为他们对于陌生环境的熟悉时间比常人要长数倍，困难数倍。

"微更新"同样适用于城市无障碍盲道设施的建设和改造。要基于对场地的盲道现状进行分析，在整体的基础上，系统性地理清场地所存在的问题，并提出相对应的解决方案。城市无障碍盲道"微更新"首先应立足于城市发展的宏观角度，结合围观视角抓住问题的重点，简化思路，提高效率，在不影响周围环境的正常生活前提下，促进功能空间整合，与城市空间更好地契合。

三、城市无障碍盲道的设计问题——以长春大学特殊教育学院为例

1. 研究背景

在 1961 年美国制定了世界上第一个《无障碍标准》。随后，英国、加拿大、日本等几十个国家和地区相继制定有关法律法规。我国的无障碍建设起步略晚，1985 年，北京对部分街道进行无障碍改造，2001 年 8 月 1 日，《城市道路和建筑无障碍设计规范》开始在全国范围内实

施。吉林省长春市在国家《无障碍设计规范》颁布后，跟随国家建设，在2012年出台《无障碍环境建设管理办法》并实施，在长春市人民大街及卫星广场路段进行改造，致力于打造城市步道无障碍规划。

2. 研究对象

长春大学特殊教育学院是1987年经原国家教委批准，由中国残疾人联合会和吉林省人民政府共同创办的全国第一所特殊教育学院。目前学院接收视障与听障学生，视障可学专业有：针灸推拿学、康复治疗学和音乐表演，视障学生约484人，是国内本科残障大学生数量最多的特殊教育学院。长春大学特殊教育学院是在我国残疾人高等院校中，规模最大，层次最高，门类最多，具有代表意义的残疾人高等教育学院。

3. 场地分析

长春大学位于吉林省长春市南关区卫星路6543号，紧邻地铁1号线，轻轨3号线。长春大学占地1020000m²，学校地势平缓，特殊教育学院教学楼4500m²。学校教学区与部分宿舍位于卫星广场西北侧，学校内部建设天桥横跨卫星路，通往南侧商业及宿舍区，天桥距离特殊教育学院90m。特殊教育学院后临体育场、特教餐厅，特教餐厅距离特殊教育学院教学楼237m。

4. 现状分析

1）地铁公交站点

沿线轻轨地铁站内都是设有视力障碍者专属走道，但出了地铁口，盲道被大量的汽车以及花坛占用，路线缺失，连续性没有达到设计标准，正常行人都难以行走，从地铁出口到盲道，无法正常通行（图1）。

紧邻长春大学一侧的1号线卫星广场A1地铁出口（图2），距离长春大学南门279m。地铁站出入口设有盲道，没有被车辆占用，可正常使用。但盲道识别度不高，只在出口处设有盲道，未形成连续性，出口台阶也未设提醒标识，依旧出行不便。

而在通往长春大学的这条人行道上，并没有看见相应的盲道设置（图3a），在靠近学校的一个公交站点（图3b），也没有任何无障碍设置，视力障碍者想要乘坐公交，比较困难。

2）天桥

校内天桥（图4），连接宿舍食堂与教学楼，方便学生的日常同行，而这条路也是长春大学特殊教育学院中的视力障碍者们经常穿梭的道路。

到达天桥上，需要经过三个休息平台，56个踏步，踏步虽然做了防滑条纹（图5），但一段楼梯的梯级过多，超过了18级，安全问题值得商榷。而经过56个踏步后，才能出现盲道。盲道砖也多为破损，凸起点高度磨损，感知程度低。

天桥之上，盲道设置于道路两侧（图6a），宽度约为50mm，而两侧的扶手（图6b），却年久失修，电线、灰尘、尖锐的棱角都是潜在危险。

3）校园

天桥直通校园，方便学生到达商业街及餐厅。灰色的教学楼便是特殊教育学院（图7a）。距离天桥90m，方便特殊人群就餐和出行。但教学楼前面设置两排停车位（图7b），机动车的介入，让原本便利的通行又增加了一些困难和危险。

a）轻轨站内盲道

b）轻轨站外盲道

图1　轻轨站盲道

图2　地铁站外盲道

a）校外人行道

b）公交站点

图 3　人行道及公交站点

图 4　天桥外观

a）天桥上台阶

b）天桥台阶上盲道

图 5　天桥台阶上的盲道

a）天桥上盲道

b）天桥扶手

图 6　天桥上设施

学院教学楼入口设置了完备的无障碍设施（图 8a），盲道的设置也十分合理，不管是竖形的引导性盲道砖，还是点状的方向性铺砖（图 8b），均能够正确引导视力障碍者安全进入学院。

室内楼梯，均使用了防滑材料铺设，而踏步的起点，也是铺设了点状盲道，进行提醒和引导（图 9a）。在走廊的两侧，设置了扶手（图 9b）。而在每个房间，并没有见到提示房间功能的信息。

在电梯两侧，设有无障碍电梯（图 10a），可正常使用。在卫生间中，每个厕位前，都铺设有点状盲道砖（图 10b）。但男女厕所没有设计在一处，可能是考虑到走错的可能性。

特教餐厅盲道是引导到台阶处，而不是引导到坡道处，并且有缺失砖块的现象（图 11）。

5. 研究方法

1）问卷调查

为掌握视力障碍者出行情况，根据对学院内 30 名视障学生进行问卷调查，内容包括每日出行次数、出行时间、出行目的、有无陪同，情况如下：

（1）每日出行次数

视障学生因受各方面出行不便限制，因此日均出行次数较低。在日常上学出行的过程中，日常无课的情况下，42% 的视障学生出门次数低于 1 次及以下，在日常上课的情况下，34% 的视障学生人均出行次数 2 次，18% 的视障学生人均出行次数 3 次，只有 6% 的视障学生人均出行 4 次及以上。而对于平日外出的情况，通常为学校放假或有家人陪同时才进行外出。

a）天桥上远望教学楼

a）教学楼盲道设施

a）楼梯盲道设施

b）教学楼前停车位

图7　教学楼

b）教学楼大厅入口盲道设施

图8　入口盲道设施

b）走廊盲道扶手设施

图9　教学楼内盲道设施

a）电梯盲道设施

b）卫生间盲道设施

图10　教学楼内盲道设施

a）校内特教餐厅

b）特教餐厅盲道设施

图11　特教盲道设施

（2）出行时间

在学校中大部分视障学生都尽量避免大量人群的出行时间，避开上课与下课的高峰时期，例如吃饭时间错峰11点半，而选择10点半

左右人流量少的时间。

（3）出行目的

在日常生活学习中，视障学生都为三点一线，宿舍——教室——食堂，并无其他的出行活动。

（4）有无陪同

48%的视障学生是无人陪同，需单独出行，独自完成各种日常活动。8%的视障学生是一星期有4次有同伴陪同的，14%的视障学生是一星期有3次有同伴陪同，16%的视障学生是一星期有2次有同伴陪同，14%的视障学生是一星期有1次有同伴陪同。

2）观察调查法

根据对现场"跟踪"随机一位视力障碍者的行为轨迹，进行分析（表1）。

通过观察，在这个的过程中，视障学生经历了多次找不到方向的情况：

（1）学生从特教学院教学楼出来后，由于到达天桥上需经过停车场，频繁有机动车的穿行，需要通过听觉判断是否可以通过。

（2）在上天桥的过程中，速度很快，可以看出十分熟悉这条道路。

视力障碍者行为轨迹	表 1
时间	行为轨迹
10：08am	下课后，从特教学院教学楼外出
10：20am	穿过天桥，到底南侧学校第二食堂
10：30am	在点餐窗口，共计 10min 与打饭人员交流
10：50am	用餐完毕
11：00am	穿过天桥，返回特教学院教学楼

（3）在到达第二食堂后，由于没有盲道的引导，只能靠盲杖来一点点敲打、判断是否可以安全前行。

（4）到达点餐窗口后，需要不断和打饭人员进行交流，而在取餐的过程中，由于没有拿盲杖的缘故，无法正常返回座位，需要旁人的帮助。

通过计算通过天桥的时间速度，可以判断出学生对于这条路十分熟悉，但在用餐完毕后就返回特教学院教学楼也可以看出，他们无法像常人那样去更多的场所，更谈不上对公共空间的使用。

四、研究方向

（1）对于天桥的改造，鉴于天桥是视力障碍者们经常穿梭的场所，能否进行一些温暖的更新改造。

（2）出校园南门后，卫星路上为无红绿灯路口，南侧为小吃街以及生活区，能否进行一些设置，解决穿梭马路难问题。

（3）通过观察，我们发现设计盲道的人目前更多是主观意愿上的，从学院到后面的宿舍铺设有完整的盲道，而从学院到天桥，中间大段缺失，是否真的从视力障碍者的行为需求角度去考虑的，需要我们进一步思考。

五、基于"微更新"的理念下的长春大学无障碍盲道的优化方案

1. 天桥

天桥的改造方案应从提高盲道的可识别度、完善盲道的角度出发。由于天桥久未维修，天桥上的盲道砖多为凸起点高度磨损，感知程度低，更有砖裂或损坏的。因此，对于改造方案应该是在原有的基础上，我们希望通过一些建筑设计的手法对天桥的盲道进行优化整合。

（1）原有的天桥半开放化，大多适用于学校内部，连接道路两边，在接下来的优化过程中，为了保障校内视力障碍者的使用以及安全考虑，依然选择半公共半开放的状态。

（2）原本进入过街天桥的道路是螺旋上升的，旋转的楼梯会让视力障碍者失去方向感，无意间增加视力障碍者跌倒的危险性。所以在

改造中，首先就是将原有的楼梯拉直，做成两梯段的单跑楼梯。而单跑楼梯下方空出来的空间就可以成为人们夏天乘荫的场所（图 12）。

（3）原有的天桥没有顶棚，在东北这种冬夏比较分明的地方，冬天的大雪和夏天的暴晒都会直接影响视力障碍者出行。不管是下雪还是下雨，都会或多或少会增加盲道上的湿滑，行走过程中进一步增加滑倒的概率。改造的第二步，在原有基础上，增加屋盖顶棚（图 13）。

（4）盲道位于道路两侧，更容易分辨方向和周围环境，而扶手就成为保护视力障碍者的最后一道屏障。但原有的天桥扶手年久失修，经常性出现尖锐物。改造的第三步就是重新做扶手，将锐角改为钝角。并将原有的生锈的钢材质更换为半木半不锈钢的扶手（图 14）。

（5）在天桥之上，每隔 10m 可以放置一个感应装置，因为在视力障碍者视角，长时间没有方向感会产生烦躁的心理。不断地给他们提供道路信息，他们会更好地对接下来所要面对的事物进行预判，以有效地防止滑倒的危险。

2. 红绿灯

（1）出了学校门就是横宽马路，来往的车辆所产生的噪声会影响视力障碍者的听觉，进而影响他们对

图 12　天桥楼梯改造方案

图 13　天桥顶棚改造方案

图14　天桥扶手改造方案

图15　马路改造方案

图16　红绿灯改造方案

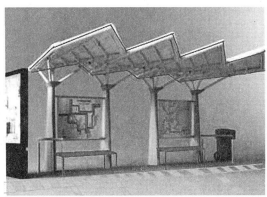

图17　公交站点改造方案

道路的判断，以至于很少会有视力障碍者选择从学校大门出去。改造的第一步，在学校门口种树，树木能够有效减少门口的噪声。另一方面，每一棵树对于视力障碍者来说也是一个很好的标志物，可以根据门口的树来判断红绿灯的位置，进而能安全地穿行马路（图15）。

（2）红绿灯是视觉才能看到的事物，而对于视力障碍者来说，这几乎是一件不可能的事情。所以改造第二步，就是在学校门口设置红绿灯可声控装置。视力障碍者在过马路的时候可以根据声音进而判断到底是红灯还是绿灯（图16）。

（3）过宽的马路，常人都很难在短时间内快速通过，视力障碍者就更难一次性通过。改造的第三步，在马路中间做一个可以等待的安全岛，并在此设置红绿灯声控感应装置，提醒视力障碍者再次过马路。

3.公交站点

（1）学校周围公交站点很多，很多视力障碍者在选择出行时也会优先选择公共交通，公交站点的盲道设置，也是不可缺少的一部分。改造第一步，将学校内部的盲道延伸至周边的公交站点，不可缺少或者中断。

（2）在公交站点设置可供休息的座椅，方便视力障碍者等待车辆，并明确标识爱心座椅，通过盲道铺砖进行引导（图17）。

（3）在公交站点设置声控装置，对即将到站的车辆进行实时播报，并在公交车站停靠点进行划线区分，使得公交车可以按顺序依次停靠。

在台阶处设置声控电子桩，一方面可以让视力障碍者很好地判断来车顺序；另一方面给视力障碍者提供参考点，辨别自己所处的位置。

六、技术支持

首先，关于提示盲道砖的样式及技术做法，各国及地区标准的要求相似，其表面均由触感圆点以正方形格线与盲道砖边缘平行排列。值得注意的是，港标将提示盲道又细分为两类：危险警示砖、位置砖。

危险警示砖的触感圆点直径为35mm，用以指出潜在危险，能单独组成触觉警示带，即我们常见的提示盲道砖。

位置砖的触感圆点在直径（23mm）与排列方式上区别于危险警示砖，用于盲道交接处，以显示路径方向可能改变。因此，位置砖需与行进盲道砖共同使用。

提示盲道通常与行进盲道结合使用，位于人行路线的分叉点或始末端；抑或独立应用于诸多需要进行警示或提示目的地的场景之下。下面以生活中常见的场景入手，来探讨提示盲道的应用。

1.人行道路线

提示盲道最常应用的场景便是在人行路线中与行进盲道共同构成一条连续的无障碍路径。国标规定，行进盲道在起点、终点、转弯处及其他有需要处应设提示盲道，当盲道的宽度不大于300mm时，提示盲道的宽度应大于行进盲道的宽度（图18、图19）。

我国香港标准（以下简称"港标"）中"危险警示砖"与"位置砖"

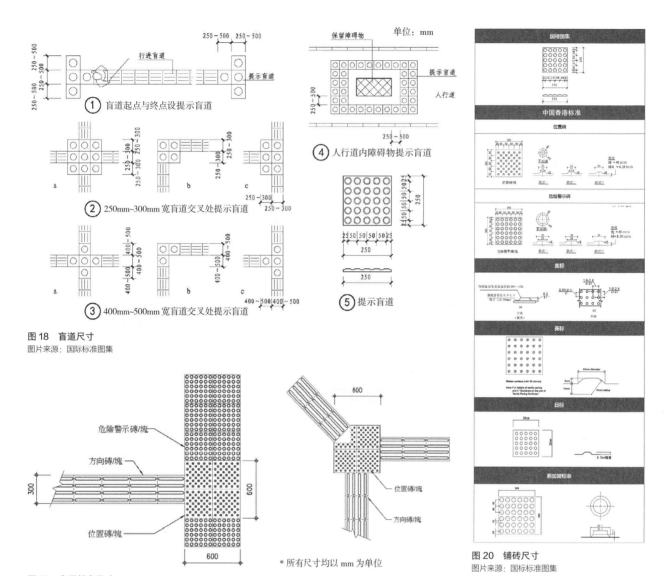

图 18　盲道尺寸
图片来源：国际标准图集

图 20　铺砖尺寸
图片来源：国标标准图集

图 19　盲道转弯尺寸
图片来源：中国香港标准图集

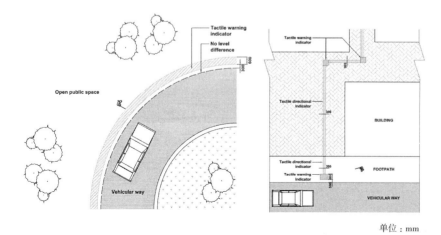

图 21　新加坡提示盲道设置
图片来源：新加坡标准图集

在与行进盲道结合使用时，其接合部位的铺设方法如图 20 所示。

新加坡标准中，提示盲道应贯穿于人行道与车行道之间。并规定提示盲道应沿与道路中心线或目标物体垂直 90° 的方向铺设（图 21）。

日标关于在路径分叉点对提示盲道的应用与各国相似，主要归纳为以下几种形式：T 字形、十字形、L 形、折线形（图 22）。

2. 建筑入口、门前

国标图集中，列举了在门前设置提示盲道的示例。据图（图 23），在门扇开启侧的提示盲道应在门扇完全打开后距门扇边缘100mm处进行铺设，另一侧则应距墙体300mm。此外，国标还指出，道路周边场所、建筑等出入口处设置的盲道应与道路盲道相衔接。

我国港标中，更加具体描述了位于建筑出入口处提示盲道的铺设以及与行进盲道的连接方式。可见，国标与我国港标均示意提示盲道宽度应与门洞宽度相当。但是，港标中提示盲道距门扇开启后的距离同与墙面距离相同，均为300mm（图24）。

日标提出，原则上，除提供引导设备或人为引导，从门口到接待柜台、对讲机等服务设施前，均应连续铺设视力残疾人导盲地砖。门扇或蹭鞋垫前应安装3块左右的点状导盲地砖（图25）。

此外，德标也提出，入口区域

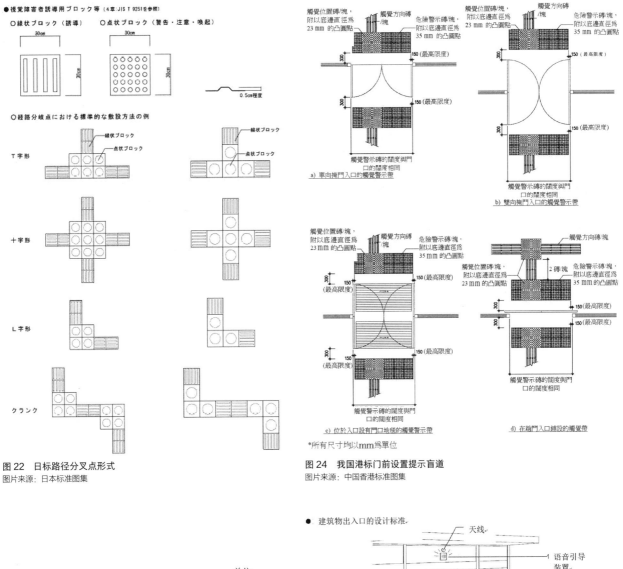

图22 日标路径分叉点形式
图片来源：日本标准图集

图24 我国港标门前设置提示盲道
图片来源：中国香港标准图集

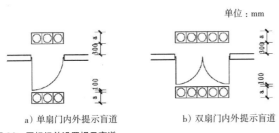

a) 单扇门内外提示盲道　　b) 双扇门内外提示盲道

图23 国标门前设置提示盲道
图片来源：国际标准图集

图25 日标门前设置提示盲道
图片来源：日本标准图集

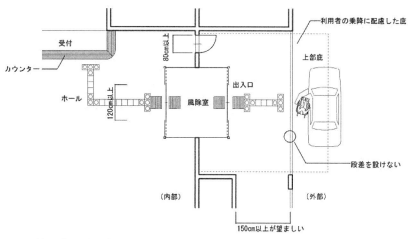

图 26　德标门前设置提示盲道
图片来源：德国标准图集

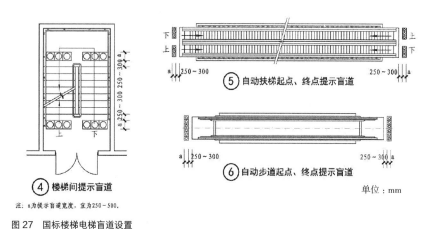

④ 楼梯间提示盲道

注：a 为提示盲道宽度，宜为 250~500。

图 27　国标楼梯电梯盲道设置
图片来源：国际标准图集

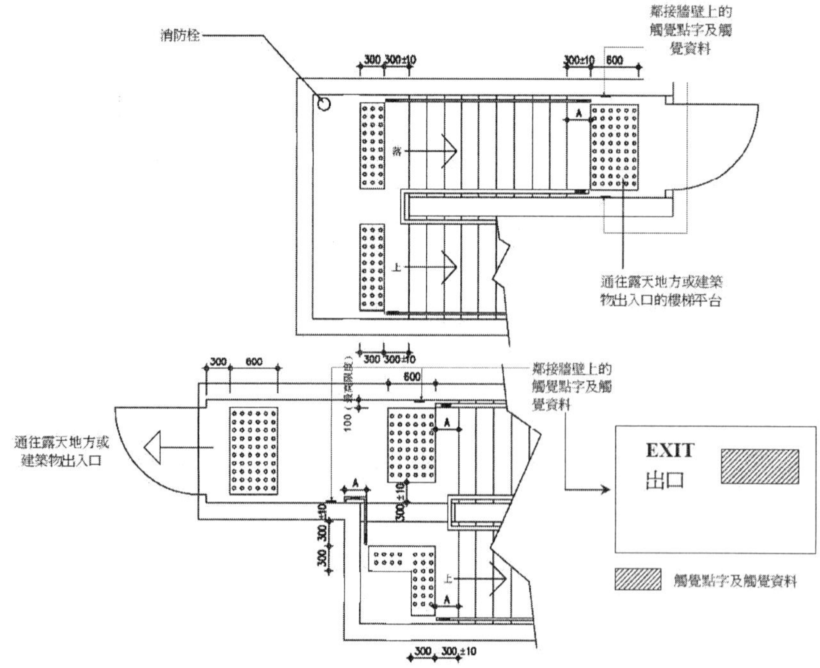

⑤ 自动扶梯起点、终点提示盲道

⑥ 自动步道起点、终点提示盲道

单位：mm

图 28　中国港标楼梯盲道设置
图片来源：中国香港标准图集

应容易辨识并配备无障碍设施：针对视力障碍者，应采用触感不同的地面结构或建筑元素，例如：使用脚底或脚后跟可以感知的道路界线以达到容易辨识的目的（图 26）。

3. 楼梯 / 台阶、轮椅坡道、自动扶梯

国标在此场景中具有如下规定：距踏步起点和终点 250mm~300mm 处宜设提示盲道。国标图集中，除楼梯间外，还给出了在自动扶梯及自动步道始末端设置提示盲道的示例（图 27）。

我国港标就台阶前提示盲道的设置提出了更为具体的要求：无论踏步的数目为多少，触觉警示带均须安装在楼梯的顶部、底部及楼梯平台。若平台是通往另一楼层，或本身被墙壁、栏杆或扶手围绕，则铺设在其上的触觉警示带的宽度须有 300mm。若平台是通往一处空地或建筑物的出入口，触觉警示带的宽度就必须有 600mm（图 28）。

此外，我国港标还列举了轮椅坡道平台处，以及自动扶梯前提示盲道的应用场景（图 29）。港标不仅在自动扶梯行进方向进行了危险警示，在两侧可能误入的区域同样设置了提示盲道，提升了视觉障碍者在行进过程中的安全性。

日标规定，应在楼梯的上部，距踏步前约 30cm 处放置一个"导盲地砖"，以引导视障人士台阶的存在。同时考虑到在楼梯下端铺设可达到预告的目的，因此，提出期望同时在上端及下端铺设。关于在自动扶梯处设置的"导盲地砖"，应铺设在自动扶梯首末端离着陆板约 30cm 的位置，并将其放置在固定扶手内侧（图 30）。

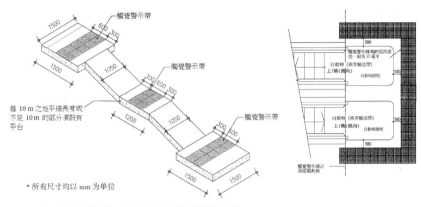

图 29　我国港标轮椅坡道平台处以及自动扶梯前提示盲道
图片来源：中国香港标准图集

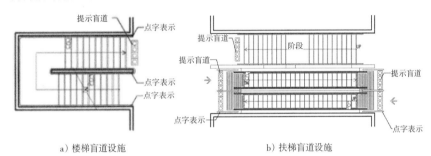

a）楼梯盲道设施　　　　　b）扶梯盲道设施

图 30　日标楼梯扶梯盲道设施
图片来源：日本标准图集

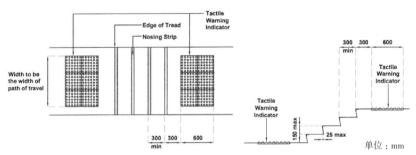

图 31　IPC、新加坡标准提示盲道设置
图片来源：新加坡标准图集

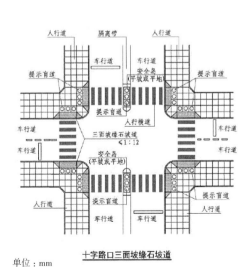

单位：mm

图 32　国标缘石坡道处应用提示盲道设置
图片来源：国际标准图集

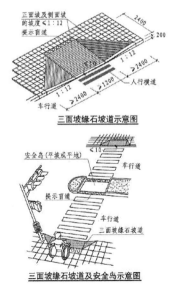

IPC、新加坡标准与各国标准相似，均要求提示盲道宽度应等同于楼梯的宽度，深度为 600mm，并与最顶部的台阶有一个踏步的距离（图 31）。

4. 楼梯 / 台阶、轮椅坡道、自动扶梯

国标图集、我国港标、英标及新加坡标准中，给出了在缘石坡道处应用提示盲道的场景。国标图集中的示例如上（图 32）。

我国港标中，规定在缘石坡道处距离行车区 300mm 处，设有触觉警示带，其宽度应为 600mm。新加坡标准与我国港标要求相似（图 33）。

此外，我国港标还就不同形式的缘石坡道给出了提示盲道的应用示例（图 34）。

英标则将提示盲道紧贴缘石坡道下口进行铺设（图 35）。

5. 无障碍电梯

国标、我国港标、日标均提出应在无障碍电梯入口处铺设提示盲道，其区别为国标图集及日标中，仅规定在呼叫按钮下方的位置进行铺设（图 36）。

我国港标则要求提示盲道的铺设应从梯门边延伸至电梯门按钮处（图 37）。

6. 公交、轨道交通站台

对于公交站台，国标要求：站台距路缘石 250~500mm 处应设置提示盲道，其长度应与公交车站的长度相对应；关于轨道交通站台，北京市地标《轨道交通无障碍设施设计规程》DB11690-2016 中，给出了轨道交通站台门外的提示盲道铺设要求：每扇站台门外应设宽度不小

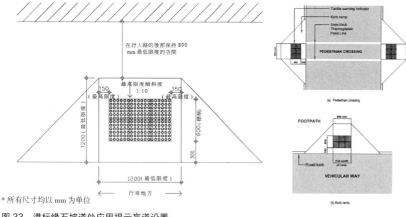

* 所有尺寸均以 mm 为单位

图 33　港标缘石坡道处应用提示盲道设置
图片来源：中国香港标准图集

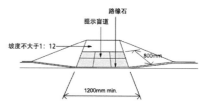

图 35　英标缘石坡道处应用提示盲道设置
图片来源：英国标准图集

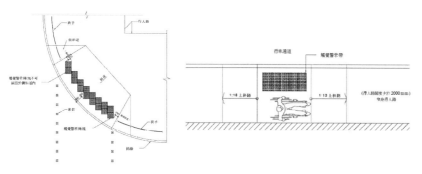

* 所有尺寸均以 mm 为单位

图 34　中国港标缘石坡道处应用提示盲道设置
图片来源：中国香港标准图集

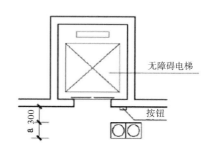

a）国标无障碍电梯呼叫按钮设置

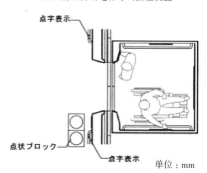

b）日标无障碍电梯呼叫按钮设置

图 36　无障碍电梯呼叫按钮设置
图片来源：a 国际标准图集，b 日本标准图集

于车门的提示盲道，并与行进盲道相连，盲道与站台门之间的距离为 1.2m（图 38）。

IPC 与国标相似，其规定在整个公共汽车站内，应设置提示盲道（表 2），其距离路缘石边缘 300mm，总宽度不少于 300mm（建议 600mm）。

美标提出，不受平台屏障或防护装置保护的平台上下车边缘应在平台公共使用区域的整个长度上具有符合要求的可触型警示面。在平台边界处的可触型警示表面应为 24 英寸（610mm）宽，并应延长至平台公共使用区域的全长。

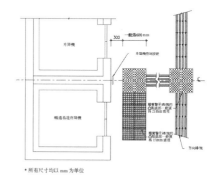

* 所有尺寸均以 mm 为单位

图 37　中国港标无障碍电梯呼叫按钮设置
图片来源：中国香港标准图集

提示盲道的触感圆点规格　　　　　　　　表 2

部位	尺寸（mm）						
	国际	我国港标		日标	英标	美标	新加坡标准
表面直径	25	危险警示砖	25			底宽的 60%~65%	24~26
		位置砖	23				
底面直径	35	危险警示砖	35	25	23~36	34~36	
		位置砖	12				
圆点高度	4	5		5	5	5.1	4~6
圆点中心距	50	危险警示砖	50		41~61		50
		位置砖	60				

来源：国际标准图集

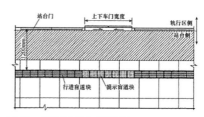

图 38　国标公交站台盲道设置
图片来源：国际标准图集

7. 小结

在实际项目中，盲道的铺设还应结合具体情况，充分考虑地点、环境、方向性、低视力人群所采用的辅助行走的技术设备与方法（图 39），对所导向位置存在的潜在危险和障碍等诸多因素进行充分评估，避免对乘轮椅者、使用拉杆箱或推婴儿车等人群构成障碍，进而营造有利于所有人的安全畅通的无障碍通行环境。

宽度 (mm)						
国标	港标	德标	IPC	日标	美标	新加坡标准
当盲道宽度≤ 300 时，提示行 盲道宽度 > 行 进盲道宽度	600	≥600	≥300	>300	610	600

图 39　盲道宽度尺寸设置
图片来源：国际标准图集

七、总结

通过这次对长春大学周边的盲道调研，以及设计的过程中。越发地感受到城市更新这个命题，不仅仅是针对城市快速发展过程中的所产生的对城市病的回应，更多是需要从人的角度出发，城市设计者要和使用者产生更多共情，更多的人文关怀才能体现出一个城市最温暖一面。温馨、舒适的城市生活才是最终能够留住人的最好理由。

文中除特殊标注外，其余均为作者自摄或自绘。

参考文献

[1]　城市道路和建筑物无障碍设计规范 [M]. 北京：中国建筑工业出版社，2001.

[2]　钱思名，叶茂，吕天泽等 . 城市无障碍设施改善规划设计策略及建议 [J]. 规划师，2019，353（14）：18-23.

[3]　张悦欣，黄星星，李雪贞，刘茜芸 . 我国近年高校残障人无障碍环境建设现状及解决方法 [J]. 法制与社会，2015（33）：214-215.

基于 Citespace 可视化
—— 三线建设既有研究综述

陈　欣　陈占祥　高亦卓

基金：国家自然科学基金项目："我国中部地区三线建设的建成环境及其意义的表达与遗产价值研究"（项目编号：51778252）。

陈欣，华中科技大学建筑与城市规划学院在读硕士研究生。邮箱：1148026028@qq.com。
陈占祥，华中科技大学建筑与城市规划学院在读硕士研究生。邮箱：505837289@qq.com。
高亦卓，华中科技大学建筑与城市规划学院、华中科技大学建成遗产研究中心 在读博士研究生。邮箱：gaoyizhuo39@163.com。

摘要：三线建设是 20 世纪 50 至 80 年代，国内"备战备荒"背景下一场大规模的工业迁移与经济发展运动，对中西部地区工业化与城市化进程产生了深刻影响。以三线建设作为研究背景，主要研究领域涉及经济学、社会学、建筑学、城市规划学、空间地理学等多门学科，研究内容广泛深刻，切实联系了中国制度发展。从不同学科出发，对关键词进行分组并利用 Citespace 进行可视化分析，并着重对其中四组关键词组——"企业、产业""技术""工厂迁移""城市化—城市发展—城市规划"重点分析，以便作为研究背景为此后研究方向提供一定的理论性指导。

关键词：三线建设；企业；技术；城市化；Citespace；可视化分析

一、引言——研究背景

20 世纪 50 至 80 年代起，随着新中国成立后国内经济模式的调整与近代工业化的发展，中国先后开启了以五年为一个周期的计划经济，以"一五"至"三五"计划为核心的十五年间着重加快了国家经济建设与工业现代化的步伐。在苏联工业化影响之下，中国规划并重点建设了 154 项实际工程——简称"156"工程。而后随着国际形势与中苏关系日益严峻，中国开始在学习苏联技术的基础之上探索国内工业技术的本土化发展，走上工业化的建设道路——三线建设时期。

1964—1980 年，基于当时国际环境并防备外敌入侵，中共中央与毛泽东正式提出"三线建设"的重大战略决策。以四川、重庆、贵州、甘肃、湖北等为代表的中西部地区，共计 13 个省、自治区，在国家大力投资下（占同期全国投资 39.01%），超过 400 万名技术人员、千万农民群体加入这场建设"战争"中，先后有超过 1000 家工厂企业，以及相关配套设施在国内西南、西北的深山峡谷中建成。三线建设是中国经济史上一次极大规模的工业迁移过程，既是东部沿海工业体系向西内陆延伸发展、平衡东西部产业格局的战略大调整，也是中国近代工业化的大飞跃，对中西部地区的基础设施与工业化进程作出了极大地贡献，深刻改变了中国工业化进程与城市发展格局。

三线建设这一领域涉及社会学、经济学、人口学、类型学、建筑学、城市形态学、城市规划学、空间地理学等多门学科，其研究范围十分广泛，内涵丰富深刻，具有极大的学术价值与研究意义。其中，以"156 工程、一五计划至三五计划、国民经济调整、计划经济、国防重工业"等关键词为要点展开研究，社会学、经济学、建筑学与城市形态学领域成为三线建设的主要研究方向。

二、三线建设研究学科领域现状

由于三线建设是中国经济与工业发展进程中特有的阶段与专有定义，目前涉及三线建设的研究很少涉及国外学者，国内研究以经济建设领域、社会政治制度变革领域、建筑城市空间形态领域为主要研究范围。经济相关领域研究中围绕"企业"与"产业"两个关键词展开，建筑相关领域围绕"工业""技术""遗址"等关键词展开，城市规划与城市形态相关领域以"迁移""资源""转型"等关键词展开研究，人类社会相关研究更多"文化""制度""移民"等主题。

借助 Citespace 量化分析工具，通过 CNKI 数据库检索以"三线建设"为主题词的核心期刊文献，将国内已有主要研究成果进行可视化并点击关键词聚类与分析，得到主题相关、地区选择、生产、社会背景相关内容前 12 项（图 1），其中"三线建设""'三线'建设""小三线"为主题相关聚类，"中西部地区""西部开发""内陆地区"为地区选择相关聚类，"三线企业""产业结构""体制改革""生产任务"为生产相关聚类，"国民经济""政府作用"则是社会背景相关聚类。

三、聚类分析与研究现状可视化

通过对 374 篇核心期刊进行关键词聚类，从社会、城市、工业、企业四个层面将三线相关主题词进行归类，得到企业—产业、遗产—遗存、技术、价值评价—价值评估、工厂迁移、改造—更新、城市化—城市规划—城市发展七组关键词组，分别进行可视化数据分析，包括关键词聚类、关键词时区图、关键词突显，以此为据、互为参考，重点梳理"企业—产业""技术""工厂迁移""城市化—城市规划—城市发展"四组关键词下研究现状与趋势。

1. 企业—产业

以企业—产业为关键词组的可视化分析中（图 2），前 10 项聚类关键词中"区域经济""'三线'建设""肌理"与社会相关，其具体内容中提及欠发达地区通过三线改造加快区域经济的发展并进而维持可持续发展动态模式，中西部地区国有企业、公私合营企业，以及一些中小企业通过产业选择、产业结构升级、产业结构调整、产业区域转移等方式提高中西部地区工业综合生产能力，均衡生产力布局，带动了地区发展，而企业所在中等城市逐渐向三线工业化城市体系发展，改变了城市的空间结构。

"工业""工业遗产""军工厂"则是工业相关主题词聚类，在其主要和研究内容中提到工业布局中，尤其是国防科技工业占有极大建设比例，而成昆铁路作为联通城市的道路交通系统也成为三线建设时期一大重要建设工程。此外，由于这一时期建设性质特殊，大量军工厂采用代号，并在生产布局中遵循了"散、山、隐"的原则分布于各个地区。

产业相关的主题词有"产业聚集""产业结构""军工企业"，这一范畴下主要的研究内容不仅限于三线时期工业企业，"156"工程也纳入了研究范畴中，均为中国工业化进程提供了重要的现实依据。该建设时期随着产业西迁后产业组织、政策的变化，以及产业结构的调整，形成了适应当时建设环境、融合民用企业、三线企业后特有的军工企业。而在三线建设后期，随着"军转民"及"军工开放"的政策的实施，三线企业面临地域调迁或重新规划发展模式，产业结构又开始发生变化，产业集群面临布局调整、转移、结构升级优化与后续的可持续性发展，而产业区域的变化调整进而影响了三线城市城镇化、城市化进程，以及资源型城市的发展策略。

研究中以重庆为代表地区，三线建设时期重庆的产业群分布、主

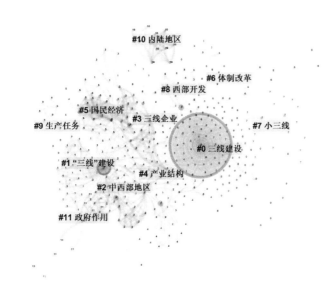

图 1 "三线建设"374 篇核心文献关键词聚类可视化分析

导产业以装备制造业为主，传统优势企业也在其中进行适应建设发展的模式调整。而重庆地区在三线建设后期产业转型与企业转型等方面实现了成功的模式探索，进一步促进了城市发展，并形成以重庆作为中心城市影响、带动周边地区城市发展的"中心—外围"城市格局。

选择 1986—2021 年段，以两年作为一个时间切片，通过可视化分析呈现与"企业—产业"相关的关键词时区图（图3）。通过时区图可知，1986—1995 年间主要研究内容与工业化相关，2000—2010 年研究着力点在区域经济可持续发展下产业集群与结构层面，而从 2011 年起关于城市发展的研究更加明显，其中包括资源型城市、城镇化、中心城市等相关概念与三线建设的关联

性研究，并以西南地区作为主要的城市研究区域对象。而这一研究方向的转变在关键词突现分析中也得到了证明（图4），2000—2013 年间有关三线建设研究多从产业相关主题出发，以经济领域为主。2014 年起与城市相关的"保护""工业遗产""军民融合""三线建设"等关键词先后出现，研究者开始更加关注城市规划视角下，区域空间与三线建设之间的关联性。

2. 技术

技术是生产与产业的重要支撑手段，三线建设时期技术作为重要媒介为我国工业化道路发展提供了现实路径，在学习苏联模式基础上进一步本土化，而技术的发展也对产业可持续发展及三线城市的长期

建设产生了潜移默化的影响。以三线建设时期技术作为关键词进行文献可视化分析，得到重要性最高的关键词聚类 12 项（图5），其中"20世纪""经济发展"等与社会相关的关键词类下内容中，提到三线建设时期伴随三线改造带来了西部地区基础设施建设质量的提升以及技术扩散，而后三线产业与企业随着国家经济结构调整进行了二次工业化，同时也伴随技术转移以及产业区的转移，产业群分布的变化与主导产业的调整影响了地区工业结构的变化，进而影响三线建设城市的发展与工业化进程。

技术与工业紧密联系，"工业布局""工业化""重工业""军民结合""产业结构"等关键词聚类项下强调了三线建设时期工业以军工技

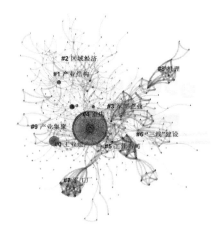

图 2　关键词聚类

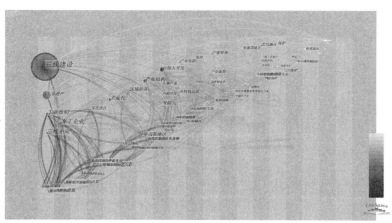

图 3　关键词时区图

Top 10 Keywords with the Strongest Citation Bursts
1986—2021 年

Keywords	Year	Strength	Begin	End
文旅融合	1986	3.75	1986	1999
西部大开发	1986	10.63	2000	2005
区域经济	1986	5.93	2000	2007
产业集群	1986	5.01	2002	2009
产业结构	1986	4.98	2002	2011
产业转移	1986	4.35	2006	2013
保护	1986	4.11	2014	2019
军民融合	1986	5.89	2016	2021
工业遗产	1986	4.78	2016	2021
三线建设	1986	4.23	2018	2021

图 4　文献关键词突现

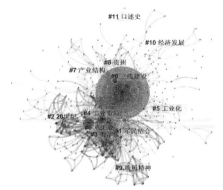

图 5　"技术"文献关键词聚类可视化

术为主，通过军民结合的形式优先发展重工业，这一工业模式促进了工业体系完整化、提高了综合生产能力并形成各厂之间专业化协作，推进工业的标准化建造模式，并形成相对完善与稳定的内地工业生产布局，从而推进区域发展，为后来产业转型与企业调迁后城市发展奠定了工业基础。

分析1982—2021年关于三线建设时期技术文献，并通过可视化显示关键词时区图（图6），1982—1989年主要研究三线建设工业布局以及工业生产军民结合的模式；1990—1999年间开始将工业化作为主要研究对象，并对其详细内容做具体化研究，其中煤炭基地为代表的资源型城市、贵州、攀枝花等城市成为工业化研究的具体对象，成昆铁路作为实现三线建设时期工业化进程的重要道路交通体系也进行了深入研究；2000年后工业化研究趋势逐渐递减，工业遗产的概念逐渐被提出并展开相应的研究。

在研究趋势的关键词突现可视化分析中，2000年之前经济领域研究涉及更多内容，如国民经济与三线企业，经济和产业是研究主要对象；2000—2007年以西部开发为背景再次对三线建设进行关联性研究，取证三线建设对此后西部地区经济、工业、社会发展的长远影响；军民结合的工业模式先后在2004年与2016年被研究者发掘并对比研究；同一时期2016年工业遗产也作为三线建设相关研究领域中一项重要内容出现，技术之下三线建设工业遗产既与工业相关，同时也是城市发展背景下的遗产体系，其讨论必然离不开城市本体以及产业本身（图7）。

3. 工厂迁移

三线建设时期工厂迁移分为两个大的阶段：第一阶段是三线建设正盛的东部工业西迁；第二阶段则是三线建设后期面临的企业调迁与工厂迁移。两个阶段分别涵盖了三线建设的兴起与衰落，也与三线建设城市的形成与发展，以及后来的城镇化、工业化走向紧密相连。将相关文献进行可视化分析，得到关键词聚类11项（图8），其中涉及工业工厂的研究内容中提及备战经济下的工业发展有专属的关系网络，而工厂迁移所带来的技术转移影响产业与企业的效益，改变生产结构与产业结构从而改变了原有的关系网络。工厂迁移下三线企业的发展联动了内陆城市的发展，三线工人与内迁职工的动态也进一步影响了三线城市以及产业结构形态。

社会相关的关键词聚类项"喀斯特环境""战略后方基地""迁移人口分布"之下的研究内容中以贵州六盘水等地为具体研究对象，研究探讨三线企业调迁与工厂迁移下的文化体系、工业布局、人口结构等要素的变化。

工厂迁移相关文献作出关键词突现可视化分析（图9），工业遗产成为近三年研究热点，工厂迁移后的城市，以及三线工业遗存的地区同样作为此类特殊工业遗产的研究内容。

4. 城市化—城市规划—城市发展

三线建设促进了中西部地区城市化和工业化发展，城市承载了三线建设一切活动与内容，以"城市化—城市规划—城市发展"为主题对相关文献进行关键词聚类分析与可视化，得到城市、工业、社会领域相关关键词聚类项12项（图10）。其中城市相关"城市发展""中等城市""城市空间结构""城市总体规划""重庆"等关键词中研究了三线企业的产业集群、产业结构等模式变化下，对当地文化变迁的影响以及城镇建设发展的推动性作用，资源型城市如工矿城市在产业转型后城市空间形态的变化也成为主要研究的内容。

该范围内关键词时区图所显示

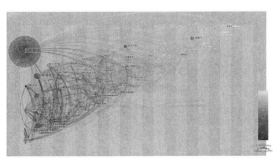

图6 "技术"文献关键词时区图

Top 8 Keywords with the Strongest Citation Bursts

Keywords	Year	Strength	Begin	End	1982—2021 年
国民经济	1982	5.18	**1982**	2001	
三线企业	1982	4.36	**1982**	1993	
西部大开发	1982	14.04	**2000**	2007	
西部开发	1982	6.15	**2000**	2005	
军民结合	1982	4.78	**2004**	2009	
工业遗产	1982	7.58	**2016**	2021	
军民融合	1982	4.81	**2016**	2019	
建设者	1982	3.94	**2018**	2021	

图7 "技术"文献关键词突显

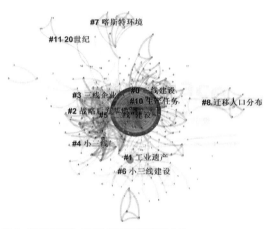

图 8 "工厂迁移"文献关键词聚类可视化分析

Top 2 Keywords with the Strongest Citation Bursts

Keywords	Year	Strength	Begin	End	1982—2021 年
毛泽东	1982	4.5	2012	2017	
工业遗产	1982	4.89	2018	2021	

图 9 关键词突现

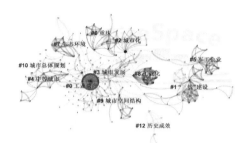

图 10 "城市化—城市发展—城市规划"文献关键词聚类

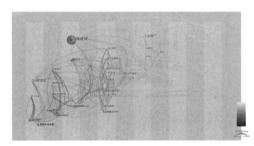

图 11 关键词时区图

研究主要内容中，2008—2009 年间研究产业支撑下城市发展模式以及城市群落整体发展较为深入，2012—2013 年关于三线建设下城市空间研究同样出现工业遗产的相关内容（图 11）。

四、各领域研究的焦点与研究成果概述

利用 Citespace 软件与 CNKI 数据库，划定七组关键词组可视化分析后，三线建设主题下既有研究内容中，社会学领域主要研究三线建设时期建设工人与家属在三线建设衰退，以及社会变迁下形成的移民文化、孤岛文化、身份认同、三线精神、社会集体形制等意识形态层面的内容。经济学领域探讨国民计划经济时期三线建设下军民结合、军转民的工业企业合作模式，以及产业集群的结构与发展模式的变化。建筑学领域以领域、空间作为切入点更多讨论了这一时期制度影响下建筑空间的形态与特点，以建筑空间作为物质性内容映射出政治环境与背景。城市规划学则多从三线建设城市的规模与城市化、工业化角度出发，以重庆、攀枝花、六盘水、兰州等城市作为具体研究案例探讨研究生产建设性投资与工业发展下对城市空间结构与城市形态的影响。此外，近年来对着工业遗产概念在国内重视度越加高涨，三线建设工业遗产保护更新，以及工业遗产廊道体系的构建成为建筑学与城市规划学共同关注的研究热点。

注：文中图片均为作者自绘。

参考文献

[1] 萧冬连.计划经济时代影响中共经济决策的主要因素 [J].中共党史研究，2021（03）：88-98.

[2] 周升起，徐有威.小三线建设时期驻厂军事代表制度实践及其困境 [J].史林，2021（03）：168-178，221.

[3] 郑妮."三线精神"的凝练历程与时代价值——以攀枝花三线建设为例 [J].天府新论，2021（03）：8-13.

[4] 丁小珊.三线工业遗产文化记忆的再生路径研究 [J].社会科学研究，2021（03）：198-206.

[5] 崔龙浩."备战"与"运动"下的三线企业选址——以二汽厂址问题为例的考察 [J].历史教学问题，2021（02）：72-78，163.

[6] 胡安俊.中国产业布局的演变逻辑和成就经验 [J].当代中国史研究，2021，28（02）：150-151.

[7] 胡安俊.中国的产业布局：演变逻辑、成就经验与未来方向 [J].中国软科学，2020（12）：45-55.

[8] 李德英，粟薪樾.三线建设初期"厂社结合"模式检视（1965—1966）[J].史林，2020（05）：156-166，221.

[9] 周晓虹.口述历史与集体记忆的社会建构 [J].天津社会科学，2020（04）：137-146.

[10] 周明长.铁路网建设与三线城市体系研究 [J].宁夏社会科学，2020（04）：158-167.

从驿路到铁路看站点城市的形态变迁
—— 以河南省卫辉市为例

赵　逵　张好真

摘要：铁路作为新兴的交通运输方式在近代传入中国，给中国千百年来形成的传统驿路体系带来了强大的冲击，并逐渐取而代之。近代铁路在选址时，不仅有地形地势、工程难易、矿产资源、通车设站之地城镇的经济发展水平等方面的考虑，同时尊重传统驿路体系下形成的稳固的社会环境，体现出了对传统驿路体系的继承。本文以京汉铁路在河南的线路选择依据为线索，对近代铁路对河南传统驿路体系的历史适应性进行分析，同时以卫辉市为例，对清末驿路上的城镇在传统交通体系向近代铁路交通转变过程中其城市形态变迁的特征进行梳理，对这类城市未来的新型城镇化建设和建筑遗产保护提供一定的参考。

关键词：驿路；铁路；站点城市；形态变迁；卫辉市

赵逵，华中科技大学建筑与城市规划学院教授、博士生导师。邮箱：yuyu5199@126.com。
张好真，华中科技大学建筑与城市规划学院硕士研究生。邮箱：1297183159@qq.com。

一、近代铁路初兴

晚清时期，中国处于受帝国主义的侵略和控制，面临着被帝国主义瓜分的危险局面，这些国家在华强开口岸、设立租界、抢修铁路，在对中国进行侵略的过程中铁路被帝国主义视为最重要的工具之一。近代中国的铁路的修建以及管理权大多数操控在帝国主义手中，其中中东铁路、胶济铁路、滇越铁路等多数铁路控制在帝国主义国家手中长达半个多世纪之久，"铁路所布、即权力所及，凡其他兵权、商权、矿权、交通权，左之右之，存之亡之[1]"，可见铁路在近代社会中的地位和影响。早期铁路修筑大多选择

在通向各地的咽喉要道，同时铁路沿线还有丰富的资源、矿产，不管从经济、政治或是军事上早期铁路都有重要的地位。

京汉铁路[①] 是晚晴时期清政府主动建设的一条连接北京与汉口的南北交通大动脉，是近代第一条打通冀、豫、鄂三省的南北铁路干线。筹议建设京汉铁路经历了数十年的时间，因各种原因而搁置，最初建设的额目标就是要筹建一条中国内陆从北京到汉口的南北大通道。1898年与比利时签订《卢汉铁路比国借款续订详细合同》和《卢汉铁路行车合同》后，委托给比利时承办，最终解决了京汉铁路建设资金来源，从南北两端同时开始施工建造。清

政府从拒绝修建铁路，到洋务派试办铁路，民国期间各界人士争相修筑铁路，近代中国铁路事业在曲折中逐渐兴起。

二、京汉铁路对驿路的传承

铁路在选址时需要考虑的因素非常多，不仅有地形地貌、工程施工难度、矿产资源、通车设站之地城镇的经济发展水平等方面的考虑，同时尊重传统驿路体系下形成的稳固的社会环境。京汉铁路在河南段的选址大致是沿着南北方向的古驿路进行的，在选址经过山地与黄河时也呈现出了对旧有交通体系的继承与发展，体现了近代新兴铁

① 该路初名卢汉铁路，北起卢沟桥，卢汉铁路北端起点后从卢沟桥延至北京正阳门，1906年建成通车后，卢汉铁路改称京汉铁路。1928年南京国民政府迁都南京，北京改为北平市，京汉铁路遂又改名为平汉铁路。1957年武汉长江大桥建成，京汉铁路与粤汉铁路合称京广铁路沿用至今。

路交通对传统交通体系的历史适应（图 1）。

1. 山岭阻隔

在京汉铁路线路勘测工程中，保定以南原有拟议的两条线路：一为由信阳越武胜关至汉口；二为由襄阳沿汉水至汉口。两条线路各有利弊，由信阳经武胜关至汉口，需要翻越由桐柏山脉与大别山脉交汇处的丘陵地形，不仅面临高难度的技术问题，而且建设成本较高；而由传统商路从河南至襄阳沿汉水达汉口的线路可以避开桐柏山的阻隔，但是这条线路的距离比起"信阳—武胜关—汉口"铁路多出了 160km 路程，舍直求曲的线路选择非常不经济，曲线意味着更长的路程和更高的建设费用。河南段的选址在先后经德国锡乐巴与美国李治两工程师勘测，均主张采用信阳至汉口之线，因取道襄阳有里程长、地势低、水患多的弱点 [2]，最终选择了直线的规划线路。

2. 黄河天堑

在穿越黄河时，选择的地点叫荥泽，位于黄河南岸，哪里有一些起伏的小山，在此建筑隧道使南段的铁路通过 [3]。京汉铁路在黄河南岸线路选址时舍弃了繁华且交通通达的开封，而从不知名的郑县通过，是因为线路勘测队在黄河京汉铁路桥选址时，发现黄河的位于郑州北侧的花园口的地理条件适宜架设桥梁，而开封的黄河为陆上河，连年泛滥决堤，在此架设工程易发展问题，所以京汉铁路选择从郑县，也就是现在的郑州纵穿河南到达汉口。在历史上，黄河曾经有九个不同的

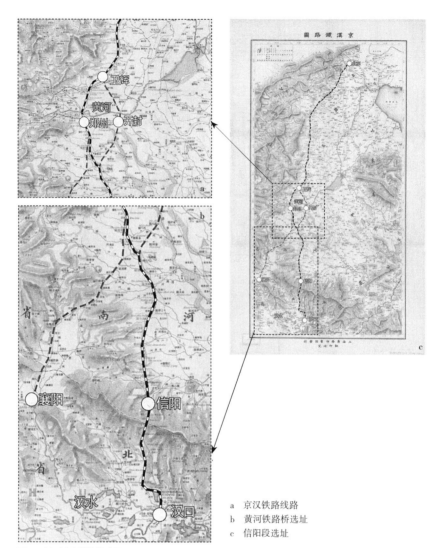

a 京汉铁路线路
b 黄河铁路桥选址
c 信阳段选址

图 1　京汉铁路选址线路图
图片来源：清光绪三十四年（1908 年）上海商务印书馆发行的京汉铁路图

入海口，频繁改道，所以在经过黄河时要选择一个合适的渡口，黄河一旦改道，京汉铁路行车必受影响，京汉铁路线路最终选择在开封西的郑县花园口处横穿黄河，没有经过河南的省会开封，从铁路线路选址在襄阳和信阳、郑州和开封之间的博弈，可以看出工程考虑的因素之多。

3. 驿路传承

铁路虽然是西方工业革命的产物，高效的运输方式强力地冲击着传统交通体系，但铁路在选线时体现出

了近代交通对传统交通体系的历史适应性。京汉铁路在河南的选线大致是沿着清末南北向的驿道进行修建的，在原有驿道上不仅有密集的人口，可以大幅提升铁路的运营收入，也是新兴交通体系对中原地区千百年来传统交通体系的继承与发展。

1）河南古代驿路

千百年来，传统交通体系中的驿路运输系统与水运运输系统是我国实现人口物资流通最重要的交通方式。驿路交通方式最初产生于秦朝，在隋唐时期驿运事业极为繁盛，清朝的驿运体系承袭明制。元、明、

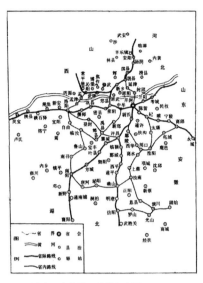

图2　清末河南省驿运路线示意图
图片来源：河南公路运输史 第1册 古代道路运输 近代道路运输 [M]. 北京：人民交通出版社，1994：102.

清三个朝代道路运输线大致相同，清代有国道和省道之分，国道是由京师达于省之道，省道是由省达于府州之道[4]，京师至各省会的驿路又称官马大道、官路，省会至各地方都市的驿路又称官马支路、大路。清末，黄河以北地区，在河南有两条南北向的驿路：一条是从信阳经武胜关至汉口；另一条是从南阳盆地经襄阳通汉水达汉口（图2）。

2）京汉铁路的继承性

京汉铁路在河南的选线大致是沿着就有的驿道进行修建的，在原有驿道上不仅有密集的人口，可以大幅提升铁路的运营收入，也是对千百年来形成的驿路系统的继承与发展，体现了对中原地区的自然地理环境的历史适用。虽然新兴的运输方式强力地冲击着传统交通体系，使几千年来以自然力为导向的传统驿路、水运的运输方式，开始转变为以机械动力为主导的近代铁路交通，但像安阳、许昌、信阳等一直处于河南南北交通干道上的城市，不管是在传统的驿路体系下还是在近代铁路交通体系下，都是地区的政治、经济、文化中心，铁路一方面冲击着传统驿路体系，另一方面又是对千百年来驿路体系下的地理、生态和人文环境的继承。

三、卫辉城市形态变迁

京汉铁路的通车使地区间的文化、信息、商贸等的交流效率几何倍数地增加，给铁路沿线的城镇注入了新的活力，逐渐开启了沿线城镇的现代化发展之路。火车站成为站点城市的老城区与车站附近的商业区的结合点，并且改变了传统城市"围城"式的发展趋势，铁路给站点城市的发展拓展了空间，新的发展中心和城市轴线。在这一历史背景的影响下，卫辉市的城市发展形态呈现出了典型的变化特征，主要从总体的城市形态特征、功能分区和建筑风貌三个方面进行分析。

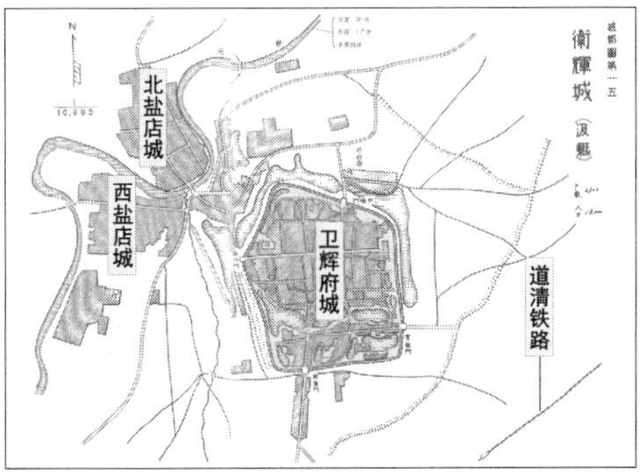

1. 城市形态特征

卫辉府在明清时期是河南省九府之一，是历代封建王朝在豫北的统治中心，商贾富豪云集于此[5]，是中原地区南北官道的必经之地，还是卫河上最重要的货物转运枢纽城市，因特殊的地理和交通优势而繁华一时。明万历年间，设卫辉盐仓，经销临近各县官盐[6]，府城西门有因卫河水运而形成的两个盐店城，北盐店城、西盐店城和卫辉府城在卫河环抱下形成"一府三城"的独特格局（图3）。卫辉古城的城门、城墙与多数传统建筑在现代建设活动中已被拆除，但古城的街巷空间没有发生大的变动。街巷体系和河流水系组成了城市的骨架，府城内部的街巷基本呈规则的棋盘状[7]，古城整体呈方形，城内布局遵循明清时期北方城池的典型形制。京汉铁路的站点卫辉府站设在卫辉城的西北方向的郊区，距离卫辉城区较远，与老城之间保持着一定间隙和距离，既能够有效地吸引老城的人口，方便城市居民的使用，也避免与原有城市的土地、房产、商业等产生竞争，形成了以车站为中心的独立发展的新区。卫辉市逐渐开始出现以古城和车站为核心的双中心发展趋势（图4），卫辉古城原有的古城肌理大多保留下来，从现在的卫星地图上依稀可见清末古城的肌理。在车站与古城间在后续的发展中逐渐连接成片，车站形成的新城区与老城区交织组成了一个整体，并且在未来的发展中进一步向外扩展。

图3　民国卫辉府城图
图片来源：石割平造编撰. 中国城池图录 [M]. 蔡敦达译编. 上海：同济大学出版社. 2018.92-93.

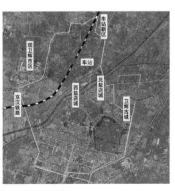

图4　现卫辉市区图

2. 功能分区

卫辉城镇发展的结构反映出了城市最基本的功能布局，主要以中国传统网格道路为主的古城区域和以车站为中心自发形成的道路结构。新城区主要以车站为中心，集中在铁路两侧，铁路的走向决定了车站附近的道路系统。在靠近车站的地块一般会设置站房、铁路职工宿舍、维修办公场所等，新城镇的发展建设主要是围绕铁路进行，最开始出现沿着铁路线呈带状蔓延的情况，后来慢慢发展呈现出老城与车站的繁华区衔接式片状发展格局。铁路便捷的交通带来运输业、一些转运等的商业逐渐兴旺起来，其他功能的区域开始以车站为中心向外辐射。城镇的用地功能类型大体有五类：居住用地、商业用地、工业用地、混合用地和绿地。工业革命背景下诞生的铁路运输，带动并促进了卫辉近代工业的诞生，华新纱厂是民族企业家周学熙在中原地区创办的第一家纺织企业，也是卫辉最早的近代工业，而且在 2019 年成功入选"中国工业遗产保护名录（第二批）"。

3. 建筑风貌

卫辉是京汉铁路上重要的站点城市之一，铁路通车后带动了相关的城市建设活动，大量因铁路通车而修建的建构筑物，像车站、铁轨、桥梁、教堂、医疗、工业和住宅等具有独特的铁路工业文化（图5~图8），代表了当时中原地区最先进的建筑技术，体现了铁路站点城市具有时代特征的建筑文化。给中原地区带来了铁路工业的相关文化和先进水平的建筑技术，出现了像天主教堂和博济惠民医院等充满异域风格的建筑，西方建筑文化逐步打破了传统建筑文化，各行各业都带有明显的近代化倾向[8]。"当代河南地域建筑文化本身处在摇摆和探索阶段，处在传统文化和现代文化的夹缝中[9]"，京汉铁路的卫辉是中原传统建筑文化现代化转型的起点，铁

图 5　华新纱厂厂房

图 6　天主教大经堂

图 7　博济惠民医院病房楼

图 8　博济惠民医院方形住宅楼

路的发展史不仅可以追溯异域文化在中原地区的传播过程，也孕育了内陆地区近代铁路站点城市特有的具有铁路工业风格的建筑文化。

四、小结

京汉铁路河南段的选址充分尊重了河南省千百年来形成的稳固的驿路交通体系，在继承原有交通体系的基础下进一步发展，京汉铁路不仅带动了河南省各行各业的近代化，同时传播了近代建筑文化。铁路站点城市的近代化形态演变是在铁路这股强大的动力下展开的，卫辉市在近代的形态演变经历了从以车站和古城为双中心发展的模式到两个中心慢慢相互融合的过程，打破了传统以方形古城为界和十字网格街巷的发展模式，开始突破古城向外部的火车站转移，倾向于自组织的城市扩张模式。从古驿路到近代铁路，像卫辉这类城市不仅有着独特的发展背景，也有重要的保护价值。城市丰厚的文化底蕴、完整的街巷系统和大量保存完好的近代历史建筑，都有极高的保护意义。铁路对站点城市的空间形态关系影响的分析不仅可以为未来的城市规划提供经验，也对城市的现代化转型和古城保护有重要的意义。

注：文中除特别标注外，其余均为作者自制或自摄。

参考文献

[1] 周铸，峰岚. 中国第一位铁路工程师——詹天佑 [J]. 文史精华，1997（07）：40-45.

[2] 金士宣，徐文述. 中国铁路发展史：1876—1949 年 [M]. 北京：中国铁道出版社，1986.

[3] 肯德（P. H. Kent）. 中国铁路发展史 [M]. 李抱宏等译. 北京：生活·读书·新知三联书店，1958.

[4] 杨克坚，河南省交通史志编纂委员会. 河南公路运输史 第 1 册 古代道路运输 近代道路运输 [M]. 北京：人民交通出版社，1991：84.

[5] 卫辉市地方史志编纂委员会. 卫辉市志 [M]. 三联书店上海分店，1993.

[6] 同参考文献 [5]。

[7] 王新义. 河南卫辉古城空间形态研究 [D]. 开封：河南大学，2020.

[8] 张书林. 河南近代建筑文化探研 [D]. 郑州：郑州大学，2012.

[9] 郑东军. 中原文化与河南地域建筑研究 [D]. 天津：天津大学，2008.

近代青岛城市街道空间与建筑法规的关联性研究
—— 以大鲍岛地区为例

吴廷金　赵　琳

吴廷金，青岛理工大学建筑与城乡规划学院硕士研究生。邮箱：178237028@qq.com。
赵琳（通讯作者），青岛理工大学建筑与城乡规划学院教授。邮箱：linzzh@163.com。

摘要：作为城市遗产中特殊的"街道遗产"，青岛历史城区内独具特色与品质的街道网络构建出历史城区的空间肌理，彰显自然地理与多元文化的双重特征。文章将大鲍岛地区街道这一城市空间的演变作为观察窗口，以近代青岛不同时期的建筑法规为线索，研究 1897—1930 年代区域街道空间形态特征与建筑法规的关联性，以 1897—1914 年与 1922—1937 年为重点研究时期，探究法规引导下近代青岛城市街道空间的转型发展过程。近代青岛不同时期的建筑法规对于街道空间的形态指标控制具有较好的延续性，并直接作用于空间的初创与生长定型，奠定区域内街道空间的历史特质。

关键词：城市街道；空间形态；建筑法规；近代青岛

法规作为塑造城市空间形态的重要手段已成为学术界研究热点。城市规划、建筑法规和城市建设管理机制是在法规层面影响城市空间形态的核心要素，城市建筑形态的相关法规多聚焦土地、街道、地块和建筑等要素及其间联系的规定等[1]。Emily Talen[2] 等基于城市建筑等相关法规规定重点研究城市布局、土地使用、界面形态的控制方法；国内，法规与空间形态的关联性及其效能等研究还处在积极探索阶段，丁沃沃教授团队在城市物质空间形态的量化管控研究方面已有多年研究积累[3-4]，相关成果对城市新区建设实践有较强的指导意义。在近代城市与建筑的技术史维度，地方建筑法规与城市空间的关联性研究还处于起步阶段。[5-7]

近代青岛城市初创与发展时期，现代城市规划理论、建筑技术与城市管理制度等直接介入城市建设，促使城市高效发展。大鲍岛地区作为德租时期中国人城区而产生，在近代港口商业贸易的驱动下，区域经济得到持续繁荣发展，活跃的建筑活动是其重要的特征之一。大鲍岛地区合院式商住建筑群与南部独立式建筑群共同构成青岛城市核心城区，作为建筑营造依据的建筑法规在城市空间的生成与发展中起到制度性基础作用，同时法规中的不同规定也是城区内部空间差异性的来源。以 1897—1914 年和 1922—1937 年区域近代两个发展时期为时间参考，以中山路北段、沧口路、济宁路与德县路围合区域为研究范围（图 1），解析在建筑法规影响下大鲍岛地区街道空间的初创与生长，从一个侧面勾勒近代青岛建筑法规的执行图景。

一、德租时期法规影响下的空间初创（1897—1914 年）

1. 市政当局与建设管理部门

德租时期青岛建立了一套完备的建筑管理制度组织，具有一定的科学性与先进性，对青岛新城市的形成与发展起到重要作用。德租时期青岛城市管理局分为建港、道路

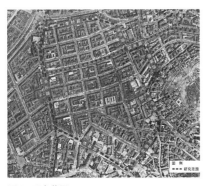

图 1　研究范围
图片来源：USGS 1966 年美国锁眼卫星地图编号：DZB00402800054 H014004

和给水排水工程、房屋建筑 3 个部门[8]，各部门分工明确以保证其在城市建设的独立性。3 个部门的领导权统一在一海军将领之手。其作为建筑工程师，拥有海军建筑顾问和港建总监的头衔，"一个由军人领导的强大总督官僚机构规划和管理这个保护区的发展，包括最小的细节如对中国酒店的警察规定或交通规定等"[9]。此外，胶澳总督下设政府参议会（1899 年 3 月 13 日）和中国人议事会（1902 年 4 月 15 日创立）等政府咨询机构。

德租时期青岛新城市市政工程除德国国内资金的支持外，土地制度也为青岛的街道建设创造了先决条件，在确定街道的走向时无需考虑土地产权。德制青岛城市规划、土地制度与建筑法规等"自上而下"从城市街廓、界面形态层面管控街道空间品质，奠定城市街道的历史特质。1898 年 10 月 11 日公布的《临时性建设监察法规》通过相对简洁、精炼的文字，从高度、构造、密度等指标对不同分区内的城市建设活动行为进行衡量与控制，在整个德租时期均保持有效性[8]。在经过建设部门详细调查后，1906 年发布涵盖内容更广、更详细的建筑条例（第二份详细的建筑条例，分为37 个章节），成为市政当局进行建设监督的参考文件和章程①。

2. 区域规划与街道形态

1）规划的确定性：棋盘格网形态

按照规划，中国人城区位于当时未拆的大鲍岛村北侧，功能定位为

中国人居住与商业活动的场所，又被称为"大鲍岛区"。1897 年德国强占胶州湾之后，出于卫生等方面的考虑，德制规划范围内的原滨海村落被要求限期拆除。1898 年第 1版、1899 年第 2 版德制规划对中国人城区采用棋盘格网街道布局的思路基本确定，具有欧洲文艺复兴城区的典型街区设计风格，但深入详细的区域规划还未考虑。作为促进现代化重要规划措施的网格式具有形态可适应性、便捷空间可达性等优点，采用棋盘式方格网街道布局有助于建立起公共空间领域的秩序[10]。在地形变化不十分明显的丘陵地区，采用网格形态可以获得上下起伏的街景，从而获得更好的城市景观效果。

自然环境和人为的隔离因素成为德租时期华人城区发展的限制因素，区域依靠西侧的山东大街（今中山路北段）实现对外联系。街廓尺度多为 30~50m，长宽比通常为1：1~1.5，尺度明显小于中国传统城市，但街道宽度明显大于传统街巷，也表现出不同于传统街市凹凸错落的整齐、平直的界面形态，更加注重空间秩序。德国当局试图通过密集的公共道路网络解决公共卫生的问题，"小街区，密路网"的形态也为区域商业繁荣在物质空间层面奠定基础。

2）规划的不确定性：动态调整中的区域拓展

本地人城区依据尚不完善的1898 年第 1 版德制规划进行建设，部分也受到大鲍岛村原有道路形态的影响[11]。最先选择北部地势较为

平坦的区域进行规划建设，面向小港，街道呈棋盘格网方格状。快速的商业发展与活跃的建设活动促使区域规划不得不多次调整（图 2），也带来区向南、向西进行 2 次区域空间拓展。南部原规划的绿化隔离带被应急性地变更为几个较大的街坊，2 条斜向道路平行于霍恩尼厄街（今德县路）；原规划的工业区成为德租后期大鲍岛地区向西拓展的空间。

中国人城区的街道宽度存在一种不规律性。初期建设的北部地区，通往山东大街（今中山路北段）的东西向街道的沧口街（今沧口路）、李村街（今李村路）、即墨街（今即墨路）与胶州街（今胶州路）均为15m，而南北走向的潍县街（今潍县路）、博山街（今博山路）、沂州路（今易州路）与芝罘街（今芝罘路）则为 12m。重点突出横向交通的设计处理符合区域初期依托山东大街这一发展主轴的实际需要。在后期向南拓展的过程中，街道设计手法得到了部分修正。胶州街以南的东西向街道，仅海泊街（今海泊路）为 15m，四方街（今四方路）、高密街（今高密路）则调整为 12m。中国人城区 12m~15m 的街道宽度也符合"拜一诺"街道法令 [the "Bye-Law"（sic）Street] 40~50 英尺（12.2m~15.3m）道路红线的设计理念[12]。

3. 建筑生成与高度控制

1）建筑界面

与欧洲人城区建筑成体系的发展相比，本地人城区的建设活动同

图 2　德租时期大鲍岛地区的动态规划与建设
图片来源:《胶澳发展备忘录》历年青岛城市地图

图 3　中国人城区商业街道建筑界面
图片来源: 参考文献 [19]

图 4　德租时期中国人城区街道
图片来源: *ALBUM von TSINGTAU*, Ver lag von ADOLF HAUPT, TSINGTAU

等建筑法规控制指标以避免居住环境的过分拥挤，同时殖民当局借助高地价以达到经济实力尚可的中国人才能在此定居的目的。建筑基本沿道路采用周边、毗邻式修建方式，符合建筑法规中"沿街房屋正面与建筑线平行修建"的规定。区域西临小港、南接欧洲人城区，商贾云集。连续的沿街界面能发挥街廓最大的商业效能，促进区域持续的商业繁荣（图 3）。

2）街道空间

中国人城区的建设遵循既定的城市规划与建筑法规，多采取毗邻式的建造方式，使区域形成连续、整齐、有序、不同于胶澳建置时期滨海村落曲折多变的街道界面形态。街道和中心院落是区域空间的基本构成，合院式建筑是基本单元。建筑多采用错层的手法，部分建筑前后错开一段，随着地形的高低起伏，建筑群的轮廓线自然地变化起来，形成特色鲜明的城市屋顶景观。《临时性建设监察法规》等建筑法规对街道空间形态的塑造起到了决定性的作用，街道常态宽高比（D/H）一般在 2.0 左右。街道空间内聚，建筑与街道形成良好的互动，行走其中感受舒适，富有情趣与商业气息，这亦可从大鲍岛地区活跃的营建活动和商业氛围得到进一步佐证。

中国人城区的街道空间营建体现出中西方文化影响的双重性特征。中德双方错位聚焦于中国人城区建筑内外部分，使得建筑"在外"成为欧洲式街道空间的塑造者，"对内"得以继续传承中国传统院落式生活方式[13]。大鲍岛地区的街道空间规划设计是西方"街道墙"概念和周边封闭式街区模式的具体体现。街

与德国人对这一区域的规划类似，成为一种带有临时性、尝试性的探索实践。为抵挡青岛冬季的西北海风，建筑选取四面围合式的形态，而南部的欧洲人城区因北面有山体遮挡，则采用庭院式独立住宅形态[11]，也是适应自然地理气候的建筑形态设计。德租时期大鲍岛地区合院式空间肌理成为后期青岛居住区发展所参照的一种范式，影响从近代青

岛城市西南的台西镇附近、沿着胶州湾向北一直蔓延到台东镇地区的居住形态。

合院式商住建筑成为德租时期大鲍岛地区发展与建设活动的主流，是多重因素和制约下的折中之法，但其自身对卫生、消防等安全与公共秩序的考量则是通过建筑法规来实现。建筑密度（≤75%）、层数（≤2 层）和室内净高（≥2.7m）

道墙使城市中不同体量的建筑体量如雕塑般相互协调，平衡公共需求和私人需求之间的审美关系，与城市景观的整体艺术效果有所呼应[14]（图4）。

二、北洋与民国时期法规影响下的空间生长（1922—1937年）

1. 市政当局与建设管理部门

北洋政府时期负责管理公共工程及基础设施扩建的是工程部，后改组为工程事务所。按《胶澳商埠工程事务所编制大纲》（1924年8月20日呈准）规定，工程事务所下设总务、土木和水道3科，其中土木科主要负责关于公有建筑工事之计划、公私建筑之新筑改筑及其修缮、市民建筑之监督纠正、道路路线择定改正之计划及房基线测定等事项①。1929年后的国民政府时期，工务局成为推动城市建设的主要管理部门，保证法规、规划以及建设管理的质量②。工务局继承德租、日据以及胶澳商埠局时期的法规与管理体系，并对其进行更新完善以适应新阶段的城市发展，有效保障城市建设的有序进行。

在建筑法规方面，青岛市政当局融合以往法规的核心要素，积极借鉴当时上海城市法规，制定《青岛特别市暂行建筑规则》（1929年11月7日第17次市政会议议决通过，同年11月20日公布），并经过《青岛特别市暂行建筑规则修正及增加条文》（第47次市政会议通过）、《修

正青岛市暂行建筑规则》（1930年11月28日公布第65次市政会议通过）、《青岛市建筑规则》（第83次市政会议决议1931年4月25日市政府令第73号公布）等多次修改，最终形成《青岛市暂行建筑规则》（1932年12月21日第61号令公布，第166次市政会议修正通过），成为1930年代青岛城市空间形态生长的重要约束条件。建筑法规中相关技术指标（如建筑高度、建筑密度等）与日据、胶澳商埠局时期的规定基本保持一致，同样注重营造整齐、宜人的街道，并对街道界面上构建（如阳台、装饰物等）的设计也作出详细的规定，使城市肌理和城市形态得以延续。

2. 街道空间生长

20世纪20年代大鲍岛地区的建筑活动主要集中在中山路及北部沧口路、李村路一带，1930年代再次迎来一次黄金发展时期，华人商业活动大多在南部，沿四方路、海泊路向内部扩张。串联居住、商业等功能的围合式街道成为城市公共生活的空间与载体，也是商业繁荣发展的物质空间基础。建筑法规成为1920—1930年代区域更新发展与街道空间生长的制度框架。

1）沿街建筑更新

从德租时代到民国时期，大鲍岛地区合院式建筑通过简单的改扩建就能适应不同的功能需求，其平面格局的包容性、可扩展性和功能适应性使其成为区域建筑类型的发展范式。与城市公共建筑的"自上而下"引导不同的是，大鲍岛地区大量私人建设活动形成自下而上推动城市发展的力量[15]。区域建筑发展的延续性与城市建设规定的稳定有较大关联，这一时期的建筑更新活动通过样式、功能与结构以表现时代特征的变化。

影响街道空间形态的沿街建筑更新模式主要是垂直纬度的翻建与

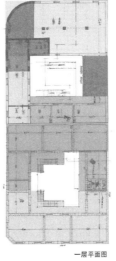
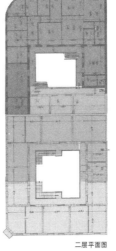
一层平面图　二层平面图

图例
1904年建设部分
德租时期建设部分（具体年代不详）
1929年增改建部分（档案号：1929-0340）
1930年增改建部分（档案号：1930-0021）
1933年增改建部分（档案号：1933-0071）
1941年增改建部分（档案号：1941-0375）

图5　即墨路与芝罘路东北角的建筑历次更新示意
图片来源：青岛市城建档案馆　案卷号：1941-0375

---

① 参见《胶澳商埠现行法令汇纂》（1926年版本）管制篇第1页、53-57页。
② 参见《青岛市市政法规汇编》（1935年版本）工务篇第1-6页。

加建，并多以合院式平面形态、围合式街道的范式为改建目标。如芝罘路与即墨路东北角处的建筑始建于 1904 年，在经过多次改建后形成标准合院式建筑形态，街道界面也趋于完整与连续（图 5）。在新技术、新审美观的冲击以及经济社会发展的作用下，既有通过对以引入新功能为导向的原有建筑改造，也有钢筋混凝土等新技术引导下新建筑的实践。这些建筑在一定程度上保留前期的建筑特征，也展示出时代特征以顺应发展潮流。

2）街道转角建筑

城市初创时期的青岛尚处于马车、人力车时代，大鲍岛所在的中国人城区尺度虽明显小于欧洲人城区，但要比中国传统城市的街巷宽阔。1920 年代进入机动车时代，汽车数量从 1923 年的 100 多辆增至 1928 年的 500 多辆[16]，德租时期以高标准建设的道路网络[17]充分发挥了作用，但在大鲍岛地区沿街建筑紧贴道路红线建造，转角路口直角的建筑形态给车辆行驶带来诸多不便，且存在安全隐患。

在《青岛市暂行建筑规则》（1932年版本）第三节第 49 条作出如下规定，"两公路转角处沿公路之建筑物临路一面须以两路之较窄者宽之半数为半径作弧形"，此举意在增加十字路口的交通空间，避免视线盲区，在《青岛市建筑规则》（1931 年版本）还未见相关规定。1930 年代大鲍岛区域建筑更新活动在此规定影响下的重要特征即是街道转角建筑的圆弧，建筑师也借此在街角设置山墙与挑空阳台，使街角成为立面构图的重点。目前区域内可见受此项规定影响建成的街道转角建筑，转角

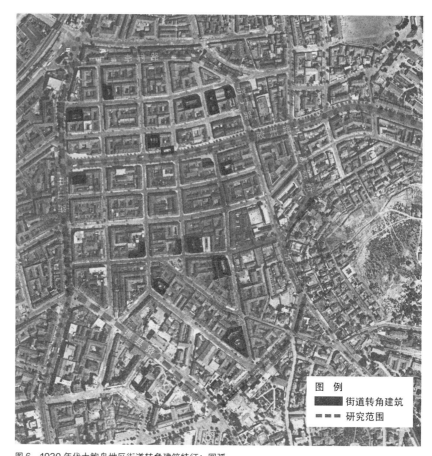

图 6　1930 年代大鲍岛地区街道转角建筑特征：圆弧
图片来源：USGS 1966 年美国锁眼卫星地图 编号：DZB00402800054H014004.

建筑圆弧半径多为 6m，与大鲍岛地区最小街道宽度 12m 有关（图 6）。

3）建筑高度控制

建筑高度的发展受到城市土地价格、人口容量、新材料和新结构技术与消防安全等多重因素影响，这也是其始终被作为法规核心关注点的原因（表 1）。1920、1930 年代经济环境的改善和建筑技术与材料的进步，大鲍岛地区迎来第 2 次建设热潮。近 1/3 的建筑通过修理、增筑、翻造等方式实现建筑界面形态的更新与开发强度的提升，主要体现在高度和材料、样式变化。德租时期街道常态宽高比（D/H）一般在 2.0，后期因建筑更新活动变为 1.5 左右。

1980 年代之前，大鲍岛地区

街道保持良好的风貌特色。1990 年代由于法规管控的宽松及商业功能定位，外加此前对其历史价值判定的争议性，胶州路、潍县路等多处街坊地块在这一时期被拆除并新建高层商业办公楼，这使得街道部分区域宽高比变为 0.2~0.5，对区域城市空间形态带来深远的负面影响（图 7、图 8）。在 1996—2009 年间，区域进行多次保护更新规划并部分付诸实践，但成效并不理想。

4）街道拓宽计划

1930 年代青岛经济繁荣，城市空间不断扩张，大鲍岛地区中山路北段 20m（与南段 25m 不等宽）、胶州路 15m 的现状成为城市空间发展的制约。在 1935 年《大青岛市发展计划图——干道系统图》中，这

近代青岛不同时期建筑法规中有关"建筑高度"的规定　　　　　表 1

建筑法规名称	发布时间	高度相关规定	执行时效
《临时性建设监察法规》	1898 年 10 月 11 日	D 章节中国人城区 f. 所有用于长期居住的房间，其建筑面积必须至少为 5m²，净高度至少为 2.7m；h. 住宅楼的楼层数限制为两层	1898—1914 年
《青岛家屋建筑规则》	1915 年 8 月 28 日	第 13 条　街角的房屋正面的高度是前面街道宽度的一倍半以内	1915—1922 年
《胶澳商埠暂行建筑规则》	1923 年 10 月 3 日	第 9 条　临街房屋正面之高度须在街廓一倍半以内	1922—1929 年
《青岛特别市暂行建筑规则》	1929 年 11 月 7 日	第 36 条　沿公路至建筑物其最高限度不得超过公路宽度之一倍半（即路之宽度与建筑物之高度为一与一•五之比）。高度逾上项规定时应将上层建筑依一与一•五之比例依次收进	1929—1931 年
《青岛市建筑规则》	1931 年 4 月 25 日	同上	1931—1932 年
《青岛市暂行建筑规则》	1932 年 12 月 21 日	同上	1932—1937 年
《青岛特别市暂行建筑规则》	1939 年	第 24 条　沿公路之建筑物其最高限度不得超过公路宽度之一倍半……最高度逾上项规定时应将上层建筑依一与一•五之比例依次收进	1939—1945 年

来源：近代青岛不同历史时期建筑法规相关内容

图 7　潍县路西侧街道界面推演示意（1930 年代）
图片来源：作者绘制

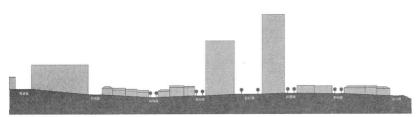

图 8　潍县路西侧街道界面现状示意
图片来源：作者绘制

图 9　中山路北段拓宽规划示意图
图片来源：1939 年城市道路规划图 来源：参考文献 [18]: 27.

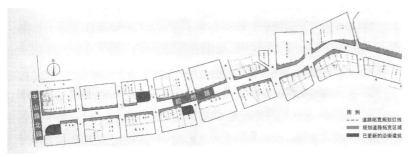

图 10　胶州路拓宽规划示意图
图片来源：1939 年城市道路规划图 来源：参考文献 [18]: 27.

两条街道被定义为城市主干道，道路拓宽计划也势在必行，具体方案为中山路北段调整为 25m，南北等宽，具体措施为新建筑退原道路红线 2.5m；胶州路拓宽至 24m，具体措施为新建筑退原道路红线 4.5m（图 9、图 10）。市政当局对此项计划的实施并未对现状建筑进行强制改造，而是带有一定的弹性，给予私人业主 10 年左右的过渡期。中山路北段最迟于 1947 年、胶州路最迟于 1942 年前完成拓宽即可，过渡期内仅针对新建筑须实施此项规定。这一时期道路扩计划更多的是对城市交通发展规划具有一定的科学前瞻性，但市政当局与城市建筑管理部门所设想的沿街建筑大规模翻建活动并未发生。中山路北段、胶州路沿街仅有几处发生翻建，并按照规划进行退界。

胶州路的拓宽在 1959 年台东至台西有轨电车项目修建时得以实现，但未采用 1930 年代的方案，而是拆除原道路红线北侧 15m 范围内的沿街建筑，实现道路拓宽至 30m 的计划。中山路北段的拓宽计划时至今日都未能实现。2011 年建成通车的胶宁高架路三期从区域北侧擦过，3 个街坊的历史建筑被悉数拆除，给历史街区带来较为严重的破坏。

三、结语

德租时期大鲍岛地区在诞生之初就存在一定的不确定性，正因其多样的历史和模棱两可的社会空间含义，也大大增加了"重建与保护"议题的讨论度。在 21 世纪之前，对于大鲍岛区域的保护模式产生许多分歧与不确定性因素，部分历史建筑遭到拆除后插建高层建筑，严重破坏街道空间的历史尺度，也给当下历史文化街区的保护与更新增添挑战。2011 年大鲍岛历史街区保护规划法定指导文件发布，区域的文化遗产价值得到重视。2017 年，包含大鲍岛地区合院式商住建筑在内的青岛市第三批历史建筑名录公示，2019 年开始以"保护式开发"为导向的区域更新，修缮历史建筑与计划重塑地区的商业活力。

建筑法规等显性规定和自然地理气候、文化等隐性规则共同促进区域城市街道空间形态的形成与演进。大鲍岛地区稳定的城市街道空间形态，源于近代青岛市政当局更加关注包括由建筑界面、消防安全、清洁卫生等方面构成的城市空间秩序，而这一秩序由建筑法规来显性规定。以建筑法规为线索，梳理法规与街道宽度、高度及沿街建筑的关联性梳理。近代青岛不同时期法规在街道空间管控中有一定的延续性。建筑作为城市街道的核心要素，建筑法规对其活动有着较为严格的管控，也为区域街道空间形态的生成与发展奠定制度基础。以法规作为近现代城市街道形态研究的切入点，研究历史建筑法规影响下街道形态的初创与生长，以期对青岛城市历史街区的保护与更新提供历史法规与制度依据。

参考文献

[1] 高彩霞，丁沃沃.南京城市街廓界面形态特征与建筑退让道路规定的关联性 [J]. 现代城市研究，2018（12）：37-46.

[2] Talen Emily .City Rules: How Regulations Affect Urban Form[M].London: Island Press, 2011.

[3] 季惠敏，丁沃沃.基于量化的城市街廓空间形态分类研究 [J]. 新建筑，2019（06）：4-8.

[4] 唐莲，丁沃沃.城市建筑与城市法规 [J]. 建筑学报，2015（S1）：146-151.

[5] 唐方.都市建筑控制：近代上海公共租界建筑法规研究（1845—1943）[D]. 上海：同济大学，2006.

[6] 汪晓茜，张崇霞.近代上海戏院建筑的安全性控制——关于消防规则和管理制度 [J]. 新建筑，2016（05）：56-59.

[7] 刘心宇，姜省.市政法规影响下的民国广州沿江商业空间特征——以长堤周边路段骑楼底空间为例 [J]. 南方建筑，2020（06）：76-83.

[8] 托尔斯藤·华纳.近代青岛的城市规划与建设 [M]. 青岛市档案馆编译.南京：东南大学出版社，2011.

[9] 李东泉.青岛城市规划与城市发展研究（1897—1937）——兼论现代城市规划在中国近代的产生与发展 [M]. 北京：中国建筑工业出版社，2012：84.

[10] 斯皮罗·科斯托夫.城市的形成：历史进程中的城市模式和城市意义 [M]. 北京：中国建筑工业出版社，2005：230.

[11] 赖德霖，伍江，徐苏斌.中国近代建筑史（第一卷）[M]. 北京：中国建筑工业出版社，2016.

[12] 迈克尔·索斯沃斯，伊万·本-约瑟夫，索斯沃斯.街道与城镇的形成[M]. 北京：中国建筑工业出版社，2006：74-75.

[13] 金山.青岛近代城市建筑 1922—1937[M]. 上海：同济大学出版社，2015.

[14] 安东尼·滕.世界伟大城市的保护——历史大都会的毁灭与重建 [M]. 郝笑丛译.北京：清华大学出版社，2014：45-46.

[15] 金山.1930 年代青岛城市建设模式浅析（1929—1937）[A]// 中国城市规划学会.城市时代，协同规划——2013 中国城市规划年会论文集.青岛：青岛出版社，2013：22.

[16] 赵琪修，袁荣叟纂.胶澳志（青岛市档案馆重刊版）[M]. 青岛：青岛出版社，2011：920.

[17] 约尔克·阿泰尔特.青岛城市与军事要塞建设研究 1897—1914[M]. 青岛市档案馆编译.青岛：青岛出版社，2011：161-162.

[18] 青岛市城建档案馆.大鲍岛——一个青岛本土社区的成长记录 [M]. 济南：山东画报出版社，2013：27.

[19] 陆游.青岛老明信片 1897—1914[M]. 青岛：青岛出版社，2005：107-111.

基于时空大数据的寒地旧城区空间活力研究
—— 以哈尔滨市道里区为例

王博鸿　叶　洋　张明鑫

王博鸿，哈尔滨工业大学建筑学院，寒地城乡人居环境科学与技术工业和信息化部重点实验室硕士研究生。邮箱：bohongwang_hit@163.com。
叶洋，哈尔滨工业大学建筑学院，寒地城乡人居环境科学与技术工业和信息化部重点实验室副教授。邮箱：yeyang@hit.edu.cn。
张明鑫，哈尔滨工业大学建筑学院，寒地城乡人居环境科学与技术工业和信息化部重点实验室硕士研究生。邮箱：20s034005@stu.hit.edu.cn。

摘要：随着城镇化进程的推进，城市空间活力研究逐渐成为城市设计领域的研究热点。时空大数据因其维度广、覆盖面全、数据获取成本低的优势被广泛地应用于城市空间活力的研究。本文从上述背景出发，以哈尔滨市道里区作为研究对象，基于OpenStreetMap、百度POI等时空数据对寒地旧城区的空间活力进行研究。采用叠加分析法、自然间断分类法、层次分析法，对于道里区旧城区域的空间活力进行分析评价，并结合数据分析结果与实地调研结果，对于其中低活力街区所存在的问题进行解析。以期为未来寒地旧城区空间更新设计提供理论依据。

关键词：城市更新；时空大数据；旧城区；空间活力评价

一、引言

根据我国第七次全国人口普查的结果，我国的城镇化率已经达到63.89%，城镇化发展已经进入中期阶段。从城市建设的角度来看，城市的发展将由外延的扩张转向内涵的品质提升，土地利用也将从增量发展转向存量盘活。[1]在这样的背景下，城市空间活力作为城市更新领域的基础研究逐渐成为建筑规划领域的研究热点。与此同时，随着传感器、移动终端的日益普及，时空大数据的价值逐渐被挖掘，并广泛地应用于城市更新领域的研究。本文从上述背景出发，以哈尔滨市道里区为例，基于OpenStreetMap、百度POI等时空数据对寒地旧城区空间活力的布局展开研究。

二、时空大数据的特点与其在城市活力研究中的应用

1.时空大数据的应用与特点

1）时空大数据的发展与应用

中国工程院院士王家耀将时空大数据定义为大数据与时空数据的融合。[2]其中"时空数据"指带有地理位置与时间标签的数据，"大数据"则主要指数据的规模，以及大数据相关的技术生态。

时空数据早期受制于数据源与数据规模的限制，其应用往往局限于小尺度综合性的地理空间分析，以及大尺度单一维度的分析计算场景，甚少应用于建筑与规划领域。但随着近年来移动互联网、LBS等数据的快速发展，时空数据的规模呈现指数级增长的趋势。与此同时，以《Google File System》《Google MapReduce》为基础的分布式数据处理技术也逐步被应用于时空计算场景中，用以解决传统时空数据工作流受制于关系型数据库的性能、数据种类复杂等诸多限制的问题。此后，时空大数据在建筑规划领域的价值逐渐被挖掘。当下时空大数据在建筑领域的应用主要体现在三个方面——智慧建筑、智慧城市，以及空间分析（图1）。[3]

2）时空大数据的特点

基于时空大数据的发展以及其在建筑领域中的应用，本文对时空大数据的特点进行了归纳和总结，即数据维度广、数据覆盖面全，以及数据获取成本低。数据维度广的特点决定了时空大数据蕴藏的价值

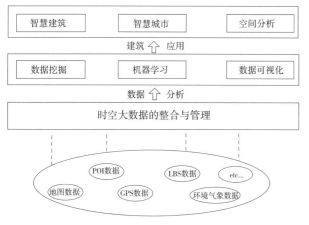

图 1 时空大数据在建筑领域的应用

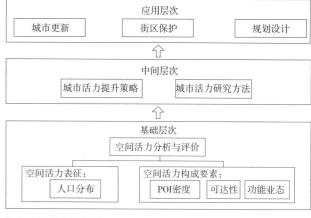

图 2 城市活力相关研究

时空大数据在城市街区活力研究中的应用　　　　　　　　　　表 1

时空数据类别	代表性数据集	相关方法	代表性研究
城市热力图	百度慧眼、微信宜出行	叠加分析、邻域分析	1. 城市活力表征: Guo 等、Gu 等
POI 数据	百度地图、高德地图	核密度分析、叠加分析	1. 城市活力布局: Luo 等、Su 等、Cao 等 2. 空间功能业态: Chen 等
LBS 数据	微博、美团点评等移动互联网平台	插值分析、叠加分析	1. 城市规划策略: Deng 等 2. 城市活力评价: Tang 等
地图数据	OSM、Google 地图	相关性分析、缓冲分析	1. 城市可步行性: Yin 等、Hara 等

丰富、挖掘潜力大、能够为不同研究领域的学者提供丰富、有价值的信息; 数据覆盖面全的特点则使得时空大数据能够更全面、客观地反映城市、空间的内在特征; 数据获取成本低主要体现在两个方面, 一方面是相较于传统城市街区领域的研究方法[4]（专家打分、公众问卷、行为注记）, 时空大数据的获取更加便捷; 另一方面是时空数据本身的获取成本不断降低, SQL（结构化查询语言）、可视化工具逐渐成为主流, 进一步降低了其他领域学者学习使用时空大数据的门槛。

2. 时空大数据在城市空间活力研究中的应用

1）城市空间活力

凯文·林奇在《城市形态》一书中, 将城市空间活力视作城市空间形态评价的首要指标[5]。城市空间活力是城市内部不同空间对人群吸引力、容纳活动能力的外在表征[6]。早在 20 世纪 60 年代, 以简·雅各布斯为代表的西方发达国家的学者, 就开始将目光聚焦于城市空间活力的研究[7]。当下城市空间活力相关领域研究主要分为三个层次: 基础层次、中间层次、应用层次（图 2）。

2）时空大数据在城市空间活力分析中的应用

在时空大数据的价值被挖掘以前, 针对城市空间活力的分析评价, 研究者往往选择通过问卷调研、深度访谈、实地考察等方式获取相关评价指标。而伴随着 LBS 数据、POI 数据、传感器数据、手机信令等时空大数据的快速膨胀, 越来越多的学者选择将这些时空数据作为数据源应用于城市空间活力评价的研究

之中。表 1 总结、归纳了不同类别的时空大数据在城市空间活力研究中的应用。

三、案例研究

1. 研究对象与研究方法

1）研究对象

哈尔滨是中国最北方的省会城市, 年均气温 3.5℃, 年均降水量 530mm, 是典型的寒地城市。道里区是哈尔滨市历史最为悠久的辖区之一, 早在民国时期, 其前身埠头区、道里区、顾乡区就已经形成了具有一定城市特征的空间, 具有较强的代表性。因此本文以康安路、前进路、河谷街为分界, 选取道里区西北侧的旧城区作为研究对象, 对于其城市空间活力布局进行分析（图 3）。

图 3 研究对象范围

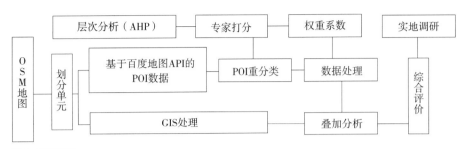

图 4 研究路径

POI 重分类及权重系数　　　　　　　　　　　　　表 2

系统层	指标层	点位数	权重系数	系统层	指标层	点位数	权重系数
居住服务	酒店	95	0.927	公共服务	政府机构	139	0.409
	房地产	120	1.214		金融	110	0.614
商业服务	美食	109	1.235		文化传媒	23	3.838
	购物	61	2.381		医疗	109	0.807
	生活服务	97	1.325	科研教育	教育培训	105	0.939
	丽人	112	0.973	交通服务	汽车服务	101	0.924
体育娱乐	休闲娱乐	113	1.102		交通设施	113	0.890
	运动健身	102	1.170	合计			1509

2）研究方法

（1）叠加分析法

叠加分析是一种地图分析方法，也是 GIS 中常用的一种提取空间隐含信息的方法，广泛地应用于城市、地理数据的综合分析[8]。其核心思路是将位于不同数据图层的地物进行叠加产生一个新的数据图层，其结果不但包含源图层的属性信息，而且会产生新的空间关系。

（2）自然间断点分类法

自然间断点分类法是一种特定的数据分类方法。这种分类方法基于固有的自然分组，对分类间隔加以识别，可对相似值进行最恰当的分组，使类间差异最大化[9]。

（3）层次分析法

层次分析法是一种将与决策相关的因素分解成目标、准则、方案等层次，在此基础之上进行定性和定量分析的决策方法[10]。本文利用此方法构建城市空间活力评价体系。通过邀请 10 位寒地城市设计领域的学者、从业人员进行专家打分，对重分类后的 15 类 POI 数据重要性进行打分（图 4）。

2. 数据源与数据处理

1）数据源

地图与路网数据　地图数据来源自开源地图网站 OpenStreetMap，通过该网站 OverPass API 可以获取所需城市地图信息的源数据。获取的数据通过 ArcGis 软件进行处理，得到道里区城市区的边界以及路网信息。

POI 数据（Point of Interest）POI 数据来源自百度地图 API，本文结合既往研究以及哈尔滨市土地分类标准，将 POI 数据重新分类为 6 个系统，15 个指标（与百度 API 一级分类标准一致）。然后通过编写 Java 代码的方式爬取重分类后的道里区 POI 数据，并根据层次分析的结果计算每一类 POI 数据的权重系数（表 2）。

2）数据采集与处理

本节主要介绍 POI 数据的采集与处理。POI 数据的采集是通过调用百度地图 POI 检索的 Web 服务 API 完成的。通过 Http 接口向服务端传入 POI 请求，获取服务端返回的 JSON 字符串（图 5）。在获取接口返回的数据之后，对源数据进行过滤、去重。

百度地图 API 的时空数据是基于百度坐标系（BD-09），如果直接将其叠加在 OpenStreetMap 地图（基于世界大地坐标系 WGS-84）上，相关 POI 数据展示位置会发生偏移（图 6）。本文通过 QGis 插件 GeoHey，对于爬取的 POI 数据进行坐标系转换。至此，本文就获取到

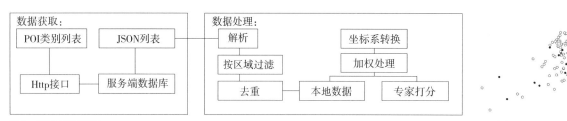

图5　数据处理流程图

图6　坐标系不同导致数据偏移

了叠加分析所需要的基于WGS-84坐标系的全部六类POI数据。

3.数据分析与结果评价

1）指标分析

针对前文通过百度API获取的六类POI数据指标——居住服务、商业服务、体育娱乐、公共服务、科研教育与交通服务，本文基于ArcGis软件对其进行叠加分析。为了平衡不同类别的兴趣点对城市空间活力影响力的差异，在分析数据前，还需要依据表2中的权重系数对于POI数据进行处理。由于最终数据通过自然间断分类法进行分析，

本次研究选择直接对源数据进行处理，将其按照权重系数等比例复制，再将其导入ArcGis。最后，对于基于OpenStreetMap的路网地图进行网格划分，对每个网格内部加权后的POI数据点数量进行统计，通过自然间断点分级法进行分级，并进行可视化表达（图7）。

2）街区活力布局分析与评价

基于前文指标分析的结果，本文得到了道里区旧城区城市空间六类POI指标的密度分布，以及城市空间活力的综合评价结果。依据街道的划分，对分析结果进行整理、归纳（表3）。

结果发现，道里区旧城区城

分析评价结果　表3

活力综合评价	街道名称
高活力区	兆麟街道、尚志街道
中活力区	其他街道
低活力区	正阳河街道、建国街道、共乐街道

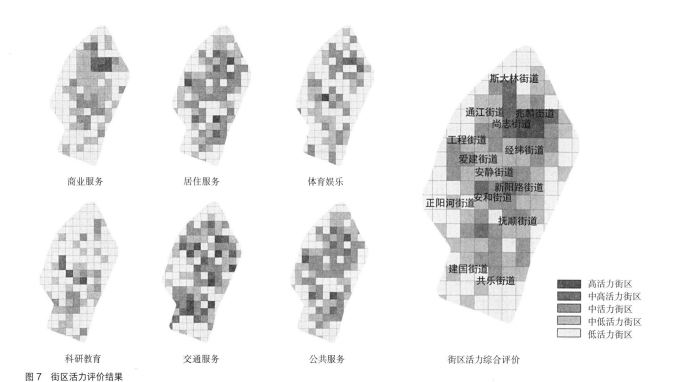

商业服务　　居住服务　　体育娱乐

科研教育　　交通服务　　公共服务　　街区活力综合评价

斯大林街道
通江街道　兆麟街道
尚志街道
工程街道　　经纬街道
爱建街道
安静街道
新阳路街道
安和街道
正阳河街道
抚顺街道
建国街道
共乐街道

- 高活力街区
- 中高活力街区
- 中活力街区
- 中低活力街区
- 低活力街区

图7　街区活力评价结果

市空间活力整体分布较为均匀，北部活力略高于南部。其中，高活力区主要分布在兆麟街道以及尚志街道；低活力区主要分布于正阳河街道、建国街道以及共乐街道。基于分类指标分析以及实地调研的结果，三个低活力街区的商业服务以及交通服务类设施的密度较低；建国街道南部的体育娱乐类设施密度较低；共乐街道的路网密度相对较低。在上述地区后续城市更新的进程中，针对上述问题的改造策略，将更加有效地提升上述地区的空间活力。

四、结语

时空大数据能够更加客观地从多个角度反映寒地城市空间活力的布局与特征，数据覆盖范围广且数据的采集成本低，是城市活力评价相关领域研究中重要的新数据源。本文从时空大数据在城市空间活力研究快速发展的背景出发，以哈尔滨市道里区旧城区为研究对象，运用OpenStreetMap、百度 POI 等时空数据对其空间活力进行分析评价，并对低活力街区存在的问题进行解析。

本文在研究方法上尚有一些不足之处，可从如下两个方面完善：第一，本文主要选取 OSM 数据以及 POI 数据对街区活力进行分析，后续可以融合更多类别的时空数据；第二，本文主要聚焦于城市活力的构成要素，可在下一步研究中融合人口分布等街区活力外在表征进行分析评价。总体而言，本文仅是对于时空大数据在寒地旧城空间活力研究应用中的一次尝试，希望后续时空大数据能在城市空间活力研究中发挥更大的作用。

注：除图 3 为作者根据百度卫星地图改绘外，其余图片及表格均为作者自绘。

参考文献

[1] 卢济威.新时期城市设计的发展趋势 [J].上海城市规划，2015（01）：3-4.

[2] 王家耀，武芳，郭建忠，成毅，陈科.时空大数据面临的挑战与机遇 [J].测绘科学，2017，42（07）：1-7.

[3] 郑宇.城市计算概述 [J].武汉大学学报（信息科学版），2015，40（01）：1-13.

[4] 叶宇，戴晓玲.新技术与新数据条件下的空间感知与设计运用可能 [J].时代建筑，2017（05）：6-13.

[5] 凯文·林奇.城市形态 [M].北京：华夏出版社，2001.

[6] 寇伟楠.基于多元数据的哈尔滨市老城区空间活力及影响机制研究 [D].哈尔滨：哈尔滨工业大学，2019.

[7] 王建国.包容共享、显隐互鉴、宜居可期——城市活力的历史图景和当代营造 [J].城市规划，2019，43（12）：9-16.

[8] 张雷，马项华，项前，田波.时空数据技术导论与应用实践 [M].北京：科学出版社，2020.

[9] 李乃强，徐贵阳.基于自然间断点分级法的土地利用数据网格化分析 [J].测绘通报，2020（04）：106-110+156.

[10] 罗铮蒸，张樱子.基于兴趣点大数据的成都市主城区空间活力布局分析 [J/OL].工业建筑：1-12[2021-10-21].https://doi.org/10.13204/j.gyjzG20082401.

建筑文化跨境传播互鉴

东亚城市管理近代化的开端
——英租界《土地章程》下城市管理转变与空间比较研究

孙淑亭　青木信夫　徐苏斌

国家自然科学基金（51878438）；天津市自然
科学基金（18JCYBJC22400）。

孙淑亭，天津大学建筑学院中国文化遗产保护国
际研究中心在读研究生。邮箱：398875023@
qq.com。

青木信夫，天津大学建筑学院中国文化遗产
保护国际研究中心教授、基地主任。邮箱：
nobuoak@gmail.com。

徐苏斌，天津大学建筑学院中国文化遗产保
护国际研究中心教授、基地副主任。邮箱：
1421750993@qq.com。

摘要：19世纪英系租界的系统发展对推动东亚城市管理模式的现代化产生了深远的影响。研究从殖民主义和东亚英租界建设管理体系角度，梳理了早期英租界运用土地章程进行土地分配与城市管理的发展过程，并重点对英租界颁布历次《土地章程》进行研究，分析其出现的历史背景及影响，并进一步探究其颁布的动因，寻找出东亚英系租界城市管理制度的关联性以及东亚城市近代化过程的相似性，探讨东亚英租界建设早期有无市政委员会（工部局）管理下，租界城市形态与建设模式的差异。19世纪英国通过对东亚不同国度的租界在管理模式进行继承与探索，最终建立一套只适用于东亚租界的完善的城市管理制度，有力地推进了19世纪东亚的城市管理现代化进程。

关键词：英租界；居留地；土地章程；城市建设管理；东亚城市现代化

一、引言

19世纪欧洲列强通过贸易打开东亚市场，间接推动了东亚城市的近代化。同时，19世纪正是英国国内城市治理发生变革的时期。英国在第一次工业革命后，社会结构发生了巨大的变化，人口以及工商业向城镇聚集，城市化进程加快，1811—1861年间英国城市化规模得到了空前的发展。[1]城镇管理逐渐走向民主，从城镇寡头统治向选举产生的市政机关演变。通过1832年议会改革，中产阶级开始在议会中占据优势。就城市治理的权限而言，1835年的《城市自治机关法》很大程度上具有象征意义，强调通过选举的方式产生城市政府，由市议会、市长和市参事会组成。此外，19世纪60年代，"小英国主义"①的出现进一步推动了殖民地改革和自治运动[1]，租界作为"国中之国"，与之对应的正是工部局的成立与《土地章程》中居留民自治体系的形成。

英国在与近代东亚的贸易初期，先后在上海（1843年）、厦门（1852年）、长崎（1858年）、横滨（神奈川）（1858年）、广州（1859年）、天津（1860年）设立了租界与居留地。英国作为当时的"日不落"帝国，是租界开辟时间最早、数量最多、持续时间最久、影响最大的国家，并率先建立了一系列的租界制度。[3]这些《土地章程》的每一次制定或修改都不是从零开始，而是根据当时的社会状况和管理经验进行的，而且受到当时的公使阿礼国的影响[4]。《土地章程》修订的历程是英人不断加强其自治权利以及完善租界公共基础设施建设的过程，也是其不断适应东亚近代化历史进程中城市发展变化的过程。英租界是东亚城市近代

---

① 随着19世纪英国工业革命的完成以及1846年《谷物法》的废除，英国开始在自由贸易主义的影响下向殖民地授予自治权，新帝国观逐渐形成。英国对东亚的策略也开始转变，以曼彻斯特学派为代表的自由党主张的对外基本方针是，不动用军事力量或政治支配手段，而是以廉价、丰富的商品作为"武器"，扩张海外市场。详见参考文献[2]。

化研究的重点。而作为租界治理根本的《土地章程》包含了城市规划与建筑的相关规则，是东亚城市近代化的制度依据。

国内外对租界《土地章程》的研究已有一定成果。但由于语言、史料等限制，国内研究多围绕上海展开，对国内其他城市的研究较少。同时，宏观国际视野的缺失也导致不能清晰地勾画出东亚英系租界《土地章程》演变的全貌。本文通过梳理相关史料档案，梳理出东亚英系租界在殖民主义现代化过程中的土地制度与城市管理的发展脉络。探讨东亚英租界建设早期有无市政委员会（工部局）管理下，租界城市形态与建设模式有何差异。早期英国如何在东亚不同国度的租界对管理模式进行继承与探索，最终建立一套只适用于东亚租界的完善的城市管理制度，最终促进中国城市管理的现代化转型。

二、租界城市管理模式的转变

上海从 1845 年首次英租界《土地章程》到 1866 年天津英租界《土地章程》，章程在租界范围、租地人资格、租地人大会与委员会、选举与投票、捐税与执照等方面均有一定的变化。对租地方式与建设管理方式的规定直接影响了英租界的城市规划，其中最为明显的为 1866 年天津英租界《土地章程》中自治体系相关的条例，较之前的《土地章程》有较大的改变。由图可见（图 1），在天津 1866 年设立《土地章程》后，东亚英系租界的《土地章程》与市政条例才开始逐渐合法化，各项制度体系不断完善。可以说正是从 1866 年开始，中国乃至东亚的城市管理模式才正式启动了近代化的进程。

1. 早期上海租界：洋商为主导的城市管理模式

1845 年上海首次颁布《土地章程》后，确立了租地人自行负责公共设施的修建，规划主体进一步确立为商人。随着道路码头委员会的发展，在 1854 年上海《土地章程》中，逐渐形成了以工部局董事会为

规划编制主体的城市管理制度。但是董事会每年都通过基于房地产的选举权选举产生，几乎所有有资格的选民和候选人都是上海的土地 / 房屋业主。所以租界的决议基本掌握在大洋行手中。此外，征税制度在首次上海《土地章程》中并没有确立，直到 1854 年的上海《土地章程》中，才有所提及（第十条）。虽然比 1845 年有更为明确的关于收税的规定，但是仅承认了租界内执行机构有权以租界各公共开支为由向外侨征税，并没有确定工部局的合法地位，因此早期上海租界外侨逃税的现象屡禁不止。[5] 这也导致了早期上海租界建设中工部局资金来源不足，对城市管理困难，这种困境一直到 1869 年才有所缓解。

2. 日本外国人居留地：幕府参与下的城市管理

日本的外国人居留地起初都是由幕府进行投资建设，租界选址也从最初的神奈川改为横滨[6]（图 2），因此租地人直接将租金交给日本政

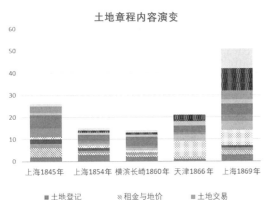

图 1　早期东亚英租界土地章程内容演变
图片来源：作者自绘

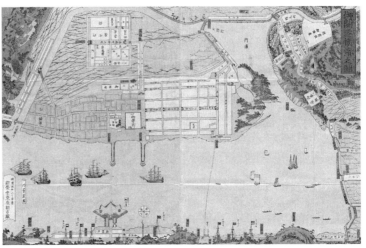

图 2　御开港横滨之图（被水围合的土地是横滨，图下方是神奈川。作者：一川芳员，收藏：歌川芳员，新荣屋。）

府。[①]1860 年横滨、长崎的《地所规则》第 5 条规定，街道、码头和沟渠的铺设，"由于其土地所有权属于日本政府"都是日本当局的责任，不能向租地人征收上述税款。这与上海等租界不同，但这并不意味着市政权在日本政府手里。因为第 9 条规定"街道照明、清扫及警备或警力的各种设备应方便并必要，领事每年首次召开租地人会议，谋求达到上述目的所需资金的筹措"。因此日本方面只有责任，没有任何的市政权利。[7]而随着居留地的发展，外国人团体开始注重居留地环境整治。如下水道、垃圾污物、消防、道路修建等，也对自治权进一步的需求。横滨在 1864 年幕府与各国公使颁布了《横滨居留地觉书》，承认了其自治行政权。第 12 条规定了居留地的道路、沟渠等设施的义务，费用由外国租借土地者承担，日本方面将租借金的二成作为居留地资金，以用来交付居留地自治的财政上的开支。[8]但是 1866 年，豚屋火灾事件中，由于财政危机，使得横滨居留地的管理权交还给了幕府。

3. 天津英租界：工部局主导下的城市管理

天津英租界形成了自治下的城市管控，章程中强调了市政活动的资金来源，除房捐与地税外，还给予租地人委员会追缴罚金的权利，此部分的罚金将用于租界市政建设（第 21 条），同时每年用于建设的各项费用会提前公开，以此保护在津

英人的私人财产权。这就明确了城市规划的主体，租地人向女王政府支付租金（以拍卖方式租给出价最高者）。承租人需要履行各项义务，其中包括承担租地人委员会为租界铺设排水设施、修路或装修路灯，以及修建公共娱乐场所、设立警察机构等征收的各种费用。

租界通过对章程的制定，一方面维护了租界土地租赁与管理的问题；另一方面确定了租界侨民自治的模式。在土地租赁上，天津英租界通过确定国租，使侨民拥有土地建设权利。同时在管理上通过采取提高税率，征收不足额地亩捐[②]进行征税；在自治模式上，确定工部局税收权力，明确立法与决策机构。两者共同促进租界的建设，表现在

实施层面即是租界市政委员会在租界的市政建设以及洋行的自主建设。土地的开发又促进了房地产税的提高，租界建设资本进一步增加，从而再次促进租界建设，以此形成良性循环（图 3）。

从英租界划定到 20 世纪初期，在洋商自行建设与工部局的引导下，市政设施建设得到了迅速发展。一方面，地价级差导致了近代天津英租界围绕海河沿岸城市金融、商业功能区的形成，决定了原订租界范围的城市空间，其中洋行、仓库和住宅混合在一起的。海河沿岸的河坝一带多为各大洋行所占据，这些洋行大多是面对海河建仓库，洋行机构则建在面对中街的一面，住宅杂处其间（图 4）。另一方面，土地

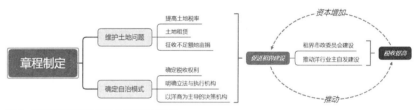

图 3　章程与租界建设模式之间的运作关系
图片来源：作者自绘

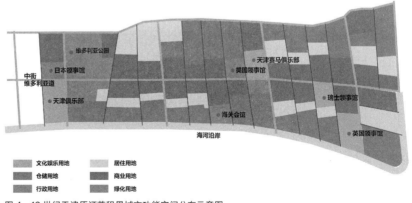

图 4　19 世纪天津原订英租界城市功能空间分布示意图
图片来源：根据史料作者自绘

---

① 详见《神奈川港土地章程》与长崎《地所规则》第六款，史料均来自于日本外务省外交史料。

② 天津英租界市政章程手册中将"建筑不足额地亩"定义为：在英租界原订租界、扩充界与南扩充界范围里，土地建筑估值不足平均水平 60% 的土地为建筑不足额地亩（undeveloped land）. 参见：British Municipal Council Tientsin. Handbook of Municipal Information[M]. Tientsin: Tientsin Press，Ltd.，1922：91.

收益为驻津英国工部局后续的市政设施建设提供了资金保证。根据驻津英国工部局董事会会议记录和工部局报告中的预算记载，1910 年前后，英租界内土地价格分布极其不均衡。比起划定初期的 30 两白银，增长了近 200 倍（图 5）。比同时期上海公共租界地价的增长幅度还要高出 2 到 3 倍。①

图 5　1910 年左右天津英租界地价
图片来源：根据《英工部局档案》作者自绘

三、不同管理制度对租界空间规划的影响

1. "民租"下的早期上海租界

　　19 世纪 60 年代以前的上海公共租界，由于《土地章程》中的工部局并未得到英国官方认可，权利较弱。城市建设正式全权交给了当时的洋行与洋商。最初 1840 年代上海的英商对英租界外滩的争夺，促进了早期租界内道路的形成。[9]并且逐渐在私有土地制度和自由市场经济的环境下，形成窄深地块划分，与此同时，也出现了洋行由于商业利益至上导致了租界空间不能合理利用，缺乏整体规划的现象（图 6）。以道路网为例，基本都没有按照以往英国殖民地规划的笔直宽阔的大道，而是以实用为主，多是洋行自行在用地范围内通过现存的土路或是河流附近改建而来（图 7）。因此道路多为弯曲状，即使早期的道路建设中蕴含了规划理念，也在后期实施的过程中总是有一定的滞后性并受到私人地产，以及工部局管理强度较弱的制约。一直到 1869 年上海第三次《土地章程》对工部局的合法化承认后，租界的道路在工部局的协调下才开始逐渐变得平直（图 8）。

2. "国租"下的天津英租界

　　英国政府在经历了上海和日本租界经营后，为避免业主在承租

图 6　1849 年上海英租界洋行分布图
（实色填充表示不规则较难使用地块，线条为较为曲折的道路，底图为复旦大学罗婧绘制）

图 7　上海公共租界原有土路与河流
图片来源：作者自绘，1867 年上海公共租界底图，自 *Virtual Shanghai*，《上海外滩地区历史景观研究》

图 8　1865 年上海英租界路网
图片来源：作者自绘，1865 年上海公共租界底图

① 关于上海地价的统计，详见《晚清上海租界的地价表现》。

土地时擅自哄抬地价、拒绝出租土地等麻烦，借鉴了印度殖民地的治理经验①，"国租"形式使租界的土地所有权完全归英国政府，加强了英国政府对租界土地的经营与建设控制。英政府得以采取竞拍的方式，将租界的地块转租给各洋行与商民，使土地从封建所有制的地产，变为可自由买卖的城市不动产。[10]土地迅速商品化，刺激租界投资与土地开发。同时，租界当局获得永租权后，对天津英租界也开展了总体规划，1861年戈登规划即按规划方案进行地块划分（图9），对城市有了整体控制。而工部局的法制化

使得城市发展在后期可以保持最初规划的形态。与同时期的上海和横滨相比，土地利用的路网呈现出规律的方格网形态。1866年工部局确定后，开始着手道路与河坝的修建，租界中的建筑呈现出激增的状态（图10）。②从1870年到1888年间，英租界洋行的数量增加到47家。[11]在滨水空间方面，与上海形成的外滩公共空间相比，天津在早期工部局税收体系以及商业利益下，1880年将天津英租界的河坝散步场改为了露天堆场以此促进税收与贸易。[12]因此洋行多沿海紧贴地块布置仓库，而在中街形成了租界的经济商业中

心，也存在较多的庭院与开敞空间（图11）。

四、结语

英国早期在东亚建设的土地章程，由于公使的调动与管理思想的传播具有一定的继承关系，《土地章程》的内容演变导致了城市管理职能的变迁，即在有无市政委员会（工部局）管理下，从而使租界城市形态与建设模式产生了一定的差异。最终建立一套只适用于东亚租界的完善的城市管理制度，有力地推进了19世纪东亚城市近代化进程。

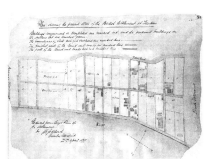

图9　天津英租界现状平面图，1865年
图片来源：英国国家档案馆，MPKK1/50. 附注：由戈登完成的道路与地块规划

图10　1888年天津城至紫竹林图（局部）
图片来源：《天津城市历史地图集》

图11　1917—1921年天津英租界第一期地块（中街两侧公共空间较多，沿海河部分的贴线建造）
图片来源：天津市档案馆.英租界档案[M].南开大学出版社，2015.

参考文献

[1] 王本涛. 简析19世纪中期英国的"小英格兰主义"[J]. 首都师范大学学报（社会科学版），2009，2009（6）：28-32.

[2] （日）毅·增田. 幕末期的英国人：R. オールコック覚書[M]. 神戸大学研究双书刊行会，1980：225.

[3] 陆伟芳. 英国近代城市化特点及其社会影响[J]. 南通师范学院学报（哲学社会科学版），1998.

[4] THE NATIONAL ARCHIVES [Z]. FO228/413.

[5] 郭淇斌. 上海工部局对外侨征税的困境与方法（1854—1869）[J]. 中国经济史研究，2019（02）：163-176.

[6] （日）横滨税关. 横滨开港150年の歴史（私家版）[M]. 2007.

[7] 张晓刚. 横滨开港研究[D]. 北京：北京大学，2007.

[8] （日）大戸吉古. 万延元年における横滨居留地に関する一考察[J]. 神奈川県立博物館研究報告第3号，1970（3）：243-254.

[9] 费成康. 中国租界史[M]. 上海：上海社会科学院出版社，1991.

[10] 尚克强，刘海岩. 天津租界社会研究[M]. 天津：天津人民出版社，1996.

[11] 吴弘明. 津海关贸易年报（1865—1946）[M]. 天津：天津社会科学院出版社，2006.

[12] 雷穆森 O D. 天津租界史（插图本）[M]. 许逸凡，赵地译. 刘海岩校订. 天津：天津人民出版社，2009：69-70.

① 1858年间，英国通过对印度锡克部落、马拉塔邦等发动一系列战争，直接地占领整个印度。1858年11月维多利亚女王发文："朕兹决定接收……印度地域为……朕现今所有的领土……"详见：蒋湘泽《世界通史资料选辑》第85页、第382-383页。
② 1870年，米琪写道："一则由于随着河坝开始打桩加固，从老海关到利顺德饭店东面铺筑了平坦的马路，一则由于长长而笔直的中街，路面平坦，两旁有双排的榆树，也由于一些外观漂亮的房屋的出现，租界开始呈现出稳定和令人瞩目的形态。"《中国时报》1888年11月3日。转引自《天津租界史》。

文化输入与移民带入
—— 中国对于东方国家传统戏场建筑发展的影响问题研究

彭　然　郭海旭　程　杰

教育部人文社会科学研究青年基金项目"两湖地区传统戏曲演出场所研究"（19YJC760079）；武汉工程大学研究生教育创新基金（CX2020094，CX2020092）。

彭然，武汉工程大学土木工程与建筑学院副教授、硕士生导师。邮箱：15050101@wit.edu.cn。
郭海旭，武汉工程大学土木工程与建筑学院硕士研究生。邮箱：1291820157@qq.com。
程杰，武汉工程大学土木工程与建筑学院硕士研究生。邮箱：1045859331@qq.com。

摘要：中国的戏剧自古以来与东方国家有着密切交流，并对当地戏场建筑的形式产生了一定影响。本文基于中华文化视角分析了中国在日本、韩国、新加坡、马来西亚、泰国、越南、印度尼西亚等东方国家的本土戏场建筑发展过程中所产生的影响，提出影响模式可分为"文化输入"与"移民带入"两类：前者为中外文化交流对当地原生戏场建筑产生影响；后者为中国移民直接将中国本土戏场建筑带入当地，且在该过程中其建筑形式也逐步融合了当地的本土文化元素。

关键词：文化；移民；中国；东方国家；戏场建筑

一、引言

习近平总书记指出：文化自信是一个民族、一个国家，以及一个政党对自身文化价值的充分肯定和积极践行，并对其文化的生命力持有的坚定信心。弘扬中国文化的首要前提在于真正认识到中国文化为世界带来的积极影响，并精准把握中外文化间的深刻关联性以做到有的放矢，因此研究并了解中国与海外的文化交融过程以及由此而呈现出的不同文化面貌是极其有意义的[1]。清晰认识中国文化在海外的传播脉络有助于中外间的交流和沟通，其中戏剧文化的传播是中外交流与沟通中的极为重要一环，且在其漫长的传播过程中也对东方国家的戏场建筑产生了深远影响。

中国学术界对于东方国家戏场建筑的研究多聚焦于日本，其中如麻国钧的研究侧重于中日两国的舞台文化比较[2]，并针对两国表演场所的营造提出了天圆地方的宇宙观、时空交融的自在性以及礼神造域的虔敬感等哲学见解[3-6]。崔陇鹏的研究重点在于中日两国传统戏场建筑的空间演化过程比较[7-9]以及文化同源性探讨[10]。此外方军[11]着重研究了日本现代剧场的演变问题，涉及民间剧场、国立剧场与地方公立剧场，时间跨度为明治至平成年间。而关于韩国戏场建筑和东南亚国家戏场建筑的研究在国内则较少，仅在部分针对当地戏剧艺术的研究中略有提及。

二、中国对于东方国家传统戏场建筑发展的影响

中国的戏剧起源于上古时代娱神的歌舞，其后又混合了文学、音乐、绘画、杂技、武术等各类表现形式，是具有极为悠久历史的综合舞台艺术[12]。演出场所是戏剧艺术的有形承载者，并在戏剧的不断发展和弘扬中形成了其独特的文化面貌，因而是展现一国历史底蕴的重要标识。中国戏剧自古以来便与海外有着频繁的交流，中国的戏剧艺术也由此传播至世界各地，在这一过程中海外的戏场建筑也必然受到来自中国的影响，其中尤以日本、韩国、新加坡、马来西亚、泰国、越南等东方国家为甚，其影响模式主要为两

类，即"文化输入"与"移民带入"。

1. 文化输入的影响

经由中国文化输入而受到影响的国家中以日本较为典型，其早在 6 世纪末的飞鸟时代便吸收了中国的娱乐并形成当地戏曲，之后的奈良时代因遣唐使和留唐学生与中国交流频繁，日本又引进了唐朝的伎乐、正乐和散乐等，并于 8 世纪开始在寺院内进行演出，以上在日本乐书《教训抄》中有所记载[13]。奈良时代末期日本出现了被称为古木偶净琉璃的傀儡戏，《本朝文粹》中记有藤原丑人习得傀儡戏并在宫中的承香殿进行表演之事[14]，而傀儡戏的起源可追溯至中国的东汉时期，并有应劭在《风俗通义》中所载的"灵帝时，京师宾婚嘉会，皆作傀儡[15]"为证。其后的平安时代日本开始逐步整合来自中国等海外地区的戏剧文化，并形成了如猿乐、田乐等具有自身民族特色的剧种。日本古代的戏场建筑也伴随着中国戏剧的引入而发生变化，早期日本的戏剧并无固定演出场所，唐代舞乐传入日本的同时也为当地带来了由露台和勾栏所构成的正式舞台，并被称为"高舞台"，其与日本本土文化相融合后成为当前能舞台与歌舞伎舞台的雏形[16]。高舞台上的地铺被称为"荐"，须田敦夫在《日本剧场史研究》中认为此类地铺在当时模仿了唐朝的舞筵，还认为日本江户时代的文人直接模仿宋代以来的语言也是不少，并以戏场、勾栏和院本最为普遍，其中"戏场"指歌舞伎剧场，而"勾栏"则是指木偶净琉璃剧场[17]。当前日本各地神社中普遍存在的表演场所名为"舞殿"或"拝殿"，为四面观

的亭式建筑，该称谓延续自中国的宋元时期，由各地的碑刻可知当时庙宇中的亭台式表演场所被称为"舞亭"或"拝亭"，之后的明清时代表演场所名称又逐步变为"舞楼""乐楼"以及"戏楼""戏台"等，由此可见，中日两国传统戏场建筑在名称与形制上有着一定的同源性，日本戏场建筑在发展初期明显受到了中国文化传播的影响[18]。此外，日本民间祭祀游行中经常使用的山车也与中国有着较深渊源，其空间与形制部分沿袭了中国古代用于演艺的车辇[16]。

朝鲜半岛与中国的戏剧交流同样十分密切，早在高句丽、百济和新罗时代，中国的散乐与百戏便流入了朝鲜半岛，对此《后汉书·东夷列传》有"武帝灭朝鲜，以高句丽为县，使属玄菟，赐鼓吹伎人"的记载。《三国志·魏书·乌丸鲜卑东夷传》中则记载了马韩地区群聚歌舞以祭鬼神的活动，其"数十人俱起相随，踏地低昂，手足相应，节奏有似铎舞"的场面与当今韩国江陵等地的端午祭祀极其相似。宋代教坊乐传入了朝鲜半岛，宋徽宗时期，中国与朝鲜半岛的各种交流又促成了雅乐在高丽的出现，这为当地礼乐文化的产生创造了必要条件[19]。朝鲜戏剧的表演场所长期受到来自中国的影响，其 19 世纪《进馔仪轨》中所绘用于宫廷演出的"轮台"便在形制上与中国宋代《乐书》中绘制的"熊罴案"较为相似[16]。朝鲜半岛的戏剧活动也同中国一样热衷于在开放式的庭院举行，空间则由环绕演员席地而坐的观众来围合，以此加强舞台上下的交融与互动，这在《平壤监司飨宴图、浮碧楼宴会图》和《骊兴闵氏回婚礼图》

等作品中均有所体现。由来自中国的散乐、百戏等逐步演变而成的山台戏在朝鲜半岛极为流行，并常于接待中国使臣之时表演，演出中所筑的山台在中国古代已有原型，其作为形象化建筑物被用于营造类似仙境的表演场所，台上有时还会置孔子等人物像，东汉张衡曾在《西京赋》中描述了此类外形酷似于鳌山的结构，高丽李穑的《山台杂戏》中也有云"山台结缀似蓬莱，献果仙人海上来"[19]。此外，朝鲜半岛的神庙、宗祠等祭祀性建筑也多与中国有着密切的关联，对于其内的戏台中国常将之与门楼等建筑实体部分结合在一起以形成具有明确指向性的观演空间，而朝鲜地区则并未对此模仿中国，其多是在祠庙中的殿前广场设置独立舞台以充分契合当地的戏剧表演形式，观众可以围坐四周从而使得舞台并不具有唯一的方向，此类舞台一般被称作"月台"或"献台"，如供奉孔子等人的全州乡校以及供奉关公的首尔东庙等均属该种类型[20]。

我国西南边疆与东南亚诸国陆海相连，自古以来文化交流非常密切，早在《后汉书·西南夷列传》中便记载有"交趾之南，有越裳国，周公居摄六年，制礼作乐，天下和平"，也因此东南亚的戏剧及其演出场所在一定程度上受到了中国的影响，并以中国西南和东南亚地区在宗教、民俗和族源上的互通性呈现为显著特征[21]。此外如越南的水傀儡戏等也与中国有着极深渊源，其历史可追溯至 12 世纪初叶，而当时宋代宫廷与市井中也表演与其相似的水傀儡戏，宋人吴自牧在《梦粱录》中便记载"其水傀儡者，有姚遇仙、

赛宝哥、王吉、金时好等，弄得百怜百悼"，甚至中国的水傀儡戏早在三国时期便已出现，《三国志·魏书》对其有所记载，当时被称作"水转百戏"[22]。越南水傀儡戏有名为"水亭"的独特表演场所，其多附属于当地神庙，为方形建筑，分上下层，上层为装饰作用，下层以前后场区分操作和表演区域[23]，该舞台形制与我国明清时期的水傀儡戏有较为相似之处[22]。

2. 移民带入的影响

中国与东方国家在文化上不断交流的同时，大量移民也流入当地，并为当地带入来自中国的戏剧艺术，进而影响了这些国家地方戏剧的发展，也丰富了当地戏场建筑的类型。根据《日本纪》记载，早在 693 年（持统天皇七年）日本便有"是日汉人等奏踏歌"活动，其中所谓的"汉人"便是来自中国的移民，俗称"归化人"，而这些移民所表演的踏歌则是中国早在魏晋时期便已产生的集体舞蹈，《三国志·魏书·乌丸鲜卑东夷传》对该类表演的描述是"俱起相随，踏地高低，手足相应"[14]。

明代中叶以来"下南洋"的热潮开启，中国移民流入量最多的国家集中在东南亚，人数约占中国全部海外移民的 70%，其中尤以新加坡、马来西亚、泰国、印度尼西亚等为多，而华语戏剧因此被带入了东南亚地区并在当地发扬光大，较为常见的是广东、福建、海南等省的潮剧、粤剧、琼剧、闽剧、高甲戏、歌仔戏等。如泰国阿瑜陀耶王朝（1350—1767 年）时期所建的帕纳买卢寺中有壁画描绘了在露天戏台上演出似为潮剧的古装戏场面，

而台下则是一群梳着长辫的华人观众，可推测其为早期的中国移民，泰国进入曼谷王朝后甚至还在母旺威猜仓皇宫中搭建了戏台以演出中国的潮剧并供奉御览[24]。华人们在将中国的戏剧艺术带入东南亚的同时，也将自身的社会文化、生活习俗与民间信仰移植在了异国的土地，身在他乡使得华人们更加重视对于祖先的崇拜，对于家族的亲赖以及对于同乡的依扶，因此大量神庙、宗祠与会馆在华人的聚居区域落地而起，这些建筑中大多设有戏台，其内最为重要的活动便是在节庆之日登台以演戏酬神。此外东南亚华人居住的街区公所一般还建有神棚，又名"行宫"，祭祀之日华人们多在其正对面搭建临时的戏棚以彻夜演出，甚至人群熙攘的街头道口也是设立临时戏场的可行之所，此类戏台一般由木材、铁架和编织布搭建而成，台面距地约 2m，位于其上的演出即是所谓的"街戏"[25]。

神庙是东南亚华语戏剧最为重要的演出场所，来自中国东南沿海的移民们将其建起以延续在故土的信仰，较为常见的如供奉妈祖的天后宫，以及供奉九皇大帝的九皇爷庙等。这些华人庙宇遍布于新加坡、马来西亚、泰国等华人较多的国家，神君诞辰之日以及各类庆典之时的戏剧表演则是其中必不可少的活动，而对于其内的演出场所文献中也有所记载，如吉隆坡九皇爷庙戏台被描述为与主殿正对的矩形结构，分上下台，其中上台又分为前后台，用于演出的前台长 5m，宽约 4m，整个戏台目前已经过了多次改建。由以上可知其与国内戏台在形制上较为相似，两者间的传承关系

十分明显，因而具备进行比较和研究的价值[26]。新加坡作为中国以外全世界华人占比最高的国家，用于演出华语戏剧的庙宇数量庞大，美国人威尔斯基在《航海日志》中对于自己 1842 年登陆新加坡时的所见描述是"华人的神好像特别喜欢看戏……（华人们）在庙宇前的方形广场围起高墙，建起临时戏台供戏曲演出"，而这也是关于新加坡地方戏剧活动的最早记载[27]。及至当前新加坡的韭菜芭城隍庙、粤海清庙、凤山宫等众多庙宇依然定期举办演戏酬神的活动，而东南亚其他国家的神庙及戏场也同样遗存较多，例如泰国曼谷的新老本头公宫、新老本头妈宫、阿娘宫、城隍公宫，印尼三宝垄的三宝庙，以及泗水的凤德轩庙等。此外，东南亚地区华人的宗祠与会馆也是演戏酬神的重要场所，尤其是部分华语戏剧的表演团体本身便是依附于宗祠或会馆内的华人宗亲会等互助性组织而存在[28]，例如 20 世纪 30 年代琼剧在马来西亚流行之时，马来西亚国内建立起了数量众多的海南会馆，而琼剧团则大多设置于会馆之中。当前马来西亚所留存的宗祠与会馆中部分依然保有较为完好的戏台，例如位于华人聚居地槟城的龙山堂邱氏宗祠、谢公祠、福德祠，以及位于首都吉隆坡的安溪会馆等。19 世纪后半叶以来城市戏园在东南亚国家出现，并以演出华语戏剧为主，其多采用东西方结合的设计形式，同时还融合了中南半岛的地域特色，从而展现出了完全不同于中国传统戏场的建筑面貌。新加坡关于城市戏园的最早可考记录来自 1887 年，当时的第一批城市戏园为梨春园、

普长春戏园、庆升平戏园和怡园[27]，其他东南亚国家也同样大量新建了城市戏园，如槟城的万景园、大华戏园，金边的梨春戏园、屠牛市戏园，西贡（胡志明市）的南安大戏园、大同戏园，以及曼谷的王子戏园等。进入21世纪后东南亚国家的城市更新与升级加快，部分城市戏园被改建为其他公用设施，如新加坡的梨春园目前已成为升达连锁酒店，槟城的奥迪安戏园则被改造为3D美术咖啡馆，但是以上被改建的城市戏园目前还是较为真实地保留了当时的建筑形式与空间结构。

三、结语

《礼记·学记》有言："独学而无友，则孤陋而寡闻"，中外之间正是因为不断的文化交融而各自发展出了丰富多样的戏剧形式以及绚丽多姿的戏场建筑。东方国家因中华文化外溢而发展并繁荣的本土戏场建筑是"中国戏场建筑"这一类型概念的外延，因此未来对其开展进一步的深入研究不仅有助于国内戏场建筑的研究体系由"中国视域"转变为"中华文化视域"，也能够为促进中外戏剧文化交流，以及构建民族文化自信提供助力。

参考文献

[1] 张亚卿，陈亚杰.在"一带一路"建设中彰显文化自信[J].人民论坛,2018（09）：130-131.

[2] 麻国钧.中日古代舞台建筑文化异同论[J].中华戏曲，2011（01）：1-21.

[3] 麻国钧.青绳兆域 注连为场——中日古代演出空间文化散论（一）[J].中华戏曲，2013（01）：46-56.

[4] 麻国钧.方与圆的交响——中日古代演出空间文化散论（二）[J].中华戏曲，2014（02）：1-21，363.

[5] 麻国钧.随身的神庙 移动的空间——中日古代演出空间文化散论（三）[J].中华戏曲，2016（01）：28-48，2.

[6] 麻国钧.流动的舟车 瞬变的空间——东方传统演出空间文化散论（四）[J].中华戏曲，2018（02）：1-25.

[7] 崔陇鹏，黄奕博.近现代以来中日传统剧场的空间演化与舞台技术革新研究[J].建筑史，2019（01）：209-216.

[8] 崔陇鹏，喻梦哲.中日传统观演建筑的对称与非对称性问题研究[J].建筑与文化，2014（04）：66-70.

[9] 崔陇鹏.中日祭祀性观演空间演化中的同化和异化现象研究[J].西安建筑科技大学学报（自然科学版），2015，47（04）：571-574，597.

[10] 崔陇鹏.中日古代祭祀性观演建筑的文化同源性现象研究[J].文物建筑，2018（00）：131-138.

[11] 方军.日本现代剧场研究[D].上海：上海戏剧学院，2019.

[12] 彭然，徐伟.规约礼法与凝于传神：中国传统戏曲的表演场所特征[J].学习与实践，2019（08）：124-130.

[13] 宋柏年，牛国玲.日本古典戏剧与中国戏曲[J].日本学研究，1993（00）：134-142.

[14] 唐乐梅.日本戏剧[M].上海：上海文化出版社，2018.

[15] （汉）应劭.风俗通义校注（上下）[M].北京：中华书局，2010.

[16] 麻国钧.瓦子与勾栏片议——在中日古代演剧空间文化比较之语境下[J].戏曲研究，2012（02）：76-99.

[17] 崔陇鹏，张钰罂.中日传统"舞台"的历史演化与空间形态研究[J].建筑史，2015（02）：172-181.

[18] （日）须田敦夫.日本剧场史研究[M].东京：相模书房刊，1957.

[19] （韩）田耕旭.韩国的传统戏剧[M].上海：复旦大学出版社，2014.

[20] 姜春爱.韩国关庙与中国关庙戏台[J].戏剧（中央戏剧学院学报），2003（03）：78-92.

[21] 黄玲.东南亚与中国西南边疆民族戏剧的交流与共生[J].戏剧艺术，2010（02）：25-32.

[22] 麻国钧.中、越水傀儡漫议——历史与现状[J].戏剧，1998（04）：91-94.

[23] 周婧.越南非物质文化遗产"水上木偶戏"研究[J].百色学院学报，2019，32（06）：75-81.

[24] 张长虹.移民族群艺术及其身份：泰国潮剧研究[D].厦门：厦门大学，2009.

[25] 王静怡.东南亚华族传统戏剧与酬神活动生存关系之调查研究[J].音乐研究，2009（03）：43-51，112，129.

[26] 王静怡.马来西亚华人传统音乐的传承与变迁[D].福州：福建师范大学，2003.

[27] 周宁.东南亚华语戏剧研究：问题与领域[J].戏剧-中央戏剧学院学报，2007（01）：44-59.

[28] 梁虹.论南洋四国的中国艺术（1644—1949）[D].福州：福建师范大学，2007.

从青金石之路到苏麻离青之路：
中国与阿富汗、伊朗古代的艺术交流通道与遗存

赵　逵　朱秀莉

摘要：自张骞出使西域，中西交通壁垒得以打破，"青金石"与"苏麻离青"成为重要的贸易往来产物，由此产生"苏麻离青之路"。本文对苏美尔时代存在的"青金石之路"进行历史溯源与现状分析，进一步提出"苏麻离青之路"的新文化线路。对"苏麻离青之路"的空间特征进行初步解读，指出"苏麻离青之路"与"青金石之路"共同构成了中国与中亚地区艺术交流的交通网络，最后对交通网络中"苏麻离青之路"沿线艺术遗存进行分析。这为中国、阿富汗与伊朗之间的艺术文化溯源研究提供了一个新的视野，对于打通伊朗石油经阿富汗的运输通道，加速中国参与阿富汗的经济政治重建过程等"一带一路"重要建设内容具有重要的现实意义。

关键词：青金石之路；苏麻离青之路；瓦罕走廊；丝绸之路

赵逵，华中科技大学建筑与城市规划学院教授。邮箱：yuyu5199@126.com。
朱秀莉，华中科技大学建筑与城市规划学院在读博士研究生。邮箱：13438129863@163.com。

文化线路自 1994 年兴起后，我国丝绸之路、京杭大运河陆，以及河西走廊等文化线路相继提出，将文化线路及沿线遗产保护推至当今研究的前沿。随后，斯文·赫定在李希霍芬提出的"丝绸之路"定义基础上，进行了更加深入具体的研究，否定了李希霍芬的"丝路直线说"[1]，为刘迎胜将"丝路"首次作为"网络"探讨奠定了重要基础[2]。而后以建筑学与城市规划为代表的学科领域，立足"丝路网络"的研究视野，在文化线路沿线遗产保护方面涌现出大量研究成果[3-4]。

"丝路网络"为我们提供了新的研究思路。古代的阿富汗和波斯（今伊朗）位于阿姆河流域，地处东亚、西亚、南亚，以及中亚的交汇处，是沟通中西文化的交通枢纽。苏美尔时代，阿富汗与伊朗之间便以"青金石"为载体、途径"青金石之路"进行丰富的艺术文化交流。历史上，阿富汗和伊朗曾是丝绸之路上的重要节点，且与中国持续保持大量以玉石、丝绸为代表的贸易往来，其中以阿富汗巴达赫尚所产青金石最为突出。而闻名世界的元青花瓷，其巨大价值便是来源于其所用来自波斯（今伊朗）的进口钴料"苏麻离青"①，因此将自伊朗到中国之间的苏麻离青运输道路称为"苏麻离青之路"。故早在张骞出塞以前，中国与阿富汗、伊朗早已存在贸易往来[5]。以阿富汗、伊朗为原点，自

东西两向延伸的"青金石之路"与"苏麻离青之路"共同构成了三地之间的艺术文化交流通道，也是汉后丝绸之路的重要组成部分与关键线路。沿线留下大量的艺术遗存，是沟通古代中国、伊朗和阿富汗之间的艺术与文化交流的重要佐证。

本文以"青金石"和"苏麻离青"切入，对"青金石之路"与"苏麻离青之路"进行历史溯源和现状分析，提出"苏麻离青之路"概念并阐释其特征，指出"青金石之路"与"苏麻离青之路"共同构建成沟通中国、阿富汗与伊朗之间艺术文化交流的交通网络。试图挖掘该条文化线路的内在价值，尝试从新的角度去完善现有"丝路网络"，以期能为今后建筑学、艺

---

① 学界普遍认为，苏麻离青为波斯语 Sulaimani 的音译，该名见于王世懋所著《窥天外乘》（1589）一书，其文略云："……其时以骢眼甜白为常，以苏麻离青为饰，以鲜红为宝。"

术学、宗教学等多学科领域提供一条新的研究视野。

一、青金石之路到苏麻离青之路

1. 青金石之路的缘起与现状

青金石之路的历史可以追溯至苏美尔文明时代。早在丝绸之路产生以前，西域各国之间便产生了文化经济的密切往来与联系。苏美尔时代，以帕米尔高原西麓的阿富汗巴达赫尚（Badakhshan，玄奘译为钵铎创那国）为起点，存在着一条"青金石之路"[6]。故青金石产自阿姆河上游支流科克查河流经的巴达赫尚溪谷之中[7]，是古代西域文化的重要见证。古代美索不达米亚周围文明中心出土的大批宝石饰物是青金石之路商业贸易在西域兴盛的最好佐证。在宾夕法尼亚大学考古学与人类学博物馆，以及叙利亚博物馆中，展示的出土文物包括黄金大胡子牛竖琴（图1），灌木公羊（图2）以及王后金戒指（图3）等，均采用大面积青金石作为装饰。透过亮丽、鲜艳的颜色，我们可以看到青金石在当时社会文明中的重要地位，以及所反映出的高度发达的西域商贸文明。

在以丝绸之路为代表的文化线路逐步成为各学界焦点以后，曾经繁荣的"青金石之路"文化长廊似乎早已被人遗忘。事实上，"青金石之路"在当今社会的政治格局与经济格局上仍扮演一个重要角色。2017年10月，阿富汗、土库曼斯坦、阿塞拜疆、格鲁吉亚和土耳其就苏美尔时代存在的"青金石之路"为基础，正式签署"青金石走廊协议书"。从全球地缘政治上来看，这一走廊主要是将阿富汗纳入与周边国家互联互通和区域一体化进程当中，凸显了土耳其欲扩大其版图在中亚地区影响力的勃勃野心。"青金石之路"向"青金石走廊"的演化真实地反映出其完成了文化传输纽带向政治绑带的角色转化过程。

2. "苏麻离青之路"的提出：青金石之路的延伸

"青金石之路"将阿富汗以西的中亚各国联系起来。从地理角度看，中国并不在这一空间系统中。而事实证明，中国与阿富汗、伊朗等中亚地区具有无法分割的联系。交通往往起源于交换，早在张骞出使西域之前，中西之间已经有了经济与文化的交流。张骞出使西域的真正目的是为了劝说月氏东归，以共同对抗匈奴势力。显然，张骞出使西域只是中西交通史上的一个标志性事件[8]。随后，中西两地的商贸与文化交流才逐渐达到高潮。在建筑领域，冯棣就伊东忠太在西南调研情况，对中国与伊朗、阿富汗地域之间更早交流的可能性提出了见解，认为中国西南与远古文化圈之间建筑文化传播的关联性在汉代乃至更早之前便建立起来[①][9]，从另一个角度印证了中国、伊朗和阿富汗之间早期便拥有丰富文化交流的设想。至此，我们不难理解为何《史记索隐》

图1 黄金大胡子牛竖琴
图片来源：https://www.sohu.com/a/2988 59197_117959

图2 灌木公羊
图片来源：https://www.sohu.com/a/298859197_117959

图3 王后金戒指
图片来源：https://www.sohu.com/a/298859197_117959

① 详见冯棣在《高颐墓阙的结论——关于中国营造学社和伊东忠太在西南的两次田野调查》中冠以伊东忠太的论述。

有载："谓西域险陁，本无道路，今凿空而通之也"。在丝绸之路时期乃至以前，中国与阿富汗、伊朗等地应存在一条较为成熟的道路，实现中西两地的文化与经济交流，即"苏麻离青之路"。20 世纪 30 年代在阿富汗喀布尔以北发掘的贝格拉姆遗址中，大量来自"丝绸之路"沿线各地区的精致工艺品涌现，其中不乏中国汉代时期的漆器。

《中国百科全书》中，对于"丝绸之路"的释义增加了音乐、舞蹈、绘画、建筑、雕塑等艺术知识的传播。青花瓷器中的钴料便是贸易往来的产物[10]。笔者有幸前往伊朗的卡善山区，发现当地青花瓷片与我国元青花瓷器的花纹高度相似，瓷面的花纹均具有晕染的效果。询问"苏麻离青"颜料的产地，当地考古学家一致认为"苏麻离青"的原矿来源于阿富汗。也有学者表示，"苏麻离青"产自于伊朗卡善山区，当地地质学家对于"苏麻离青"工艺作出解释：苏麻离青由矿饼加工而成①。据史料《窥天外乘》记载："以炼石为伪宝，其价初倍黄金，已知其可烧窑器，用之果佳"。正德年间，云南的镇守太监得到外国回青，此处炼石所成的"伪宝"应该就是"苏麻离青"。结合以上两点可知，青金

石沿"青金石之路"以阿富汗为起点向西延伸，经伊朗至土耳其乃至罗马，而后青金石与苏麻离青沿"苏麻离青之路"则以阿富汗和伊朗为起点向东蜿蜒至中国元大都、景德镇等地。青金石与苏麻离青均作为文化传播的物质载体，两条文化线路构成了沟通中国、阿富汗与伊朗艺术文化交流的交通脉络。若在地理空间上将两者叠合，则不难理解"青金石之路"与"苏麻离青之路"是古代"丝绸之路"的前身，且在古代"丝绸之路"上，法扎巴德（今阿富汗巴达赫尚首府）是南路上必经之地。青金石开启了苏美尔时代的文明和中国壁画建筑文明，苏麻离青则开启了中国青花瓷器文明。

二、苏麻离青之路的特征

1. 关键连接：瓦罕走廊

从空间角度来看，瓦罕走廊②是"苏麻离青之路"上不可或缺的一段。东西约 400km 的瓦罕走廊被牢牢夹持在帕米尔高原山麓与兴都库什山之间，犹如一个从阿富汗青金石产地巴达赫尚伸出的臂膀，连接着我国新疆塔什库尔干县的公主堡。历史上，瓦罕走廊僧侣朝拜、

商贾驼队络绎不绝、贸易兴盛。《汉书·西域传》中对班超派遣甘英出使大秦的路线有所记载："自玉门、阳关出西域有两道。从鄯善傍南山北，波河西行，至莎车为南道，南道西域葱岭则出大月氏、安息"。此处的南道即为瓦罕走廊区域，这与《中外关系史辞典》中对丝绸之路南道各站点的记载几乎保持一致③。

水源是人们在迁徙过程中不可缺少的重要因素。瓦罕走廊具备十分优越的地理条件，虽加持于两山之间，却拥有极其丰富的水源。喷赤河与帕米尔河自东向西南流经塔吉克斯坦与巴达赫尚省，北上后再南下，与中亚地区流程最长、流量最大的内陆河——阿姆河汇合，喷赤河的东向支流瓦罕河则横向贯穿瓦罕走廊。帕米尔高原则作为瓦罕走廊天然的北向屏障，对冷空气的侵袭具有很好的阻断力。地图信息显示，中国进入阿富汗大致为两条通道：一条需翻越喜马拉雅山脉与兴都库什山，途径巴基斯坦再北上至阿富汗；另一条则由新疆地区直接进入阿富汗。对比来看，瓦罕走廊是进入阿富汗路线的首要选择。至此，不难理解当初僧人法显与玄奘在西行求佛途中为何均途经瓦罕走廊区域，并留下了关于瓦罕走廊地区的详尽记载④。

---

① 关于"苏麻离青"的工艺流程，Schindler, A. H 解释为：制作蓝彩料需要 10 份钴矿或矿饼，加上 5 份草木灰（Kaliab）和 5 份硼砂，磨成粉，混合均匀后，用葡萄糖浆（shireh）和成糊状，然后制成小球或者饼状。这些小球混入适量碎石英后放入 Sufar（广口的陶土罐），放入炉中加热 16 个小时。通过这种方法可以使金属的含量增加到这些待使用矿饼重量的二十分之一。将其磨成粉混入等量的石英，就是用于釉上彩的颜料。用于釉上彩绘时，将其磨成粉，混入 40 倍重量的无色水晶或者旧玻璃（最好是含有锰的）以及两倍重量的硼砂，充分磨碎混合后置入陶罐中，然后放入炉内加热直到它在陶罐内形成像玻璃一样蓝釉硬壳。将这个硬壳从陶罐中取出，使用时，将其磨成粉然后配合树胶涂在陶器表面。

② 瓦罕走廊：也称阿富汗走廊。1895 年，英俄两国为避免冲突，在《关于帕米尔地区势力范围的协议》中，将兴都库什山与帕米尔高原南缘之间的狭长地带作为缓冲地带，并化与阿富汗所辖范围。

③ 《中外关系史辞典》中记载：南道经鄯善（今若羌地区）、且末、于阗（今和田地区）、莎车愉葱岭（帕米尔高原），经巴克特里亚（今阿姆河中上游与兴都库什山之间）西行。

④ 关于瓦罕走廊地区的史料记载有：法显归来著有《佛国记》："上无飞鸟，下无走兽，四顾茫茫，莫测所之，唯视日以准东西，人骨以标行路"；辩机根据玄奘口述所著《大唐西域记》对瓦罕走廊的情况也有详细描述："东西千余里，南北百余里，狭隘之处不逾十里，据两雪山间，故寒风凄劲，春夏飞雪，昼夜飘风。地碱卤，多砾石，播植不滋，草木稀少，遂致空荒，绝无人止。"

无论是在地理位置、自然气候还是地貌形态，在千百年之后，这些记录的文字仍然与瓦罕走廊现状保持着高度一致。

2.苏麻离青之路的形态

在时间维度方面，"苏麻离青之路"对于丝绸之路具有启下的作用。曾有学者建立了敦煌石窟颜料信息库，来源于阿富汗青金石是石窟壁画中重要的绘画颜料[①]。而敦煌石窟始建于前秦年间，加上青金石运输所耗费巨大的时间成本，可以推断，在古丝绸之路的概念尚未提出时，"苏麻离青之路"早已是使节、商贾络绎不绝，交通顺畅。翻阅历史材料，《新疆各族历史文化词典》有载："丝路在先秦时已隐约存在，前2世纪后进入新时期，日趋繁荣……"

"丝绸之路"是一个巨大的交通网络系统。随着交往程度不断加深，古人行走路径覆盖面随之扩大。战争、气候、政治等外在因素导致行走路径并不是一成不变，而是在特定时期内开辟新的支路，从而形成一张系统的交通网。前文提到，"青金石之路"与"苏麻离青之路"是古代丝绸之路的前身，故"苏麻离青之路"理应具备"网络"特点，即从阿富汗巴达赫尚途经瓦罕走廊、新疆地区至元大都与景德镇之间，是以复杂的交通网络系统形态存在的。

三、文化交流的产物："苏麻离青之路"沿线艺术遗存

自古以来，阿富汗与伊朗位于帕米尔高原阿姆河流域便是兵家必争之地与文化交流的锋面地带。《禹贡》所载"西被于流沙说"将中原黄河流域与帕米尔高原阿姆河流域之间的文化联系倒推至公元前350年[②]。商朝至周朝的奴隶制社会结构进一步加强中原与西域各族的文化联系，推动了汉代将巴尔喀什湖以东，以南至帕米尔地区纳入版图的进程。直至唐朝，统治者一方面想要与大夏（今阿富汗）和安息（今伊朗）进行边民互市，欲向西域各地全面输入汉文化，另一方面又完成了向阿姆河中上游与兴都库什山流域的拓殖过程[③]。历史的复杂涌动暗示了在"苏麻离青之路"这条特殊的文化线路上，遗留下大量融汇伊朗、阿富汗与中国文化的艺术遗存。"青金石"与"苏麻离青"作为这条文化线路上的载体，将阿富汗、伊朗的文化转化成壁画、瓷器和宗教建筑等物质形式，如散落的珍珠播撒于沿线道路上。

1.宗教壁画与造像

在古代，利用视觉形象与造型艺术是重要的信息传达途径与宗教传播的主要手段。青金石作为重要的壁画绘画材料，沿着"苏麻离青之路"经瓦罕走廊源源不断运至中国西部地区乃至更远。

在艺术层面，敦煌研究院与巴米扬大学于巴米扬祖哈克古城中的史前大角羚羊特征岩画，以及瓦罕走廊、新疆等地均有类似岩画发现。克孜尔石窟与阿富汗巴米扬石窟的壁画，在壁画地仗层制作、绘画原料、用色和绘制技法等方面，都非常相似。如克孜尔第60窟与巴米扬东大佛D窟的连珠纹壁画（图4）。

同时，阿富汗青金石引入中国地域后，作为敦煌石窟彩绘中的重要颜料。其中，敦煌石窟中的壁画反弹琵琶图（唐）和四足床与禅椅（唐）均使用了大量的青金石。这与巴米扬大佛中的青金石壁画有异曲同工

图4　克孜尔第60窟连珠纹壁画（左）与巴米扬东大佛D窟连珠纹壁画
图片来源：https://baijiahao.baidu.com/s?id=1687390594028955554&wfr=spider&for=pc

---

① 详见万晓霞关于敦煌壁画颜料的研究成果。
② 《禹贡》："涉流沙，登于昆仑，于是还归昆仑，以平天下。"
③ 详见李安俊《瓦罕走廊的战略地位及唐前期与大食等在西域南道的角逐》："……自此唐朝在西域的军政防御体系以该地区为前哨，实际已经逾越葱岭。从此，葱岭以南原属西突厥的吐火罗地区，乌浒水（阿姆河）以北、药杀水（锡河）以南地区，以及楚河流域及其以北的西突厥腹地，皆为唐朝军政声威所及的羁縻统治区。"

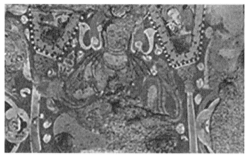

图 5　巴米扬石窟壁画（左）与敦煌石窟壁画（右）
图片来源：https://www.163.com/dy/article/FHN256KJ0521JF6l.html 与 https://www.163.com/dy/article/FSKKOPJO05382F7J.html

图 6　高昌景教壁画
图片来源：《高昌景教壁画》（徐晓牧）

图 7　和田库玛尔石窟
图片来源：《从青金石之路到丝绸之路：西亚、中亚与亚欧草原古代艺术溯源》（沈爱凤著）

图 8　伊朗清真寺外立面及穹顶
图片来源：作者自摄

之处（图 5）。除了以青金石文明建立起来的艺术遗存体系，吐鲁番壁画与伊朗景教也有不可分割的联系。如德国学者于高昌故城中发现了非常重要的景教壁画，大量的景教写本和遗物出土于塔里木盆地的不少地方和敦煌的藏经洞中[11]（图 6）。

2. 宗教遗址与建筑

在宗教文化层面，以古波斯总督宫殿为代表的花剌子模（今乌兹别克斯坦境内）古代宫廷艺术、中央地区非佛教系统的文化原貌片治肯特城址（今塔吉克斯坦）、以乌斯特鲁沙那、阿夫拉西阿卜和瓦拉赫沙为代表的泽拉夫尚河流域（塔吉克斯坦与乌兹别克斯坦境内）非佛教文化的遗址、兴都库什山脉以北

的佛教遗迹。此外，在新疆焉耆县星乡老村出土一件"鸵鸟纹金银盘"被认为是粟特产品，鸵鸟在古代西域为馈赠之珍品，常见于波斯和中亚金银器[12]。唐朝时期，新疆龟兹国和阿富汗巴米扬等地区均纳入安西都护府的管辖范围，且在龟兹国、楼兰王国和吐鲁番地区均有许多佛教石窟遗留至今，库车县有库木吐拉千佛洞（Kumutula）、森木赛姆千佛洞（Senmusaimu）、克孜尔尕哈千佛洞（Kizilgaha）、玛扎伯哈石窟（Mazhaboha）和苏巴什佛寺遗址（Su-Baschi）；拜城县有克孜尔千佛洞（Kizil）、台台尔石窟（Taitai'er）和温巴什石窟（Wenbashi）；新和县有托乎拉克埃肯千佛洞（Tuohulake'Aiken）等（图 7）。

从建筑形式的角度来看，新疆地区的石窟与巴米扬大佛石窟具有一定的相似性。如巴米扬西部石窟崖面与克孜尔第 167 窟顶部均采用"套斗顶"的做法。巴米扬 D 窟与克孜尔第 76 窟均采用"穹隆顶"的做法。在建筑装饰上，伊朗现存的大量清真寺均运用青金石作为颜料，在建筑立面上绘出丰富的蓝色图案（图 8~图 10）。

3. 青花瓷器

除了壁画与宗教建筑遗存以外，笔者有幸前往伊朗，发现了许多与我国元青花十分类似的青花瓷碗。判断是否为元青花的一个重要标准是苏麻离青颜料是否有晕散的效果。前人研究表明，无论青花瓷器的成

图 9　巴米扬 D 窟穹隆顶
图片来源: https://baijiahao.baidu.com/s?id=168739
0594028955554&wfr=spider&for=pc

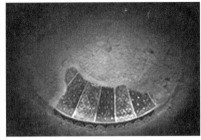

图 10　克孜尔第 76 窟穹隆顶
图片来源: https://baijiahao.baidu.com/s?id=16873
90594028955554&wfr=spider&for=pc

图 11　伊朗青花瓷碗
图片来源: 作者自摄

色如何，晕散是苏麻离青颜料最基本的特征。伊朗的元青花瓷器上，颜料便具有十分明显的晕散效果，这与中国元青花的特征如出一辙（图 11）。前文提到，伊朗青花瓷器的颜料来自阿富汗青金石，因此，中国元青花瓷器的颜料和烧制技术极有可能是中国与伊朗、阿富汗艺术交流产生的结果。

四、"苏麻离青之路"对于中国与西域建筑等艺术遗存研究的意义

"青金石之路"与"苏麻离青之路"构成了沟通中国、阿富汗和伊朗艺术交流的重要交通脉络，成为著名的丝绸之路的前身。其中，"苏麻离青之路"大致为自阿富汗巴达赫尚经伊朗卡善地区、瓦罕走廊、新疆龟兹、于阗等地，最终到达元大都及景德镇，成为沟通中国与中亚文化交流的交通要道，沿线遗留下的以瓷器、服饰、石窟、寺庙和壁画等为代表的文化瑰宝。

本文对"苏麻离青之路"新路线的提出，为中国、伊朗和阿富汗古代艺术交流与艺术遗存提出了一个新的研究视野，即从文化线路的传播角度去理解中国、伊朗与阿富汗之间的艺术交流过程和结果。在今后的研究中，我们需要思考的是，这些艺术遗存具有什么样的艺术特征？体现了中国与阿富汗、伊朗等地不同宗教文化之间怎样的文化渊源关系？

目前，阿富汗国家正进入重建阶段，青金石矿产的开采使塔利班组织迅速发展，成为当前主要势力。为阿富汗重建提供重要物质及经济基础也是我国"一带一路"建设和与沿线国家建立密切合作的重要内容。由于国际形势的严峻，伊朗石油经波斯湾运往中国的通道频频受阻。通过对"苏麻离青之路"上中国和阿富汗宗教文化艺术溯源的研究，能够实现物质与经济背后的文化加持，探索出一条中国与中亚地域之间的新道路，对于打通伊朗石油经阿富汗的运输通道也具有重要的现实意义。

参考文献

[1] 斯文·赫定. 丝绸之路 [M]. 江红, 李佩娟译. 乌鲁木齐: 新疆人民出版社, 1996.

[2] 刘迎胜. 丝路文化·草原卷 [M]. 杭州: 浙江人民出版社, 1995.

[3] 张玉坤, 李严. 明长城九边重镇防御体系分布图说 [J]. 华中建筑, 2005 (02): 116-119, 153.

[4] 周剑虹. 文化线路保护管理研究 [D]. 西安: 西北大学, 2011.

[5] 干福熹. 玻璃和玉石之路——兼论先秦前硅酸盐质文物的中、外文化和技术交流 [J]. 广西民族大学学报（自然科学版）, 2009, 15 (04): 6-17.

[6] 沈爱凤. 从青金石之路到丝绸之路: 西亚、中亚与亚欧草原古代艺术溯源（下册）[M]. 济南: 山东美术出版社, 2009.

[7] （美）Schafer. Edward H. 唐代的外来文明 [M]. 吴玉贵译. 北京: 中国社会科学出版社, 1995.

[8] 刘进宝. 东方学视野下的"丝绸之路" [J]. 清华大学学报（哲学社会科学版）, 2015, 30 (04): 64-71.

[9] 冯棣, 文艺. 高颐墓阙的结论——关于中国营造学社和伊东忠太在西南的两次田野调查 [J]. 建筑学报, 2019 (12): 41-47.

[10] 刘进宝. "丝绸之路"概念的形成及其在中国的传播 [J]. 中国社会科学, 2018 (11): 181-202, 207.

[11] 杨富学. 阿旃陀·巴米扬·吐鲁番与敦煌间的文化联系 [J]. 敦煌研究, 1995 (02): 69-79.

[12] 沈爱凤. 从青金石之路到丝绸之路 [M]. 济南: 山东美术出版社, 2009.

京都千本鸟居"参与式"场所精神存续方式引发对历史地段保护的思考

李子嘉　秦洛峰

摘要：场所精神是指地方地理、气候、风土等自然精神和它所孕育的人文精神气质。日本京都宇治县伏见稻荷大社千本鸟居在当今现代化社会依然人气兴旺的同时却没有失去场所之灵；在神道教逐渐世俗化的过程，以及城市建设和更新热潮中，居民对伏见稻荷大社的虔诚心态没有动摇。笔者对场所精神的存续原因进行展开分析，通过分析其对所处地势山水的运用、对于周边历史环境的回应、场所精神在当今社会的存续方式，总结出在当下保护历史地段抓住场所精神的普适性方向，即重视"关系"，重视其与山形水式、其他历史地段、当代居民的关系，继而梳理出其场所精神的源头，让人参与场所精神的生长和塑造过程，对场所进行互动式感知，让场所精神得以存续。

关键词：场所精神；千本鸟居；历史地段；参与式

李子嘉，浙江大学建筑工程学院建筑学在读硕士研究生。邮箱：674345506@qq.com。
秦洛峰，浙江大学建筑工程学院副教授。邮箱：qinluofeng@163.com。

引言

即使现在京都府宇治县伏见稻荷大社的千本鸟居游客如织，但行走其中依然能感受到场所精神[1]之强劲深刻、"地灵"之丰沛。笔者通过对其江户时代以来延续的场所精神进行剖析，来探讨此地极具世俗化却能让人快速感知场所精神的原因，并试图找出其对其他历史场所的场所精神当下延续手法的借鉴意义。具体的场所精神难以用具体词汇来表达，故本文选取周边自然地貌、所属神社的主神神职、周边历史建筑与著名事件、周边历史街区与人文场景进行分析，让抽象化的场所精神具象化，总结出以上要素对场所精神的一步步连续化、叠加性影响。这些叠加形成整体系统，让强化过的场所精神能够抵抗住城市和社会的快速更迭，依然鲜活地存续于闹市之中，让世俗化的宗教为居民所接收，引居民的参与得以获得渗透性共存。这种对各类"关系"的叠加、次序处理方式、系统性的完整逻辑、整体性的入手方式，值得在历史地段保护中借鉴。

一、日本鸟居文化中所蕴藏的独特场所精神

古希腊建筑的初始并非强调建筑内部空间，而是强调建筑外部气质形态与大地、周边场地的关系，如盖娅大地女神庙的台阶极高，并非人类习惯使用的尺度，但敦厚的台阶可以营造出建筑下压感和厚重感，匍匐在地上带着沉重又沉稳气质的神庙呼应着大地女神的神职与气质，这便是其最初强调的建筑要呼应的"大地之灵"，即场所气质。日本学者将其称为"地灵"，与中国古时"物华天宝，人杰地灵"的说法有异曲同工之处。

在日本神道教崇拜中，与此场所精神"地灵"之说有微妙且惊人的相似性，即万物皆灵的说法。神道教在民间衍生出供奉鸟居的习俗，

---

① 场所精神 Genis loci 广义可为所在地方的地理、气候、风土等自然精神和它所孕育的人文精神；狭义方面则可以指地块的自然地形和历史文化表现出的理论的、生活化的、感觉上的（视觉、触觉、听觉、味觉等）气质。

鸟居是日本神道教中极具特点的一种构筑物，两根木支柱上方架有两木横梁，横木上置匾。[1]主要用以区分神域与人类所居住的世俗界，是代表神域入口的"界门"。[2]千本鸟居在设立之初，便是作为人们与神明的一种沟通方式而存在。

此种崇拜从古至今渗透在日本居民日常生活中，他们设置微小的神社、土地庙、小鸟居，来面对着一座山、一棵树、一片海，或是任何一小块空间进行参拜，这样的小祭祀空间从山野到家中随处而建，面积大小不定，体现神道教的渗透性与世俗化。

本文所选取的千本鸟居案例位于日本京都府宇治市伏见区，自古以来就是连接奈良和京都交通要冲，往来汇聚的文化让这里拥有诸多遗迹。[3]千本鸟居所属伏见稻荷大社①供奉的稻荷神掌管农业、商业，护佑丰收富足。[4]主殿后面四千多基红色鸟居次序排列通往稻荷山顶，是京都代表景观之一。

二、千本鸟居中的场所精神的塑造手法

1. 与山势相融

1）流线设置对于行进体验产生影响

首先，伏见稻荷大社利用稻荷山势刻意拉长流线，让这条"连续鸟居参拜之路"有种苦行僧的意味，给予人们"静心"的暗示。鸟居在途中会一分为二，形成两条隧道以

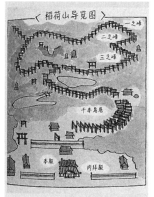

图1　稻荷山路线和鸟居在途中分为两路
图片来源：（日）矶达雄，宫泽洋. 重新发现日本 60 处日本 美古建筑之旅 [M]. 杨林蔚译. 北京：北京联合出版公司，2016.

容纳更多的鸟居，而后又汇合在一起，继续向山顶延展（图1）。同时，还利用着光线对神圣空间的塑造能力不断强调着行进路线，精致的红色柱子配黑色文字显得简洁雅素，阳光透过千本鸟居照进来影影绰绰的，光线呈细条状透入空间中，不断重复强调着这条道路的神圣性，让人迅速地投入到场所氛围中。再者，长流线让次序排列的众多方形鸟居形成类似"一点透视"的视觉效果，它们次序相连形成了无尽头的隧道，会让人在行走过程中注意力专注，无暇去关注其他事物。

2）鸟居间距塑造的灰空间与山林形成暧昧关系

间隔很小又连绵不断的鸟居营造了"红色的半室外建筑"般的独特体验，山林与鸟居的关系自成一体又互相试探：鸟居的间距密集，如果站在参道外的山林中，只能隐约看到行走其中的人影。鸟居本身围合出一个较为封闭的空间，连接起来向山林深处延展，就像是绿色森林深处的一条红色隧道，将游客

与山林分隔开，使其心无旁骛、执着地迈步在参道上。

这条鸟居道路将参拜道路设于山野之中，借助林木本身对空间的穿透力、透气性、塑造力，让参道四周的空间处于一种既不封闭又不开放的朦胧暧昧中，增加了参道单一空间的层次性。参道与山野这种似离似合的暧昧关系，让人对空间和场所产生无尽遐想。同时，处于山林中的参道亦可借用时间维度塑造独特氛围，清晨虫鸣清澈，位于山岩上的小神社时隐时现，参道外的泥地上青苔带露，傍晚日落鸟居光影散落树影斑驳，更增加了稻荷山上的玄妙气氛，强化着场所精神。

2. 强调对此地地灵的敬畏

1）对山参拜的小鸟居与休息功能的结合

除了大鸟居蜿蜒至山顶，行走时亦会看到许多造型别致的小鸟居。对着山林设置的小鸟居而界定出神域，让整个祭拜路线划定的隐形神

---

① 日本全国3万余座稻荷神社的总社本宫，建于8世纪，是京都市内最古老的神社之一。

图 2　伏见稲荷大社里的狐狸雕塑

图 3　土地公

图 4　宇治川边紫式部雕像

域出现层次性，是信奉神道教的日本民众对此地因自然环境产生的地灵、地气而进行的一种"人为设计"，也就是对所谓的场所精神（Genis loci）的参与。

这种小型参拜空间更兼具休息功能，显得更加地亲近人间。常有游客在参拜小鸟居的平台处休息，其穿着的传统服饰亦作为一种装饰物反向参与，加强着此地的场所精神，人处于其中像是浮世绘，让清晨露水沾染的山林愈发清新、生动、灵气充沛。

2）神灵崇拜的多样性与雕塑设置位置

因为狐狸被视为神明稻荷的使者，所以此处设置诸多狐狸雕塑和石像、狐脸绘马（图 2）。[5]狐狸形态塑造考虑到祈愿人的心理，以各种动作贴近居民生活和诉求，回应人类祈愿，如叼着稻穗、宝珠或是钥匙。神社用各种形式重复强调着狐狸对这块场地的重要性，是场所精神的重要组成部分。[6]

虽然是稻荷神和狐狸的主场，但是此处依然让其他神灵参与，且不拘泥于庙宇之中，而是掩映于山林之间。日本的土地公往往以三五成群的形象出现，仅以 20cm 左右的小石头粗糙雕而成，不规律地半埋于山野恣意探头（图 3）。在幽静氛围中，这些生动形象的神灵形象让神域真实可接触，能轻易地激发想象去感知自然间繁茂生长的力量。

三、千本鸟居对宇治市伏见区人文历史回应

1）利用宇治川与周边历史建筑联成片区

稻荷山旁边的宇治川是稻荷大社游览流线的末端，出稻荷前街沿宇治川指引到可达西岸平等院凤凰堂[①]，东岸宇治上神社、三室户寺、万福寺等寺院[7]。在稻荷大社区域的出口宇治川边伫立着《源氏物语》的作者紫式部的雕像：将人从意犹未尽的神明世界，柔和引入另一个浮世。片区的连接性让场所精神并非生硬戛然而止，而是给了其界限消失一个缓冲空间，顺利过渡到另一个场所精神中（图 4）。

因宇治川而感知到的其他历史节点为街区带来文化底蕴的同时也让这个片区形成了更大的影响力。[8]中间连接片段的杂糅性让两方场所精神都发生微妙的变化，引发对于其连接性和共同性的浪漫的遐想，从而感知此地的场所精神：当年紫式部笔下的光华公子是否也在某个初夏冷清却又火红的梅雨清晨，伴湿漉漉的露水和晨曦，在千本鸟居的山林间行走过？[9]

2）与本地历史产业回应

历史街区所处的城市区位优势影响着街区内生文化的底蕴。参道前街依托历史文物古迹，塑造此地文化和宗教历史风貌价值，并以此为主题配套与其文化高度融合的传统工艺商品和本地主题菜肴，如稻荷寿司、狐族乌冬面、宇治抹茶，狐狸饼等。

这种参与式的产品经营方式，让前街没有商业过度化，不会让游客感觉到刻意和紧张。这种舒适的氛围反而是游客感知宇治地区日常烟火气生活的缩影。[10]前街热闹的气氛与视线远处的神社所代表的神域形成对比，营造出人们怡然自得的生活在热闹的凡俗里，与神明毗邻而居的和谐场景。

---

① 建于平安时代，现在已被列为世界文化遗产，是平安时代女作家紫式部创作的《源氏物语》故事主要的发生舞台。

四、千本鸟居场所精神在现今生活的延续

1. 继续放置延展的鸟居——设置条件后自动生成的算法建筑

阵列的手法用于宗教类建筑能加强神圣感，千本鸟居自江户时代开始奉纳，在 2010 年是 3381 基[①]，现在依然在逐渐增加。虽然没有总策划人，但是伏见稻荷大社千本鸟居仅凭"设定条件"来引导人们的参与，便创造出了一个充满魅力的空间，设定条件如下：

条件 1：鸟居的颜色为红色。

条件 2：每两座鸟居之间的距离几乎等同。

条件 3：新设或更换鸟居要以供奉的香火钱的多少来决定。[11]

每一座千鸟居上面都刻有捐赠者名字、捐赠时间，经过"祈求—还愿—建设鸟居"的过程，这里的鸟居数量随着时间推移而增加，延伸无尽头的鸟居展现着时间和空间的无穷无尽（图 5）。捐赠者留下的字背后的或心酸或欣喜的故事亦为这"持续生长"的鸟居灌注着不断变化的情感，强化着"参与式的场所精神"。这种参与式的宗教形式，让人们对这片地区留存着地域文化情感认同，并有着精神和历史宗脉层面的延续和认同，这种文化情感和归属感让千本鸟居的文化精髓至今依旧鲜活。

2. 神道教世俗化现象

在千本鸟居，展现着关于神道教世俗化与虔诚静谧氛围不冲突的奇妙现象。鸟居在设立之初便作为人们

图 5　千本鸟居内部

与神明的一种"沟通方式"而存在，有中国《楚辞》中"天问"的意味。

与中国人对神明信仰崇拜的意味不同：在中国，对于神圣空间和神明是"敬"与"尊崇""祈求"的意味居多，人们并未给自己设置一个"进入神域"的条件，而是对于神明抱着无比虔诚，甚至带有畏惧的心态。中国对于神明所处的位置没有明确的规定和探讨，只是模糊的认为或远在天上，或近在"举头三尺"，二者皆是凡人没有资格接触的地方。而日本的神道教，则是强调主动"沟通"，人们可以通过步入鸟居进入神域，拉响铜铃唤醒神明，神道教强调的并非"畏"和"距离"，而是人类尝试着与神明通达的一种方式。

因此，神道教世俗化的趋势便可以被理解：没有严苛的教义规定界门、神社的选址、规模，人们可以建立或大或小，参拜自然界中各种神明，通过界门与神灵"沟通"。这种少限定的敬神方式让人们愈发感知并亲近神明，使得神道教常态化与亲近化。在这个过程中，尊敬没有被削弱，反而因为日常生活而愈发被加强。[12]

图 6　狐狸绘马
图片来源：摄影部落，https://dp.pconline.com.cn/photo/list_3445003.html.

日本人并未将神明视为不可接近孤立的存在，而是将之引入到日常生活。小径旁墙大量的狐狸绘马（图 6），是学子为了祈运而悬挂；将作为伏见稻荷大神的使者的小狐狸，做成各种周边来售卖，比如伏见区特产的狐狸小薄饼，这样日常、廉价又古老的工艺制作依然有人愿意去实践，正是一种对于狐狸文化的尊敬和传承[13]。神道教所强调的这种"神明在日常中"的概念，反而更加强调了人们对于神明时时刻刻保持着的信仰心态。

3. "城市入口"与神社的呼应

千本鸟居并没有远离城市，反而处于交通极其便利的市区内。在如此靠近繁华、浮躁生活的地段，能保持如此静谧神圣的场所精神实为不易。

铁路是前往伏见稻荷大社最为便捷的交通方式。隶属于 JR 西日本奈良线沿线的稻荷车站与大社入口仅有一街之隔。在伏见稻荷车站下了车，过了铁路、过了河，很快就看到了鲜红的鸟居，进入了稻荷神的地界。JR 线的月台作为一个"入口"，亦是"界"的概念，是作为伏

---

① 日本数鸟居时所用的单位不是"个"而是"基"。

见区与外界的分界，于是车站月台的梁柱也模仿着鸟居常用的红色上漆，以强调"神域"的意义。

五、结语

日本京都宇治伏见区稻荷大社千本鸟居虽地处市区，却依然保持的浓郁场所精神的现象，值得我们究其根源并学习借鉴。正因与山水共生、与周边历史建筑共生、与现今生活接轨这三个重要"关系"，经叠加和次序处理后形成的整体系统性的入手方式，千本鸟居才能实现商业气氛与宗教气氛并立且互不侵扰，虽靠近城市却大隐于世，仍然保持着场所之灵。

时至今日，千本鸟居在神道教日趋世俗化、城市不断发展、业态不断更新的过程中，仍有江户时代以来场所精神的延续。以算法生成的红色的鸟居让此场所的时间无穷无尽，让当下社会的人们参与式体会场所精神，与神域进行着互动，继而更加深刻地感知着由稻荷神、狐狸、神明、鸟居、山林、光源氏、紫式部、宇治川、凤凰堂……而共同构成的"生长式"场所精神，这种参与、生长的场所精神存续方式值得我国在历史地段保护的实践中参考与思考。

注：除特别标注外，其余图片均为作者自摄。

参考文献

[1] 王晓东 . 论日本人的"鸟居"信仰 [J]. 世界民族，2011（05）：70-80.

[2] 赵文涛 . 关于鸟居和日本古代信仰关系的考察 [D]. 呼和浩特：内蒙古大学，2016.

[3] 王光波 . 日本两千年简史 从神武天皇到令和时代 [M]. 北京：金城出版社，2019.

[4] 张蒙春 . 对杂糅性日本稻荷信仰的跨学科研究 [D]. 济南：山东大学，2013.

[5] 李阳 . 关于稻荷信仰中狐狸形象的研究 [D]. 南京：东南大学，2018.

[6] 马丽 . 江户时代稻荷信仰的社会性影响 [D]. 呼和浩特：内蒙古大学，2018.

[7] 叶渭渠 . 宇治桥头的狂想 [J]. 外国文学动态，1996（02）：19-20.

[8] 张浩祺 . 城市历史街区产业价值评估研究 [D]. 苏州：苏州科技大学，2017.

[9] 袁先婷 . 解读《源氏物语》书卷名与全书构造 [J]. 管理与财富，2008（09）：90-91.

[10] 戴林琳，陈轶 . 基于文旅融合的日本旅游小城镇发展经验及启示——以日本宇治为例 [J]. 中外建筑，2019（11）：112-113.

[11]（日）矶达雄，宫泽洋 . 重新发现日本 60 处日本 美古建筑之旅 [M]. 杨林蔚译 . 北京：北京联合出版公司，2016.

[12] 王丰，李志芬 . 日本地方神社的民间影响研究 [J]. 日本研究，2014（04）：89-96.

[13] 谢天晓 . 绘马——用形象描绘对神灵的祈祷 [J]. 民艺，2020（02）：112-119.

东亚近代建筑交流中的温州元素

黄培量

摘要：温州是中国近代较早开放的口岸之一，历史上长期同日韩保持着文化交流。但自东亚各国闭关锁国后，文化交流长期中断。19世纪末，东亚受西方影响被动而曲折地开始近代建筑发展之路。本文通过对几处温州近代建筑实例的研究，从东亚的视野来探讨其文化上与日韩近代建筑发展之间的关系。

关键词：近代建筑；建筑交流；温州

黄培量，温州市文物保护考古所研究员。邮箱：171031414@qq.com。

建筑文化是体现地域特色的一种文化形式。随着中国率先在东亚形成大一统的格局，标志着一个强大而稳固的文明中心的确立，并且不断地向外辐射，形成以中华文明为核心的中华文明圈，包括了周围的韩国、日本、蒙古国以及东南亚等国家。在一个漫长的历史时期，这是一个稳定文化圈。中国先进的建筑文化不断输出，极大地影响了日本、韩国等国本土建筑文化的形成和发展。东亚各国基于相近的美学观念、题材、技巧和形式，在建筑上也是结合中国传统建筑的诸多元素，逐步形成各自的建筑体系。如在宋代，温州和福建作为一个区域在建筑风格上形成了自成特色的"天竺样"并传播到日本，日本把这种风格称为"大佛样"。说明古代温州即是东亚建筑文化交流的一个重要地区。

16世纪以后，西方逐步取得了文化上对东亚的领先，东亚中华文化圈衰落时又展现了视野狭隘的一面，面对掌握现代科学的西方时只是被动防御，东亚各国不同程度地开始闭关锁国，中国始自明代，到清代到达巅峰。日本结束战国后，德川幕府建立，也开始闭关锁国（德川幕府明确禁止日本人出国、禁止海外的日本人回国，并规定与外国的贸易关系仅允许在长崎进行，而且对象仅限于中国和荷兰）。朝鲜则在17世纪被清军征服后自我封闭，开始闭关锁国，与外界仅进行少量交往。这种局面延续至近代，其结果是东亚各国间建筑文化缺少交流，各国都游离于世界建筑技术发展革新的主流之外。而打破这种隔阂的机遇却是落在了西方来的殖民者及其建筑师身上。

一、外廊式建筑引入东亚

中国是东亚三国中最早出现外廊式建筑的国家。早在19世纪初，闭关锁国只开放的唯一口岸——广州的十三夷馆就已经出现外廊式建筑的滥觞。鸦片战争使中国被迫出让权益于西方。英国首先在中国东南沿海的五个城市派出领事，为了给领事提供合适的居住和工作环境，英国政府本身需要从政府层面主导设计和建造大部分领事馆建筑。于是，1867年英国政府在上海设立了一个小型专业的工程办公室，并派驻了负责设计的勘察工程师和建筑师来华在这一机构内工作。之后东亚各国的英国领事馆的设计和建造工作一直在这个工程办公室的指导下完成。这个办公室利用早期的工程实践，在上海培养了包括设计师和工匠在内的熟谙西式建筑的建设队伍。通过对当地气候的感触，这个机构自然地将已在南亚和东南亚实践的外廊式建筑引入东亚，旨在保障在中国的领事和家属的工作、生活条件，为他们提供一个安全、健康、舒适的环境。这种类型的建筑，因同远东多雨潮湿的气候相适应，建造简单，遍布东亚，之后各通商口岸的第一代领事馆建筑多属于外廊建筑样式。"这种廊屋顶的各边缘笔直而无举折，且主体的至少一边附建了由西方柱式支承的外廊。"[①]在格局上，"廊屋空间的组织不同于传统建筑依内院布置的格局，而以廊屋前后的花园替代内院，使建筑位居划定地块的中央，内部用楼梯联系上下层空间使布局紧凑。"[②]中国的外廊式建筑在 1860—1880 年达到成熟并迎来盛期，并依托英国外交部上海领事馆工程办公室向远东输出。

日本开埠稍晚于中国，1859 年，阿礼国（Rutherford Alcock）来到江户，建立公使馆。在开港初期的长崎、横滨、神户等地，这些领事馆建筑分布在横滨和神户等城市的市中心，均由英国外交部上海领事馆工程办公室设计（图 1）。从上海来的西方

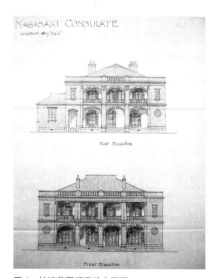

图 1 　 长崎英国领事馆立面图
图片来源：Mark Bertram.Room for diplomacy.Spire books 1td, 2011.

测量师首先设计了外廊式建筑，较早接受洋风建筑实践的华人工匠们则参与了建设活动。为数众多的华人工匠们与西洋人一起包揽了所有日本最初期的洋风建筑。在香港、上海等中国较先进的居留地上已经普遍使用的砖石叠砌构造与洋式木造屋架的构法也传到了日本。[③]

1882 年，朝鲜和英国在朝鲜汉城签订通商条约，一年之后由当时的英国驻日本领事乔治·阿斯顿首先是以 100 英镑（约 17 万韩元）购买一处传统的民房作为领事馆用途，这里由六幢独立的建筑加上马厩和仓库组成。财政部认为"由于朝鲜的领事机构只是从中国和日本临时分离出来的，要求国会提供建造永久性建筑是不合时宜的。"后来财政部才慢慢接受了在原址上新建建筑的想法。因为朝鲜在外交重要程度上不及中国和日本，所以外廊式建筑伴随领事馆的建设在朝鲜的引入时间上要晚于中国、日本 30 年以上，且在分布的城市上只有首尔、仁川等少数城市。

二、马歇尔在首尔和温州的工程实践

英国人弗朗西斯·朱利安·马歇尔（Francis Julian Marshall）是 1876 年接替博伊斯担任上海领事馆工程办公室的主任，直到 1897 年退休，是上海领事馆工程办公室任期最长的负责人。马歇尔上任之后，这一年英国和中国签订了《烟台条约》。《烟台条约》规定中国芜湖、宜昌、温州、北海等四处口岸开放，但是马歇尔上任并不是马上着手四个开放口岸领事馆建筑的建造，因为这之前有很多口岸和领事馆的工作还在延续，他认为其他那些领事馆建造进度更紧。在中国他设计建造了打狗、汉口、安平这几个领事馆。之后才开始芜湖和北海领事馆的设计，在中国暂告一段落后，马歇尔于 1889 年开始设计朝鲜汉城领事馆，这个方案包括了两座建筑：一座用于领事的办公和居住，另一座用于助理的办公和居住。汉城英国领事馆外交官官邸的正面刻有"V""R"字样，意味着它们是维多利亚女王时代（1837—1901 年）的建筑。鉴于当时朝鲜近代工业生产能力几乎是空白，建筑用到的阳台钢托梁、镀锌铁皮排水沟、五金器件、锁具、壁炉、楼梯灯是从英国进口，而小木装修的预制工作是在上海完成。两座建筑分别于 1891 年和 1892 年建造完成（图 2）。当领事馆建筑落成时，朝鲜国王高宗李熙对这新式建筑非常感兴趣，还想让马歇尔给他在相邻的宫殿区建造一个类似的建筑，但被英国政府以马歇尔工作太忙给回绝了。

在朝鲜汉城之后，马歇尔就着手中国宜昌和温州领事馆的设计了，英国驻温州领事馆也是温州最早、最典型的外廊式建筑。马歇尔于 1892 年提出的初始设计方案是一座两层楼的带办公室的住宅建筑，在 1894 年修改成了一个三层的

① 刘亦师 . 中国近代"外廊式建筑"的类型及其分布 [J]. 南方建筑，2011（2）：36-42.

② 同上.

③ 藤森照信 . 日本近代建筑 [M]. 济南：山东人民出版社，2010.

图2 汉城英国领事馆2号楼
图片来源：Mark Bertram.Room for diplomacy[M].Spire books ltd., 2011.

图3 英驻温州领事馆1号楼
图片来源：Mark Bertram.Room for diplomacy[M]. Spire books ltd., 2011.

图4 英驻温州领事馆警员住所
图片来源：Mark Bertram.Room for diplomacy[M]. Spire books ltd., 2011.

方案。1895年，温州英国领事馆建成，随后建成警员的住所，并用围墙加以封闭。办公楼依山而建，由台基、楼体、屋顶三部分构成，由青砖、红砖、花岗岩块石混合砌筑。楼体平面方正，较原始设计取消了东侧凸出的外廊，室内由东西向的一道砖墙分为南北两部分，相对独立，设门相通。警员住所正立面分为台基、楼体、屋顶三段式。台基由花岗岩条石砌成，地面下做成架空层。底层外廊排列六根柱墩，分割成五个券门，中央三个较大。两楼屋顶均为四坡式歇山顶，覆以涂红瓦楞白铁皮。两座建筑都是利用设计图纸，再聘请当地的营造商来建造，大量的五金件、屋面等都是订购自上海。从实物照片看，首尔领事馆2号楼的造型风格同三年后建成的英驻温州领事馆建筑比较接近。都采用附有通气孔的石砌架高基座、砖砌的室内暖炉与高出屋面的烟囱、玻璃的落地窗、檐口和腰线的齿状饰。马歇尔在汉城的实践为温州领事馆的工程提供了很多经验和参考。如清水砖外墙，一层丁

砖加一层顺砖的砌法是温州传统砌法中所未见的。一层拱券上的凹槽做出齿状饰也同首尔如出一辙（图3、图4）。

三、日本成为20世纪初东亚建筑文化交流的重要来源地

由于日本明治维新的成功，由西方主导日本近代建筑发展的局面在1887年（明治20年）以后就慢慢淡出主流舞台，日本率先在东亚建立起自身的近代建筑体系。为实行工学开发主义，1871年创办工部省工学寮，1877年就改升为工部大学校。其培养的学生和技术人员在建筑领域逐步替代了雇佣的外国人，使近代建筑发展有了自主的可能性。反过来传至中国台湾、东北的伪满洲国，以及朝鲜等侵占地，一定程度上又影响了东亚近代建筑发展的格局。如1911年日本在大连开办"满洲"工业学校，即含有建筑科，甚至比苏州工专建筑科还早12年。据不完全统计，目前我国台湾就还保留着日建公共建筑54座、居住建筑

14座、学校建筑38座、宗教建筑54座、产业建筑79座、纪念碑11座。开创国人办建筑学科的起始——公立苏州工业专门学校建筑科，在教学上主要沿用日本建筑教学体系；东北大学工学院建筑系仿照美国宾夕法尼亚大学教学体系；北平大学艺术学院建筑系沿用法国建筑教学体系。这三种教学体系并行，说明当时中国并未真正形成自身主导风格的近代建筑体系，虽受日本一定程度的影响，但在建筑学科教育上呈现的是一种多源并存的状态。而在朝鲜，自1910年日本"合并"朝鲜，朝鲜沦为日本殖民地后，日本政府由初期的高压统治，到改变初衷推进"文化政治"（1920年）政策，无论是1916年创办的京城工业专门学校，还是此后成立的朝鲜建筑学会，均是直接受日本近代建筑文化灌输的相对独立的建筑联合体。

在温州近代建筑中，有两个实例的建造是明确受到日本技术的影响。一处是建于1915年的平阳县鳌江栈前街壬泰商行，由商人林仲昭开办，坐南朝北，系两层楼房，面

图 5　平阳鳌江壬泰商行
图片来源：作者自摄

图 6　于园八角亭
图片来源：http://www.66wz.com/news/system/2006/04/04/
100094932.shtml.

图 7　壬泰商行平板瓦
图片来源：https://baike.baidu.com/item
/%E5%A3%AC%E6%B3%B0%E5%95
%86%E8%A1%8C%E6%97%A5%E5
%9D%80/22786798.

阔 25.6m，进深 11.3m。洋房为六开间，正立面为清水砖砌筑，用七根青砖方壁柱，中间开有两个罗马式花岗岩制作的圆形拱券门，并饰有多层浮雕纹饰。每根壁柱略高于屋面，顶部做出统一的线脚，用齿状饰，檐口以上高出屋面做出砖砌漏空女儿墙。背立面外廊又有大小不一的哥特式尖拱与罗马式圆拱交相辉映，天花板四周装饰精美。屋面为歇山顶，平直而无举折，采用特殊的平板瓦斜向交叠作鱼鳞状排列（图5）。另一处是市区纱帽河的于园八角亭。花园主人是晚清至民国期间温州名士吕渭英，曾历任福州知府、道台，并曾担任代理温州府商会总理。1920 年吕渭英辞去广东实业银行行长职务回温州后，扩建吕宅与"于园"，吕宅为三进两天井合院式建筑群，于园占地三亩许，为

近代温州十大名园之一。八角亭依附于厅堂，突出在庭院中。为二层攒尖顶（图 6），屋面采用了模印花纹的平板瓦，并作鱼鳞状铺设，与壬泰商行做法如出一辙。这两个近代建筑中都使用了特殊的瓦片，其来源即是日本。瓦片的制作是当年从日本运来造瓦模具、在温州取土烧制。瓦片呈正方形，边长 25cm，厚达 3cm。上边缘有隆起的槽，相互之间通过槽咬合在一起，下边缘则模印了欧式的百合花用作装饰（图 7）。从这两个实例看，平板瓦的尺寸和上面的花饰非常相似，应是机械化生产的产品。当年温州烧制的平板瓦在本地工厂中进行工业化生产，有一定的产量，并应用于这一时期的其他建筑，可惜目前这种做法的建筑已大部湮没在历史发展之中。

四、结语

近代日本发展到 20 世纪初，在建筑思想和技术上已领先东亚并对外输出，影响了近邻的中国。在建筑思想上，日本开始对传统建筑文化的复兴和回归带动了中国以梁思成为代表的建筑史学研究和觉悟。在技术上，日本机械化生产的工艺和设备也逐步引入中国。1925 年，黄炎培任董事长的中华合记铁工厂仿制信大砖瓦厂的日式制砖机，是国内最早制造烧结砖瓦机械设备的记录。而朝鲜作为日本的殖民地，则全面成为日本近代建筑的实验场。从中国的温州看，虽然受日本影响的近代建筑实例保留稀少，这有城市发展改造的因素，但不能说明温州近代建筑缺少对外交流，这种影响可为悠久的东亚建筑文化交流增添了历史的续笔。

参考文献

[1] 黄培量.温州近代建筑述略 [A]// 张复合.中国近代建筑研究与保护（五）.北京：清华大学出版社，2006：186-197.

[2] 村松伸.东亚建筑世界二百年 [J].建筑史论文集 2003，（1）：232-248.

[3] 藤森照信.日本近代建筑 [M].济南：山东人民出版社，2010.

[4] 赖世贤，徐苏斌.中国近代制砖技术发展研究 [J].建筑史，2016（2）：201-212.

[5] 潘谷西.中国建筑史 [M].北京：中国建筑

工业出版社，2009.

[6] 张书铭，郭璇.中日近现代建筑发展历程对照研究 [J].西部人居环境学刊，2014，29（03）：38-44.

从美岱召到大召
——蒙古帝国后的宫殿寺院建筑形式试测

陈　未

摘要：本文分析了蒙古帝国之后黄金家族后裔营建的宫殿以及第一批寺院建筑的结构特点。通过对美岱召和大召建筑形式和空间来源的探讨，提出了美岱召和大召建筑设计与建设的蓝本分别来自晋北和河湟地区的观点，并印证了俺答汗家族利用特定的建筑形式构建其统治的正当性和建造固定木构建筑时的政治考量。

关键词：藏传佛教建筑；结构探源；政治意图

陈未，北京建筑大学讲师。邮箱：chenwei@bucea.edu.cn。

　　蒙古族由于缺乏固定建筑的营建传统和技术。元朝以后，最早有明确记载的营建活动始于达延汗的孙子蒙古右翼的实际掌权人俺答汗。俺答汗在其兄长衮必里克墨尔根（1506—1542）死后控制了右翼蒙古，开始接纳内地白莲教信众，同时安置从山西、河北掳掠来的汉人，在丰州滩（今土默特左、右旗）建立了大量的汉族定居点，汉文史料称为"板升"（baishing），为蒙古文 bayising（固定房屋）一词的借用。1565 年，俺答汗遣白莲教众在大青山南、黄河北建造"大板升城"以及城内的长朝殿、寝殿和寺庙等建筑，俺答称其为"城寺"。1578 年，其与格鲁派首领索南嘉措（后称"三世达赖喇嘛"）会晤，标志着藏传佛教格鲁派进入蒙古地区，并在"城寺"以东今呼和浩特地区建造寺庙，明朝万历皇帝赐名弘慈寺，即今天呼和浩特市大召、席力图召及小召的前身。1581 年俺答汗去世，俺答汗的城寺在其孙媳乌兰妣吉（Machag Khatun）支持下改为佛寺（称"美岱召"），之后又在四世达赖喇嘛的蒙古驻地代表麦达理活佛的主持下一度成为蒙古佛教的中心，逐步形成了现在的寺院规模（图 1）。

　　一方面，在历史学界诸多学者对于俺答汗建立大板升城，自封为帝以及皈依藏传佛教的政治目的已有了诸多研究，乔吉先生明确指出俺答汗主导的"隆庆和议"和仰华寺会晤有很强的政治考量。另一方面，今天展现在我们面前的有俺达及其家族建设的美岱召和大召的建筑形态具有一定相似性，尤其是寺院主殿措钦大殿的外观形式上有很

图 1　美岱召措钦大殿以及琉璃殿
图像来源：《世界佛教美术图说大辞典》

大的一致性：均是前经堂后佛殿的布局形式。但是其建筑结构，尤其是柱网布局上则展现了极大的差异，似乎二者建筑模型的来源不同。本文旨在通过分析这两座重要寺院的建筑结构以及相关史料，从建筑的角度印证蒙古帝国以后的黄金家族建造固定建筑时的政治考量。

一、美岱召与玉皇阁

美岱召是蒙古帝国之后营建的第一座大型建筑（群）。绝大多数学者认为其前身是俺答汗所建的"城寺"：包括了俺答汗的宫殿和一座佛殿。关于营造宫殿的记述，蒙文和汉文史料中都有明确的史料记载，其中汉文史料提供较为详尽的记述。该信息源自《赵全献狱》——白莲教首领赵全被押送回京后的供词，瞿九思在《万历武功录》中进行了转录以及较为详尽的补充。相关俺达宫殿建设的主要记述如下：

"其四十四年，全与李自馨、张彦文、刘天麒，僭称俺答为皇帝，驱我汉人，修大板升城，创起长朝殿九重。期五月既望日上樑，焚株赞呼万岁，如汉天子礼。会天怒，大风从西南起，梁折，击主谋宋良儿等八人。答畏，弗敢居。"

从上述文献中可知赵全等白莲教教众直接设计和参与了俺答汗的宫殿。其中的主殿朝殿，面阔九间，但是由于天气原因出现了事故。在第二次的重建过程中是按前朝后寝的规格建造了两座独立的建筑。前面为朝殿、后面为寝殿。在之后的文献记载中，美岱召并未遭战火等灾害毁坏，虽然在俺答汗死后仍有加建。但是基本上保留了俺答汗时期的建筑布局。尽管还有争议，笔者推测这里的朝殿很有可能是美岱召大经堂佛殿部分，而寝殿则是琉璃殿。在蒙文《阿勒坦汗传》中也有相关记载："名圣阿勒坦汗于公水猴年，又倡导仿照失落的大都修建呼和浩特，商定统领十二土默特大众，以无比精工修筑此城。在大青山南部黄河之滨，修建八座奇美楼阁城市和玉殿"。[①]

从该蒙文文献中可知，俺达汗的宫殿仿照失落的大都而修造。根据傅熹年先生对元大都宫殿的复原研究可知，元大都的宫殿最为典型的特点是工字殿，即朝殿和寝殿有一廊庑相连，中朝殿和寝殿均为单层建筑。但是美岱召的佛殿和琉璃殿这两座建筑并不在同一高差的台基之上，建筑也不完全在同一轴线之上，所以排除了二者原先可能有工字形布局和连接廊庑的可能。且佛殿和琉璃殿都是多层建筑，明显与元大都的宫殿建筑的形制不符。似乎《阿勒坦汗传》中提到模仿大都更多的只是一种口号，或者只是建造了朝殿和寝殿，仿照前朝后寝的宫殿制度。自元朝灭亡到俺答汗建立美岱召相距近两个世纪，蒙古人本身并没有汉式木构建筑的营建传统，加之俺答汗的时代，蒙古区域内已经没有可参考的蒙元帝国时期的大型木构建筑，仿照失落的大都在客观上是很难完成的任务，所以笔者认为这里的"大都"更多的是俺答汗在右翼蒙古的政治宣传，并非俺答建造宫殿的真正模板。

在上文"玉殿"一词的翻译，珠荣嘎用了"玉宇宫殿之情这般"。他认为"qas"（玉）一词是一个形容殿高大的称呼。但是美国学者艾宏展（Johan Elverskog）将其翻译为"玉皇殿"（Jade Imperial Palace），给了我们一些新的思考。例如，山西蔚县的玉皇阁建于洪武十年（1377年），玉皇阁主体建筑建于蔚县北城墙之上，其建筑重檐歇山顶，二层三檐，主体部分面阔三间，进深两

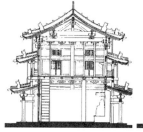

图 2　玉皇阁与美岱召措钦大殿
图片来源：玉皇阁剖面图，引自赵鸣. 古城名刹蔚州玉皇阁 [J]. 古建园林技术，1997（04）：37-40，42-44. 琉璃殿剖面，引自北京兴中兴建筑设计事务所，2017 年实测图，授权使用

① The Jewel Translucent Sūtra（Elverskog 2003，238）。另乔吉及 Elverskog 都认为文中的 höhhot 指的是美岱召，而非今天的呼和浩特市。

间（图 2）。底层和二层均有副阶作法的回廊。琉璃殿在建筑形制上与玉皇阁基本一致，只是用料较小，屋顶也是歇山顶，三重檐。现存建筑虽是三层，但第三层仅有 1m 高，没有实际功能。历史记载顶部曾失火，现在样式为改建而来，所以这部分与玉皇阁有较大不同。[①] 主体部分都是面阔三间，进深两间，带有副阶。回廊二层的老檐柱正好落在底层抱头梁三分之一处，这一做法也与蒙古国额尔德尼召中殿一致，但却与明代官式建筑中多层建筑回廊做法相悖。此外，在室内柱网上，琉璃殿和玉皇阁上下层柱网都未对齐，内柱可以在梁上随意设置，如琉璃殿三层的内柱均不在柱网上，笔者推测造成这一结构的原因是室内柱子并非主要的功能承重柱。例如在代县的靖边楼，其结构与琉璃殿和玉皇阁相似。但是其室内并无立柱。琉璃殿和玉皇阁的室内柱更多的是为了装饰，而非结构需求。在《俺答后志》中记载，俺答汗曾经不止一次出兵蔚县，其本人有可能亲眼见过蔚县玉皇阁。

此外，在文献上也有俺答汗初期营造宫殿的工匠大部分依赖于山西及河北北部的白莲教教徒的记述。根据《万历武功录》记载白莲教首领邱富的弟弟邱全就是梓人，曾经为俺答汗造楼房三座。直接参与此次营建的赵全、李自馨等人均

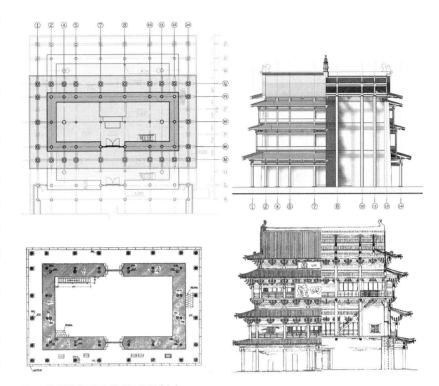

图 3 边靖楼（下）与美岱召佛殿（上）
图像来源：边靖楼平面剖面，引自滑辰龙，张福贵，李艳蓉.边靖楼修缮设计（上）[J].古建园林技术，1998（01）：20-27.

是来自山西北部的大同以及忻州，模仿自己熟悉的建筑的可能性很大，而晋、冀北地区的大型楼阁和寺院则是较为理想的模仿对象。而在美岱召中的另一大型建筑佛殿的形式以及结构与代县的边靖楼也尤为相似，可见晋北的楼阁建筑对蒙古早期大型木构建筑的形式有密切联系（图 3）。[②]

那么，美岱召错钦大殿（经堂和佛殿）是如何形成的呢？玉皇阁所在的第二进院落包含了钟鼓楼和山门，院墙正好夹在玉皇阁前廊的廊柱之上，把底层的环形回廊分为两个部分，玉皇阁的前侧廊被包在了院落内，而其余三侧廊则在院落外。这样的做法与美岱召及大召的大经堂的经堂包裹佛殿前廊的做法完全一致。如笔者认为，美岱召的措钦大殿始建时很有可能也是一个院落（图 4）。如玉皇阁，主殿（现在佛殿部分）则是原来的朝殿。由于事故，即使朝殿再次建成，俺答汗也"弗敢居"。笔者估计在那时很可能朝殿就已经是宗教功能的佛殿了，而琉璃殿兼作为朝殿和寝殿。这也可以解释通为何俺答汗在给宣大总督王崇古的信件中提到美岱召

① 故老相传，琉璃殿在 19 世纪晚期遭受过火灾，屋顶部分疑为之后重建。根据美岱召文物保管所记录，第三层的梁架是从其他建筑中拆卸下来重新利用的。所以说明第三层部分存在改建。由于第三层最高处不足 1.5m，无法容纳一个成人站直身体，墙身也不似一二层拥有壁画，所以很可能第三层分层是因为挪用其他建筑梁架的重建时不得已为之。

② 如果俺答汗想借用汉族的玉皇信仰和宫殿来树立起统治的正统性，则其会更倾向于建立蒙古人平时所不能接触到的建筑或者建筑空间。由于蒙古人缺乏营建传统，其通常生活和居住的环境大多数为游牧的帐篷、单层的临时建筑。反之，带有回廊的多层建筑则是一个绝佳的方式。在 16 世纪的蒙古国，已经没有大型的多层建筑存留，所以多层建筑并不是一般的蒙古人可以接触到的，符合了俺答汗要树立自己权威的条件，故也称为俺答汗模仿玉皇阁的一个辅助原因。但是此猜想没有证据可以作证，故列于此以供讨论。

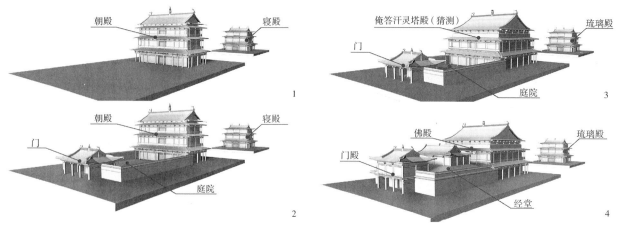

图 4　美岱召演化过程 [1，2 为俺答汗时期（1572 年前）；3 为乌兰姚吉初期（1585 年前后）；4 为麦达理活佛时期（1606 年前后）]
图像来源：笔者自绘

时称其为"城寺"。在俺答汗死后，土默特的政治和经济中心逐渐东移到归化城（今呼和浩特市），如沙怡然（Isabelle Charleux）认为 16 世纪末的美岱召对于蒙古就像是哲蚌寺对于卫藏。

1586 年，三世达赖喇嘛来呼和浩特后，将俺答汗遗体发掘出来再次火化，并宣称俺答汗是菩萨的化身以及蒙古的拯救者，根据佛教礼仪将其舍利子装入了请尼泊尔工匠建造的陵塔。根据《阿勒坦汗传》记载，陵塔安放在大召以西的青庙"köke ordo"中。但是大召西侧是明代所建的乃春庙，用以供奉乃琼护法神白哈尔，显然不可能同时是俺答汗的陵塔殿，故《阿勒坦汗传》中的青庙在哪里无人知晓。根据美岱召文物管理所的档案，在"文革"期间，美岱召佛殿佛座曾遭到破坏，在佛坛下发现用黄绸包裹的骨灰，以及弓箭和少数贴身用品，可惜没有留下任何照片。沙怡然指出由于

土默特后期再也没有出现极具影响力的男性统治者，能够获此殊荣的极有可能是俺答汗。此外，美岱召佛殿供奉的银佛被卖到土右旗供销社。根据档案银佛所卖的银子约重 40kg，以银的密度 10500kg/m³ 推算，所用银子的体积大概 15cm 见方。但是对比美岱召 17m 高的佛堂，显然原有陈设不止于此。综合美岱召在俺答汗之后一直作为俺答汗的家族墓地，笔者认为美岱召的佛殿有可能是俺答汗的陵塔殿。在乌兰姚吉当政时，因为供奉俺答汗的陵塔，该建筑可能模仿青海的寺院建筑，将原有的长方形平面改造为正方形，与稍晚建成的塔尔寺大金瓦殿一致（图 4）。在迈达理活佛主持美岱召期间，由于喇嘛人数增多，将原本的室外庭院覆盖屋顶，形成了现在所看到的经堂，出现了经堂包裹佛殿前廊的做法。这种包裹前廊的做法只见于部分晋、冀北部的道教庙宇，但从未在西藏和安多的藏传佛教建

筑中出现实例。在诸如拉萨小昭寺和桑耶寺也有前经堂后佛殿的布局形式，但经堂和佛殿并不是紧贴在一起。事实上，这样的经堂、佛殿咬接的做法只限于土默特地区，而离开土默特则未见相似做法，显然和俺答汗家族有着密切联系。由此可见，美岱召错钦大殿形式与结构体系的形成源头在晋北。

二、大召与塔尔寺

在仰华寺会晤的第二年，俺答汗就着手在大青山下建立寺院和城池，蒙古文献中称该寺院为 Juu-Skyunmi（释迦牟尼寺），万历皇帝赐名弘慈寺，其北部的城池赐名归化城，是现呼和浩特市的前身。1585 年，三世达赖喇嘛索南嘉措来到蒙古，为俺答汗的陵塔以及大召的释迦牟尼佛像开光。俺答汗的长子僧格都凌汗为达赖喇嘛建造寺院，学者普遍认为是今席力图召的古佛殿[①]。

---

① 根据寺内喇嘛回忆，席力图召古佛殿建于金朝，是呼和浩特最古老的寺院。但是古佛殿的木构梁架并不支持此说法。有学者认为金朝是后金的误传。但是后金于 1616 年建立，皇太极 1635 年控制土默特地区，1636 年改国号为清。如果古佛殿建于皇太极时期，则要比大部分呼和浩特寺院晚，与喇嘛的回忆不符。笔者认为此处金可能指的是俺答汗所建立的王国（俺答即 Altan 在蒙古语中为金）。沙怡然认为古佛殿是俺答汗 1572 年为安置一世席力图活佛而建，符合笔者的猜想。综上，笔者认为可能古佛殿建于 1572 年，僧格都凌汗只是以古佛殿为中心修整了寺院。

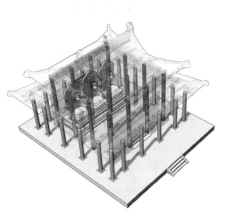
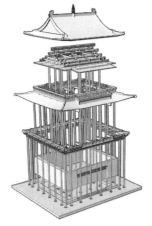
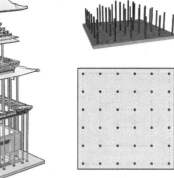

图 5　大召模式的俺答汗家族建筑寺院
图像来源：笔者自绘

图 6　回字形柱网
图像来源：笔者自绘

次年，俺答汗的堂侄也是俺答汗的女婿和重要的盟友的阿巴岱汗①来呼和浩特会见达赖喇嘛，在蒙古故都哈拉和林遗址之上建立了额尔德尼召中殿。1610 年前后，俺答汗孙、乌兰妣吉之子温布洪台吉在翻译蒙古文《甘珠尔经》前后建立了一座佛殿，后来经内齐托音活佛扩建形成了今天的小召。这些寺院建筑共同构成了内外蒙古现存最古老的木构建筑（图 5），笔者将这一批形式相近、由俺答汗家族建造的佛殿称作"大召模式"，并得到了藏传佛教建筑研究领域学者的认可。

俺答汗家族所建寺院的佛殿大部分采用正方形，其核心特点就是回字形的柱网。以大召佛殿为例，其佛殿部分是汉式重檐歇山顶（图 6）。殿身部分是面阔五间，进深五间的正方形平面，外侧围绕佛殿是一圈副阶做法的室外回廊。柱网分为三重：最外侧的柱网形成回廊；中层是被包裹在殿身墙体之中；内层是佛殿内柱。这样的柱网布局与山西地区建筑以及明朝官式建筑完全不

同。如大同阳高云林寺、蔚县灵岩寺、天镇慈云寺，延续了金代以来以品为单位的梁架布置。云林寺大殿使用了减柱法，而大召的柱网则是回字形排布。这样的柱网并不是来自于与蒙古相邻的山西、河北，也与之前白莲教众建造的美岱召有极大的区别。在明代以来的中原地区，佛寺殿堂的副阶做法已不再使用，正方形的佛殿更是罕见。明代北方佛寺大多延续金元特征——长方形佛殿，且大部分没有回廊。明代官式寺院中即使建设回廊也仅是在檐橡下立柱，利用屋顶的悬挑形成回廊，而非副阶做法。例如智化寺的万佛阁二层和碧云寺大雄宝殿。所以，"大召模式"的正方形平面的结构来源显然不是山西或者北京的官式建筑。

《阿勒坦汗传》和明代汉文史料并没有提及大召等在仰华寺会晤以后建成的寺院采用了何种的建筑形式。从上文建筑结构分析看，与山西的建筑没有直接的联系，寺院的营建是否与西藏地区存在联系呢？从历史上看，俺答汗在 1550 年前后

开始远征瓦剌，后来其势力到达青海。1572 年，俺答汗见到了格鲁派的阿升喇嘛，并且直接促成了其与达赖喇嘛在仰华寺的会晤。在建设大召前，俺答汗就授意其四子丙兔台吉在青海湖南建立仰华寺，根据《三世达赖喇嘛传》描述，仰华寺的佛殿也是 16 根柱子的汉式方殿。推测这样 16 根柱子的方殿应该是面阔三间进深三间的佛殿。这与几乎是同年建成的塔尔寺弥勒殿，以及同一时期的席力图召古佛殿形制相似。所以，俺答汗有条件接触到与山西一带汉传佛教建筑完全不同的建筑体系，而这一建筑体系如天津大学吴葱所言，是经过精心设计以适用于藏传佛教空间需求的，且与汉式佛殿形式不相同的建筑结构。从额尔德尼召大梁上的蒙、汉文题记中可知，其寺院的设计和建造是由顺义王（俺达及其子孙）的喇嘛提调负责的。乌云毕力格研究认为额尔德尼召的喇嘛提调应该是洞阔尔曼殊室利和萨木喇囊索，二人都是三世达赖喇嘛的弟子，曾经追随索南

---

① 阿巴岱汗是达延汗第十一子格呼森扎之孙，左翼喀尔喀万户的实际统治者。

嘉措参加仰华寺会晤，后来随同俺答汗来到蒙古土默特，后又被派往哈拉和林建造额尔德尼召。另外，笔者认为美岱召的大经堂的建成设计与西藏前来的四世达赖代表迈达理活佛有着直接关系，迈达理活佛很可能亲任美岱召后期改造的喇嘛提调一职。通过以上分析，大召等蒙古早期藏传佛教建筑和安多或者卫藏地区有着直接的联系。

大召为代表的这种回字形临摹对象是青海河湟谷地的寺院建筑（如瞿昙寺和妙因寺为代表的木构建筑）。例如塔尔寺的弥勒殿建于 1578 年，虽然是由当地塔尔寺六族（现被认定为藏族）直接建造，但是二者建造都受三世达赖喇嘛的直接影响，并且俺答汗四子丙兔台吉也参与其中。所以塔尔寺和呼和浩特的寺院的建造应该有着极为紧密的联系。在平面布局上安多和蒙古的佛殿都沿用了正方形的平面，以三开间为主。围绕佛殿有副阶做法的回廊。只不过安多地区回廊以内转经廊为主，而蒙古地区以外转经廊更为常见。笔者认为可能是由于早期格鲁派僧人向噶举派妥协的结果，限于篇幅，在此不展开论述。但是

无论是建筑外观还是内部的柱网形式，我们都看到了很大的相似性。例如塔尔寺弥勒殿，因为需要承载中心的大型佛像，其内柱均在进深方向上沿轴线移动。在佛坛后的室内柱进行了加柱，两组柱子均沿各自的轴线方向向外平移了近 1m。同样，我们在席力图召古佛殿和小召的佛殿中也见到了相似的做法（图 7）。但是，无论席力图召古佛殿还是小召佛殿的佛坛，都是 U 字形布置，所以并不需要中心四颗金柱的移动，但是在席力图召古佛殿中的金柱在轴线上平移近 1m，而小召佛殿在平移的基础上又增加了四颗金柱。

我们可以发现俺答汗在仰华寺会晤后建立的一系列寺院与青海安多北部寺院有着很强的联系性，却与相近的山西地区相差较大，说明俺答汗在后期的寺院营建中放弃了以山西工匠为主的营建，转而依赖来自西藏（安多地区）的喇嘛作为建筑的设计方。虽然蒙古贵族可能没有亲自参与到寺院的细节设计上，但是照搬安多地区的佛殿，以及使用安多的工匠，没有俺答汗的首肯和支持是不可能完成的。

三、俺答汗统治正当性的构建

古今中外，大型的建筑活动背后通常都包含一定的目的和用意。特别是对于 16 世纪的蒙古草原，在建筑技术和材料十分匮乏的情况下，进行大规模的营建，当权者俺达汗的目的显然并非仅仅是礼拜信佛。蒙古史知名学者乔吉所言：蒙古有句古老谚语"天有日月，地有二主，是蒙古草原不可撼动的王权法则"。二主指的就是大汗与济农。自从达延汗重新分封蒙古六万户以来，蒙古大汗的称号一直在达延汗长子铁力摆户（Törö-Baikhu）的长子中世袭，而副汗（济农）头衔则在达延汗第三子巴尔速孛罗（Barsubolod）长子中传承。俺答汗作为巴尔速孛罗的第二子，在其兄长墨儿根济农死后，即使无论在实力还是地位上都超过了济农（其侄子诺延达喇 Noyandara），甚至其堂兄博迪汗（Bodi Alag）也不能节制。俺答汗虽然获得了汗位，但是其价值远比大汗和济农的含金量要低。所以，作为蒙古右翼的直接掌权者，俺答汗急需通过相关的建设建构其统治的正当性和合法性。俺答汗称帝与仰

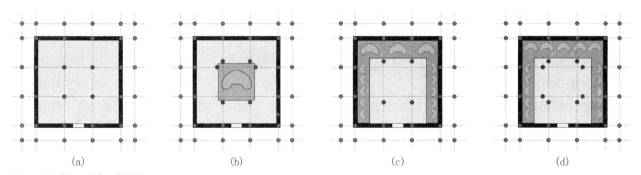

图 7　3×3 柱网下的方形佛殿柱网
（a. 妙因寺万岁殿；b. 塔尔寺弥勒殿；c. 席力图召古佛殿；d. 小召佛殿）
图像来源：笔者自绘

华寺会晤则是俺答汗构建其统治重要两步。所以俺答宣称其模仿失落的大都进行相关建设，以汉地的玉皇阁为蓝本就更易理解了。俺答汗使用了汉族对于皇帝的9间朝殿及前朝后寝制度来展现自己也是蒙古的"天子"，但可惜的是，这次雄心勃勃的计划被大风所破坏。总之，也许是俺答汗的迷信，也许是仿照汉地宫殿并没有给俺答汗带来他所期望的统治合法性。此后俺答汗开始借助藏传佛教的力量再度建立蒙古的合法性的努力。艾鹜得（Christopher Atwood）教授认为，仰华寺的会晤标志着达赖喇嘛对俺答汗的汗号认可，并且确立二人为忽必烈汗和八思巴喇嘛的转世，使俺答汗在蒙古贵族中的统治更加稳固。这一时期的建筑，如大召开始将建筑蓝本转入河湟地区，通过藏传佛教的建筑形式得到西藏格鲁派高层喇嘛的认同。对比同一时期的明王朝，也一直在礼遇西藏各个宗派的法王喇嘛，但是明朝皇帝显然没有需要通过藏人构建政治认同的需求，所以我们看到明代的藏传佛教木构寺院，如北京的护国寺、隆福寺，虽然在装饰上都带有一些藏传佛教的特征，但是在寺院建筑上采用的都是汉式官式做法。从历史上看，俺答汗的努力取得了成功，在其死后，1586年三世达赖喇嘛来蒙古，重新火化了俺答汗的遗体，宣称俺答汗是菩萨的化身，因为救渡而转生蒙古，等于在宗教上承认了俺答汗的神性。此后蒙古国喀尔喀部阿巴岱汗模仿俺答汗与达赖喇嘛建立了供施关系，并在哈拉和林遗址上建立的额尔德尼召，阿巴岱汗成为喀尔喀部最先拥有汗位的统治者，其子孙统领的土谢图汗部也成为清代喀尔喀蒙古最大的政治势力。

综上，历史学者在之前的研究中已经分析了俺答汗隆庆和议以及仰华寺会晤的政治意图和历史意义。本文通过对于建筑结构以及样式的分析，通过分析俺答汗遗留下的建筑再次验证了乔吉为首的历史学者对于蒙古帝国以后蒙古统治者对于其自身合法性的建设。

参考文献

[1] 陈未.16世纪以来蒙古地区藏传佛教建筑研究的再思考[J].建筑学报,2020（07）:105-112.

[2] 包慕萍.蒙古帝国之后的哈敦和林木构佛寺建筑[J].中国建筑史论汇刊,2013（02）:172-198.

[3] 乔吉.内蒙古寺庙[M].呼和浩特:内蒙古人民出版社,1994.

[4] 张鹏举.内蒙古藏传佛教建筑[M].北京:中国建筑工业出版社,2012。

[5] Daajav, B. Монголин уран барилгын түүх, 1988. Rinpoche, Interaction in the Himalaya and Central Asia: Processes of transfer, translation, and transformation in art, archaeology, religion and polity[M]. Vienna: Austrian Academy of Sciences Press, 2017: 357-374.

[6] Charleux, Isabelle. temples, and monastères in Inné Mongolie temples et monastères de Mongolia intérieure[M]. Paris: Éditions Du Comité Des Travaux Historiques et Scientifiques, 2006.

[7] 乌云毕力格.额尔德尼召建造的年代及其历史背景——围绕额尔德尼召主寺新发现的墨迹[J].文史,2016（04）:107-116.

[8] 陈未.蒙古额尔德尼召及其蓝本问题的建筑学思考[J].世界建筑,2019（03）:110-115, 128.

[9] Truevtseva, Olga. The cultural heritage of the monasteries of Arkhangai aimag of Mongolia[J]. Muzeológia a kultúrne dedičstvo, vol. 6, no.1（2018）: 1-66.

[10] 陈未."大召模式"——蒙藏地区藏传佛教寺院结构及形态研究的再思考[J].古建园林技术,2020（03）:60-65.

[11] Heissig, Walther. The religions of Mongolia [M]. Berkeley: University of California Press, 1980: 45.

[12] Feiglstorfer, Hubert. On the origin of Early Tibetan Buddhist Architecture [M]//Along the Great Wall. Vienna: IVA-ICA, 2010, 107.

[13] 宿白.藏传佛教考古[M].北京:文物出版社,1996: 88.

寻找"记忆"的象征性表达
——爱德华·拉夫尼卡的建筑思想及作品分析

姜 松 虞 刚

摘要：由于斯洛文尼亚历史发展和地理位置的特殊性，这个国家的现代主义建筑探索具有明显的本土特征。作为斯洛文尼亚探索现代主义的标志性建筑师，爱德华·拉夫尼卡的建筑创作，在受到西欧主流现代主义思想影响的同时，也尊重了斯洛文尼亚的建筑传统。这使得他的作品及思想对当代建筑创作具有重要意义。本文追溯了拉夫尼卡建筑实践的现实背景以及创作根源，并以他在 20 世纪 40 至 80 年代的建筑实践为例，探究这位建筑师如何通过独特的创作方式回顾和转化"过去"，实现建筑作品中社会与集体的"记忆"的表达。

关键词：象征性表达；向传统学习；原型；抽象化

姜松，哈尔滨工业大学（深圳）建筑学院建筑学硕士研究生。邮箱：875331640@qq.com。
虞刚，哈尔滨工业大学（深圳）建筑学院教授。

爱德华·拉夫尼卡（Edvard Ravnikar）1907 年生于斯洛文尼亚，以建设斯洛文尼亚标志性公共建筑、改革建筑教育、组织建筑竞赛闻名。他是众多新一代斯洛文尼亚建筑师的老师，对现代主义在斯洛文尼亚的传播起到了重要作用。拉夫尼卡于 1993 年逝世，在此之前，斯洛文尼亚经历了从奥匈帝国的统治，第一、第二次世界大战到南斯拉夫联邦人民共和国成立、自治与解体的整个过程。由此可见，持续的政治动荡和不断变化的领土主权归属，构成了拉夫尼卡建筑创作的时代背景。尽管时代背景复杂，但拉夫尼卡大部分建筑作品都是在斯洛文尼亚社会主义现代化时期（1945—

1991 年）[①] 完成。在这段时期，国家公共部门的经济规划和技术发展，对建筑创作产生了关键影响，不过在建筑美学问题上却不像苏联那样的单一。正是这种特殊的政治和文化背景，使得拉夫尼卡的建筑作品既能体现主流现代主义建筑风格，又能融合当地建筑传统。

在拉夫尼卡设计思想的形成发展过程中，主要受两位老师的直接影响，一位是斯洛文尼亚建筑师约热·普列尼克（Jože Plečnik）[②]，另一位是瑞士建筑师勒·柯布西耶（Le Corbusier）。普列尼克对拉夫尼卡的影响主要体现在对古典主义和当地建筑传统的延续和发展上，这使得拉夫尼卡致力于挖掘传统建筑的现

代性特征，比如空间的逻辑和结构的真实，而不是在传统建筑中寻找形式的参照；柯布西耶则是指导其探索现代主义的导师。[1] 因此，拉夫尼卡可以将当地建筑传统与现代艺术相结合。一定程度上，我们可以将拉夫尼卡对建筑文化性、地域性的理解，看作是普列尼克建筑思想的延续，同时，在柯布西耶的影响下，拉夫尼卡的这种延续也符合当时现代建筑运动的基本原则。

受普列尼克影响，拉夫尼卡早期项目仍与普列尼克的建筑有相似之处。拉夫尼卡第一个独立项目（图 1a）在设计手法、材料使用方面显然是仿照了普列尼克的一个教堂项目（图 1b）。[2] 在拉夫尼卡的职业生

---

① 1945 年斯洛文尼亚成为南斯拉夫的一个加盟共和国。1991 年 6 月 25 日宣布独立。
② 约热·普列尼克（1872—1957），斯洛文尼亚建筑师，在近代建筑史上享有"后现代主义先知"的美誉。

（a）一战阵亡者公墓，拉夫尼卡

（b）迈克尔教堂，普列尼克

图1　拉夫尼卡第一个独立作品与普列尼克作品对比
图片来源：参考文献 [1]：16.

图2　克拉尼市政大楼正立面，拉夫尼卡
图片来源：引自 https://akomm.ekut.kit.edu/Vodopivec.php

涯中，他虽然能够清楚地意识到西欧主流的现代主义创作趋势，但他有时却刻意避免这种趋势，甚至利用南斯拉夫与西欧的距离，使自己在相对孤立的情况下探寻建筑思想。得益于此，他的作品富有极强的地中海特色，当地的气候、景观、建造逻辑、材料特质都反映在其中。

总体来讲，拉夫尼卡作为一名现代主义建筑师，却从未停止回顾"过去"，而是用自己的方式转化了"过去"。拉夫尼卡的建筑思想及作品不能简单地通过其风格与形式进行评判，必须要熟悉拉夫尼卡当时的社会背景与政治环境之后，才能理解得广泛而充分。

一、向传统学习

拉夫尼卡认为古典建筑之所以经典，不在于风格的特殊，而是形式背后古典主义思想的表达，这也是他认为密斯·凡·德·罗、格罗皮乌斯等现代建筑先驱实际上是忠实的古典主义者的原因。因此，拉夫尼卡对"过去"有着广泛且深入

的敏感性，他曾在文章中写道，"技术的发展通常是文化遗产的敌人。近几个世纪以来，新时代和新技术经常导致遗产的破坏，西欧也是如此"。[1]

如要深入研究拉夫尼卡的设计思想及作品，位于斯洛文尼亚克拉尼市的市政大楼（图2）是一个关键的例子。这座建筑始建于1960年，被认为是斯洛文尼亚现代建筑中最重要的建筑之一。虽然这座建筑被定义为现代建筑，但它表现出了明显的偏离国际现代主义准则的特征。它是一个当地建筑传统与现代建筑原则相结合的例子，具有明显的本土特质。

这座大楼的设计体现了普列尼克对拉夫尼卡的影响，同时也显现出戈特弗里德·森佩尔（Gottfried Semper）① 的"面饰"（Bekleidung）②[3] 理论和柯布西耶的影响，即强调结构的权威性和材料的真实性。在这个例子中，可见的结构决定了建筑的比例、节奏和规模，使建筑具有清晰的几何关系；同时，这座大楼的正立面是轴对称的，这可以看作

是对古典建筑的现代性诠释；建筑主体被底层架空抬高，折板状的屋顶覆盖在建筑主体的上方，由此构成古典建筑经典的三段式构图；屋顶的重量通过两个"V"形梁向下转移到建筑外部的四块支撑板上，致使楼层中没有任何支撑，进而形成了一个完整的空间。这些处理方式都能够在古典建筑中找到参照。此外，在这座大楼身上又可以找到当地建筑传统的痕迹，比如传统脊状的坡屋顶、广泛使用的当地材料、真实可见的细部。另一方面，具有体积感但不笨重、规则但不完全对称、没有任何装饰的特点又使这座大楼最终被定义为现代建筑。[1]

此外，在材料和结构方面，我们也可以找到拉夫尼卡向传统学习的踪迹。地中海景观、科斯特山脉以及萨瓦河和多瑙河的低地，是斯洛文尼亚地区三种主要的景观类型。这三种不同的地理条件产生了不同的建筑材料，而材料的使用取决于当地的气候特点。斯洛文尼亚的传统建筑使用了各种当地的天然材料：从地中海地区的石材和烧

---

① 戈特弗里德·森佩尔（1803—1879），德国建筑师、建筑理论家，著有《建筑四要素》《技术和建构艺术中的风格问题》等著作。他所提出的"面饰"理论对今日建构等问题产生了影响。

② "Bekleidung"是森佩尔建筑理论的核心概念之一，关于其中文表述，作者参照了《森佩尔建筑理论述评》中的汉译"面饰"。

制黏土，到科斯特山脉的木材和碎石，以及萨瓦河和多瑙河低地的木材、黏土和稻草。[1] 在斯洛文尼亚对技术与发明创新极高要求的背景下，拉夫尼卡认识到这些材料的价值，通过独特的技术手段改造并使用了它们。他一次又一次地测试这些材料的特性和功能，并对它们进行工业化处理。当采石场不再赚钱被废弃时，拉夫尼卡开始开发薄石砌面，应用在卢布尔雅那革命广场项目中；当砖瓦厂停工时，他在克里纳酒店项目中展示了使用面砖的无穷可能性；当斯洛文尼亚钢铁厂陷入衰退时，他是第一个使用生锈钢材的人，并在环球百货公司项目中使用。[1] 他总是谦虚质朴地将当地的建筑材料转化为建筑中可识别的独特价值。

拉夫尼卡也积极探索新的结构形式，在卢布尔雅那结构工程学院的设计中，他通过大胆的结构和极其简单的细部构造来克服材料选择的局限性。清晰的结构决定了这座建筑的逻辑，一楼强调承重结构元素，建筑的中部体积与之形成对比，在最高的楼层上方有一个突出的檐口，这是对传统屋顶的诠释。拉夫尼卡正是通过这种创新的现代结构回应了古典建筑的三段式构图。他把建筑理解为是建造过程的结果，其核心是建构逻辑，而不是最终的形式，这也是他的作品可以看作是不可分割的整体的原因。[1] 由此可见，拉夫尼卡在探索新的结构形式的过程中，再一次对传统作出了回应。

二、"原型"抽象化

20 世纪 50 年代末，抽象艺术开始在斯洛文尼亚绘画、雕塑和建筑中占据重要地位，拉夫尼卡的许多作品也都展现着这种艺术特点。拉夫尼卡最重要的作品之一——拉布纪念建筑群（The Rab Memorial Complex）就是拉夫尼卡对斯洛文尼亚视觉艺术中抽象作用的肯定。这个作品将社会与集体"记忆"中的"原型"抽象为纯粹的几何形式，揭示了隐喻在设计中的可能性，创造了一个极为丰富的精神联想世界。这个项目位于克罗地亚，设计于1952—1953 年，它既是一个战争墓地，也是官方的国家纪念场所。凭借粗糙的石墙、一系列水平平台、低矮的坟墓、切割过的柱子、垂直的石板和仪式性的路线，纪念建筑群形成了一个形式内敛而隐喻丰富的世界。这些抽象化的几何要素隐喻着战争及集中营时期的各种要素"原型"。

项目原址是 1942—1943 年意大利在拉布岛的坎波尔集中营所在地[1]，当时场地内建有一排排的帐篷和小屋，建筑群所在的拉布岛被亚得里亚海所包围，景色优美。但在 1942年 7 月至 1943 年 9 月意大利集中营期间，这个地方变成了一个真实的地狱世界。集中营中的大多数因犯都是平民，包括男人、妇女、儿童和老人，他们来自斯洛文尼亚、克罗地亚边境地区，这些人被塞进大约一千个帐篷里，每个帐篷容纳六

个人。尽管后来建造了一些简陋的小屋，但卫生条件仍旧十分恶劣，饥饿、强迫劳动、流行病充斥着这片区域，因犯陆续死亡，后来很多死亡的因犯被葬在了这里，这里也成了一处墓地。在这一背景下，拉夫尼卡设计的建筑群，在整体空间结构上，和之前的集中营极为类似，他希望通过这种方式将体验者带入当时的情境中。

在设计中，拉夫尼卡通过对集中营时期的要素进行抽象再现，使得建筑群具有隐喻性的内涵。其中，平行的石头埋葬板暗示了集中营的一排排帐篷和小屋，而每个单独坟墓上方的椭圆形金属圆盘让人想起因犯必须佩戴的身份标签；也有研究表明，入口处细丝状的金属大门可能被解读为集中营时期监狱大门的再现版本（图 3）；[1] 弧形博物馆的拱形石材结构似乎可以追溯到15 世纪由乔治·达尔马齐亚（Juraj Dalmatinac）[2] 设计的西贝尼克大教堂中不用砂浆建造的石头拱顶和拱肋。拉夫尼卡为社会振兴设计的弧形博物馆很可能暗指大教堂的洗礼堂。他通过这种方式避免了简单而肤浅的意象，寻求在作品的表达中嵌入精神上的意义，使用墙、开洞、平台、平板等基本和必要的建筑要素的同时，也使用光影、比例、材料和规模来唤起体验者的情感共鸣。虽然他的建筑以强烈的物质性给人留下深刻印象，但其物质性的背后是精神层面的表达。

对拉夫尼卡来说，抽象化是一

---

① 坎波尔集中营于 1942 年在第二次世界大战期间在意大利占领的拉布岛（现为克罗地亚）建立。该营地生存环境恶劣，死亡率高。1943 年，意大利法西斯政权倒台后，集中营关闭。

② 乔治·达尔马齐亚（1410—1473），达尔马提亚雕塑家和建筑师（现为克罗地亚境内），西贝尼克大教堂是其代表作之一。

（a）平行的石头埋葬板（隐喻—排排帐篷）　　　　（b）椭圆形金属圆盘（隐喻囚犯的身份标签）　　　　（c）细丝状金属门（隐喻监狱大门）

图3　纪念建筑群中各种富有象征性的元素

图片来源：网络。引自 http://architectuul.com/architecture/memorial-complex-kampor-rab ；https://www.skoberne.si/prijatelji/2017/svrab17/2.html ；http://www.oris. hr/en/oris-magazine/overview-of-articles/[153]concetration-camp-in ；mate-cemetery-on-the-island-of-rab, 2444.html

种可以避免肤浅表达的方式。拉夫尼卡试图在拉布纪念建筑群中激发参观者感官的体验和情感的共鸣，在模糊中创造象征性表达，进而挖掘参观者隐藏的情感。为实现这一点，他对过去"记忆"中的"原型"进行抽象化处理，发展了一些新形式，同时给它们注入了新内涵，这种方式在1953年的人质公墓设计中也得到了充分的展现，在墓地的设计中，大量的重复石碑象征着战争中大量的遇难者。拉夫尼卡用这种简单内敛的形式表达了社会与集体的"记忆"。拉夫尼卡的这种方式或

许也是受到了柯布西耶的启发，这和柯布西耶对古罗马的城市的诠释[4]异曲同工。

三、结语——表达"记忆"

拉夫尼卡并不是一个典型的现代主义建筑师，在西欧主流现代主义思潮盛行的时代，他坚持从"传统"中寻找具有意义的本土特质。时代的变革和技术的进步并没有使拉夫尼卡忘记传统的意义，他以强大的抽象形式转化了"过去"，表达了社会与集体的"记忆"，进而激发了民

众的情感共鸣。回到当代建筑创作中，我们依旧在众多建筑师作品中看到抽象形式背后强烈的象征性表达，如果可以转化"过去"某些传统特质，进而表达社会与集体的"记忆"，必然会对当代的建筑创作有所裨益。中国的建筑创作对本土的传统建筑文化的继承与发展从未停止，这种探索在践行文化自信的时代背景下显得尤为重要，而拉夫尼卡对传统的回应态度与处理方式为中国建筑创作提供了一种新的视角与途径，一定程度上也能够使建筑传统文化的再现提升到更深入的层面。

参考文献

[1] Vodopivec A；Znidarsic R. Edvard Ravnikar: Architect and Teacher [M]. Slovenia: Springer Vienna, 2010.

[2] 彼得·加布里耶尔奇科. 斯洛文尼亚建筑

与卢布尔雅那建筑学院 [J]. 孙凌波译. 世界建筑, 2007（09）：20-24.

[3] 史永高. 森佩尔建筑理论述评 [J]. 建筑师, 2005（6）：51-64.

[4] 勒·柯布西耶. 走向新建筑 [M]. 陈志华译. 西安：陕西师范大学出版社, 2004.

1940—1989 年立陶宛现代建筑历史简述

王 琪 虞 刚

王琪，哈尔滨工业大学（深圳）建筑学院建筑学硕士研究生。邮箱：601252744@qq.com。
虞刚，哈尔滨工业大学（深圳）建筑学院教授、博士生导师。

摘要：20 世纪 50 年代，由于特殊的历史原因和地理因素，立陶宛在苏联大规模推进工业化和现代化建设的同时，其建筑文化也受到了北欧地区的影响，立陶宛地区独特的现代建筑特色应运而生。以苏联时期立陶宛政治经济的发展状况为背景，本文分析了立陶宛现代建筑审美的变化特征，总结立陶宛建筑师结合历史与地理因素发展地域特色建筑的做法，归纳出苏联时期立陶宛的建筑发展对当代立陶宛建筑形成平易近人的风格有着深远影响。

关键词：立陶宛现代建筑；苏联现代化；北欧现代主义；几何形式

1940 年代，立陶宛苏维埃社会主义共和国成立。[1] 在 1940 至 1945 年苏联全面推行现代化期间，立陶宛政治、经济随之加速发展。然而，当时的立陶宛仍然处于追求欧洲文化体系的状态，思想文化的转变难以跟上苏联政治、经济现代化的发展进程。为了全面推进现代化，苏联重组了当时的立陶宛建筑体系。直到 1955 年，立陶宛建筑师开始接触北欧现代主义建筑理论体系，结合立陶宛民族文化，第一座立陶宛现代主义建筑诞生。20 世纪 60 年代是立陶宛现代主义积极发展的时期。直至 20 世纪 70 年代，新一代建筑师有了后现代主义的参考，开始重新思考立陶宛现代建筑的历史风格。

一、成长期：立陶宛建筑的苏联化（1940—1954 年）

1. 苏联现代主义

苏联现代主义出现在 20 世纪 50 年代中期至 60 年代的赫鲁晓夫"解冻"期间。当时的建筑改革追求施工过程更快、更经济，并大力推行预制混凝土的施工方式，没有人讨论现代主义建筑相关话题，社会对于建筑的关注点集中在战后住房问题上。1957 年，苏联提出最重要的社会任务之一是保证每个家庭有符合现代化要求的单独成套住宅。[2] 因此，当时的建筑教育更强调建筑技术与功能的标准化设计，对建筑的艺术审美方面没有过高的要求。

苏联建筑由古典主义到现代主义的转变，涉及全面推行工业化在建筑规划等领域的影响，最主要的特征就是标准化设计 [①][3]。

2. 标准化设计

1940 年，苏联在波罗的海地区引入战后城市恢复计划，当时的立陶宛也提出了首都维尔纽斯市（Vilnius）重建计划 [4]：（1）重要的公共建筑接受专业人员的设计；（2）功能型建筑如住宅建筑、宿舍、工业设施将使用莫斯科规划机构提供的标准草案进行设计——标准化设计。立陶宛依照标准化设计的电影院能够反映重建计划第二项的特征。图 1 上图是立陶宛两个城市的电影院比较，下图是立陶宛乡镇中

---

① 苏联当时有专门的艺术组织结构，所有的文化活动都必须按照事先规划好的发展进程进行。引自参考文献 [3]：27.

的电影院设计对比，这两者在建筑形式的秩序上几乎没有什么不同。功能性建筑严格遵循对称、轴向固定的建设原则。然而在大型公共建筑的设计中，形式秩序差异相对较大，如图1下图所示。

住宅建筑受到莫斯科住宅项目的影响，以4~5层公寓建筑居多，住宅建筑由著名的工厂及资金充足的开发商建造。另一种住宅类型是2~3层的建筑，每座有4~12套公寓。这类公寓同样基于标准化的设计原则。公寓也是新工业区的一部分，靠近工厂和工业基地。重工业的发展促进了这些住房单元和完整住宅区的建设，包括附属的建筑如幼儿园和中学[5]。由此可见，标准化设计住宅在某种程度上的确顺应了社会发展的大方向。

3. 社会主义表达

与现代建筑的设计手法相比，斯大林时期的建筑表达风格更具文学性。当时的建筑通过明确的符号、铭文、口号和雕刻等装饰以强调建筑秩序。立陶宛建筑师找到了一个在古典建筑和民间艺术风格之间取得平衡的方法：（1）大型公共建筑遵循标准化设计的原则；（2）地区项目设计时可以应用民族学装饰建筑细部。传统要素符号化的设计方法主要应用在室内设计和立面中。莫斯科的全联盟农业成就展上的苏联立陶宛馆（The Soviet Lithuanian Pavilion, 1954）[6]是社会主义符号与古典元素结合在一起的杰出代表。立陶宛馆在立面的细节设计上采用了郁金香图案的符号化转换，平面设计与功能流线的布局仍然遵循标准化设计的原则。由此可见，即便

图1　立陶宛标准化设计对比图（1953年）
图片来源：参考文献[3]

处在标准化设计的环境下，立陶宛建筑师仍然尝试在建筑中表达对社会主义的理解。

二、革命期：立陶宛现代主义建筑的出现（1955—1969年）

1. 消除过度

1955—1958年，立陶宛处于从斯大林主义中解放出来的过渡期间，这一时期新的设计准则是取消古典主义过度装饰立面的设计手法，消除过度（Remove Excesses）[7]。以维尔纽斯工会文化馆（The Cultural House of Trade Unions in Vilnius, 1958）为例，立陶宛建筑师减少过度装饰的设计手法。对比设计图纸与实际建造成果，实际的建筑并没有完全按照设计图纸施工，在后来的搭建过程中去掉了很多装饰化的元素，设计图纸与实景照片之间的区别较为明显。

这一时期，有一座建筑的特殊经历可以说是整个过渡时期的立陶

宛现代建筑发展的缩影。1956年，立陶宛新天主教堂开始修建。由于建筑的宗教功能，该项目仍然需要体现古典主义和民间艺术形式相结合的寓意。在建筑即将完工之际的1960年，苏联的反宗教政策再次严格推行，这项政策导致该天主教堂被政府没收，并按照消除过度的标准进行了重新的改造。最终，新天主教堂变成乐团练习的表演空间。直到1988年，立陶宛天主教社区才重新拥有这座建筑。城镇从旧建筑风格到新传统的演变持续了大约10年。立陶宛天主教堂的经历体现了过渡时期立陶宛建筑环境的主要特征，即立陶宛建筑师无法立即摒弃之前对旧建筑的设计方法，也无法立即消化新政策对工业建筑的设计准则。随着大规模工业建筑的出现，城市规划要解决的主要问题集中在为大规模住宅综合体选择合适用地。

2. 工业化住房建设

1955年通过的苏联建筑规范和规则（Construction Norms and Rules）[8]

一直作为整个工业化住房建设的规划法规。城市被划分为一个区域网络，每个细分区域分配到固定配比的服务设施，具体数目和规模由 1000 个居民为基数单位计算的各种指标决定。以居民步行方便到达的距离为单位，城市建立一个多功能的社会综合服务区域。当时的立陶宛也遵循苏联住宅建设体系，住宅多以四五层的公寓为主，每层由一个楼梯和三四套公寓单元组成，工人按照行政机构颁布的法令获取住房资格。当时住宅单元的面积配比基于苏联四口或五口之家的基本面积需要，公寓单元也以两室或三室为主。

在严格推行工业化住宅建设体系的时期，建筑设计的权力掌握在政府与开发商手里，建筑师需要遵守严格的建筑设计原则，他们本身并没有自主设计的权力。因此，当时的立陶宛住宅建筑大多结构单一，缺乏基本美学的体现。为了解决数以千计的住宅建筑千篇一律的问题，1962 年出现了一系列标准住房设计手册[9]，住宅建筑可以根据画册中提供的建筑构件设计图样，在标准化设计的住宅单元中排列组合不同的建筑构件，机械地使住宅单元在视觉上呈现多样化的错觉。显然，这一做法并没有从根本上解决建筑形式单一的问题。

3. 北欧现代主义

大规模工业化住房的建设，直接导致 20 世纪 60 年代最主要的建筑环境特征就是住宅建筑的特征——建筑结构单一。身处这样的建筑环境中，立陶宛建筑师迫切地希望能够进行建筑风格的创新，以实现建筑多样性。20 世纪 50 年代，随着旅游业的发展，立陶宛建筑师直接接触到了北欧现代主义建筑，深受芬兰建筑师阿尔瓦·阿尔托（Hugo Alvar Henrik Aalto）的影响，重新思考立陶宛建筑中自然与材料的关系。

1959 年，第一座立陶宛现代主义建筑奈林加咖啡馆（Neringa Café）建立，其现代主义室内设计标志着立陶宛建筑的重要转折——从过渡时期到现代主义的转变。奈林加咖啡馆由四个相互连接的空间组成，室内设计全部采用现代主义形式，墙壁用天然材料绘制的现代壁画装饰，壁画的内容主要描绘了立陶宛海滨城市奈林加的风貌。奈林加咖啡馆是立陶宛早期现代主义建筑的象征，是民间浪漫主义和北欧现代主义结合的产物，其创作过程体现了立陶宛建筑师对民间故事和现代美学的理解。20 世纪 60 年代，随着苏联旅游业的开展，高层酒店这一建筑类型层出不穷。当时的立陶宛作为度假胜地，迫切需要能展现立陶宛文化的建筑，这无疑给立陶宛建筑师提供了一个施展自己创造力的机会。瓦萨拉餐厅[①]（Vasara Resfaurant in Palanga，1964）正是当时的代表建筑之一。建筑悬浮在一个漏斗形钢筋混凝土的结构上，四周有玻璃幕墙，夜晚时分室内的灯光打开，整座建筑就像一个发光的宝石，这座建筑也因此获得"闪亮

的罐子"称号[10]。立陶宛现代主义建筑的出现在苏联西部地区引起了小规模的讨论与学习。

三、成熟期：走向后现代主义（1970—1989 年）

1. 形式主义束缚

1970 年，列宁 100 周年诞辰纪念，苏联在建筑界举办了一个声势浩大的新列宁博物馆建筑设计竞赛，立陶宛建筑师也参与其中。由于材料短缺和建筑技术相对落后，立陶宛现代主义逐渐消失。然而，当时的立陶宛建筑师不满足于单一的建筑模式，试图在西方建筑杂志中寻求突破，但由于缺乏连续的思想文化体系指导，他们仅仅学习到了西方建筑的外形，并没有真正理解后现代主义思潮中批判的意义。20 世纪 70 年代，立陶宛建筑特征主要体现在大型公共建筑中，规模庞大的体量，视觉效果强烈的几何雕塑感[11]，与立陶宛现代主义出现早期的建筑风格形成了鲜明对比，反映了立陶宛建筑师审美价值在不同时代背景下的变迁。

2. 民族文化复兴

在立陶宛地区，出于对身份认同的追求以及地域建筑的重视，立陶宛建筑师向来注重民族文化在建筑中的表达，这一点在 20 世纪 70 年代立陶宛农村和小镇建筑设计中体现得非常明显[12]。其中有两项明显特征：（1）建筑材料上选取木材；

---

① 爱沙尼亚的一个村庄。

（2）建筑形式上采用坡屋顶的处理形式。在当时的立陶宛，打猎是一项非常重要的娱乐活动，也是领导阶层之间非正式会谈的一种交流方式，因此在森林中有很多咖啡馆作为打猎期间的休息场所。立陶宛建筑师在设计这种类型的建筑时，采用了非常多的立陶宛民族元素。从当时的狩猎小屋[13]中可以看出，除了在建筑材料上选取了当地的木材，延续了坡屋顶的传统，立陶宛建筑师还在外立面覆盖上了当地的茅草，在开窗上参考了传统几何形式布局。这类建筑的设计手法引起了当时公众两种不同的反应：一部分认为这种设计本质上并没有发挥立陶宛民族文化的本质，只是在形式上装点了民族特色的外壳；另一部分认为，这种设计手法恰恰是立陶宛建筑的民族特色体现。即便存在两种截然不同的声音，民族文化复兴仍然是20世纪70年代立陶宛现代建筑的主要表现之一。

3. 历史风格回归

早在20世纪70年代，立陶宛建筑就出现了后现代主义的表现形式，但当时的建筑师并没有理解后现代主义在西方带来的历史风格回归的影响，导致在当时的立陶宛地区，后现代主义仅仅是一种与苏联建筑模式不同的建筑风格。1979年，立陶宛第一座后现代主义建筑——德鲁斯基宁凯的物理治疗中心（The Physiotherapy Centre in Druskininkai, 1981）[14]建立，疗养中心体现了当时立陶宛后现代主义风格主要的特征：在立面与平面上大胆运用几何造型。20世纪80年代，新一代立陶宛建筑师受到了莫斯科"纸上建筑"竞赛的影响，重新思考民族文化历史与地域独特性等问题，这对立陶宛历史风格的诠释有着推动作用。即便当时的立陶宛建筑师对后现代主义的理解停留在建筑的几何造型上，但后现代主义风格鼓励新一代立陶宛建筑师寻求身份认知，大胆创新，为塑造当代立陶宛建筑平易近人的风格奠定了基础。

四、结语

苏联时期，立陶宛现代建筑的发展进程是一段妥协与叛逆交替存在的时期。成长期的立陶宛建筑师处于一种全盘接纳的状态，这一时期的立陶宛建筑大部分是标准化设计的产物。革命时期的立陶宛建筑师不满足标准化设计的建筑模式，在北欧现代主义的影响下，追求发展地域特色建筑。成熟期的立陶宛建筑师受到西方后现代主义的影响，但由于缺乏连续的西方思想文化指导，导致立陶宛建筑师对后现代主义的理解是碎片化的，最终立陶宛建筑师陷入了追求建筑几何形式的牢笼。然而，立陶宛现代建筑早期的地域特色为当代立陶宛建筑发展奠定了影响深远的基础。

中国建筑也处于向现代主义建筑转型的时期，同样面临着如何整合历史与地理因素的问题。一方面当代建筑需要传承建筑文化；另一方面全国不同地区的建筑也需要表达地域特色。立陶宛建筑师处理这两方面因素的方法值得中国当代建筑师参考。

参考文献

[1] 吕富珣. 立陶宛建筑的前世今生 [J]. 世界建筑, 2018,（6）: 10-23, 125.

[2] 刘军. 苏联建筑由古典主义到现代主义的转变（1950 年代—1970 年代）[D]. 天津: 天津大学, 2004.

[3] Drémaité M. Baltic modernism: architecture and housing in Soviet Lithuania[M]. Berlin: DOM publishers,

2017.

[4] 同上。

[5] 同 [2]。

[6] 同 [3]。

[7] 同上。

[8] 同上。

[9] 马塔斯·苏普辛斯卡斯, 陈茜. 立陶宛居住建筑 [J]. 世界建筑, 2018,（6）: 36-

41, 126.

[10] 同 [3]。

[11] 同上。

[12] 鲁塔·莱塔奈特, 尚晋. 立陶宛建筑之木 [J]. 世界建筑, 2018,（6）: 30-35, 125.

[13] 同 [3]。

[14] 同上。

结构主义视角下的罗西类型学解析

董紫薇

摘要：西方建筑理论的引入难免会受到语言迁移、本国时代背景与学者自我意图的影响。为相对客观地分析罗西的类型学本质，本文从结构主义的角度出发，主要采用皮亚杰结构主义方法论，从结构的三个特质出发：整体性、转换性和自调性，对阿尔多·罗西于 1966 年在《城市建筑学》一书中提出的类型学理论框架进行解构与再叙，试图从结构主义的角度在认识论的层面上对罗西的类型学进行还原与解读。

关键词：罗西类型学；皮亚杰；结构主义方法论；结构三个特质

董紫薇，同济大学建筑与城市规划学院 2019 级硕士研究生。邮箱：ziwei_dong@163.com。

　　从 1986 年阿尔多·罗西的名字第一次出现在王丽芳发表在《新建筑》上的文章中起，罗西的城市建筑理论，尤其是类型学，便在中国城市不同的发展阶段中得到马清运、王澍、童明等多位学者的多样解读，其中有出于中国对意大利理性主义的引入、出于学界在某段时期对符号学和语言学的普遍兴趣，或出于对个人设计理念的支撑[①]。由此可见，不同语种的理论在特定时代背景下的解读，难免会遭遇一定的文化冲击。因此，跳脱学科范畴，寻找一种相对客观的思考视角来看待罗西类型学的理论结构本质，在中国城市空间努力寻找自主性的当下，显得尤为重要。

　　结构主义是一个较为理想的视角。它主张任何科学研究都应超越事物现象本身，关注于现象背后操纵全局的系统与规则。然而，目前在大量论述罗西类型学的文章中，结构主义仅作为其思想来源之一被简单地提及，而对于深层逻辑与具体理论框架对应关系的解析一直处于空白状态。

　　在结构主义的流派中，皮亚杰的结构主义方法论在逻辑思路与发展时间两个维度都表现出与罗西类型学的相似性。因此，下文将在此基础上，利用前者提出的结构的整体性、转换性和自调性的三个特质，对罗西于 1966 年在《城市建筑学》一书中提出的类型学理论框架进行解构与再叙，以求跳脱传统建筑理论分析的框架，从认识论的角度展现这一艰深建筑理论的结构本质。

一、罗西类型学与结构主义

　　罗西的类型学与结构主义学说在逻辑思路与时间脉络上都存在一定的一致性。

　　从理论逻辑思路而言，罗西在 1966 年发表的《城市建筑学》，面对 20 世纪 60 年代城市与建筑出现的功能主义泛滥与整个全球范围内商品化两大问题，试图通过挖掘几何原型的历史性联系，为城市与建筑构建一套属于建筑学自己的发展内涵和结构，从根本上赋予其科学性与合理性。从此建筑学科脱离了原则崩溃的危机，拥有了属于学科内在的理性基础。这与同样在 20 世纪 60 年代发展成熟的结构主义主张类似。将结构主义的逻辑框架发展到成熟阶段的瑞士哲学家、心理学家皮亚杰认为，结构主义的共同特点有二："第一是认为一个研究领域里要找出能够不向外面寻求解释说明的规律，能够建立起自己说明自己的结构来；第二是实际找出来的结构要能够形式化，作为公式而作演

---

① 具体梳理可见江嘉玮在《论阿尔多·罗西的〈城市建筑学〉在中国的接纳及转化》一文，文中结合时代背景与解读人意图对罗西的类型学在中国的传播与"变形"进行了详细的梳理。

绎法的应用"①。

就发展时间脉络而言，通过梳理罗西生平可以发现②，罗西类型学的思想积累时期主要发生在其从1959—1966年从米兰工业大学毕业后至先后在威尼斯建筑研究所任研究员、在米兰工大任副教授期间，这段时间，基于种种历史原因，国际建筑发展史上的风格迭变与理性主义思潮都对罗西的思想演变影响甚微。如果排除罗西凭空构建学说的可能，那么1959年这个不平凡的时间节点便值得引起注意。1959年，罗西刚从米兰理工大学毕业，此时距离他发表《城市建筑学》一书还有7年时间；同年，CIAM国际年会首次将结构主义引入建筑领域，提出"聚合结构、变化与生长、台阶哲学、识别性等"几大特征；同年，最初由索绪尔建立的语言学结构主义也在不同领域的发展与继承之间不断成熟并迎来自己的黄金时代，皮亚杰在《发生认识论》一书中对结构主义方法进行系统化与深化，提出了对结构主义方法论具有奠基作用的三大特质③。以上种种，仿佛都在暗示我们罗西类型学与结构主义的某种同源的可能性。

二、皮亚杰的结构主义方法论

结构主义（Structuralism）由1857年索绪尔对于语言学的研究发展而来，于20世纪五六十年代基本成熟于法国，是继存在主义之后出现的一个庞杂的科学哲学思潮。其中瑞士心理学家皮亚杰是公认的对结构主义方法进行批判性总结与完善的重要人物。在1960年前后，皮亚杰针对结构主义的共时性与历时性、结构形成过程中主客体的关系与地位两大方面，对所静止结构观进行批判性的继承与发展。更重要的是，皮亚杰通过对数理逻辑、物理学、心理学等多个领域结构主义的剖析，指出了结构的三个要素，使结构主义这一方法论开始具有明确的抓手。

1. 皮亚杰结构主义方法中的"解构"与"再叙"

通过对皮亚杰剖析数理逻辑、物理学等多个领域的结构主义过程的梳理，可以明确感知到其剖析方法中"解构"与"再叙"两大步骤。解构，即为提取具体学科领域中的概念；再叙，即描述概念与概念之间的关系，并重点通过结构三特质进行具体论述。

2. 皮亚杰结构主义中的结构三特质

皮亚杰结构主义方法中的"再叙"主要是通过利用结构三特质——整体性、转换性、可自调性针对结构中概念与概念的关系进行论述，以进一步明确结构的本质。

整体性表明事物结构尽管是由若干成分组成的，但并不同于各种成分的简单相加，各个组成成分除了表明自身独特性质之外，在整体中还具有与其他成分依照某种内在程序或规律组合的关系。在此，皮亚杰重点强调主客体、人与自然界的"会和"对于整体结构形成的影响。转换性是结构中构造整体的那些规律的特性。自调性表明结构是自我调节的，并不需要借助外来因素。组成结构的各个成分相互制约，互为条件，其中任何一个成分的变化都会引起其他成分的改变而不受外部因素的影响。因此，结构具有自身满足的性质，并表现出历时性与共时性并存的特征。三种特性缺一不可，如果仅有整体观念而无转换观念，则不能成为结构主义，因整体是由不同成分通过各种转换规律组成的结构。如果仅仅只有整体性的观念，那就还只是满足于从常识的内省得到启发的对于主体表象的形而上学。

三、罗西类型学的结构主义解析

本文对罗西类型学的结构主义解析主要采用上文中皮亚杰的"解构"与"再叙"两个步骤。

1. 基于结构主义的罗西类型学解构

1）罗西类型学的概念提取

理性主义类型学是罗西城市建筑思想中最重要的第一步，是其整个思想的基础。对其整体理论框架构建顺序与结构以理论结果为导向进行梳理，笔者认为，罗西在书中主要提出了两大理论体系，分别为类型学理论与类推城市理论，在将建筑置入城市背景中论述的基本前提下，其中类型学理论针对建筑本

---

① 出自：皮亚杰. 结构主义 [M]. 倪连生，王琳译. 北京：商务印书馆，2009: 3. 根据 Jean Piaget 的 *LE STRUCTURALISME*，Presses Univeritaires de France，Paris，1979 年译
② 见附图1：参照沈克宁对罗西生平的梳理，附图将罗西生平划分为四个重要阶段，作者自绘。
③ 见附图2、附图3，作者自绘。

体，类推城市理论针对城市，这两大理论通过"城市建筑体"这一概念进行连接。因此，当单纯讨论罗西类型学的理论构架时，需要明确的是，尽管《城市建筑学》一书中仿佛无时无刻不在城市背景下讨论，而罗西的类型学则是基于荣格的集体无意识，从最根本的建筑本体原型出发构建的理论。

在构建其类型学的过程中，罗西主要回答了两个问题：什么是类型？类型如何在城市中发挥作用？在通读罗西在《城市建筑学》一书中构建类型学的篇章后可以发现，如果存在有几个简单概念的串联可以回答以上的两个问题的话，他们分别是类型、形式与风格。

2）罗西类型学的概念定义

罗西在文中谈论到类型时，将之称为是一种"先于形式且构成形式的逻辑原则"[①]，同时也是一种在建筑层面上"不能被浓缩的元素"。值得注意的是，在这样的表述中，同时出现了"类型"与"形式"两个概念，并且在之后的论述中，罗西大量引用了昆西、米利齐亚等人对于这两个概念的论述来引出自己的观点。因此，面对"类型"与"形式"这两个在建筑学讨论中不可或缺且在不同语境下可以拥有灵活内涵的术语，罗西进行定义的方式主要是重点关注其之间的比较与转换关系。

因篇幅限制，本文无法展开论述"形式"一词从柏拉图和亚里士多德的哲学探讨开始，经由康德、歌德、沃尔夫林、森佩尔与凯文林奇等人的精彩演绎，从代表被心灵所认知的理念（idea）或者本质（essence）的属性，演变到现代语境中代表被感官认知的形状（shape）的历史过程。然而，可以明确的是，罗西所认为的"先于形式且构成形式的逻辑原则"的"类型"一词，其内涵其实是某种程度上对于柏拉图与歌德观点的结合，即类型，是一种隐含的原则，是指导千差万别的事物在构成一个整体时背后的秩序，也是一个整体中的各种事物可以保持独特性的原因所在。在这样的追溯下，形式作为被类型指导的对象，便自然地继承了亚里士多德式的内涵定义。即形式是建筑现象的反映，以物质为载体。

2. 基于结构主义的罗西类型学再叙

1）整体性

在罗西类型学中，类型、形式与风格三者与三者之间的转化规律一起，形成了类型学的结构。这个结构并不简单等于三个概念的加和，三者在互相转化的关系中所涉及的城市文化、地理、经济、土地规模、政治等各方面影响因素，以及城市文化、集体意识等都是结构中不可或缺的组成部分。

罗西类型学结构的整体性首先体现在自身结构的完整性与自主性，即类型学结构不需要向任何学科寻求帮助而具有内在秩序，且这样的内在秩序容纳了建筑的风格与形式要素、城市的组织与结构要素、城市的历史与文化要素，甚至人的生活方式，不但扩大了建筑类型学的研究范围，也使建筑类型学由此摆脱了时间与范式的限制，具有了一定的自主性。

一个完整的结构应具有足够的逻辑自洽程度且足以说明其他可能潜在结构的缺陷。因此，罗西类型学结构的整体性其次体现在罗西在书中主要对功能主义的驳论。通过恰当的分类，从各类零散因素中，清楚地辨识那些以永恒且普遍的方式介入到所有城市人造物之中的那些作用力，从这样得到的结果来看，功能主义是站不住脚的。它们假定所有的城市人造物都是以一种静态的方式存在，只是处在某个地点，仅为满足某种功能，恰好其结构也可以满足这种功能。但被忽略的是，一旦功能失效，建筑的合理性也随之消失，一些城市人造物的经久性便失去了解释。同时，如果城市人造物只是功能的组织，从这个角度而言，他们便失去了被延续的必要，人类文化的品质与艺术性也失去了存在的意义。功能主义在对于城市人造物的历时性与文化价值上的缺失，在罗西类型学的转化关系中是被强调的重点。

2）转换性

罗西类型学的转换性首先体现在不论类型作为一种要素还是工具，在具体分析城市环境或者指导具体环境的创作时，类型向形式继而到具体建筑风格的转换过程。这样的转换过程，朱锫在《类型学与阿尔多·罗西》一文中曾给出十分直观的案例解释，"如果我们用类型学的观点来考察带有前廊的建筑，我们会刻意忽视前廊的风格，而集中精力来看它是否有前廊，这才是本质问题"。如果就这个例子继续向下解释，带有前廊的建筑在这里是一

---

① 出自：阿尔多·罗西.城市建筑学[M].黄士钧译.北京：中国建筑工业出版社，2006：42.

种类型，而学科中常见的利用类型学的方法所归纳出来的哥特前廊建筑、巴洛克前廊建筑则是一种形式，那么具体到建筑，不同的基地位置、不同的气候、不同的城市因素会导致不同的风格。这就是罗西类型学结构中组成成分之间的转换过程。

其次，罗西类型学结构的转换性还体现在成分间转换规律的可变性。从古典建筑时期到巴洛克时期再到现代主义建筑时期，不同建筑思潮的出现本质上都与时代的经济体制与技术发展有关，类型学结构在这样的时代变化中，转换条件与思考层面也随之转换。比如大跨建筑的出现，就是在由形式向风格转变的过程中，由于技术改变而带来的转换规律的丰富所导致的结果。

3）自调性

罗西类型学结构的自调性在某种程度上与其结构的自主性异曲同工。组成结构的各个成分之间既可以相互转化互为条件，也可以相互制约，不需借助外来因素，自然对

于外部因素影响都可以在结构成分之间消化与兼容。同样是上文中出现大跨建筑的例子，可以看到，在时代巨变下，类型学可以保证基本组成成分不变而结构体系依然适用。这样的结构兼容性，本质上是结构组成成分具有随着各种变化而扩展内涵的自主性，从而保证结构在简单的成分组成的前提下具有足够的灵活性。即罗西类型学的结构不但具有共时性，也经得起历时性的考验，这也是其自调性最明显的表现。

四、总结

在从结构主义的角度对罗西类型学的理论框架作出解读能帮助我们更加清晰地了解这一理论中的基本概念，以及概念之间互相转化的条件。在这样的梳理中，我们可以感知到罗西讨论类型的两个意图：第一，类型是一个对象，一个要素，可以通过它对既有环境进行分析；第二，类型是一个工具，它包含一

种有效的方法，来引导某个空间的创造，并赋予其一定的符号意义。因此，如果试图用类型、形式、风格这三个词语来试图总结，可以说：类型是建筑现象背后核心的法则，它指导形式；形式与不同的城市因素结合，如文化、地理条件、经济等，又可以指导不同风格的形成。

同时，这样的审视也能让我们更加理解罗西理论的局限性。由于罗西将类型学放在"元"理论的层面上进行讨论，因此，当在实际中需要直接构建建筑层次时，难免会忽略对设计中的形态与要素部件进行分层的需求，即对于结构组成要素之间的转换规律需要进一步细致分层的说明，如何对多元的现实形态进行简化、抽象和还原，从而得出既是某种原则的内在结构的产物，又可以避免直接被"拿走"重复生产的模子。否则建筑的自主性便只能是一个建立在半空中、不真实的设定条件下的具有某种乌托邦色彩的理论特质而已。

参考文献

[1] Aldo Rossi. Aldo Rossi : a Scientific Autobiography[M]. translated by Lawrence Ventuti. Cambridge, MA: MIT Press, 1981.

[2] 皮亚杰. 结构主义 [M]. 倪连生，王琳译. 北京：商务印书馆，2009：3.

[3] 阿德里安·福蒂. 词语与建筑物——现代建筑的语汇 [M]. 北京：中国建筑工业出版社，2018.

[4] "大师系列"丛书编辑部. 阿尔多·罗西的作品与思想 [M]. 北京：中国电力出版社，2005.

[5] 卢永毅. 建筑理论的多维视野 [M]. 北京：中国建筑工业出版社，2009.

[6] 沈克宁. 意大利建筑师阿尔多·罗西 [J].

世界建筑，1988（6）：55.

[7] 朱锫. 类型学与阿尔多·罗西 [J]. 建筑学报，1922（5）：32-39.

[8] 徐晓玲. 意大利建筑师具塞皮·特拉尼及其理性主义 [D]. 杭州：浙江大学，2006.

[9] 罗小未. 当代意大利建筑的发展道路 [J]. 世界建筑，1988（06）：8.

[10] 郑时龄. 意大利现代建筑与文化传统 [J]. 世界建筑，1988（06）：13-14.

[11] 郑时龄. 从未来主义到当代理性主义——论现代意大利建筑的发展道路 [J]. 世界建筑，1987（12）：9.

[12] 朱锫. 新理性主义与后现代主义建筑思潮 [J]. 世界建筑，1992（02）.

[13] 弗兰姆普敦. 现代建筑——一部批判的

历史 [M]. 北京：中国建筑工业出版社，1988.

[14] 斯塔夫里阿诺斯. 全球通史 [M]. 吴象婴，梁赤民译，上海：上海社会科学院出版社，1999.

[15] 屈寒飞，孙宇澄. 关于当代西方建筑思潮的几点认识 [J]. 广州：南方建筑，2004（06）.

[16] 腾复. 皮亚杰的结构主义 [J]. 重庆：探索1987（06）.

[17] 杜声锋. 什么是"结构主义"？ [J]. 北京：哲学研究，1988（10）.

[18] 皮亚杰. 发生认识论原理 [M]. 北京：商务印书馆，1981.

附图 1 　阿尔多·罗西的生平

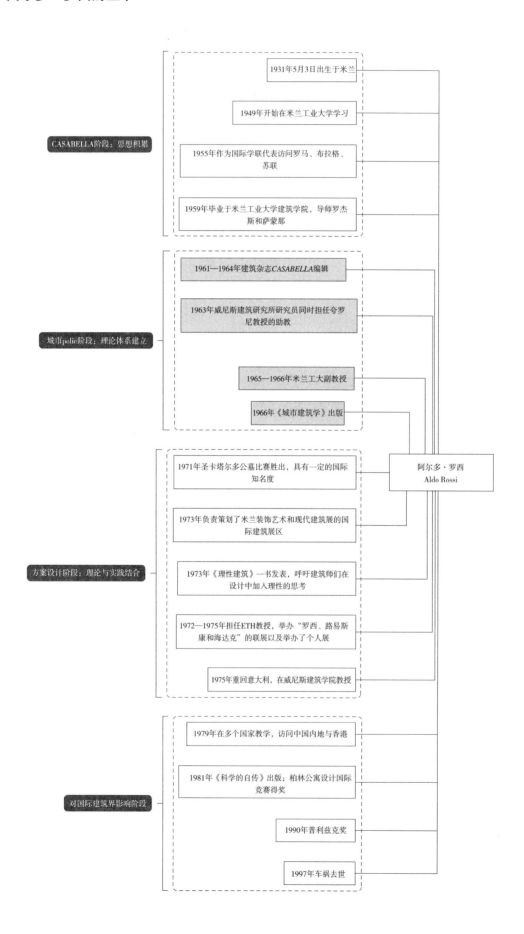

附图 2　意大利国内理性主义思潮发展时间历程

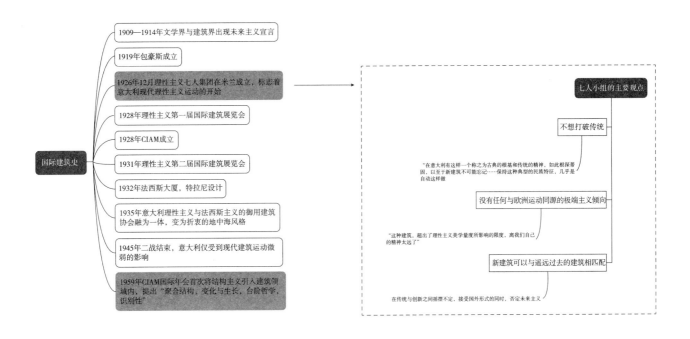

附图 3　结构主义发展历程

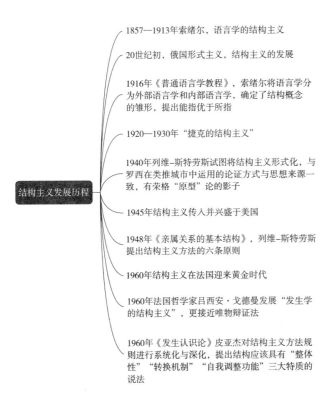

渤海上京城佛寺建筑复原研究

孙　岩　董健菲

孙岩，哈尔滨工业大学建筑学院建筑学硕士研究生。邮箱：1013002771@qq.com。
董健菲，哈尔滨工业大学寒地城乡人居环境科学与技术工业和信息化部重点实验室副教授。邮箱：Dongjianfei999@hotmail.com。

摘要：渤海国是唐朝同时期的少数民族政权，受唐文化影响深远，佛教文化是其文化信仰的主体，在渤海国境内发现了大量的佛教遗存，包括佛殿遗址，建筑构件以及佛造像等，其中渤海上京城的遗址分布最为集中，发掘成果最为丰富。通过对上京城内佛寺建筑的分布情况及佛寺遗址复原研究可见，这些佛寺在建筑在选址、空间布局以及建造技术等方面都表现出较高的营造技艺，并且其礼佛空间形式特点也与隋唐中原佛寺建筑的众多相似和渊源，对于渤海佛寺建造技艺的研究，将对探析中国早期边缘地区少数民族佛教建筑文化有重要的价值和意义。

关键词：渤海上京城；佛寺建筑；复原；佛堂空间

一、渤海上京城的佛教遗存概况

佛教在汉代时期由印度传入中国，在唐朝时期发展得最为兴盛，各地修建大量佛寺。并且由于大唐国势强盛，使得佛教和其他唐文化一起向外传播，在东亚地区产生广泛影响。渤海与唐关系密切，在其政权建立初期，统治阶级便开始大力发展佛教文化。并且渤海还频繁地向唐遣使纳贡，加强了渤海佛教同中原佛教的交流，促进了其自身佛教的发展。[1]这一时期，佛教成为唐与渤海之间一条重要的文化纽带，在"重佛"的文化基础上，经济、文化交流达到了一个新的顶峰。大钦茂时期，开始全面习唐制，并且在文化、宗教等方面也全面接收。[2]建造了大量的佛寺，各种佛像、佛教制品也层出不穷。经考古发掘，在渤海国遗址发现并出土了多座佛寺庙址和大量佛教遗物。其考古发掘成果以上京城地区最为丰富。

目前，上京城附近共发掘出佛寺遗址 9 处（图 1），其中城内 1、5 号和 2、6 号这两组佛寺紧邻朱雀大街，并分别位于朱雀大街的东西方向上相对称。3、7 号佛寺紧邻第五街。7 号佛位于西北角的里坊中，3 号佛

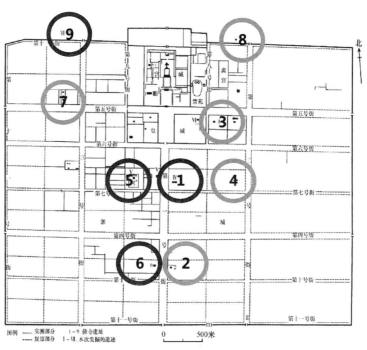

图 1　渤海上京城遗址平面图
图片来源：改绘自中国社会科学考古研究院《六顶山与渤海镇》

寺位于东北角的里坊之中。城北8、9号佛寺遗址，以外城北门为中心呈东西对称分布。上京城内佛寺分布均匀，佛寺形制不一，临近朱雀大街的遗址形制等级较高，可能是面向官吏和贵族，其余的佛寺尺度规模较小，可能是为一般民众礼佛所用。[3]城北两处佛寺距离宫城很近，并且9号佛寺遗址显示其形制等级较高，推测其可能为皇家寺院。[4]

二、上京城佛寺复原

渤海距今年代久远，古代战火的破坏和后世人类的活动使得上京城佛寺建筑已经几乎没有实存的地上结构，只留有部分地面建筑遗址遗存。但是可以根据遗址规模与在其选址地点的重要性推断出佛寺建筑形制等级之高，除了皇城宫殿建筑之外无可与之相比[5]，代表了渤海时期较高的建筑规划与营造水平。

根据考古挖掘资料显示，上京城内1、5、6、9号佛寺保存情况较为完好，佛殿建筑平面形制可辨，柱础石位置清晰，佛坛明显，且佛殿周围散落有建筑构件残片，为建筑复原提供了良好的基础。并且四

座佛寺形制规模不一，各具特点，通过建筑复原设计有助于全面了解上京城佛寺全貌。

1.1号佛寺复原

1号寺庙遗址位于上京城东半城西起第一列，北数第二坊的西南部，考古发掘了其正殿，正殿建筑由三部分组成，即主殿、廊道以及东西侧的两个室，主殿于两室之间以廊道相连，三者坐落在几乎相平"凸"字形台基之上。[6]1号佛寺"凸"字形的主殿平面形式与上京城宫城内的第四宫殿相似，但规模尺寸相比较小，这种平面形式与隋唐时期敦煌壁画中西方净土变中"凹"字形平面类似。

根据遗址现状可以推断出佛寺正殿为面阔五间，进深八椽的金相斗底槽殿堂型结构形式，同时遗址木柱遗迹尺寸较小，且墙体较薄，结合渤海时期的建筑技术水平，主殿建筑为单层结构可能性较大。另外在主殿周围发现了4个以上兽头构件，故推测屋顶的形式为单檐九脊式。[6]东、西两面的山墙和北面的后檐墙为木骨版筑墙，南面未发现墙体遗迹，但遗址南面最外圈柱

础石照片可以看到有疑似地栿遗迹，故本文推测其外檐柱之间设有版门。根据主殿台阶位置分别对应两进间，推测南面应设五扇门，同时佛殿北侧正中墙体中断，推测背面当心间应设有一门。

东廊和西廊连接东西二室与主殿，两个廊的形制也完全相同。从台基上础石的平面布局来看，其上建筑采用的是单廊的形式。推测东西二廊应该为"一侧开敞，另一侧布置实墙"的形制。屋顶应为"人"字形。

东西二室为大小相等的正方形，照同时期佛寺的"左钟右藏"的规制，推测东室为悬钟之处，西室为藏经之处。这样，东室和西室可能都是双层建筑，即钟楼和藏经楼。将其复原为面阔三间，进深六椽，无内柱、无副阶周匝的楼阁形式。根据唐代敦煌壁画记载，佛寺中的配殿可为四阿顶或九脊顶。因主殿采用九脊式屋顶，故东西二殿采用四阿顶可能性较低，复原形式采用"九脊式"。从整体结构形式而言，唐宋时期的楼阁式建筑在重叠诸层大木结构时，其间一般设有一结构暗层，即所谓的平座层（图2、图3）。[7]

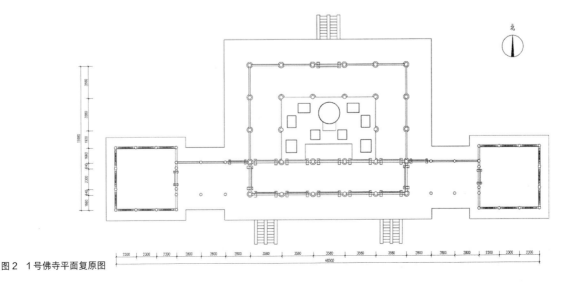

图2 1号佛寺平面复原图

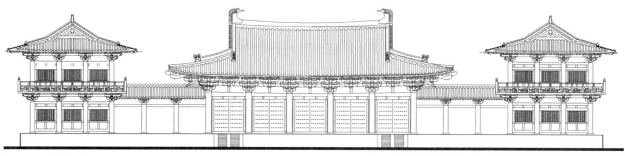

图 3   1 号佛寺立面复原图

2.5 号佛寺复原

5 号佛寺位于西半城东起第一列，北数第二坊的西半部，从础石的排列方式可以得知，主殿建筑平面为金厢斗底槽形式，面阔五间，进深八椽，内槽设置佛坛，佛坛平面呈长方形。根据主殿平面为正方形，参照 1 号佛寺以及类似平面的薄伽教藏殿，可以推断 5 号佛寺建筑屋顶样式应为单檐九脊式。由于考古报告中未说明墙体挖掘情况，但 5 号佛寺形制与 1 号佛寺正殿相似，参照 1 号佛寺，推断其南面可能中间设置三门，东西稍间为直棂窗，或者南面设置五门。后面当心间开一门，其余开间和左右山墙均为墙体。由于内槽全部被矩形佛坛所占据，无礼拜空间，仅有坛前一间可以用于参拜。假如设置前廊式时，佛坛前朝拜的空间距离较窄，不符合佛前叩拜的仪式功能要求。因此，可以推断出主殿取无廊式最合适（图 4）。

3.6 号佛寺复原

6 号佛寺位于西半城东起第一列，北数第六坊的东部，东临朱雀大街，佛殿台基规格不明确，建筑平面近长方形，平面为金厢斗底槽形式，面阔七间，进深八椽，殿堂型构架等级较高，屋顶形式考虑为"四阿式"和"九脊式"比较合理。参考同时期现存实例如五台山佛光寺东大殿以及唐招提寺金堂等，推测 6 号佛寺的屋顶形式为"四阿式"。由于建筑遗址损毁严重，未发现墙垣遗迹，根据现存案例推测佛殿在南面中间五间开版门，尽间设直棂窗可能性较大。出廊情况参考其内槽完全被佛坛所占，若做出廊，则佛坛前朝拜空间过于狭窄，因此推测 6 号佛寺应为不出廊形式（图 5）。

4.9 号佛寺复原

9 号佛寺位于郭城北面西城门西北约 250m，距郭城北面城墙约 68m。发掘成果为佛寺主殿。根据现

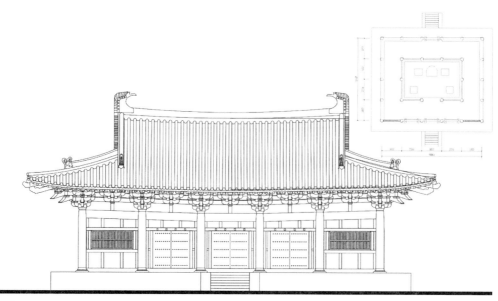

图 4   5 号佛寺复原图

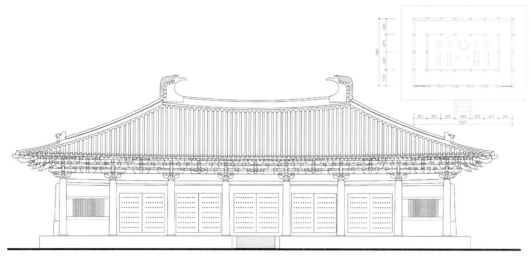

图5　6号佛寺复原图

场挖掘佛寺遗迹显示。正殿平面呈现为典型的金厢斗底槽形制，面阔五间，进深八椽，关于台基下的础石形制由两种推测，一种推测为主殿可能为带副阶周匝的重檐九脊式建筑（图6），台基下础石可能为圈副阶周匝遗迹。但是在考古发掘过程中，在遗址周围发现的脊兽数目为8个，若台基下础石为副阶周匝遗迹，则还应有4个兽头未被发掘。另一种可能是，即台基下础石仅为支撑木构平台的永定柱遗迹，而非

副阶周匝，主殿建筑的屋顶形式为"单檐九脊式"（图7）。这也解释了台基下础石在角部无法与台基上础石完全对位，且台基下础石距离台基尺寸一致都为1.5m这一现象。

外槽由于遗址被破坏严重，未发现墙垣、门槛和"地栿"的遗迹。但9号佛寺正殿平面形制与1号佛寺主殿类似。因此推测，在佛殿的南面应设有三扇或者五扇门，根据遗址平面础石间距数据，9号佛寺当心间尺寸与次间尺寸相同，稍间尺

寸小于次间，推测建筑南面可能在当心间和次间设三门，稍间根据隋唐时期建筑普遍做法，设置直棂窗。北面当心间有一台阶遗迹，推测在当心间设有一门。

三、上京城佛寺、佛堂空间特征

佛堂空间具有一种浓厚的宗教性场所特征，通常会营造出庄严神秘的宗教氛围。佛殿空间的主要功能是供佛像的存放与礼拜仪式之用。[8]虽

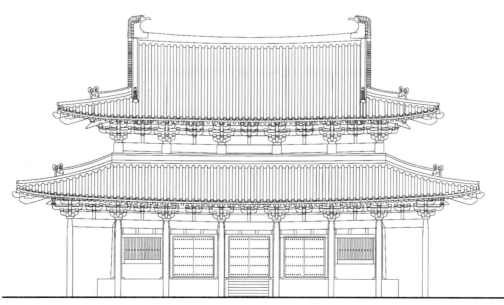

图6　9号佛寺复原方案一

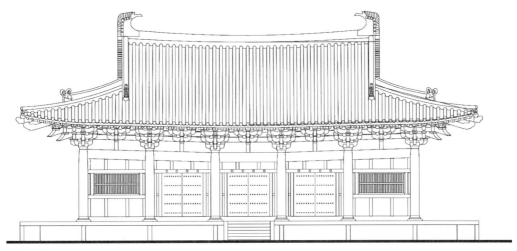

图 7　9 号佛寺复原方案二

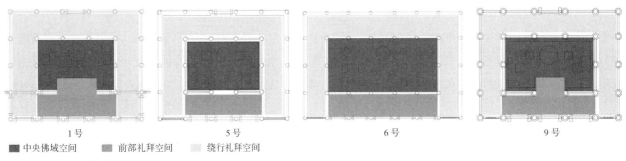

1 号　　　　　　　　5 号　　　　　　　　6 号　　　　　　　　9 号

■ 中央佛域空间　■ 前部礼拜空间　□ 绕行礼拜空间

图 8　1、5、6、9 号佛寺礼佛空间分析

然佛寺形制，尺度不尽相同，但是佛堂空间可按其空间特征分为佛域空间与礼佛空间（图 8）。

1. 中央佛域空间占比大

佛域空间即佛像所占有的空间与佛像，不管是视觉上还是重要程度上，均是佛堂空间的核心[9]。在上述的四座上京城佛寺中，仅发现了佛寺中央的佛坛遗迹，没有发现大殿两侧的佛坛。但是墙体原本应该绘有壁画。在这些佛殿中，中央佛域空间占据整个内槽空间，区别在于 1 号和 9 号佛寺的佛坛南面有向内的"凹"进，形成了长方形的礼拜空间。而 5 号和 6 号佛寺则无向内的"凹"进，佛坛为完整的长方向。

现存的佛寺建筑中，隋唐时期的佛寺建筑中央佛域空间较大。之后随着礼佛叩拜，礼拜的需求加大，中央佛域空间渐渐缩小、后移。中唐的南禅寺大殿佛坛占比为 54%；晚唐的佛光寺东大殿的佛坛占比为 25%，唐代之后随着礼佛形式的转变，中央佛域空间逐渐缩小、后移。而渤海上京城四座佛寺中佛几乎占满全部内槽空间，1 号佛寺和 5 号佛寺的中央佛域空间占比为佛殿总面积的 30%，6 号佛寺所占比例为 38%；9 号佛寺为 24%，这四座佛殿的佛域空间占比相对较大，与唐代的佛殿建筑形制相似。

2. 汉传佛教早期礼佛空间特征明显

在佛教建筑里，礼佛空间是信徒通过行使礼拜仪式对其崇拜对象表达礼敬的场所。其具体空间形式主要由礼拜方式所决定。早期的礼拜空间主要分为两类，即右旋绕佛与叩拜礼佛。[10] 通常这两种空间可以同时存在，形成复合的礼佛空间形式。内槽预留空间进行叩拜，外槽作为绕拜空间。

在上京城所发掘的这四座寺庙正殿中，都是金箱斗底槽的平面形式，佛坛占据整个内槽空间周围形成"回字形的"交通空间。根据其佛坛摆放方式可以看出，上京城佛寺的礼佛空间形式都为复合式，即叩拜礼佛与绕拜礼佛相结合。并且其前部叩拜空间偏小，都仅为一间进深，这种礼佛方式是佛教传入中国早期典型形式，四座佛寺虽然规模形制不同，但是礼佛空间形式相似，这种现象出现的原因可能是渤海政权存在时间较短，四座佛寺始建的年代相近，营造技艺相类似。

四、结论

本文仅通过对上京城遗址保存较好的四座佛寺进行了初步的复原探索，对其建筑形制和佛堂空间特征分析可以得知，上京城佛寺建筑营造做法上仿效隋唐时期中原佛教建筑，其遗址作为我国文化边缘区珍贵的隋唐时期佛殿建筑遗址实例，其表现出的建筑形制特色及建筑设计尺度特点值得进行深入研究，这对探求隋唐时期我国中原地区的建筑发展状况能够起到补充、互鉴作用。

注：图片除特别标注外，其余均为作者自绘。

参考文献

[1] 册府元龟（校订本）. 朝贡四 [M]. 北京：中华书局，1960.

[2] 于卓. 浅析大钦茂时期渤海国佛教信仰的发展 [J]. 齐齐哈尔大学学报（哲学社会科学版），2016，231（5）：81-83.

[3] 王楠. 渤海上京城的佛教建筑 [J]. 北方文物，2014，119（3）：32-33.

[4] 刘晓东. 关于渤海上京城北垣外侧 8、9 号寺庙址始建年代的补充说明 [J]. 边疆考古研究，2019：383-393.

[5] 关燕妮. 浅谈渤海上京城的佛教文化 [J]. 黑龙江史志，2013（9）：193.

[6] 中国社会科学考古研究院. 六顶山与渤海镇 [M]. 北京：中国大百科全书出版社，1997.

[7] 张十庆. 古代楼阁式建筑结构的形式与特点——缠柱造辨析 [J]. 美术大观，2015（9）：90，91-97.

[8] 牛志远. 佛像与空间"介入性" [J]. 艺术科技，2019，32（2）：38，40.

[9] 张璇. 汉地佛教建筑佛堂空间研究及其当代设计启示 [D]. 天津：天津大学，2017.

[10] 张勃. 汉传佛教建筑礼拜空间源流概述 [J]. 北方工业大学学报，2003（4）：60-64，90.

西方学者视角下高棉砖石建筑外来文化交流影响研究综述

伍　沙

摘要：研究东南亚建筑文化是研究中国建筑文化到一定阶段时必然的引申。《高棉砖石建筑中的东亚建筑形式源流与转译研究》课题在今天的研究意义已经突显。面对国内研究相对贫乏的现状，本文以西文研究资料为基础，系统梳理西方研究者关于高棉砖石建筑外来文化交流影响的已有研究，包括地中海文明、印度、爪哇、占婆、蒲甘以及中国等文化的影响，旨在搞清楚其研究命题、研究理路以及研究结论。结合中国大量建筑实例和丰富的历史文献的优势，跨越"风土建筑"与宗教建筑研究的沟壑，以高棉砖石建筑文化转化突变之关口作为切入点，为下一步以东亚视角进行系统研究做准备。

关键词：**高棉砖石建筑**；**文化交流**；**研究综述**；**中国影响**

国家自然科学基金青年基金项目（51908412）。

伍沙，北京建筑大学建筑与城市规划学院讲师。

序言

刘敦桢先生研究印度建筑，谈印度建筑对中国建筑的影响。郭湖生先生指出研究东方建筑的必要性："研究东方建筑文化是研究中国建筑文化到一定阶段时必然的引申"[1]，不仅是外观国外的建筑，而且是通过国外的建筑内观中国建筑。其指导的杨昌鸣教授《东方建筑——东南亚与中国西南少数民族建筑文化探析》研究为集大成者，但其内容更多地涉及东南亚及中国西南地区居住建筑及晚期的小乘佛教建筑。可以看出，杨昌鸣教授的研究采众家之长，研究的区域包括长江以南，

印度以东的南中国区域、中南半岛以及印度洋和太平洋上的海岛，认为这是文化共同体区域，其中长脊短檐屋顶、干栏建筑、长屋建筑等是建筑文化的底色。杨昌鸣教授的研究更多的是讨论共时性的建筑文化特点，缺乏历时性文化发展变化的考量（图 1）。

历史学者戴裔煊的《干栏——西南中国原始住宅的研究》，在西方人类学者的研究基础上，详细研究中国史籍中南海诸国风土建筑的记载，提出了"远古栅居（干栏建筑）的中心……是东南亚洲沿海地区"[2]。这里的干栏建筑通过不同线路传播到南美洲、日本以及非洲的

马达加斯加岛等。他的研究利用历史文献资料历时性的考察，给东南亚建筑特色定下了基调，而这也是和西方学者的研究基本吻合的。东南亚的干栏建筑的变迁及所受影响，虽有明确记载汉代中国人已经涉及此区域，中国的影响不言自明，但仍缺乏实质的证据。更明显的是，"东南亚干栏建筑更多地受印度（早期）以及西方文化（晚近时期）的影响，而西南中国的干栏建筑则受中原汉文化影响而向不同方向转变。"[3] 戴裔煊的研究依据中国丰富史籍的优势，但缺乏实物考证，使得中国影响说明显缺乏说服力。

考察的东南亚干栏建筑多是现

---

① 《东南亚与中国西南少数民族建筑文化探析》郭湖生序言，P3。

② 此处的"东南亚洲沿海地区"包括西南中国、中南半岛、南洋群岛，构成了一个文化圈，栅居的分布最密集的就是在这个圈里，其研究区域与杨昌鸣研究区域相同。

③ 《干栏——西南中国原始住宅的研究》，P58。

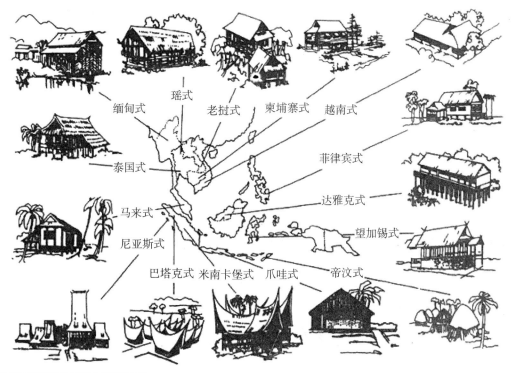

图1　东南亚地区适应不同气候条件的房屋类型
图片来源：《东南亚与中国西南少数民族建筑文化探析》

存的风土建筑，考虑其易腐蚀性，最多也不过几十年寿命，并不能完整地替代东南亚历史建筑的风貌。遗存下来的印度化寺庙等建筑很多是对当时风土建筑的摹写及借鉴，如果说讨论的干栏建筑是"风土建筑"的话，以其为基础生长出来的"官式建筑"——宗教建筑必定具有其某些特征，同时寺庙建筑也是当时当地建筑的最高水平。因此，研究砖石建筑组成的寺庙建筑对研究东南亚建筑历史具有重要意义，也更容易发现不同建筑文化的影响所产生的作用。"外国学者可能过多地把注意力集中在政治和宗教方面，以至于将中国的影响局限在一个狭小的范围里。实际情况表明，至少在居住建筑方面，中国的影响曾散

布于几乎整个东南亚地区。"① 从中国研究者的视角出发可以做此结论，但是包括居住建筑、宗教建筑在内的整体建筑文化的考察，可能更有益完善东南亚建筑认识，以及理解中国建筑文化在东南亚的影响。

东南亚位于中印两大文明的交会处，频繁地交流往来，不可能没有中国建筑文化的影响，无论从基质的角度来说，还是对后发文化的影响来说。其次，通过研究，更清楚地看清中国南北文化的不同及其原因，是不是存在东南亚建筑文化反过来影响中国建筑文化，或者说印度文化借由东南亚对中国建筑文化施加影响的历史发展路径。正如郭湖生说的，"将我们的研究领域扩展到境外地区和少数民族地区，进

行大范围的比较研究，不仅有助于某些跨区域问题的解决，也可深化对中国建筑早期格局的认识。"②

随着"一带一路"倡议的推行，我国与东南亚各国的联系不断加强，东南亚建筑及文化交流的研究也已经有了重要进展。随着中国参与东南亚文化遗产保护工作的深入，相关建筑研究成果日益增多，其中多以个案研究为主。如中国文化遗产研究院对周萨神庙、茶胶寺的研究，云南考古研究院对蒲甘古城建筑研究等；建筑通论性研究以华南理工大学吴庆洲教授指导谢小英的东南亚宗教建筑研究等为主，更多地以东南亚建筑本体为主要研究内容。文化交往方面的研究逐渐增多，以中国援柬保护修复吴哥古迹项目为

① 《东南亚与中国西南少数民族建筑文化探析》，P7。

② 《东南亚与中国西南少数民族建筑文化探析》，P8。

平台，中国文化遗产研究院王元林研究员主持了《吴哥古迹考古与古代中柬文化交流研究》重大社科研究项目，揭示了海上丝路大背景下陶瓷等遗迹为见证的经济文化往来，发表了多篇考古研究成果，关注东南亚陶瓷贸易及古代南中国与东南亚的互动关系。作为东南亚研究主要阵地的河南大学也长期关注东南亚与中国文化交流议题，程爱勤教授就东南亚丧葬民俗与中国的异同进行比较，证明文化之间曾经的影响。也如他所言，确认"中国人的足迹是否到达过某一地区，需要的不仅仅是对某些商品的源地归属的考证，更重要的是对当地族群文化归属的认定，如风俗、血缘、建筑等，而这些东西正是我们以往在研究上述地区与中国关系中所缺少的"。

要搞清楚这些，需要先明确已有的研究，主要是西方学者关于东南亚建筑，以高棉砖石建筑为例，其中外来文化交流影响已有研究：（1）深入研究西方学者提出的课题，以更好地对话和互补，（2）审视他们的结论，提出新的观点，以提供讨论及完善。

一、研究命题

西方高棉古迹[①]建筑艺术研究历史主要可以分为三个历史阶段：19 世纪下半叶至 1950 年代的科学研究早期，主要为早期殖民科考活动，法国巴黎美术学院的建筑研究范式在这一时期起到领导作用，对建筑艺术研究取向十分明显，建筑文化和建筑历史的研究是这一时期的重点；1950 年代至 1990 年的研究转向期，主要为联合国教科文组织发起的以保护活动为契机的科学研究活动，建筑与环境的整体观得到加强，自然环境、人工水利系统以及建筑本身整体纳入研究对象，文化景观概念经常被提及，建筑原型和建筑模式等建筑学科相关问题成为研究重点，对建筑技术研究取向十分明显；1990 至今的新一轮研究时期，主要为多研究机构新技术应用科学研究活动，雷达探测、GIS 等科学技术手段扩大了研究范围，从疆域治理的角度来理解古迹及环境，城市考古学也渐次展开。

这一研究历史中，对高棉砖石建筑外来影响进行整体把握的有马歇尔（Henri Marchal）和格罗斯列（Bernard Groslier），他们都认为从直观的印度文化影响，可追究以印度为媒介的地中海文明的影响，这是西方研究者的主流观点，具体研究也不过是这一观点的具体化而已。马歇尔在论文《波利尼西亚和前哥伦比亚文明与高棉艺术之间的联系》[②]中说到，柬埔寨和爪哇（Java）在前期（大约是前吴哥时期）拥有共同的起源，建筑艺术上也有很多共同之处，主要受印度的影响[③]。之后拥有共同起源的两个文明有了不同的走向，爪哇还是受到大洋文明（civilization oceanienne）万物有灵信仰影响，装饰形象都较为乖张，常以死亡为主题，表现极端，意在引起恐慌；而吴哥文明则通过印度受到西方经典艺术或者说地中海文明中的概念影响，如同尼罗河、爱琴海、美索不达米亚等文明中表现出沉静优美的形象；当然大洋文明的基质还保存在吴哥文明之中，特别是与中美洲墨西哥、智利和秘鲁等古文明的相似之处。

格罗斯列在《重新界定高棉文明研究的策略》[④]一文中同样比较偏重印度对东南亚建筑艺术的影响，特别提到印度文化的扩展主要是商贸的要求，地中海的罗马等地对香料、辣椒等的需求刺激了印度与东南亚的商贸往来，自然而然地带去了印度文化。同样地中海的文化艺术通过影响印度转而影响了东南亚。虽然面对大量印度文化对高棉建筑艺术影响的已有研究，格罗斯列承认还有大量工作需要继续，面对"谁"被影响了（原有的高棉文明）、"谁"影响了"谁"、影响的历史过程等问题，都需要更多的证据来证明。同时格罗斯列也强调高棉文明的独立性，他们拥有自己的居住建筑和饮食习惯。建筑艺术中有印度文化的基因，但是又不完全相像，是一种独特的艺术。格罗斯列认为空—地（air-soil）航空考古等新技术运用的考古工作是全面解释并推进高棉文明认识的主要方法。而格罗斯列对中国的影响则持有贬低的态度，认为尽管发现了西元开始时的中国陶

---

① 高棉砖石建筑概况，前吴哥时期（7 世纪—8 世纪）和吴哥时期（9 世纪—14 世纪）。
② Henri Marchal. Rapprochements entre l'art khmer et les civilisations polynesiennes et precolombiennes[J]. Journal de la Societe des Americanistes，nouv. Serie，n 26，1934：213-222.
③ 马歇尔（Marchal）的《印度寺庙以及高棉寺庙的象征意义》等。
④ Bernard Groslier. Redefinition de la strategie de la recherche sur la civilisation khmere[J]. Peninsule，1997，34（1）.

瓷和青铜器等，但是"从当时中国人在东南亚贩卖鸦片以及草药的现实来看"，一个"比较低等的文明"不可能带来什么影响，明显表达出的是西方中心主义论调。

二、证明理据

在总体概括印度文明影响的论调下，周边不同文明交流不同的研究者做出大量相关研究，以下主要从建筑组群布局、建筑单体、装饰雕刻等方面总结相关的结论。

1. 建筑布局

马歇尔在论文《波利尼西亚和前哥伦比亚文明与高棉艺术之间的联系》中认为高棉建筑艺术从印度舶来之后，转变发展成了地中海附近文明的形式，受尼罗河、爱琴海和美索不达米亚文化的影响，他提到寺庙建筑组群的布局，重重环绕庭院的围墙布置；在入口处设立胜利的平台，并有圆雕雕像排列两侧等主要相似特点（图2）。但是如果考虑到柏威夏寺、Wat Phu寺和吉索寺时，体现的又是完全不同的规划布局思想，而这在吴哥古迹中都有体现，马歇尔的论证理据也并不充分。

2. 建筑单体

就建筑平面而言，高棉塔殿建筑"亞"字形平面的出现及发展是比较晚近发生的，其中茶胶寺（10世纪）塔殿建筑就处于这一转折点上（图3）。再考察早期高棉建筑则不难发现，在吴哥王朝的开始阶段有塔殿"方形平面"的引入。杜马西（Jacques Durmacay）在《东南亚建筑及其模式》[1]中写道：Wat Phu寺（8到13世纪）主要塔殿是长方形平面（图4e），而这种平面形式在扶南艺术中较为常见，如三坡布雷库（Sambor Prei Kuk）[2]以及Prasat Andet寺庙建筑（图4b）；但是到库伦风格时期，以及随后的罗洛士时期寺庙塔殿建筑平面都转变成了方形（图4c），Wat Phu是转型的关键时期，而且杜马西推测这是受到爪哇寺庙的影响。

b.吴哥窟前雕塑

a.吴哥庙鸟瞰图　c.柏威夏寺鸟瞰图

图2　高棉建筑组群鸟瞰
图片来源：a. *The Khmer Empire : cities and sanctuaries from the 5th to the 13th century*；b. 作者拍摄；c. *L'art khmer Classique. Monuments du quadrant Nord-Est.*

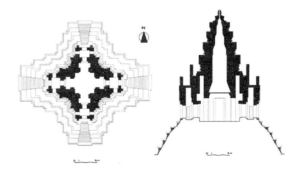

图3　茶胶寺中央塔殿复原图
图片来源：天津大学茶胶寺建筑研究项目

① Jacques Dumarcay. Architecture and its Models in South-East Asia[M]. Michael Smithies（Editor，Translator）.Orchid Press，2006.
② Sambor Prei Kuk 寺庙建筑多为长方形平面、八角形平面（见图4a）。

就建筑屋顶而言，前吴哥时期塔殿与长方形平面相对应，多为印度式倒 U 形屋顶，如 Prasat Andet 寺庙，发展至方形平面时，塔殿叠涩砌筑以莲花塔刹作为结束（图 5）。其他附属建筑屋顶形式发展较为复杂，杜马西对东南亚建筑本土文化有较为深入研究，① 他在《论高棉建筑》② 一文中总结道，长方形平面的附属建筑屋顶为檩条支撑的石（砖）③ 砌屋顶，屋顶外表面做成曲线拱顶形状，如 Wat Phu 寺中央圣殿的前廊屋顶、巴空寺须弥坛入口建筑以及北仓建筑等（见图 6a、b、d）。帕尔芒捷和杜马西都认为檩条支撑石（砖）砌屋顶来自占婆（champ）文化的影响，这一屋顶形式可见于 Po Nagar 寺、Mi Son 寺等。但是由于此屋顶自重太重及檩截面太小等原因，这一屋顶系统在 Wat Phu 寺、北仓建筑很快被使用筒瓦的屋顶所代替（图 6c）。杜马西认为这一转变不仅是因为其结构自身的弱点，同时还因为屋顶防水的要求，曲面屋顶不

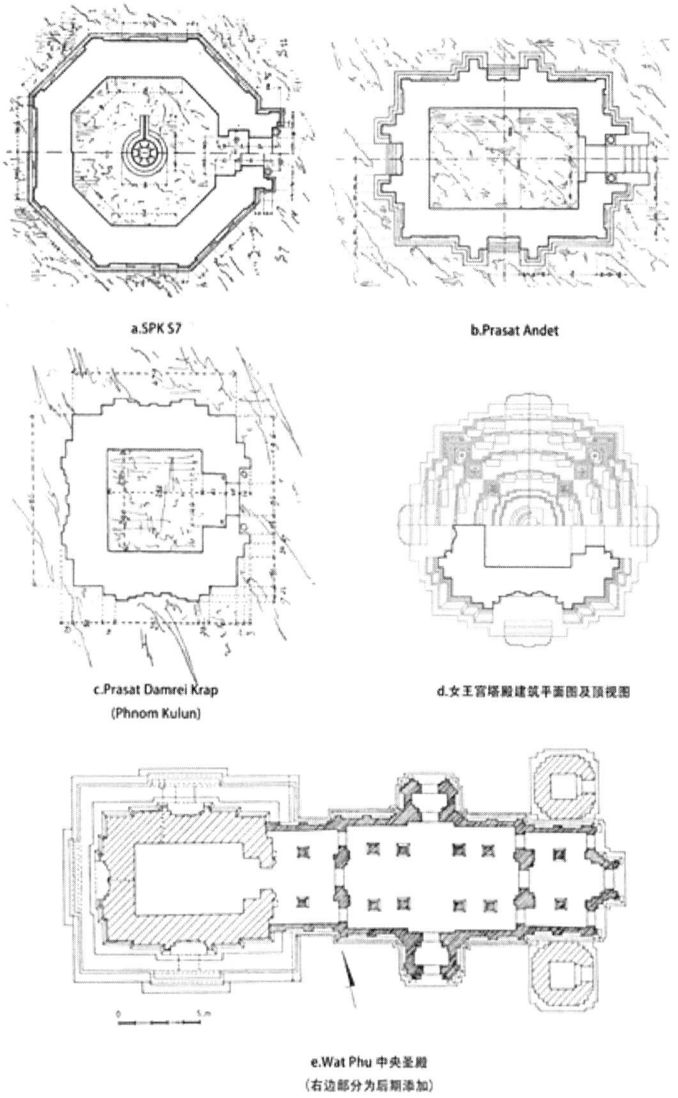
a.SPK S7
b.Prasat Andet
c.Prasat Damrei Krap
(Phnom Kulun)
d.女王宫塔殿建筑平面图及顶视图
e.Wat Phu 中央圣殿
(右边部分为后期添加)

图 4　高棉塔殿建筑平面演变
图片来源：a.b.c. *l'art Khmer primitive*；d. 作者描绘；e. *Notes d'architecture khmere*

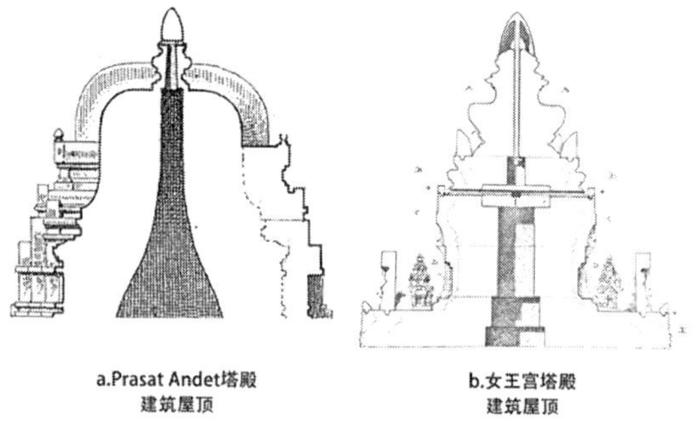
a.Prasat Andet塔殿
建筑屋顶
b.女王宫塔殿
建筑屋顶

图 5　高棉塔殿建筑塔顶构造
图片来源：a. *l'art Khmer primitive*；b. *Le temple de Banteay Srei.*

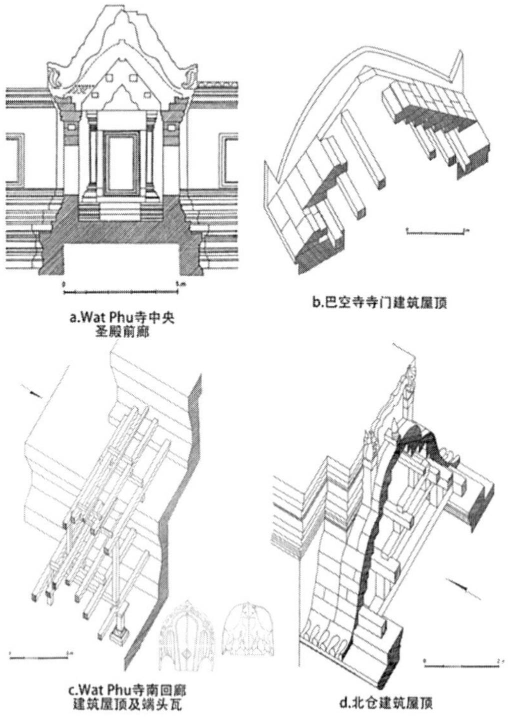
a.Wat Phu寺中央
圣殿前廊
b.巴空寺寺门建筑屋顶
c.Wat Phu寺南回廊
建筑屋顶及端头瓦
d.北仓建筑屋顶

图 6　长方形平面附属建筑屋顶构造
图片来源：*Notes d'architecture khmere*

① 代表成果有《高棉屋架及瓦件》《亚洲南部（南亚和东南亚）方形或长方形平面上的辐射状屋架》《东南亚民居》《巴别塔的崩塌：诌议亚洲南部（南亚和东南亚）建筑》等专著。

② Jacques Dumarcay. Notes d'Architecture Khmer[M]. BEFEO，1992：133-171.

③ 吴哥茶胶寺回廊、寺门建筑的屋顶用砖叠涩砌成外表面曲线拱顶形状，由于空间跨度较窄而省略了木质檩条支撑。

能起到很好的防水作用。

高棉建筑使用叠涩拱，自始至终都没有发展起来真正的拱券技术。在杜马西的相关著作中提到了透视效果在高棉建筑中的运用，特别是《亚洲南部（南亚和东南亚）建筑透视效果研究》[1]，在茶胶寺等建筑中塔殿建筑假层的墙基部分由于被视线遮挡，而在建筑发展过程中慢慢地被省略掉了，杜马西认为这种视觉处理方式主要来自印度。他还考察了石砌建筑的石材切割技术，《亚洲南部（南亚和东南亚）8 到 14 世纪的切割术》[2]中指出石材切割术约 8 世纪从锡兰传到爪哇，9 世纪传到柬埔寨，而 10 世纪左右又从爪哇传回到印度南部的技术传播路线。杜马西还研究了东南亚建筑 8 到 11 世纪建造过程中使用的照准仪技术以及烧培土质瓦技术等，由于国内缺乏相关资料暂且不论。

3. 装饰雕刻

就建筑装饰而言，雷缪萨（Gilberte de Coral Remusat）在《高棉艺术：其发展的主要阶段》[3]中写道：高棉艺术的发展，是通过外来艺术的输入而引起的。7 世纪 Sambor 艺术风格受印度艺术影响；9 世纪库伦和神牛寺风格主要受占婆及爪哇影响；12 世纪佛教雕刻受 Dvaravati 的影响；中国艺术的影响则主要出现在吴哥窟时期。

如门楣（Linteaux）装饰的布局，3 到 6 世纪直接传承于印度的原形[4]。7 世纪三坡布雷库的门楣用砂岩雕刻，仿木质门楣，如印度一般，拱两端雕刻以相对的两只摩羯鱼（makara）为结束（图 6a）；早期门楣在拱下高浮雕雕刻场景的做法也主要是印度的方式。到库伦风格时期，门楣装饰布局有了跳跃式的发展，特别是 9 世纪中期，明显受到了爪哇的影响，特别是印度尼西亚主题的兽面（kala）以及相背对的摩羯鱼的布置，这直接影响了 9 世纪下半叶罗洛士群建筑的门楣（图 8c）。Damrei Krap 建筑及门楣装饰都受了占婆的影响，在门楣中的摩羯鱼口吐小鹿，而这是高棉艺术的独例，典型的占婆文化。这一时期在门楣装饰的吊坠中已经出现了蛇那加（naga），是兽面和蛇那加的组合。可以看出库伦时期是艺术大融合时期，门楣装饰的所有元素都在这一时期形成了。门楣的装饰艺术经过了从 Sambor 时期的内向动态（图 7a），经 Prei Khmeng 时期平衡静态（图 7b），再发展到库伦时期外向动态（图 7c）的发展特点，而最后这种特点一直持续到吴哥艺术的终结。

再如山花（fronton）部分，前吴哥时期大部分山花都已经掉落，但还是能看到倒 U 形拱的山花（图 8a），明显是模仿印度古代寺庙。虽然吴哥时期的山花经过一系列的发展，但还是保留了原始的一面。倒 U 形拱山花在印度出现在 7—8 世纪，是雕刻在古迹外壁小殿上的屋

a. Sambor 风格时期的门楣

b. Prei Khmeng 风格时期的门楣

c. 库伦风格时期的门楣

图 7　高棉建筑门楣装饰
图片来源：*L'art khmer les grandes etapes de son evolution*

顶，库伦风格的 Damrei Krap 山花受到占婆的影响（图 8c），贡开的三角形山花来自印度（图 8d），很可能是以印度当地轻结构建筑为原型。建筑屋顶覆盖耐久材料，木构架支撑于两端山墙，使用三角形山花作为结束，直到完全使用叠涩拱系统才不再使用三角形山花。女王宫、柏威夏寺也有三角形山花。9 世纪之后山花大多采用吴哥地区经典的多瓣拱形式（图 8b）。多瓣拱两端装饰主题 Prah Ko、巴肯寺、贡开寺是摩羯鱼（9 世纪下半叶至 10 世纪上半叶）；女王宫、南北仓时期是兽面口吐蛇那伽；而在巴方寺兽面主题省略了，只剩下蛇那伽；吴哥窟时期，受中国文化的影响，中国龙头的形象则完全代替了之前的兽面。

① Jacques Dumarcay. Les effets perspectifs de l'architecture de l'Asie Meridionale[M]. Paris：Mem. Archeologiques de l'EFEO，n 15，1983.

② Jacques Dumarcay. La stereotomie de l'Asie Meridionale du VIIIe au XIVe siècle [Z]. BEFEO，n 63，1976：397-445.

③ Gilberte de Coral Remusat. L'art khmer les grandes etapes de son evolution[M]. P5.

④ Gilberte de Coral Remusat. L'art khmer les grandes etapes de son evolution[M]. P6.

a. 倒 U 形拱山花

b. 多瓣拱形山花

c. 库伦风格 Damrei Krap 山花

d. 贡开风格三角形山花

图 8　高棉建筑山花装饰
图片来源：*L'art khmer les grandes etapes de son evolution*

三、中国影响

详细研究西方学者的已有的研究，受印度影响的观点占有主要地位，但其中仍不乏中国影响的相关结论与猜想。

在帕尔芒捷《印度和远东地区的印度建筑》[②]一书的最后一章中谈到东南亚建筑和中国等东亚国家之间的关系。1952 年马歇尔评论道，帕尔芒捷这本书中有一个原则，远东国家（中国除外）所有坚固的建筑都是脱胎于印度，但是我觉得没有被充分证明的：连接这些建筑的线索，包括易坏的木质建筑，都已经消失了。马歇尔认为这是"大印度"假设概念下的理论，证据更多的是早期旅行家的记录，或者是古老形式使用者的现代建筑的模糊接近。[③]帕尔芒捷认识到印度建筑艺术在中国、日本、韩国以及安南的影响是薄弱的，马歇尔认为如果考察中国艺术对远东印度化文明的影响，即使不说对印度的影响，还是可以探讨的。这种在缅甸十分明显的影响证明了这些国家和中国经常联系的事实，同时中国史籍中也有这些国家向中国朝贡记载，中国影响应该是持续不断的。[④]

格罗斯列在《印度支那——艺术的大熔炉》中从史前考古开始，对东南亚艺术（包括建筑）进行系统研究，引入了横向与印度、中国各历史时期比较的视野与方法。而

马歇尔的《缅甸建筑小议》[①]中提到，蒲甘建筑齿状的三角楣、多瓣的拱以及挂钩形的结尾，如火焰般的建筑艺术特点和高棉、占婆艺术的山花是相似的。德拉波特（Depaporte）在《柬埔寨游记》（*Voyage au Cambodge*）中也提到了这种相似，他还指出，主入口两侧半边的山花也是相似的，比起柬埔寨半拱位于大拱两侧，在构造逻辑上欠缺些合理性。在蒲甘，这仅仅成为立面的装饰，而在高棉艺术中半山花对应的是半拱空间，形成了主殿两侧的侧廊。很有可能这是在缅甸的高棉人引进的，柬埔寨和缅甸蒲甘艺术之间的联系之所以可以解释清楚，是因为这里住的是孟—高棉族人种。

回应之前提出的经过几代学者研究的高棉建筑艺术的研究命题，印度、东南亚其他古文明与高棉建筑艺术之间的相互影响关系的讨论占主要地位，至于高棉建筑艺术与地中海文明艺术之间的关联由于缺乏实质证据，仍处于猜想阶段。正如格罗斯列在《重新界定高棉文明研究的策略》中提出，今后的工作应加强印度建筑艺术考古研究，以更好地理解文明之间相互影响历史过程。

① *Notes d'Architecutre Birmane*。研究了 7 世纪的两座缅甸建筑，提到了建筑使用的拱技术来自中国。同时比较了缅甸和高棉建筑，早期缅甸建筑的平面在高棉文明中是不常见的。

② L'art architectural hindou dans l'Inde et en Extrême-Orient[M]. Paris，Van Oest，1948.

③ H. Marchal. H. Parmentier：L'art architectural hindou dans l'Inde et en Extrême-Orient[J]. Bulletin de l'Ecole française d'Extrême-Orient. Année，1952（45-2）：602-618.

④ 同上。

在其文章《东南亚的中国瓷器》[①]中总结了他在吴哥地区的考古发现，发现9世纪柬埔寨的制陶瓷技术已受中国的影响，在库伦山区发现的10世纪到12世纪的残片以及窑炉都是在仿造中国的青瓷，包括材料、釉质、焙烧、器形以及装饰等方面。10世纪开始时，吴哥甚至东南亚大部分国家都使用中国的外销瓷。格罗斯列说道，中国在海外的"殖民"可能更加重要，很可能这一过程是更加古老的，我们常常被"印度化"纠缠住了。9世纪中国制陶人在吴哥的出现这一事实使人困惑，印度世界（东南亚印度化国家）的汉化是很可能的，中国的瓷器很可能只是冰山一角[②]。同时格罗斯列还发现高棉建筑在6世纪时用印度的平瓦，但是紧接着就开始用中国的筒瓦[③]。格罗斯列的研究很有启发，从考古学的角度证明了中国文明在东南亚的影响，为建筑方面的影响研究提供了背景和基础。

雷缪萨及相关研究者从建筑装饰的艺术史角度探寻东南亚与中国神兽的渊源关系等[④]。在其研究中提到，爪哇、高棉以及占婆的艺术是受到印度文化的影响，但是这些艺术的装饰布局（ordonnance decorative）显然和印度是不一样的。以摩羯鱼与兽面（makala-kala）为例，爪哇的摩羯鱼在拱处的变化是9世纪时受中国文化影响，而且形象也很快地向中国龙的形象转变，这种影响很快

就传播到高棉。兽面的装饰主题更是受中国的影响，或者说是泛太平洋的传统影响，而不单是印度的影响。带有人手的兽面与蛇的结合形象同时存在于中国以及高棉艺术中，雷缪萨将中国怪面环饰和9世纪高棉兽面装饰进行了比较，认为这两元素的结合组成的装饰主题绝不可能是巧合，而一定有影响联系。在其研究中还特别提到了逆向影响的存在，爪哇、柬埔寨的兽面逆流而上，也影响了中国，如山东龙虎寺塔上雕刻（时间不会早于12世纪）。

杜马西在《集体智慧及东南亚建筑》（*Intelligence collective et architecture en Asie du Sud-Est*，1998）中谈到12世纪的吴哥窟，与以往的设计意匠不同，借用了不同的元素，如十字回廊等，很可能是借鉴中国的建筑经验。透视的运用减弱了，固定视点也转变成了行进中的体验。他说道，吴哥窟建筑不同于以往的寺庙建设工程项目，而是设计者个人特点的表达。

印度学者巴塔查亚（K.Bhattacharya）的研究集中在找出高棉艺术中借鉴的印度艺术原型。他指出，在印度常见7个林伽围绕着第8个林伽的布局形式。而在柬埔寨，则往往是位于四极和四维位置的8个林伽围绕着中央林伽，似乎在这些例子中，涉及一个最高形式和8个湿婆表现的形式。数目4或者8明显象征着主要方向：四维和四隅，

这些方向在亚洲具有重要意义。在宇宙空间中定位寺庙，准确定位东方的神、各神守卫的职权和他们的位置等。从这种"集体无意识"中找到与印度表面相像形式的区别，可能更能深入到艺术的本质，而这也为外来中国文化影响提供了角度。

除以上西方学者指出的中国影响方面，从对已有的高棉砖石建筑的考察来看，有明显的中国文化影响的线索还包括：建筑中龙出水石雕的使用，采用了和中国十分相似的龙的形象；长厅建筑三段脊与中国南方民居建筑的相似，以及元朝周达观的《真腊风土记》、日本16世纪绘制的吴哥窟的平面图、巴戎寺外回廊中雕刻的宋朝的军队，吴哥窟中中国人留下来的题记等。

四、研究切入

17世纪到达吴哥古迹的葡萄牙传教士记载，"当地的印度犹太人中传说吴哥古迹是中国犹太人建造的"[⑤]，我们不妨大胆假设中国甚至东亚建筑文化的影响。重新审视高棉建筑的历史发展过程，以高棉建筑经历的重要时期的转变，首先是前吴哥时期到吴哥时期的转变；其次是吴哥建筑以茶胶寺建筑[⑥]为转折点的转变，再次是吴哥艺术以吴哥窟时期受中国艺术影响的转变为主要研究切入点，可进行以下研究：

---

① La ceramique chinoise en Asie du Sud-est: quelques points de method[M].

② 同上：113.

③ 同上：117.

④ Coral Remusat. Animaux fantastiques de l'Indochine, de l'Insulinde et de la Chine[J]. BEFEO, n36（2），1936：427-435.

⑤ 引自《欧洲形成中的亚洲》。

⑥ 茶胶寺的用石量在吴哥地区仅次于吴哥窟和巴方寺，是吴哥地区第一次重大的建筑创新（P99. *Architecture and its modle*）。

1）茶胶寺及相关建筑历史发展研究。以茶胶寺建筑（图9）为转折点的转变包括高棉建筑中"回廊"建筑类型的出现以及庙山建筑与平地建筑的组群规划形式的转变，组群布局转变导致的建筑立面入口由山面转变至长边方向，建筑组群中塔殿建筑布置位置的转变，木质轻型结构如瓦屋顶的彻底消失而代之以仿木的石结构，寺庙中唯一具有居住功能的且具有建筑"原型"特

征的"长厅"建筑的消失等。"回廊"建筑类型的使用极大地丰富了高棉建筑组群规划设计手法，特别是在象征须弥山——曼陀罗意向的庙山建筑组群规划和立面设计中，正如北海琼岛北坡的延楼游廊之于整个琼岛曼陀罗意向设计的意义一样，受擅长运用虚实结构构建建筑组群的中国建筑文化的影响的可能性也是不容小觑的。

2）风土建筑与砖石宗教建筑

图 9　茶胶寺建筑组群复原研究
图片来源：天津大学茶胶寺建筑研究项目

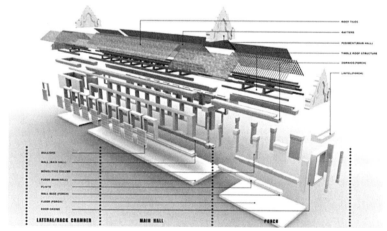

图 10　"长厅"建筑研究
图片来源：天津大学茶胶寺建筑研究项目

关联性研究。苏门答腊的民南加堡人住宅呈现出较为特殊的屋顶形式，即在主屋的两侧对称布置了稍矮的副屋，亦即由三幢单体建筑的屋顶构成了一种在外观上呈分段跌落的三段脊、五段脊等屋顶形式。这种组合屋顶形式的早期实例亦见于云南石寨山青铜器（M13：259）。值得注意的是，类似形式在越南、中国的福建、台湾、湖南等地都有分布①，而这些很可能和高棉寺庙中的"长厅建筑"有共同的原型（图10）。

3）建筑艺术相互交流影响研究。艺术史家雷缪萨及其后来者关于东南亚建筑装饰的神兽的研究，其结论认为印度支那地区（主要是高棉古迹）摩羯鱼的形象受中国"龙"的形象影响，而兽面则受"饕餮"形象的影响，并提到山东龙虎塔、山海关艺术可能受到高棉建筑艺术的影响。可以延续作为专题研究，以其为切入点，从中国建筑历史的视角挖掘中国史料，两者相结合，为彼此文化交流的历史、高棉砖石建筑本构模型、外来形式源流及在地化转译研究提供新的证据。

结合已有西方学者的研究成果，考察高棉砖石建筑的建筑历史，于重要转变节点处横向比较中国、东南亚以及印度建筑，可视为对高棉砖石建筑进行研究提供了新的视角，以期得出新的结论供相关学者讨论。

---

① 同参考文献 [1]：40.

参考文献

[1] 杨昌鸣. 东南亚与中国西南少数民族建筑文化探析 [M]. 天津：天津大学出版社，2004.

[2] 戴裔煊. 干栏——西南中国原始住宅的研究 [M]. 太原：山西人民出版社，2014.

[3] Henri Marchal. Rapprochements entre l'art khmer et les civilisations polynesiennes et precolombiennes[J]. Journal de la Societe des Americanistes, Serie n 26, 1934：213-222.

[4] Bernard-Philippe Groslier. Redefinition de la strategie de la recherche sur la civilisation khmere[J]. Peninsule 34, 1997：5-37.

[5] Jacques Dumarcay. Architecture and its Models in South-East Asia[M]. Michael Smithies. Bangkok：Orchid Press, 2006.

[6] Jacques Dumarcay. Note d'Architecture Khmer[J]. BEFEO, 1992：133-171.

[7] Jacques Dumarcay. Les effets perspectifs de l'architecture de l'Asie Meridionale. Mem[J]. Archeologiques de l'EFEO, n 15, 1983.

[8] Jacques Durmacay. La stereotomie de l'Asie Meridionale du VIIIe au XIVe siècle[J]. BEFEO, n 63, 1976：397-445.

[9] Gilberte de Coral Remusat. L'art khmer les grandes etapes de son evolution[M]. Paris：Vanoest, 1951.

[10] Mireille Benisti. Rapports entre le premier art khmer et art indien[M]. Paris：Publications de l'École Française d'Extrême-Orient, 1970.

[11] H. Marchal. Notes d'Architecutre Birmane[J]. BEFEO, 1940（40-2）：425-437.

[12] H. Marchal. H. Parmentier：L'art architectural hindou dans l'Inde et en Extrême-Orient[J]. Bulletin de l'Ecole française d'Extrême-Orient（BEFEO），1952（45-2）：602-618.

[13] Bernard-Philippe Groslier.Indochina：Art in the Melting Pot of Races[M]. London：Methuen, 1962.

[14] Bernard-Philippe Groslier.La ceramique chinoise en Asie du Sudest：quelques points de method[J]. Archipel, 1981（21）：93-121.

[15] Gilberte de Coral Remusat. Animaux fantastiques de l'Indochine, de l'Insulinde et de la Chine[J]. BEFEO, 1936, 36（2）：427-435.

[16] Jacques Dumarcay.Intelligence collective et architecture en Asie du Sud-Est[J]. Annales HSS, 1998（3）：505-535.

[17] 唐纳德·F. 拉赫. 欧洲形成中的亚洲 [M]. 周宁 总校译. 北京：人民出版社，2013.

历史碎片^①构成的伟大"废墟"：
—— 约翰·索恩的英格兰银行设计研究

赵黄哲　　王雨林

国家自然科学基金项目"现代建筑观念的图像表现研究"（项目批准号：51978473）。

赵黄哲，同济大学在读研究生。邮箱：huang zhezhao322@outlook.com。

王雨林，同济大学博士研究生。邮箱：szzwyl@hotmail.com。

摘要：约翰·索恩（John Soane）是英国 18 世纪最为著名的建筑师之一，同时他也被历史学家视为建筑由古典转向现代的转折人物。英格兰银行（The Bank of England）是索恩最为重要的项目之一，也是他第一次有机会在大型公共建筑中施展自己的才华。索恩的"废墟"（ruin）的幻想是理解英格兰银行设计策略的核心。而要理解索恩的"废墟"幻想就必须理解"碎片化"（fragmentation）这一概念。文章根据银行建设的阶段，选取银行办公大厅，洛斯伯里庭院，多力克门厅以及长廊这三个区域作为例子研究英格兰银行的历史片段来源和转化。最后，本文研究索恩是如何通过轴线和完型空间将英格兰银行内部不同的历史片段联系起来，创造一种现代的空间组织方式和流线体验。

关键词：约翰·索恩；英格兰银行；废墟；碎片化；设计研究

一、引子：碎片化——英格兰银行的废墟鸟瞰引发的讨论

在 1830 年英国皇家学院举办的索恩作品展上，艺术家甘迪（J. M. Gandy）在英国建筑师、皇家学院教授索恩的委托下为其设计的英格兰银行绘制了一幅非常奇特的鸟瞰图（图 1）。根据银行方面的记录，索恩早在 1828 年就已经完成了银行的全部设计并且翻新了银行的外立面。而在图中原本刚刚翻新过的英格兰银行已经成了一片废墟，展示出银行统一外表下复杂的内部空间。甘迪的画作体现了索恩一直以来的废墟幻想，并且明显模仿了乔凡尼·巴蒂斯塔·皮拉内西废墟画的风格。早在 1812 年索恩就曾经出版过一篇文章《林肯荫园自宅历史的未加工提示》^②，里面同样描述了索恩面对建设中的林肯街自宅时产生的废墟幻想，可以将索恩的这篇文章视为甘迪画作的文字版本。但是显然在早期研究者中，索恩这种独特的废墟意象并没有被纳入研究的范畴。

图 1　甘迪，英格兰银行废墟鸟瞰图，1830 年

---

① 文中的"片段"和后文的"碎片"都出自同一个词"fragmentation"的翻译，前者会比后者更强调整体性和秩序。

② Soane J. Crude Hints Towards an History of My House in Lincoln's Inn Fields[M]. Oxford：Archaeopress Publishing，2015.（后文中简称为《提示》）。

比起研究废墟意象，早期的研究者更愿意将精力集中在索恩的室内设计风格上。例如在约翰·萨默森的研究中将索恩的设计特点总结为：独特的穹顶，迷人的光线效果，初始原则以及简化的室内装饰，并将索恩视为古典向现代的转折点[1]。但是索恩室内设计的这些特点并不能说明在英格兰银行以及其他作品在空间上蕴含的复杂性。

此时我们也许需要提到一组在索恩的皇家学院课程讲座中经常一起出现的概念："废墟"和"碎片"（fragment）。废墟是碎片化的，是完整的建筑留下的碎片。但是罗宾·米德尔顿（Robin Middleton）在他的研究中指出索恩的碎片化有着两种理解方式：一方面可以视为完整的残余，另一方面也可以作为组成一个新整体的片段[2]。碎片既是建筑物死后留下的废墟，也是构成新建筑的组成部分。这种生与死的

模糊性在英格兰银行的设计中清楚地体现出来。甘迪的画作一方面看起来像是一座废墟，但是实际上也可以看作是对银行建设过程的描绘。在后一种理解中，碎片化成为一种积极的设计方法，熟悉的历史片段被设置在一个完全不同的空间框架中，成为一个新的，更复杂的世界的一部分。索恩显然知道这种模糊性，并有意识地运用它，因为在林肯街自宅的建设的过程中，他将正在施工中的住宅看作了古代建筑的废墟，并以此为想象撰写了《提示》一文。当我们理解了这一点的时候，我们就掌握了解读索恩复杂空间的钥匙。

二、英格兰银行的设计背景

英格兰银行位于伦敦的金融城，北侧靠近洛斯伯里大街，南侧靠近针线街和英国皇家交易所。英格兰

银行是世界上第一家国家银行，代表了一种全新的建筑功能。索恩于1788年开始担任银行的总建筑师。在他之前，银行已经经历了两代建筑师，分别是1732年的乔治·桑普森和1764年的罗伯特·泰勒。桑普森创造了一个帕拉第奥式的官邸作为银行的支付大厅。而泰勒则参考了万神庙和教堂，在原银行的基础上向东侧扩建了交易大厅和办公大厅。[3] 因此在索恩接任时，这家银行已经存在了五十多年。银行本身就像是一个古老的遗址，索恩需要在此基础上创造一个新的英格兰银行。

英格兰银行的设计存在两个难点。首先是建设进程上的碎片化，由于银行业务的不断扩张，在索恩任职期间，银行一共进行了五轮大的改建和扩建，并且三次扩张了银行的用地边界。由于银行扩张策略的不确定性，每一次改建和扩建对索恩而言都是全新的冒险（图2）。

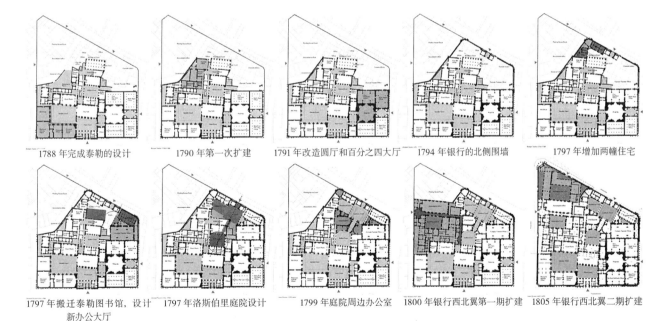

1788 年完成泰勒的设计　　　1790 年第一次扩建　　　1791 年改造圆厅和百分之四大厅　　　1794 年银行的北侧围墙　　　1797 年增加两幢住宅

1797 年搬迁泰勒图书馆，设计新办公大厅　　　1797 年洛斯伯里庭院设计　　　1799 年庭院周边办公室　　　1800 年银行西北翼第一期扩建　　　1805 年银行西北翼二期扩建

图 2　银行的渐进式发展

① Summerson J. Soane: the Man and the Style [J]. ARCHITECTURAL MONOGRAPHS, 1983（8）: 8-23, 9-25.
② John Soane, Architect: Master of Space and Light[M]. London: Royal Academy of Arts, 1999: 35.
③ Schumann-Bacia E. John Soane Bank of England[M]. America: Princeton Architectural Press, 1991.

其次是设计用地的碎片化，由于土地是被一块块逐渐购买的，因此每次设计的场地都非常的不规则，为了适应不规则的场地，银行的平面变得非常的复杂。这种渐进式的扩张是导致银行平面碎片化的客观原因，但是同时也为索恩实现自己的废墟意象提供了机会，逐渐扩张的银行就像是用无数个碎片拼贴起来的。

三、英格兰银行的历史片段与空间设计分析

在银行独特的条件下，索恩采取了与古典建筑完全不同的设计策略。如果说古典建筑是从整体出发建立一个完整的秩序。那么索恩的设计策略就是从局部出发，构建一个包含多个空间秩序的组合。索恩根据每个场地的不同特点采用了不同的古典建筑片段，并用灵活的手法将这些片段联系起来。下文中我将讨论索恩使用了哪些片段，如何使用这些片段，并且是如何将这些片段联系起来的。

1. 百分之四办公室（Four Percent Office）和圆厅（Rotunda）参考了废墟

索恩于 1793 年开始百分之四办公室和圆厅的改造（图 3）。这一区域的设计明显是对阿德良离宫废墟的模仿，有三个证据可以证明这一点（图 4）。第一个证据，1798 年夏天，索恩委托甘迪绘制了圆厅和百分之四大厅成为废墟之后的场景，这幅图明显参考了皮拉内西绘制的哈德良离宫废墟，同时笔者发现索恩也曾在对哈德良离宫遗址考察期间绘制了几乎与皮拉内西画作角度一样的草图；第二个证据来自银行的剖面，在索恩 1805 年绘制的剖面图中，原本不同阶段建造的银行大厅被并置在一张剖面图上，形成了独特的连续穹顶空间。在哈德良离宫的大浴场中我们可以发现类似的连续穹顶，而索恩在考察期间同样也记录了这些空间，暗示了银行大厅的空间秩序极有可能来源于哈德良离宫的空间片段（图 5）。

第三个证据是索恩在建造中使用了的偏短的柱式比例。这种偏矮的柱子使得索恩在当时遭到了许多评论家的嘲笑。但是若我们将整个区域视为阿德良离宫的片段，那么这种独特的柱子比例显然是在模仿废墟被地层掩埋后的场景。地面被抬高了，因此柱子也就变短了。索恩在《提示》中就提到了地层逐渐掩埋建筑的想象："地平面在岁月迁移中显然被抬高了 [③]"。

另一方面，索恩在使用阿德良离宫片段时也进行了一些变化。在古典的穹顶上，索恩增加了使用铸铁和玻璃的现代采光结构，使得传统的穹顶空间拥有了区别于传统的光线效果和空间体验。

2. 洛斯伯里庭院（Lothbury Court）以及周边的办公室

洛斯伯里庭院是索恩在第二阶段完成的主要设计，在这里索恩参考了罗马广场的废墟片段来创造新的庭院（图 6、图 7）。庭院位于银行北侧，直接与洛斯伯里街的入口

图 3　甘迪，废墟中的圆形大厅，1798 年

图 4　索恩，阿德良离宫考察笔记，1778 年

① 庄岳 . 建筑语言的死亡与更新——索恩《提示》中的"废墟—地层"意象 [J]. 世界建筑，2015（08）：102-109，131.

图 5　索恩，百分之四大厅剖面，1805 年

图 6　甘迪，洛斯伯里庭院向南透视，1801 年

相连。在索恩给银行建筑委员会的信件中，他将庭院视作是银行向外界展示公共形象的窗口[①]。庭院的南立面采用了凯旋门主题，这明显是参考了索恩自己收藏的皮拉内西的君士坦丁堡凯旋门废墟版画。南立面暗示了洛斯伯里庭院实际上是一个罗马广场的片段，因为凯旋门最早就是用于罗马广场。庭院的东立面是另一个证据，半圆厅和柱廊的组合可以在罗马诸多封闭式广场的立面中找到类似的对应原型。

此外庭院的空间布局和作为展示形象的公共空间这两个特点也与罗马广场非常类似。索恩在他第四次演讲中将罗马的图拉真广场描述为"罗马古代最美丽，最完美的作品之一[②]"，显然索恩对罗马的广场有着非常的深的了解。不过由于庭院的尺度较小，所以以整体相比罗马广场显得更加的紧凑。

3. 多立克门厅（Doric Vestibule）和长廊（Long passage）

多立克门厅和长廊是英格兰银行第三阶段扩建的核心。多力克门

厅是西侧王子街进入银行的主入口。索恩曾在皇家学院提及多力克门厅中使用的大部分元素都来自帕提农神庙，用来体现银行的权力和宏伟。有趣的是在最终稿中，索恩特意将帕提农的多立克柱式换成了更加古老的古希腊帕埃斯图姆（Paestum）神庙的多立克柱式。索恩曾经在年轻时前往帕埃斯图进行考察，同时他也收藏了皮拉内西晚年对帕埃斯图姆神庙考古的版画。索恩在柱式上的改动显然是受到了洛吉耶和"初始原则"的影响，这种更加原始的柱式更加能够体现银行的不朽。

长廊是整个银行最为独特的部分。索恩设计了一条非常长的通道，将银行西侧的各个房间联系起来。在长廊通过总督庭院（Governor's Court）时，索恩使用了帕拉第奥桥作为长廊的立面主题（图 7）。索恩使用桥梁主题很可能与历史上这一区域有河流流过有关。根据历史学家菲利普·费尔南德兹·阿迈斯托存于 1805 年在《伦敦史》中的记载，有一条叫作 Walbrook 的河流，很久以前就开始在银行的土地下流过[③]。索恩采用桥的元素暗示着历史上存在于此的古老水系。同时桥作为长

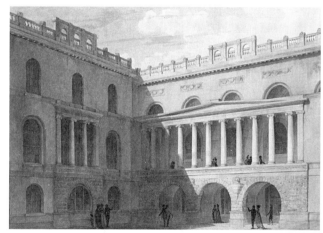

图 7　甘迪，总督庭院向北透视，1803 年

①　Schumann-Bacia E. John Soane Bank of England[M]. Princeton Architectural Press，1991：91.

②　Soane J，Watkin D. The Royal Academy Lectures[M]. Cambridge University Press，2000：111.

③　Schumann-Bacia E. John Soane Bank of England[M]. Princeton Architectural Press，1991：138.

条形通道也可以作为长廊的参考。长廊的设计表明索恩的关注点不仅包含了古希腊和古罗马，也包含了文艺复兴的片段。

4. 片段之间的连接

由于银行不规则的场地，导致了不同片段之间的轴线互不关联。轴线的错位导致了片段之间形成了大大小小不规则的间隙空间。因此索恩需要在两个层面：形式和空间上在不同的片段之间建立联系。首先为了在形式上黏合不同的片段，索恩使用了传统的"剖碎"（poche）技巧来处理这些不规则的间隙空间。

虽然这个方法解决了形式上的拼贴问题，但是空间问题变得更加糟糕了，因为银行被分成了更加细小的空间碎片。

为了解决空间的问题，索恩设计了一套漫步银行的路径系统，这套系统主要由不同片段的轴线和银行中的弧形空间组合而成（图8）。如果我们提取出这些弧形空间所暗示的圆心，我们会发现所有片段的轴线都会在这些圆心处交会。当人们沿着任意片段的轴线运动时，最终都将会到达一处圆心。在这个圆心，原本的轴线已经结束，但是在另一个方向上新的轴线将会开始。由于在圆心处存在轴

线的转折，所以人的视线并不能直接从一个片段观察到另一个片段，只能通过在设计好的路径上移动到达不同的片段，于是人们就从一个片段走向另一个片段。这套路径系统意味着索恩放弃了传统古典建筑中对整体的把握，转而强调对局部空间的感知。人们观察建筑的视角从古典的整体宏观图景，变为一个接一个的空间片段，这种变化体现出了索恩的现代性。正如米德尔顿所说："索恩的空间无法被理解为一个整体，只能通过体验来感知。当你从一个片段走到另一个片段时，你永远不知道拐角处会出现什么。[①]"

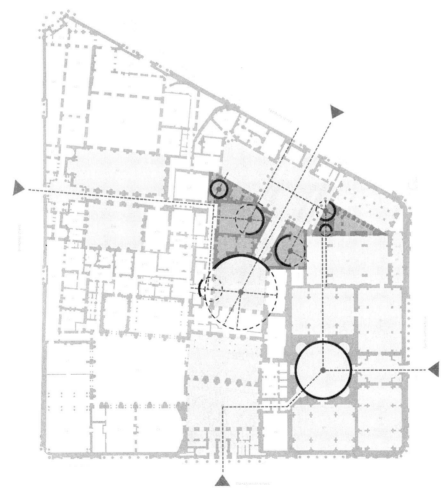

图 8　银行内部的漫步系统

---

① John Soane. Architect：Master of Space and Light[M]. London：Royal Academy of Arts，1999：30.

四、历史片段构成的伟大"废墟"

阿德良离宫、帕拉迪奥桥，帕埃斯图姆神庙……整个英格兰银行就是由这些不同时代的片段拼贴而成的。这种碎片化的手法赋予了英格兰银行两重含义，它既是古老建筑片段构成的废墟，同时也一直处于建造过程中并不断地扩张。这种生与死的模糊性赋予了银行类似"废墟"的纪念性和永恒性。同时废墟也可以被解释为一种中介，通过历史的碎片，观察者可以联想银行曾经是某个完整伟大建筑的一部分，使人们在联想中感受到建筑的崇高，成为银行如画风格的重要基础。

此外为了连接这些片段，索恩发展出了一套以路径为基础的空间连接和体验方式，选择拥抱废墟和碎片化。在英格兰银行中，人们难以像体验古典建筑空间那样感知到一个整体的秩序，只能跟随着路径去体验一个个局部的空间片段。这种片段化的体验代表的是一种超越古典时代的空间模式，预示着古典语言的结束和现代建筑的到来。

[感谢同济大学建筑与城市规划学院卢永毅教授对研究的指导]

注：本文除图 2 和图 8 是由作者绘制以外，其余图片均引自：Sir John Soane's Museum Collection Online[EB/OL]. http://collections.soane.org/home.

参考文献

[1] Schumann-Bacia E. John Soane Bank of England[M]. America: Princeton Architectural Press, 1991.

[2] Soane J, Watkin D. The Royal Academy Lectures[M]. America: Cambridge University Press, 2000.

[3] John Soane. Architect: Master of Space and Light[M]. London: Royal Academy of Arts, 1999.

[4] Soane J. Crude Hints Towards an History of My House in Lincoln's Inn Fields[M]. Oxford: Archaeopress Publishing, 2015.

[5] Soane J. Architectural Monographs[J]. Academy Editions, 1983.

[6] 庄岳. 建筑语言的死亡与更新——索恩《提示》中的"废墟—地层"意象 [J]. 世界建筑, 2015（08）: 102-109, 131.

[7] 王佳倩. 皮拉内西的《帕埃斯图姆的异样景观》研究 [D]. 南京: 南京大学, 2020.

后　记

2022年7月16—17日，由中国建筑学会建筑史学分会、华侨大学建筑学院主办的"2021—2022中国建筑学会建筑史学分会年会暨学术研讨会"在厦门召开。中国建筑学会建筑史学分会理事长、清华大学教授吕舟，福建省文旅厅副厅长、福建省文物局局长傅柒生，华侨大学副校长王建华，以及来自清华大学、东南大学等国内各大建筑院校、科研机构、学术团体等近200名专家学者、院校师生参加会议，同步线上直播观众达到1.6万余人。

本次史学年会主题为"发展中的建筑史研究与遗产保护"，会议采用线下、线上结合方式召开。大会主旨报告由上海交通大学教授刘杰主持，清华大学建筑学院教授吕舟作《变革与跨越——当代遗产保护与历史文化研究》报告，东南大学建筑学院教授陈薇作《城市遗址与城市发展》报告，华南理工大学建筑学院教授吴庆洲作《敞廊式商业建筑的起源、发展、演变及启示》报告，哈尔滨工业大学建筑学院教授刘松茯作《后文化遗产时代文化遗产的保护》报告，中国建筑设计研究院建筑历史研究所副研究员王敏作《文化遗产"价值特征"的认知与实践——以"泉州：宋元中国的世界海洋商贸中心"系列遗产为例》报告，华侨大学建筑学院教授陈志宏作《韩江家庙修缮十五年——东南亚华侨建筑遗产保护与传承》报告。

除上午主会场主旨报告外，下午会议分设了5个会场，其中3个线下会议、2个线上会议同步进行，涵盖"建筑史学新视野""建筑史教学研究""建筑文化跨境传播互鉴""环境变化与遗产保护""文化遗产保护管理与利用""乡村振兴与文化遗产"和"旧城更新及街区保护"等学术议题。分会场共有35位专家学者作学术报告，分享了建筑史研究与遗产保护经验，会议交流气氛热烈，取得了良好的增进交流研讨的效果。会后，与会专家对世界文化遗产"泉州：宋元中国的世界海洋商贸中心"进行了实地考察调研。

本次学术年会的成功举办得益于中国建筑学会和福建省文物局的指导关心，感谢所有作者提供的高水平学术论文、与会专家精彩的演讲报告，以及线上、线下参会者的研讨交流互动，均为这次年会留下丰硕成果；感谢论文集评审专家严谨认真的评选工作，以及中国建筑工业出版社李鸽主编和陈海娇、陈小娟、柳冉等编辑的细心审稿工作，他们让年会论文集高质量出版；感谢史学年会会务组的老师、学生们事无巨细的精心筹备，在大家的共同努力和辛勤付出下完成了此次学术盛会，在此一并表示诚挚的感谢。

相信 2021—2022 年中国建筑学会建筑史学分会年会暨学术研讨会的召开，必将推动中国建筑史研究和文化遗产保护工作向更深、更广的方向发展。

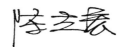

2022 年 7 月 28 日

图书在版编目（CIP）数据

中国建筑学会建筑史学分会年会暨学术研讨会 2022 论文集：发展中的建筑史研究与遗产保护 / 中国建筑学会建筑史学分会，华侨大学建筑学院编 . — 北京：中国建筑工业出版社，2022.9

ISBN 978-7-112-27800-8

Ⅰ . ①中…　Ⅱ . ①中…②华…　Ⅲ . ①建筑史—中国—学术会议—文集　Ⅳ . ① TU-092

中国版本图书馆 CIP 数据核字（2022）第 156821 号

责任编辑：李　鸽　陈海娇
　　　　　陈小娟　柳　冉
书籍设计：柳　冉
责任校对：王　烨

中国建筑学会建筑史学分会年会暨学术研讨会2022论文集：
发展中的建筑史研究与遗产保护
中国建筑学会建筑史学分会　华侨大学建筑学院　编
*
中国建筑工业出版社出版、发行（北京海淀三里河路 9 号）
各地新华书店、建筑书店经销
北京雅盈中佳图文设计公司制版
北京建筑工业印刷厂印刷
*
开本：880 毫米 ×1230 毫米　1/16　印张：49　字数：1408 千字
2022 年 9 月第一版　2022 年 9 月第一次印刷
定价：**218.00** 元
ISBN 978-7-112-27800-8
（39664）